utb 8675

Eine Arbeitsgemeinschaft der Verlage

Böhlau Verlag · Wien · Köln · Weimar
Verlag Barbara Budrich · Opladen · Toronto
facultas · Wien
Wilhelm Fink · Paderborn
A. Francke Verlag · Tübingen
Haupt Verlag · Bern
Verlag Julius Klinkhardt · Bad Heilbrunn
Mohr Siebeck · Tübingen
Ernst Reinhardt Verlag · München · Basel
Ferdinand Schöningh · Paderborn
Eugen Ulmer Verlag · Stuttgart
UVK Verlagsgesellschaft · Konstanz, mit UVK/Lucius · München
Vandenhoeck & Ruprecht · Göttingen · Bristol
Waxmann · Münster · New York

Werner Suter

Ökologie der Wirbeltiere

Vögel und Säugetiere

haupt verlag

1. Auflage 2017

Bibliografische Information der Deutschen Nationalbibliothek
Die Deutsche Nationalbibliothek verzeichnet diese Publikation in der Deutschen Nationalbibliografie: detaillierte bibliografische Daten sind im Internet über http://dnb.dnb.de abrufbar.

Copyright © 2017 Haupt Bern
Das Werk ist einschließlich aller seiner Teile urheberrechtlich geschützt. Jede Verwertung außerhalb der engen Grenzen des Urheberrechtsgesetzes ist ohne Zustimmung des Verlags unzulässig und strafbar. Das gilt insbesondere für Übersetzungen, Mikroverfilmungen und die Einspeicherung und Verarbeitung in elektronischen Systemen.

Umschlaggestaltung: Atelier Reichert, D-Stuttgart
Satz: Die Werkstatt Medien-Produktion GmbH, D-Göttingen
Grafiken: Sabine Seifert, Satz/Grafik/Lektorat, D-Stuttgart

Trotz intensiver Recherchen war es nicht in allen Fällen möglich, die Rechteinhaber der Abbildungen ausfindig zu machen. Berechtigte Ansprüche werden selbstverständlich im Rahmen der üblichen Vereinbarungen abgegolten.

Printed in Germany

UTB-Band-Nr.: 8675
ISBN 978-3-8252-8675-0

Inhaltverzeichnis

Vorwort 9

1 Vögel und Säugetiere – eine Einführung 13
1.1 Diversität der Vögel und Säugetiere 15
1.2 Vögel und Säugetiere – die endothermen Wirbeltiere 17
1.3 Sinnesleistungen 19
1.4 Mauser der Vögel 21

2 Energie, Nahrung und Verdauung: die physiologischen Aspekte der Nahrungsökologie 29
2.1 Energiehaushalt (Metabolismus) 31
2.2 Nahrung als Energie- und Nährstofflieferant 41
2.3 Ernährungstypen 51
2.4 Verdauungssysteme 54
2.5 Nahrungsstrategien der Herbivoren 63
2.6 Effizenz der Assimilation 69
2.7 Energiebalance und Kondition 71

3 Nahrung suchen, finden und verarbeiten: Die verhaltensbiologischen Aspekte der Nahrungsökologie 81
3.1 Kausale und funktionale Erklärung des Nahrungssuchverhaltens 83
3.2 Nahrungswahl und Nahrungsspektrum 84
3.3 Optimierte Nahrungssuche und Nahrungswahl 85
3.4 Optimierte Nahrungssuche in *patches* 94
3.5 Prädation vermeiden bei der Nahrungssuche 96
3.6 Nahrungssuche in der Gruppe 99
3.7 Nahrung horten 105
3.8 Synthese: Nahrungssuche bei Herbivoren 107

4 Fortpflanzung ... 115

- 4.1 Fortpflanzung als Energieaufwand ... 118
- 4.2 *Life histories:* Die Formen der Investitionsstrategien ... 124
- 4.3 Alter und Fortpflanzung ... 125
- 4.4 Evolution der Gelege- und Wurfgröße ... 128
- 4.5 Elterliche Fürsorge ... 134
- 4.6 Saisonale Einpassung der Reproduktion ... 145
- 4.7 Geschlechter und Geschlechterverhältnis ... 148
- 4.8 Sexuelle Selektion: Partnerwahl und Konkurrenz ... 153
- 4.9 Paarungssysteme ... 169

5 Das Tier im Raum ... 177

- 5.1 Räumliche Skalen ... 179
- 5.2 Verbreitungsgebiete ... 180
- 5.3 Fragmentierte Verbreitung: Populationen und Metapopulationen ... 186
- 5.4 Grenzen und Dynamik von Verbreitungsgebieten ... 188
- 5.5 Dispersal ... 192
- 5.6 Habitat ... 197
- 5.7 Verbreitungs- und Habitatmodelle ... 206
- 5.8 Individuelle Raumorganisation ... 208

6 Wanderungen ... 215

- 6.1 Was sind Wanderungen? ... 213
- 6.2 Weshalb wandern Vögel und Säugetiere? ... 213
- 6.3 Wanderungen bei Säugetieren ... 219
- 6.4 Vogelzug: Formen des Wanderns ... 229
- 6.5 Räumliche Muster des Vogelzugs ... 234
- 6.6 Flugverhalten ziehender Vögel ... 240
- 6.7 Ökophysiologie und Steuerung des Vogelzugs ... 246
- 6.8 Orientierung der Vögel ... 249
- 6.9 Funktion und Evolution des Vogelzugs ... 254
- 6.10 Koordination von Zug und Reproduktion ... 257

7 Populationsdynamik ... 263
- 7.1 Populationen und ihre Kennwerte ... 266
- 7.2 Demografie ... 281
- 7.3 Populationswachstum ... 288
- 7.4 Populationsregulation ... 293
- 7.5 Populationslimitierung ... 301
- 7.6 Populationsdynamik und *life histories* ... 302

8 Interspezifische Konkurrenz und Kommensalismus ... 307
- 8.1 Formen der Interaktion zwischen Arten ... 310
- 8.2 Formen der Konkurrenz ... 312
- 8.3 Theoretische Grundlagen der Konkurrenz ... 313
- 8.4 Experimentelle Nachweise von Konkurrenz ... 314
- 8.5 Konkurrenz kann Artengemeinschaften strukturieren ... 315
- 8.6 Konkurrenz als evolutive Kraft ... 322
- 8.7 Konkurrenz in anthropogen beeinflussten Artengemeinschaften ... 324
- 8.8 Kommensalismus ... 330

9 Prädation ... 335
- 9.1 Formen der Prädation ... 338
- 9.2 Funktionelle Reaktion ... 339
- 9.3 Numerische Reaktion ... 342
- 9.4 Prädationsraten ... 345
- 9.5 Wechselwirkung zwischen Prädation und anderen Mortalitätsfaktoren ... 348
- 9.6 Prädation mit limitierender Wirkung ... 351
- 9.7 Prädation ohne populationsdynamische Effekte ... 357
- 9.8 Prädation mit destabilisierender Wirkung ... 359
- 9.9 Prädation mit depensatorischer Wirkung ... 361
- 9.10 Dynamik zyklischer Prädator-Beute-Systeme ... 364
- 9.11 Apex- und Mesoprädatoren: Dynamik mehrstufiger Prädatorensysteme ... 371
- 9.12 Nicht letale Effekte von Prädation ... 374

10 Parasitismus und Krankheiten 377

10.1 Parasiten und ihre Vielfalt 380

10.2 Parasiten und Wirte 384

10.3 Epidemiologie.. 390

10.4 Demografische Effekte von Parasiten auf den Wirt 394

10.5 Populationsdynamische Effekte von Parasiten auf den Wirt 397

10.6 Epizootische Krankheiten 397

10.7 Koevolution von Parasit und Wirt 412

11 Naturschutzbiologie 417

11.1 Was ist Naturschutzbiologie?....................................... 420

11.2 Rückgang von Vögeln und Säugetieren............................ 422

11.3 *Bushmeat crisis:* Die Übernutzung von Arten 431

11.4 Lebensraumveränderungen: Intensivierung der Landwirtschaft 437

11.5 Lebensraumfragmentierung... 447

11.6 Klimawandel... 452

Anhang.. 463

Literaturverzeichnis 464

Bildnachweis.. 514

Sachregister.. 516

Über den Autor 543

Vorwort

«Weshalb ein solches Buch schreiben?» fragte der Autor eines in diesem Buch mehrfach zitierten Standardwerks in seinem Vorwort. Schließlich favorisieren die akademischen Institutionen nicht die Produktion von Büchern, sondern jene von Beiträgen in wissenschaftlichen Zeitschriften, weil diese heute die anerkannten Einheiten im System der Leistungsbewertung sind. Er folgerte aber, dass es dennoch gute Gründe gebe, die Schaffenskraft auch einmal in ein Lehrbuch zu stecken. Manche Einzelfragen lösten sich erst durch ihre Einbettung in den größeren Zusammenhang, und die umfassendere Perspektive, die ein Buch biete, gäbe oft auch Anlass zu neuen Fragen. Und ein Kapitelgutachter schrieb mir: «Ein Lehrbuch hat einen viel nachhaltigeren Effekt als 20 Zeitschriftenartikel.» Diesen Aussagen schließe ich mich gerne an. Letztlich hat dieses Buch dieselbe Entstehungsgeschichte wie zahlreiche Bücher vor ihm: Es ging aus dem Skript einer langjährig gehaltenen Vorlesung, im vorliegenden Fall an der Eidgenössischen Technischen Hochschule Zürich ETHZ, hervor. Das Skript seinerseits entstand, weil kein entsprechendes Lehrbuch existierte, das die Vorlesung hätte begleiten können.

Welche Nische füllt also dieses Buch? Es möchte eine moderne Einführung in die Ökologie der Wirbeltiere mit Schwerpunkt Vögel und Säugetiere sein, die zunächst auf Studierende im Übergangsbereich von der Bachelor- zur Masterstufe ausgerichtet ist, daneben aber von einem weiten Kreis von Fachleuten in Wissenschaft und Praxis (Wildtiermanagement, Naturschutz etc.) als Fachbuch zum Thema genutzt werden kann. Fischbiologen und Herpetologen mögen mir die liberale Verwendung des Begriffs «Wirbeltiere» verzeihen, der im Untertitel dann auf Vögel und Säugetiere eingegrenzt wird. Die **taxonomische** Fokussierung auf die beiden endothermen Wirbeltiergruppen erlaubt bei vielen Themen eine in sich geschlossene Betrachtungsweise. Innerhalb der Vögel und Säugetiere wird versucht, über die Wahl der Beispiele allen höheren taxonomischen Einheiten Raum zu gewähren. Dass Herbivoren und größere Prädatoren in einzelnen Kapiteln etwas übervertreten sind, ist zu einem Teil beabsichtigt, zu einem andern aber eine Folge des ungleichen Forschungs- und Kenntnisstands über die verschiedenen verwandtschaftlichen Gruppen.

Auf der Sachebene ist es mir ein Anliegen, nicht nur die Breite der **ökologischen Themen** einigermaßen abzudecken, sondern auch gewissen Themen mehr Gewicht zu geben, die in anderen Ökologiebüchern eher stiefmütterlich behandelt werden. Das betrifft etwa ökophysiologische und verhaltensökologische Aspekte der Ernährung, evolutionsbiologische Grundlagen des Reproduktionsverhaltens, Wanderungen, die ausführliche Behandlung der Prädation oder von Parasitismus und Krankheiten sowie die Fokussierung auf exemplarische Themen der Naturschutzbiologie.

Bezüglich der Gewichtung von **Theorie** und **empirischen Befunden** wird versucht, eine Balance zu halten. Die Themen werden über die Theorie eingeführt und diese, wenn möglich, in einem evolutionsbiologischen Kontext besprochen. Wichtig ist mir stets, dass die Theorie durch empirische Evidenz gestützt wird – wo diese fehlt, wird auch die Theorie nicht weiter ausgeführt. Wo aber Befunde reichlich vorhanden sind, werden sie in der Art eines kurzen Reviews besprochen. Das Kapitel 9 ist ein gutes Beispiel: Es geht nicht nur darum, welche verschiedenen

Effekte Prädation theoretisch haben kann, sondern auch darum, wie häufig diese verschiedenen Effekte tatsächlich sind.

Der **geografische** Fokus ist grundsätzlich global; entsprechend sind die Beispiele und zitierten Arbeiten ausgewählt, wobei natürlich die über die Kontinente ungleich verteilte Forschungsintensität abgebildet ist. Gelegentlich wird allerdings ein Thema bewusst mit einem geografischen Schwerpunkt behandelt, so etwa im Kapitel «Naturschutzbiologie».

Ein Wort ist auch zur verwendeten **Literatur** angebracht. Die verbreitete Praxis, nur neueste Arbeiten zu zitieren, wird oft kritisiert, weil sie zum «Wiederkäuen» von Ideen führt und so die eigentliche Autorschaft der Ideen verleugnet. Obwohl ich die Kritik teile, halte ich es hier genauso, aber aus anderem Grund. Das Buch soll nämlich auch helfen, dem Leser oder der Leserin die Literatur aufzuschließen, und da eignen sich die neuesten Artikel besser, denn mit ihnen als Startpunkt kann man sich zurückarbeiten. Deshalb machen Artikel ab dem Jahr 2000 den größten Teil der hier zitierten Literatur aus. Etwas ältere Arbeiten werden zitiert, wenn es sich um bedeutende Einzelarbeiten oder Reviews handelt oder wenn seither nichts Gleichwertiges zum Thema mehr erschienen ist. Zitierte Arbeiten mit Erscheinungsjahr vor 1980–1985 sind in der Regel Klassiker, in denen wichtige neue Ideen, Theorien und Konzepte begründet wurden.

Die intensive Verwendung jüngster Literatur lässt auch Raum für neueste Ideen, sich abzeichnende Entwicklungen, oder die Infragestellung von bisher akzeptierten «Wissen», auch wenn diese den Test der Zeit noch nicht bestanden haben. In diesem Fall versuche ich, die spekulative Natur entsprechender Aussagen im Text klar auszudrücken, zum Beispiel durch: «Neueste Ergebnisse deuten darauf hin, dass …». Dem erwähnten Aufschließen der (englischsprachigen) Literatur dienen auch zwei weitere Merkmale: Erstens wird bei wichtigen Fachbegriffen immer auch die englische Version in Klammer angefügt, und zweitens werden am Schluss der Kapitel die wichtigsten (englischen, in Einzelfällen auch deutschen) Lehrbücher zum Thema vorgestellt, zusammen mit einem Kommentar bezüglich Inhalt und Ausrichtung – eine subjektive Note ist dabei natürlich nicht zu vermeiden.

Eine letzte Erklärung verlangt auch eine andere Eigenheit des Textaufbaus: die teilweise ungewöhnlich langen Abbildungsunterschriften. Die Abbildungen (und wenigen Tabellen) sollen nicht nur die Aussagen im Lauftext illustrieren, sondern diesen auch vertiefen und ergänzen. Besonders lange Abbildungsunterschriften verfolgen oftmals einen Gedanken, der den Fluss des Lauftextes sprengen würde. Größeren Exkursen sind hingegen die eingestreuten Boxen gewidmet.

Der Anforderungen an ein Lehrbuch sind viele, aber eine der wichtigsten ist die inhaltliche Richtigkeit. Ich durfte auf die großzügige Hilfe einer großen Zahl von Kollegen und Kolleginnen zählen, die ganze Kapitel oder Teile davon begutachteten, Fehler und Unstimmigkeiten identifizierten, Literaturhinweise gaben oder zeigten, wie sich der Text verbessern ließ. Mein herzlicher Dank diesbezüglich geht an Einhard Bezzel (Staatliche Vogelschutzwarte, Garmisch-Partenkirchen), Claudia Bieber (Veterinärmedizinische Universität Wien), Kurt Bollmann (Eidgenössische Forschungsanstalt WSL), Roland Brandl (Philipps-Universität Marburg), Bruno Bruderer (Schweizerische Vogelwarte Sempach), Marcus Clauss (Universität Zürich), Marco Heurich (Nationalpark Bayerischer Wald), Ueli Hofer (Naturhistorisches Museum der Burgergemeinde Bern), Markus Jenny (Schweizerische Vogelwarte Sempach), Petra Kaczensky (Veterinärmedizinische Universität Wien), Peter M. Kappeler (Georg-August-Universität Göttingen/Deutsches Primatenzentrum), Felix Liechti (Schweizerische Vogelwarte Sempach), Rachel Muheim (Universität Lund), Peter Neuhaus (University of Calgary), Gilberto Pasinelli (Schweizerische Vogelwarte Sempach), Roland Prinzinger (Goethe-Universität Frankfurt am Main), Heinz Richner (Universität Bern), Kathreen E. Ruckstuhl (University of Calgary), Michael Schaub (Schweizerische Vogelwarte Sempach), Fritz Trillmich (Universität Bielefeld), Kristina Vogt (KORA Raubtierökologie und Wildtiermanagement, Muri), Raffael Winkler (Naturhistorisches Museum Basel) und Barbara Zimmermann (Hedmark University College). Für weitere Verbesserungen am Text bin ich Lukas Jenni, Rolf Holderegger, Martin Obrist und Thomas Sattler dankbar. Fehler im Text, welche alle Aktionen zu ihrer Ausmerzung überstanden haben, sind allein meine Schuld. Sachdienliche Hinweise nehme ich sehr gerne unter werner.suter@wsl.ch entgegen.

Auch bei der Beschaffung der Abbildungen durfte ich große Unterstützung genießen. Aus dem Archiv der Schweizerischen Vogelwarte Sempach stellten Christian Marti und Marcel Burkhardt eine Anzahl Fotos verschiedener Autoren unentgeltlich zur Verfügung. Weitere Abbildungen verdanke ich Joel Berger, Tim Blackburn, Kurt Bollmann, Isabella Capellini, Maria Dias, Tzung-Su Ding, Peter und Rosemary Grant, Marcus Hamilton, Walter Jetz, Johannes Kamp, Brian McNab, Ken Nagy, Stuart Phinn, Matt Rayner, Patrick Robinson, Heiko Schmaljohann, Josef Senn, Claire Spottiswoode, Marius van der Merwe, Rory Wilson und Raffael Winkler. Raphaël Arlettaz, Claudia Müller und Beat Naef-Daenzer stellten Datensätze zur Verfügung, während Marianne Haffner, Alena Klvaňová und Brian Sullivan die Herstellung weiterer Abbildungen ermöglichten. Ihnen allen gilt ebenfalls mein Dank.

Seitens des Haupt Verlags Bern wurde ich stets zuverlässig und auf zuvorkommende Weise von Regine Balmer und Martin Lind begleitet, welche für die sorgfältige Gestaltung und Produktion dieses Buchs einstanden. Für die Erstellung verschiedener Grafiken danke ich Sabine Seifert, für das Layout des Buches der Werkstatt Medien-Produktion (Göttingen) und Claudia Bislin für das Korrektorat.

Um auf den Beginn des Vorworts zurückzukommen: Ich bin meiner Arbeitgeberin, der Eidgenössischen Forschungsanstalt für Wald, Schnee und Landschaft WSL sehr dankbar, dass sie mir großzügig die Arbeitszeit einräumte, die für die Entstehung dieses Werks notwendig war. Und zum Schluss – und ganz besonders – danke ich meiner Frau Dorothee für ihr Verständnis und ihre Geduld, wenn zum wiederholten Male «das Buch» wieder Priorität über die familiären Angelegenheiten beanspruchte.

Birmensdorf, Ende April 2017

1 Vögel und Säugetiere – eine Einführung

Abb. 1.0 Impala *(Aepyceros melampus)* mit Rotschnabel-Madenhackern *(Buphagus erythrorhynchus)*

Kapitelübersicht

1.1	Diversität der Vögel und Säugetiere	15
1.2	Vögel und Säugetiere – die endothermen Wirbeltiere	17
1.3	Sinnesleistungen	19
	Chemische Signale	20
	Licht und Sehvermögen	20
	Schall und Hörvermögen	20
1.4	Mauser der Vögel	21
	Funktionen des Federkleids	22
	Gefiederfolgen	23
	Mausertypen und -strategien	24
	Geschwindigkeit der Mauser	25
	Zeitpunkt der Mauser	25

Dieses kurze Kapitel stellt einige **grundlegende Charakteristika** von Vögeln und Säugetieren (auch: Säugern) vor, soweit sie später im weiteren ökologischen Zusammenhang Bedeutung haben. **Wie viele Arten** existieren weltweit? Was ist eine Art überhaupt? So einfach der Umgang mit Arten ist, so schwierig wird die Definition, wenn sie allumfassend sein soll. Deshalb existieren verschiedene **Artkonzepte.**

Auch ein Blick auf die **Systematik** der Vögel und Säugetiere lohnt sich: Säugetiere sind eine **monophyletische** Einheit, weil sie auf einen einzigen Vorfahren zurückgehen, während das «Gegenstück» dazu jene der Reptilien ist; die Vögel bilden eine Linie innerhalb der Reptilien. Sie unterscheiden sich aber von den übrigen Reptilien durch die **Endothermie**; dieses Merkmal haben sie mit den Säugetieren gemeinsam. Die Fähigkeit, eine konstante Körpertemperatur aufrechtzuerhalten, ist von großer ökologischer Bedeutung und hat zur Folge, dass die **Lebensweisen** von **Vögeln** und **Säugetieren** in vielen wichtigen Punkten vergleichbar sind. Deshalb kann ihre Ökologie gut in einem Buch gemeinsam besprochen werden.

In manchen Teilen ihrer **morphologischen Ausstattungen** unterscheiden sich Vögel und Säugetiere jedoch, sodass sich auch unterschiedliche ökologische Anpassungen entwickelt haben. Man muss sich zudem bewusst sein, dass viele Vögel und Säugetiere über **Sinnesleistungen** verfügen, die uns Menschen ohne technische Hilfsmittel verborgen bleiben. So können sie etwa die entsprechenden Signale in einem **weiteren Frequenzbereich** wahrnehmen (Schall und Licht), oder sie besitzen **Rezeptoren** für **Signale**, die uns weitgehend fehlen (zum Beispiel für elektrische Felder oder Erdmagnetismus). Oft lassen sich Eigenheiten der Verhaltensökologie nur verstehen, wenn diese Fähigkeiten bekannt sind.

Die äußere Isolationsschicht ist bei Vögeln (Federn) weit aufwendiger als bei Säugetieren (Haare) beschaffen. Deren jährliche Erneuerung – **Mauser** respektive **Haarwechsel** – greift deshalb bei Vögeln viel nachhaltiger als bei Säugetieren in den Jahreszyklus ein, denn die energetischen Kosten bedingen eine genaue zeitliche Einpassung zwischen Fortpflanzung und Zug, die beide ebenfalls kostenintensiv sind. Der letzte Teil dieses Kapitels ist daher der Mauser der Vögel gewidmet.

1.1 Diversität der Vögel und Säugetiere

Wenn wir zu Beginn unserer Beschäftigung mit der Ökologie der Vögel und Säugetiere zunächst wissen wollen, wie viele Vogel- und Säugetierarten es überhaupt gibt oder, korrekter ausgedrückt, wie viele wissenschaftlich beschrieben sind, so ist die Antwort einfach: Die Artenzahl der «höheren» Wirbeltiere ist im Gegensatz zu jener der Pflanzen und wirbellosen Tieren einigermaßen überschaubar. Gemäß der Zusammenstellung durch die Weltnaturschutzorganisation IUCN *(«The World Conservation Union»: International Union for Conservation of Nature and Natural Resources)* sind es gegenwärtig gut 10 400 Vogelarten und 5 500 Säugetierarten. Die Zahlen für Reptilien (in der traditionellen Klassifikation; Kap. 1.2) und Amphibien liegen mit 10 400 respektive gut 7 500 Arten in derselben Größenordnung. Diesen stehen aber über 33 000 Fischarten, 1,3 Mio. Arten von Wirbellosen und über 310 000 Pflanzenarten gegenüber (http://www.iucnredlist.org/about/summary-statistics).

Auch die Zahl der jährlichen Neuentdeckungen von Vögeln und Säugetieren hält sich in Grenzen. Seit dem Jahr 2000 wurden jährlich 3–8 Vogelarten neu entdeckt sowie etwa 24 Säugerarten neu beschrieben (Reeder et al. 2007). Die letztere Zahl enthält auch taxonomische Revisionen – das heißt, die Zahl bekannter Arten steigt auch dadurch, dass bereits beschriebene Formen oder Unterarten neu in den Artrang erhoben werden. Der Anstieg der Zahl der Vogelarten in den vergangenen 30 Jahren von etwa 9 000 auf den heutigen Wert ist größtenteils auf solche Revisionen zurückzuführen. Diese gründen einerseits darauf, dass mit besseren Daten vermehrt relevante biologische Unterschiede zwischen vordergründig ähnlichen Taxa aufgedeckt werden («*taxonomic progress*»; Sangster 2009), andererseits aber auch darauf, dass unabhängig vom favorisierten Artkonzept (Box 1.1) vermehrte Bereitschaft herrscht, solche Unterschiede stärker zur Artabgrenzung zu gewichten (de Queiroz 2007).

Box 1.1 Artkonzepte

Wenn wir von einer **Art** *(species)* sprechen, wie das auch in diesem Buch auf praktisch jeder Seite mehrfach geschieht, machen wir uns in der Regel keine Gedanken zur Definition des Konzepts «Art». Gerade bei Vögeln und Säugetieren sind viele der Arten, mit denen wir im wissenschaftlichen oder im praktischen Tagesgeschäft zu tun haben, als biologische Einheit genügend stark von verwandten Formen abgegrenzt, sodass keine Schwierigkeiten bei deren Einordnung als eigene Art auftreten. Manchmal ist die Differenzierung zwischen verwandten Formen aber undeutlich. Dann stellt sich die Frage, welche Kriterien verwendet werden sollen und wie stark sie zu gewichten sind, um einer Form Artrang zuzugestehen oder sie allenfalls als Unterart *(subspecies)* einer anderen Art zu führen. Teilweise ist dieser Vorgang abhängig davon, welche Definition der Art man anwendet. Eine stringente Definition, die allen Resultaten evolutionärer Prozesse gerecht wird, gibt es nicht, und so sind im Lauf der Zeit über 20 verschiedene Artkonzepte entwickelt worden. Diese lassen sich in drei Gruppen einteilen (Kunz 2012):

1. Das **morphologische** (phenetische) Artkonzept beruht lediglich auf dem numerischen Vergleich gemeinsamer Merkmale; eine Art umfasst die Individuen mit größter Kovariation zwischen vorhandenen und fehlenden Merkmalen. Im Vergleich zu den folgenden beiden Konzeptgruppen stützt sich dieses Konzept nicht auf die biologischen Prozesse, die zur Artbildung beigetragen haben. Die Taxonomie fossiler Arten muss notgedrungen auf diesem Konzept basieren.
2. Das **biologische** Artkonzept (in erweiterter Form das Genfluss-Konzept) definiert eine Art als eine Gruppe natürlicher Populationen, die sich untereinander kreuzen können und von anderen Gruppen reproduktiv isoliert sind; die Isolationsmechanismen sind in der Biologie der Organismen (und

nicht der Geografie) begründet. Das biologische Artkonzept wurde vom deutsch-amerikanischen Zoologen Ernst Mayr begründet (Mayr 1942, 1963) und ist in einer etwas weiter entwickelten Form, zumindest bei der Beschäftigung mit Wirbeltieren, das verbreitetste Konzept.

3. Das **phylogenetische** (kladistische) Artkonzept ist explizit evolutiv ausgerichtet: Eine Art besteht aus einer Gruppe von Organismen, die alle denselben gemeinsamen direkten Vorfahren besitzen.

Die phylogenetische Systematik ist bezüglich der Klassifizierung aller höheren Einheiten unangefochten; in ihr ist das Kladogramm (Abb. 1.1) die einzige Grundlage des Systems (Systematik) und der Klassifikation. Die Identifizierung der Verzweigungspunkte ist aber, wie Abbildung 1.1 zeigt, selbst bei höheren Einheiten nicht immer eindeutig möglich; bei der Artabgrenzung kann es dann schnell eine Frage des subjektiven Empfindens sein, wo die letzte Verzweigung angesetzt wird. Im Vergleich dazu ist das Kriterium des Genflusses des biologischen Artkonzepts wesentlich eindeutiger (Lee 2003). Deshalb funktioniert das biologische Artkonzept auf der lokalen Ebene recht gut, weil sympatrische (das heißt zusammen vorkommende) Arten in der Regel morphologisch und verhaltensbiologisch recht gut differenziert sind. Probleme ergeben sich hingegen bei der Betrachtung in größeren Räumen, wo geografische Variation zu spielen beginnt und sich graduell reproduktive Isolation zwischen allopatrischen (das heißt räumlich getrennten) Populationen einstellt. Wo also soll die Trennlinie gezogen werden, die zwei Arten definiert? Man hat deshalb am Beispiel der Vögel versucht, basierend auf einem biologischen Artkonzept, hierzu quantitative Kriterien festzulegen (Tobias et al. 2010). Das zunehmend akzeptierte System (del Hoyo & Collar 2014) beruht darauf, dass die Differenzierung zwischen sympatrischen Arten anhand verschiedener Merkmale quantifiziert wird, womit sich dann Schwellenwerte für die Artabgrenzung bei allopatrischen und parapatrischen (räumlich sich anschließenden) Formen kalibrieren lassen (Tobias et al. 2010).

1.2 Vögel und Säugetiere – die endothermen Wirbeltiere

In der klassischen, lange gültigen Systematik bildeten Vögel (Klasse Aves) und Säugetiere (Klasse Mammalia) zusammen mit den Reptilien, Amphibien, Knochen- und Knorpelfischen den Unterstamm Kiefertiere innerhalb des Stamms der Chordatiere. Nach heutigem Stand des Wissens ist die hierarchische Ordnung, welche die Stammesgeschichte repräsentieren soll, wesentlich differenzierter; in einigen Fällen besteht Uneinigkeit (Abb. 1.1).

Vögel sind näher mit den Krokodilen als den übrigen Reptilien verwandt und leiten sich aus einer Gruppe der Dinosaurier (Theropoda) ab; man kann sie auch direkt als Dinosaurier bezeichnen (Padian & de Ricqlès 2009). Säugetiere können fossil etwas weiter zurückverfolgt werden als echte Vögel; frühe Formen existierten bereits neben den (nicht vogelartigen) Dinosauriern in bemerkenswerter Diversität. Sowohl Vögel als auch Säugetiere sind nach gegenwärtigem Wissensstand **monophyletisch**, das heißt, sie gehen je auf einen einzigen Vorfahren zurück. Die traditionelle Gruppierung «Reptilien» ohne die Vögel ist – phylogenetisch gesehen – eine **paraphyletische** Einheit, weil sie unter den Vorfahren und einige, aber (mit dem Ausschluss der Vögel) nicht alle Nachfahren enthält.

Auch wenn Vögel mit den Säugetieren weniger nahe verwandt sind als mit anderen Reptilientaxa, haben sie mit den Säugetieren ein Merkmal gemeinsam, das sie von den übrigen Tieren unterscheidet: die Entwicklung einer differenzierten Isolationsschicht an der Körperoberfläche, welche die **Endothermie** (Homöothermie) ermöglicht (Kap. 2.1, Box 2.1). Die Fähigkeit, unabhängig von den Schwankungen der Außentemperatur eine konstante Körpertemperatur aufrechtzuerhalten, ist ökologisch äußerst bedeutsam und hat zu vielen Gemeinsamkeiten in den **Lebensstrategien** von Vögeln und Säugetieren geführt. Natürlich zeigen diese auch bedeutsame Unterschiede im Körperbau, welche die Lebensstrategien beeinflussen und letztlich ökologische

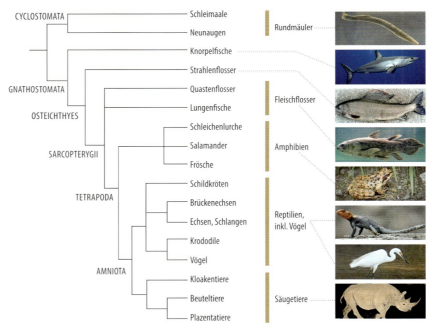

Abb. 1.1 Kladogramm der Wirbeltiere: Ein Kladogramm ist ein mit den Methoden der phylogenetischen Systematik (Box 1.1) erstellter, sich dichotom verzweigender Stammbaum *(phylogenetic tree)*, der die stammesgeschichtlichen Beziehungen von systematischen Einheiten (= Taxa) wiedergibt. Jede Verzweigung ist durch mindestens ein neues evolutionäres Merkmal (Apomorphie) charakterisiert. Das vorliegende Kladogramm ist eine konservative Schätzung der Phylogenie (Stammesgeschichte) der Wirbeltiere, widerspiegelt aber die Übereinstimmung zwischen morphologischen und molekularen Daten. Wo Differenzen und damit Unsicherheiten über den Verzweigungspunkt (Knoten, *node*) bestehen, sind sie als Polytomien angegeben, das heißt als Knoten, die durch mehr als zwei Verzweigungen gebildet werden (Abbildung verändert nach Meyer & Zardoya 2003; verändert gemäß Heimberg et al. 2010 und Oisi et al. 2013)

Tab. 1.1 Morphologische Unterschiede zwischen Vögeln und Säugern und daraus resultierende (verhaltens-) ökologische Konsequenzen. Die ersten drei Kriterien werden generell als die wichtigsten differenzierenden Merkmale betrachtet. Neben den aufgeführten Kriterien bestehen weitere anatomische Unterschiede, zum Beispiel beim Knochenbau oder bei der Anordnung des Blutkreislaufs, der die Sauerstoffaufnahme beeinflusst.

Kriterium	Vögel	Säuger	Konsequenzen
1. Körperbedeckung	Federn	Haare	Federwechsel ist viel aufwendiger als Haarwechsel, benötigt oft Zäsur im Jahresrhythmus
2. Entwicklungsstand der Jungen bei Geburt	Eier	lebende Junge	besserer Schutz für Junge bei Lebendgebären, dafür geringere Jungenzahl möglich als beim Eierlegen
3. Milchproduktion	nein	ja (bestehend aus Proteinen, Zucker (Lactose), Fetten und anorganischen Salzen)	Milch ist optimal auf die Bedürfnisse der Jungen abgestimmt, zudem federt das Füttern der Jungen mit Milch äußere Einflüsse auf die Verfügbarkeit von Nahrung ab
4. Mundapparat	Hornschnabel, zahnlos	funktionell differenzierte Zähne (Heterodontie); Lippen und Backen, die richtiges Saugen und Kauen ermöglichen	Vögel können Nahrung nicht zerkauen
5. Flugfähigkeit	ja (soweit nicht sekundär verloren)	nein, außer bei Fledertieren (einige Arten mit Befähigung zum Gleiten)	Flugvermögen erlaubt höhere Flexibilität bei der Habitat- und Ressourcennutzung

Konsequenzen nach sich ziehen. Tabelle 1.1 liefert einen Überblick über die wichtigsten Unterschiede; die ökologischen Folgen sind aber mit Ausnahme des Federwechsels bei den Vögeln (Kap. 1.4) in den entsprechenden Folgekapiteln näher erläutert.

1.3 Sinnesleistungen

Auch wenn es in diesem Buch um die Ökologie der Vögel und Säugetiere und nicht um Körperbau und -funktionen geht, ist es dennoch sinnvoll, sich im Rahmen der Ökologie auch über die von den Vögeln und Säugetieren erbrachten Sinnesleistungen Rechenschaft abzulegen. Ganz allgemein lässt sich sagen, dass bei Vögeln vor allem Gesichtssinn und Gehör (Licht und Schallwellen als Signale), bei Säugern neben dem Gehör primär Geruchs- und Geschmackssinn (chemische Signale) gut ausgebildet sind. Manche Verhaltensweisen benötigen aber weitere Sinnesleistungen und sind nur erklärbar, wenn man die zugrunde liegenden Mechanismen der Wahrnehmung kennt. Man läuft schnell Gefahr zu vergessen, dass Vögel oder Säugetiere – bei aller Ähnlichkeit zu uns Menschen – auch Signale empfangen können, die uns Menschen ohne technische Hilfsmittel verborgen bleiben (Stevens M. 2013). Zum einen ist das wahrnehmbare Frequenzspektrum von Licht und Schallwellen bei Tieren oft weiter als beim Menschen. Zum anderen nehmen Vögel und Säugetiere auch gänzlich andere Formen von Signalen wahr, die wir selbst mangels genügend empfindlicher Rezeptoren nicht empfangen können. Dies gilt in großem Maße für das Orientierungsvermögen, bei dem das Erkennen elektromagnetischer Felder eine wichtige Rolle spielt;

Abb. 1.2 Das australische Schnabeltier *(Ornithorhynchus anatinus)* sucht im schlammigen Grund von trüben Gewässern Nahrung und hält beim Schwimmen die Augen geschlossen. Die Beute findet es mithilfe seiner über 50 000 Elektrorezeptoren, die auf dem Schnabel sitzen und aus Hautdrüsen entstanden sind (Czech-Damal et al. 2013).

die dafür benötigten Sinnesorgane sind noch wenig bekannt (Weiteres in Kap. 6.3 und 6.8). Auch der Tastsinn von Vögeln, die im Schlamm verborgene Invertebraten und Beute aufspüren können, die sich in einiger Entfernung von der Schnabelspitze befinden, gehört dazu (Cunningham et al. 2010). Einige vorwiegend aquatisch lebende Säugetiere besitzen Elektrorezeptoren, mit denen sie elektrische Signale niedriger Spannung erkennen können, wie sie zum Beispiel bei der Muskelkontraktion von Beutetieren abgegeben werden (Stevens M. 2013; Abb. 1.2). Die folgende kurze Darstellung illustriert spezifische Sinnesleistungen von Vögeln und Säugetieren anhand weniger Beispiele zu den drei klassischen Sinnen, Riechen, Sehen und Hören. Für eine umfassendere Übersicht siehe etwa Stevens M. (2013).

Chemische Signale
Die guten olfaktorischen Leistungen der Säugetiere sind wohlbekannt. Dass aber auch Vögel über den Geruch wichtige Informationen aufnehmen können, ist erst über neuere Forschung erhellt worden. Die Orientierung über Geruchsgradienten kommt in Kapitel 6.8 zur Sprache. Aber auch in anderen Zusammenhängen können Vögel chemische Signale nutzen. So finden insektenfressende Vögel Raupen, weil deren Laubfraß volatile Stoffe aus den Blättern freisetzt, oder erkennen Hausgimpel *(Haemorhous mexicanus)* umgekehrt die Präsenz von ihren Prädatoren am Geruch (Amo et al. 2013, 2015). Auch beim Sozialverhalten verschiedener Vögel findet Kommunikation über olfaktorische Signale statt (Bonadonna & Mardon 2013).

Licht und Sehvermögen
Die Fähigkeit, Licht im ultravioletten Bereich (UV) wahrzunehmen, ist bei Tieren weit verbreitet. Viele Säugetiere scheinen sie zwar im Laufe der Evolution verloren zu haben, doch findet man entsprechende Rezeptoren in der Netzhaut von verschiedenen nachtaktiven Arten (Vaughan et al. 2015), vor allem bei Fledermäusen (Zhao et al. 2009). Auch Vögel besitzen solche Rezeptoren und benutzen UV-Licht in verschiedenen Situationen, etwa bei der Nahrungssuche (Yang et al. 2016), besonders aber bei der Partnerwahl. Viele Arten, unter ihnen zum Beispiel Papageien, besitzen Federpartien, die ultraviolettes Licht entweder reflektieren oder es absorbieren und mit größerer Wellenlänge wieder abstrahlen (Fluoreszenz). Bei Königs- und Kaiserpinguinen *(Aptenodytes patagonicus, A. forsteri)* wurden UV-reflektierende Stellen am Schnabel entdeckt (Jouventin et al. 2005). Solche leuchtenden Flecken sind Teil der Ornamentierung, mit denen Individuen (vorwiegend Männchen) um die Gunst von Geschlechtspartnern werben (Kap. 4.8). Zur Fähigkeit der Vögel, das Polarisationsmuster von Licht zu nutzen, siehe Kapitel 6.8.

Schall und Hörvermögen
Auch bei Schallwellen vermögen manche Vögel und Säugetiere solche oberhalb (Ultraschall) oder unterhalb (Infraschall) des durch Menschen wahr-

nehmbaren Frequenzbereichs zu hören. Kommunikation im Ultraschallspektrum ist etwa bei kleinen Nagetieren, Fledermäusen und Walartigen verbreitet, während Elefanten (*Loxodonta* sp.) und gewisse Wale die weittragenden Infraschallwellen nutzen können (Stevens M. 2013). Die meisten Fledermäuse und Zahnwale (Abb. 1.3) sind zudem zu Echoortung *(echolocation, biosonar)* fähig. Diese Technik ist in einfacherer Form auch von einigen anderen Säugetieren und von in Höhlenkomplexen brütenden Vögeln (hauptsächlich kleinen Seglern) entwickelt worden. Echoortung ist ein aktiver Sinn, indem Schall sehr hoher Frequenz ausgestoßen und mit dem zurückgeworfenen Echo verglichen wird, was räumliche Orientierung oder das Auffinden von Beute ermöglicht (Fenton 2013; Klemas 2013; Madsen & Surlykke 2013).

1.4 Mauser der Vögel

Vögel und die meisten Säugetiere machen, auch wenn sie ausgewachsen sind, im Laufe des Jahres **periodische morphologische Veränderungen** durch. Diese können so bedeutende Organe wie den Verdauungsapparat betreffen, dessen Masse je nach Nahrung und allfälliger anderweitiger Belastung (etwa bei ziehenden Vögeln: Kap. 6.7) erhöht und verkleinert werden kann (Piersma & van Gils 2011). Auch der Auf- und Abbau von Fettvorräten (Kap. 2.7 und 4.1) führt bei vielen Arten zu periodischen Veränderungen der Körpermasse. Solche sind in der Regel bei Arten, die in saisonalen Klimazonen leben, ausgeprägter als bei tropischen Arten.

Für den Betrachter sind oft die Veränderungen am auffälligsten, die mit dem jahreszeitlichen Wechsel des Haar- oder Federkleids einhergehen.

Abb. 1.3 Fledermäuse und Zahnwale (hier Zügeldelfine, *Stenella frontalis*) haben die Fähigkeit zur Echoortung unabhängig voneinander entwickelt, funktionell aber sehr ähnliche Lösungen gefunden (Madsen & Surlykke 2013).

Die gegenwärtigen Funktionen von Federn und Haaren stehen nicht notwendigerweise in Zusammenhang mit der Evolution der Endothermie (Kap. 2.1), auch wenn ihr Beitrag zur Isolation respektive Thermoregulation des Körpers eine der wichtigsten Funktionen ist (Ruben & Jones 2000). Eine weitere Funktion sowohl von Federn als auch Haaren ist optischer Natur, indem Färbungsmuster Signale aussenden oder auch das Gegenteil bewirken sollen, nämlich ihre Träger zu tarnen. Bekannt ist der Wechsel von Braun im Sommer zu Weiß im Winter bei kleineren, bodenlebenden Arten schneereicher Gebiete, sowohl von Vögeln als auch von Säugetieren (Abb. 1.4).

Federn oder Haare neu zu bilden, bringt energetische Kosten mit sich. Bei Haaren sind sie vergleichsweise gering, sodass der Haarwechsel parallel zu anderen aufwendigen Tätigkeiten der Säugetiere, wie Austragen und Säugen der Jungen stattfinden kann. Die Bildung einer neuen Federgeneration bei Vögeln, **Mauser** *(moult/molt)* genannt, ist demgegenüber ein ungleich aufwendigeres Ereignis im Jahreszyklus, das bezüglich seiner zeitlichen Einpassung und der Geschwindigkeit des Ablaufs enge Koordination mit anderen energetisch kostspieligen Verrichtungen wie der Fortpflanzung und den Wanderungen erfordert.

Abb. 1.4 Verschiedene Hasenarten hoher Breiten wechseln zwischen braunem Haarkleid im Sommer und praktisch weißem im Winter (im Bild ein Schneehase, *Lepus timidus*, im Haarwechsel). Gute zeitliche Abstimmung des Umfärbens mit der Schneeschmelze ist wichtig, damit die Tarnwirkung der Fellfärbung optimal bleibt. Beim ähnlichen Schneeschuhhasen *(Lepus americanus)* wurde gezeigt, dass die wöchentliche Überlebensrate von Individuen mit unangepasster Fellfarbe bis zu 7 % geringer war als jene von Artgenossen, deren Fellfärbung der Umgebung entsprach (Zimova et al. 2016).

Abb. 1.5 Indischer Schlangenhalsvogel *(Anhinga melanogaster),* ein Verwandter der Kormorane, schwimmt häufig mit eingetauchtem Körper. Viele tauchende Wasservögel können ihr Gefieder stärker anpressen, wodurch Luft entweicht, sodass der Auftrieb geringer ausfällt.

Ausgelöst wird die Mauser nicht durch den Grad der Abnutzung, sondern wie andere jahresperiodische Vorgänge durch einen inneren Zeitgeber.

Funktionen des Federkleids
Neben den beiden bereits erwähnten Funktionen, Isolation und Signal- respektive Tarnwirkung, kommt den Federn entscheidende Bedeutung bei der Fortbewegung und Steuerung zu.

1. Die Isolation des Körpers gegenüber der Außentemperatur und der Schutz gegen eindringendes Wasser geschieht hauptsächlich über die kleinen, den Kopf, Hals, Bauch und Rücken sowie die Flügel und Schenkel bedeckenden Federn, die in ihrer Gesamtheit als **Kleingefieder** *(body plumage)* bezeichnet werden. Bei Wasservögeln ist dieses Gefieder dichter als bei Landvögeln und wird auch stärker eingefettet (Abb. 1.5).
2. Zum Fliegen kommen die größeren Federn am Flügel, die sogenannten Schwungfedern oder Schwingen *(remiges)* zum Einsatz, die in die distal liegenden Handschwingen *(primaries)* und proximal liegenden Armschwingen *(secondaries)* unterteilt werden. Die großen Schwanzfedern *(rectrices)* dienen hingegen primär der Steuerung im Flug und beim Tauchen. Zusammen werden diese Federn als **Großgefieder** bezeichnet (Abb. 1.6).
3. Färbung und Musterung des Gefieders haben zudem eine optische Funktion. Braune, oft dunkler gemusterte Federkleider dienen dazu, den Vogel weniger gut sichtbar zu machen, meistens im Sinne einer Tarnung *(crypsis)* vor Prädatoren; vor allem Weibchen und auch Jungvögel tragen ein solches Gefieder (Abb. 1.7). Bei Arten, die eine mehrjährige Jugendentwicklung durchma-

Grundsätzlich ist die Mauser eine Folge davon, dass Federn sich abnutzen und deshalb regelmäßig ersetzt werden müssen. In der Regel geschieht das einmal im Jahr. Federn würden zwar etwas länger als ein Jahr funktionstüchtig bleiben, werden aber vor ihrem Verfalldatum erneuert. Die Mauser ist also nicht eine Reaktion auf ein bereits abgenutztes Gefieder, sondern eine Prävention gegen zu starke Abnutzung.

chen, wie etwa die größeren Möwen (Abb. 1.8), dient ein solches Gefieder auch zur Beschwichtigung adulter Geschlechtsgenossen. Es drückt aus, dass die immaturen (unausgefärbten) Träger dieses Kleids keine Konkurrenten bei der Partnersuche darstellen, womit sie sich Aggression vonseiten der Adulten ersparen. Optisch auffällige Gefieder besitzen dagegen Signalwirkung und kommen mehrheitlich bei Männchen vor (Abb. 1.7). Sie sind in der Regel das Ergebnis von sexueller Selektion und sollen dem Geschlechtspartner oder Konkurrenten die eigenen Qualitäten vor Augen führen (Kap. 4.8). Vögel in Regenwäldern können beide Funktionen – Krypsis und auffällige Signale – auch in einem Gefieder kombinieren (Gomez & Théry 2007). Auffallende Färbungsmuster sind bei Arten, die Inseln bewohnen, im Vergleich zu nahverwandten Arten auf dem Festland reduziert. Es wird angenommen, dass solche Muster auch der intraspezifischen Arterkennung dienen und dass aufgrund der geringeren Artenzahl auf Inseln der Selektionsdruck für entsprechende Differenzierung kleiner ist (Doutrelant et al. 2016).

Abb. 1.6 Der landende Basstölpel (*Morus bassanus;* oben) demonstriert, wie Hand- und Armschwingen je spezifische Aufgaben beim Landemanöver übernehmen; auch die verschiedenen Reihen von Deckfedern, die normalerweise eine Schutzschicht für die Schwingenbasen bilden, unterstützen den Bremsvorgang. Unter Belastung nützen sich die Federn ab. Besonders deutlich kommt dies beim zerschlissenen Gefieder des Nepalhaubenadlers (*Nisaetus nipalensis*) im Bild unten zum Ausdruck. Dieser Greifvogel schlägt bodenlebende Beute im Wald und stürzt sich dabei mit Wucht durch das Unterholz.

Gefiederfolgen
Die zeitliche Abfolge der verschiedenen Gefieder im Leben eines Vogels ist das Resultat der periodischen Federwechsel und geschieht in festgelegter Weise. Das Grundmuster ist folgendes: Bereits im Ei oder dann während der Nestlingszeit wird in der Regel das **Dunenkleid** *(natal down)* angelegt, das aus Dunenfedern besteht und im Laufe des Jugendwachstums schnell durch das **Jugendkleid** *(juvenile plumage)*, das erste Kleid aus «richtigen» Federn ersetzt wird. Auch dieses ist nur von kurzer Dauer; bald darauf folgt das **Ruhekleid**, oft auch Winter- oder Schlichtkleid (*winter* oder *non-breeding plumage*) genannt. Viele Arten tragen dieses Kleid ganzjährig, andere wechseln vor der Brutzeit ins **Brutkleid** respektive Pracht- oder Sommerkleid (*summer* oder *breeding plumage*). Anschließend alternieren in diesem Fall Winter- und Brutkleid. Bei größeren Arten folgen nach dem Jugendkleid noch weitere Immaturkleider; alle sind «schlichter» als Adultkleider (Abb. 1.8). Vögel in

Abb. 1.7 Deutliche Unterschiede in der Gefiederfärbung zwischen den Geschlechtern zeigen sich beim Kalifasan *(Lophura leucomelanos)*. Das braune Gefieder des Weibchens (links) wirkt als Tarnkleid während des Brütens im Bodennest, während das auffälligere blauschwarz-weiße Gefieder des Männchens vor allem Signalfunktion im Kontext des Paarungsverhaltens besitzt.

solchem Gefieder werden als «unausgefärbt» bezeichnet.

Die hier verwendete traditionelle Nomenklatur der Gefieder ist auf die Verhältnisse der temperierten Gebiete abgestimmt. Eine vor allem in Nordamerika gebräuchliche Benennung verwendet hingegen genereller anwendbare Bezeichnungen, die nur auf die Abfolge, nicht jedoch auf Zeitpunkt, Färbung oder Funktion der Gefieder Bezug nimmt. Das Grundgefieder, das auf das Jugendkleid folgt, ist das *basic plumage* (entspricht dem Ruhekleid), das allfällige zweite Kleid im Jahr (bei Adulten das Brutkleid) ist das *alternate plumage*. Die adulten Gefieder werden als *definitive*, die immaturen Gefieder (Abb. 1.8) als *first, second* etc. *(basic* oder *alternate)* bezeichnet oder, falls es sich um Zwischengefieder ohne spätere Entsprechung handelt, als *formative*. Die Mauser wird nach dem Gefieder benannt, das sie bewirkt: Die *pre-juvenile molt* führt zum *juvenile plumage*, die *pre-basic molt* zum *basic plumage* und die *pre-alternate molt* zum *alternate plumage* (Howell 2010).

Mausertypen und -strategien
Die Mauser ist meist ein geordneter und zeitlich regelmäßiger Prozess, der aber – je nach dem zu bildenden Gefieder – unterschiedliche Gefiederpartien erfasst. Bei der **Vollmauser** werden sowohl Körperfedern als auch Schwung- und Steuerfedern erneuert, bei einer **Teilmauser** meist nur das Kleingefieder, allenfalls noch einzelne Schwanzfedern. Die Anzahl Mausern pro Jahr und deren Umfang sind artspezifisch, auch wenn innerhalb einer Art eine gewisse Variation möglich ist. Vereinfacht lassen sich, unter Einbezug des Zeitpunkts des Mauserns, vier **Mauserstrategien** unterscheiden:

1. Eine jährliche Vollmauser nach der Brutperiode. Viele große Vögel, aber auch der Großteil der Singvögel, verfolgen diese Strategie (Abb. 1.9).
2. Eine Vollmauser nach der Brutperiode und eine Teilmauser vor der Brutperiode. Diese Strategie ermöglicht das Anlegen eines bunteren Brutkleids, doch folgen ihr auch Arten, deren Winter- und Brutkleider sich nicht auffällig unterscheiden.
3. Eine Teilmauser nach der Brutperiode und eine Vollmauser vor der Brutperiode; vor allem bei Singvögeln, die weite Distanzen ins Winterquartier ziehen und dort die Vollmauser durchmachen.
4. Zwei jährliche Vollmausern, eine vor und eine nach der Brutperiode. Diese Strategie ist auf wenige Arten beschränkt.

Diese Strategien können komplizierter ausfallen, wenn etwa Zugvögel eine begonnene Mauser während des Zugs unterbrechen *(suspended moult)* und erst nach Ankunft im Winterquartier weiterfahren oder wenn das Großgefieder so langsam erneuert wird, dass die einzelnen Mauserperioden nicht mehr gegeneinander abgrenzbar sind. Verschiedene Vogelarten wechseln zudem bestimmte Federgruppen mehr als 2-mal jährlich. Solches kann beim einzelnen Vogel schnell zu einem komplizierten Muster unterschiedlich erneuerter Federn führen.

Geschwindigkeit der Mauser
Während der Ersatz der Körperfedern relativ unproblematisch ist, kann die Mauser der Schwung- und Steuerfedern während einiger Zeit die Flugfähigkeit beeinträchtigen. Ist das aufgrund der Lebensweise inakzeptabel, so bieten sich zwei Lösungen an: Entweder verläuft die Mauser radikal, dafür aber sehr schnell, oder sie verläuft sehr schonend, dafür aber sehr langsam.

1. Sehr schnelle Mauser erfordert den weitgehend gleichzeitigen Ersatz aller Schwungfedern. Dies resultiert zwar in einem vollständigen Verlust der Flugfähigkeit, der aber nur kurz dauert. Eine solche Lösung praktizieren Arten, die sich vor Prädatoren in Sicherheit bringen können, etwa indem sie sich in sehr dichter Bodenvegetation (Rallen) oder auf offenem Wasser aufhalten, wo sie bei Gefahr wegtauchen oder sich in die Ufervegetation zurückziehen (Wasservögel wie Enten und Lappentaucher oder gewisse Meeresvögel). Bei ihnen dauert die Flugunfähigkeit je nach Körpergröße zwischen wenigen und über 50 Tagen. Verschiedene Enten und andere Wasservögel fliegen oft weite Distanzen zu günstigen Gewässern, die genügend Schutz und Nahrung bieten, um dort zu mausern (Mauserzug; Kap. 6.4).

2. Vor allem große Arten und solche, die viel segeln, verteilen den Wechsel der Schwungfedern auf zwei oder mehr Jahre. Jedes Jahr wird ein Teil der Schwungfedern erneuert, dann folgt eine Mauserpause. Im nächsten Jahr geht die Mauser dort weiter, wo sie zuvor gestoppt wurde. Gleichzeitig beginnt sie aber am Anfangspunkt des Vorjahres erneut. Es laufen also gleichzeitig zwei bis drei oder sogar vier Mauserwellen über den Flügel, was zu einem unregelmäßigen Muster von alten (ausgebleichten) und neuen (frischen) Federn führt. Diese Art zu mausern heißt **Staffelmauser** und kommt unter anderen bei Adlern, Geiern, Störchen, Pelikanen (Abb. 1.10) und Albatrossen vor.

Zeitpunkt der Mauser
Eine Vollmauser durchzuführen, ist für einen Vogel aufwendig. Die zu ersetzende Federmasse entspricht je nach Art etwa 4–12 % der Körpermasse, und da die Energieeffizienz bei der Federbildung erstaunlich gering ist (bei den meisten Singvögeln unter 10 %), resultiert ein zusätzlicher Energiebedarf von 10–110 % (Murphy 1996). Beim australischen Weißbürzel-Honigfresser *(Ptilotula penicillata)* wurden eine Energieeffizienz von 6,9 % und ein zusätzlicher Energieverbrauch von 82 % im Vergleich zur Zeit vor Mauserbeginn ermittelt, wobei die Spitzen beim Energieverbrauch nicht genau mit den Perioden des stärksten Federwachstums übereinstimmten (Hoye & Buttemer 2011). Offenbar kommt die

Abb. 1.8 Größere Möwen haben eine längere Abfolge von Immaturkleidern, bis sie das Adultgefieder erreichen. Im Bild zwei Kamtschatkamöwen *(Larus schistisagus)*, links ein 1-jähriger, rechts ein adulter (mindestens 4-jähriger) Vogel.

Abb. 1.9 Flügel eines jungen Gelbsteißbülbüls *(Pycnonotus xanthopygos)* in der ersten Vollmauser. Die alten Federn sind etwa ein halbes Jahr alt und ausgebleicht, die erneuerten und wachsenden Federn hingegen dunkel und ganzrandig. Während Bülbüls als adulte Vögel dem Normalfall der Singvögel mit einer jährlichen Vollmauser folgen, gehören sie im ersten Lebensjahr zu einer Minderheit von Arten, die bereits aus dem Jugendgefieder eine Voll- und nicht nur eine Teilmauser durchführt.

mauserbedingte Zusatzenergie nicht nur durch das Federwachstum, sondern auch durch andere Faktoren wie etwa die verringerte Wärmedämmung des Gefieders zustande. Die Nahrungsversorgung und damit der Körperzustand kann bei vielen Vögeln das individuelle *timing* der Mauser beeinflussen (Newton 2011). Dies konnte kürzlich sogar experimentell an Wildvögeln gezeigt werden: Zusatzfütterung bewirkte bei Sumpfammern *(Melospiza georgiana)*, dass sie mit der spätwinterlichen Teilmauser früher begannen (Danner et al. 2015).

Bei solchen Kostenfolgen müssen die meisten Vögel die Mauser zeitlich von anderen energieintensiven Aktivitäten wie der Fortpflanzung oder den Wanderungen trennen. Zudem könnten sie diese Aktivitäten auch nicht mit reduzierten Federfunktionen ausüben, ohne Fitnesseinbußen erwarten zu müssen. Möglicherweise wären die energetischen Konsequenzen einer Mauserlücke im Flügel in manchen Fällen sogar höher als die Kosten der Federneubildung. In den gemäßigten Klimazonen findet die Vollmauser deshalb in der Regel zwischen Brut- und Zugzeit statt, das heißt im Sommer. Wo die Zeit für die ganze Mauser nicht

Abb. 1.10 Staffelmauser beim Rosapelikan *(Pelecanus onocrotalus)*. Man erkennt mehrere Mauserwellen, die von den dunkelsten Schwungfedern (neue Federn) zu den helleren braunen Schwingen (älteren, ausgebleichten Federn) führen.

ausreicht, ist die Unterbrechung der Mauser während des Zugs eine Lösung. Oder die Mauser findet überhaupt erst nach Ankunft im Winterquartier statt, wenn dort das Nahrungsangebot hoch ist (Barta et al. 2008).

In weniger saisonalen Klimazonen, besonders in den Tropen, verläuft die Mauser hingegen langsamer und zeitlich ausgedehnter, sodass sie stärker mit anderen Aktivitäten wie der Fortpflanzung überlappt. Bei gegen 30 000 Vögeln, die im Amazonasgebiet diesbezüglich untersucht wurden, standen 12,7 % der mit der Fortpflanzung beschäftigten Individuen gleichzeitig in der Mauser. Die Anteile variierten zwischen den Verwandtschaftsgruppen. Vor allem Singvögel zeigten auch hier eine klare zeitliche Trennung zwischen Brutgeschäft und Mauser (Johnson E. I. et al. 2012). Ein Spezialfall sind die meisten Arten der Nashornvögel (Bucerotidae). Die

1.4 Mauser der Vögel

Abb. 1.11 Doppelhornvogel *(Buceros bicornis)*, Paar.

Weibchen brüten in Baumhöhlen, deren Eingänge sie von innen her fast ganz zumauern. Während ihrer «Gefangenschaft» werden die Weibchen von den Männchen gefüttert und können deshalb aufgrund des geringen aktivitätsbedingten Energiebedarfs eine Schwingen- und Schwanzmauser durchführen (Kemp A. 1995; Abb. 1.11).

Stärkere Überlappung zwischen Fortpflanzung und Mauser ergibt sich auch bei Arten, deren Federn relativ lange für das Wachstum benötigen. Die Entwicklungsdauer der Schwungfedern korreliert positiv mit der Federgröße respektive jener des Vogels (Rohwer et al. 2009). Dies bedeutet, dass große Vögel, besonders jene mit Staffelmauser, auch in saisonalen Klimazonen während der Fortpflanzungszeit mit der Schwingenmauser fortfahren müssen; im Winter wird die Mauser aber unterbrochen.

Weiterführende Literatur

Zur Definition der Art gibt es eine umfangreiche Literatur. Einige neuere Werke präsentieren die Ideen rund um die Artkonzepte in verschiedenen Kontexten (Klassifikation, geschichtlich und philosophisch):
- Kunz, W. 2012. *Do Species Exist? Principles of Taxonomic Classification.* Wiley-Blackwell, Weinheim.
- Wilkins, J.S. 2009. *Species. A History of the Idea.* University of California Press, Berkeley.
- Richards, R.A. 2010. *The Species Problem. A Philosophical Analysis.* Cambridge University Press, Cambridge.

Ein lesenswerter Text, wie sich die verschiedenen Artkonzepte in der praktischen Anwendung, nämlich dem Erstellen einer Checkliste der Vögel der Erde, eignen und wie das System von Tobias et al. (2010) im großen Rahmen angewandt werden kann, bildet das Einführungskapitel von:
- del Hoyo, J. & N.J. Collar. 2014. *HBW and BirdLife International Illustrated Checklist of the Birds of the World.* Volume 1: Non-passerines. Lynx Edicions, Barcelona.

Zu den Wirbeltieren, Säugetieren und Vögeln existieren umfangreiche Standardwerke, die alle bereits mehrere Auflagen erlebt haben. Bei den meisten nimmt die Behandlung der höheren taxonomischen Einheiten breiten Raum ein. Zwei Werke widmen sich den Vertebraten insgesamt, wobei Linzey einen breiteren biologischen Ansatz wählt, während Kardong auf die Anatomie und Morphologie fokussiert:
- Linzey, D.W. 2012. *Vertebrate Biology.* 2nd ed. John Hopkins University Press, Baltimore.
- Kardong, K.V. 2014. *Vertebrates. Comparative Anatomy, Function, Evolution.* 7th ed. McGraw Hill, Boston.

In ähnlicher Weise behandeln zwei Lehrbücher nur, dafür ausführlicher, die Säugetiere:
- Vaughan, T.A., J.M. Ryan & N.J. Czaplewski. 2015. *Mammalogy.* 6th ed. Jones and Bartlett Learning, Burlington.
- Feldhamer, G.A., L.C. Drickamer, S.H. Vessey, J.F. Merritt & C. Krajewski. 2015. *Mammalogy. Adaptation, Diversity, Ecology.* 4th ed. John Hopkins University Press, Baltimore.

Über die Vögel, die sonst bezüglich spezifischer Themen sehr gut mit Büchern abgedeckt sind, ist gegenwärtig ein einziges neues Standardwerk von ähnlicher Form wie jener für die Säugetiere erhältlich:
- Lovette, I.J. & J.W. Fitzpatrick (eds.). 2016. *The Cornell Lab Handbook of Bird Biology.* 3rd ed. John Wiley & Sons, Hoboken.

Die Sinnesleistungen der Vögel und Säugetiere sind in den genannten Werken unterschiedlich detailliert behandelt; eine neue Darstellung fokussiert auf den ökologischen Kontext:
- Stevens, M. 2013. *Sensory Ecology, Behaviour, and Evolution.* Oxford University Press, Oxford.

Spezifische Werke über die Mauser der Vögel existieren nur wenige. Der alte Klassiker der Stresemanns ist nach wie vor eine Quelle genauster Angaben, während Howells rezentes Werk die Mauser bei den nordamerikanischen Arten behandelt und das nordamerikanische System der Mausernomenklatur erklärt:
- Stresemann, E. & V. Stresemann. 1966. *Die Mauser der Vögel. Journal für Ornithologie* 107: Sonderheft.
- Howell, S.N.G. 2010. *Molt in North American Birds.* Houghton Mifflin Harcourt Publishing Company, New York.

Eine schöne Einführung in die Thematik, vor allem die Koordination der Mauser mit den Erfordernissen des Zugs, am Beispiel europäischer Singvögel, bietet das Einleitungskapitel von:
- Jenni, L. & R. Winkler. 1994. *Moult and Ageing of European Passerines.* Academic Press, London.

2 Energie, Nahrung und Verdauung: die physiologischen Aspekte der Nahrungsökologie

Abb. 2.0 Westlicher Fettschwanzmaki *(Cheirogaleus medius)*

Kapitelübersicht

2.1	**Energiehaushalt (Metabolismus)**	31
	Energiefluss	31
	Energieumsatz	33
	Grundumsatz	33
	Leistungs- und Gesamtumsatz	38
2.2	**Nahrung als Energie- und Nährstofflieferant**	41
	Zusammensetzung der Nahrung	41
	Energie	42
	Wasser	44
	Eigentliche Nährstoffe	45
	Minerale	47
	Vitamine	48
	Sekundärstoffe	49
2.3	**Ernährungstypen**	51
2.4	**Verdauungssysteme**	54
	Verdauungssysteme der Herbivoren	57
	Dickdarmfermentierer	58
	Vormagenfermentierer	60
2.5	**Nahrungsstrategien der Herbivoren**	63
2.6	**Effizienz der Assimilation**	69
2.7	**Energiebalance und Kondition**	71
	Energiespeicherung und Kondition	71
	Energieeinsparung	

Sich zu ernähren, ist das unmittelbarste Bedürfnis eines Tiers. Energie, Nährstoffe und Wasser werden zum Aufrechterhalten der Körperfunktionen, für Wachstum, Aktivität und zur Reproduktion benötigt. Ernährung ist von direkter Relevanz für die **Fitness** eines Individuums, das heißt seinen Erfolg bei der Weitergabe der eigenen Gene in die nachfolgenden Generationen. Verhungern ist nämlich bei vielen Tierarten eine bedeutende direkte, Unterernährung eine bedeutende indirekte Mortalitätsursache. Zum Aufrechterhalten der Körpertemperatur ist bei Endothermen regelmäßige Nahrungsaufnahme vonnöten; Ausnahmen sind möglich bei herabgesetzter Körpertemperatur, etwa während des Winterschlafs, oder wenn bei gewissen Tätigkeiten (zum Beispiel Brunft, Bebrütung des Geleges) auf körpereigene Reserven zurückgegriffen werden kann. Exotherme Tiere sind dagegen in der Lage, lange Perioden ohne Nahrungsaufnahme durchzustehen.

In diesem und dem folgenden Kapitel geht es um die Ökologie der Ernährung, die als **Nahrungsökologie** bezeichnet wird. Unter diesem Begriff treffen Aspekte zusammen, die oft in zwei ganz unterschiedlichen Disziplinen behandelt werden.

1. Die **Bedürfnisse** eines Tieres bezüglich seiner Ernährung erschließen sich primär über das Verständnis der **Physiologie** und der entsprechenden **Anpassungen im Körperbau**. Es geht also um den Bedarf und die Aufnahme von **Energie** und **Nährstoffen**, um deren Mobilisierung aus unterschiedlicher **Nahrung** (zum Beispiel aus pflanzlichem oder tierischem Gewebe) und die Möglichkeiten und Grenzen, die sich aus den entsprechend adaptierten **Verdauungssystemen** ergeben. Der Rahmen dafür ist die natürliche Umwelt, mit der sich das Tier auseinandersetzen muss, was zu verschiedensten physiologischen Strategien im Umgang mit der verfügbaren Energie geführt hat. So verbinden sich physiologische mit ökologischen Fragen – das Merkmal der grenzüberschreitenden Disziplin der **Ökophysiologie**. Diese Thematik ist Gegenstand des Kapitels 2.
2. Will man hingegen wissen, wie ein Tier diese Bedürfnisse **erfüllt**, also die benötigte Nahrung beschafft, steht ein **verhaltensökologischer** Ansatz im Vordergrund. Die Fragen lauten dann zum Beispiel, wie das Nahrungsangebot räumlich und zeitlich verteilt ist, wie ein Tier die Nahrung nutzen kann (zum Beispiel selektiv oder opportunistisch) und welche Strategie der Nahrungssuche und -aufnahme letztlich zum besten Erfolg, das heißt zur Fitnessmaximierung führt. Theorien und Befunde, Fragen und Antworten dazu bilden das Kapitel 3.

2.1 Energiehaushalt (Metabolismus)

Energiefluss
Energie wird aufgenommen und für verschiedene Zwecke wieder verbraucht. Der Energiefluss lässt sich mittels eines Energiebudgets beschreiben und seine Bilanz berechnen. Als Maßeinheit für die Energie wird in der Regel das Joule (J) respektive das Kilojoule (kJ) verwendet; früher wurde eher mit Kalorien (cal) gerechnet, wobei 1 J = 0,239 cal oder 1 cal = 4,186 J. Wird eine Energieangabe gemacht, so sollte stets hinter der Einheit (Joule oder Kalorie) die Art der Energie genannt werden, wie im folgenden Energiefluss-Schema (Abb. 2.1) ausgedrückt.

Abb. 2.1 Vereinfachtes Schema des Energieflusses durch den Körper. Nicht angegeben sind geringere Verluste, die bei den Assimilationsvorgängen und dem Gewebeaufbau (siehe Text) anfallen. Auch die zur Verdauung benötigte Energie, die als Wärme abgegeben wird *(diet induced thermogenesis, specific dynamic action)*, ist ein solcher Verlust, sofern sie nicht zur Balance von Kältestress verwendet werden kann. Der Verlust hängt von der Art der Nahrung und weiteren Faktoren ab und beträgt oft 10–20 %, mitunter sogar 50 % der assimilierbaren Energie; die Verdauung von Protein ist energieintensiv (Barboza et al. 2009).

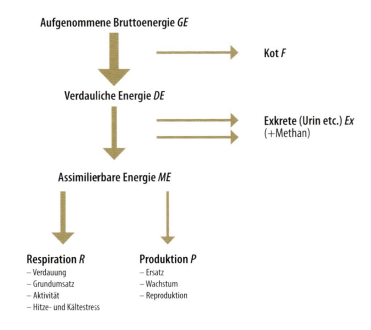

Von der aufgenommenen Bruttoenergie *GE* (*gross energy*, typischerweise mittels Verbrennungs-Kalorimetrie gemessen) kann nur ein Teil genutzt werden; der andere geht auf verschiedenen Stufen verloren. Zunächst wird das nicht verdaubare Material als Kot *F (faeces)* ausgeschieden; die verdauliche Energie *DE (digestible energy)* steht zur Assimilation zur Verfügung. Das Verhältnis von *DE* zu *GE* wird oft als **Verdaulichkeit** der Nahrung bezeichnet (s. Kap. 2.6). Bei der Absorption der Stoffe geht nochmals Energie über Exkrete *Ex* (Urin, Harnsäure, Hippursäure und andere) verloren; Pflanzenfresser geben auch Methan ab (s. Kap. 2.4). Daraus resultiert die assimilierbare oder verstoffwechselbare Energie *ME (metabolizable energy)*, die nun dem Stoffwechsel zur Verfügung steht. Ein Teil davon, oft sogar der größte Teil, dient der **Veratmung** *R (respiration)*, welche die für den «Betrieb» des Organismus bei Massenkonstanz nötige Energiemenge bezeichnet. Der andere Teil kann für die Bildung von Körpergewebe *P (production)* verwendet werden, zunächst für Gewebeersatz und das eigene Wachstum, dann auch zur Reproduktion (Gonadenbildung). Da für diese Prozesse nicht die gesamte Energie direkt in die Produktion von Gewebe fließt, sondern auch – produktionstypisch – zusätzliche Wärmeverluste auftreten, kann die reine, nur für die Nettoproduktion (ohne Wärmeverluste) verbrauchte Energie als Nettoenergie *NE (net energy)* quantifiziert werden. Diese letzte Energiestufe spielt in der Ökologie meist keine Rolle, sondern in der Fütterung landwirtschaftlicher Nutztiere (zum Beispiel als Nettoenergie$_{\text{Laktation}}$ *NEL* für die Milchbildung). Damit ergibt sich:

$$GE = F + DE = F + Ex + ME = F + Ex + R + P \qquad (2.1)$$

Generell variieren die verschiedenen Budgetkomponenten in ihrer relativen Bedeutung stark in Abhängigkeit der Nahrung, der Tiergruppe, von Körpergröße, Alter, Jahreszeit und weiteren Faktoren. Oft benötigt der Erhalt der Körpermasse bereits die ganze assimilierbare Energie *ME*, sodass nichts für Wachstum oder Reproduktion zur Verfügung steht – zum Beispiel in der kühlen Jahreszeit oder während Trockenperioden. Ist *ME* sogar kleiner als *R*, so muss auf körpereigene Energievorräte zurückgegriffen werden, wobei das Tier an Masse verliert (s. Kap. 2.7).

Energieumsatz
Die Energieausgabe während einer bestimmten Zeitdauer wird als Umsatz *(metabolic rate)* bezeichnet und in der Regel auf 24 Stunden bezogen. Der dabei erzielte Verbrauch eines normal lebenden Tieres mit allen Aktivitäten ist der **Gesamtumsatz.** Aus Feldmessungen am wild lebenden Tier stammt der englische Begriff *field metabolic rate*.

Der Gesamtumsatz besteht damit aus
- einem weitgehend **festgelegten** Teil für den Erhalt der körpereigenen Grundfunktionen, dem **Grundumsatz** (*basal metabolic rate*, BMR) und
- einem äußerst **variablen** Teil, dem **Tätigkeits-** oder **Arbeitsumsatz**, der den Energiebedarf für Verdauung und zusätzliche Temperaturregulation sowie die lokomotorischen Aktivitäten umfasst.

Falls das Tier in dieser Zeit zudem Körpergewebe aufbaut (Wachstum und Reproduktion oder Anlagerung von Fettreserven), ist die Energieaufnahme entsprechend höher als der Gesamtumsatz.

Grundumsatz
Der Grundumsatz ergibt sich aus dem Energiebedarf für die Grundfunktionen der Körperorgane (Exkretion, Atmung, Blutkreislauf, Nervenfunktion, Leberfunktion, etwa 36–50 % des BMR) sowie der Zellfunktionen (Protein- und Lipidumsatz, Ionentransport, etwa 40–56 %). Diese Energiemenge entspricht bei **Endothermen** (Box 2.1) dem Erhaltungsumsatz bei **Ruhe** und **Fasten** innerhalb der **thermoneutralen Zone**, das heißt, wenn für Wärmeregulation und Verdauung keine zusätzliche Energie aufgewendet werden muss. Oft lässt sich bei Messungen an Wildtieren die Bedingung des Fastens nicht überprüfen und experimentell ist sie bei Pflanzenfressern mit konstant gefülltem Magen-Darm-Trakt nicht ohne Auslösen erheblichen Stresses zu erreichen; beim gemessenen Wert spricht man dann vom Ruheumsatz (*resting metabolic rate*, RMR). Der BMR ist also unabhängig von irgendwelcher Tätigkeit des Tieres und als solcher ein für Vergleiche geeignetes Standardmaß; Messungen liegen von über 1 200 Vogel- und Säugetierarten vor (White C. R. & Kearney 2013). Der BMR wird oft als reine Funktion der Körpermasse dargestellt:

$$\text{BMR} = a \times W^b \qquad (2.2)$$

Dabei sind BMR = kJ *ME* pro Tag und W = Körpermasse in kg. Die Werte der Konstanten *a* und *b* sind tiergruppenspezifisch. Für Endotherme liegt die Steigung *b* meist um 0,71–0,75 und *a* variiert je nach den für Energieausgabe und Körpermasse verwendeten Maßeinheiten (Abb. 2.2 und 2.3; zu beachten ist, dass die Linearität nur eine Folge der doppellogarithmischen Darstellung der Potenzfunktion ist). Der Grundumsatz steigt also weniger stark als die Körpermasse an oder anders gesagt, der relative Aufwand pro Masseneinheit (die **spezifische Metabolismusrate**) und damit auch der relative Nahrungsbedarf nehmen mit zunehmender Größe ab. Solche Funktionen zwischen Körpergröße und anderen biologischen Parametern werden **Allometrie** genannt, wobei der Spezialfall der linearen Beziehung mit Exponent = 1 als **Isometrie** bezeichnet wird.

Die Skalierung *(scaling)* mit der Steigung $b \approx 0{,}73$, die als Mittel der Messungen an zahlreichen Tierarten gewonnen wurde, ist nach deren Beschreibung im Jahre 1932 durch den Schweizer Agrar- und Ernährungswissenschaftler Max Kleiber (1893–1976) als Kleibers Gesetz bekannt geworden und wird (aufgerundet auf 0,75) auch als *three-quarter rule* bezeichnet; sie ist das Kernstück der **Metabolischen Theorie der Ökologie** (Sibly et al. 2012a). Ob ihr gesetzmäßige Gültigkeit zukommt und welche Mechanismen ihr zugrunde liegen, wird heute wieder intensiv diskutiert (White C. R. & Kearny 2013). Würde die Energieausgabe linear der Körpermasse folgen, ergäbe sich $b = 1$; die Beziehung wäre statt einer Allo- eine Isometrie. Würde sie hingegen linear mit der Körperoberfläche skalieren, ergäbe sich $b = 0{,}67$, da die Beziehung Oberfläche = Volumen$^{2/3}$ eine geometrische Gesetzmäßigkeit ist und auch bei vielen unterschiedlich großen Vögeln und Säugern gefunden wurde. Mit $b \approx 0{,}73$ folgt die Steigung im Mittel tatsächlich enger der Körperoberfläche als dem Volumen, was grundsätzlich damit zusammenhängen mag, dass zahlreiche physiologische Prozesse, wie etwa der Wärmeaustausch über die Haut, über Oberflächen stattfinden. Weil die Steigung dennoch stärker als $b = 0{,}67$ ist, dürften mehrere verschiedene Mechanismen zur Allometrie beitragen (McNab 2002; Savage et al. 2004; Glazier 2005; O'Connor et al. 2007). Aktuelle Modelle erklären die Allometrie als Folge begrenzter Möglichkeiten des Energie- und Nährstoffflusses im Körper, wobei die einen auf das Transportnetzwerk fokussieren (West et al. 1997; Banavar et al. 2010; White C. R. & Kearny 2013), die anderen auf Vorgänge, die das Verhältnis zwischen struktureller Biomasse und Metaboliten (Körperreserven) bestimmen (Maino et al. 2014).

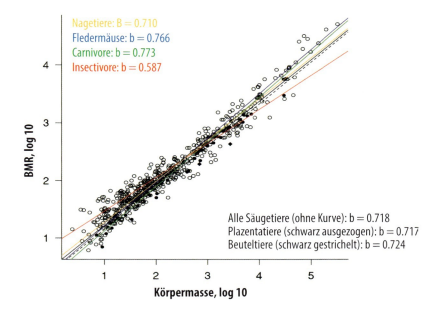

Abb. 2.2 Grundumsatz (Messung basierend auf Sauerstoffverbrauch pro Zeiteinheit) in Abhängigkeit der Körpermasse von 580 Säugetierarten (offene Kreise: Plazentatiere; gefüllte Kreise: Beuteltiere; gefüllte Rauten: Kloakentiere). Die Kurven sind für verschiedene Verwandtschaftsgruppen eingezeichnet und deren Steigung *b* angegeben. Die Kurve für alle Säugetierarten ist nicht eingezeichnet; ihre Steigung ist aber fast identisch mit dem $b = 0{,}721$, das von McNab (2008) mit einer anderen Methode der Kurvenanpassung gewonnen wurde (Abbildung verändert nach Capellini et al. 2010).

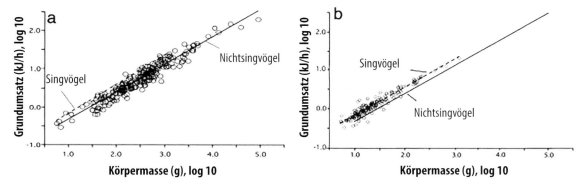

Abb. 2.3 Grundumsatz (gemessen in kJ/h) in Abhängigkeit der Körpermasse von 261 Nichtsingvögeln (a; Kurve ausgezogen) und von 272 Singvogelarten (b; Kurve gestrichelt). Zur besseren Vergleichbarkeit sind in (a) und (b) jeweils beide Kurven eingezeichnet. Die Kurvensteigung b beträgt für alle 533 Vogelarten zusammen 0,652. Der BMR liegt im unteren Bereich der Körpergrößen deutlich über dem BMR gleich schwerer Säuger, gleicht sich aber wegen der geringeren Kurvensteigung im oberen Größenbereich jenem der Säugetiere an (aus McNab 2009; s. auch McNab 2012) (Abdruck mit freundlicher Genehmigung von *Elsevier*,© Elsevier).

Das Wesen der allometrischen Skalierung des BMR beruht also auf mechanistischen Prinzipien der Physiologie. In je einem Datensatz von 639 Säugetierarten und 533 Vogelarten (Abb. 2.3) erklärte die Körpermasse 96,8 % respektive 94,1 % der Variation, wobei die Korrelationen deshalb so hoch ausfielen, weil die Spanne der involvierten Körpermassen zwischen den kleinsten und größten Arten bei Vögeln und ganz besonders bei Säugetieren riesig ist (McNab 2008, 2009, 2012). Die massenunabhängige Variation ist deshalb ebenfalls von Bedeutung; sie ist sowohl durch phylogenetisch als auch durch artspezifisch gegebene Anpassungen an ökologische Gegebenheiten bedingt. Vögel haben – je nach Masse, weil die Steigungen der Allometrien etwas differieren (Abb. 2.2 und 2.3) – einen um etwa das 1,1- bis 2-Fache höheren BMR als Säugetiere, was auf die Flugfähigkeit zurückgeführt wird; flugunfähige Vögel haben einen ähnlichen BMR wie die Säugetiere (McNab 2012). Bei Letzteren weichen etwa Carnivore und Fledermäuse durch höhere Steigung, Insectivore durch deutlich niedrigere Steigung vom Säugermittel ab (Capellini et al. 2010; Abb. 2.2). Oft wurden solche Unterschiede über die Ernährung erklärt:

- Bei Arten mit häufiger, gut verdaulicher Nahrung ist der BMR eher höher.
- Bei Arten mit spärlicher, schlecht verdaulicher Nahrung ist der BMR eher niedriger.

Ein Beispiel für letztere Gruppe liefern etwa die südamerikanischen Faultiere, deren BMR weniger als 50 % des aufgrund der Körpermasse erwarteten Wertes liegen kann (McNab 2002). Allerdings geht die Spezialisierung auf schlecht verdauliche Pflanzennahrung oft mit bewegungsarmer Lebensweise einher, sodass die relative Höhe des BMR auch mit der Mobilität zusammenhängen kann, wie der Unterschied zwischen Vögeln und Säugetieren nahelegt. Tatsächlich tendieren hoch mobile und unter Prädationsdruck stehende Säugetierarten zu höherem BMR als weniger hektisch lebende Arten (Lovegrove 2000).

Letztlich ist die Form der Ernährung mit der Körpertemperatur korreliert, die bei herbivoren Säugetieren und (weniger deutlich) Vögeln höher liegt als bei carnivoren Arten (Clarke & O'Connor 2014). Als unmittelbare Messgröße für den Wärmefluss im Körper erklärt die Körpertemperatur in Modellen deshalb die Unterschiede im BMR besser. Säuger in Polargegenden haben etwas höhere Körpertemperatur und einen bis 40 % höheren BMR als direkt vergleichbare Individuen unter tropischen Bedingungen (Clarke et al. 2010). Ähnliches gilt für Vögel: Arten gemäßigter Breiten weisen einen höheren BMR und auch höhere Organmassen (Ausnahme: Gehirn und Verdauungsapparat) auf als eng verwandte und ökologisch äquivalente Arten tropischer Zonen (Wiersma et al. 2007b, 2012; Londoño et al. 2015). Entsprechende Unterschiede treten auch innerhalb einer Art zwischen Populationen auf, die auf unterschiedlichen geografischen Breiten leben (Maggini & Bairlein 2013).

Trotz seiner Eignung als Vergleichsmaß ist der Grundumsatz nicht die minimal mögliche Energieausgabe eines Individuums! Der Energiebedarf der Grundfunktionen von Zellen und Organen ist nicht statisch, und so kann der BMR durch Schlaf, Unterernährung, Dehydrierung oder Torpor respektive Winterschlaf (Kap. 2.7) weiter reduziert werden. Der BMR ist damit auch alters-, tages- und jahreszeitenabhängig; oft ist er zum Beispiel bei Jungtieren höher. Untersuchungen an Vögeln haben gezeigt, dass der BMR selbst kurzfristig an veränderte Bedingungen angepasst werden kann, etwa bei Langstreckenziehern, die sich im Jahresverlauf in höchst unterschiedlichen klimatischen Umgebungen aufhalten (McKechnie 2008).

Box 2.1 Endothermie und Exothermie

Lange wurden Tiere bezüglich ihres Wärmehaushalts in Warmblüter (Vögel und Säugetiere) und Kaltblüter (Fische, Amphibien und Reptilien sowie alle Wirbellosen) eingeteilt, später anhand der Konstanz der Körpertemperatur in Gleichwarme (Homoiotherme) und Wechselwarme (Poikilotherme). Diese Klassifizierung wird der thermobiologischen Vielfalt aber bei Weitem nicht gerecht, denn auch viele Gleichwarme können ihre Körpertemperatur zur Energieersparnis absenken (Kap. 2.7). Heute wird eher die Herkunft der Wärme in den Vordergrund gestellt. Endotherme (Vögel und Säuger) produzieren Körperwärme weitgehend selbst über ihren Metabolismus, während die Exothermen (übrige Gruppen) hauptsächlich auf externe Wärmequellen zurückgreifen. Allerdings sind zum Beispiel auch Insekten in der Lage, während ihrer Aktivitätsphase eine hohe, streng regulierte Körpertemperatur einzuhalten.

Welches sind die Vorteile der Endothermie? Die «Energieeffizienz» ist bei endothermen Organismen mit ihrem großen Aufwand für die Respiration viel kleiner als bei exothermen; es bleibt ihnen im Mittel etwa 2 % der Energie für die Produktion von Körpergewebe, gegenüber 50 % bei Exothermen. Deshalb stellt sich die Frage nach den Vorteilen konstanter Körpertemperatur, und damit nach der Evolution von Endothermie – die übrigens bei Vögeln und Säugern jeweils unabhängig entstand.

Traditionelle Erklärungsversuche über die physiologische Leistungsfähigkeit *(aerobic capacity)* oder die Thermoregulation heben hervor, dass Endothermie
- Aktivitäten ohne Abhängigkeit von Sonneneinstrahlung möglich macht – zum Beispiel sind sehr viele Säuger nachtaktiv – und höhere Ausdauerleistungen zulässt,
- die konstante Möglichkeit bietet, auf äußere Stimuli zu reagieren, etwa bei der Nahrungssuche oder der Feindvermeidung,
- die Besiedlung kälterer Gegenden auch für terrestrische Tiere möglich macht,
- Torpor (Kältestarre) dennoch zulässt, zum Beispiel in Form von Winterschlaf und Winterruhe bei Säugern und in einem Fall bei Vögeln (Kap. 2.7).

Eine neuere, breiter abgestützte Theorie führt das Entstehen der Endothermie auf die Evolution der Brutpflege (Kap. 4.5) zurück, welche aus verschiedenen Gründen auf konstant hohe Körpertemperatur angewiesen ist (Farmer 2000; Koteja 2004). Ein formaler Test von Modellen mit Daten von Nagetieren fand jedoch größeren Support für eine der physiologischen Hypothesen, die auf der Bedeutung einer hohen metabolischen Kapazität fußt (Clavijo-Baque & Bozinovic 2012).

Abb. 2.4 Endothermie benötigt morphologische Anpassungen zur Regulation des Wärmeaustauschs über die Körperoberfläche. Reduktion des Wärmeverlusts über die Füße ist bei Vögeln in kalten Umgebungen wichtig, besonders bei Wasservögeln, die wie diese Lachmöwe *(Chroicocephalus ridibundus)* mit kalten Oberflächen in dauernder Berührung sind. Dies wird unter anderem über Wärmeaustauschnetze in den Blutbahnen der Extremitäten erreicht sowie durch die Möglichkeit, den Blutfluss bis zum Verhältnis 1:600 zu regulieren (Bezzel & Prinzinger 1990).

Zwischenartliche Vergleiche sind nicht nur innerhalb der Endothermen, sondern auch zwischen diesen und **Exothermen** (Box 2.1) aufschlussreich. Auch bei Exothermen (und selbst Einzellern) folgt der BMR der Körpermasse mit ähnlicher Steigung b wie bei den Endothermen. Absolut gesehen, liegt der BMR bei Exothermen jedoch um ein Vielfaches tiefer, da diese nur wenig Körperwärme selbst generieren und ihre Körpertemperatur deshalb mit der Umgebungstemperatur variiert. Bei einer Umgebungstemperatur von 20 °C beträgt der Unterschied gegen das 30-Fache (entspricht einer Differenz beim Achsenabschnitt a). Auch bei Exothermen steigt der BMR jedoch mit der Körpertemperatur an. Bei etwa 37 °C, einer Körpertemperatur, welche auch von vielen Reptilien bevorzugt wird, beträgt der Unterschied im Vergleich zu Endothermen gleicher Körpergröße noch etwa das 5-Fache.

Leistungs- und Gesamtumsatz
Der Energieverbrauch für die Aktivitäten, besonders die lokomotorischen, ist ökologisch bedeutsamer als der BMR. Gern wird der relative Aufwand für die einzelnen Tätigkeiten (Leistungs- oder Arbeitsumsatz), aber auch für den Gesamtumsatz innerhalb einer bestimmten Zeitspanne, im Verhältnis zum BMR angegeben *(factorial aerobic scope)*; statt des eigentlichen BMR wird bei Wildtieren oft der weniger streng definierte Ruheumsatz verwendet. Tätigkeiten wie Stehen erhöhen den Grundumsatz um 10–30 %. Am aufwendigsten sind spezielle Fortbewegungsarten wie schneller Ruderflug großer Vögel (siehe unten) oder Nahrungstauchen bei gewissen Wasservögeln, die das 10- bis 20-Fache des BMR betragen und in Extremfällen noch deutlich höher liegen können. So wurde ein Wert von etwa des 47-Fachen des BMR bei stoßtauchenden Dreizehenmöwen *(Rissa tridactyla)* gemessen, das heißt für eine Aktivität, zu welcher die Möwen keine speziellen morphologischen Anpassungen besitzen (Jodice et al. 2003). Säugetiere besitzen eine etwas geringere aerobe Kapazität als Vögel, doch erbringen spurtstarke Läufer wie Hunde *(Canis familiaris)*, Pferde *(Equus caballus)* oder Antilopen kurzfristig ebenfalls Leistungen im Bereich des 30-fachen BMR. Länger dauernde Höchstleistungen können aber sowohl bei Vögeln als auch Säugern nicht wesentlich über dem 15-Fachen des BMR liegen. Gleichmäßig fliegende Vögel auf dem Zug erreichen das 16-Fache des BMR, bei forciertem Fliegen unter experimentellen Bedingungen jedoch nur etwa das 6,4-Fache des BMR bei tropischen und etwa das 9-Fache des BMR bei vergleichbaren Arten aus gemäßigten Klimazonen (Wiersma et al. 2007a).

Morphologische Anpassungen reduzieren die Kosten von intuitiv aufwendig erscheinenden Tätigkeiten deutlich. Der Aufwand des Tauchens entspricht bei Wasservögeln, die den Vortrieb mit den Füßen erzeugen (Enten, Kormorane etc.), etwa 4- bis 10-mal dem BMR, bei Arten, die mit den Schwingen rudern (Alken, Pinguine), sogar nur 2,2- bis 4,2-mal (Enstipp et al. 2005). Stromlinienförmig gebaute Endotherme (zum Beispiel Robben) benötigen zum Schwimmen das 2- bis 3-Fache des BMR, Fische das 3- bis 7-Fache; der Unterschied ist aber dadurch bedingt, dass bei Endothermen der Grundumsatz bereits sehr viel höher liegt (Barboza et al. 2009). Grundsätzlich kostet Schwimmen dank des Auftriebs (und trotz des höheren Widerstandes) weniger Energie pro Einheit Körpermasse als vergleichbare terrestrische Fortbewegung wie Gehen oder Laufen; Fliegen liegt kostenmäßig dazwischen. Allerdings muss im Einzelfall zwischen unterschiedlich kostenintensiven Bewegungsformen (beim Fliegen etwa Segelflug, Ruderflug oder Schwirrflug) differenziert werden; zudem spielen Körpermasse und Geschwindigkeit eine Rolle. Bei fast allen Fortbewegungsarten nehmen die Kosten pro Masseneinheit

2.1 Energiehaushalt (Metabolismus)

und zurückgelegter Distanz mit zunehmender Körpergröße ab, die maximal erreichbaren Geschwindigkeiten hingegen zu. Für Schwimmen und Laufen ist diese Allometrie deutlich enger als für Fliegen, da beim Ruderflug die benötigte Energie im Vergleich zum Grundumsatz mit der Körpermasse sogar ansteigt. Ein gut 7 kg schwerer Geier (*Gyps* sp.) benötigt im Ruderflug etwa das 20-Fache des BMR, ein 4 g schwerer Kolibri im Schwirrflug nur etwa das 3,3-Fache (Bicudo et al. 2010). Große Vögel haben deshalb sehr kostensparende Formen des Fliegens entwickelt, die noch etwa das 1,5- bis 3-Fache des BMR kosten (McNab 2002; Abb. 2.5).

Der Gesamtumsatz wird häufig auf 24 Stunden bezogen und dann als **Tagesumsatz** (*average daily metabolic rate*, ADMR) bezeichnet. Grundsätzlich lässt sich der Gesamtumsatz für eine beliebige Zeitspanne bei Vorliegen eines Aktivitätsbudgets und der Kenntnis der relativen Kosten der verschiedenen Aktivitäten errechnen. In der Regel jedoch wird er direkt gemessen. Bei Wildtieren ist das oft nicht einfach, da etwa bei Messungen des O_2-Verbrauchs im Labor auch gut eingewöhnte Tiere Stresssymptome zeigen und damit zu hohe Werte generieren. Seit Längerem ist deshalb die Messung mittels Deuterium-Injektion (*doubly-labeled water technique*) gebräuchlich: Über die Ermittlung der Verlustraten von Sauerstoff- (^{18}O) und Wasserstoffisotopen (^3H), mit denen das injizierte Wasser versetzt ist, lassen sich die Kohlendioxidproduktion und damit der Energieverbrauch errechnen. Diese Methode kann gut auch bei frei lebenden Tieren angewandt werden, sofern mindestens zweimaliger Fang möglich ist. Bei solchermaßen erhobenen Werten spricht man vom Umsatz unter Freilandbedingungen (*field metabolic rate*, FMR).

Abb. 2.5 Röhrennasen-Arten wie Sturmvögel (im Bild ein Madeirasturmvogel, *Pterodroma madeira*) und Albatrosse (*Diomedea* und andere) sind lang- und schmalflügelige Hochseevögel. Sie fliegen vor allem mit Seiten- und Rückenwinden und nutzen dabei Windscherung (*dynamic soaring*) und Auftrieb über den Wellen, wobei sie über lange Distanzen ohne Flügelschläge auskommen. Die relativ breitflügeligen Greifvögel und Störche nutzen hingegen die Thermik über den Landmassen für stundenlanges Segeln.

Der FMR ist mittlerweile für eine größere Zahl von Wirbeltieren gemessen worden; im Vergleich zum BMR ist der Datensatz aber immer noch viel kleiner. Da sowohl Grundumsatz als auch Tätigkeitsumsatz in allometrischen Beziehungen zur Körpermasse stehen, ergibt sich eine solche auch für den FMR. Wenn man die wärmephysiologischen Unterschiede zwischen Exothermen und Endothermen berücksichtigt und die allometrischen Beziehungen für Reptilien, Vögel und Säugetiere separat rechnet, so zeigt sich für alle drei Gruppen, dass die Körpermasse allein für 94–95 % der Variation beim (logarithmierten) FMR verantwortlich ist (Abb. 2.6). Dennoch unterscheiden sich je nach verwandtschaftlicher Zugehörigkeit die Steigungen b von jenen des äquivalenten BMR, da offenbar auch der Tätigkeitsumsatz gruppenspezifischen Mustern

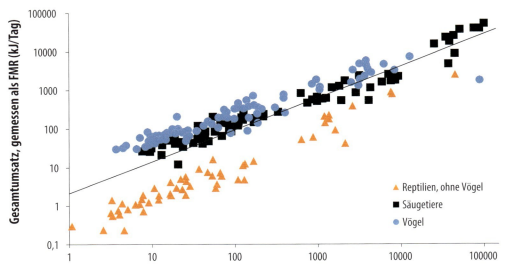

Abb. 2.6 Gesamtumsatz (gemessen als FMR) in Abhängigkeit der Körpermasse bei 229 Arten terrestrischer Wirbeltiere. Die Gerade ist die aus allen Werten berechnete Regressionslinie (Abbildung neu gezeichnet nach Nagy 2005).

folgt. Für Vögel wurde eine mittlere Steigung b von 0,71 (95 %-Vertrauensbereich 0,63–0,80) und für Säugetiere von 0,64 (0,56–0,72) errechnet, wobei die Variation innerhalb der Vögel respektive der Säugetiere größer war als zwischen den beiden Klassen (Hudson et al. 2013). Ähnlich dem BMR können diese Muster mit bestimmten Biomen (Tropen/temperierte Zonen), Habitaten (Wüsten-/Nichtwüstenbewohner, marine/terrestrische Arten), Ernährungsformen (Carnivorie, Granivorie/Herbivorie) oder taxonomischen Gruppierungen, vor allem auf der Ebene der Ordnung, in Verbindung gebracht werden (Nagy 2005; Hudson et al. 2013). Bei Vergleichen innerhalb näher verwandter Artengruppen und ähnlicher Körpermasse, zum Beispiel bei kleineren Vögeln (<150 g), zeigen sich oft aber relativ geringe Unterschiede im Energieverbrauch (Bryant 1997).

Auch beim FMR bestehen die größten absoluten Unterschiede zwischen Exothermen und Endothermen: Der FMR (und damit der Nahrungsbedarf) ist bei Reptilien etwa 15-mal geringer als bei Vögeln und Säugetieren gleicher Körpermasse (Abb. 2.6). Da die Energieumsätze meist in Jahreszeiten mit größter Aktivität der Tiere gemessen werden, können sich über das Jahr aufsummierte Unterschiede bis zum 30-Fachen ergeben, denn der FMR steigt bei Endothermen in der kühlen Jahreszeit, während er bei Exothermen

Abb. 2.7 Bei der Schmalfuß-Beutelmaus *(Sminthopsis crassicaudata)*, einem kleinen carnivoren Beuteltier aus den Trockenzonen Australiens, wurde mit 6,9-mal BMR einer der höchsten Gesamtumsätze gemessen (Nagy 1987). Mittels Torpor sind diese kleinen Raubbeutler jedoch in der Lage, außerhalb der Fortpflanzungszeit bei plötzlichem Nahrungsmangel bis zu 50 % der täglichen Energieausgabe einzusparen — und dank Sonnenbaden sparen sie auch beim Aufheizen auf die Normaltemperatur (Kap. 2.7).

aufgrund der dann reduzierten Aktivität sinkt (Nagy 2005).

Wie beim Tätigkeitsumsatz, so ist es auch beim Gesamtumsatz instruktiv, den Wert als Mehrfaches des BMR auszudrücken. Für Vögel und kleinere Säuger liegt er bei den meisten Arten beim 2- bis 4-fachen BMR, bei vielen Gruppen kleinerer Vögel sogar recht eng im Bereich 3,0- bis 3,4-mal BMR, und in vielen Fällen noch deutlich darunter (Bryant 1997). Da das Äquivalent eines 4-fachen BMR bereits einer energetisch aufwendigen Lebensweise entspricht, ist eine Erhöhung darüber hinaus schnell mit Fitnesskosten verbunden. Länger andauernde Gesamtumsätze *(sustained metabolic scope)* bis etwa zum 5,2-Fachen des BMR kommen bei größeren Vögeln noch regelmäßig vor (McNab 2002). Noch höhere Werte sind selten und am ehesten bei kleinen, sehr aktiven Carnivoren zu finden (Hume 2006; Abb. 2.7); das 7-Fache des BMR dürfte das Maximum sein (Hammond & Diamond 1997). Allerdings zeigen die jüngsten Nachweise von über 10 000 Kilometer langen Nonstopflügen ziehender Pfuhlschnepfen (*Limosa lapponica*; Kap. 6.6), dass Vögel imstande sind, über neun Tage lang eine Leistung im Umfang des 8- bis 10-fachen BMR zu erbringen (Gill R. E. et al. 2009). Ein Vergleich mit dem menschlichen Leistungsvermögen ist in diesem Zusammenhang instruktiv: Teilnehmer am dreiwöchigen Radrennen, Tour de France 1984, verbrauchten über die Zeit ein mittleres Energieäquivalent von 4,3 bis 5,3-mal BMR (Westerterp et al. 1986).

Natürlich kann der Gesamtumsatz bei Arten in stark saisonalen Klimazonen über das Jahr hin merklich schwanken. Beim Gemeinen Rothörnchen *(Tamiasciurus hudsonicus)* betrug die maximale Energieausgabe im Sommerhalbjahr das 3,7-Fache des winterlichen Minimums, wobei die größten Ausgabeposten auf die Laktation (Kap. 4.1) und den herbstlichen Aufwand für das Sammeln der zu hortenden Nahrung (Kap. 3.7) entfielen (Fletcher et al. 2012). Selbst in den Tropen kann es zu Jahresgängen im Energieverbrauch kommen, wenn auch zu wesentlich geringeren Schwankungen. Bei tropischen Standvögeln wurde eine maximale Erhöhung während der Brutzeit um etwa 50 % des außerbrutzeitlichen Minimums gemessen. Bei Standvögeln, die in gemäßigten Zonen ausharren, liegt die winterliche Energieausgabe hingegen höher als jene zur Brutzeit (Wells & Schaeffer 2012).

2.2 Nahrung als Energie- und Nährstofflieferant

Zusammensetzung der Nahrung

Aus der Nahrung muss der tierische Organismus Energie und über 50 verschiedene Inhaltsstoffe beziehen können, welche zudem in einem bestimmten Verhältnis zueinander stehen sollten. Abb. 2.8 gibt einen Überblick über die wichtigsten Komponenten. Alle Arten von Nahrung enthalten zumeist einen bedeutenden Anteil an Wasser. In tierischem Gewebe ist er relativ konstant bei etwa 60–70 %, bei Pflanzen hingegen variabler. Am wasserreichsten sind Algen, gewisse Wasserpflanzen und Beeren mit über 80 %. Krautige Pflanzen und Wurzelknollen kommen auf etwa 70 %, Gras und Flechten auf 40–50 %, und am trockensten sind Zweige oder Samen mit etwa 30 %. Dies sind Mittelwerte; zudem nehmen im saisonalen Klima Wasser- und Stickstoffgehalt in Blättern und Stängeln gegen das Lebensende oder zum Beginn der Dormanz der Pflanze hin ab. Deshalb werden Energie- und Nährstoffwerte in der Regel auf die Trockenmasse der Nahrung bezogen.

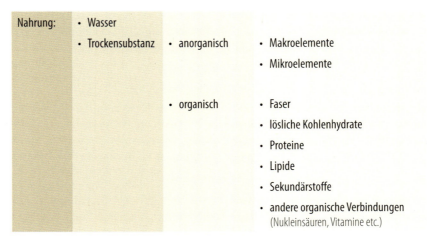

Abb. 2.8 Die Trockensubstanz besteht aus einem anorganischen Anteil (welcher bei Nährstoffanalysen nach der Verbrennung als Asche anfällt) und organischen Komponenten. Diese umfassen neben den eigentlichen Nährstoffen (leichtverdaulichen Kohlenhydraten, Proteinen und Lipiden) sowie den Mikronährstoffen wie Vitaminen auch teilweise unverdauliche (Faser = schwer- und unverdauliche Kohlenhydrate) bis mild toxische Komponenten (Sekundärstoffe) (nach Karasov & Martínez del Río 2007).

Energie

Energie wird aus der Oxidation der Nährstoffe (Proteine, Kohlenhydrate und Lipide) bezogen; die Nährstoffe sind zugleich Bausteinlieferanten des Körpers oder lassen sich in solche umwandeln. Lipide (Fette und Öle) haben den höchsten Energiegehalt; Proteine (Eiweiße) und Kohlenhydrate liegen deutlich darunter (Tab. 2.1). Der Energiegehalt der Nahrung ergibt sich also vor allem aus ihrer Zusammensetzung. Fleisch ist wesentlicher energiereicher als pflanzliche Nahrung, je nach Fettgehalt aber auch variabler. Gerade bei Fischen kann der Fettgehalt den Nährwert stark beeinflussen: Ölhaltige Arten (etwa Aal, *Anguilla anguilla*) liefern bis zu 4-mal mehr Energie als ölfreie Fische (wie etwa Flussbarsch, *Perca fluviatilis*). Pflanzengewebe, besonders Blätter und Stängel, sind weniger variabel als tierisches Gewebe, doch können die bereits erwähnten saisonalen Abnahmen für Herbivoren von Bedeutung sein, wenn der Nährwert der Nahrung bereits an der unteren Grenze liegt. Oft betreffen solche Veränderungen nicht den Bruttoenergiegehalt (GE), sondern den nutzbaren Anteil, der durch die Verdaulichkeit der Nahrung gegeben ist (DE). Bei Pflanzen hängt die Verdaulichkeit stark von den Anteilen verschiedener Fasern ab; Lignin ist auch für Herbivoren weitgehend unverdaulich (Kap. 2.6). Bei tierischer Nahrung ist der Anteil unverdaulicher Materie oftmals dort hoch, wo kleinere Beutetiere samt Exo- oder Endoskelett ganz verschlungen werden (bis 80 % bei Mollusken mit Schalen, bis 50 % bei Arthropoden mit Cuticula, bis 17 % bei kleineren Vertebraten samt Federn, Haaren oder Knochen) oder wo kleine Beutetiere, zum Beispiel Arthropoden, mit anhaftender Erde oder Sand aufgenommen werden – ein häufiger Fall bei Ameisen- und Termitenfressern (McNab 1984; s. Abb. 2.14).

Box 2.2 Zusammenbruch der Geierpopulationen in Südasien

Ab etwa 1993 brachen die Bestände der Geier der Gattung *Gyps* (*G. bengalensis, G. indicus, G. tenuirostris*) auf dem Indischen Subkontinent innerhalb weniger Jahre um 99,9 % ein. Die zuvor häufigen Aasvertilger, welche die Kadaver von Kühen auch in den Städten beseitigten, waren nun am Rande des Aussterbens. Eine solche Rate der Populationsabnahme konnte nur durch eine massiv erhöhte Adultmortalität zustande kommen. Nach einiger Zeit war die Ursache identifiziert. Das entzündungshemmende Mittel Diclofenac wurde mehr und mehr auch zur Behandlung von Kühen eingesetzt und war überall leicht und günstig erhältlich. Wurde Diclofenac in den letzten Tagen vor dem Tod einer Kuh verabreicht, war das Mittel anschließend im Kadaver noch nicht abgebaut und wurde von den Geiern in letaler Dosis aufgenommen. Diclofenac führt bei den Geiern zu Niereninsuffizienz und damit zu gestörter Wasserregulation; die Anreicherung von Harnsäure in Blut und Gewebe (Viszeralgicht) wirkte dann schnell tödlich. Weiträumige Erhebungen der Kontamination toter Kühe mit Diclofenac, verbunden mit Populationsmodellen der Geier, wiesen nach, dass die Kontamination den Rückgang der Geier allein bewirken konnte. Da unschädliche Alternativen zu Diclofenac existierten, wurde die Anwendung des Mittels auf dem Indischen Subkontinent 2006 verboten (Green et al. 2007; Pain et al. 2008). Darauf stabilisierten sich die Restbestände, und neuerdings scheint sich eine Umkehr der Bestandsentwicklung abzuzeichnen (Chaudhry et al. 2012; Prakash et al. 2012; Cuthbert et al. 2014). Das praktische Verschwinden der Geier hatte weitreichende negative Auswirkungen, bis hin zum Anstieg der Todesfälle in der Bevölkerung durch Tollwut. Dies war darauf zurückzuführen, dass die Zahl verwilderter Hunde in Indien stark anwuchs, nachdem sie an den Kadavern toter Kühe keiner Konkurrenz durch Geier mehr ausgesetzt waren (Markandya et al. 2008).

Abb. 2.9 Zwei der hauptbetroffenen Geierarten: Bengalengeier (*G. bengalensis*, oben), und Dünnschnabelgeier (*G. tenuirostris*, unten).

Wasser

Wasser ist der Reaktionsträger für Stoffwechselvorgänge in Pflanzen und Tieren, denn eine riesige Vielfalt von Stoffen ist in Wasser löslich, von einfachen Mineralionen bis zu Zuckern, kurzkettigen Fettsäuren, Aminosäuren oder komplexen Proteinen und Vitaminen. Tiere brauchen damit Wasser, um Volumen und Zusammensetzung ihrer Körperflüssigkeiten aufrechtzuerhalten. Beeinträchtigungen dieser Fähigkeit durch Wassermangel führen schnell zum Tod. Auch toxische Effekte können die Regulationsfähigkeit einschränken (Box 2.2).

Tiere nehmen Wasser auf und geben Wasser an die Umgebung ab; diese Balance funktioniert je nach Lebensraum in unterschiedlicher Weise. Bei wasserlebenden Arten, die über Kiemen oder die Haut leicht Wasser mit ihrem Medium austauschen, spielt die Osmolarität eine entscheidende Rolle. Im Meerwasser mit hoher Osmolarität lebende Knochenfische sind **hypoosmotisch**. Sie verlieren Wasser und müssen trinken; dabei wird Salz wieder über Nieren und Kiemen ausgeschieden. Süßwasser besitzt niedrigere Osmolarität als die Körperflüssigkeit von Fischen oder Amphibien; diese Arten sind gegenüber ihrer Umgebung **hyperosmotisch**. Sie müssen nicht trinken und schaffen das eindringende Wasser als Urin aus dem Körper. Terrestrische Wirbeltiere verlieren Wasser über Haut, Lungen, Niere und den Verdauungstrakt und müssen dieses ersetzen. Sie können es generell auf drei Arten aufnehmen: 1. frei, also durch Trinken, 2. als Bestandteil der Nahrung und 3. als metabolisches Wasser, das heißt durch die Oxidation organischer Verbindungen wie Proteine und Fett.

Verschiedene Wasser- und Meeresvögel, Wale, Robben und andere Säuger nehmen über die Nahrung hohe Salzkonzentrationen auf und können auch Salzwasser trinken; das Salz wird über die Nieren mit speziell hoher Resorptionsfähigkeit für Wasser (Säugetiere) und spezielle Salzdrüsen (Vögel, auch bei Reptilien) wieder ausgeschieden (Abb. 2.10). Dies gilt vor allem bei Arten, die sich von Invertebraten (zum Beispiel Krill) ernähren, da Invertebraten im Unterschied zu Fischen hyper- oder **isoosmotisch** sind. Fisch- und fleischfressende Arten, aber auch viele Herbivoren müssen kaum trinken, da die Nahrung selbst genügend Wasser enthält und zudem über den Fettabbau oxidatives Wasser liefert. Selbst herbivore Wüstenbewohner können viel Wasser über sukkulente Pflanzen, Knollen und Wurzeln beziehen; zudem ist Tau für sie eine Wasserquelle. Australische Hüpfmäuse *(Notomys alexis)* ändern bei Wassermangel ihre metabolische Strategie: Durch erhöhte Nahrungsaufnahme lagern sie in der Leber Glykogen an, aus dem sie – anstatt aus dem Fett – metabolisches Wasser beziehen (Takei et al. 2012). Daneben besitzen Wüstentiere Adaptationen, um den Wasserverlust zu reduzieren. Beispielsweise vermindern sie die Verdunstungsrate über den Anstieg der Körpertemperatur (Heterothermie, Kap. 2.7), oder sie produzieren sehr trockenen Kot und stark konzentrierten Urin (Fuller A. et al. 2014). Der Wasserverlust steigt generell mit zunehmender Umgebungstemperatur und körperlicher Leistung; so kann etwa die Reichweite ziehender Watvögel im Nonstopflug (Kap. 6.6) durch den Wasserverlust begrenzt werden. Auch über die Milchproduktion entsteht größerer Wasserbedarf. Umgekehrt können viele Tiere zur Kühlung mittels Hecheln den Wasserverlust erhöhen; bei größeren laufenden Arten wie Pferden oder auch dem Menschen erfolgt die kühlende Wasserabgabe über Drüsen nahe der Körperoberfläche in der Nähe der wärmeproduzierenden Muskeln (Schwitzen).

Eigentliche Nährstoffe
Kohlenhydrate, Proteine und Lipide machen den Löwenanteil der organischen Substanz in der Nahrung aus. In Pflanzen besteht diese hauptsächlich aus Kohlenhydraten, in tierischem Gewebe aus Rohprotein. Bei Nahrungsuntersuchungen spricht man oft von Rohfaser, Rohprotein und Rohfett, wenn nicht genau zwischen den einzelnen chemischen Formen unterschieden wird. Rohprotein bezeichnet damit die Summe der meisten N-haltigen Verbindungen, also Proteine und Nukleinsäuren. Der Sammelbegriff «Rohfaser» gilt nur als sehr grobes Maß für die Nahrungsqualität, da er Faserarten sehr unterschiedlicher Verdaulichkeit und weitere wenig definierte Substanzen umfasst.

Proteine sind Aminosäureverbindungen, die im Körper der meisten Tiere in relativ ähnlicher Zusammensetzung vorhanden sind und zahlreiche verschiedene Funktionen ausüben. Damit ist die Nahrung der Carnivoren ähnlich zusammengesetzt wie ihr eigener Körper und bezüglich der benötigten Nährstoffe in der Regel ausgeglichen, während bei Herbivoren in der Nahrung wichtige Komponenten fehlen können. Zehn der 23 proteinogenen Aminosäuren können von Tieren mit einfach gebautem Verdauungssystem (vor allem Carnivoren und Omnivoren) nicht selbst synthetisiert und müssen über die Nahrung beschafft werden; man bezeichnet sie als **essenzielle** Aminosäuren. Ein Mangel an essenziellen Aminosäuren führt meist zu Einbußen bei Wachstums- und Reproduktionsleistungen, besonders schnell im Fall der Aminosäure Arginin; bei Katzen ist Argininmangel sogar tödlich. Katzen als strikte Fleischfresser können auch Taurin nicht selbst herstellen. Taurin ist in Fleisch häufig, fehlt jedoch in Pflanzen. Pflanzenfresser sind deshalb in der Lage, Taurin zu synthetisieren (Robbins 1993). Selbst synthetisierbare Aminosäuren heißen **nicht essenziell**. Herbivoren mit komplizierter gebautem Verdauungssystem fermentieren mithilfe von Mikroorganismen im Vormagen oder Blinddarm (Kap. 2.4) und vermögen im Rahmen der mikrobiellen Synthese mehr Aminosäuren aufzubauen.

Pflanzliche **Kohlenhydrate** (KH) können gemäß ihrer Funktion in der Pflanze in **nicht strukturelle** und **strukturelle** Kohlenhydrate unterschieden werden; die Unterscheidung ist auch in nahrungsphysiologischer Hinsicht sinnvoll. Nicht strukturelle KH reichen von löslichen Mono- und Disacchariden («Zucker») zu Polysacchariden, zum Beispiel als Stärke in Samen und Wurzeln. Nicht strukturelle KH kommen in allen Pflanzenteilen vor, gehäuft aber in Früchten, Samen, in der Stängelbasis und in Wurzeln von Gräsern und Kräutern, in Wurzelknollen und in den Wurzeln der meisten Bäu-

Abb. 2.10 Die Salzdrüsen der Vögel sind paarige Nasendrüsen oberhalb der Augen und bei den meisten Arten funktionslos, bei marinen und anderen Vögeln, die ihre Nahrung aus dem Salzwasser aufnehmen, jedoch gut ausgebildet. Das Sekret mit hoher Natriumchloridkonzentration (bis zum Doppelten des Gehalts im Meerwasser) wird über die Ausfuhrgänge zu den Nasenlöchern und von dort in Furchen zur Schnabelspitze abgeleitet. Bei den Röhrennasen (Procellariiformes) sind die Ausfuhrgänge von einem röhrenförmigen Teil des Schnabels umschlossen. Diese Röhren sind beim Riesensturmvogel (*Macronectes giganteus*; im Bild) auffällig, bei manchen Arten aber kürzer (weitere Arten in Abb. 2.5, 5.17 und 6.7).

Tab. 2.1 Energiegehalt (in kJ/g) und Zusammensetzung (%) der Nährstoffe, von verschiedenen Nahrungstypen und von Exkreten (Durchschnittswerte) (nach Robbins 1993, Willmer et al. 2004, Karasov & Martínez del Río 2007 sowie Senser et al. 2009). * Daten aus Lebensmitteltabellen (bei Fleisch Mittelwerte aus verschiedenen Fleischteilen, jedoch auf den essbaren Anteil bezogen)

	Bruttoenergie (kJ/g) Frischmasse	Trockenmasse	Lipid (%)	Protein (%)	Kohlenhydrat (%)
Nährstoffe					
Kohlenhydrate		17,0	0	0	100
Stärke		17,7			
Rohrzucker		16,6			
Proteine		23,6	0	100	0
Lipide		39,5	100	0	0
Nahrung					
Phytoplankton	~1	15–20	1	3	4
Makroalgen	~1		<1	1	4
Blätter		17,7–18,2	<1	2	1
Stängel		17,9			
Samen		21,5			
Hülsenfrüchte	2–8	17–21	2	10	70
Haselnuss*	26,6		61,6	12,0	10,5
Früchte	1–2	19,5	0	~1	6–15
Nektar (Sucrose)		16,7			
Regenwürmer	3		1	11	1
Krabben	4–5		3	13	2
Insekten		24,5			
Insektenlarven	3–6		1–5	10–16	2
Meeresfische*	2,8–9,0		0,6–16,6	14,9–21,5	0
Süßwasserfische*	3,3–11,6		0,8–24,5	15,0–19,9	0
Hirsch*	4,7		3,3	21	0
Wildschwein*	6,8		9,3	19,5	0
Ente*	9,4		17,2	18,1	0
Kuh-, Ziegenmilch	2,7–2,8		3,6–3,9	3,3–3,7	4,2–4,7
Schafmilch	4,0		6,3	5,3	4,7
Hühnerei	6,5	25–28	11,3	12,8	0,7
Exkrete					
Harnstoff		10,6			
Methan		55,6			

me und Sträucher. Sie dienen der Pflanze als Reserve und zeigen im Wechselspiel von Fotosynthese und Atmung deutliche Tagesgänge und saisonale Schwankungen ihrer Konzentration. Nicht strukturelle KH sind allgemein sehr gut verdaulich (Kap. 2.6).

Die beiden wichtigsten strukturellen KH in den Zellwänden der Pflanzen sind Zellulose und Hemizellulose, die für statische Festigkeit vor allem gegen Zugkräfte sorgen. Zellulose und Hemizellulose können von Wirbeltieren nur mittels von Mikroben produzierter Enzyme abgebaut werden. Herbivoren gewinnen einen bedeutenden Anteil ihrer Energie aus Zellulose und Hemizellulose. Zusammen mit **Lignin** bilden die strukturellen KH den Faseranteil. Lignin ist kein KH, sondern ein aromatisches, nicht saccharides Polymer, das in der Zellwand für Druckfestigkeit sorgt und die Verholzung bewirkt. Lignin kann auch von der Darmflora nicht fermentiert werden und ist damit weitgehend unverdaulich. Lignin trägt stark dazu bei, dass Verdaulichkeit (Kap. 2.6) und Nährwert der Pflanze oft umgekehrt proportional zum Faseranteil sind.

Lipide sind eine heterogene Gruppe organischer Verbindungen, die aus Fettsäuren aufgebaut sind. Nicht nur Fette und Öle gehören dazu, sondern auch Wachse, Sterole, Sphingolipide und Phospholipide. Letztere bilden wesentliche Bestandteile von Membranen von mikrobiellen, pflanzlichen und tierischen Zellen. In der Ernährung aber spielen Lipide ihre bedeutendste Rolle in Form von Fetten und Ölen (Triacylglycerole, früher oft als Triglyceride bezeichnet), aber auch von Wachsen; sie dienen als Energiespeicher, da sie wesentlich energiereicher als Kohlenhydrate oder Proteine sind (Tab. 2.1). Dank der hydrophoben Eigenschaften der Lipide kann die Energie zudem «sauber», das heißt ohne größere Mengen angelagertes Wasser gespeichert werden, im Gegensatz etwa zu Glykogen, einem anderen Energiespeicher. Da Körperfett sehr direkt aus aufgenommenen Fettsäuren synthetisiert werden kann, lagern Tiere bei fettreicher Nahrung schnell entsprechende Vorräte an – etwa Lachs fischende Grizzlybären *(Ursus arctos)*, die vor allem Gehirn und Laich der Fische fressen. Auch Omnivoren wie Hühner- und Gänsevögel können aus der in Körnern enthaltenen Stärke schnell Körperfett aufbauen (Barboza et al. 2009). Zur Mobilisierung der Fettreserven siehe Kapitel 2.7.

Minerale
Verbrennt man organische Substanz unter hoher Temperatur, etwa bei Nährstoffanalysen, so bleibt am Schluss Asche übrig. Diese repräsentiert den «anorganischen» Anteil, das heißt praktisch den Totalgehalt an Mineralen. Quantitativ ist ihr Anteil im Vergleich zur organischen Substanz relativ gering (Minerale machen im Tierkörper etwa 5 % aus), qualitativ hingegen von großer Bedeutung für verschiedene Körperfunktionen. Gemäß den benötigten Mengen unterscheidet man zwischen Makro- und Mikromineralen (oder -elementen).

Makroelemente werden in «größeren» Mengen benötigt, die gewöhnlich in mg/g Nahrung gemessen werden. Kalzium und Phosphor sind wichtig für die Knochenbildung und die Produktion von Eischalen; männliche Hirsche haben während der alljährlichen Neuproduktion ihres Geweihs einen stark erhöhten Kalziumbedarf, weibliche Säugetiere generell während der Laktation, da die produzierte Milch reich an Kalzium und Phosphor ist. Deshalb muss die Kalziumversorgung oft über spezielle Verhaltensweisen sichergestellt werden: Carnivoren kauen Knochen, Nagetiere benagen Knochen oder abgeworfene Geweihe, und Vögel nehmen Schneckenhäuschen oder Kalksteinchen auf (Box 2.3). Phosphor ist in den meisten organischen Verbindungen vorhanden und gibt in der Regel keinen Anlass zu Versorgungsproblemen. Allerdings scheinen regionale Defizite bei Phosphor und anderen Mineralen in tropischen Grasländern die Verteilung großer Herbivoren über die Landschaft mitzubestimmen. Die Wanderungen von 1,5 Mio. Weißbartgnus *(Connochaetes taurinus)* im Serengeti-Mara-Ökosystem (Tansania und Kenia; Kap. 6.3) werden nicht nur über das Proteinangebot der Pflanzennahrung, sondern auch über regionale Unterschiede im Phosphorgehalt gesteuert (McNaughton 1990). Natrium spielt im Wasserhaushalt des Körpers, bei der Muskelkontraktion und bei der Übertragung von Nervenimpulsen eine wichtige Rolle. Fleischnahrung liefert genügend Natrium, doch in Pflanzen kommt Natrium nur in geringer Konzentration vor. In der Regel nimmt die Natriumversorgung von den Küstengebieten (natriumhaltige Aerosole) ins Innere der Kontinente hinein ab. Herbivoren sind deshalb dort oft auf zusätzliche Aufnahme angewiesen, etwa an Salzlecken oder durch Aufnahme von Erde (Geophagie). Geophagie wird regelmäßig von vielen Arten von Huftieren, Elefanten, Primaten, Nagetieren und Vögeln praktiziert (Abb. 2.11). «Hunger» nach Kalzium und Natrium ist den Tieren angeboren (Abb. 3.6). Andere Makroelemente (Kalium, Magnesium, Chlor, Schwefel) sind in der Regel in genügender Konzentration in Pflanzen vorhanden und stellen wild lebende Tiere kaum vor Versorgungsprobleme.

Ähnliches gilt für die Zufuhr von **Mikroelementen** *(Spurenelementen)*, deren Bedarf in der Größenordnung von µg/g Nahrung liegt. Zu ihnen gehören Eisen, Kupfer, Zink, Mangan, Selen und zehn weitere Elemente. Spurenelemente haben wichtige Funktionen als Katalysatoren für oxidative oder reduktive Reaktionen. Die quantitativen Bedürfnisse nach Spurenelementen sind allgemein noch wenig untersucht; man nimmt an, dass die meisten Arten an die Versorgung in ihrem Verbreitungsgebiet angepasst sind. Regionaler Selenmangel (und auch lokaler toxischer Selenüberschuss) ist etwa aus Teilen Nordamerikas und im südlichen Afrika bekannt, scheint aber nur auf größere Herbivoren gewisse Auswirkungen zu haben, etwa über erhöhte Mortalität von Jungtieren; auch Kupfermangel kann sich ähnlich auswirken (Robbins 1993; Karasov & Martínez del Río 2007). Bei insektenfressenden Vögeln Australiens hat man nachgewiesen, dass die von ihnen bevorzugten Arthropodengruppen (Käfer, Schmetterlinge, Heuschrecken und Spinnen) nicht nur höhere Gehalte an Rohprotein und Fett aufwiesen als weniger häufig gefressene Gruppen (Zweiflügler, Hautflügler und Libellen), sondern noch ausgeprägt höhere Gehalte an allen elf analysierten Makro- und Mikroelementen (Razeng & Watson 2015).

Vitamine
Ähnlich den Spurenelementen sind Vitamine in der Nahrung nur in kleinsten Mengen vorhanden, für Tiere aber unverzichtbar. Vitamine sind relativ komplexe organische Verbindungen, weisen darüber hinaus aber keine engere chemische Verwandtschaft auf und werden vor allem wegen ihrer ähnlichen Funktionen als Koenzyme unter einem Begriff zusammengefasst. Vitamine sind normalerweise essenziell, das heißt von Tieren nicht (oder nicht

2.2 Nahrung als Energie- und Nährstofflieferant

Abb. 2.11 Auch Frucht- und Samenfresser sind auf zusätzliche Quellen von Natrium-, Kalium-, Magnesium- und Kalziumverbindungen sowie andere Minerale angewiesen. Grünflügelaras *(Ara chloropterus)* besuchen wie viele weitere neotropische Papageien Lehmlecken *(clay licks)* an steilen Flussufern, deren Gehalt an Natrium gegen 4-mal höher ist als in umliegenden Böden und etwa 6-mal höher als in der Nahrung. Neben der Bedeutung als Natriumlieferant mögen auch detoxifizierende und andere Wirkungen des Lehms eine Rolle spielen, besonders für Herbivoren, deren Nahrung durch einen hohen Gehalt an sekundären Pflanzenstoffen charakterisiert ist (Brightsmith et al. 2008; Powell et al. 2009).

in genügender Menge) synthetisierbar. Vitamin C (Ascorbinsäure) ist teilweise eine Ausnahme, da die meisten Säugetiere, Vögel, Amphibien und Reptilien es synthetisieren können; manche Arten haben aber im Lauf der Evolution diese Fähigkeit bereits wieder verloren. Vitaminmängel sind bei wild lebenden Tieren schwierig nachzuweisen und scheinen vor allem dort vorzukommen, wo Populationen auf kleine Gebiete (zum Beispiel kleine Inseln) mit eingeschränkter Nahrungswahl zurückgedrängt worden sind. Wie weit ein Syndrom bei Vögeln im Gebiet der Ostsee, das zu Lähmungserscheinungen und oft zum Tod führt, auf einen Mangel an Thiamin (Vitamin B_1) zurückgeführt werden kann, ist umstritten (Balk et al. 2009; Sonne et al. 2012).

Sekundärstoffe
Im Gegensatz zu den bisher behandelten Nahrungsbestandteilen, die in irgendeiner Form der Ernährung dienen, sind Sekundärstoffe *(secondary metabolites)* Stoffe, die Pflanzen und Tiere als Abwehrstoffe gegen Prädation respektive Herbivorie produzieren. «Sekundär» bedeutet, dass sie in der Regel in der Pflanze keine primäre metabolische Funktion innehaben. Unter den Tieren sind es viele Invertebraten, aber auch Fische, Amphibien und sogar einzelne Vögel, die solche Stoffe – oft Neurotoxine – synthetisieren oder aus ihrer eigenen Nahrung gewinnen und sie dann im Körper akkumulieren. Die größte Vielfalt an Sekundärstoffen wird aber von Pflanzen produziert, vor allem von Dikotylen, viel weniger von Monokotylen (Gräsern), die zum Schutz gegen Frass eher Siliziumkristalle einlagern (Box 2.5). Die Konzentration an Sekundärstoffen ist artspezifisch und bei vielen Pflanzenarten in älteren Blättern hoch, bei anderen hingegen in jungen Zweigen. Dazu kommen Schwankungen nach Jahreszeit oder Jahr, aber auch individuelle Unterschiede. Da die Produktion mit Kosten verbunden ist, geht sie beim Nachlassen von Fraßdruck zurück. Die Wirkung der Tausenden bereits bekannter Sekundärstoffe reicht

Box 2.3 «Unerwartete» ökologische Auswirkungen von anthropogen verursachten Störungen in der Kalziumversorgung von Vögeln

Schneckenhäuschen sind für viele Vögel wichtige Kalziumquellen vor der Eibildung, denn Vögel können keine größeren Kalziumvorräte im Körper anlegen. Weil Landschnecken auf sauren Böden geringere Dichten als auf kalkreichem Untergrund erreichen, können sie die Dichte von Singvögeln in natürlicherweise kalkarmen Gebieten limitieren. Nachdem Forscher in niederländischen Wäldern auf sandigen Böden Rückgänge im Bruterfolg bei Singvögeln feststellten, wiesen sie nach, dass Eier öfter zerbrachen, weil die Dicke der Eischalen abnahm. Dies wiederum war auf einen Rückgang in der Häufigkeit der Landschnecken zurückzuführen, der seinerseits durch den anthropogen bedingten sauren Regen verursacht wurde (Graveland & van der Wal 1996; Graveland & Drent 1997).

Geiernestlinge müssen ihren Kalziumbedarf durch Knochenfragmente decken, die ihnen die Eltern füttern. Diese stammen in der Regel von Knochen, die vorgängig von größeren Säugern zerbissen wurden. Nach der Ausrottung von Löwen *(Panthera leo)* und Hyänen *(Crocuta, Hyaena)* auf dem Farmland in Südafrika konnten sich die Kapgeier *(Gyps coprotheres*, ähnlich den Arten in Abb. 2.9) zwar weiterhin vom Fleisch von totem Vieh ernähren. Da die Knochen aber nicht mehr durch Großprädatoren aufgeschlossen wurden, fehlte es an verfütterbaren Knochen, und aufgrund des Kalziummangels litten die Geiernestlinge vermehrt an Knochenmissbildungen (metabolische Osteodystrophie, «Rachitis»). Bei Kolonien in Wildreservaten mit Großprädatoren war dies nicht der Fall (Richardson et al. 1986).

---

von geschmacklicher Wirkung (Bitterstoffen) über verdauungshemmende bis zu toxischer Wirkung; diese muss aber nicht für alle Konsumentengruppen gleich sein. Was zum Beispiel toxisch für Insekten sein kann, mag für Säugetiere neutral wirken. Der Abbau der Toxine geschieht durch die Mikroben im Verdauungstrakt (Kohl et al. 2014).

Entsprechend ihrer chemischen Verwandtschaft lassen sich etwa 20 Gruppen sekundärer Pflanzenstoffe unterscheiden. Zu ihnen gehören etwa **Terpene**, **Phenole** oder **Alkaloide**. Terpene hemmen als Aroma- oder Bitterstoffe die Tätigkeit der Mikroorganismen im Pansen der Wiederkäuer. Phenole, zu denen die Tannine gehören, binden sich an Proteine und reduzieren dadurch deren Verdaulichkeit. Die meisten Blätter von Bäumen enthalten Tannine. Alkaloide sind zyklische Stickstoffverbindungen, die vor allem mild toxisch wirken. Viele Raupen können Alkaloide sequestrieren und im eigenen Körper akkumulieren, was sie selbst gegen Fraß durch Vögel schützt. Die große Vielfalt der Sekundärstoffe auch innerhalb einer Gruppe bringt es aber mit sich, dass sich die Wirkungen der einzelnen Stoffe innerhalb einer Gruppe deutlich unterscheiden können. Dazu kommt, dass die Konsumenten im Laufe der Evolution selbst zahlreiche Abwehrmechanismen entwickelt haben. Je nachdem werden sie demnach versuchen, die Einnahme dieser Stoffe zu vermeiden, niedrig zu halten oder deren Wirkung zu neutralisieren.

2.3 Ernährungstypen

Die klassische und auch einfachste Einteilung nach Ernährungstypen, die sich an den trophischen Stufen orientiert, unterscheidet zwischen **Carnivoren** (Fleischfressern), **Herbivoren** (Pflanzenfressern) und **Omnivoren** (Allesfressern). Auch wenn je nach Tiergruppe (Säugetiere, Vögel etc.) Unterschiede in den Häufigkeiten der Ernährungstypen bestehen und manche Arten nicht eindeutig zugeordnet werden können oder sich in Abhängigkeit von Alter und Saison unterschiedlich verhalten, so ist die Einteilung dennoch ökologisch bedeutsam. Die Nahrungswahl ist wie ein morphologisches oder verhaltensbiologisches Merkmal der Evolution unterworfen. In der Regel liegen ihr spezifisch ausgebildete Verdauungssysteme zugrunde, deren physiologische Möglichkeiten und Einschränkungen weitreichende nahrungsökologische Konsequenzen für die Tiere haben. Deshalb wird oft noch genauer unterteilt: piscivor (fischfressend), insectivor (insektenfressend), granivor (samen- oder körnerfressend), folivor (blattfressend), frugivor (fruchtfressend), nectarivor (nektarfressend) und so weiter. Eine konsequente Einteilung richtet sich nach dem quantitativen Anteil verschiedener Nahrungskategorien in der Ernährung. In Verbindung mit der Körpergröße und der Aktivitätszeit (tagaktiv/nachtaktiv) ergibt sich so eine wesentlich feinere Charakterisierung der Nahrungsökologie einer Art, als es die übliche Einteilung nach **Gilden** (*guild*; Arten mit ähnlichem Nahrungserwerb) erlaubt (Wilman et al. 2014; mit einer Datenbank von fast allen Vogel- und Säugetierarten). Ist die Nahrung vielfältig, ohne dass eine Kategorie dominiert, so sollte von **Generalisten** anstelle von Omnivoren gesprochen werden, weil der traditionelle Begriff des Omnivoren verschiedene Kombinationen vereint, die auf unterschiedlich adaptierten Verdauungssystemen beruhen (Pineda-Munoz & Alroy 2014). Allerdings wird die Bezeichnung «Generalist» auch in einer etwas anderen Bedeutungsvariante verwendet (siehe unten). Innerhalb der Herbivoren wird oft noch eine verfeinerte Einteilung angewandt (Kap. 2.5).

Verdauungstechnisch gesehen, ist es einfacher, sich von Fleisch als von Pflanzen zu ernähren, da tierische Zellen keine eigentlichen Zellwände besitzen. Damit ist die Zahl der carnivoren und omnivoren Tierarten viel größer als jene der herbivoren. Aus den höheren Verwandtschaftsgruppen (Kap. 1.2) sind die Knorpelfische, Amphibien sowie die wenigen Arten der Brückenechsen und Krokodile (praktisch) rein carnivor. Unter den Knochenfischen gibt es einige marine, vor allem aber Süßwasser bewohnende Arten (zum Beispiel die Karpfenartigen), die zu einem guten Teil herbivor leben. Auch unter den Echsen (mit Ausnahme der Schlangen) finden sich einige herbivore Gruppen (zum Beispiel Leguane); Schildkröten sind hauptsächlich omnivor. Bei den Vögeln ernähren sich eher größere Arten (vor allem Gänse und Schwäne sowie Straußenartige) von grünen Pflanzenteilen; die meisten herbivoren Vögel sind Körner- und Fruchtfresser (Box 2.4). Insgesamt ist die Nahrung bei Vögeln auch innerhalb einer Art oft sehr vielseitig. Mehr als die Hälfte der Vogelfamilien umfasst deshalb hauptsächlich omnivore Arten, und insgesamt dominiert der Anteil tierischer Nahrung, vor allem

Abb. 2.12 Die Nutzung der Ressource Fisch (oder auch von Krebstieren, Mollusken etc.) ermöglicht die Besiedlung aller Meere durch Vögel. In den produktiven Aufquellgebieten *(upwelling areas)* können einzelne Arten von Meeresvögeln oft hohe Bestandsdichten erreichen und bilden an ihren Brutplätzen auf Inseln die größten Massenansammlungen von Vögeln auf engem Raum. Der akkumulierte stickstoff- und phosphorreiche Kot wurde früher in Form von Guano zu Düngezwecken industriell abgebaut. In Walvis Bay (Namibia) hat man den Kapkormoranen *(Phalacrocorax capensis)* eigens riesige Brutplattformen errichtet. Als Biodünger erlebt Guano heute wieder eine steigende Nachfrage.

dank der vielen Insektenfresser. Auffällig ist zudem die vielfältige Nutzung von Fischen durch Vögel (Abb. 2.12). Bei den Säugetieren ist die Trennung in die Hauptgruppen Carnivore und Herbivore generell schärfer ausgebildet als bei den Vögeln. Mit etwa 90 % der Arten haben die Säugetiere den weitaus größten Anteil an Herbivoren; auch bei ihnen sind kleinere Arten (vorwiegend Nagetiere) eher granivor, während größere bis sehr große Arten sich von Gras, Kräutern, Laub, Zweigen und Wasserpflanzen ernähren können (Kap. 2.4 und 2.5). Mitunter nehmen auch ausgesprochene Herbivoren Fleisch zu sich, wenn sich eine günstige Gelegenheit bietet, möglicherweise als einfache Form der Proteinaufnahme (Clauss et al. 2016).

Als (Nahrungs-)Generalisten werden auch Tiere bezeichnet, deren Nahrungsspektrum breit ist, also viele verschiedene Komponenten enthält, unabhängig von den weiter oben definierten Nahrungskategorien. Das Gegenteil sind (Nahrungs-)**Spezialisten**. Zu einer stringenteren Definition wird etwa die Nutzung des vorhandenen Nahrungsangebots herbeigezogen: Generalisten nutzen das in einem Habitat vorhandene Beuteartenspektrum zufällig, Spezialisten in einer spezifischen Auswahl. Allerdings lässt sich das grundsätzlich nutzbare Angebot gerade bei Prädatoren oft kaum ermitteln. Im Zusammenhang mit unselektiver Nahrungssuche wird auch der Begriff **Opportunist** gebraucht. Bei Herbivoren, besonders Huftieren, spricht man von selektiv äsenden Arten, wenn sie bestimmte Pflanzen oder Pflanzenteile herausgreifen; das Gegenteil sind unselektive Äser (*bulk feeders*; Weiteres in Kap. 2.5). Die genannten Bezeichnungen sind deshalb vor allem beim Vergleich verschiedener Arten aus derselben Verwandtschaft oder der gleichen Gilde sinnvoll. Allerdings muss beachtet werden, dass es auch Arten gibt, bei denen einzelne Individuen sich als Nahrungsspezialisten, andere hingegen sich als Generalisten gebärden (Araújo et al. 2010; dieser Aspekt der intraspezifischen Variation wird in Kap. 3.2 besprochen). Abgesehen davon ist es verständlich, dass Spezialisten

Box 2.4 Frugivorie bei Vögeln

Obwohl Früchte und Nektar pflanzliche Bestandteile sind, unterscheiden sich die Anforderungen an Frugivore und Nectarivore in mancher Hinsicht von jenen an klassische Herbivore. Entsprechend dem Nahrungsangebot sind Frugivore und Nectarivore vor allem in subtropischen und tropischen Breiten zu finden. Früchte werden von den Pflanzen produziert, damit sie gefressen und die in ihnen enthaltenen Samen verbreitet werden; Entsprechendes gilt für Nektar und Pollen. Die Brutzeit der frugivoren Vögel fällt in den Tropen mit der Zeit stärkster Fruchtbildung zusammen. Allerdings sind die meisten dieser Vögel nur als Adulte frugivor (Abb. 2.13); die Nestlinge füttern sie mit Insekten. Früchte enthalten im Allgemeinen einen zu geringen Anteil an Proteinen (Tab. 2.1), um die hohe Wachstumsgeschwindigkeit der Nestlinge zu gewährleisten. Gewisse tropische Früchte mit trockenem Fruchtfleisch bieten jedoch den darauf spezialisierten Vögeln eine relativ protein- und fettreiche Nahrung an (Snow 1976). Einige Arten sind damit total frugivor, das heißt, sie füttern auch die Nestlinge mit Früchten. Die Nestlingsdauer wird aber anders als bei Insektenfressern bei Fruchtnahrung dennoch häufig auf fast das Doppelte verlängert, was besonders prädatorensichere Neststandorte und -konstruktionen verlangt (Stutchbury & Morton 2001).

Für adulte Vögel ist das üppige und meist ganzjährig verfügbare Früchteangebot grundsätzlich eine energetisch lohnende Nahrungsquelle. Dennoch wird sie nicht ihrer Häufigkeit entsprechend genutzt. Dies hat damit zu tun, dass Verdauungsvorgänge innerhalb der Vögel sehr variieren. So besitzen zum Beispiel viele Singvögel – im Gegensatz etwa zu Menschen oder Laborratten – kein Enzym zur Spaltung von Sucrose. Auch sind zur Nutzung kohlenhydratreichen und fettreichen Fruchtfleisches aufgrund unterschiedlicher Assimilationsgeschwindigkeit differenzierte Anpassungen nötig. Weitere Probleme können die in Früchten enthaltenen Sekundärstoffe sowie unausgewogene Mineralgehalte für Frucht- und Nektarfresser verursachen (Levey & Martínez del Río 2001).

Abb. 2.13 Viele der neotropischen Tangaren (hier eine Dreifarbentangare, *Tangara seledon*) sind als Adulte zu einem Großteil frugivor, füttern die Jungen in der ersten Zeit aber vorwiegend mit Arthropoden.

Abb. 2.14 Der Große Ameisenbär *(Myrmecophaga tridactyla)* aus den Savannen Südamerikas ist ein spezialisierter Ameisen- und Termitenfresser. Seine röhrenförmige Schnauze ist zahnlos; die Aufnahme der Beute geschieht mithilfe einer langen Zunge.

nicht unter den Omnivoren, sondern bei den Carnivoren oder Herbivoren zu finden sind. Generalisten hingegen müssen nicht zwingend omnivor sein; auch unter Carnivoren oder Herbivoren kann man im Vergleich verschiedener Arten von Generalisten und Spezialisten sprechen. Extreme Spezialisten, die sich von einer einzigen oder nur sehr wenigen Arten ernähren, kommen in den meisten Wirbeltiergruppen vor. Bekannte Beispiele sind unter den Herbivoren etwa der Riesenpanda *(Ailuropoda melanoleuca)*, der zu 99 % von Bambus lebt, oder die Meerechse *(Amblyrhynchus cristatus)* auf Galapagos, die nur Algen und Tang frisst und sich dabei als einzige Echse aus dem Meer ernährt. Spezialisierte carnivore Arten sind etwa solche, die nur von Termiten oder Ameisen leben, was für verschiedene Gruppen innerhalb der Säugetiere (etwa Erdferkel, *Orycteropus afer*, und Ameisenbären; Abb. 2.14) und Echsen zutrifft. Ein sehr ungewöhnlicher Fall unter den Vögeln sind die Fettschwalme *(Steatornis caripensis)*, die nachtaktive Fruchtfresser sind und sich teilweise über den Geruch orientieren. Oft geht extreme Spezialisierung mit sehr spezifischen morphologischen Anpassungen einher.

2.4 Verdauungssysteme

Der Verdauungsapparat *(digestive system, feeding apparatus)* der meisten Wirbeltiere ist eine komplexe Abfolge von (teilweise gewundenen) engen Schläuchen und weiten Kammern und kann ein Mehrfaches der Körperlänge des Tieres messen. Je schwieriger es ist, die Nährstoffe aus der Nahrung zu extrahieren, desto komplexer ist der Verdauungsapparat aufgebaut. Von den Carnivoren (einfache Trakte) über die Omnivoren zu den Herbivoren (komplizierte Trakte) besteht ein Kontinuum von vorwiegend selbstständiger, enzymatischer Verdauung zu vorwiegend unselbstständiger Verdauung mithilfe symbiotischer Mikroorganismen, die den Nahrungsbrei in Gärkammern fermentieren. Grundsätzlich aber lassen sich im Verdauungsapparat vier Segmente zwischen Mund und After erkennen (Abb. 2.15): **Mundhöhle** und Pharynx *(headgut)*, **Vormagen**, bestehend aus Speiseröhre und Magen *(foregut)*, **Dünndarm** *(midgut)* und **Dickdarm** mit Blinddarm *(hindgut)*.

Bereits die Mundregion lässt aufgrund ihrer morphologischen Differenzierung Rückschlüsse auf die Ernährung zu. **Vögel** besitzen keine echten Zähne und haben damit im Gegensatz zu Säugetieren keine effiziente Möglichkeit, die Nahrung schon im Mundbereich zu zerkleinern. Der Eulenpapagei *(Strigops habroptilus)* ist diesbezüglich eine Ausnahme; er vermag mit seiner Zunge Pflanzenmaterial zu zerreiben, um nur den Saft aufzunehmen (Kirk et al. 1993). Im Gegensatz zur Schädelform ist bei den Vögeln der Hornschnabel in Anpassung an die Art der Nahrung und ihre Beschaffung über die höheren taxonomischen Gruppen sehr vielfältig differenziert. Aber auch innerhalb einzelner Familien gibt

2.4 Verdauungssysteme

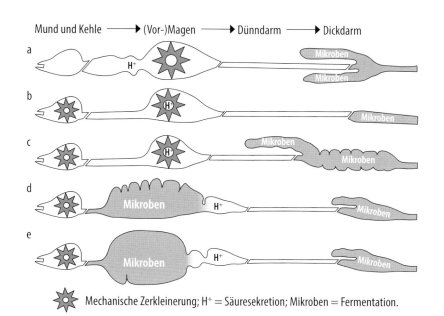

Abb. 2.15 Fünf Grundmodele des Verdauungsapparats von Wirbeltieren, angegeben ist der Ort der mechanischen Zerkleinerung der Nahrung, der Säuresekretion zur enzymatischen Verdauung sowie der mikrobiellen Fermentation. a: Vögel, b: Carnivoren und Omnivoren, c: Dickdarmfermentierer, d: Vormagenfermentierer ohne Wiederkäuen, e: wiederkäuende Vormagenfermentierer (Abbildung neu gezeichnet nach Barboza et al. 2009).

es Beispiele spektakulärer adaptiver Radiation, die eine große Diversität der Schnabelformen (und weiterer, mit der Nahrungssuche zusammenhängender anatomischer Merkmale) hervorgebracht hat. Bekannte Lehrbuchbeispiele sind die Kleidervögel Hawaiis (Pratt 2005) oder die Grundfinken *(Geospiza)* der Galapagosinseln (Kap. 8.6), aber auch die Vangawürger Madagaskars gehören dazu (Abb. 2.16).

Die mechanische Bearbeitung der Beute findet bei Vögeln erst im Magen statt. Die Beutegröße ist damit für die meisten Vögel durch ihr Schluckvermögen beschränkt. Greifvögel und andere Arten mit ähnlichem Schnabelbau können jedoch von größerer Beute mundgerechte Stücke wegreißen, und viele Samenfresser vermögen Samenschalen mit dem Schnabel zu knacken. Einige Vögel haben zudem spezielle Verhaltensweisen entwickelt, um an den weichen Inhalt hartschaliger Beute zu gelangen, ohne die unverdaulichen Teile hinunterschlucken zu müssen (Kap. 3.3). In der Regel wird aber auch Nahrung mit harter Schale ganz geschluckt. Eine Besonderheit der meisten Vögel ist die Erweiterung der Speiseröhre (Oesophagus) in einen Kropf *(crop)*, welcher der Speicherung von Nahrung dient, zum Beispiel, wenn diese später den Nestlingen gefüttert werden soll. Die Verdauung setzt aber erst im Magen ein und findet bei carnivoren Arten weitgehend ohne mechanische Unterstützung statt. Die aasfressenden Geier müssen dabei jedoch mit starken Pathogenen zurechtkommen. Bei ihnen hat sich deshalb eine spezielle Gemeinschaft von Darmmikroben entwickelt, die von Bakterien dominiert wird, die für andere Vögel hoch toxische Wirkung haben (Roggenbuck et al. 2014). Zudem weist die genetische Ausstattung von Geiern auf Anpassungen im Immunsystem und bei der Produktion von Verdauungssekreten an die spezielle Ernährungsweise hin (Chung et al. 2015).

Samenfressende Vögel (Finken und andere Singvögel, Hühnervögel) oder pflanzen- und molluskenfressende Wasservögel haben aus dem unteren,

Abb. 2.16 Anpassungen in den Schnabelformen von drei Vangawürgern an unterschiedlichen Nahrungserwerb. Links ein Kleibervanga *(Hypositta corallirostris)*, der ähnlich den Kleibern (Sittidae) an den Stämmen aufwärts klettert und Insekten aus Ritzen herauspickt. Der Sichelvanga *(Falculea palliata*; Mitte) benutzt seinen sichelförmigen Schnabel, um in tieferen Stammlöchern und unter der Rinde nach Insekten zu sondieren. Der Hakenvanga *(Vanga curvirostris,* rechts) besitzt ähnlich den echten Würgern einen kräftigen Hakenschnabel, mit dem er auch kleinere Wirbeltiere erbeuten kann. Man nimmt an, dass der Vorfahre der heutigen Vangawürger vor knapp 29 Mio. Jahren von Afrika nach Madagaskar eingewandert ist und die Radiation vor gut 24 Mio. Jahren einsetzte (Fuchs et al. 2006).

muskelbesetzten Magenteil (Ventriculus) hingegen massive Kau- oder Muskelmägen *(gizzard)* entwickelt, in denen die mechanische Verarbeitung oft mit eigens aufgenommenen Magensteinchen (Gastrolithen) verstärkt wird. Zugleich findet Behandlung mit der Magensäure aus dem Proventriculus statt (Abb. 2.15a). Vögel mit saisonal unterschiedlich harter Nahrung können mit periodischem Abbau und Aufbau der Muskelmagenmasse reagieren. Beispiele solcher phänotypischer Flexibilität sind die Bartmeise *(Panurus biarmicus),* die zwischen Samen- und Insektennahrung wechselt, Hühnervögel in Reaktion auf unterschiedlichen Fasergehalt oder viele Watvögel, die sich zeitweise an hartschalige Molluskennahrung anpassen müssen (Piersma & Drent 2003; Vézina et al. 2010; Piersma & van Gils 2011). Massenänderungen des Verdauungstrakts laufen oft sehr schnell ab (Starck 1999), was sich Vögel bei größeren Zugleistungen zunutze machen können (Kap. 2.7). Nach ähnlichem Prinzip wie bei den Vögeln konstruierte Kaumägen kommen auch bei gewissen Fischen vor. Massenänderungen des Magens sind auch bei Schlangen mit seltenen, aber großen Mahlzeiten nachgewiesen (Ott & Secor 2007).

Säugetiere besitzen Zähne und verfügen damit meistens nicht nur über einen Fang-, sondern auch über einen Kauapparat; nur wenige Gruppen sind sekundär zahnlos geworden (Bartenwale, Kloakentiere und Ameisenbären; Abb. 2.14). Viel stärker als bei den Vögeln haben sich bei den Säugetieren deshalb mit der Bezahnung auch die Schädelformen differenziert. Chemische Unterstützung des Kauens setzt bei Säugetieren bereits in der Mundregion ein, da im Speichel Verdauungsenzyme enthalten sind. Dennoch findet der Großteil der Nahrungsverarbeitung auch bei ihnen im Magenbereich und im Dickdarm statt.

Wie bereits erwähnt, stellt die Verdauung an Carnivore und Omnivore (zum Beispiel Mensch, Schwein) geringere Anforderungen als an Herbivore. Ihr Magen ist generell einfach gebaut und der Dünndarm relativ kurz (Abb. 2.15b). Fermentierung findet erst im Dickdarm statt und ist bei dessen geringer Größe auch relativ unbedeutend. Omnivore mit höherem Anteil pflanzlicher Nahrung, vor allem solche mit saisonaler Herbivorie, verfügen allerdings über stärker entwickelte Dickdärme mit ähnlicher Funktionsweise wie herbivore Dickdarmfermentierer (Hume 2006; s. unten). Grundsätzlich nehmen aber verdauungsphysiologische Anforderungen bei Carnivoren weniger Einfluss auf die Ökologie des Nahrungserwerbs als bei Herbivoren. Für Carnivore liegen die ökologischen Herausforderungen stattdessen beim Erwerb genügender Nahrungsmengen – Aspekte, die vor allem in Kapitel 3 zur Sprache kommen. Deshalb fokussiert der Rest dieses Kapitels auf herbivore Säugetiere mit faserreicher Nahrung.

Verdauungssysteme der Herbivoren
Die speziellen Bedingungen, denen sich Herbivore bei der Ernährung zu stellen haben, sind bereits an mehreren Stellen zur Sprache gekommen. Dazu gehören:
- Pflanzennahrung (abgesehen von Samen, Früchten und Ähnlichem) ist zwar eine häufige Ressource, denn etwa 50 % des organischen Kohlenstoffs der Erde ist in Zellulose gebunden. Diese ist aber nicht einfach zu verdauen, und die Energieausbeute pro Einheit an grüner Pflanzenmasse ist damit gering.
- Die Qualität der Pflanzennahrung kann im Laufe einer Vegetationsperiode sehr stark schwanken. Meist nimmt der Proteingehalt der Pflanzen nach dem Austrieb schnell und erheblich ab; gegen Ende der Vegetationsperiode ist der Nährwert von Nahrungspflanzen oft sehr gering (in gemäßigten Klimazonen im Herbst und Winter, in den Savannen subtropisch-tropischer Gebiete in der fortgeschrittenen Trockenzeit).
- Pflanzen wehren sich mit verschiedenen Mitteln gegen Herbivoren. Gras enthält Einlagerungen von Siliziumkristallen, die beim Kauen abrasiv wirken. Blätter von Dikotylen produzieren sekundäre Pflanzenstoffe, um ihre Verdaulichkeit herabzusetzen.

Wirbeltiere können Zellulose (teilweise auch Hemizellulose) nicht direkt aufschließen, da ihre Zellen keine Zellulase produzieren. Dazu ist die Hilfe von Mikroben (Bakterien, Protozoen, Pilzen) nötig, die im Verdauungssystem unter anaeroben Bedingungen arbeiten und Zellulase bilden. Erst deren Fermentationsprodukte (vor allem kurzkettige und flüchtige Fettsäuren) können von den Herbivoren assimiliert werden. Lignin, ebenfalls ein Faserstoff, ist auch für Mikroben weitgehend unverdaulich. Die Aufschließung von Zellulose und Hemizellulose durch Herbivoren erfordert damit große Fermentationskammern und die Adaptierung des Verdauungssystems auf längere Retentionszeiten. Aus der Größe der Fermentationskammer der verschiedenen Herbivoren lässt sich so die Bedeutung der mikrobiellen Fermentierung für ihre Ernährung ablesen. Grundsätzlich haben sich unabhängig von der Stammesgeschichte mehrfach zwei verschiedene Strategien entwickelt, die sich in der Lage der Fermentationskammer in Bezug auf Magen und Dünndarm unterscheiden:
1. **Dickdarmfermentierer** *(hindgut fermenters):* Fermentation findet wie bei Omnivoren im eigentlichen Dickdarm und im Blinddarm statt; diese Därme sind anders als jene der Omnivoren aber stark vergrößert und komplexer gebaut (Abb. 2.15c, 2.17). Man kann zwischen zwei Gruppen unterscheiden (Abb. 2.18):
    - Große Arten (>50 kg) fermentieren im eigentlichen Dickdarm *(colonic fermenters).*

- Kleine Arten (<5 kg) fermentieren eher im Blinddarm *(cecal fermenters)* und sind häufig koprophag, das heißt, sie fressen den eigenen Weichkot und teilweise auch den Faserkot.
2. **Vormagenfermentierer** *(foregut fermenters):* Die Fermentation ist in den Bereich des Magens vorverschoben, der sich dafür zu einem stark gekammerten System entwickelt hat. Auch bei den Vormagenfermentierern lassen sich zwei verschiedene Gruppen unterscheiden:
   - Wiederkäuer *(ruminants;* Abb. 2.15e, 2.17, 2.21)
   - Nicht wiederkäuende Vormagenfermentierer (Abb. 2.15d, 2.21)

Es ist zu beachten, dass im umgangssprachlichen Deutsch mit «Nichtwiederkäuer» oft die großen Dickdarmfermentierer gemeint sind.

Aufbau und Lage der Fermentationskammern führen zwischen Dickdarm- und Vormagenfermentierern zu Unterschieden bei der Effizienz der enzymatischen Verdauung und der Nutzung des mikrobiellen Proteins. Die chemische Effizienz der Fermentierung von Fasern ist hingegen bei den beiden Strategien ähnlich; Unterschiede beim Energiegewinn ergeben sich aus verschieden langen Retentionszeiten der Nahrung, die mit Kauen und Sortieren der Nahrung nach Partikelgröße zu tun haben. Die Vormagenfermentierer gewinnen bei langer Retentionszeit mehr Energie pro Einheit aufgenommener Nahrung als die Dickdarmfermentierer, sind aber bezüglich der Menge an Nahrung, die pro Zeiteinheit aufgenommen werden kann, stärker limitiert.

Dickdarmfermentierer
Dickdarmfermentierer gleichen in der Funktionsweise des Magens und Dünndarms den Carnivoren und Omnivoren. Die enzymatische Verdauung, das heißt die Assimilation von Proteinen und

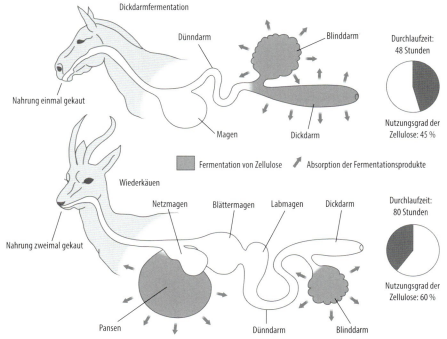

Abb. 2.17 Vereinfachtes Schema des Verdauungsapparats von Dickdarmfermentierern (oben; Beispiel Pferd, *Equus* sp.) und Wiederkäuern (unten; Beispiel Gazelle, *Gazella* sp.) (Abbildung neu gezeichnet nach MacDonald D., 2001).

2.4 Verdauungssysteme

löslichen Kohlenhydraten, geschieht im Magen und Dünndarm, während Zellulose unverdaut passiert und erst im Dickdarm und/oder Blinddarm fermentiert wird. Bei der enzymatischen Verdauung sind Dickdarmfermentierer gegenüber Vormagenfermentierern im Vorteil, da sie die Assimilationsprodukte direkt nutzen können, während bei Vormagenfermentierern die Assimilation über den Umweg der Mikroben geschieht und durch diese zwischengeschaltete trophische Stufe die Effizienz verringert wird. Die potenziellen Nachteile liegen im Umgang mit dem mikrobiellen Protein. Bei kürzerer Retentionszeit kann Faser weniger gründlich verdaut werden, und es resultiert eine geringere Ausnutzung der Zellulose. Das Protein aus den abgestorbenen Mikroben wäre für den Wirt eine nützliche Quelle von Aminosäuren, doch Dickdarmfermentierer laufen Gefahr, es zu verlieren, weil Aminosäuren nur im Dünndarm aufgenommen werden können, die Fermentationskammern jedoch dahinter liegen. Mit diesen beiden Problemen gehen die kleinen und die großen Arten unterschiedlich um.

Die **großen** Arten fermentieren hauptsächlich im eigentlichen Dickdarm, wo keine Sortierung nach Partikelgröße stattfindet. Sie erreichen oft im Vergleich zu Wiederkäuern kürzere Retentionszeiten und entsprechend geringere Freisetzung von Fettsäuren aus der Zellulose (Abb. 2.17). Andererseits ist der Prozess bei ihnen weniger energieintensiv und erlaubt dadurch die Aufnahme faserreicherer Nahrung sowie größerer Mengen pro Zeiteinheit. Der Verlust des mikrobiellen Proteins spielt für die großen Arten mit ihrem vergleichsweise niedrigen Grundumsatz keine Rolle. Zu dieser Gruppe gehören Unpaarhufer (Pferde, Nashörner, Tapire), Elefanten, Wombats (grasende Beuteltiere; Abb. 2.19) oder Seekühe.

Für die **kleinen** Arten mit ihrem relativ höheren Energiebedarf (Kap. 2.1) wären der beschränkte Gewinn an Fettsäuren bei dem einfachen Durchlauf der Zellulose sowie der Verlust des mikrobiellen Proteins nicht tragbar, sodass sie einen Teil ihres Kots zur erneuten Verwertung fressen. Bei den Hasenartigen und einigen anderen

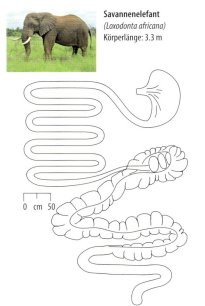

Savannenelefant
(Loxodonta africana)
Körperlänge: 3.3 m

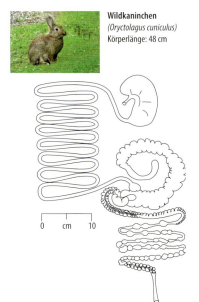

Wildkaninchen
(Oryctolagus cuniculus)
Körperlänge: 48 cm

Abb. 2.18 Verdauungstrakte eines großen (Savannenelefant, *Loxodonta africana*, links) und eines kleinen, koprophagen Dickdarmfermentierers (Kaninchen, *Oryctolagus cuniculus*, rechts) (Abbildung neu gezeichnet nach Stevens C. E. & Hume 1995).

Abb. 2.19 Der Wombat *(Vombatus ursinus),* ein südaustralisches Beuteltier, ist mit etwa 30 kg so groß, dass er es sich «leisten» kann, Grasfresser zu sein.

Arten ist der Dickdarm mit einem Sortiermechanismus ausgestattet, der den groben Faseranteil aus dem Gemisch aus Flüssigkeit, Nahrungspartikeln und Mikroben aussondert (Björnhag 1994; Abb. 2.18). Das verfeinerte Gemisch wird mit antiperistaltischen Bewegungen zurück in den geräumigen Blinddarm befördert, wo zur Fermentation mehr Zeit zur Verfügung steht, als es im direkten Durchlauf durch den Dickdarm wie bei den großen Arten möglich wäre. Die Reste abgestorbener Mikroben werden im Dickdarm zu einem weichen Kotballen geformt und nach Austritt direkt ab Anus wieder gefressen; dadurch kann das Protein der enzymatischen Verdauung zugeführt werden. Die aussortierten Faserteile ergeben dann den «normalen» Kot in Form von trockenen, harten Bällchen (Abb. 2.27). Diese können zu Beginn der Tagesruhezeit ebenfalls nochmals aufgenommen werden. Den ganz kleinen Dickdarmfermentierern (kleinen Nagetieren) scheint dieser Trennmechanismus zu fehlen, doch können sie offenbar zwischen sehr trockenem Kot und solchem mit höherem Proteinanteil unterscheiden und nehmen dann den letzteren häufiger auf (Hirakawa 2001). Zu den koprophagen Dickdarmfer-

mentierern gehören Hasentiere (Hase, Kaninchen etc.) und manche Nagetiere wie Ratten, Wühlmäuse oder Lemminge, Meerschweinchen *(Cavia)* und selbst etwas größere Arten wie Nutria *(Myocastor coypus)* und Wasserschwein *(Hydrochaerus hydrochaeris*; Hirakawa 2002). Neben einem Lemuren zählen auch verschiedene laubfressende australische Beuteltiere dazu, wobei einige größere Arten, zum Beispiel der Koala (Abb. 2.20), zwar mit Sortiermechanismus ausgestattet sind, aber auf das Kotfressen verzichten können.

Übrigens findet auch bei Vögeln die bei entsprechender Nahrung notwendige Fermentation mit einer Ausnahme (Abb. 2.23) im Blinddarm statt, der in der Regel paarig angelegt ist und bei Arten mit stark faserhaltiger Pflanzennahrung (zum Beispiel Strauß, *Struthio,* und Raufußhühnern) beachtliche Ausmaße annehmen kann. Gegen den Herbst hin kann die Länge der Blinddärme bei Raufußhühnern auf 75–100 % der Dünndarmlänge anwachsen, womit sie imstande sind, im Winter ausschließlich von Koniferennadeln oder den nadelförmigen Blättern von Ericaceen zu leben. Damit geht ein saisonaler Wechsel in der Zusammensetzung der Bakteriengemeinschaft einher (Wienemann et al. 2011). Umgekehrt sind die Blinddärme in vielen carnivoren oder frugivoren Vogelfamilien reduziert oder praktisch ganz verschwunden.

Vormagenfermentierer
Fermentation im Vormagen hat im Vergleich zur Fermentation im Dickdarm den Vorteil, dass das mikrobielle Protein als Quelle essenzieller Aminosäuren und Vitamin B auch ohne Koprophagie zur Verfügung steht. Dafür ist die enzymatische Verdauung weniger effizient, weil sie teilweise durch die Mikroben übernommen wird und dabei die be-

2.4 Verdauungssysteme

reits genannten Energieverluste entstehen. Vormagenfermentierer nehmen oft wesentlich längere Retentionszeiten in Kauf, da die Nahrung in einem komplizierten Prozess nur langsam das stark gekammerte Magensystem durchläuft. Dieser Prozess ist bei den Wiederkäuern durch den periodischen Rücktransport von Nahrungsklumpen in den Mund zum intensiven Kauen unterbrochen. In geringem Umfang (wenige Prozent der gewonnenen Energie) schließt sich auch bei den Vormagenfermentierern noch eine zweite Fermentierung im Dickdarmbereich an.

Wiederkäuer haben das Prinzip der Vormagenfermentation durch einen zusätzlichen Sortiermechanismus perfektioniert, der eine extreme Zerkleinerung (und damit Verdauung) der Pflanzennahrung ermöglicht. Bei ihnen ist der Magen in vier Kammern geteilt. Die drei Vormägen, **Pansen** *(rumen)*, **Netzmagen** *(reticulum)* und **Blättermagen** *(omasum)* sind eigentlich unterschiedlich differenzierte Teile der Speiseröhre, während der **Labmagen** *(abomasum)*, der eigentliche Magen, homolog zum einhöhligen Magen vieler anderer Wirbeltiere ist (Abb. 2.15, 2.17). Während der Nahrungsaufnahme wird das weitgehend unzerkaute Pflanzenmaterial im Pansen, der größten der vier Kammern, deponiert. Bei einsetzender Fermentierung sinken die feineren Partikel schneller ab; dies führt im anschließenden Netzmagen zu einer Schichtung nach Partikelgröße. Hier werden die gröberen Partikel aussortiert und in den Pansen zurückbefördert, von wo sie portionenweise, als sogenannter Bolus, zum Wiederkäuen hochgebracht werden; die feineren Partikel aber verlassen den Netzmagen in Richtung des weiteren Verdauungstraktes. So kann Nahrung schnell in größerer Menge aufgenommen und die mechanische Zerkleinerung in Ruhe (meistens liegend; Abb. 2.22) und besser vor Prädatoren geschützt vorgenommen werden. Durch das zweite Kauen werden die Pflanzenteile mechanisch so zerkleinert, dass die Mikroorganismen die Fasern anschließend besser fermentieren können. Die Wiederkäuer erreichen damit, bezogen auf ihre Körpergröße, feinere Partikelgrößen als andere herbivore Säugetiere (Fritz J. et al. 2009). Die Fermentierungsprodukte, kurzkettige Fettsäuren aus Zellulose und Aminosäuren und Ammoniak aus Proteinen, werden vom Wirt zur Energiegewinnung und von den Mikroorganismen teilweise selbst für ihre Vermehrung gebraucht. Im Zuge der Fermentations-Kaskade wird auch Methan produziert und durch Rülpsen an die Umwelt abgegeben (heute sind wiederkäuende Nutztiere die Quelle von etwa 15 % al-

Abb. 2.20 Der australische Koala *(Phascolarctos cinereus)* lebt von den Blättern von nur etwa fünf verschiedenen Arten von Eucalyptus, wovon er etwa 500 g pro Tag benötigt. Zur Fermentation dieser stark faserhaltigen Nahrung ist sein Blinddarm enorm entwickelt; er besitzt mit einer Länge von bis zu 2,5 m das größte relative Fassungsvermögen unter allen Säugetieren. Der Blinddarm ist auch für die effiziente Absorption des Wassers aus der Nahrung verantwortlich, denn frei lebende Koalas trinken nur selten freies Wasser.

ler Treibhausgase). Der für die Sortierfunktion im Netzmagen unerlässliche hohe Wassergehalt wird durch Speichel in den Vormagen eingebracht und in seinem hinteren Teil (Omasum) dem Nahrungsbrei wieder entzogen. Dann gelangt der Nahrungsbrei ins Abomasum. Dort und im anschließenden Dünndarm findet die enzymatische Verdauung von Fetten, einfachen Zuckern und Aminosäuren statt. Die aus dem Pansen gespülten Mikroben, die hier verdaut werden, sind selber die wesentliche Quelle von Proteinen für die Wiederkäuer.

Der **Fasergehalt** der Nahrung sagt aus, wie «rau» («Raufutter») die Nahrung ist; die obere Grenze akzeptabler Qualität liegt dort, wo für Kauen und Fermentierung fast so viel Energie ausgegeben wie gewonnen wird. Die Retentionszeit steigt mit dem Fasergehalt und kann bis zu 100 h betragen. Der gesamte Verdauungsprozess der Wiederkäuer ist recht effizient, solange der Faseranteil nicht sehr hoch ist, und ergibt bei mittlerem bis geringem Faseranteil eine Verdaulichkeit organischer Substanz von 65–75 % (Kap. 2.6). Ein weiterer Vorteil ist, dass Stickstoff in Form von Harnstoff rezykliert werden kann. Als Nachteil schlägt zu Buche, dass die Mikroben Nährstoffe verdauen, welche der Wirt selbst hätte nutzen können, und ein Teil der resultierenden Energie dann in Form von Methan verlustig geht.

Zu den Wiederkäuern gehören die Hirschferkel, Hirsche, Moschustiere, Boviden (Kühe, Antilopen, Schafe und Ziegenartige etc.), Gabelböcke und die Giraffen, die alle Angehörige der gleichnamigen Unterordnung Ruminantia (= Wiederkäuer) sind. Auch die Kamelartigen haben ein ähnliches Vormagensystem mit Sortierfunktion und Wiederkäuen entwickelt. Alle funktionellen Wiederkäuer sind damit Paarhufer.

Nicht wiederkäuende Vormagenfermentierer kommen in den verschiedensten Verwandtschaftsgruppen vor. Allen gemeinsam ist die Kammerung des Magens in zwei bis drei sack- und schlauchförmige Teile (Abb. 2.15d, 2.21), wobei die Fermentation wie bei

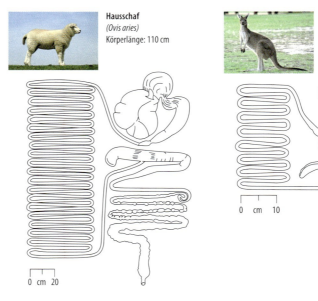

Abb. 2.21 Verdauungstrakte eines Wiederkäuers (Hausschaf, *Ovis aries*, links) und eines nicht wiederkäuenden Vormagenfermentierers (Östliches Graues Riesenkänguru, *Macropus giganteus*) (Abbildung neu gezeichnet nach Stevens C. E. & Hume 1995).

Hausschaf
(*Ovis aries*)
Körperlänge: 110 cm

Östliches Graues Riesenkänguru
(*Macropus giganteus*)
Körperlänge: 115 cm

2.5 Nahrungsstrategien der Herbivoren

den Wiederkäuern proximal abläuft und vom distalen sauren Milieu (analog dem Abomasum) getrennt sein muss. Sortierung des Fermentierguts nach Partikelgröße und Retention großer Partikel ist anders als bei Wiederkäuern wenig ausgeprägt und fehlt bei großen Arten weitgehend; die Retentionszeiten sind für alle Partikelgrößen relativ lang. Bei Arten mit mehr schlauchförmigem Bau des Vormagens, zum Beispiel dem Känguru, kann Nahrung gleichmäßiger hindurchtransportiert werden, ohne wie bei den Wiederkäuern am Übergang zwischen Reticulum und Omasum zurückgehalten zu werden. Die Annahme, dass Kängurus demnach sehr faserhaltige Nahrung nutzen könnten, während Wiederkäuer im gleichen Fall durch zu lange Retentionszeit an weiterer Nahrungsaufnahme gehindert würden und in ein Energiedefizit gerieten (Hume 2006), steht im Widerspruch zu entsprechenden Felddaten (Meyer K. et al. 2010). Kängurus selektieren im Vergleich zu Schafen eher Nahrung höherer Qualität und können während längerer Zeit konstant Nahrung aufnehmen (Munn 2010). Insgesamt aber ist die Strategie der nicht wiederkäuenden Vormagenfermentierer in ihren Möglichkeiten stärker limitiert als jene der Wiederkäuer (und auch der Dickdarmfermentierer) und scheint sich vor allem auf Arten mit relativ tiefem Grundumsatz und niedriger Rate der Nahrungsaufnahme zu beschränken (Clauss et al. 2010). Zu den Vormagenfermentierern ohne Wiederkäuen gehören Flusspferde, Pekaris, Faultiere, Kängurus und laubfressende Affenarten (*Colobus*, Nasenaffe; Abb. 2.23). Auch ein blattfressender Vogel, der südamerikanische Hoatzin, praktiziert prägastrische Fermentation (Abb. 2.23).

Wale und Delfine, die nahe mit den Paarhufern verwandt sind, besitzen ebenfalls einen sehr langen Verdauungstrakt mit einem mehrkammerigen Magen (Berta et al. 2006). Allerdings ist nur der erste Teil drüsenfrei (gegenüber Rumen, Reticulum und Omasum der Wiederkäuer), doch gibt es Hinweise, dass vor allem Bartenwale in diesem Vormagen fermentieren, um das Chitin der gefressenen Krustentiere (Krill) zu assimilieren (Olsen M. A. et al. 2000).

Abb. 2.22 Bei diesem wiederkäuenden weiblichen Wasserbock *(Kobus ellipsiprymnus)* erkennt man die mahlenden Kaubewegungen.

2.5 Nahrungsstrategien der Herbivoren

Vereinfacht gesagt, steigt die räumliche Kapazität des Verdauungsapparats und damit das Aufnahmevermögen von Nahrung linear mit der Körpergröße an ($W^{1.0}$; Demment & Van Soest 1985), der Energieverbrauch und damit der Bedarf hingegen nur mit der ¾-Potenz ($W^{0.75}$; Kap. 2.1). Die Differenz $W^{0.25}$ kann theoretisch von größeren Herbivoren auf zwei Arten genutzt werden:
- Bei gleichbleibender Qualität der Nahrung muss pro Einheit Körpermasse **weniger** Nahrung aufgenommen werden.

Abb. 2.23 Links: Der Nasenaffe *(Nasalis larvatus)* aus den flussbegleitenden Tieflandwäldern Borneos besitzt als spezialisierter Laubfresser den kompliziertesten Kammermagen aller Affen; er wirkt deshalb dickbäuchig. Neueste Beobachtungen lassen vermuten, dass auch Nasenaffen Nahrung zum erneuten Kauen aufwürgen, aber nicht nach Partikelgröße sortieren (Matsuda et al. 2015). Rechts: Der Hoatzin *(Opisthocomus hoazin)*, ein entfernter Verwandter der Kuckucke, ist bislang der einzige bekannte Vormagenfermentierer unter den Vögeln. Er erreicht damit ähnlich wie die nicht fermentierenden Strauße *(Struthio)*, aber im Gegensatz zu anderen herbivoren Vögeln, den Säugetieren vergleichbare lange Retentionszeiten und hohe Verdaulichkeit der Nahrung (Fritz S. A. et al. 2012).

- Bei gleicher Menge aufgenommener Nahrung können größere Arten mit Nahrung **schlechterer** Qualität, also Pflanzen mit höherem Faseranteil, auskommen. Erklären lässt sich dies über die höhere Kapazität im Verdauungsapparat, der längere Retentionszeiten und damit eine verbesserte Verdauung von faserreicher Nahrung zulassen sollte.

Dass kleinere Arten fast durchweg Nahrung von höherer Qualität konsumieren als größere, ist bereits von Bell R. H. V. (1970) und Jarman (1974) an afrikanischen Huftieren beobachtet worden. Der Sachverhalt ist heute als «Jarman-Bell-Prinzip» bekannt und nicht nur im Vergleich vieler Arten – Säugetiere wie Vögel – bestätigt worden, sondern auch für Männchen und Weibchen bei geschlechtsdimorphen Herbivoren und selbst für ungleich große Individuen innerhalb desselben Geschlechts (Brivio et al. 2014). Die lange akzeptierte Erklärung von Demment & Van Soest (1985), dass kleinere Arten Nahrung geringerer Qualität schlechter verdauen können als größere Arten, wird aber weder theoretisch noch durch Daten gestützt (Clauss et al. 2013). Tatsächlich zeigen sowohl existierende Datenreihen als auch neue Fütterungsversuche, dass die Fähigkeit zur guten Verdauung nicht körpergrößenabhängig ist, sondern dass größere Herbivoren höhere Aufnahmeraten besitzen, die allometrisch mit einer höheren Steigung skalieren als der Grundumsatz (Müller et al. 2013; Steuer et al. 2014). Beobachtungen zur Allometrie der Nahrungsaufnahme von Herbivoren im Freiland (Kap. 3.8) unterstützen die Erklärung, dass große Herbivoren auf qualitativ schlechte Nahrung fokussieren, weil normalerweise nur diese räumlich konzentriert und in einer Menge vorhanden ist, welche die benötigten Aufnahmeraten garantiert.

Werden Herbivore nach ihrer Nahrungsstrategie klassifiziert, so kann die Einteilung entweder anhand der Art der Nahrung (botanischen Zusammensetzung, Pflanzenteile) oder anhand ihrer Qualität erfolgen.

- Bei der Einteilung nach der (botanischen) **Nahrungszusammensetzung** lassen sich unterscheiden: Laubäser *(browser)* – Mischäser *(mixed feeder)* – Grasäser *(grazer)*. Bei der Laubäsung zählen nicht nur die Blätter von Sträuchern und Bäumen, sondern auch Knospen, Zweige und Rinde sowie dikotyle Kräuter *(forbs)*, auch wenn Letztere in puncto Nahrungsqualität oft nicht mit eigentlichem Laub vergleichbar sind. Mischäser nutzen sowohl Laub als auch Gras, während Grasäser normalerweise kein Laub fressen, aber beim Grasen einen kleineren Anteil dikotyler Kräuter aufnehmen können.
- Die gängige Unterteilung gemäß **Qualität** unterscheidet hingegen: Konzentratselektierer *(concentrate selector/selective feeder)* – Intermediärtyp *(intermediate feeder)* – Raufutter-Fresser *(roughage/bulk feeder)*. Als Qualitätsmerkmal gilt der Fasergehalt, wobei davon ausgegangen wird, dass der Bedarf an höherer Qualität mit stärkerer Selektivität bestimmter Pflanzen (oder Teilen davon) einhergeht.

Wie bei vielen Klassifikationen darf aber nicht vergessen werden, dass die Grenzen zwischen den Gruppen oft fließend sind, weil viele Arten eine gewisse Flexibilität zeigen können, sodass sich über die Herbivorenarten hinweg mehr oder weniger ein Kontinuum ergibt.

In einem vereinfachten, aber berühmt gewordenen Konzept (Hofmann 1989) sind die beiden Aspekte Nahrungsart und Qualität respektive Selektivität vermengt worden. Hofmanns Schema (Abb. 2.24) ordnet die verschiedenen europäischen Wiederkäuer anhand ihres mittleren Grasanteils in der Nahrung innerhalb des Kontinuums von Laubäsern (links) zu Grasäsern (rechts) ein. In dieser eindimensionalen Darstellung wird jedoch der Gradient Laub – Gras zugleich zu einem Gradienten abnehmender Nahrungsqualität. Zwar besitzt Gras im Durchschnitt einen höheren Faseranteil als Laub, doch der höhere Ligningehalt sowie sekundäre Pflanzenstoffe im Laub können dessen Qualität ebenfalls herabsetzen. Laubnahrung ist deshalb nicht a priori von besserer Qualität als Gras (Box 2.5). Der populäre Begriff «Konzentratselektierer» für Laubäser ist auch insofern problematisch, als selbst qualitativ gute Laubäsung noch immer einen weit höheren Faseranteil besitzt als alles, was aus der Tierhaltung unter der Bezeichnung «Konzentratfutter» bekannt ist (Clauss et al. 2010). Die Qualität der aufgenommenen Nahrung wird am stärksten über die Selektivität (für bestimmte Pflanzenarten, Altersstadien oder Teile der Pflanze) gesteuert. Es gibt sowohl bei Laub- als auch Grasäsern selektive und auch nicht selektive Arten. Tendenziell sind kleinere Herbivoren wegen ihres relativ höheren Energiebedarfs stärker selektiv als größere; zudem sind sie aufgrund der schmaleren Schnauze stärker dafür prädestiniert (Kap. 3.8).

Box 2.5 Nahrungsqualität von Gras und Laubäsung im Vergleich
(nach Karasov & Martínez del Río 2007)

Gras (Monokotyledonen) und Laubäsung (Blätter krautiger und verholzter Dikotyledonen) unterscheiden sich in mancher Hinsicht bezüglich ihrer Nahrungsqualität für Herbivoren:

- Zellwände sind in Gräsern eher dick, mit einem höheren Anteil an Zellulose und Hemizellulose. In Blättern sind sie trotz des größeren Gehalts an Lignin eher dünn, was einen höheren Anteil zytoplasmatischen Inhalts zur Folge hat. Da Zellulosen fermentiert werden, ist die Assimilationsdauer von Gras länger (Lignin kann nicht fermentiert werden).
- Abwehrstoffe: Siliziumkristalle in Gras und verschiedene sekundäre Metaboliten in Blättern sind Abwehrmechanismen der Pflanzen, um Herbivorie zu reduzieren (Kap. 2.2). Als Folge sind die Grasfresser mit starker Abnutzung ihrer Zähne konfrontiert, während Laubäser zum Teil aufwendige Entgiftung der Nahrung durchführen müssen. Man nimmt an, dass die im Vergleich zu Grasäsern stark vergrößerten Speicheldrüsen der Laubäser dem Abbau der Metaboliten dienen (Hofmann et al. 2008). Tanninbindende Proteine im Speichel werden nicht nur von Huftieren, sondern auch von Primaten (inklusive des Menschen), Nagetieren, Hasenartigen, Beuteltieren und weiteren produziert (Espinosa Gómez et al. 2015).
- Architektur der Pflanze: Gräser bestehen aus Blattspreiten, Stängel (mit Fruchtständen) und Blattscheiden und wachsen oft in einer dicht gepackten Vegetationsschicht, was den Herbivoren die Selektion der qualitativ höherwertigen Teile erschwert, besonders da die proteinreicheren jungen Blätter an der Basis entsprießen. Laubäsung enthält eine räumlich oft mehr heterogene Zusammensetzung aus Knospen, jungen und älteren Blättern, Zweigen sowie Blüten und Früchten, die von Herbivoren besser selektiv genutzt werden können (Ausnahme: das dichte Gewirr von dornen- oder stachelbewehrten Sträuchern und Bäumen, zum Beispiel Akazienverwandte).
- Räumliche Verteilung: Grasnahrung ist im Raum sehr gleichförmig vorhanden, Laubäsung kommt hingegen lockerer verteilt vor und bietet den Herbivoren eine geringere nutzbare Biomasse.

Die Klassifikation von Van Soest (1994) trägt den genannten Mängeln Rechnung, indem eine zweite Dimension für Selektivität eingeführt wird (Abb. 2.25); größere Selektivität steht damit für Nahrung höherer Qualität. Obligate Gras- und Laubäser bleiben bei zunehmender Selektivität bei ihrem Nahrungstyp, greifen aber bestimmte Pflanzenarten heraus oder konzentrieren sich auf junge Triebe. Intermediärtypen oder Mischäser tendieren generell dazu, Gras höherer Qualität zu fressen und bei dessen

2.5 Nahrungsstrategien der Herbivoren

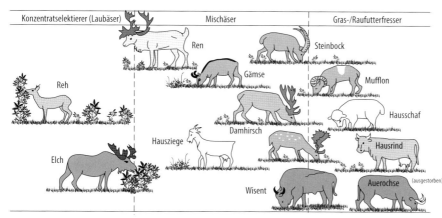

Abb. 2.24 Die nahrungsökologische Klassierung europäischer Wiederkäuer (Abbildung neu gezeichnet nach Hofmann 1989).

Mangel die Aufnahme von Laubäsung zu steigern.

Die artenreiche und nach Körpergröße stark differenzierte Herbivorenfauna Afrikas, welche dem Jarman-Bell-Prinzip Pate stand, bot auch Anlass zu weitergehenden Überlegungen, nämlich dass Körpergröße und Nahrungsstrategie mit Sozialstruktur, Reproduktionsverhalten und Taktik der Feindvermeidung ein Beziehungsmuster ergeben, in dem sich fünf Gruppen unterscheiden lassen (Jarman 1974; ähnlich auch bei Geist 1974). Die meisten dieser Zusammenhänge wurden später auch statistisch erhärtet (Brashares et al. 2000). Die Darstellung hier folgt der bezüglich weiterer Herbivoren ergänzten Zusammenfassung in Fryxell et al. (2014); das Thema der ökologischen Grundlagen des Fortpflanzungsverhaltens wird in Kapitel 4 mehrfach wieder aufgegriffen.

1. Kleine Arten (3–20 kg) mit hoch selektiver Wahl nährstoffreicher Nahrung, die neben frischen Triebspitzen vor allem auch Blüten, Samenstände, Früchte und sogar Fleisch umfasst. Sie sind Bewohner von Wald oder dichtem Busch, leben einzeln oder paarweise, zeigen wenig Sexualdimorphismus und verteidigen ein Territorium, wobei sich beide Geschlechter beteiligen. Feindvermeidung geschieht über unauffälliges Verhalten in der Deckung. Zu dieser Gruppe gehören die kleinsten Antilopen (Abb. 2.26) und Ducker.
2. Kleine bis mittelgroße Arten (20–100 kg) können Grasfresser oder Laubäser sein, sind aber bezüglich bestimmter Pflanzen oder Teile davon ähnlich selektiv wie die ganz kleinen Arten. Sie leben in Galeriewäldern, dichtem Busch oder in Hochgrasbeständen, in etwas größeren Gruppen (etwa 2–6, oftmals mit einem Männchen und mehreren Weibchen), sind meist territorial und zeigen einen gewissen Sexualdimorphismus. Feindvermeidung geschieht in der Regel durch Verstecken und regungsloses Verharren. Zu diesen Arten gehören Laubäser im Trockenbusch wie das Gerenuk *(Litocranius walleri)*, aber auch Grasfresser wie die Riedböcke *(Redunca)* oder das Oribi *(Ourebia ourebi)*, das mit seinen 15–17 kg der kleinste Grasfresser ist (Abb. 2.25).
3. Mittelgroße Arten (50–150 kg) sind oft Mischäser, mit reiner Grasnahrung während der Regenzeit und

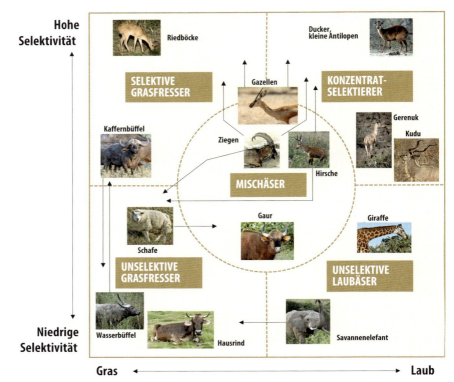

Abb. 2.25 Klassifikation der Herbivoren entlang von zwei Achsen: Anteile von Gras und Laubäsung in der Nahrung gegen Grad der Selektivität. Pfeile geben die Spannweite bezüglich der Einteilung entlang der Achsen an (nach Van Soest 1994). Die Selektivitätsachse ist stark von der Körpergröße geprägt, da kleinere Herbivoren besser einzelne Pflanzen oder Teile davon selektieren können als größere Arten mit breiteren Schneidezahnbögen *(incisor arcade)*. Zudem haben Laubäser im Allgemeinen schmalere Bögen als Grasfresser, doch treten die Unterschiede erst bei Arten mit Körpergrößen von >90 kg auf; kleinere Arten können offenbar bei Gras wie Laub die benötigte Selektivität erreichen (Abbildung verändert nach Janis & Ehrhardt 1988; Gordon & Illius 1988).

größerem Laubanteil zur Trockenzeit. Habitate variieren und reichen von dicht bewaldetem Gebiet über Savannen bis zu offenen Flussebenen. Männchen verteidigen einzeln ein Territorium, das von umherwandernden Weibchengruppen (6–200 Individuen) besucht wird; nicht territoriale Männchen streifen ebenfalls in Gruppen umher. Die Streifgebiete der Weibchen sind groß, besonders zur Regenzeit. Der Sexualdimorphismus ist sehr ausgeprägt; das Feindverhalten fußt auf gemeinsamer Wachsamkeit und Flucht. Arten in dieser Kategorie umfassen Impala *(Aepyceros melampus*, Abb. 1.0), Wasserböcke *(Kobus*, Abb. 2.22), Rappenantilope *(Hippotragus niger)*, Gazellen und viele weitere.

4. Mittelgroße bis große Arten (100–250 kg) von Grasfressern mit Präferenz für qualitativ gutes Gras. Dominante Männchen sind solitär und territorial, die übrigen bilden Junggesellenherden. Auch die Weibchen leben in oft großen Herden (6 bis mehrere 100) mit riesigem Streifgebiet oder wandern saisonbedingt zwischen zwei Gebieten, generell in

2.6 Effizienz der Assimilation

offener Savanne oder gar baumlosen Ebenen. Sexualdimorphismus ist vorhanden, aber weniger ausgeprägt als bei Arten der Gruppe (3); Feindvermeidung erfolgt ähnlich. Zu dieser Kategorie gehören Weißbartgnu (*Connochaetes taurinus*; Abb. 3.14), Kuhantilopen *(Alcelaphus)* oder Topi (*Damaliscus lunatus*, Abb. 4.32).

5. Die großen Arten (>200 kg) sind unselektive Äser von Gras oder Laub geringer Qualität, also sehr häufiger Nahrung. Habitate umfassen sowohl bewaldete Gebiete als auch lockere Savanne, die in saisonalen Bewegungen durchstreift werden. Männchen sind nicht territorial und bilden eine Dominanzhierarchie, Weibchen leben in Herden (10 bis mehrere 100) mit großem Streifgebiet. Feindvermeidung geschieht wie bei (3) und (4), außer bei den größten Arten (Kaffernbüffel, *Syncerus caffer;* Savannenelefant, *Loxodonta africana*, Abb. 5.16), die sich auch gegen Prädatoren verteidigen können. Als weitere Mitglieder dieser Kategorie gelten etwa Elenantilope *(Taurotragus oryx)*, Spießböcke *(Oryx)*, oder auch Steppenzebra (*Equus quagga*, Umschlagbild) und Giraffe (*Giraffa camelopardalis*, Abb. 7.8).

Dieses Klassifikationsmuster hat entsprechend auch für andere Herbivorenfaunen Gültigkeit, etwa jene Asiens, wo die Kategorien der hochselektiven kleinen Laubäser aber nicht durch Boviden, sondern vor allem durch kleine Hirschartige repräsentiert werden. Hofmanns (1989) Klassifikation der Wiederkäuer geschah weniger vor dem Hintergrund solcher verhaltensökologischer Zusammenhänge als im Hinblick auf die Evolution von Verdauungssystemen. Sie führte zu einer Reihe von Hypothesen über unterschiedliche morphologische Anpassungen im Verdauungsapparat von Laub- und Grasäsern und damit verbundenen Verdauungsleistungen (die sogenannte *ruminant diversification hypothesis*). Wie weit solche Unterschiede mit der Gras- oder Laubpräferenz zusammenhängen oder vor allem mit Körpergröße und taxonomischer Zugehörigkeit zu tun haben, wird jedoch immer noch diskutiert (Karasov & Martínez del Río 2007; Clauss et al. 2008, 2010).

Abb. 2.26 Mit etwa 5 kg Körpermasse gehören die Dikdiks (hier ein männliches Damara-Dikdik, *Madoqua kirkii*) aus den ariden Gebieten Afrikas zu den kleinsten Antilopen. Sie leben streng territorial und monogam. Ihre schmale vorspringende Schnauze erlaubt ihnen als Laubäser, auch kleinste Blätter zu selektieren.

2.6 Effizienz der Assimilation

Dass die verschiedenen Nahrungsbestandteile sehr unterschiedliche Gehalte an Energie aufweisen, zeigte bereits Tabelle 2.1. Bei der Betrachtung der Verdauungsmechanismen der Herbivoren wurde aber auch klar, dass die in der Nahrung vorhandene Energiemenge nicht gänzlich genutzt werden kann und dass die Effizienz der Nutzung von der Tierart beziehungsweise von ihrem Verdauungssystem abhängt. Die nicht zur Assimilation nutzbare Energie *(apparent digestible energy)* geht über den Kot wieder verloren (Abb. 2.27). Aus Formel 2.1 (Kap. 2.1) errechnet sich damit der verdauliche Energieanteil DE, welcher die Verdaulichkeit *(digestibility, assimilation efficiency)* der Nahrung beschreibt:

$$DE = \frac{GE\text{-}F}{GE} \qquad (2.3)$$

Protein ist für alle Wirbeltiere gut verdaulich, im Mittel zu etwa 92 %. Ähnliches gilt für Lipide. Carnivoren erreichen bei guter Fleischnahrung deshalb oft eine Verdaulichkeit von 80–85 %; bei Arthropodennahrung liegen die Werte aufgrund des Chitinanteils tiefer. Mit über 98 % sind auch Zellinhalte (nicht strukturelle Kohlenhydrate) von Pflanzen fast vollständig verdaulich (Robbins 1993). Nektarfresser kommen so auf 95 % und mehr Verdaulichkeit, Samenfresser auf 70–80 %. Kommerzielles Samen- und Körnerfutter für Nagetiere ist sogar so zusammengestellt, dass im Maximum fast 90 % Verdaulichkeit erreicht wird. Bei grünem Pflanzenmaterial liegt die Verdaulichkeit jedoch wesentlich tiefer und hängt zunächst vom Anteil an Lignin, Cutin und Silizium in den Zellwänden, dann aber auch vom Verdauungssystem und der Retentionszeit ab. Diese Aspekte sind in den vorausgehenden Kapiteln bereits intensiv zur Sprache gekommen. Sehr häufig liegt die Verdaulichkeit der Zellwände (das heißt der Gesamtfaser) zwischen 30 % und 60 % und bei qualitativ guter Pflanzennahrung insgesamt bei 60–70 %. Riesenpandas *(Ailuropoda melanoleuca)* erreichen bei ihrer faserreichen Bambusnahrung lediglich eine Verdaulichkeit von 12 %, weil sie als Bären nur den Hemizellulosenanteil verdauen können (Robbins 1993). Wie stark die Unterschiede in der Verdaulichkeit zwischen Herbivoren ausfallen können, lässt sich an deren Kot ablesen (Abb. 2.27).

Die Effizienz, mit der assimiliert wird, ist in mehrfacher Hinsicht von ökologischer Bedeutung. Drei Aspekte sind nach Karasov & Martínez del Río (2007) besonders wichtig:

1. Niedrige Effizienz bringt Fitnesseinbußen bei schlechterer Energieversorgung oder bei höherem zeitlichem Aufwand für die Nahrungssuche (Kap. 3).
2. Die Effizienz der Verdauung hat Implikationen für den Material- und Energiefluss zu anderen trophischen Stufen in einem Ökosystem.
3. Viele Tier-Pflanzen-Interaktionen, zum Beispiel bei der Blütenbestäubung oder der Verbreitung von Samen durch Tiere (Zoochorie), hängen oft von bestimmten Verdauungsleistungen ab.

Abb. 2.27 Kot des Weißbartgnus, links, des Savannenelefanten, Mitte, und des Schneehasen *(Lepus timidus)*, rechts. Pflanzenfresser produzieren aufgrund der geringeren Verdaulichkeit ihrer Nahrung wesentlich mehr Kot als Carnivore. Als Wiederkäuer verdauen die Gnus die Nahrung allerdings besser als große Dickdarmfermentierer wie Elefanten oder Pferde, deren Kot meist viele sichtbare Stängel enthält. Der Faserkot des koprophagen Schneehasen besteht aus runden, sehr dicht gepressten Bällchen.

2.7 Energiebalance und Kondition

Obwohl die wichtigen Tätigkeiten, wie Reproduktion, Wanderungen oder bei den Vögeln auch die Mauser, dem Jahresgang der Verfügbarkeit von Energie gut angepasst sind, übersteigt der Energiebedarf oftmals das nutzbare Angebot. Nahrungsmangel ist nichts Seltenes, und viele Tiere können routinemäßig längere Perioden des Fastens ertragen, ohne die Körpertemperatur absenken zu müssen (McCue 2010). Die dabei benötigte Energie wird über den Katabolismus von Körpergewebe freigestellt. Im Verlauf des Fastens bis hin zum Verhungern können drei metabolische Phasen unterschieden werden (Wang et al. 2006): In den ersten Stunden bis Tagen des Nahrungsentzugs kann **Leberglykogen** mobilisiert werden, in einer zweiten Phase werden hauptsächlich die **Fett**vorräte abgebaut, wobei ein Minimum an Proteinabbau erfolgt. Vögel können in dieser Phase noch stärker die Proteinvorräte schonen als Säugetiere (Jenni-Eiermann & Jenni 2012). In der dritten Phase wird zunehmend auf **Protein** zurückgegriffen. Da Protein fast gänzlich strukturelle Aufgaben im Körper erfüllt und es deshalb unter normalen Umständen in viel geringerem Maß als Fett veratmet wird, markiert diese Phase einen fortgeschrittenen Zustand des Verhungerns, denn wichtige Organe und Muskeln werden angegriffen. Erst wenn hungernde Vögel die Brustmuskulatur so weit abgebaut haben, dass sie flugunfähig werden oder wenn andere Organe irreversibel geschädigt sind, sterben sie. Gelegentlich kommt es so zu Massensterben von überwinternden Entenvögeln (Suter & van Eerden 1992).

Energiespeicherung und Kondition
Die normale Energiespeicherung bei Wirbeltieren geschieht also in Form von Fett; bei Fischen spielen auch Glykogen und Proteine eine bedeutende Rolle. Fett besitzt die höchste Energiedichte der verfügbaren Speichermedien (Tab. 2.1) und kann auch schnell wieder katabolisiert werden. Dazu nehmen viele Tiere zu gewissen Zeiten mehr Nahrung auf, als momentan nötig ist (Hyperphagie). Die Assimilationsrate kann bei manchen Vögeln zur Zugzeit mehr als das 10-fache Äquivalent des BMR erreichen (Kvist & Lindström 2003; Klaassen M. et al. 2010). Der Rückgriff auf die Fettreserven erfolgt zu Zeiten ungenügender Energieversorgung (Winter oder Trockenzeiten, Übernachtung) oder wenn ungewöhnlich energieintensive Tätigkeiten verrichtet werden, vor allem im Zusammenhang mit der Fortpflanzung (Kap. 4) oder mit Wanderungen (Kap. 6). Sing- und Watvögel, die nonstop weite Strecken ziehen, verbrennen während der Phase 2 gleichzeitig zu etwa 95 % Fett und zu 5 % Protein (Jenni & Jenni-Eiermann 1998). Das Protein wird unter anderem aus der Massenreduktion des Verdauungstrakts bezogen, was funktionell als Massenersparnis für den Zug erklärt worden ist. Allerdings sind die Abnahmeraten bei fastenden Vögeln organ- und gewebespezifisch und unabhängig von einer Zugleistung (Bauchinger & McWilliams 2010), doch verändern sich die Raten des Proteinabbaus verschiedener Organe in Phase 3 (Jenni-Eiermann & Jenni 2012). Andererseits liefert das Katabolisieren von Protein 5-mal mehr Wasser als Fett, sodass dem Proteinabbau während des Ziehens auch eine Funktion bei der Aufrechterhaltung des Wasserhaushalts im Körper zukommt (Gerson & Guglielmo 2011). Jedenfalls sind die Zugvögel bei Bedarf in der Lage, etwa während des Rastens, sowohl Fettreserven als auch

die reduzierten Organe schnell wieder aufzubauen (Karasov & Pinshow 1998; Bicudo et al. 2010). Die Energiespeicherung über Fett kann übrigens nicht unlimitiert erfolgen, da mit ihr auch Kosten verbunden sind, nicht nur im Sinne einer energetischen Verteuerung der Fortbewegung, sondern auch über höheres Prädationsrisiko bei reduzierter Manövrierfähigkeit (Kap. 3.7; s. auch Brodin & Clark 2007). Bei guter Nahrungsversorgung halten Dreizehenmöwen *(Rissa tridactyla)* während der Bebrütungszeit größere Fettreserven (Strategie *fat and fit*) als während der größere Beweglichkeit erfordernden Zeit der Jungenfütterung (Strategie *lean and fit*; Schultner et al. 2013).

Körpermasse (relativ zur Größe, s. unten) und Fettreserven sind wichtige Indizes der **Kondition** (Ernährungs-, Körperzustand) eines Individuums und bestimmen weitgehend seinen Überlebens- und Reproduktionserfolg, also seine Fitness. Die Beziehung zwischen Kondition und Fitness muss allerdings nicht linear verlaufen (Barnett et al. 2015). Misst man die Kondition in einer ganzen Population, so erhält man Auskunft über die Energieversorgung in einem bestimmten Habitat oder Gebiet (Delguidice et al. 2001). Messmethoden richten sich sowohl danach, wie in der betreffenden Art das Fett abgelagert wird, als auch nach der Größe des Tieres (Übersichten: Barboza et al. 2009; Wilder et al. 2016). Bei kleineren Arten lässt sich der Fettanteil im Körper mit verschiedenen chemisch oder physikalisch basierten Verfahren am lebenden Individuum recht genau bestimmen (Karasov & Martínez del Río 2007). Da Vögel ihr Fett in charakteristischen Depots um das Brustbein oder im Abdominalbereich anlagern, kann der Fettvorrat noch einfacher visuell klassiert werden. Die Bestimmung geschieht bei kleineren Vögeln in der Hand, etwa anlässlich der Beringung von Zugvögeln, kann aber bei größeren Arten auch mittels Beobachtung im Feld durchgeführt werden (Abb. 2.28). Bei genügend großen Stichproben oder bei vorgängiger Kalibrierung lassen sich diese Indizes des Fettvorrats *(fat score)* in eigentliche Werte konvertieren und für quantitative Voraussagen nutzen, wie die mögliche Reichweite eines ziehenden Vogels (Salewski et al. 2009).

Bei Vögeln und kleinen Säugern genügt oft auch die Messung der Körpermasse (Labocha & Hayes 2012). Wenn die Körpergröße (**Konstitution**; *structural size*) individuell variiert, muss dafür korrigiert werden. Dazu verwendet

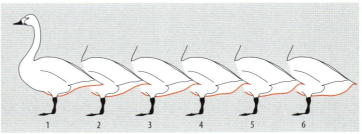

Abb. 2.28 Links: Gut ausgebildetes Fettdepot eines zugbereiten Teichrohrsängers *(Acrocephalus scirpaceus)*. Rechts: Bei Wat- und Entenvögeln sind die Fettvorräte im Abdominalbereich als Krümmung der Bauchlinie gut sichtbar. In einer Feldstudie am Zwergschwan (*Cygnus columbianus*; auch in Abb. 5.13) wurden sechs Klassen unterschieden, die von 1 = Linie stark konkav (wenig bis kein Fett) bis 6 = Linie stark durchhängend (große Fettanlagerung) reichten (Abbildung neu gezeichnet nach Bowler J. M. 1994).

2.7 Energiebalance und Kondition

man das Verhältnis zwischen Körpermasse und einem Körpermerkmal, das mit der Körpergröße korreliert (zum Beispiel die Länge von Extremitäten). Die Konstitution kann über solche Allometrien auch bei großen Arten ermittelt werden, die nicht gewogen werden können.

Größere Säugetiere speichern ihre Fettvorräte subkutan, um die Eingeweide, die Nieren und das Herz, sowie im Knochenmark. In dieser Reihenfolge werden die Vorräte auch mobilisiert. Deshalb ist keiner der Indizes ein gutes Maß für das gesamte Körperfett. Die verschiedenen Depots werden zudem für unterschiedliche Zwecke gebraucht, und deren Bestimmung gibt dann vor allem über diese spezifischen Belastungen Auskunft. So gibt der Nierenfettindex *(kidney fat index)* Auskunft über die konditionelle Belastung im Rahmen der Reproduktion, während der Wert für das Knochenmarkfett *(bone marrow fat)*, das zuletzt mobilisiert wird, Hinweise auf allfällige starke Mangelerscheinungen liefert (Fryxell et al. 2014). Informationen über den Ernährungszustand lassen sich auch aus Blut- oder Urinproben gewinnen – vor allem Hinweise zur Proteinversorgung von Herbivoren. Die Untersuchungen sind aber oft kompliziert (Karasov & Martínez del Río 2007). Besser eingeführt ist die Untersuchung des Stickstoffgehalts im Herbivorenkot als Ausdruck der Qualität aufgenommener Nahrung (Leslie et al. 2008), nicht jedoch der eigentlichen Kondition.

Der Vollständigkeit halber sei erwähnt, dass Energie auch außerhalb des Körpers gespeichert werden kann, indem Nahrungsvorräte gehortet und versteckt werden. Allerdings funktioniert dies nur bei unverderblicher Ware, und die hortenden Tiere müssen sedentär sein. Da es sich dabei um Verhaltensanpassungen handelt, kommt das externe Speichern in Kapitel 3.7. ausgiebiger zur Sprache.

Energieeinsparung
Wenn Energie nicht in genügender Weise beschafft oder aus körpereigenen Reserven mobilisiert werden kann, sind Strategien zur Energieeinsparung vonnöten. Die Notwendigkeit zur Energieeinsparung ergibt sich vor allem in kühleren Klimazonen und während der kalten Jahreszeit, wenn einerseits die Rate der Energieaufnahme absinkt und der Wärmeverlust aufgrund der großen Differenz zwischen Körper- und Außentemperatur ansteigt. Energie kann auf verschiedene Weise gespart werden, zum Beispiel durch

- Reduktion des Wärmeverlustes des Körpers, vor allem während der Nacht,
- Reduktion der Aktivität,
- Reduktion der Körpertemperatur und damit des Energieumsatzes.

Oft werden diese Strategien untereinander und mit Fasten kombiniert.

Ein von vielen Säugern und Vögeln praktiziertes Verhalten zur Reduktion des Wärmeverlusts ist das gemeinsame Übernachten in dicht gedrängten «Kuschelgruppen» *(huddling)*, wodurch sich je nach Art, Gruppengröße und Situation 6–53 % Energie sparen lassen (Gilbert et al. 2010). Solche soziale Thermoregulation ist vor allem bei kleineren Arten verbreitet (Fledermäusen, Nagetieren, Singvögeln), kommt bei entsprechend niedrigen Umgebungstemperaturen aber auch bei größeren Arten vor (Robben, Affen in kalt-temperierten Gebieten, Pinguinen, Schweinen, Nashörnern). Das wohl spektakulärste Huddling zeigen die im antarktischen Winter brütenden Männchen des Kaiserpinguins *(Aptenodytes forsteri)*:

Abb. 2.29 Alpenschneehuhn *(Lagopus mutus)* in seiner Übernachtungshöhle.

Kuschelnde Pinguine haben im Vergleich zu lose zusammenstehenden Vögeln um 16 % verringerte metabolische Aufwendungen und könnten ohne diese Einsparung die Fastenzeit von 105–115 Tagen während der Bebrütung nicht durchstehen (Ancel et al. 1997). Nicht sozial lebende Tiere in schneereichen Umgebungen können den Wärmeverlust etwa durch Ausharren in Schneehöhlen vermindern. In den Alpen praktizieren dies die beiden Raufußhuhn-Arten Birkhuhn *(Tetrao tetrix)* und Alpenschneehuhn (*Lagopus mutus*; Abb. 2.29). Anthropogene Störungen durch zunehmende Freizeitaktivitäten wie Schneeschuhwandern können sich damit negativ auf den Energiehaushalt solcher Arten auswirken; die weitergehenden Konsequenzen für die Bestandsentwicklungen sind aber noch unerforscht (Arlettaz et al. 2007).

Die Reduktion der Aktivität ist notwendig, wenn der Aufwand für die Nahrungssuche und der daraus resultierende Energiegewinn ein ungünstiges Verhältnis erreicht. In der Regel geht verminderte Aktivität mit einer Absenkung der Körpertemperatur einher. Endotherme, die ihre Körpertemperatur nicht stets konstant halten, verhalten sich **heterotherm**. Heterothermie ist weit verbreitet, in ihrer Ausprägung aber art- und gruppenspezifisch verschieden. Innerhalb der Säugetiere ist sie bei kleinen Arten, solchen, die in hohen Breiten leben, und solchen, die keine Nahrung horten, stärker entwickelt (Boyles et al. 2013). Es gibt auch Unterschiede zwischen Verwandtschaftsgruppen, doch beeinflusst die Phylogenie physiologische Merkmale nur bei tropischen Arten stärker als die Umwelt (phylogenetischer Konservativismus), während außerhalb der Tropen die Umweltbedingungen für die Variation bei physiologischen Strategien entscheidend sind (Khaliq et al. 2015).

Heterothermie ist der Oberbegriff für eine Anzahl verschiedener, oft durch Übergänge verbundener Strategien. Als **Hypothermie** bezeichnet man die Reduktion auf Temperaturen, die unterhalb der Schwankungsbreite während des normalen aktiven Zustands der Art liegen. **Torpor** hingegen meint einen Zustand der Inaktivität mit stark vermindertem Energieumsatz und verringerter Reaktionsfähigkeit auf äußere Stimuli. Gemäßigte Hypothermie mit Senkung der Körpertemperatur auf bis zu 30 °C ist bei Vögeln und Säugetieren verbreitet und tritt je nach Tag- oder Nachtaktivität der Art nachts oder tagsüber auf. Stärkere Hypothermie mit Absenkung der Körpertemperaturen auf unter 30 °C führt bei Endothermen in der Regel zu Torpor, doch können manche Säugetierarten auch bei massiv abgesenkter Körpertemperatur noch aktiv bleiben. Tiefe Hypothermie folgt entweder einem täglichen oder einem saisonalen Rhythmus. Beim täglichen Rhythmus erreichen die maximalen Phasenlängen zwischen 1,5 und 22 Stunden; man spricht dabei meist von **Tagestorpor** *(daily torpor)*, selbst wenn das Tier trotz niedriger Körpertemperatur aktiv bleibt. Tiefe Hypothermie

2.7 Energiebalance und Kondition

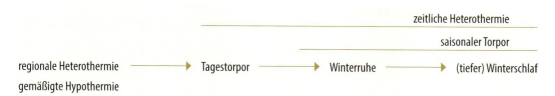

Abb. 2.30 Strategien der Temperaturreduktion zum Energiesparen. Für einzelne Arten genügt es, lediglich einzelne Körperteile abzukühlen. Andere müssen in Tagestorpor oder saisonalen Torpor fallen, um genügend Energie zum Überleben einsparen zu können (verändert nach Vaughan et al. 2011; s. auch van Breukelen & Martin 2015). Die Vorstellung, dass die Vielfalt existierender Strategien ein physiologisches Kontinuum bildet, ist möglicherweise nicht korrekt: Variablen, die den Torpor beschreiben, bilden in einer bimodalen Verteilung Tagestorpor gegen Winterruhe/Winterschlaf ab (Ruf & Geiser 2015).

im saisonalen Rhythmus ist durch eine Reihe lange andauernder Phasen von Torpor (96–1080 h pro Phase; Geiser & Ruf 1995; Geiser 2013) charakterisiert und besser als **Winterschlaf** (*hibernation*) bekannt; wenn sie stattdessen zur Überbrückung von trocken-heißen Perioden dient, spricht man von **Sommer**- oder **Trockenschlaf** (*estivation*; Abb. 2.30). Auch bei tiefer Hypothermie wird die Körpertemperatur so weit reguliert, dass eine kritische untere Temperatur nicht unterschritten wird.

Gemäßigte Hypothermie kommt bei kleineren Vögeln und Säugetieren in vielen taxonomischen Gruppen und von der Arktis bis in die tropischen Regenwälder vor (Reinertsen 1996; Merritt 2010; Geiser 2013). In kühleren Gegenden wird sie in auch von größeren Arten ansatzweise praktiziert, indem die Temperatur in peripheren Körperpartien oder Gliedmaßen unter jene des Körperinnern gesenkt werden kann *(regional heterothermia)*. Rothirsche *(Cervus elaphus)* etwa können die subkutane Körpertemperatur in Winternächten auf bis zu 20 °C vermindern, und man nimmt an, dass die auch bei anderen Huftieren höherer Breiten im Winter beobachtete Reduktion der Nahrungsaufnahme mit solcher Art von Hypothermie einhergeht (Arnold et al. 2004). Funktionell gibt es keine grundlegenden Unterschiede zwischen gemäßigter Hypothermie und dem Tagestorpor, doch ist Letzterer weitgehend auf kleine Arten (mit wenigen Ausnahmen bis etwa 100 g Körpermasse) und eine geringe Zahl von taxonomischen Gruppen beschränkt. Bei Vögeln sind vor allem Kolibris, Segler, Nachtschwalben und einige tropische Artengruppen (zum Beispiel Mausvögel Coliidae; Prinzinger et al. 1991) zu Torpor fähig, wobei sie die Körpertemperatur meist nicht unter 15 °C absenken. Einige Kolibris schaffen es jedoch, auch kurzfristig bis auf 6,5 °C abzukühlen. Bei Säugetieren ist Tagestorpor bei Kloakentieren, kleinen Beuteltieren (Abb. 2.7), Spitzmäusen und anderen kleinen Insektenfressern, Fledermäusen (inklusive tropischer Arten), einigen kleinen Primaten (Abb. 2.31) und Carnivoren sowie Nagetieren nachgewiesen.

Torpor ist der effizienteste Mechanismus der Endothermen zum Energiesparen. Das Sparpotenzial durch gemäßigte Hypothermie und Torpor bei Vögeln bewegt sich, auf den BMR bezogen, zwischen 4 und gut 95 % (McKechnie & Lovegrove 2002); auch Säugetiere sparen im Torpor oft um 30–50 % Energie. Als Stimulus dient wie bei der gemäßigten Hypothermie in der Regel eine ungenügende Energieversorgung, oft aber auch eine niedrige Umgebungstemperatur. Kleinere Arten können häufig, spontan und schnell in Torpor gehen und müssen dabei nicht inaktiv bleiben (Abb. 2.31), größere Arten benötigen meist stärkere Stimuli, etwa eine Kombination von niedrigen Temperaturen mit markantem Nahrungsmangel. Allerdings können auch energetisch gut versorgte Arten in Hypothermie gehen, Vögel zum Bei-

Abb. 2.31 Die Mausmakis *(Microcebus)* aus Madagaskar sind die kleinsten Lemuren (Halbaffen) und wiegen meist <100 g. Die Grauen Mausmakis (*M. murinus*; das Bild zeigt den fast identischen Graubraunen Mausmaki, *M. griseorufus*) leben in Trockenwäldern und ernähren sich von Früchten, Baumsaft und Insekten. Während der kühlen Trockenzeit ist das Nahrungsangebot beschränkt; die Mausmakis gehen dann fast täglich in Tagestorpor. Der Abfall der Körpertemperatur setzt bereits zu Beginn der nächtlichen Aktivitätsperiode ein, und die Körpertemperatur erreicht ihr Minimum von etwa 17 °C (2–5 °C über der Umgebungstemperatur) zu Beginn der Ruheperiode am frühen Morgen. Der Wiederanstieg auf die Normaltemperatur von etwa 37 °C, die um die Mittagszeit erreicht wird, erfolgt zunächst über passives Aufheizen durch die Umgebungstemperatur und in einer zweiten Phase durch endogene Wärmeproduktion. Im Mittel sparen Graue Mausmakis damit 38 % Energie (Schmid 2000).

spiel, um den Fettaufbau für den Zug zu beschleunigen oder als präventive Sparmaßnahme bei schwankendem Nahrungsangebot. So wurde bei zugbereiten Weißwangengänsen (*Branta leucopsis*, Abb. 8.12) festgestellt, dass sie mit einer mittleren Senkung der Körpertemperatur von 4,4 °C um 34–39 % des täglichen Energieaufwands einsparen konnten. Die Gänse verringerten ihre Temperatur einige Tage vor Zugbeginn und dann während 20 Tagen auf dem Zug, nicht nur während der Nacht (Butler & Woakes 2001).

Neuere Arbeiten an Lemuren zeigen, dass das Eintreten in kurzzeitigen Torpor nicht eine Notfallstrategie von Individuen mit geringen Körperreserven sein muss, sondern in ihrem Fall eher von Tieren mit guter Kondition praktiziert wird. Bei Grauen und Graubraunen Mausmakis (Abb. 2.31) ist die Bereitschaft zum Tagestorpor neben der Temperatur von der Konstitution und Kondition abhängig, wobei größere und fettere Individuen häufiger und stärker in Torpor fallen als kleinere und magere Individuen (Kobbe et al. 2011;

Vuarin et al. 2013). Dies lässt sich damit erklären, dass ein Minimum an Körperfett vonnöten ist, um nach einer Periode von Torpor die Normaltemperatur (Normothermie) wieder zu erreichen.

Saisonaler Torpor (Winter- oder Trockenschlaf) ist praktisch nur von Säugetieren bekannt; bei einer einzigen Vogelart, der nordamerikanischen Winternachtschwalbe *(Phalaenoptilus nuttallii, Common Poorwill)*, ist Winterschlaf nachgewiesen. Unter dem Begriff «Winterschlaf» gibt es eine breite Palette von Strategien, die sich in der Länge und Zahl der Torporphasen und der Stärke der Abkühlung unterscheiden. Größere Arten, die sich in einen Bau zurückziehen und den energetischen Vorteil der großen Körpermasse haben, reduzieren ihre Körpertemperatur nicht mehr als etwa 10 °C. Verschiedene Bären (*Ursus* sp.) fallen in einen langen Dämmerschlaf, wobei ihre Körpertemperatur aufgrund der großen Körpermasse immer über 30 °C bleibt. Ähnliches ist bei Dachsen (*Meles* sp.) nachgewiesen (Tanaka 2006). Wegen des relativ geringen Temperaturabfalls

2.7 Energiebalance und Kondition

wird dieser Zustand auch als **Winterruhe** oder Winterlethargie *(denning)* bezeichnet. Ob sich Winterruhe aber physiologisch vom Winterschlaf unterscheidet, ist noch nicht geklärt, denn die Verminderung der Stoffwechselrate ist zumindest in beiden Fällen gleich. Eine tropische kleine Lemurenart, der Westliche Fettschwanzmaki *(Cheirogaleus medius*; Abb. 2.0), pflegt diesbezüglich eine variable Strategie. Er überwintert während sieben Monaten in Baumhöhlen, obwohl die Wintertemperaturen auf über 30 °C ansteigen können. Je nach Wärmedämmung der Höhle schwankt die Körpertemperatur wie bei Ektothermen mit der Außentemperatur um bis zu 20 °C (schlechte Dämmung) oder bleibt konstant (gute Dämmung); in diesem Fall kommt es aber in etwa wöchentlichem Abstand zu Aufwärmphasen (s. unten), wobei die Körpertemperatur kurz auf die Normaltemperatur erhöht wird (Dausmann et al. 2004).

Viele kleine Säuger sind hingegen obligate Winterschläfer bei tiefer Körpertemperatur. Manche sind imstande, ihre Körpertemperatur bis auf unter 4 °C beziehungsweise bis lediglich 1 °C über die Umgebungstemperatur abzusenken, im Falle einiger Fledermäuse damit nahe an den Gefrierpunkt und bei Zieseln (Erdhörnchen) kurzfristig sogar darunter. Abgesehen von den dann regelmäßig auftretenden kurzen Aufwärmphasen *(arousal* oder *interbout euthermia)* dauert der Winterschlaf bei ihnen oft mehrere Monate: beim Siebenschläfer *(Glis glis)* sind es in Mitteleuropa um acht Monate und maximal bis elf Monate (Hoelzl et al. 2015; s. auch Kap. 7.1), bei einzelnen Zieseln bis acht Monate und beim Alpenmurmeltier *(Marmota marmota)* um sechs Monate. Murmeltiere sind mit etwa 4–5 kg Körpermasse die größten obligaten Winterschläfer. Bei ihnen ist die Winterschlafdauer von Individuen genügender Kondition wohl aufgrund der jährlich konstanten Umweltbedingungen zeitlich nur wenig variabel.

Allerdings reagieren auch obligate Winterschläfer auf Umgebungssignale, etwa auf starken Abfall der Umgebungstemperatur, und wachen dann auf. Ohne solche Stimuli kommt es zu den genannten periodischen Aufwärmphasen, die energetisch teuer sind, denn auf sie fallen etwa 70 % der im Winterschlaf ausgegebenen Energie (van Breukelen & Martin 2015). Arten mit Winterruhe, deren Körpertemperatur nicht unter 30 °C fällt, können darauf verzichten. Trotz des Begriffs «Winterschlaf» schlafen Tiere im Torpor nicht im eigentlichen Sinne. In den kurzen Aufwärmphasen wird hingegen viel geschlafen, doch können sich die Tiere dann auch bewegen, von Vorräten fressen oder Kot absetzen. Der Grund für das periodische Aufwärmen ist noch nicht restlos geklärt. Möglicherweise dienen solche Phasen der Reparatur neuronaler Schaltkreise und damit der Aufrechterhaltung des Gedächtnisses, aber auch anderen physiologischen Bedürfnissen (Millesi et al. 2001; Humphries et al. 2003; Heller & Ruby 2004). Tatsächlich nutzen Siebenschläfer mit höheren Fettvorräten ihren Vorteil nicht, um die Dauer des Winterschlafs abzukürzen, sondern um die Körpertemperatur höher zu halten und häufiger aufzuwachen (Bieber et al. 2014).

Weiterführende Literatur

Viele der erwähnten Prinzipien und Zusammenhänge sind auch in den allgemeinen Lehrbüchern zur Tierphysiologie in größerem Detail ausgeführt. Auf dem Markt gibt es mehrere umfassende Werke sowohl auf Englisch wie auf Deutsch – letztere nicht nur als Übersetzungen, sondern auch als Originalwerke. Die im folgenden aufgeführten Lehrbücher haben einen verstärkten Fokus auf die ökologischen Implikationen der physiologischen Muster.

Das enzyklopädische Grundlagenwerk zur energetischen Ökologie der Wirbeltiere ist:

- McNab, B.K. 2002. *The Physiological Ecology of Vertebrates. A View from Energetics.* Cornell University Press, Ithaca.

Von demselben Autor stammt eine neuere, kürzere Übersicht über die Energetik der Vögel und Säugetiere, die vor allem die Anpassung an unterschiedliche Umweltbedingungen auslotet:

- McNab, B.K. 2012. *Extreme Measures. The Ecological Energetics of Birds and Mammals.* The University of Chicago Press, Chicago.

Eine breitere Darstellung der Physiologie aller Tiere in ihren Beziehungen zur Umwelt liefern:

- Willmer, P., I. Johnston & G. Stone. 2004. *Environmental Physiology of Animals.* 2nd ed. Blackwell Science, Oxford

Physiologische Variabilität zwischen Individuen, Populationen und Arten und die zugrunde liegenden Mechanismen sind in unserem Kapitel wenig zum Zuge gekommen; ihnen ist folgendes Buch gewidmet:

- Spicer, J.I. & K.J. Gaston. 1999. *Physiological Diversity and its Ecological Implications.* Blackwell Science, Oxford.

Sowohl für Säugetiere als auch für Vögel gibt es je eine spezifische, detaillierte ökophysiologische Darstellung:

- Withers, P.C., C.E. Cooper, S.K. Maloney, F. Bozinovic & A.P. Cruz-Neto. 2016. *Ecological and Environmental Physiology of Mammals.* Oxford University Press, Oxford.
- Bicudo, J.E.P.W., W.A. Buttemer, M.A. Chappell, J.T. Pearson & C. Bech. 2010. *Ecological and Environmental Physiology of Birds.* Oxford University Press, Oxford.

Eine Darstellung des Stands des Wissens rund um die Allometrien und die metabolische Theorie der Ökologie liefern zahlreiche Autoren in einem Sammelband:

- Sibly, R.M., J.H. Brown & A. Kodric-Brown (eds.). 2012a. *Metabolic Ecology. A Scaling Approach.* Wiley-Blackwell, Chichester.

Thermobiologie ist in unserem Kapitel nur über das Phänomen der Heterothermie als Anpassung an Ressourcenmangel zur Sprache gekommen. Ein neueres Werk liefert eine umfassende Synthese, während ein editierter Sammelband sich spezifisch der Heterothermie widmet und auch die zugrunde liegenden physiologischen und molekularen Mechanismen analysiert:

- Angilletta, M.J. 2009. *Thermal Adaptation. A Theoretical and Empirical Synthesis.* Oxford University Press, Oxford.
- Ruf, T., C. Bieber, W. Arnold & E. Millesi (eds.). 2012. *Living in a Seasonal World. Thermoregulatory and Metabolic Adaptations.* Springer-Verlag, Berlin.

Ein originelles Werk führt in die hier nur am Rand erwähnten extremen physischen Leistungen von Tieren ein und beleuchtet diese unter physiologischen, anatomischen, und evolutionsbiologischen Blickwinkeln:

- Irschick, D. & T. Highham. 2016. *Animal Athletes. An Ecological and Evolutionary Approach.* Oxford University Press, Oxford.

Stärker auf eigentliche Ernährungsphysiologie bezogen sind zwei Werke, wobei Karasov & Martínez del Río auf packende Weise auch Wert auf die Vermittlung methodischen Wissens legen:

- Karasov, W.H. & C. Martínez del Río. 2007. *Physiological Ecology. How Animals Process Energy, Nutrients, and Toxins.* Princeton University Press, Princeton.

- Starck, J.M. & T. Wang (eds.). 2005. *Physiological and Ecological Adaptations to Feeding in Vertebrates.* Science Publishers, Enfield.

Ernährung und Ernährungsphysiologie der Wildtiere, lange durch das Standardwerk von Robbins (2. Auflage 1993) abgedeckt, ist nun von einem Nachfolgewerk gut bedient:

- Barboza, P.S., K.L. Parker & I.D. Hume. 2009. *Integrative Wildlife Nutrition.* Springer-Verlag, Berlin.

Die Ernährung der Wiederkäuer ist in einem monumentalen Klassiker umfassend diskutiert:

- Van Soest, P.J. 1994. *Nutritional Ecology of the Ruminant.* 2nd ed. Cornell University Press, Cornell.

Stärker auf die Beziehungen zwischen Form und Funktion der Verdauungssysteme sind zwei weitere, immer noch aktuelle Klassiker ausgerichtet:

- Stevens, C.E. & I.D. Hume. 1995. *Comparative Physiology of the Vertebrate Digestive System.* 2nd ed. Cambridge University Press, Cambridge.
- Chivers, D.J. & P. Langer (eds.). 1994. *The Digestive System in Mammals: Food, form and function.* Cambridge University Press, Cambridge.

Schließlich liegt ein Werk vor, das sich im Detail mit den Möglichkeiten des schnellen Auf- und Abbaus von Körpergewebe als Anpassung auf energetische Anforderungen beschäftigt:

- Piersma, T. & J.A. van Gils. 2011. *The Flexible Phenotype. A Body-Centred Integration of Ecology, Physiology, and Behaviour.* Oxford University Press, Oxford.

3 Nahrung suchen, finden und verarbeiten: Die verhaltensbiologischen Aspekte der Nahrungsökologie

Abb. 3.0 Sturmmöwe *(Larus canus)*

Kapitelübersicht

3.1	Kausale und funktionale Erklärung des Nahrungssuchverhaltens	83
3.2	Nahrungswahl und Nahrungsspektrum	84
3.3	Optimierte Nahrungssuche und Nahrungswahl	85
	Suche	87
	Nahrungseffizienz	89
	Grenzen der Optimierungsmodelle	91
3.4	Optimierte Nahrungssuche in *patches*	94
3.5	Prädation vermeiden bei der Nahrungssuche	96
3.6	Nahrungssuche in der Gruppe	99
3.7	Nahrung horten	105
3.8	Synthese: Nahrungssuche bei Herbivoren	107
	Nahrungswahl und Aufnahmeraten	108
	Nahrungssuche in heterogener Umwelt	109
	Bissgröße, Bissrate und Aufnahmerate	110
	Beweidung von patches	111
	Funktionelle Reaktionen	112

Aus dem vorangehenden Kapitel ist deutlich geworden, dass die physiologischen Ansprüche an ein Wirbeltier komplex sind und mehr oder weniger stetige Zufuhr von Nahrung in Form von Wasser, Nährstoffen, Mineralen und Vitaminen bedingen. Die Zufuhr muss quantitativ ausreichend und qualitativ in bestimmter Zusammensetzung erfolgen. Um dies zu gewährleisten, ist ein Individuum auf der Ebene des **Verhaltens** gefordert. Es muss Nahrung finden, erkennen und beurteilen können. Darauf gestützt, hat das Tier **Strategien** anzuwenden, welche die ausreichende Nahrungszufuhr – sowohl quantitativ als auch qualitativ – gewährleisten. Dazu gehört etwa, den Nettogewinn an Energie groß genug zu halten, denn mit der Nahrungsaufnahme sind auch **Kosten** verbunden, etwa für das Ergreifen und Bearbeiten der Nahrungsstücke. Bei der Nahrungssuche setzt sich ein Tier zudem erhöhten **Risiken** aus; der zeitliche Aufwand zur Feindvermeidung oder das Aufsuchen von Deckung gegen extreme Witterungseinflüsse verringern die Effizienz bei der Nahrungsbeschaffung und sind deshalb ebenfalls als Kosten zu betrachten. Da die Nahrung in Quantität und Qualität unterschiedlich im **Raum** verteilt ist, gehören zu einer erfolgreichen Strategie des Weiteren Entscheidungen darüber, wo und wie lange an einer bestimmten Stelle Nahrung aufgenommen werden soll, bevor sich ein Wechsel zu einer neuen Stelle lohnt. Die erfolgreichste Strategie trägt das Ihre zur Maximierung der Fitness bei und wird als **optimierte Nahrungssuche** bezeichnet. Nahrungssuche findet zudem bei vielen Arten nicht solitär, sondern in der **Gruppe** statt. Dies verändert Kosten und Gewinnmöglichkeiten, weil die Individuen untereinander zwar um die Nahrung konkurrieren, sich dafür aber den Aufwand der Feinderkennung teilen können. Daneben beeinflussen die Möglichkeiten des **Informationsgewinns** die Strategien bei gemeinsamer Nahrungssuche. Information muss zudem gespeichert und abgerufen werden können, etwa wenn Tiere gehortete und einzeln versteckte Nahrungsstücke wieder auffinden sollen.

Natürlich stellen sich den carnivoren Arten, die mehr oder weniger mobile Beute jagen, in der Regel aber ihre Nahrung in Form diskreter Stücke von hohem Nährwert finden, teilweise andere Probleme als den Herbivoren, deren unbewegliche Nahrung meist in Menge, aber in niedriger Qualität vorkommt. Deshalb ist den spezifischen Aspekten der Nahrungssuche von Herbivoren zum Schluss dieses Kapitels ein eigener Abschnitt gewidmet. Dennoch, die grundlegenden Prinzipien der Fitnessmaximierung mittels des Verhaltens bei der Nahrungssuche sind dieselben. Diese Prinzipien sind in einem umfangreichen mathematisch-theoretischen Gebäude formalisiert, dem eine wesentlich geringere Zahl empirischer Studien gegenübersteht. Wir legen das Gewicht diesbezüglich auf die konzeptuelle Darstellung der theoretischen Überlegungen und fokussieren auf jene Prinzipien, die mit realen Daten validiert sind.

3.1 Kausale und funktionale Erklärung des Nahrungssuchverhaltens

In verschiedenen Gebieten wurden ausgerottete Huftiere wieder eingebürgert. Dabei hat man wiederholt beobachtet, dass die Geburtenraten zunächst niedrig waren und die Population stagnierte, nach einigen Jahren dann aber zu wachsen begann, ohne dass sich wesentliche Umweltfaktoren geändert hätten. Als

Erklärung wurde angeführt, dass die mit dem Gebiet nicht vertrauten Tiere einige Zeit des Lernens benötigen, wie das Nahrungsangebot verteilt ist und wie die jahreszeitlich unterschiedlichen Bedürfnisse damit am besten gestillt werden können – offenbar gehen die Tiere bei der Nahrungssuche zunächst ineffizient vor (Owen-Smith 2003). Umfassend getestet ist diese Hypothese noch nicht, aber anhand intensiver Untersuchungen bei der Wiedereinbürgerung der Arabischen Oryx *(Oryx leucoryx)* in Oman konnte gezeigt werden, dass die Antilopen anfänglich weite Gebiete erkundeten und sich später auf ein kleineres Areal beschränkten, dabei aber die zu Beginn auf Gräser beschränkte Nahrung um das Laub verschiedener Büsche ergänzten. Diese Entwicklung dauerte 6–8 Jahre; eine später freigelassene Oryxgruppe machte einen ähnlichen Prozess durch (Tear et al. 1997).

Dieses Beispiel illustriert zwei grundsätzliche Aspekte.

1. Nahrungssuchverhalten kann kausal oder funktional erklärt werden. **Kausale** (oder mechanistische) Erklärungen zeigen, wie ein Verhalten entsteht, zum Beispiel durch Lernen, und wie es angewendet wird. Dabei spielt der Zustand des Tiers eine Rolle, etwa wie hungrig es ist; je nachdem kann die eine oder andere Variante eines Verhaltens gewählt werden. Die **funktionale** Erklärung betrachtet die Wahl eines bestimmten Verhaltens im Hinblick auf ein Ziel, das es zu erreichen gilt; für ein bestimmtes Ziel gibt es damit mindestens eine optimale Lösung. Oft aber verhalten sich Tiere nicht optimal. Solche funktionalen Paradoxe lassen sich nur über den kausalen Ansatz erklären, etwa dass ein Lernprozess noch nicht zu Ende gekommen ist (Provenza & Cincotta 1993).

2. Auch unter dem funktionalen Aspekt ist es schwierig, die Auswirkungen unterschiedlich erfolgreicher Strategien der Nahrungssuche auf die Fitness – also die ultimativen Konsequenzen – zu messen. Wie das Beispiel der Arabischen Oryx gezeigt hat, sind selbst unter speziellen Bedingungen oft nur ansatzweise Antworten möglich. Viel einfacher ist es, die proximaten Effekte zu bestimmen, nämlich die unmittelbare Effizienz der Energie- und Nährstoffaufnahme. Der Großteil unseres Verständnisses des Nahrungssuchverhaltens von Wildtieren bezieht sich auf diese kurzfristig wirksamen funktionalen Aspekte, die auch den Hauptteil des vorliegenden Kapitels ausmachen; doch kommen auch kausale Erklärungen in Zusammenhang mit Lernen zur Sprache. Anpassungen bei der Strategie der Nahrungssuche durch Lernen erfolgen in der Regel auf zwei Weisen, einerseits durch direkte Erfahrungen, etwa beim Verdauen einer mild toxischen Pflanze *(post-ingestive feedback)*, andererseits durch Lernen von Artgenossen, oft auch über die Generationen hinweg (Avital & Jablonka 2000; Fragaszy & Perry 2003).

3.2 Nahrungswahl und Nahrungsspektrum

In Kapitel 2.3 war bereits die Rede davon, dass Arten mit breitem Nahrungsspektrum oft als **Generalisten**, jene mit engem Spektrum als **Spezialisten** bezeichnet werden. Letztere zeichnen sich jedoch mehr durch **stereotype** Nahrungswahl als durch die Beschränkung in der Zahl gefressener Beutetypen aus (Sherry 1990). Im Gegensatz dazu haben **Opportunisten** räumlich und zeitlich variable Nahrungsspektren, weil sie lokal jeweils die häufigste oder am besten zugängliche Nahrungsquelle nutzen, ohne bezüglich Art und Beutegröße speziell selektiv zu sein. Häufigkeit, Verteilung und Verhalten der Beute sind vor allem für Carnivoren wichtig (Abb. 3.1), bei Herbivoren spielen Biomasse und Qualität des Angebots die größere Rolle. Deshalb wird bei Huftieren oft zwischen selektiven und nicht selektiven Äsern unterschieden, wobei selektive Arten bestimmte Pflanzen oder Pflanzenteile hoher Qualität herausgreifen (Kap. 2.5, Abb. 2.25). Nicht selektive Herbivoren benötigen größere Pflanzenmengen pro Zeiteinheit und weiden flächiger; der englische Begriff *bulk feeder* drückt dies treffender aus.

Oft zeigt es sich bei genauerer Analyse, dass auch Generalisten oder Opportunisten zu einem gewissen Grad selektiv vorgehen (Loxdale et al. 2011). Zudem enthalten Populationen einer sich generalistisch ernährenden Art oft einen Anteil spezialisierter Individuen (Bolnick et al. 2003; Araújo et al. 2011; Dall et al. 2012; Layman et al. 2015). Ist dieser Anteil hoch und die Spezialisierung individuell verschieden, so kann die Summe der Nahrungsspektren spezialisierter Individuen auf Populationsebene das Bild einer generalistischen Ernährungsweise ergeben (Hückstädt et al. 2012; Ceia & Ramos 2015; Pagani-Núñez et al. 2015). Selektivität hängt also auch davon ab, welche Ebene betrachtet wird, Individuum, Population oder Art. Zudem kann sie von der Populationsdichte beeinflusst werden: Bei geringer Dichte zeigten Seeotter *(Enhydra lutris)* keine Spezialisierung, bei hoher Dichte aber schon (Tinker et al. 2012). Weiter spielt die räumliche oder zeitliche Skala (Kap. 5.1) eine Rolle (Novak & Tinker 2015). *Bulk feeders* etwa können selektiv bestimmte Flächen beweiden, auch wenn sie dann innerhalb der Fläche wenig wählerisch sind. Bei Prädatoren kommt dazu, dass das nutzbare Angebot vom Verhalten der Beutetiere mitbestimmt wird und sich dann schlecht ermitteln lässt, was die Bestimmung der Selektivität erschwert. Die genannten Einteilungen sind deshalb mit Vorsicht anzuwenden und vor allem beim direkten Vergleich verschiedener Arten aus derselben Verwandtschaft oder derselben **Gilde** (Arten mit ähnlichem Nahrungserwerb respektive ähnlicher Nische; Kap. 8.5) sinnvoll. In diesem Fall können sie allerdings zu interessanten weiterführenden Fragen Anlass geben (Abb. 3.1).

Abb. 3.1 Die Wiesenweihe (*Circus pygargus*; Bild) jagt im Offenland in generalistischer Weise kleine Säuger und Vögel, die ähnliche Steppenweihe *C. macrourus* hingegen ist eine spezialisierte Wühlmausjägerin. Bei hoher Wühlmausdichte hat die Steppenweihe einen relativ höheren Jagderfolg als bei niedriger Dichte und ist erfolgreicher als die Wiesenweihe, während die Erfolgsrate bei der Wiesenweihe unabhängig von der Beutedichte konstant bleibt und bei niedriger Wühlmausdichte höher ist als bei der Steppenweihe (Terraube et al. 2011).

3.3 Optimierte Nahrungssuche und Nahrungswahl

Nahrungswahl und allfällige Spezialisierung haben sich im Rahmen der evolutiven Vorgaben zum Körperbau zu bewegen. Das bedeutet, dass die morphologischen Anpassungen einer Art die Möglichkeiten der Nahrungswahl beschränken. Die erwähnte Variation beim Grad der individuellen Spezialisierung zeigt aber auch, dass innerhalb des vorgegebenen Rahmens Raum für verhaltensbiologische Flexibilität besteht, den ein Individuum mehr oder weniger erfolgreich nutzen kann (Bell W.J. 1991). Die Theorie rund um die optimierte Nahrungssuche (*optimal foraging*, oft auch synonym mit optimierter Nahrungswahl, *optimal diet*, gebraucht) befasst sich mit diesem Spielraum und versucht letztlich, die realisierte Nahrungszusammensetzung aufgrund einer Kosten-Nutzen-Modellierung vorauszusagen (Emlen 1966; MacArthur & Pianka 1966; Schoener 1971; Stephens D.W. & Krebs 1986). Die erfolgreichste Strategie der Nahrungssuche ist jene, welche den größten Energiegewinn pro Zeiteinheit bringt, denn die Energie kann in die Erhöhung der Überlebenschancen und in größere Nachkommenschaft, also die Steigerung der Fitness investiert werden. Falls eine Strategie zu deutlich erhöhter Fitness führt, wird sie durch die natürliche Selektion favorisiert werden. Wir betrachten eine solche Strategie demnach als **Adaptation**. Die in diesem und in Kapitel 3.4 dargestellten Optimierungsmodelle beziehen sich auf Individuen, die allein Nahrung suchen; die Erklärung von Verhaltensweisen bei der gruppenweisen Nahrungssuche (Kap. 3.6) erfordert andere Ansätze.

Welches sind nun die Elemente der Kosten-Nutzen-Rechnung? Der nutzbaren Energie aus der Nahrung steht die verbrauchte Energie für den gesamten Ablauf vom Suchen bis zum Verdauen der Nahrung entgegen. Der resultierende **Nettogewinn** muss dann in Relation zum **Zeitaufwand** gesetzt werden. Daraus ergibt sich:

$$\text{Nettoaufnahmerate an Energie} = \frac{\text{Energie aus Nahrung} - \text{Energie für (Suche + Fang + Bearbeitung + Aufnahme)}}{\text{Zeitaufwand für (Suche + Fang + Bearbeitung + Aufnahme)}}$$

Es gilt also, den Nettogewinn an Energie zu **maximieren** und den Zeitaufwand zu **minimieren**. Nettogewinn, Zeitaufwand oder andere Elemente solcher Optimierungsmodelle (die sich nicht auf Energie beschränken müssen) werden als *currency* bezeichnet. Diesen stehen die *constraints* entgegen, also etwa physiologische oder verhaltensbiologische Grenzen, die dem Tier gesetzt sind (Davies N.B. et al. 2012). Aus den Modellen lassen sich überprüfbare Hypothesen herleiten und im Experiment oder in empirischen Feldstudien testen. Viele der Befunde stimmen mit den Erwartungen nur teilweise überein. Unterstützung kommt vor allem von Studien an Arten, die immobile Beute jagen, während die Theorie für Jäger mobiler Beute oft keine ausreichend genauen Voraussagen macht (Sih & Christensen 2001). Dies mag damit zusammenhängen, dass das Verhalten der Beute die Nahrungswahl der Prädatoren modifizieren kann, während die Wahl bei unbeweglicher Beute weitgehend vom Nutzer allein abhängt. Viele Feldstudien und die meisten experimentellen Untersuchungen fanden unter Bedingungen der Nutzerautonomie statt und maßen die **Nahrungseffizienz** *(profitability)*:

$$\text{Nahrungseffizienz} = \frac{\text{Energie aus Nahrung}}{\text{Zeitaufwand für (Fang + Bearbeitung + Aufnahme)}}$$

Diese ergibt sich als Verhältnis E/h zwischen dem Energiegehalt E der Nahrung und der Zeit h, die für ihre Gewinnung *(handling)* nötig ist. Die Gewinnung beginnt also mit dem Entdecken der Nahrung und umfasst den Zeitbedarf für Fang, Bearbeitung und Aufnahme; je nach dem nötigen Aufwand kann auch die Zeit für die Verdauung mitberücksichtigt werden. Die Nahrungseffizienz ist wesentlich einfacher zu erheben als die Nettoenergie-Aufnahmerate, da sie den Suchaufwand ausklammert und auch den Aufwand der Behandlung der Nahrung nur über die Zeit «abrechnet».

Suche
Der Zeitbedarf zum Auffinden der Nahrung wird von der Häufigkeit, Sichtbarkeit und Verteilung der Nahrung im Raum bestimmt und kann über die Suchzeit oder die **Antreffhäufigkeit** *(encounter rate)* gemessen werden. Je nach Nahrungsart unterscheidet sich die Antreffhäufigkeit enorm; für Herbivoren ist sie aufgrund der Häufigkeit der Nahrung meist von untergeordneter Bedeutung. Immerhin hat man beobachtet, dass die Geschwindigkeit, mit der sich selektiv grasende Säugetiere bei der Nahrungssuche bewegen, asymptotisch mit zunehmender Distanz zwischen den einzelnen nutzbaren Pflanzen ansteigt (Shipley et al. 1996). Herbivoren, aber auch Insekten- und Fischfresser finden ihre Nahrung zudem oft geklumpt an bestimmten Stellen vor, wo sie zur Nahrungsaufnahme bleiben, bis die Ausbeute unter eine bestimmte Grenze fällt (s. auch Kap. 3.4).

Für Prädatoren mobiler oder auch kryptischer Beute hingegen ist die Suchzeit oft eine wichtige Größe. Die Suchstrategien sind darauf angelegt, die Antreffhäufigkeit zu optimieren, was stetige Lernprozesse voraussetzt (Bell W.J. 1991; Adams-Hunt & Jacobs 2007). Dabei können, je nach Ausdehnung und Ausstattung des bejagten Gebiets, auch Kombinationen verschiedener Strategien zur Anwendung kommen. Südliche See-Elefanten *(Mirounga leonina)*, eine große Robbenart der Subantarktis, schwimmen schnell und direkt zu ihnen bekannten Zentren hoher Nahrungsdichte, nehmen während der Reise aber bereits kleine und häufige, jedoch zufällig im Raum verteilte Beutetiere auf. In den Zentren wechseln sie zu langsamem Suchen auf gewundenen Suchpfaden *(area-restricted search)* und bleiben lange an Stellen hoher Dichte von weniger kleinen Beutetieren (Thums et al. 2011). Die Berechenbarkeit *(predictability)* des Vorkommens von Beute ist aber gerade für marine Prädatoren oft gering (Weimerskirch 2007). Studien an Mittelmeermöwen *(Larus michahellis)* haben gezeigt, dass anthropogen erhöhte Berechenbarkeit, in diesem Fall die Verfügbarkeit von Fischabfällen rund um die Fangschiffe, die räumliche Verteilung und Tagesaktivität der Möwen stark beeinflusst (Cama et al. 2012). Umgekehrt müssen Prädatoren größerer Beutetiere vermeiden, für ihre Beutetiere selbst so berechenbar zu werden, dass diese sich auf ihr Jagdverhalten einstellen können. Löwen *(Panthera leo)* wechseln nach erfolgreicher Jagd in weiter entfernte Teile ihres ausgedehnten Streifgebiets (Valeix et al. 2011). Ähnliche Verhaltensmuster *(rotational territory use)* sind auch von anderen größeren Prädatoren wie etwa dem Wolf *(Canis lupus)* bekannt (Demma & Mech 2009).

Handelt es sich bei der Nahrung um regungslose, kryptisch gefärbte Beute, so stellt sich das Problem, die **Erkennung** solcher Nahrung zu optimieren. Viele Tiere können offenbar lernen, sich auf bestimmte Stimuli zu konzen-

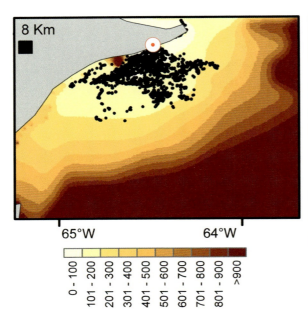

Abb. 3.2 Verteilung nahrungssuchender Blauaugenscharben *(Phalacrocorax atriceps)* (schwarze Punkte) auf dem Meer vor ihrer Brutkolonie (weißer Kreis mit rotem Punkt) an der Küste Argentiniens. Der Farbengradient illustriert die benötigte massenspezifische Energie (J kg^{-1} s^{-1}), die am entsprechenden Ort pro Sekunde Aufenthalt am Meeresboden aufgewendet werden muss. Tiefen von 10–30 m erlauben den effizientesten Energieeinsatz. Mit zunehmender Tiefe muss zwar weniger Energie zur Kompensation des Auftriebs eingesetzt werden, doch sinkt die zeitbezogene Energieeffizienz schnell, weil die Tauchdauern ansteigen und exponentiell dazu die anschließend benötigten Erholungszeiten (Wilson R. P. et al. 2012) (Abdruck mit freundlicher Genehmigung von *The Royal Society*, © The Royal Society).

trieren und damit ein Suchbild *(search image)* für eine bestimmte Nahrung zu entwickeln. Als Stimuli dienen Merkmale, welche die Beutestücke von ihrem Untergrund abheben (Reid & Shettleworth 1992). Das Suchbild ist allerdings ein vereinfachtes Konzept der komplizierten perzeptiven und kognitiven Abläufe beim Finden kryptisch gefärbter Beute (Shettleworth et al. 1993). Experimentell ließ sich aber zeigen, dass Blauhäher *(Cyanocitta cristata)* weniger erfolgreich waren, wenn sie ihre Aufmerksamkeit gleichzeitig auf zwei Typen kryptischer Nahrung richten mussten, als wenn nur einer vorhanden war (Dukas & Kamil 2001). In solchen Fällen ist es von Vorteil, sich auf den häufigsten Typ zu konzentrieren (Bond 2007). Damit steigt dessen Aufnahmerate, während jene von selteneren Typen sinkt (Ishii & Shimada 2010).

Der Suchaufwand ist nicht nur eine Frage der benötigten Zeit, sondern auch der dabei verbrauchten Energie. Suchenergie wird allerdings selten gemessen und spielt in den experimentellen Versuchsanordnungen meist keine Rolle. Unter Freilandbedingungen kann die Heterogenität der Landschaft jedoch den Energieverbrauch bei der Nahrungssuche stark beeinflussen, denn je nach Terrain benötigt die Fortbewegung unterschiedlich viel Energie.

Meeresvögel, die ihre Beute tauchend finden, begrenzen ihren Aktivitätsradius auf Zonen, die mit geringstem Energieaufwand befischbar sind (Abb. 3.2). Auch die eigentlichen Tauchgänge werden energetisch so optimiert, um eine maximale Aufenthaltsdauer in den nahrungsreichsten Tiefen zu erreichen (Hanuise et al. 2013). Tauchgänge in tiefere Zonen umfassen deshalb auch längere Aufenthaltsdauern in der befischten Zone, um den Zeitaufwand für Hin- und Rückweg zu kompensieren. Bei Blauwalen *(Balaenoptera musculus)* zeigte sich, dass die Kompensation nicht hundertprozentig ist, da auch noch längere Erholungsdauern an der Oberfläche anfallen. In weniger tiefem Wasser stand deshalb relativ mehr Zeit zum Jagen zur Verfügung und die Rate der Nahrungsaufnahme war höher, sodass die Wale häufiger nachts jagten, wenn sich das Zooplankton näher an der Wasseroberfläche aufhielt (Doniol-Valcroze et al. 2011).

Nahrungseffizienz
Wenn das Tier Nahrung gefunden hat, stellt sich ihm grundsätzlich die Frage: Soll ich diese Nahrung aufnehmen oder sie zugunsten einer ergiebigeren Alternative übergehen? Bei optimierter Nahrungswahl ist zu erwarten, dass das Tier fähig ist, die Beutestücke bezüglich ihrer Nahrungseffizienz zu bewerten und so Entscheidungen zu fällen. Ein einfaches Modell mit zwei Alternativen, einem größeren und einem kleineren Nahrungsstück, ist in Box 3.1 formal dargestellt. Es macht drei Voraussagen:

Box 3.1 Modell der Nahrungseffizienz

Zwei verschieden große Nahrungsbrocken 1 (groß) und 2 (klein) enthalten unterschiedlich viel nutzbare Energie, E_1 und E_2, und verlangen entsprechend Zeit für das Handling, h_1 und h_2. Die Nahrungseffizienz (oder Profitabilität) ist als E/h definiert (siehe weiter oben in diesem Kapitel). Wenn die größere Nahrung profitabler ist, ergibt sich:

$$\frac{E_1}{h_1} > \frac{E_2}{h_2} \quad (B3.1.1)$$

Wie soll ein nahrungssuchendes Tier nun zwischen den unterschiedlichen Nahrungsbrocken auslesen, wenn es seine Rate der Energieaufnahme maximieren will?
(a) Trifft es auf die profitablere Nahrung 1, so sollte es diese immer fressen, unabhängig von der Häufigkeit der Nahrung 2.
(b) Nahrung 2 sollte es hingegen nur fressen, wenn der Gewinn größer ist, als wenn es Nahrung 2 übergehen würde und weitere Suchzeit S_1 für Nahrung 1 in Kauf nehmen würde.

$$\frac{E_2}{h_2} > \frac{E_1}{S_1 + h_1} \quad (B3.1.2)$$

Durch Umformung zeigt sich, dass das Tier Nahrung 2 nur fressen sollte, wenn:

$$S_1 > \frac{E_1 h_2}{E_2} - h_1 \quad (B3.1.3)$$

Die Wahl der weniger profitablen Nahrung 2 hängt also von der Häufigkeit der profitableren Nahrung 1 ab. Das Modell geht auf Charnov (1976a) und Krebs J. R. et al. (1977) zurück. Die Darstellung hier folgt Davies N. B. et al. (2012); eine gute Zusammenfassung findet man auch bei Giraldeau (2008a).

1. Das Tier sollte entweder nur die profitablere Nahrung 1 fressen (sich spezialisieren) oder beide, Nahrung 1 und Nahrung 2, annehmen (sich generalistisch verhalten).
2. Die Entscheidung, sich zu spezialisieren, hängt nur von S_1 ab, der Suchzeit für die profitablere Nahrung, und nicht von jener für die weniger profitable.
3. Der Wechsel von der Spezialisierung auf Nahrung 1 hin zum generalistischen Fressen beider Nahrungstypen sollte abrupt sein und dann vollzogen werden, wenn die Suchzeit für die profitable Beute (S_1) so ansteigt, dass Formel B3.1.3 erfüllt ist. Das Tier sollte also eine «Alles-oder-nichts-Reaktion» zeigen, das heißt, die weniger profitable Nahrung entweder immer oder nie akzeptieren.

Die ersten beiden Voraussagen sind intuitiv sofort einleuchtend: Wenn eine profitable Nahrung problemlos verfügbar ist, ergibt es keinen Sinn, sich mit weniger ergiebiger Beute abzugeben, egal wie häufig sie ist. Zahlreiche Studien haben auch gezeigt, dass viele Tiere gemäß den ersten beiden Erwartungen handeln, jedoch der «Alles-oder-nichts-Regel» nicht (konsequent) folgen. Ein klassisches Beispiel ist ein Experiment mit Kohlmeisen *(Parus major)*, denen auf einem Förderband große und kleine Mehlwürmer präsentiert wurden, wobei die Antreffhäufigkeit bei den großen Mehlwürmern variierte (Krebs J. R. et al. 1977). Die Meisen waren in der Lage, die Würmer gemäß ihrer Profitabilität zu selektieren, und folgten auch bei der Wahl von großen und kleinen Mehlwürmern den Erwartungen. Hingegen wichen sie vom optimalen «Alles-oder-nichts-Verhalten» ab, bei dem sie unterhalb einer gewissen Antreffhäufigkeit von großen Mehlwürmern auch alle kleinen Individuen hätten aufnehmen müssen, oberhalb hingegen keine der kleinen. Stattdessen nahmen sie kleine Mehlwürmer manchmal an, manchmal nicht (Abb. 3.3). Auch bei späteren, verfeinerten Varianten des Versuchs akzeptierten Kohlmeisen häufiger als

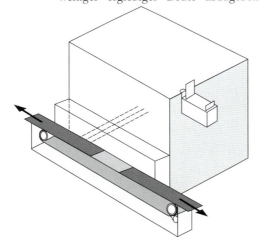 

Abb. 3.3 Der Versuchsapparat im Kohlmeisen-Experiment von Krebs J. R. et al. (1977). Die Meise sitzt im Käfig und kann die vorbeifahrenden Mehlwürmer vom Förderband wegpicken. Das Band ist oben bis auf ein offenes Fenster abgedeckt, wodurch die Meise die Mehlwürmer nur 0,5 s lang sieht und sich schnell entscheiden muss. Nimmt sie einen Mehlwurm auf, so verpasst sie während der Zeit, in der sie frisst, weitere und allenfalls profitablere Mehlwürmer (Abbildung neu gezeichnet nach Davies N. B. et al. 2012).

erwartet die weniger profitable Beute (Berec et al. 2003).

Je nach Beuteart spielt nicht die Suchzeit, sondern der Aufwand für das Handling die größere Rolle. Dass Tiere diesen Aufwand ebenfalls in die Entscheidungen bei der Nahrungswahl einbeziehen können, haben Feldstudien an der Sundkrähe *(Corvus caurinus)* eindrücklich gezeigt (Zach 1979). Sundkrähen ernähren sich an der Küste gern von Stachelschnecken *(Nucella)*, doch müssen sie zuerst die Schale aufbrechen können. Sie lassen die Schnecken deshalb mehrfach aus gewisser Höhe auf felsigen Untergrund fallen. Je größer die Fallhöhe ist, desto eher bricht die Schale auf, bei größeren Schnecken schneller als bei kleineren. Die größeren Individuen versprechen zudem einen höheren Energiegewinn. Deshalb ist zu erwarten, dass Schnecken nur von einer gewissen Größe an profitabel sind; für kleinere wird der Aufwand für die wiederholten Flüge zu hoch. Dazu müssen die Krähen auch einen Kompromiss zwischen Abwurfhöhe und Zahl der benötigten Abwürfe finden (Abb. 3.4).

Grenzen der Optimierungsmodelle
Natürlich darf man nicht davon ausgehen, dass ein nahrungssuchendes Tier stets wie ein Computer agiert und jede Entscheidung auf eine detaillierte Kosten-Nutzen-Analyse abstützt. Aus diesem Grund ist die Theorie der opti-

Abb. 3.4 Vorgehen der Sundkrähe beim Aufbrechen der Stachelschnecken (Abbildung neu gezeichnet nach Zach 1979). Die Kurven zeigen die Zahl der notwendigen Abwürfe, um kleine, mittelgroße und große Schnecken bei verschiedenen Fallhöhen zu zerbrechen. Die Krähen suchen sich nur große Schnecken aus und werfen sie im Mittel von 5,2 m Höhe aus ab (Pfeil). Damit minimieren sie die totale Steighöhe (Zahl der Flüge x Höhe); hätten sie jedoch die Nettoaufnahmerate an Energie maximiert, so wären wesentlich größere Fallhöhen von etwa 20 m notwendig gewesen (Plowright et al. 1989). Die Abweichung von der theoretischen Optimierung mag damit zu tun haben, dass bei größeren Fallhöhen Schnecken eher verloren gehen (Zach 1979). Graben die Sundkrähen hingegen Muscheln aus, so verschmähen sie die kleineren unter den ausgegrabenen Individuen und öffnen und verzehren nur die größeren ab etwa 24 mm Länge; sie erreichen so die maximal mögliche Nettoaufnahmerate an Energie (Richardson & Verbeek 1986).

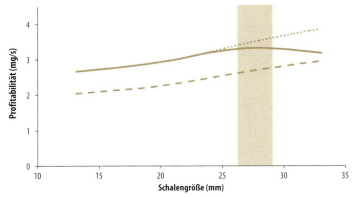

Abb. 3.5 Austernfischer *(Haematopus ostralegus)* fressen Herzmuscheln, indem sie deren Schale aufhacken. Beim Bearbeiten größerer Individuen verletzen sie ihre Schnabelspitze, wodurch sie später weniger effizient sind; bei kleineren Muscheln bleibt der Schnabel intakt. Links: Die obere graue Linie zeigt die Profitabilität als Funktion der Schalengröße ohne Berücksichtigung späterer Behinderung, die gestrichelte schwarze Linie die Profitabilität, wenn die Verletzungsgefahr bei allen Muschelgrößen als 1 angenommen wird, und die ausgezogene schwarze Linie die Profitabilität unter Berücksichtigung der tatsächlichen Verletzungsrate. Es ergibt sich eine optimale Profitabilität genau in dem Größenbereich, aus dem die Austernfischer die Herzmuscheln bevorzugt auswählen (senkrechter Balken) (Abbildung neu gezeichnet nach Rutten et al. 2006).

mierten Nahrungssuche zu Beginn auch von einigen Wissenschaftlern pauschal abgelehnt worden. Mittlerweile liegt eine größere Zahl von Studien vor, welche die Voraussagen an Daten aus dem Feld oder dem Labor maßen. Stephens D. W. & Krebs (1986) kamen zum Schluss, dass 71 % der bis dahin veröffentlichten 60 Arbeiten Unterstützung zugunsten der Theorie lieferten und nur 13 % den Voraussagen widersprachen. Allerdings testeten 64 % der Arbeiten nur qualitative Voraussagen. Die bereits erwähnte Metaanalyse aller 134 Studien bis 1995 durch Sih & Christensen (2001) fand, dass die Ergebnisse sich zwischen Prädatoren mobiler und immobiler Beute unterschieden (s. oben). Die Diskrepanz zu den Voraussagen bei den Prädatoren mobiler Beute lässt sich damit erklären, dass für sie die Antreffrate und der Fangerfolg wichtiger sind als die eigene Variation im Entscheidungsverhalten. Bei Arten, die unbewegliche Nahrung aufnehmen (etwa Herbivoren, Nektarfressern oder den Beispielen der muschelfressenden Vögel), ist die realisierte Nahrung hingegen viel eher das Ergebnis der eigenen Entscheidungen. Tatsächlich entsprachen 21 von 26 der in Sih & Christensen (2001) ausgewerteten Studien an Vögeln und Säugetieren mit nicht beweglicher Nahrung zumindest in qualitativer Hinsicht den Erwartungen.

Die Übereinstimmung von Testresultaten und Theorie setzt auch voraus, dass die Studien die Grenzen oder *constraints* berücksichtigen, die Kosten verursachen und die Tiere in den Entscheidungen bei der Nahrungssuche einschränken. Einschränkungen im Sinne von Kosten beim Handling haben wir am Beispiel der Sundkrähen kennengelernt. Oftmals sind die *constraints* aber nicht unmittelbar offenkundig. So können versteckte Kosten in Form von Verletzungsgefahr auftreten, etwa beim Bearbeiten von hartschaligen Mollusken (Abb. 3.5). Für viele Prädatoren ist die Verletzungsgefahr beim Überwältigen von größerer Beute von ernst zu nehmender Bedeutung. Der Leopard *(Panthera pardus)* erbeutet

3.3 Optimierte Nahrungssuche und Nahrungswahl

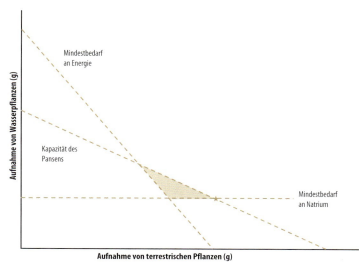

Abb. 3.6 Modellierte und tatsächliche Nahrungszusammensetzung beim Elch. Die Nahrungszusammensetzung wird über die Mindestbedürfnisse an Natrium und Energie sowie die maximale Pansenkapazität eingegrenzt. Wasserpflanzen sind reich an Natrium, aber relativ energiearm; sie sind deshalb bei gleichem Energiegehalt «sperriger» als die energiereicheren terrestrischen Arten. Eine energetisch ausreichende Nahrungsmenge aus ausschließlich Wasserpflanzen würde die Pansenkapazität überschreiten, eine solche ausschließlich aus terrestrischen Pflanzen würde nicht genügend Natrium liefern. Die mittels linearer Programmierung modellierte Option für die Nahrungszusammensetzung liegt im schraffierten Bereich. Die tatsächlich durch den Elch im Mittel realisierte Nahrungswahl wird durch den * markiert und liefert unter den gegebenen Einschränkungen die höchstmögliche Energiemenge pro Tag (Abbildung neu gezeichnet nach Belovsky 1978).

zwar eine breite Palette von Arten und ist auch imstande, große Beute (bis zu 200 kg) zu schlagen, konzentriert sich aber auf kleinere, wenig wehrhafte Arten (10–40 kg, oft um 25 kg). Als Einzeljäger kann er im Gegensatz zu sozial jagenden Arten wie Löwe oder Afrikanischem Wildhund *(Lycaon pictus)* bei Verletzungen nicht darauf zählen, vom Rudel unterstützt zu werden (Hayward M. W. et al. 2006). Löwen erbeuten daher auch, gemessen an der eigenen Körpermasse, wesentlich größere Beute im präferierten Bereich von 200–350 kg (Hayward M. W. & Kerley 2005). Allerdings ließ sich für obligate Carnivoren verschiedener Körpergröße zeigen, dass die Profitabilität einer Beute oberhalb des 1,9-Fachen der eigenen Körpermasse nicht mehr zunimmt (Chakrabarti et al. 2016).

Einschränkungen sind oft auch in den physiologischen oder morphologischen Adaptationen des nahrungssuchenden Tieres selbst begründet. Besonders den Herbivoren sind durch spezifische physiologische Rahmenbedingungen und Eigenheiten ihres Verdauungstrakts enge Grenzen gesetzt, wie am Beispiel von sehr unterschiedlichen Arten mittels linearer Programmierung gezeigt werden konnte. Elche *(Alces alces)* haben über die Nahrung nicht nur den Energiebedarf, sondern auch einen bestimmten Mindestbedarf an Natrium zu decken. Sie können wegen des beschränkten Aufnahmevermögens des Pansens aber nicht ad libitum Nahrung zu sich nehmen und müssen deshalb eine Balance zwischen natriumreichen Wasserpflanzen und energiereichen terrestrischen Pflanzen finden (Belovsky 1978; Abb. 3.6). Beim nordamerikanischen Columbia-Ziesel *(Urocitellus columbianus)* sind die Grenzen, welche die möglichen Anteile von Gras und anderen Pflanzen in der Nahrung bestimmen, ebenfalls durch die Verdauungskapazität und den minimalen Energiebedarf gegeben; als dritte Einschränkung wirkt die zur Verfügung stehende Zeit. Alle untersuchten Ziesel versuchten, die Energieaufnahme zu maximieren, doch wichen über ein Drittel der Individuen vom optimalen Modell ab, vermutlich mit negativen Konsequenzen für ihre Fitness (Ritchie 1988).

Das Beispiel des Elchs illustriert deutlich, dass Modelle, die allein auf die Aufnahme von Energie als *currency* abstellen, zu kurz greifen können. Gewisse Primatenarten optimieren ihre Nahrung dahin, dass eine konstante Proteinzufuhr gewährleistet ist, während die Energieaufnahme schwanken darf (Felton et al. 2009). Frugivore Vögel maximieren durch ihre Nahrungszusammensetzung zwar auch die Energiezufuhr, sind darüber hinaus aber imstande, feine Unterschiede in Zucker- und Fettkonzentrationen von 1–2 % wahrzunehmen. Sie selektieren bei isokalorischen Alternativen entsprechend ihren weiteren Bedürfnissen an Nährstoffen (Schaefer et al. 2003; auch Box 2.4).

3.4 Optimierte Nahrungssuche in *patches*

Nahrung ist meist nicht gleichmäßig im Raum verteilt, sondern in *patches* konzentriert; dazwischen finden sich Zonen mit geringem oder fehlendem Nahrungsangebot. Solche *patches* («Flecken»; ein in diesem Zusammenhang wirklich gebräuchlicher deutscher Begriff existiert nicht) können etwa ein Fisch- oder Insektenschwarm, ein fruchtender Baum, eine kleine Ruderalfläche mit reifen Samen, eine Gruppe nektarspendender Blumen oder eine Muschelbank sein. Beutet ein nahrungssuchendes Tier einen *patch* aus, so nimmt die Nahrungsdichte ab und die Aufnahmerate sinkt. Bei Prädatoren kann es auch sein, dass die verbleibende Beute scheuer wird, was die Aufnahmerate noch zusätzlich schmälert. Irgendwann ist diese so gering, dass sich eine weitere Bearbeitung dieses *patches* nicht mehr lohnt, obwohl noch ein Rest von Nahrung vorhanden ist. Das Tier sucht sich besser einen neuen *patch*, der eine höhere Aufnahmerate erlaubt, auch wenn der Ortswechsel Zeit und Energie kostet. Zu entscheiden, wann dieser Wechsel angezeigt ist, ist ein Optimierungsproblem und als solches eng verwandt mit der Optimierung der Nahrungswahl, die im vorangehenden Kapitel behandelt wurde.

Tatsächlich ist die «*Optimal patch-use*-Theorie» mit ihren Modellen zur selben Zeit und im gleichen Zug entwickelt worden. Zu den bahnbrechenden Arbeiten gehört jene von Charnov (1976b), der in Anlehnung an die ökonomische Theorie das *marginal value theorem* formulierte. Dieses bestimmt über ein einfaches grafisches Modell die optimale Zeitdauer in einem *patch* und macht, basierend auf einigen vereinfachenden Annahmen, folgende Voraussagen:

1. In Abhängigkeit der Nahrungsdichte des *patches* gibt es einen Grenzwert für den Energiegewinn, den *marginal value*. Wenn er erreicht ist, sollte der *patch* verlassen werden, auch wenn der mögliche maximale Gewinn aus dem *patch* noch nicht erreicht ist. Der Grenzwert entspricht dem Gewinn, der im gesamten Habitat im Durchschnitt erzielbar ist.

3.4 Optimierte Nahrungssuche in *patches*

2. Die Zeit bis zum Erreichen des Grenzwerts, die *giving-up time*, ist in *patches* mit geringerer Nahrungsdichte kürzer als in besseren *patches*.
3. Die Distanz zum nächsten *patch* respektive die Zeitdauer, die für den Weg benötigt wird, beeinflusst die *giving-up time*. Je weiter der Weg, desto länger sollte das Tier in einem *patch* verweilen.

Anstelle der Verweildauer kann auch die übrig bleibende Nahrungsdichte gemessen werden, bei der das Tier den *patch* aufgibt *(giving-up density)*. Für grafische Darstellungen und Erklärungen des Grenzwertmodells sei hier auf einige der neueren Literatur verwiesen, zum Beispiel Giraldeau (2008a), Ydenberg (2007, 2010), Hamilton (2010) oder Davies N. B. et al. (2012).

Das Modell ist wiederholt in Labor und Freiland getestet worden und hat sich, unter Beachtung einiger limitierender Faktoren, bewährt (Bedoya-Perez et al. 2013). In einem der ersten und bekanntesten Experimente dazu wurden wiederum Kohlmeisen (Abb. 3.3) benutzt, denen eine Anzahl künstlicher Bäume zur Verfügung standen. Jeder Baum trug als *patches* kleine offene Gefäße voll Sägemehl, in denen je dieselbe Anzahl Mehlwurmviertel versteckt war. Da die Distanzen zwischen den *patches* in der Voliere nicht genügend stark variiert werden konnten, simulierte man die Kosten für den Weg zwischen den *patches* dadurch, dass Deckel über den *patches* angebracht wurden, die sich entweder ganz einfach oder nur mit zeitlichem Aufwand öffnen ließen. Die Ergebnisse zeigten, dass die Verweilzeiten auf den *patches* recht gut den Voraussagen aufgrund des Zeitaufwands für den Wechsel zwischen den *patches* entsprachen (Cowie 1977; Abb. 3.7). In einer Analyse von 26 Arbeiten zum Thema zeigte sich dasselbe Bild wie in der Untersuchung von Cowie: In qualitativer Hinsicht wurde das Modell unterstützt, das heißt, die Daten folgten der Kurve ähnlich wie in Abbildung 3.7. Quantitativ gesehen, «irrten» die nahrungssuchenden Tiere insofern, als sie zu lange auf den *patches* blieben (Nonacs 2001). Ähnlich wie in den Modellen zur Nahrungswahl ergab sich eine Verbesserung, wenn verschiedene Kosten oder *constraints* mitberücksichtigt wurden, vor allem die Kondition des Tieres und das damit verbundene Prädationsrisiko (Nonacs 2001). Wir haben im letzten Kapitel zwar auf das Verletzungsrisiko bei der Behandlung der Beute hingewiesen, aber das Risiko, bei der Nahrungssuche selbst einem Prädator zum Opfer zu fallen, kam noch nicht zur Sprache. Es bedingt Vorkehrungen beim Verhalten, die ebenfalls als Kosten bei der optimierten Nahrungssuche betrachtet werden müssen, und ist Thema des folgenden Kapitels.

Das Grenzwertmodell ist für eine Reihe weiterer Situationen anwendbar, bei denen Tiere mit abnehmendem Ge-

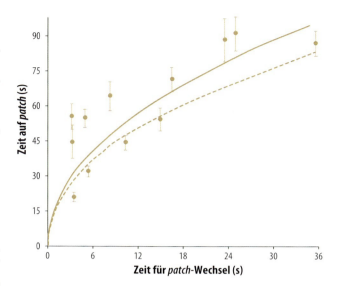

Abb. 3.7 Ergebnisse des «Patch-use-Experiments» von Cowie (1977). Die Zeit, welche die Kohlmeisen auf den *patches* verbrachten (Mittel der sechs Individuen, mit Standardfehler), wuchs entsprechend der erwarteten Beziehung mit den Kosten für den «Patch-Wechsel». Wurde für die Erwartung das ursprüngliche Modell (gestrichelte Kurve) hinzugezogen, so hielten sich die Meisen zu lange auf dem *patch* auf. Wurde das Modell hingegen noch mit dem Energieaufwand für den Weg und das Suchen ergänzt (ausgezogene Kurve), so stimmten die Daten mit dem Modell überein (Abbildung neu gezeichnet nach Cowie 1977).

winn pro Zeiteinheit konfrontiert sind. Sehr häufig etwa stellt sich das Problem, wie Nahrung energetisch optimal in ein Nest eingetragen wird. Eine solche Anordnung ist als *central place foraging* bekannt und verlangt vom Tier, Weg (Wie weit weg vom Nest suche ich?) und Ladung (Wie viel finde und transportiere ich pro Stecke?) zu optimieren. Bergpieper *(Anthus spinoletta)*, die Nestlinge fütterten, brachten pro Weg mehr Nahrung und einen höheren Anteil an größerer Beute zum Nest, je weiter weg sie suchten, wobei die maximalen Distanzen von 300–400 m gut den Erwartungen für die maximale ökonomische Distanz entsprachen (Frey-Roos et al. 1995). Untersuchungen an weiteren Arten in vergleichbarer Situation kamen zu ähnlichen Befunden und zeigten, wie bereits die klassische Studie von Kacelnik (1984), dass fütternde Vögel kleinere Beute bis zu einer bestimmten Größe selbst fraßen, statt sie ins Nest einzutragen.

Zur Modifikation des optimalen Verhaltens auf *patches* kann auch die Erinnerung an frühere Schwankungen im Nahrungsangebot beitragen, indem sie die Reaktion auf die momentanen Gegebenheiten beeinflusst (*successive contrast effects*; McNamara J. et al. 2013). Unter experimentellen Bedingungen, bei denen die zunächst reichhaltige Nahrungsversorgung von Allenby-Rennmäusen *(Gerbillus andersoni allenbyi)* in *patches* unterschiedlich reduziert und dann wieder auf das alte Niveau aufgestockt wurde, fraßen Rennmäuse nach der mageren Periode von allen reichhaltigen *patches* mehr als erwartet, sodass die *giving-up densities* durchwegs niedriger waren als in der ersten reichhaltigen Periode (Berger-Tal et al. 2014). Die Bedeutung der Erinnerung an frühere Qualitätsunterschiede beim erneuten Besuch von *patches* ist noch wenig untersucht. Bei Bisons *(Bison bison)* spielt sie aber eine wichtige Rolle und bewirkte, dass die Tiere in einem Wald-Offenland-Mosaik nur einen Teil des zur Verfügung stehenden Habitats nutzten, indem sie gezielt nur die profitableren Wiesen besuchten (Merkle et al. 2014).

3.5 Prädation vermeiden bei der Nahrungssuche

Wir haben nun mehrfach festgestellt, dass die Diskrepanzen zwischen den Voraussagen eines Optimierungsmodells und dem tatsächlich beobachteten Verhalten auf Einschränkungen zurückzuführen waren, die mit mehr oder weniger versteckten Kosten zu tun hatten. Die oftmals wichtigsten Kosten blieben aber bisher unerwähnt. Es sind die Anpassungen im Verhalten, mit denen ein Tier vorsorgen muss, um während der Suche nach Nahrung nicht einem Prädator zum Opfer zu fallen (*risk-sensitive foraging*; Brown J. S. & Kotler 2004). Füttern wir zum Beispiel Vögel oder Hörnchen, so beobachten wir, dass die Tiere auch kleine Futterstückchen einzeln wegtragen, um sie erst in Deckung zu verzehren. Sie maximieren mit diesem Verhalten zwar nicht die Energieaufnahmerate, minimieren aber das Prädationsrisiko, denn schließlich ist kaum etwas der eigenen Fitness so abträglich wie der frühzeitige Tod. Viele Aktivitäten können in Deckung durchgeführt werden, die Nahrungssuche aber meistens nicht, und so versuchen die Vögel oder Hörnchen zumindest, die Bearbeitung der Nahrung an eine geschützte Stelle zu verlegen. Die resultierende Strategie ist ein Kompromiss (*trade-off*) zwischen maximierter Nahrungsaufnahme, gemessen in Energie oder einer anderen *currency* und minimiertem Prädationsrisiko. Unter Freilandbedingungen ist also für die meisten Arten ein solcher Kompromiss die wirklich optimierte Strategie.

Allerdings ist es oft nicht so einfach wie im geschilderten Beispiel, die verschiedenen Komponenten dieses Kompromisses zu erkennen und zu messen. Für viele Aspekte liegen aber mittlerweile Daten vor (Übersichten bei Lima M. & Dill 1990 und Lima S. L. 1998); Lima S. L. & Bednekoff (1999) sowie Brown J. S. & Kotler (2007) diskutierten sie im Licht der Theorie. Häufig haben nahrungssuchende Tiere die Wahl zwischen zwei Alternativen, der Suche an ergiebigen, aber gefährlichen Stellen und jener an weniger ergiebigen, aber auch weniger risikoreichen Stellen. Das Risiko ist auf profitablen Flächen oft deshalb größer, weil mit der höheren Dichte an Konsumenten auch Prädatoren angelockt werden. Ob nahrungssuchende Tiere nun das Risiko scheuen *(risk-averse feeding)* oder auf sich nehmen *(risk-prone feeding)*, kann von verschiedenen fitnessrelevanten Faktoren abhängen; oft spielt der körperliche Zustand (Kondition) eine Rolle. Eher geschwächte oder hungrige Individuen sollten ein größeres Risiko auf sich nehmen als Individuen, die über genügend Vorräte an Fett oder Protein verfügen. Bei kleinen Tieren wie Kleinsäugern, Kolibris oder kleinen Singvögeln kann die Wahl der Strategie damit sogar im Tagesgang schwanken.

Anpassungen einer Suchstrategie an die Prädationsgefahr können auf verschiedene Weise erfolgen, zum Beispiel durch zeitliche Verschiebungen der Nahrungssuche, durch (oftmals subtile) Änderungen in der Habitatnutzung, mittels Reduktion der Fortbewegung oder einfach durch erhöhte Wachsamkeit (Bednekoff 2007; Ferrari et al. 2009). Pinguine etwa vermeiden es, bei geringem Licht Nahrung zu suchen, obwohl sie das könnten (Ainley & Ballard 2012). Kleinsäuger nutzen hingegen geringe Lichtstärken aus: Rennmäuse (*Gerbillus* sp.) passen ihre Aktivitätsphasen nicht nur den Habitatstrukturen und der Nahrungsdichte, sondern auch dem Mondlicht an. Sie sind bei Neumond aktiver, und die Intensität ihrer Wachsamkeit ändert im Verlauf einer Nacht in Abhängigkeit von Licht und der Aktivität der Prädatoren (Kotler et al. 2002; Berger-Tal et al. 2010; Embar et al. 2011). Eine Metaanalyse von Arbeiten, die mehrheitlich an kleinen Nagetieren durchgeführt worden waren, zeigte die generelle Bedeutung von Habitatstrukturen auf: Die *giving-up densities* waren höher auf *patches* mit schlechteren Deckungsmöglichkeiten (Verdolin 2006). Dieselbe Beziehung wurde auch bei Primaten gefunden (Abb. 3.8).

Unterschiedliche Prädationsgefahr in Abhängigkeit der Habitatstrukturen, und damit räumlich unterschiedliche Kosten bei der Nahrungssuche, kann die Raumnutzung von Tieren stark beeinflussen. So gesehen, bewegen sie sich in einer *landscape of fear* (Laundré et al. 2001), in der die «Täler» und «Berge» Flächen mit niedrigen und hohen prädationsbedingten Kosten repräsentieren (Abb. 3.9). Genauer betrachtet, sind diese Landschaften eher *landscapes of risk* (Norum et al. 2015). Die Verteilung von Flächen hohen Risikos und Refugien ist abhängig von der Heterogenität der Landschaft; in gleichförmig strukturierten Landschaften kann ein Mangel an Refugien dazu führen, dass die nahrungsreichsten Flächen trotz hoher Prädationsgefahr genutzt werden (Schmidt & Kuijper 2015). Die tatsächliche Nutzung der Landschaft durch Herbivoren braucht in artenreichen Prädatoren-Beute-Gemeinschaf-

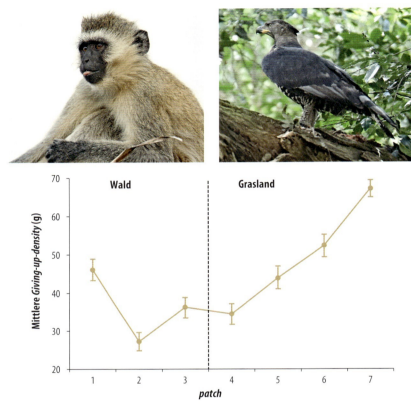

Abb. 3.8 Auch für Grünmeerkatzen *(Chlorocebus aethiops)* führt die Prädationsgefahr zu Kosten, welche die Maximierung der Energieaufnahme verhindern. Wild lebenden Meerkatzen wurden *patches* von Nahrung in Form von Futterkübeln mit Erdnüssen offeriert, die nur mit gewissem Aufwand herausgeklaubt werden konnten. Die Kübel waren auf Transekten angeordnet, die vom Baumwipfel hinunter zum Stammfuß und dann aus dem Wald hinaus in offenes Grasland führten. Prädationsgefahr ging in Wipfelnähe (*patch* 1) von Kronenadlern *(Stephanoaetus coronatus)* und am Boden (*patches* 4–7) von terrestrischen Prädatoren aus. Tatsächlich war die *giving-up-density* in mittlerer Baumhöhe (*patch* 2) am niedrigsten und nahm im Grasland mit zunehmender Entfernung vom Waldrand schnell zu, was bedeutet, dass die Kübel umso weniger geleert wurden, je größer die Gefahr durch Feinde war (Makin et al. 2012). Große Adler sind übrigens in allen tropischen Gebieten die Hauptprädatoren kleinerer und mittelgroßer Primaten (siehe auch Kap. 3.6) (Abbildung neu gezeichnet nach Makin et al. 2012).

ten die Prädationsgefahr nicht genau widerzuspiegeln (Thaker et al. 2011). Verhaltensänderungen (räumliche Verlagerungen, verkürzte Verweildauern auf *patches*, verstärktes Wachsamkeitsverhalten auf Kosten der Nahrungsaufnahme) der Beutearten differieren, je nachdem, ob mit Ansitzjägern oder Verfolgungsjägern zu rechnen ist (Preisser et al. 2007; Wikenros et al. 2015). Im Zuge der Wiedereinbürgerung von Wölfen in nordamerikanischen Nationalparks passten die Wapitis *(Cervus canadensis)* ihre Raumnutzung in beschränktem Maß an diesen Verfolgungsjäger an; sie nutzten die offenen, grasbestandenen Flusstäler weniger und hielten sich vermehrt in den weniger nahrungsreichen Waldbeständen auf (Creel et al. 2005; Fortin et al. 2005; Kauffman et al. 2010). Welches allerdings die Kosten von solchen *non-con-*

sumptive effects sind, ist umstritten. Befunde, dass durch den Wolf ausgelöste Risikoeffekte bei Wapitis die Energieaufnahme der Hirsche und letztlich die Geburtenrate sinken ließen (Creel et al. 2007; Christianson & Creel 2010), konnten im Rahmen umfassenderer Studien nicht bestätigt werden. Absolut gesehen, war die Chance des Zusammentreffens von Wapitis und Wölfen selbst in relativ dicht von Wölfen besiedelten Gebieten gering, denn im Mittel kam ein Wapiti lediglich alle 9–50 Tage einem Wolf auf weniger als 1 km nahe (Middleton et al. 2013).

«Risikolandschaften» existieren auch für Prädatoren, wenn sie selbst als Beute größerer Prädatoren infrage kommen (Kap. 9.11). Übrigens formt auch die Präsenz des Menschen bei vielen Tieren eine *landscape of fear*, besonders wo der Mensch über die Jagd ebenfalls als direkter Prädator auftritt. Die anthropogene Beeinflussung des raum-zeitlichen Verhaltens kann dabei jene der natürlichen Prädatoren deutlich übertreffen (Ciuti et al. 2012; Crosmary 2012) und auch bei großen Prädatoren die Raumnutzung entscheidend gestalten (Oriol-Cotterill et al. 2015).

3.6 Nahrungssuche in der Gruppe

Bei der Großzahl der Carnivoren und vielen anderen Arten sind die Individuen einzeln unterwegs, wenn sie Nahrung suchen. Dies war die Prämisse in den bisherigen Kapiteln zur Nahrungssuche: Die Optimierungsmodelle behandelten die Tiere als ökonomisch unabhängige Einheiten. Zahlreiche Arten aber handeln anders: Die Individuen leben sozial und suchen gemeinsam Nahrung, sei es in kleinen Gruppen, sei es in großen Schwärmen oder Herden *(social foraging)*. Betrachten wir ein Beispiel, etwa einen Schwarm von Strandläufern, kleinen Watvögeln (Limikolen), die irgendwo am Meeresstrand Nahrung suchen. Sie bewegen sich schnell vorwärts, picken hier und dort, und immer wieder kommt es während Sekundenbruchteilen zu aggressiven Gesten zwischen Individuen. An einem *patch* mit erhöhter Nahrungsdichte hält der Schwarm an, und einige Strandläufer erbeuten einen Ringelwurm, wobei die erfolglosen Nachbarn versuchen, ein Stück davon zu stehlen. Immer auch mustern einige der Vögel die Umgebung,

Abb. 3.9 Eine *landscape of fear* des Kapborstenhörnchens *(Xerus inauris)* in Südafrika, bei der die Kosten des Prädationsrisikos mittels Isolinien von Opportunitätskosten kartiert sind. Die Isolinien bezeichnen die Energieaufnahmerate in Joule pro Minute, bei der die Erdhörnchen ihre Nahrungssuche auf einem *patch* aufgaben. Je weiter weg vom Bau ein *patch* war, desto höher war die bei Aufgabe verbliebene Nahrungsmenge, doch formten auch Bäume und andere das Prädationsrisiko beeinflussende Elemente die Karte mit (nach van der Merwe & Brown 2008) (Abdruck mit freundlicher Genehmigung von *Oxford University Press*, © OUP).

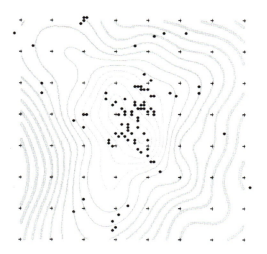

und als ein Greifvogel erscheint, fliegt der ganze Schwarm unvermittelt auf. Nun, auch sozial lebende Tiere suchen ihre Nahrungsaufnahme zu optimieren. Wäre es für den einzelnen Strandläufer deshalb nicht vorteilhafter gewesen, er hätte den reichen *patch* allein ausbeuten können? Hätte er ihn allein gar nicht gefunden? Oder ist er durch den erfolgreichen Versuch, ein Stück Ringelwurm zu stehlen, allenfalls mit geringerem Aufwand zu Beute gekommen? Hätte er auf sich gestellt den herannahenden Prädator gesehen?

Diese Fragen zu beantworten und dahinter die Gründe für die Vorteile der Nahrungssuche im sozialen Verband zu suchen, ist mit den bisherigen Optimierungsmodellen nicht möglich. Jedes Individuum hat ja das Verhalten seiner Gruppenmitglieder zu berücksichtigen und ist in seiner Entscheidungsfindung nicht mehr frei, sondern auf den Konsens in der Gruppe angewiesen (Conradt & Roper 2005). Es ist die **Spieltheorie**, die uns die Werkzeuge in die Hand gibt, mit denen wir Taktiken von Gruppenmitgliedern modellieren und Entscheidungen voraussagen können, um sie am realen Verhalten der Tiere zu testen. Die Modelle kommen zu dem Schluss, dass die beste Taktik eines Individuums immer von den Taktiken abhängen wird, die andere Gruppenmitglieder anwenden. Gibt es aber Strategien, die konstant besser sind als andere? Diese Strategien müssten durch die natürliche Selektion favorisiert sein und, falls sie von der ganzen Population angewendet werden, nicht durch eine Alternative verdrängt werden können – sie sind evolutionär stabil (*evolutionary stable strategy*, ESS; Maynard Smith 1982). Eine ESS braucht kurzfristig nicht unbedingt die vorteilhafteste Strategie für die Population zu sein; die Stabilität ist das entscheidende selektionierte Merkmal. Übersichten zur Theorie des *social foraging* offerieren Giraldeau & Caraco (2000), Waite & Field (2007), Giraldeau (2008b) oder Hamilton I. M. (2010). An dieser Stelle wollen wir uns nicht mit den Modellen, sondern empirischen Befunden zu den Vorteilen und Nachteilen der Nahrungssuche in der Gruppe beschäftigen; auch dazu gibt es eine vertiefte Darstellung (Krause & Ruxton 2002).

Dass gruppenweises Nahrungssuchen **Kosten** verursacht, ist intuitiv klar: Prädatoren konkurrieren um dieselbe Beute, und je mehr Individuen einen *patch* ausbeuten, desto geringer ist die pro Individuum erzielte Aufnahmerate. Ausnahmen können sehr reiche Nahrungsquellen sein, etwa große Fischschwärme, die durch einen Schwarm Seevögel oder eine Robbengruppe nicht merklich dezimiert werden können. Unabhängig von der Rate der Ausbeutung kann es aber zu Behinderungen der Prädatoren untereinander kommen, sogenannten Interferenzen. Individuen geraten sich «in die Quere», wobei sich die Aufnahmerate – mit oder ohne resultierende Aggression – reduziert. Interferenzen nehmen mit der Dichte der nahrungssuchenden Tiere zu und können starke Auswirkungen haben. Oft kommt es zu **Kleptoparasitismus**, das heißt, erfolglose Individuen versuchen den erfolgreichen Artgenossen Nahrung abzujagen. In der Regel parasitieren dominantere Individuen die untergeordneten, was diese veranlassen kann, kleinere Beute zu fangen, die für die Dominanten weniger attraktiv ist (Sih 1993). Kleptoparasitismus kommt auch zwischen Individuen verschiedener Arten vor (= interspezifischer K.), sowohl unter Säugern als auch unter Vögeln. Arten aus Vogelfamilien, in denen das Verhalten überdurchschnittlich häufig auftritt (zum

Beispiel Möwen, Greifvögel, Störche), nutzen eher offene Habitate und zählen auch Wirbeltiere zu ihrer Nahrung. Sie sind nicht unbedingt größer als die von ihnen parasitierten Arten, weisen aber relativ größere Hirnkapazitäten auf, was auf erhöhte kognitive Fähigkeiten schließen lässt (Morand-Ferron et al. 2007b). Kleptoparasitismus kann sich energetisch lohnen: In England überwinternde Lachmöwen (*Chroicocephalus ridibundus*; Abb. 2.4), die Regenwürmer von nahrungssuchenden Kiebitzen *(Vanellus vanellus)* stahlen, vermochten damit ihren Tagesbedarf zu decken und sogar einen minimen Überschuss von 5,9 KJ/Tag zu erzielen (Barnard & Thompson 1985).

Offensichtlich übertreffen die **Gewinne** bei der Nahrungssuche im Sozialverband deren Kosten bei vielen Arten. Drei Aspekte stehen im Vordergrund:
1. Die nahrungssuchenden Tiere müssen sich selbst gegen Angriffe von Prädatoren schützen, was in der Gruppe oft einfacher ist; sie senken so ihr Mortalitätsrisiko.
2. Bei der Nahrungssuche im Verband sind sie erfolgreicher und können Abwehrstrategien der Beute wieder «aushebeln»; insgesamt erhöhen sie die Rate der Nahrungsaufnahme.
3. In der Gruppe kann Nahrung besser gegenüber Konkurrenten verteidigt beziehungsweise schneller konsumiert werden; dies spielt besonders bei sozialen Carnivoren eine Rolle.

Auch wenn nahrungssuchende Gruppen für Prädatoren auffälliger sind als solitäre Individuen, so helfen gruppenspezifische Faktoren, das Prädationsrisiko für die einzelnen Gruppenmitglieder zu senken. Wichtig sind vor allem drei Effekte:
1. Das **«Mehr-Augen-Prinzip»,** das heißt die größere Zahl wachsamer

Abb. 3.10 Nahrungssuche in größeren Gruppen verhilft zur Möglichkeit, gewisse Aufgaben untereinander aufzuteilen. Bei bestimmten Vogelarten und kleineren Säugetieren, die in kooperativen Gemeinschaften leben, wie zum Beispiel die Erdmännchen *(Suricata suricatta)*, stellen sich einzelne Individuen für eine gewisse Zeit als Wachtposten auf. Sie handeln aber nicht altruistisch, denn sie übernehmen eine Wache erst, wenn sie gesättigt sind, und sie wachen an sicheren Orten, die gute Fluchtmöglichkeiten offenlassen (Clutton-Brock et al. 1999).

Individuen, die es erlaubt, die eigene Wachsamkeit zu reduzieren, um mehr Zeit für die Nahrungssuche zu gewinnen. Dazu gehört auch das Aufstellen von Wachtposten (*sentinel*; Abb. 3.10) oder die Verbreitung von Information mittels Warnrufen. Der «Mehr-Augen-Effekt» kann massiv sein. So hatten solitär lebende Männchen der Grauwangenmangabe *(Lophocebus albigena)*, einer regenwaldbewohnenden afrikanischen Primatenart, ein mehrfach höheres Prädationsrisiko als gruppeninterne Männchen (Olupot & Waser 2001).

2. Falls es doch zu einem Angriff kommt, spielt zudem das Prinzip der **Verwässerung** *(dilution effect)* eine Rolle: Die Wahrscheinlichkeit, selbst Opfer zu werden, ist abhängig von der Zahl der Angreifer und der eigenen Gruppengröße. Weil die Zahl der attackierenden Prädatoren oder die Häufigkeit der Angriffe normalerweise nicht proportional zur Gruppengröße ansteigt, sinkt das Risiko eines Angriffs für das einzelne Gruppenmitglied mit zunehmender Gruppengröße (Cresswell W. 1994; Lehtonen & Jaatinen 2016). Solche Gruppen sind als *selfish herd* bekannt geworden, wenn die Wahrscheinlichkeit, Opfer zu werden, auch von der räumlichen Position des Mitglieds in der Gruppe abhängt (Hamilton W. D. 1971).
3. Dazu kommt noch ein Effekt der **Verwirrung** respektive der Ablenkung des Prädators *(confusion effect)*: Bei dichten, sich geschlossen bewegenden Huftierherden oder Vogel- und Fischschwärmen haben Prädatoren mehr Mühe, sich auf ein einzelnes Opfer zu konzentrieren, als wenn sich ein Individuum optisch oder räumlich isolieren lässt.

Diese Effekte favorisieren offenbar auch artgemischte Gruppen und werden zur Erklärung des Phänomens der gemischten Vogelschwärme in tropischen und subtropischen Wäldern (Box 3.2) wie auch der wenig untersuchten Funktion artgemischter Säugetiergruppen (vor allem von Huftieren, Primaten und Walartigen) herangezogen (Stensland et al. 2003). Eine umfassende Übersicht empirisch belegter Beispiele zu diesen Effekten lieferte Caro (2005), während Danchin et al. (2008) neuere theoretische Überlegungen zum Thema beisteuerten.

Die Abwehrmaßnahmen der Beute gilt es auf Seite der Prädatoren zu kontern, und die zweckmäßigste Lösung ist oft dieselbe Strategie: Jagen in der Gruppe oder im Sozialverband. Damit lässt sich zum Beispiel die kompakte Schwarm- oder Herdenstruktur der Beute aufbrechen, der Fangerfolg durch koordinierte Jagd unter den Gruppenmitgliedern steigern und in der Gruppe schnellere oder größere Beute überwältigen. Fischfressende Wasservögel, zum Beispiel Kormorane (*Phalacrocorax* sp.) oder Tölpel (*Morus* sp.), erzielen den Effekt bei der Tauchjagd auf schwarmbildende Fische über die Menge der gleichzeitig Angreifenden, aber ohne spezielle Koordination. Kaptölpel (*Morus capensis*) hatten bei ihrer Stoßjagd auf Sardinenschwärme den niedrigsten Fangerfolg, wenn der angegriffene Schwarm in den vorangehenden 15 s nicht attackiert worden war, und mehr als doppelt so hohen Erfolg, wenn in dieser Zeitspanne zuvor ein oder zwei Angriffe erfolgt waren. Die Störung des Schwarmzusammenhalts erreichte jeweils einige Sekunden nach dem Angriff ihr Maximum (Thiebault et al. 2016). Pelikane (*Pelecanus* sp.) hingegen, die Fische aus dem Wasser «schöpfen», gehen koordinierter vor, da der Fischschwarm eingekesselt werden muss.

Beim eigentlichen kooperativen Jagen, der organisatorisch höchstentwickelten Form gemeinsamer Nahrungssuche, übernehmen die Gruppenmitglieder spezifische Rollen (Bailey et al. 2013). Solches Verhalten zeigen einige Caniden und – als Ausnahme unter den Feliden – der Löwe (Abb. 4.30). Wir haben bereits in Kapitel 3.3 gesehen, dass kooperatives Jagen den Löwen erlaubt, Beute zu schlagen, die wesentlich schwerer ist als sie selbst. Kooperation kann sich auch direkt positiv auf die Konstitution auswir-

Box 3.2 *Bird parties:* Gemischte Schwärme nahrungssuchender Vögel

Im winterlichen Wald trifft man gelegentlich auf einen rastlosen Schwarm nahrungssuchender Singvögel, der aus verschiedenen Arten besteht. Das Phänomen solcher *bird parties* oder *mixed feeding flocks* ist in subtropischen und tropischen Wäldern noch ausgeprägter und weniger jahreszeitenabhängig. Die Schwärme bestehen meist aus Vogelarten mit kleiner und verhältnismäßig einheitlicher Körpergröße (Sridhar et al. 2012). Die Form der Nahrungsaufnahme – das heißt, die Zugehörigkeit zu einer Gilde - kann aber differieren: Einige fangen Insekten aus der Luft, andere lesen sie von Blättern und Zweigen ab *(gleaning)* oder finden sie durch Stochern in der Rinde, wieder andere nehmen Nektar oder kleine Früchte auf. Schwärme haben oft eine typische Artenzusammensetzung gemäß dem Stratum, das sie bearbeiten (zum Beispiel Unterwuchs oder Laubdach; Srinivasan et al. 2012). Die Hypothesen zur Erklärung des Verhaltens sind dieselben wie zur sozialen Nahrungssuche in artreinen Trupps: erhöhte Effizienz und verbesserte Feindvermeidung, wobei sich die beiden nicht ausschließen.

Die vorhandenen Daten stützen primär die Prädationshypothese: Schwarmteilnehmer rekrutieren sich eher aus Arten, die in den Bäumen Nahrung suchen, und weniger aus Arten, die in der schützenden bodennahen Vegetation aktiv sind; zudem steigt die Häufigkeit des Schwarmverhaltens mit der Vielfalt an vogeljagenden Greifvogelarten im Gebiet (Thiollay 1999). Die regelmäßigsten Schwarmteilnehmer sind *gleaners*, die kryptische Beute suchen und deshalb der Umgebung weniger Aufmerksamkeit schenken können (Stutchbury & Morton 2001; Abb. 3.11). Obligate Schwarmmitglieder haben tatsächlich höhere Überlebensraten (um 70 % pro Jahr) als Arten, die nur zeitweise oder nie an Schwärmen teilnehmen (58–60 %; Jullien & Clobert 2000). Die Effizienz der Nahrungssuche steigt mit abnehmendem Aufwand für die Wachsamkeit aber ebenfalls an. Hier muss allerdings zwischen den *leaders*, Arten die den Schwarm initiieren und «anführen», und *followers* unterschieden werden. Leader-Arten bleiben wachsam und steigern die Nahrungsaufnahme nicht, Follower-Arten gesellen sich den Leader-Arten zu und vermögen zu profitieren (Sridhar et al. 2009).

Abb. 3.11 Streifenkopf-Laubsänger (*Phylloscopus reguloides;* links) und Scharlachmennigvogel (*Pericrocotus speciosus;* rechts) sind beide stete Teilnehmer in gemischten Schwärmen in den Wäldern des östlichen Himalajas. Der Laubsänger als *gleaner* ist eher in Schwärmen der unteren Straten anzutreffen, der Mennigvogel erhascht Insekten nach kurzem Flug von einer Warte aus *(sallying)* und zieht vorzugsweise durch das Kronendach. Die Gilde dieser Fluginsektenjäger profitiert davon, dass benachbarte *gleaners* Insekten aufscheuchen (Sridhar & Shanker 2014).

Abb. 3.12 Welche Gruppengröße Afrikanischer Wildhunde bei der Jagd als optimal betrachtet werden kann, hängt auch davon ab, welche *currency* zur Berechnung benutzt wird. Im Bereich der häufigsten Größe (etwa 8–12 Individuen) erreichten die Wildhunde zwar die geringste Ausbeute pro Tier und Tag, bei Umrechnung auf den zurückgelegten Weg – und damit der Berücksichtigung der energetischen Kosten – hingegen den höchsten Ertrag (Creel & Creel 1995). Wildhunde können täglich große Strecken zurücklegen: im Bild ein Mitglied einer Männchengruppe im schnellen Trab auf der Suche nach Beute.

ken. Bei Fossas *(Cryptoprocta ferox)*, der größten Prädatorenart Madagaskars, erreichten kooperativ jagende Männchen größere Körpergrößen als einzeln jagende Geschlechtsgenossen (Lührs et al. 2013). Nicht immer ist der Vorteil aber direkt auf verbesserten Jagderfolg zurückzuführen. Bei Wölfen zeigte sich, dass Rudelmitglieder zunächst einen geringeren Fleischertrag erzielen als einzeln jagende Tiere. Der Vorteil ergibt sich erst durch die Tatsache, dass solitäre Wölfe oder kleine Gruppen einen größeren Teil der Jagdbeute an schmarotzende Aasfresser verlieren als größere Rudel (Vucetich et al. 2004; Kaczensky et al. 2005). Ähnliches ist bei anderen in Gruppen jagenden Prädatoren, wie Löwen oder Afrikanischen Wildhunden *(Lycaon pictus;* Abb. 3.12), festgestellt worden (Cooper 1991; Courchamp & Macdonald D. 2001; Carbone et al. 2005b).

Die Frage, ob die Notwendigkeit kooperativen Jagens zur Evolution sozialer Strukturen bei Prädatoren geführt hat, ist wie andere Aspekte anhand spieltheoretischer Modelle erkundet worden (Packer & Ruttan 1988). Es zeigte sich, dass mit zunehmender Gruppengröße mit **Profiteuren** *(scroungers)* gerechnet werden muss, nämlich Individuen, die vom Jagderfolg anderer Gruppenmitglieder *(producers)* Nutzen ziehen, selbst aber wenig dazu beitragen. Deshalb nimmt der Jagderfolg bei Wölfen schon ab einer Rudelgröße von vier Tieren nicht mehr weiter zu (McNulty et al. 2012), während Afrikanische Wildhunde die besten Erfolge in größeren Gruppen erzielen (Creel & Creel 1995). Profiteure sind dann erfolgreicher als die *producers*, wenn deren Zahl gering ist, während sie in deren Überzahl weit unter dem zu erwartenden Erfolg bleiben (Barnard & Sibly 1981; Giraldeau & Dubois 2008). Dieses Muster ist auch im Feld bei Trauergrackeln *(Quiscalus lugubris)*, einer neotropischen Stärlingsart, gefunden worden, doch erzielten «unter dem Strich» alle Individuen etwa denselben Nutzen, weil sie zwischen den Strategien wechselten (Morand-Ferron et al. 2007a).

Ein letzter möglicher Vorteil sozialer Nahrungssuche ist noch nicht erwähnt worden: der allfällige Gewinn von **Information** über Nahrungsquellen. Eine ganze Anzahl von Experimenten, viele von ihnen mit Vögeln, hat gezeigt, dass manche Tiere aus dem Verhalten ihrer Nachbarn Schlüsse ziehen können, wie sie selbst an versteckte und nur kurzzeitig vorhandene Quellen herankommen können (Krause & Ruxton 2002). Ward & Zahavi (1973) entwickelten die Idee, dass Ansammlungen von Vögeln, etwa am Schlafplatz oder in Brutkolonien, auch als Informationszentren dienen *(information centre hypothesis)*. Demnach sollen erfolglos gebliebene Tiere aus dem Verhalten ihrer zu- und wegfliegenden Artgenossen (Bringen sie Nahrung mit? Fliegen sie anschließend zielstrebig in eine bestimmte Richtung weg?) auf deren Sucherfolg schließen können und den erfolgreichen, über die Nahrungsquellen informierten Individuen dorthin folgen. Die empirische Beweislage ist nicht eindeutig, doch gibt es einige gut belegte Beispiele für die Existenz eines solchen Mechanismus bei sozial lebenden Vögeln, etwa der nordamerikanischen Fahlstirnschwalbe (*Petrochelidon pyrrhonota*; Brown C. R. 1986) oder des Kolkraben (*Corvus corax*; Marzluff et al. 1996). Zudem lässt sich auch spieltheoretische Unterstützung finden (Danchin et al. 2008). Die Untersuchungen an Brutkolonien von Meeresvögeln machen im Allgemeinen aber eher folgendes Szenario plausibel: Die Tiere kennen die **Hotspots**, die Zonen mit guten Nahrungsvorkommen, auf einer größeren Skalenebene und steuern einen Hotspot unabhängig vom Verhalten anderer Individuen an; sobald sie aber irgendwo Artgenossen sehen, die gerade einen Fischschwarm ausbeuten, schließen sie sich an (Davoren et al. 2003). Das Szenario entspricht dem Suchverhalten von Geiern, die große Flächen im Suchflug bestreichen, zugleich aber ihre entfernt fliegenden Artgenossen im Auge behalten und ihnen folgen, sobald deren Verhalten auf die Entdeckung von Aas schließen lässt. Dieser Effekt wird als *local enhancement* bezeichnet.

3.7 Nahrung horten

Vor allem Tiere in saisonalen Klimazonen sehen sich damit konfrontiert, dass zu gewissen Zeiten Nahrung im Überfluss da ist, zu anderen Zeiten – meist im Winter – jedoch nicht. Eine Möglichkeit, Nahrung für später verfügbar zu machen, haben wir in Kapitel 2.7 kennengelernt: Hyperphagie. Die täglich aufgenommene Nahrungsmenge liegt über dem Bedarf für den normalen Gesamtumsatz, und die Differenz wird in Form von Körperfett angelagert. Diese Form der Nahrungs- respektive Energiespeicherung bringt allerdings vielfältige Kosten mit sich, nicht zuletzt durch die energetische Verteuerung der Fortbewegung und teilweise auch Erhöhung des Prädationsrisikos, wenn die Manövrierfähigkeit durch die Fettanlagerung beeinträchtigt wird. Am Rotkehlchen (*Erithacus rubecula*; Abb. 6.5) wurden solche Effekte experimentell untersucht: Schwerere Vögel können zwar bei einem Angriff eines Prädators gleich schnell starten wie jene ohne Fettpolster, doch ist ihr Abflugwinkel geringer und weniger an jenen des Angreifers angepasst (Lind et al. 1999).

Eine andere Möglichkeit ist die **externe Speicherung** von Nahrung als Vorrat *(food hoarding)*, die als Strategie auch mit Fettspeicherung und Energieeinsparungen mittels Torpor kombiniert werden kann. Vorratshaltung eignet sich nur bei sedentärer Lebensweise und nur für Ware, die nicht verderblich und auch geruchlich schlecht lokalisierbar ist. Carnivoren können

Abb. 3.13 Tannenhäher und Arvenkeimling. Es ist noch nicht lange her, dass Tannenhäher als Samenprädatoren und vermeintliche Verursacher eines Rückgangs von Arven vom Menschen verfolgt wurden. Auch wenn Tannenhäher bei ihren Suchgrabungen in alpinen Arvenbeständen um 80 % der Verstecke wiederfinden, bleiben bei der Menge der vergrabenen Arvensamen sehr viele keimfähige Samen zurück. Am Baum hängen gebliebene oder auf den Boden gefallene Samen werden hingegen fast vollständig von Nagetieren und Vögeln konsumiert. Dazu kommt, dass der Tannenhäher die Samen bis 15 km weit und über Höhendifferenzen von 600 m transportiert. Da er Samen vor allem auch an und über der bestehenden oberen Waldgrenze versteckt, trägt er so zu einer räumlichen Ausbreitung der Arve bei, welche der Baum selbst nicht leisten könnte (Mattes 1982; dazu auch Pesendorfer et al. 2016).

Beute deshalb höchstens kurzfristig aufbewahren; eine Ausnahme ist möglicherweise der Vielfraß *(Gulo gulo)*, der in seinen arktischen Lebensräumen ganzjährig mikroklimatisch günstige Stellen zum Horten von Fleisch vorfindet (Inman et al. 2012). Getrocknetes Pflanzenmaterial ist ebenfalls schlecht zur Aufbewahrung im Freien geeignet, kann aber von überwinternden Nagetieren und Hasenartigen, besonders Pfeifhasen *(Ochotona* sp.) in ihre Baue eingetragen werden. Bei Insektenfressern geschieht dies auch mit Invertebraten (Merritt 2010). Prädestiniert zum Horten sind hingegen fettreiche Samen und ganze Nüsse, da sie nicht nur lange haltbar sind, sondern mit ihrer hohen Energiedichte auch die Kosten für Eintragen, Verstecken und Wiederfinden rechtfertigen. Vorratshaltung wird deshalb hauptsächlich von Samenfressern in gemäßigten und hohen Breiten betrieben, zumeist kleineren Nagern und gewissen Vogelarten aus den Familien der Meisen (Paridae), Kleiber (Sittidae) und Rabenvögel (Corvidae; Pesendorfer et al. 2016). Die gehortete Nahrung muss versteckt werden *(caching)*, damit sie nicht an Konkurrenten fällt. Dies kann an einem Ort geschehen *(larder hoarding)*, oft im Bau selbst. Doch viele

Nager und die hortenden Vögel verteilen die Nahrung dezentral *(scatter hoarding)*, indem sie sie in kleinen Ritzen oder Löchern an Bäumen, im Boden, unter Steinen oder ähnlich verstecken. Allenfalls muss verhindert werden, dass Samen frühzeitig keimen. Grauhörnchen *(Sciurus carolinensis)* beißen etwa den Embryo aus Eicheln heraus; diese Fähigkeit scheint angeboren zu sein (Steele M. A. et al. 2006). Tannenhäher *(Nucifraga caryocatactes*; Abb. 3.13) präferieren Mikrostandorte als Verstecke, die ungünstige Keimbedingungen bieten (Neuschulz et al. 2015). Übersichten über die vielfältigen Formen mit spezifischen Verhaltensweisen bei der Vorratshaltung von Tieren findet man bei Vander Wall (1990), kürzere Zusammenfassungen für die Säugetiere bei Feldhamer et al. (2007), Merritt (2010) oder Vaughan et al. (2011).

Wie schon kurz erwähnt wurde, ist auch das externe Speichern von Nahrung mit Kosten verbunden. Die damit verbundenen Leistungen und Probleme sind intensiv und vor allem an Vögeln studiert worden. Kleine Arten wie Meisen verstecken Nahrung nur für kurze Zeit und holen sie nach Stunden bis wenigen Tagen wieder, offenbar als Strategie zum Überleben kalter Winternächte. Entsprechend können sie sich bis etwa 28 Tage an die Stellen erinnern, wo Samen versteckt sind. Häher belassen die Samen jedoch über Wochen oder gar Monate in den Verstecken. Im Experiment konnten sich nordamerikanische Kiefernhäher *(Nucifraga columbiana)* bis über 280 Tage an die Stellen erinnern (Balda & Kamil 1992); im Freiland waren es beim eurasischen Tannenhäher etwa 150 Tage. Meist geht es um riesige Mengen gehorteter Samen. Kiefern- und Tannenhäher können bis zu 98 000 Samen an 7 700 Stellen respektive 172 000 Samen an 9 500 Stellen deponieren. Meisen sind nach verschiedenen Untersuchungen imstande, bis zu 170 000 Samen einzeln zu verstecken (Brodin 2005). Bei der Suche erreichen manche Arten hohe Wiederfundraten, wobei die Raten mit zunehmender Versteckdauer abnehmen (Balda & Kamil 1992). Solche kognitiven Leistungen benötigen entsprechende neuronale Strukturen, die sich offenbar in einem vergrößerten Hippocampus, der für das räumliche Erinnerungsvermögen zuständigen Gehirnregion, niederschlagen (Krebs J. R. 1990; Lucas et al. 2004). Allerdings dürfte die Größe allein noch kein aussagekräftiges Maß für die benötigten Hirnleistungen sein (Raby & Clayton 2010). Jedenfalls sind energetische Investitionen vonnöten, doch muss externes Speichern von Nahrung in vielen Fällen kostengünstiger sein als eine interne Lösung über Fettanlagerung, damit es sich als Strategie evolutiv durchsetzen konnte. Eine Übersicht über entsprechende Modelle präsentieren Brodin & Clark (2007).

Aus dem Samenverstecken durch Tiere haben sich nicht nur koevolutive Beziehungen zwischen dem Verhalten, den Gedächtnisleistungen und der Entwicklung von Gehirnstrukturen ergeben, sondern auch solche zwischen Tier und Pflanze (Pravosudov & Smulders 2010). Eines der bekanntesten, im Detail aber noch wenig untersuchten Beispiele ist jenes der Beziehung zwischen Tannenhäher und Arve *(Pinus cembra)*, deren Keimerfolg und Ausbreitung fast gänzlich vom Samenhorten des Tannenhähers abhängt (Abb. 3.13). Pflanzen haben sich offenbar in mehrerer Hinsicht derart angepasst, dass das Samenhorten gefördert wird, unter anderem auch mit der Produktion von fast geruchlosen Samen, die schlecht gefunden werden können, nachdem sie versteckt wurden (Vander Wall 2010).

3.8 Synthese: Nahrungssuche bei Herbivoren

Viele Beispiele in diesem Kapitel bezogen sich auf nahrungssuchende Tiere, die diskret im Raum verteilte Beutestücke – mobile wie immobile – aufnehmen. Herbivoren im engeren Sinne, das heißt, Konsumenten grüner Pflanzenteile, finden ihre Nahrung hingegen meist in größerer Quantität und flächig verteilt; ihr Problem ist dabei, jene Pflanzen herauszugreifen, die einen genügend hohen Gehalt an nutzbarem Protein, relativ gute Verdaulichkeit und möglichst geringe Toxizität aufweisen (Kap. 2.2). Es geht also weniger um das kurzzeitige Maximieren der Energieaufnahme als um das Optimieren in Form einer spezifischen Nahrungszusammensetzung. Diese eigene Situation der Herbivoren, die sich stark an ernährungsphysiologischen Einschränkungen zu orientieren hat, ist im vorliegenden Kapitel bisher nur am Rande gestreift worden. Im Rahmen einer kleinen Synthese wird deshalb die Nahrungssuche von Herbivoren nochmals gesondert betrachtet. Die Problematik lässt sich in vier Hauptfragen gliedern

(Newman J. 2007): Was frisst das Tier, wie schnell, wie lange, und wo frisst es. Damit sind die Nahrungswahl, die Aufnahmerate, der zeitliche Aufwand und die räumlichen Aspekte der Nahrungssuche angesprochen. Oft lassen sich die Fragen nicht unabhängig voneinander beantworten, und immer spielen einschränkende physiologische Rahmenbedingungen eine Rolle. Diese gehen letztlich darauf zurück, dass qualitatives und quantitatives Angebot bei pflanzlicher Nahrung oft umgekehrt zueinander proportional sind.

Nahrungswahl und Aufnahmeraten
Im Vergleich zu Prädatoren verwenden Herbivoren wenig Zeit auf die Nahrungssuche, viel jedoch auf die Nahrungsaufnahme und Verdauung. Da zudem die Nahrung nicht in Form von diskreten Stücken vorliegt, sind die Konzepte Suchzeit und Antreffhäufigkeit von geringer Relevanz. Geht man davon aus, dass Herbivore dennoch in irgendeiner Form eine Optimierung anstreben, so stehen drei Möglichkeiten im Vordergrund (Stephens D. W. & Krebs 1986):

1. Maximieren der **Aufnahmerate**, entweder der kurzfristigen Bruttoaufnahmerate von Biomasse oder der längerfristigen Nettoaufnahmerate von Nährstoffen. Diese berücksichtigt die Einschränkungen, die der Nährstoffgehalt der Nahrung und die Form und Funktionsweise des Verdauungstrakts auferlegen. Im Speziellen können die Aufnahme von Energie, Protein, Natrium oder die Verdauungsgeschwindigkeit maximiert werden. Modelle zeigen, dass Herbivoren bei geringem Angebot Pflanzen wählen sollten, die eine kurze Bearbeitungszeit benötigen, um damit die Bruttoaufnahmerate zu steigern. Bei Überfluss hingegen sollten sie selektiv hoch verdauliche Pflanzen herausgreifen, um eine höhere Verdauungsgeschwindigkeit zu erreichen und damit die Nettoaufnahmerate zu vergrößern (Hirakawa 1997). Wie Herbivoren unter einschränkenden Bedingungen einen Kompromiss bei der Nahrungszusammensetzung erreichen können, ist bereits in Kapitel 3.3 behandelt und am Beispiel von Elch und Ziesel illustriert worden. Oft ist übrigens die Maximierung der Nettoaufnahmerate von Rohprotein von größerer Fitnessrelevanz als die Maximierung des Energiegewinns (Newman J. 2007).

2. Eine Balance in Form der Wahl komplementärer **Nährstoffe** anstreben. Eine solche Strategie setzt letztlich das Erkennen einzelner Nährstoffe respektive von deren Bedarf und Mangel voraus. Dies ist als *nutritional wisdom* bezeichnet worden, doch ist das Erkennen nur für Kalzium und Natrium nachgewiesen (Kap. 2.2). Gezielte Nahrungswahl nach Kriterien der Nährstoffbalance ist sowohl im Experiment als auch bei Freilandstudien schwierig zu demonstrieren, aber bei Arthropoden belegt. Oft sind die Ergebnisse von Untersuchungen an großen Herbivoren aber mit weitaus einfacheren Hypothesen, etwa simplen Faustregeln wie «Friss vor allem junge Pflanzentriebe» *(fresh flush)*, genauso kompatibel (Cassini 1991).

3. Die Aufnahme toxischer oder verdauungshemmender **Sekundärstoffe** minimieren. Die Lernfähigkeit von Herbivoren zur Vermeidung toxisch wirkender Pflanzen ist recht gut ausgebildet; zudem können viele Herbivoren mithilfe spezifischer Drüsen toxische Komponenten selbst relativ gut neutralisieren oder deren Wirksamkeit durch geeignete

3.8 Synthese: Nahrungssuche bei Herbivoren

Zusammensetzung der Nahrung und die zeitliche Dosierung herabsetzen. Insgesamt sind aber die Strategien der Herbivoren im Umgang mit Sekundärstoffen noch ungenügend verstanden (du Toit et al. 1991; Duncan A. J. & Gordon 1999; Foley et al. 1999; Torregrossa & Dearing 2009).

Nahrungssuche in heterogener Umwelt
Außer den ernährungsphysiologischen Einschränkungen sehen sich Herbivoren zahlreichen umweltbedingten *constraints* gegenüber, welche die Nahrungssuche und Wahl der Nahrung beeinflussen. Neben der Qualität muss ja auch die Abundanz der Nahrung berücksichtigt werden, wenn die Nettoaufnahmerate maximiert werden soll. Dafür spielen die strukturellen Eigenschaften der Vegetation, wie Höhe, Dichte und die vertikale Verteilung der Biomasse, eine wichtige Rolle (Illius & Gordon 1993). Die meisten Landschaften sind bezüglich der Vegetationsstruktur sehr heterogen, und selbst einförmig wirkende Steppen können auf kleinem Raum unterschiedliche Muster in der Pflanzenqualität, Biomasse und Vegetationsstruktur aufweisen. Heterogenität kann also auf verschiedenen räumlichen Maßstäben (Skalen) evident sein, und Herbivoren treffen ihre Entscheidungen über Ort und Dauer der Nahrungssuche entsprechend. Es können nach Bailey & Provenza (2008) folgende Einheiten unterschieden werden (deutsche Bezeichnungen dafür sind nicht gebräuchlich):

1. *Bite:* Die kleinste räumliche Einheit ist ein Zweig, eine Einzelpflanze oder sogar ein kleiner Grasbüschel, der mit einem Biss geerntet werden können. Die Entscheidung eines Herbivoren, bei einer bestimmten Pflanze zuzubeißen, betrifft also eine Fläche von 1–100 cm^2, je nach der Körpergröße und der Morphologie seiner Kiefer. Da Herbivoren jeden Tag 10 000–40 000 Mal zubeißen müssen (Illius & Gordon 1993), liegt die zeitliche Maßstabgröße für den Entscheid bei 1–2 s. Die Messgröße dafür ist der *bite size*, also die pro Biss geerntete Pflanzenmasse.
2. *Feeding station:* Im Rahmen einer Bissfolge machen Herbivoren einzelne Schritte, um benachbarte Zweige oder Gräser zu erreichen, bleiben aber am Ort (Maßstab bis einige m^2 respektive wenige min). Die Aktivität lässt sich als Bissrate messen.
3. *Patch:* Flecken einheitlicher Artenzusammensetzung (m^2 bis etwa 1 ha), die für die Dauer von bis zu 30 min beweidet werden. Beim Wechseln zwischen *patches* wird die Bisssequenz unterbrochen. Auf einem *patch* wird in der Regel die Zeitdauer der Nahrungsaufnahme gemessen.
4. *Feeding site:* Bezeichnet in etwa ein Nahrungshabitat, also Flächen (1–10 ha) bestimmter Vegetationszusammensetzung, die sich zur Nahrungssuche eignen und in denen sich ein Tier während der Aktivitätsphase der Nahrungssuche (etwa 1–4 Stunden) aufhält.

Entscheidungen, welche die Bissgröße und -rate (1.) und die Aufenthaltsdauer auf einem *patch* (3.) betreffen, spielen wohl die größte Rolle; zumindest sind ihnen zahlreiche Untersuchungen gewidmet. Die räumliche Hierarchie dieser Einheiten kann gegen oben noch erweitert werden und umfasst dann Flächen, die von einem Tier während eines ganzen Tages, einer Saison oder in noch längeren Zeitabschnitten genutzt werden. Solche großmaßstäblichen Aspekte werden in den Kapiteln 5 und 6 angesprochen.

Abb. 3.14 Ein sogenannter *grazing lawn* in einer tansanischen Küstensavanne (links). Durch die wiederholte Beweidung derselben Stellen können Herbivoren das Gras sehr kurz und so in einem steten juvenilen Zustand halten; die nachwachsenden Sprosse enthalten einen wesentlich geringeren Faseranteil und sind damit besser verdaulich. Weiderasen sind nicht auf Ökosysteme mit hohen Huftierdichten beschränkt, sondern kommen auch vor, wo andere herbivore Säugetiere und Vögel, vor allem Gänse, weiden (Drent & Van der Wal 1999). Zudem sind analoge Vorgehensweisen von Laubäsern (Huftieren und Raufußhühnern) bekannt. Im Rahmen des allgemeinen allometrischen Zusammenhangs zwischen Bissgröße und Körpergröße wirkt sich die Morphologie der Kieferpartie modifizierend auf die Bissgröße aus. Zwar ist die Breite des Unterkiefers zwischen den vierten Schneidezähnen, die sogenannte *incisor arcade breadth*, grundsätzlich ebenfalls eine Funktion der Körpergröße. Zusätzlich ist sie bei eher selektiv weidenden Herbivoren schmaler, bei mehr flächig grasenden Arten wie dem abgebildeten Weißbartgnu (rechts) hingegen breiter, was größere Bissgrößen zulässt (Illius & Gordon 1988). Kleinere Herbivoren können damit auf kleinerer räumlicher Skala selektiver fressen als größere Arten mit ähnlichen Ansprüchen (Laca et al. 2010).

Bissgröße, Bissrate und Aufnahmerate
Die Bissgröße nimmt allometrisch mit der Körpergröße zu und damit auch die momentane Aufnahmerate zu Beginn der Nahrungssuche, während die Bissrate, bei großen artspezifischen Schwankungen, über die Körpergröße konstant bleibt. Dabei gibt es keine grundsätzlichen Unterschiede zwischen herbivoren Vögeln und Säugetieren, was bedeutet, dass das Kauen der Säugetiere (das bei Vögeln fehlt; Kap. 2.4) keinen Einfluss auf die Aufnahmerate hat (Steuer et al. 2015). In einem Versuch mit drei ungleich großen Hirscharten, die Zweige von winterkahlen Bäumen ästen, entsprach die Dicke der gefressenen Zweige jeweils der Dicke der Zweige, die den jüngsten Jahreszuwachs am Baum bildeten; die Unterschiede zwischen den Hirscharten waren aber weitgehend eine Funktion der Körpergröße (Shipley et al. 1999). Die Bissgröße kann bei Grasfressern aber auch mit der Vegetationshöhe variieren. Eine höhere Grasnarbe wird einer tieferen vorgezogen, wenn sich so eine höhere Aufnahmerate erzielen lässt. Dies gilt aber nur, solange die Grasqualität vergleichbar ist, das heißt, wenn es sich wirklich um eine höhere Nettoaufnahmerate des leichter verdaulichen Anteils handelt (Illius & Gordon 1993). Meist jedoch sind niedrige Gräser jünger und faserärmer und damit von höherer Qualität. In den afrikanischen Savannen ziehen die meisten Herbivoren kürzeren Graswuchs vor; manche Arten, die wie das Weißbartgnu *(Connochaetes taurinus)* Grasnarben auf der *feeding station*- oder *patch*-Ebene flächig beweiden, schaffen sich so mosaikartig Weiderasen (*grazing lawn*; Abb. 3.14). Thomsongazellen *(Eudorcas thomsoni)* nutzen solche Rasen gerne und erreichen den höchsten Energie-

3.8 Synthese: Nahrungssuche bei Herbivoren

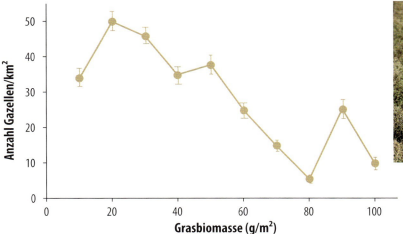

Abb. 3.15 Populationsdichten (Mittelwerte und Standardfehler) der wandernden Thomsongazelle im Serengeti-Nationalpark, Tansania (dazu Kap. 6.3), sind dort am höchsten, wo die Grasbiomasse und damit die Grashöhe niedrig ist. Modellrechnungen ergaben, dass die Gazellen in niedrigem Gras die höchste Rate der Energiegewinnung erzielten (Abbildung neu gezeichnet nach Fryxell et al. 2004).

gewinn bei niedrigen, aber nicht den allerniedrigsten Grashöhen (Abb. 3.15; Fryxell et al. 2004). Dies ist offenbar ein *trade-off* zwischen Qualität und Abundanz, den auch viele andere Herbivoren eingehen (Fryxell et al. 2014). Weiteres dazu in Kap. 8.8.

Größere Herbivoren haben die Möglichkeit, Bissgröße und -rate zu variieren; sie steigern diese bei größerem Hunger oder wenn die Zeit zur Nahrungsaufnahme limitiert ist. Bei höheren Nährstoffbedürfnissen, etwa im Falle von laktierenden Weibchen, können sie auch die gesamte Fresszeit steigern (Ruckstuhl 1998). Weshalb fressen sie dann nicht generell schneller oder in längeren Perioden? Der Grund liegt wohl bei den versteckten Kosten, etwa verminderter Feinderkennung durch geringere Aufmerksamkeit oder bei verdauungsphysiologischen Konsequenzen des Wiederkäuens (Kap. 2.4 und 2.5); auch die zum Abreißen der Pflanzen benötigten Scherkräfte müssen berücksichtigt werden (Fortin et al. 2004; Newman J. 2007; Shipley 2007).

Beweidung von patches
Auch wenn für die meisten größeren Herbivoren die Nahrung relativ flächig über die Landschaft verteilt ist, so präsentiert sich auf kleiner Skala doch meist eine deutliche Heterogenität. Man erkennt *patches*, im Grasland etwa Flecken einheitlicher Abundanz, Artenzusammensetzung und Qualität des Grases. Für Laubäser kann ein einzelner Baum oder Busch einen *patch* darstellen (Searle & Shipley 2008). Es ist deshalb nicht verwunderlich, dass die Optimal-patch-Theorie (Kap. 3.4) auch auf Herbivoren angewandt wurde. Für Herbivoren postuliert das *marginal value theorem*, dass sie einen *patch* so lange beweiden sollten, wie die erzielte Nettoaufnahmerate über jener der Umgebung liegt. Daraus ergeben sich für Herbivoren zwei Fragen: Welcher *patch* soll gewählt werden, und wann soll er wieder verlassen werden? Die dazu gewonnenen Resultate sind nicht eindeutig. Dies hat einerseits damit zu tun, dass nicht alle Herbivoren stets die Nettoaufnahmerate maximieren; je nach Art und Umständen können auch *patches* mit hoher Biomasse, aber geringer Qualität favorisiert werden (van der Wal et al. 2000a; Bergman et al. 2001). Generell scheinen Herbivoren die für sie günsti-

gen Flächen zu erkennen, verhalten sich aber bei der Beweidungsdauer nicht optimal; oft werden schlechtere *patches* «zu lange» und gute *patches* weniger lang als erwartet genutzt (Fryxell 2008; Bailey & Provenza 2008). Offensichtlich ist es für Herbivoren im Grasland nicht immer einfach, einen unbekannten *patch* nach seiner Qualität zu beurteilen und die zu erwartende Nettoaufnahmerate eindeutig abzuschätzen. Bei hoher Vertrautheit mit einem Gebiet beweiden Herbivoren einen *patch* eher gemäß dem Grenzwertprinzip (Focardi et al. 1996; Fryxell et al. 2014). Auch Laubäser sind mit räumlicher Heterogenität konfrontiert; für sie stellt sich ein Baum oder größerer Busch als *patch* dar. Messungen an Elchen *(Alces alces)* zeigten, dass die Äsungsdauer an einzelnen Bäumen mit der Baumgröße zunahm, doch war die Beziehung linear und zeigte keine Abflachung, wie sie bei Annäherung an den Grenzertrag zu erwarten gewesen wäre. Tatsächlich verließen die Elche den Baum, bevor das erreichbare Laub erschöpft war (Åström et al. 1990). Dass Herbivoren einen *patch* meistens vor dem Erreichen des Grenzertrags aufgeben und einen neuen aufsuchen, haben viele Untersuchungen gezeigt. Offensichtlich ist das Gewinnen von Information über alternative *patches* von großer Bedeutung; dies geschieht vorzugsweise durch Probeweiden und nicht allein durch eine optische Beurteilung (Illius & Gordon 1993).

Funktionelle Reaktionen
Eine funktionelle Reaktion *(functional response)* ist ein Modell dafür, wie die Aufnahmerate eines Konsumenten mit zunehmender Häufigkeit der Nahrung ansteigt. Von C. S. Holling (*1930), einem kanadischen Entomologen, wurden drei Typen (I, II und III) beschrieben, die sich zunächst auf Prädatoren und Parasiten bezogen (Holling 1959; Kap. 9.2). Bei Typ 1 nimmt die Aufnahmerate mit der Abundanz der Nahrung linear bis zu einem oberen Limit zu. Bei Typ II flacht die Aufnahmerate kurvilinear mit zunehmender Abundanz ab, um sich dem oberen Limit asymptotisch anzunähern. Bei Typ III ist die Funktion zusätzlich S-förmig, weil die Aufnahmerate bei geringer Nahrungsdichte ebenfalls abgeflacht ist, etwa bei versteckter Beute. Typen II und III ergeben sich, wenn die Zeit für das Handling nicht null ist. Diese Modelle können auch für Herbivoren Anwendung finden. Oftmals wurde bei Grasfressern eine Beziehung zwischen der Abundanz der Vegetation und der Aufnahmerate beobachtet, die Typ II entspricht. Bei Laubäsern ergab sich ein entsprechender Zusammenhang erst, wenn die Aufnahmerate nicht mit der Abundanz der Nahrung, sondern der realisierten Bissgröße in Beziehung gesetzt wurde. Deshalb passten Spalinger & Hobbs (1992) das Modell für die Situation der Herbivoren an, da bei diesen im Gegensatz zu Prädatoren das Handling eines Bisses, das heißt das Kauen, und die Suche für den nachfolgenden Biss zeitlich überlappen können. Eine Funktion, bei der mit großer Dichte des Angebots die Aufnahmerate wieder zurückgeht, wurde später als Typ IV beschrieben und auch bei kleineren Herbivoren gefunden (Heuermann et al. 2011).

Die Spalinger-Hobbs *functional response* hat sich als fruchtbare Hilfe erwiesen, die Nahrungsaufnahme durch Herbivoren auf kleinen Skalen – räumlich wie zeitlich – zu modellieren. Bissgröße und -rate konnten mit der Abundanz und räumlichen Verteilung sowie strukturellen und qualitativen Eigenschaften der Pflanzen in Verbindung gesetzt werden. Auch die Wirkung von *constraints*, etwa der weiter oben genannten Notwendigkeit der Wachsamkeit gegenüber Feinden, welche die Aufnahmerate verringern kann, ließen sich berücksichtigen. Es zeigte sich, dass Herbivoren ungeachtet ihrer Körpergröße in ähnlicher Weise auf die Heterogenität der Nahrungsressourcen reagieren (Hobbs et al. 2003). Weiteres zum Konzept und zur Modellierung von funktionellen Reaktionen der Herbivoren findet man in den Übersichten von Owen-Smith (2002), Illius (2006), Laca (2008), Fryxell (2008) und Searle & Shipley (2008).

Weiterführende Literatur

Auf weiterführende Literatur zu einzelnen Themen, vor allem stark auf Theorie und Modelle ausgerichtete Beiträge, wurde am Ende von verschiedenen Unterkapiteln bereits hingewiesen. Hier folgt nochmals eine Übersicht über (vorwiegend) neuere Bücher, die der Verhaltensökologie des Nahrungserwerbs ausführlich Raum widmen. Dies ist zunächst in einigen verhaltensbiologischen Standardwerken der Fall, auch wenn Aspekte der Nahrungssuche dort über verschiedene Kapitel verteilt sind:

- Alcock, J. 2013. *Animal Behavior. An Evolutionary Approach*. 10th ed. Sinauer Associates, Sunderland.
- Davies, N.B., J.R. Krebs & S.A. West. 2012. *An Introduction to Behavioural Ecology*. 4th ed. Wiley-Blackwell, Chichester.
- Kappeler, P.M. 2012. *Verhaltensbiologie*. 3. Aufl. Springer-Verlag, Berlin.

Zwei neue editierte Werke mit konsequent evolutionsbiologischer Ausrichtung widmen dem Nahrungserwerb hingegen eigene Kapitel:

- Danchin, E., L.-A. Giraldeau & F. Cézilly. 2008. *Behavioural Ecology*. Oxford University Press, Oxford.
- Westneat, D.F. & C.W. Fox (eds.). 2010. *Evolutionary Behavioral Ecology*. Oxford University Press, Oxford.

Ganz auf die Nahrungssuche fokussieren mindestens drei Werke, zwei von ihnen mit stark theoretischer Ausrichtung, das jüngste eine sehr ergiebige Kombination von Theorie und empirischen Befunden:

- Stephens, D.W. & J.R. Krebs. 1986. *Foraging Theory*. Princeton University Press, Princeton.
- Giraldeau, L.-A. & T. Caraco. 2000. *Social Foraging Theory*. Princeton University Press, Princeton.
- Stephens, D.W., J.S. Brown & R.C. Ydenberg (eds.). 2007. *Foraging. Behavior and Ecology*. The University of Chicago Press, Chicago.

Zwei schon etwas ältere Standardwerke liefern noch immer eine Fülle von Daten zu spezifischen Aspekten:

- Bell, W.J. 1991. *Searching Behaviour. The Behavioural Ecology of Finding Resources*. Chapman & Hall, London.
- Vander Wall, S.B. 1990. *Food Hoarding in Animals*. University of Chicago Press, Chicago.

Bücher über Herbivoren gibt es eine ganze Anzahl; speziell auf die Mechanismen der Nahrungssuche von Herbivoren ausgerichtet sind

- Gordon, I.J. & H.H.T. Prins (eds.). 2008. *The Ecology of Browsing and Grazing*. Springer, Berlin.
- Prins, H.H.T. & F. van Langevelde (eds.). 2008. *Resource Ecology. Spatial and Temporal Dynamics of Foraging*. Springer, Dordrecht.

4 Fortpflanzung

Abb 4.0 Javaneraffen *(Macaca fascicularis)*

Kapitelübersicht

4.1	**Fortpflanzung als Energieaufwand**	118
	Energetische Kosten und life history	118
	Geschlechtsspezifische Kosten der Reproduktion und ihre Folgen	121
	Reproduktion und Verfügbarkeit von Energie	123
4.2	***Life histories:** **Die Formen der Investitionsstrategien***	124
4.3	**Alter und Fortpflanzung**	125
	Wann soll die Fortpflanzung einsetzen?	125
	Wie sollen die Investitionen über die Lebensdauer verteilt werden?	127
4.4	**Evolution der Gelege- und Wurfgröße**	128
	Maximale oder optimale Gelegegröße?	128
	Gelegegrößen variieren geografisch mit dem Breitengrad	129
	Gelegegrößen variieren auch lokal und zeitlich	131
	Feste Gelegegrößen	131
	Wurfgrößen der Säugetiere	132
4.5	**Elterliche Fürsorge**	134
	Phylogenetisch fixierte Muster	134
	Beteiligung der Geschlechter an der Jungenbetreuung	135
	Eltern-Kind- und Geschwisterkonflikte	137
	Kooperative Fürsorge und Helfer	141
	Brutparasitismus	142
4.6	**Saisonale Einpassung der Reproduktion**	145
4.7	**Geschlechter und Geschlechterverhältnis**	148
	Primäres Geschlechterverhältnis	149
	Sekundäres (tertiäres) Geschlechterverhältnis	152
4.8	**Sexuelle Selektion: Partnerwahl und Konkurrenz**	153
	Konkurrenz unter Männchen	154
	Kampf der Männchen um Paarungserfolg	155
	Wettbewerb unter Männchen um die Gunst der Weibchen	157
	Alternative Strategien und Taktiken	162
	Postkopulatorische sexuelle Selektion	165
	Konkurrenz und sexuelle Selektion bei Weibchen	167
	Sexueller Konflikt	168
4.9	**Paarungssysteme**	169
	Monogamie	170
	Polygynie	172
	Polyandrie	173
	Promiskuität (Polygynandrie)	173

Fortpflanzung ist die zentrale Aktivität im Leben eines Individuums und bestimmt seine **Fitness**, also seinen Erfolg bei der Weitergabe seiner Gene in die nachfolgenden Generationen. Der Erfolg lässt sich etwa über die Zahl fortpflanzungsfähiger Nachkommen eines Individuums bestimmen. Das Verständnis der **Evolution** der beinahe unüberschaubaren Vielfalt des Fortpflanzungsverhaltens steht dabei im Zentrum der evolutionsbiologischen Forschung. Ein wichtiger Startpunkt ist die Betrachtung der **energetischen Kosten** der Reproduktion, die bei den Geschlechtern unterschiedlich ausfallen. Beide Geschlechter wollen aber ihre Fitness maximieren, was nur im Sinne eines *trade-off* zwischen Investition und Überlebenswahrscheinlichkeit möglich ist. Wann im Laufe seines Lebens soll sich ein Individuum fortpflanzen, wie häufig soll es das tun, und welches ist die **optimale Gelege-** oder **Wurfgröße**? Es geht also um die Evolution von **Investitionsstrategien**; diese unterscheiden sich zwischen Geschlechtern, Individuen, Populationen oder Arten in Abhängigkeit ihrer *life history* («Lebensgeschichte»).

Dazu gehört auch die **Jungenfürsorge**. Wie viel Betreuung soll es sein und wer leistet sie, Männchen, Weibchen oder beide, und kommt sie allen Jungen zu gleichen Teilen zugute? Hier wird deutlich, dass die Reproduktion Anlass zu einer Reihe von Konflikten gibt, innerhalb und zwischen den Geschlechtern, aber auch zwischen Eltern und Jungen oder zwischen den Jungtieren. In manchen Fällen ist aber auch **Kooperation** zwischen Artgenossen zielführend, während andere Arten sich die benötigten Betreuungsleistungen als **Brutparasiten** erschleichen. Reproduktionserfolg hängt aber nicht nur von den sozialen Beziehungen ab, sondern auch von ökologischen Gegebenheiten. Diesbezüglich ist die saisonale Einpassung des Brutgeschäfts im Hinblick auf die Verfügbarkeit der benötigten **Ressourcen** von großer Fitnessrelevanz.

Vögel und Säugetiere kennen praktisch nur **sexuelle** Reproduktion. Also spielt die Häufigkeit der beiden Geschlechter in einer Population, das **Geschlechterverhältnis**, eine wichtige Rolle. Weshalb ist es zur Zeit der Geburt ausgeglichen, später aber nicht mehr, und was bedeutet das für die Vertreter des jeweiligen Geschlechts? Ob ein Individuum mehr in Söhne oder Töchter investiert, kann seine Fitness beeinflussen, und tatsächlich ist das Geschlechterverhältnis in einer Brut oder einem Wurf zu einem gewissen Grad steuerbar.

Bereits Charles Darwin (1809–1882) erkannte, dass neben der Umwelt auch die Geschlechtspartner wichtige Selektionsfaktoren sind. Die **Partnerwahl** spielt sich im Rahmen mannigfaltiger Formen der **Konkurrenz** innerhalb der Geschlechter ab. So entsteht **sexuelle Selektion**, die Auslese von bestimmten Eigenschaften des Partners. Können Männchen die Weibchen unter ihre Kontrolle bringen, so konkurrieren sie im Kampf untereinander, entweder um die Weibchen direkt oder um Ressourcen, welche die Weibchen benötigen. Dadurch entsteht häufig ein Größendimorphismus zwischen Männchen und Weibchen. Häufiger aber konkurrieren die Männchen um die Gunst der Weibchen, indem sie ihnen direkte Vorteile anbieten, zum Beispiel die Mithilfe bei der Jungenaufzucht. Wenn ihr Beitrag aber nur ihre Spermien sind, müssen sie dem Weibchen ihre genetische Qualität, ihre «guten Gene», anzeigen, denn damit verschaffen sie dem Weibchen über den Nachwuchs einen Fitnessvorteil. Dazu haben sie **Signale** entwickelt, oftmals in Gestalt von **Ornamenten**, aber auch in Form von Lautäußerungen und anderen Verhaltensweisen, die als ehrliche Signale mit der Qualität des Trägers korrelieren. Sexuelle Selektion findet auch nach der Kopulation als **Spermienkonkurrenz** und über andere Mechanismen statt. Wenn auch meistens die Weibchen das auslesende Geschlecht bei der Partnerwahl sind, so findet Konkurrenz auch unter Weibchen um Männchen statt, wobei Weibchen gewisse ähnliche Formen von Signalen entwickelt haben. Der Effekt solcher Konkurrenz ist bedeutende **Varianz** beim **Reproduktionserfolg**, die bei Männchen extrem hoch ausfallen kann.

Die Vielfalt von **Paarungsstrategien** respektive **-taktiken**, das heißt die Vorgehensweisen, um eine Kopulation zu erlangen, schlägt sich in den **Paarungssystemen** nieder. Diese sind über die Zahl der Partner definiert, die ein Individuum im Laufe einer Reproduktionsperiode besitzt. **Monogamie** (ein Männchen mit einem Weibchen), **Polygynie** (ein Männchen mit mehreren Weibchen), **Polyandrie** (mehrere Männchen mit einem Weibchen) und **Polygynandrie** (oder **Promiskuität**, mehrere Männchen mit mehreren Weibchen) sind die klassischen Formen. Diese Konstellationen müssen aber als soziale Systeme verstanden werden, die vor allem die Arbeitsteilung bei der Jungenfürsorge betreffen. In sozial monogamen Beziehungen sind Fremdkopulationen und -vaterschaften häufig, sodass zwischen **sozialen** und **genetischen Paarsystemen** zu unterscheiden ist. Der Nutzen zusätzlicher Vaterschaften für Männchen liegt auf der Hand, doch können auch Weibchen über subtilere Mechanismen von der Begattung durch mehrere Männchen profitieren.

4.1 Fortpflanzung als Energieaufwand

Fortpflanzung (oder Reproduktion) ist die zentrale fitnessrelevante Betätigung im Leben eines Individuums und ermöglicht die Weiterverbreitung der eigenen Gene. Sie ist in aller Regel eine aufwendige Angelegenheit und verschlingt viel Energie, oft mehr, als ein Individuum zur Zeit der Reproduktion aus seiner Umwelt gewinnen kann. Die verfügbare Energie und die notwendigen Einschränkungen und Kompromisse beim Umgang mit ihr sind deshalb wichtige Elemente, um die Variabilität in den Fortpflanzungsstrategien zu verstehen (Hayward et al. 2012). Unterschiede zwischen Arten, zwischen geografisch unterschiedlichen Populationen einer Art oder sogar zwischen Individuen, sind Ausdruck unterschiedlicher Life-History-Strategien, welche die **Allokation** der Energie (in Unterhalt und Überleben, Wachstum oder Reproduktion) bestimmen. Individuelle Variation ist oft gekoppelt mit dem Alter oder dem Status eines Individuums, die den Zugang zu Energie und damit Kondition und körperliche Ausprägungen bestimmen. Von besonderer Relevanz sind die Unterschiede zwischen den **Geschlechtern**, die auf den ungleich verteilten Energieaufwand im Laufe eines Reproduktionszyklus zurückgehen und weitreichende evolutive Konsequenzen haben. Neben der Energie kann auch der Bedarf an bestimmten Nährstoffen und Elementen (Protein, Kalzium, Phosphor usw.) die Kosten bestimmen und so die Fortpflanzungsstrategien der Geschlechter beeinflussen.

Energetische Kosten und life history
Drücken wir den Energieaufwand für die Reproduktion bei Vögeln zunächst einmal als Gewicht eines Geleges aus

4.1 Fortpflanzung als Energieaufwand

und vergleichen es mit der Körpermasse des Weibchens, so fallen zwei Dinge auf (Tab. 4.1):

1. Das Gelege kann schnell einmal die Hälfte der Körpermasse des Weibchens ausmachen und bei Arten, die mehr als eine Brut pro Jahr aufziehen, sogar das Doppelte der eigenen Körpermasse erreichen.
2. Das Verhältnis zwischen des Masse der in einer Fortpflanzungsperiode gelegten Eier (respektive der Biomasse der Jungen bei Säugetieren, s. unten) und der Körpermasse des Weibchens wird oft als Produktionsrate bezeichnet. Die Rate sinkt mit zunehmender Körpergröße, sodass größere Tiere relativ weniger Energie in die Biomasse der Neugeborenen investieren müssen.

Tab. 4.1 Die Kosten der Eiproduktion bei einer Auswahl europäischer Vogelarten, illustriert durch den Vergleich der Körpermasse des Weibchens mit der Masse des von ihm produzierten Geleges. Bei Arten mit mehr als einer Jahresbrut übersteigt die gesamte Masse der produzierten Eier die eigene Körpermasse deutlich. Masse in Gramm; die Werte sind mitteleuropäische Durchschnittswerte (nach Glutz von Blotzheim et al. 1966–1997).

Art	Körpermasse	Eimasse	Gelegegröße	Gelegemasse	Anzahl Bruten	totale Eimasse	% Körpermasse
Steinadler, *Aquila chrysaetos*	5100	152	2	304	1	304	6
Graureiher, *Ardea cinerea*	1400	60	4	240	1	240	17
Stockente, *Anas platyrhynchos*	1000	49	9,5	465	1	465	47
Kiebitz, *Vanellus vanellus*	220	25	4	100	1	100	45
Buntspecht, *Dendrocopos major*	74	4,9	5,5	27	1	27	36
Star, *Sturnus vulgaris*	78	7,3	5	36,5	1,1	40	51
Rotkehlchen, *Erithacus rubecula*	17,5	2,4	5,5	13,5	2	27	154
Kohlmeise, *Parus major*	17,5	1,6	8,5	13,6	1,5	20,4	118
Zaunkönig, *Troglodytes troglodytes*	9,5	1,3	6	7,8	2	15,6	164

Weil bei Säugetieren ein Teil der Biomasseproduktion erst nach der Geburt der Jungen über die Milchproduktion des säugenden Weibchens erfolgt, wird zu Vergleichszwecken oft mit der Masse der Jungen bei der Entwöhnung statt bei der Geburt gerechnet (Abb. 4.1). Man findet so dieselbe Beziehung zwischen der Produktionsrate und der Körpermasse des Weibchens wie bei den Vögeln. Das gilt – bei funktionell vergleichbarer Berechnung der Produktionsrate – auch für Fische und Insekten sowie selbst für Zooplankton, Einzeller und Pflanzen (Ernest et al. 2003). Bei Männchen zeigt sich ein allometrischer Zusammenhang zwischen Gonaden- und Körpermasse, wenn auch auf einem um zwei- bis vier Zehnerpotenzen tieferen Niveau – und zwar bei Wirbeltieren ebenso wie bei gewissen Invertebraten (Hayward & Gilooly 2011; s. aber Parker G. A. 2016).

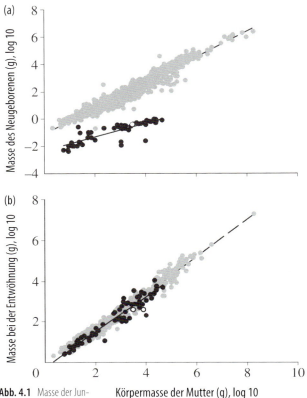

Abb. 4.1 Masse der Jungen im Vergleich zur Körpermasse der Mutter (doppeltlogarithmierte Darstellung, in Gramm) bei der Geburt (a) und bei der Entwöhnung (b), unterschieden nach höheren Säugetieren (Plazentatieren; graue Punkte) und Beuteltieren (schwarze Punkte), sowie die zugehörigen Regressionslinien. Der Unterschied zwischen Beutel- und Plazentatieren in (a) rührt daher, dass junge Beuteltiere in einem deutlich früheren Entwicklungsstadium geboren werden als plazentale Säuger und dann viel länger im Beutel mit Milch versorgt werden müssen (nach Hamilton M. J. et al. 2011) (Abdruck mit freundlicher Genehmigung von The Royal Society, © The Royal Society).

Auch andere Elemente der *life history*, die mit der Energieallokation zusammenhängen, zeigen eine positive Größenabhängigkeit, etwa Tragzeit, Alter der Jungen bei der Entwöhnung, Alter des Weibchens bei der ersten Fortpflanzung oder die maximale Lebensdauer (Hamilton M. J. et al. 2011). Weil Langlebigkeit und Körpergröße ebenfalls positiv miteinander korrelieren, lässt sich auch sagen, dass langlebige Arten pro Fortpflanzungsperiode weniger Energie in die Jungenproduktion investieren als kurzlebigere Arten. Betrachtet man jedoch die Produktion über die ganze Lebensdauer *(lifetime reproduction effort)*, dann wird die niedrigere Produktion pro Fortpflanzungsperiode über die höhere Zahl der Fortpflanzungen kompensiert, und die Gesamtproduktionsrate bleibt in Bezug auf die Körpergröße konstant. Im Durchschnitt produziert ein weibliches Säugetier im Laufe seines Lebens das 1,4-Fache des eigenen Körpergewichts an Jungenbiomasse (Charnov et al. 2007).

Statt über die Biomasse ist der reproduktive Aufwand auch wiederholt über die Energieausgabe gemessen worden. Bei Säugetieren steigt der Energieverbrauch im Vergleich zum Ruheumsatz während der Trächtigkeit im Mittel um etwa 25 % und während des Säugens sogar um 100–150 %. Die Zunahmeraten schwanken natürlich stark in Abhängigkeit der Wurfgröße und anderer Faktoren und können während der **Laktation** sogar auf ein Mehrfaches des Ruheumsatzes steigen; generell entfallen aber etwa 20 % des gesamten Zusatzaufwands auf die Tragzeit und 80 % auf die Laktationszeit (McNab 2002; Karasov & Martínez del Río 2007). Bei Vögeln liegen erst wenige Messungen für den Aufwand der Eiproduktion vor. Korallenmöwen *(Ichthyaetus audouinii)* benötigen zur Bildung eines Dreiergeleges, das 40 % der Körpermasse entspricht, etwa 42 % zusätzliche Energie (Ruiz et al. 2000). Noch mehr als der Energiebedarf fällt die Belastung durch den Protein- und Lipidbedarf ins Gewicht, der im Gegensatz zum Energiebedarf bei größeren Vogelarten relativ höher als bei kleineren ist (Meijer & Drent 1999; Bicudo et al. 2010). Nach dem Schlüpfen der Jungen leisten Vögel im Gegensatz zu den Säugetieren den Aufwand in Form von verstärkter Nahrungssuche und direktem Füttern. Während dieser Zeit steigt ihr Energieverbrauch auf das 2,5- bis 5-Fache des Grundumsatzes, was etwa doppelt so viel ist wie außerhalb der Jungenfütterung (McNab 2002). Wie bei den

Säugern hängen die Werte im Einzelnen von der Jungenzahl ab und variieren zwischen den Arten zudem anhand der unterschiedlich aufwendigen Flugweisen (Kap. 2.1). Allerdings sollten «umsichtige» Eltern *(prudent parents)* eine obere Grenze nicht überschreiten, um ihre Fitness nicht zu kompromittieren (Drent & Daan 1980). Für Singvögel unterscheiden sich die Aufwände zur Zeit der Eibildung, Bebrütung und Jungenaufzucht nicht und liegen bei etwa dem 3-Fachen des Grundumsatzes (Nager 2006).

Geschlechtsspezifische Kosten der Reproduktion und ihre Folgen
Die somatischen Kosten der Reproduktion und jene für Brutpflege sind für Weibchen meist wesentlich größer als für Männchen. Weibliche Gameten (Eier) sind grundsätzlich größer als männliche Gameten (Spermien), was als **Anisogamie** bezeichnet wird. Männchen produzieren zwar eine große, fast unbeschränkte Menge an Spermien, doch sind diese sehr klein und nährstoffarm. Der Produktionsaufwand ist deshalb gering, wenn auch nicht vernachlässigbar. Weibchen bilden nur eine beschränkte Zahl von Eiern aus, doch ist bei Vögeln die Eiproduktion ungleich aufwendiger als die Spermienproduktion. Eier enthalten – wie in Tab. 4.1 illustriert – große Nährstoffreserven und erfordern zu ihrer Produktion einen hohen Energieaufwand (s. oben). Bei Säugetieren divergieren die direkten Kosten für die Gametenproduktion zwischen den Geschlechtern viel weniger, denn auch für Männchen kann die Bildung des Ejakulats einen Energieaufwand bedeuten. Für Japanmakaken *(Macaca fuscata)* belief sich dieser auf 0,6–6,0 % des Grundumsatzes während der Reproduktionsperiode (Thomsen et al. 2006). Für Säugetierweibchen fällt anschließend aber der um ein Vielfaches höhere Aufwand des Austragens und der Laktation ins Gewicht (s. oben). Auch bei vielen Vögeln wird neben der aufwendigen Gametenproduktion der Aufwand für die Brutpflege und Aufzucht zum größeren Teil oder sogar ausschließlich vom Weibchen getragen.

Dieser Unterschied im Aufwand zwischen den Geschlechtern führt gemäß traditioneller Erklärung zu Konsequenzen, die in gegensätzliche Strategien der Geschlechter hinsichtlich der Fitnessmaximierung münden, das heißt der Maximierung der Produktion von Nachkommen. Männchen gewinnen in der Regel am meisten, wenn sie die Zahl der Kopulationen mit möglichst vielen Partnerinnen maximieren, denn die Spermienproduktion ist billig und der geringe Beitrag zur Aufzucht der Nachkommen gewährt die benötigte zeitliche Freiheit. Ist dies nicht möglich, etwa aufgrund eines Männchenüberschusses, oder ist die Überlebensrate so gezeugter Nachkommen sehr niedrig, profitieren auch Männchen von der Investition in die Brutpflege. Für Weibchen indessen lohnt es sich nach der kostenintensiven Investition in die Gameten am meisten, wenn sie die Überlebensraten der Zygoten (der befruchteten Eizellen) maximieren. Dies bedingt zunächst wählerisches Auslesen eines qualitativ hochstehenden Partners und anschließend hohen Aufwand bei der Brutpflege (Kap. 4.5). Allerdings greift diese aufwandzentrierte Erklärung zu kurz, denn evolutionsbiologische Modelle legen nahe, dass auch Aspekte wie Konkurrenz innerhalb der Geschlechter und ungleiche operationelle Geschlechterverhältnisse (s. auch 4.7) am Zustandekommen der divergierenden Geschlechterrollen beteiligt sind (Kokko & Jennions 2008).

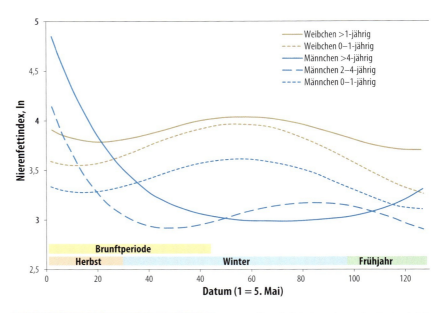

Abb. 4.2 Modellierte Werte des Nierenfettindexes (log-transformierte Daten) von Himalaja-Tahren *(Hemitragus jemlahicus)* aus einer in Neuseeland eingeführten Population. Die Kondition sinkt bei subadulten (aber bereits beschränkt reproduktiv tätigen) und adulten (>4 Jahre) Böcken im Laufe der Brunftzeit stark ab und bleibt vor allem bei den adulten Böcken den Winter hindurch niedrig, während Jungtiere und Weibchen während der Brunft und zu Winterbeginn ihre Kondition verbessern können (Abbildung neu gezeichnet nach Forsyth et al. 2005).

Es ergibt sich nämlich ein funktionelles numerisches Ungleichgewicht zwischen Männchen und Weibchen, auch wenn sie in der Population gleich häufig vertreten sind: Weibchen fallen als Paarungspartner während der Aufzuchtperiode aus, Männchen stehen aber stets zur Verfügung. Als «selteneres Geschlecht» sind die Weibchen in der Lage, unter den Männchen auszuwählen, und werden so zu einem wichtigen evolutiven Auslesefaktor – sie bewirken die geschlechtliche (intersexuelle) Selektion. Männchen hingegen müssen untereinander um den Zugang zu den Weibchen konkurrieren (intrasexuelle Selektion; Scott G. 2010). Details zur sexuellen Selektion *(sexual selection)* folgen in Kapitel 4.8.

So können auch den Männchen hohe Kosten für die Reproduktion entstehen, die bei manchen Arten weitreichende Folgen haben (Thompson M. E. & Georgiev 2014). Besonders bei Säugern mit polygynem Paarungssystem und Monopolisierung der Weibchen (Kap. 4.8–4.9) haben Männchen einen hohen energetischen Aufwand zu betreiben. Zunächst muss in große Körpergröße und auch in zusätzliche Ornamente (Geweihe, Hörner, ausladende Schmuckfedern und Ähnliches) investiert werden. Dann erfordert das Brunftverhalten oft innergeschlechtliche Kämpfe sowie das Bewachen von Weibchen (Kap. 4.8). In dieser Zeit wird die eigene Nahrungsaufnahme stark reduziert. Dominante Rothirsche (*Cervus elaphus*, Abb. 7.13) verlieren während der 30-tägigen Brunftzeit 60–100 kg Körpermasse in Form von Fett und auch Eiweiß, das zuvor während der Vegetationsperiode angelagert worden ist. Diese Werte entsprechen etwa 25–30 % der Körpermasse. Zusammen mit den

Ausgaben für den Geweihaufbau verwenden die Hirsche 25 % des jährlichen Energieverbrauchs für die Reproduktion, vergleichbar mit den Ausgaben der Weibchen von etwa 18 % (Bobek et al. 1990; Yoccoz et al. 2002). Auch Gämsböcke *(Rupicapra rupicapra)* verlieren in der Brunft 28 % ihrer Körpermasse (Mason et al. 2011). Die Kondition der brunftenden Männchen, die etwa über den Nierenfettindex messbar ist (Kap. 2.7), sinkt dabei im Gegensatz zu jener der Weibchen und jungen Männchen stark ab und bleibt oft in den Winter hinein niedrig (Abb. 4.2). Damit haben gerade Männchen «im besten Alter» *(prime age)* im auf die Brunft folgenden Winter geringere Überlebensraten und sind unter den Opfern von «Wintersterben» übervertreten. Ähnliche Beispiele für hohen energetischen Aufwand des Männchens bei der Reproduktion finden sich bei Robben (maximal 36 % Masseverlust männlicher See-Elefanten *Mirounga* sp.; Galimberti et al. 2007), Nagetieren, zum Beispiel Zieseln *(Spermophilus* sp.) und Vögeln mit Arenabalz (Kap. 4.9). Aber auch bei Vögeln in sozial monogamen Verhältnissen (Kap. 4.8–4.9) kann dem Männchen hoher energetischer Aufwand entstehen, wenn es während der Eibildungs-, Lege- und Bebrütungsphase des Weibchens einen Großteil der benötigten Nahrung herbeischaffen muss (Balzfüttern), wie das bei vielen Sing- und Greifvögeln der Fall ist.

Reproduktion und Verfügbarkeit von Energie
In vielen Fällen können Vögel und Säugetiere die energetischen Zusatzkosten der Reproduktion über gleichzeitig erhöhte Nahrungsaufnahme decken. Viele Kleinsäuger steigern die Aufnahmerate auf das 2- bis 4-Fache, was vorübergehende Anpassungen im Verdauungstrakt erfordert (Speakman 2008). Damit finanzieren diese Arten die Kosten über das «Einkommen» *(income breeding)*. Oftmals ist das aber nicht möglich, etwa bei der erwähnten Brunft der polygynen Huftiermännchen, die auf vorher angelegte Körperreserven zurückgreifen müssen. Auch die Aufwendungen der Weibchen für Eiablage und Bebrütung respektive Austragen und Säugen werden bei vielen Arten über den Abbau von Fett- und Proteinreserven bestritten: Es muss also «Kapital» herangezogen werden *(capital breeding)*. Als Variante zum Fettabbau kommen auch körperinterne Umlagerungen von Protein aus Muskeln in die Gonaden vor (Nager 2006). Eine dritte Möglichkeit, Ressourcen in die Fortpflanzung zu leiten, ist die Reduktion des Metabolismus. Allerdings ist unter Torpor bei den meisten Arten die Gonadenentwicklung blockiert, doch bei gewissen kleinen Beuteltieren wie auch überwinternden Bären läuft sowohl die Entwicklung der Föten als auch die Milchproduktion bei reduziertem Metabolismus ab (Speakman 2008).

Da kleinere Arten durch den Protein- und Lipidbedarf für die Gametenentwicklung verhältnismäßig viel weniger belastet werden als größere Arten (s. oben), sind sie in der Regel *income breeders*. Größere Arten hingegen sind eher *capital breeders*, wenn ihre Nahrungsressourcen zur Fortpflanzungszeit noch eingeschränkt zur Verfügung stehen. Dies ist vor allem bei Bewohnern polarer Gebiete und von Gebirgen der Fall. Beispiele aus der Arktis sind Eisbär *(Ursus maritimus)*, Moschusochse *(Ovibos moschatus)* oder Gänse (Abb. 4.3), Beispiele aus der Antarktis sind verschiedene Pinguine. Kaiserpinguine *(Aptenodytes forsteri)* praktizieren eine der extremsten Formen von *capital breeding*: Sie fasten bereits während der sechs Wochen dau-

Abb. 4.3 Die in der Arktis brütende Schneegans *(Anser caerulescens)* galt lange als reiner *capital breeder*, doch belegen neuere Studien eine gemischte Strategie, die sich zwischen verschiedenen Populationen unterscheidet. Sowohl in hocharktischen als auch in subarktischen Kolonien stammten etwa 30 % des Eiproteins aus körpereigenen Reserven. Beim Eifett hingegen bezogen die südlichen Brüter 55 % aus Reserven, die Gänse der nördlichen Kolonie nur 22 %. Offenbar hatten die nördlichen Vögel, die im Vergleich zu den südlichen Schneegänsen deutlich größer sind, bereits auf dem Zug einen höheren Anteil der Vorräte aufgebraucht (Hobson et al. 2011).

ernden Balzzeit und die Männchen, die anschließend das Ausbrüten des Eies übernehmen, noch weitere 2,5 Monate (Ancel *et al.* 2013). Auch manche Gebirgsbewohner, wie etwa Gämsen *(Rupicapra rupicapra)*, Steinböcke *(Capra ibex)*, Schneeziegen *(Oreamnos americanus)* oder Dickhornschafe *(Ovis canadensis)*, benötigen zum Austragen und Säugen der Jungen Körperreserven. Huftiere, die zu dieser Zeit bereits ein genügendes Nahrungsangebot vorfinden – zum Beispiel Rehe *(Capreolus capreolus)* – sind *income breeders*. Setzzeitpunkt und Jungenzahl sind bei ihnen wegen der saisonalen Schwankungen im Nahrungsangebot jedoch variabler als bei den *capital breeders*.

Allerdings gibt es bei vielen Arten zwischen den einzelnen Populationen und sogar zwischen Individuen unterschiedliche Ausprägungen und Übergänge zwischen beiden Strategien. Man spricht deshalb oft von einem *capital-income breeding continuum* (Stephens P. A. et al. 2009). Zudem können sich auch unter ähnlichen Umweltbedingungen beide Strategien herausbilden. Beispielsweise sind Echte Robben (Phocidae) überwiegend *capital breeders*, Ohrenrobben (Otariidae) hingegen *income breeders*. Auch bei hocharktischen Huftieren finden sich beide Strategien und variable Übergänge (Moen et al. 2006; Kerby & Post 2013). Die Anlage von Fettvorräten bringt Fitnesskosten mit sich, die je nach Kontext die eine oder andere Strategie favorisieren können und vor allem bei Vögeln gegen eine vollständige Capital-Breeding-Strategie sprechen (Houston et al. 2006; Sénéchal et al. 2011). Tatsächlich zeigen neuere Untersuchungen an arktischen Gänsen (Abb. 4.3) und Eiderenten *(Somateria* sp.), die lange als klassische *capital breeders* galten, dass auch diese Arten einen Teil der benötigten Nährstoffe am Brutort gewinnen. Umgekehrt können kleinere Enten, die als typische *income breeders* angesehen wurden, Protein- und Fettreserven schon früh akkumulieren und diese dann bei der Eibildung mobilisieren (Janke et al. 2015).

4.2 *Life histories:* Die Formen der Investitionsstrategien

Der energetische Aufwand der Fortpflanzung stellt an ein Individuum große Anforderungen, die sich als Kosten niederschlagen. Diese Kosten sind messbar; ihre «Währung» ist die Reduktion der Überlebenswahrscheinlichkeit. Eine große Zahl von Studien hat ergründet, auf welche Weise die Kosten zustande kommen. Die Spanne reicht von einer höheren Wahrscheinlichkeit, bei der Brutpflege abgelenkt zu werden und deshalb einem Prädator zum Opfer zu fallen, bis zu physiologischen Erschöpfungsfolgen. Tiere können also ihre Fitness nicht beliebig steigern, indem sie eine unbeschränkte Zahl an Nachkommen produzieren. Vielmehr geschieht die Fitnessmaximierung im Rahmen eines Kompromisses, eines *trade-off*, zwischen der Maximierung des Fortpflanzungserfolgs und des eigenen Überlebens. Die zur Verfügung stehende Energie kann damit unterschiedlich investiert werden. Allokation der Energie in den Erhalt der Grundfunktionen (des Metabolismus) und das Wachstum fördern eher das Überleben, jene in die Gonaden und in die Jungtiere den Reproduktionserfolg. Die verschiedenen Investitionsstrategien sind im Kern nichts anderes als die Möglichkeiten, die Lebensgeschichte zu gestalten oder, mit anderen Worten, die Essenz der *life histories* (oder *life history strategies*). Life-History-Strategien sind oft artspezifisch, können aber auch zwischen Populationen oder sogar zwischen Individuen variieren.

Wesentliche Merkmale von Life-History-Strategien sind das Alter und die Größe eines Individuums bei der ersten Fortpflanzung, die Anzahl und Größe der Nachkommen pro Fortpflanzungszyklus, der Entwicklungsstand der Jungen bei der Geburt und der benötigte Aufwand zur Brutpflege – oder der *trade-off* zwischen Fortpflanzungsaufwand und Lebensdauer (s. auch Kappeler 2012, Kap. 2, oder Stearns & Hoekstra 2005, Kap. 8). Was bei der vergleichenden Betrachtung artspezifischer Strategien gilt, kann sich beim Vergleich individueller Strategien innerhalb einer Population anders präsentieren, etwa wenn große individuelle Qualitätsunterschiede dazu führen, dass der über die Jahre kumulierte reproduktive Aufwand positiv mit der Überlebensrate korreliert (Moyes et al. 2006).

4.3 Alter und Fortpflanzung

Wann soll die Fortpflanzung einsetzen? Das erste bedeutende Life-History-Problem stellt sich einem Individuum mit der Frage, wann es mit der Fortpflanzung beginnen soll. Bis dahin hat es die Energie ins Wachstum gesteckt, und die natürliche Selektion wirkte vor allem auf die Überlebensrate. Ab der Geschlechtsreife beginnt nun der Alterungsprozess. Das Alter der Geschlechtsreife ist damit ein wichtiger Scheidepunkt und hat größere Auswirkungen auf die Fitness als manche andere Life-History-Merkmale. Frühzeitige und verzögerte Geschlechtsreife bringen sowohl Fitnessvorteile als auch Fitnesskosten mit sich. Zuwarten erlaubt weiteres Wachstum. Größere Körpergröße ist generell mit höherer Fekundität und besserer Qualität beziehungsweise höherer Überlebensrate der produzierten Nachkommen verknüpft. Andererseits ist die Mortalität in der Jugend meist besonders hoch (Kap. 7.1), und mit dem Vorziehen der Geschlechtsreife steigt die Wahrscheinlichkeit, überhaupt zur Reproduktion zu kommen. Zudem erhöht frühere Reproduktion die Generationenfolge, was ebenfalls einen Fitnessvorteil bewirkt. Das Festlegen des optimalen Alters bei der ersten Fortpflanzung *(primiparity)* ist damit ein typisches Trade-off-Problem. Die Geschlechtsreife sollte demnach so lange aufgeschoben werden, bis die Fitnessvorteile durch größere Fruchtbarkeit und Nachkommenschaft mit höherer Überlebensrate durch die Nachteile der eigenen geringeren Überlebensrate bis zur Geschlechtsreife und der längeren Generationendauer aufgehoben werden (Stearns & Hoekstra 2005). Beim Goldmantelziesel *(Callospermophilus lateralis)* zeigte die Auswertung der Daten von 416 Individuen über deren Lebensdauer, dass für sie der Nutzen frühen Reproduktionsbeginns die Kosten überwog, während später Beginn hingegen den Töchtern höhere Überlebenschancen bescherte (Moore J. F. et al. 2016).

Die absolute Dauer des Wachstums ist eine Funktion der Körpergröße, denn es dauert länger, einen größeren Körper auszubilden als einen kleineren. So ist es naheliegend, dass im Vergleich zwischen den Arten das Alter der ersten Fortpflanzung mit der Körpergröße ansteigt. Dass eine ganze Anzahl von Life-History-Merkmalen diesen Zusammenhang zeigt, wurde weiter oben bereits erwähnt. Auch bei Berücksichtigung der größenbedingten Variation findet man zwischen und selbst innerhalb von verwandten Artengruppen immer noch Unterschiede im Alter der Geschlechtsreife. Arten, die später mit der Fortpflanzung beginnen als gleich große Verwandte, haben eine geringere Fekundität, leben dafür aber länger. Es gibt also unabhängig von der Größe Arten mit schnellen und solche mit langsamen *life histories* (Read & Harvey 1989). Man könnte annehmen, dass dies die relative Höhe des Grundumsatzes (BMR; Kap. 2.1) reflektiert, doch ist dies zumindest bei Säugetieren nicht der Fall (Lovegrove 2009). Vielmehr scheinen *trade-offs* zwischen Zahl und Größe der Nachkommen einerseits und zwischen Wachstumsgeschwindigkeit und der Zahl der Reproduktionszyklen andererseits eine Rolle zu spielen (Bielby et al. 2007). Primaten sind das Paradebeispiel für Arten mit langsamer *life history* und entsprechend gut untersucht. Man nimmt heute an, dass der Auslöser für die Evolution solcher *life histories* in der großen Variabilität der Umwelt zu suchen ist, denn Primaten sind im Allgemeinen auf die Nutzung von Nahrung hoher Qualität bei schwankendem Angebot spezialisiert (Jones J. H. 2011). Gleiches gilt für Fledermäuse, die körpergrößenbereinigt in manchen Merkmalen die langsamste *life history* aller Säugetiere aufweisen (Read & Harvey 1989).

Die allgemeine Gültigkeit dieser übergeordneten Muster reflektiert die ultimaten Faktoren, nämlich die durch die **natürliche Selektion** geformten *trade-offs* innerhalb der Grenzen, die durch den Bauplan, großräumig determinierte Umwelteinflüsse und andere Faktoren gesetzt sind (Kappeler 2012). Im Rahmen dieser Muster ist das Alter bei der ersten Fortpflanzung innerhalb einer Art jedoch keine absolute Größe, sondern kann in Abhängigkeit innerer wie äußerer Einflüsse – sogenannter *proximater* Faktoren – variieren. Zum Beispiel spielt der Ernährungszustand eine Rolle. Untersuchungen an Huftieren haben gezeigt, dass junge Weibchen mit größerer Körpermasse eher zur Ovulation kommen als leichtere Individuen (Sand 1996; Martin & Festa-Bianchet 2012). Sie müssen dabei aber die Schwelle von etwa 80 % der asymptotischen Adultmasse erreicht haben. Wildschweine (*Sus scrofa*; Abb. 4.8) sind hingegen eine Ausnahme unter den Huftieren, denn sie können bereits bei 33–41 % der asymptotischen Adultmasse mit der Fortpflanzung beginnen (Servanty et al. 2009).

Die Kondition von Individuen wird oft von der Populationsdichte beeinflusst. So haben viele Studien an Vögeln und Säugetieren gefunden, dass das Alter der erstmals reproduzierenden Individuen bei steigender Dichte zunimmt. Dabei können außer zu geringer Kondition auch andere dichteabhängige Faktoren auslösend sein, beispielsweise der verminderte Zugang zu günstigem Habitat und Territorien (Abb. 4.4). Bei Arten, die in Gruppen leben oder sogar kooperativ brüten, ist die Unterdrückung der Fortpflanzung der jüngeren Gruppenmitglieder über physiologische und Verhaltensmechanismen häufig. Der gegenteilige Effekt, nämlich dass höhere Dichte zu einem niedrigeren Alter bei der ersten Fortpflanzung führt, ist bei Männchen von

4.3 Alter und Fortpflanzung

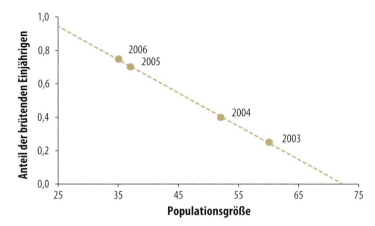

Abb. 4.4 Zusammenhang zwischen der Populationsgröße des Königstyranns *(Tyrannus tyrannus)* in einem Schutzgebiet im Nordwesten der USA und dem Anteil der Vögel, die als Einjährige zur Brut schritten. Dieser Anteil sank bei zunehmender Dichte, weil jüngere Individuen den älteren bei der Besetzung von Territorien unterlegen waren (Abbildung neu gezeichnet nach Cooper N. W. et a . 2009).

Arten mit Arenabalz (Kap. 4.9) wie dem Birkhuhn *(Tetrao tetrix)* nachgewiesen. Die jungen Männchen profitieren von der Anwesenheit zahlreicher Weibchen; bei geringerer Weibchendichte würden die von den Weibchen bevorzugten älteren Männchen die Kopulationen allein bestreiten (Kervinen et al. 2012). Die Erwartung, dass die umweltbedingte Variabilität im Alter bei der ersten Reproduktion im Sinne der genannten *trade-offs* in maximierte Fitness mündet, hat sich in Studien an verschiedenen Arten zumeist erfüllt. Sogar die Weibchen der antarktischen Weddellrobbe *(Leptonychotes weddellii)*, deren Alter bei der ersten Fortpflanzung mit 4–14 Jahren extrem variiert, können ihre reproduktive Leistung auf diese Weise maximieren (Hadley et al. 2006).

Wie sollen die Investitionen über die Lebensdauer verteilt werden?
Alle Vögel und fast alle Säugetiere sind **iteropar**, das heißt, sie können sich in ihrem Leben grundsätzlich mehr als einmal fortpflanzen. Die Verteilung des reproduktiven Aufwands der Weibchen über die Lebensdauer ist bei den meisten Arten relativ konstant und steigt in der Regel nach der ersten Fortpflanzung noch etwas an, um dann erst mit Einsetzen der degenerativen Phase des Alterns *(senescence)* wieder abzusinken. Drückt man den Aufwand hingegen als Kosten für die Überlebenswahrscheinlichkeit aus, so variiert der Verlauf zwischen den Arten stärker. Es zeichnen sich mindestens drei Muster ab, deren Häufigkeiten sowohl zwischen Vögeln und Säugetieren als auch zwischen Prädatoren und herbivoren Arten differieren (Proaktor et al. 2007). Bei Männchen hängt der Verlauf des energetischen Aufwands stärker vom Sozial- und Paarungssystem (Kap. 4.9) ab. Männchen, die wie der Rothirsch stark untereinander konkurrieren, investieren den Großteil des Aufwands in ihrer mittleren Lebensphase *(prime age)*, wenn sie am konkurrenzstärksten sind. Bei skandinavischen Rothirschen entsprach das den Altersklassen zwischen 5 und 8 Jahren, während sich 14-jährige Rothirsche kaum mehr verausgabten (Yoccoz et al. 2002). Diese Strategie ist als *reproductive restraint hypothesis* beschrieben. Unter Umständen kann es aber auch sinnvoll sein, den reproduktiven Aufwand gegen das Lebensende hin zu steigern, wenn die Überlebensrate ohnehin nicht mehr hoch ist *(terminal investment hypothesis)*. Bei Gämsen *(Rupicapra rupicapra)* wurde gezeigt,

Abb. 4.5 Die Gelbfuß-Beutelmaus *(Antechinus flavipes)* aus dem östlichen Australien ist eine der Arten, deren Männchen semelpar sind.

dass die Häufigkeit beider Strategien regional variiert, offenbar in Abhängigkeit von anthropogenen Faktoren und Umweltfaktoren (Mason et al. 2011).

Wie das Alter bei der ersten Reproduktion ist auch jenes bei der letzten Reproduktion ein Life-History-Merkmal, das mit der Geschwindigkeit der *life history* verknüpft ist. Die theoretischen Erwartungen, dass langsame Arten später und langsamer altern als solche mit schneller *life history* und dass sie damit auch das Alter der letzten Fortpflanzung hinausschieben können, haben empirische Unterstützung durch Daten von Vögeln sowie von Säugetieren gefunden (Møller 2006; Péron et al. 2010). Auch bei Untersuchungen von innerartlicher Variation im Eintritt altersbedingten Nachlassens der Fekundität zeigte sich wiederholt, dass frühzeitige höhere Investitionen in die Reproduktion zu früherem Altern und kürzerer Lebensspanne führten.

Die Männchen einiger kleiner, vorwiegend insektenfressender Beuteltiere Australiens und Südamerikas (Familien Dasyuridae und Didelphidae) sind **semelpar** (Abb. 4.5). Sie pflanzen sich in einer einzigen Reproduktionsperiode fort und sterben danach. Die physiologischen Mechanismen, die zum Kollaps des Immunsystems und damit zum schnellen Tod führen, sind relativ gut bekannt und hängen mit hohen Konzentrationen der Hormone Testosteron und Cortisol zusammen (Naylor et al. 2008). Hingegen ist die Evolution einer derart schnellen *life history*, die für Säugetiere völlig ungewöhnlich ist, noch ungenügend verstanden. Möglicherweise hat die kurze Fortpflanzungsperiode, die eng auf das vorhandene Nahrungsmaximum ausgerichtet ist, gepaart mit ohnehin geringen Überlebenswahrscheinlichkeiten, zu extremer vor- und nachkopulatorischer Konkurrenz unter Männchen (Kap. 4.8) geführt, deren Kosten zum körperlichen Zusammenbruch führen (Fisher et al. 2013).

4.4 Evolution der Gelege- und Wurfgröße

Das zweite wichtige Life-History-Problem stellt sich einem Individuum mit der Frage, wie viele Nachkommen es in einem Fortpflanzungsereignis produzieren soll, um die maximale Fitness zu erreichen. Diese misst sich über den kumulierten Fortpflanzungserfolg während der gesamten Lebensdauer *(lifetime reproductive success)*. Einerseits geht es wieder um die Energieallokation, andererseits aber auch um die Gefahr von Mortalität, sodass auch hier *trade-offs* resultieren, die der natürlichen Selektion unterliegen und die *life histories* mitformen. Und wie bei den altersbezogenen Mustern gibt es Spielraum für innerartliche oder individuelle Variation, die von proximaten Faktoren bestimmt wird.

Maximale oder optimale Gelegegröße?
Welches nun die maximal produktive Zahl der Jungen pro Fortpflanzungs-

ereignis ist, wurde besonders an Vögeln intensiv untersucht, da bei ihnen sowohl die Investition (Gelegegröße, Eimasse) als auch der Reproduktionserfolg (Anzahl ausfliegende Junge) relativ einfach gemessen werden können. Ein Pionier der Erforschung dieses Themas war der Brite David Lack (1910–1973); nach ihm ist die maximal produktive Gelegegröße *(clutch size)* auch als *Lack clutch* bekannt geworden. Er postulierte, dass die durch die natürliche Selektion geformte maximal produktive und damit optimale Gelegegröße der maximalen Zahl von Jungvögeln entspreche, welche die Eltern bis zum Flüggewerden zu ernähren vermöchten (Lack 1947a). Dies impliziert einen *trade-off* zwischen der Zahl gelegter Eier und der Wahrscheinlichkeit der Jungen, bis zum Ausfliegen zu überleben.

Die theoretischen Grundlagen zur Erkenntnis, dass sich Kosten der Reproduktion auch in Folgejahren niederschlagen können und *trade-offs* zwischen gegenwärtiger und zukünftiger Investition erfordern, wurden erst später entwickelt. Dass solche Kosten existieren, kam weiter oben im Zusammenhang mit der Geschwindigkeit von *life histories* bereits zur Sprache. Sie äußern sich beispielsweise in Form erhöhter Mortalität der Adulten oder der Jungen nach dem Ausfliegen. Unter Berücksichtigung der zusätzlichen *trade-offs* muss die optimale Gelegegröße etwas kleiner als ein *Lack clutch* sein. Diese Erwartung ließ sich gut testen, denn es ist einfach, bei Vögeln die Zahl der Eier im Gelege selbst im Freiland experimentell zu manipulieren. Tatsächlich waren die Eltern meistens imstande, auch eine höhere Zahl von Jungvögeln zum Ausfliegen zu bringen, wenn man ihnen zusätzliche Eier ins Nest gelegt hatte. Die von den Vögeln selbst produzierte Gelegegröße war demnach kleiner als die maximal produktive Eizahl. Nun kann man einwenden, dass die Vögel nicht über die Zahl der zu fütternden Jungen limitiert sind, wie man seit Lack angenommen hatte, sondern über die Kosten der Eibildung (Kap. 4.1). In den genannten Experimenten erhielten sie die zusätzlichen Eier ja «gratis». Tatsächlich zeigte sich bei Seevögeln, die man zum Nachlegen stimuliert hatte, dass die Zusatzkosten der Eibildung den Bruterfolg noch in derselben Saison senkten (Monaghan et al. 1998). Bei kleineren Arten, bei denen der Protein- und Lipidbedarf weniger als bei großen ins Gewicht fällt, kamen die Kosten hingegen erst später zum Tragen. In einem Freilandexperiment mit Kohlmeisen *(Parus major)* vermochten auch Weibchen, die zusätzliche Eier selbst legen mussten, die größere Brut hochzubringen; der erhöhte Aufwand senkte aber ihre nachfolgende Überlebensrate (Visser & Lessells 2001). Dies war in Übereinstimmung mit früheren Befunden, dass Nestlingszahl und Überlebensrate der Eltern negativ korrelieren (Abb. 4.6). Die von den Vögeln selbst realisierte Gelegegröße maximiert also nicht den kurzfristigen Fortpflanzungserfolg über das einzelne Brutgeschäft, sondern die Zahl der Nachkommen über die ganze Lebensdauer. Maximale Fitness realisiert sich, wie erwartet, aus *trade-offs* zwischen Gegenwart und Zukunft.

Gelegegrößen variieren geografisch mit dem Breitengrad
Wenn also die Eltern einem *trade-off* zwischen Zahl der Nachkommenschaft und eigenem Überleben unterliegen, so dürfen wir charakteristische Unterschiede in den *life histories* zwischen verschiedenen Arten wie auch geografische Muster innerhalb von Arten erwarten, weil die natürliche Selektion

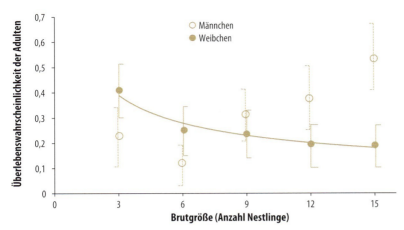

Abb. 4.6 In dem noch von David Lack initiierten langjährigen Forschungsprojekt in Wytham Wood bei Oxford, England, wurde bei Blaumeisen *(Cyanistes caeruleus)* die Zahl der Nestlinge zum Zeitpunkt des Schlüpfens manipuliert. Mit zunehmender Größe der Brut sank die *Überlebenswahrscheinlichkeit* (Punkte: Mittelwerte mit Standardfehler) der Weibchen; bei 15 Jungen war sie um 54 % geringer als bei 3 Jungen. Bei der Aufzucht der großen Bruten hatten die Weibchen im Mittel 15–36 % mehr Körpergewicht verloren als jene mit kleinen Bruten. Die Männchen, die die Jungen nicht huderten, jedoch ebenfalls fütterten, verloren kaum an Gewicht und erlitten keine höhere nachfolgende Mortalität (Abbildung neu gezeichnet nach Nur 1984). Im Mittel «bezahlen» aber vor allem die Männchen mit geringerer Überlebensrate, vermutlich aufgrund ihrer Kapazität zur Leistungssteigerung, während die Weibchen bereits bei Normalbruten am Limit arbeiten und bei vergrößerten Bruten die Fütterungshäufigkeit nicht steigern können; sie überwälzen so ihre potenziellen Fitnesskosten an die Nachkommen (Santos & Nakagawa 2012).

unter verschiedenen Umweltbedingungen variiert. So nimmt die Gelegegröße vergleichbarer Arten von den Tropen zu höheren Breiten hin zu, was wiederum nach David Lack als *Lack's rule* bekannt geworden ist. Kleinere Singvogelarten legen in den Tropen zwei bis drei Eier und in den gemäßigten Zonen der Nordhalbkugel vier bis sechs, manchmal bis zu zehn Eier pro Brut. Da tropische Vögel als Adulte höhere Überlebensraten als vergleichbare Arten in gemäßigten Breiten genießen und sich über eine größere Lebensspanne hin fortpflanzen können, kommen sie pro Reproduktionszyklus mit geringeren Investitionen aus (Stutchbury & Morton 2001). Dies bedeutet auch, dass sie geringere Risiken auf sich nehmen als die Vergleichsarten in höheren Breiten, was man sogar in einem vergleichenden Experiment nachweisen konnte (Ghalambor & Martin 2001). Allerdings scheint der *trade-off* nicht den ganzen Unterschied in den Gelegegrößen erklären zu können (Ricklefs 2010), und globale Modelle der Variation finden stets einen positiven Zusammenhang zwischen Gelegegröße und Saisonalität der Umwelt (Jetz et al. 2008; McNamara J. M. et al. 2008; Griebeler et al. 2010). Dies weist auf eine zusätzliche Bedeutung der verfügbaren Nahrung im Sinne von Lack (1947a) hin. Dabei muss es sich nicht unbedingt um das quantitative Angebot handeln, sondern kann auch die Nutzungsmöglichkeiten reflektieren, die sich mit der Zunahme der Tageslänge für fütternde Altvögel polwärts verbessern sollten. Diese plausible Hypothese ist erst kürzlich mit Daten der nordamerikanischen Sumpfschwalbe *(Tachycineta bicolor)* untermauert worden (Rose & Lyon 2013).

Gelegegrößen variieren auch lokal und zeitlich

Zumindest aber spielt das **Nahrungsangebot** eine bedeutende Rolle als proximater Faktor für die zeitliche und die individuelle Variation der Gelegegröße, die sich innerhalb der übergeordneten *life history* und der geografischen Muster abspielt. Zum Beispiel schwanken die Gelegegrößen von Eulen und Greifvögeln, die von Beute mit zyklischen Populationsschwankungen leben (Kap. 9.10), von Jahr zu Jahr sehr stark, bis hin zu totalem Aussetzen der Brut bei Populationstiefs der Nager (Newton 1998). Auch gibt es häufig eine saisonale Variation bei den Gelegegrößen, die ebenfalls auf die verfügbare Nahrungsmenge zurückgeführt wird (s. auch Kap. 4.6). Und schließlich finden wir individuelle Variation, die Ausdruck der Habitatqualität (Kap. 5.6) als auch der Qualität der Eltern ist. Vögel sind offenbar in der Lage, die für sie optimale Gelegegröße zu ermitteln (Williams T. D. 2012). Dies ist unter anderem in einem Experiment mit Elstern *(Pica pica)* gezeigt worden (Abb. 4.7). Woran die Elstern ihre Möglichkeiten bemaßen, geht aus dem Versuch nicht hervor, doch vermochten sie offensichtlich die Revierqualität abzuschätzen. Dass diese wiederum stark mit der verfügbaren Nahrung korreliert, haben zahlreiche Freilandexperimente gezeigt, in denen zugefüttert wurde. Es ergaben sich weitgehend positive Effekte nicht nur auf die Gelegegröße, sondern auch auf Eigröße, Körpergröße der Küken und auf den Ausfliegeerfolg (Ruffino et al. 2014). Neben dem Nahrungsangebot wird die Habitatqualität auch vom Feinddruck bestimmt, der zu Verhaltensanpassungen bei den Vögeln führen kann (Lima 2009). Eine Studie, bei der die Prädatorendichte manipuliert wurde, fand jedoch, dass in diesem Fall nicht die Gelegegröße, sondern lediglich feiner abstimmbare Parameter wie Eigewicht und Fütterungsfrequenz angepasst wurden (Fontaine & Martin 2006).

Feste Gelegegrößen

Nicht immer führen die Abweichungen vom Lack-Gelege aber zu kleineren Gelegen. Mitunter werden mehr Eier gelegt, als normalerweise Junge aufgezogen werden, zum Beispiel bei größeren Greifvögeln und gewissen Meeresvögeln, bei denen aus einem Zweiergelege oft nur ein Junges hochkommt. Ein zusätzliches Ei kann als «Versicherung» für den Fall dienen, dass der Embryo im ersten Ei abstirbt. Diese Strategie lohnt sich dann, wenn der resultierende Gewinn beim Bruterfolg höher liegt als die Fitnesskosten durch die zusätzliche Eiproduktion (Townsend & Anderson 2007). Bei Greifvögeln und einigen anderen Familien wird das kleinere Junge oft vom größeren Geschwister umgebracht und verzehrt (Kap. 4.5). In allen diesen Fällen ist ein adaptiver Vorteil zu erkennen, nicht aber bei den Pinguinen der Gattung *Eudyptes*, deren erstgelegtes Ei kleiner als das zweite ist und kaum je zu einem Jungen führt. Offenbar sind diese Pinguine bei ihrer Entwicklung hin zu einer langsamen *life history* bisher nicht in der Lage gewesen, das unnötige Zweiergelege auf ein Ei zu reduzieren (Stein & Williams 2013). In einigen Verwandtschaftsgruppen ist die Eizahl phylogenetisch fixiert, ohne dass man aber wie bei den Pinguinen von einer Fehladaptation sprechen kann. Sturmvögel, zum Beispiel Albatrosse, legen immer ein einziges Ei; bei einigen Gruppen sind es zwei (zum Beispiel Kolibris), und bei den meisten Watvögeln sind es vier Eier pro Gelege. Solche Unveränderlichkeit ist erstaunlich, wenn sich doch bei den meisten anderen Ar-

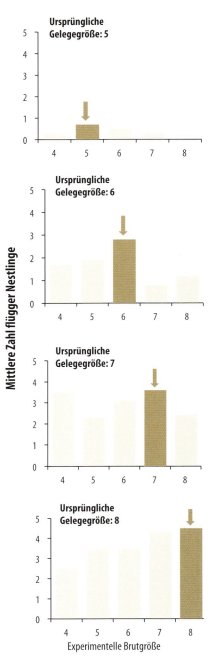

Abb. 4.7 Experimentelle Vergrößerung und Verkleinerung der Nestlingszahl in Nestern der Elster (ursprüngliche Gelegegröße von 5–8 Eiern) haben gezeigt, dass die nicht manipulierten Brutgrößen, d. h. jene, die aus den ursprünglichen, von den Elstern selbst gewählten Gelegegrößen hervorgingen (Pfeil), jeweils die höchste Zahl flügger Nestlinge produzierten (Abbildung neu gezeichnet nach Daten von Högstedt 1980).

ten dieses fitnessrelevante Merkmal gerade durch Variabilität auszeichnet. Diverse Experimente haben gezeigt, dass Watvögel auch mehr als vier Junge aufziehen könnten, weil die Betreuung von Nestflüchtern (s. unten) geringe Kosten verursachen; die Limitierung liegt eher beim Bebrütungsaufwand (Sandercock 1997; Lengyel et al. 2009).

Wurfgrößen der Säugetiere
Bisher wurden in diesem Kapitel ausschließlich Vögel behandelt. Der Grund liegt darin, dass die besprochenen Aspekte hauptsächlich an Vögeln untersucht wurden, weil diese größtenteils Eier in offene Nester legen. Entsprechende Untersuchungen an Säugetieren sind in der Regel viel schwieriger. Deren Resultate zeigen aber, dass die vorgestellten Prinzipien und Mechanismen sinngemäß auch für die Evolution der **Wurfgrößen** der Säugetiere gelten. *Trade-offs* zwischen gegenwärtiger und zukünftiger Reproduktion existieren auch bei ihnen. Langlebige größere Säuger demonstrieren besonders schön, wie Arten mit langsamer *life history* das

4.4 Evolution der Gelege- und Wurfgröße

eigene Überleben auf Kosten maximalen reproduktiven Aufwands favorisieren (Hamel et al. 2010). Vor allem für Arten, die unter variablen Umweltbedingungen leben, wie Huftiere in Gebirgen oder borealen Habitaten, sind solche risikobewussten Strategien von großer Bedeutung (Bårdsen et al. 2008). Kurzlebige Arten wie Nagetiere halten eher den Aufwand hoch und nehmen dafür höhere Mortalität in Kauf (Hamel et al. 2010). Allerdings scheint auch diese Strategie ihre Grenzen zu haben, denn unter Druck durch spezialisierte Prädatoren (vor allem Wiesel *Mustela* sp.) können Wühlmäuse ihre reproduktive Aktivität einschränken, indem viele Weibchen nicht in den Östrus kommen *(breeding suppression hypothesis)*. Offenbar lohnt sich dies aber nur, wenn bei geringer Wühlmausdichte das Pro-Kopf-Risiko besonders hoch ist (Jochym & Halle 2012).

Auch bei Säugetieren gibt es geografisch und phylogenetisch bestimmte Muster der Wurfgröße. Gleich den Vögeln nimmt die Wurfgröße bei kleinen Säugern polwärts zu. Bei größeren Arten ist dieser Effekt erst jüngst für das Wildschwein belegt worden (Abb. 4.8). Bei Prädatoren hingegen scheint keine solche Beziehung zu bestehen, doch können Wurfgrößen in Abhängigkeit von der Nahrungsverfügbarkeit schwanken, wenn die Hauptbeute selbst großen Bestandsveränderungen unterworfen ist. Wo dies nicht der Fall ist, kann sich auch eine konstante «adaptive» Wurfgröße einstellen, die bei skandinavischen Luchsen *(Lynx lynx)* zwei Junge beträgt; ein oder drei Junge führten zu geringerer Fitness für das Weibchen, unabhängig von intrinsischen und extrinsischen Unterschieden (Gaillard et al. 2014). Und wie bei Vögeln ist auch bei Säugetieren die Wurfgröße in verschiedenen taxonomischen Gruppen unveränderlich. Zum Beispiel produzieren die meisten Fledermäuse nur ein einziges, relativ schweres Junges pro Jahr, was in Anbetracht der langen Lebensdauer (auch kleine Fledermäuse können >30 Jahre erreichen) ausreicht. Damit sind sie die Ordnung unter den Säugetieren, welche die relativ langsamste *life history* aufweist (Read & Harvey 1989).

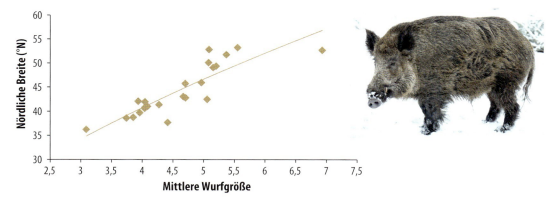

Abb. 4.8 Mittlere Wurfgröße bei europäischen Populationen des Wildschweins in Abhängigkeit der nördlichen Breite (Potenzfunktion $r^2 = 0{,}76$). Es ist anzunehmen, dass ähnliche Mechanismen wie bei den Vögeln zu der Zunahme von Süd nach Nord führen, nämlich *trade-offs* zwischen Überlebensrate und Produktivität, die über die Saisonalität der Nahrungsverfügbarkeit gesteuert werden (Abbildung neu gezeichnet nach Bywater et al. 2010).

4.5 Elterliche Fürsorge

Eier und Jungtiere von Vögeln und Säugetieren benötigen Betreuung durch mindestens einen Elternteil *(parental care)*. Die Fürsorge umfasst mannigfache Dienstleistungen wie die Zufuhr von Wärme und Nahrung oder Schutz vor Prädatoren und dient dazu, die Fitness der Nachkommen zu erhöhen (Clutton-Brock 1991; Smiseth et al. 2012). Für die Eltern manifestiert sich der benötigte Arbeitsaufwand aber wiederum als Kosten, die sich in verminderter Überlebensrate oder in verpassten Chancen für weitere Reproduktion niederschlagen können *(parental investment*; s. unten). Es sind also weiterhin *trade-offs* zur Fitnessmaximierung vonnöten (Alonso-Alvarez & Velando 2012; Kölliker et al. 2014). Dazu kommt jetzt, dass zwischen den Beteiligten Konflikte im Sinne unterschiedlicher Interessen bestehen, welche die *trade-offs* mitformen. Diese Konflikte können sich auf drei Ebenen abspielen: zwischen den Partnern *(sexual conflict)*, zwischen Eltern und Jungen *(parent-offspring* oder *interbrood conflict)* sowie zwischen den Geschwistern *(sibling* oder *intrabrood conflict)*. Welche Form und Intensität von elterlicher Fürsorge stattfindet und wie diese auf die Nachkommen verteilt wird, hängt in vielem von den ökologischen Gegebenheiten – oft dem Prädationsdruck – ab. Manche Aspekte sind wiederum phylogenetisch fixiert und Ausdruck der *life history* der betreffenden Art, andere hingegen können zeitlicher, räumlicher oder individueller Variation unterliegen. Individuelle Unterschiede kommen hier nicht zur Sprache, werden für Vögel aber beispielsweise von Williams T. D. (2012) ausführlich behandelt.

Phylogenetisch fixierte Muster
Grundsätzlich verhält sich die geleistete Betreuung umgekehrt proportional zur Gelege- oder Wurfgröße. Da Vögel und Säugetiere im Vergleich zu anderen höheren taxonomischen Gruppen wie Fischen, Amphibien oder Reptilien nur wenige Nachkommen pro Fortpflanzungsereignis produzieren, können sie den Jungen relativ viel Fürsorge zuteilwerden lassen. Modellrechnungen zeigen, dass die Evolution der elterlichen Fürsorge vor allem unter variablen Umweltbedingungen gefördert wurde, weil diese die Mortalität unbetreuter Eier oder Jungtiere ansteigen lassen würden, oder wenn die Mortalitätsrate der Adulten relativ hoch ist (Klug & Bonsall 2010; Bonsall & Klug 2011). Elterliche Fürsorge ist im Laufe der Evolution in verschiedenen Gruppen wohl mehrfach entstanden; die besonders aufwendige Form der Brutpflege bei Vögeln sowie Säugetieren muss sich in Koevolution mit der Endothermie entwickelt haben (Kap. 2.1). Vögel und die allermeisten Säugetiere unterscheiden sich jedoch voneinander im Entwicklungszeitpunkt, zu welchem die Nachkommen den Körper der Mutter verlassen. Alle Vögel sind **ovipar**, das heißt, sie legen Eier, die dann zur Entwicklung des Embryos der Zufuhr von Wärme bedürfen. Diese wird in den allermeisten Fällen mittels Bebrütung durch einen Altvogel transferiert (Ausnahmen s. Abb. 4.9). Durch Variation der Eigröße oder gewisser Inhaltsstoffe haben Vögel die Möglichkeit, die Fitness ihrer Nachkommen zu beeinflussen. Unter den Säugetieren sind die wenigen Arten der Kloakentiere ovipar. Alle anderen (Beutel- und Plazentatiere) sind **vivipar**, das heißt, die Embryonalentwicklung vollzieht sich im Körper der Mutter und die Jungen werden lebend

geboren. Weshalb sich die verlängerte Aufenthaltszeit im Mutterleib entwickelt hat, ist Gegenstand verschiedener Hypothesen, unter anderem zu unterschiedlichen Fitnessauswirkungen auf Mutter und Jungtiere.

Vergleicht man hingegen den Entwicklungsstand der Vögel beim Schlüpfen untereinander und jenen der Säuger bei der Geburt, so findet man analog zwei Strategien, die phylogenetisch determiniert sind. **Nesthocker** *(altricial)* machen einen kürzeren Teil der Entwicklung im Ei oder Mutterleib durch und sind bei der Geburt nackt und hilflos, haben zum Teil verschlossene Augen und Ohren und verfügen noch nicht über eine funktionierende Thermoregulation. Beispiele sind Meeresvögel, Greifvögel, Tauben oder Singvögel, bei Säugern Beuteltiere, Nager oder Carnivoren, also vorwiegend Arten, deren Junge an geschützten Orten (schlecht zugänglichen Nestern, Höhlen und Bauen) zur Welt kommen. Die anschließende Entwicklungsgeschwindigkeit ist bei höhlenbrütenden Vögeln geringer als bei Jungvögeln in offenen Nestern, offenbar als Folge des Unterschieds im spezifischen Prädationsdruck (Bosque & Bosque 1995). **Nestflüchter** *(precocial)* hingegen sind bei Geburt schon so weit entwickelt, dass sie sich selbstständig bewegen, bald selbst Nahrung suchen und ihre Körpertemperatur weitgehend selbst halten können. Bei Vögeln sind dies etwa Enten- und Hühnervögel oder Watvögel, die alle am Boden brüten, bei Säugern Huftiere, Meerschweinchen und Hasen, die ihre Jungen ebenfalls frei setzen. Trotz ihrer phylogenetischen Fixierung reflektieren die Strategien also ökologische Rahmenbedingungen und damit zusammenhängende Eigenheiten der *life histories*. Interessant sind Vergleiche dort, wo sich innerhalb einer Ordnung einzelne Familien in den Strategien unterscheiden, weil man so die meisten übrigen Einflussgrößen des Bauplans konstant halten kann (Kappeler 2012). Dies ist beispielsweise bei Hasentieren (Hasen sind Nestflüchter, Kaninchen sind Nesthocker) und Nagetieren (Mäuse, Ratten und viele weitere sind Nesthocker, Meerschweinchen, z. B. *Cavia magna*, sind Nestflüchter) der Fall. Meerschweinchen produzieren im Vergleich zu anderen kleinen Nagern nur wenige und nach langer Tragzeit weit entwickelte Junge, was ein Merkmal einer langsamen *life history* darstellt. Allerdings sind die Jungen dann schnell geschlechtsreif, in Übereinstimmung mit der schnellen *life history* anderer Nagetiere. Diese ungewöhnliche Merkmalskombination hängt mit der speziell hohen Adultsterblichkeit zusammen, die offenbar die Entwicklung schneller Geschlechtsreife förderte (Kraus et al. 2005). Generell begünstigt, wie oben schon erwähnt, hohe Mortalität im Adultstadium die Investition in elterliche Fürsorge.

Beteiligung der Geschlechter an der Jungenbetreuung
Die Betreuung der Jungen kann durch beide Geschlechter *(biparental)*, allenfalls in verschiedener Intensität, oder durch das Weibchen respektive das Männchen allein *(uniparental)* erfolgen. Dass sich die Geschlechter im großen Ganzen in höchst unterschiedlichem Maße an der Fürsorge für die Jungen beteiligen, hat mit dem erwähnten *trade-off* zwischen Fitnesserhöhung der Nachkommen und den eigenen Fitnesskosten zu tun, die sich über die verminderte zukünftige (residuelle) Reproduktion definieren. Der amerikanische Evolutionsbiologe Robert Trivers (*1943) führte dazu das Konzept des **elterlichen Investments** *(parental*

investment) ein, das jegliches Brutpflegeverhalten bezeichnet, das eigene zukünftige Fitnesskosten zugunsten der Fitness der Nachkommen mit sich bringt. Zudem zeigte er die Interessenkonflikte zwischen den Eltern auf (Trivers 1972). Die Konflikte drehen sich um die Fragen: «Wer leistet die Betreuung?» und «Wer leistet wie viel Betreuung?» (Wedell et al. 2006; Lessels 2012).

Man hat mit spieltheoretischen Ansätzen zeigen können, dass die phylogenetischen Einschränkungen (zum Beispiel die Laktation der Weibchen), die Unsicherheit der Männchen bezüglich ihrer Vaterschaft sowie geschlechtsspezifische *life histories* zu evolutionär stabilen Strategien (ESS) führen, welche die unterschiedlichen Muster in der Beteiligung der Geschlechter generieren. Pionier solcher Untersuchungen war der britische Biologe John Maynard Smith (1920–2004). Neuere Modelle betonen sehr die Rolle geschlechtsspezifischer *life histories*, indem hohe Mortalitätsraten die Investition eines Geschlechts in die Jungenfürsorge fördern und starke Anisogamie (Kap. 4.1) deshalb die stärkere Beteiligung der Weibchen als der Männchen fördert (Kokko & Jennions 2008, 2012; Klug et al. 2013). Da die Bedürfnisse der Jungen ebenfalls berücksichtigt werden müssen, ergibt sich schließlich etwa folgendes Szenario: Kann ein Elternteil die Brut verlassen, ohne die Fitness der Jungen zu sehr auf das Spiel zu setzen, und gewinnt er dabei weitere Möglichkeiten zur eigenen Fortpflanzung, so kommt es zu uniparentaler Fürsorge. Hingegen sind beide Eltern in die Betreuung involviert, wenn der nötige Aufwand die Kapazität eines Elters übersteigt oder keine weiteren Paarungsgelegenheiten winken.

Bei Vögeln beteiligen sich in 90 % aller Arten beide Geschlechter, wobei in dieser Zahl 9 % mit kooperativem Brüten (s. unten) eingeschlossen sind. In 8 % erbringt das Weibchen die Fürsorge allein, und nur in 1 % der Fälle das Männchen. Das restliche Prozent entfällt auf Arten mit Brutparasitismus (Kap. 4.5) und die in Abbildung 4.9 vorgestellten Großfußhühner (Cockburn 2006). Trotz der hohen Rate der Beteiligung durch das Männchen liegt der größere Teil der Last meist dennoch beim Weibchen. Lässt es die Nahrungsversorgung zu, dass nicht beide Partner füttern müssen, so verlässt meist das Männchen die Brut. Arten ganz ohne Beteiligung des Männchens bei der Jungenfürsorge sind oft Nestflüchter, für die der Betreuungsaufwand gering ist, oder Nesthocker, die sich auf ein ergiebiges Nahrungsangebot verlassen können, wie tropische Frugivore und Samenfresser (Clutton-Brock 1991; Temrin & Tullberg 1995). Allerdings findet man bei manchen (nestflüchtenden) Watvogelarten männliche Brutpflege.

Bei den Säugetieren leisten die Weibchen in jedem Fall Fürsorge, in 95 % der Arten allein; die Männchen beteiligen sich in 5 % der Arten, übernehmen die Betreuung aber nie allein (Clutton-Brock 1991). Zu den Artengruppen mit Beteiligung des Männchens gehören vor allem gewisse Carnivoren (Hundeartige, Schleichkatzen, Hyänen) und ein Teil der Nagetiere (Trillmich 2010). Das starke Überwiegen der Fürsorge durch Säugetierweibchen hängt mit der Versorgung der Jungen mit Milch zusammen, die soweit bekannt ausnahmslos vom Weibchen allein geleistet wird (Kunz & Hosken 2009). Laktation hilft, Junge bei unregelmäßig schwankendem Nahrungsangebot regelmäßig füttern zu können

4.5 Elterliche Fürsorge

(Dall & Boyd 2004). Die Dauer der Laktation schwankt zwischen wenigen Tagen bei manchen Robben, die extrem nährstoffreiche Milch produzieren, und bis zu drei Jahren bei Hominiden. Männchen beteiligen sich vorwiegend bei Nesthockern an der Fürsorge und können erst nach der Entwöhnung bei der Fütterung mithelfen. Sie übernehmen auch andere Betreuungsaufgaben. Bei manchen Caniden interagieren Männchen mehr mit den Jungen als Weibchen, etwa bei Spiel und Körperpflege (Kleiman 2011).

Bei biparentaler Fürsorge reduziert sich der Geschlechterkonflikt auf die Frage, wie viel Betreuung der einzelne Partner leisten soll. Viele Experimente haben geprüft, wie solche **Konflikte** ausgehen. Vögel füttern häufig nicht mit maximaler Intensität und können ihren Einsatz steigern, wenn der Partner den seinen reduziert oder ausfällt. Um sich aber dagegen abzusichern, dass der Partner sein Investment zugunsten einer zusätzlichen Beziehung zurückhält, kompensiert der andere dann nur unvollständig – gerade so, wie spieltheoretische Berechnungen vorhersagen (Harrison F. et al. 2009). Männchen sollten, ebenfalls gemäß Vorhersage, ihren Betreuungsaufwand reduzieren, wenn sie Zweifel an der Vaterschaft bei einzelnen Jungen der Brut hegen. Die empirischen Befunde stützen die Erwartungen, soweit sie die Hilfe bei der Bebrütung betreffen (Abb. 4.10). Hingegen fallen die Befunde bezüglich der Fürsorge für die Jungen nach dem Schlüpfen gemischt aus, wofür es viele mögliche Gründe gibt (Alonzo & Klug 2012). In einem Experiment an Blaumeisen (Abb. 4.6), bei dem die Anwesenheit eines weiteren Männchens vorgetäuscht wurde, reduzierte das ansässige Männchen darauf jedoch seinen Betreuungsaufwand wie erwartet (García-Navals et al. 2013). Die Arbeitsleistung der Elternteile muss sich aber nicht immer gegenläufig ändern: Wenn die Bettelrufe der Jungen größeren Nahrungsbedarf signalisieren, können auch beide Partner ihren Einsatz steigern.

Eltern-Kind- und Geschwisterkonflikte
Weil die Fortpflanzung für die Eltern mit Fitnesskosten verbunden ist, entstehen auch Interessenkonflikte zwischen ihnen und den Nachkommen. Jedes Jungtier fordert maximale Betreuungsleistung für sich selbst, etwa durch Bettelverhalten (Vögel) oder indem es an die mütterliche Milchquelle drängt (Säugetiere). Die Eltern hingegen können oder wollen nicht den maximalen Einsatz geben, um ihre residuelle Reproduktion nicht zu kompromittieren. Die Grundlagen zum Verständnis dieses Konflikts und auch jenem zwischen den Geschwistern lieferten die Arbeiten des britischen Biologen William D.

Abb. 4.9 Großfußhühner bebrüten ihr Gelege nicht selbst, sondern lassen es im sandigen Boden durch die Bodenwärme ausbrüten, oder sie schichten wie das australische Thermometerhuhn *(Leipoa ocellata)* Laubstreuhaufen auf und bedecken diese mit Sand. Die Wärme wird in diesem Fall durch die Vergärung der Blätter erzeugt, wofür das Männchen täglich mit dem Umschichten von Material beschäftigt ist. Junge Großfußhühner sind vom Zeitpunkt des Schlüpfens an selbstständig und haben keinen Kontakt zu den Eltern, sie sind «*superprecocial*» (Starck & Sutter 2000).

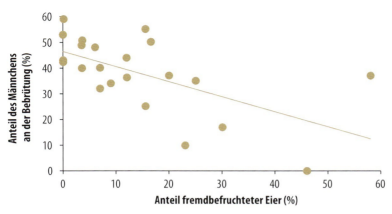

Abb. 4.10 Bei vielen Singvogelarten übernimmt das Männchen etwa 50 % der Bebrütung des Geleges, wenn es davon ausgehen kann, dass seine Vaterschaft für alle Eier gesichert ist (im Bild ein Breitschnabelmonarch, *Myiagra ruficollis*). Andernfalls sinkt sein Beitrag am Aufwand mit zunehmendem Anteil von fremdbefruchteten Eiern. (Achtung: Die Skalen für den Anteil an der Bebrütungszeit und jenen der fremdbefruchteten Eier sind unterschiedlich transformiert). Abbildung neu gezeichnet nach Matysioková & Remeš (2013).

Hamilton (1936–2000) zur genetischen Analyse sozialer Evolution, die Robert Trivers auf die Jungenfürsorge anwandte. Hamiltons Konzept der **Gesamtfitness** *(inclusive fitness)* betrachtet die Häufigkeit der eigenen Allele in der nachfolgenden Generation. Diese werden nicht nur durch die eigene Reproduktion weitergegeben, sondern auch durch Verwandte. Auf diesem Konzept rund um **Verwandtenselektion** *(kin selection)* baut die Erklärung für die Existenz **altruistischen** Verhaltens auf, also von Verhaltensweisen, welche die Fitness von Artgenossen auf Kosten der eigenen Fitness erhöhen (s. unten). Ähnlich erklärt sich auch der scheinbare Widerspruch, dass Eltern ihrem Nachwuchs Ressourcen vorenthalten, wenn doch die Nachkommen die Fitness der Eltern verkörpern. Hier ist die Fitness nicht auf der Ebene des Individuums repräsentiert, sondern auf der Ebene der Gene, wo egoistische Strategien konkurrieren können (Dawkins 1976).

Entscheidend bei den Berechnungen ist der Verwandtschaftsgrad, der (als Verwandtschaftskoeffizient r ausgedrückt) bei monogamer Reproduktion zwischen Eltern und Jungen und zwischen zwei Geschwistern in derselben Brut oder demselben Wurf je 0,5 beträgt. Der Koeffizient eines Jungtiers mit sich selbst ist 1,0. Das bedeutet, dass aus seiner Sicht die empfangene Fürsorge doppelt so viel zählt wie für den gebenden Elternteil, aber auch doppelt so viel, als wenn die Fürsorge einem Geschwister in der gegenwärtigen oder einer zukünftigen Brut zugutegekommen wäre. Ein Jungtier sollte also unter Selektion stehen, von den Eltern die Versorgung mit Ressourcen zu erreichen, welche die Eltern lieber für spätere Fortpflanzung zurückhalten – denn für sie sind alle (eigenen) Jungen gemäß Verwandtschaftsgrad gleichwertig. Zudem sollte sein Verhalten dahin gehend selektiert sein, dass es auf Kosten der Geschwister einen überdurchschnittlichen Anteil der Fürsorge erhält, was ein Ausdruck des Geschwisterkonflikts ist. Beim Bettelverhalten von Vögeln haben Experimente gezeigt, dass die Intensität eine genetische Basis hat, dass zu intensives Betteln kostspielig ist und dass jene Jungen am besten fahren, welche die Intensität an die Erwartungen der Mutter anpassen (Hinde et al. 2010). Die Kosten von zu intensivem Bettelverhalten haben auch dazu geführt, dass Betteln in der Regel ein ehrliches Signal ist *(honest begging)*, das den eigenen

Hungerzustand richtig kommuniziert. Eine ausführlichere Darstellung dieser Zusammenhänge und weiterer Konsequenzen liefern zum Beispiel Mock & Parker (1997), Trillmich (2010), Davies N. B. et al. (2012), Kappeler (2012), Kilner & Hinde (2012) sowie Roulin & Dreiss (2012).

Und wie steht es um die empirische Evidenz für das Vorhandensein der genannten Konflikte? Für den **Eltern-Kind-Konflikt** sind sie schwierig nachzuweisen. Das Auftreten von aggressiven Verhaltensweisen bei familiären Disputen ist noch kein Beleg für einen evolutionären Konflikt, solange nicht unterschiedliche Fitnesskonsequenzen für die beteiligten Parteien nachgewiesen sind (Kilner & Hinde 2012). Solche hat man aber beispielsweise bei einer sich selbst überlassenen Population von Soayschafen *(Ovis aries)*, einer frühen Form von domestizierten Schafen (Abb. 7.18), gefunden. Selektion über die Fitness der Mutter favorisierte größere Würfe (Zwillinge statt ein Junges), während die Fitness von Jungtieren größer war, wenn sie als Einzelkind geboren wurden (Wilson A. J. et al. 2005a). Das oben genannte Beispiel der vererbten Bettelrufintensität bei Vögeln zeigt zudem, dass Eltern-Kind-Konflikte auch in Koadaptation münden können.

In den meisten Fällen muss die Frage nach dem evolutionären Konflikt aber offenbleiben, etwa bei dem Problem des besten Zeitpunkts der Entwöhnung, der vom Weibchen aus gesehen früher stattfinden sollte als aus der Perspektive des Jungtiers. Oft hat das Jungtier gar keine Einflussmöglichkeit, und die Entwöhnung erfolgt bei manchen Arten im vom Weibchen vorgegebenen Zeitrahmen (Trillmich 2010). Experimente an Zebrafinken *(Taeniopygia guttata)*, in deren Nestern man Junge verschiedenen Alters austauschte, zeigten hingegen, dass die Altvögel die Jungvögel stets bis zum Erreichen des Flüggewerdens fütterten (Rehling et al. 2012). Auch nach dem Ausfliegen versorgen viele Vögel ihre Jungen noch einige Zeit weiter mit Nahrung, doch können die Eltern bei Beginn einer Folgebrut dieses Investment vorzeitig beenden; die als Folge leicht erhöhte Sterblichkeit der Jungen wird wohl durch die Vorteile einer frühen Zweitbrut für die Fitness der Eltern überkompensiert (Naef-Daenzer et al. 2011). Bei großen und langlebigen Vögeln wie Gänsen oder Kranichen mit nur einer Jahresbrut und langfristigem Zusammenhalt der Partner erstreckt sich die Jungenfürsorge oft noch über die Zugzeit bis zum Ende der Aufenthaltszeit im Winterquartier (Abb. 4.27). In sozialen Systemen wie bei Primaten sind günstige Effekte der mütterlichen Präsenz auf Töchter und Söhne sogar nach deren Geschlechtsreife schon seit einiger Zeit bekannt. Neuerdings hat man ähnliche Wirkungen auch bei Huftieren gefunden (Andres et al. 2013).

Geschwisterkonflikte sind etwas einfacher identifizierbar, besonders wenn sie mit dem Tod von Jungen *(siblicide)*, in der Regel von Nachgeborenen, enden. Meist findet der Konflikt aber lediglich im Rahmen von *exploitation competition* (Kap. 8.1) statt, indem die Jungen etwa durch die Intensität des Bettelverhaltens um die Zuteilung der Nahrung konkurrieren. Tätlichkeiten mit letalem Ausgang kommen als Folge von nicht vorhersehbaren Schwankungen in den Nahrungsressourcen vor, da die Brut- oder Wurfgrößen oft auf die optimale Versorgungslage ausgerichtet sind. Bei Säugetieren kann das Opfer das Junge eines nachfolgenden Wurfs sein, wenn das ältere aufgrund

Abb. 4.11 Siblizid wurde bei Tüpfelhyänen *(Crocuta crocuta)* im Serengeti-Nationalpark, Tansania, in 9 % der Zwillingswürfe festgestellt; die Definition erfasste alle Todesfälle, die auf Aggressivität durch das stärkere Jungtier zurückzuführen waren, nicht nur direkte Tötungen. Die Rate stieg bei zunehmender Nahrungsverknappung und abnehmender Wachstumsgeschwindigkeit der Jungen an. Der Tod des Geschwisters bewirkte wieder schnelleres Wachstum bei den überlebenden Jungen, da die Mütter ihr Investment anschließend nicht verringerten (Hofer & East 2008).

schlechter Nahrungsversorgung noch nicht entwöhnt ist, wie das bei zwei Arten von Ohrenrobben der Galapagosinseln nachgewiesen ist (Trillmich & Wolf 2008). In der Regel sind es aber einzelne Junge innerhalb desselben Wurfs oder der Brut, die umkommen, nachdem sich aufgrund von Dominanzverhältnissen Unterschiede in der Körpergröße herausgebildet haben (Abb. 4.11). Besonders bei größeren Vögeln wie Tölpeln (Sulidae) oder Pelikanen *(Pelecanus)* kommt es oft auch zu aktiver Tötung des kleineren durch das größere Geschwister (Kainismus). Dieser Aspekt wurde im Zusammenhang mit der «Versicherungshypothese» in Kapitel 4.4 bereits angesprochen. Bei manchen großen Greifvögeln ist dieser Vorgang praktisch obligat *(obligate siblicide)*, bei den genannten Meeresvögeln hingegen oft nur fakultativ, indem er von der Nahrungsversorgung abhängig ist. Da diese Arten schon bei der Ablage des ersten Eis zu brüten beginnen, schlüpfen die Jungen zeitlich gestaffelt, was die Dominanzverhältnisse von Anfang an festlegt.

Vogeleltern greifen in der Regel in die tätlichen Auseinandersetzungen nicht ein. Man kann daraus schließen, dass die Brutreduktion auch für die Fitness der Eltern förderlich ist, weil die als «Versicherung» für den Verlust der Erstgeborenen produzierten Jungen nun nicht gebraucht werden. Offenbar dient die Asynchronie beim Schlüpfen genau diesem Zweck (Forbes et al. 1997). Säugetiere hingegen intervenieren oft zugunsten von schwächeren Jungen (Trillmich 2010). Unterschiede in der Art von Geschwisterkonflikten zwischen Vögeln und Säugetieren sind teilweise dadurch bedingt, dass sich bei den Säugetieren durch Austragen und Säugen eine engere Beziehung zwischen Mutter und Jungtier ergibt (Hudson & Trillmich 2008). Zudem werden die Jungen nicht asynchron geboren und sie haben über die Zitzen in stärkerem Maße gleichwertigen Zugang zur Nahrung als junge Vögel (Mock & Parker 1997).

Es kommen aber zwischen Geschwistern nicht nur Konflikte vor. Auch Formen von Kooperation und

Verständigung zwischen Geschwistern sind bei Säugetieren wie Vögeln nachgewiesen. Möglicherweise sind sie viel häufiger, als es den Anschein hat, einerseits weil die nahe Verwandtschaft altruistisches Verhalten lohnt und eigene Aggressivität auch kostenintensiv sein kann (Roulin & Dreiss 2012).

Kooperative Fürsorge und Helfer
Das Fortpflanzungsverhalten muss nicht nur im Zeichen von Konflikten stehen; es bietet sich auch Gelegenheit für **Kooperation** – beide gehen oft Hand in Hand. Als Kooperation ist ein Verhalten definiert, das einem anderen Artgenossen zum Vorteil gereicht. Entstehen einem kooperierenden Individuum dabei Fitnesskosten, so spricht man auch von **Altruismus**. Nicht alle Formen engen Zusammenlebens bei der Fortpflanzung sind aber kooperativ. Viele Arten leben und brüten lediglich in Sozialverbänden, wie manche Huftiere oder koloniebrütende Vogelarten, ohne sich aber an der Betreuung fremder Jungen zu beteiligen. Bei anderen Arten kommt es zur gemeinsamen Fürsorge (*communal breeding* oder *care*), wenn Weibchen mit eigenen Jungen fremde Jungtiere mitbetreuen. Bekannt sind etwa Kindergärten *(crèche)* bei koloniebrütenden Meeresvögeln: Ab einer gewissen Größe verlassen die noch nicht flüggen Jungen ihr Nest und schließen sich in Gruppen zusammen, die von einigen Altvögeln begleitet sind; jedes Junge wird aber von den eigenen Eltern gefüttert. Bei Säugetieren, die in engen Verbänden leben wie beispielsweise Löwen *(Panthera leo)*, kann es auch zum gegenseitigen Säugen kommen. Solche reziproken Verhaltensweisen erweisen sich dann als Vorteil, wenn beim Tod eines Weibchens deren Junge vom anderen Weibchen adoptiert werden.

Kooperation respektive Altruismus bei der Jungenfürsorge ist dadurch definiert, dass Individuen anderen bei der Betreuung der Jungen helfen und selbst zeitweise bis ganz auf eigene Reproduktion verzichten (Übersichten bei Cant 2012, 2014). Kooperatives Brüten führt damit zu ungleicher Verteilung der Reproduktion auf die adulten Mitglieder der Gruppe (*reproductive skew*; Hager & Jones 2009); oft ist die Fortpflanzung innerhalb der Gruppe auf je ein dominantes Weibchen und Männchen beschränkt. Typischerweise sind die Gruppenmitglieder nahe miteinander verwandt (Hatchwell 2009). Derartige Fortpflanzungssysteme sind bei etwa 9 % der Vogelarten bekannt und verteilen sich über zahlreiche Familien (Cockburn 2006). Bei Säugetieren kommen sie nur bei etwa 2 % der Arten vor und konzentrieren sich bei Hundeartigen (Canidae), Mangusten (Herpestidae), Krallenaffen (Callithrichidae) und verschiedenen Familien innerhalb der Nagetiere (Lukas & Clutton-Brock 2012).

In **eusozialen** Gesellschaften ist die Arbeitsteilung unter den Individuen lebenslang fixiert. Diese weit gehende Form der kooperativen Fortpflanzung ist anders als bei Insekten bei Vertebraten sehr selten und auf afrikanische Nagetiere in der Familie der Sandgräber (Bathyergidae) beschränkt, die in Trockengebieten komplett unterirdisch leben und sich von Geophyten ernähren. Je nach Definition sind zwei, der Nacktmull (*Heterocephalus glaber*; Abb. 4.12) und der Damara-Graumull *(Fukomys damarensis)*, oder auch einige weitere Arten eusozial (Burda et al. 2000). In der klassischen Form beim Nacktmull pflanzt sich in jeder Kolonie nur die Königin mit einem Männchen fort, die dazu sogar morphologische Anpassungen entwickelt hat, wäh-

Abb. 4.12 Die Eusozialität der Nacktmulle (im Bild ein adultes Individuum!) ist wohl aus einer Kombination verschiedener Ursachen entstanden, die soziale Komponenten (Inzestvermeidung aufgrund des hohen Verwandtschaftsgrades der Individuen), limitierte Abwanderungsmöglichkeiten und geklumptes Vorkommen der Nahrung umschließen, wodurch die Kosten von Dispersal und eigener Fortpflanzung für die Tiere zu hoch werden (Faulkes & Bennett 2001, 2009).

rend die meisten übrigen Individuen lebenslang von der Reproduktion ausgeschlossen bleiben. In den meisten kooperativen Fortpflanzungssystemen ist der reproduktive Altruismus jedoch nicht permanent oder irreversibel, wenn auch die Unterschiede zur Eusozialität zu einem gewissen Maß graduell verlaufen. Man bezeichnet diese als **Helfersysteme**, weil es vor allem jüngere Adulte sind, die einem dominanten Paar bei der Aufzucht der Jungen helfen. Oft handelt es sich bei diesen um jüngere Geschwister der Helfer, da die Verwandtschaftsgrade innerhalb der Gruppe hoch sind.

Die Frage, weshalb Individuen auf eigene Fortpflanzung verzichten und stattdessen Artgenossen helfen, deren Junge aufzuziehen, erschien lange als ein evolutionsbiologisches Rätsel. Die Theorie der *kin selection* (s. oben) lieferte dann eine Antwort: Helfer steigern die eigene Gesamtfitness, da ihre Arbeit der Fitness von Verwandten zugutekommt. Tatsächlich fördert die Mithilfe den Bruterfolg bei vielen Vögeln massiv, doch gleichzeitig steigt für die Helfer das eigene Mortalitätsrisiko. Auch bei den intensiv untersuchten Erdmännchen (*Suricata suricatta*, Abb. 3.10) zeigte es sich, dass etwa die Mithilfe rangniederer Individuen den Fortpflanzungserfolg des dominanten Paares ansteigen ließ. Insgesamt greift die Erklärung über die *inclusive fitness* aber zu kurz, denn Hilfe kommt oft auch Nichtverwandten zugute (Clutton-Brock 2002). Bei kooperativ brütenden Vogelarten sind sogar in 45 % der Arten nicht verwandte Helfer beteiligt (Riehl 2013).

Offensichtlich können sich für die Helfer selbst Vorteile ergeben, die aber je nach Artengruppe, sozialen und ökologischen Bedingungen differieren. Ein wichtiger Aspekt ist die Vermeidung von Inzest, der bei Arten mit reduzierter Möglichkeit des Dispersals eine Rolle spielt, etwa bei den bereits erwähnten Nacktmullen. Auch der Mangel an freien Territorien in saturierten Habitaten kann kooperatives Brüten fördern. Wenn abwanderungsbereite **Vögel** keine Chance haben, ein eigenes Territorium zu besetzen, bleiben sie im Elternrevier; mit der Beteiligung an der Aufzucht der jüngeren Brut «erkaufen» sie sich die Bleibeberechtigung und können auf die spätere Übernahme des Reviers hoffen. Die Wahrscheinlichkeit zu bleiben steigt dabei mit zunehmender Qualität des Elternreviers. Arten mit längerer Ontogenie mögen bei der zukünftigen Betreuung eigenen Nachwuchses auch auf die Erfahrung angewiesen sein, die sie als Helfer sammeln konnten. Und schließlich ist es bei manchen Säugetieren schon die vergrößerte Gruppengröße, die allen Beteiligten – Dominanten wie Helfern – unverzichtbare Vorteile bringt, etwa in der Abwehr von Prädatoren oder konkurrierender Nachbarsgruppen (Clutton-Brock 2002; Trillmich 2010).

Brutparasitismus
Eine Möglichkeit, bei den Fitnesskosten der Jungenfürsorge zu sparen, be-

steht darin, die Jungen von fremden Eltern aufziehen zu lassen, entweder der eigenen oder einer anderen Art. Diese Form parasitischen Verhaltens wird als **Brutparasitismus** bezeichnet und erfordert beim Brutparasiten ungewöhnliche Anpassungen, die evolutionsbiologisch von großem Interesse und entsprechend gut untersucht sind (Feeney et al. 2014). Brutparasitismus erfordert zunächst, dass die Wirte getäuscht werden müssen. Die Strategie zieht aber auch das Risiko nach sich, dass der Schwindel auffliegt und die Wirte die fremden Jungen entfernen, denn sie ziehen aus deren Aufzucht keinen Nutzen. Die notwendigen Täuschungsmanöver sind offenbar für Säugetiere zu schwierig, vermutlich weil die Weibchen ihre Jungen ab der Geburt über den Geruch erkennen. Jedenfalls sind bisher keine Fälle von Brutparasitismus bei Säugetieren bekannt geworden, wohl aber solche von Adoptionen. Vögeln steht hingegen die Möglichkeit offen, Eier in unbewachte fremde Nester zu platzieren. Die erfolgreiche Täuschung der Wirte bedingt, dass das Ei den Wirtseiern ähnlich genug ist und dass das schlüpfende Junge vom Wirt als eigenes akzeptiert wird.

Etwa 1 % der Vogelarten sind **obligate** Brutparasiten, das heißt, sie legen ihre Eier stets in Nester anderer Arten. Die Strategien sind unabhängig voneinander siebenmal entstanden (Payne 2005), davon dreimal bei Kuckucken (Cuculidae) und je einmal bei Enten, Honiganzeigern (Indicatoridae), gewissen Finken und Stärlingen (Icteridae). Die Kuckucke stellen die meisten brutparasitischen Arten, auch wenn ein Teil von ihnen selbst brütet, während bei den Honiganzeigern, soweit bekannt, alle Arten parasitieren (Short & Horne 2001). Obligate Brutparasiten unterscheiden sich aber voneinander in der Virulenz des Umgangs mit den Eiern oder Jungen des Wirts, und damit in den Kosten für den Wirt (Spottiswoode et al. 2012). Die Kuckucksente *(Heteronetta atricapilla)* legt anderen Entenarten ein Ei zu und verursacht damit nur geringe Mehrkosten beim Brüten, weil sich das Junge bald nach dem Schlüpfen selbstständig macht. Einige Kuckucke und Kuhstärlinge fügen ein Ei dem Wirtsgelege zu und zerstören allenfalls ein Wirtsei. Da ihr Junges dann mit den Wirtsgeschwistern zusammen aufwächst, ergeben sich für den Wirt zusätzliche Investmentkosten. Oft verhungern einzelne seiner eigenen Jungen aufgrund der kompetitiven Überlegenheit des Parasiten. Andere Brutparasiten entfernen jedoch die Eier oder Jungen des Wirts, sodass sie die gesamte Fürsorge der Wirtseltern monopolisieren können (Abb. 4.13). Für den Wirt resultiert ein Totalverlust der Brut, der häufig in derselben Saison nicht mehr durch ein Ersatzgelege wettgemacht werden kann (Spottiswoode et al. 2012). **Fakultativer** Brutparasitismus ist unter den Vögeln etwa doppelt so häufig wie obligater Parasitismus und kommt gehäuft bei Koloniebrütern oder Nestflüchtern vor, besonders bei Enten. Parasitiert wird normalerweise bei Individuen der gleichen oder einer nahe verwandten Art, indem selbst brütende Individuen zusätzliche Eier in Nachbarnester legen. So steigern sie ihren reproduktiven Ausstoß, ohne die entsprechenden Zusatzkosten selbst in Kauf zu nehmen, und erzielen positive Fitnesskonsequenzen (Lyon & Eadie 2008). Fakultativer Brutparasitismus ist wenig virulent, da es für den Wirt höchstens zum Verlust von einem oder wenigen Eiern kommen kann, eigene Junge aber nicht umgebracht werden.

Zwischen Brutparasit und Wirt spielt sich ein evolutionärer Rüstungs-

Abb. 4.13 Bei vielen Arten mit virulenter Form des Brutparasitismus ist es das Junge selbst, das die Wirtsgeschwister entfernt. Der junge Kuckuck *(Cuculus canorus)* schlüpft vor den Wirtsgeschwistern und hievt sogleich die Eier aus dem Nest, während die jungen Honiganzeiger ihre Wirtsgeschwister mithilfe eines hakenförmigen Eizahns erdolchen (Spottiswoode & Koorevaar 2012; im Bild ein frisch geschlüpfter Schwarzkehl-Honiganzeiger, *Indicator indicator*).

wettlauf ab, bei dem Wirte den Zugang zu ihrem Nest erschweren und fremde Eier und Junge zu erkennen suchen und ablehnen. Der Parasit hat dagegen Methoden zur Täuschung entwickelt, indem Eier in Größe, Farbe und Zeichnung jenen der Wirte angeglichen wurden (Eimimikry). Auch wenn eine Brutparasitenart verschiedene Wirtsarten benutzt, so spezialisieren sich die einzelnen Weibchen auf eine Art (Payne 2005). Das Merkmal wird mitochondrial an die weiblichen Nachkommen vererbt, sodass sich die Spezialisierung über lange Zeiträume halten kann, ohne dass es dadurch zur Artaufspaltung kommt (Spottiswoode et al. 2011). Weil das Abwehrverhalten der Wirte mit der Virulenz des parasitischen Verhaltens zunimmt, ist die Eimimikry bei virulenten Parasiten am stärksten (Spottiswoode et al. 2012). Beim Aussehen der Nestlinge ist Täuschung etwas schwieriger, besonders wenn ein markanter Größenunterschied herrscht wie zwischen Kuckuck und viel kleineren Singvögeln als Wirten. Manche Arten haben allerdings auch eine bemerkenswerte Nestlingsmimikry entwickelt. Bei äußerlichen Unterschieden imitieren die parasitischen Nestlinge zumindest die Bettelrufe der Wirtsjungen und deren Rachenzeichnung, die als Signal zum Auslösen des Fütterns wirkt. Kuckucksnestlinge haben zudem ungewöhnlich schnelle Bettelrufe, die wie die Summe der Bettelrufe einer ganzen Brut von Wirtskindern klingen (Davies N. B. et al. 1998). Schließlich schlüpfen nicht nur jene parasitischen Nestlinge früher, welche die Wirtsjungen beseitigen, sondern auch solche mit weniger virulentem Verhalten, weil sie auf diese Weise einen Größenvorsprung und damit einen Vorteil bei der Konkurrenz um die Fütterung durch die Wirtseltern gewinnen. Dennoch schaffen es einige Wirtsarten von virulenten Brutparasiten, diese mindestens zum Teil auch noch im Nestlingsstadium zu erkennen und das Nest zu verlassen (Sato et al. 2010). Warum das jedoch nicht häufiger geschieht, ist noch nicht genügend verstanden – neben unterschiedlichen Zeiträumen zur evolutionären Anpassung spielt hier offenbar auch ein kompliziert ausbalanciertes Gefüge von Kosten und Nutzen des Abwehrverhaltens und seiner ungewollten Nebeneffekte mit (Kilner & Langmore 2011;

Spottiswoode et al. 2012). Dass Abwehr von Brutparasiten kostspielig ist, lässt sich auch davon ableiten, dass die Intensität dieses Verhaltens mit dem Risiko korreliert, parasitiert zu werden. So quittierte eine bevorzugte Wirtsart die 30 Jahre andauernde Abnahme einer britischen Population des Kuckucks mit massiver Reduktion des Abwehrverhaltens (Thorogood & Davies 2013).

Als eine Form von Brutparasitismus lässt sich auch ein anderes Verhalten klassieren, bei dem Junge koloniebrütender Arten aus einem Nest in ein anderes wechseln. Häufig handelt es sich um die jüngsten Geschwister in einer Brut, die Wachstumsverzögerungen erleiden und im neuen Nest mit weniger oder jüngeren Nestlingen besser versorgt werden. Diese Verhaltensweise wird traditionell, von der Perspektive der Ersatzeltern her betrachtet, als **Adoption** bezeichnet. Dabei geht die Initiative vom Nestling aus, der von der verbesserten Versorgung profitiert, während sich für die Ersatzeltern in der Regel Fitnesskosten einstellen (Roldán & Soler 2011). Dass solche Jungen dennoch akzeptiert werden, dürfte ähnlich begründbar sein wie in der oben beschriebenen Situation der Brutparasiten.

4.6 Saisonale Einpassung der Reproduktion

Der mit der Fortpflanzung verbundene hohe Energieaufwand bei Vögeln wie Säugetieren (Kap. 4.1) lässt erwarten, dass Zeit und Dauer der Reproduktion zumindest bei *income breeders* mit der Periode höchster **Nahrungsverfügbarkeit** synchronisiert sind. Im Besonderen sollte die Zeit der Fütterung der Nestlinge respektive der Laktation mit den Nahrungsspitzen zusammenfallen. Die Literatur zum Thema ist stark ornithologisch dominiert, weshalb wir die Prinzipien zunächst mit Befunden an Vögeln besprechen und dann mit Parallelen und Differenzen bei Säugetieren ergänzen.

Die beträchtliche Literatur zum Thema hat gezeigt, dass die saisonale Terminierung des Brutgeschäfts ein Merkmal der *life history* mit bedeutenden Fitnesskonsequenzen ist, das auf Populationsebene zu optimaler zeitlicher Übereinstimmung zwischen hoher Nahrungsverfügbarkeit und der Periode der Jungenfütterung geführt hat (Abb. 4.14). Auf individueller Ebene existiert hingegen eine gewisse individuelle Variationsbreite, die teilweise genetisch fixiert ist (Gienapp et al. 2013). Zusätzlich wird sie von den lokalen Gegebenheiten (etwa Unterschieden gemäß Abb. 4.14a oder der Populationsdichte) wie auch vom Alter beeinflusst, denn ältere Individuen brüten im Mittel etwas früher als jüngere. Generell nimmt die Reproduktionsleistung im Laufe der Saison stetig ab, was einerseits mit den Umweltbedingungen (abnehmende Nahrungsmenge und -qualität etc.), andererseits mit der Qualität der brütenden Individuen zu tun haben kann – beide Hypothesen werden von empirischen Daten etwa gleichermaßen gestützt (Verhulst & Nilsson 2008). Spätes Brüten kann deshalb eine individuelle Optimierungsstrategie für solche Individuen darstellen, bei denen die geringere Nahrungsverfügbarkeit zur Zeit der Eibildung zu hohe Fitnesskosten verursacht (ausführliche Diskussion bei Williams T. D. 2012).

Zwischen Befruchtung und Eibildung einerseits und dem Beginn der Nestlingsperiode liegen bei den meisten Vögeln mehrere Wochen. Um den Legezeitpunkt auf die spätere Nahrungsverfügbarkeit im Nestlingsstadium auszurichten, benötigen die Vögel deshalb Signale. Untersuchungen an Blaumeisen zeigten, dass die Phänologie des Laubaustriebs zeitliche Unterschiede im Brutablauf zwischen verschiedenen Vegetationstypen erklärte, während es bei Kohlmeisen die Muster der Temperaturzunahme waren (Bourgault et al. 2010; Schaper et al. 2012). Soweit

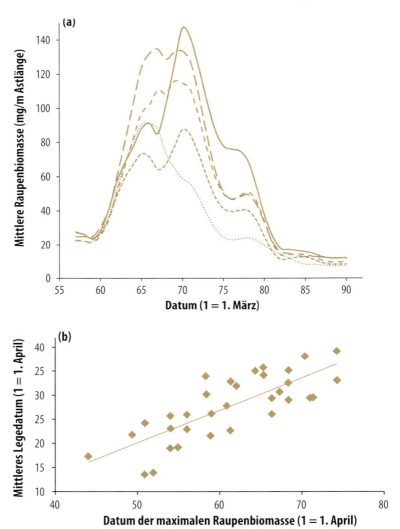

Abb. 4.14 Die Raupen der Frostspanner (*Operophtera* sp.) ernähren sich im Blattwerk der Bäume und sind damit über weite Teile Europas eine wichtige Nahrungsquelle für Nestlinge vieler Vogelarten. Die Dauer ihrer Verfügbarkeit ist meist kurz, da sie sich zur Verpuppung auf den Boden fallen lassen. (a) Die Grafik oben illustriert die Entwicklung der verfügbaren Raupenbiomasse im Bereich von fünf benachbarten Revieren der Kohlmeise *(Parus major)*; auffällig sind neben dem schnellen Auf- und Abbau der Biomasse auch die starken kleinräumigen Unterschiede (Abbildung neu gezeichnet nach Daten von B. Naef-Daenzer aus einem Wald bei Basel, Schweiz; Naef-Daenzer & Keller 1999). (b) Die Grafik unten zeigt den engen Zusammenhang ($r^2 = 0{,}62$) zwischen dem mittleren Legedatum von Kohlmeisen und dem Zeitpunkt der maximalen Raupenbiomasse, gemessen als Datum, zu dem sich die Hälfte der Raupen fallen gelassen hat (Daten aus dem Wytham Wood bei Oxford, England, 1961–2007, Abbildung neu gezeichnet nach Charmantier et al. 2008).

untersucht, ist allein das Weibchen für die zeitliche Steuerung verantwortlich, während die Gonadenaktivität der Männchen unabhängig abläuft (Caro et al. 2009; Williams T. D. 2012).

Die generelle Bedeutung der Nahrungsversorgung für die Terminierung der Fortpflanzung zeigt sich auch beim Vergleich von vergleichbaren Vogelarten temperierter und tropischer Zonen. In den Tropen mit ihrem saisonal mehr ausgeglichenen Nahrungsangebot sind die Brutzeiten zwei- bis dreimal länger als in gemäßigten Breiten, und es gibt größere Variabilität zwischen und selbst innerhalb der Arten. Dennoch führt auch ein geringer Grad von Saisonalität (zum Beispiel Regenzeiten) zu vorhersagbaren zeitlichen Mustern der Reproduktion; diese können allerdings auf kurze Distanz sehr unterschiedlich ausfallen, etwa zwischen wenige Kilometer auseinanderliegenden Tiefland- und montanen Regenwäldern. Insgesamt scheint aber in den Tropen, soweit dies überhaupt untersucht wurde, der zeitliche Zusammenhang zwischen Nahrungsspitze und Nestlingszeit weniger eng, vermutlich weil die Gelege kleiner sind und der Bruterfolg stärker durch die Überlebensrate der ausgeflogenen Jungvögel bestimmt wird (Hau 2001; Stutchbury & Morton 2001).

Säugetiere sind im Vergleich zu Vögeln mit einer längeren Periode zwischen Befruchtung und Gebären konfrontiert. Bei manchen Arten oder Artengruppen liegt die Paarungszeit so, dass bei normaler Tragzeit das Gebären der Jungen auf einen Zeitpunkt fallen würde, bei dem das Weibchen aufgrund der Nahrungsversorgung nicht genügend laktieren könnte. Für *capital breeders* ist dies kein Problem, da sie auf Körpervorräte zurückgreifen können (Kap. 4.1). *Income breeders* behelfen sich dadurch, dass bei ihnen eine **Keimruhe** *(delayed implantation)* stattfindet: Die Teilung der befruchteten Zygote wird noch im Blastozystenstadium vor der Einpflanzung in die Gebärmutter unterbrochen. Die Zygote «ruht» dann für einige Wochen oder Monate, bevor es schließlich zur Einpflanzung und weiteren normalen Entwicklung kommt. Damit kann der Zeitpunkt des Wurfs mit den optimalen Ernährungsbedingungen zusammenfallen. Keimruhe kommt bei Gürteltieren, Robben, Bären, Wieselartigen und gewissen Nagetieren, Fledermäusen sowie anderen insectivoren Arten vor; unter den Huftieren zeigen nur die beiden Reharten (*Capreolus capreolus* und *C. pygargus*) diese Anpassung. Zudem gibt es abgewandelte Formen des Aufschiebens der Embryonalentwicklung bei Beuteltieren und einigen Fledermäusen.

Huftiere koordinieren den Setzzeitpunkt mit dem Austreiben der jungen und nährstoffreichen Vegetation im Frühjahr oder zu Beginn der Regenzeit. Ein Vergleich zwischen Huftieren aus nördlichen gemäßigten Zonen und Afrika zeigt bezüglich der Variation der Setzzeit ähnliche Muster wie bei den Vögeln: Im Norden finden die Geburten innerhalb von zwei Monaten (April in mediterranen, bis Juni in borealen Gebieten) statt, wobei dies für Arten aller Körpergrößen gilt. In Afrika fällt die Geburtenspitze bei vielen Huftieren zwar präzise in den Beginn einer Regenzeit; die Variabilität zwischen den Arten ist aber größer, und regionale Unterschiede sind ausgeprägt, etwa beim Weißbartgnu (*Connochaetes taurinus*; s. dazu auch Kap. 6.3). Die Geburten bei sehr großen Herbivoren mit einer Tragzeit von über einem Jahr sind jedoch nicht mehr mit dem frischen Pflanzenwachstum synchronisiert, was den Schluss zulässt, dass bei ihnen die Ernährungsbedingungen zur

Zeit der Paarung die wichtigere Rolle spielen (Owen-Smith & Ogutu 2013). Zudem kommen größere Arten auch während der Laktation mit geringerer Nahrungsqualität aus. Ahrestani et al. (2012) errechneten, dass der Stickstoffgehalt der Nahrungspflanzen in südindischen Reservaten, den laktierende Herbivoren benötigen, für den 600 kg schweren Gaur *(Bos gaurus)* ganzjährig ausreiche, für den 50 kg schweren Axishirsch *(Axis axis)* jedoch nur während kaum 40 % des Jahres. Tatsächlich zeigte Letzterer eine Geburtenspitze von Februar bis Mai, während Gaurs ganzjährig setzten.

Das Ausmaß der Saisonalität beeinflusst nicht nur Herbivoren, sondern auch Prädatoren. So nimmt auch bei Hundeartigen die Dauer der jährlichen Fortpflanzungsperiode mit abnehmender Breite zu (Valdespino 2007). *Income breeders* können ihre Wurfzeit bis zu einem gewissen Grad vom momentanen Nahrungsangebot abkoppeln. Das Gemeine Rothörnchen *(Tamiasciurus hudsonicus)*, das Samen hortet, verlegt je nach Intensität der vorjährigen Mast der Weißfichte *(Picea glauca)* den Wurfzeitpunkt um bis zu 50 Tage vor (Williams C. D. et al. 2014). Und ähnlich wie bei Vögeln variiert bei vielen Säugetieren der Wurfzeitpunkt altersabhängig, wobei junge und alte Weibchen im Durchschnitt die Jungen später gebären.

4.7 Geschlechter und Geschlechterverhältnis

Die **sexuelle** (zweigeschlechtliche) Fortpflanzung, bei der die haploiden Gameten eines männlichen und eines weiblichen Geschlechtspartners (die selber diploid sind) miteinander verschmelzen, ist bei der überwiegenden Zahl der Tierarten die Regel. Obligat **parthenogenetische** (eingeschlechtliche) Reproduktion kommt vor allem bei Invertebraten, aber auch bei etwa 80 Taxa von Vertebraten (Fischen, Amphibien und Reptilien) vor. Daneben können sich verschiedene Arten von Haien, Schlangen und Waranen in Gefangenschaft auch fakultativ parthenogenetisch fortpflanzen; neuerdings gibt es zudem Nachweise aus dem Freiland (Booth et al. 2012). Auch bei Vögeln und Säugetieren kommt spontane Teilung unbefruchteter Eizellen vor, doch sterben die Embryonen bald ab. Eine seit Langem bekannte Ausnahme sind gewisse domestizierte Hühnervögel, bei denen sich mitunter überlebensfähige und sogar fertile Nachkommen parthenogenetisch entwickeln (Parker H. M. et al. 2012).

Die Entstehung der Sexualität vor 700–800 Millionen Jahren ist einer der wichtigsten Vorgänge im Lauf der Evolution, doch ist die Frage, weshalb geschlechtliche Fortpflanzung so dominierend geworden ist, noch immer nicht widerspruchsfrei gelöst (Otto 2009). Vergleicht man sexuelle Reproduktion mit der eingeschlechtlichen Alternative, so erscheint die sexuelle Variante wesentlich kostenintensiver. Einer der wichtigsten Kostenfaktoren ist die Produktion von zwei Geschlechtern, welche die Fitness der Reproduzierenden halbiert (s. unten). Diesen Kosten der sexuellen Reproduktion muss ein überwiegender Nutzen gegenüberstehen. Keine der verschiedenen diskutierten Theorien zu möglichen Vorteilen (unter anderen Umgang mit günstigen und nachteiligen Mutationen, bessere Anpassung an zeitlich variable und räumlich heterogene Umweltbedingungen, «antagonistische Koevolution» zur Parasitenabwehr) scheint aber für sich allein entscheidend zu sein. Vermutlich wird der Vorteil über eine Kombination von Faktoren erzielt, die sich vor allem unter ändernden Umweltbedingungen als günstig erweisen (Otto 2009). Für eine übersichtliche doch geraffte Darstellung dieser wichtigen evolutionstheoretischen Thematik siehe etwa Stearns & Hoekstra (2005), Kappeler (2012), und Otto (2014).

Von mannigfacher Bedeutung ist zudem das (numerische) Geschlechterverhältnis *(sex ratio)* in einer Population, also die relative Häufigkeit von Männchen und Weibchen. Diese Größe ist ein wichtiger Faktor bei der Formung der geschlechterspezifischen Fortpflanzungsstrategien (Kap. 4.8). Man unterscheidet dabei zwischen dem **primären** Geschlechterverhältnis bei den Zygoten, das meist aus praktischen Gründen erst bei der Geburt beziehungsweise dem Schlupf bestimmt wird und ein Ergebnis der natürlichen Selektion ist, dem **sekundären** Geschlechterverhältnis der geschlechtsreifen Individuen, das durch ökologische Gegebenheiten über unterschiedliche Mortalitätsraten seit der Geburt geformt worden ist, und dem **operationellen** Geschlechterverhältnis. Dieses bezeichnet das Verhältnis der zu einem bestimmten Zeitpunkt paarungsbereiten Männchen und Weibchen und wird über das Verhalten mitbestimmt. Gelegentlich wird zwischen dem Geschlechterverhältnis bei der Empfängnis und bei der Geburt unterschieden, wobei letzteres dann als sekundär bezeichnet wird und dasjenige der Adulten zum tertiären Geschlechterverhältnis wird.

Primäres Geschlechterverhältnis
Das primäre Geschlechterverhältnis ist bei sexuell reproduzierenden Arten im Mittel ausgeglichen, also nahe bei 0,5 (in der Regel als Männchenanteil angegeben). Allerdings würde man auf den ersten Blick erwarten, dass viel mehr Weibchen als Männchen produziert werden. Die meisten Arten sind ja nicht monogam und betreiben keine Brutpflege. Deshalb könnte ein Männchen problemlos mehrere Weibchen befruchten. Eine Population, die mehr Weibchen als Männchen produziert, könnte dadurch schneller wachsen. Dass dies nicht geschieht, ist auf das Wesen der Selektion zurückzuführen, die nicht die Wachstumsrate einer Population oder Art fördert, sondern den Fortpflanzungserfolg des Individuums bewertet (Box 4.1).

Dass ein primäres Geschlechterverhältnis auf der Ebene der Population ausgeglichen und langfristig stabil ist, findet man auch in entsprechend ausgelegten Freilandstudien (Postma et al. 2011). Das ist zunächst auch deshalb zu erwarten, weil bei Vögeln wie Säugetieren das Geschlecht chromosomal festgelegt wird und die zufällig ablaufende Meiose zu einem mittleren Wert von 0,5 führt. Beobachtete Abweichungen bei der Geburt wurden darum oft auf unterschiedliche Mortalität von weiblichen und männlichen Föten zurückgeführt. Viele Studien an Vögeln und Säugetieren haben seither aber nachgewiesen, dass **elterliche** Manipulation des Geschlechterverhältnisses möglich ist. Sie kann bereits bei der Empfängnis erfolgen oder auch durch unterschiedliche Zuteilung elterlicher Fürsorge nach der Geburt und wird als *sex allocation* bezeichnet. Das Verhalten ist adaptiv, denn es lässt sich auf solche Weise die eigene Fitness erhöhen, da die Produktion von Söhnen oder Töchtern mit unterschiedlichen Kosten und Nutzen verbunden ist (Hardy 2002; Chapuisat 2008; West 2009; Komdeur 2012).

Weil der Fortpflanzungserfolg zwischen den Männchen von polygynen Arten aufgrund ihrer intensiven innergeschlechtlichen Konkurrenz sehr stark variiert (Kap. 4.8) und so weitgehend von ihrer Kondition abhängt, sollten

Box 4.1 Weshalb ist das primäre Geschlechterverhältnis 1:1?

Die Beweisführung ist als Fishers Prinzip, nach dem britischen Statistiker und Genetiker Sir Ronald A. Fisher (1890–1962), 1930 bekannt geworden. Sie wurde mathematisch allerdings bereits vom deutschen Naturwissenschafter Carl G. Düsing (1859–1924) in den 1880er-Jahren entwickelt und fußt auf Ideen, die vorgängig von Charles Darwin geäußert worden waren (Edwards 2000).

Unter der Bedingung, dass Eltern in männlichen und weiblichen Nachwuchs gleichermaßen investieren, ist ein ausgeglichenes Geschlechterverhältnis im Vergleich zu einem weibchenlastigen Verhältnis aus populationsdynamischer Sicht tatsächlich ineffizient. Aber was würde geschehen, wenn eine Population konstant weibchenlastig wäre?

Nehmen wir als Beispiel das Verhältnis 1:4 – 1 Männchen befruchtet 4 Weibchen. Daraus folgt:
- Es ist ein Vorteil, ein Männchen zu sein, denn es transferiert seine Gene 4-mal häufiger in die nächste Generation als ein Weibchen und erreicht damit eine entsprechend höhere Fitness.
- Es ist ein Vorteil, ein mutantes Weibchen zu sein, das überdurchschnittlich viele Söhne produziert, denn dadurch sind seine Gene in der Enkelgeneration ebenfalls überdurchschnittlich repräsentiert.

Damit berechnet sich der Reproduktionserfolg (RE) als genetischer Beitrag in der Enkelgeneration:
- Ein normales Weibchen produziert 1 Sohn und 4 Töchter: RE = 4 + 4 × 1 = 8.
- Ein mutantes Weibchen produziert stattdessen 5 Söhne: RE = 5 × 4 = 20. Seine Fitness ist im Vergleich zum normalen Weibchen 2,5-mal höher.

Als Folge würde sich die Mutante ausbreiten und die Zahl der Männchen in der Population anwachsen. Mit dem zunehmend weniger weibchenlastigen Geschlechterverhältnis würden aber die Vorteile der Männchenproduktion geringer. Sollte das Geschlechterverhältnis dennoch zugunsten der Männchen kippen, so hätten Weibchen, die vor allem Töchter produzieren, einen entsprechenden Vorteil. Ein symmetrischer Prozess nähme seinen Anfang. Das seltenere Geschlecht hat also immer einen Fortpflanzungsvorteil, und damit pendelt sich als evolutionär stabile Strategie ein Gleichgewicht beim Verhältnis 1:1 ein.

Mütter in Söhne investieren, wenn sie deren spätere gute Kondition garantieren können, was wiederum eigene hohe Qualität bedingt. Mütter in schwächerer Verfassung fahren hingegen mit der Produktion von Töchtern besser (Trivers & Willard 1973). Die Voraussagen dieser als **Trivers-Willard-Prinzip** bekannt gewordenen Hypothese wurden vor allem an polygynen Huftieren, aber auch an anderen Säugetieren und an Vögeln getestet. Die Ergebnisse waren gemischt, doch eine Mehrheit der Studien an Säugetieren lieferte Unterstützung für die Hypothese, wenn die Qualität der Mutter entweder über ihren Dominanzrang innerhalb des sozialen Verbandes gemessen wurde (Abb. 4.15) oder über die Kondition vor dem Zeitpunkt der Empfängnis statt erst nach der Geburt (Cameron 2004; Landete-Castillejos et al. 2004; Sheldon & West 2004). Bei Arten, deren Männchen unter geringerer Konkurrenz stehen, gab es häufig keine abweichenden Geschlechterverhältnisse. Beispiele sind etwa das Reh oder in Gruppen lebende Wale (Vreugdenhil et al. 2007; Nichols et al. 2014). Zudem kann das Phänomen der Manipulation bei zunehmender Populationsdichte verschwinden. Wenn das Weibchen das Geschlecht mit der größeren Variabilität im Fortpflanzungserfolg ist, fördern Mütter hoher Qualität eher die Geburt von Töchtern. Dies ist bei gewissen Primaten der Fall, weil die soziale Stellung des Weibchens an die Töchter vererbt wird und dominante Weibchen deshalb ihre Fitness über die Produktion von Töchtern steigern können (Cockburn et al. 2002). Eine Variante des Trivers-Willard-Prinzips wurde mehrfach bei Vögeln nachgewiesen: Auslöser zur Produktion überdurchschnittlich vieler Söhne ist dann nicht die Qualität des Weibchens, sondern jene des Partners.

Manipulation des Geschlechterverhältnisses bei den Nachkommen kann auch aus anderen Gründen erfolgen, als durch die Trivers-Willard-Hypothese postuliert wird. Vor allem bei sozial lebenden Arten ist die Präsenz von Verwandten oft ein ausschlaggebender Faktor. Wenn bei knappen Ressourcen das weniger weit dispergierende Geschlecht (Kap. 5.5) – bei Säugetieren oft der weibliche Nachwuchs – im Umkreis der Mütter verbleibt, kann es zu Verwandtenkonkurrenz kommen *(local resource competition)*. Dann lohnt sich eher die Produktion von Söhnen, die abwandern. Für kooperativ brütende Arten (Kap. 4.5) zahlt sich hingegen

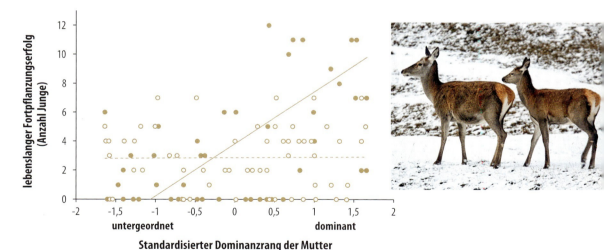

Abb. 4.15 In einer Population des Rothirsches stieg der lebenslange Fortpflanzungserfolg der Söhne (gefüllte Kreise, ausgezogene Regressionslinie, gemäß Hauptachsenregression) mit der sozialen Stellung (Dominanzrang) der Mutter, nicht aber der Erfolg der Töchter (offene Kreise, gestrichelte Linie). Der mittlere Männchenanteil an den Nachkommen betrug 47 % bei Hirschweibchen niedriger Stellung, 54 % bei solchen mittleren Rangs und 61 % bei Müttern mit dominanter Position innerhalb des sozialen Verbands (Abbildung neu gezeichnet nach Clutton-Brock et al. 1984). Allerdings verschwand dieser Effekt bei hoher Populationsdichte (Kruuk et al. 1999).

das Investment in dasjenige Geschlecht aus, das eher Helfer stellt *(local resource enhancement)*. Viele Primatenarten liefern Beispiele für eines dieser Muster, wenn auch die Abweichungen vom ausgeglichenen Geschlechterverhältnis im Mittel nur bei etwa 5 % liegen (Silk & Brown 2008). Der Seychellenrohrsänger *(Acrocephalus sechellensis)* illustriert beide Muster: Besitzer von Territorien guter Qualität produzieren zu 80 % Töchter, die als Helfer im Revier bleiben. Für Rohrsänger mit qualitativ schlechten Territorien wären Helfer hingegen nur Konkurrenten. Sie produzieren daher zu 80 % Söhne, die abwandern (Komdeur et al. 1997). Generell sind bei Arten mit Helfersystemen diese Abweichungen von 0,5 umso größer, je stärker der Nutzen durch die Helfer ist (Griffin et al. 2005).

Noch wenig geklärt sind die mechanistischen Grundlagen der *sex allocation* bei der Befruchtung. Die Abweichungen vom chromosomal bedingten Wert von 0,5 werden offenbar durch den Befruchtungszeitpunkt relativ zum Wechsel im Spiegel von Glukose und verschiedenen Hormonen beziehungsweise deren Verhältnisse zueinander verursacht, was die Einnistung der Zygoten (im Blastulastadium) in die Uterusschleimhaut beeinflusst (Krackow 1995; Cameron 2004). Dabei sind möglicherweise Testosteron und Corticosteron von besonderer Bedeutung (s. auch Robert & Schwanz 2010; James 2013; Navara 2013).

Sekundäres (tertiäres) Geschlechterverhältnis
Während das primäre Geschlechterverhältnis im Fokus des evolutionsbiologischen Interesses steht, hat das adulte Geschlechterverhältnis (sekundäres respektive tertiäres, s. oben) viel weniger Aufmerksamkeit genossen. Es ist allerdings sowohl bei Vögeln als auch bei Säugetieren oft deutlich stärker verzerrt, weil sich die altersklassenspezifische Mortalität zwischen Männchen und Weibchen in charakteristischer Weise unterscheidet.

Bei Vögeln ist das Verhältnis hauptsächlich zugunsten der Männchen verschoben und beträgt im Mittel 0,56–0,57, das heißt, es gibt gut 30 % mehr Männchen als Weibchen (Donald 2007; Pipoly et al. 2015). Die höhere Mortalität der Weibchen kann verschiedene Gründe haben, hängt aber oft mit den Aufwendungen und erhöhten Risiken des Brutgeschäfts, vorab in offenen Nestern, zusammen; daneben dürfte auch die Tatsache dazu beitragen, dass bei vielen Vögeln die Weibchen das abwandernde Geschlecht sind (Kap. 5.5). So wächst die Überzahl der Männchen oft stetig über die Altersklassen an, doch gibt es auch Arten, bei denen die Diskrepanz bereits zwischen Ausfliegen und Geschlechtsreife entsteht und damit nicht als eine Folge unterschiedlicher Aufwendungen bei der Reproduktion gelten kann (Maness et al. 2007).

Bei Säugetieren liegen die Dinge umgekehrt: Die Weibchen dominieren die Adultklassen durchschnittlich mit etwa 65 %, womit das Geschlechterverhältnis stärker verzerrt ist als bei den Vögeln (Donald 2007; Pipoly et al. 2015). Die höhere Mortalität der Männchen ist hauptsächlich eine Folge höherer Prädationsraten, doch sind die Gründe dafür nicht klar. Zwar dominieren bei Säugetieren polygyne Paarungssysteme (Kap. 4.9), was die Männchen untereinander zu starker Konkurrenz zwingt und sie größerem Prädationsdruck und anderen höheren Risiken aussetzt (Kap. 4.1). Man würde dann aber erwarten, dass Arten mit stärkerem Geschlechtsdimorphismus eine besonders hohe Männchenmortalität aufweisen, was aber nicht der Fall zu sein scheint (Berger J. & Gompper 1999). Die Frage bleibt damit offen, ob gewisse Life-History-Merkmale die beiden Geschlechter unterschiedlicher Mortalität aussetzen. In diesem Zusammenhang ist es auffällig, dass bei Vögeln wie Säugetieren das Geschlecht mit höheren Mortalitätsraten zugleich das heterogametische Geschlecht ist (Vögel: Weibchen mit ZW, Männchen mit ZZ; Säugetiere: Männchen mit XY, Weibchen mit XX). Möglicherweise steigert also auch die häufigere Expression rezessiver Mutationen die Mortalitätsrate weiblicher Vögel und männlicher Säugetiere (Pipoly et al. 2015).

Starke Verzerrungen im Geschlechterverhältnis sind oft auch anthropogen bedingt, vor allem durch Jagd und Wilderei, die auf Männchen fokussieren. Bei Vögeln resultieren so Weibchenüberschüsse (zum Beispiel bei Großtrappen, *Otis tarda*; Martín et al. 2007), während bei Säugetieren der natürlich geringere Männchenanteil zusätzlich reduziert wird. Trophäenjagd bei Hirschen und Hornträgern oder auf Elfenbein abzielende Wilderei an Elefanten sind die bekanntesten Beispiele (Donald 2007). An Vögeln ließ sich zudem zeigen, dass der Männchenanteil bei als bedroht eingestuften Arten höher ist als bei nicht bedrohten und dass er mit dem Grad der Bedrohung weiter ansteigt, wobei die unmittelbaren Gründe dafür vielfältig sein mögen (Donald 2007). Daraus ergeben sich aber in der Regel negative Konsequenzen für den Reproduktionserfolg (Abb. 4.16; ein weiteres Beispiel findet sich in Kap. 7.1).

Schließlich ist aber auch anzumerken, dass nicht jedes verzerrte Geschlechterverhältnis, das auf lokaler oder regionaler Ebene beobachtet wird, das tatsächliche Verhältnis in der Population repräsentieren muss. Mitunter sind die Geschlechter nicht gleich gut erfassbar, oder sie nutzen unterschiedliche Habitate respektive Raumausschnitte *(sexual segregation)*, wie das zum Beispiel bei Huftieren häufig der Fall ist. Geschlechtsspezifische Zugstrategien können bei Vögeln im Winterquartier sogar zu stark verschobenen Geschlechterverhältnissen über größere räumliche Einheiten führen. Beispielsweise überwintern die Weibchen vieler Entenvögel auf der Nordhalbkugel weiter südlich als die Männchen, sodass sich auf dem Nord-Süd-Gradienten eine Verschiebung im Überschuss von Männchen zu Weibchen ergibt. Es ist nicht immer einfach, solche Effekte von tatsächlichem Ungleichgewicht in der Population zu trennen (Summers et al. 2013).

Abb. 4.16 Beim bedrohten Humboldtpinguin *(Spheniscus humboldti)* ist das Geschlechterverhältnis stark zu den Männchen hin verschoben. In einer peruanischen Kolonie befanden sich neben 26 Paaren 10 unverpaarte Männchen, von denen einige mit aggressivem Eindringen in die Nisthöhlen die «normalen» Brutverluste um 13 % erhöhten (Taylor et al. 2001).

4.8 Sexuelle Selektion: Partnerwahl und Konkurrenz

Wenn wir im Folgenden die Frage besprechen, weshalb sich Männchen und Weibchen äußerlich oft stark unterscheiden oder wie zwei Geschlechts-

partner einander auslesen, müssen wir uns nochmals an ein paar Grundsätze erinnern, die in den Kapiteln 4.1 und 4.5 angesprochen wurden. Der fundamentale Unterschied zwischen den Geschlechtern liegt in der ungleichen Investition in die Jungenfürsorge. Damit stehen Männchen und Weibchen unter unterschiedlicher Selektion:
- Männchen, die viele kleine Gameten bilden, versuchen in der Regel, so viele Eier als möglich zu befruchten; Brutpflege lohnt sich häufig für sie nicht.
- Weibchen, die nur wenige aber große Gameten produzieren, betreiben in der Regel die Brutpflege, weil sie ihre Fitness eher durch verbesserte Überlebensrate des Nachwuchses als durch größere Fertilität erhöhen.

Die Individuen beider Geschlechter versuchen, ihre Fitness zu maximieren, und so entstehen Konflikte und Konkurrenz, sowohl zwischen den Geschlechtern als auch innerhalb. Die äußeren Unterschiede zwischen Männchen und Weibchen (Geschlechtsdimorphismus) sind damit eher eine Folge der Konkurrenz statt ihre Ursache, sofern sie nicht aufgrund früher erfolgter Nischentrennung der Geschlechter entstanden sind (Krüger O. et al. 2014).

Konkurrenz unter Männchen
Da Weibchen in der Regel wesentlich mehr in die Jungenfürsorge investieren als Männchen, stehen sie auch längere Zeit nicht für Kopulationen zur Verfügung. Das operationelle Geschlechterverhältnis verschiebt sich so auf die Seite der Männchen, womit die Weibchen zum seltenen Geschlecht werden. Also sind es die Männchen, die untereinander um den Zugang zu Weibchen konkurrieren müssen. Die Konkurrenz kann zunächst zwei Formen annehmen:

1. Kampf unter Männchen: Die dominierenden Individuen sind imstande, eine Anzahl Weibchen zu monopolisieren, entweder direkt oder indem sie die von Weibchen benötigten Ressourcen besetzen.
2. Wettbewerb der Männchen um die Gunst der Weibchen, welche die Partnerwahl *(mate choice)* vornehmen.

Das Ziel der Weibchen ist es, mit einem Männchen guter Qualität zu kopulieren, um Nachkommen mit hoher Überlebensrate zu produzieren und so die eigene Fitness zu maximieren. In beiden Fällen kann das Weibchen sein Ziel erreichen. Im ersten Fall ist zwar seine Wahlfreiheit beschränkt, doch die Tatsache, dass sich der Partner unter seinen Konkurrenten durchgesetzt hat, ist Ausdruck von dessen Qualität. Im zweiten Fall wählt das Weibchen seinen Partner selbst aus, indem es dessen Qualität anhand bestimmter **Signale**, d.h. körperlicher Merkmale und Verhaltensweisen beurteilt. Die Übergänge zwischen diesen beiden Szenarien sind oft etwas fließender, als die Dichotomie suggeriert, weil kampfentscheidende Merkmale der Männchen zugleich auch als qualitätsanzeigende Signale an die Weibchen dienen können. Mitunter sind es die Weibchen, die Kämpfe unter den Männchen provozieren (Berglund et al. 1996; Danchin & Cézilly 2008).

Mit der Kopulation ist der Erfolg des Männchens aber noch nicht garantiert, denn wenn sich das Weibchen noch mit anderen Männchen verpaart, kommt es zur Konkurrenz unter den Spermien *(sperm competition)*. Auch hierbei kann das Weibchen Einfluss auf den Ausgang der Interaktionen nehmen *(cryptic female choice)*. Zudem können nachfolgende Rivalen allenfalls veranlassen, dass ein Fötus wieder abgetrieben wird, oder sie töten die bereits geborenen

4.8 Sexuelle Selektion: Partnerwahl und Konkurrenz

Nachkommen des Vorgängers (Infantizid), um das Weibchen schneller wieder zum Östrus zu bringen. Konkurrenz äußert sich also nicht nur präkopulatorisch, sondern auch postkopulatorisch, und es sind deshalb verschiedene Verhaltensweisen entwickelt worden, um Konkurrenten auch im letzteren Stadium ausstechen zu können.

Die so entstehende **Varianz** im **Fortpflanzungserfolg** der (genetisch verschiedenen) Männchen beeinflusst die Evolution der Merkmale, welche den Erfolg bewirken. Diese Form von Auslese wird als **sexuelle** (geschlechtliche) **Selektion** *(sexual selection)* bezeichnet. Man kann entsprechend den beiden genannten Formen von Konkurrenz noch zusätzlich differenzieren: **Intrasexuelle** Selektion wirkt auf die Merkmale, die für die Auseinandersetzungen zwischen den Männchen (oder in seltenen Fällen der Polyandrie zwischen den Weibchen) von Bedeutung sind, **intersexuelle** Selektion jedoch auf Merkmale, die dazu dienen, dem Weibchen die eigene Qualität zu signalisieren. Sexuelle Selektion äußert sich zwar am häufigsten über die Konkurrenz unter Männchen und die Partnerwahl durch die Weibchen; sie kann aber zwischen den Geschlechtern auch in umgekehrter Richtung wirken (s. unten). Übrigens sind Wesen und Bedeutung der sexuellen Selektion bereits von Charles Darwin erkannt und von der **natürlichen Selektion** unterschieden worden, die über Umweltfaktoren wirkt und sich in der **Varianz** des **Überlebenserfolgs** und der **Fertilität** manifestiert (Danchin & Cézilly 2008; Jennions & Kokko 2010).

Kampf der Männchen um Paarungserfolg
Damit Männchen eine Anzahl von Weibchen als Harem monopolisieren können, müssen bestimmte ökologische Bedingungen erfüllt sein. Eine

Abb. 4.17 Die südamerikanische Mähnenrobbe *(Otaria flavescens)* ist eine Harem bildende Art mit deutlichem Sexualdimorphismus. Männchen erreichen etwa das 2,5-Fache des Körpergewichts der Weibchen; bei See-Elefanten (*Mirounga* sp., Abb. 6.3) kann das Verhältnis bis über 5:1 betragen (Weckerly 1998).

Voraussetzung ist etwa, dass sich Weibchen mindestens zeitweise räumlich konzentrieren; dadurch werden sie für Männchen zur Ressource, die sich gegen Konkurrenten verteidigen lässt. Dies ist etwa bei vielen Robben der Fall, denen eine beschränkte Zahl von Inseln als Brutplatz zur Verfügung steht, aber auch bei manchen Huftieren, Primaten und einigen anderen Säugetiergruppen. Für Vögel ist die Verteidigung eines Harems vermutlich schwierig und auf wenige, vor allem bodenlebende Arten von Straußen- und Hühnervögeln beschränkt.

Intrasexuelle Selektion favorisiert stärkere und damit größere Männchen und deren Ausstattung mit Waffen (zum Beispiel Geweihen und Hörnern bei Huftieren) und Rüstung (beispielsweise Mähnen; Abb. 4.17) und führt meist zu starker morphologischer Geschlechterdifferenzierung, denn der Begattungserfolg korreliert in der Regel positiv mit der Körpergröße (Blanckenhorn 2005). Die meisten Säugetierordnungen zeigen einen Größendimorphismus zugunsten der Männchen (Lindenfors et al. 2007).

Die größte Bandbreite im sexuellen Größendimorphismus findet sich innerhalb der Robben, wobei die See-Elefanten (*Mirounga* sp.) den stärksten Dimorphismus aufweisen: Männchen können ein Mehrfaches des Körpergewichts der Weibchen erreichen (Abb. 6.3). Zugleich besitzen See-Elefanten mit bis mehr als 200 Weibchen die größten Harems aller Säugetiere (Hoelzel et al. 1999). Die Männchen kämpfen untereinander intensiv um den Zugang zu Weibchen, und nur ein geringer Teil von ihnen – die größten Individuen – erzielt in einer Saison Begattungserfolg. Auf diese Weise entsteht ein starker Selektionsdruck auf ihre Körpergröße. Tatsächlich sind bei ihnen die Stärke des Größendimorphismus und die Haremsgröße positiv korreliert, wie auch bei Primaten und Huftieren (Weckerly 1998; Lindenfors et al. 2002, 2007). Allerdings steigt der relative Begattungserfolg dominanter Männchen bei zunehmendem Größendimorphismus oft nicht entsprechend an, weil es beispielsweise untergeordneten Männchen über alternative Taktiken (s. unten) gelingt,

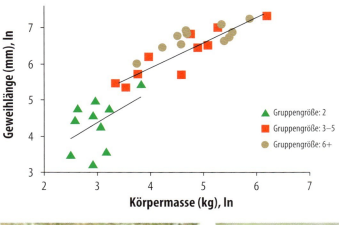

Abb. 4.18 Oben: Allometrische Beziehung zwischen Körpergröße (Gewicht) und Geweihlänge (Werte logarithmiert) verschiedener Hirscharten. Mit zunehmender Körpergröße werden auch die Geweihe größer, doch haben Arten, bei denen das Männchen zur Fortpflanzungsperiode mit mehreren Weibchen zusammen ist (Gruppengröße 3–6+), relativ größere Geweihe als solche mit einem Weibchen (Gruppengröße 2) (Abbildung neu gezeichnet nach Plard et al. 2011). Unten: Die beiden südasiatischen Hirsche der Gattung *Axis* unterscheiden sich in der relativen Geweihgröße deutlich: Der Axishirsch (*A. axis*, links) monopolisiert Gruppen von mehreren Weibchen und ist mindestens 50 % schwerer als diese, der Schweinshirsch (*A. porcinus*, rechts) lebt mehr solitär und paart sich in der Regel mit einem einzigen Weibchen, das er im Gewicht nur um etwa 30 % übertrifft (Geist 1998).

Abb. 4.19 Ein dominanter wilder Wasserbüffelbulle *(Bubalus arnee)* folgt einer Kuh, um an ihrem Urin ihre Empfängnisbereitschaft zu überprüfen. Ist sie im Östrus, wird sie gegen andere Bullen verteidigt *(tending)* und nach erfolgter Begattung wieder verlassen. Außerhalb der Brunft halten sich adulte Männchen und Weibchen in der Regel getrennt auf *(sexual segregation)*. *Tending* kommt bei vielen Huftieren vor, zum Beispiel auch beim Steinbock *(Capra ibex)*.

ebenfalls Vaterschaften zu erlangen (Hoelzel et al. 1999). Möglicherweise ist Größendimorphismus zusätzlich zur sexuellen Selektion auch noch der natürlichen Selektion unterworfen (Isaac 2005; González-Suárez & Cassini 2014; Krüger O. et al. 2014). Zusammenhänge mit dem Grad der innergeschlechtlichen Konkurrenz wurden auch für die Ausbildung von Waffen gefunden: Die Geweihgröße von Hirschen steigt zwar generell mit der Körpergröße der Art, doch darüber hinaus haben stärker polygyne Arten relativ größere Geweihe (Abb. 4.18).

Taktiken zum Monopolisieren von Weibchen können verschiedene Formen annehmen und auch innerhalb einer Art variieren. Neben dem Verteidigen von Harems, das nicht nur von Robben, sondern auch von Primaten oder manchen Huftieren praktiziert wird, findet man bei anderen Huftieren Verhaltensweisen mit kurzfristigem Verteidigen empfängnisbereiter Weibchen *(tending* oder *female-following*; Abb. 4.19). Diese Variabilität hängt vor allem vom räumlichen Verhalten der Weibchen ab, welches die Möglichkeiten des Männchens zum Monopolisieren bestimmen.

Wettbewerb unter Männchen um die Gunst der Weibchen
Natürlich haben Weibchen auch unter dem Monopol der Männchen eine gewisse Wahlmöglichkeit, denn Letztere sind weitgehend auf die Kopulationswilligkeit der Weibchen angewiesen. Der weitaus häufigere Fall ist aber, dass Männchen die Weibchen nicht unter Kontrolle halten können, etwa aufgrund des Raumnutzungsverhaltens der Weibchen, weil deren Zahl zu groß ist oder weil sie alle zur selben Zeit empfängnisbereit werden. Die Wahlfreiheit liegt dann gänzlich beim Weibchen, dessen Herausforderung darin besteht, die Qualität der um seine Aufmerksamkeit konkurrierenden Männchen zu messen. Zur Qualität gehört im Besonderen auch deren Immunkompetenz, also die (genetisch bedingte) Kapazität zur Abwehr von Parasiten und Pathogenen. Umgekehrt sind die Männchen bestrebt, ihre Qualität dem Weibchen anzuzeigen, wozu ihnen grundsätzlich

Abb. 4.20 Bei Seeschwalben (Sternidae, im Bild eine Flussseeschwalbe, *Sterna hirundo*) ist das Offerieren von Fischen ein auffälliges Element des männlichen Balzverhaltens, mit dem Männchen oft eine erhöhte Frequenz von Kopulationen gewinnen (dazu auch Abb. 4.25).

Abb. 4.21 Eine territoriale Grantgazelle *(Nanger granti)* überprüft mit geöffnetem Maul den Geruch eines Weibchens auf ihre Empfängnisbereitschaft (sogenanntes Flehmen). Vor allem Gazellen und kleinere Antilopen verteidigen während des Graswachstums Territorien; zu anderen Zeiten wandern sie mit den Weibchen- und Jungtierherden mit oder halten sich in Junggesellengruppen auf.

sein, dass das Signal ehrlich ist *(honest signal)*, das heißt verlässlich mit der anzeigten Qualität korreliert. Das Signal darf aber nicht zu ungewöhnlich sein, weil es auch eine Rolle bei der Artenkennung spielt (Kappeler 2012).

Mit dem Anbieten von **Ressourcen** entstehen dem Weibchen **direkte Vorteile**, die seinen Fortpflanzungserfolg fördern. Überbringen von Brautgeschenken *(nuptial gift)*, meist in Form von Nahrung, ist – neben vielen Insekten – vor allem bei Vögeln verbreitet und als Balzfüttern bekannt (Abb. 4.20). Solche Gaben können für das Weibchen energetisch von Bedeutung sein und die Fekundität erhöhen. Bei Singvögeln hat sich dieses Verhalten, das auch während der Bebrütungszeit fortgesetzt wird, vor allem bei pflanzenfressenden Arten entwickelt, die eher einem Proteinmangel ausgesetzt sind als carnivore Arten (Galván & Sanz 2011).

Ein Territorium oder zumindest ein Nistplatz ist ebenfalls eine wichtige Ressource, die Männchen einbringen können. Die Güte eines Territoriums (gemessen an der vorhandenen Nahrung oder dem Feinddruck) ist für Weibchen direkt fitnessbestimmend und damit ein Merkmal zur Beurteilung des Männchens. Eine spezielle Form von Territorialität zeigen manche Huftiere offener Landschaften: Dominante Männchen verteidigen Territorien mit gutem Nahrungsangebot *(resource-based territories)*, von dem andere geschlechtsreife Böcke vertrieben werden. Nicht ortsgebundene Weibchengruppen suchen diese Flächen eine Zeit lang auf, je nach Quantität und Qualität des Nahrungsangebots, und verpaaren sich mit dem Revierbesitzer (Abb. 4.21).

Eine weitere Form von Ressource, die ein Männchen bieten kann, ist seine Bereitschaft zur Beteiligung an der Jungenaufzucht. Bei Vögeln variiert etwa

zwei Möglichkeiten offenstehen: Sie bieten dem Weibchen entweder Ressourcen an, was einem direkten materiellen Nutzen entspricht, oder sie zeigen ihre Qualität über auffällige körperliche Merkmale oder Verhaltensweisen an *(signalling)*, die sich für das Weibchen als indirekte genetische Fitness äußert (Møller & Jennions 2001). In jedem Fall muss das Weibchen sicher die Rate der Jungenfütterung zwischen einzelnen Männchen stark. Das Weibchen kann die Vaterqualität des Partners an gewissen Merkmalen erkennen, mit denen sie positiv korreliert, wie der Körperfärbung oder dem Umfang des Gesangsrepertoires (Buchanan & Catchpole 2000; Keyser & Hill 2000).

Wenn Männchen außer der Spermiengabe nichts in die Fortpflanzung investieren, bleibt dem Weibchen zur Wahl des Partners nur ein Kriterium – der **indirekte Vorteil guter** (oder allenfalls komplementärer) **Gene**, der sich in erhöhter Fitness der Nachkommen niederschlagen sollte. Wie im Fall der Vaterqualitäten werden Qualitätsunterschiede in der genetischen Ausstattung der Männchen über phänotypische Merkmale signalisiert, die sich oft in auffälligen – ornamentalen – Attributen manifestieren. Das können Farben und Muster, vergrößerte Strukturen, Anhänge und Ähnliches, aber auch akustische Darbietungen (Gesang von Vögeln, Rufe von Primaten, Röhren und Brüllen von Hirschen, Großkatzen und weiteren) oder olfaktorische Ausscheidungen sein; die Männchen verschiedener Laubenvögel bauen sogar geschmückte Laubhütten (Box 4.2). Die Bandbreite von visuellen Ornamenten ist vor allem bei Vögeln groß und erstreckt sich von moderaten männlichen Färbungsmustern zu aufwendigen farblichen und strukturellen Schmuckelementen (Abb. 4.22). Diese werden oft in kompliziertem Balzverhalten zur Schau gestellt, manchmal in der Form von Arenabalz (*leks*; Kap. 4.9). In mehreren Experimenten an Vögeln mit auffälligen Schwanzfedern konnte gezeigt werden, dass künstliche Verlängerung dieser Federn den Fortpflanzungserfolg der Männchen erhöht, Verkürzung ihn hingegen vermindert. Weil Signale über Ornamente von Partnerinnen so wie Rivalen empfangen werden können, haben sich Ornamente auch bei Arten entwickelt, bei denen intrasexuelle Selektion die größere Rolle spielt.

Weshalb aber führt intersexuelle Selektion zu Ornamenten, die aufgrund ihrer Größe und Umständlichkeit für den Träger zu Überlebensnachteilen führen können? Es gibt dazu zwei Erklärungsansätze, die häufig als Gegensätze begriffen werden, logisch aber eher einem Kontinuum entsprechen (Kokko et al. 2002; Brooks & Griffith 2010). Die ursprüngliche Erklärung von Ronald Fisher beruhte nicht primär auf der Signalfunktion, sondern ging davon aus, dass Ornamente neutrale Merkmale seien, die Vorliebe der Weibchen für gewisse Ornamente eine genetische Grundlage habe und dass die Ausprägung eines Ornaments an die Söhne *(sexy sons)* und die Präferenz dafür an die Töchter weitervererbt würde. Durch **Koevolution** komme so ein sich verstärkender Prozess *(runaway process)* in Gang, bis er durch die natürliche Selektion gegen übergroße Ornamente gestoppt werde. Auch wenn es experimentelle Hinweise auf die Existenz solcher Prozesse gibt, haben die Erklärungsmodelle, die stärker auf der Anzeige guter Gene beruhen, mehr empirische Unterstützung gewonnen (Jennions et al. 2001). Das Grundmodell ist die **Handicap-Hypothese** von Zahavi (1975), nach der die Ausbildung und Pflege von Ornamenten mit hohen Kosten verbunden ist, die nur Männchen von hoher Qualität tragen können. Wenn ein Pfau also trotz seines Handicaps durch die massiv verlängerten Schmuckfedern nicht frühzeitig Prädatoren zum Opfer fällt, sollte er Besitzer guter Gene sein. Eine abgeleitete Hypothese besagt, dass viele Ornamente in erster Linie aber nicht die Fähigkeit zum Tragen hoher ener-

Abb. 4.22 Bei der Mehrzahl der Entenarten (im Bild links: Stockente, *Anas platyrhynchos*) ist das Männchen auffällig gemustert und gefärbt. Der Grad des Färbungsdimorphismus steigt mit der relativen Investition des Weibchens in die Fortpflanzung (gemessen als Gelegegewicht im Verhältnis zum Körpergewicht, s. Tab. 4.1), offenbar als Folge von größerem sexuellem Selektionsdruck durch die stärker geforderten Weibchen (Hughes 2013). – Eines der extremsten Beispiele auffälliger Ornamente zeigt der männliche Blaue Pfau (*Pavo cristatus*, Bild rechts). Das Rad entsteht über das fächerartige Anheben der extrem vergrößerten Oberschwanzdecken mit ihrem Augenmuster; die eigentlichen Schwanzfedern, die eine Steuerfunktion beim Fliegen haben, sind nicht vergrößert. Der Kopulationserfolg ist eng mit der Ausbildung der Augen, vor allem dem Farbton und Irisieren der blaugrünen Augenzentren verknüpft (Dakin & Montgomerie 2013). Neben der Augenzahl ist auch die Intensität des Balzverhaltens ein Indikator für den Gesundheitszustand des Hahns; mithin sind beide ehrliche Signale (Loyau et al. 2005).

Box 4.2 Objekte und Bauwerke als Qualitätssignale

Die Männchen einiger Arten der australischen Laubenvögel (Ptilonorhynchidae) konstruieren ihre Ornamente selbst, indem sie Laubhütten bauen und den Vorplatz mit Blättern oder kleinen Gegenständen einer bestimmten Farbe dekorieren. Beim Besuch eines Weibchens führt das Männchen einen komplexen Tanz auf. Die Weibchen besuchen die Lauben verschiedener Männchen und bewerten die Qualität des Ganzen. Nachdem sie anderswo selbst ihr Nest gebaut haben, lassen sie sich vom Männchen ihrer Wahl begatten und führen das Brutgeschäft anschließend allein durch. Untersuchungen am Seidenlaubenvogel (*Ptilonorhynchus violaceus*; Abb. 4.23) zeigten, dass der Kopulationserfolg mit dem Reproduktionserfolg gleichzusetzen ist, denn die Weibchen lassen sich nicht von weiteren Männchen begatten (Reynolds et al. 2007). Die Komplexität des ganzen Balzverhaltens hängt offenbar damit zusammen, dass verschiedene Weibchen in der Beurteilung der einzelnen Komponenten variieren (Coleman et al. 2004). Sie stellt aber hohe Anforderungen an die kognitiven Fähigkeiten des Männchens, und Weibchen sind offenbar in der Lage, diese über die Kombination verschiedener Signale zu bewerten (Keagy et al. 2011). Auswirkungen zeigen sich schließlich sogar im Bau des Gehirns: Die relative Gehirngröße steigt bei den verschiedenen Arten von Laubenvögeln mit der Komplexität des Laubenbaus an, wobei der Effekt allein von der Größe des Cerebellums (Kleinhirn) bewirkt wird (Madden 2001; Day et al. 2005).

Die Verwendung von eingesammelten Objekten als externen Ornamenten kommt auch bei anderen Arten und im umgekehrten Kontext vor, indem Weibchen durch Schmücken des Nests ihre Qualität dem Männchen signalisieren (s. S. 159). Auch Greifvögel kleiden oft die Nester mit weißen Plastik-, Stoff- oder Papierfetzen aus. Das Ausmaß solcher Dekorationen korreliert beim Schwarzmilan (*Milvus migrans*) mit der Qualität der Nestbesitzer und ist in diesem Fall nicht ein Signal in der Kommunikation zwischen Geschlechtspartnern, sondern als Drohsignal an Artgenossen gerichtet, die ins Territorium eindringen könnten (Sergio et al. 2011). Hingegen entbehrt die verbreitete populäre Vorstellung, Elstern (Abb. 4.7) würden ihr Nest mit glänzenden metallischen Gegenständen ausschmücken, jeder Grundlage; Elstern bringen solchen Gegenständen eher Misstrauen entgegen (Shephard et al. 2015).

Abb. 4.23 Männliche Seidenlaubenvögel sind einfarbig dunkelblau und legen vor der Laube (Bild unten) blaue Gegenstände aus; gegen rote haben sie eine Aversion. Die Weibchen (Bild oben), welche die Lauben besichtigen, sind schlichter blaugrün gefärbt und unterseits geschuppt, in Anpassung an die Anforderungen beim Brüten in Baumnestern.

getischer Kosten oder zu effizienter Feindvermeidung indizieren, sondern die Resistenz gegen Pathogene aller Art (Hamilton W. D. & Zuk 1982). Je besser ein Ornament ausgebildet ist, besonders bezüglich seiner Farbintensität, desto größer sollte also die (erblich determinierte) Immunkompetenz seines Trägers sein. Eine enorme Zahl von Untersuchungen ist diesem Zusammenhang gewidmet, und viele von ihnen haben bei Vögeln wie Säugetieren unterstützende Daten geliefert (für Einschränkungen s. Johnstone et al. 2009 und Morehouse 2014).

Ein wichtiger Bestandteil der auffälligen gelb bis roten Farben von vielen Ornamenten ist das Pigment Carotin, das auch an der Immunabwehr mitwirkt und nur über die Nahrung aufgenommen werden kann. Derart farblich auffällige Ornamente sind also wie strukturelle Merkmale in der Herstellung teuer und damit ehrliche Signale, denn sie können von Männchen in schlechterer körperlicher Verfassung nicht gleichwertig produziert werden (Garratt & Brooks 2012). Gleiches gilt für akustische Signale, denn längere, lautere oder komplizierter aufgebaute Gesangsstrophen von Vögeln beziehungsweise Ruffolgen von Säugetieren sind energetisch aufwendiger. Dass Weibchen hingegen das Ausmaß fluktuierender Asymmetrie bei Männchen, also die Ungleichheit bilateral symmetrischer Merkmale (zum Beispiel die Länge der beiden Hörner von Huftieren oder der äußeren Schwanzfedern von Vögeln), welche Stress in der ontogenetischen Entwicklung anzeigen können, als Indikator für gute Gene beiziehen, ist umstritten (Swaddle 2003).

Alternative Strategien und Taktiken
Der individuelle Reproduktionserfolg von Männchen einer Population kann nicht nur in einer Reproduktionsperiode, sondern auch über die ganze Lebensdauer gesehen höchst unterschiedlich sein. In einer Kolonie von Südlichen See-Elefanten *(Mirounga leonina)* mit extrem großen Harems erzielten nur 28 % der Männchen eine Vaterschaft, wobei die Haremshalter unter ihnen für 90 % der Vaterschaften verantwortlich waren (Fabiani et al. 2004). Auch bei Huftieren, die Weibchen monopolisieren, kommt oft nur ein geringer Teil der Böcke während ihres Lebens überhaupt zu einem Reproduktionserfolg. In einer halbwilden Population von Damhirschen *(Dama dama)* kopulierten lediglich 11 % der Männchen, und das erfolgreichste Drittel war für 73 % aller Kopulationen verantwortlich (McElligott & Hayden 2000). Solche Varianz ist aber nicht nur auf Systeme mit intrasexueller Konkurrenz begrenzt, sondern kommt auch bei Arten vor, deren Männchen mithilfe ihrer Ornamentierung um den Zugang zu Weibchen konkurrieren.

Hat ein Männchen aufgrund seiner niedrigen Stellung kaum Aussicht auf Paarungserfolg, so kann es allenfalls mit einer **alternativen Taktik** *(alternative mating tactic;* Box 4.3*)* einen gewissen Fitnessgewinn erzielen (Taborsky et al. 2008). Die häufigste Alternative zur Taktik von Dominanten ist *sneaking*: «Schleicher» versuchen, unbeobachtet von dominanten Männchen ein Weibchen zur Paarung zu bewegen, gelegentlich auch mit Gewalt. Eine ähnliche Form, bei der Rangniedere am Rand des Geschehens zirkulieren und Weibchen abzufangen versuchen, wird als *floating* oder Satellitentaktik (vor allem bei *leks*, Kap. 4.9) bezeichnet. Innerartliche Variation der Fortpflanzungstaktiken ist bei Huftieren und Primaten ausgeprägt, kommt aber auch bei Nagetieren und Carnivoren vor (Wolff

> **Box 4.3 Strategie und Taktik**
>
> Wie im militärischen Sprachgebrauch, aus dem die Begriffe entlehnt sind, beziehen sie sich auf unterschiedliche Ebenen der Betrachtung. Eine **Strategie** ist ein genetisch determinierter Entscheidungs- und Verhaltensablauf, zum Beispiel «Kämpfe immer um Weibchen» oder «Kämpfe nicht, sondern versuche dich als Schleicher». Eine Strategie kann auch **konditional** sein, das heißt, das gewählte Verhalten ist abhängig von einem Schwellenwert, zum Beispiel «Kämpfe, wenn das Geweih des Gegners kleiner ist, andernfalls versuche dich als Schleicher». Die **Taktik** ist das im Rahmen der Strategie gewählte Verhalten. Bei der konditionalen Strategie sind Kämpfen und *sneaking* die beiden alternativen Taktiken (nach Davies N. B. et al. 2012).

2008). Männchen wechseln zwischen Taktiken je nach Alter und Kondition. Typisch ist etwa der Wechsel von einer Schleichertaktik in jüngeren Jahren zu Dominanz mit Revier- oder Haremsbesitz während einer relativ kurzen Zeit im «besten Alter» und Wechsel zurück zu einer subdominanten Taktik. Auch Umweltbedingungen können die Wahl der Taktik beeinflussen, bei Huftieren etwa das Ressourcenangebot oder die eigene Populationsdichte, aber auch die lokale Häufigkeit verschiedener Taktiken in der Population. Geringe Dichten führen eher zu ressourcenbasierten Territorien; bei hohen Dichten resultieren mehr unterschiedliche Taktiken (Isvaran 2005). Zwei oder mehr Alternativen aufgrund äußerer Faktoren können bezüglich des Fitnessgewinns auch gleichwertige Taktiken enthalten, während die Alternativen für körperlich untergeordnete Männchen oft nur 10–30 % des Begattungserfolgs von Dominanten einbringen (Wolff 2008).

Alternative Taktiken von Primaten und anderen sozial lebenden Arten enthalten oft Koalitionen zwischen jüngeren Männchen, die mit vereinten Kräften bessere Chancen haben, Weibchen von dominanten Harems- oder Revierbesitzern zu erobern. Andererseits können Allianzen von zwei oder drei Männchen auch Revierbesitz oder das Monopolisieren von Weibchen erlauben, etwa bei Delfinen oder Großkatzen, was einzelnen Individuen nicht möglich ist (Wolff 2008). Vor allem bei Primaten kennen auch Weibchen alternative Taktiken, die ihren lebenslangen Reproduktionserfolg entscheidend beeinflussen können. Zudem spielen Interaktionen zwischen den Geschlechtern innerhalb der Primaten eine größere Rolle bei der Evolution der Taktiken als in anderen Artengruppen (Setchell 2008).

Bei Männchen von manchen Singvögeln ist der Erwerb des männlichen Brutkleides ein Jahr über die Geschlechtsreife hinaus verzögert. Einjährige weibchenfarbige Männchen versuchen sich oft als Schleicher oder besetzen Territorien minderer Qualität und sind allgemein weniger der Aggression von älteren Männchen ausgesetzt. Dies scheint vor allem eine Folge davon zu sein, dass sie ein ehrliches Signal für ihre geringere Konkurrenzkraft aussenden, denn für die populäre Hypothese, dass sie sich den Konkurrenten als Weibchen ausgeben *(female mimicry)*,

Abb. 4.24 Kampfläufer-Männchen mit schwarzen Halskrausen sind dominant und verteidigen heftig kleine Balzreviere, solche mit weißem Schmuck sind revierlose Satelliten.

lebenslang beibehaltene Weibchenmimikry gefunden worden, indem etwa 40 % der Männchen ein weibchenähnliches Gefieder tragen (Sternalski et al. 2012). Während im Fall des Kampfläufers der Polymorphismus genetisch festgelegt ist und es sich also gemäß Box 4.3 um alternative Strategien (und nicht konditionale Taktiken) handelt, ist dies für die Rohrweihe noch nicht bekannt. Beim Kampfläufer sollten die Strategien jedenfalls im Mittel zu gleichem Reproduktionserfolg führen, um evolutionär stabil zu sein. Satellitenmännchen gelingt es möglicherweise, ihren geringeren Begattungserfolg auf den Arenen über längere Lebensdauer auszugleichen (Widemo 1998). Insgesamt ist das Wechselspiel zwischen genetischen und Umweltfaktoren in der Expression alternativer Strategien kompliziert und noch ungenügend verstanden (Taborsky et al. 2008; Shuster 2010).

gibt es wenig empirische Unterstützung (Hawkins G. L. et al. 2012). Bei zwei Vogelarten ist bekannt, dass die alternativen Taktiken (*sneaker*/Satellit oder dominant) lebenslang beibehalten werden. Das klassische Beispiel ist der Kampfläufer *(Philomachus pugnax)*, ein Watvogel der in Arenen (*leks:* Kap. 4.9) balzt, wobei die Männchen individuell verschiedene, farbige Halskrausen als Ornamente zur Schau stellen (Abb. 4.24). Daneben gibt es eine Morphe, die keine Ornamente ausbildet und offenbar echte Weibchenmimikry betreibt (Jukema & Piersma 2006). Auch in einer Population der Rohrweihe *(Circus aeruginosus)*, einem Feuchtgebiete bewohnenden Greifvogel, ist jüngst eine

Alternative Strategien und Taktiken sind hauptsächlich am männlichen Geschlecht untersucht worden, weil Männchen höherer reproduktiver Konkurrenz ausgesetzt sind und deshalb in ihrer Fitness stärker variieren als Weibchen (Neff & Svensson 2013). Aber auch Weibchen können alternative Taktiken verfolgen. Das vergleichsweise häufige Vorkommen bei weiblichen Primaten ist bereits erwähnt worden. Ein anderes Beispiel liefern die afrikanischen Striemen-Grasmäuse *(Rhabdomys pumilio),* die entweder in einer Verwandtschaftsgruppe gemeinsam ihre Jungen betreuen, solitär ihre Jungen in einem eigenen Nest aufziehen und dann ins gemeinsame Nest zurückkehren oder permanent allein in einem eigenen Territorium nisten. Es sind dies drei konditionale Taktiken, abhängig unter anderem vom Körperzustand, wobei die schwersten Weibchen permanent solitär nisten (Hill et al.

2015). Bei Vögeln liefert unter anderem der fakultative Brutparasitismus (Kap. 4.5) von Enten ein Beispiel. Weibchen der Schellente *(Bucephala clangula)* brüten entweder selbst, legen ihre Eier in fremde Nester oder kombinieren beides. Die letztere Taktik führt zu doppelt so vielen Küken wie die rein parasitische und zu 1,4-mal so vielen Küken wie beim Brüten allein. Welche Kosten damit verbunden sind, ist unklar, doch findet offenbar flexibler Wechsel zwischen den Verhaltensweisen statt (Åhlund & Andersson 2001).

Postkopulatorische sexuelle Selektion
Mit der Kopulation ist für das Männchen oftmals das Ziel der Befruchtung noch nicht erreicht. Falls nämlich das Weibchen mit weiteren Männchen kopuliert, kann es zur Konkurrenz unter den Spermien um die Befruchtung der Eizelle kommen, und die eigene Anstrengung könnte vergebens gewesen sein (Parker G. A. 1970; Birkhead & Møller 1998). **Spermienkonkurrenz** *(sperm competition)* bewirkt deshalb einen starken Selektionsdruck auf das Reproduktionsverhalten, und Männchen haben zahlreiche Anpassungen entwickelt, um auch diese Form der Konkurrenz zu bestehen (Parker G. A. 2006). Wie bei der Partnerwahl sind aber nicht nur Männchen die agierenden, sondern auch Weibchen haben die Möglichkeit, unter Ejakulaten auszuwählen. Dass eine solche verborgene Auslese *(cryptic female choice)* tatsächlich geschieht, wurde lange ignoriert (Birkhead 2010).

Anders als bei Männchen ist bei Weibchen nicht unmittelbar klar, welche Vorteile sie aus multiplen Kopulationen ziehen (Parker & Birkhead 2013). Für manche Arten können aber sowohl direkte als auch indirekte Nutzen entstehen (Kempenaers & Schlicht 2010; Pittnick & Hosken 2010). Weibchen von sozial lebenden Arten profitieren davon, wenn mehrere Männchen an der Vaterschaft ihrer Jungen beteiligt sind oder sie sich zumindest die Chance darauf erhoffen können. Einige Vögel sichern sich so zum Beispiel die Mithilfe mehrerer Männchen bei der Jungenbetreuung, während Primatenweibchen

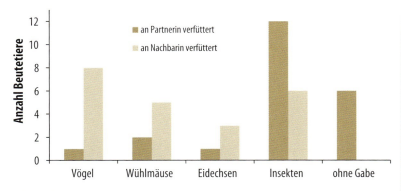

Abb. 4.25 Die Männchen mancher Würger *(Lanius* sp.) spießen Beute auf dornigen Zweigen auf und halten sich so Vorräte, die sie als Hochzeitsgabe für Weibchen verwenden. Raubwürger *(L. excubitor)* leben zwar in sozial monogamer Beziehung, doch verfütterten die Männchen ihrer Partnerin vor allem Beutestücke geringen energetischen Werts wie Insekten, während sie Nachbarinnen vorzugsweise kleine Wirbeltiere mit dem vierfach höheren Energiegehalt offerierten und sich damit Kopulationen außerhalb der eigenen Paarbeziehung erkauften. Die Gaben deckten 67 % des täglichen Energiebedarfs der Nachbarin, aber nur 17 % der Partnerin (neu gezeichnet nach Tryjanowski & Hromada 2005).

Abb. 4.26 Elefantenspitzmäuse (unter anderem die Gattungen *Elephantulus* und *Macroscelides*, im Bild *E. myurus*) gehören zu einer kleinen Minderheit sozial monogam lebender Säugetiere, auch wenn sich die Männchen nicht an der Jungenaufzucht beteiligen. Während der empfängnisbereiten Periode der Weibchen bewachen die Männchen ihre Partnerin, was aber Kosten verursacht. In einer Studie verloren sie während dieser Zeit etwa 5 % ihres Körpergewichts, und sie hielten sich umso näher am Weibchen auf, je größer die Zahl von Männchen in der Nachbarschaft war (Schubert et al. 2009).

die Gefahr von Infantizid (s. unten) senken (Wolff & Macdonald 2004). Nicht nur manche Primaten, auch Carnivoren und Delfine kopulieren pro geborenes Jungtier bis über 1000-mal. Bei Vögeln können es bis mehrere 100-mal sein, wobei in allen Fällen ein Teil der Kopulationen auch in die nicht fruchtbare Zeit des Weibchens fallen kann (Wrangham 1993). Wie bei der vorkopulatorischen Partnerwahl können nicht nur materielle Vorteile ein Wahlkriterium sein, sondern auch gute Gene. Sozial monogame Vögel (Kap. 4.9) zeichnen sich durch einen beträchtlichen Anteil von Fremdkopulationen (*extra-pair copulations* respektive *extra-pair paternity*) aus, die mitunter durch das Weibchen gesucht werden und vor allem mit Männchen stattfinden, die bessere Gene oder Ressourcen als der eigene Partner versprechen (Abb. 4.25). Der resultierende Fitnessgewinn durch solche zusätzlichen Kopulationen spielt besonders bei Vögeln und Säugetieren in nicht monogamen Beziehungen eine Rolle und kann zum Beispiel bei Beutelmäusen (*Antechinus*; Abb. 4.5) oder Präriehunden *(Cynomys)* beträchtlich sein, obwohl sich bei Letzteren deutliche artspezifische Unterschiede zeigten (Fisher et al. 2006; Hoogland 2013).

Die männlichen Gegenstrategien sind vielfältig und enthalten neben anatomischen Anpassungen, etwa vergrößerten Hoden zur verstärkten Spermienproduktion, vor allem Verhaltensanpassungen. Eine häufige Maßnahme ist die Bewachung des Weibchens *(mate guarding)*, um zusätzliche Kopulationen mit Konkurrenten zu verhindern (Abb. 4.26). Bewachung ist aber aufwendig und kompromittiert die eigenen Möglichkeiten zum Befruchten weiterer Weibchen, sodass viele Arten die Bewachungsintensität flexibel handhaben (Kappeler 2012). Häufige Kopulationen helfen ebenso, und mit größeren Ejakulaten können Männchen versuchen, die Spermiengabe des Vorgängers auszuwaschen, oder sie veranlassen das Weibchen, diese abzugeben. Heckenbraunellen *(Prunella modularis)* erreichen solches durch Schnabelmassage der weiblichen Kloake. Schließlich können Männchen ihre Partnerin für Kopulationen mit fremden Männchen «bestrafen», etwa durch körperliche Angriffe und erzwungene Kopulationen (Valera et al. 2003) und, falls sie sich an der Jungenfürsorge beteiligen, indem sie ihren Arbeitsanteil reduzieren (Abb. 4.10).

Selbst nach erfolgter Befruchtung der Eizelle kann sexuelle Konkurrenz noch eine Rolle spielen. Bekannt ist einerseits der **Bruce-Effekt**, der vor allem bei Nagetieren unter Laborbedingungen nachgewiesen wurde: Verlust des dominanten Männchens und Erscheinen eines neuen bewirkt bei Weibchen in den ersten Tagen der Trächtigkeit die Resorption der Embryonen oder einen Abort. Evidenz dafür unter Freilandbedingungen ist zweifelhaft (Mahady & Wolff 2002), doch wurde der Effekt jüngst bei Dscheladas *(Theropithecus gelada)* nachgewiesen (Roberts et al. 2012). Dies unterstützt die Erklärung als adaptives Verhalten der

Weibchen: Weitere Investition in ohnehin todgeweihten Nachwuchs lohnt sich nicht. Grund dafür ist der **Infantizid**, in diesem Fall die Tötung der vom Vorgänger gezeugten und noch abhängigen Jungen durch das neue dominante Männchen, wodurch die Weibchen schneller wieder zum Östrus kommen. Die Männchen, die nur eine beschränkte Zeit ihres Lebens in der dominanten Position verbleiben, erhöhen damit die Zahl der Begattungsgelegenheiten. Solches Verhalten kommt nicht nur bei Primaten, sondern auch bei Carnivoren (zum Beispiel Löwen, *Panthera leo*), Nagetieren und seltener auch bei Vögeln vor, wenn Männchen Weibchen monopolisieren können. Es ist eine ausgeprägte Form des Geschlechterkonflikts um Jungenbetreuung und Fitness (Kap. 4.5). Die Weibchen ziehen aus dem Infantizid keinen Nutzen und versuchen ihn mit geeigneten Gegenstrategien zu verhindern, etwa indem sie über Kopulationen mit verschiedenen Männchen die Vaterschaft verschleiern (s. oben; Wolff & Macdonald 2004). Für die Jungtiere kann Infantizid ein bedeutender Mortalitätsfaktor sein. So kamen in einer langfristigen Studie an Berggorillas *(Gorilla beringei)* bis zu 5,5 % der kleinen Jungen durch Infantizid um, was 21 % aller Todesursachen entsprach (Robbins et al. 2013).

Konkurrenz und sexuelle Selektion bei Weibchen
Nicht immer sind Männchen die Konkurrierenden und Weibchen die Wählenden; es kommen auch umgekehrte oder parallele Konstellationen vor. Die zugrunde liegenden Mechanismen sind weitgehend dieselben, doch dreht sich Konkurrenz unter Weibchen oft um den Zugang zu Ressourcen, weil ihr Fortpflanzungserfolg unmittelbar davon abhängt (Clutton-Brock 2009). Konkurrieren sie hingegen direkt um Männchen, so ist das oft eine Folge eines operationellen Geschlechterverhältnisses, das zugunsten der Weibchen verschoben ist – mit Männchen als dem selteneren Geschlecht. Wenn Männchen selbst einen großen Beitrag zum elterlichen Investment leisten, sind auch sie wählerisch und wollen die Qualität des Weibchens beurteilen, was bei diesem wiederum zur Ausbildung von Ornamenten führen kann.

Weil die Konkurrenz unter Weibchen weniger spektakulär abläuft als unter Männchen und von subtilerer Ornamentierung begleitet ist, wurde sie in ihrer Häufigkeit lange unterschätzt. Sie ist aber, zumindest bei den intensiv untersuchten gruppenlebenden Säugetieren, wie Primaten, Huftieren, einigen Carnivoren, Hasen- und Nagetieren, verbreitet und ein bedeutender evolutiver Auslesefaktor. Dominante Weibchen haben in der Regel höheren Fortpflanzungserfolg als rangniedere, oft als Folge besseren Zugangs zu Nahrungsressourcen. Bei sozial organisierten Arten verteidigen Weibchen auch Territorien, aber meist als Gruppe gegen benachbarte Clans. Sind Ressourcen sehr beschränkt, so kann es zur Unterdrückung der Reproduktion von subordinaten durch dominante Weibchen kommen, und selbst Infantizid ist bei Weibchen mancher Arten nachgewiesen (Stockley & Bro-Jørgensen 2011; Clutton-Brock & Huchard 2013). In solchen Gesellschaften mit starkem *reproductive skew* unter den Weibchen (zum Beispiel Erdmännchen, *Suricata suricatta*, Abb. 3.10, oder Nacktmulle, Abb. 4.12), kann dann die Varianz des Reproduktionserfolgs bei Weibchen viel höher sein als bei Männchen (Clutton-Brock & Huchard 2013).

Anders als bei Männchen hat Konkurrenz unter Weibchen aber nicht zur Ausbildung spezifischer Waffen geführt,

Abb. 4.27 Sexualschwellungen bei manchen Primaten (im Bild ein Steppenpavian, *Papio cynocephalus*, dessen Schwellung von einem Artgenossen begutachtet wird) sind wohl zunächst ein Signal für Empfängnisbereitschaft, sekundär aber offenbar auch zu einem qualitätsanzeigenden Ornament geworden (Domb & Pagel 2001; Huchard et al. 2009).

vermutlich weil deren Produktion zu viel Energie beanspruchen würde, die besser in die Fortpflanzung gesteckt wird. Zwar tragen die Weibchen vieler Huftiere auch Hörner, die aber meist kleiner als bei Männchen sind und im Allgemeinen nicht in intrasexuellen Auseinandersetzungen, sondern vor allem gegen Prädatoren eingesetzt werden (Clutton-Brock 2009; Berglund 2013). Konkurrenz unter Weibchen wird insgesamt eher über soziale Mechanismen ausgefochten und ist oft stärker auf (ökologische) Ressourcen ausgerichtet. Dies hat zu Diskussionen über ein erweitertes Konzept einer **sozialen Selektion** geführt, das alle Formen von Selektion umfassen würde, die auf soziale Interaktionen zurückgehen (Rubenstein 2012; Tobias et al. 2012; Clutton-Brock & Huchard 2013). Jedenfalls besitzen auch Weibchen in vielen Fällen sexuell selektierte Ornamente. Sehr auffällig sind etwa die Sexualschwellungen vieler Altweltprimaten (Abb. 4.27).

Bei Vögeln kommen weibliche Ornamente besonders dann vor, wenn die Art in sozial monogamer Beziehung lebt und das Männchen einen Beitrag zur Jungenfürsorge leistet. In diesem Fall ist zu erwarten, dass es bei der Partnerwahl selbst auch wählerisch ist und besser ornamentierte Weibchen favorisiert. Die Ornamente sind dann zwischen den Geschlechtern oft ähnlich. Eine Mehrzahl der Studien, die weibliche Ornamente auf ihre Signalwirkung für die Qualität der Trägerin untersuchten, fanden einen positiven Zusammenhang zwischen der Ausprägung der Ornamente und der Qualität des Nachwuchses (Nordeide et al. 2013). Zudem ergab eine Arbeit am Einfarbstar *(Sturnus unicolor)*, dass Weibchen ihre Qualität auch durch Verhaltensmuster ehrlich signalisieren können, was in diesem Fall über das Dekorieren des Nests mit Federn geschieht (Polo & Veiga 2006).

Bei gewissen Vogelarten konkurrieren Weibchen untereinander, indem sie selbst Territorien besetzen und damit Männchen anzulocken versuchen. Dabei sind die traditionellen Geschlechterrollen weitgehend vertauscht. Dieses von der «Norm» abweichende Paarungssystem wird in seinem ökologischen Kontext in Kapitel 4.9 vorgestellt.

Sexueller Konflikt
Im ganzen Kapitel über das Fortpflanzungsverhalten – ausgehend vom Konzept der Anisogamie und dem ungleichen Investieren der Geschlechter – sind wir immer wieder daran erinnert worden, dass Konkurrenz und Konflikte nicht nur innerhalb der Geschlechter oder zwischen Eltern und Nachkommen, sondern auch zwischen den Geschlechtspartnern selbst ausgetragen werden. Konflikte um die Kopulation und die anschließende Verwendung der Spermien ergeben sich immer, wenn das optimale Ergebnis hinsichtlich des Fitnessgewinns zwischen Männchen und Weibchen differiert. Und das ist mit Ausnahme der seltenen, lebenslangen sexuell monogamen Paarbeziehungen (Abb. 4.28) fast stets der Fall. Weil der Fortpflanzungserfolg der Männchen

viel stärker durch den Zugang zum anderen Geschlecht limitiert ist als jener der Weibchen, sind viele der koevoluierten Merkmale bei Männchen darauf angelegt, die Begattung herbeizuführen, bei Weibchen jedoch, sie zu verhindern. Aufbauend auf Untersuchungen vor allem an Wirbellosen, hat sich mittlerweile ein größeres theoretisches Gebäude rund um sexuelle Konflikte entwickelt, deren Konsequenzen letztlich bis zur Artbildung reichen (Parker G. A. 2006). Diesbezüglich sei auf zusammenfassende Darstellungen in Lehrbüchern (Davies N. B. et al. 2012; Kappeler 2012) und neuere Reviews (Parker G. A. 2006; Wedell et al. 2006; King E. D. A. et al. 2013) verwiesen.

An dieser Stelle sollen lediglich einige bei Vögeln und Säugetieren auffällige Verhaltensweisen erwähnt werden, die solchen Konflikten entspringen. Einige wurden bereits angesprochen, etwa *mate guarding* oder Infantizid als Ausdruck eines postkopulatorischen Konflikts. Klar ersichtliche Konflikte spielen sich auch vorher ab, wenn der eine Partner – in der Regel das Männchen – versucht, eine Kopulation zu erzwingen. Sexuelle Belästigung und Nötigung kommt unter anderem bei Orang-Utans (*Pongo* sp.) vor und auch bei einigen Vögeln, besonders bei Enten. Während etwa Singvogelweibchen oft aktiv Kopulationen außerhalb der Paarbindung suchen, scheinen Entenweibchen weitgehend Widerstand zu leisten, was oft in langen Verfolgungsjagden durch mehrere Männchen endet und für das Weibchen mit hohen Kosten verbunden sein kann. Möglicherweise dient der Widerstand dem Weibchen aber gerade dazu, die Qualität der Männchen auszutesten (Adler 2010). Auch andere Fälle geben Anlass zur Vermutung, dass es für Weibchen möglich ist, über eine «Gewinnen-durch-Verlieren-Strategie» Fitnessgewinne zu erzielen (Alcock 2013). Dass die Möglichkeiten der Weibchen lange unterschätzt worden sind, zeigen auch neuere Beobachtungen von Weibchen, die aggressiv auf Männchen reagieren, wenn diese der Kopulationsaufforderung des Weibchens nicht nachkommen. Eine solche Situation ist bei Arten mit Arenabalz (Kap. 4.9) gegeben, wenn den von Weibchen bevorzugten zentralen Männchen der Spermienvorrat ausgeht. Nachgewiesen ist dies sowohl bei Vögeln (Doppelschnepfe, *Gallinago media*) als auch bei Säugetieren (Leierantilope/Topi: Abb. 4.32; Bro-Jørgensen 2007, 2008, 2011).

4.9 Paarungssysteme

Bei der Besprechung von Konkurrenz und Konflikt zwischen den Geschlechtspartnern sind die Begriffe «monogam» und «polygyn» schon mehrfach aufgetaucht; sie stehen für die beiden häufigsten Paarungssysteme *(mating systems)*. Paarungssysteme sind nichts anderes als eine Klassifikation der Formen, wie ein Individuum innerhalb eines Reproduktionszyklus seine Paarungspartner erlangt, wie viele es sind und welche Rolle sein Beitrag zur Jungenfürsorge dabei spielt (Tab. 4.2). Die klassische Einteilung beruht primär auf Verhaltensbeobachtungen zur Frage, wer sich mit wem verpaart. Genetische Vaterschaftstests haben aber gezeigt, dass die Beziehungen oft stärker polygam oder promisk sind, als es den Anschein hat. Der ebenfalls weiter oben schon verwendete Begriff «soziale Monogamie» macht deshalb deutlich, dass eine Paarbeziehung mit gemeinsamer Jungenaufzucht ohne Weiteres Fremdkopulationen und -vaterschaften enthalten kann. Ist dies nicht der Fall, so spricht man von «genetischer Monogamie».

Tab. 4.2 Einteilung der Paarungssysteme (M = Männchen, W = Weibchen).

Paarungssystem	Anzahl Paarungspartner des M	Anzahl Paarungspartner des W	Bemerkungen
Monogamie	1	1	Entweder freiwilliger Verzicht auf weitere Paarungsmöglichkeiten durch beide Partner (genetische Monogamie) oder Bewachung eines Partners durch den anderen, um Fremdkopulationen in Grenzen zu halten (soziale Monogamie). In der Regel leisten beide Partner Jungenfürsorge.
Polygynie	>1	1	Männchen verteidigt Harem *(harem defence polygyny)* oder Nahrungsterritorium *(resource defence polygyny)*, folgt einzelnen Weibchen und verteidigt diese nacheinander *(scramble polygyny)* oder lockt Weibchen an Balzplätze, gelegentlich in Form von Arenen (*lek polygyny*, dort oft aber auch Polygynandrie). Meist liegt die Jungenbetreuung weitgehend beim Weibchen.
Polyandrie	1	>1	Ohne Umkehrung der Geschlechterrollen: wenn das Weibchen Sperma oder Leistungen mehrerer Männchen benötigt. Mit Umkehrung der Geschlechterrollen: Weibchen verteidigt Territorium und mehrere Männchen simultan oder nacheinander; Jungenfürsorge oft in großem Maße durch Männchen.
Promiskuität (Polygynandrie)	>1	>1	Männchen wie Weibchen mit mehreren Partnern während Reproduktionszyklus; oft in hoch sozialen Arten.
Polygamie			Sammelbegriff für nicht monogame Paarungssysteme.

Paarungssysteme entstehen aus dem Versuch beider Geschlechter, ihren Fortpflanzungserfolg zu maximieren. Wegen der differierenden Interessen ergeben sich aus Sicht von Männchen und Weibchen oft unterschiedliche Präferenzen bei der Fortpflanzungsstrategie (Davies N. B. 1992; Cézilly & Danchin 2008). Beim resultierenden Paarungssystem spielen sich ökologische und verhaltensbiologische Gegebenheiten in die Hand:
1. Die **Verteilung** von Männchen und Weibchen in Raum und Zeit bestimmen, wie einfach es für ein Individuum ist, Zugang zu einem Partner zu erhalten. Dieser Aspekt ist vor allem für Männchen entscheidend.
2. Was ist der **Beitrag** des Partners zur Qualität der Jungen, und wie stark beteiligt er sich an der Aufzucht der Jungen? Dies ist der ausschlaggebende Aspekt aus der Sicht des Weibchens. Sich nicht zu beteiligen, heißt sehr oft, den Partner respektive die Brut zu verlassen *(mate/offspring desertion)*.

Da die ökologischen Verhältnisse und die Individuendichten räumlich sehr stark variieren können, resultieren oft unterschiedliche Paarungssysteme innerhalb derselben taxonomischen Familie (Meerschweinchen, Caviidae; Adrian & Sachser 2011) oder sogar der gleichen Art (Braunbär, *Ursus arctos*; Steyaert et al. 2012).

Monogamie
Monogamie ist vor allem bei Vögeln häufig und kommt bei über 85 % der Arten und in mehr als zwei Dritteln der Familien vor, zum Beispiel bei den meisten Meeresvögeln, Greifvögeln,

Watvögeln, Entenvögeln, Kranichen (Abb. 4.28), Tauben, Eulen, Papageien und Singvögeln. Monogamie ist eng mit der Notwendigkeit verknüpft, dass sich beide Partner an der **Brutpflege** beteiligen; sie haben dann (bei genetischer Monogamie) identischen Fortpflanzungserfolg. Dies gilt vor allem für größere Arten. Bei kleineren wie den Singvögeln erhöht zwar der Beitrag des Männchens den gemeinsamen Fortpflanzungserfolg ebenfalls, doch könnte das Männchen seine Fitness über Mehrfachverpaarungen stärker erhöhen. Monogamie wird deshalb auch über den räumlich bedingten **Zwang** gefördert, dass die Verteidigung von mehreren Weibchen gegen Konkurrenten oft schlecht möglich ist. *Extra-pair copulations* sind aber bei Männchen wie bei Weibchen an der Tagesordnung, wenn auch aus unterschiedlichen Gründen (Kap. 4.8), und bei etwa 90 % der diesbezüglich untersuchten sozial monogamen Arten nachgewiesen (Griffith S. C. et al. 2002). Im Mittel fand man bei diesen Arten über 11 % der Bruten mit gemischter Vaterschaft. Männchen mit gleichzeitiger Vaterschaft an zwei Bruten können an beiden Nestern füttern; den Weibchen geht aber ein Teil der Mithilfe verloren. Deshalb verhalten sich Weibchen zueinander oft aggressiv, was wohl die Chance des Männchens auf Polygynie schmälert (Davies N. B. et al. 2012). Umgekehrt erhöhen die in Kapitel 4.8 ebenfalls erwähnten Vergeltungsmaßnahmen des Männchens die Bereitschaft des Weibchens, auf Kopulationen mit fremden Männchen zu verzichten.

Bei tropischen Vögeln ist die Rate von Fremdvaterschaften deutlich geringer als in gemäßigten Zonen. Gründe könnten die schwächere Synchronisation des Brutgeschäfts zwischen den Weibchen aufgrund der ausgedehnteren Brutzeiten und die größeren Distanzen zwischen den Territorien sein, die sich bei der geringeren Populationsdichte in den Tropen ergeben. Jedenfalls geht damit auch eine größere Ähnlichkeit der Rollen von Männchen und Weibchen bei der Jungenaufzucht einher (Stutchbury & Morton 2001). Arnold & Owens (2002) zeigten zudem, dass eine hohe Rate von *extra-pair paternity* mit einer schnellen *life history* verknüpft ist, der für Arten gemäßigter Zonen viel eher typisch ist als für ihre tropischen Verwandten (Kap. 4.4).

Hingegen leben weniger als 5 % der Säugetierarten in monogamen Beziehungen. Bei Hundeartigen, Fledermäusen, Primaten und etlichen Nagern ist Monogamie etwas häufiger und in der Ordnung der Spitzhörnchen (Scandentia) sind alle Arten monogam. Monogamie bei Säugetieren ist offenbar eine ursprüngliche Form der Organisation und nicht von der Notwendigkeit väterlicher Beteiligung an der Jungenfürsorge bestimmt, sondern eine Folge des Unvermögens der Männchen, bei relativ niedriger Populationsdichte mehrere Weibchen zu verteidigen (Lukas & Clutton-Brock 2013). Tatsächlich hat man beim Großspitzhörnchen *(Tupaia tana)* trotz sozialer Monogamie gefunden, dass die Hälfte der Jungen aus

Abb. 4.28 Kraniche sind das «Sinnbild» (genetisch) monogamer Arten, bei denen die Partner lebenslang verpaart bleiben und sie beide Brutpflege betreiben. Langjährige Paarbindungen kommen besonders bei größeren Vögeln vor, vor allem wenn die Jungen noch bis ins Folgejahr von den Eltern abhängig bleiben, was bei Kranichen und Gänsen der Fall ist. Hier ein Paar des Weißnackenkranichs *(Grus vipio)* mit dem Jungen des Vorjahrs im Winterquartier.

Fremdbegattungen hervorgeht (Munshi-South 2007). Bei obligater Monogamie übernehmen Männchen aber – analog den Vögeln – einen Anteil der Jungenfürsorge, wenn sich dadurch ihr Fortpflanzungserfolg steigern lässt. So vermögen etwa einige Mäuse, Hundeartige oder Krallenaffen größere Würfe aufzuziehen als verwandte Arten ohne väterliche Beteiligung an der Fürsorge.

Polygynie

Polygynie ist das vorherrschende Paarungssystem bei Säugetieren, bei denen die Männchen sich größtenteils nicht an der Jungenaufzucht beteiligen; bei den Vögeln kommt Polygynie nur bei gut 10 % der Arten vor. Definitionsgemäß paart sich ein Männchen mit mehreren Weibchen, die Weibchen je aber nur mit dem einen Männchen. Selbst bei nicht ausgeglichenem Geschlechterverhältnis ergibt sich in der Regel eine Varianz im Reproduktionserfolg bei den Männchen, da oft nur eine Minderheit Zugang zu Weibchen erhält. Die in Kapitel 4.8 beschriebenen Strategien der Männchen (Monopolisieren der Weibchen respektive der von ihnen benötigten Ressourcen oder Konkurrieren um deren Gunst) führen zu verschiedenen Formen der Polygynie (Tab. 4.2). Eine generelle Voraussetzung für effiziente Kontrolle von Weibchen ist deren räumlich gehäuftes Vorkommen, was oft wiederum eine Folge der Heterogenität der Habitate oder der Landschaft ist. Allerdings können auch solitär lebende Arten polygyn sein, wenn das Streifgebiet eines Männchens jenes von zwei oder mehr Weibchen umfasst.

Für das Weibchen können über die Polygynie Kosten entstehen, weil es Ressourcen oder allenfalls die väterliche Mithilfe bei der Jungenbetreuung mit anderen Weibchen teilen muss. Haben Vögel die Möglichkeit zur Wahl zwischen einer monogamen Paarung oder einem polygynen Männchen, so hängt die Entscheidung des Weibchens häufig davon ab, unter welcher Konstellation sein Zugang zu Ressourcen besser ist. Verpaarung mit einem bereits ver-

Abb. 4.29 Die seltsamen Steppenläufer *(Pedionomus torquatus)* aus dem Innern Australiens, eine Watvogelfamilie mit nur einer Art, betreiben serielle Polyandrie, indem das schlichter gezeichnete Männchen (rechts) die Jungen aufzieht und das stärker ornamentierte Weibchen (links) ein neues Gelege mit einem weiteren Männchen beginnt. In diesem Fall ist die Fortpflanzungsperiode durch die (kurze) Dauer der Vegetationsentwicklung nach Regenfällen limitiert.

paarten Männchen ist also erst oberhalb eines gewissen Schwellenwerts sinnvoll. Dieses *polygyny threshold model* (Orians 1969) ist an verschiedenen Vogelarten empirisch bestätigt worden. In anderen Fällen konnte gezeigt werden, dass Weibchen die Paarung mit einem bereits verpaarten Männchen nur eingingen, weil sie diesbezüglich vom Männchen getäuscht worden waren.

Polyandrie
Der umgekehrte Fall zur Polygynie, nämlich dass sich ein Weibchen mit mehreren Männchen verpaart, die Männchen aber nur mit dem einen Weibchen, ist relativ selten, tritt aber bei einigen Primaten und vor allem bei Watvögeln auf. In der klassischen Form bei Vögeln mit umgekehrten Geschlechterrollen *(sex role reversal)* besetzen die Weibchen Territorien und konkurrieren um die Gunst der Männchen. Meist umfasst der Rollentausch auch die Ornamentierung und den Größendimorphismus, denn die Weibchen tragen stärkere und farbigere Muster und sind oft größer (Abb. 4.29). Die Weibchen produzieren in kurzen Zeitabständen zwei oder mehrere Gelege und überlassen sie den Männchen vollständig zur Bebrütung und Jungenbetreuung. Watvögel legen Gelege fester Größe (meist vier Eier), und so können Weibchen ihre Fitness nur steigern, wenn sie mehrere Gelege produzieren. Bei der klimatisch bedingten Kürze der Fortpflanzungsperiode (die meisten Fälle betreffen arktische Brüter) lassen sich bei einem normalen Szenario mit Hauptlast des Weibchens beim Brutgeschäft kaum zwei Gelege zeitigen, also deutlich weniger als bei der polyandrischen Lösung. Während die Vorteile für das Weibchen auf der Hand liegen, sind jene für das Männchen bisher nicht überzeugend erklärt. Zudem kommen in denselben Habitaten Arten mit konventionellen Geschlechterrollen vor, sodass die Erklärung über ökologische Einschränkungen nicht genügt. Neuerdings wurde gezeigt, dass die Rollenverteilung in Abhängigkeit des adulten Geschlechterverhältnisses variiert, wobei die umgekehrte Rollenverteilung bei Arten mit einem Überschuss an Männchen auftritt (Liker et al. 2013; Remeš et al. 2015).

Neben dieser klassischen Konstellation wird der Begriff «polyandrisch» immer mehr auch für Extra-Pair-Kopulationen von Weibchen gebraucht, die dank der verbreiteten Anwendung molekulargenetischer Methoden zunehmend häufig in sozial monogamen und polygynen Beziehungen gefunden werden. In diesen Fällen kommt es aber nicht zum Austausch der Rollen bei der Jungenfürsorge, sodass fließende Übergänge zu promisken Systemen entstehen.

Promiskuität (Polygynandrie)
Eigentliche Polygynandrie, bei der sich Männchen wie Weibchen wiederholt mit verschiedenen Geschlechtspartnern paaren, kommt in ihrer klassischen Form bei gruppenlebenden Arten vor, wenn weder Männchen noch Weibchen

Abb. 4.30 Das Paarungsverhalten der Löwen *(Panthera leo)* ist variabel, doch oft leben sie in komplex strukturierten Gruppen mehrerer Männchen und Weibchen, die je untereinander verwandt sind. Das Infantizidrisiko ist hoch, wenn das dominante Männchen (oder die dominante Brüdergruppe) durch fremde Männchen verdrängt werden.

Abb. 4.31 Lemuren (im Bild ein Coquerel-Sifaka, *Propithecus coquereli*) zeichnen sich durch weitgehendes Fehlen eines Geschlechtsdimorphismus und häufige Dominanz von Weibchen über Männchen im sozialen Kontext aus. Die Paarungssysteme in der Ordnung sind vielfältig, aber manche Arten leben in gemischten Gruppen von mehreren Männchen und Weibchen mit oft flexiblen Geschlechterrollen, gegenseitiger Partnerwahl und Promiskuität (Dunham 2008).

frontiert, deren Ausgang für sie fitnessentscheidend sein kann. Für Weibchen sind multiple Verpaarungen oft vorteilhaft für den Reproduktionserfolg (Kap. 4.8), besonders wenn die Weibchen durch Verschleiern der Vaterschaft das Infantizidrisiko senken können (Wolff & Macdonald 2004; Abb. 4.30). Meist findet keine väterliche Jungenbetreuung statt. Eine Ausnahme sind gewisse Vögel, zum Beispiel Braunellen (*Prunella* sp.), die oft polygynandrisch organisiert sind. Bei den Alpenbraunellen *(P. collaris)* beteiligen sich Männchen an der Jungenfütterung etwa proportional zu ihrem Anteil an den Vaterschaften (Heer 2013). Promiskuität in dieser Form findet sich auch bei sozial organisierten, tagaktiven Lemuren (Abb. 4.31). Dass Promiskuität aber auch bei solitär lebenden Arten möglich ist, zeigen nachtaktive Lemurenarten, bei denen Männchen in der Manier von *scramble polygyny* den räumlich verstreuten Weibchen folgen und sie kurzfristig verteidigen (Kap. 4.8), die Weibchen aber dennoch die Möglichkeit zu Mehrfachverpaarungen finden (Eberle & Kappeler 2004).

Bei einigen Arten präsentieren sich Männchen den Weibchen im Rahmen einer Arenabalz *(lek)*. Die dominanten Männchen versammeln sich an bestimmten Plätzen, verteidigen dort je eine kleine Fläche und stellen ihre Ornamente zur Schau, oft begleitet von auffälligen Verhaltensweisen. Die Weibchen kommen zur Paarung hierher und haben Gelegenheit, die Qualität der Männchen im Vergleich zu beurteilen, bevor sie sich gemäß ihrer Wahl begatten lassen – meist auch mehrfach. In der Regel kommen dabei die hochrangigen Männchen im Zentrum des *leks* zum Zug, während nicht dominante als Satellitenmännchen am Rand zirkulieren und dort Gelegenheiten zur Be-

genügend Ressourcen monopolisieren können. Trotz des promisken Verhaltens variiert der Fortpflanzungserfolg bei Männchen stärker als bei Weibchen, denn oft bilden sich innerhalb der Gruppe doch Rangordnungen aus. Auch sind die Männchen mit intensiver Spermienkonkurrenz (Kap. 4.8) kon-

4.9 Paarungssysteme

Abb. 4.32 Ein männlicher Andenfelsenhahn (*Rupicola peruvianus*, links) in seiner Balzarena. Die Darbietung dieses Schmuckvogels umfasst Flügelflattern und Verbeugungen, begleitet von heiseren Rufen. – Einige Huftiere verteidigen nur kleine Flächen, die keine Nahrung enthalten, sondern lediglich Balzterritorien sind. Topis (*Damaliscus lunatus*, rechts) stehen oft weithin sichtbar auf alten Termitenhügeln und präsentieren sich so den Weibchen. *Leks* dieser Art sind jedoch komplizierter aufgebaut, indem die größten Männchen zwar die zentralen Plätze besetzen, etwas kleinere Männchen im Umkreis als alternative Taktik aber Nahrungsterritorien verteidigen (Bro-Jørgensen 2007).

gattung suchen (alternative Taktik, Kap. 4.8). Insgesamt ist die Zahl von Arten mit Arenabalz nicht hoch; nachgewiesen ist *lekking* bei etwa 150 Vogelarten, unter anderem bei einigen Raufußhühnern und Watvögeln (mit dem Kampfläufer *Philomachus pugnax*, Abb. 4.24, als bekanntestem Beispiel), vereinzelten Kolibris oder unter den Sperlingsvögeln bei mehreren Paradies-, Schnurr- und zwei Schmuckvögeln (Abb. 4.32). Auch Säugetiere kennen vereinzelt *leks*, namentlich zwei Fledermäuse, der Dugong *(Dugong dugon)*, zwei Robben sowie mehrere Huftiere (Abb. 4.32); bei weiteren Arten kommen *lek*-ähnliche Systeme vor (Übersicht bei Toth & Parsons 2013).

Trotz des seltenen Vorkommens ist dieses System intensiv untersucht worden, denn es erlaubt ausgezeichnet, grundlegende Fragen zur sexuellen Selektion zu bearbeiten. Weshalb Männchen sich aber auf diese Weise versammeln, ist bisher nicht eindeutig beantwortet worden, doch existieren mehrere Hypothesen. Zum Beispiel könnten die Balzarenen an von Weibchen aus anderen Gründen vorzugsweise aufgesuchten Plätzen liegen *(hotspots)*, oder die Aggregation von Männchen vermöchte Weibchen von weiter her anzulocken. Weniger attraktive Männchen könnten sich von der Nähe von dominanten Männchen *(hotshots)* Vorteile versprechen, oder Weibchen selbst könnten die Gruppierung von Männchen bevorzugen, um besser vergleichen können. Je nach Art kann die eine oder andere Hypothese zutreffen, denn *leks* sind bei den verschiedenen Artengruppen unabhängig entstanden.

Weiterführende Literatur

Die Evolution und Ökologie des Reproduktionsverhaltens ist eines der aktivsten Felder evolutionsbiologischer Forschung, und die Literatur dazu ist enorm. Lehrbücher zur Verhaltensbiologie arbeiten sie auf verschiedene Weise auf und präsentieren sie in umfangreicherer Darstellung, als es hier der Fall ist. Sehr umfassend ist das gleichnamige deutschsprachige Werk zur Verhaltensbiologie:

- Kappeler, P.M. 2012. *Verhaltensbiologie*. 3. Aufl. Springer-Verlag, Berlin.

Englischsprachige Lehrbücher zur Verhaltensbiologie und -ökologie gibt es mehrere; die zwei folgenden führen in die Thematik vor allem über die Behandlung einzelner (klassischer) Beispiele ein:

- Alcock, J. 2013. *Animal Behavior*. 10th ed. Sinauer Associates, Sunderland.
- Davies, N.B., J.R. Krebs & S.A. West. 2012. *An Introduction to Behavioural Ecology*. 4th ed. Wiley-Blackwell, Chichester.

Etwas technischer und «trockener», teilweise mit stärkerer Fokussierung auf die Modelle, aber umfassend orientieren zwei Sammelbände zur Verhaltensbiologie:

- Danchin, E., L.-A. Giraldeau & F. Cézilly (eds.). 2008. *Behavioural Ecology*. Oxford University Press, Oxford.
- Westneat, D.F. & C.W. Fox (eds.). 2010. *Evolutionary Behavioral Ecology*. Oxford University Press, New York.

Ein weiterer Sammelband greift eine Anzahl von Themen zur vertieften Behandlung auf:

- Kappeler, P. (ed.). 2010. *Animal Behaviour: Evolution and Mechanisms*. Springer, Heidelberg.

Auch Lehrbücher zur Evolution, wovon es mehrere Standardwerke gibt, behandeln wichtige evolutionsbiologische Grundlagen des Reproduktionsverhaltens vertieft, zum Beispiel:

- Stearns, S.C. & R.F. Hoekstra. 2005. *Evolution: an Introduction*. 2nd ed. Oxford University Press, Oxford.

Zwei sehr detaillierte Werke mit systematischer Ausrichtung fokussieren bei Vögeln auf die physiologischen Aspekte des Brütens, bei Säugetieren auf das Sozialverhalten:

- Williams, T.D. 2012. *Physiological Adaptations for Breeding in Birds*. Princeton University Press, Princeton.
- Clutton-Brock, T.H. 2016. *Mammal Societies*. Wiley Blackwell, Chichester.

Und schließlich gibt es eine ganze Anzahl von Werken, meist in Form von Sammelbänden, zu einzelnen (eng gefassten) Themen. Die folgende Aufzählung von Werken mit Erscheinungsdatum ab 2000 ist nicht vollständig:

- Royle, N.J., P.T. Smiseth & M. Kölliker (eds.). 2012. *The Evolution of Parental Care*. Oxford University Press, Oxford.
- Hager, R. & C.B. Jones (eds.). 2009. *Reproductive Skew in Vertebrates. Proximate and Ultimate Causes*. Cambridge University Press, Cambridge.
- West, S. 2009. *Sex Allocation*. Princeton University Press, Princeton.
- Fairbairn, D.J., W.U. Blanckenhorn & T. Székely (eds.). 2007. *Sex, Size, and Gender Roles: Evolutionary Studies of Sexual Size Dimorphism*. Oxford University Press, Oxford.
- Reichard, U.H. & C. Boesch (eds.). 2003. *Monogamy*. Cambridge University Press, Cambridge.
- Hardy, I.C.W. (ed.). 2002. *Sex Ratios: Concepts and Research Methods*. Cambridge University Press, Cambridge.

5 Das Tier im Raum

Abb. 5.0 Säbelantilope *(Oryx dammah)*

Kapitelübersicht

5.1	Räumliche Skalen	179
5.2	Verbreitungsgebiete	180
	Größe von Verbreitungsgebieten	182
	Verbreitungsgebiete und Arthäufigkeiten	185
5.3	Fragmentierte Verbreitung: Populationen und Metapopulationen	186
5.4	Grenzen und Dynamik von Verbreitungsgebieten	188
5.5	Dispersal	192
	Evolutionsbiologische Bedeutung von Dispersal	192
	Dispersal: Distanzen und Barrieren	194
	Einbürgerungen und Einschleppungen: «anthropogenes Dispersal»	195
5.6	Habitat	197
	Habitatwahl	197
	Habitatqualität	199
5.7	Verbreitungs- und Habitatmodelle	206
5.8	Individuelle Raumorganisation	208
	Streifgebiete und Territorien	209
	Kolonien	211

Für die Ökologie von Vögeln und Säugetieren spielt der **Raum** eine wichtige Rolle, denn ökologische Muster, Prozesse und die zugrunde liegenden Mechanismen sind in der Regel an einen bestimmten räumlichen (und zeitlichen) **Maßstab** (oder **Skala**) gebunden. Das mag im Grundsatz trivial erscheinen. Im konkreten Fall ist die Raumabhängigkeit eines ökologischen Phänomens aber oft kompliziert und nicht sofort einsichtig. Tatsächlich hat sich der Skalenbezug erst um etwa 1990 als wichtiges Thema in der Ökologie etabliert, seither aber zu wesentlichen Fortschritten im Verständnis ökologischer Prozesse geführt. Wir folgen in diesem Kapitel konsequent einem **skalenbasierten** Ansatz: vom großen (ökologischen, nicht kartografischen; Kap. 5.1) Maßstab zum kleinen, vom **Verbreitungsgebiet** einer Art zum **Territorium** eines Individuums.

Mit abnehmender Skala von einem globalen oder kontinentalen zu einem lokalen Maßstab verschiebt sich auch der Fokus von Arten über Populationen zum Individuum. Entsprechendes gilt für die involvierten Prozesse und damit die Disziplinen, die sich üblicherweise mit deren Erforschung befassen. Globale Muster und Beziehungen rund um Verbreitungsgebiete sind die Domäne der **Biogeografie** und der **Makroökologie**. Sobald wir uns aber mit der Dynamik von räumlichen Mustern befassen, selbst jener der Grenzen ganzer Verbreitungsgebiete, kommen bald biologische und ökologische Prozesse ins Spiel. Diese laufen auf der Ebene von Individuen und damit grundsätzlich lokal ab, wie etwa **Dispersal** oder **Habitatwahl**. Diese Mechanismen werden aus einem **verhaltensökologischen** Blickwinkel studiert, der sich stark auf **evolutionsbiologische** Grundsätze stützt.

Die vielfältigen lokalen Beziehungen können auf einer großen Skala nicht erfasst werden, weshalb dort andere Methoden zum Einsatz kommen.

Manche hier unter dem Raumbezug (kurz) besprochene Aspekte haben in anderem Zusammenhang wichtige Auswirkungen und werden in den entsprechenden Kapiteln vertieft behandelt. Dies gilt besonders für die Problematik von **Einbürgerungen** und **invasiven Arten**, die in den Kapiteln 8 (Konkurrenz) und 11 (Naturschutzbiologie) wieder zur Sprache kommen; auch die räumliche Dynamik von Metapopulationen ist von großer Bedeutung für den Artenschutz und wird dort nochmals erörtert. Wie generell in diesem Buch werden Forschungs- und Auswertemethoden im besten Fall kurz erwähnt – mit Ausnahme von **Habitat-** und **Verbreitungsmodellen**, die ein eigenes Kapitel erhalten.

5.1 Räumliche Skalen

Tiere bewegen sich im Raum. Die verschiedenen Aktivitäten finden in der Regel innerhalb eines Ausschnitts von charakteristischer Größe statt; sie sind also an eine bestimmte räumliche Größenordnung gebunden, die als **Maßstab** oder **Skala** *(scale)* bezeichnet wird. Skalen lassen sich hierarchisch gliedern (Abb. 5.1). Zum Beispiel sucht ein Individuum zu einem Zeitpunkt seine Nahrung nur an einer bestimmten Stelle *(patch)*. Im Laufe des Tages besucht das Tier aber mehrere *patches* in seinem bevorzugten Lebensraum; über mehrere Tage hinweg bewegt es sich so innerhalb eines größeren, mehr oder weniger fest umrissenen Gebiets, seines Streifgebiets *(home range*; Kap. 5.8). Diese Ortswechsel spielen sich noch immer auf einer räumlich beschränkten Ebe-

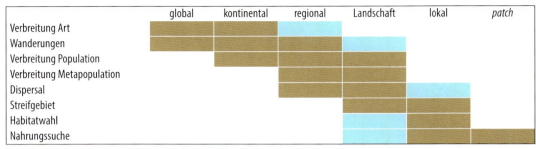

Abb. 5.1 Schema der charakteristischen Skalen, auf denen die verschiedenen Prozesse und Aktivitäten, von der Nahrungssuche des Individuums bis zur Verbreitung der Art, ablaufen (braun: häufiger, blau: seltener). Diesen Prozessen entsprechen die verschiedenen Organisationsstufen: Individuum (Nahrungssuche bis Dispersal), Population, Art (Cassini 2013).

ne ab, die man von «lokal» bis «Landschaft» einstufen kann. Über das Jahr gesehen, wechselt das Tier vielleicht zwischen verschiedenen Landschaften oder Gebieten hin und her; es vollzieht damit eine Wanderung *(migration)* auf der regionalen Skala. Auch geschlechtsreife Individuen können sich vom Geburtsort über größere Distanzen wegbewegen und sich in einer anderen Region ansiedeln *(dispersal)*. Distanzen und Raumgrößen hängen unter anderem von der Mobilität der betreffenden Art ab: Eine Maus wird sich kaum über den lokalen Rahmen hinaus bewegen, während ein ähnlich großer Singvogel Wanderungen im kontinentalen Maßstab unternehmen kann.

Bestimmte räumliche Skalen sind nicht nur für die Aktivitäten einzelner Individuen charakteristisch, sondern kennzeichnen auch Merkmale von Populationen oder Arten, allen voran deren Verbreitung. Grundsätzlich sind die meisten ökologischen Prozesse an eine bestimmte räumliche Skala gebunden (Wiens 1989; Levin 1992; Übersicht für Vögel bei Dolman 2012). In der Regel sind räumliche und zeitliche Skalen positiv korreliert, das heißt, Prozesse, die auf höheren Raumebenen ablaufen, benötigen mehr Zeit als Prozesse auf niedrigen Ebenen (Steele J. H. 1995). Was hier in den großen Zügen trivial erscheinen mag, kann im Detail wesentlich komplizierter oder schwieriger durchschaubar sein (Schneider 2009; Wheatley & Johnson 2009); ein Beispiel dazu folgt in Kapitel 5.6.

Bei Verwendung der Begriffe «Maßstab» oder «Skala» ist übrigens der Unterschied zwischen ökologischer und kartografischer Terminologie zu beachten. Im ökologischen Kontext ist ein globaler oder kontinentaler Maßstab groß, weil er ein großes geografisches Gebiet wiedergibt. Der kartografische Maßstab für denselben Raumausschnitt ist hingegen klein, weil er sich auf das Verhältnis der Abbildung bezieht. Bei einer globalen Karte (Abb. 5.2) beträgt dieses etwa 1:20 Mio., wodurch der große Raum klein abgebildet wird (Cassini 2013).

5.2 Verbreitungsgebiete

Das Verbreitungsgebiet oder Areal *(geographic range)* ist grundsätzlich das gesamte von einer Art oder Population besiedelte Gebiet. Weit wandernde Arten können sich je nach Jahreszeit in voneinander getrennten Teilgebieten aufhalten (Kap. 6). Bei Vögeln spricht man dann von Brut- und Überwinterungsgebieten. Man beachte aber, dass der Begriff «Winter» nicht durchwegs korrekt ist, denn Zugmuster von Brutvögeln der Tropen und Subtropen richten sich eher nach Regen- und Trockenzeiten (Kap. 6). Ohne anderslautende Definition oder spezifischen Kontext bezieht sich der Begriff «Verbreitungs-

5.2 Verbreitungsgebiete

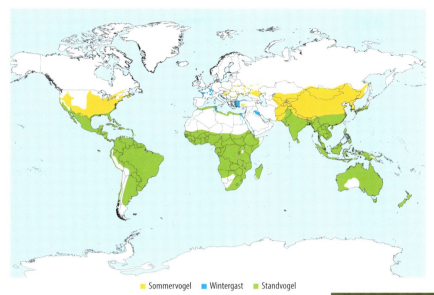

Abb. 5.2 Der Silberreiher *(Ardea alba)* kommt natürlicherweise auf allen Kontinenten außerhalb der Antarktis als Brutvogel vor. Die fein aufgelöste Darstellung in Europa zeigt einigermaßen die *area of occupancy*, während die gröber umrissenen Flächen anderswo eher dem *extent of occurrence* entsprechen. Weitere Arten mit ähnlich umfassender Verbreitung sind beispielsweise Wanderfalke *(Falco peregrinus)*, Fischadler *(Pandion haliaetus* s.l.) und Kuhreiher *(Bubulcus ibis* s.l.). Da die letzteren beiden Arten jeweils in zwei geografisch und genetisch differenzierbaren Populationen ohne Übergänge vorkommen, wurden sie jüngst in je zwei Arten unterteilt. Durch die gegenwärtig anhaltende Tendenz, Artgrenzen enger zu ziehen (Kap. 1.1, Box 1.1) und damit mehr Arten anzuerkennen, nimmt die relative Anzahl kleinerer Verbreitungsgebiete zu. (Abdruck mit freundlicher Genehmigung von *BirdLife International*, © BirdLife International.)

gebiet» beziehungsweise «Areal» jedoch meist auf das Gebiet, in dem sich eine Art fortpflanzt.

Es gibt verschiedene Methoden, das Vorkommen von Arten zu kartieren und darzustellen. Die einfachste Darstellungsform des Verbreitungsgebiets einer Art ist die einer Fläche, die von den äußeren Vorkommen begrenzt wird. Solche Darstellungen sind für die kleinmaßstäblichen Karten in Feldführern oder Handbüchern typisch (Abb. 5.2). Kaum eine Art kommt jedoch innerhalb ihres Verbreitungsgebiets überall vor. Bei höherer Auflösung zeigt sich oft eine lückenhafte oder sogar nur fleckige Verbreitung. Für manche Zwecke ist es deshalb sinnvoll, zwischen der *extent of occurrence*, dem grob umrissenen Verbreitungsgebiet, und der darin tatsächlich besiedelten – kleineren – Fläche *(area of occupancy)* zu unterscheiden (Gaston & Fuller 2009).

Bringt man die Daten, die oft in Form von Präsenz oder Absenz, seltener auch als Häufigkeit einer Art räumlich vorliegen, mit Umweltparametern in Beziehung, so lassen sich die Ansprüche einer Art analysieren und Verbreitungsmodelle *(species distribution models;* Kap. 5.7) erstellen, die für zahlreiche Fragestellungen evolutionsbiologischer, ökologischer und naturschutzbiologischer Art von Nutzen sind (Franklin 2009). Verbreitungsmodelle auf kleiner (ökologischer) Skala werden häufig auch als Habitatmodelle bezeichnet; die Übergänge sind aber fließend, und die Begriffe werden oft gleichwertig verwendet. Hier geht es zunächst um großflächige Zusammenhänge zwischen der Größe von Verbreitungsgebieten, ihrer Lage und der Abundanz der Arten. Diese zu verstehen, ist ein zentrales Anliegen der *Makroökologie* (Brown J. H. 1995).

Größe von Verbreitungsgebieten
Die Größe der Verbreitungsgebiete variiert unter den Arten enorm. Die möglicherweise ausgestorbene Bramble-Cay-Mosaikschwanzratte *(Melomys rubicola)* lebte auf einer winzigen australischen Insel auf 2 ha, der Rotfuchs *(Vulpes vulpes)* besiedelt in Nordamerika und Eurasien ein Areal von etwa 64,7 Mio. km^2. Bei marinen Säugetieren erstreckt sich die Spanne von etwa 16 500 km^2 (Kalifornischer Schweinswal, *Phocoena sinus*) bis zu 350 Mio. km^2 (Schwertwal *Orcinus orca*, in allen Ozeanen; Schipper et al. 2008). Auch bei Vögeln findet man fast weltweit vorkommende Arten (Abb. 5.2). Insgesamt wurden bei terrestrischen Säugetieren 13 und bei Vögeln 59 Abstammungslinien *(lineage)* mit kosmopolitischer Verbreitung ermittelt; die Ausbreitungszentren liegen offenbar in Afrika und Südostasien (Proches & Ramdhani 2013). Verschiedene Arten haben sich zudem mithilfe des Menschen auf alle Kontinente ausgebreitet; zu ihnen gehören der Haussperling (*Passer domesticus;* Abb. 5.15) oder kleinere Nagetiere wie Hausmaus *(Mus musculus)*, Hausratte *(Rattus rattus)* und Wanderratte (*Rattus norvegicus;* Kap. 5.5).

Die Mehrzahl der terrestrischen Arten besitzt jedoch kleine bis mittelgroße Verbreitungsgebiete (Abb. 5.3). Ein Viertel der Areale terrestrischer Säugetiere erstreckt sich über weniger als 17 700 km^2, was etwa dem Staatsgebiet von Kuwait entspricht, und der Median erreicht knapp 200 000 km^2 (Schipper et al. 2008, Supplementary Material). Bei den Vögeln sind etwa 28 % der 10 000 Arten weltweit als *restricted-range species* klassiert, das heißt, sie haben ein Verbreitungsgebiet von <50 000 km^2 (Stattersfield et al. 1998).

Natürlicherweise kleine Verbreitungsgebiete von terrestrischen Vögeln und Säugetieren konzentrieren sich auf Inseln und Gebirge niedriger Breiten, jene von marinen Säugern auf Schelfgebiete, vor allem im südlichen Süd-

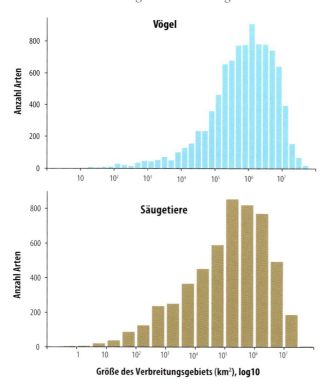

Abb. 5.3 Häufigkeitsverteilung der Größe der Verbreitungsgebiete aller Vogelarten und von 5 282 terrestrischen Säugetieren (Abbildung neu gezeichnet nach Orme et al. 2006 und Schipper et al. 2008, Supplementary Material).

5.2 Verbreitungsgebiete

amerika (Orme et al. 2006; Schipper et al. 2008). Zentren besonders hoher Artenzahlen sind als Biodiversitäts-Hotspots *(biodiversity hotspots)* bekannt; sie weisen oft eine Häufung von Arten mit kleinem Verbreitungsgebiet auf und liegen häufig in montanen Lagen an äquatornahen Gebirgszügen (nördliche Anden, afrikanische Riftgebirge, Himalaja und südöstliche Ausläufer; Orme et al. 2005 und Abb. 5.4, s. auch Box 5.1).

Die Beobachtung, dass viele Verbreitungsgebiete (gemessen an ihrer Nord-Süd-Ausdehnung) von tropischen Arten eher klein sind und Areale gegen höhere Breiten hin oft größer werden, ist als **Rapoport'sche Regel** bekannt geworden (Stevens G. C. 1989; nach Eduardo H. Rapoport, *1927, einem argentinischen Ökologen benannt). Neuere Untersuchungen stützen jedoch die Allgemeingültigkeit dieser Regel nicht, denn das Muster scheint sich auf Teile der Nord-

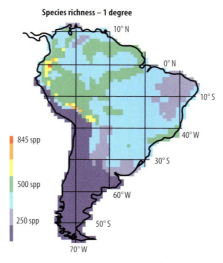

Abb. 5.4 Artenreichtum der Vögel in Südamerika (Anzahl der Land- und Wasservogelarten pro Rasterfläche von 1° Seitenlänge, total 2 869 Arten). Die östlichen Andenabhänge beherbergen die höchsten Artenzahlen. Viele der Verbreitungsgebiete dieser Arten sind klein, während die Konzentrationen relativ hoher Artenzahlen im Amazonasbecken eher von Arten mit größeren Verbreitungsgebieten gebildet werden. Zu den in Modellen die Artenvielfalt erklärenden Variablen gehörten Relief- und Habitatdiversität sowie Niederschlagsmenge und Wolkenbedeckung, die alle positiv mit hoher Artenvielfalt korrelierten (Abbildung neu gezeichnet nach Rahbek & Graves 2001).

Box 5.1 Naturschutzrelevantes zum Thema Verbreitungsgebiet: Biodiversität, Endemiten, Hotspots

Biodiversität (Biologische Vielfalt) umfasst grundsätzlich die Gesamtheit, Vielfalt und Veränderlichkeit der lebenden Organismen, der durch sie aufgebauten Ökosysteme und der darin wirkenden Prozesse. Zur Operationalisierung des Begriffs, also zur Möglichkeit, Biodiversität messbar zu machen, muss etwas vereinfacht werden. Man unterteilt Biodiversität häufig in die drei Ebenen Gene, Arten und Ökosysteme und quantifiziert sie innerhalb einer Ebene und für ein bestimmtes Gebiet. Am häufigsten geschieht dies, indem die Artenzahl *(species richness)* des Gebiets angegeben wird. Meist kann die Artenzahl nur für die besser bekannten Taxa (vor allem die Wirbeltiere und Insekten wie Tagfalter, Libellen etc.) einigermaßen verlässlich beziffert werden. Es ist zu beachten, dass Messwerte für die Biodiversität nicht mit ökologischen Diversitätsmaßen verwechselt werden, in die zusätzlich auch die unterschiedlichen Häufigkeiten der Arten eingehen (Magurran 2004).

Endemiten sind Arten, die natürlicherweise nur in einem klar definierten Gebiet vorkommen. So sind Lemuren in Madagaskar endemisch oder der Alpensteinbock *(Capra ibex)* in Europa. Das Gebiet kann geografisch (etwa eine Insel), politisch (meist ein Staat) oder über eine andere Raumeinheit definiert sein, sollte aber nicht zu groß gewählt werden, da sonst der Begriff «endemisch» ad absurdum geführt würde. Man spricht zum Beispiel noch von endemischen Arten Australiens, aber kaum von Endemiten Afrikas. Wählt man hingegen eine größere taxonomische Einheit (Gattung, Familie etc.), so lässt sich der Begriff «endemisch» auch auf eine größere Raumeinheit beziehen. Felshüpfer *(Picathartes)* sind eine Familie (mit einer Gattung und zwei Arten) von Vögeln, die in Afrika endemisch ist.

Hotspots sind Gebiete mit besonders hoher Biodiversität; ein sehr großer Teil von ihnen liegt in den Tropen und Subtropen. Je nach Taxon werden die Gebiete etwas anders bestimmt (Groombridge & Jenkins 2002). So lassen sich Biodiversitäts-Hotspots über die Zahl aller Arten, der seltenen oder der gefährdeten Arten ausdrücken. Bei den (relativ gut bekannten) Vögeln wird statt des Kriteriums «selten» die Größe des Verbreitungsgebiets herangezogen, wobei die genannten *restricted-range species* als Endemiten gelten können und zur Ausscheidung von weltweit 218 *endemic bird areas* (77 % in den Tropen und Subtropen) dienten (Stattersfield et al. 1998). Eine wichtige Frage ist, sowohl aus biogeografischen Überlegungen als auch zur Prioritätensetzung im internationalen Naturschutz, ob die Hotspots für die verschiedenen taxonomischen Gruppen an denselben Orten liegen. Globale Daten für Vögel, Säugetiere und Amphibien zeigen, dass beim Kriterium «Zahl aller Arten» eine hohe Kongruenz herrscht, bei den Kriterien «Zahl seltener Arten» oder «Zahl gefährdeter Arten» die Überlappung aber viel weniger hoch ist, besonders bei den ganz seltenen Arten. Und auch hier ist die räumliche Übereinstimmung eine Frage der Skalierung: Bei einer feinen Auflösung, angepasst an die Größe von Schutzgebieten, ist die Kongruenz viel kleiner als bei der Wahl eines größeren Maßstabs (Grenyer et al. 2006). Selbst innerhalb der Vögel allein ist die Kongruenz zwischen den Hotspots, die entweder nach dem Kriterium «Artenzahl», «Zahl gefährdeter Arten» oder «Zahl endemischer Arten» ausgeschieden wurden, erstaunlich gering; über 80 % der Hotspots genügen nur einem Kriterium (Orme et al. 2005).

halbkugel zu beschränken und mit den relativ einheitlichen naturräumlichen Bedingungen der Holarktis zusammenzuhängen (Ruggiero & Werenkraut 2007). Daneben mögen auch klimahistorische Gründe eine Rolle spielen (Davies T. J. et al. 2009). Die Frage, weshalb ähnliche Arten sehr unterschiedlich große Verbreitungsgebiete besiedeln können, bleibt aber bestehen und ist seit Charles Darwin diskutiert und unterschiedlich beantwortet worden. Zwar findet man sowohl bei Vögeln als auch Säugetieren, dass nahverwandte Artenpaare oft ähnlich große Verbreitungsgebiete besitzen *(heritability of geographic range sizes)*, was als Folge der rezenten Artbildung interpretiert worden ist (Brown J. H. 1995). Allerdings führen auch die geografischen Randbedingungen, etwa die Größe besiedelbarer Räume dazu, dass nahverwandte Arten mit ihren ähnlichen Lebensraumansprüchen letztlich ähnlich große Verbreitungsgebiete bewohnen (Hunt et al. 2005; Machac et al. 2011). Abgesehen von solchen Fällen ergibt sich aber innerhalb von Verwandtschaftsgruppen oft eine relativ starke Variabilität der Arealgröße. Die eine häufige Antwort auf das Warum lautet, dass die weit verbreiteten Arten konkurrenzstärker sind als ihre Verwandten mit kleinen Verbreitungsgebieten (Konkurrenz: Kap. 8). Befunde bei Kleinsäugern lassen allerdings auf das Gegenteil schließen, denn wenig weit verbreitete Arten sind bei Auseinandersetzungen mit weit verbreiteten Gattungsverwandten überlegen (Glazier & Eckert 2002). Eine alternative Erklärung nimmt an, dass Arten mit großem Areal eher ökologische Generalisten (Kap. 2.3), die Arten mit kleinem Verbreitungsgebiet hingegen eher ökologische Spezialisten sind. Generalisten verhalten sich in vieler Hinsicht flexibler und können so mit klimatischer Variabilität der höheren geografischen Breiten besser umgehen. Tatsächlich wurde bei Nagetieren nachgewiesen, dass deren Fähigkeit, die Länge des Dünndarms im saisonalen Verlauf zu verändern (Kap. 2.4), mit höherer Breite zunimmt. Damit ist auch die Fähigkeit gekoppelt, eine größere Vielfalt von Habitaten zu besiedeln und so ein größeres Verbreitungsgebiet zu besetzen (Naya et al. 2008).

Verbreitungsgebiete und Arthäufigkeiten
Man kann sich auch fragen, ob die Abundanz und die Größe des Verbreitungsgebiets einer Art in Zusammenhang stehen. Tatsächlich wurde für viele Taxa gefunden, dass **weiter verbreitete** Arten auch **häufiger** sind, das heißt, dass sie in größeren Dichten vorkommen. Die Korrelation ist oft recht eng (Abb. 5.5) und nicht nur bei Auswertungen im Weltmaßstab, sondern auch auf kontinentaler oder regionaler Skala vorhanden (Gaston 1996); auch bei Meeressäugern wurde die Beziehung nachgewiesen (Hall et al. 2010). Deshalb kommt ihr heute der Status einer Regel zu, die oft nach dem finnischen Ökologen Ilkka Hanski (1953–2016) als *Hanski's rule* benannt wird. Die Kurve verläuft bei Vögeln und Säugetieren praktisch gleich, nur sind Säugetiere

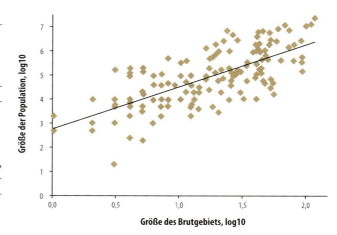

nach Daten von den Britischen Inseln bei gleich großem Verbreitungsgebiet etwa 30-mal häufiger (Blackburn et al. 1997). Natürlich ist man auf Ausnahmen von der Regel gestoßen, vor allem wenn die Befunde nur wenige Arten in einem beschränkten Gebiet betreffen; zudem spielt die Berechnungsweise der Häufigkeit eine Rolle (Wilson P. D. 2011). Eine für ein großes Gebiet gültige Ausnahme stellen die Singvögel Australiens dar, bei denen die Korrelation nicht nachweisbar ist (Symonds & Johnson 2006). So gut die Existenz der Regel aber im Allgemeinen belegt ist, so wenig herrscht bisher Übereinstimmung bezüglich der Mechanismen, die das Muster bewirken (Borregaard & Rahbek 2010).

Die **Abundanz** einer Art **variiert** innerhalb ihres Verbreitungsgebiets. Frühere Untersuchungen fanden, dass eine Art im Zentrum ihres Verbreitungsgebiets am häufigsten ist und zum Rand hin seltener wird, wo auch die zeitlichen Fluktuationen in der Dichte höher ausfallen. Dieses Muster vom Zentrum zur Peripherie abnehmender Dichten wurde lange als eine allgemeingültige Regel betrachtet, doch zeigen neuere Metaanalysen, dass die «Regel» nur von einer Minderheit

Abb. 5.5 Beziehung zwischen der Häufigkeit der 158 Arten von Entenvögeln (Enten, Gänsen und Schwänen; log10 der geschätzten globalen Populationsgröße in Anzahl Individuen) und der Größe ihres Brutverbreitungsgebiets (ausgedrückt als log10 der Zahl einheitlich großer Quadranten von 10° Länge, in welcher die Art als Brutvogel vorkommt). Da die Populationsgrößen stärker als die Ausdehnung der Verbreitungsgebiete ansteigen (Steigung 1,74), nimmt die Dichte damit zu (Abbildung neu gezeichnet nach Gaston & Blackburn 1996).

der Studien bestätigt wird, oft nämlich, wenn die Studie nur einen Teil des Verbreitungsgebiets betrachtet (Sagarin & Gaines 2002; Sexton et al. 2009). Vornehmlich Studien aus den Tropen, zum Beispiel an samenfressenden Singvögeln oder an Primaten, fanden keine Hinweise auf generell höhere Dichten in den Zentren der Verbreitungsgebiete als an deren Rand (Filloy & Bellocq 2006; Fuller et al. 2009). Abnehmende Dichten gegen die Peripherie hin sind häufig dort zu finden, wo sich das Nahrungsangebot zum Arealrand hin verschlechtert. Wird es künstlich verbessert, so können auch peripher höhere Dichten entstehen, wie etwa beim Carolinazaunkönig *(Thryothorus ludovicianus),* der am Nordrand seines Verbreitungsgebiets von der Vogelfütterung in Siedlungsgebieten profitiert (Job & Bednekoff 2011).

Bedeutet das nun, dass sich das Verbreitungsgebiet einer Art ausdehnt, wenn sie häufiger wird, oder dass ihr Areal schrumpft, wenn sie abnimmt? Für diesen Zusammenhang gibt es zahlreiche Beispiele, doch ist er nicht generell gültig. Vor allem bei Singvogelarten mit abnehmendem Bestand hat man in Nordamerika und in Europa nicht nur schrumpfende, sondern auch stabile oder sogar sich ausdehnende Verbreitungsgebiete gefunden (Gaston & Curnutt 1998; Webb et al. 2007). Wenn sich das Areal einer abnehmenden Art aber kontrahiert, so zieht sie sich oft von der Peripherie her gegen das Zentrum zurück. Ein Beispiel dafür ist die Dynamik der regionalen Verbreitung des Auerhuhns *(Tetrao urogallus)* in Mitteleuropa (Abb. 5.6).

Allerdings zeigt sich unerwartet häufig, dass Restpopulationen einer Art nicht im Inneren, sondern am Rande des historischen Verbreitungsgebietes überdauern *(refugee species).* Lomolino & Channell (1995) analysierten die Arealänderungen von 31 gefährdeten terrestrischen Säugetierarten und fanden, dass bei 23 Arten die überlebenden Populationen am Rand des ursprünglichen Verbreitungsgebietes vorkamen. Weiter ergab sich, dass die Arten eher auf Inseln als auf dem Festland überlebten. Offensichtlich können Randpopulationen auch von ihrer Isolierung profitieren *(splendid isolation),* denn oftmals sind Prädationsdruck oder anthropogene Störungen in solchen Lebensräumen geringer, die Qualität der Ressourcen jedoch eher schlechter. Dies ist zu berücksichtigen, wenn es darum geht, eine regional ausgestorbene Art wieder einzubürgern (dazu auch Kap. 5.6). Die Erfolgsaussichten sind im Inneren des historischen Verbreitungsgebietes trotz allem höher als an der Peripherie, denn bei 133 Wiederansiedlungsversuchen von Säugern und Vögeln im Kerngebiet waren 76 % erfolgreich, bei 54 Versuchen an der Peripherie hingegen nur 48 % (Griffith B. et al. 1989).

5.3 Fragmentierte Verbreitung: Populationen und Metapopulationen

Keine Art kommt innerhalb der äußeren Grenzen ihres Verbreitungsgebiets überall vor. Immer wieder gibt es darin Bereiche, wo die Art fehlt. Sind diese Lücken so groß, dass Individuen sie normalerweise nicht überwinden, ist das Verbreitungsgebiet in Teilgebiete fragmentiert, die von separaten **Populationen** besiedelt sind. Eine Population ist eine Gruppe von Individuen der gleichen Art, die einen bestimmten Raum zu einer bestimmten Zeit besiedeln und miteinander in reproduktivem Austausch stehen. Ist dieser Austausch über lange Zeit sehr stark reduziert

5.3 Fragmentierte Verbreitung: Populationen und Metapopulationen

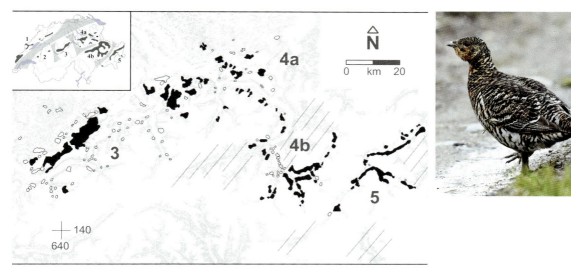

Abb. 5.6 Verbreitung des Auerhuhns *(Tetrao urogallus)* in den zentralen und östlichen Schweizer Alpen. Bewaldetes Gebiet ist grau, besiedelte Teilflächen *(patches)* sind schwarz, unbesiedelte *patches* (mit geeignetem Lebensraum) sind weiß mit grauer Umrandung; nicht untersuchte Gegenden sind schraffiert. Die Nummern bezeichnen die angenommenen Metapopulationen 3, 4 und 5; bei 4 ist nicht klar, ob zwischen 4a und 4b noch Austausch stattfindet. Die Unterteilung wurde aufgrund der Lage der Flecken und der Kenntnis der Mobilität des Auerhuhns sowie des Aussterbens und der Wiederbesiedlung von einzelnen Flecken vorgenommen (Bollmann et al. 2011). Genetische Analysen haben seither die Annahmen im Grundsatz bestätigt und gezeigt, dass Gebirgskämme den Austausch stärker erschweren als Täler und Offenland (Kormann et al. 2012; s. auch Segelbacher & Storch 2002). Der Einschub zeigt zudem die heute fast erloschene Metapopulation 2, deren Schrumpfprozess von Südwesten nach Nordosten, also vom Rand zum Zentrum der Verbreitung verlief (Abdruck mit freundlicher Genehmigung von *Wiley*, © Wiley).

oder total unterbunden, werden sich die Populationen genetisch differenzieren und schließlich zu verschiedenen Arten entwickeln.

Häufig ist der Austausch von Individuen zwischen Populationen zwar reduziert, aber nicht unterbunden, besonders wenn man die Struktur der besiedelten Teilgebiete auf einem Maßstab mittlerer Größenordnung, etwa auf der regionalen oder der Landschaftsskala betrachtet. In Landschaften, in denen bestimmte Lebensräume in Fragmente unterteilt sind, kommen die Arten oft als **Metapopulationen** vor (Hanski & Gaggiotti 2004). Das Konzept der Metapopulation wurde 1969 vom amerikanischen Biomathematiker Richard Levins (1930–2016) begründet. In seiner Definition ist die Metapopulation eine Gruppe von Populationen, die Teilgebiete oder Teilflächen *(patches)* besiedeln und miteinander durch **reduzierten** Individuenaustausch (Dispersal, Kap. 5.5) verbunden sind. Einzelne solcher Populationen sterben zeitweise aufgrund stochastischer Prozesse aus, entstehen durch Wiederbesiedlung aber wieder neu. Idealerweise ergibt sich so ein dynamisches Gleichgewicht, das die Metapopulation erhält. Das klassische Modell geht davon aus, dass die Teilflächen gleich groß sind und unabhängig von der Distanz zwischen ihnen dieselbe Aussterbe- und Besiedlungswahrscheinlichkeit aufweisen. Die Größe einer Metapopulation, das heißt der Anteil besiedelter Teilflächen p, ist damit nur eine Funktion der Aussterbe- und Wiederbesiedlungswahrscheinlichkeit und verändert sich gemäß:

$$\frac{dp}{dt} = cp(1-p) - ep \qquad (5.1)$$

Dabei bezeichnen *c* und *e* die Kolonisierungs- respektive die Aussterberate der Teilflächen (Hanski 2009).

In der Wirklichkeit sind die Teilgebiete aber meist unterschiedlich groß; auf größeren Teilgebieten ist die Aussterbewahrscheinlichkeit geringer (Abb. 5.6). Das Metapopulationskonzept ist deshalb mit verschiedenen Varianten an die Realität angepasst und auch theoretisch weiterentwickelt worden, um die Dynamik zwischen den beteiligten Populationen, die oft als Teil- oder Subpopulationen oder auch als lokale Populationen bezeichnet werden, besser abbilden zu können. Sehr häufig begnügt man sich aber mit der Definition, dass eine Metapopulation aus einer Anzahl von lokalen Populationen besteht, die unterschiedlich groß und unregelmäßig über die Landschaft verteilt sind und durch gewissen Austausch von Individuen miteinander in Kontakt stehen. Ist der Austausch hoch, spricht man auch von *patchy populations* (Harrison S. 1991; Mayer et al. 2009). Letztlich kann man für die Bandbreite der verschiedenen Formen räumlicher Organisation von Populationen ein Kontinuum erkennen, das von isolierten Populationen über Metapopulationen zu *patchy populations* und schließlich zu vollständig durchgängigen Populationen reicht (Thomas C. D. & Kunin 1999).

Metapopulationen können bei Arten erwartet werden, deren Habitate natürlicherweise räumlich begrenzt vorkommen und beispielsweise in Gebirgen, in Feuchtgebieten oder auf Inseln zu finden sind, doch gibt es viele Beispiele, wo auch weniger offensichtliche räumliche Textur zu metapopulationsartiger Struktur bei Vogel- oder Säugerarten führt (McCullough 1996). Gut untersuchte Arten mit Metapopulationsstruktur sind etwa das Auerhuhn *(Tetrao urogallus)* in den europäischen Gebirgswäldern (Segelbacher & Storch 2002; Abb. 5.6) oder das Dickhornschaf *(Ovis canadensis)* im Westen Nordamerikas (Abb. 5.7). Ein großer Teil der Fragmentierung von Lebensräumen ist heute jedoch anthropogen bedingt; vor allem Wälder sind oft stark zerstückelt. In der Kulturlandschaft, wie sie über weite Strecken Eurasiens und Nordamerikas herrscht und sich immer mehr auch in den Subtropen und Tropen ausbreitet, sind viele Arten mittlerweile in Metapopulationen organisiert (Lambin et al. 2004). Umgekehrt bedeutet nicht jedes fragmentierte Verbreitungsmuster einer Art, dass eine Metapopulationsstruktur vorliegt (Clinchy et al. 2002). Vor allem Vögel dürften oft eher die Definition einer «*patchy*» Populationsstruktur erfüllen (Mayer et al. 2009). Andererseits kann bei stark fragmentierter Populationsstruktur der Individuenaustausch so gering werden, dass kein dynamisches Gleichgewicht im Sinne einer Metapopulation mehr zustande kommt. Eine solche Situation wurde beim bedrohten Bergkaribu *(Rangifer tarandus caribou)* aufgedeckt; die Erkenntnis ist für den Schutz der Art von Bedeutung (van Oort et al. 2011). Weiteres zur Naturschutzbiologie fragmentierter Populationen findet sich in Kapitel 11.5.

5.4 Grenzen und Dynamik von Verbreitungsgebieten

Eine der Definitionen von «Ökologie» lautet: «Ökologie ist das wissenschaftliche Studium der Wechselbeziehungen, welche die Verbreitung und Häufigkeit von Organismen bestimmen» (Krebs

5.4 Grenzen und Dynamik von Verbreitungsgebieten

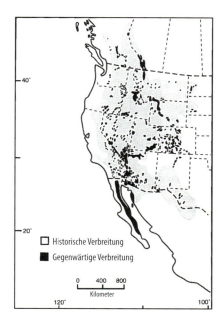

Abb. 5.7 Verbreitung des Dickhornschafs *(Ovis canadensis)*, das die Rocky Mountains und andere Gebirgszüge im Westen Nordamerikas bewohnt. Die heutigen Vorkommen (schwarz) sind im Vergleich zum historischen Verbreitungsgebiet (grau) sehr stark fragmentiert, doch dürfte auch unter ursprünglicheren Bedingungen die Verbreitung nicht kontinuierlich gewesen sein (Krausman & Shackleton 2000).

C. J. 2009). Die einfache Frage: Warum ist eine Art hier vorhanden, dort aber nicht?, ist also in der Ökologie ein zentrales Thema. Man kann sie auch anders ausdrücken: Welche Faktoren begrenzen ein Verbreitungsgebiet? Offensichtlich kommen die meisten Arten längst nicht überall vor, wo sie gemäß ihren Ansprüchen an den Lebensraum leben könnten. Dies zeigt sich etwa darin, dass sich viele Arten erfolgreich etablieren, wenn sie durch den Menschen weit außerhalb ihres bisherigen Verbreitungsgebiets verfrachtet werden. Für das Fehlen einer Art kann es verschiedene Gründe geben, die sich gemäß folgendem Entscheidungsbaum hierarchisch beurteilen lassen (Krebs C. J. 2009):

1. Fehlt die Art, weil die Gegend nicht besiedelt werden kann?
   - Ja → Frage des **Dispersals**, falls nicht:
2. Fehlt die Art, weil das Habitat nicht passt?
   - Ja → Frage der **Habitatwahl**, falls nicht:
3. Fehlt die Art, weil sie von anderen Arten behindert wird?
   - Ja → Frage von **Prädation**, **Konkurrenz**, **Parasiten** oder **Krankheiten**, falls nicht:
4. Fehlt die Art, weil **physikalische** oder **chemische Faktoren** (wie Temperatur, Feuchtigkeit, Wasserverfügbarkeit, pH etc.) nicht stimmen?

Unter Punkt 1–3 sind **biotische** Faktoren zusammengefasst, unter Punkt 4 **abiotische** Faktoren. In den folgenden Unterkapiteln werden Dispersal und Habitatwahl eingehender besprochen, weil sie wesentliche Mechanismen sind, über die sich ein Tier mit dem Raum auseinandersetzt. Interaktionen mit anderen Arten in Form von Konkurrenz (Kap. 8), Prädation (Kap. 9) sowie der Einwirkung von Parasiten und Krankheiten (Kap. 10) können Populationen

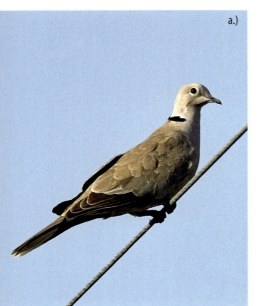

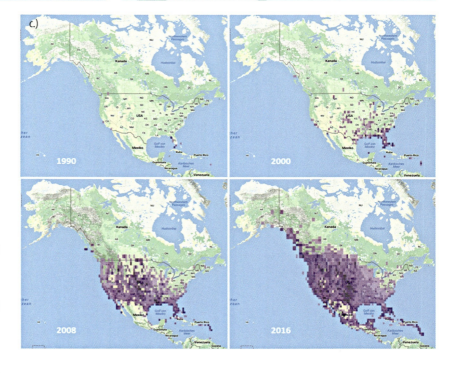

Abb. 5.8 Arealausweitung der Türkentaube (*Streptopelia decaocto*, a). Die Art kam bis zum frühen 20. Jahrhundert hauptsächlich in Indien, in Teilen Ostasiens, aber auch in Südwestasien bis in die Türkei vor. Der Vorstoß im Balkan erfolgte sehr plötzlich, und seit etwa 1930 besiedelte sie sukzessive den größten Teil Europas (b, nach http://commons.wikimedia.org/wiki/File:Streptopelia_decaocto_expansion.png). In den 1970er-Jahren wurden Türkentauben auf den Bahamas vom Menschen eingeführt, von wo aus sie sich über Florida selbstständig in die USA ausbreiteten und mittlerweile einen großen Teil Nord- und Mittelamerikas sowie der Karibik besiedeln (c; Daten: ebird.org, s. dazu Sullivan et al. 2014).

und – zumindest im Modell – auch deren Verbreitung limitieren; die empirische Datenlage dazu ist aber relativ schmal (Sexton et al. 2009).

Global gesehen, üben die abiotischen Faktoren Temperatur und Feuchtigkeit (Punkt 4) zwar die stärkste limitierende Wirkung auf die Verbreitung von Pflanzen und exothermen Tieren aus – teilweise gilt dies auch für chemische Faktoren. Bei Säugetieren und Vögeln dürften abiotische Faktoren im Allgemeinen aber eher indirekt oder in Kombination mit biotischen Faktoren wirken, etwa indem sie über die Ausgestaltung der Vegetationsdecke und des Nahrungsangebots die Verbreitungsgrenzen bestimmen (McNab 2002, 2012). Beziehungen zwischen der Vegetationsdecke und dem Vorkommen von Tieren werden in der Regel jedoch als Teil der Habitatwahl (Punkt 2; Kap. 5.6) betrachtet.

Allerdings sind auch direkte Effekte abiotischer Faktoren nachgewiesen. Hohe oder niedrige Temperaturen und Wassermangel können die physiologische Leistungsfähigkeit von Säugern und Vögeln überschreiten und deren Verbreitung begrenzen, besonders von Arten mit ausgeprägten physiologischen Anpassungen an bestimmte Lebensräume wie tropische Regenwälder, Wüsten oder polare Regionen (Newton 2003; McNab 2002, 2012). Bei der Analyse der Verbreitungsgrenzen europäischer Vogelarten hat sich gezeigt, dass das Klima als begrenzender Faktor vor allem in höheren Breiten eine Rolle spielt, nicht jedoch bei Arealgrenzen in gemäßigten Breiten (Beale et al. 2008). Vermutlich hat die Klimawirkung unter kalten Bedingungen eher mit der Temperaturtoleranz der kleinen Jungen als mit den Ansprüchen der Altvögel zu tun (Newton 2003). Hingegen fand Root (1988) bei überwinternden Singvögeln in Nordamerika, dass die nördliche Grenze der Winterverbreitung jenen Isothermen folgte, an denen der Energieverbrauch der Vögel 2,5 × BMR erreichte (BMR: Kap. 2.1). Auch kleinere Säugetiere können temperaturbedingt an ihr energetisches Limit gelangen, vor allem wenn noch Nahrungsengpässe auftreten. So schwankt die Nordgrenze der Verbreitung des Südlichen Gleithörnchens *(Glaucomys volans)* um über 200 km; nach kalten Wintern mit Ausfall der Buchen- und Eichenmast zieht sie sich südwärts zurück und stößt in günstigeren Perioden wieder nordwärts vor (Bowman et al. 2005). Umgekehrt wirken sich spezifische Anforderungen an Schnee- oder Eisbedeckung auf die Südgrenze des Vorkommens hochnordischer Arten aus, wie im Falle des Vielfraßes *(Gulo gulo)*, der auf eine stabile Frühjahrsschneedecke für die Anlage der Wurfhöhle angewiesen ist (Copeland et al. 2010). Als Folge der **Klimaerwärmung** ist deshalb zu erwarten, dass Arten, deren Verbreitung durch Klimafaktoren begrenzt wird, ihr Verbreitungsgebiet verändern werden. Tatsächlich gibt es bereits eine Anzahl von Studien, die solches nachweisen. Wir kommen darauf in Kapitel 11.6 zurück.

Auch ohne Klimaänderungen bleiben Verbreitungsgrenzen meist nicht starr, sondern verändern sich über die Zeit. Hoher Reproduktionserfolg kann als *spill-over* zur Ausbreitung über die Verbreitungsgrenzen hinaus führen. Gelegentlich verbreiten sich Arten ohne direktes Zutun des Menschen in kurzer Zeit über große Gebiete, in denen sie früher nie vorkamen. Eines der spektakulärsten Beispiele ist der Kuhreiher, dessen westliche Form *(Bubulcus ibis)*, sich innerhalb von etwa 200 Jahren von Ostafrika aus über weite Teile Afrikas, Südeuropas und, nach der selbstständigen Atlantiküberquerung nach Südamerika, des amerikanischen Kontinents ausgebreitet hat. Die östliche Form *(B. coromandus)* erreichte innerhalb von 50 Jahren von Süd- und Südostasien aus Neuguinea, Australien und Neuseeland. Expansionen in Europa geschahen vor allem durch Arten, die von Osten herkommend nach Westeuropa eingewandert sind. Beispiele bei den Vögeln sind Silberreiher (*Ardea alba*, Abb. 5.3), Türkentaube (*Streptopelia decaocto*, Abb. 5.8), Wacholderdrossel *(Turdus pilaris)* und Karmingimpel *(Carpodacus erythrinus)*, bei den Säugern der Goldschakal *(Canis aureus)*. Das Beispiel des Wolfs *(Canis lupus)*, der sich von Italien aus nordwärts und von Nordosteuropa aus westwärts ausbreitet, ist etwas anders gelagert: In diesem Fall handelt es sich um die **Wiederbesiedlung** früherer Verbreitungsgebiete nach regionaler Ausrottung. Die Gründe für solche schnelle Ausbreitungen bleiben oft unklar, weil man aus der Rückschau heraus korrelativ schließen muss und dann vielfach wichtige Daten fehlen. Oft gibt wohl erst die Kombination mehrerer Faktoren (Änderungen bei Klima, Landnutzung oder Jagddruck; Newton 2003) den Ausschlag. Im Falle der Türkentaube in Europa nimmt man an, dass Veränderungen im Habitat- und Nahrungsangebot und vielleicht Gendrift (Kasparek 1996) eine Rolle gespielt haben. Modellierungen der Ausbreitungsraten stimmen oft gut mit den beobachteten Werten überein und legen nahe, dass bereits geringe positive Veränderungen des Lebens-Reproduktionserfolgs (*lifetime reproductive success*; Kap. 4.4) den zur Expansion notwendigen Populationsanstieg bewirken können.

5.5 Dispersal

Die natürliche Dynamik von Verbreitungsgebieten beruht also zu einem großen Teil darauf, dass Organismen von ihrem Geburtsort abwandern und sich anderswo ansiedeln, auch wenn dies normalerweise innerhalb des bestehenden Areals geschieht. Dieser Vorgang, der auch Umsiedlungen zwischen zwei Reproduktionsperioden betreffen kann, wird als **Dispersal** (= Dispersionsdynamik) bezeichnet und ist nicht zu verwechseln mit Dispersion, welche die Verteilung der Individuen im Raum, also das Ergebnis von Ausbreitungsbewegungen, meint (Kap. 5.8). Das Gegenteil von Dispersal ist **Geburtsortstreue** *(philopatry)*. Dispersal ist nicht nur für Kolonisation und Ausweitung von Verbreitungsgebieten oder die Dynamik von Metapopulationen entscheidend (Kubisch et al. 2014), sondern vor allem auch für den Genfluss innerhalb und zwischen Populationen. Dispersal ist damit ein sehr bedeutendes Life-History-Merkmal und als solches auch ein evolutionsbiologisches Phänomen.

Evolutionsbiologische Bedeutung von Dispersal
Bei Vögeln und Säugetieren sind es in der Regel unabhängig gewordene Jungtiere, die abwandern. Die Bereitschaft zum Dispersal über größere Strecken ist zudem oft geschlechtsspezifisch verschieden. Bei Säugetieren ziehen meistens die Männchen weiter vom Geburtsort weg, bei Vögeln eher die Weibchen, doch gibt es bei vielen Artgruppen Ausnahmen oder alternative Strategien (Lawson Handley & Perrin 2007). Beim Menschen waren über weite Strecken seiner Entwicklungsgeschichte die Weibchen das dispergierende Geschlecht, was auch für

die nächsten Verwandten unter den Menschenaffen (Schimpanse, *Pan troglodytes*, und Bonobo, *P. paniscus*) zutrifft, während bei anderen Hominiden sowohl Weibchen als auch Männchen abwandern können (Koenig A. & Borries 2012). Ausnahmen unter den Vögeln betreffen etwa die Entenvögel, die sich im Überwinterungsgebiet verpaaren und bei denen anschließend das Männchen den geburtsortstreuen Weibchen an den Brutplatz folgt (Abb. 5.9). Auch bei der sozial lebenden Großtrappe *(Otis tarda)* sind es größtenteils die Männchen, die sich anderswo ansiedeln, doch hängt die Bereitschaft zum Dispersal auch von der Gruppengröße und der räumlichen Distanz zu anderen Gruppen ab (Martín et al. 2008).

Dispersal ist zum einen Teil genetisch fixiert (Hansson et al. 2003; Pasinelli et al. 2004; Doligez et al. 2009), zum anderen ein phänotypisch plastisches und insgesamt ein evolutiv komplexes Verhalten, denn es bringt Fitnesskosten mit sich (Perrin 2009; Bonte et al. 2012; Matthysen 2012). Zu den Kosten gehören erhöhte Mortalität beim Durchqueren von ungeeigneten Gebieten, kompetitive Unterlegenheit gegenüber Artgenossen am neuen Ort und allenfalls sogar schlechtere genetische Anpassung an die neuen Verhältnisse. Umgekehrt muss Dispersal mit einem Nutzen verbunden sein. Dieser ergibt sich vor allem in Landschaften, in denen die Habitatqualität schnell wechseln kann. Auch unter stabilen Verhältnissen sind Vorteile zu erwarten: Aussiedler vermeiden Inzuchtrisiken und Konkurrenz mit Verwandten um Reviere, Ressourcen oder Geschlechtspartner. Tatsächlich hat man bei Vögeln wie Säugetieren gefunden, dass die Häufigkeit des Dispersals bei größeren Populationsdichten höher ist (Matthysen 2005). Konkurrenzvermeidung

Abb. 5.9 Reiherenten *(Aythya fuligula)* verpaaren sich bereits im Winterquartier. In der Regel folgt das Männchen (im Bild links) dem Weibchen an den Brutplatz. Die Brutverbreitung erstreckt sich über das ganze nördliche Eurasien, während die Winterquartiere südlich davon liegen und von Europa bis Süd- und Ostasien reichen. Viele Reiherenten sind damit Langstreckenzieher, doch hat man angenommen, dass Reiherenten sich innerhalb sogenannter *flyways* bewegen und die Winterquartiere etwa längenparallel zu den Brutplätzen wählen. Diese Annahme war bisher durch Funde beringter Enten gestützt worden. Genetische Untersuchungen haben jedoch gezeigt, dass es zu Durchmischung über große Teile des Verbreitungsgebiets kommt und weder im Brutgebiet noch im Winterquartier eine deutliche genetische Differenzierung nach *flyways* sichtbar ist. Innerhalb einzelner Populationen gab es jedoch eine gewisse Strukturierung, die vor allem mit der mitochondrialen DNA sichtbar wurde und zeigt, dass Weibchen viel brutortstreuer sind als Männchen (Liu et al. 2012). Hohe Dispersalraten wurden auch bei weiteren Entenarten gefunden und sind zudem für koloniebrütende Arten instabiler Habitate typisch, etwa den Rosaflamingo *(Phoenicopterus roseus)* im gesamten Mittelmeerraum (Geraci et al. 2012) oder den Nashornpelikan *(Pelecanus erythrorhynchos)* Nordamerikas (Reudink et al. 2011).

scheint vor allem bei polygynen Arten wichtig und ein Grund zu sein, weshalb bei Säugern vor allem die Männchen zu Dispersal neigen (Greenwood 1980; Weiteres zu Polygynie in Kap. 4.9). Weibchen hingegen können unter solchen Umständen durch Kooperation mit weiblichen Verwandten an Fitness gewinnen und sind daher eher geburtsortstreu. Dennoch gibt es auch bei Säugetieren viele soziale Konstellationen, welche die Abwanderung von Weibchen fördern (Clutton-Brock & Lukas 2012). Beim Reh *(Capreolus capreolus)*, einer Hirschart mit niedrigem Polygyniegrad, variiert die Dispersalrate zwischen Populationen, ist aber nicht geschlechtsabhängig. Hingegen kann sie wie auch bei anderen Arten von der individuellen Kondition abhängen, indem schwerere Individuen häufiger, früher und über weitere Distanzen abwandern als leichtere Tiere (Debeffe et al. 2012). Auch bei Vögeln hat man einen Zusammenhang zwischen Phänotyp und Dispersalrate gefunden: Männliche Blaukehl-Hüttensänger *(Sialia mexicana),* die abwandern und neu entstandene Lebensräume kolonisieren, sind wesentlich aggressiver als brutortstreue Männchen, die in den länger existierenden Lokalpopulationen unter Kooperation mit Verwandten ein Territorium errichten (Duckworth 2012).

Im Vergleich zur Abwanderung von Jungtieren *(natal dispersal)* ist die Umsiedlung von Adulten *(breeding dispersal)* bei den meisten Arten viel weniger häufig. Untersuchungen an 71 Vogel- und 14 Säugetierarten zeigten, dass bei den meisten Arten die adulten Individuen zu 70–100 % ortstreu waren (Vögel, ♂ 80 %, ♀ 60 %; Säugetiere, ♂ 100 %, ♀ 85 %; Piper 2011). Vormaliger Revierbesitz, soziale Dominanz und Kenntnis der lokalen Verhältnisse bezüglich Ressourcen und Prädatoren fördern den Fortpflanzungserfolg und damit die Ortstreue; Umsiedler erreichen meist geringeren Bruterfolg. Die Bereitschaft umzusiedeln wächst aber oft mit zunehmender Siedlungsdichte oder nach Störungen am Brutplatz und ist bei Individuen mit unterdurchschnittlichem Bruterfolg oder Besitzern von Territorien schlechter Qualität höher als bei erfolgreicheren Artgenossen. Auch ungünstige Geschlechterverhältnisse, zum Beispiel ein Mangel an Weibchen, können die Abwanderung von Männchen fördern (Steifetten & Dale 2012).

Dispersal: Distanzen und Barrieren
Dispersaldistanzen sind bei vielen Säugern, vor allem aber bei Vögeln gemessen worden. Eine Auswertung der Ringfunddaten britischer Vögel zeigte, dass Abwanderung im arithmetischen Mittel über 2–70 km und Umsiedlungen über 1–45 km führen; die geometrischen Mittelwerte, die größere Distanzen von einzelnen Individuen weniger gewichten, liegen bei 0,2–26 km und 0,2–14 km (Paradis et al. 1998). Bei Säugetieren erstrecken sich mittlere Abwanderungsdistanzen von 8–100 m bei Mäusen bis über 200 km bei großen Carnivoren, während Maximalwerte selbst bei mittelgroßen Carnivoren über 400 km erreichen können. Generell wachsen bei Vögeln wie Säugern die Distanzen mit der Körpergröße. Rechnet man diese in den Modellen heraus, so ergibt sich erwartungsgemäß ein positiver Zusammenhang mit der Territoriengröße, womit die Distanzen bei carnivoren Arten größer sind als bei herbivoren oder omnivoren Arten (Sutherland et al. 2000; Bowman et al. 2002; Bowman 2003). Bei Vögeln dispergieren auch Arten, die längere Zugwege aufweisen, über größere Distanzen, was wiederum mit längeren Flügeln korreliert (Dawideit et al. 2009; Garrard et al. 2012).

Grundsätzlich haben viele Arten das Potenzial zum Dispersal über größere Strecken und unwirtliche Gebiete *(jump dispersal).* Oft aber schränken verhaltensbiologische Faktoren das Dispersal ein, etwa bei Arten, die sich innerhalb von Sozialverbänden fortpflanzen. Auch gibt es Arten, die davor zurückschrecken, ungewohntes Gelände zu überqueren. Manche Vogelarten aus dicht bewachsenen Lebensräumen scheuen sich, offene Flächen zu überfliegen, selbst wenn dies physisch kein Problem darstellen würde (Bélisle et al. 2001; Harris R. J. & Reed 2002; St Clair 2003). Oft beschränken aber reale Barrieren in der zu durchquerenden Landschaftsmatrix (Kap. 11.5) die Ausbreitungsmöglichkeiten zwischen geeigneten Lebensräumen. Bei Säugetieren sind dies zunehmend anthropogene Strukturen wie Autobahnen und andere Verkehrsstränge oder bandförmige Siedlungen. Um die Trennwirkung von großen Straßen zu mildern, errichtet man gern Tierquerungshilfen *(wildlife crossing)* in Form von Brücken oder Durchlässen *(overpass/underpass)*, deren Akzeptanz bei Wildtieren je nach Form und Ausführung artspezifisch schwankt (Glista et al. 2009).

Auf größerem (ökologischem) Maßstab bestehen jedoch häufig geografische Barrieren wie Meere oder hohe Gebirgszüge, die auch von mobilen Arten nicht überwunden werden können. Wenn solche Barrieren überbrückt werden, kann sich eine Art unter Umständen ausbreiten. Auf natürliche Weise geschieht dies etwa durch erdgeschichtliche Vorgänge in entsprechend langen Zeiträumen, zum Beispiel durch Absinken des Meeresspiegels.

Einbürgerungen und Einschleppungen: «anthropogenes Dispersal»
Oft aber werden die Barrieren mithilfe des Menschen überwunden, der Arten in entfernte Gegenden, oft sogar auf einen anderen Kontinent, einführt und freilässt. Geschieht dies absichtlich und etablieren sich die Arten, so spricht man von **Einbürgerung** *(intentional introduction)*, im unabsichtlichen Fall von **Einschleppung** *(accidental introduction)*. *Naturalisation* wird vor allem dann verwendet, wenn die Art gut etabliert ist. Eingebürgerte und eingeschleppte Arten werden oft auch als **Exoten** oder **Neozoen** (bei Pflanzen Neophyten) bezeichnet. Wiedereinbürgerung *(reintroduction)* hingegen meint die Ansiedlung einer Art an Orten, wo sie bereits früher vorkam, mittlerweile aber ausgestorben ist – als Maßnahme des Artenschutzes.

Man kann beim Einbürgerungsprozess mehrere Schritte unterscheiden (Duncan et al. 2003; Jeschke & Strayer 2005):

1. Individuen einer Art werden vom Menschen in ein neues Gebiet transportiert. In den meisten Fällen bleiben sie Haus- oder Zootiere und gelangen nicht in die Freiheit.
2. Gelegentlich werden Individuen freigelassen oder entweichen. Verschwinden sie schließlich wieder (allenfalls auch erst nach einigen Fortpflanzungszyklen), ist die Einbürgerung gescheitert.
3. Wenn sich die Tiere hingegen regelmäßig fortpflanzen und eine stabile Population bilden, so hat sich die Art etabliert und gilt als eingebürgert. Häufig bleibt sie in ihrer Verbreitung aber auf das weitere Freilassungsgebiet beschränkt.
4. Oft jedoch wächst die Population an, und die Art beginnt sich über größere Flächen auszubreiten, manchmal einen ganzen Kontinent: Die Art ist **invasiv** (Abb. 5.8c). In vielen Fällen wird dieser Begriff spezifisch dazu verwendet, auszudrücken, dass solche Arten als Konkurrenten, Prädatoren oder Parasiten einheimischer Arten enorme Naturschutzprobleme verursachen können (s. auch Kap. 8–11).

Wie groß sind nun die Erfolgsraten bei Schritt 3 und 4, und wovon hängen sie ab? Eine Zeit lang ist man davon ausgegangen, dass bei beiden Schritten immer nur etwa 10 % der Versuche erfolgreich sind. Neuere Auswertungen nennen wesentlich höhere Zahlen (Jeschke 2008), doch berücksichtigen sie nicht, dass erfolglose Einbürge-

Abb. 5.10 Das globale Muster des Artenreichtums erfolgreich etablierter Vögel (n = 362 Arten). Kalte Farben bezeichnen geringe Artenzahlen, warme Farben höheren Artenreichtum; grau markierte Bereiche haben keine etablierten Populationen eingeführter Arten. Die in den letzten 30 Jahren eingebürgerten oder eingeschleppten Arten stammen nicht mehr aus den gemäßigten, sondern zur Hauptsache aus subtropischen und tropischen Zonen (aus Dyer et al. 2017) (Abdruck mit freundlicher Genehmigung von *PLOS Biology*, © PLOS Biology).

rungsversuche oft nicht dokumentiert wurden (Rodriguez-Cabal et al. 2013). Zudem hängen die berechneten Erfolgsquoten davon ab, ob Freilassungen von nur wenigen Individuen einer Art mitgerechnet werden. Bei Vögeln haben verschiedene Studien geschlossen, dass die Wahrscheinlichkeit der Etablierung mit der Zahl ursprünglich freigelassener Individuen (*introduction effort* oder *propagule pressure*) ansteigt (Blackburn et al. 2009; Simberloff 2009). Aber auch diese Beziehung scheint nicht generell zu gelten, weil Eigenheiten des Einbürgerungsorts oder biologische Charakteristika *(traits)* der eingeführten Art den Etablierungserfolg mitbestimmen (Moulton et al. 2013). Begünstigend wirken offenbar ähnliche ökologische Bedingungen zwischen Freilassungs- und Herkunftsort. Umgekehrt scheint der Konkurrenz mit einheimischen Arten entgegen früheren Meinungen nicht sehr große Bedeutung zuzukommen, zumindest bei Vögeln nicht (Blackburn et al. 2011). Artenärmere Gebiete sind nämlich nicht einfacher zu besiedeln als artenreichere und Inseln nicht einfacher als Festländer. Inseln tendieren zwar dazu, höhere Zahlen eingebürgerter Arten zu beherbergen als Festlandsgebiete, und der Anteil an Exoten ist umso größer, je entlegener und artenärmer die Inseln sind. Dies hat aber wieder mit dem *introduction effort* zu tun, der auf solchen Inseln höher war. Die Konkurrenz bei der Behinderung des Etablierungserfolgs von eingeführten Arten spielt auch deshalb eine geringe Rolle, weil exotische Vogelarten oftmals vom Menschen geschaffene Sekundärhabitate im Offenland besiedeln, einheimische Arten dagegen Primärhabitate wie Wälder. Hingegen ist der Ausbreitungserfolg abhängig von Merkmalen des Orts und der Art: Arten mit einem großen natürlichen Verbreitungsgebiet oder mit hoher Vermehrungsrate breiten sich eher stärker aus (Newton 1998; Duncan et al. 2003; Sol et al. 2005).

Unabhängig von Erfolgsraten sind die phylogenetische Auswahl eingeführter Arten und die Gebiete mit Einbürgerungen nicht zufällig verteilt, sondern abhängig von den Migrationsströmen des Menschen, seinen globalen Transportsystemen und seinen Vorlieben für bestimmte Arten. Zu den am häufigsten eingeführten Säugetierarten gehören Wildkaninchen (*Oryctolagus cuniculus*; unter anderem Besiedlung ganz Austra-

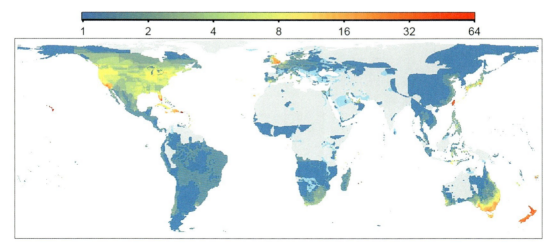

liens), kleine Nager (verschleppt wurden vor allem die Hausratte, *Rattus rattus*, die Wanderratte, *R. norvegicus*, die Pazifische Ratte, *R. exulans,* und die Hausmaus, *Mus musculus*) und Nutz- sowie Haustiere (Hausschwein, Hausrind, Hausziegen, Hauskatzen und Hunde). Auch kleinere wilde Carnivoren und Huftiere (vor allem Hirsche) sind unter den eingeführten Arten überproportional vertreten, da sie zu Jagdzwecken verfrachtet wurden. Bei Vögeln sind sechs Artengruppen überdurchschnittlich repräsentiert: Hühnervögel, Entenvögel und Tauben wurden ebenfalls hauptsächlich zur direkten Nutzung anderswo eingebürgert, Papageien und bestimmte Singvögel (Sperlinge, Finken) aus ästhetischen Gründen. Jüngere Einbürgerungen erfolgten zumeist unabsichtlich durch entflogene Käfigvögel (Blackburn et al. 2010). Einige der weltweit erfolgreichsten Neubürger sind die Straßentaube *(Columba livia),* der Haussperling *(Passer domesticus),* der Star (*Sturnus vulgaris;* Besiedlung von ganz Nordamerika) und die indische Glanzkrähe *(Corvus splendens),* die hauptsächlich auf Schiffen zahlreiche Hafenstädte Asiens, Afrikas und neuerdings selbst Europa erreicht hat. Die Türkentaube (Abb. 5.8) ist ein Beispiel für kombinierte Effekte von Einbürgerungen, natürlicher Kolonisation und Ausbreitung (Newton 1998; Long 2003; Lever 2005).

Auch die Herkunft der eingebürgerten Arten und die Einbürgerungsgebiete sind geografisch verzerrt *(biased),* sie unterscheiden sich vom geografischen «Angebot» (Duncan et al. 2003; Blackburn et al. 2009). Tropische Arten wurden früher unterdurchschnittlich häufig, Arten mit nördlicherer oder südlicherer Hauptverbreitung hingegen überdurchschnittlich häufig eingeführt. Entsprechend liegen auch die Einbürgerungsgebiete überproportional stark in den nördlichen und südlichen gemäßigten Breiten (Abb. 5.10). Vor allem von Einbürgerungen betroffen wurden Inseln und Inselgruppen (etwa 70 % aller Einbürgerungen von Vögeln), ganz speziell Hawaii, Neuseeland und Tahiti, aber auch gegen hundert weitere. So gab es auf Neuseeland vor Ankunft der Maori und Weißen außer vier Fledermausarten keine Landsäugetiere. Seither wurden aber 54 Säugetierarten ausgesetzt oder eingeschleppt, wovon 22 sich nicht oder nur vorübergehend etablierten und 19 noch heute nur sehr lokal vorkommen. Die übrigen 13 Arten sind hingegen invasiv geworden und haben teilweise zum Aussterben einheimischer Vogelarten geführt (King C. M. 1990).

5.6 Habitat

Oftmals fehlt eine Art in Gebieten, obwohl dispergierende Individuen physisch in der Lage sind, diese Gebiete zu erreichen. In solchen Fällen hält oft das Fehlen geeigneter Habitate die dispergierenden Individuen von der Besiedlung ab. Unter **Habitat** *(habitat)* verstehen wir einen Ausschnitt aus der Biosphäre, in dem ein bestimmter Organismus vorübergehend oder permanent leben kann. Der Begriff wird also meist im Kontext einer Art gebraucht und sollte nicht mit **Biotop** *(biotope)* verwechselt werden, das ein strukturell einheitlicher Ausschnitt aus der Biosphäre ist und einer bestimmten Gemeinschaft von Organismen als Lebensraum dienen kann. Übersichten zu Definitionen und Konzepten finden sich in Morrison M. L. et al. (2006) und Fuller R. J. (2012b).

Habitatwahl

Die **Habitatwahl** *(habitat selection)* ist der Prozess, der Individuen einer Art entscheiden lässt, wo sie leben wollen. Etwas technischer ausgedrückt, definiert sich Habitatwahl als nicht proportionale Ressourcennutzung und bemisst sich über den Vergleich von nutzbarem Angebot *(availability)* und Nutzung *(use)* eines Habitats. Nicht immer wird zwischen Angebot im Sinne des Vorhandenseins eines Habitats und dem nutzbaren Angebot unterschieden; Letzteres ist dem Tier unmittelbar zugänglich (Gaillard et al. 2010). Wenn nicht am Angebot gemessen wird, spricht man von Habitatnutzung *(habitat use)*. **Präferenz** bedeutet Auswahl, ebenfalls unabhängig vom Angebot, ist aber für Situationen reserviert, bei denen das Tier frei aus einem Angebot wählen kann, etwa im Rahmen experimenteller Versuche. Diese Terminologie gilt nicht nur im Zusammenhang mit Habitaten, sondern auch bei der Nutzung anderer Ressourcen, vor allem der Nahrung.

Habitatwahl beruht also auf Wahlmöglichkeiten und entsprechenden Entscheidungen, die auf unterschiedlichen räumlichen und zeitlichen Skalen getroffen werden (Mayor et al. 2009). Im größeren (ökologischen) Maßstab umfasst Habitat den Lebensraum, den eine Population benötigt, um darin längerfristig überleben und sich reproduzieren zu können. Bei Betrachtung auf mittlerer Skala entspricht das Habitat einem Gebiet, in dem ein Individuum einen biologisch bedeutsamen Lebensabschnitt verbringen kann, zum Beispiel die Reproduktionsperiode oder, im Falle eines Zugvogels, die Überwinterung. Diese mittlere Größenordnung wird oft als Landschaftsebene bezeichnet. Kleinmaßstäblich gesehen, ist Habitat der Lebensraum, in dem ein Individuum bestimmte Aktivitäten verrichtet, zum Beispiel Nahrungssuche, Brunft respektive Balz oder Ruhen. Auf dieser Skala hat es im Laufe seines Lebens laufend neu zu entscheiden und benutzt eine Reihe verschiedener Habitate (Stamps 2009; Abb. 5.11 veranschaulicht das Prinzip). Bei Untersuchungen ist es wichtig, dass die Wahl der Größenordnungen nach solchen biologischen Kriterien erfolgt (Wheatley & Johnson 2009). Auch Schutzmaßnahmen für eine Art müssen maßstabsgerecht erfolgen (Storch 1997).

Die Entscheidung, ein bestimmtes Habitat überproportional *(selection)* oder unterproportional *(avoidance)* zu nutzen, kann auf verschiedenen Skalengrößen gegenläufig ausfallen. Gewisse nordamerikanische Singvögel, die auf ihrem Zug nach Südamerika in Mexiko rasteten, bevorzugten etwa waldartige Vegetation mit geschlossenem Laubdach (= größere Skala), hielten sich darin aber im Unterwuchs auf, und zwar dort, wo er lückig war (= kleinere Skala); bei anderen Arten war es umgekehrt (Deppe & Rotenberry 2008). Auch die in Abbildung 5.11 illustrierte Untersuchung an Rothirschen fand skalenabhängige Unterschiede bei der Selektion spezifischer Habitate. Zudem zeigte sich, dass die Hirsche bei der Auswahl des Streifgebietes aus der Landschaft (= größere Skala) selektiver waren als innerhalb des Streifgebiets (= kleinere Skala), wo sie die verschiedenen Habitate etwa dem Angebot entsprechend nutzten (Zweifel-Schielly et al. 2009). Stärkere Selektivität auf größerer Skala wird häufiger gefunden und damit erklärt, dass direkt fitnessrelevante Faktoren ihre Wirkung eher im größeren räumlichen Bezug entfalten.

Ein Habitat wird durch eine Vielzahl von Parametern bestimmt, die für das Tier wegen seiner Anpassungen von Bedeutung sind. Dazu zählen abiotische (etwa topografische und klimatische), biotische (etwa Zusammensetzung und Struktur der Vegetation,

5.6 Habitat

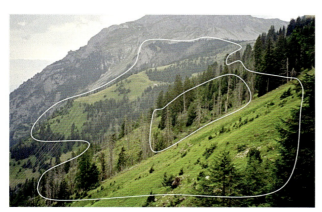 

Abb. 5.11 Vom Rothirsch genutzte Gebirgslandschaft in den Schweizer Alpen. Die äußere Linie umreißt ein hypothetisches Streifgebiet (Kap. 5.8) eines Individuums. Diese Fläche wählt der Hirsch aus der weiteren Landschaft aus, um sie eine Zeit lang zu nutzen. Die innere Linie umschließt eine Habitatkategorie, in diesem Fall Fichtenwald, die innerhalb des Streifgebiets für bestimmte Aktivitäten aufgesucht wird. Wenn das Streifgebiet stärker bewaldet ist als die gesamte Landschaft, nutzt der Hirsch auf dieser Skala den Wald überproportional. Innerhalb des Streifgebiets kann er aber die Offenflächen, etwa zu nächtlicher Nahrungssuche, viel stärker aufsuchen, sodass im kleineren (ökologischen) Maßstab eine unterproportionale Nutzung des Waldes resultiert. Dies war bei der Habitatselektion im Winter der Fall (Zweifel-Schielly et al. 2009).

Nahrungsressourcen, Prädatoren oder Deckungsstrukturen) als auch landschaftsökologische Parameter. Letztere beschreiben die Anordnung der Habitatelemente im Raum. Die Parameter können sich bezüglich ihrer Bandbreite zwischen verschiedenen Tierarten stark unterscheiden. Ist die Bandbreite eher groß und die Selektivität damit gering, sprechen wir von Habitatgeneralisten oder Ubiquisten (McNally 1995), im anderen Fall von Habitatspezialisten. Wie bei der Nahrungswahl (Kap. 3.2) sind solche Vergleiche in der Regel nur bei verwandten oder anderswie vergleichbaren Arten sinnvoll. Ein Rotfuchs *(Vulpes vulpes)*, der vom Tiefland bis ins Gebirge und in höchst unterschiedlich bewaldeter Landschaft, sogar in Städten leben kann, ist ein Habitat- und Nahrungsgeneralist, ein Fischotter *(Lutra lutra)*, der nur an bestimmten Gewässern vorkommt und fast ausschließlich Fische frisst, ein Spezialist. Oft wird der Grad an Habitatspezialisierung über die Dichten und deren Variabilität gemessen, die eine Art in verschiedenen Habitaten erreicht. Eine Art, die ähnliche Dichten in verschiedenen Habitaten erreicht, ist eher ein Generalist, eine Art mit hohen Dichten in wenigen Habitaten ein Spezialist. Mit diesem Ansatz konnte für 105 Vogelarten in Frankreich gezeigt werden, dass Habitatspezialisten stärker negativ auf Landnutzungsänderungen und Habitatfragmentierung reagierten als Generalisten (Devictor et al. 2008).

Habitatqualität
Weshalb wählen Tiere ein Habitat und meiden andere? Offensichtlich sind sie grundsätzlich in der Lage, die intrinsische, also die den verschiedenen Habitaten innewohnende **Qualität** einzuschätzen. Längerfristig werden durch die natürliche Selektion jene Individuen bevorzugt, welche das Habitat wählen, in dem sie die beste Überlebensrate und – meist wichtiger – die höchste Produktion überlebensfähiger Jungen erzielen. Individuen in schlechteren, marginalen Habitaten haben geringere Reproduktionsraten; deren Populationen erhalten sich oft nur durch den Überschuss an einwandernden Individuen. Habitatqualität misst sich letztlich also über die im betreffenden Habitat erreichbare Fitness. Die Habitatwahl der Individuen hat letztlich evolutionsbiologische Konsequenzen auf Populations- und Artenebene.

Zur Habitatwahl benötigt ein Individuum Anhaltspunkte *(cues)*, etwa Informationen zur Habitatausstattung, die es als unmittelbare (= proximate)

Abb. 5.12 Anteile erfolgreicher und erfolgloser Nester (n = 71) der Schnatterente *(Anas strepera)* an Kleingewässern in der kanadischen Prärie, in Abhängigkeit des Neststandorts in einem Habitatgradienten (Diskriminanzfunktion). Nester mit Erfolg (helle Säulen; n = 41) lagen in dichterem Gras und weiter vom Rand des «Habitatpatches» entfernt als von Prädatoren ausgeraubte Nester (dunkle Säulen; n = 30). So kann über die Zeit ein gerichteter Selektionsdruck auf den Standort des Nestes einwirken (Abbildung neu gezeichnet nach Clark & Shutler 1999).

Stimuli bei der Wahl eines bestimmten Habitattyps verwenden kann. Die natürliche Selektion wirkt also entweder direkt über die Verhaltensweisen, die zur Habitatwahl führen, oder kann Individuen favorisieren, die diesbezüglich ein besseres Lernverhalten aufweisen (Krebs C. J. 2009). Bei Vögeln kann etwa die Habitatbeschaffenheit am Neststandort die Wahrscheinlichkeit bestimmen, dass das Nest von Prädatoren gefunden wird, und damit für das Überleben der Altvögel und den Bruterfolg ausschlaggebend sein (Abb. 5.12). Damit ist zu erwarten, dass sich ein Selektionsdruck auf die Wahl bestimmter Nistplätze ergibt.

Zur Qualität eines Habitats für eine Art tragen nicht nur die bereits genannten Parameter bei, sondern auch die Dichte der Besiedlung durch Konkurrenten. Dieser Aspekt ist ein wichtiger Bestandteil des einflussreichsten Modells zur Habitatwahl, der *ideal free distribution* (Fretwell & Lucas 1969). Das Modell macht einige vereinfachende Annahmen, etwa dass ein Individuum kostenfrei jede Fläche aufsuchen kann – daher der Name. Die Voraussage ist nun, dass die unterschiedliche Qualität verschiedener Flächen über die Individuendichte kompensiert wird, sodass auf jeder Fläche die gleiche Fitness erreicht wird (Abb. 5.13). Oft entsprechen jedoch die realen Verhältnisse eher einem Modell, das Fretwell als *ideal despotic distribution* bezeichnete, weil die Dichte im besten Habitat durch

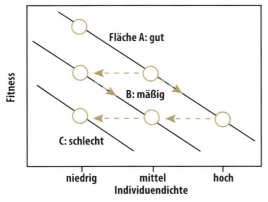

Abb. 5.13 Gemäß dem Fretwell-Lucas-Modell werden Individuen zuerst die qualitativ gute Fläche A besiedeln, wo sie die höchste Fitness erreichen können. Mit zunehmender Dichte sinkt die erreichbare Fitness, sodass auch die mäßig gute Fläche B besiedelt wird, wo bei geringerer Dichte mittlerweile dieselbe Fitness resultiert wie auf A bei höherer Dichte. Bei weiter ansteigender Dichte auf A und B wird irgendwann auch die schlechte Fläche C besiedelt, weil die auf ihr erreichbare Fitness nun nicht mehr tiefer liegt als bei den dichter besiedelten Flächen A und B. Anstelle von Fitness lässt sich auch eine andere «Währung» einsetzen, etwa die Rate der Nahrungsaufnahme.

5.6 Habitat

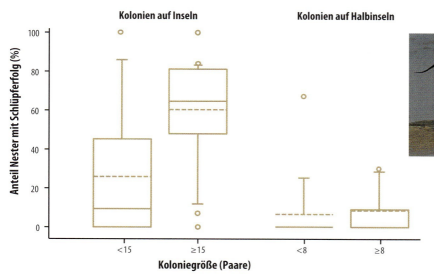

Abb. 5.14 Schlüpferfolg des Säbelschnäblers *(Recurvirostra avosetta)* an Gewässern in der ungarischen Tiefebene als Funktion von Habitatqualität und Siedlungsdichte: Der Anteil der Nester mit Schlüpferfolg (= mindestens ein Junges geschlüpft) war höher in Kolonien auf Inseln als in Kolonien auf Halbinseln und höher in größeren als kleineren Kolonien. Boxplot-Darstellung (Mittelwert: gestrichelte Linie, Median: ausgezogene Linie) (Abbildung neu gezeichnet nach Lengyel 2006).

Territorien besitzende Individuen limitiert wird. So drängen sich weniger dominante Individuen schließlich in den Habitaten geringerer Qualität, in denen ihre Fitness niedriger sein wird.

Wo keine «Despoten» auftraten, konnten die Voraussagen der *ideal free distribution* in vielen Studien bestätigt werden, solange man Habitatwahl in kleineren Raumausschnitten betrachtete (Stamps 2009). Auf etwas größeren Skalen hingegen stimmen die Befunde oft nicht mit der Theorie überein. Dies mag damit zusammenhängen, dass Individuen lokal über bessere Informationen verfügen als für größere Räume. Ein weiterer möglicher Grund ist ein sogenannter Allee-Effekt (Kap. 7.3): Die Anwesenheit von Artgenossen kann ein Habitat zunächst attraktiv machen *(conspecifics attraction)*, etwa weil Unterstützung bei der Entdeckung und Abwehr von Feinden erwartet werden kann. Damit steigt die Fitness eines Individuums als Funktion der Dichte bei niedrigen und mittleren Dichten an und sinkt erst bei höheren Dichten wieder. Solche Beziehungen sind sowohl bei territorialen als auch bei in Kolonien lebenden Arten gefunden worden (Abb. 5.14). Man hat den Effekt der Attraktivität beim Goldwangen-Waldsänger *(Setophaga chrysoparia)* auch experimentell erzeugen können: In vorher unbesiedelten, als ungeeignetes Habitat eingestuften Waldstücken führte das Abspielen von Reviergesang dazu, dass sich sofort über 4-mal höhere Siedlungsdichten als auf Kontrollflächen einstellten (Farrell et al. 2012).

Eine der Annahmen der *ideal free distribution* ist zudem, dass ein Tier genaue Kenntnis der intrinsischen Qualität eines Habitats und seiner möglichen Alternativen hat. Die Annahme ist dann berechtigt, wenn das Tier bereits in der Lage war, die Qualität verschiedener Habitate zu evaluieren, was vor allem bei älteren Individuen der Fall ist. Man hat bei Maultierhirschen *(Odocoileus hemionus)* zeigen können, dass Vertrautheit mit einem Gebiet ihre Mortalitätsrate durch Prädatoren merklich senkt (Forrester et al. 2015). Aber auch jüngere Individuen versuchen, die Habitatwahl durch Gebietskenntnis zu verbessern (Piper 2011). Manche Vögel und Säugetiere erkunden nach Erlangen ihrer Unabhängigkeit bereits mögliche Brutplätze und verwenden die dabei gewonnene Information bei der späteren Wahl (Badyaev et al. 1996; Pärt et al. 2011). Die gewonnene Information kann exklusiv *(private information)* sein oder eine, die allen Individuen zur Verfügung steht *(public information)*. Oft handelt es sich dann nur um indirekte Anhaltspunkte für die Beurteilung der Habitatqualität (Piper 2011). Solche sind zum Beispiel strukturelle Eigenheiten des Habitats, die verlässlich mit direkt fitnessrelevanten Eigenschaften korrelieren, wie Prädationsdruck (Abb. 5.12), Nahrungsangebot oder Parasitenbelastung. Zeichen erfolgreicher Reproduktion von Artgenossen, deren Dichte oder allenfalls jene von heterospezifischen Konkurrenten im Habitat sind ebenfalls Informationsquellen. Während mittlere Dichten, wie wir bereits gesehen haben, auf Artgenossen anziehend wirken können, ist hohe Dichte im Sinne der *ideal free distribution* eher ein Grund, ein Habitat wegen zu hoher Konkurrenz zu meiden (Forsman et al. 2008). Auch niedrige Dichten können abschrecken, weil sie als Hinweis auf geringe intrinsische Habitatqualität interpretierbar sind. Oft präferieren Tiere bei erfolgtem Dispersal Habitate, die ihrem Geburtshabitat entsprechen (Davis J. M. 2008). Auch wenn diese nicht immer der besten Wahl entsprechen, ist die Strategie doch im Mittel recht erfolgreich.

Wie bei anderen Verhaltensweisen darf man also auch bei der Habitatwahl nicht davon ausgehen, dass sich Tiere immer optimal verhalten. Die Beziehung zwischen Anhaltspunkten, die als Stimuli verwendet werden, und den qualitätsbestimmenden Eigenschaften ist korrelativ und damit immer ungenau. Oft gilt es, die Qualität für einen späteren kritischen Zeitpunkt vorauszusagen, zum Beispiel für die Periode der Jungenfütterung. Wenn die dazu benötigten Ressourcen zur Zeit der Habitatwahl noch nicht vorhanden sind, kann die Beurteilung schwierig werden. Dies ist auch dann der Fall, wenn die Habitatqualität sich kurzfristig ändert, zum Beispiel durch Überschwemmung von Brutplätzen oder durch Buschfeuer, oder wenn die Habitatqualität durch den Menschen beeinflusst wird. So kommt es immer wieder zu Fehleinschätzungen der in einem Habitat zu erwartenden Fitness durch die Tiere selbst. Wenn Habitate schlechterer Qualität solchen mit besserer Qualität vorgezogen werden und dadurch die Reproduktionsleistung ungenügend ist, spricht man von einer «ökologischen Falle» *(ecological trap)*. Wie häufig solche Fallen wirklich sind, ist immer noch Gegenstand der Diskussion rund um die Definition des Konzepts (Battin 2004; Pärt et al. 2007). Die meisten Arbeiten zu Wirbeltieren betreffen Vögel, und einige dieser Arbeiten erfüllen auch strenge definitorische Anforderungen (Robertson & Hutto 2006). Wie erwartet, wurden *ecological traps* vor allem bei Vögeln gefunden, die in landwirtschaftlichen Kulturen mit schneller Dynamik brüteten (Gilroy et al. 2011; Kloskowski 2012).

Das Konzept der «ökologischen Fallen» zeigt, dass die Ermittlung der Habitatqualität nicht nur für die betreffenden Tiere selbst wichtig, sondern auch in Forschung, Naturschutz und Biotopmanagement von Bedeutung ist. Ein Beispiel sind die bereits in Kapitel 5.2 erwähnten Restpopulationen von fast ausgerotteten Arten, die am Rande des historischen Verbreitungsgebiets in Refugien überdauert haben. Geschah dies in Habitaten guter Qualität, die als Modell für Wiederansiedlungen anderswo geeignet sind, oder in Habitaten marginaler Qualität, in denen relativ geringe Fitness erzielt wird? Die Frage stellt sich etwa beim Wisent *(Bison bonasus)*, der in wenigen Waldgebieten Osteuropas überlebte. Sind diese Habitate typisch für den Bison, das heißt von guter Qualität und geeignet, das potenzielle Habitat über die Fläche seiner früheren Verbreitung vorauszusagen (Kuemmerle et al. 2011, 2012)? Oder muss man aus seinen morphologischen und verhaltensbiologischen Anpassungen schließen, dass der Wisent vom Menschen bereits seit Jahrtausenden in relativ geschlossene Wälder abgedrängt wurde, während eigentlich offenere, grasdominierte Habitate optimal und damit für Wiederansiedlungen prädestiniert wären (Cromsigt et al. 2012; Kerley et al. 2012)? Isotopendaten aus den Knochen von Wisenten aus dem frühen Holozän weisen die Art als Mischäser mit einem deutlichen Grasanteil aus und stützen so die letztere Interpretation (Bocherens et al. 2015).

Wie soll man also in ökologischen Studien die Habitatqualität für eine Art messen? Mit viel Aufwand lassen sich habitatspezifisch erreichbare Fitnesskomponenten ermitteln, was einige der weiter oben zitierten Arbeiten an Vögeln auch getan haben. Häufiger aber begnügt man sich – wie es Tiere selbst auch tun – mit *cues*, indem man die Individuendichte als Anhaltspunkt für die Habitatqualität heranzieht. Zwischen diesen beiden Parametern muss kein linearer Zusammenhang bestehen, ebenso wenig wie zwischen Dichte und Reproduktionserfolg (Skagen & Yackel Adams 2011; Fuller R. J. 2012c). Wenn möglich sollten deshalb demografische

Box 5.2 Städte als Habitat

Der Mensch gestaltet die Erde nach seinen Bedürfnissen um, und weltweit verändert sich das Angebot der verschiedenen Habitate, was zur Gefährdung vieler Arten führt (Kap. 11). Es werden aber auch neue Habitate geschaffen, die vorher nicht existiert haben, allen voran die Siedlungsflächen. Städte sind die dichteste Form der Überbauung, und selbst an diese neuen Habitate können sich viele Tiere anpassen. Gewisse Arten haben bereits beim Bau der ersten Städte begonnen, diese zu besiedeln, bei andern setzte die «Eroberung» erst in der Neuzeit ein, und bei manchen Arten erleben wir gegenwärtig die Besiedlung von Städten. Viele Vogelarten, die heute in europäischen Städten brüten, begannen mit ihrer Besiedlung ab etwa 1850 (Møller et al. 2012). Wenige von alters her urban gewordene Arten, meist ursprünglich in Felsspalten oder Baumhöhlen brütende Vögel wie der Mauersegler *(Apus apus)* oder die Rauchschwalbe *(Hirundo rustica)*, haben sogar die natürlichen Nisthabitate weitgehend aufgegeben und nisten hauptsächlich an Gebäuden; ebenso einige Fledermausarten. Die meisten Arten haben aber ihr Habitatspektrum lediglich erweitert, das heißt, sie kommen auch weiterhin in den ursprünglichen Habitaten vor (Bateman & Fleming 2012 für kleinere Carnivoren).

Nicht alle Arten wandern überall in ihrem Verbreitungsgebiet in Städte ein. Gewisse Vogelarten wie die Heckenbraunelle *(Prunella modularis)*, die im atlantisch geprägten Westeuropa auch kleine Hausgärten besiedelt, sind in Mittel- und Osteuropa Waldbewohner geblieben. Umgekehrt hat sich die Kolonisation einiger deutscher Städte durch das Wildschwein *(Sus scrofa)*, etwa in Berlin, anderswo noch nicht wiederholt. Die Gründe solcher Unterschiede bleiben vorläufig im Dunkeln. Wenige Vorgänge der Kolonisation von Städten sind so gut dokumentiert wie jene des Habichts *(Accipiter gentilis)* in Hamburg. Dennoch ist es auch in diesem Fall nicht restlos klar, was die Kolonisation auslöste – vermutlich eine Kombination von Faktoren im Umland und in der Stadt (Rutz 2008). Von den Rotfüchsen *(Vulpes vulpes)* Zürichs wissen wir, dass sie auf wenige Gründertiere zurückgehen. Die Kolonisation der Stadt war also ein zeitlich limitierter Vorgang und nicht durch konstante Einwanderung bedingt, auch wenn es heute Austausch über den Stadt-Land-Gradienten gibt (Wandeler et al. 2003).

Damit stellt sich die Frage nach der Habitatqualität des urbanen Lebensraums. Offenbar ist sie für die erfolgreichen Kolonisatoren so gut, dass die erzielbare Fitness oftmals gleich oder höher ausfällt als in naturnäheren Habitaten. Man hat bei der erwähnten Untersuchung der Vögel in europäischen Städten gefunden, dass die Dichten mit zunehmender Dauer der Kolonisation anstiegen; offenbar war eine graduelle Anpassung nötig. Im Mittel resultierten Dichten, die um 30 % über jenen der ländlichen Habitate lagen und sie im Extremfall um über das 100-Fache überstiegen (Møller et al. 2012). Auch Säuger wie Waschbär *(Procyon lotor)*, Rotfuchs oder Igel *(Erinaceus europaeus)* können im städtischen Raum mehr als 10-Fach höhere Dichten als im ländlichen Umland erreichen (Prange et al. 2003; Soulsbury et al. 2010; Hubert et al. 2011).

Welche Faktoren sind für diese Entwicklung entscheidend? Infrage kommen etwa Unterschiede im Nahrungsangebot, im Prädationsdruck oder in klimatischen Bedingungen, die Überleben und Reproduktionserfolg beeinflussen können. Je nach Art kann ein anderer Faktor oder eine andere Kombination von Faktoren ausschlaggebend sein. Das Nahrungsangebot in Städten ist für viele Arten größer und wohl auch im Jahresverlauf konstanter als im Umland, da Tiere oft direkt gefüttert werden oder von Abfällen und Haustiernahrung profitieren. Auch die Ursachen der Mortalität sind andere in der Stadt: Jagddruck fällt meist weg und die prädationsbedingte Mortalitätsrate ist für manche Arten geringer. Selbst der Verkehr muss in der Stadt nicht unbedingt einen größeren Einfluss ausüben als in ländlichen Gebieten. Generell spielen in Städten hingegen Krankheiten eine größere Rolle (Evans 2010; Bateman & Fleming 2012). Zudem kann der Prädationsdruck auf kleinere Singvögel bei hohen Dichten von Hauskatzen die Schwelle der Nachhaltigkeit übersteigen (Box 9.2, Kap. 9); vermutet wird dieser Effekt in einzelnen Fällen auch für wilde Prädatoren (Abb. 5.15).

Die kombinierte Wirkung dieser Faktoren führt nicht unbedingt dazu, dass Brut- oder Wurfgrößen ansteigen oder die Reproduktionsleistung durch eine größere Zahl von Brutzyklen erhöht wird. Bei Rotfüchsen entsprechen sich Wurfgrößen in der Stadt und im Umland; die höhere

Abb. 5.15 Der Haussperling (*Passer domesticus*; im Bild ein Weibchen) ist eine Art, die sich schon lange und sehr eng dem Menschen angeschlossen hat. Er kommt fast ausschließlich in Siedlungen vor, sowohl im ländlichen als auch im städtischen Raum. Einer seiner wichtigsten Prädatoren ist der Eurasische Sperber (*Accipiter nisus*; Abb. 9.13), ein Greifvogel der neuerdings auch urbane Gebiete zu kolonisieren beginnt. Der Rückgang städtischer Populationen des Haussperlings in Großbritannien korreliert zeitlich mit der Besiedlung durch den Sperber, und man nimmt an, dass städtische Haussperlinge aufgrund der langen «sperberfreien» Geschichte Verhaltensweisen zur Feindvermeidung verloren haben (Bell C. P. et al. 2010).

Dichte in der Stadt ist eine Folge kleinerer Territorien (Soulsbury et al. 2010). Verbesserte Nahrungsversorgung kann bei Säugern jedoch Konstitution und Kondition erhöhen und die Wintermortalität senken (Bateman & Fleming 2012). Vögel haben in urbanen Gebieten oft kleinere Gelegegrößen und geringeren Reproduktionserfolg, was eine Folge der für Nestlinge ungünstigen Nahrungsversorgung sein mag; auf die Kondition und Überlebensraten der Adultvögel scheint sie sich nicht negativ auszuwirken (Chamberlain et al. 2009; Meillère et al. 2015; Bailly et al. 2016).

Man kann auch fragen, was eine Art überhaupt dazu prädestiniert, Städte zu besiedeln, und welche Arten das nicht können. Felsbrütern glückt der Schritt zur Brut an Gebäuden tendenziell gut; auch manche Waldvögel können sich an die reduzierte Vegetationsdichte in Siedlungen anpassen. Solche Arten erreichen die höchsten Siedlungsdichten eher in Außenquartieren als in den Zentren (Evans 2010). Generell schaffen Habitatgeneralisten und Omnivore die Besiedlung von Städten eher als Spezialisten. Im Weiteren spielt Körpergröße eine Rolle. Urban lebende Carnivoren sind meistens mittelgroße Arten (1–10 kg), kleine und vor allem große Arten können Städte nicht besiedeln, auch wenn große Carnivoren wie verschiedene Bärenarten, Hyänen oder Wölfe (*Canis lupus*) da und dort zur Nahrungssuche in Städte eindringen.

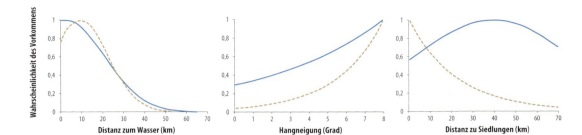

Abb. 5.16 Savannenelefanten im nördlichen Botswana sind stark von der Verfügbarkeit von Trinkwasser abhängig. Ihre relative Vorkommenswahrscheinlichkeit (Maximum auf 1,0 gesetzt) im Raum nahm mit zunehmender Entfernung vom Wasser rasch ab, stieg aber mit der Hangneigung an (ausgezogene Kurven). Die Fundorte toter Elefanten (gestrichelte Kurven) unterschieden sich in Bezug auf die Entfernung zum Wasser kaum von den Aufenthaltsorten lebender Elefanten, während Kadaver weniger häufig in flacherem Gelände gefunden wurden. Der stärkste Unterschied bestand jedoch bei der Entfernung zu menschlichen Siedlungen: Lebende Elefanten zogen mittlere bis größere Entfernungen vor, tote Elefanten wurden hingegen vor allem in Siedlungsnähe gefunden, obwohl direkte Hinweise auf den Tod durch Wilderer nur bei gut 5 % vorlagen (Abbildung neu gezeichnet nach Roever et al. 2013).

Parameter gemessen werden. Als Alternative kann auch die Kondition eines Individuums (Kap. 2.7) herangezogen werden, doch muss klar sein, dass die entsprechende Kondition eine Folge der Habitatqualität und nicht die Ursache der Habitatwahl ist (Johnson 2007).

5.7 Verbreitungs- und Habitatmodelle

Die Verbreitung von Arten steht im Fokus zahlreicher Studien ökologischer, biogeografischer oder naturschutzbiologischer Ausrichtung, zunehmend auch im Hinblick auf mögliche Auswirkungen des Klimawandels (Kap. 11.6). Als wichtige Werkzeuge haben sich Verbreitungs- oder Habitatmodelle etabliert. Dabei wird die Wahrscheinlichkeit des Vorkommens oder die Häufigkeit einer Art mit erklärenden Variablen verknüpft, meist mit solchen, welche die Umweltbedingungen beschreiben. Verbreitungsmodelle wurden in Kapitel 5.1 bereits kurz erwähnt. Sie unterscheiden sich von Habitatmodellen nicht grundsätzlich, sondern allenfalls bezüglich der räumlichen Größenordnung oder des Zwecks. Die Modelle erlauben, (a) die relative Bedeutung verschiedener Umweltparameter für das Vorkommen einer Art zu bestimmen und (b) diese Beziehungen zu verwenden, um aus einem lokalen Verbreitungsmuster die (noch nicht bekannte) Verbreitung in einem größeren Landschaftsausschnitt oder sogar das gesamte Verbreitungsgebiet vorauszusagen *(predictive habitat distribution models)*.

In der Regel werden lineare oder additive Regressionsmodelle angewendet; oft arbeiten diese mit Selektionsfunktionen *(resource selection functions)*, die auf dem Vergleich von nutzbarem Angebot und Nutzung eines Habitatparameters basieren. Ein grundsätzliches Problem geht von der Qualität der Daten aus, wenn die Information zum Vorkommen einer Art in binärer Form als Präsenz/Absenz vorliegt. Während die Präsenz in der Regel durch den Nachweis eines Individuums eindeutig belegt ist, muss umgekehrt das Fehlen eines Nachweises noch nicht Absenz bedeuten, denn die Art mag lediglich übersehen worden sein. Es gibt heute aber Modellierverfahren, die nur auf Präsenzdaten beruhen. Die Methoden entwickeln sich schnell weiter, und mit ihnen erweitern sich die Möglichkeiten der Anwendungen (dazu etwa Guisan & Zimmermann 2000; Redfern et al. 2006; Beissinger et al. 2006; Elith & Leathwick 2009; Franklin 2009; Manly et al. 2010; McDonald L. L. et al. 2012). Hier geht es nicht um Methodisches, sondern darum, anhand einiger Beispiele die inhaltlichen Möglichkeiten solcher Modellierungen zu illustrieren.

Schutz und Management gefährdeter Arten verlangen oft nach genauer räumlicher Abschätzung der Habitateignung *(habitat suitability)* eines Gebiets. Modelle der Habitatwahl des Savannenelefanten *(Loxodonta africana)* im nördlichen Botswana, welche die Verteilung von lebenden Elefanten mit jener von zu Tode gekommenen verglichen, fanden, dass die Distanzen zum Wasser und zu Menschen, die Hangneigung sowie die Dichte der Bäume die Habitatwahl am stärksten bestimmten. Lebende Elefanten hielten sich vorzugsweise in mittleren Distanzen von menschlichen Siedlungen auf, während tote Elefanten viel

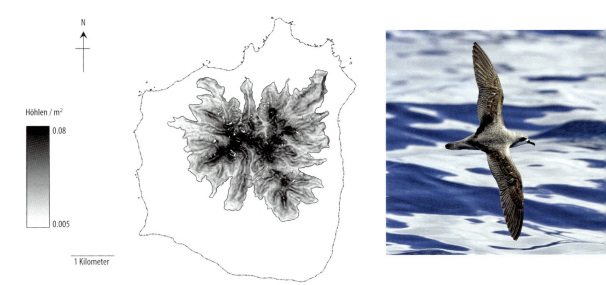

Abb. 5.17 Räumlich explizites Habitatmodell der Dichte von Bruthöhlen des Cooksturmvogels auf Little Barrier Island, Neuseeland, oberhalb von 300 m Höhe. Die Dichte der Bruthöhlen wuchs vor allem mit zunehmender Höhe und Steilheit des Geländes (nach Rayner et al. 2007a) (Abdruck mit freundlicher Genehmigung von *Elsevier*, © Elsevier).

näher an Siedlungen gefunden wurden (Roever et al. 2013: Abb. 5.16).

Die modellierte Habitateignung lässt sich räumlich explizit darstellen und allenfalls für eine Populationsschätzung verwenden, wie das für den Cooksturmvogel *(Pterodroma cookii)* getan wurde. Der Meeresvogel nistet in größeren Kolonien weltweit nur auf drei Inseln in Neuseeland. In diesem Fall legten die aus dem Modell errechneten Werte für die Bruthöhlendichte nahe, dass der Brutbestand um ein Mehrfaches höher als angenommen war (Rayner et al. 2007a: Abb. 5.17).

Sind Datensätze zu einer Art über mehrere Zeitperioden vorhanden, können die Veränderungen in der Verbreitung als Funktion der Veränderungen von Umweltparametern modelliert werden. In der Tschechischen Republik ließ sich die zwischen 1992 und 2006 beobachtete weitgehende Wiederbesiedlung des Landes durch Fischotter *(Lutra lutra)* mit der Abnahme intensiv kultivierter landwirtschaftlicher Flächen und der Verbesserung der Gewässergüte in urbanen Räumen erklären (Marcelli et al. 2012). Können bevorstehende Umweltveränderungen abgeschätzt werden, so lassen sich Artverbreitungen auch in die Zukunft projizieren und die möglichen geografischen Verschiebungen ermitteln. Dies hat für die Beurteilung der Klimafolgen große Bedeutung. Allerdings sind solche Modellierungen, wie sie vor allem für Vögel in großer Zahl unternommen wurden (Huntley et al. 2007), aus verschiedenen Gründen nicht unumstritten (Kap. 11.6). Generell weisen Verbreitungsmodelle, die mit abiotischen Faktoren parametrisiert sind, größere potenzielle Gebiete aus, als sie in Realität besiedelt sind (Peterson A. T. et al. 2011).

Wie gut solche Modelle die Realität abbilden und ob sie problemlos räumlich und zeitlich übertragbar sind, hängt stark davon ab, wie biologisch relevant die verwendeten Variablen sind. Zudem können ökologische Eigenheiten einer Art die Präzision eines Verbreitungsmodells beeinflussen, wie die Analyse von 1329 modellierten Verbreitungsgebieten afrikanischer Vögel gezeigt hat. Modelle für weit verbreitete, an Feuchtgebiete gebundene oder ziehende Vogelarten waren weniger genau als Modelle für Arten mit eingeschränkter Verbreitung, besonders als Endemiten klassierte, terrestrische Vogelarten (McPherson & Jetz 2007). Generelle Verbesserungen versprechen zudem Modelle, die neben den erklärenden Umweltvariablen auch Interaktionen zwischen Arten oder Individuen (wie zum Beispiel die in Kap. 5.6 behandelte *conspecifics attraction*), Parameter zu Populationsgrößen, Reproduktionserfolg oder Fehlerquellen wie unterschiedliche Entdeckungswahrscheinlichkeit verwenden (Guisan & Thuiller 2005; Campomizzi et al. 2008; Elith & Leathwick 2009; Kéry 2011; Álvarez-Martínez et al. 2015).

5.8 Individuelle Raumorganisation

Nicht zu verwechseln mit Dispersal, bezeichnet **Dispersion** die **Verteilung** der **Individuen** im Raum, also einen Zustand und keinen Vorgang. Die Form der Verteilung ist abhängig von Interaktionen zwischen Individuen, die letztlich wieder auf die Ressourcenverteilung im Raum zurückgehen. Drei Formen sind möglich:

1. Zufallsverteilung ist selten, da Ressourcen kaum je zufällig verteilt sind, sondern ihrerseits in bestimmten räumlichen Mustern angeordnet sind, die letztlich auf Umweltfaktoren wie die Topografie zurückgehen.

2. **Regelmäßige Verteilung** ergibt sich dann, wenn Ressourcen, vor allem die Nahrung, gleichmäßig verteilt sind. In diesem Fall ist die individuelle Nutzung von mehr oder weniger exklusiven **Streifgebieten** respektive *home ranges* sinnvoll (die englische Bezeichnung wird manchmal auch im Deutschen als «Home-Range» verwendet). Sind die Grenzen strikt und werden sie allenfalls verteidigt, spricht man eher von **Territorium** (oder Revier).
3. **Geklumpte** (= aggregierte) Verteilung ist die Folge davon, dass Ressourcen wie Nahrung oder Brutplätze in Raum und Zeit ungleichmäßig und oft unvorhersehbar oder schnell wechselnd verteilt sind und damit nicht verteidigt werden können; es kommt zur Bildung von **Kolonien**, Herden und anderen Gruppierungen (Macdonald D. W. & Johnson 2015).

Streifgebiete und Territorien
Bei vielen Vogel- und Säugerarten nutzen Individuen, Paare oder Familiengruppen Streifgebiete, die über eine gewisse Zeit hinweg, etwa die Fortpflanzungsperiode, einigermaßen konstant bleiben. Die Grenzen werden häufig markiert, bei Säugetieren in der Regel durch Duftmarken, bei Carnivoren und anderen Artengruppen auch optisch, etwa durch Deposition von Kot, und bei Vögeln akustisch, mittels Gesang und anderen Lautäußerungen. Markierungen werden häufig an topografisch auffälligen Punkten gesetzt, und die Grenzen folgen solchen Landmarken (Heap et al. 2012). Oft reichen die Markierungen aus, damit die Grenzen respektiert werden; es kann in den Grenzbereichen aber auch zu Überlappungen kommen. Die Übergänge zu Territorien, deren Grenzen gegen Nachbarn verteidigt werden, sind fließend. Einigermaßen effiziente Verteidigung ist möglich, wenn die Grenzen überwacht werden können, was nur in relativ kleinen Raumeinheiten möglich ist. Bei Säugetieren organisieren sich viele Carnivoren und kleine Huftiere (Kap. 2.5) über mehr oder weniger exklusiven Raumanspruch; eigentlicher Territorienbesitz ist bei Singvögeln und manchen anderen Vogelordnungen die Regel.

Da der Bedarf an Energie mit der Körpermasse ansteigt (Kap. 2.1), nimmt auch die Größe des *home range* mit der Körpergröße zu. Bei ähnlicher Allometrie unterscheidet sich jedoch die mittlere Fläche der *home ranges* beziehungsweise des individuellen Raumbedarfs von Säugetieren gegebener Körpergröße zwischen Vertretern verschiedener trophischer Stufen (Herbivore – Omnivore, Omnivore – Carnivore) je um etwa den Faktor 4–10 (Jetz et al. 2004; Duncan C. et al. 2015; Abb. 5.18). Vergleichbare Beziehungen ergeben sich, wenn statt eines Flächenmaßes die täglich von einem Individuum zurückgelegte Strecke verwendet wird (Carbone et al. 2005a). Auch für Vögel wurden entsprechende Beziehungen zwischen Körpergröße und Raumbedarf nachgewiesen (Ottaviani et al. 2006). Die große Variation in den Daten von Abbildung 5.18 (logarithmierte x-Achse!) beweist aber auch, dass zahlreiche weitere Faktoren den Raumbedarf beeinflussen können. Marine Carnivoren etwa nutzen viel größere Streifgebiete als terrestrische Arten (Tucker et al. 2014).

Auch innerhalb einer Art kann die Ausdehnung der *home ranges* variieren. Gemäß der *resource dispersion hypothesis* sind die Dichte und Verteilung der Nahrungsressourcen sowie deren Veränderungen in Raum und Zeit die

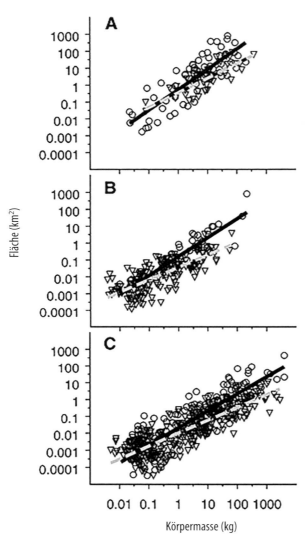

Abb. 5.18 Allometrie (Regressionslinien) des Raumbedarfs von Säugetieren verschiedener trophischer Stufen mit ihrer Körpermasse. A: Carnivore, B: Omnivore, C: Herbivore. Der Raumbedarf ist mit zwei Parametern angegeben: Kreise (mit ausgezogener Linie) bezeichnen *home ranges* (korrigiert nach Gruppengrößen), Dreiecke (mit gestrichelter Line) bezeichnen die Fläche pro Individuum, die sich als Dichte^{-1} (inverse Dichte) berechnen. Die Steigungen der Regressionslinien für die inverse Dichte liegen nahe bei 0,75, was etwa der Allometrie für den größenabhängigen Energiebedarf (Kap. 2.1) entspricht, während jene für die *home ranges* um 1 betragen. Damit divergieren die Regressionslinien mit zunehmender Körpergröße, was bedeutet, dass sich die Streifgebiete bei größeren Arten immer stärker überlappen. Große Tiere (100 kg) haben so kaum noch 10 % der Ressourcen in ihrem *home range* zur ungeteilten Verfügung (Jetz et al. 2004) (Abdruck mit freundlicher Genehmigung von *Science*, © Science).

wichtigsten Faktoren, welche die Größe eines Streifgebiets bestimmen. Die Variation kann erheblich sein: Streifgebiete von Kaffernbüffeln *(Syncerus caffer)* unterschieden sich zwischen verschiedenen Gebieten Namibias in ihrer Ausdehnung um über das Hundertfache, wobei Eigenschaften der Vegetation und Barrieren in der Landschaft die Variation am besten erklärten (Naidoo et al. 2012). Über größere geografische Gradienten können *home ranges* in ihrer Größe systematisch variieren. Beim Reh werden sie von Süd- nach Nordeuropa hin größer, was mit abnehmendem Nahrungsangebot und zunehmender Saisonalität sowie stärkeren Temperaturschwankungen einhergeht (Morellet et al. 2013). Auch experimentell hat man die Bedeutung des Nahrungsangebots nachweisen können. So verkleinerten Gunnison-Präriehunde *(Cynomys gunnisoni)* ihr Territorium, wenn die Nahrung mehr räumlich geklumpt angeboten wurde, und die Überlappungen zwischen Individuen nahmen zu; umgekehrt verminderten sich die Überlappungen, wenn die Nahrung stärker gleichverteilt war (Verdolin 2009). Geringere Überlappung von Territorien ist in diesem Fall auch von großen Katzenarten bekannt. Wie das Beispiel des Kaffernbüffels gezeigt hat, kann die Ausdehnung eines Streifgebiets auch von topografischen Faktoren mitbestimmt werden, zum Beispiel wenn diese für die Feindvermeidung des Grundbesitzers selbst eine Rolle spielen. Territorien- und Home-Range-Größen lassen sich als das Ergebnis eines Kompromisses betrachten, da größere Flächen höhere Kosten für die Bewegung oder, im Falle der Territorien, für die Verteidigung der Grenzen nach sich ziehen. Bei der Festlegung der Territoriengröße dürfte deshalb den Interaktionen des Besitzers mit Nachbarn oder dispergierenden Individuen eine größere Bedeutung zukommen (Adams 2001).

Innerhalb eines Streifgebiets ist die Flächennutzung durch ein Individuum meistens höchst ungleichmäßig. Sogenannten Kerngebieten *(core areas)* mit intensiver Nutzung stehen Flächen geringer Nutzung gegenüber. Kerngebiete weisen normalerweise die höchste Habitatqualität innerhalb des *home range* auf und können für die Qualität des gesamten Streifgebiets entscheidend sein. Bei Geoffroy-Klammeraffen *(Ateles geoffroyi)* ergab sich die Bedeutung der Kerngebiete durch den höheren Anteil an älteren Baumbeständen sowie die höhere Dichte von Nahrungs- und Schlafbäumen (Asensio et al. 2012). Für Eurasische Eichhörnchen *(Sciurus vulgaris)* hängt die Qualität eines Habitats unter anderem vom Samenangebot bestimmter Bäume ab, und damit sind Kerngebiete in marginalen Habitaten nahe der Waldgrenze größer als in besseren Habitaten tieferer Lagen (Romeo et al. 2010).

Aufgrund solcher Nutzungsmuster, die mehrere Aktivitätszentren innerhalb eines *home range* umfassen können, ist es oft nicht einfach, einen sinnvollen Wert für die Fläche des Streifgebiets zu errechnen. Mit den Fortschritten in der Radiotelemetrie, die dank GPS-Technik zunehmend höhere Datendichte und größere Präzision zulässt, und den damit einhergehenden Verbesserungen in der statistischen Aufbereitung der Daten mittels Kriging und anderer Verfahren ergeben sich zunehmend bessere Möglichkeiten der Analyse des individuellen Raumnutzungsverhaltens. Ein anderer Ansatz, als mechanistische Home-Range-Modellierung bekannt, versucht, die Entstehung eines Streifgebiets aus den Bewegungsabläufen eines Individuums und seiner Auseinandersetzung mit den Eigenschaften des Raums herzuleiten (Kie et al. 2010).

Kolonien
Sind Ressourcen sehr ungleichmäßig im Raum verteilt, wird es für ein Individuum unmöglich, einen bestimmten Raumausschnitt regelmäßig zu nutzen, geschweige denn, die Grenzen gegen Konkurrenten zu verteidigen. Geklumpte Ressourcen können Nahrung, oft aber auch Brutplätze oder beides sein. Typischerweise entstehen in einer solchen Situation soziale Gruppen (Macdonald D. W. & Johnson 2015). Vor allem bei Vögeln bilden sich Brutkolonien, deren Mitglieder auf engstem Raum zwar kleinste Territorien verteidigen, die aber keine weiteren Ressourcen als den Nestplatz enthalten. Brutkolonien findet man häufig bei Vogelarten, die aquatische Lebensräume besiedeln, wie Reihern, Ibissen und ähnlichen Gruppen, und vor allem bei marinen Vögeln. Für diese sind Brutplätze nur punktuell vorhanden (Inseln oder Steilklippen; Abb. 5.19), und auch die Nahrung kommt oft räumlich massiert vor. Gegen 98 % der Seevogelarten leben dementsprechend in Kolonien (Furness & Monaghan 1987), die mitunter riesige Ausmaße annehmen können (Abb. 2.12). Ähnliches gilt bei den Säugetieren für landbrütende Robben (Riedman 1990; Abb. 4.17).

Auch Arten, die den offenen Luftraum zur Nahrungssuche nutzen, wie Schwalben und Bienenfresser *(Merops* sp.) oder Fledermäuse, tendieren zu kolonieweisem Nisten. Die Verteilung der Insekten in der Luft zeigt große räumliche und zeitliche Dynamik; zudem lassen sich mangels Landmarken im Luftraum keine exklusiv zu nutzenden Ausschnitte abgrenzen. Eine Parallele findet sich in offenen, sehr gleichförmigen Grasländern: Huftiere,

Abb. 5.19 Kolonie verschiedener Meeresvögel (mehrere Alkenarten, Dreizehenmöwen, *Rissa tridactyla*, und andere) auf einer felsigen Insel vor der Küste Nordnorwegens.

die solche Habitate nutzen, neigen zu permanenter Herdenbildung, innerhalb deren auch das Reproduktionsgeschehen abläuft. Huftiere in gegliederten, waldbestandenen Lebensräumen sind hingegen viel eher territorial (dazu Kap. 2.5).

Obwohl die Kombination von fehlender Raumgliederung und ungleicher Ressourcenverteilung die Bildung von *home ranges* oder eigentlichen Territorien unmöglich macht und die Evolution von Kolonien begünstigt, stellen sich bei genauerer Betrachtung Fragen. Oft kann die Existenz dicht gedrängter Kolonien nicht allein auf den Mangel an der Ressource «Brutplatz» zurückgeführt werden, denn es wird nur ein Teil des verfügbaren, geeigneten Geländes zum Brüten benutzt. Enges Zusammenleben beschert zudem Fitnesskosten, die sich etwa in höherer intraspezifischer Konkurrenz, häufigerer Krankheitsübertragung, stärkerem Parasitenbefall sowie dem Auftreten von Infantizid manifestieren können (Danchin & Wagner 1997; dazu auch Kap. 3.6). Diesen Kosten muss also ein mindestens kompensierender Nutzen gegenüberstehen. Im Sinne der in Kapitel 5.6 erwähnten *conspecifics attraction* kann etwa verbesserte Abwehr von Prädatoren oder die Möglichkeit, von Artgenossen Information darüber zu gewinnen, wo momentan Nahrung verfügbar ist *(information centre hypothesis)*, ins Feld geführt werden. Im Einzelnen sind verschiedene solcher positiven Effekte belegt, doch gibt es genauso Evidenz dafür, dass Kolonien Prädatoren anlocken (Varela et al. 2007). Insgesamt ließ sich bisher keine überzeugende Bilanz erstellen, und die funktionale Bedeutung der Koloniebildung bleibt somit offen. Eine neue Art der Erklärung postuliert, dass Kolonien ein Nebenprodukt anderer Prozesse sind, die mit der Fitnessmaximierung von Individuen durch Habitat- und Partnerwahl zu tun haben, indem sich Individuen im Umkreis erfolgreicherer Artgenossen ansiedeln (*commodity selection;* Danchin et al. 2008). Eine Untersuchung an Rothalstauchern *(Podiceps grisegena),* die wie andere Lappentaucher nur Ansätze zum Koloniebrüten zeigen, fand keine deutliche Unterstützung für den Commodity-Selection-Ansatz. Rothalstaucher wählten gute Habitatflecken unabhängig von Artgenossen, doch ergab sich in der Folge eine Aggregation von Brutpaaren (Sachs et al. 2007).

Weiterführende Literatur

Ein neueres Werk widmet sich einem ähnlichen Ansatz wie dieses Kapitel, die raumrelevanten ökologischen Prozesse nach Skalen und Organisationsstufen gegliedert darzustellen; die thematische Breite ist größer und der Fokus stärker auf Modelle ausgerichtet:

- Cassini, M.H. 2013. *Distribution Ecology. From Individual Habitat Use to Species Biogeographical Range.* Springer, New York.

Unter den größeren Ökologie-Lehrbüchern ist es vor allem «der Krebs», welcher dem Thema der Verbreitung von Organismen großes Gewicht zumisst:

- Krebs, C.J. 2009. *Ecology. The Experimental Analysis of Distribution and Abundance.* 6th ed. Benjamin Cummings, San Francisco.

Die Erforschung räumlicher Muster in der Verbreitung der Organismen ist die Domäne der Biogeografie (und Makroökologie), die mit mehreren Lehrbüchern bedient ist. Unter diesen sticht in seiner enzyklopädischen Breite und großen Aktualität Lomolinos Klassiker hervor:

- Lomolino, M.V., B.R. Riddle, R.J. Whittaker & J.D. Brown. 2010. *Biogeography.* 4th ed. Sinauer Associates, Inc., Sunderland.

Eine Fülle von Details, wenn es um Vögel geht, liefert:

- Newton, I. 2003. *The Speciation and Biogeography of Birds.* Academic Press, London.

Die neusten Werke zu fragmentierten Verbreitungen und Populationen im Sinne der Metapopulationstheorie stammen beide von I. Hanski. Im ersten werden die eigenen Arbeiten und jene anderer Autoren gut leserlich zusammengefasst:

- Hanski, I. 2005. *The Shrinking World: Ecological Consequences of Habitat Loss.* International Ecology Institute, Oldendorf/Luhe.
- Hanski, I. & O. Gaggiotti (eds.). 2004. *Ecology, Genetics, and Evolution of Metapopulations.* Academic Press, Burlington.

Der Bedeutung von Dispersal sind in letzter Zeit mehrere Bücher gewidmet worden; das aktuellste ist:

- Clobert, J., M. Baguette, T.G. Benton & J.M. Bullock (eds.). 2012. *Dispersal Ecology and Evolution.* Oxford University Press, Oxford.

Einbürgerungen und vor allem die Auswirkungen von invasiven Arten sind ein brandaktuelles Thema und deshalb gut mit Büchern abgedeckt. Die biologischen Grundlagen mit stärkerer Ausrichtung auf Wirbeltiere behandeln:

- Blackburn, T.M., J.L. Lockwood & P. Cassey. 2009. *Avian Invasions. The Ecology and Evolution of Exotic Birds.* Oxford University Press, Oxford.
- Richardson, D.M. (ed.). 2011. *Fifty Years of Invasion Ecology. The Legacy of Charles Elton.* Wiley-Blackwell, Chichester.

Nicht eine Analyse der Mechanismen, sondern einen enzyklopädischen Überblick über alle Vogel- und Säugetierarten, die irgendwo auf der Welt eingebürgert wurden, liefern:

- Lever, C. 2005. *Naturalised Birds of the World.* T & A D Poyser, London.
- Long, J.L. 2003. *Introduced Mammals of the World. Their History, Distribution, and Influence.* CSIRO Publishing, Collingwood.

Trotz der Popularität des Themas «Habitat» gibt es nur wenige Bücher, welche die Biologie der Habitatwahl behandeln. Das neue Werk zu den Vögeln offeriert unter anderem eine nützliche konzeptuelle Auslegeordnung, während das zweite Buch den Begriff «Habitat» in einen weiten Rahmen stellt und sich ausgiebig mit der Methodik auseinandersetzt, wie Habitatbeziehungen quantifiziert werden können:

- Fuller, R.J. (ed.). 2012a. *Birds and Habitat. Relationships in Changing Landscapes.* Cambridge University Press, Cambridge.
- Morrison, M.L., B.G. Marcot & R.W. Mannan. 2006. *Wildlife-Habitat Relationships: Concepts and Applications.* 3rd ed. Island Press, Washington DC.

Wer sich speziell mit der Methodik der Verbreitungs- und Habitatmodellierung beschäftigt, ist mit den folgenden Darstellungen gut bedient:

- Franklin, J. 2009. *Mapping Species Distributions: Spatial Inference and Prediction.* Cambridge University Press, Cambridge.
- Manly, B.F.J., L.L. McDonald, D.L. Thomas, T.L. McDonald & W.P. Erickson. 2010. *Resource Selection by Animals. Statistical Design and Analysis for Field Studies.* 2nd ed. Kluwer Academic Publishers, Dordrecht.
- Peterson, A.T., J. Soberón, R.G. Pearson, R.P. Anderson, E. Martínez-Meyer, M. Nakamura & M.B. Araújo. 2011. *Ecological Niches and Geographic Distributions.* Princeton University Press, Princeton.

6 Wanderungen

Abb. 6.0 Ringelgänse *(Branta bernicla)*

Kapitelübersicht

6.1	Was sind Wanderungen?	218
6.2	Weshalb wandern Vögel und Säugetiere?	218
6.3	Wanderungen bei Säugetieren	219
	Huftiere	219
	Meeressäuger	224
	Fledermäuse	226
6.4	Vogelzug: Formen des Wanderns	229
	Stand- und Zugvögel	230
	Regelmäßige Wanderformen	230
	Unregelmäßige und andere Wanderformen	231
	Innerartliche Unterschiede im Wanderverhalten	233
6.5	Räumliche Muster des Vogelzugs	234
	Zugsysteme	234
	Zugrichtungen	236
	Breit- und Schmalfrontzug	238
	Schleifenzug	238
	Zugdistanzen	239
6.6	Flugverhalten ziehender Vögel	240
	Tag- oder Nachtzug?	240
	Flughöhen, Wind und Wetter	241
	Rasten und Nonstopflüge	244
6.7	Ökophysiologie und Steuerung des Vogelzugs	246
	Zugdisposition	247
	Ruhe- und Zugstimmung	248
6.8	Orientierung der Vögel	249
	Formen der Orientierung	249
	Kompasssysteme	251
	Wie navigieren Vögel?	253
6.9	Funktion und Evolution des Vogelzugs	254
	Wanderverhalten und Nahrungsressourcen	254
	Evolution des Wanderverhaltens	255
6.10	Koordination von Zug und Reproduktion	257

Bereits im vorangehenden Kapitel war die Rede davon, dass Tiere beim Dispersal größere Ortsveränderungen unternehmen können. In diesem Zusammenhang wurden auch die Begriffe «auswandern» oder «abwandern» gebraucht. Auswanderung *(emigration)* und Einwanderung *(immigration)* von Individuen im Rahmen des Dispersals sind in der Regel einmalige Phänomene oder sind zumindest nicht periodisch; zudem ist die Funktion unterschiedlich. Dispersal ist eine Strategie von Individuen und führt zu einem Austausch innerhalb einer Population, verbindet Metapopulationen und erlaubt die Ausbreitung in neue Gebiete. **Wanderung** ist eine Strategie ganzer Populationen oder Teilen davon und umfasst periodische und gerichtete Ortsveränderungen; Wanderungen sind eine Reaktion auf regelmäßige Veränderungen in der Ressourcenverfügbarkeit. Bei wandernden Vögeln und Säugetieren ist die Periodizität meist **saisonal** gegeben; die zurückgelegten Distanzen sind oft groß und bei Vögeln nicht selten Kontinente übergreifend. Solche Wanderungen – bei Vögeln spricht man häufiger von **Zug** – gehören zu den faszinierendsten Phänomenen im Tierreich und geben auch aus ökologischer Perspektive zu einer Reihe wichtiger Fragen Anlass.

Die erste ist die grundlegende Frage, **weshalb** Tiere wandern. Man kann nach den proximaten Ursachen fragen, etwa danach, welche ökologischen Bedingungen Wanderungen favorisieren. Die Frage kann aber auch die ultimativen Gründe meinen, die Evolution von Wanderungen und ihre **Nutzen** und **Kosten** im Vergleich zur sedentären Alternative. Wie stabil sind Wanderstrategien unter bestimmten Rahmenbedingungen? Zur Beantwortung dieser Fragen ist es hilfreich, zunächst eine Auslegeordnung zu machen. **Welche Arten** wandern überhaupt, und wie sehen die räumlichen und zeitlichen **Abläufe** aus? Wie hängen die Muster mit den ökologischen Ansprüchen der Arten zusammen? Welches sind die **Signale**, die ein Tier veranlassen, sich auf den Weg zu machen?

Wandern ist oft eine anspruchsvolle Tätigkeit und benötigt spezifische Anpassungen. Es müssen auf den langen Wegen beispielsweise hoch entwickelte **Orientierungsleistungen** erbracht werden. Auch **physiologisch** sind Wanderungen anforderungsreich und verlangen vom Tier unter Umständen ausgeklügelte Ernährungsstrategien. Wanderungen sind damit eine zentrale Komponente der *life history* einer wandernden Art. Im Jahreszyklus eines Tieres ist die Wanderung aber kein in sich geschlossener Vorgang, sondern eng mit anderen wichtigen Verrichtungen verknüpft, vor allem mit der **Reproduktion**. Unter dem Gesichtspunkt der **Fitnessmaximierung** wird deshalb vermehrt auch die **individuelle Variation** innerhalb der Zugstrategien beachtet.

Auch wenn die meisten dieser Aspekte sowohl für Vögel als auch für Säugetiere relevant sind, betrifft der weitaus größte Teil der verfügbaren Daten Vögel. Wir tragen diesem Umstand Rechnung, indem wir nach einigen einführenden theoretischen Überlegungen zum Wandern allgemein zunächst die Wanderungen der Säugetiere behandeln und uns dabei auf die spezifischen Muster und ihre evolutionsbiologischen Erklärungen beschränken. Wie sich die Tiere orientieren, welche physiologischen Anpassungen nötig sind oder was die fitnessrelevanten Konsequenzen des Zugverhaltens sind, ist bei Säugern noch wenig untersucht, bei Vögeln hingegen seit Jahren im Zentrum intensiver Forschungstätigkeit. Deshalb nehmen die Vögel anschließend den größten

Teil dieses Kapitels ein und manche Aspekte werden bei den Vögeln auch stellvertretend für andere Organismen behandelt.

6.1 Was sind Wanderungen?

Wanderungen *(migration)* kommen bei vielen Tiergruppen vor und sind insgesamt ein vielgestaltiges Phänomen, dessen Definition entsprechend weit gefasst werden muss (Dingle & Drake 2007; Dingle 2014). Beschränken wir uns hingegen auf Vögel und Säugetiere, so können wir die Grenzen enger ziehen. Wanderungen sind periodische, gerichtete Verschiebungen von Populationen oder Teilen davon, aus einem Gebiet in ein anderes und zurück zum ersten Gebiet. Die Distanzen sind oft groß und die Periodizität ist saisonal, da die Gebiete wechselweise günstig oder ungünstig sind; in einem davon findet die Fortpflanzung statt. Dennoch benötigt auch die genannte Definition etwas flexible Handhabung: Wanderungen können statt hin und zurück auch entlang einem Rundkurs verlaufen. Bei gewissen Vogel- und Huftierarten kann die Periodizität oder die Richtung der Wanderungen unregelmäßig sein (irruptive oder nomadische Wanderer, Kap. 6.4).

Mit dieser Definition wird deutlich, dass Wanderungen eine andere Kategorie von räumlichen Bewegungen darstellen als kurzfristige Ortsveränderungen, die als proximate Reaktion auf einen unmittelbaren Mangel an Ressourcen geschehen, wie Ausflüge zur Nahrungssuche *(foraging trips)*, oder auch das im vorangehenden Kapitel behandelte Dispersal. Jene Bewegungen enden, sobald das Bedürfnis gestillt ist. Wanderungen hingegen sind über interne Rhythmen gesteuert; sie sind die Antwort auf zu erwartenden Ressourcenmangel. Oft werden während der Wanderung sogar proximate Reaktionen, zum Beispiel zur Nahrungssuche, physiologisch unterdrückt. Wanderungen kommen zum Abschluss als Resultat physiologischer Veränderungen, die durch die Wanderungen selbst ausgelöst werden (Scott G. 2010).

Wanderverhalten ist nicht einfach «ein Merkmal», sondern setzt eine Summe von Anpassungen voraus, die in ihrer Gesamtheit als *migration syndrome* bezeichnet werden. Dieses umfasst nicht nur das Wanderverhalten selbst, sondern auch physiologische und morphologische Anpassungen. Bei Vögeln haben etwa wandernde Arten länger geschnittene Flügel als nahe Verwandte mit sedentärer Lebensweise (Leisler & Winkler 2003). Wanderverhalten hat sich wiederholt und bei einer Anzahl verschiedener Taxa unabhängig entwickelt (Dingle & Drake 2007). Ob aber mindestens innerhalb der Vögel dem *migration syndrome* eine gemeinsame genetische Basis zugrunde liegt, ist noch umstritten (Piersma et al. 2005; Pulido 2007; Zink 2011; dazu Kap. 6.9).

6.2 Weshalb wandern Vögel und Säugetiere?

Wie bereits erwähnt wurde, sind Wanderungen die Antwort auf **vorhersehbare** Unterschiede im Ressourcenangebot (Mueller & Fagan 2008). Wandernde Arten finden wir vor allem in saisonalen Klimazonen, also in höheren Breiten mit Sommer-Winter-Wechsel und in subtropischen Klimas mit Abfolgen von Regen- und Trockenzeiten. Hier schwankt die Quantität und Qualität des Nahrungsangebots und vor allem auch seine Zugänglichkeit über das Jahr sehr stark. Zeitweise ist das Angebot sehr gut, sodass es sich für die Tiere lohnt, ein solches Gebiet zur Jungenaufzucht oder zum Fettaufbau aufzusuchen. In der übrigen Zeit ist die Ressourcenverfügbarkeit hingegen so gering, dass in ein anderes Gebiet gewechselt werden muss. Neuere Modelle zeigen, dass allein mit der Saisonalität und den niedrigsten Temperaturen als Parameter die Verteilung der in der Nordhemisphäre brütenden, ziehenden Vogelarten gut vorausgesagt werden kann (Somveille et al. 2015) und dass Wanderungen bereits durch kleine saisonale Unterschiede in der Verfügbarkeit von Nahrung ausgelöst werden können (Cresswell K. A. et al. 2011). Daneben mögen auch noch andere Faktoren mitspielen, wie zum Beispiel regional unterschiedlicher Prädationsdruck oder die Prävalenz von Parasiten (Alerstam et al. 2003; McKinnon et al. 2010).

Wanderungen sind jedoch aufwendig; sie kosten Energie und sind mit Unfall- und Prädationsrisiko verbunden. Dazu kommen allenfalls weitere Kosten, etwa Nachteile gegenüber nicht ziehenden Artgenossen beim Besetzen von Territorien bei der Rückkehr. Wandern konnte sich als Verhaltensstrategie nur entwickeln, wenn die wandernden Individuen eine zumindest gleich hohe Fitness erreichten wie die nicht oder weniger weit wandernden Artgenossen. Zwar kommen bei einigen Arten wandernde und nicht wandernde Populationen in unmittelbarer Nachbarschaft vor, doch sind die Auswirkungen der alternativen Strategien auf die Fitness der jeweiligen Individuen noch wenig erforscht worden. Normalerweise folgen intraspezifische Unterschiede im Wanderverhalten einem geografischen Muster; unter sich ändernden Umweltbedingungen können sedentäre Populationen Wanderverhalten entwickeln oder umgekehrt. Solche schnell ablaufenden evolutiven Veränderungen sind aber erst an wenigen Vogelarten untersucht worden und kommen im Kapitel 6.9 zur Sprache.

6.3 Wanderungen bei Säugetieren

Bei Säugetieren existieren eigentliche Wanderungen vorwiegend in drei Gruppen, nämlich Huftieren, Meeressäugern (Walen und Robben) und Fledermäusen.

Huftiere
Wandernde Huftiere sind primär polygyne, in größeren Verbänden lebende Arten offener oder halb offener Habitate wie Tundren, Steppen, Prärien und Savannen; saisonale Wechsel zwischen offenen Gebieten und Wäldern kommen ebenfalls vor. In Steppen und Savannen wandern Ungulaten oft über größere flache Strecken und nicht selten in Form eines Rundkurses; in Gebirgen dominieren Vertikalwanderungen über kürzere Distanzen. Das Ausmaß der Huftierwanderungen ist durch die Aktivitäten des modernen Menschen räumlich stark eingeschränkt worden; zudem sind die meisten wandernden Huftierarten auch in ihren Beständen heute massiv reduziert. Saisonale Wanderungen von 10–1 640 km Länge pro Jahreszyklus existieren aber nach wie vor bei 25–30 Arten von großen Pflanzenfressern in Nordamerika, Eurasien und Afrika (Fryxell & Sinclair 1988a; Berger J. 2004; Harris G. et al. 2009; Teitelbaum et al. 2015; Box 6.1).

Huftierwanderungen sind stark von räumlichen und zeitlichen Unterschieden im Nahrungsangebot bestimmt. Wanderdistanzen sind umso größer, je stärker die großräumige Variabilität im Nahrungsangebot ausfällt, beson-

Box 6.1 Muster der Huftierwanderungen

Rentiere oder Karibus *(Rangifer tarandus)* wandern von Sommerweiden in der Tundra zu Winterweiden im borealen Nadelwald; pro Jahreszyklus kann die eigentliche Wanderstrecke bei den am weitesten wandernden Populationen bis um 1600 km betragen. Viele Hirsche, aber auch Ziegenartige (Caprinae) in Gebirgsregionen Nordamerikas und Eurasiens wechseln zwischen höher gelegenen Sommer- und tiefer gelegenen Wintereinstandsgebieten (Abb. 6.2). Die Distanzen sind abhängig von der Topografie und liegen in schroffen Landschaften oft unter 100 km für Hin- und Rückweg. In den weiträumiger gegliederten Gebirgen des nordamerikanischen Westens können Gabelböcke *(Antilocapra americana)* hingegen Rundkurse von bis zu 500 km zurücklegen (Sawyer et al. 2005).

In den Savannen Afrikas sowie den Steppen Zentralasiens und des tibetischen Hochlands sind vor allem Antilopen (Bovidae) an den Wanderungen beteiligt; dazu kommen Pferdeartige und in Afrika auch Savannenelefanten *(Loxodonta africana)*. Das am besten bekannte Beispiel ist die Rundwanderung der gut 1,5 Mio. Weißbartgnus *(Connochaetes taurinus;* Abb. 3.14) im Serengeti-Mara-Ökosystem (Tansania und Kenia), die im Jahresverlauf über 500–800 km führt. Bewegungen ähnlichen Ausmaßes sind aus dem südwestlichen Afrika (Weißbartgnu, Steppenzebra, früher auch Springbock, *Antidorcas marsupialis*) und dem Südsudan (Weißohrkob, *Kobus kob leucotis*) bekannt (Fryxell & Sinclair 1988b; Harris G. et al. 2009; Naidoo et al. 2016). Auch die Wanderzüge von Antilopen in Asien sind teilweise noch existent. Die hauptsächlich beteiligten Arten sind Saigaantilope *(Saiga tatarica)* in den kasachischen Steppen (Abb. 7.10), Mongolische Gazelle *(Procapra gutturosa)* in den mongolischen und Tschiru (= Tibetantilope, *Pantholops*

Abb. 6.1 Der Takin *(Budorcas taxicolor)*, ein seltener und noch wenig untersuchter Vertreter der Caprinae, lebt in den Bergen des östlichen Himalajas und führt saisonale Vertikalwanderungen durch. Über die größere Zeit des Jahres lebt er als Laubäser in subtropischen Bergwäldern mit dichtem Unterwuchs von Bambus, zieht aber im Sommer auf Weiden an der oberen Waldgrenze, wo auch die Brunft stattfindet. Studien in Westchina zeigten, dass die Wanderungen wie bei anderen gebirgslebenden Huftieren der zeitlichen Abfolge der besten Nahrungsqualität über den Höhengradienten folgen. Bei den zwei untersuchten Takinpopulationen war das Muster aber komplizierter, denn die Tiere verbringen zwar den Frühling und Herbst in der untersten Stufe, steigen im Winter aber wieder höher, offensichtlich um von der stärkeren Sonneneinstrahlung zu profitieren – sie führen pro Jahr also einen doppelten Wanderzyklus aus. Zudem variierten die Individuen ihre Wanderbewegungen von Jahr zu Jahr in gewissem Umfang (Zeng Z. et al. 2010; Guan et al. 2013). Umgekehrte Höhenwanderungen kommen auch bei Sikahirschen *(Cervus nippon)* in Japan vor (Igota et al. 2004).

hodgsonii) in den tibetischen Steppen. Mongolische Gazellen sind als Nomaden (Definition in Kap. 6.4) fast dauernd unterwegs und pausieren nur an den Wurfplätzen. Die Wanderrouten dieser Arten und die Distanzen zwischen Wurfplätzen und Winterweiden sind noch ungenügend erforscht; Letztere können aber auch bei Tschirus gegen 600 km pro Rundstrecke betragen und bei den wenig bekannten Bewegungen der Kulane *(Equus hemionus)* im Jahresverlauf 1 500 km erreichen (Lhagvasuren & Milner-Gulland 1997; Buho et al. 2011; Kaczensky et al. 2011; Mueller et al. 2011; Teitelbaum et al. 2015).

ders wenn dieses im Durchschnitt eher gering ist (Teitelbaum et al. 2015). In der Regel spielt die Qualität vor der Quantität die entscheidende Rolle. Für gebirgslebende Arten kann allerdings die Quantität ebenfalls bedeutsam sein, wenn große Schneehöhen die Zugänglichkeit der Nahrung einschränken. Schneeverhältnisse können so den zeitlichen Auslöser der Wanderungen bestimmen (Hjeljord 2001), doch setzt der Beginn der Talwanderung oft vor den ersten Schneefällen ein (Rivrud et al. 2016). Im Einzelnen folgen viele der vertikalen Wanderbewegungen raumzeitlichen Abläufen, die mit der *forage maturation hypothesis* konsistent sind. Da die frisch sprießende Vegetation das günstigste Stickstoff-Faser-Verhältnis und so die beste Qualität besitzt, sollten gemäß dieser Erklärung die bergwärts wandernden Herbivoren dem zeitlich gestaffelten Erscheinen der neuen Vegetation auf dem Höhengradienten folgen (‚surfing the green wave'). Dass dies der Fall ist, konnte etwa an den Wanderungen des Maultierhirsches *(Odocoileus hemionus)* und des Rothirsches/Wapitis *(Cervus elaphus, C. canadensis)* in Nordamerika, Skandinavien und den Alpen gezeigt werden (Albon & Langvatn 1992; Hebblewhite et al. 2008; Zweifel-Schielly et al. 2009; Sawyer & Kauffman 2011). Unter Umständen ziehen die Hirsche etwas schneller in die Höhe, sodass sie das Qualitätsmaximum auf mittleren Höhen «überspringen» (Bischof et al. 2012).

Von allen Huftierwanderungen sind jene des Serengeti-Mara-Ökosystems in Tansania und im angrenzenden Kenia am besten untersucht, was das Muster der Wanderungen und die auslösenden proximaten Faktoren betrifft. Den Kern des Systems bildet die Rundwanderung der 1,5 Mio. Weißbartgnus (Box 6.1); auch 200 000 Steppenzebras *(Equus quagga)* und über 300 000 Thomsongazellen *(Eudorcas thomsoni)* wandern mit, wenn auch in zeitlich und räumlich etwas divergierenden und stärker nomadisch geprägten Abläufen (Fryxell et al. 2004). Die Gnus konzentrieren sich während und kurz nach der langen Regenzeit in den fruchtbaren Kurzgrassteppen im Süden und bringen dort in einem kurzen Zeitfenster ihr Junges zur Welt. Nahrungsqualität und -quantität sind hier zunächst optimal, verschlechtern sich mit zunehmender Trockenheit aber rapide. Die Tiere wandern darauf in die grüneren Hochgrassavannen des regenreicheren Nordens und kehren schließlich zu Beginn der nächsten langen Regenzeit wieder in die kurzrasigen Gebiete zurück. Räumlich explizite Modellierungen zeigten, dass die Tiere dabei eng dem neuen Graswuchs folgen. Auslöser der Wanderungen ist damit im Grunde die Tatsache, dass

Regenmengen und Bodenfruchtbarkeit in der Serengeti entlang gegenläufiger Gradienten variieren (Boone et al. 2006; Musiega et al. 2006; Holdo et al. 2009, 2011). Die Hochgrassavannen weisen über längere Zeit im Jahr zwar hohe Abundanz von grün bleibendem Gras auf, doch ist die realisierbare Aufnahmerate von Gras durch die Herbivoren von größerer Bedeutung als die vorhandene Biomasse (s. auch Kap. 3.8). Zudem liegt der Phosphorgehalt dieser Gräser unter den Werten, die vor allem von laktierenden Weibchen benötigt werden (McNaughton 1990; Murray 1995). Deshalb wechseln Gnus in die während der langen Regenzeit ergrünten Kurzgrassteppen, wo die Mineralgehalte (neben Phosphor allenfalls auch Natrium) allen Anforderungen genügen; das auch bezüglich Proteingehalt optimale Nahrungsangebot ist dort aber von beschränkter Dauer.

Im Grundsatz funktionieren auch andere Migrationssysteme nach demselben Prinzip. Modifikationen kann es etwa geben, wenn der direkte Zugang zu Wasser der limitierende Faktor ist oder wenn umgekehrt Flussniederungen in der Regenzeit überschwemmt werden und höher gelegenes Land aufgesucht werden muss. Die genauen Auslöser der Wanderungen in asiatischen Steppen sind hingegen noch wenig untersucht. Erste Studien haben gezeigt, dass großräumig gesehen die Wanderungen den Niederschlägen folgen und damit in die Gebiete mit der jeweils höchsten Primärproduktion führen, wobei Saigaantilopen dann auf der Maßstabsebene der Habitatwahl mittlere Produktivitätswerte bevorzugten (Leimgruber et al. 2001; Singh et al. 2010). Am Rande sei hier noch erwähnt, dass der Transhumanz, den saisonalen Wanderungen von Bauern mit ihrem Vieh, dieselben Muster zugrunde liegen wie der Migration der wilden Arten (Boone et al. 2008). Tatsächlich hat sich Transhumanz ja auch in denselben Gebieten entwickelt.

Oft findet man wandernde und residente Huftierpopulationen Seite an Seite. Selbst am Rande der Serengeti leben standorttreue Gnus in etwas feuchteren Bereichen mit Graswuchs ohne Phosphordefizite. Individuen wechseln dabei eher selten zwischen Populationen oder Wanderstrategien (Morrison T. A. & Bolger 2012). Unterschiedliche Wanderstrategien in derselben Population *(partial migration)* sind hingegen bei Hirschen häufig, vor allem in divers strukturierten Landschaften und bei Vertikalwanderern. Neben Landschaftsparametern können auch Populationsmerkmale wie Dichte oder Altersstruktur die Wanderhäufigkeit beeinflussen (Grovenburg et al. 2011; Mysterud et al. 2011; Singh et al. 2012). Das gemeinsame Vorkommen unterschiedlicher Wanderstrategien hat auch die Möglichkeit eröffnet, Unterschiede im **Prädationsrisiko** (Kap. 9.12) als eine mögliche weitere evolutive Ursache des Wanderverhaltens zu testen. Tatsächlich vermochten wandernde Wapitis ihr Prädationsrisiko im Vergleich zu sedentären Nachbarn um 70 % zu senken (Hebblewhite & Merrill 2009). Auch bei den afrikanischen Ungulaten geht man davon aus, dass die wandernden Populationen einem viel geringeren Prädationsdruck unterliegen als die residenten (Fryxell et al. 1988). Die Frage stellt sich dann, weshalb die Prädatoren nicht den Huftieren folgen. Da die Jungen der infrage kommenden Arten (Katzen- und Hundeartige) im Gegensatz zu den Huftieren Nesthocker sind, bleiben die Prädatoren über größere Teile des Jahres ortsgebunden. Zudem spielt gerade im Fall der sozial lebenden Löwen *(Panthera leo)* der Besitz und die Verteidigung

6.3 Wanderungen bei Säugetieren

Abb. 6.2 Die Wanderroute von Gabelböcken *(Antilocapra americana)* im westlichen Wyoming, USA, führt von den höher gelegenen Sommerweiden in ein tiefer liegendes Becken. Auf der Strecke von etwa 250 km haben die Tiere vier topografische Flaschenhälse zu passieren, die im Minimum nur 100–300 m breit sind (Choke Point); im einen Fall führt zusätzlich eine Straße hindurch (veränderte Abbildung nach Berger 2004; dazu auch Sawyer et al. 2005). Archäologische Untersuchungen haben zudem ergeben, dass dieser Wanderkorridor der Gabelböcke schon seit über 6000 Jahren benutzt wird (Berger J. et al. 2006).

von Territorien eine fitnessbestimmende Rolle (Mosser & Packer 2009).

Die kombinierten Effekte der Wanderungen – die Erschließung optimaler Nahrungsressourcen über einen ausgedehnten Teil des Jahreszyklus, verbunden mit der Reduktion des Prädationsrisikos – ermöglichte es offenbar den wandernden Huftierarten, bis über 10-mal höhere Abundanzen zu erreichen als vergleichbare sedentäre Arten (Fryxell et al. 1988). Durch menschliche Aktivitäten sind die Wanderzüge aber verwundbar und viele von ihnen sind heute verschwunden oder in ihrem Umfang stark reduziert, sowohl was die räumliche Ausdehnung als auch die Zahl der beteiligten Individuen betrifft (Fryxell et al. 1988; Berger J. 2004; Harris G. et al. 2009). War lange die direkte Übernutzung der Arten maßgebend, so sind es mittlerweile die baulichen Veränderungen der Landschaft durch Siedlungen und Verkehrswege oder expandierende Landwirtschaft, welche die Wanderrouten einengen oder ganz unterbrechen (Abb. 6.2; dazu auch Kap. 5.5). Die Tatsache, dass es nach dem Erlöschen der Wanderungen aufgrund von Barrieren in zahlreichen Fällen zu Bestandszusammenbrüchen gekommen ist, zeigt deutlich den adaptiven Vorteil des Wanderverhaltens (Bolger et al. 2008). Neuerdings gibt es auch

Hinweise, dass anthropogene Verminderung der Habitatqualität die Fitness von wandernden Huftieren beeinträchtigt, sodass deren Populationen abnehmen, ohne dass die Wanderrouten physisch unterbrochen wären (Middleton et al. 2013).

Meeressäuger
Die Variation räumlicher Bewegungen bei Meeressäugern ist groß, aber eigentliche Wanderungen, die allerdings sehr ausgedehnt sein können, finden nur bei einem Teil der Arten statt. Dazu gehören fast alle Bartenwale, einige der großen Zahnwale, manche Robben und einige andere Arten. Oft variiert das Wanderverhalten innerhalb einer Art zwischen einzelnen Populationen.

Typischerweise verbringen Bartenwale die Sommermonate in nahrungsreichen polnahen Gewässern und ziehen für die Wintermonate in vergleichsweise nahrungsarme subtropische und tropische Meere, wo die neugeborenen Kälber die ersten Lebensmonate verbringen und auch die Paarung stattfindet. Beim Buckelwal *(Megaptera novaeangliae)* und einigen anderen Arten liegen diese Überwinterungsgebiete in küstennahen Flachgewässern, von denen manche heute zu Touristenattraktionen geworden sind (etwa Baja California, Mexiko). Die Bartenwale der Gattung *Balaenoptera* suchen hingegen eher die Weiten der offenen, tiefen Ozeane auf; die genaueren Regionen, wo die Fortpflanzung stattfindet, sind aber unzureichend bekannt. Etwas speziellere Verhältnisse herrschen beim Pottwal *(Physeter macrocephalus)*, indem nur die adulten Männchen in die polaren Meere ziehen, um die hohen Dichten von Tintenfischen zu nutzen; die Weibchen und jüngeren Männchen bleiben hingegen ganzjährig in wärmeren Gewässern.

Die Konzentration auf bestimmte Regionen und Wanderrouten führt dazu, dass sich bei vielen Walen diskrete Populationen herausgebildet haben, die sich wenig vermischen. Besonders gilt dies aufgrund der unterschiedlichen Phänologie für Populationen der Nord- und Südhalbkugel. Diesbezüglich am besten untersucht ist der Buckelwal. Bei ihm ergaben genetische Analysen und Beobachtungen individuell kenntlicher Tiere, dass es vor allem in den Fortpflanzungsgebieten dennoch zu vereinzeltem Individuen- und Genaustausch kommt (Rizzo & Schulte 2009).

Die längsten Wanderdistanzen sind vom Buckel- und vom Grauwal *(Eschrichtius robustus)* bekannt und können bis zu 20 000 pro Jahr zurückgelegte Kilometer erreichen (Horton et al. 2011; Stevick et al. 2011). Die Wanderungen sind energetisch aufwendig und finden wohl mit knappem Energiebudget statt, da während des Wanderns und im Winterquartier die Nahrungsaufnahme fast oder ganz eingestellt wird (Berta et al. 2006). Weibliche Wale, die unterwegs kalben, können über 50 % ihres Sommergewichts verlieren. Wenn Walkühe keine Junge austragen, verzichten sie oft völlig auf die Wanderung und bleiben auch im Winter in den nahrungsreichen kalten Gewässern; beim Buckelwal betrifft dies bis zur Hälfte der Weibchen (Carwardine et al. 1998).

Weshalb finden die Wanderungen dann überhaupt statt? Die traditionelle Erklärung geht davon aus, dass die Thermoregulation der neugeborenen Jungen wegen ihrer dünneren Speckschicht in kalten Gewässern nicht effizient genug ist oder dass die dafür benötigte Wärmeproduktion stattdessen in wärmeren Gewässern für das Wachstum aufgewendet werden könnte. Dem steht aber entgegen, dass verschiedene Walarten

Abb. 6.3 Lokationen (weiß) von 209 weiblichen Nördlichen See-Elefanten, die mit Satellitensendern ausgerüstet waren, in den Jahren 2004–2010. Die Lokationen stammen von 195 Individuen aus einer kalifornischen (roter Punkt) und 14 Tieren aus einer mexikanischen Kolonie (gelber Punkt). Nahm man lange an, dass die See-Elefanten vor allem die Küstengewässer nutzten (Riedman 1990), so zeigten die mithilfe der Sender gewonnenen Daten, dass die Robben auf ihren Wanderungen weite Teile des nordöstlichen Pazifiks durchstreifen (aus Robinson et al. 2012) (Abdruck mit freundlicher Genehmigung von *PLOS Biology*, © PLOS Biology).

ihre Jungen problemlos im Bereich der Arktis oder Antarktis zur Welt bringen; zudem stützen auch Modelle der Thermoregulation bei Bartenwalen die Erklärung nicht (Watts et al. 1993). Eine neuere Hypothese postuliert, dass die Wanderungen dazu dienen, dem Prädationsdruck durch Schwertwale *(Orcinus orca)* auf die kleinsten Jungtiere auszuweichen, was offenbar recht gut gelingt (Corkeron & Connor 1999; Ford & Reeves 2008). Solange aber keine umfassenden Daten den *trade-off* zwischen Energie und Prädation belegen, bleibt die Funktion des Wanderverhaltens der Bartenwale ungeklärt. Gleiches gilt für die Frage, auf welche Weise Wale sich orientieren und ob sie über eigentliches Navigationsvermögen (Definition in Kap. 6.8) verfügen (Bingman & Cheng 2005).

Bei Robben ist die Funktion des Wanderns hingegen unstrittig. Robben sind für die Fortpflanzung auf prädatorenfreie Inseln angewiesen, die oft weit von längerfristig profitablen Nahrungsgründen entfernt liegen. So haben sich bei Robben *life histories* entwickelt, die bei einigen Arten Wanderungen von Hunderten bis Tausenden von Kilometern notwendig machen (Costa et al. 2012). Statt Inseln können Robben in hohen Breiten auch Packeis nutzen und ihre Wanderungen, die bei der Sattelrobbe *(Pagophilus groenlandicus)* bis 5 000 km betragen können, der Eisdrift anpassen (Riedman 1990). Dank dem vermehrten Einsatz radiotelemetrischer Technologien zeigt es sich, dass es auch unter bisher als sedentär geltenden Arten wie dem Gemeinen Seehund *(Phoca vitulina;* Abb. 10.2) weit wandernde Individuen gibt (Womble & Gende 2013). Die spektakulärsten Bewegungen unternimmt jedoch der Nördliche See-Elefant *(Mirounga angustirostris)*, der jedes Jahr einen doppelten Wanderzyklus durchführt. Die hoch polygyne Art brütet in Kolonien entlang der Küste von Kalifornien bis Baja California und verbringt 8–9 Monate auf See im Nordpazifik und im Golf von Alaska

(Abb. 6.3). Nach der Reproduktionszeit wandern die See-Elefanten zunächst ein Stück nordwärts, kehren dann aber für einige Wochen in ihre Kolonien zurück, um – ähnlich wie mausernde Vögel – einen kompletten Haarwechsel vorzunehmen. Während des Aufenthalts an Land fasten sie. Auf der zweiten Reise, die etwa dreimal länger als die erste dauert, erreichen sie die nördlicheren Bereiche ihrer Nahrungsgründe. Insgesamt legen sie so pro Jahr bis zu 21 000 km zurück, vergleichbar mit den längsten bei Walen gemessenen Wanderdistanzen (Stewart & DeLong 1995; Robinson P. W. et al. 2012).

Fledermäuse
Die meisten der über 1 200 Arten von Fledermäusen leben in den Tropen und sind sesshaft. Bei mindestens 87 Arten (<8 %) haben sich Wanderstrategien entwickelt, vorwiegend bei solchen aus gemäßigten Zonen, aber auch bei einigen tropischen Arten (Krauel & McCracken 2013). Wahrscheinlich ist der wirkliche Anteil höher, da die Kenntnisse über afrikanische und asiatische Fledermäuse noch sehr lückenhaft sind (Popa-Lisseanu & Voigt 2009). Wanderungen finden in der Regel zwischen Sommer- respektive Aufzuchtquartieren («Wochenstuben») und Winterquartieren statt; oftmals werden dazwischen noch Zwischenquartiere bezogen. Das Migrationsverhalten ist in verschiedenen Abstammungslinien unabhängig entstanden, oft spezifisch als Kurz- oder Langstreckenzug (Fleming & Eby 2003; Bisson et al. 2009). Saisonaler Nahrungsmangel ist letztendlich wie bei anderen Säugern und bei Vögeln die wichtigste evolutive Triebfeder. Weshalb sind denn aber selbst in gemäßigten Zonen viele Fledermäuse sedentär? Die Tiere überdauern die Nahrungsknappheit an geschützten Orten in Winterruhe (saisonaler Torpor; Kap. 2.7). Die einen Arten, sogenannte Höhlenfledermäuse *(cave bats)*, nutzen Gesteinshöhlen, Gebäude oder stillgelegte Minen als Winterquartier, die ein relativ günstiges und ausgeglichenes Mikroklima bieten, was die Überwinterung auch in relativ kühlen Gebieten möglich macht. Diese Arten sind sesshaft oder machen Kurzstreckenwanderungen zu günstigen Höhlensystemen. Andere Arten, die sogenannten Baumfledermäuse *(tree bats)*, überwintern jedoch generell in Baumhöhlen. Die Wärmedämmung ist trotz der geringeren Wärmeleitfähigkeit von Holz als von Stein bei dünnwandigen Baumhöhlen schlechter als bei tief im Fels liegenden Höhlen, weshalb es in kälteren Klimazonen schwierig ist, in Baumhöhlen die Körpertemperatur auch bei starker Absenkung konstant zu halten. Baumhöhlen-Spezialisten müssen deshalb Winterquartiere in wärmeren Klimazonen aufsuchen, was eher Langstreckenzug erfordert. Der unmittelbare (proximate) Grund für diese Wanderungen ist also die beschränkte Kälteresistenz – diesbezüglich unterscheiden sich die Fledermäuse von den Vögeln. Je weiter nach Süden die Fledermäuse ziehen, desto eher können sie im Winterquartier auf die Winterruhe verzichten und aktiv bleiben (Altringham 2011).

Die Wandermuster innerhalb einer Art variieren geografisch gemäß den klimatischen Bedingungen und dem Höhlenangebot. Selbst innerhalb einer Population kann es Unterschiede zwischen den Individuen geben; oft unterscheiden sich auch die Geschlechter bezüglich Ablauf und Distanzen ihrer Wanderungen. Weibchen wandern typischerweise über größere Distanzen als Männchen und suchen aufgrund ihres erhöhten Energiebedarfs durch Schwangerschaft und Laktation eher mikroklimatisch günstigere Orte auf, wo die thermoregulatorischen Kosten niedriger sind. In einer Untersuchung an Langflügelfledermäusen *(Miniopterus schreibersii)* in Portugal, einem klimatisch zwar günstigen Gebiet, führten die Weibchen dieser Höhlenfledermaus dennoch vier Quartierwechsel aus, die sich an den Höhlentemperaturen und nicht den Umgebungstemperaturen orientierten. Die Wechsel in Zwischen- und Sommerquartiere resultierten für die Tiere 2-mal in einem Temperaturgewinn, was für die Embryonalentwicklung (im Zwischenquartier) und das Wachstum der Jungen (im Sommerquartier) förderlich war. Die Umzüge ins Herbst- und Überwinterungsquartier brachten 2-mal eine Temperaturreduktion mit sich; diese war aus energetischen Gründen aber von Vorteil, denn sie ermöglichte Tagestorpor im Herbstquartier und saisonalen Torpor im Winterquartier. Die Männchen führten grundsätzlich denselben Zyklus aus, zeitlich allerdings etwas verschoben, da bei ihnen die Spitze des Energiebedarfs in der Paarungszeit im Herbst lag (Rodrigues L. & Palmeirim 2008). Unterschiedliche energetische Bedürfnisse können bei vielen Fledermäusen über einen Großteil des Jahres zu starker räumlicher Trennung zwischen den Geschlechtern führen; Männchen und Weibchen treffen sich dann zur Paarung in den Herbstquartieren (Fleming & Eby 2003; Safi 2008).

Bei sesshaften Arten liegen die Sommer- und Winterquartiere im selben lokalen Gebiet bis maximal 50 km voneinander entfernt. Kurzstreckenzieher legen etwa 200–800 km, Langstreckenzieher 1 100–1 900 km pro Weg zurück, doch gibt es dazwischen Übergänge und auch innerartliche Variation (Fleming & Eby 2003; Hutterer et al. 2005; Bisson et al. 2009). Im Vergleich zu Vögeln sind die längsten Zugstrecken der Fledermäuse also viel kürzer! In Europa unternehmen manche Arten von Mausohren *(Myotis)* und einige andere Arten regionale Kurzstreckenwanderungen; wirkliche Langstreckenzieher sind nur vier Arten, nämlich Kleiner und Großer Abendsegler *(Nyctalus leisleri, N. noctula)*, Rauhautfledermaus *(Pipistrellus nathusii)* und Europäische Zweifarbfledermaus *(Vespertilio murinus)*, die etwa zwischen Sommerquartieren in Nordosteuropa und milderen Gegenden in Mittel- oder Südeuropa hin und her wandern; die vorherrschende Zugrichtung ist wie bei Vögeln Nordost–Südwest (Hutterer et al. 2005). In Nordamerika wandern Langstreckenzieher (Gattungen *Lasiurus*, *Leptonycteris* und andere) zur Überwinterung in die südlichen Staaten oder nach Mexiko. Das Graue Mausohr *(Myotis grisescens)* der südöstlichen USA ist hingegen eine von Gesteinshöhlen abhängige Art und demnach ein Kurzstreckenzieher. Etwa 90 % der gut 2 Mio. Tiere umfassenden Population überwintern in lediglich drei Karsthöhlen, und auch in Sommerquartieren kommt es zu großen Konzentrationen. Die Mausohren zeigen eine extreme Ortstreue, sodass die Tiere immer wieder in dieselbe Höhle zurückkehren. Hohe Ortstreue ist bei vielen Arten in Sommer-, Herbst- und Winterquartieren nachgewiesen (Altringham 2011).

Wanderungen findet man auch bei einigen tropischen Arten, was mit saisonaler Nahrungsverknappung während der Trockenzeit zu tun hat. Insektenfresser ziehen dann etwa über kürzere Strecken aus dem Landesinnern an die Küsten. Längere Distanzen von bis zu 1 500 km legen einige nectarivore Arten und einzelne der großen Flughunde (australische *Pteropus*-Arten, *Eidolon*) zurück, welche dem regional und saisonal unterschiedlichen Früchteange-

Abb. 6.4 Das Früchteangebot im Kasanka-Nationalpark, Sambia, konzentriert sich in einem markanten saisonalen Gipfel von gut 2 Monaten Dauer. Der Aufenthalt von *Eidolon helvum* fällt genau mit dem Gipfel zusammen, wobei Ankunft und Wegzug der Flughunde (offene Symbole) ebenfalls hoch koordiniert erfolgen (Abbildung neu gezeichnet nach Richter & Cumming 2006). Diese in Afrika weit verbreitete Art führt Wanderungen zwischen den tropischen Regenwaldgebieten und Savannenzonen aus, die im Detail aber noch kaum bekannt sind (im Bild ein Schlafplatz von *Eidolon*). Neue Daten belegen, dass die Tiere in wenigen Monaten kumulierte Distanzen von bis zu 2 500 km zurücklegen können (Richter & Cumming 2008).

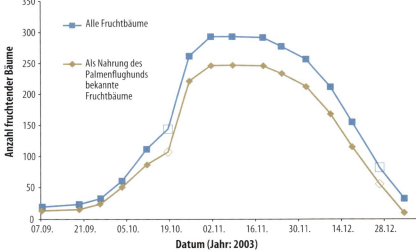

bot folgen. Besonders spektakulär sind Wanderungen des Palmenflughunds (*Eidolon helvum*). Jährlich besuchen 5–10 Mio. Individuen von Ende Oktober bis Ende Dezember den Kasanka-Nationalpark in Sambia, wo sich ihr Aufenthalt eng mit der Periode der Fruchtreife deckt (Abb. 6.4).

Im Vergleich zu Vögeln sind nicht nur die maximalen Wanderdistanzen von Fledermäusen wesentlich kürzer, sondern die Wanderungen laufen meist auch deutlich langsamer ab. Lange, nicht von Rast unterbrochene Zugstrecken kommen viel seltener vor, Zuggeschwindigkeiten sind langsamer (<36 km*h^{-1}) und die im Mittel erreichten Tagesdistanzen dürften von 50 bis 250 km reichen. Da Fledermäuse viel weniger Zugfett aufbauen als Vögel, müssen sie auch häufiger Rast einlegen, um die Vorräte aufzustocken; die Rate der Fettanlagerung ist dabei mindestens 6-mal kleiner als bei Vögeln (Hedenström 2009; McGuire et al. 2012). Zudem dürfte der Fettaufbau eher für die Überwinterung bestimmt sein, denn Säugetiere verbrennen für körperliche Leistungen primär Proteine und Kohlenhydrate. Ähnlich wie gewisse tagziehende Vögel (Kap. 6.6) jagen Fledermäuse deshalb manchmal während des Ziehens und nutzen die so gewonnene Energie direkt für den Flug, ohne Fett- oder andere Vorräte anzugreifen (Voigt et al. 2010; Krauel & McCracken 2013). Allerdings ist dies eher ein fakultatives Verhalten, denn wie bei den Vögeln kommt es auch bei ziehenden Fledermäusen zu Umlagerungen in Organmassen, wobei am Verdauungstrakt reduziert und dafür zusätzlich in bewegungsrelevante Organe investiert wird. Anders als bei Vögel gibt es dabei geschlechtsspezifische Unterschiede, offenbar in Anpassung an die erhöhten Transportkosten der schwangeren Weibchen (McGuire et al. 2013).

Die Frage, wie wandernde Fledermäuse navigieren, ist noch unzureichend erforscht. Echolokation taugt zur Ortung von Nahrung und zur Navigation im lokalen Bereich; bei Wanderungen mit Flughöhen über 50 m müssen jedoch andere Methoden angewandt werden. Orientierung nach Landmarken entlang traditioneller Routen ist wohl üblich (Altringham 2011). Ob Fledermäuse aber einen Magnetkompass besitzen und Karten einsetzen, war noch vor kurzer Zeit erst Gegenstand von Vermutungen. Mittlerweile weiß man, dass zumindest einige Arten das erdmagnetische Feld erkennen und ihren Kompass mithilfe des Lichts nach Sonnenuntergang eichen, ohne wie Vögel das Polarisationsmuster zu verwenden (Holland R. A. et al. 2010). Auch können sie offensichtlich anhand von kognitiven Landkarten navigieren, in denen visuelle Anhaltspunkte eine Rolle spielen dürften (Tsoar et al. 2011; Weiteres zum Thema Navigation in Kap. 6.8). Ein anderes, wenn auch einfacheres Problem stellt sich Baumfledermäusen nach Ankunft an einem unvertrauten Ziel: Sie müssen taugliche Höhlen in Rast- und Winterquartieren finden. Offenbar helfen ihnen dabei akustische Signale bereits anwesender Individuen (Popa-Lisseanu & Voigt 2009).

6.4 Vogelzug: Formen des Wanderns

Von allen wandernden Organismen haben die Vögel wohl die eindrücklichsten Wanderformen und Orientierungsleistungen entwickelt. Das Phänomen des Vogelzugs hat die Menschen seit Jahrtausenden fasziniert und sie bis in die Neuzeit zu fantastischen Interpretationen und Erklärungen veranlasst. Die Anfänge der modernen Erforschung des Vogelzugs reichen ins 18. Jahrhundert zurück. Zu Beginn des 20. Jahrhunderts waren die Vogelzugsysteme in Nordamerika, Europa und Teilen Asiens in ihren groben Umrissen bekannt (Rappole 2013). Im Jahre 1901 wurde in Rossiten an der Südküste der Ostsee (in der heutigen russischen Exklave Kaliningrad) die erste Vogelwarte gegründet, die sich dem detaillierten Studium des Vogelzugs widmete. Die Hauptmethodik war neben der Beobachtung des Durchzugs die kurz zuvor eingeführte Beringung, das heißt die Markierung von Vögeln mittels beschrifteter Metallringe, die um den Lauf gelegt werden (Berthold 2001). An vielen weiteren Brennpunkten, an denen sich der Vogelzug räumlich konzentriert, sind seither solche Beobachtungs- und Beringungsstationen entstanden. Mittlerweile hat man weltweit mehrere Hundert Millionen Vögel beringt, von denen viele irgendwo wieder aufgefunden wurden. Diese sogenannten Wiederfunde gaben Aufschluss über Zugrichtungen und -geschwindigkeit, Rastplätze, Winterquartiere und manche weitere Aspekte. Die direkte Beobachtung des Vogelzugs wurde später durch Erhebungen mittels Radaranlagen ergänzt, und mithilfe von Isotopenanalysen ließen sich Informationen über großräumige Zugbewegungen gewinnen. Unterdessen erlauben radiotelemetrische und andere elektronische Methoden wie Datenlogger bei vielen Vogelarten, den ganzen Wanderungsverlauf direkt zu verfolgen oder zu rekonstruieren (Newton 2008; Abb. 6.6). Noch immer sind aber einige wichtige Zugsysteme kaum erforscht, etwa zwischen dem Himalaja und Südostasien oder manche Zugabläufe innerhalb Südamerikas (Faaborg et al. 2010; Rappole 2013).

Stand- und Zugvögel
Längst nicht alle Vögel wandern. In den Tropen und Subtropen sind die große Mehrheit der Arten oder Populationen **Standvögel** *(sedentary/resident)*, das heißt, sie führen mit Ausnahme des Dispersals oder gewissen Bewegungen zur Nahrungssuche ihr Leben lang keine gerichteten größeren Ortsveränderungen aus. Aber auch in den anderen Klimazonen bis hinauf in die höchsten Breiten finden sich Arten, die ganzjährig an einem Ort ausharren. Umgekehrt nimmt der Anteil der **Zugvögel** *(migrants)* gegen die höheren Breitengrade zu, doch gibt es selbst in den Tropen wandernde Arten, etwa Fruchtfresser, die konstanten Routen der Fruchtreife folgen. Wanderungen kommen bei Vögeln also in vielfältiger Ausprägung und in zahlreichen Verwandtschaftsgruppen vor. Man gruppiert die Strategien nach verschiedenen Kriterien, einerseits nach der zeitlichen und räumlichen Regelmäßigkeit des Wanderns, andererseits nach der Wanderdistanz sowie danach, ob sich innerhalb einer Art respektive Population alle Individuen an der Wanderung beteiligen. Diese Strategien hängen teilweise zusammen.

Regelmäßige Wanderformen
Die Migrationen der meisten Arten entsprechen der klassischen Definition von **regelmäßigen**, saisonalen Bewegungen im Jahresrhythmus zwischen Brut- und Überwinterungsgebiet. Der Begriff «Überwinterung» ist allerdings nicht immer korrekt, denn im Bereich der Tropen und Subtropen wandern Vögel, analog manchen Säugetieren, um Trockenzeiten auszuweichen. Auch bei vielen typischen Zugvögeln der Nordhalbkugel finden die Wanderungen nicht in völliger Übereinstimmung mit den Jahreszeiten statt. Statt von Frühjahrs- und Herbstzug spricht man häufig von Heimzug und Wegzug (Berthold 2001). Anstelle von Winterquartier wird etwa der Begriff «Ruheziel» verwendet, doch ist dieser angesichts der Bewegungen, die viele Vögel im Winterquartier unternehmen, auch nicht zutreffender. Regelmäßige Wanderer werden auch als **obligate** Zugvögel bezeichnet, denn die Wanderungen sind weitgehend endogen gesteuert und erfolgen nach Kalender, unabhängig von der momentanen Wetterlage oder Nahrungsversorgung; man spricht deshalb auch von Kalendervögeln (Weiteres zur Steuerung in Kap. 6.7). Diese Strategie finden wir vor allem bei Gruppen, die ans Wasser gebunden sind, also bei Meeresvögeln, Tauchern, Reihern, Entenartigen, Watvögeln und Möwen, sowie bei Arten, deren Nahrung zu einem Großteil aus Insekten besteht, wozu viele Singvögel und einige andere taxonomische Gruppen wie Kuckucke, Rackenartige oder manche Greifvögel gehören.

Traditionellerweise unterscheidet man dabei anhand der **Zugdistanz** zwei Strategien, wobei es natürlich auch viele Zwischenformen gibt:

- **Langstreckenzieher** *(long-distance migrants)* legen weite Distanzen zurück, in der Regel zwischen borealen oder gemäßigten und subtropischen bis tropischen Zonen. Sie haben dabei nicht selten größere Barrieren wie Wüsten oder Meere zu überqueren. Meist liegt die Zugstrecke pro Weg bei über 3 000 km. Langstreckenzieher sind in der Regel auch obligate Wanderer. Als bestbekanntes Beispiel können die Rauchschwalben (*Hirundo rustica*; Abb. 11.12) gelten, die aus Europa und Teilen Asiens in die afrikanischen Tropen und bis nach Südafrika ziehen, aus Nordamerika in die tropischen Bereiche Mittel- und Südamerikas.
- **Kurzstreckenzieher** *(short-distance migrants)* ziehen in der Regel innerhalb derselben oder zwischen zwei benachbarten Klimazonen; die Wanderdistanzen liegen meist in der Größenordnung von 200–2 000 km. Bei Wanderungen zwischen Sibirien und dem westlichen Europa werden allerdings auch deutlich größere Distanzen zurückgelegt. Wanderungen über kurze Distanzen kommen in vielen taxonomischen Gruppen und in vielen Mustern vor und umfassen neben «typischen» Wanderungen über die Breitengrade (Beispiel in Abb. 6.5) auch regelmäßige Vertikalverschiebungen in Gebirgen oder sehr spezifische Zugabläufe in den Tropen und Subtropen, welche dem Aufsuchen bestimmter Nahrungsquellen dienen (Früchte, Nektar, Insekten) und oft den Regenfronten folgen. Kurzstreckenzieher können obligate Wanderer sein; viele von ihnen sind aber **fakultative** Wanderer, deren Zugbewegungen durch die gerade am Ort herrschenden Witterungsbedingungen gesteuert werden und damit unregelmäßig ablaufen («Wettervögel»). Bei verschiedenen Arten kommt es nach Kaltlufteinbrüchen zu auffälligen «Wetterfluchten» in Richtung wärmerer Gebiete.

Unregelmäßige und andere Wanderformen

Verschiedene ökologische Gegebenheiten führen zu Wanderformen, die unregelmäßig in Raum oder Zeit ablaufen und sich damit von den «klassischen» Wanderungen unterscheiden (Berthold 2001; Newton 2008; Rappole 2013):

- Mit **Nomadismus** werden Wanderungen bezeichnet, die nicht mit regelmäßiger Rückkehr zum Ausgangspunkt verbunden sind. Nomadismus ist vor allem bei Bewohnern arider oder semiarider Gebiete verbreitet, wo sich aufgrund unregelmäßiger Niederschläge Brutgebiete und außerbrutzeitliche Aufenthaltsgebiete ständig verschieben können. Besonders häufig kommt dies im südlichen Afrika und in Australien vor; in Australien nomadisieren nicht nur Körnerfresser wie der Wellensittich (*Melopsittacus undulatus*), sondern auch viele Wasservögel, die sich ans Brüten an ephemeren Gewässern angepasst haben. Ein Nomade der Nadelwälder der Nordhalbkugel ist der Fichtenkreuzschnabel (*Loxia curvirostra*), der von Koniferensamen lebt und auch seine Jungen damit füttert. Wo Fichtenkreuzschnäbel vor allem von Samen der Fichte (*Picea abies*) abhängig sind, die regional ungleichmäßig fruchtet, ziehen sie weit umher und können dann nacheinander an Orten brüten, die bis über 3 000 km weit auseinander liegen (Newton 2006a). Auch boreale und arktische Prädatoren von Nagern mit Grada-

tionen, zum Beispiel Raubmöwen (*Stercorarius* sp.) und verschiedene Eulen, neigen zum Nomadisieren.
- **Fakultative** Wanderungen hängen damit zusammen, dass Umweltbedingungen (Wetter, Nahrungsangebot etc.) so schwanken, dass das Brutgebiet nicht jedes Jahr verlassen werden muss oder dass der Anteil an wegziehenden Individuen in einer Population und die zurückgelegten Entfernungen variabel sein können. Manche Kurzstreckenzieher sind fakultative Wanderer (Newton 2012). Im Extremfall kommt es zu einer **Eruption** (im Zielgebiet dann als **Irruption** bezeichnet): Die ganze oder ein Teil der Population verlässt das Brutgebiet und zieht wesentlich weiter weg als in den meisten Jahren. Dies geschieht, wenn nach einer Brutzeit mit reichen Ressourcen (Mastjahr, zyklische Nagergradation) und hoher Nachwuchsrate eine hohe Populationsdichte vorhanden ist und, speziell bei Samenfressern, das Nahrungsangebot anschließend zusammenbricht. Eruptionen sind vor allem für Brutvögel borealer und arktischer Gebiete charakteristisch und erfolgen in unregelmäßigen Abständen (Newton 2006b, 2008). Bekannte Beispiele unter den Beeren- und Samenfressern sind etwa Seidenschwanz *(Bombycilla garrulus)*, Bergfink *(Fringilla montifringilla)* oder verschiedene Zeisige (*Carduelis* sp.), unter den Nagerprädatoren manche Eulen, etwa die Schneeeule (*Bubo scandiacus*; Robillard et al. 2016). Je nach der Ausprägung der Zyklizität in den Nagerpopulationen sind ihre Wandermuster wie jene des oben genannten Fichtenkreuzschnabels eher eruptiv oder mehr nomadisch.
- Wanderungen, die zwar mit zeitlicher Regelmäßigkeit, aber räumlich in verschiedene Richtungen ablaufen, sind als **Zerstreuungswanderung** (Dismigration, *dispersive migration*) bekannt; sie kommen vor allem bei Meeresvögeln vor, die zum Brüten nur wenige Inseln zur Verfügung haben, außerhalb der Brutzeit jedoch weite Meeresflächen nutzen können. Neuere Untersuchungen weisen aber nach, dass auch solche Wanderungen auf größerer Maßstabsebene oft klaren Mustern folgen (Abb. 6.7) und räumlich gemäß den Brutpopulationen strukturiert sein können (Rayner et al. 2011; Fort et al. 2012; Ramos et al. 2015).
- **Zwischenzug** (*intermittent* oder *stepwise migration*): Verschiedene Vögel führen vorgängig zum Wegzug eine kürzere Wanderung in eine andere Richtung durch, um sommerliche Nahrungsengpässe zu umgehen. Bei manchen Arten sind vor allem die unabhängig gewordenen Jungvögel beteiligt, in Mitteleuropa etwa der Star (*Sturnus vulgaris*; Abb. 6.11). Bei Enten, Tauchern und anderen Wasservögeln sind es hingegen die Altvögel, die schutzbietende, nahrungsreiche Gebiete zur Schwingenmauser aufsuchen, da sie dann für einige Wochen flugunfähig sind (Kap. 1.4). Diese Form des Zwischenzugs ist als **Mauserzug** (*moult migration*) bekannt. Die längsten Mauserzüge (bis zu 3000 km) kommen bei borealen und arktischen Arten vor und führen meist noch weiter nach Norden; an den Mauserplätzen der Brandgans *(Tadorna tadorna)* oder der Prachteiderente *(Somateria spectabilis)* versammeln sich bis zu 200 000 Individuen (Newton 2008).

6.4 Vogelzug: Formen des Wanderns

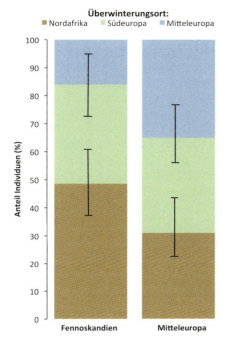

Abb. 6.5 Überwinterungsgebiete von Rotkehlchen *(Erithacus rubecula)*, die in Fennoskandien und Mitteleuropa beringt wurden; die Häufigkeiten sind unter Einbezug unterschiedlicher Fundwahrscheinlichkeiten modelliert (senkrechte Linien: 95 %-Vertrauensgrenzen). Nordeuropäische Rotkehlchen ziehen südwärts und überwintern in kleinerer Zahl in Mitteleuropa, häufiger jedoch in Südeuropa und vor allem Nordafrika. Ein größerer Teil von ihnen «überspringt» damit die in Mitteleuropa brütenden Rotkehlchen, von denen hier bereits etwa ein Drittel in tieferen Lagen ausharrt und ein geringerer Teil bis nach Nordafrika zieht (Abbildung neu gezeichnet nach Korner-Nievergelt et al. 2014). Dieses gemischte Muster von parallelem Verschieben und teilweisem Überschieben trifft für viele Teilzieher zu.

Innerartliche Unterschiede im Wanderverhalten

In vielen Fällen beteiligen sich nicht alle Individuen einer Art oder Population an den Wanderungen. Bei Arten mit ausgedehntem Verbreitungsgebiet können nördliche Populationen (respektive südliche Populationen auf der Südhalbkugel!) ausschließlich aus wandernden Individuen bestehen, während im Zentrum der Verbreitung nur ein Teil der Individuen wandert und die südlichen Populationen gänzlich aus Standvögeln bestehen. Solche Arten bezeichnet man als **Teilzieher** *(partial migrants)*. Teilzieher sind meist Kurzstreckenzieher (Abb. 6.5). Sind die Unterschiede im Zugverhalten hingegen vom Geschlecht oder Alter des Vogels abhängig, spricht man von **differenziertem** Zugverhalten *(differential migration)*. Differenzierter Zug kommt in vielen Gruppen unterschiedlicher Wanderformen vor. Bei vielen Enten der Holarktis überwintern Männchen im Durchschnitt weiter nördlich als Weibchen und Jungvögel; ähnliche Muster wurden auch bei Singvögeln gefunden. Bei langlebigen Arten mit spät einsetzender Geschlechtsreife, zum Beispiel Meeresvögeln oder Greifvögeln, sind oft die Adulten Standvögel, während die Jungtiere wegziehen und mitunter bis zur Rückkehr mehrere Jahre im Überwinterungsgebiet oder an Rastplätzen verweilen können. Noch wenig untersucht sind die bisweilen komplizierten Muster bei tropischen Vögeln, bei denen die Wahrscheinlichkeit des Ziehens nicht notwendigerweise geschlechts- oder altersabhängig ist (Jahn et al. 2010). Evolutionsbiologische Ursachen solcher innerartlicher Verhaltensunterschiede kommen weiter unten noch zur Sprache; auch in Kapitel 4 war davon bereits die Rede.

Box 6.2 Regionaler «Status» einer Vogelart

Nimmt man ein Vogelbestimmungsbuch mit Verbreitungskarten oder eine «Avifauna», ein Werk über die Vogelwelt eines Gebietes zur Hand, so findet man oft Begriffe vor, die zwar mit den Wanderformen zu tun haben, jedoch das Vorkommensmuster respektive den **Status** einer Vogelart im **behandelten Gebiet** bezeichnen:

- **Jahresvogel** *(permanent resident):* Die Art ist ganzjährig im Gebiet anwesend. Es kann sich dabei um einen Standvogel handeln, doch ist es auch möglich, dass der Status durch Austauschvorgänge verschiedener Populationen von Teilziehern zustande kommt (zum Beispiel beim Rotkehlchen, Abb. 6.5). Der Begriff «Jahresvogel» kann also auch ein Gemisch aus Sommervögeln, Wintergästen und Durchzüglern umfassen. Beim englischen Begriff *resident* ist die Doppelbedeutung für Wanderform und Status zu beachten.
- **Sommervogel** *(summer visitor):* Die Art brütet im Gebiet, zieht aber zum Überwintern vollständig weg. Häufig handelt es sich dabei um Langstreckenzieher.
- **Wintergast** *(winter visitor):* Die Art brütet nicht, erscheint aber zur Überwinterung. In den gemäßigten Gebieten sind dies vorwiegend Wasservögel aus höheren Breiten, in den äquatornäheren Zonen hingegen in der Mehrheit Singvögel.
- **Durchzügler** *(passage migrant):* Die Art durchquert das Gebiet auf dem Zug, brütet und überwintert aber nicht.
- **Irrgast** *(vagrant* oder *straggler):* Die Art erscheint hier ausnahmsweise weit abseits des normalen Zugwegs.

6.5 Räumliche Muster des Vogelzugs

Zugsysteme
Die ungleiche Landverteilung über die Erde, regionale Charakteristika im Klima und in der Vegetationszonierung sowie die unterschiedliche Ausrichtung von Barrieren wie Gebirgen, Wüsten und Meeresbecken zwischen den Kontinenten haben großflächige Muster der Zugabläufe zur Folge, sogenannte **Zugsysteme** (Moreau 1972). Auf der Nordhalbkugel sind die Zugströme zudem viel größer als jene auf der Südhalbkugel, die in umgekehrter Richtung ablaufen. Die Menge der Zugvögel ist auf der Südhemisphäre nämlich viel kleiner, weil sich dort etwa 5-mal weniger eisfreie Landmasse als auf der Nordhemisphäre befindet und sich diese zudem nur wenig in die gemäßigten Zonen hinein erstreckt (Dingle 2008).

Ein Großteil der Langstreckenzieher Europas und der Westhälfte Asiens zieht nach Afrika und bildet das **Paläarktisch-Afrotropische Zugsystem**. Im Vergleich zu anderen Zugsystemen ist dieses dadurch gekennzeichnet, dass ein breiter Wüstengürtel die Brut- und Überwinterungsgebiete trennt. Viele Arten überwintern im südlich anschließenden Savannengürtel, ein kleinerer Teil zieht weiter bis in die Savannenzonen des südlichen Afrikas, während der tropische Regenwald nur wenige nördliche Überwinterer aufnimmt. Allerdings verharren viele Arten nicht die ganze Zeit stationär, sondern folgen schrittweise den Regenfällen, ähnlich den innerafrikanischen Wanderern. Dieses schrittweise Wandern *(itinerancy)* ist oft schon während des Wegzugs zu beobachten und eine Folge der ausgeprägten klimatischen Saisonalität Afrikas; es wurde in dieser Deutlichkeit in anderen Zugsystemen bisher nicht gefunden (Rappole 2013). Nach einer neuen Schätzung beträgt die Zahl der aus Europa in Afrika einfliegenden Landvögel etwa 2,1 (Spannweite 1,52–2,91) Md. (Hahn et al. 2009). Diese zwängen sich neben die einheimischen Arten auf eine Fläche, die nur etwa der Hälfte ihres Brutgebietes entspricht. Dennoch machen sie nur etwa 6–7 % der Vögel in Afrika aus (Newton 2008). Dazu kommen noch zahlreiche Singvögel aus Westsibirien sowie große Mengen von Watvögeln (Limikolen) und andere Wasservögel, die sich auf inländische Feuchtgebiete und über die Küsten bis nach Südafrika verteilen. Die große Mehrheit der Wasservögel, vor allem Enten, Gänse und Schwäne aus den borealen und arktischen Zonen von Skandinavien bis Mittelsibirien, bleibt jedoch nördlich der Sahara und überwintert an den Küsten und Binnengewässern im westlichen Europa und im Mittelmeergebiet. Auch bei ihnen kommt es innerhalb des Winters zu regelmäßigen Verlagerungen und Umschichtungen zwischen einzelnen Gewässern und sogar größeren Gebieten, etwa zwischen Mittel- und Südwesteuropa. Das kann bedeuten, dass ein Gebiet über den Winter gesehen von doppelt so vielen Individuen genutzt wird, wie als Höchstbestand im Mittwinter präsent sind (Gourlay-Larour et al. 2013).

Viele Brutvogelarten der Paläarktis haben ausgedehnte Verbreitungsgebiete, und die östlichen Populationen ziehen zusammen mit den nur östlich verbreiteten Arten auf den indischen Subkontinent, nach Südostasien und in kleinerer Zahl bis Australien und die Pazifischen Inseln. Dieses **Ostasiatisch-Australasiatische Zugsystem** umfasst zwar die größte Individuenmenge und Diversität involvierter Arten, ist aber noch sehr ungenügend erforscht (Yong et al. 2015). Die Zugscheiden zwischen Angehörigen der beiden Systeme liegen erstaunlich weit östlich, denn viele Vögel aus Mittelsibirien und Zentralasien (bis etwa 90° E) ziehen nach Afrika, obwohl der Weg nach Südasien kürzer wäre. Selbst einige Arten aus Nordostasien wie der Amurfalke *(Falco amurensis)* oder sogar subtropische Kuckucke aus Indien ziehen bis ins südliche Afrika. Umgekehrt ziehen verschiedene Arten, deren Verbreitungsgebiet aus Asien bis nach Europa reicht, auch von Europa aus auf den indischen Subkontinent. Für viele Singvogelarten dieses Zugsystems ist das tibetische Hochland eine Barriere, die entweder westlich (über Kasachstan) oder östlich (über Ostchina) umflogen wird (Irwin & Irwin 2005). Noch ausgeprägter als in Afrika überwintern auch in Süd- und Südostasien die meisten Landvögel in den nördlicheren Bereichen bis etwa 10° N, während Watvögel in großer Zahl nach Australien und Neuseeland ziehen.

In mehreren Aspekten unterscheidet sich das **Nearktisch-Neotropische Zugsystem** von jenem der Alten Welt. Grundsätzlich gestalten sich die Wanderrouten hier weniger anforderungsreich, da eine Landverbindung zwischen Nord- und Südamerika besteht und auch die vielen karibischen Inseln als «Trittsteine» wirken können. Die Gebirge verlaufen in Nord-Süd-Richtung und entfalten so keine Barrierewirkung, auch der Wüstengürtel ist nicht durchgängig ausgebildet. Damit ergibt sich ein Kontinuum von nutzbarem Habitat zwischen Nord- und Südamerika, und die Brut- und Überwinterungsgebiete vieler Arten gehen ineinander über. Tatsächlich überwintern die meisten Landvögel in Mittelamerika und auf den karibischen Inseln, und relativ wenige Arten ziehen bis nach Südamerika. Sie drängen sich also noch viel stärker als die Paläarkten in Afrika auf einer Fläche zusammen, die etwa 6-mal kleiner als das Brutgebiet ist (Newton 2008). Ein weiterer Unterschied besteht im viel größeren Anteil von Vogelarten des Laubwaldes, die im Winter den tropischen Regenwald nutzen. Trotz der Möglichkeit, ungehindert von Barrieren Mittelamerika zu erreichen, ziehen es viele Brutvögel aus dem Osten Nordamerikas vor, auf dem Wegzug die Strecke abzukürzen und direkt den Golf von Mexiko zu überqueren (Kap. 6.6).

Auf der **Südhemisphäre** gibt es keine Entsprechung zu den nördlichen Langstreckenziehern, das heißt, es ziehen kaum Zugvögel aus dem Süden nordwärts über den Äquator hinaus. Dies hat mit dem genannten Mangel an Landmasse in gemäßigten südlichen Breiten und den milden klimatischen Bedingungen etwas weiter nördlich zu tun. Die relativ wenigen Zugvögel aus dem Süden werden durch günstige Habitate «ausgefiltert», bevor sie den Äquator erreichen (Dingle 2008). Die Zugsysteme sind intrakontinental und weniger durch Winter als durch Trockenperioden beeinflusst, am deutlichsten in Australien, wo die erratische Natur der Regenfälle zum bereits erwähnten Nomadismus vieler Vögel geführt hat. In Afrika und Südamerika sind die Süd-Nord- und innertropischen Zugbewegungen regelmäßiger, aber insgesamt noch ungenügend erforscht und zum Teil wohl in ihrer zahlenmäßigen Dimension unterschätzt. Neuere Resultate weisen darauf hin, dass etwa 40 % der westafrikanischen Vogelarten – vorwiegend solche offener Habitate – innertropische Zieher sind (Jones P. 1998); im östlichen und südlichen Afrika dürfte das Zuggeschehen noch ausgeprägter sein. Afrikanische Vögel ziehen aber fast nur aus Brutgebieten weg, in denen die Mitteltemperatur des kältesten Monats unter 20 °C liegt, und es sind vor allem Arten, die Fluginsekten jagen (Hockey 2005). In Südamerika und im noch weniger stark erforschten Zugsystem der Subtropen und Tropen Asiens wandern hingegen vor allem Bewohner von Wäldern (Rappole 1995, 2013), wobei auch dort die Kombination von Nahrung und Art des Nahrungserwerbs die Neigung zum Ziehen bestimmen dürfte.

Zugrichtungen
Die topografische und ökologische Vielfalt in den verschiedenen Zugsystemen hat komplexe Zugverläufe zur Folge, die oft zusätzlich durch historische Vermächtnisse (etwa alte Einwanderungsrouten) mitbestimmt werden. Zugrichtungen verlaufen selbst bei Brutvögeln höherer Breiten nicht einfach auf der Nord-Süd-Achse. In Westeuropa etwa läuft der Wegzug vorwiegend in nordöstlich-südwestlicher Richtung ab. Die Langstreckenzieher können diese Richtung auch am Westrand der Sahara beibehalten und schwenken später graduell nach Süden oder Südosten um, ohne dass der lange angenommene «Zugknick» im westlichen Mittelmeerraum nötig wäre (Liechti et al. 2012). Die in Asien brütenden Afrikazieher oder die in Europa überwinternden Wasservögel müssen weite Distanzen nahezu auf der Ost-West-Achse überwinden. Das extremste Beispiel ist wohl der Stein-

6.5 Räumliche Muster des Vogelzugs

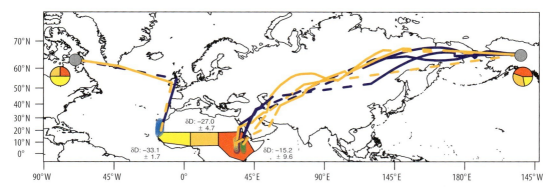

Abb. 6.6 Zugwege und Überwinterungsgebiet von drei Steinschmätzern aus Alaska und einem aus Kanada, die mit Geolokatoren (Datenlogger, welche die Positionen messen und speichern können) ausgerüstet worden waren. Graue Kreise: Brutgebiet, blaue Linien: Wegzug, orange Linien: Heimzug, Linien gestrichelt: Position im Bereich der Tagundnachtgleiche ungenau bestimmbar. Die beiden entgegengesetzten Populationen bleiben auch im Winterquartier weitgehend getrennt (gelb: Westafrika, orange: Zentralafrika, rot: Ostafrika). Die beiden Kuchendiagramme geben den Anteil der Überwinterer aus Alaska (n = 9) und Kanada (n = 4) in diesen drei Regionen an, was sich mithilfe von Isotopenanalysen der Federn von eben zurückgehrten Individuen ermitteln ließ (aus Bairlein et al. 2012) (Abdruck mit freundlicher Genehmigung von *The Royal Society*, © The Royal Society).

schmätzer *(Oenanthe oenanthe)*, dessen Brutareal sich geschlossen praktisch über die ganze Paläarktis erstreckt und an beiden Enden auf die Nearktis übergreift, von Nordostasien aus nach Alaska und von Island aus über Grönland ins nordöstliche Kanada. Diese Steinschmätzer fliegen genauso nach Afrika wie die paläarktischen Artgenossen (Abb. 6.6). In beiden Fällen würde eine Zugroute innerhalb des nearktisch-neotropischen Zugsystems zu kürzeren Wegen führen. Man nimmt an, dass die nearktischen Populationen auf relativ rezente Ausbreitung aus Nordostasien respektive Nordwesteuropa zurückgehen und die (genetisch festgelegten) Zugrouten noch immer dem Ausbreitungsweg folgen; dasselbe gilt für die weiter oben erwähnten Arten, die von Europa nach Indien ziehen (für weitere ähnliche Fälle siehe Newton 2008). Umgekehrt fliegen die nearktischen Einwanderer in Nordostsibirien ostwärts weg und nehmen am nearktisch-neotropischen Zugsystem teil. In dieser Richtung ist die Zahl der involvierten Arten und Individuen zudem deutlich höher (Alerstam et al. 2007). Wir greifen die Frage der genetischen Fixierung von Zugrouten in Kapitel 6.9 nochmals auf.

Ein anderer Aspekt sind individuell abweichende Zugrichtungen, die dazu führen, dass Vögel immer wieder weitab ihres normalen Zugwegs auftauchen. Diese sogenannten **Irrgäste** (Box 6.2) werden oft durch starke Winde über Meere verfrachtet. So erscheinen beispielsweise nordamerikanische Arten an den westeuropäischen Küsten und seltener auch im Inland. Manche abweichende Zugmuster zeigen eine auffällige Regelmäßigkeit, etwa wie ostpaläarktische Vögel oftmals in spiegelbildlicher Richtung nach Europa ziehen – oder ähnliche Phänomene innerhalb Nordamerikas. Dies hat zu verschiedenen Hypothesen Anlass gegeben, die von fehlerhaften internen Steuermechanismen über Irregularitäten im Magnetfeld gewisser Regionen bis zu adaptivem Verhalten reichen. Allerdings stehen entsprechende Tests bisher aus (Newton 2008; Rappole 2013).

Breit- und Schmalfrontzug
Die meisten Vögel folgen großräumig einer Vorzugsrichtung, sodass ein Zug auf breiter Front entsteht. Verschiedene Populationen einer Art ziehen dabei oft parallel und bleiben dann auch im Winterquartier mehr oder weniger getrennt. Vor allem bei Wat- und Wasservögeln spricht man dabei von *flyways* (Scott D. A. & Rose 1996), wobei neue Daten bei Enten doch eine stärkere Durchmischung außerhalb des Brutgebiets nahelegen (Abb. 5.9). Größere Barrieren wie Gebirgszüge oder ausgedehnte Wasserflächen können aber auch Breitfrontzug auf einen schmalen Korridor zusammendrängen. An solchen Stellen, zum Beispiel Meerengen, Halbinseln oder schmalen Küstenstreifen, spielt sich dann oft spektakulärer Massenzug ab. Die beteiligten Arten sind vorwiegend Tagzieher, vor allem größere Arten, welche den Auftrieb der Luft zum energiesparenden Gleitflug benutzen (Greifvögel, Störche etc.), aber auch Arten wie Schwalben und andere, die im Flug Nahrung aufnehmen und in Bodennähe ziehen. Die größte Konzentration durchziehender Greifvögel findet sich in Veracruz, Mexiko, wo jährlich im Durchschnitt gut 5 Mio. Individuen gezählt werden (Ruelas Inzunza et al. 2010).

Es gibt auch Vögel, die über längere Distanzen innerhalb schmaler Korridore ziehen, ohne dass sie durch topografische Leitlinien dazu gezwungen wären. Oft ist dies der Fall, wenn sie zwischen eng begrenzten Brutgebieten und ebensolchen Überwinterungsgebieten pendeln. Meist sind es Tagzieher, die enge Zugstraßen benutzen. Klassische Beispiele sind die Kraniche (Gattung *Grus*) und vor allem der Weißstorch *(Ciconia ciconia)*, der von Europa auf nur zwei Routen nach Afrika zieht: über Spanien und die Meerenge von Gibraltar im Westen, und über die Türkei und das Rift in Israel im Osten. Der Zug des Weißstorchs verläuft allerdings nur in diesen Bereichen in Schmalfront; nördlich und südlich davon fächert er sich wieder auf. Wenn wie beim Weißstorch nur eine schmale Linie zwei Populationen mit unterschiedlicher Zugrichtung trennt, so spricht man von einer **Zugscheide** *(migration divide)*. Eine Zugscheide besteht auch zwischen zwei Populationen der Zwergdrossel *(Catharus ustulatus)* im Westen Kanadas, die auf ihrem Zug nach Mittel- und Südamerika die Wüsten der südlichen USA und Mexikos entweder auf einer südwestlichen oder nordöstlichen Route umfliegen. Die Mitglieder einer kleinen Hybridpopulation, die im Bereich einer Zugscheide brütet, fliegen auf intermediären Zugwegen teilweise durch die unwirtlichen Gebiete. Man vermutet deshalb, dass die zu erwartende höhere Mortalität auf dem Zug einen Selektionsfaktor darstellt, der die Zugscheide aufrechterhält (Delmore & Irwin 2014).

Schleifenzug
Häufig ziehen Vögel auf dem Weg-und Heimzug nicht auf derselben Route, sondern führen einen Schleifenzug *(loop migration)* aus. Dies kann mit Unterschieden in den vorherrschenden Windströmungen zusammenhängen oder auch damit, dass sich die Vögel in den Winterquartieren verschieben und den Heimzug von einer anderen Posi-

6.5 Räumliche Muster des Vogelzugs

Abb. 6.7 Schleifenförmige Zugmuster von 100 mit Geolokatoren ausgerüsteten Gelbschnabel-Sturmtauchern *(Calonectris borealis)*, die von ihrem Brutplatz auf Selvagem Grande (roter Stern) verschiedene Überwinterungsgebiete im Nordwest- und im mittleren Südatlantik sowie im Bereich des Brasil-, Benguela- und Agulhasstroms aufsuchen. Punkte entsprechen Lokationen (im Mittel auf knapp 200 km genau), die Linien exemplarischen Zugrouten (nach Dias et al. 2012). Ähnliche «Achterschleifen» führen Dunkle Sturmtaucher *(Ardenna grisea)* im Pazifik aus, die sie über Distanzen von 64 000 ± 10 000 km führen (Shaffer et al. 2006) (Abdruck mit freundlicher Genehmigung von *PLOS Biology*, © PLOS Biology).

tion aus antreten. In Zentralasien sind die Verhältnisse am Boden entscheidend: Im Herbst können die hohen Gebirge gut auf einer direkten Route überquert werden, im Frühjahr hingegen, wenn sie noch schneebedeckt sind, werden sie umflogen; zudem bieten die westlich gelegenen Wüsten dann gute Rastbedingungen (Bolshakov 2003). Wandernde Meeresvögel führen oft komplizierte Schleifenzüge aus, die bei manchen Arten die Form einer Acht annehmen können (Abb. 6.7) und auf die jeweils herrschenden Windrichtungen abgestimmt sind (Adams & Flora 2010).

Zugdistanzen

Die zwischen Brutgebiet und Winterquartier zurückgelegten Strecken sind je nach Zugform (Kap. 6.4), Vogelart und geografischen Gegebenheiten höchst unterschiedlich. Aber selbst die kürzesten Formen, Vertikalwanderungen, die zum Beispiel bei vielen Kolibris lediglich einige Kilometer betragen (Rappole & Schuchmann 2003), können im Bereich des Himalajas und des Tibetischen Hochlands schon beachtliche Längen und auch komplizierte Formen annehmen (Norbu et al. 2013). Die Langstreckenzieher von Skandinavien oder Sibirien nach Südafrika respektive Australien oder von Alaska nach dem südlichen Südamerika legen zwischen 10 000 und 15 000 km zurück; damit ergeben sich Jahreszugleistungen von bis zu 30 000 km. Solche Strecken werden nicht nur von größeren Arten wie dem oben bereits genannten Weiß-

Abb. 6.8 Küstenseeschwalben *(Sterna paradisaea)* wassern im Gegensatz zu den eigentlichen pelagischen Vögeln wie Sturmtauchern und Albatrossen normalerweise nicht, sondern müssen zur Ruhe «festen» Boden (Inselchen, Sandbänke, Treibeis, Treibgut etc.) aufsuchen, was sie auf dem Zug jedoch selten tun. Deshalb gelten sie als die Rekordhalter bezüglich der Wanderdistanzen (dazu auch Abb. 6.13).

storch, sondern auch von kleinen Singvögeln bewältigt. Die Steinschmätzer aus Alaska (Abb. 6.6) legen 14 500 km pro Weg zurück (Bairlein et al. 2012). Bei vielen Watvögeln sind ähnlich lange Zugdistanzen sogar die Regel, wobei große Strecken im Nonstopflug absolviert werden können (Kap. 6.6).

Rekordhalter sind die Meeresvögel. Die bei Dunklen Sturmtauchern gemessenen Distanzen von über 60 000 km (Abb. 6.7) werden von der Küstenseeschwalbe (Abb. 6.8) noch übertroffen. Sie wandert aus arktischen Brutgebieten – teilweise mit Umwegen – bis in antarktische Gewässer und dort oft noch weite Strecken küstenparallel hin und her. Daraus resultieren Jahreswanderstrecken von bis zu 90 000 km, was zwei jährlichen Erdumkreisungen entspricht (Egevang et al. 2010; Fijn et al. 2013; dazu auch Abb. 6.13). Albatrosse verbringen die Jahre bis zur Geschlechtsreife ununterbrochen auf See und legen in dieser Zeit enorme Strecken zurück; beim Wanderalbatros *(Diomedea exulans)* wurden während des ersten Lebensjahres mittlere Jahresdistanzen von 183 000 ± 34 000 km ermittelt, wobei das Maximum bei 267 000 km lag (Weimerskirch et al. 2006).

6.6 Flugverhalten ziehender Vögel

Es ist offensichtlich, dass Flugleistungen über Tausende von Kilometern, die oft in kurzer Zeit zurückgelegt werden, nur mithilfe physiologischer Vorkehrungen gelingen und von hoch entwickelter Fähigkeit zur Orientierung und Navigation abhängen. Davon wird in den folgenden Kapiteln die Rede sein. Daneben steht der ziehende Vogel aber auch vor der Aufgabe, das eigentliche Flugverhalten zu optimieren, etwa bezüglich der Tageszeit, durch die Wahl geeigneter Fluggeschwindigkeit und Flughöhe, Anpassungen der Flugweise an Wind und Wetter oder mittels des Abwechselns von Zug- und Rastphasen.

Tag- oder Nachtzug?
Nicht nur normalerweise nachtaktive Vögel wandern nachts, sondern die meisten Arten, nämlich fast alle insektenfressenden Singvögel (Ausnahme: Schwalben, Pieper und Stelzen), Watvögel, Entenartige, Kuckucke und viele weitere. Tagsüber ziehende Arten sind einerseits Kurzstreckenzieher, vor allem körnerfressende Singvögel, und andererseits Langstreckenzieher, die sich während des Ziehens ernähren können (*fly-and-forage migration* durch Flugjäger wie Segler, Bienenfresser oder Schwalben) oder die auf Thermik angewiesen sind. Dies sind die bereits erwähnten Segel- und Gleitflieger, also vorwiegend größere Arten wie Greifvögel, Störche, Pelikane und andere. Einige Arten können tagsüber wie nachts wandern, und selbst ausgesprochene

Tagzieher ziehen unter bestimmten Umständen ebenfalls nachts. Deshalb stellt sich die Frage, welches die Vorteile des nächtlichen Ziehens sind. Dazu ist eine Reihe von Hypothesen aufgestellt worden, die einander nicht gegenseitig ausschließen müssen. Die plausibelsten haben mit dem Zeitmanagement (Ersatz verbrauchter Energie durch Nahrungssuche) und der Physiologie (Energieverbrauch beim Fliegen) zu tun (Berthold 2001):

- Nächtliches Ziehen gibt den Tag zur Nahrungssuche frei; wegen des Energiebedarfs auf dem Zug steigt der Zeitaufwand für die Nahrungssuche, und diese ist bei den meisten Arten tagsüber effizienter.
- Fliegen in der Nacht ist energiesparender, weil Winde und Turbulenzen schwächer und weniger variabel als tagsüber sind.
- Die kühleren Nachttemperaturen führen weniger zur Überhitzung und Dehydrierung des ziehenden Vogels.

Vor allem kleinere Arten erreichen nachts damit höhere Geschwindigkeiten. Die Kombination dieser Erklärungen favorisiert auch in Modellen klar den Nachtzug (Alerstam 2009), sodass eher die Frage angebracht wäre, weshalb dennoch Vögel am Tag ziehen. Tagzug ist vorteilhafter, wenn Vögel während des Flugs gute Rastplätze identifizieren und dort nach dem Landen sofort effizient Nahrung aufnehmen können oder wenn sich die Energieverluste mit energiesparendem Gleitfliegen oder durch Nahrungsaufnahme während des Ziehens stark vermindern lassen (Alerstam 2009).

Flughöhen, Wind und Wetter
Die Flughöhen liegen normalerweise zwischen Seehöhe und gut 7 000 m Höhe bei Vögeln, die den Himalaja überqueren; vereinzelt wurden (meist große) Vogelarten bis 11 278 m Höhe angetroffen (Scott G. R. 2011). Man ist lange aufgrund anekdotischer Berichte davon ausgegangen, dass Streifengänse *(Anser indicus)* auf dem Zug zwischen dem tibetischen Hochland und Indien routinemäßig die höchsten Gipfel auf 10 000 m Höhe mithilfe starker Rückenwinde überqueren. Neue Forschungen zeigen aber, dass mit steigender Höhe sowohl Herz- als auch Flügelschlagrate überdurchschnittlich ansteigen und die Gänse eine «Berg-und-Tal-Bahn-Strategie» verfolgen (Bishop C. M. et al. 2015). Sie ziehen wo möglich durch die Täler und steigen nur wenn nötig an, um Gipfel zu überqueren; zu 95 % bleiben sie unter 5 500 m. Die höchsten gemessenen Flughöhen lagen auf knapp 7 300 m (Hawkes et al. 2013). Aber auch auf diesen Höhen benötigen die Gänse noch spezielle physiologische Anpassungen in ihrem Sauerstoffkreislauf, um die nötigen metabolischen Leistungen erbringen zu können (Übersicht bei Scott G. R. 2011). Grundsätzlich tritt Hypoxie bei Vögeln aufgrund ihres Respirationssystems im Vergleich zu Säugetieren erst auf viel größerer Höhe auf.

Über flachem oder hügeligem Land ziehen die Vögel meist innerhalb der untersten 2 km, doch kann sich das Zuggeschehen auch außerhalb von Gebirgen auf 2–6 km Höhe hinauf verlagern, etwa wenn Wüsten oder Meere überflogen werden (Bruderer et al. 1995, Alerstam et al. 2007; Abb. 6.9). Tagzieher fliegen unter den meisten Bedingungen weniger hoch als Nachtzieher, und zumindest große Vögel sind für das menschliche Auge oft noch sichtbar, da das Gros der Vögel innerhalb von 1 000 m ab Boden fliegt. Grundsätzlich wird die Flughöhe von Tag- wie Nachtziehern so gewählt, dass primär

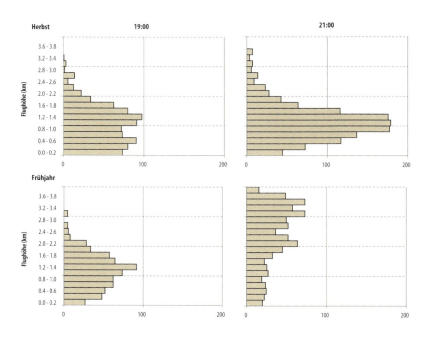

Abb. 6.9 Flughöhen von Nachtziehern über dem Aravatal, Israel, auf dem Wegzug im Herbst 1991 (oben) und auf dem Heimzug im Frühjahr 1992 (unten). Angegeben sind Vogeldichten pro km³ in Höhenintervallen von 200 m. Modellierungen zeigten, dass die Wahl der Flughöhe vor allem durch Unterschiede in der Stärke von Rückenwinden zwischen den Höhenstufen bestimmt war (ab 21:00 Uhr; die Verteilung um 19:00 Uhr wurde noch durch aufsteigende Vögel beeinflusst). Die Unterschiede zwischen Frühjahr und Herbst sind durch die vorherrschenden (nordöstlichen) Passatwinde gegeben, deren Richtung im Herbst der Zugrichtung entspricht, während die Vögel im Frühjahr höher steigen müssen, um in den Genuss der über dem Passat liegenden Südwestwinde zu kommen (Abbildung neu gezeichnet nach Bruderer et al. 1995).

der Energieverbrauch minimiert werden kann; der Wasserverlust aufgrund unterschiedlicher Temperaturen scheint bei Nachtziehern dagegen zweitrangig zu sein (Schmaljohann et al. 2009). Deshalb richtet sich die Flughöhe in der Regel nach den günstigsten **Winden** und kann kurzfristig ändern (Gauthreaux 1991; Bruderer et al. 1995: Abb. 6.9). Da Zuggeschwindigkeiten und die vorherrschenden Windgeschwindigkeiten in der gleichen Größenordnung liegen, kann sich der Energieverbrauch des ziehenden Vogels je nach Windrichtung halbieren oder verdoppeln (Liechti 2006). Günstig sind damit schwache Winde gleich welcher Richtung oder mäßig bis mittelstarke Rückenwinde. Schwächere Winde werden stärkeren vorgezogen, da die Gefahr der Verdriftung kleiner ist. Solange die Windstärken gering sind, kann sowohl bei Rücken- als auch bei Gegenwind starker Zug aufkommen. Vor allem Singvögel scheinen indifferent auf die Richtung schwacher Winde zu reagieren, während andere Artengruppen eher Rückenwinde zur Steigerung der Fluggeschwindigkeit nutzen (Karlsson et al. 2011).

Zugwege, die extreme Nonstopflüge erfordern (s. unten), wären wohl ohne die zur jeweiligen Zugzeit vorherrschenden Rückenwinde nicht möglich (Liechti 2006). Die Evolution solcher Zugformen gründet offenbar auf der langfristigen Konstanz der großflächigen Wetterphänomene und der damit zusammenhängenden Windstärken und -richtungen. In Westeuropa blasen die vorherrschenden Winde den Vögeln auf dem Wegzug entgegen, während sie die heimwärts ziehenden Vögel im Frühjahr als Rückenwind unterstützen, was zu einer um 17 % höheren Fluggeschwindigkeit führt (Kemp M. V. et al. 2010). Ab Südeuropa und vor allem auf dem Weg über die Sahara begünstigen sie die wandernden Vögel im Herbst in Form von Rückenwind. Die-

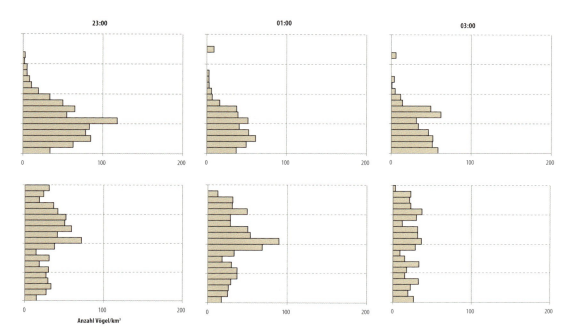

Anzahl Vögel/km³

ser Beitrag scheint entscheidend zu sein für die Entwicklung des (west)paläarktisch-afrotropischen Zugsystems (Erni et al. 2005). Auch in Nordamerika sind die herbstlichen Windrichtungen der Zugrichtung entgegengesetzt, im Frühjahr hingegen als Rückenwinde günstig (Gauthreaux et al. 2005).

Der zweite wichtige Faktor ist der **Niederschlag** und damit verbundene Konditionen wie Nebel oder tief hängende Wolken, welche die Sicht behindern. Großflächige Niederschläge bringen das Zuggeschehen zum Erliegen (Gagnon et al. 2011); dabei sind schwache, aber anhaltende Niederschläge wirksamer als stärkere, doch kurzfristige Schauer. Bei Regen, gepaart mit stärkeren Höhenwinden, starten zugbereite oder rastende Vögel in der Regel nicht (Schaub et al. 2004). Geraten ziehende Vögel in eine Regenfront, landen sie oder versuchen, falls sie sich über dem Meer befinden, umzukehren oder in Windrichtung der Front auszuweichen.

Die Effekte von Regen auf die Energetik des Ziehens sind kaum untersucht, doch scheint es aus mehreren Gründen plausibel, dass feuchtes Gefieder die energetischen Kosten erhöht. Zudem schränkt die reduzierte Sicht offensichtlich die Orientierungsfähigkeit ein, und ziehende Vögel, die über dem Meer in Wolken oder Nebelbänke geraten, zerstreuen sich zunächst wahllos in alle Richtungen (Newton 2008).

Wetterlagen ohne Niederschläge und mit leichten Winden jeglicher Richtung oder stärkeren Winden in Zugrichtung produzieren damit das stärkste Zugvolumen. Typischerweise ist dies im Herbst auf der Nordhalbkugel mit dem Wechsel von einer Tief- zu einer Hochdrucklage mit aufkommendem kälterem Nordwind assoziiert, im Frühjahr mit warmen Südwinden im Gefolge eines ostwärts abziehenden Hochs und von Westen anrückenden Tiefs (Richardson 1990; Newton 2008). Anhand von großräumigen Wetterkarten lässt sich das Zugvolumen recht gut voraussagen. Wie die Vögel selber die Wetterlagen über die lokale Skala hinaus beurteilen können, ist allerdings unklar. Vermutlich reagieren sie vor allem auf die örtlichen Windverhältnisse. Startende Vögel sind möglicherweise in der Lage, unabhängig von den Bodenwinden die Winde in Zughöhe zu beurteilen (Schaub et al. 2004). Eine Rolle spielen auch Wetterwechsel, da offensichtlich der Übergang von einer Regenperiode zu einer trockenen Periode starken Zug auslösen kann. Ob die Vögel allerdings herannahende Fronten aufgrund der Luftdruckveränderungen erkennen können, ist ungeklärt.

Rasten und Nonstopflüge
Die meisten Vögel unterbrechen ihre Wanderung immer wieder für eine Rast *(stopover).* Die Rastdauern sind unterschiedlich und entweder nur kurz, oft weniger als 12 Stunden, oder dann tage- bis wochenlang, je nach dem Zweck des Rastens. Im ersten Fall warten Vögel nach der Landung die nächste Nacht (oder Tagzieher den nächsten Tag) ab, um weiterziehen zu können, oder sie sind durch ungünstige Wetterverhältnisse zum Landen gezwungen worden (Rappole 2013). Im zweiten Fall unterbrechen sie den Zug, um in einem günstigen Rastgebiet ihre Fettvorräte aufzustocken. Sehr lange Rastdauern haben oft auch damit zu tun, dass Vögel die unterbrochene Mauser weiterführen oder fertigstellen (Kap. 1.4). Solche Unterbrechungen sind ein wichtiger Teil der Zugstrategie und nehmen während der Wanderungen der meisten Arten mehr Zeit und Energie in Anspruch als der Flug selbst. Der Sumpfrohrsänger *(Acrocephalus palustris)* verbringt auf seiner herbstlichen Reise zwischen Mitteleuropa und dem tropischen Afrika etwa 8-mal mehr Zeit auf der Rast (>3 000 h) als beim Fliegen (400 h; Berthold 2001). Untersuchungen zeigen, dass eine erfolgreiche Zugstrategie und damit die Fitness eines wandernden Vogels nicht nur von seinem Verhalten beim Fliegen, sondern auch beim Rasten abhängen. Er hat in ihm unvertrauter Umgebung schnell und effizient Nahrung zu suchen und muss dabei oft starker Konkurrenz durch andere rastende und residente Vögel sowie erhöhtem Feinddruck standhalten (Moore et al. 2005; Chernetsov 2012). Viele Vögel reduzieren das Moment des Unbekannten durch hohe Rastplatztreue, das heißt, sie rasten jedes Jahr am selben Ort.

Günstige Rasthabitate verfügen über ein großes Nahrungsangebot, unterscheiden sich notwendigerweise aber oft vom genutzten Habitat im Brutgebiet, sowohl bezüglich Struktur als auch der Art der vorhandenen Nahrung. Vögel sind auf dem Zug weniger selektiv als im Brutgebiet. Wenn sie den Zug nur kurzfristig unterbrechen, erscheinen sie oft an ungewohnten Orten. Für längere Rastdauern wählen sie im Allgemeinen aber Habitate, die sie – bei aller gegebenen Variation – auf ähnliche Weise nutzen können wie die Bruthabitate (Petit 2000; Rappole 2013). Eine Studie an nordamerikanischen waldbewohnenden Singvogelarten, die an der Küste Mexikos Zwischenhalt machten, ergab deutliche artspezifische Habitatpräferenzen. So erwiesen sich einige Arten nun plötzlich als Mangrovenspezialisten (Deppe & Rotenberry 2008). Bei der Nahrung nehmen Früchte in vielen Rast- und Überwinterungsgebieten einen deutlich höheren Stellenwert ein als im Brutgebiet und erlauben manchen Singvögeln offenbar in genügendem Maße den Wiederaufbau von Fettvorräten. Die Aufbaurate hat neben anderen Faktoren einen Einfluss auf die

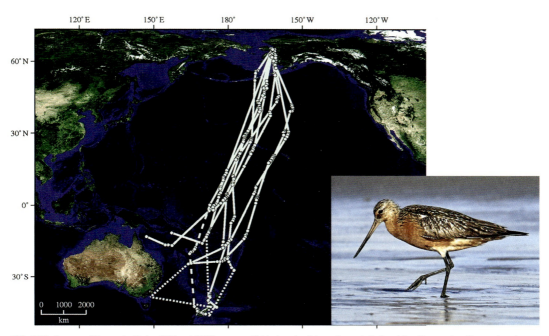

Abb. 6.10 Zugwege (Wegzug im Herbst 2006 und 2007) von neun Pfuhlschnepfen *(Limosa lapponica)*, die mit Satellitensendern (System Argos) ausgerüstet waren. Ausgezogene Linien bezeichnen die extrapolierten Wege über 24–36 Stunden, Kreise die Argos-Lokationen. Punktlinien zeigen Wege, die zwischen der letzten Lokation auf dem Flug und sicheren Beobachtungen des Vogels anderswo zurückgelegt wurden, unterbrochene Linien hingegen Wege, die nach einer gesicherten Rast folgten. Zwei der Vögel waren Männchen mit extern montiertem Sender; sie flogen 7 008–7 390 km nonstop in 5,0 und 6,6 Tagen. Den sieben Weibchen waren die Sender implantiert worden. Sie schafften 8 117–11 680 km, im Mittel 10 153 km, in 6,0–9,4 Tagen (Gill R. E. et al. 2009) (Abdruck mit freundlicher Genehmigung von *The Royal Society*, © The Royal Society).

Rastdauer, doch scheint es verschiedene Strategien zu geben, um mit Zeit und Energieladung umzugehen (Hedenström & Alerstam 1997; Hedenström 2008):

- Vögel, die vor allem die Gesamtdauer der Wanderung minimieren, versuchen mit wenig Unterbrechungen zu wandern und müssen deshalb hohe und energetisch kostspielige Fettvorräte mit sich führen.
- Energiesparer sind hingegen mit geringen Treibstoffladungen unterwegs, was häufiges Rasten erfordert.

Die Rastmöglichkeiten in dem zu überfliegenden Gebiet spielen wahrscheinlich eine wichtige Rolle bei der Ausbildung dieser alternativen Strategien. Auch die Prädationsgefahr kann das Rastverhalten beeinflussen, etwa bei Watvögeln, die ihren Fahrplan der Zuggeschwindigkeit und der Rastdauer auf jenen ziehender Greifvögel abstimmen (Hope et al. 2011). Insgesamt sind die Optimierungsmöglichkeiten auf dem Zug vielfältig und die gewählten Lösungen oft abhängig von der eigenen Kondition oder den erwarteten Anforderungen durch die bevorstehende Zugetappe (Alerstam 2011).

Die Zugwege mancher Landvögel führen über Meere und erlauben keine Rast, sodass Nonstopflüge nötig sind. Verschiedene Arten sind dabei zu beeindruckenden Leistungen fähig. Vom Osten Nordamerikas aus überqueren viele Zugvögel den Golf von Mexiko, um direkt auf die karibischen Inseln oder nach Mexiko zu gelangen. Mit dabei ist auch der winzige Rubinkolibri *(Archilochus colubris)*, der für die 800–950 km lange Strecke etwa 20 Stunden benötigt und dabei um 1,7 g Fett verbrennt, das er vor dem Zug zusätzlich zu seinem normalen Körpergewicht von 3,0–3,3 g angelegt hat (Hargrove 2005). Einige kleine Singvögel schaffen die bis zu 3 600 km lange Strecke vom nordöstlichen Kanada direkt nach Südamerika (Newton 2008). Größere Vögel, vor allem Watvögel, bewältigen Strecken von 5 000–7 500 km nonstop. Die größte bekannte Leistung erbringen Pfuhlschnepfen mit 8 000–11 700 km, wenn sie von Alaska oder Ostasien ohne Zwischenhalt nach Neuseeland fliegen (Abb. 5.10). Dank der extrem guten Ernährungsmöglichkeiten in Alaska, die schnellen Fettaufbau vor dem Start ermöglichen, und günstiger Windunterstützung ist der Nonstopflug trotz der hohen Treibstoffladung offenbar energetisch effizienter als die längere, ostasiatische Küstenroute. Dazu kommt die Absenz von Prädatoren. Auf dem Heimzug wird aber aufgrund fehlender Windunterstützung der Weg entlang der Küste gewählt (Gill R. E. et al. 2009). Ein Spezialfall sind die sich von Luftinsekten ernährenden Segler (Apodidae), bei denen einige ziehende Arten abseits vom Brutplatz ihr Leben dauernd in der Luft verbringen. Dabei kommt es zu extremen Nonstopflügen, die beim Alpensegler *(Tachymarptis melba)* die ganze Wanderung vom Brutplatz in der Schweiz durch die Sahara nach Westafrika und zurück umfassen und 200 Tage dauern können (Liechti et al. 2013).

6.7 Ökophysiologie und Steuerung des Vogelzugs

Es leuchtet unmittelbar ein, dass die körperlichen Leistungen der ziehenden Vögel nicht ohne Weiteres erbracht werden können, sondern tief greifende Umstellungen und Anpassungen in der Physiologie und im Verhalten erfordern, die zur **Zugdisposition** *(migratory disposition)* führen. Ein zugdisponierter Vogel hat andere jahresperiodische Vorgänge wie etwa die Fortpflanzung abgeschlossen, die Nahrung und den Metabolismus umgestellt und Veränderungen in Morphologie und Verhalten durchgemacht (Berthold 2001). Ist der Vogel dann unterwegs, auf Rast oder im Winterquartier angekommen, befindet er sich physiologisch und verhaltensmäßig nochmals in anderen Zuständen (Rappole 2013). Diese internen Veränderungen sind hormongesteuert, wobei die hormonalen Abläufe äußerst komplex und insgesamt noch wenig bekannt sind. Damit sie ablaufen können, sind Signale *(cues)* notwendig, die einerseits auf endogenen Rhythmen, andererseits auf äußeren Stimuli beruhen, die für die Synchronisierung sorgen; man bezeichnet diese deshalb auch als **Zeitgeber**. Endogene Rhythmen laufen als jahresperiodische (circannuale) oder tagesperiodische (circadiane) Rhythmen ab und kontrollieren nicht nur den Zug, sondern auch andere periodische Vorgänge wie Fortpflanzung oder Mauser – bei Zug- sowie bei Standvögeln (Gwinner 2003). Damit sind letztlich nicht nur das Wanderverhalten als solches, sondern viele seiner einzelnen Komponenten genetisch bedingt. Als äußere (proximate) Stimuli dienen vor allem fotoperiodische Vorgänge wie die Tageslänge, wobei selbst die geringen periodischen Unterschiede in den Tageslängen tropischer Breiten noch wirksam sein können (Styrsky et al. 2004). Wetterverhältnisse und Nahrungsangebot üben bei den kalendergesteuerten, obligaten Zugvögeln im Allgemeinen viel weniger Einfluss aus als bei den fakultativen (Kurzstrecken-) Ziehern, doch gibt es zwischen den beiden Gruppen fließende Übergänge (Ramenowsky et al. 2012). Anstelle der Fotoperiodik können Wetterlagen bei regenabhängigen Wanderern sogar der hauptsächliche Auslöser sein (Rappole 2013). Beim Heimzug dürfte die Notwendigkeit, zu einer bestimmten Zeit am Brutplatz anzukommen (Kap. 6.9), den Zeitpunkt mitbestimmen (Rappole 2013).

Zugdisposition
Die wichtigste Veränderung in der Phase der **Zugdisposition**, die zur Zugbereitschaft führt, ist die stark erhöhte Nahrungsaufnahme (Hyperphagie, *hyperphagia*) zur Anlage von Fettpolstern (Abb. 2.28). Im Mittel steigern Vögel ihr Gewicht damit um 25–30 %, aber auch Zunahmen von 40–100 % sind bei Kleinvögeln nicht selten, und selbst solche von 300 % sind bekannt. Die relative Menge des angelagerten Fetts hängt unter anderem von der Größe des Vogels, der Zugdistanz, möglicherweise zu überquerenden Barrieren und dem Modus des Fliegens ab. Segelflieger kommen mit einem geringeren Vorrat aus. Sehr große Arten können aus flugmechanischen Gründen ihre Ladung nicht mehr merklich steigern. Intensität und zeitlicher Ablauf der Hyperphagie sind grundsätzlich genetisch bestimmt, denn sie findet sich nicht nur bei Langstreckenziehern, sondern auch bei innertropischen und nomadischen Wanderern (Berthold 2001). Mit der Fettanlagerung gehen weitere Veränderungen in der Körperzusammensetzung zugunsten eines verbesserten Fettmetabolismus einher, zum Beispiel der Abbau von Kohlenhydratreserven. Auch Verhaltensänderungen steigern die Bildung von Körperfett, etwa der (teilweise) Wechsel zu Beerennahrung bei vielen Singvögeln (Bairlein 2002). Diese bleiben aber weiterhin auch insectivor, weil sie auf das Protein nicht verzichten können. Neben dem Fettaufbau wird bei vielen Arten auch mehr Eiweiß eingelagert, unter anderem zur Vergrößerung der Flugmuskulatur. Andererseits wird Glykogen aufgebraucht und die Masse des Verdauungstrakts reduziert, wobei oft unklar bleibt, wie weit die Proteolyse zugunsten einer Gewichtsreduktion oder aufgrund metabolischer Notwendigkeiten geschieht (Berthold 2001). Während des Rastens, also in einem anderen physiologischen Zustand, läuft der Umbau wieder in die entgegengestellte Richtung ab (Kap. 2.7). Insgesamt sind diese komplexen Vorgänge aber noch ungenügend erforscht.

Zum Eintritt der Zugbereitschaft hin ändert sich das Verhalten nicht nur bei der Ernährung, sondern auch bezüglich der Aktivität. Besonders auffällig ist die **Zugunruhe** *(migratory restlessness)*, die man bei Käfigvögeln beobachtet. Sie schwirren mit den Flügeln oder hüpfen rastlos umher, aber nicht beliebig, sondern in die Richtung, die ihrer Zugrichtung entspricht. Dies haben bereits Naturforscher wie Johann Andreas Naumann (1744–1826) im ausgehenden 18. Jahrhundert richtig gedeutet (Berthold 2001). In späteren Versuchen verwendete man zunächst Käfige, die mit einem Stempelkissen und Fließpapier ausgestattet waren, sodass sich die Hüpfer der zugbereiten Vögel abzeichneten. Dabei stellte man fest, dass sich die Richtungen über die Zeit auch ändern konnten, was jeweils dem tatsächlichen Zugablauf (Kap. 6.5) entsprach. Die Dauer der Zugunruhe korrespondierte zudem mit der Zeit, die ein wirklich ziehender Vogel benötigte, um in sein Winterquartier zu gelangen. Zugunruhe ist aber nicht nur ein Phänomen bei Vögeln, denen die Bewegungsfreiheit verwehrt ist, sondern tatsächlich auch der Auslöser des Wegziehens bei Wildvögeln. Da sie offensichtlich das zeitliche und räumliche Zugprogramm reflektiert, nimmt man an, dass das Ende der Zugunruhe die Ankunft im Winterquartier markiert. Verschiedene Experimente unterstützen dies, doch sind die Vögel andererseits flexibel genug, bei ungünstigen Bedingungen am Zielort weiterzuziehen (Berthold 2001).

Zugunruhe als Zugprogramm ist vor allem für erstmalige Wanderer essenziell. Mit zunehmender Erfahrung und Ortskenntnis sind die Vögel theoretisch nicht mehr so stark davon abhängig. Zumindest der erste Heimzug wird noch über Zugunruhe in Gang gesetzt, doch scheint es später zu einer Kombination von endogen und über Erfahrung gesteuerten Abläufen zu kommen, was allerdings noch unzureichend untersucht ist (Berthold 2001; Newton 2008; Coppack & Bairlein 2011). Dabei ist die Intensität der Zugunruhe auch von der Nahrungsverfügbarkeit an Rastplätzen bestimmt. Bei geringem Angebot, bei dem der rastende Vogel Gewicht verliert, erhöht sich die Zugunruhe und damit die Motivation zum Weiterziehen, bei gutem Nahrungsangebot mit der Möglichkeit des Auftankens nimmt die Zugunruhe hingegen ab (Eikenaar & Bairlein 2014).

Ruhe- und Zugstimmung
Von der Zugdisposition wechselt der Vogel in die **Zugstimmung**, den Zustand unmittelbar vor dem Abflug und während des Fliegens, der sich hinsichtlich Physiologie und Verhalten von der Zugdisposition, aber auch vom zunächst eingenommenen Ruhezustand unterscheidet. Dabei schlafen die Vögel oft und fasten, damit der Verdauungstrakt während des Flugs leer ist. Während des Fliegens ist die Herzschlagrate erhöht und es werden die Fettvorräte und auch Protein metabolisiert, wobei Arten, die teilweise zu energiereicher Beerennahrung gewechselt haben, weniger auf ihre körpereigenen Proteine angewiesen sind (Jenni-Eiermann & Jenni 2003; Kap. 2.7). Fett ist zwar in vieler Hinsicht der ergiebigere und effizientere Treibstoff als Protein, doch liefert der Proteinabbau einige Metaboliten, die im Zyklus des Fettabbaus benötigt werden. Für den Großen Knutt *(Calidris tenuirostris)*, einen Watvogel mit langen Nonstopflügen, wurde geschätzt, dass er etwa 5 % der benötigten Energie aus der Proteinoxidierung gewinnen kann (Pennycuick & Battley 2003). Fallen die Fettvorräte unter eine bestimmte Schwelle, so rasten die Vögel länger und befinden sich wieder im Zustand der Zugdisposition, mit hoher Rate der Nahrungsaufnahme. Nordamerikanische Drosseln (*Catharus* sp.) wogen an Rastplätzen zwischen 27 und 42 g und zogen nur dann weiter, wenn sie mindestens 30 g erreicht hatten; ab diesem Gewicht war subkutanes Fett sichtbar (Cochran & Wikelski 2005). Dass die Wahrscheinlichkeit des Weiterziehens – günstige Winde vorausgesetzt – von den Fettpolstern abhängt, wurde in vielen weiteren Studien ermittelt (Newton 2008). Der Fettvorrat kann auch über Alternativen bei Flugrouten entscheiden: Rotaugenvireos *(Vireo olivaceus)* mit höheren Vorräten wählten auf dem Wegzug in den südlichen USA eine Richtung, die sie direkt über den Golf von Mexiko führen sollte, während Individuen mit geringeren

Vorräten die Richtung einer längeren Route der Küste entlang einschlugen (Sandberg & Moore 1996). Mittels welcher Mechanismen die Vögel, wie übrigens die Säugetiere auch, ihre Kondition erkennen können, ist noch unklar (Newton 2008). Vögel mit langen Nonstopflügen, wie die in Abbildung 6.10 geschilderten Pfuhlschnepfen, unternehmen diese Flüge mit Fettpolstern, die noch für deutlich längere Wege reichen würden (Pennycuick & Battley 2003).

Nicht nur am Rastplatz, sondern auch auf den anschließenden Zugstrecken wurde das individuelle Verhalten der genannten Drosseln mithilfe von Sendern sehr detailliert untersucht. Die nächtlichen Zugdauern waren variabel und fielen bezüglich der Energiekosten im Vergleich zum Rasten noch wenig ins Gewicht, wenn sie nur etwa 3 Stunden betrugen. Bei 6–7 Stunden Flug stiegen sie hingegen auf gut das Doppelte der Ausgaben rastender Vögel. Die Herzschlagraten stiegen bei startenden Drosseln von etwa 600/min vor dem Abflug auf 840/min und gingen nach Erreichen der Reisehöhe etwas zurück (Cochran & Wikelski 2005). Modellrechnungen weisen aber dahin, dass auf dem Flug nur etwa halb so viel Energie ausgegeben wird wie während des Rastens (das insgesamt viel länger dauert als die Flugzeit: Kap. 6.6), was auch empirisch bestätigt worden ist (Wikelski et al. 2003). Vermutlich sind deshalb nicht nur die Strategien des Energieverbrauchs auf dem Flug, sondern auch jene der Fettakkumulation während der Rast durch starke Selektion optimiert worden (Hedenström & Alerstam 1997). Das Thema wird in Kapitel 6.10 nochmals aufgegriffen.

6.8 Orientierung der Vögel

Die enormen Wanderleistungen der Vögel, besonders jene der erstmals ziehenden Jungvögel des Jahres, benötigen besonders gut ausgeprägte Orientierungsfähigkeiten. Solche sind aber nicht nur bei Zugvögeln, sondern auch bei Standvögeln nachgewiesen. Lässt man solche Vögel an einem ihnen unbekannten Ort frei, so kehren sie an ihren Brutplatz zurück; sie sind also in der Lage zu navigieren. Diese Fähigkeit hat man sich bei der Brieftaube für viele praktische Anwendungen zunutze gemacht. Ihre Orientierungsleistungen sind legendär, obwohl sie von der nicht ziehenden Felsentaube *(Columba livia)* abstammt. Diese besitzt einen ebenso ausgeprägten Orientierungssinn. Tatsächlich sind viele der Mechanismen der Orientierung von Vögeln an Haustauben erforscht worden. Im Gegensatz zu anderen wandernden Tiergruppen, deren Orientierungsmechanismen kaum bekannt sind, ist der Wissensstand zu den Vögeln schon weit fortgeschritten. Dennoch geben manche Mechanismen und vor allem deren Zusammenspiel noch Rätsel auf.

Formen der Orientierung
Die für uns Menschen am einfachsten nachvollziehbare Form der Orientierung geschieht visuell, indem sich Vögel in bekannter Umgebung an **Landmarken** orientieren *(piloting)*. Die Orientierung auf kleinem Maßstab, etwa zwischen Nest und Nahrungsplatz, geschieht wohl hauptsächlich auf diese Weise. Auch auf dem großen Maßstab der Wanderungen können Landmarken wie zum Beispiel Küstenlinien genutzt werden. Dazu müssen die Vögel aber Ortskenntnisse besitzen, welche den erstmalig wandernden Individuen fehlen. Landmarken lassen sich aber

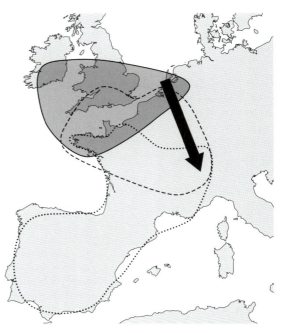

Abb. 6.11 In Perdecks Verfrachtungsversuch wurden über 11 000 Stare *(Sturnus vulgaris)* von den Niederlanden in die Schweiz verfrachtet und an drei Orten (Basel, Zürich und Genf) freigelassen (Pfeil). Die Stare waren auf dem Herbstzug gefangen worden und befanden sich auf dem Weg in südwestlicher Richtung zu ihren angestammten Winterquartieren im nördlichen Westeuropa (dunkelgrau). Die Jungvögel flogen nun von der Schweiz aus auf ihrer Zugrichtung weiter und gerieten so nach Südfrankreich und Spanien (die gepunktete Linie umgrenzt das Gebiet mit Wiederfunden). Die Adulten hingegen, die ihr Ziel kannten, zogen von der Schweiz nordwestwärts in Richtung ihres eigentlichen Winterquartiers, das sie teilweise auch erreichten (gestrichelt umgrenzt). Karte neu gezeichnet nach Thorup & Holland (2009).

verwenden, um Winddrift zu kompensieren; sie sind für ziehende Vögel in der Nacht oder bei schlechtem Wetter oft nicht gut sichtbar.

Es werden also weitere Mittel zur Orientierung benötigt. Dabei müssen zwei grundsätzlich verschiedene Kategorien von Orientierung unterschieden werden, die auch kombiniert werden können (neuere Reviews durch Wiltschko W. & Wiltschko 2009, 2012; Holland R. A. 2014):

- **Kompassorientierung** (Richtungsorientierung): Es wird zu einer bestimmten äußeren Richtgröße, zum Beispiel dem Erdmagnetfeld oder der Konstellation der Sterne, ein bestimmter Winkel eingehalten, woraus in der Regel eine gerade Zugrichtung resultiert, die unabhängig von Landmarken eingehalten wird.
- **Zielorientierung** (Navigation): Als eigentliche Navigation wird die Fähigkeit bezeichnet, aus bekannter oder unbekannter Umgebung einen bestimmten, eindeutig definierten Ort anzusteuern, zu dem am Startpunkt kein direkter Sinneskontakt besteht. Dazu muss der Vogel seinen Standort in Bezug auf sein Ziel identifizieren, die erforderliche Richtung feststellen und sie dann anwählen können. In der Regel handelt es sich beim Ziel um den Brutplatz oder das Winterquartier; der Prozess der Rückkehr zum Brutplatz wird oft als *homing* bezeichnet.

In einem berühmt gewordenen Verfrachtungsversuch zeigte Perdeck (1958), dass Vögel, die das erste Mal ziehen, Kompassorientierung anwenden, ältere Individuen hingegen, die das Ziel kannten, Zielorientierung benutzen (Abb. 6.11). Diese Ergebnisse wurden in weiteren Versuchen bestätigt, wobei vom Brutort über Hunderte oder Tausende Kilometer weit verfrachtete Vögel nicht selten in kurzer Zeit zurückkehrten (Thorup & Holland 2009). Die Kompassorientierung ist demnach angeboren, während sich die Fähigkeit zur Navigation über den Erwerb von Ortskenntnis entwickelt und so teilweise erlernt wird. Tatsächlich zeigen verschiedene Daten, dass Jungvögel auf dem ersten Heimzug bereits navigieren.

Wie aber finden sie dann bereits auf dem ersten Wegzug ihr Ziel, wenn sie nur die Richtung kennen? Dazu liefert das sogenannte Uhr-und-Kompass-Modell die Erklärung: Die dem Vogel angeborene Information umfasst nicht nur die Richtung, sondern auch ein endogenes Zeitprogramm, über das sich die zurückgelegte Distanz verrechnen lässt. Aus der Kombination von Richtung und Länge entsteht ein Vektor, weshalb diese Form der «Navigation» ohne Kenntnis des Ziels als **Vektornavigation** bezeichnet wird. Der endogene Kalender kann auch die Richtungsänderungen vorgeben, welche die Vögel im Laufe der Zugstrecke vornehmen. Allfällige Winddrift können sie aus Mangel an Ortskenntnis im Gegensatz zu Adulten nicht durch echte Navigation kompensieren. Ob sie über einen anderen Mechanismus verfügen, der ihre Flugrichtung stabilisiert, ist nicht bekannt (Wiltschko W. & Wiltschko 2012). Neue Verfrachtungsversuche und andere Daten deuten aber an, dass auch Jungvögel über Möglichkeiten vereinfachter Navigation verfügen (Thorup et al. 2011; Horton et al. 2014).

Echte Navigation benötigt eine Karte, um den Standort zu bestimmen, und einen Kompass, um die Richtung zum Ziel festzulegen. Zahlreiche Studien vor allem an Brieftauben haben zur Annahme geführt, dass Vögel erlernte Ortskenntnisse in einer Landkarte ablegen und diese Anhaltspunkte zum Heimfinden verwenden. Solche mentalen Landkarten sind als Mosaikkarte *(mosaic map)* oder – mit geringfügigen Modifikationen – als kognitive Landkarte *(cognitive map)* bekannt geworden. Allerdings erlauben sie nicht echte Navigation, sondern Formen der Orientierung, die unter den oben bereits genannten Begriff des Pilotierens fallen. Echte Navigation benötigt Gradientenkarten mit mindestens zwei im Heimatgebiet erlernten Umweltgradienten *(bi-coordinate gradient map)*, zum Beispiel die geomagnetische Inklination und Feldstärke (s. unten). Nach einer Verfrachtung in eine unbekannte Gegend können die Gradienten extrapoliert werden, wodurch sich Verfrachtungsrichtung und Distanz bestimmen lassen (Phillips 1996; Freake et al. 2006; Åkesson et al. 2014). Grundsätzlich ist die Flächenabdeckung einer solchen Karte unlimitiert. Das Verfrachtungsexperiment von Perdeck (1958) zeigte anhand der adulten Stare, dass sie mindestens über Hunderte von Kilometern benutzt werden konnte. Ein neuer Versuch mit sendermarkierten Dachsammern *(Zonotrichia leucophrys)* legt nahe, dass bei dieser Art die Karte tatsächlich den ganzen nordamerikanischen Kontinent umfassen kann (Thorup et al. 2007). Den Jungstaren in Perdecks Experiment fehlte eine solche Karte noch und damit die Möglichkeit, das richtige Winterquartier zu erkennen.

Kompasssysteme
Die zur Richtungsbestimmung und zum Navigieren verwendeten Anhaltspunkte sind vielfältig und werden über verschiedene Sinne (Kap. 1.3) wahrgenommen; den Vögeln stehen damit mehrere **Kompasssysteme** zur Verfügung. Die meisten beruhen auf dem Gesichtssinn (Landmarken, Sonnenstand, Sternbilder, polarisiertes Licht),

andere auf der Wahrnehmung des Erdmagnetismus, auf dem Geruchssinn und möglicherweise weiteren Sinnen. Der Nachweis dieser Systeme erfolgte in vielen ausgeklügelten Experimenten und Heimfindeversuchen an Haustauben und mit Wildvögeln im Labor (Übersicht bei Newton 2008; Wiltschko W. & Wiltschko 2009, 2012). Dank der Entwicklung kleiner Sender und Geolokatoren ist es aber auch möglich geworden, mit Wildvögeln direkt im Freiland zu arbeiten.

- **Sonnenkompass:** Der Winkel (Azimut) zwischen der Meridianebene (Nord-Süd) und der Vertikalebene am Sonnenstand wird erkannt. Der Azimut verändert sich mit der scheinbaren Bewegung der Sonne um die Erde, und zum Einhalten einer konstanten Richtung muss diese Änderung über die Zeit verrechnet werden. Der Sonnenkompass setzt also Zeitmessung voraus; sein Koordinatensystem ist damit bipolar. Nach dem Überqueren des Äquators muss der Sonnenkompass mit umgekehrtem Vorzeichen versehen werden. Er ist nur für Tagzieher anwendbar, solange der Sonnenstand bei bedecktem Himmel noch erkannt werden kann; deshalb muss er mit anderen Systemen kombiniert werden. Er ist ein **erlernter** Orientierungsmechanismus.
- **Sternkompass:** Die Orientierung am Sternbild ist für den Nachtzug von großer Bedeutung. Der Sternkompass erfordert keine zeitabhängige Korrektur wie der Sonnenkompass, da aus dem Polarstern jederzeit Nord bestimmt werden kann, auch wenn die übrigen Sterne um ihn rotieren. Wie der Sonnenkompass setzt er einigermaßen klaren Himmel voraus; unter bedecktem Himmel ist die Exaktheit der Orientierung geringer. Auch der Sternkompass ist nach Überqueren des Äquators mit umgekehrtem Vorzeichen zu versehen. Es ist ebenfalls ein **erlernter** Orientierungsmechanismus.
- **Magnetkompass:** Verschiedene Möglichkeiten der Orientierung bietet auch das Magnetfeld der Erde. Die vom magnetischen Südpol zum magnetischen Nordpol verlaufenden Feldlinien verändern ihre Inklination (90° an den magnetischen Polen, 0° am Äquator) und ihre Stärke (am niedrigsten am Äquator). Diese Informationen könnten in einer möglichen Gradientenkarte navigatorisch genutzt werden. Zur Richtungsbestimmung vermögen die Vögel nur die Ausrichtung entlang der magnetischen Nord-Süd-Achse zu nutzen, sehen die Polarität des Feldes aber nicht. Mithilfe der Inklination können sie dann aber trotzdem bestimmen, in welche Richtung es zum Äquator oder dem näher gelegenen Pol führt. Ihr Kompass ist also ein Inklinationskompass. Am Äquator haben sie dann allerdings Schwierigkeiten und müssen dort auf die anderen Systeme zurückgreifen. Abgesehen davon scheint der Magnetkompass, der angeboren ist, zusammen mit dem Sternkompass der wichtigste Orientierungsmechanismus vor allem für Erstzieher zu sein (Wiltschko et al. 2010; Mouritsen & Hore 2012; Wiltschko & Wiltschko 2013; Åkesson et al. 2014; Holland R. A. 2014). Wie weit Stern- und Magnetkompasse gegenseitig zur Eichung benutzt werden, ist jedoch umstritten (Muheim et al. 2006; Wiltschko W. & Wiltschko 2012). Auch die Art der Wahrnehmung wird erst langsam geklärt. Es sind

offenbar Rezeptoren in beiden Augen involviert, während über die mögliche Funktion von Magnetiteinlagerungen im Oberschnabel als Rezeptororgan noch keine Einigkeit herrscht (Treiber et al. 2012; Wu & Dickman 2012; O'Neill 2013).

- **Polarisiertes Licht:** Das Wahrnehmungsvermögen für polarisiertes Licht ist bei Invertebraten und einigen Fischen gut untersucht. Bei Vögeln sind die zugrunde liegenden Mechanismen jedoch noch ein Rätsel, doch weiß man zumindest, dass Zugvögel das Polarisationsmuster am Himmel über dem Horizont bei Sonnenaufgang und -untergang nutzen können, um unbeeinflusst von Jahreszeit und Breitenlage ihre Kompasssysteme zu eichen (Muheim 2011).
- **Gerüche:** Es ist schon seit Langem bekannt, dass Haustauben bei Unterbindung des Geruchssinns nicht nach Hause zurückfinden, wenn sie in unbekannter Umgebung freigelassen werden. Da volatile organische Verbindungen in der Atmosphäre regional in ziemlich stabilen Gradienten vorkommen, ist die Verwendung von Gerüchen bei der Navigation wahrscheinlich, doch ist deren genaue Funktion umstritten (Holland R. A. 2014). Für Seevögel, die einen gut entwickelten Geruchssinn besitzen, spielen Gerüche offenbar eine wichtige Rolle, nicht nur wenn sie sich bei der Nahrungssuche auf kleinerem räumlichem Maßstab orientieren, sondern auch bei ihren Wanderungen auf der Skala von Tausenden von Quadratkilometern (Nevitt 2008; Gagliardo 2013; Gagliardo et al. 2013; Wikelski et al. 2015).
- **Andere Orientierungshilfen:** Es ist nicht ausgeschlossen, dass auch ortsspezifische Geräuschsignaturen im Infraschallbereich oder Windrichtungen zur Orientierung genutzt werden, doch gibt es dazu bisher noch wenig gesichertes Wissen.

Wie navigieren Vögel?
Trotz aller Fortschritte im Verständnis, welche Kompasssysteme den Vögeln zur Verfügung stehen und wie sich diese bei der Navigation einsetzen lassen, bleibt es im Grunde unklar, wie die eigentliche Navigation funktioniert. Auch wenn Vögel eine kognitive Karte aufgebaut haben, müssen sie dennoch in einem Bikoordinatensystem ihren Standort bestimmen und daraus die Richtung zum Ziel ableiten. Man hat in zahlreichen Versuchen die Information manipuliert, die Vögel mit den einzelnen Kompasssystemen gewinnen können, um besser zu verstehen, wie die Vögel die Systeme eichen und in welcher Hierarchie sie die Systeme einsetzen (Muheim et al. 2006; Wiltschko & Wiltschko 2012; Pakhomov & Chernetsov 2014). Möglicherweise gibt es eine Grundstrategie, die auf dem Primat des Magnetkompasses und seiner Eichung durch polarisiertes Licht bei Sonnenuntergang oder -aufgang basiert (Sjöberg & Muheim 2016). Andererseits ist es nicht zwingend, dass alle Arten gleichermaßen Sonnen-, Stern- und Magnetkompass beherrschen, denn die unterschiedlichen Zugwege (zum Beispiel Wege mit und ohne Überschreiten des Äquators) dürften einen uneinheitlichen Selektionsdruck auf die Beherrschung der einzelnen Kompasssysteme ausgeübt haben (Chernetsov 2015). Es ist auch darauf hingewiesen worden, dass die Navigation mit Karte und Kompass ein anthropomorphes Konzept ist und man die Möglichkeit in Betracht ziehen muss, dass Vögel nicht auf globalem Maßstab, sondern in kleinen Schritten navigieren (Bonadonna

et al. 2003). Ob groß- oder kleinräumige Navigation: Vermutlich setzen sie dabei abwechselnd verschiedene Systeme ein und korrigieren laufend, so wie sie dies auch für die Richtungsorientierung allein tun.

6.9 Funktion und Evolution des Vogelzugs

Wir haben in Kapitel 6.2 bereits gesehen, dass regelmäßige Wanderungen damit im Zusammenhang stehen, dass sich die zur Verfügung stehende Nahrungsbasis zwischen Gebieten saisonal in vorhersagbarer Weise ändert. Nachdem wir auch Muster und Abläufe des Vogelzugs und die zum Wandern notwendigen physiologischen Anpassungen kennengelernt haben, lohnt es sich, nochmals die Funktion des Wanderns bei Vögeln und damit Kosten und Nutzen im Vergleich zur sedentären Strategie zu betrachten. Damit stellt sich die Frage nach der Evolution des Wanderverhaltens, seiner genetischen Kontrolle und, mittlerweile vor allem auch im Hinblick auf Klimaänderungen (Cox G. W. 2010), nach der Stabilität der verschiedenen Strategien.

Wanderverhalten und Nahrungsressourcen
Wenn saisonale Klimas das Wandern begünstigen, so erwarten wir, dass der Anteil der ziehenden Arten an den Brutvögeln polwärts kontinuierlich ansteigt. Tatsächlich ist dies in allen untersuchten Erdteilen der Fall (Abb. 6.12). Vertiefte Analysen für Ostasien weisen nach, dass die Zunahme stärker mit der jährlichen Bandbreite der Temperaturen als mit jener der Primärproduktion korreliert (Kuo et al. 2013). Auch dies hat aber mehr mit der Ernährungsweise als dem temperaturbedingten Energiehaushalt der Vögel zu tun, denn der Anteil der ziehenden Insektenfresser ist höher und nimmt auf dem Süd-Nord-Gradienten stärker zu als jener der Arten mit gemischter Kost und besonders jener der Samenfresser (Newton 2008). Weitere Muster, wie etwa die Lage der Winterquartiere und die schrittweisen Verschiebungen vieler Vögel im Winterquartier, die innertropischen Zugmuster wie auch die unregelmäßigen Formen von Wanderungen zeigen

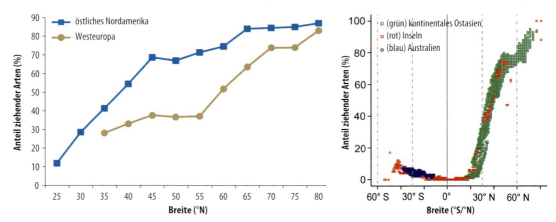

Abb. 6.12 Der Anteil ziehender Arten bei den Brutvögeln steigt mit zunehmender Breitenlage, sowohl im östlichen Nordamerika und westlichen Europa als auch in Ostasien, wobei die Zunahme nicht linear verläuft. Bei gleichem Breitengrad ist der Anteil in Europa aufgrund des milderen Klimas (Beeinflussung durch den Golfstrom) deutlich niedriger (Abbildung links neu gezeichnet nach Newton & Dale in Newton 2008; Abbildung rechts aus Kuo et al. 2013, mit freundlicher Genehmigung des *Springer Verlags*, © Springer).

6.9 Funktion und Evolution des Vogelzugs

gleichfalls, dass Unterschiede im qualitativen und quantitativen Nahrungsangebot die hauptsächlichen Triebkräfte des Zugverhaltens sind.

Viele Arten sind in der Lage, nicht nur den Aufenthalt im Brut- und Überwinterungsgebiet, sondern auch an den Rastplätzen auf dem Zug derart räumlich und zeitlich zu optimieren, dass er mit den örtlichen Maxima der Verfügbarkeit von Nahrungsressourcen zusammenfällt. Der Reisstärling *(Dolichonyx oryzivorus)*, der in den nordamerikanischen Prärien brütet und in südamerikanischen Graslandern überwintert, macht unabhängig von der Herkunftspopulation in synchronen Zeitfenstern in bestimmten Gebieten Rast, zuerst in Venezuela und dann in Bolivien, bevor er im Winterquartier in Argentinien eintrifft. Diese Zeitfenster fallen mit den regionalen Saisonmaxima der Primärproduktion im Grasland zusammen (Renfrew et al. 2013). Auch die spektakulären Rekordwanderungen der Küstenseeschwalbe (Kap. 6.5, Abb. 6.8) folgen in Zeit und Raum den besten Bedingungen für hohe marine Produktivität (Abb. 6.13).

Evolution des Wanderverhaltens
Die Überwinterungsgebiete in niedrigen Breiten zeigen offensichtlich keine Mühe, über die Hälfte des Jahres jeweils zusätzliche Milliarden von Vögeln zu ernähren. So kann man sich fragen, weshalb die Vögel nicht ganzjährig hier bleiben und auch brüten. Offensichtlich erreichen sie mit dem Wechsel zwischen zwei Klimazonen eine höhere Fitness. Welches ist nun aber die entscheidende fitnessrelevante Komponente, erhöhter Bruterfolg dank des Ausnutzens temporär hoher Nahrungsverfügbarkeit in der saisonalen Zone oder eine verbesserte Überlebensrate dank des Überwinterns in den Klimazonen niedriger Breiten? Man kann die Frage auch in einen historischen Kontext stellen: Entstand Vogelzug in Richtung neuer Brutgebiete mit saisonal höherem Nahrungsangebot oder – umgekehrt – aus den Brutgebieten hin zu Gegenden, die außerhalb der Brutzeit höhere Überlebensraten gewährten (Bruderer & Salewski 2008)?

Die Frage ist viel diskutiert worden, und es gibt gute Gründe anzunehmen, dass die Entwicklung schrittweise geschah. Individuen, deren Dispersal über das Brutgebiet hinaus in Richtung von Gebieten mit mehr saisonalem Klima führte, erzielten dort aufgrund der größeren Nahrungsressourcen im Sommer einen Fitnessgewinn, waren aber durch die winterliche Nahrungsknappheit immer wieder gezwungen, ins ehemalige Verbreitungsgebiet zurückzukehren

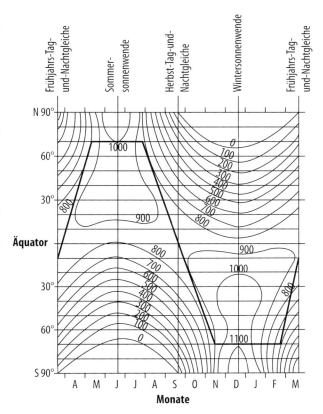

Abb. 6.13 Isolinien der Sonnenenergie (cal/cm²), die über das Jahr und die verschiedenen Breitengrade auf der Erde eintrifft. Die breite Linie stellt vereinfacht den Aufenthaltsort der Küstenseeschwalben über das Jahr in dieser raumzeitlichen «Energielandschaft» der Erde dar (Abbildung neu gezeichnet nach Alerstam et al. 2003).

(Salewski & Bruderer 2007). Für die dispersalbasierte Interpretation sprechen auch die in Kapitel 6.5 erwähnten «traditionellen» Zugwege. Ein solches Szenario bedingt aber das Vorhandensein eines genetischen Zugprogramms. Offensichtlich hat sich die Fähigkeit zum Wandern schon vor mindestens 100 Mio. Jahren bei den Vorfahren der Vögel entwickelt, wenn auch der Ursprung eigentlicher Langstreckenwanderungen später anzusetzen ist (Steadman 2005; Bruderer & Salewski 2008). Das könnte bedeuten, dass noch immer alle Vögel die genetische Grundausstattung zum Wandern besitzen, wobei das phänotypische Wanderverhalten über entsprechende Gene gesteuert und so exprimiert würde. Gemäß dem *threshold model* manifestiert sich Zugaktivität lediglich oberhalb eines gewissen Schwellenwerts (Pulido et al. 1996; Pulido 2011). Individuen mit geringerem Aktivitätsniveau ziehen nicht, können aber dennoch ein gewisses Maß an Zugunruhe zeigen (Helm & Gwinner 2006). Damit gibt es die ganze Bandbreite von 0 (sedentär) bis 1 (obligat ziehend). Weil die exprimierte Zugaktivität der natürlichen Selektion unterworfen ist, ist zu erwarten, dass sich die Zugaktivität einer Population über die Zeit ständig in Anpassung an die Umweltbedingungen verändert. Mutationen im Sinne einer Evolution *de novo* (Zink 2012) sind nicht notwendig.

Dieses Modell wird durch zahlreiche Beobachtungen und Experimente gestützt. Daten liefern vor allem Teilzieher, also Populationen, in denen nur ein Teil der Individuen wandert, oder Arten, die sedentäre, teilziehende und obligat ziehende Populationen umfassen (Kap. 6.4). Kreuzungsexperimente an Mönchsgrasmücken *(Sylvia atricapilla)* haben gezeigt, dass die Anteile an ziehenden und nicht ziehenden Individuen sich innerhalb einer Population allein durch Selektion innerhalb weniger Generationen massiv ändern können (Berthold et al. 1990; Berthold 2001; Abb. 6.14). Auch im Freiland laufen solche Entwicklungen mitunter sehr schnell ab. Innerhalb von etwa 30 Jahren hat sich bei mitteleuropäischen Mönchsgrasmücken eine zuvor nur in geringem Umfang genutzte Zugrichtung nach Nordwesten zum Überwintern in Südengland verstärkt. Berthold et al. (1992) konnten zeigen, dass das Verhalten vererbt und offenbar durch Selektion entsprechender Genotypen entstanden ist – möglicherweise favorisiert durch Klimaänderungen und die hohe Intensität des Fütterns von Vögeln in Großbritannien. Der gegenwärtige Anstieg winterlicher Durchschnittstemperaturen fördert vor allem Änderungen hin zu verstärkt sedentärer Lebensweise, wofür es mittlerweile viele Beispiele gibt (Newton 2008). Aber auch das neue Auftreten von Wanderverhalten wurde nachgewiesen: Hausgimpel *(Haemorhous mexicanus),* die in ihrer Heimat im Westen Nordamerikas zu 80 % Standvögel sind, wurden um 1940 an der Ostküste der USA eingebürgert. Innerhalb von 20 Jahren hatten 36 % ein Wanderverhalten herausgebildet, das sie bis zu 1000 km nach Südwesten führte; später schwankte der Anteil der ziehenden Hausfinken zwischen 28 % und 54 % (Able & Belthoff 1998). Ob Ähnliches bei Arten möglich ist, die ihre ganze Entwicklungsgeschichte in stabilen, nicht saisonalen Klimazonen verbrachten und bei denen alle Arten innerhalb der Familie sedentär sind (zum Beispiel einige südamerikanische Vogelfamilien), ist allerdings eine offene Frage (Newton 2008).

Grundsätzlich können sich genetisch fixierte Verhaltensstrategien (Ziehen oder Nichtziehen) auch im Freiland

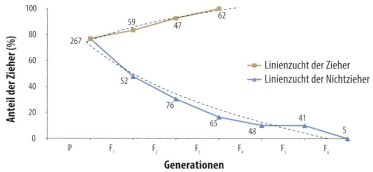

Abb. 6.14 Ergebnisse eines Zweiweg-Selektionsexperiments mit teilziehenden französischen Mönchsgrasmücken: Nichtzieher wurden untereinander bis zur F_6-Generation gezüchtet, Zieher bis zur F_3-Generation. Aus 267 Individuen der Elterngeneration (P), die nur zu etwa einem Drittel aus Ziehern bestand, ergaben sich durch die assortative Paarung in nur drei Generationen praktisch ausschließlich Zieher respektive in sechs Generationen Nichtzieher; bereits die Proportionen der der F_1-Generation waren signifikant von jenen der Elterngeneration verschieden. Zahlen: in den einzelnen Generationen gezüchtete Individuen, gestrichelte Linien: an die Selektionserfolge am besten angepasste Logarithmusfunktionen (Abbildung neu gezeichnet nach Berthold et al. 1990).

nebeneinander nur halten, wenn sich Partner (wie im oben genannten Selektionsexperiment) assortativ paaren. Tatsächlich hat man solches bei den zur Überwinterung nach England ziehenden Mönchsgrasmücken nachgewiesen (Bearhop et al. 2005). Zudem darf sich längerfristig für keine der Strategien ein Fitnessvorteil ergeben. Untersuchungen an Teilzieherpopulationen verschiedener Arten haben zwar gezeigt, dass die Überlebensrate bei Standvögeln im Mittel etwas höher ist als bei ziehenden Individuen (Newton 2008). Allerdings kann sie in strengen Wintern bei Standvögeln so tief fallen, dass dann die Zieher massiv im Vorteil sind und sich so die Fitnesswerte ausbalancieren (Sutherland W. J. 1996). Dieses Nebeneinander von evolutionär stabilen Strategien (ESS; Kap. 3.6) ist auch als **obligates Teilzieherverhalten** bezeichnet worden (*obligate partial migration*; Berthold 2001). Häufig scheint es jedoch, dass die individuelle Ausprägung des Zugverhaltens nicht fest ist, sondern von den äußeren Umständen und dem Phänotyp eines Vogels abhängt und über die Lebensdauer auch wechseln kann (Chapman et al. 2011). Solches ist als **fakultatives Teilzieherverhalten** respektive als *conditional strategy* bekannt. Vergleichende Feldstudien zu den Fitnesskonsequenzen liegen erst wenige vor. Im Fall der nordamerikanischen Grauwasseramsel *(Cinclus mexicanus)* erreichten ziehende Individuen eine geringere Fitness; sie waren den Standvögeln jedoch konkurrenzmäßig unterlegen, und machten so das Beste aus ihrer Situation (Gillis et al. 2008). Bei Rosaflamingos *(Phoenicopterus roseus)* veränderten sich die Überlebensraten gegenläufig zwischen den beiden Strategien in Abhängigkeit des Alters der Flamingos (Sanz-Aguilar et al. 2012).

6.10 Koordination von Zug und Reproduktion

Die Überlegungen zu den Kosten und Nutzen des Ziehens, die wir für Teilzieherpopulationen angestellt haben, gelten natürlich auch für obligate Zugvögel. Vergleichen können wir dann nur zwischen verschiedenen Arten. Trotz aller energetischen Kosten und Überlebensrisiken, die der Zug mit sich bringt, erreichen ziehende Arten im Mittel höhere Überlebensraten als Standvögel, die in denselben gemäßigten Gebieten brüten; Letztere kompensieren ihre hohe Wintersterblichkeit über höhere Nachwuchsraten (Bruderer & Salewski 2009). Bei tropischen, sedentären Arten sind hingegen die Überlebensraten hoch (Tab. 6.1).

Tab. 6.1 Vergleich zentraler *life history traits* von generalisierten ziehenden und sedentären Arten (nach Gill 2007).

Trait	Standvogel gemäßigter Zonen	Zugvogel	Tropischer Standvogel
Produktivität	hoch	mittel	tief
Überlebensrate der Adulten	tief (20–50 %)	mittel (50 %)	hoch (80–90 %)

Die Risiken des Zuges sind also geringer als jene des Überwinterns bei reduziertem Ressourcenangebot in saisonalen Klimazonen. Daran ändern auch periodisch vorkommende Massensterben ziehender Vögel in Schlechtwetterfronten nichts (Newton 2008). Die entscheidenden Kosten des Ziehens wirken sich vor allem im Brutgebiet aus (Tab. 6.1). Daher sind die Abläufe und das Verhalten auf dem Heimzug darauf angelegt, diese Kosten zu minimieren (Drent et al. 2006) – im Gegensatz zum Wegzug, bei dem die Hauptanstrengungen auf das Überleben ausgerichtet sind (Rappole 2013).

Die Zugforschung hat traditionellerweise auf den Wegzug fokussiert, der mit größeren Individuenzahlen abläuft als der Heimzug, weil bis dann die hohe Mortalitätsrate vor allem von Jungvögeln die Zahl der beteiligten Vögel reduziert hat. Zudem treten die ziehenden Vögel mehr in Erscheinung, denn der Wegzug verläuft zeitlich weniger gedrängt. Dass die Schnelligkeit des Heimzugs mit dem bevorstehenden Brutgeschäft zu tun hatte, war allgemein angenommen worden, doch erst in neuerer Zeit reifte die Erkenntnis, dass manche Abläufe Auswirkungen auf den Bruterfolg und damit unmittelbare **Fitnesskonsequenzen** haben. Zugdauern, die an elektronisch markierten Vögeln gemessen wurden, waren auf dem Heimzug fast durchgehend kürzer als auf dem Wegzug. Auch wenn dies teilweise an höheren Zuggeschwindigkeiten lag, so trugen doch die verkürzten Aufenthaltsdauern an Rastplätzen am meisten dazu bei (Nilsson et al. 2013). Neuntöter *(Lanius collurio)* verbrachten auf dem Wegzug 71 Tage an Rastplätzen, auf dem Heimzug jedoch nur 9 Tage (Tøttrup et al. 2012). Bei langlebigen Arten verbessert sich die individuelle Effizienz im Ablauf des Heimzugs mit dem Alter, wie Befunde am Schwarzmilan *(Milvus migrans)* zeigen: Der Abzugstermin aus dem Winterquartier verschob sich vom 1. bis zum 8. Lebensjahr um 80 Tage vor, und die Zuggeschwindigkeit war bei jungen Adulten (3- bis 6-jährig) am höchsten. Damit resultierte vom 7. Lebensjahr an ein etwa gleich bleibender Ankunftstermin am Brutplatz (Sergio et al. 2014).

Bei den meisten Arten kommen zudem Männchen früher am Brutplatz an als Weibchen; oft überwintern sie auch weniger weit weg als Weibchen, was sie unter Umständen mit etwas höherer Sterblichkeit bezahlen. Was sind dann die Vorteile? Männchen stehen untereinander in Konkurrenz um die Besetzung der besten Reviere, und frühe Ankömmlinge sollten im Vorteil sein. Eine alternative Hypothese besagt, dass frühe Ankunft der Männchen die Aussichten verbessert, einen Partner zu finden. Modellüberlegungen stützen vor allem die zweite Hypothese (Kokko et al. 2006).

Aber auch für Weibchen lohnt sich zeitige Ankunft, denn frühzeitiges Brüten ist fast durchweg vorteilhaft. In vielen Fällen liegt zwischen Ankunft am Brutplatz und Ablage des ersten Eis

6.10 Koordination von Zug und Reproduktion

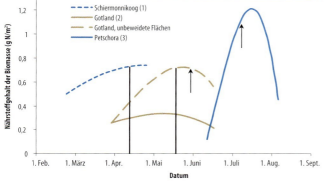

Abb. 6.15 Verlauf des Nährstoffangebots (gemessen als Kombination von Biomasse mit dem Stickstoffgehalt der Nahrungspflanzen) für Weißwangengänse (*Branta leucopsis*; Abb. 8.11) auf ihrem Weg von den Niederlanden (Überwinterung, 1) über die Rastplätze (Gotland, 2) in die russische Arktis (Brutgebiet, 3) und die Zeitspanne der Nahrungsnutzung an den Rastplätzen. Senkrechte Linien bezeichnen den mittleren Wegzugtermin und Pfeile das mittlere Schlüpfdatum; der Pfeil in der Ostsee bezieht sich auf eine neu angesiedelte Brutpopulation (nach van der Graaf et al. 2006, aus Drent et al. 2006) (Abdruck mit freundlicher Genehmigung des *Springer Verlags*, © Springer).

nur eine kurze Zeit. Eiproduktion und Bebrütung sind energetisch aufwendig, und da zu dieser Zeit besonders in hohen Breiten die Nahrungsbasis noch ungenügend ist, sind die Vögel unter solchen Umständen (teilweise) auf mitgebrachte Energiereserven angewiesen (*capital breeders* oder *mixed strategy*; Kap. 4.1). Diese werden unterwegs an Rastplätzen aufgefüllt. Bei manchen Arten resultieren so höhere Treibstoffvorräte als auf dem Wegzug, trotz den im Allgemeinen kürzeren Rastdauern (Berthold 2001). Besonders wichtig ist der Aufbau massiver Fettvorräte für hocharktische Arten, die bei Ankunft an ihren noch schneebedeckten Brutplätzen vorerst kaum Nahrung finden (Klaassen M. 2003; Arzel et al. 2006). So wie Rothirsche ihre Vertikalwanderungen dem frisch sprießenden, nährstoffreichsten Gras anpassen (Kap. 6.3), legen Gänse auf ihrem Weg von den westeuropäischen Überwinterungsgebieten an die arktischen Brutplätze dort Rast ein, wo der Nährstoffgehalt der Nahrung zeitlich das Maximum erreicht (Abb. 6.15). Bei genauer Betrachtung zeigt es sich, dass die Ankunft an den ersten Rastplätzen im Vergleich zur Vegetationsentwicklung etwas verspätet erfolgt, die Gänse im Verlauf der Reise die «Welle des Ergrünens» aber überholen, sodass am Brutplatz der Zeitpunkt höchster Nahrungsqualität nicht mit der Ankunft, sondern mit dem Schlüpfen der Jungen übereinstimmt (Kölzsch et al. 2015).

Oft bleiben die Vögel an den Raststationen nur wenige Tage, da sie selbst die Ressourcen vermindern und längere Aufenthaltszeiten kontraproduktiv würden (Abb. 6.16). Die innerartliche Konkurrenz an solchen Rastplätzen kann sehr groß sein. Für die Vögel ist es dann wichtig, dass sie die Rastplätze präzise innerhalb eines kurzen Zeitfensters ansteuern. An einem Rastplatz des Zwergschwans *(Cygnus columbianus bewickii)* an der russischen Weißmeer-

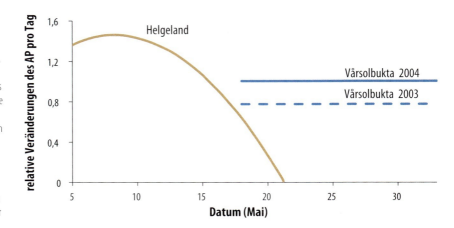

Abb. 6.16 Akkumulationsrate der Fettreserven bei individuell markierten Weißwangengänsen (Abb. 8.12), die anhand eines siebenstufigen Indexes des Abdominalprofils (AP), wie in Abb. 2.28 dargestellt, erhoben wurde, am letzten Rastplatz in Norwegen (Helgeland) und bei der Ankunft an einem Sammelplatz vor Beginn des Nistens in Spitzbergen (Vårsolbukta). Ein längerer Aufenthalt in Norwegen wäre nicht profitabel gewesen (neu gezeichnet nach Prop et al. 2003 und Hübner 2006, aus Drent et al. 2006).

küste, wo dieser die Wurzelknollen eines Laichkrauts frisst, ist bereits nach einer Woche für die später ankommenden Vögel nicht mehr genügend Nahrung in den profitableren seichten Wasserflächen vorhanden, und diese Schwäne können hier kaum mehr Fettreserven erneuern (Abb. 6.17). Diese Beispiele zeigen, dass vielen Arten nur eine limitierte Anzahl wirklich günstiger Rastplätze zur Verfügung steht. Dies gilt nicht nur auf dem Weg in die Arktis, sondern auch entlang manchen anderen Routen weltweit. Störungen oder Eingriffe an solchen Rastplätzen können damit leicht negative Folgen für die ganze Population haben. Ein frappantes Beispiel ist jenes des Knutts *(Calidris canutus rufa)*, eines Watvogels, der auf dem Heimzug an die nordkanadischen Brutplätze seine Fettvorräte in der Delaware Bay, einem Ästuar an der Atlantikküste der USA auffüllt, wo er sich hauptsächlich von den Eiern des Hufeisenkrebses *(Limulus polyphemus)* ernährt. Nachdem der kommerzielle Fang der Krebse in den 1990er-Jahren um das 8-Fache erhöht worden war, ging seine Nahrungsbasis entsprechend zurück. Dabei sank der Rastbestand des Knutts auf ein Viertel, weil die Vögel nicht mehr genügende Fettvorräte anzulegen vermochten – mit der Folge, dass die Überlebensrate um 37 % zurückging und der Bruterfolg massiv abnahm (Baker A. J. et al. 2004; Wilcove 2008; Mizrahi & Peters 2009).

Nicht nur an hochnordischen Wat- und Wasservögeln, sondern auch an anderen Arten wurde die Bedeutung der im Winterquartier oder auf dem Zug erworbenen Kondition für den anschließenden Bruterfolg nachgewiesen. Man spricht dabei von Carry-over-Effekten (Norris 2005). Die sich daraus ergebende ultimative Frage, ob die Bedingungen im Winterquartier oder auf dem Zug sogar ganze Populationen limitieren können, ist im Gefolge von Populationsrückgängen in Europa und besonders Nordamerika intensiv diskutiert worden (Sherry et al. 2005; Newton 2006c, 2008; Faaborg et al. 2010). Zur Sprache kamen etwa Trockenheit in der Sahelzone oder Waldverluste in der Neotropis. Mit Ausnahme einiger krasser Fälle wie des oben genannten Beispiels des Knutts sind die Antworten oft nicht eindeutig, unter anderem weil die Habitatansprüche der meisten Arten im Winterquartier schlecht bekannt sind. Zudem ist es oft schwierig, die Konsequenzen von Veränderungen im Brutgegbiet von jenen im Winter-

6.10 Koordination von Zug und Reproduktion

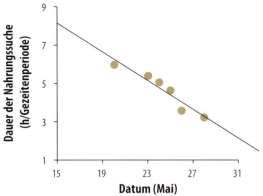

Abb. 6.17 Die Zahl der Stunden pro günstige Gezeitenperiode, in der mindestens 30 % der Zwergschwäne im russischen Frühjahrs-Rastgebiet Nahrung suchten, sank aufgrund der Nahrungserschöpfung linear und sehr schnell (N = 6, r^2 = 0.91) (Abbildung neu gezeichnet nach Nolet & Drent 1998).

quartier zu trennen. Im Falle der in den gemäßigten Zonen Europas und Nordamerikas überwinternden Gänse kam es zu massiven Bestandsanstiegen, weil der hauptsächliche limitierende Faktor im Winterquartier, die Verfügbarkeit proteinreicher Pflanzennahrung, durch die hohen Düngereinträge der modernen Landwirtschaft aufgehoben wurde (van Eerden et al. 2005; Jefferies & Drent 2006). Wir kommen in Kapitel 11.4 nochmals auf die Frage zurück, in welchem Ausmaß Populationsrückgänge von Vögeln gemäßigter Zonen im Brut- respektive im Winterquartier verursacht werden.

Weiterführende Literatur

Innerhalb der letzten 15 Jahre sind einige Werke über die Wanderungen von Tieren erschienen. Das Standardwerk von Dingle gibt einen Überblick über die Biologie des Wanderns bei Wirbellosen und Wirbeltieren:

- Dingle, H. 2014. *Migration. The Biology of Life on the Move.* 2nd edition. Oxford University Press, Oxford.

Zwei editierte Synthesebände sind diesbezüglich ebenfalls umfassend. Im ersten Werk mit deutlichem theoretischem Fokus erhalten Säugetiere starkes Gewicht, während im zweiten nicht nur Wanderungen, sondern auch Dispersals abgehandelt sind:

- Milner-Gulland, E.J., J.M. Fryxell & A.R.E. Sinclair (eds.). 2011. *Animal Migration. A Synthesis.* Oxford University Press, Oxford.
- Hansson, L.-A. & S. Åkesson (eds.). 2014. *Animal Movement Across Scales.* Oxford University Press, Oxford.

Die übrigen Werke behandeln den Vogelzug. Drei Bücher einzelner Autoren reflektieren zu einem gewissen Teil die europäischen beziehungsweise die nordamerikanischen Forschungsschwerpunkte:

- Berthold, P. 2001. *Bird Migration. A General Survey.* 2nd edition. Oxford University Press, Oxford.
- Newton, I. 2008. *The Migration Ecology of Birds.* Academic Press, London.
- Rappole, J.H. 2013. *The Avian Migrant. The Biology of Bird Migration.* Columbia University Press, New York.

Bertholds Klassiker ist das kürzeste der drei und gründet stark auf der europäischen, vor allem der deutschen Vogelzugforschung mit dem Schwerpunkt auf Physiologie, Steuerung des Zugs und Orientierung sowie den Abläufen im paläarktisch-afrotropischen Zugsystem. Newtons erschöpfende Enzyklopädie wartet mit gewaltigem Detailreichtum auf; der Schwerpunkt liegt auf der Ökologie der Zugabläufe weltweit. Rappole pflegt einen speziellen Ansatz, indem er den Zug als Bestandteil des gesamten Jahreszyklus der Vögel beschreibt.

In abgeschwächter Weise gelten diese Unterschiede auch für zwei editierte Symposiumsbände, die zahlreiche Themen vertieft behandeln:

- Berthold, P., E. Gwinner & E. Sonnenschein (eds.). 2003. *Avian Migration.* Springer-Verlag, Berlin.
- Greenberg, R. & P.P. Marra (eds.). 2005. *Birds of Two Worlds. The Ecology and Evolution of Migration.* The John Hopkins University Press, Baltimore.

Ein Buch fokussiert auf die Wanderungen der Singvögel und dabei vor allem auf die Ökologie des Rastverhaltens:

- Chernetsov, N. 2012. *Passerine Migration: Stopovers and Flight.* Springer-Verlag, Berlin.

Den Auswirkungen des Klimawandels auf den Vogelzug – in diesem Kapitel nur ganz am Rande behandelt – ist ebenfalls bereits ein eigenes Werk gewidmet:

- Cox, G.W. 2010. *Bird Migration and Global Change.* Island Press, Washington.

7 Populationsdynamik

Abb. 7.0 Lachmöwenkolonie *(Chroicocephalus ridibundus)*

Kapitelübersicht

7.1	**Populationen und ihre Kennwerte**	266
	Bestimmung der Populationsgröße und -dichte	266
	Definition und Bestimmung der Populationsmerkmale	272
	Populationsmerkmale und life histories	273
	Zeitpunkt und Ursachen von Mortalität	278
	Altersverteilung und Geschlechterverhältnis	279
7.2	**Demografie**	281
	Populationsmodelle	282
	Sterbetafeln	282
	Altersspezifische Reproduktion und Populationswachstum	285
	Reproduktionswert	287
7.3	**Populationswachstum**	288
	Dichteunabhängiges Wachstum	289
	Dichteabhängiges Wachstum	291
7.4	**Populationsregulation**	293
	Mechanismen der Regulation	294
	Extrinsische Faktoren	295
	Intrinsische Faktoren	299
7.5	**Populationslimitierung**	301
7.6	**Populationsdynamik und** *life histories*	302

7 Populationsdynamik

Dieses Kapitel vollzieht den Wechsel von Themen, in denen hauptsächlich das Individuum im Fokus der Betrachtung stand, zu Themen, die primär von der Dynamik und den Interaktionen ganzer Gruppen handeln. Hier geht es darum, wie sich **Populationen** in ihrer Größe über die Zeit verändern, welche Faktoren dabei eine Rolle spielen und welchen Einfluss die evolutiven Anpassungen in Form der *life histories* der verschiedenen Arten ausüben.

Wie definiert sich eine Population, welches sind ihre **Kennwerte**, und wie misst man ihre Größe? Zentrale Kennwerte sind **Fortpflanzungs-** und **Überlebens-** respektive **Mortalitätsraten**. Sie variieren zwischen den Arten als Folge unterschiedlicher *life histories*, die sich größtenteils entlang eines Gradienten von schnell reproduzierend und kurzlebig bis langsam reproduzierend und langlebig anordnen lassen. Und woran sterben Tiere schließlich? Die Gründe sind vielfältig, aber je nach Verwandtschaftsgruppen unterschiedlich. Weil die beiden Geschlechter und die Altersklassen ungleiche Mortalität erleiden, entsteht in einer Population oft ein charakteristischer **Altersaufbau**.

Die Werte – Überlebensraten und **Fekundität** (Fortpflanzungsrate) –, die diesen Aufbau beschreiben, sind die **demografischen** Daten einer Population. Wenn sie vollständig vorhanden sind, kann man sie in Form von **Sterbetafeln** darstellen. Was für den Menschen gängige Praxis ist, erweist sich für Wildtiere aufgrund mangelnder Daten als unzweckmäßig. Mit Daten, die auf verschiedene Weise gesammelt werden, zum Beispiel über Fang, Markierung und Wiederfunde, lassen sich jedoch **Populationsmodelle** in Form **von Projektionsmatrizen** erstellen. Mit ihrer Hilfe kann man sowohl demografische Parameter schätzen als auch errechnen, wie sich die Größe einer Population über die Zeit entwickelt. Es zeigt sich, dass jede Population die Fähigkeit zum exponentiellen Anwachsen besitzt, was als **intrinsische** Wachstumskapazität bezeichnet wird. Oft stehen zur Berechnung der Wachstumsrate und der Projektion der Populationsgröße in die Zukunft jedoch keine demografischen Daten, sondern lediglich Zählungen der Populationsgröße zu verschiedenen Zeiten zur Verfügung. Auch daraus lassen sich Wachstumsraten berechnen; je nachdem, ob es sich um eine Population mit diskreten oder überlappenden **Generationen** handelt, nehmen die Wachstumsraten mathematisch geringfügig verschiedene Formen an.

Trotz der intrinsischen Fähigkeit zum exponentiellen Wachstum sind alle Populationen letztendlich in ihrem Wachstum begrenzt. Schwächt sich die Zunahme in Abhängigkeit der erreichten **Dichte** (= dichteabhängig) ab, so unterliegt die Population der **Regulation**. Viele Mechanismen führen zur Regulation, doch ist sie im Einzelfall oft schwierig nachzuweisen. Einfacher ist es, die Wirkung begrenzender Faktoren oder stochastischer Einflüsse zu erkennen, die eine Population von Zeit zu Zeit dezimieren; in diesen Fällen wird das Wachstum dichteunabhängig **limitiert**. Gerne wirken dichteabhängige und dichteunabhängige Mechanismen Hand in Hand.

Die unterschiedlichen *life histories* wurden oft als Ergebnis dichteabhängiger natürlicher Selektion interpretiert. Heute betrachtet man *life histories* primär als Ergebnis altersabhängig unterschiedlicher Mortalitätsraten, wobei man davon ausgeht, dass der Gradient «schnell-langsam» sowohl eine Folge unterschiedlicher Körpergrößen als auch phylogenetisch veranlagter Unterschiede im «Lebensstil» ist.

7.1 Populationen und ihre Kennwerte

Eine Population ist eine Gruppe von **Individuen der gleichen Art**, die einen bestimmten **Raum** zu einer bestimmten **Zeit** besiedeln und miteinander in **reproduktivem** Austausch stehen (Kap. 5.3). Wir sprechen etwa von der Population einer bestimmten Art in einer Gemeinde, in einem Nationalpark, in einem ganzen Land oder von der globalen Population, wenn wir den ganzen Weltbestand meinen. Der alltägliche Gebrauch des Begriffs ist also weit weniger strikt, als es die Definition vorgäbe. Besonders die räumliche und zeitliche Abgrenzung ist oft vage, und die Forderung nach reproduktivem Austausch unter den Individuen lässt sich umso weniger erfüllen, je größer die räumliche Skala gewählt wird. Eine lokale Population, deren Individuen sich tatsächlich miteinander fortpflanzen, wird gelegentlich als **Dem** *(deme)* bezeichnet.

Eine Population besitzt statistische Kennwerte, mit denen sich ihre Größe, Zusammensetzung und Dynamik beschreiben lassen. Diese Kennwerte charakterisieren Gruppen und können deshalb nicht auf Individuen angewandt werden. Die **Größe** einer Population und ihre zeitlichen Veränderungen werden allein durch vier Parameter bestimmt, die man als die **primären** Populationsmerkmale bezeichnet:
- **Natalität** (Geburten) und **Mortalität** (Todesfälle), als Ergebnis von Reproduktion und Überleben/Sterben, sowie
- **Immigration** (Einwanderung) und **Emigration** (Aus- oder Abwanderung), als Ergebnis von Dispersal (Kap. 5.5)

Die Populationsgröße N zum Zeitpunkt t ist damit durch die «*BIDE*»-Gleichung gegeben:

$$N_t = N_{t-1} + B + I - D - E \qquad (7.1)$$

Dabei bedeuten N_{t-1} die Populationsgröße zum Ausgangszeitpunkt t-1, B (von *birth*) die Zahl der geborenen Individuen, D (von *death*) die Zahl der gestorbenen Individuen, I (von *immigration*) die Zahl der in die Population eingewanderten Individuen und E (von *emigration*) die Zahl der ausgewanderten Individuen, jeweils für den Zeitschritt t-1 bis t. Die Veränderung von N_{t-1} zu N_t entspricht der Wachstumsrate der Population (Kap. 7.3).

Um die Dynamik einer Population zu verstehen oder um sie effizient zu managen, ist auch die Kenntnis ihrer Zusammensetzung unerlässlich. Diese wird durch **sekundäre** Populationsmerkmale beschrieben:
- **Geschlechterverhältnis** (= vor allem das sekundäre, das auch als tertiäres bezeichnet wird; s. Kap. 4.7)
- **Altersverteilung** (oft im Hinblick auf den Anteil der reproduzierenden Individuen)
- **genetische** Zusammensetzung

Bestimmung der Populationsgröße und -dichte

Die Häufigkeit einer Art lässt sich grundsätzlich auf zwei verschiedene Weisen ausdrücken:
1. Als **Populationsgröße** (Bestand), wenn man alle Individuen einer Population zählt.
2. Als **Dichte** (oft auch als Abundanz bezeichnet), wenn man die Individuen nur auf einer bestimmten Fläche auszählt und diesen Wert auf eine Einheitsfläche (bei Vögeln und Säugetieren in der Regel 100 ha = 1 km^2) umrechnet.

7.1 Populationen und ihre Kennwerte

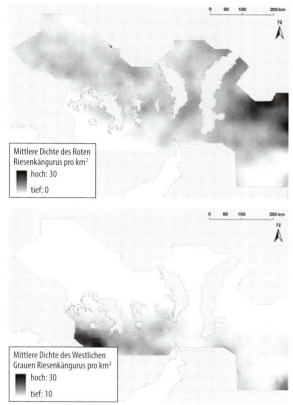

Abb. 7.1 Großräumige Dichteverteilungen des Roten Riesenkängurus *(Macropus rufus)*, oben, mit Foto, und des Westlichen Grauen Riesenkängurus *(M. fuliginosus)*, unten, in Südaustralien. Die Dichteangaben beruhen auf regelmäßigen Zählungen entlang von Transekten aus der Luft und wurden mit einer Extrapolationstechnik (Kriging) auf die ganze Fläche übertragen (Pople et al. 2007) (Abdruck mit freundlicher Genehmigung von *Wiley*, © Wiley).

Dichten sind bei den meisten Tieren wesentlich einfacher zu messen als Populationsgrößen und erlauben aufgrund ihrer räumlichen Standardisierung Analysen und Vergleiche auf den verschiedensten Maßstabsgrößen (Abb. 7.1). In den meisten Fällen verwendet man deshalb Dichteangaben, wenn Fragen zur Häufigkeit einer Art bearbeitet werden. Sind die Dichten jedoch über das ganze Verbreitungsgebiet einer Population bekannt, so kann man daraus die Populationsgröße errechnen. Die Dichte ist zwar ein relativer Wert und die Populationsgröße ein absoluter, doch sind die Attribute «absolut/relativ» in der Regel für einen anderen Aspekt reserviert, nämlich ob man bei einer Erhebung eine absolute oder nur eine relative Schätzung erreichen kann – unabhängig von der Bezugsgröße Fläche oder Population (Box 7.1).

Box 7.1 Populations- und Dichteschätzung bei Vögeln und Säugetieren

In der Praxis spielt es für das Vorgehen grundsätzlich keine Rolle, ob Populations- oder Dichteschätzungen vorgenommen werden, solange die abgesuchten Flächen genügend groß sind, das heißt, ein Mehrfaches der mittleren Home-Range-Größe umfassen. Von Bedeutung hingegen ist die primäre Unterscheidung, ob eine Schätzung möglich ist oder ob lediglich ein Index erhoben werden kann. Ein **Index** ist eine erhobene Zahl, deren Beziehung zur wahren Individuenzahl unbekannt und darum **relativ** (proportional) ist. Ein Beispiel sind Abschuss- oder Fangzahlen (Jagd und Fischerei), aber auch Zählverfahren wie Punktzählungen liefern nur Indizes. Unter der Annahme, dass die Beziehung über die Zeit konstant bleibt, kann eine Serie von Indizes zur Errechnung von Bestandstrends verwendet werden; im räumlichen Vergleich lässt sich höchstens auf nicht genau zu beziffernde Dichteunterschiede schließen, weil die Proportionalität des Index zum wahren Wert in verschiedenen Gebieten nicht dieselbe ist.

Eine **Schätzung** erlaubt Aussagen zur tatsächlichen **absoluten** Populationsgröße oder -dichte. Lassen sich alle Individuen erfassen, so handelt es sich um eine Zählung *(census)*. Meist ist das aber nicht der Fall, und dann muss die Entdeckungswahrscheinlichkeit p – die in diesem Fall kleiner als 1 ist – ermittelt werden, um zu einer Schätzung zu gelangen. Dafür gibt es eine Anzahl von Methoden. Bei Zählungen entlang von Transekten kann p über *distance sampling* oder regressionsbasierte Methoden geschätzt werden, die darauf gründen, dass p mit zunehmender Beobachtungsdistanz abnimmt. Populationsgrößen von Arten, die gefangen und markiert werden können, lassen sich über Rückfangmethoden (*capture – mark – recapture, CMR*-Modelle) errechnen, wenn man von einer geschlossenen Population (keine Ein- und Auswanderung) ausgehen kann. Die einfachsten sind die Lincoln-Peterson-Modelle. Für offene Populationen gelangen mathematisch anspruchsvollere Jolly-Seber-Modelle zur Anwendung; mit Cormack-Jolly-Seber-Modellen schätzt man Überlebens- und Rekrutierungsraten. Die Vorteile der geschlossenen Modelle (robust gegen uneinheitliche Fanghäufigkeit) lassen sich mit jenen der offenen Modelle in einem Robust-Design-Ansatz kombinieren. Implementiert sind die Modelle im **Programm MARK** (Cooch & White 2016); sie lassen sich auch in **WinBugs** (Lunn et al. 2000) respektive **OpenBugs** rechnen. Beide Programme sind frei erhältlich (http://www.phidot.org/software/mark/index.html; http://www.mrc-bsu.cam.ac.uk/software/bugs/).

Werden räumlich explizite Fang-Wiederfang-Daten gesammelt, kann zusätzlich zur Populationsgröße die effektiv abgesuchte Untersuchungsfläche ermittelt werden. Damit lässt sich die geschätzte Populationsgröße in einen räumlichen Zusammenhang setzen, was besonders bei kontinuierlich verbreiteten Tieren ohne klare Populationsgrenzen wichtig ist. Populationsschätzungen, die mit räumlich expliziten Fang-Wiederfang-Modellen erhoben wurden (Royle et al. 2014), sind am robustesten.

Dichtemessungen bei **Vögeln** sind aufgrund ihres visuell und akustisch orientierten Verhaltens und der meist tagaktiven Lebensweise verhältnismäßig einfach, besonders bei territorialen, sozial monogamen Arten, welche die Mehrheit stellen (zum Beispiel die meisten Singvögel), aber auch bei koloniebrütenden Arten. Die bekannteste Methode für territoriale Arten ist die Revierkartierung, die oft als vollständige Zählung behandelt wird. Genau genommen ist das aber nicht der Fall, doch gibt es statistische Modelle, welche die Entdeckungswahrscheinlichkeit bei wiederholter Kartierung und damit den Bestand schätzen (Kéry et al. 2005).

Hingegen sind Populationsdichten von **Säugetieren** aufgrund ihrer oft heimlichen und vielfach nachtaktiven Lebensweise mit olfaktorischer Präsenzmarkierung meist nur schwierig zu erheben. Zu den häufiger verwendeten Methoden gehören:
- Zählungen von Individuen (oft nachts als Scheinwerfertaxation, in Savannen tagsüber vom Flugzeug aus, vor allem bei Huftieren angewandt), Spuren oder Kot, meist entlang von Transekten; ergeben in der Regel Werte in Form von Indizes.
- Rückfangmethoden werden vor allem für Kleinsäuger verwendet und dienen Populationsschätzungen. Auch mit Fotofallen-Anlagen können bei individueller Erkennung der Tiere (zum Beispiel bei Arten mit variabler Fellmusterung) Populationsgrößen geschätzt werden. Fotofallen finden besonders bei Carnivoren Anwendung.
- Grundsätzlich lassen sich über molekulargenetische Analysen von eingesammelten Federn, Haaren (zum Beispiel aus Haarfallen für Carnivore) oder Kot Individuen und damit die Populationsgröße bestimmen, doch ist das nur bei seltenen Arten praktikabel.

Umfassendere, aber dennoch kompakte Übersichten zu den verschiedenen Methoden findet man zum Beispiel bei Conroy & Carroll (2009), Pierce et al. (2012) oder Mills (2013). Eine vertiefte Behandlung der Methoden bieten die in «Weiterführende Literatur» am Ende der Liste aufgeführten Werke.

Die Kenntnis der Größe einer Population oder gar des Weltbestands einer Art hat vor allem im naturschutzbiologischen Zusammenhang Bedeutung, wenn es um die Erhaltung und Förderung von seltenen und gefährdeten Arten geht und zum Beispiel die minimale lebensfähige Populationsgröße (*minimum viable population*, MVP) bestimmt werden soll. Meist ist es nur bei seltenen und lokalisierten Arten möglich, den Bestand direkt durch Zählung der Individuen einigermaßen präzise zu ermitteln. Bei Vögeln lässt sich das oft einfacher bewerkstelligen als bei Säugetieren. So wurde die Größe der isolierten Population des Bartgeiers (*Gypaetus barbatus meridionalis*) im südlichen Afrika durch Zählungen der reviertreuen Individuen auf 352–390 Individuen geschätzt (Krüger S. C. et al. 2014). Populationen von Meeresvögeln, die sich auf

Abb. 7.2 Der Buchfink (*Fringilla coelebs;* links) wurde in mehreren Ländern West- und Mitteleuropas als die häufigste Vogelart identifiziert (Großbritannien: 14,3 Mio., Schweiz: 0,9–1,2 Mio.); in anderen sind – je nach Landschafts- und Siedlungsstruktur – Haussperling (*Passer domesticus;* Abb. 5.15) oder Amsel (*Turdus merula;* rechts) die häufigsten Brutvögel (BirdLife International 2004; Maumary et al. 2007; Newson et al. 2008).

wenige Kolonien konzentrieren, können auch bei größeren Bestandszahlen oft noch genügend zuverlässig erhoben werden. Gleiches gilt bei größeren Säugetieren, wenn sie sich auf Wanderungen zeitweise in einem bestimmten, überschaubaren Gebiet aufhalten, wie etwa die Weißbartgnus *(Connochaetes taurinus)* im ostafrikanischen Serengeti-Mara-Ökosystem (Box 6.1).

Bei häufigeren Arten kann die Populationsgröße aus Dichteschätzungen auf kleinen Flächen extrapoliert werden, wenn genügend derartige Schätzungen vorliegen. Vor allem bei Vögeln ist das vielerorts der Fall, und so versucht man vermehrt, Bestandsschätzungen auf regionaler und gar nationaler Ebene vorzunehmen (Kemp A. C. et al. 2001; BirdLife International 2004). Auch wenn die Resultate für die einzelnen Arten entsprechend deren Verbreitungsmuster, Erfassbarkeit und verwendeter Methodik unterschiedlich genau ausfallen, so scheinen die ermittelten Zahlen doch in ihren relativen Größenordnungen zu stimmen (Newson et al. 2008; Carrascal 2011; Abb. 7.2).

Das weltweit größte und am längsten andauernde Monitoringprogramm, das über Zählungen und damit die direkte Ermittlung von absoluten Populationsgrößen operiert, ist der *International Waterbird Census* (IWC). Das Programm läuft seit 1967 in mittlerweile über 100 Staaten und wird von *Wetlands International*, einer internationalen Nichtregierungsorganisation, koordiniert. Der Begriff Population ist auch in diesem Fall streng biologisch nicht korrekt, da die Vögel in ihren Überwinterungsgebieten gezählt werden (Abb. 7.3; s. dazu auch die Definition der *flyways* in Kap. 6.5). Aufgrund der fast globalen Abdeckung des Programms können die Daten dann aber für eigentliche Populationsschätzungen verwendet werden (Wetlands International 2012).

Auch im Rahmen des Managements jagdbarer Huftiere werden Populationsgrößen für größere Räume geschätzt, wobei die Genauigkeit der resultierenden Werte artspezifisch oft stärker als bei Vögeln variiert. Zudem können die Resultate durch regional unterschiedliche Zählmethodik und Extrapolationen belastet sein (Abb. 7.4). Das Ziel solcher Schätzungen ist es jedoch häufig nicht, eine genaue Populationsgröße zu erhalten, sondern die **Bestandstrends** über die Zeit ableiten zu können. Dazu muss einzig Konstanz im Schätzfehler vorausgesetzt werden; stochastische Variabilität lässt sich mittels State-Space-Modellen zu einem großen Teil herausfiltern (Dennis et al. 2006; Kéry & Schaub 2012).

7.1 Populationen und ihre Kennwerte

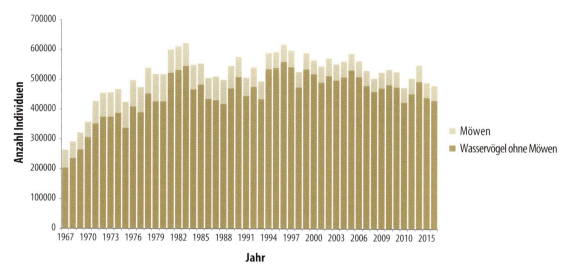

Abb. 7.3 Gesamtbestand aller Wasservögel im Januar in der Schweiz (inkl. ausländischer Teile von Bodensee und Genfersee), 1967–2016. Dunkel: Wasservögel ohne Möwen, hell: Möwen. Die Zunahme zu Beginn der Zeitreihe ist vor allem auf Verschiebungen von Tauchenten aus anderen Winterquartieren in die Schweiz zurückzuführen, da sich mit der Einwanderung der Wandermuschel *(Dreissena polymorpha)* die Nahrungsbasis massiv verbessert hatte. Bei der Interpretation der Zahlen von überwinternden Vögeln ist also zu beachten, dass regionale Trends nicht unbedingt Veränderungen in der eigentlichen Populationsgröße, sondern auch Wechsel im Winterquartier wiedergeben können (Abbildung gezeichnet nach Daten der Schweizerischen Vogelwarte, Sempach).

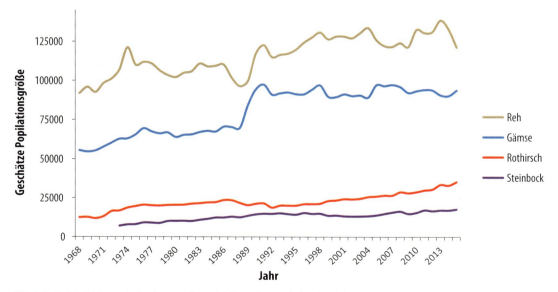

Abb. 7.4 Jährliche Schätzung der Populationsgröße von Reh *(Capreolus capreolus)*, Rothirsch *(Cervus elaphus)*, Gämse *(Rupicapra rupicapra)* und Steinbock *(Capra ibex)* in der Schweiz (41 285 km²), 1968–2015. Die Zahlen werden regional unterschiedlich durch zahlreiche Beteiligte erhoben, kantonal extrapoliert und schließlich auf nationaler Ebene aufsummiert. Die Datenqualität dürfte zwischen den Arten, je nach Erfassungsschwierigkeiten, deutlich variieren (Steinbock: Genauigkeit hoch, Reh: Genauigkeit tief). Die Trends (Zunahme bei allen Arten) sind in der langfristigen Form wohl korrekt, reflektieren beim kurzfristigen Muster aber auch methodisch bedingte Artefakte (zum Beispiel der starke Knick bei der Gämse von 1988/89) (Abbildung gezeichnet nach Daten von http://www.wild.uzh.ch/jagdst/).

Definition und Bestimmung der Populationsmerkmale

Wenn Populationen zu- oder abnehmen, interessiert es natürlich, ob die Änderung auf häufigere Geburten oder Todesfälle zurückzuführen ist oder ob vermehrt Individuen zu- oder abgewandert sind – die primären Populationsmerkmale Natalität, Mortalität, Immigration und Emigration sind also gefragt. Sie werden in der Regel nicht als absolute Zahlen angegeben, sondern als Pro-Kopf-Rate *(per capita rate)* für eine bestimmte Zeiteinheit. Wenn also 10 von 100 Individuen sterben, dann beträgt die Mortalitätsrate für die betreffende Periode 0,1 beziehungsweise 10 % (und – invers – die Überlebensrate 0,9 respektive 90 %).

Generell ist bei der Verwendung der Begriffe Sorgfalt geboten. Anstelle von **Natalität** ist oft von **Fekundität** oder auch **Fertilität** die Rede, ohne dass die Begriffe genügend präzise voneinander abgegrenzt werden (Clobert & Lebreton 1991). Zudem weicht der Sprachgebrauch oft ab, wenn von der menschlichen Bevölkerung die Rede ist. Dort kann Fertilität als Synonym zum Begriff «Fruchtbarkeit» lediglich die Fähigkeit zur Reproduktion bedeuten, doch wird Fertilität häufig spezifischer gebraucht und bezeichnet die mittlere Anzahl von Kindern, die von einer Frau in einer bestimmten Region im Laufe ihrer fruchtbaren Zeit auf die Welt gebracht wird. Im zoologischen Kontext wird Fekundität manchmal auf den physiologischen Kontext beschränkt, indem die potenzielle Fekundität die physiologisch mögliche Reproduktionskapazität eines Organismus bezeichnet, während Fertilität die tatsächlich produzierte Anzahl von Jungen meint (Gardner D. S. et al. 2009; Krebs C. J. 2009). In der Regel aber werden Natalität und Fekundität für den mittleren reproduktiven Ausstoß verwendet, sodass auf den Begriff Fertilität verzichtet werden kann. Sehr präzise definiert, ist Natalität dann die mittlere Jungen- oder Eizahl pro reproduzierendes Weibchen und Reproduktionsereignis, was nichts anderes als die Wurf- oder Gelegegröße ist. Fekundität hingegen bezeichnet die mittlere Jungenzahl pro Individuum in einer bestimmten Altersklasse (auch als Kohorte bezeichnet) und Zeiteinheit und ist das Produkt von Natalität mit dem Anteil der reproduzierenden Individuen (Mills 2013).

Eine **Kohorte** bezeichnet die Individuen, die im selben Reproduktionszyklus geboren wurden, was bei vielen Tieren identisch mit den Individuen eines bestimmten Jahrgangs ist. Bei Vögeln und Säugetieren, die mehr als ein Gelege (oder Wurf) pro Jahr zeitigen, muss aber definiert werden, ob bei der Fekundität die gesamte Jahresleistung gemeint ist (Etterson et al. 2011). Zudem kommt es bei demografischen Berechnungen darauf an, ob bei den reproduzierenden Individuen beide Geschlechter mitgezählt werden. Solange bei der Geburt ein Geschlechterverhältnis von 1:1 gegeben ist, rechnet man oft nur mit den Weibchen, was einfacher ist, doch dürfen beim Nachwuchs dann auch nur die weiblichen Jungen berücksichtigt werden (Kap. 7.2).

Mortalitäts- respektive **Überlebensraten** zu ermitteln, ist meist wesentlich schwieriger, als Geburtenraten zu quantifizieren. Oft gelingt das nur in Populationen mit durchgehend markierten Individuen. Im Zusammenhang mit der Mortalität interessiert oft auch das Alter von Individuen bei ihrem Tod. Viele sterben jung, und nur wenige Individuen erreichen die potenzielle **Lebensdauer** *(longevity)*, die durch die Physiologie der Art gegeben ist. Die mittlere Lebensdauer in einer Population ist also oft recht niedrig; sie entspricht der **Lebenserwartung** bei Geburt und kann bei manchen markierten Populationen auch im Feld recht gut bestimmt werden. Die potenzielle Lebensdauer hingegen wird oft nur von Tieren in Zoos erreicht.

Immigration und **Emigration** sind hingegen nur mit größerem Aufwand zu ermitteln und werden deshalb in Populationsstudien meist vernachlässigt, zumal auch viele Modelle (Box 7.1) nicht zwischen Abwanderung und Tod unterscheiden können. Man behilft sich oft damit, Überlebensraten als scheinbare Raten *(apparent survival)* zu bezeichnen. Oft liegt die Annahme zugrunde, dass sich Ein- und Auswanderung die Waage halten. Dies ist aber gerade in fragmentierten Populationen nicht der Fall, wo die Balance zwischen Ein- und Auswanderung zwischen den Subpopulationen variiert: **Source-Populationen** geben netto Individuen ab, **Sink-Populationen** nehmen netto Individuen auf (Kap. 5.4 und 7.4). Fortgeschrittene Populationsmodelle können heute jedoch Immigrationsraten schätzen (Schaub et al. 2013).

Unter den sekundären Populationsmerkmalen ist das **Geschlechterverhältnis** in der Regel auch im Feld gut zu ermitteln, da bei den meisten Arten ein gewisser Geschlechtsdimorphismus herrscht (Kap. 4). Hingegen ist es meist viel schwieriger, die **Altersverteilung** zu bestimmen, es sei denn, die Individuen der Population sind markiert. Andernfalls lassen sich bei den meisten Vögeln und Säugetieren bestenfalls ein- oder zweijährige Individuen von älteren unterscheiden. Bis zu einem gewissen Grad kann man das Alter bei Männchen von polygynen Arten genauer bestimmen, bei denen die Ausprägung von sekundären Geschlechtsmerkmalen (Körpergröße, Ornamenten etc.) von Jahr zu Jahr zunimmt, wie das etwa bei Hirschen oder verschiedenen Hornträgern der Fall ist (Abb. 7.7). Das Alter größerer Herbivoren lässt sich auch aus dem Abnutzungsgrad ihrer Zähne erschließen, was die Möglichkeit ergibt, anhand von erlegten Tieren die Alterszusammensetzung einer Population zu rekonstruieren, solange der Abschuss altersunabhängig erfolgt.

Populationsmerkmale und life histories
Dass sich die verschiedenen *life histories* auf einer Achse von «schnell» zu «langsam» einordnen lassen, war wiederholt ein Thema in Kapitel 4. Wesentliche, die Geschwindigkeit bestimmende Elemente sind – jetzt im demografischen Vokabular – Fekundität und Überlebens- respektive Mortalitätsraten. Im Allgemeinen geht höhere Fekundität mit geringerer Überlebenswahrscheinlichkeit einher (Kap. 4.4). Grundsätzlich sinkt die Geschwindigkeit der *life history* mit zunehmender Körpergröße; die Achse «schnell-langsam» läuft also parallel zu «klein-groß», wenn auch mit phylogenetisch gesteuerten Unterschieden. Das bedeutet, dass größere Arten in der Regel geringere Fekundität, höhere Überlebensraten und somit längere Generationen- und Lebensdauern besitzen (Gaillard et al. 2005; Dobson & Oli 2007). Zudem setzt bei ihnen das Altern *(senescence)*, ausgedrückt als Abnahme der Fekundität oder der Überlebensraten, später ein (Jones H. P. et al. 2008).

Rund um diese einfache Beziehung gibt es erwartungsgemäß eine große, oft phylogenetisch bedingte Variation, die letztlich aber auf die Lebensstile und die zugrunde liegenden ökologischen Bedingungen zurückgeht. Beispielsweise haben Vögel, auf die Körpergröße normiert, langsamere *life histories* als Säugetiere. Unter den Säugetieren zeichnen sich nebst den Primaten und Elefanten vor allem die Fledermäuse durch Langsamkeit aus (Gaillard et al. 1989; Dobson & Oli 2008). Man interpretiert dies bezüglich der Vögel und Fledermäuse gemeinhin als Ausdruck eines niedrigeren Prädationsdrucks, den die fliegende Lebensweise mit sich bringt. Aus diesem Grund scheint bei Säugetieren auch das Leben auf Bäumen langsamere *life histories* zu fördern (Shattuck & Williams 2010). Der deutlichste Zusammenhang besteht aber mit physiologischen Strategien, namentlich dem Halten eines Winterschlafs. Winterschläfer genießen etwa 15 % höhere jährliche Überlebensraten als ähnliche Arten ohne Winterschlaf, was sich bei kleineren Arten von etwa 50 g Körpergewicht zu etwa 50 % höherer Lebenserwartung aufsummiert (Turbill et al. 2011). Der Westliche Fettschwanzmaki *(Cheirogaleus medius)*, eine kaum 250 g schwere Lemurenart mit regelmäßigem Trockenschlaf (Abb. 2.0), erreicht ein für Arten dieser Größe ungewöhnliches, maximales Lebensalter von gegen 30 Jahren (Blanco & Zehr 2015).

Die verlängerte Lebensspanne von Winterschläfern kompensiert die verminderte Möglichkeit zur Reproduktion innerhalb eines Jahreszyklus aufgrund der ausgedehnten Ruheperiode. Besonders deutlich tritt dies bei Bilchen (Gliridae) zutage. Der Siebenschläfer *(Glis glis)* pflanzt sich in Jahren mit guter Buchenmast, nicht hingegen in mastfreien Jahren fort. Beide Geschlechter unterliegen in Reproduktionsjahren einer höheren Mortalität, genießen in den Ausfalljahren aber eine sehr hohe Überlebenswahrscheinlichkeit (Pilastro et al. 2003; Ruf et al. 2006). Grund dafür scheint die Strategie der Feindvermeidung in Form eines langen Winterschlafs in sicheren Bauten zu sein. In Ausfalljahren von Mast und Reproduktion kann der Winterschlaf auch im Sommer stattfinden und daher über 11 Monate andauern (Bieber & Ruf 2009; Hoelzl et al. 2015). Diese Strategie führt in Gebieten mit seltenen Mastereignissen zu einer für diese kleinen Nager hohen Lebenserwartung von 9–12 Jahren (Pilastro et al. 2003; Ruf et al. 2006).

Auch bei Vögeln lassen sich die Auswirkungen unterschiedlicher Mortalitätsraten durch Prädation und andere Ursachen auf die Geschwindigkeit der *life history* erkennen. Die in Kapitel 4.4 beschriebenen geringeren Gelegegrößen bei tropischen Vögeln im Vergleich zu jenen nahe verwandter Arten gemäßigter Breiten sind Ausdruck höherer Überlebensraten der Adulten in den Tropen. In deren Genuss kommen offenbar auch die Überwinterer aus gemäßigten Breiten, denn Langstreckenzieher (Kap. 6.4) weisen eine geringere Fekundität auf als nahe verwandte Arten mit kürzeren Zugwegen (Bruderer & Salewski 2009). Zwar haben Untersuchungen gezeigt, dass die Mortalitätsrate während des Zuges um ein Mehrfaches höher ist als während der stationären Phasen (Abb. 7.5), doch ist insgesamt der Verbleib in kälteren Zonen offensichtlich mit höherem Mortalitätsrisiko verbunden als Langstreckenzug. Allerdings haben europäische Vögel, die in Afrika südlich der Sahara überwintern, in jüngster Zeit stärkere Populationsrückgänge durchgemacht als mehr sedentäre Arten, was teilweise auf ansteigende Sterblichkeit im Winterquartier zurückgeführt wird (Vickery et al. 2014; s. auch Kap. 7.5).

Innerhalb einer Art sind Fekundität und Überlebensraten alters- und teilweise auch geschlechtsabhängig. Typischerweise sind sie in den jüngsten Altersklassen niedriger, steigen schnell auf ein Maximum und sinken dann ab.

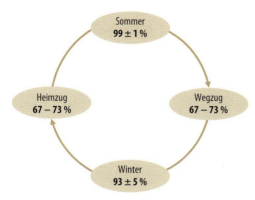

Abb. 7.5 Blaurücken-Waldsänger *(Setophaga caerulescens)* erfreuen sich sowohl in ihrem nordamerikanischen Brutgebiet als auch im Winterquartier in Jamaica hoher Überlebensraten, die 99 % über die Brutzeit (Mai bis August) und 93 % über den Winter (Oktober bis März) erreichen. Die Überlebensrate während der Zugzeit (6 Wochen) beträgt 67–73 %, was — auf gleich lange Zeitdauern bezogen — eine um das 15-Fache höhere Sterblichkeit ergibt als das Mittel für die sedentären Perioden (Abbildung neu gezeichnet nach Sillett & Holmes 2002). Bei Greifvögeln wurde während des Zugs eine 6-mal höhere Mortalitätsrate ermittelt (Klaassen R. H. G. et al. 2014).

Für die Fekundität ergibt sich bei langlebigen Säugetierarten eine leicht linkssteile Kurve, weil die Zunahme etwas schneller als die Abnahme erfolgt und diese sich im Alter sogar noch etwas abschwächt (Gage 2001). Auch Überlebensraten sind normalerweise in den jüngsten Altersklassen niedriger, erreichen bald ein Maximum und nehmen dann langsam, mit zunehmendem Lebensalter jedoch schneller ab. Die Kurvenformen unterscheiden sich zwischen Arten mit schneller und langsamer *life history*. Bei Sperlingsvögeln, also im Mittel relativ kurzlebigen Arten, findet die höchste Mortalität in den ersten drei Wochen nach dem Ausfliegen statt, was je nach Art zu Überlebensraten in dieser Periode von 0,23 bis 0,87 führt (Cox W. A. et al. 2014). Die Phase hoher Jugendmortalität kann aber auf diese Zeit begrenzt bleiben, denn bei Rauchschwalben *(Hirundo rustica)* fand man, dass sich die Überlebensraten der Jungvögel bereits zur Zeit des Wegzugs jenen der Altvögel angeglichen hatten (Grüebler et al. 2014). Die bereits mehrfach erwähnte langsamere *life history* tropischer Sperlingsvögel im Vergleich zu jener der Verwandten gemäßigter Zonen macht sich bereits nach dem Ausfliegen mit höheren Überlebensraten bemerkbar (Tarwater et al. 2011); bei adulten Sperlingsvögeln liegen die jährlichen scheinbaren Überlebensraten in den Subtropen und Tropen bei mindestens 0,6, in gemäßigten Gebieten der Holarktis im Mittel bei 0,53 (Tarwater et al. 2011; Blake & Loiselle 2013; Stevens M. C. et al. 2013).

Während bei den Vögeln meistens die Männchen das langlebigere Geschlecht sind, erreichen bei den Säugetieren Weibchen im Allgemeinen höhere Lebensalter. Einer der proximaten Gründe — geringere Investition der Männchen in die Immunabwehr — kommt in Kapitel 10.2 zur Sprache. Eine ultimate, evolutionsbiologische Erklärung fußt auf den Paarungssystemen. Da eine Mehrheit der Säugetierarten polygyn ist und den Männchen damit nur eine kurze Zeitspanne zur erfolgreichen Reproduktion zur Verfügung steht (Kap. 4.8), sollten sie in diese investieren und nicht wie die Weibchen in eine lange Lebensdauer. Bei den mehrheitlich monogamen Vögeln fällt dieser Druck weg (Clutton-Brock & Isvaran 2007).

Manche großen Säugetiere können sich dabei über längere Zeit konstant hoher oder sogar noch leicht zunehmender Überlebensraten erfreuen. Die jährliche Überlebenswahrscheinlichkeit von Nördlichen See-Elefanten *(Mi-*

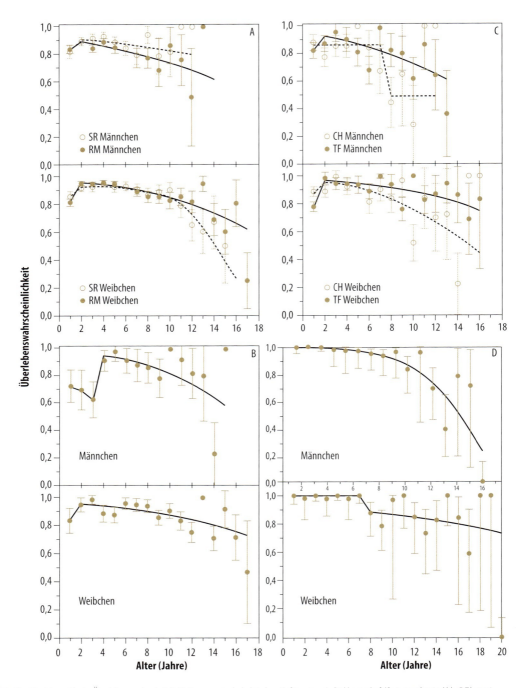

Abb. 7.6 Geschlechtsspezifische Überlebenswahrscheinlichkeiten von vier holarktischen Huftierarten. A: Dickhornschaf *(Ovis canadensis;* Abb. 5.7), zwei Populationen, Kanada; B: Pyrenäengämse *(Rupicapra pyrenaica),* Frankreich; C: Reh *(Capreolus capreolus),* zwei Populationen; D: Alpensteinbock, Frankreich. Neben artbedingten Unterschieden in den Verlaufsmustern (s. Text) erkennt man auch regionale Einflüsse; die Unregelmäßigkeiten in den ältesten Kohorten sind hingegen durch geringe Stichprobengrößen bedingte Zufälligkeiten (Abbildung neu gezeichnet nach Loison et al. 1999, A–C, und Toïgo et al. 2007, D).

7.1 Populationen und ihre Kennwerte

rounga angustirostris, Abb. 6.3*)* liegt bei Weibchen über Jahre um 80–90 % und erreicht das Maximum im Alter von 16 Jahren, bei Männchen betragen die entsprechenden Werte 65–70 % und 13 Jahre (Condit et al. 2014). Bei Hawaii-Mönchsrobben *(Monachus schauinslandi)* nehmen die Überlebensraten sogar bei beiden Geschlechtern erst ab etwa 18 Jahren wieder leicht ab (Baker J. D. & Thompson 2007). Huftiere werden meist etwas weniger alt, und die Überlebensraten beginnen viel früher wieder zu sinken, stärker bei Männchen als bei Weibchen. Der Vergleich einiger gut untersuchter Arten aus gemäßigten Zonen liefert ein anschauliches Beispiel für Unterschiede in den *life histories:* Im Vergleich zu andern Arten mit untereinander ähnlichem Muster (Abb. 7.6a–c) weicht der Alpensteinbock *(Capra ibex)* ab, indem er eine deutlich langsamere Life-History-Strategie entwickelt hat, die mit verzögertem Körperwachstum bei gleichzeitig höherer Überlebenswahrscheinlichkeit verbunden ist. Diese ist besonders bei den jüngsten Kohorten (0–3 Jahre) außergewöhnlich hoch (Abb. 7.6d; Toïgo et al. 2007). Solche Eigenheiten müssen berücksichtigt werden, wenn eine Art jagdlich genutzt wird (Abb. 7.7).

Schweine (Suidae) weichen hingegen in die andere Richtung vom Huftiermuster ab. Das Wildschwein *(Sus scrofa)* ist für seine Größe ungewöhnlich fekund (mittlere Wurfgrößen 4–6, maximal >10, im Vergleich zu 1–3 bei ähnlich großen anderen Huftieren) und weist, was hingegen für Arten mit hoher Fekundität ungewöhnlich ist, einen ausgeprägten Geschlechtsdimorphismus auf. Damit einher geht eine weitgehend konstante, altersunabhängige Überlebensrate, die sich nur bei Männchen zwischen Jährlingen und Adulten leicht unterscheidet (Focardi et al. 2008). Ein solches Muster ist sonst für kleinere Arten mit schneller *life history*, wie Nagetiere, Insektenfresser und andere, typisch. Aber auch bei diesen gibt es Abweichungen von der Regel. Eine davon sind die bereits in Kapitel 4.5 erwähnten Sumpfmeerschweinchen *(Cavia magna).* Diese folgen einerseits einer langsamen *life history,* indem sie

Abb. 7.7 Da sich der Alpensteinbock durch langsameres Wachstum von anderen polygynen Huftieren unterscheidet, erreichen Männchen ihr höchstes Reproduktionspotenzial in höherem Alter als andere Arten. Dieser Bock ist etwa 11- bis 13-jährig (Altersbestimmung durch Zählen von «Jahrringen» auf der Hinterseite der Hörner, nicht der Wülste) und gehört wohl noch immer zu den dominanten Individuen (Willisch et al. 2012). Hirsche oder andere Hornträger wären in diesem Alter nicht mehr in der Prime-Age-Altersgruppe, sondern bereits «alternd» (*senescent*) und von der Reproduktion ausgeschlossen. Sie könnten deshalb ohne negative Konsequenzen für das Reproduktionsgefüge auf der Jagd erlegt werden. Bei der Jagdplanung ist es also wichtig, nicht ohne Kenntnis der Life-History-Strategie von der einen Art auf die andere zu schließen.

nach langen Tragzeiten eine geringe Zahl von Jungen werfen, die bei der Geburt weit entwickelt sind und für Jungtiere verhältnismäßig niedriger Mortalität ausgesetzt sind. Andererseits weisen sie mit früher Geschlechtsreife, relativ hoher Adultmortalität und kurzen Lebensspannen Merkmale einer schnellen Strategie auf, sodass die monatlichen Überlebensraten bei Jung- und Alttieren ähnlich sind (Kraus et al. 2005).

Zeitpunkt und Ursachen von Mortalität
Bei vielen Vögeln und Säugetieren stirbt ein hoher Anteil bereits in frühester Jugend. Singvögel verlieren weltweit etwa 60 % ihrer Nester, was zu etwa 70–90 % auf Prädatoren zurückzuführen ist (Remeš et al. 2012). Auch Individuen, die diese Phase überstanden haben, erreichen in den wenigsten Fällen die physiologisch mögliche Lebensspanne; meistens tritt der Tod früher ein. Häufige Ursachen sind Verhungern, Prädation, Unfälle, Krankheiten und die Vielfalt anthropogener Einwirkungen. Insgesamt sind die Todesursachen äußerst vielfältig und variieren mit der Art und ihrem Lebensstil, dem Alter und Geschlecht des Individuums sowie in Raum und Zeit. Deshalb sollen hier nur einige wenige allgemein gültige Prinzipien erörtert werden.

Egal, ob die höhere Jugendsterblichkeit sich auf kurze Zeit nach dem Ende der elterlichen Betreuung beschränkt wie im weiter oben erwähnten Beispiel der Rauchschwalbe oder bei langlebigeren Arten noch länger anhält, die unmittelbare Ursache ist häufig dieselbe: Ineffizienz bei der Nahrungssuche durch mangelnde Erfahrung führt zum Verhungern von Jungtieren. Besonders ist das der Fall, wenn sie anspruchsvolle Techniken des Beuteerwerbs erlernen und üben müssen. Junge Krähenscharben *(Phalacrocorax aristotelis)* verwenden täglich etwa 3 Stunden mehr für den Fischfang als adulte Vögel, solange die Tageslänge das zulässt; die Mortalität setzt dann etwas zeitverzögert nach den kürzesten Tagen ein und ist 5-mal höher als bei den Altvögeln (Daunt et al. 2007). Auch bei Katzenartigen und anderen größeren Prädatoren ist Verhungern von nicht geschlechtsreifen Individuen eine wichtige Todesursache, während für Adulte eher intraspezifische Auseinandersetzungen zur Reproduktionszeit als Todesursache von Bedeutung sind. Verhungern trifft auch Herbivore, wenn auch nicht als Folge von ungeübter Nahrungssuche, sondern von wetterbedingtem Nahrungsmangel, zum Beispiel bei Trockenperioden oder in schneereichen Wintern.

Im Allgemeinen ist die häufigste natürliche Todesursache von Herbivoren jedoch Prädation, vor allem bei Jungtieren. Generell hängt die Bedeutung der Prädation von der Häufigkeit der Prädatoren und der Zusammensetzung und Artenzahl der für das Beutetier relevanten Prädatorengemeinschaft ab (Griffin K. A. et al. 2011). Weil das Größenspektrum der Beutetiere von großen Prädatoren viel breiter ist als von kleinen Prädatoren, sind kleine Herbivore mit mehr Prädatoren konfrontiert als große Herbivore. Die Wichtigkeit der Prädation nimmt deshalb mit zunehmender Körpergröße des Herbivoren ab (Jędrzejewski et al. 1993; Sinclair et al. 2003; Collins & Kays 2011). Für die allergrößten Pflanzenfresser spielen Prädatoren praktisch keine Rolle mehr (Abb. 7.8).

In vielen Gebieten der Erde stehen heute jedoch anthropogene Ursachen an erster Stelle, vor allem bei größeren Arten. Bei 27 diesbezüglich mit Radiotelemetrie untersuchten mittelgroßen bis großen Säugetierarten Nordameri-

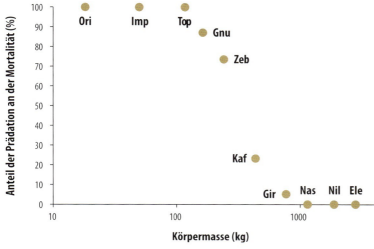

Abb. 7.8 Der Anteil der Prädation als Todesursache von Herbivoren in der Serengeti, N-Tansania, sinkt von 100 % bei den kleineren Antilopen auf 0 % bei Megaherbivoren (>1 000 kg Körpergewicht). Die Beziehung ist nicht linear; bei einer Schwellengröße von ungefähr 150 kg löst Nahrungsmangel die Prädation als wichtigste Todesursache ab. Bei adulten Giraffen *(Giraffa camelopardalis;* rechts) mit einem Körpergewicht von 700–1 100 kg sind noch 5 % der Todesfälle auf Prädation zurückzuführen (alle durch Löwen, *Panthera leo).* Ori: Oribi *(Ourebia ourebi),* Imp: Impala *(Aepyceros melampus),* Top: Topi *(Damaliscus lunatus,* s. Abb. 4.31), Gnu: Weißbartgnu *(Connochaetes taurinus),* Zeb: Steppenzebra *(Equus quagga),* Kaf: Kaffernbüffel *(Syncerus caffer),* Gir: Giraffe, Nas: Spitzmaulnashorn *(Diceros bicornis),* Nil: Nilpferd *(Hippopotamus amphibius),* Ele: Savannenelefant *(Loxodonta africana)* (Abbildung neu gezeichnet nach Sinclair et al. 2003).

kas verursachte der Mensch 52 % der Todesfälle, gegenüber 48 % mit natürlichen Ursachen. Bei den anthropogenen Ursachen stand die legale Jagd an erster Stelle (58 %), bei den natürlichen die Prädation (73 %); beide waren damit häufiger als alle anderen Gründe zusammen. Aber selbst bei Populationen unter Jagdschutz verursachte der Mensch noch immer 35 % aller Mortalität, etwa über den Straßenverkehr (Collins & Kays 2011). Für Vögel gibt es eine Schätzung der Zusammensetzung aller anthropogenen Todesursachen in Kanada: 72 % gingen auf das Konto von Hauskatzen, während Kollisionen mit Stromleitungen, Häusern und Fahrzeugen für 23 % der anthropogenen Mortalität verantwortlich waren (Calvert et al. 2013).

Altersverteilung und Geschlechterverhältnis

Alters- und geschlechtsspezifische Mortalitätsraten führen in einer Population zu einer charakteristischen Häufigkeitsverteilung, die sich als Alterspyramide grafisch darstellen lässt, was häufig für menschliche Populationen geschieht (Abb. 7.9). Solche Pyramiden erlauben eine schnelle Übersicht über altersabhängige Unterschiede in den Geschlechteranteilen (angezeigt durch Abweichungen von der Rechts-links-Symmetrie) sowie der allgemeinen Altersstruktur und sind vor allem für Vergleiche zwischen Populationen instruktiv.

Die regelmäßige Form der Pyramiden in Abbildung 7.9 ist allgemein für große Populationen typisch, die geringe

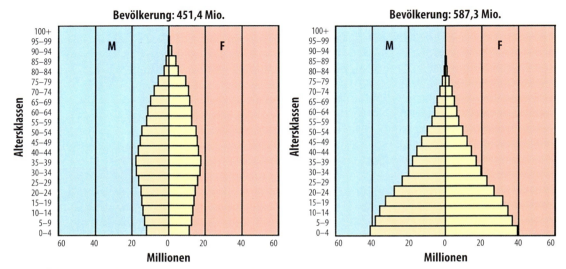

Abb. 7.9 Alterspyramiden für die menschliche Bevölkerung (M: Männer, F: Frauen) von 25 europäischen Staaten (links) und 25 Staaten des Nahen und Mittleren Ostens sowie Nordafrikas (rechts) für das Jahr 2000. Die Pyramide links zeigt eine Bevölkerung mit hohem Durchschnittsalter und geringer Fekundität mit stagnierendem oder sogar negativem Wachstum, jene rechts eine im Durchschnitt junge Bevölkerung mit starkem Wachstum (nach Cohen 2003) (Abdruck mit freundlicher Genehmigung von *Science*, © Science).

Abweichung von der Geschlechtssymmetrie eher für menschliche Populationen. Bei Tieren kann die Ungleichheit in höheren Altersklassen stärker sein, besonders bei polygynen Säugetieren mit höherer Sterblichkeit der Männchen. Wenn es aber zu Abweichungen von der Norm beim Geschlechterverhältnis kommt, kann dies die Fekundität senken. Oft wird der Männchenanteil in Huftierpopulationen durch überproportionale Bejagung der Männchen über die Norm hinaus verkleinert. Zunächst bleibt das insofern ohne Folgen, als auch wenige polygyne Männchen die Weibchen befruchten können. Oft sinkt bei hohem Weibchenüberhang jedoch der Anteil der jungen Weibchen, die zur Reproduktion kommen, und die Synchronisierung der Fortpflanzung kann gestört sein, wenn unter den verbleibenden Männchen zu wenig ältere Individuen vorhanden sind (Mysterud et al. 2002; Solberg et al. 2002). Sinkt der Männchenanteil jedoch unter eine bestimmte Grenze, kann das Reproduktionssystem zusammenbrechen (Abb. 7.10).

Extreme Verzerrungen oder unregelmäßige Formen der Alterspyramide kommen oft bei kleinen Populationen bedrohter Arten vor, was über Rückkoppelungen die Fekundität erst recht senken kann. In einem kleinen Bestand des Spanischen Kaiseradlers (*Aquila adalberti*), der durch Vergiftungen hohe Adultmortalität erlitt und zurückging, nahm der Anteil junger Individuen an den Brutvögeln zu. Paare mit einem jungen Partner hatten geringeren Bruterfolg und produzierten wesentlich mehr männliche als weibliche Küken (im Maximum über 80 % Männchenanteil), was die Fekundität in der Population weiter negativ beeinflusste. Durch Schutzmaßnahmen, welche die hohe Sterblichkeit der Altvögel auf Normalwerte zurückführte, konnten diese Effekte zum Verschwinden gebracht werden (Ferrer et al. 2009, 2013).

7.2 Demografie

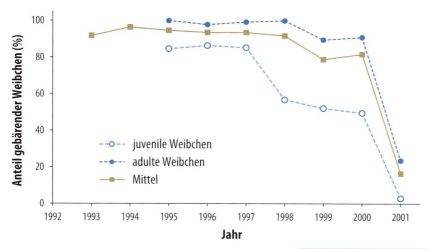

Abb. 7.10 In einer Population der harembildenden Saigaantilope *(Saiga tatarica)* Zentralasiens wurden die Männchen für ihre Hörner derart gewildert, dass der Anteil adulter Männchen auf unter 2,5 % fiel (normalerweise betrug er 20 %). Der Prozentsatz gebärender Weibchen sank daraufhin von fast 100 % auf etwa 20 %; einjährige Weibchen reproduzierten gar nicht mehr, da sie von dominanten Weibchen am Zugang zu den wenigen Männchen gehindert wurden (Abbildung neu gezeichnet nach Milner-Gulland et al. 2003).

7.2 Demografie

Streng genommen haben wir uns schon im vorhergehenden Kapitel mit Aspekten der Demografie auseinandergesetzt, denn die Populationsmerkmale sind ja nichts anderes als demografische Kennwerte. Bringt man sie zusammen, so lässt sich berechnen, wie sich die Größe einer Population verändert. Aber was sind in einem gegebenen Fall die entscheidenden Parameter? Ist zum Beispiel der Rückgang verschiedener Albatrosse eine Folge von zu hoher Sterblichkeit der Adulten aufgrund der Hochseefischerei, oder sind die Fortpflanzungsraten der Vögel zu niedrig, sodass eher Maßnahmen zu ihrer Erhöhung angezeigt wären? Wir benötigen also eine Form der Beschreibung (= -grafie), die den Verlauf dieser Kennwerte in einer Population darstellt.

Klassischerweise fußen entsprechende Berechnungen auf der Konstruktion von **Sterbetafeln** *(life table*, heute auch auf Deutsch oft als Lebenstafel bezeichnet), die vornehmlich für den Menschen entwickelt wurden und in der Versicherungsmathematik eine wichtige Rolle spielen. Beim Menschen sind demografische Daten seit Langem in hohem Umfang und großer Genauigkeit vorhanden, während sie zu Wildtieren viel spärlicher sind und nur in seltenen Fällen erlauben, Sterbetafeln zu konstruieren. Bei Wildtieren ist man meist darauf angewiesen, demografische Parameter aus verschiedenen Datenquellen zu schätzen, etwa aus Fang- und Markierprojekten, Untersuchungen an erlegten Tieren oder reproduktionsbiologischen Feldstudien.

Mit diesen Parametern kann man ein **Populationsmodell** in Form einer Projektionsmatrix *(matrix projection model)* erstellen (Lebreton et al. 1992). Solche Modelle werden meist in der Form von Leslie-Matrizen errichtet (Caswell 2001). Daraus lassen sich die aus Lebenstafeln erhobenen Statistiken ebenfalls und meist eleganter berechnen, was beispielsweise in Case (2000) anschaulich gezeigt wird. Deshalb werden demografische und populationsdynamische Analysen von Wildtieren heute fast ausschließlich anhand solcher Populationsmodelle vorgenommen.

Populationsmodelle
Zunächst interessieren uns die Überlebens- respektive die Mortalitätsraten. Zu ihrer Schätzung stehen verschiedene Modelle zur Verfügung, je nach Art der vorhandenen Daten. Sind die Schicksale aller Individuen bekannt, was etwa bei radiotelemetrischen Studien der Fall sein kann, so kommen Known-Fate-Modelle zur Anwendung. Kennt man die sicher Überlebenden, so stehen Capture-Mark-Recapture-Modelle (CMR-Modelle), etwa nach *Cormack-Jolly-Seber* zur Verfügung. Umgekehrt weisen Ringfunde von Vögeln oder anderen Tiergruppen die Todesfälle aus. Mithilfe von den CMR-verwandten Modellen kann man aus diesen Mortalitätsraten schätzen, wobei variable Fundwahrscheinlichkeiten in Betracht gezogen werden müssen (Kéry & Schaub 2012; s. dazu die Informationen in Box 7.1).

Von Immigration und Emigration einmal abgesehen, verändert sich eine Population aber nicht nur aufgrund der Todesfälle, sondern auch über die Geburtenraten. Beide, Überlebens-/Mortalitäts- und Geburtenraten, variieren stark über die Geschlechts- und Altersklassen einer Population und zusätzlich sowohl unter dem Einfluss deterministischer Faktoren (etwa sich ändernder Prädationsraten; Kap. 9) als auch zufälliger demografischer Einflüsse, etwa bei kleinen Populationen. Berechnungen mithilfe der genannten Projektionsmodelle gehen damit viel einfacher um als solche, die auf Sterbetafeln basieren. Letztere sind zudem darauf angewiesen, dass sämtliche Individuen jeder Altersklasse bekannt sind, was einer bei Wildtieren unrealistischen perfekten Entdeckungswahrscheinlichkeit entspricht (Mills 2013). Wenn im Folgenden trotzdem der Aufbau der Sterbetafeln und einige daraus abgeleitete Analysen vorgestellt werden, so hat dies damit zu tun, dass sich mit ihrer Hilfe die grundlegenden demografischen Parameter anschaulich illustrieren lassen. Für die in der Praxis angewandten Berechnungsmethoden mithilfe der Projektionsmatrizen sei auf die am Ende des Kapitels aufgelistete weiterführende Literatur verwiesen.

Sterbetafeln
Sterbetafeln beschreiben den altersspezifischen Sterblichkeitsverlauf einer Population. Das Beispiel in Tabelle 7.1 ist eine Kohorten-Sterbetafel *(horizontal life table)* und verfolgt den Sterblichkeitsverlauf eines Geburtsjahrgangs über seine maximale Lebensdauer, das heißt, bis das letzte Individuum gestorben ist. Wenn sich der Mortalitätsverlauf zwischen den Geschlechtern unterscheidet, ist es sinnvoll, Männchen und Weibchen gesondert zu behandeln. Beispiele für unterschiedliche Verläufe in der Sterblichkeit der Geschlechter haben wir bereits in Abbildung 7.6 für Huftiere kennengelernt; für den Menschen lassen sich solche aus Abbildung 7.9 herauslesen.

Betrachten wir Tabelle 7.1, so fällt schnell auf, dass die gesamte Informa-

7.2 Demografie

Tab. 7.1 Sterbetafel für eine Population von Kaffernbüffeln *(Syncerus caffer)*, die anhand von Schädelfunden rekonstruiert wurde (nach Fryxell et al. 2014).

Alter in Jahren	Anzahl Lebende	Anzahl Todesfälle	Überlebens-wahrschein-lichkeit	Mortalitäts-rate	Lebenserwar-tung in Jahren	erwartetes Lebensalter
x	n_x	d_x	l_x	q_x	e_x	
0	1000	485	1,000	0,485	4,4	4,4
1	515	129	0,515	0,251	7,0	8,0
2	386	4	0,386	0,010	8,2	10,2
3	382	11	0,382	0,029	7,2	10,2
4	371	11	0,371	0,030	6,4	10,4
5	360	13	0,360	0,036	5,6	10,6
6	347	38	0,347	0,109	4,8	10,8
7	309	36	0,309	0,116	4,3	11,3
8	273	42	0,273	0,154	3,9	11,9
9	231	36	0,231	0,156	3,5	12,5
10	195	32	0,195	0,164	3,0	13,0
11	163	34	0,163	0,209	2,5	13,5
12	129	38	0,129	0,295	2,0	14,0
13	91	32	0,091	0,352	1,7	14,7
14	59	29	0,059	0,492	1,3	15,3
15	30	17	0,030	0,567	1,1	16,1
16	13	10	0,013	0,769	0,9	16,9
17	3	2	0,003	0,667	1,2	18,2
18	1	0	0,001	0,000	1,5	19,5
19	1	1	0,001	1,000	0,5	19,5
20	0	-	0,000	-	-	-

tion bereits in der ersten Datenkolonne (n_x) enthalten ist. Diese listet auf, wie viele der im Jahr Null geborenen Individuen in den Folgejahren noch am Leben sind. Wie bereits erwähnt, sind diese Daten für eine Wildtierpopulation normalerweise kaum vollständig beizubringen. Die ermittelte Startpopulation n_0 wird häufig auf eine runde Zahl wie 1000 oder 100 000 (beim Menschen) extrapoliert. Alle übrigen Kolonnen enthalten lediglich von n_x rechnerisch abgeleitete Werte. Die Überlebenswahrscheinlichkeit l_x bezieht sich auf die Wahrscheinlichkeit, ab Geburt das Alter x zu erreichen, die Mortalitätsrate q_x hingegen auf die Sterbewahrscheinlichkeit im entsprechenden (Jahres-) Intervall. Es gilt also:

$$n_{x+1} = n_x - d_x \quad (7.2)$$
$$l_x = (n_x / n_0) \quad (7.3)$$
$$q_x = (d_x / n_x) \quad (7.4)$$

Die Lebenserwartung e_x ist die mittlere Anzahl Jahre, die ein Individuum des Alters x noch zu leben hat. Sie errechnet sich grundsätzlich als die Summe der Individuen vom Alter x bis Alter n, das heißt dem letzten Jahr mit Überlebenden, dividiert durch die Zahl der Individuen mit Alter x. Zudem wird noch mit $-0{,}5x$ korrigiert, weil die Individuen nicht alle am Ende eines Intervalls sterben, sondern verteilt über das Intervall:

$$e_x = (\sum_{i=x}^{n} n_i)/n_x - 0{,}5x \qquad (7.5)$$

Ein Kaffernbüffel aus der Population gemäß Tabelle 7.1 kann also bei Geburt erwarten, 4,4 Jahre alt zu werden. Im Alter von 3 Jahren hat er dann eine Lebenserwartung von (weiteren) 7,2 Jahren, das heißt, er wird im Mittel 10,2 Jahre alt. Weil die Mortalitätsrate bei den jüngsten Individuen in der Regel hoch ist und dann sinkt, steigt zunächst die Lebenserwartung, um mit der Zunahme der Sterblichkeit in höherem Alter wieder zu sinken. Das im Mittel absolut zu erwartende Lebensalter steigt aber weiterhin an.

Je nach Tiergruppe kann der Verlauf der Mortalitäts- und Überlebensraten über die Altersklassen ein charakteristisches Muster annehmen (Kap. 7.1). In Abbildung 7.6 wurden die jährlichen Überlebensraten $(1 - q_x)$ der Huftiere gegen das Alter x aufgetragen. Anstelle der Überlebensrate verwendet man oft die Zahl der Überlebenden n_x. Die resultierenden Überlebenskurven lassen sich, stark vereinfacht, drei Typen zuweisen (Abb. 7.11).

Abgesehen vom Problem, dass es bei Wildtieren meist unmöglich ist, alle Individuen einer Kohorte von der Geburt bis zum Tod zu verfolgen, müssen weitere Einschränkungen beachtet werden. Zum Beispiel bleibt bei langlebigen Arten wie dem Kaffernbüffel die Populationsgröße über eine Generationendauer nicht stabil. In diesem Fall sind die Werte zu korrigieren (Fryxell et al. 2014). Eine weitere Schwierigkeit tritt auf wenn sich die altersspezifischen Überlebensraten über die Zeit verändern, was etwa beim Menschen ausgesprochen der Fall ist. Versicherungen verwenden deshalb meist Perioden-Sterbetafeln *(static/ vertical life table)*, die auf der Häufigkeit der Personen in den verschiedenen Kohorten zu einem bestimmten Zeitpunkt beruhen, oder Generationensterbetafeln, die zusätzlich die durch den Geburtsjahrgang bestimmte steigende Lebenserwartung berücksichtigen (Weiteres dazu bei Case 2000; Neal 2004; Krebs C. J. 2009; Fryxell et al. 2014).

Abb. 7.11 Drei Typen von Überlebenskurven. Beachte, dass die x-Achse logarithmiert ist und dass die y-Achse keine Einteilung enthält, weil die absoluten Lebensspannen je nach Tierart differieren. Typ 1 mit lange gleichbleibend hoher und erst im Alter schnell absinkender Überlebensrate ist für den Menschen und andere Primaten typisch. Typ 2 kommt angenähert bei manchen Vögeln vor; für die meisten Vögel und Säugetiere kombinieren die Kurven aber Elemente aller Typen und zeigen aufgrund der erhöhten Jugendmortalität keine ganz lineare Form. Typ 3 ist charakteristisch für Arten, die keine Brutpflege betreiben und hohe Mortalitätsraten der Neugeborenen in Kauf nehmen (manche Wirbellose und viele Fische, Krokodile oder Meeresschildkröten).

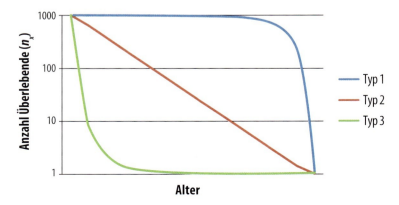

7.2 Demografie

Altersspezifische Reproduktion und Populationswachstum

Oft ist man nicht nur an Mortalitätsraten und Lebenserwartung interessiert, sondern auch daran, wie sich diese Parameter auf die Entwicklung der Populationsgröße auswirken. Die Daten werden deshalb mit Angaben zur Reproduktion ergänzt, das heißt mit dem Wert der Fekundität m_x, der häufig auch als b_x bezeichnet wird (Tab. 7.2). Wir erinnern uns (Kap. 7.1), dass Fekundität die Zahl der Neugeborenen pro Individuum einer Kohorte bedeutet. Falls sich die Werte nur auf Weibchen beziehen, wird bei der Fekundität ebenfalls nur der weibliche Nachwuchs berücksichtigt. Tatsächlich betrachten

Tab. 7.2 Die Werte für die Überlebenswahrscheinlichkeit in einer Population des Kaffernbüffels aus Tab. 7.1 sind nun mit Werten zur Fekundität ergänzt; zudem wurde aus beiden das Produkt errechnet. Die Fekundität beruht auf Angaben von Sinclair (1974) und verschiedenen Handbüchern; die wichtigen zugrunde liegenden Kennzahlen sind Setzgröße (1,0), Frequenz (1 Junges pro 18–24 Monate, mit altersabhängiger Abnahme der Geburtsabstände) und Alter der ersten Fortpflanzung (4.–7. Altersjahr).

Alter (Jahre) x	Lebende (Individuen) n_x	Überlebenswahrscheinlichkeit l_x	Fekundität (Neugeborene) m_x	Produkt Fekundität × Überlebenswahrsch. $l_x m_x$
0	1000	1,000	0	0
1	515	0,515	0	0
2	386	0,386	0	0
3	382	0,382	0	0
4	371	0,371	0,15	0,056
5	360	0,360	0,18	0,065
6	347	0,347	0,35	0,121
7	309	0,309	0,37	0,114
8	273	0,273	0,37	0,101
9	231	0,231	0,37	0,085
10	195	0,195	0,37	0,072
11	163	0,163	0,38	0,062
12	129	0,129	0,38	0,049
13	91	0,091	0,39	0,035
14	59	0,059	0,39	0,023
15	30	0,030	0,38	0,011
16	13	0,013	0,35	0,005
17	3	0,003	0,32	0,001
18	1	0,001	0,30	0
19	1	0,001	0,30	0
20	0	0,000	0,00	0
				Summe = 0,802

Demografen in der Regel eine Wildtierpopulation als Weibchen, die weiblichen Nachwuchs produzieren.

Halten wir es ebenso, dann entnehmen wir der Tabelle 7.2 beispielsweise, dass 7- bis 16-jährige Kaffernbüffelweibchen sehr konstante Fekundität besitzen und pro Jahr im Mittel 0,35–0,38 weibliche Junge werfen. Multipliziert man die Werte für die Fekundität und die Überlebenswahrscheinlichkeit miteinander und summiert die Produkte über die ganze Lebensdauer dieser Generation, so erhält man in der Regel einen Wert um 1. Dieser bedeutet nichts anderes als die Anzahl weiblicher Jungtiere, welche die ganze Generation im Mittel pro Weibchen produziert hat, und wird als **Nettoreproduktionsrate** R_0 oder auch als Multiplikationsrate pro Generation bezeichnet. Es gilt also:

$$R_0 = \sum_0^\infty l_x m_x \qquad (7.6)$$

Dabei steht ∞ für das maximale Alter, das in der Generation erreicht wird.

Ist $R_0 = 1$, so verändert sich die Populationsgröße nicht, während sie bei $R_0 > 1$ anwächst und bei $R_0 < 1$ schrumpft. Ausgehend von einer **Populationsgröße** N_0, ergibt sich die Populationsgröße N zu Zeit t als:

$$N_t = N_0 R_0^t \qquad (7.7)$$

Die Veränderung verläuft also **exponentiell** (= geometrisch; Abb. 7.14). Auch die mittlere Generationendauer G lässt sich approximativ errechnen:

$$G_c = \sum l_x m_x x / \sum l_x m_x$$
$$= \sum l_x m_x x / R_0 \qquad (7.8)$$

Aus Tabelle 7.2 entnehmen wir für die Kaffernbüffel eine Nettoreproduktionsrate von 0,802: Auf ein Weibchen in Generation t kommen nur noch 0,802 Weibchen in Generation $t + 1$. Bei unveränderter Rate würde die Population nach fünf Generationen (t) von 1000 Individuen (N_0) auf 332 Individuen (N_t) abgenommen haben. Die mittlere Generationendauer, berechnet nach Formel 7.8, beträgt 8,4 Jahre, sodass sich der projizierte Rückgang über 42 Jahre erstrecken würde. Dass die demografischen Kennzahlen eine Abnahme ausweisen, kann im vorliegenden Fall sowohl reell als auch methodisch bedingt sein:

1. Möglicherweise stammen die Überlebensraten tatsächlich aus einer Population im Rückgang; die Fekunditätswerte sind jedoch solche aus stabilen Populationen.
2. Allenfalls sind die aus Funden von Schädeln beider Geschlechter abgeleiteten Überlebensraten für Weibchen allein etwas zu tief, denn in manchen Kaffernbüffelpopulationen stellt sich in den höheren Altersklassen ein deutlicher Weibchenüberschuss ein.
3. In Arten mit überlappenden Generationen wird mit der vorliegenden Berechnungsart das Wachstum einer Population generell etwas unterschätzt.

Die Fähigkeit einer Population zum exponentiellen Wachstum wird oft nach dem im frühen 19. Jahrhundert lehrenden britischen Ökonomen Thomas Robert Malthus (1766–1834) als Malthus'sches Wachstum oder als **intrinsische** Kapazität zum Wachstum bezeichnet, die maximale Zuwachsrate als Malthus'scher Parameter oder intrinsische Wachstumsrate (*intrinsic rate of increase*). Sie wird einerseits von der arteigenen (*innate*) Fekundität, Lebensdauer und der Entwicklungsgeschwindigkeit des Individuums, andererseits von den im gegebenen Gebiet herrschenden Bedingungen gesteuert. Bei einer derart wachsenden Population bleiben die Parameter l_x und m_x über längere Zeit konstant, und die Population nimmt eine **stabile Altersverteilung** an, das heißt, die Anteile der Altersklassen an der Gesamtpopulation bleiben ebenfalls konstant. Unter realen Bedingungen werden aber Schwankungen in den Umweltbedingungen die kohortenspezifische Mortalität und Fekundität und damit die Wachstumsrate beeinflussen (Weiteres dazu in Kap. 7.3). Bei Arten mit langsamen *life histories* ist die intrinsische Wachstumsrate generell niedrig, und die Populationen reagieren empfindlicher auf Änderungen in der Überlebensrate der Adulten als der Jungtiere (Owen-Smith & Mason 2005; Lawler 2011; Weiteres dazu in Kap. 7.6). Ungewöhnliche extrinsische Einflüsse wie eine anthropogen bedingte Erhöhung der Mortalität können solche Populationen schnell gefährden (Abb. 7.12).

Reproduktionswert
Die Kombination von kohortenspezifischer Überlebensrate und Fekundität in Form des Produkts $l_x m_x$ liefert uns auch die Information, wie viel ein bestimmtes Individuum für die Population «wert» ist, das heißt, wie viele Nachkommen es im Verlauf seines Lebens noch beisteuern wird. Dabei geht es nicht um die individuellen Qualitäten eines bestimmten Tiers, sondern allein um den erwarteten Beitrag als Vertreter seiner Altersklasse. Dieser Beitrag ist bei einem jungen Weibchen am Beginn seiner reproduktiven Phase höher als bei einem älteren Weibchen, das sich seinem Lebensende nähert, und wird als **Reproduktionswert** v_x *(reproductive value)* eines Individuums des Alters x

bezeichnet. Unter der Bedingung, dass die Populationsgröße konstant bleibt, gilt:

$$v_x = m_x + \sum_{t=x+1}^{w}(l_t/l_x)m_t \qquad (7.9)$$

Dabei steht w für das Alter der letzten Reproduktion. Der Reproduktionswert v_x summiert somit den gegenwärtigen Nachwuchs (im Alter x) und den zukünftigen pro Jahr, multipliziert mit der entsprechenden jährlichen Überlebenswahrscheinlichkeit. Da Jungtiere zunächst niedrige Überlebensraten haben können, ist ihr Reproduktionswert (trotz des maximalen, weil noch nicht ausgeschöpften m_t) oft kleiner als jener von jungen Adulten (Abb. 7.13). Der Reproduktionswert ist für Weibchen relativ einfach zu ermitteln, bei Männchen hingegen schwieriger, und ist etwa im Zusammenhang mit der Evolution von Merkmalen *(traits)* der *life history* bedeutsam: Die natürliche Selektion

Abb. 7.12 Flughunde (*Pteropus* sp.) sind große, fruchtfressende Fledermäuse der Tropen mit sehr langsamen *life histories*, also später Geschlechtsreife und geringer, nicht variabler Fekundität, die sie durch niedrige Adultmortalität und lange Lebensdauer (>20 Jahre) kompensieren. Der australische Brillenflughund (*P. conspicillatus*, Bild) hat innerhalb von 15 Jahren um 90 % in seinem Bestand abgenommen. Modellierungen zeigten, dass der Rückgang eine Folge erhöhter Mortalität vor allem der Weibchen war, die aus starker Verfolgung in den Obstplantagen resultierte (McIlwee & Martin 2002).

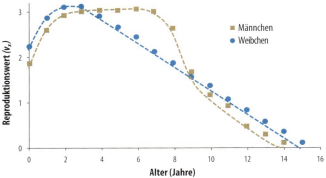

Abb. 7.13 Reproduktionswert der beiden Geschlechter in einer Population des Rothirsches *(Cervus elaphus)* auf der Insel Rhum, Schottland. Die lineare Abnahme des Reproduktionswerts bei den Weibchen ist für Arten typisch, die in gleichmäßigen Abständen eine konstante Zahl von Jungen (oft 1 pro Wurf) zur Welt bringen. Das länger andauernde Maximum der Männchen mit anschließend stärkerer Abnahme weist hingegen auf das polygyne Paarsystem hin, das den Männchen fast nur während der kurzen Zeit reproduktiver Dominanz (Kap. 4.8) erlaubt, sich fortzupflanzen (Abbildung neu gezeichnet nach Clutton-Brock et al. 1982). Viele Arten mit erhöhter Jugendsterblichkeit zeigen eine ähnliche Kurvenform wie die weiblichen Hirsche, wobei der Anstieg etwa bei Nagetieren noch stärker sein kann. Bei Greifvögeln, Meeresvögeln und anderen langlebigen Arten mit hoher Rekrutierungswahrscheinlichkeit besitzen bereits Einjährige den höchsten Reproduktionswert (Sæther B.-E. et al. 2013).

wirkt sich in Altersklassen mit hohem Reproduktionswert viel stärker aus als in solchen mit niedrigem, weil ein größerer Teil der zukünftigen Population betroffen ist. Dasselbe gilt für das Management: Eingriffe in Altersklassen mit hohem Reproduktionswert haben größere Auswirkungen auf die Populationsentwicklung als Eingriffe in Kohorten mit niedrigem Wert.

7.3 Populationswachstum

Die notwendige Fähigkeit von Populationen zum exponentiellen Anwachsen haben wir anhand der Nettoreproduktionsrate R_0 kennengelernt. Nun stehen uns zur Analyse von Bestandsveränderungen aber nur selten die ganzen demografischen Daten zur Verfügung. Weitaus einfacher ist es, die Rate der Veränderung einer Population direkt aus einer Zeitreihe von Zählwerten der Population zu errechnen, ohne uns mit den zugrunde liegenden demografischen Mechanismen zu beschäftigen.

Im Idealfall entspricht die dabei ermittelte Wachstumsrate dem intrinsischen (maximalen) Wachstum. Sofern die Altersverteilung konstant bleibt, lässt sich unter Anwendung dieser Rate die Populationsgröße in die Zukunft projizieren. Oft verändert sich aber die Altersverteilung (besonders ausgeprägt etwa bei der menschlichen Bevölkerung), und dann benötigt man wiederum die bereits genannten Modelle, die auf altersstrukturierten Matrixprojektionen aufbauen (Caswell 2001; kürzere Darstellungen etwa bei Mills 2013 oder Fryxell et al. 2014). Wir beschränken uns hier auf das Wachstum von Populationen unter konstanter Altersverteilung.

Mit konstanten Wachstumsraten ist aber auch nur dann zu rechnen, wenn die Größe der erreichten Population die weitere Zunahme nicht beeinflusst, das Wachstum also nicht **dichteabhängig** wird. In der realen Welt ist es jedoch üblich, dass eine zunächst unbeeinflusst wachsende Population später in dichteabhängiges Wachstum übergeht.

7.3 Populationswachstum

Deshalb behandeln wir hier beide Szenarien. Das Konzept der Dichteabhängigkeit ist in der Populationsökologie zentral (Herrando-Pérez et al. 2012a) und wird in Kapitel 7.4 weiter erläutert.

Dichteunabhängiges Wachstum
Geht es um einen Organismus mit **diskreten Generationen**, also etwa eine 1-jährige Art mit einer einzigen Fortpflanzungsperiode, dann produziert eine reproduktive Einheit R_0 Nachkommen, die selbst wieder brüten. Es gilt also:

$$N_{t+1} = R_0 N_t \quad (7.10)$$

Dabei bedeutet N_t die Größe der Population in der Generation t, N_{t+1} jene der nachfolgenden Generation. R_0 ist die Nettoreproduktionsrate pro Generation und identisch mit der gleichnamigen Variablen aus Kapitel 7.2. Damit hat auch die Gleichung 7.7 zum Populationswachstum hier Gültigkeit. Im Falle der 1-jährigen Art, bei der sich die Individuen einmal fortpflanzen, entspricht die Nettoreproduktionsrate pro Generation der jährlichen Zuwachsrate (λ in Box 7.2).

Populationen von Vögeln und Säugetieren haben mit wenigen Ausnahmen (s. Kap. 4.3) **überlappende Generationen** und oft ausgedehnte oder gar kontinuierliche Reproduktionsphasen. Deshalb ist es einfacher, ihr Wachstum mit Differenzialgleichungen zu beschreiben. Halten wir an der Voraussetzung fest, dass die Altersverteilung stabil bleibt und dass die Populationsgröße selbst das Wachstum nicht beeinflusst, so gilt weiterhin, dass eine Population der Größe N über die Zeit t exponentiell (=geometrisch) anwächst:

$$dN/dt = rN = (b - d) N$$
oder
$$dN/dtN = r = (b - d) \quad (7.11)$$

Dabei ist r die **momentane** *(instantaneous)* Pro-Kopf-Wachstumsrate; sie ist gleich der Differenz zwischen der momentanen Geburtenrate b und der momentanen Sterberate d und gilt für einen beliebig zu wählenden Zeitschritt t. In die Integralform umgeschrieben, erhalten wir:

$$N_t = N_0 e^{rt} \quad (7.12)$$

Dabei bezeichnet N_0 die Populationsgröße zu Zeit 0 und N_t jene zu Zeit t; e ist die Basis des natürlichen Logarithmus (2,71828). Interessiert es uns etwa, wie lange es dauert, bis sich die Population verdoppelt hat, so lässt sich das einfach berechnen:

$$N_t/N_0 = 2 = e^{rt} \quad (7.13)$$

respektive
$$\ln 2 = 0{,}69315 = rt \text{ oder } t = 0{,}69315/r \quad (7.14)$$

Eine Population, die mit einer jährlichen Wachstumsrate von $r = 0{,}03$ wächst (entspricht 3,05 % jährliche Zunahme; Box 7.2), verdoppelt sich innerhalb von 23,1 Jahren.

Im Prinzip können für alle Arten, unabhängig von der Generationenfolge, die Wachstumsraten für diskrete Zeitintervalle wie auch für kontinuierliches Pro-Kopf-Wachstum berechnet werden; die unterschiedlichen mathematischen Eigenschaften haben aber praktische Konsequenzen (Box 7.2).

Box 7.2 Exponentielles Wachstum: Berechnung in diskreten Zeitschritten oder besser als kontinuierliche Zunahme?

Da sich die meisten Vögel und Säugetiere in jährlichen Zeitintervallen fortpflanzen, ist es naheliegend, die Populationsgröße N von Jahr $t+1$ in Proportion zum Jahr t auszudrücken, wobei der Quotient λ (=Lambda) die Wachstumsrate bezeichnet:

$$N_{t+1}/N_t = \lambda$$
respektive
$$N_{t+1} = N_t \lambda \qquad (7.15)$$

Wir verwenden hier λ anstelle von R_0 (wie in vorhergehenden Formeln), weil es sich nicht um einen Generationenschritt handelt. Wenn $\lambda = 1$, bleibt die Populationsgröße gleich, bei $\lambda = 2$ verdoppelt sie sich, und bei $\lambda = 0{,}5$ verkleinert sie sich auf die Hälfte. Lambda ist also praktisch, weil es sich einfach in eine prozentuale Änderung umrechnen lässt. Nach T Zeitintervallen ist eine Population der ursprünglichen Größe N_0 wie folgt angewachsen:

$$N_T = N_0 \lambda^T \qquad (7.16)$$

Die mittlere Wachstumsrate über T Zeitschritte ist damit:

$$\lambda = (N_T/N_0)^{1/T} \qquad (7.17)$$

Nehmen wir ein Beispiel. Der Bestand an brütenden Kormoranen (*Phalacrocorax carbo*; Abb. 7.15) in der Schweiz wuchs von 2006 bis 2009 von 214 auf 547 Brutpaare und von 2009 bis 2012 auf 1 037 Brutpaare (Daten: Schweizerische Vogelwarte, Sempach). Für die erste Periode resultiert $\lambda = 1{,}37$ und für die zweite $\lambda = 1{,}24$. Die mittlere jährliche Zunahme lag also zuerst bei 37 % und dann bei 24 %; für den ganzen Zeitraum errechnet sich $\lambda = 1{,}30$, also eine mittlere jährliche Zunahme um 30 %.

Für den Vergleich mit der Berechnung als kontinuierliche Zunahme müssen wir den Zusammenhang von r und λ erkennen. Die Wachstumsrate λ gilt für einen diskreten Zeitschritt. Wenn man den Zeitschritt jetzt auf einen unendlich kleinen Schritt reduziert, so entspricht dies der Ableitung in Formel 7.11, und es gilt:

$$r = \ln \lambda$$
oder
$$\lambda = e^r \qquad (7.18)$$

Durch das Ersetzen von λ in Gleichung 7.16 ergibt sich analog zu Gleichung 7.12:

$$N_T = N_0 e^{rT} \qquad (7.19)$$

Im Beispiel des Kormorans resultiert für die erste Periode eine jährliche Zuwachsrate $r = 0{,}31$, für die zweite $r = 0{,}21$ und für 2006–2012 ist im Mittel $r = 0{,}26$.

Beim Vergleich von λ und r anhand des Kormoranbeispiels sehen wir schnell, dass dem intuitiv besser verständlichen λ gewichtige Vorteile von r gegenüberstehen, die sich in einfacherer Berechnung und einem besseren Verständnis des Wesens von Wachstumsraten niederschlagen:
1. Weil r auf 0 zentriert ist (wenn die Populationsgröße sich nicht verändert), ist es im Gegensatz zu λ symmetrisch. Wenn also eine

Population in einem Jahr von 100 auf 150 Individuen anwächst und im Folgejahr wieder auf 100 Individuen zurückgeht, betragen ihre Wachstumsraten $r = 0{,}4$ und $r = -0{,}4$, während für λ die entsprechenden Werte 1,5 und 0,67 betragen.
2. Man kann die r-Werte über fortlaufende Intervalle addieren und erhält so die Wachstumsrate über die ganze Periode; mit λ ist dies nicht möglich. Beim Kormoran ergibt sich $r = 3{\times}0{,}31 + 3{\times}0{,}21 = 1{,}56$, was – Rundungsfehler eingerechnet – identisch mit $r_{2006-2012}$ ist.
3. Zudem lassen sich, wie das Beispiel ebenfalls zeigt, auch Mittelwerte über Perioden mit schwankendem r bilden, was bei λ ebenso wenig funktioniert.
4. Entsprechend kann man Wachstumsraten, die über unterschiedliche Zeitperioden gewonnen wurden, zu ihrem Vergleich bei r auf die gleiche Zeitskala umformen, nicht aber bei λ.

Text in Anlehnung an Mills (2013), dort weitere Einzelheiten zum Thema.

Dichteabhängiges Wachstum
Halten sich in einer Population Geburten und Abgänge praktisch die Waage, so kann die Population lange exponentiell wachsen (oder abnehmen), ohne viel größer (oder kleiner) zu werden. Eine Population von 1 000 Individuen, die jährlich um 1 Individuum anwächst ($\lambda = 1{,}001$, $r \approx 0{,}001$), ist nach 100 Jahren auf einem Bestand von 1 105 Individuen angelangt. Bei 10 zusätzlichen Individuen pro Jahr würde sie nach 100 Jahren aber bereits das 2,7-Fache der Ausgangsgröße erreichen und bei einer Zuwachsrate um 5 % ($\lambda = 1{,}05$, $r = 0{,}049$) sogar das 131-Fache. Zuwachsraten von 5 % und mehr sind unter günstigen Bedingungen durchaus normal, wie wir am Beispiel des Kormorans in Box 7.2 gesehen haben. Wenn sich ein zunehmender Bestand nicht entsprechend räumlich ausdehnt, steigt die Dichte, und in der Regel dann auch die Sterberate d, während die Geburtenrate b fällt. Damit wird das Wachstum dichteabhängig und die Wachstumsrate sinkt. Die Grenze, bei der das Wachstum zum Erliegen kommt, heißt **Kapazität** der Umwelt K *(carrying capacity)*. Je stärker sich die Populationsgröße K annähert, desto geringer wird die Wachstumsrate der Population. Dies lässt sich mathematisch abbilden, indem man die Wachstumsgleichung 7.11 mit einem Faktor $(K-N)/K$ für den noch nicht realisierten Anteil der maximal möglichen Populationsgröße K multipliziert. Damit erhält man ein **logistisches** Wachstum (Abb. 7.14):

$$dN/dt = rN\,(K-N)/K \qquad (7.20)$$

Integriert und umgeformt, ergibt sich für die Populationsgröße:

$$N = K/(1+e^{a-rt}) \qquad (7.21)$$

Dabei ist a eine Integrationskonstante, welche die Lage der Kurve im Vergleich zum Nullpunkt definiert.

Logistische Wachstumskurven sind idealisierte Modelle, doch findet man in der Natur häufig Wachstumsmuster, die

Abb. 7.14 Die beiden Grundformen des Populationsanstiegs: exponentielles Wachstum (linke Kurve) und logistisches Wachstum (rechte Kurve). Exponentielles Wachstum führt grundsätzlich zu einer unendlich großen Population, logistisches Wachstum nähert sich der Kapazitätsgrenze K der Umwelt an. Wird die Population genutzt, so entsteht der optimale Ertrag dort, wo die absolute Zunahme dN/dt pro Zeiteinheit am höchsten ist, nämlich am Wendepunkt der Kurve, der $K/2$ entspricht. Dieser Punkt wird oft als «ökonomische Kapazitätsgrenze» bezeichnet.

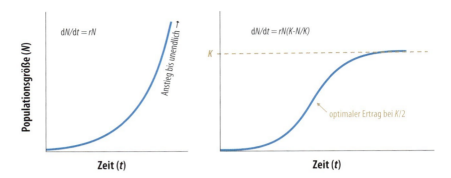

S-förmig (sigmoid) verlaufen und sich gut durch logistische Kurven beschreiben lassen (Guthery & Shaw 2013). Oft handelt es sich um Arten, die sich von hohem Jagddruck oder anderen massiven Eingriffen in die Population erholen können. Ein Beispiel ist die Zunahme der überwinternden Kormorane in der Schweiz von 1967 bis 1992 (Abb. 7.15).

Als hypothetische Größe ist K im Freiland aber kaum zu bestimmen, doch lässt sie sich mit State-Space-Modellen schätzen (Dennis et al. 2006). Populationen nähern sich normalerweise K nicht stetig an, sondern oszillieren darum. Ein Grund dafür ist, dass K als Ausdruck der Umweltbedingungen, zum Beispiel des Nahrungsangebots, selbst schwankt. So wuchs eine überjagte Population von Vicuñas *(Vicugna vicugna)* nach Einführung von Schutzmaßnahmen stark an und pendelte später um eine Obergrenze, die in Abhängigkeit stark wechselnder Regenfälle fluktuierte, die ihrerseits das Nahrungs-

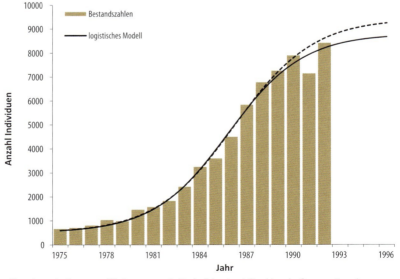

Abb. 7.15 Bestandsentwicklung überwinternder Kormorane *(Phalacrocorax carbo)* in der Schweiz mit Einschluss der Grenzgewässer, Januar 1967–1992. Die obere logistische Kurve wurde unter Ausschluss des Bestandswerts von 1991 angepasst, die untere mit Berücksichtigung aller Werte. Die aus den Kurven abgeleiteten Kapazitätsgrenzen K liegen bei 9 400 und 8 800 Kormoranen (Abbildung neu gezeichnet nach Suter 1995).

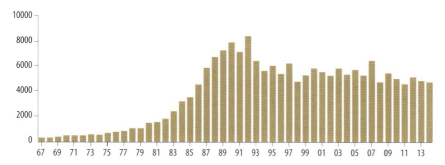

Abb. 7.16 Dieselben Daten wie in Abbildung 7.15, aber bis 2016 weitergeführt (Abbildung neu gezeichnet nach Daten der Schweizerischen Vogelwarte, Sempach). Die Höhe von K wurde anhand der Modelle mit Daten bis 1992 auf maximal 9 400 überwinternde Kormorane geschätzt. Seither pendeln die Winterbestände um einen Wert von gut 5 000 Vögeln. Ohne weitere Daten lässt sich nicht entscheiden, ob hier ein tieferes K wirksam ist und welche ökologischen Faktoren es allenfalls bestimmen und ob diese Faktoren direkt im Winterquartier wirken oder in den weiter nördlich gelegenen Brutgebieten den Bestand begrenzen. Dort wuchs der Brutbestand aber nach 1992 weiter an, wenn auch mit verminderter Wachstumsrate, und auch in der Schweiz etablierten sich Brutkolonien. Deshalb ist anzunehmen, dass die Verhältnisse im Winter bestimmend sind, etwa die Limitierung des Angebots schwarmbildender Fische aufgrund des geringeren Nährstoffeintrags in die Gewässer (Suter 1997).

angebot bestimmten (Shaw et al. 2012). Auch im Beispiel der Kormorane in Abbildung 7.16 ist wohl K nicht konstant geblieben. Ein weiterer Mangel des logistischen Modells ist seine Annahme, dass bei kleinem N die Wachstumsrate am höchsten ist und die Population annähernd exponentiell wachsen kann. In Wahrheit haben kleine Populationen oft Fortpflanzungsprobleme, die aufgrund der niedrigen Dichte entstehen und nach dem amerikanischen Ökologen Warder C. Allee (1885–1955) als **Allee-Effekt** bezeichnet werden (Courchamp et al. 2008). Sie können zu einer positiven Beziehung zwischen Wachstumsrate und Dichte führen. Man kann diesem Mangel jedoch mit der Einführung eines Ausdrucks für eine untere Schwelle (äquivalent dem Ausdruck für K) abhelfen (Courchamp et al. 1999; Stephens & Sutherland 1999).

Oftmals zeigen Wachstumsmuster von Populationen zwar eine annähernd sigmoide Form, weichen im Detail aber doch vom idealen logistischen Modell ab. Es gibt verschiedene Möglichkeiten, das Modell anzupassen, etwa durch die Wahl eines verwandten Modells (zum Beispiel der Gompertz-Kurve), durch Hinzufügen eines Parameters θ *(theta-logistic)*, der die Kurvenformen verändert, oder durch die Berücksichtigung der Zeitverschiebung, mit der sich die Tragfähigkeit der Umwelt auf die Populationszunahme auswirkt (Ricker-Kurve). Zudem kann man versuchen, diese rein deterministischen Modelle, in denen das Ergebnis allein von den Startbedingungen abhängt, in stochastische Modelle überzuführen, bei denen Zufälligkeiten den Ausgang mitbestimmen.

7.4 Populationsregulation

In Wirklichkeit ist das Wachstum jeder Population endlich, und die Zunahme kommt irgendwann zum Stillstand. Im Beispiel des logistischen Wachstums wird die Population über einen dichteabhängigen Prozess limitiert, der das Wachstum beendet. In diesem Fall sprechen wir von **Regulation** der Population. Kommt das Wachstum ohne einen Mechanismus der Rückkoppelung über die erreichte Dichte zum Stillstand, handelt es sich um eine **Limitierung.** Leider wird oft zu wenig genau zwischen einem lediglich limitierenden und einem regulierenden Faktor unterschieden. Gerade in der Jagdpraxis ist oft von Regulation die Rede, wenn eigentlich die Reduktion auf eine bestimmte Bestandsgröße gemeint ist. Umgekehrt wird Limitierung auch als übergeordneter Begriff gebraucht für einen Prozess, der das Wachstum einer Population beendet, ob dies nun abhängig von der Dichte geschieht oder nicht (Newton 1998).

Die Bedeutung der Regulation bei der Begrenzung des Populationswachstums ist eine der wichtigsten und stark diskutierten Fragen in der Ökologie. An Vögeln und Säugetieren ist dazu eine beachtliche Menge an Evidenz beigetragen worden. Es ist heute klar, dass es nicht um «Regulation *oder* Limitierung» geht, sondern darum, welchen Stellenwert die beiden Prozesse unter bestimmten Bedingungen einnehmen, wie sie zusammenwirken und welche Populationsentwicklung daraus resultiert. Oft ist es nicht einfach, zwischen den beiden Prozessen zu unterscheiden, zumal der Nachweis von Regulation formal anspruchsvoller ist. Auch die treibenden Faktoren sind oft nicht eindeutig an einen Prozess gebunden. Stochastisch auftretende Faktoren wie Wettereinflüsse haben eher limitierende Wirkung, doch können sie die Nahrungsversorgung beeinflussen, die ihrerseits der klassische, über Konkurrenz dichteabhängig wirkende Faktor ist. Prädation beeinflusst eine Population in der Regel eher limitierend, während Parasiten und Pathogene sowohl dichteabhängig wirken als auch Populationszusammenbrüche verursachen können.

Wir beschäftigen uns hier und in Kapitel 7.5 mit dem Konzept der Regulation respektive der Limitierung von Populationen und mit einigen der treibenden Faktoren, wobei die Bedeutung von Konkurrenz, Prädation sowie von Parasiten und Pathogenen aber nur summarisch zur Sprache kommt. Diese fundamentalen Interaktionen zwischen Individuen (meist) verschiedener Arten haben Bedeutung über die Populationsbiologie hinaus und werden deshalb gesondert in den Kapiteln 8–10 besprochen.

Mechanismen der Regulation
Der Nachweis, dass eine Population reguliert und nicht nur limitiert wird, ist oft nicht einfach zu erbringen. Eine Möglichkeit besteht darin zu zeigen, dass voneinander unabhängige Populationen die gleiche Korrelation zwischen ihrer Dichte und dem vermuteten regulierenden Umweltfaktor, etwa der verfügbaren Nahrungsmenge, aufweisen. Regulation lässt sich auch belegen, wenn Populationen durch massive Eingriffe wie Jagd, Krankheiten oder Unwetter stark reduziert werden und sich anschließend bei ungestörtem Wachstum wieder auf der Ausgangsgröße stabilisieren (Fryxell et al. 2014). Soll Dichteabhängigkeit über die Form von Wachstumskurven von Populationen nachgewiesen werden, so gelingt dies umso besser, je höher die Zahl der Generationen ist, die durch die zugrunde liegende Zeitreihe repräsentiert wird (Brook & Bradshaw 2006). Oft weisen solche Datenreihen jedoch nicht einfache sigmoide Formen auf. Dichteabhängige Regulation lässt sich dann nur mittels nicht trivialer mathematischer oder statistischer Behandlung erkennen, die das Zahlenmuster der Zeitreihe über das Heranziehen von demografischen Daten interpretiert (Wolda & Dennis 1993; Lande et al. 2002; Dennis et al. 2006; Lebreton & Gimenez 2013; Abb. 7.17).

Ein allein aus den Zahlenfolgen abgeleiteter Befund, dass eine Population reguliert wird, ist aber noch wenig informativ. Erst über das Verständnis der treibenden Faktoren und ihres Einflusses auf Geburten- und Sterberaten werden auch praktische Anwendungen beim Schutz und Management einer Population möglich (Krebs C. J. 2002). Die Faktoren, die dichteabhängig Einfluss auf die Geburten- und Sterberaten nehmen, lassen sich zwei Kategorien zuweisen:

7.4 Populationsregulation

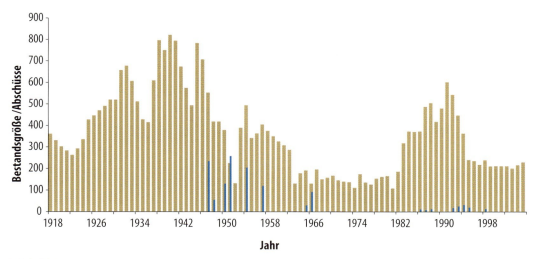

Abb. 7.17 Bestandsentwicklung des Gabelbocks (*Antilocapra americana*, Abb. 6.2) im Yellowstone National Park, USA; die kleinen Säulen bezeichnen Abschüsse. Modellierungen zeigten, dass die beobachtete Entwicklung mit «irruptiver» (explosionsartiger) Bestandszunahme bei guten Bedingungen und darauf folgenden, teilweise zeitverzögerten dichteabhängigen Reaktionen (mit Reduktion der Kapazitätsgrenze durch Nahrungsverknappung) erklärt werden kann (Abbildung neu gezeichnet nach White et al. 2007). «Irruptive» Bestandsentwicklungen bei Herbivoren sind bisher vor allem aus gemäßigten Zonen und besonders von Inselpopulationen bekannt geworden (Gross et al. 2010).

1. Extrinsische *(extrinsic)* Faktoren wirken in Form von Nahrungsversorgung, Prädatoren oder Pathogenen auf die Mitglieder der Population ein, sodass die Mortalitätsrate steigt oder die Geburtenrate sinkt.
2. Intrinsische *(intrinsic)* Faktoren operieren über die Mitglieder der Population selbst, über physiologische, verhaltensbiologische, genetische oder andere Mechanismen, die neben der Mortalität und Fekundität auch die Ein- oder Auswanderung beeinflussen.

Das Zusammenwirken verschiedener Faktoren führt oft zu komplizierten Regelkreisen und zu zeitverzögertem Manifestieren von Regulation (Abb. 7.17).

Extrinsische Faktoren
Extrinsische Faktoren spielen bei größeren Arten eine wichtige Rolle. An erster Stelle steht oft **Nahrungsman-gel**, vor allem bei Herbivoren. So wurde die Wirkungsweise der Populationsregulation an Huftieren auch am intensivsten untersucht. Bei zunehmender Dichte lässt sich etwa beobachten, dass das Nahrungsspektrum um qualitativ schlechtere Pflanzenarten erweitert wird (Stewart K. M. et al. 2011). Dichteabhängig verschlechterte Nahrungsversorgung macht sich in verminderter körperlicher Kondition oder langsamerem Körperwachstum bei Jungtieren bemerkbar, doch muss dies allein keine direkten Auswirkungen auf das Populationswachstum haben. Eine Population des Weißwedelhirsches (*Odocoileus virginianus*), die auf eine prädatorenfreie Insel eingeführt worden war und hohe Dichte erreichte, vermochte nach Eintritt verschlechterter Nahrungsversorgung die Dichte zu halten, indem sie das individuelle Körpergewicht um 6–11 % reduzierte (Simard et al. 2008). In der Regel aber schlägt sich eine

dichtebedingte Nahrungsverknappung in Veränderungen von demografischen Kennwerten nieder. Die Jugendmortalität von Huftieren, die ohnehin viel variabler ist als bei den Adulten mit ihrer hohen und stabilen Überlebenswahrscheinlichkeit (dazu Abb. 7.6), reagiert sensibel, sowohl auf dichteabhängige als auch -unabhängige Faktoren. Bei Adulten ist meist erst ab einer gewissen Schwelle mit dichtebedingter Zunahme der Mortalität zu rechnen, hauptsächlich bei älteren Kohorten (Gaillard et al. 1998; Owen-Smith 2006; Abb. 7.18).

Umgekehrt haben verschiedene Freilandexperimente mit Futterzugaben gezeigt, dass vor allem Jungtiere davon profitieren. Eine nahrungslimitierte Population des Maultierhirsches *(Odocoileus hemionus)* erreichte bei Zufütterung eine Zuwachsrate λ von 1,165, während die Kontrollpopulation bei λ = 1,033 verharrte. Der größte Teil (64 %) dieses Unterschiedes entfiel auf erhöhte Überlebensraten der Jährlinge und jüngeren Individuen (inklusive Föten), nur 36 % hingegen auf jene der adulten Weibchen (Bishop C. J. et al. 2009).

Abb. 7.18 Geschlechtsspezifische Überlebenswahrscheinlichkeit verschiedener Altersklassen des Soayschafs *(Ovis aries)* in Relation zur Populationsdichte. (a) Jungtiere, (b) Jährlinge, (c) Adulte (2- bis 6-jährig), (d) Adulte >6-jährig. Gestrichelte Linien: Weibchen; ausgezogene Linien: Männchen. Soayschafe sind eine ursprüngliche Form domestizierter Schafe, die weitgehend wild auf der schottischen Insel St. Kilda leben. Die Überlebensraten sind bei Jungtieren stark, bei älteren Weibchen schwach dichteabhängig; bei den übrigen Altersklassen ist der Zusammenhang nicht ersichtlich. (Abbildung neu gezeichnet nach Clutton-Brock et al. 2004, gemäß Daten von Coulson et al. 2001.)

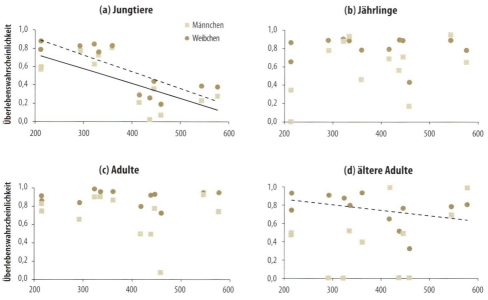

7.4 Populationsregulation

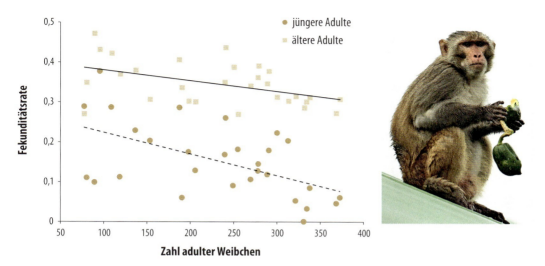

Abb. 7.19 Fekunditätsraten (Geburten weiblicher Jungtiere pro Weibchen und Jahr) in einer geschlossenen Population von Rhesusmakaken *(Macaca mulatta)*, für (a) junge Adulte (3- bis 4-jährig) und (b) Adulte (>4-jährig). Die Raten sind bei jungen Adulten signifikant kleiner und stärker dichteabhängig als bei Adulten (Abbildung neu gezeichnet nach Hernández-Pacheco et al. 2013).

Trägt man die jährliche Wachstumsrate einer Population gegen das Nahrungsangebot auf, so ergibt sich aufgrund der Dichteabhängigkeit ein nicht linearer Zusammenhang (Sibly & Hone 2003).

In der Regel ist auch die Fekundität dichteabhängig und über die Nahrungsversorgung beeinflusst (Abb. 7.19). Sie sinkt mit zunehmender Dichte und steigt umgekehrt an, wenn eine Population abnimmt, sogar bei großen Arten mit langsamen *life histories* wie dem Savannenelefanten (*Loxodonta africana*; Wittemyer et al. 2013). Gleichzeitig sinkt bei geringer Dichte das Alter der ersten Reproduktion. Bei Nagetieren scheint der positive Effekt verbesserter Nahrungsversorgung vor allem über erhöhte Fekundität und frühere erste Reproduktion zu funktionieren (Dobson & Oli 2001; Oli & Armitage 2004). Oft entfaltet die Nahrungsversorgung ihre dichteabhängige Wirkung im Zusammenspiel mit **Prädatoren** und, bei offenen Populationen, mit **Ein-** und **Auswanderung** (Prevedello et al. 2013). Die Regulation erfolgt dann sowohl *bottom-up* (die Wirkung verläuft von einer tieferen auf eine höhere trophische Stufe, in diesem Fall von der Nahrungsversorgung auf die Herbivoren) als auch *top-down* (die Wirkung verläuft von höheren zu tieferen trophischen Stufen, also von Prädatoren auf die Beute oder von Herbivoren auf die Vegetation), wobei im Falle der Huftiere die relative Bedeutung der beiden Richtungen von der Höhe der Primärproduktion und der Dichte der Prädatoren abhängt (Crête 1999; Weiteres in Kap. 9.5).

Nach dem Fokus auf herbivore Säugetiere lohnt es sich, noch einen Blick auf die dichteabhängige Dynamik von Vogelpopulationen zu werfen. Grundsätzlich wirken dieselben Mechanismen, indem Überlebensraten und Fekundität bei zunehmender Dichte sinken, da sie ebenfalls durch extrinsische Faktoren wie Nahrungsversorgung oder Prädation gesteuert werden. Bei Vögeln ist aber die Gewichtung der Faktoren als Folge der ausgepräg-

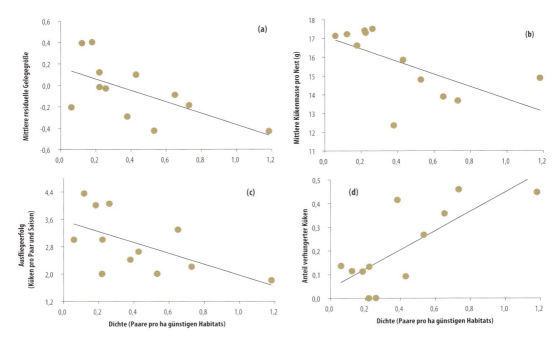

Abb. 7.20 In einer Population der Heidelerche *(Lullula arborea)* in England zeigte es sich, dass mehrere mit dem Bruterfolg verknüpfte Parameter von der Siedlungsdichte abhingen: Residuelle Gelegegröße, das heißt, die Gelegegröße korrigiert für saisonale Effekte (a), das mittlere Kükengewicht (b) und die Anzahl ausgeflogener Jungvögel (c) sanken alle mit zunehmender Siedlungsdichte, während der Anteil verhungerter Küken zunahm (d). Bei solchen Auswertungen muss sichergestellt sein, dass unterschiedliche Siedlungsdichten nicht Ausdruck ungleicher Habitatqualität sind (s. Kap. 5.6), was in der vorliegenden Studie ausgeschlossen werden konnte (Abbildung neu gezeichnet nach Mallord et al. 2007).

ten Territorialität vieler Arten oder der Wanderungen über lange Distanzen teilweise anders.

Erwartungsgemäß führt zunehmende Siedlungsdichte vor allem bei territorialen Arten zu sinkender Fekundität, indem Gelegegröße und Bruterfolg abnehmen, was oft die Folge verschlechterter Nahrungsversorgung ist (Abb. 7.20). Nahrungsmangel muss aber nicht immer der treibende Faktor sein. Studien an anderen Singvogelarten zeigten, dass erhöhte Nestprädation bei steigender Dichte der wichtigere Faktor als das Nahrungsangebot war (McKellar et al. 2014). Bei Greifvögeln kann sich der erhöhte Aufwand für die Revierverteidigung bei hoher Siedlungsdichte ungünstig auf den Bruterfolg auswirken (Haller 1996; Bretagnolle et al. 2008). Wenn Vögel jedoch ohnehin räumlich verdichtet oder in eigentlichen Kolonien brüten, sind dichteabhängige Mechanismen eher außerhalb der Brutzeit zu erwarten. Tatsächlich wirkt sich die Dichte bei Enten erst auf die Überlebensrate im ersten Lebensjahr nach dem Ausfliegen aus (Gunnarsson et al.

2013). Hingegen könnte der in Kapitel 7.3 erwähnte positiv dichteabhängige Allee-Effekt bei kleinen Kolonien zum Tragen kommen. Dies war bei Schwarzkopfmöwen *(Ichthyaetus melanocephalus)* der Fall, betraf aber nur junge Individuen, die in kleinen Kolonien auch eine niedrigere scheinbare Überlebensrate besaßen; bei hoher Dichte wirkte die normale Dichteabhängigkeit auf juvenile wie adulte Möwen (te Marvelde et al. 2009).

Regulation kann auch von einem Effekt ausgehen, der je nach geringfügigen Unterschieden in den Mechanismen als *buffer effect* oder *site-dependent regulation of population size* (Rodenhouse et al. 1997) bezeichnet wurde: Mit zunehmender Dichte in einer Population nutzen Individuen vermehrt Habitate schlechterer Qualität, was im Allgemeinen mit niedrigerer Fekundität und geringerer Überlebensrate verbunden ist und das weitere Populationswachstum limitiert. Solche Effekte wurden bei Uferschnepfen *(Limosa limosa)* nicht nur im Brutgebiet, sondern auch im Winterquartier nachgewiesen (Gill J. A. et al. 2001; Gunnarsson et al. 2005) und kommen offenbar verbreitet vor (Sullivan et al. 2015).

Trotz den genannten Beispielen von Prädation und intraspezifischen Auseinandersetzungen als regulativen Faktoren ist das Nahrungsangebot auch für Vögel der wichtigste Faktor, der Populationsgrößen und -schwankungen bestimmt, ob es sich nun um Limitierung oder eigentliche Regulation handelt. Weltweit etwa werden die Populationsgrößen körnerfressender Singvögel vom Nahrungsangebot begrenzt, wobei Prädation eine verstärkende Rolle spielt (Schluter & Repasky 1991). Bei vielen ziehenden Vögeln wirken sich hingegen nicht primär die Ernährungsbedingungen am Brutplatz, sondern jene an Rastplätzen (Newton 2006c) oder Überwinterungsgebieten auf die Populationsdynamik aus, wobei Dichteabhängigkeit der Effekte wie beim oben erwähnten *buffer effect* bereits mehrfach nachgewiesen worden ist (Gill et al. 2001; Pasinelli et al. 2011; Ockendon et al. 2014). Beispielsweise ist das starke Wachstum vieler Gänsepopulationen in den vergangenen Jahrzehnten weitgehend eine Folge der verbesserten Proteinversorgung in den Überwinterungsgebieten, die durch landwirtschaftliche Intensivierung bewirkt wurde (Kap. 6.10). Die resultierenden dichteabhängigen Rückkoppelungen sind gut untersucht und bestehen häufig aus vermindertem Bruterfolg, weil die Gänse das Nahrungsangebot rund um die angewachsenen Brutkolonien in der arktischen Tundra übernutzen. Die in Spitzbergen brütenden Weißwangengänse *(Branta leucopsis)* vermochten aber der lokal wirksamen Regulation zu «entfliehen», indem sie neue Kolonien gründeten, wodurch die Gesamtpopulation weiter anwuchs (Jefferies & Drent 2006; Kuijper et al. 2009). Da für ziehende Populationen im Jahresverlauf an verschiedenen Orten Kapazitätsgrenzen wirksam sein können, die alle Einfluss auf die Populationsdynamik nehmen können, wurde jüngst eine Modifizierung der logistischen Gleichung (7.20) vorgeschlagen (Pine 2013).

Intrinsische Faktoren
Intrinsische, manchmal auch soziale Faktoren genannt, sind Verhaltensweisen der involvierten Individuen selbst, die zur Regulation der Populationsgröße führen. Die Bedeutung, die man der Regulation durch intrinsische Faktoren zumisst, hängt von der Definition des Konzepts ab. Fasst man es weit, so kann man alle verhaltensbasierten Faktoren, zum Beispiel Territorialität oder

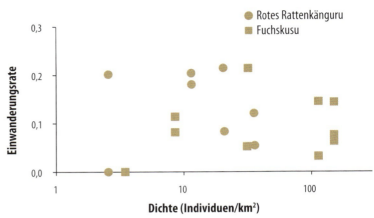

Abb. 7.21 Einwanderungsraten in Subpopulationen mit unterschiedlichen Dichten von zwei australischen Beuteltieren, des Fuchskusus (*Trichosurus vulpecula*; Bild) und des Roten Rattenkängurus (*Aepyprymnus rufescens*). Die starken Unterschiede in der Dichte sind Ausdruck ungleicher Habitatqualität. Die Einwanderungsraten sind aber nicht dichteabhängig. Das bedeutet, dass Dispersal zwischen Subpopulationen unterschiedlicher Dichte in beiden Richtungen stattfindet. Dispersal trägt also kaum zur Regulation bei; diese wird offenbar über die *carrying capacity K* gesteuert (Abbildung neu gezeichnet nach Johnson C. N. et al. 2005).

Dispersalraten (Ein- als auch Auswanderung), als intrinsisch bezeichnen. Vor allem in Metapopulationen (Kap. 5.3), die aus Source- und Sink-Subpopulationen (Kap. 5.4 und 7.1) bestehen, können die unterschiedlichen Aus- und Einwanderungsraten eine ausgleichende Wirkung auf die Wachstumsraten erzielen. Solche **Source-Sink-Dynamiken** sind für viele Arten nachgewiesen (Pulliam 1996; Runge et al. 2006). Allerdings bleibt oftmals unklar, in welchem Maß dies zu längerfristiger Regulation bei *sources* wie *sinks* führt (Abb. 7.21).

Man hat lange angenommen, dass kleine Säugetiere – anders als die größeren – zur Hauptsache durch intrinsische Faktoren reguliert würden (Ostfeld et al. 1993). Wenn man erwartet, dass intrinsische Faktoren unmittelbarer regulieren als die oft zeitverzögert wirkenden extrinsischen Faktoren, dann lässt sich der erwartete Unterschied zwischen kleinen und größeren Säugetieren nicht bestätigen (Erb J. et al. 2001). Bei vielen Kleinsäugern korrelieren zwar Parameter wie Überlebensrate der Jungtiere, Alter bei der Geschlechtsreife, Anteil gebärender Weibchen, Territorialität und Dispersalraten mit der Individuendichte und können bei Populationsschwankungen eine große Rolle spielen (Ozgul et al. 2004; Reed & Slade 2008; Bateman et al. 2012). Dahinter stehen als Auslöser aber oft extrinsische Faktoren. Zudem zielen manche Verhaltensweisen, die als intrinsische Faktoren gedeutet wurden, nicht auf Populationsregulation, sondern dienen der Erhöhung der individuellen Fitness bestimmter Weibchen (Armitage 2012).

Intrinsische Regulation im engeren Sinne – auch als Selbstregulation *(self regulation)* bezeichnet – lässt sich aber durchaus postulieren. Sie benötigt jedoch spezifische Bedingungen, die vor allem in streng sozialen Gesellschaften mit nesthockenden Jungen gegeben sind: Territorialität der Weibchen, beschränkter Raum zur Jungenaufzucht und Unterdrückung der Reproduktion (meist) jüngerer Weibchen durch dominante Weibchen (Wolff 1997). Ein Paradebeispiel eines solchen Systems haben wir anhand der Nacktmulle *(Heterocephalus glaber)* in Kapitel 4.5 kennengelernt, aber auch bei anderen Nagetieren, manchen Carnivoren oder Primaten treffen die Bedingungen zu. Tatsächlich offenbart ein Vergleich zwischen zwei ökologisch, morphologisch und bezüglich ihrer *life history* so unter-

7.5 Populationslimitierung

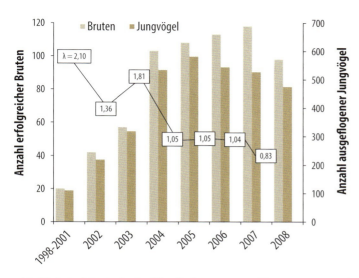

Abb. 7.22 In intensiv bewirtschafteten Kulturlandschaften kann das Angebot an geeigneten Nistplätzen die Populationen höhlenbrütender Arten auf tiefem Niveau begrenzen. In der Südwestschweiz hat man durch die Bereitstellung einer großen Zahl von Nistkästen eine kleine Population des Wiedehopfs *(Upupa epops)* von jährlich 20 Bruten innerhalb weniger Jahre auf das 5- bis 6-Fache steigern können. Die anfängliche Wachstumsrate λ betrug dabei bis 2,1 (Abbildung neu gezeichnet nach Arlettaz et al. 2010).

schiedlichen Arten wie der Nordischen Wühlmaus *(Microtus oeconomus)* und dem Braunbären *(Ursus arctos)*, dass sie bei vier Verhaltensweisen Gemeinsamkeiten zeigen: Bei beiden Arten gruppieren sich miteinander verwandte Weibchen, die Abwanderung junger Weibchen ist negativ dichteabhängig, und die Reproduktion der nicht dispergierenden jungen Weibchen wird unterdrückt. Zudem kommt es zu Infantizid, wenn Männchen durch extrinsisch verursachte Mortalität ausgetauscht werden (Kap. 4.8). Diese vier Verhaltensaspekte bilden zusammen ein regulatorisches «Syndrom», das bei Wühlmäusen und Bären in vergleichbarer Form wirksam ist (Odden et al. 2014).

7.5 Populationslimitierung

Ist eine bestimmte, unabdingbare Ressource in beschränkter Menge vorhanden, so kann dies die Größe einer Population begrenzen, ohne dass dichteabhängige Rückkoppelungen zum Tragen kommen. Ein Beispiel ist etwa das Angebot an Baumhöhlen, von dem man oft angenommen hat, dass es die Populationen höhlenbrütender Vogelarten begrenzt. In vielen Fällen hat zusätzliches Aufhängen von Nistkästen dazu geführt, dass solche Vogelarten häufiger wurden (Abb. 7.22). Die Limitierung ist aber meist anthropogen bedingt: In Wäldern ist das Höhlenangebot in der Regel nur in bewirtschafteten Beständen, nicht jedoch in ungenutzten Althölzern bestandsbegrenzend (Wiebe 2011). Dies gilt sowohl für Wälder gemäßigter Breiten als auch für die Tropen (Wesołowski 2007; Cornelius et al. 2008).

Auch Prädation (Weiteres in Kap. 9) und das Nahrungsangebot können limitieren, ohne dabei regulierend wirken zu müssen. Beim Nahrungsangebot ist dies besonders der Fall, wenn es unregelmäßig schwankt. Beispielsweise steuert ein fluktuierendes Beerenangebot von Zwergsträuchern die winterliche Überlebensrate von Polarrötelmäusen *(Myodes rutilus)* und limitiert so deren Population (Boonstra & Krebs 2006). Tatsächlich ist das Merkmal eines nicht dichteabhängig operierenden Einflusses häufig seine **stochastische** Natur. Hinter Schwankungen in der Nahrungsversorgung (in ihrer extremen Form wie bei Samenmasten als *pulsed resources* bezeichnet) oder seiner Nutzbarkeit stehen in der Regel Wettereinflüsse, die zu erhöhter Sterblichkeit und gelegentlich zu massiven Populationszusammenbrüchen führen (White T. C. R. 2008). Oft sind jüngere und ältere Individuen stärker betroffen als jene im *prime age* und Männchen stärker als Weibchen (Clutton-Brock & Coulson 2003). Ähnlich wirken epidemisch auftretende Krankheiten (Kap. 10.6). Tendenziell sind Herbivore eher auf Wettereinflüsse (Temperaturstress und Verhungern in strengen Wintern oder Perioden starker Trockenheit; Owen-Smith 2010), Carnivoren eher auf Epidemien sensibel. Die Häufigkeit von Zusammenbrüchen nimmt mit zunehmender Generationendauer ab: Arten mit langsamerer *life history* sind also weniger anfällig (Reed A. W. et al. 2003). Bei den größeren Herbivoren erleiden Grasfresser etwas häufiger Massensterben als Laubäser (Ameca y Juárez et al. 2014). Gelegentlich treten solche Zusammenbrüche nach einer Phase starker Populationszunahme ein, ohne dass vorher Anzeichen dichteabhängiger Abschwächung der Zunahme erkennbar gewesen wären (Peterson R. O. 1999).

Ebenso sind manche Vogelarten von Zeit zu Zeit durch extreme Wetterunbilden stark erhöhter Mortalität ausgesetzt, die zu Populationszusammenbrüchen führt. Dies betrifft vor allem Standvögel und Kurzstreckenzieher, denen der Zugang zur Nahrung in kalten und schneereichen Wintern erschwert ist. Unter ihnen sind nicht nur Singvögel, sondern auch größere Arten wie Greifvögel und Reiher (Newton 1998; Fasola et al. 2010). Die kurzzeitig meist weniger drastischen, langfristig aber stärker limitierenden Auswirkungen der Regenfälle in den ariden afrikanischen Winterquartieren auf europäische Langstreckenzieher sind weiter oben (Kap. 7.4) bereits erwähnt worden, da sie oft eine dichteabhängige Komponente aufweisen.

Dass die Auswirkungen stochastischer Wettereinflüsse dichteabhängig modifiziert werden, ist nicht selten, sowohl bei Säugetieren (Patterson & Power 2002; Hone & Clutton-Brock 2007) als auch bei Vögeln (Grøtan et al. 2009). Wenn dann noch weitere Faktoren wie etwa Prädation die Populationsschwankungen mitgestalten, kommt es schnell zu schwierig zu durchschauenden Mustern. Unter bestimmten Bedingungen ergeben sich schließlich **zyklische** Veränderungen in der Populationsgröße (Berryman 2002). Populationszyklen treten bei Insekten, bestimmten Vogelarten und bei kleinen Herbivoren höherer Breiten und ihren Prädatoren auf. Zyklen entstehen als Folge trophischer Interaktionen der Art mit ihrer Nahrung einerseits und Prädatoren oder Parasiten andererseits. Die Entstehung solcher Zyklen wird deshalb in Kapitel 9 erörtert.

7.6 Populationsdynamik und *life histories*

Kehren wir nochmals zu den *life histories* zurück, die wir in Kapitel 7.1 mit Bezug auf verschiedene Populationsmerkmale respektive demografische *traits* wie Fekundität oder Überlebensraten erörtert haben. Können wir nun die Formen des Wachstums und der Regulation von Populationen mit unterschiedlichen *life histories* in Beziehung setzen? Traditionell hat man die Variation der *life histories* zwischen den Arten als Ergebnis dichteabhängiger natürlicher Selektion betrachtet und die beiden Terme aus der logistischen Gleichung zur Charakterisierung verwendet: r-selektierte Populationen oder Arten sollten sich dabei durch dichteunabhängige Mortalität und Selektion für hohe Wachstumsraten r auszeichnen. Ihr Gegenteil wären K-selektierte Arten, die um Fortpflanzungsmöglichkeiten (Territorien, Partner etc.) konkurrieren und oft in gesättigten Populationen nahe der Kapazitätsgrenze K leben, wobei die Selektion *traits* wie hohe Überlebensraten und lange Generationendauern fördern würde. Diese beiden gegensätzlichen Formen wurden schließlich als die Endpunkte eines r-K-Kontinuums verstanden.

Allerdings zeigte es sich bald, dass die Unterschiede in den *life histories* statt über die dichteabhängige r- bis K-Selektion besser über Unterschiede in den altersabhängigen Mortalitätsraten erklärbar waren, die mit der Körpergröße und den ihr zugrunde liegenden Determinanten zusammenhängen. Dies führte zum alternativen Paradigma des Kontinuums von «schnellen» zu «langsamen» *life histories* (Kap. 4 und 7.1), wodurch dichteabhängige Selektion von *life histories* außer Betracht fielen (Stearns 1992). Der Schnell–langsam-Gradient in der Variation der *life histories* von hohen zu niedrigen Reproduktionsraten und gleichzeitig von kurzen zu langen Generationendauern verläuft zwar entlang zunehmender Körpergröße. Er ist aber auch noch erkennbar, wenn statistisch für die Körpergröße kontrolliert wird, und drückt phylogenetisch bestimmte Unterschiede aus (Read & Harvey 1989; Harvey & Purvis 1999). So gesehen, besitzen Fledermäuse relativ langsamere *life histories* als Elefanten (Kap. 4.3), und bei den Vögeln zeichnen sich Kolibris und die pelagisch lebenden Sturmvögel durch besonders niedrige Reproduktionsraten aus (Dobson 2012). Mit der Phylogenie sind natürlich bestimmte Lebensweisen (Ernährung, Reproduktionsstrategien, Migrationsverhalten etc.) verknüpft, die ihrerseits auf die *life histories* Einfluss nehmen, sodass man gelegentlich versucht, das «Schnell–langsam-Kontinuum» in eine *lifestyle hypothesis* zu überführen (Sibly & Brown 2007; Sibly et al. 2012b; Dobson 2012). Sowohl bei Vögeln als auch bei Säugetieren wurde mehrfach gefunden, dass «Schnell–langsam-Unterschiede» nicht nur zwischen Arten existieren, sondern auch innerhalb einer Art zwischen Populationen vorkommen, die unterschiedlichen Umweltbedingungen ausgesetzt sind. Life-History-Muster zeigen also auch innerhalb von Arten eine gewisse Plastizität, was etwa durch das Wildschwein *(Sus scrofa)* schön illustriert wird (Bieber & Ruf 2005).

Man kann auch fragen, wie die Wachstumsrate λ von Populationen durch die Variation in den demografischen *traits* beeinflusst wird. Der relative Beitrag eines demografischen Parameters an die Wachstumsrate wird als **Elastizität** bezeichnet, die relative Veränderung der Wachstumsrate als Folge der Veränderung des Parameters als **Sensitivität**. Eine Auswertung entsprechender Daten von 49 Vogelarten zeigte, dass die Elastizität der Überlebensrate der Adulten signifikant größer war als die Elastizität der Fekundität. Letztere nahm aber mit zunehmender Gelegegröße und abnehmender Überlebensrate der Adulten zu, während die Überlebensrate der Adulten den größten Beitrag bei langlebigen Arten mit später Geschlechtsreife und kleinen Gelegen lieferte. Diese Ergebnisse bestätigen den Gradienten «schnell–langsam», der damit auch als Gradient von «hoch reproduktiven Arten» zu «überlebensfokussierten Arten» formuliert werden kann (Sæther B.-E. & Bakke 2000). Bei Säugetieren ergab eine Metaanalyse an 138 Populationen ähnliche Resultate wie bei den Vögeln: Ihre Wachstumsrate λ war bei «schnellen» Arten auf Änderungen beim Alter der ersten Fortpflanzung und der Fekundität sensibel, viel weniger aber auf Änderungen in den Überlebensraten. Für «langsame» Arten hingegen spielten die Änderungen in den Überlebensraten sowohl juveniler als auch adulter Tiere die größte Rolle für die Bestimmung von λ (Oli 2004). Letztlich führt die größere Investition von Energie in die Reproduktion bei Arten mit schneller *life history* dazu, dass sie stärkerer dichteabhängiger Rückkopplung unterworfen sind als Arten mit langsamer *life history* (Herrando-Pérez et al. 2012b).

Dies bringt uns zurück zur alten Frage der Dichteabhängigkeit als Selektionsfaktor für *life histories*. Neuere konzeptuelle Ansätze und empirische Daten (vor allem an Fischen) deuten darauf hin, dass die beiden Paradigmen (r–K und schnell–langsam) nicht als strikte Alternativen gesehen werden müssen. Es scheint, dass Dichteabhängigkeit, Ressourcenmangel oder Fluktuationen in der Umwelt durchaus Komponenten sein können, die gemeinsam mit anderen die Selektion von *life histories* gestalten (Ricklefs 2000; Reznick et al. 2002; Williams C. K. 2013).

Weiterführende Literatur

Drei Lehrbücher zur Populationsökologie, zwei in aktuellen Auflagen, fokussieren auf die modellbasierte Theorie. Vor allem Rockwoods und Rantas (et al.) Werke gehen dabei weit über den Rahmen hinaus, der in diesem Kapitel abgesteckt ist, und behandeln auch Themen wie interspezifische Interaktionen, Nutzung von Populationen oder räumliche und habitatbezogene Aspekte:

- Rockwood, L.L. 2015. *Introduction to Population Ecology.* 2nd ed. Wiley Blackwell, Chichester.
- Vandermeer, J.H. & D.E. Goldberg. 2013. *Population Ecology: First Principles.* 2nd ed. Princeton University Press, Princeton.
- Ranta, E., P. Lundberg & V. Kaitala. 2006. *Ecology of Populations.* Cambridge University Press, Cambridge.

Lehrbücher zur Ökologie enthalten stets Kapitel zur Populationsbiologie. Am konsequentesten darauf ausgerichtet ist Krebs' Klassiker, dessen Text auch gut mit Beispielen zu Vögeln und Säugetieren unterlegt ist:

- Krebs, C.J. 2009. *Ecology. The Experimental Analysis of Distribution and Abundance.* 6th ed. Benjamin Cummings, San Francisco.

Eine starke Ausrichtung auf die Populationsbiologie pflegen zudem die klassischen Werke über das Management von Wildtieren:

- Mills, L.S. 2013. *Conservation of Wildlife Populations. Demography, Genetics, and Management.* 2nd ed. Wiley-Blackwell, Chichester.
- Fryxell, J.M., A.R.E. Sinclair & G. Caughley. 2014. *Wildlife Ecology, Conservation, and Management.* 3rd edition. Wiley Blackwell, Chichester.

Zwei Sammelbände widmen sich der Demografie und der Wachstumsdynamik von Wildtierpopulationen, im zweiten Fall ausschließlich von Huftieren:

- Sibly, R.M., J. Hone & T.H. Clutton-Brock (eds.). 2003. *Wildlife Population Growth Rates.* Cambridge University Press, Cambridge.
- Owen-Smith, N. (ed.). 2010. *Dynamics of Large Herbivore Populations in Changing*

Environments. Towards Appropriate Models. Wiley-Blackwell, Chichester.

Zur Populationsbiologie der Vögel ist Newtons enzyklopädisches Werk ein reicher Fundus mit großer Detailtreue:

- Newton, I. 1998. *Population Limitation in Birds.* Academic Press, San Diego.

Methodische Aspekte zur Erfassung von Populationen kommen auch in den oben genannten Werken zum Management von Wildtierpopulationen zur Sprache. Daneben gibt es aber eine ganze Anzahl von Titeln, die sich ausschließlich mit der Methodik rund um die Erfassung von Tierpopulationen befassen. Das gegenwärtig umfassendste Werk ist der wiederholt neu (unter wechselnden Namen) aufgelegte Klassiker der *Wildlife Society*:

- Silvy, N.J. 2012. *The Wildlife Techniques Manual. Vol. 1 Research.* 7th ed. The John Hopkins University Press, Baltimore.

Das Verständnis der Dynamik von Populationen erfordert oft Modellierungen und Simulationen. Mehrere Werke fokussieren auf die Techniken und bedienen sich der Beispiele von Wirbeltierpopulationen:

- McCallum, H. 2000. *Population Parameters. Estimation for Ecological Models.* Blackwell Science, Oxford.
- Owen-Smith, N. 2007. *Introduction to Modeling in Wildlife and Resource Conservation.* Blackwell Publishing, Malden.
- Conroy, M.J. & J.P. Carroll. 2009. *Quantitative Conservation of Vertebrates.* Wiley-Blackwell, Chichester.

Noch tiefer in die Theorie und Anwendung der Populationsmodelle dringen folgende Werke ein:

- Caswell, H. 2001. *Matrix Population Models. Construction, Analysis, and Interpretation.* 2nd ed. Sinauer Associates, Sunderland.
- Williams, B.K., Nichols, J.D. & M.J. Conroy. 2001. *Analysis and Management of Animal Populations.* Academic Press, San Diego.
- Thomson, D.L., E.G. Cooch & M.J. Conroy (eds.). 2009. *Modeling Demographic Processes in Marked Populations.* Springer, New York.

- Kéry, M. & M. Schaub. 2012. *Bayesian population analysis using WinBUGS – a hierarchical perspective.* Academic Press, Waltham.
- Royle, J.A., R.B. Chandler, R. Sollmann & B. Gardner. 2014. *Spatial Capture-Recapture.* Elsevier, Amsterdam.

Die beiden Programme MARK und WinBugs (respektive OpenBugs als erweiterbare Open-Source-Version) sind frei erhältlich und können von ihren Webseiten heruntergeladen werden:

- http://www.phidot.org/software/mark/index.html
- http://www.mrc-bsu.cam.ac.uk/software/bugs/

Zu MARK lassen sich von der Webseite ebenfalls ein Handbuch sowie weitere vertiefende Dokumente herunterladen:

- Cooch, E.G. & G.C. White (eds.). 2016. *Program MARK. A Gentle Introduction.* 14th ed.

Zu WinBugs ist das oben genannte Werk von M. Kéry und M. Schaub erhältlich.

8 Interspezifische Konkurrenz und Kommensalismus

Abb. 8.0 Ohrengeier *(Torgos tracheliotus)* und Schabrackenschakale *(Canis mesomelas)*

Kapitelübersicht

8.1	Formen der Interaktion zwischen Arten	310
8.2	Formen der Konkurrenz	312
8.3	Theoretische Grundlagen der Konkurrenz	313
8.4	Experimentelle Nachweise von Konkurrenz	314
8.5	Konkurrenz kann Artengemeinschaften strukturieren	315
	Ausschluss durch Konkurrenz	317
	Koexistenz durch Differenzierung der Nischen	319
	Morphologische Anpassungen	320
8.6	Konkurrenz als evolutive Kraft	322
8.7	Konkurrenz in anthropogen beeinflussten Artengemeinschaften	324
	Verdrängung von einheimischen durch invasive Arten	325
	Konkurrenz zwischen Wildtieren und Nutztieren	328
8.8	Kommensalismus	330
	Herbivoren	331
	Carnivoren	332
	Ökosystemingenieure	333

Weil die Individuen einer Art nicht nur unter sich in Kontakt sind, sondern auch mit Angehörigen anderer Arten, kommt es zu mannigfaltigen Wechselwirkungen. Davon können beide Arten profitieren, doch meist gibt es Gewinner und Verlierer. **Konkurrenz** herrscht, wenn zwei Arten dieselbe **limitierte Ressource** in Anspruch nehmen wollen. In der Regel ist die eine Art dabei erfolgreicher, doch kann der Ausgang der Interaktion auch für beide Arten mit Einbußen verbunden sein. Bei der Interaktion muss es sich nicht unbedingt um eine direkte Auseinandersetzung zwischen zwei Individuen handeln; häufiger sind **indirekte Fitnesskonsequenzen**, wenn eine Ressource als Folge der Nutzung durch die eine Art der anderen Art nicht mehr oder nur eingeschränkt zur Verfügung steht. Bereits Charles Darwin war sich bewusst, dass solche Interaktionen die Populationsdynamik zweier Arten ungleich beeinflussen konnten und dass Konkurrenz zwischen ähnlichen Arten stärker sein musste als zwischen weniger ähnlichen. Auf diesen Überlegungen gründete die spätere mathematische Beschreibung der Konkurrenz (**Lotka-Volterra**-Gleichungen) und die Überprüfung im Labor, die zur Formulierung des **Konkurrenzausschlussprinzips** und zu den Konzepten der **Nische** führte: Zwei Arten, die in ihren Ansprüchen an die Umwelt völlig übereinstimmen, also die gleiche Nische besetzen, können **nicht koexistieren.**

Herrschte keinerlei Konkurrenz, so könnte eine Art die ganze Bandbreite ihrer Möglichkeiten ausnutzen; dies ist die **fundamentale** Nische. In der Regel ist ihr aber in Teilbereichen eine andere Art überlegen, sodass sie ihre Möglichkeiten nicht voll ausschöpfen kann – die **realisierte** Nische ist kleiner als die fundamentale Nische. Ähnliche Arten zeigen in der Regel eine subtile **Nischendifferenzierung**, meist in Form feiner Unterschiede bei Habitatnutzung und **Nahrungsbeschaffung.** Wohl deshalb sind gut belegte Fälle von totalem Konkurrenzausschluss in freier Natur selten. Nischendifferenzierung äußert sich auch in **morphologischen** Anpassungen an die unterschiedlichen Lebensweisen: Konkurrenz führt also über natürliche Selektion zur stärkeren Differenzierung von Arten. Wie häufig solches *character displacement* ist, bleibt umstritten. Dass es vorkommt und die Differenzierung sogar schnell ablaufen kann, hat die Forschung an Darwinfinken auf den Galapagosinseln gezeigt – Evolution kann in Echtzeit beobachtet werden!

Weil die ursprünglichen Prinzipien nur dadurch belegt wurden, dass man erwartete Muster in Morphologie, Ökologie und Verbreitung bei ähnlichen Arten in der freien Natur zu identifizieren suchte, war die Bedeutung der Konkurrenz für die **Strukturierung** von **Artengemeinschaften** lange umstritten. Erst in neuerer Zeit wurde auch im Freiland mittels manipulativer Experimente die Existenz von Konkurrenz nachgewiesen und vereinzelt sogar deren Fitnesskosten gemessen. Konkurrenz ist aber nicht nur von theoretischer Bedeutung, sondern auch im angewandten Bereich relevant. Sind **invasive** Arten erfolgreich, weil sie einheimische Arten über Konkurrenz ausschließen, oder besetzen sie zuvor leere Nischen? Und was geschieht zum Beispiel auf dem weltweit enormen Flächenanteil, auf dem Vieh extensiv gehalten wird und mit Wildtieren konkurriert? Werden diese allenfalls verdrängt, was zu gravierenden Artenschutzproblemen führen könnte?

Ist es andererseits denkbar, dass zwei Arten bei der Nutzung derselben limitierten Ressource nicht konkurrieren, sondern sich gegenseitig von Nutzen sind, dass also das Gegenteil von Konkurrenz eintritt? Eine solche Konstellation, wenn mindestens für die eine Art ein Vorteil entsteht, ohne dass es auf Kosten der anderen Art geschieht, wird **Kommensalismus** oder *facilitation* genannt. Sie ist wohl häufiger, als bisher angenommen wurde, und wirkt etwa bei Herbivoren, wenn die Beweidung zu nachwachsender Vegetation von höherer Qualität führt. Auch Aasfresser profitieren von andern Carnivoren, wenn Kadaver übrig bleiben. Der Schritt vom passiven Profitieren zum aktiven Aneignen der Nahrung anderer (Kleptoparasitismus) ist allerdings kurz. Eine andere Form von echter *facilitation* wird durch **Ökosystemingenieure** geleistet. Dies sind Arten, die ihre Umgebung physisch umgestalten und so Strukturen oder Ressourcen bereitstellen, die von anderen Arten nicht geschaffen werden können. Beispiele sind Spechte oder grabende Säugetiere, die Höhlen und Baue herstellen, oder Biber, die über ihre Dammbauten sogar Landschaften umgestalten können.

8.1 Formen der Interaktion zwischen Arten

Organismen leben nicht allein, sondern sind umgeben von anderen Organismen der verschiedensten Arten. Überwiegend beeinflussen sie einander nicht und nehmen deshalb keine Notiz voneinander; bei manchen aber kommt es zu **Interaktionen**. Man kann die verschiedenen Formen von Interaktionen nach ihren Mechanismen klassifizieren oder auch danach, welchen Ausgang sie für die beteiligten Arten nehmen; in Tabelle 8.1 sind diese beiden Aspekte kombiniert.

- **Mutualismus:** Beziehungen zwischen zwei Arten, die für beide von Vorteil sind. Oft wird der Begriff synonym mit **Symbiose** gebraucht. In der Regel bezeichnet Mutualismus ein koevolutiv entstandenes enges Zusammenleben. Ein Beispiel ist etwa das in Kapitel 2.4 erwähnte Verdauungssystem der Herbivoren mit einer charakteristischen Mikrobengemeinschaft. Mutualistische Interaktionen zwischen Säugetieren oder Vögeln kommen in entsprechend enger Form nicht vor, doch kennt man Fälle lockerer Assoziationen mit Nutzen für beide Seiten (s. unten).
- **Kommensalismus** *(facilitation):* Eine Art profitiert einseitig von einer anderen Art, ohne ihr aber zu schaden. Auch der englische Begriff *commensalism* ist geläufig, vor allem wenn *facilitation* als Oberbegriff für alle positiven Interaktionen (Mutualismus und Kommensalismus) verwendet wird. Oft sind die Übergänge zwischen Kommensalismus und Mutualismus (s. unten) oder zwischen Kommensalismus und parasitischem Verhalten (Kap. 8.8) fließend.
- **Neutralismus:** Kontakte zwischen zwei Arten, die für beide keine oder höchstens irrelevante Konsequenzen nach sich ziehen, werden manchmal als Neutralismus bezeichnet. Als Konzept von Interaktionen ist Neutralismus aber bedeutungslos.
- **Konkurrenz** *(competition):* Zwei Arten nutzen eine Ressource, die nur in beschränktem Umfang zur Verfügung steht, oder suchen Zugang zu ihr. Die Interaktionen sind zum Nachteil mindestens einer, häufig aber beider Arten. Oftmals wird nur die Interaktion mit beiderseitigem Nachteil als Konkurrenz bezeichnet,

Tab. 8.1 Typen von Interaktionen zwischen zwei Arten. Der Ausgang kann für die beteiligten Arten positiv (+), negativ (−) oder ohne Wirkung auf die Fitness des Individuums (0) sein. Nicht berücksichtigt ist in diesem Schema, dass auch die Effektstärken verschieden sein können. Beispielsweise könnte Konkurrenz (−/−) auch die Form «−/− −» annehmen. Zudem muss man sich bewusst sein, dass die Klassierung des Ausgangs nur für die unmittelbaren Fitnesskonsequenzen innerhalb des Artenpaars gilt, nicht aber für die Vielfalt nachfolgender Auswirkungen auf weitere Arten innerhalb einer Gemeinschaft oder eines Nahrungsnetzes (Krebs C. J. 2009).

		Art 1		
		+	0	−
Art 2	+	Mutualismus	Kommensalismus	Prädation/Parasitismus
	0	Kommensalismus	(Neutralismus)	Konkurrenz (Amensalismus)
	−	Prädation/Parasitismus	Konkurrenz (Amensalismus)	Konkurrenz

die Interaktion der Form «0/−» als Amensalismus *(amensalism)*.
- **Prädation** und **Parasitismus:** Verschiedene Interaktionen nützen der einen und schaden der anderen Art. Bei der Prädation frisst ein Tier ein anderes einer zweiten Art oder Teile davon; diese Interaktion mit grundsätzlich tödlichem Ausgang für das Opfer ist Gegenstand von Kapitel 9. Ist die konsumierte Art eine Pflanze, die dabei meist überlebt, weil nur ein Teil von ihr verzehrt wird, so bevorzugt man den Begriff **Herbivorie**. Beim Parasitismus leben zwei Arten in engem physischem Kontakt, wobei der Parasit metabolisch vom Wirt abhängig ist und ihn dadurch schädigt. Eher als **Krankheit** bezeichnet man eine parasitische Interaktion, wenn es sich beim Parasiten um eine Mikrobe mit pathogener Wirkung auf den Wirt handelt. Parasitismus und Krankheit werden in Kapitel 10 beschrieben. Für fein abgestufte Unterscheidungen zwischen Prädation und Parasitismus siehe Lafferty & Kuris (2002) sowie Hechinger et al. (2012).

Echte Fälle von Mutualismus sind – wie gesagt – bei Vögeln und Säugetieren selten, auch wenn prominente «Beispiele» in manchen Darstellungen herumgeistern. So gibt es etwa keine belegten Fälle, dass Schwarzkehl-Honiganzeiger *(Indicator indicator)*, mit den Spechten verwandte Vögel, Honigdachse *(Mellivora capensis)* zu Bienenstöcken lotsen, damit jene die Waben aufbrechen und die Honiganzeiger so Zugang zu übrig gebliebenem Wachs und Larven erhalten (Dean et al. 1990). Ein solches symbiontisches Verhalten hat sich jedoch mit dem Menschen entwickelt (Isack & Reyer 1989), auch wenn einzelne Jäger-Sammler-Stämme die Wabenreste den Honiganzeigern vorenthalten, um sie zu weiterem «Honiganzeigen» anzuregen (Wood et al. 2014). Auch das Nahrungssuchverhalten der afrikanischen Madenhacker *(Buphagus* sp., Abb. 1.0), die an größere Herbivoren gebunden sind und von ihnen Zecken und anderes ablesen, wird generell als klassisches Beispiel eines Mutualismus präsentiert. Weltweit kommt ähnliches Verhalten bei über 100 Vogelarten vor (Sazima 2011). Die genauere Untersuchung der Interaktion bei Madenhackern hat aber gezeigt, dass die verschiedenen Herbivorenarten unterschiedlich tolerant auf die Aktivität der Vögel reagieren, weil Madenhacker wie auch andere «putzende» Vögel häufig auch Gewebereste und Blut aus Wunden aufnehmen (Weeks 2000; Sazima 2011; Bishop A. L. & Bishop 2013). Die Beziehung zwischen diesen Vögeln und ihren Wirten schwankt also zwischen Mutualismus und parasitärem Verhalten, wobei mutualistische Wechselwirkungen überwiegen (Nunn et al. 2011). Echte gegenseitig positive Interaktionen sind von afrikanischen Mangusten bekannt, die in der Gruppe gemeinsam mit verschiedenen Vogelarten Nahrung suchen, was es beiden Partnern erlaubt, den Zeitaufwand für Wachsamkeit zu reduzieren (Rasa 1983; Sharpe et al. 2010).

8.2 Formen der Konkurrenz

Da Konkurrenz aus der Auseinandersetzung um den Zugang zu beschränkten Ressourcen resultiert, findet sie im Unterschied zu den anderen Interaktionen nicht nur zwischen verschiedenen Arten, als **interspezifische** Konkurrenz, sondern ebenso zwischen Individuen derselben Art, als **intraspezifische** Konkurrenz statt. Zahlreiche Situationen, bei denen es innerhalb einer Art zu Konkurrenz kommt, haben wir im Zusammenhang mit dem Reproduktionsgeschehen (Kap. 4) kennengelernt, aber auch mit der Nahrungssuche (Kap. 3) und der Habitatnutzung (Kap. 5). In diesem Kapitel beschränken wir uns auf Konkurrenz zwischen verschiedenen Arten.

Konkurrenz kann sich auf zwei Weisen manifestieren, in indirekter und in direkter Auseinandersetzung:
1. *Exploitation competition:* In der Regel begegnen sich die Konkurrenten nicht, sondern nutzen eine gemeinsam beanspruchte Ressource, sodass schließlich für alle weniger davon zur Verfügung steht. Diese Form, die auch als *scramble* oder *resource competition* bezeichnet wird, produziert keine Gewinner, sondern ist für alle Beteiligten von Nachteil. Ein Beispiel ist etwa eine Muschelbank, die von mehreren Arten von Tauchenten gemeinsam abgeerntet wird.
2. *Interference competition:* Zwischen Individuen kommt es zu direkter Auseinandersetzung um Ressourcen. Oft wird diese Form auch als *contest competition* bezeichnet, vor allem wenn die Ressource vollständig vom Gewinner der Auseinandersetzung monopolisiert werden kann. Als Beispiel kann etwa die interspezifische Konkurrenz von Kolibris um nektarreiche Blüten gelten: Oft verwehrt ein Individuum einer größeren Art anderen Kolibris den Zugang.

Konkurrenz kann um eine Vielfalt von Ressourcen stattfinden. Häufig wird um Nahrung oder Wasser konkurriert, aber genau so können es Requisiten im Raum wie Territorien, Nistplätze oder vor Prädatoren sichere Ruheplätze sein. Wichtig ist, um es zu wiederholen, dass die Ressource in limitierter Menge vorhanden ist und die Konkurrenten davon weniger nutzen können, als es ohne Konkurrenten möglich wäre. Die Tatsache, dass zwei Arten eine gemeinsame Ressource nutzen, ist für sich allein also noch kein Beweis für Konkurrenz. Wirkliche Konkurrenz führt zur Reduktion von Wachstum, Fekundität oder Überlebenswahrscheinlichkeit und beeinträchtigt so die Fitness der betroffenen Individuen. Konkurrenz ist nicht nur eine wichtige gestaltende Kraft von Artengemeinschaften, sondern hat auch für die einzelnen Arten evolutive

Konsequenzen. Man nimmt an, dass im Laufe der Evolution sich für einzelne Arten immer wieder neue Möglichkeiten eröffneten, der Konkurrenz mit anderen Arten zu entgehen, etwa durch die Erschließung neuer Habitate oder infolge der Entwicklung neuer Körpermerkmale mit neuer Funktion *(key innovation)*. Diese Innovationen könnten der Auslöser für Radiationsschübe gewesen sein, also die schnelle Aufspaltung in neue Arten (Yoder et al. 2010). Beispiele für solche Innovationen sind etwa die Entwicklung des Blättermagens (Kap. 2.4) oder hochkroniger (= hypsodonter) Zähne innerhalb der wiederkäuenden Huftiere (Clauss & Rössner 2014; DeMiguel et al. 2014).

8.3 Theoretische Grundlagen der Konkurrenz

Die klassischen mathematischen Modelle der Interaktionen zwischen zwei Arten, die konkurrieren oder als Prädator und Beute auftreten (Kap. 9.9), wurden von Alfred Lotka, einem österreich-amerikanischen Chemiker und Mathematiker (1880–1949), und Vito Volterra, einem italienischen Physiker und Mathematiker, (1860–1940) unabhängig voneinander, aber zur selben Zeit (1925–1926) entwickelt. Sie beruhen auf der logistischen Wachstumsgleichung *(7.20)*, die dichteabhängiges Wachstum beschreibt.

Eine Art 1 wächst damit bei begrenzten Ressourcen gemäß:

$$dN_1/dt = r_1 N_1 (K_1 - N_1)/K_1 \quad (8.1)$$

Dabei bedeuten N_1 = Populationsgröße der Art 1, t = Zeit, r_1 = momentane Pro-Kopf-Wachstumsrate der Art 1 (entspricht der intrinsischen Wachstumskapazität) und K_1 = Kapazitätsgrenze für die Populationsgröße der Art 1. Analog gilt das Modell für Art 2:

$$dN_2/dt = r_2 N_2 (K_2 - N_2)/K_2 \quad (8.2)$$

Weil zwei um eine Ressource konkurrierende Arten normalerweise pro Individuum nicht gleich viel von der Ressource nutzen, ist es sinnvoll, einen Konversionsfaktor a zu definieren, der ein Individuum der Art 2 als Äquivalenz von Art 1 angibt:

$$aN_2 = \text{äquivalente Zahl an Individuen der Art 1} \quad (8.3)$$

Dieser Schritt beruht natürlich auf der sehr vereinfachten Annahme, dass die relative Ressourcennutzung der Konkurrenten unabhängig von ihrer Dichte konstant bleibt. Weil das Wachstum von Art 1 nicht nur von der eigenen Dichte, sondern auch von jener der konkurrierenden Art 2 abhängt, lässt sich die Wachstumsgleichung für Art 1 unter Konkurrenz mit Art 2 folgendermaßen formulieren:

$$dN_1/dt = r_1 N_1 (K_1 - N_1 - aN_2)/K_1 \quad (8.4)$$

Analog dazu ergibt sich für Art 2, mit einem Konversionsfaktor b in die äquivalente Zahl von Individuen der Art 1 umgerechnet:

$$dN_2/dt = r_2 N_2 (K_2 - N_2 - bN_1)/K_2 \quad (8.5)$$

Die Konsequenzen aus den Lotka-Volterra-Gleichungen erschließen sich, wenn man die Wachstumsraten von Art 1 oder Art 2 auf null setzt. Dann gilt:

$$N_1 = K_1 - aN_2 \quad (8.6)$$

respektive

$$N_2 = K_2 - bN_1 \quad (8.7)$$

Ist Art 1 im Gleichgewicht, das heißt, sie wächst nicht, kann ihre Populationsgröße N_1 zwischen K_1 und 0 liegen; die zugehörigen Werte N_2 von Art 2 erstrecken sich von 0 bis K_1/a. Ist Art 2 im Gleichgewicht, nimmt ihre Population N_2 Werte zwischen K_2 und 0 an, was bei Art 1 zu Populationsgrößen N_1 von 0 bis K_2/b führt. Um eine Antwort zu finden, welchen Ausgang die Konkurrenz nehmen kann, sucht man die Zustände, bei denen beide Arten im Gleichgewicht sind. Drei Möglichkeiten existieren: (1.) Art 1 gewinnt und Art 2 stirbt aus, (2.) Art 2 gewinnt und Art 1 stirbt aus, (3.) beide Arten koexistieren. Damit eine Art gewinnt, muss sie einen starken verdrängenden Effekt auf den Konkurrenten ausüben, indem sie die gemeinsam beanspruchte Ressource wesentlich stärker nutzen kann. Dies ist bei Art 1 der Fall, wenn K_1 wesentlich größer als K_2/b ist, oder bei Art 2, wenn K_2 wesentlich größer als K_1/a ist. Koexistenz ist möglich, wenn beide Arten gegenseitig keinen starken Einfluss ausüben, etwa wenn die innerartliche Konkurrenz größer ist. Die Herleitung dieser Resultate erfolgt über Vektorgrafiken (dargestellt zum Beispiel bei Case 2000; Krebs C. J. 2009; Fryxell et al. 2014).

Es zeigt sich also, dass der Ausgang der Konkurrenz von den Kapazitätsgrenzen K_1 und K_2 sowie von den Konversionsfaktoren a und b, die man auch als Konkurrenzkoeffizienten bezeichnen kann, abhängt; die intrinsische Wachstumskapazität hat keinen Einfluss. Die Lotka-Volterra-Modelle sind natürlich im Vergleich zum tatsächlichen Geschehen extrem vereinfacht und liefern keine Hinweise auf die Natur der «umkämpften» Ressourcen und die Mechanismen, welche die Konkurrenten zu Gewinnern oder Verlierern machen. Antworten dazu lassen sich am besten unter experimentellen Bedingungen finden.

8.4 Experimentelle Nachweise von Konkurrenz

Bereits frühe Laborexperimente, besonders jene des russischen Biologen Georgi F. Gause (1910–1986), haben mit kleinen Organismen den experimentellen Nachweis erbracht, dass unter spezifischen Bedingungen entweder ein Konkurrent gewinnt und der andere ausstirbt oder dass Koexistenz bei reduzierten Populationsgrößen möglich ist (Details bei Krebs C. J. 2009). Solche Experimente sind mit Vögeln und Säugetieren im Labor kaum realistisch zu veranstalten, sodass bei ihnen die meisten Daten zur Konkurrenz und zu deren Wirkungsweise aus **Freilandexperimenten** stammen. Die eindeutigsten Ergebnisse sind dadurch zu erzielen, dass die Artenzusammensetzung manipuliert wird, indem zum Beispiel eine Art entfernt und die Reaktion der vermuteten Konkurrenten erhoben wird. Man kann aber auch im Rahmen sogenannter **natürlicher Experimente** die Effekte messen, die entstehen, wenn eine Art plötzlich aus einer Gemeinschaft verschwindet oder neu dazustößt.

Der Einfachheit halber wurden die meisten manipulativen Experimente an Kleinsäugern und kleinen Vögeln durchgeführt; für Letztere lieferte Dhondt (2012) einen umfassenden Überblick. In vielen Fällen führte das Wegfangen einer Art dazu, dass eine zweite Art ihre Dichte erhöhte, die Nutzung des Habitats oder von Nahrungsressourcen ausweitete oder ihre Aktivität veränderte. Konkurrenz kann sich über den Einfluss auf verschiedene Merkmale der *life history* der beteiligten

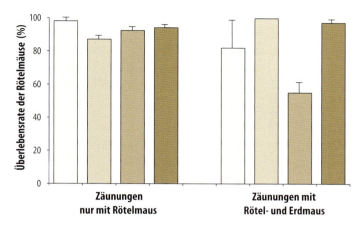

Abb. 8.1 Auswirkungen der Konkurrenz durch Erdmäuse *(Microtus agrestis)* auf das Überleben von Rötelmäusen *(Myodes glareolus)* anhand von mehreren Experimenten mit eingezäunten Bereichen. In Zäunungen unter Ausschluss von Erdmäusen überlebten Rötelmäuse verschiedener Alterskategorien (Weibchen aller Alterskategorien: hellbraun; reproduzierende Weibchen, die überwintert hatten: mittelbraun; reproduzierende Weibchen, die im Laufe des Jahres geboren worden waren: tiefbraun; Immature aus diesem Jahr: dunkelbraun) ähnlich gut. Bei Anwesenheit von Erdmäusen waren die Überlebensraten von jungen reproduzierenden Weibchen hingegen signifikant reduziert (Abbildung neu gezeichnet nach Eccard & Ylönen 2003).

Arten manifestieren und in Abhängigkeit des Habitats variieren; letztlich wirkt sie sich oft auf Dispersal-, Reproduktions- und Überlebensraten aus (Abb. 8.1). Gelegentlich zeigten solche Versuche aber auch, dass die aufgrund von ähnlicher Lebensweise und vergleichbaren Siedlungsmustern vermutete Konkurrenz zwischen ähnlichen Arten (Kap. 8.5) nicht existierte (Brunner et al. 2013).

Auch Konkurrenz um beschränkt vorhandene Ressourcen wie Bruthöhlen ließ sich mittels Experimenten nachweisen, indem etwa der Zugang zu den Höhlen manipuliert wurde. Unter Konkurrenz fiel die Reproduktionsrate der unterlegenen Art ab, da weniger Paare zur Brut schreiten konnten. Das war etwa bei Blaumeisen *(Cyanistes caeruleus)* der Fall, denen die Haselmaus *(Muscardinus avellanarius)* bei der Höhlenbesetzung überlegen war (Sarà et al. 2005), oder bei Eurasischen Kleibern *(Sitta europaea)*, die ihre Bruthöhlen an (eingeführte) Halsbandsittiche *(Psittacula krameri)* verloren (Strubbe & Matthysen 2009). Mitunter decken erst die Versuche mit dem Wegfangen einer Art auf, dass komplexe Interaktionen bestehen, die nicht allein aus der Konkurrenz um eine Ressource bestehen. Zwei koexistierende Waldsänger (Orangefleck-W., *Vermivora celata;* Virginia-W., *V. virginiae*) erlitten beide höhere Nestprädation, wenn sie nebeneinander vorkamen. Wurde eine der beiden Arten von den Untersuchungsflächen entfernt, so stieg der Bruterfolg bei *V. celata* um 78 % und bei *V. virginiae* um 129 %. Für beide war die Koexistenz also mit massiven Fitnesskosten verbunden. Die Konkurrenz war aber asymmetrisch, denn *V. virginiae* verlegte bei Absenz von *V. celata* zusätzlich ihre Neststandorte an Stellen, wie sie *V. celata* benutzte, nicht aber umgekehrt (Martin P. R. & Martin 2001).

8.5 Konkurrenz kann Artengemeinschaften strukturieren

Die Idee, dass Konkurrenz ein wichtiges Prinzip im zwischenartlichen Zusammenleben ist und letztlich die Zusammensetzung von Artengemeinschaften *(communities)* strukturieren kann, ist allerdings viel älter als die experimentellen Nachweise von Konkurrenz. Sie entwickelte sich ab dem Beginn des 20. Jahrhunderts in Form zweier eng verwandter Konzepte:

1. **Konkurrenzausschlussprinzip** *(competitive exclusion):* Die frühen Laborexperimente von Gause, bei denen eine Art die andere vollständig verdrängte, führten zur Formulierung dieses Prinzips. Es besagt, dass zwei Arten mit den gleichen Ansprüchen nicht im selben Lebensraum koexistieren können, und entspricht damit im Normalfall den Voraussagen der Lotka-Volterra-Gleichungen. Tatsächlich hat man auch in der «realen Welt» Verbreitungsmuster von nahe verwandten Arten gefunden, die mit diesem Prinzip in Einklang stehen (Abb. 8.2).

2. **Nische** *(niche):* Andererseits war nicht unbemerkt geblieben, dass viele Arten trotz ähnlicher Lebensweise nebeneinander vorkamen, sich bei genauerem Hinsehen aber in ihrer Ressourcennutzung zumindest geringfügig unterschieden. Koexistierende Arten besaßen also Alleinstellungsmerkmale – sie besetzten ihre eigene Nische. Dieser Begriff wurde zunächst mit verschiedenen Bedeutungen versehen. Nach Joseph Grinnell (1877–1939), einem amerikanischen Zoologen, war Nische relativ wörtlich als der Ausschnitt aus einem Habitat zu verstehen, den eine Art in Anspruch nahm, während der britische Ökologe Charles Elton (1900–1991) die Nische eher als «Funktion» einer Art in einer Lebensgemeinschaft verstand, wobei den Beziehungen zu den Nahrungsressourcen und den Prädatoren besonderes Gewicht zukam. Der heutige Gebrauch des Begriffs geht auf eine Definition aus dem Jahr 1957 durch den britisch-amerikanischen Ökologen George Evelyn Hutchinson (1903–1991) zurück. Die Nische ist ein n-dimensionaler Raum, ein Hypervolumen, deren n Dimensionen je für eine Umweltvariable stehen, zum Beispiel die mittlere Vegetationshöhe des bewohnten Habitats oder die Größe der nutz-

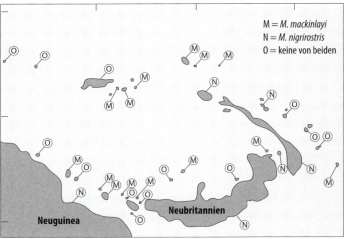

Abb. 8.2 Verbreitung zweier Kuckuckstauben-Arten (*Macropygia mackinlayi*, Bild, und *M. nigrirostris*) in der Bismarck-Region. Inseln mit bekannter Tauben-Fauna werden mit M (*M. mackinlayi* vorhanden), mit N (*M. nigrirostris* vorhanden) oder O (keine der beiden Arten kommt vor) bezeichnet. Auf keiner der Inseln koexistieren beide Arten; auf den meisten Inseln lebt nur eine der beiden Taubenarten, und auf mehreren Inseln kommt keine von ihnen vor. Solche Verbreitungsmuster sind als *checkerboard distribution* bekannt (Abbildung neu gezeichnet nach Diamond 1975).

8.5 Konkurrenz kann Artengemeinschaften strukturieren

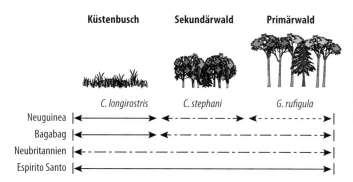

Abb. 8.3 Habitatwahl von bodenlebenden Tauben in Neuguinea (*Chalcophaps longirostris*, Bild, *C. stephani* und *Gallicolumba rufigula*). Auf der Hauptinsel kommen alle drei Arten vor und jede Art bewohnt einen spezifischen Habitattyp (küstennahes Buschland, Sekundärwald, Primärwald). Die vorgelagerten Inseln sind nur von einer oder zwei der drei Taubenarten besiedelt; deren Habitatwahl ist dort breiter. Wo eine Art allein ist, nutzt sie gleichermaßen Buschland wie Primär- und Sekundärwälder (Abbildung neu gezeichnet nach Diamond 1975).

baren Beutetiere. Für jede Variable besitzt die Art ein Optimum sowie eine Toleranzbreite, innerhalb deren sie existieren kann. Die Überschneidung der Toleranzbreiten aller Variablen ergibt die Nische. Das Konzept ist weniger abstrakt, wenn man sich lediglich drei Variablen vorstellt, weil sich die Nische so explizit als räumlicher Ausschnitt darstellen lässt. Fasst man die Dimensionen in Kategorien zusammen, so kommt man auf vier: Ressourcen, natürliche Feinde, Raum und Zeit (Chesson 2000). Arten können sich also voneinander im Hinblick darauf unterscheiden, durch welche Ressourcen oder Feinde sie limitiert werden, wann sie die Ressource nutzen oder den Feinden begegnen und wo das geschieht (Amarasekare 2009). Arten mit breiter Toleranzbreite entsprechen den bereits mehrfach erwähnten Generalisten, jene mit enger Toleranzbreite den Spezialisten, immer zu sehen in Bezug auf die entsprechende Dimension.

In einer Welt ohne Konkurrenz könnte eine Art für jede Umweltvariable die ganze Toleranzbreite ausnutzen. Die so entstehende maximale Nische wird als **fundamentale** Nische *(fundamental niche)* bezeichnet. Die Toleranzbreiten konkurrierender Arten überlappen sich jedoch auf manchen Variablen, sodass die Spannen nicht voll ausgenutzt werden können, weil die Arten nur im Bereich ihres Optimums effizient und damit konkurrenzfähig sind. Die tatsächlich **realisierte** Nische *(realised niche)* ist damit kleiner als die fundamentale Nische. Auch dafür liefern die Tauben Neuguineas ein Beispiel: Beim gemeinsamen Vorkommen mehrerer Arten sind deren realisierte Nischen auf der Dimension «Habitat» kleiner, als wenn sie ein Gebiet allein besiedeln (Abb. 8.3). Je nachdem, wie erfolgreich eine fundamental generalistische Art beim Realisieren ihrer Nische ist, bleibt sie Generalist oder wird zum «sekundären» Spezialisten. Viele Arten haben aber bereits eine enge fundamentale Nische: sie sind damit «primäre» Spezialisten und belegen diesen schmalen Bereich effizienter als weniger spezialisierte Konkurrenten (Kap. 8.6).

Ausschluss durch Konkurrenz
Koexistenz und Ausschluss sind die beiden Endpunkte eines Gradienten zunehmender Heftigkeit kompetitiver Auseinandersetzungen. Manche Artenpaare «befinden» sich irgendwo in der Mitte des Gradienten. In einfach strukturierten Habitaten kommt es bei Vögeln oft zu interspezifischer Terri-

torialität, wenn die Konkurrenzstärke einigermaßen symmetrisch verteilt ist (Leisler & Schulze-Hagen 2011). Bei moderater Asymmetrie muss Konkurrenz nicht zum vollständigen Ausschluss der unterlegenen Art führen. Oft wird diese lediglich an der Nutzung der bevorzugten Ressourcen wie Nahrung oder Brutplätze gehindert und in ungünstigere Bereiche des Habitats abgedrängt, was ihre Häufigkeit reduziert (Zeng X. & Lu 2009). Auch die in Kapitel 8.4 bereits erwähnten experimentellen Befunde von Konkurrenz führten nicht zu vollständigem Ausschluss. Totales Verdrängen einer Art durch die andere ist nicht einfach nachzuweisen, weil häufig noch andere Faktoren beteiligt sind, etwa menschliche Einflüsse, Habitatveränderungen, Klimawandel sowie bei Carnivoren: *intraguild predation* (Kap. 9.10). Solche Faktoren scheinen bei Fällen von weitgehendem Ausschließen von Leoparden *(Panthera pardus)* durch Tiger (*Panthera tigris*; Odden et al. 2010; Harihar et al. 2011) oder von Polarfüchsen *(Alopex lagopus)* durch Rotfüchse (*Vulpes vulpes*; Tannerfeldt et al. 2002; Hamel et al. 2013) mitzuspielen. Bei Vögeln sind oft größere Möwen erfolgreiche Konkurrenten um Brutplätze und verdrängen Wasservögel an exponiertere Stellen (Skórka et al. 2014). In gewissen Fällen können «despotische» Arten auf diese Weise nicht nur einzelne andere Arten, sondern ganze Gemeinschaften beeinflussen (Abb. 8.4).

Überlegene Konkurrenten sind in der Regel größer als die Unterlegenen, doch gibt es Ausnahmen (Bodey et al. 2009). Mit weiter zunehmendem

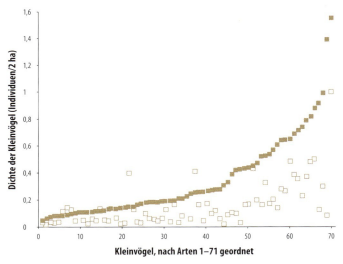

Abb. 8.4 Zwei Arten australischer Honigfresser, die Schwatzvögel *Manorina melanocephala* (Bild) und *M. flavigula*, sind derart konkurrenzstark, dass sie in ihren Territorien die kleineren Vogelarten zurückdrängen können. Der Effekt zeigte sich bei *M. melanocephala* ab einem Schwellenwert von 1,6 Schwatzvögeln pro 2 ha: Unterhalb von diesem Wert war die Dichte von 56 der 71 kleineren Vogelarten höher (gefüllte Quadrate), als wenn *M. melanocephala* häufiger war (offene Quadrate; Abbildung neu gezeichnet nach Mac Nally et al. 2012). Der Grund der Effizienz der beiden Manorina-Arten ist die gemeinsam betriebene, starke interspezifische Aggressivität dieser kooperativ in Kolonien brütenden Honigfresser. Ihr bevorzugtes Habitat sind strukturarme, offene Wälder; dadurch profitieren sie von zunehmender Waldfragmentierung und Intensivierung der Landwirtschaft. Es wird geschätzt, dass die beiden Schwatzvögel, die zusammen fast ganz Australien besiedeln, bereits auf weit >1 Million km² die Bestände kleinerer Vogelarten negativ beeinflusst haben (Maron et al. 2013; Mac Nally et al. 2014).

Unterschied in den Körpergrößen reduziert sich letztlich aber der Konkurrenzdruck, weil die Überlappung bei den genutzten (Nahrungs-)Ressourcen abnimmt und so die Differenzierung in unterschiedliche Nischen zunimmt. Bei gemeinsam vorkommenden Hasenartigen wurden kompetitive Interaktionen zwischen Artenpaaren beobachtet, die sich im Mittel um 700 g Körpermasse unterschieden, nicht hingegen bei solchen, deren Körpermassen durchschnittlich um gut 1300 g auseinanderlagen (Leach et al. 2015). Bei den oben erwähnten Beispielen des Konkurrenzausschlusses von Leoparden durch Tiger bestand zwar auch ein deutlicher Unterschied in der Körpergröße, doch überlappten die Nahrungsspektren der beiden Prädatoren sehr stark.

Man hat auch lange angenommen, dass sich nahe verwandte Arten aufgrund ihrer ökologischen Ähnlichkeit eher ausschließen als entfernt oder nicht verwandte. Daten dazu sind wenige vorhanden, aber eine Analyse von *checkerboard distributions* (Abb. 8.2) von Vögeln und einigen Säugetierordnungen (Primaten, Nagetieren und Insektenfressern) auf Borneo ergab, dass komplementäre Verbreitungsmuster viel häufiger unter Artenpaaren aus verschiedenen Ordnungen (vor allem zwischen kleinen Primaten und Hörnchen) auftraten als bei solchen aus der gleichen Ordnung (Beaudrot et al. 2013). Vergleichbare Befunde liegen für Töpfervögel in Südamerika vor (Pigot & Tobias 2013). Konkurrenz kann sogar zwischen Arten aus verwandtschaftlich weit auseinander liegenden Gruppen auftreten, etwa zwischen Fischen und Wasservögeln, welche dieselben Wirbellosen als Nahrung nutzen. Alle experimentellen Untersuchungen dieser Konstellation haben bisher einen Effekt der Fische auf Vögel gefunden (Haas et al. 2007; Dhondt 2012).

Koexistenz durch Differenzierung der Nischen

Artengemeinschaften, die eine gleiche Nahrungsressource auf ähnliche, doch leicht unterschiedliche Weise nutzen, werden als Gilde *(guild)* bezeichnet. Gilden können aus Arten von sehr unterschiedlichem Verwandtschaftsgrad bestehen, doch stammt die Mehrzahl von ihnen in der Regel aus derselben taxonomischen Einheit, etwa der gleichen Familie. Die subtile Nischendifferenzierung innerhalb verwandtschaftlich einheitlicher Gilden ist in wegweisenden Studien vor allem an kleineren Vögeln untersucht worden. Sowohl bei den bereits erwähnten Waldsängern (Kap. 8.4) als auch bei Meisen zeigten die Arbeiten beispielsweise, dass die einzelnen Arten in einem Baum unterschiedliche Bereiche absuchten – etwa die äußere Krone, das Innere des Blätterdachs oder tiefer liegende stammnahe Bereiche (MacArthur 1958; Lack 1971; Dhondt 2012). Auch die in den mediterranen Strauchheiden (Garrigue) vorkommenden Grasmückenarten (*Sylvia* sp.) koexistieren weniger über interspezifische Territorialität als über feine ökologische Unterschiede, die sich bei der Nahrungssuche in der Wahl der abgesuchten Pflanzenarten und deren Eigenschaften äußerten (Martin & Thibault 1996). Andere Merkmale subtiler Nischendifferenzierung können feine Unterschiede in der Nahrung oder ihrer räumlich-zeitlichen Verfügbarkeit sein. Nischendifferenzierung manifestiert sich aber nicht nur auf der Maßstabsgröße des Mikrohabitats, sondern auch auf größeren Skalen. Bei Meeresvögeln kann großflächige Segregation zwischen nahe verwandten Arten außerhalb des Brutgebiets sehr ausgeprägt sein, ohne dass sie das Ergebnis von Konkurrenzausschluss wäre (Quillfeldt et al. 2013).

Ähnliche Mechanismen der Nischendifferenzierung finden sich auch bei Säugetieren. Eine weltweite Übersicht über die Primaten zeigte, dass Unterschiede in der Nahrung, in der Nutzung der Straten (Höhe über Boden) sowie Präferenzen für unterschiedliche Waldtypen zusammen 67 % der Separierung bewirkten (Schreier et al. 2009). Unterschiede in der Tagesaktivität (tag-, dämmerungs-, nachtaktiv) waren bei Primaten nur in 4 % von potenzieller Bedeutung. Bei Carnivoren können unterschiedliche Muster der Tagesaktivität jedoch einen größeren Beitrag zur Konkurrenzvermeidung leisten (Monterroso et al. 2014).

Morphologische Anpassungen
Ökologische Differenzierung zwischen ähnlichen (und oft nah verwandten) Arten, die im selben Habitat koexistieren, geht normalerweise mit unterschiedlichen morphologischen Anpassungen einher. Oft korreliert der Grad des Unterschieds zwischen den Arten bei ökologischen und morphologischen Merkmalen sehr eng (Landmann & Winding 1993). Am häufigsten betreffen die morphologischen Anpassungen den Bewegungsapparat und vor allem die Einrichtungen zur Nahrungsaufnahme (Schnabel respektive Zähne, Kiefer- oder Schädelform).

Klassische Untersuchungen des Zusammenhangs zwischen morphologischer Differenzierung und der Aufteilung der Nahrungsressourcen wurden etwa an europäischen Finken (Newton 1967), tropischen Seeschwalben (Ashmole 1968) und holarktischen Gründelenten (Lack 1971) vorgenommen. Tatsächlich widerspiegelten die Unterschiede in Körper- und Schnabelgröße sowie Schnabelform die unterschiedliche Nutzung des Beutegrößenspektrums (Samen und andere Pflanzenteile bei den Finken und Enten, Fische und Kalmare bei den Seeschwalben). Vertiefte Studien an Gründelenten zeigten, dass Unterschiede in der Körperlänge die Enten einerseits ermächtigen, beim Gründeln (Nahrungssuche durch Kippen und Eintauchen des Vorderkörpers) unterschiedliche Tiefen innerhalb der Flachwasserzone zu erreichen (schematische Darstellung in Abb. 9.9) und sich so den Raum aufzuteilen. Andererseits können sie auch Seite an Seite Nahrung suchen, weil sie unterschiedlich große Nahrungsbestandteile nutzen. Gründelenten filtern diese Bestandteile mithilfe ihres lamellenbesetzten Schnabels aus dem Wasser, wobei die Abstände zwischen den Lamellen die Größe der Partikel bestimmen. Größere Arten besitzen Schnäbel mit weiteren Abständen als kleinere Arten. Dies führt auf großer Maßstabsebene zu einer räumlich und zeitlich stabilen Partitionierung der Nahrungsressourcen durch die koexistierenden Gründelentenarten (Brochet et al. 2012). Lokal betrachtet, können die Mechanismen der Segregation dynamischer sein. Die Gestalt der Flachwasserzonen bestimmt, ob die Ressourcenteilung eher nach Wassertiefe oder nach Größe der Nahrungspartikel geschieht: In sehr flachen Gewässern, die allen Arten Zugang zum Grund gewähren, spielt die Partikelgröße die Hauptrolle, in tieferen Becken die Zonierung nach Wassertiefe (Nudds et al. 2000). Ist Nahrung im Überfluss vorhanden, so kann die Segregation nach Partikelgröße weitgehend aufgegeben werden (Nummi & Väänänen 2001). Kommt es hingegen zur Verknappung der Nahrung oder reduzieren andere Faktoren die Aufnahmerate, so driften die realisierten Nischen auseinander (Guillemain et al. 2002; Gurd 2007; Abb. 8.5).

Die hier anhand der Vögel etwas detaillierter beschriebene feine Nischen-

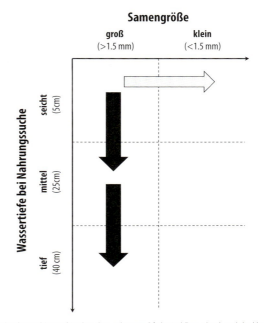

Abb. 8.5 In einem Überwinterungsgebiet in Westfrankreich nutzten Stockente (*Anas platyrhynchos*; schwarze Pfeile und Foto oben) und die kleinere Krickente (*A. crecca*; grauer Pfeil und Foto unten) in der ersten Winterhälfte zunächst beide die am wenigsten tiefen Flachwasserbereiche und filterten etwas größere Samen aus dem Wasser. Gründeln in untiefem Wasser erlaubt bessere Feinderkennung, während größere Samen zu einer effizienteren Energieaufnahme führen. Die reichliche Nahrungsbasis führte zu geringer Konkurrenz zwischen beiden Entenarten, sodass ihre realisierten Nischen in den beiden Dimensionen Partikelgröße der Nahrung und Wassertiefe am Ort der Nahrungssuche stark überlappten. Vermutlich als Folge zunehmender Nahrungsverknappung in der zweiten Winterhälfte drifteten die Nischen dann auseinander. Die Krickente wich auf die kleineren Samen aus, was der Stockente aufgrund ihrer größeren Lamellenabstände im Schnabel nicht möglich war. Dafür war sie imstande, in zunehmend größeren Wassertiefen zu gründeln. Ähnliche Muster dynamischer Nischendrift sind auch von anderen Artengemeinschaften bekannt (Abbildung neu gezeichnet nach Guillemain et al. 2002).

aufteilung, die mit bestimmten morphologischen Unterschieden verknüpft ist, kommt in analoger Weise auch bei Säugetieren vor. So unterscheiden sich gemeinsam vorkommende Carnivoren stärker in der Länge ihrer Reißzähne *(carnassial teeth)* als nahverwandte Artenpaare, deren Verbreitungsgebiete nicht überlappen. Global gesehen, lassen sich bis zu 63 % der Variation in der Überlappung von Verbreitungsgebieten der Carnivoren durch morphologische Differenzierung im Gebiss erklären (Davies T. J. et al. 2007). Auch bei den Huftieren bestimmt die Kiefermorphologie weitgehend die Form der Ressourcennutzung, besonders die Breite des Unterkiefers, gemessen am Abstand zwischen den Schneidezähnen *(incisor arcade width)*. Arten mit relativ breitem Unterkiefer sind daran angepasst, niedriges Gras flächig abzuweiden, während schmale Kiefer eher dazu geeignet sind, selektiv längere Gräser oder Laub zu beäsen (Gordon & Illius 1988; Kap. 3.8). Eine analoge Untersuchung zu der genannten Carnivorenstudie steht für Huftiere noch aus, doch gibt es Hinweise, dass sich die artenreichen afrikanischen Huftiergemeinschaften über unterschiedliche Kiefermorphologie und damit ihre Möglichkeiten, Gras verschiedener Höhe und Entwicklungsstadien zu nutzen, strukturieren (Murray & Brown 1993; Arsenault & Owen-Smith 2008; Stähli et al. 2015).

8.6 Konkurrenz als evolutive Kraft

Wenn nun also morphologische Differenzierung es zwei ansonsten ähnlichen Arten erlaubt zu koexistieren, so ist es möglich, dass sie sich unter dem Druck ihrer Konkurrenz durch natürliche Selektion auseinanderentwickelt haben (Kap. 8.2). Dieser Prozess wird als *character displacement* bezeichnet (Brown & Wilson 1956; Grant 1972). Er betrifft, wie bereits erwähnt, am häufigsten die Körpergröße und die der Nahrungsbeschaffung und -verarbeitung dienenden Körpermerkmale *(ecological character displacement)*, daneben auch das Reproduktionsverhalten *(reproductive character displacement)* oder das Aggressionsverhalten *(agonistic character displacement*; Grether et al. 2013). Die heute vorgefundene Differenzierung würde also auf früher wirksame Konkurrenz *(ghost of competition past)* verweisen, doch bleibt dies aufgrund der zirkulären Argumentation eine Annahme. Man kann sich damit behelfen, dass man Artenpaare vergleicht, deren Verbreitung sich nur teilweise überlappt. Bei sympatrischem (= gemeinsamem) Vorkommen müssten sie sich stärker unterscheiden als in den allopatrischen (= getrennten) Teilen ihrer Verbreitungsgebiete. Tatsächlich hat man eine Reihe solcher Beispiele gefunden (Abb. 8.6).

Allerdings sind auch bei diesen Fällen Annahmen vonnöten, besonders jene, dass die Divergenz tatsächlich unter Sympatrie entstanden ist und sich nicht sekundär die ehemals getrennten Verbreitungsgebiete zweier bereits differenzierter Arten überlappt haben. Auch muss sichergestellt sein, dass nicht geografische Variation von Merkmalen, die nichts mit Konkurrenz zu tun haben, entsprechende Muster generieren (Grant 1972; Meiri et al. 2011; vergleiche dazu auch Abb. 8.6). Aus diesen und weiteren Gründen hat das Konzept des *character displacement* und die übergeordnete Frage, ob Konkurrenz ein wichtiger Motor für die Strukturierung von Lebensgemeinschaften ist, eine wechselvolle Geschichte der Akzeptanz in der Wissenschaft erlebt. Nachdem die vielen publizierten Beispiele einer rigorosen Kontrolle mit alternativen Erklärungsmöglichkeiten unterzogen worden waren, blieb eine kleine Zahl von akzeptablen Beispielen für *character displacement* übrig (Stuart & Losos 2013). Zum Beispiel gibt es zahlreiche Belege, dass die Gilden kleinerer und mittlerer Prädatoren, vor allem der Wieselartigen und Katzen, oft sehr gleichmäßig nach Körpergröße oder Größe der Reißzähne (Kap. 8.5) strukturiert sind. Die Konstanz der Größenverhältnisse zwischen einer Art und der nächstgrößeren innerhalb einer Gilde ließ sich damit als Beleg für gleichmäßiges *character displacement* deuten (Dayan & Simberloff 1998). Allerdings ziehen neuere Arbeiten mit größerer geografischer Abdeckung diese Interpretation wieder in Zweifel (Meiri et al. 2007, 2011).

So wie der Nachweis von Konkurrenz am besten über Experimente gelingt (Kap. 8.4), so müssten auch deren evolutive Konsequenzen auf Körpermerkmale experimentell nachweisbar sein. Bei Vögeln und Säugetieren stellt sich die Frage, ob solche Experimente praktikabel sind und ob die erwarteten evolutiven Veränderungen wirklich in genügend kurzer Zeit ablaufen können. Die Forschung an Grundfinken *(Geospiza)*, einer Gruppe von bodenlebenden Darwinfinken auf den Galapagosinseln, konnte mithilfe von natürlichen Experimenten zeigen, dass interspezifische Konkurrenz bei stark limitierten Ressourcen tatsächlich in kurzer Zeit zu morphologischen Veränderungen

8.6 Konkurrenz als evolutive Kraft

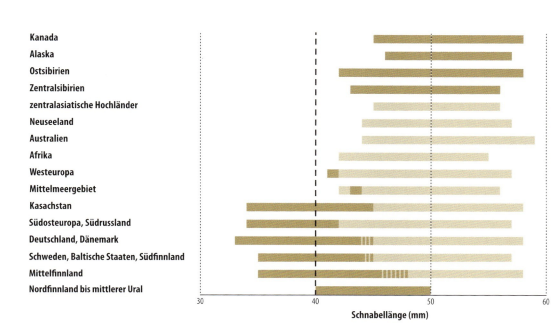

Abb. 8.6 Wo Rothalstaucher (*Podiceps grisegena*; oben) und Haubentaucher (*P. cristatus*; unten), zwei fischfressende Lappentaucher, gemeinsam vorkommen, unterscheiden sie sich in der Schnabellänge. Kein Unterschied zwischen den Arten findet sich hingegen bei Populationen, die ein Gebiet exklusiv bewohnen. Die Schnabellänge beim Haubentaucher bleibt über sein großes Verbreitungsgebiet allerdings konstant, während jene des Rothalstauchers variiert; man spricht in diesem Fall auch von einseitiger Divergenz. In Sibirien und Nordamerika, wo keine Konkurrenz durch den etwas größeren Haubentaucher stattfindet, besitzt der Rothalstaucher einen längeren Schnabel – es kam bei ihm zum *character release*, dem umgekehrten Fall von *character displacement* (Abbildung neu gezeichnet nach Fjeldså 1983).

P. grisegena

P. cristatus

führt, die auch einer rigorosen Definition von *character displacement* respektive *character release* genügen.

Drei der Arten, Großgrundfink *(G. magnirostris)*, Mittelgrundfink *(G. fortis)*, und Kleingrundfink *(G. fuliginosa)* kommen auf einigen Inseln gemeinsam vor; hierbei unterscheiden sie sich deutlich in Schnabelform und -größe (Abb. 8.7). Die Schnabelgröße bestimmt die Effizienz, mit der die Vögel Samen einer bestimmten Größe gewinnen können, und ist deshalb mit der Präferenz für bestimmte Samengrößen verknüpft (Lack 1947b; Schluter & Grant 1984). Auf einigen Inseln lebt entweder nur der Mittel- oder nur der Kleingrundfink. In diesem Fall sind sich die beiden morphologisch viel ähnlicher, was man als *character release* infolge des fehlenden Konkurrenzdrucks interpretieren kann. Auf der kleinen Insel Daphne Major

Abb. 8.7 Nur der Großgrundfink (B) und große Individuen des Mittelgrundfinks (A) können die Teilfrüchte (D, oben) des Burzeldorns *(Tribulus cistoides)* knacken, um an die fünf Samen zu gelangen (D, unten); kleinere Individuen des Mittelgrundfinks (C) halten sich an kleinere Samen, die sie besser bearbeiten können als die großschnäbligen Grundfinken (aus Grant & Grant 2006).

ist es der Mittelgrundfink, der hier aufgrund des Fehlens des Kleingrundfinks das üppige Angebot der kleineren Samen ungestört nutzen kann und deshalb im Mittel relativ kleinschnäblig ist (Abb. 8.7 C). Nur die Individuen mit größerem Schnabel (Abb. 8.7 A) vermögen größere Samen zu nutzen, vor allem jene des Burzeldorns (Abb. 8.7 D; Grant & Grant 2006, 2014).

Wenn infolge von Trockenheit das Samenangebot gering ist, bieten größere Samen den nahrungssuchenden Vögeln einen höheren Ertrag, und die großschnäbligen Mittelgrundfinken überleben besser. Dies war nach 1977 der Fall (Abb. 8.8). Später war das Angebot kleiner Samen erneut üppig und jenes der größeren gering, sodass die kleinschnäbligen Individuen wieder häufiger wurden und die mittlere Schnabelgröße auf den Ursprungswert sank. Inzwischen war der Großgrundfink (Abb. 8.7 B) auf Daphne Major eingewandert. Da er sich hauptsächlich von den großen Burzeldornsamen ernährte und nur langsam im Bestand zunahm, war die Konkurrenz mit dem Mittelgrundfink gering. Dies änderte sich, als 2003 und 2004 eine anhaltende Dürre das gesamte Samenangebot reduzierte. Groß- und die meisten Mittelgrundfinken konkurrierten stark um die verbliebenen großen Samen und hatten beide tiefe Überlebenschancen. Nur die Mittelgrundfinken mit den kleinsten Schnäbeln besaßen die Möglichkeit, sich konkurrenzfrei auf die kleinsten Samen zu konzentrieren. Ihre Überlebensrate – obwohl ebenfalls tief – war trotzdem etwas höher, und so sank daraufhin in der Population die mittlere Schnabelgröße auf die niedrigsten bisher registrierten Werte (Grant & Grant 2006, 2014). Dieses Beispiel belegt nicht nur die Existenz des *character displacement* und sein Beitrag zur Artbildung (Schluter 1988; Pfennig & Pfennig 2010), sondern führt uns auch vor Augen, dass Evolution unter bestimmten Bedingungen so schnell ablaufen kann, dass sie direkt beobachtbar ist (Grant & Grant 2014).

8.7 Konkurrenz in anthropogen beeinflussten Artengemeinschaften

Konkurrenz in ihrem Wirken zu verstehen, ist nicht nur im Umgang mit natürlichen Artengemeinschaften von Bedeutung. Wo die Artenzusammensetzung anthropogen verändert wurde, kann es zu Konkurrenzausschluss von einheimischen durch die vom Menschen geförderten Arten kommen. Beispiele sind invasive Arten und Konkurrenz zwischen Wildtieren und Nutztieren.

8.7 Konkurrenz in anthropogen beeinflussten Artengemeinschaften

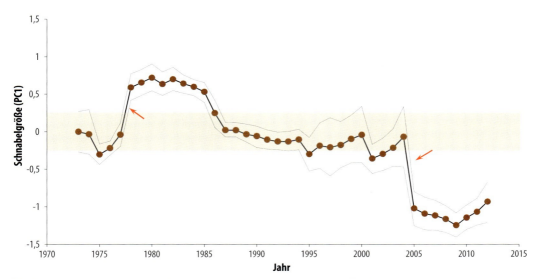

Abb. 8.8 Mittlere Schnabelgröße des Mittelgrundfinks auf der Galapagosinsel Daphne Major, 1973–2012. Die Größe (PC1) ist ein aus mehreren Variablen mittels einer Hauptkomponentenanalyse errechneter Wert mit 95 % Vertrauensbereich; der horizontale Balken zeigt den Vertrauensbereich für das Mittel von 1973, um die Stärke der nachfolgenden Veränderungen zu illustrieren. Die Population schwankte phänotypisch über die Zeit, wobei starke Trockenheit die beiden Ausschläge von 1977–1978 und 2004–2005 verursachte (Pfeile). Dass diese in entgegengesetzte Richtungen verliefen, war hingegen ein Effekt von fehlender (1977–1978) respektive wirksamer (2004–2005) Konkurrenz (Details im Text; Abbildung neu gezeichnet nach Grant & Grant 2006, 2014).

Verdrängung von einheimischen durch invasive Arten

Invasive Arten sind eingeschleppte oder eingebürgerte Arten, die sich in ihrem neuen Areal stark ausbreiten und so negative Auswirkungen auf die Bestände einheimischer Arten haben (Kap. 5.5). Bei Wirbeltieren geschehen diese Effekte häufig über Prädation respektive Herbivorie (Kap. 9.7), nur selten jedoch über Konkurrenzausschluss (Davis M. A. 2003). Bei Vögeln sind kaum Fälle von konkurrenzbedingten Fitnesseffekten zwischen exotischen und einheimischen Arten dokumentiert, solange um Nahrungsressourcen konkurriert wird. Wenn sich allerdings die Konkurrenz um Bruthöhlen dreht, eine im Allgemeinen sehr limitierte Ressource, sind oft eingeführte Arten einheimischen Höhlenbrütern überlegen (Blackburn et al. 2009). Ein Beispiel mit Halsbandsittichen wurde weiter oben (Kap. 8.4) bereits erwähnt. Besonders konkurrenzstark sind der Eurasische Star (*Sturnus vulgaris*; Abb. 6.11) in Nordamerika und der asiatische Hirtenstar *(Acridotheres tristis)* in Australien (Abb. 8.9), möglicherweise eine Folge der Fähigkeit der Stare, ihren Schnabel flexibler und für einen weiteren Anwendungsbereich zu nutzen als andere Vögel (Griffin A. S. & Diquelou 2015). Oft ist es aber fraglich, ob aus lokalen Effekten geschlossen werden darf, dass invasive Höhlenkonkurrenten auf einheimische Arten in größerem Maßstab bestandsbedrohend wirken. Bisher hat der Eurasische Star, trotz seinem Aufstieg zu einer der häufigsten Arten in Nordamerika, mit wenigen Ausnahmen keinen nachweisbaren Einfluss auf die Bestandsentwicklung anderer Höhlenbrüter genommen (Koenig W. D. 2003).

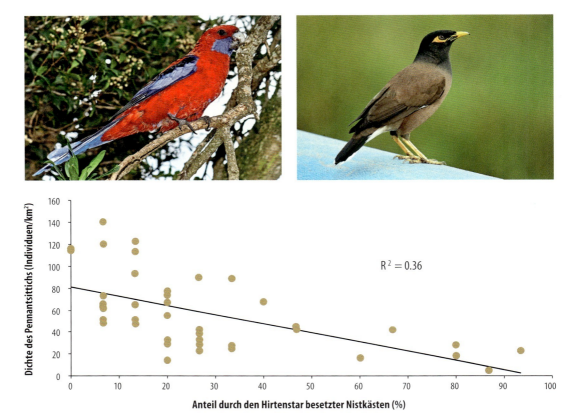

Abb. 8.9 Rund um Canberra, Australien, war die Dichte des Pennantsittichs (*Platycercus elegans*; rechts oben) negativ mit dem Anteil der durch Hirtenstare (links oben) besetzten Nistkästen korreliert; Gleiches galt für den Rosellasittich *(P. eximius)*. Allerdings spielte auch die Dichte der Bäume eine Rolle: Pennantsittiche waren in Gebieten mit dem dichtesten Baumbewuchs am häufigsten, Hirtenstare dort, wo die Bäume am wenigsten dicht standen (Abbildung neu gezeichnet nach Grarock et al. 2013).

Etwas anders präsentiert sich die Situation in Australien, wo viele Höhlenbrüter (neben Vögeln auch eine Anzahl von kleinen Beuteltieren) leben, die alle aber selbst keine Höhlen meißeln, sondern auf die natürliche und damit langsame Entstehung durch Holzzerfall angewiesen sind. Hier ist der Hirtenstar in der Lage, die Häufigkeit einheimischer Höhlenbrüter negativ zu beeinflussen (Abb. 8.9). Allerdings reagieren viele einheimische Arten auch negativ auf die Auflockerung des Baumbestands im Zuge der menschlichen Nutzungsintensivierung, die ihrerseits dem Hirtenstar zugutekommt. Die Konkurrenzstärke des Hirtenstars ist also stark davon abhängig, wie die Landschaft durch den Menschen verändert wird – er ist im *passenger–driver model* also mindestens so stark «Trittbrettfahrer» wie Verursacher der Bestandsabnahmen einheimischer Arten (Grarock et al. 2013, 2014).

Im Gegensatz zu den Vögeln gibt es bei Säugetieren einige wenige Beispiele von exotischen Arten, die einheimische Arten über große Gebiete durch Konkurrenzausschluss zum völligen Verschwinden gebracht haben. Besonders effizient war das amerikanische Grauhörnchen *(Sciurus carolinensis)*, das seit seiner Einführung zwischen 1876 und 1929 in Großbritannien das eurasische Eichhörnchen *(Sciurus vulgaris)* aus den Laubwaldgebieten, und damit dem größten Teil Englands, weitgehend verdrängt hat (Long 2003). Gleiches geschieht in Norditalien, wo sich das Grauhörnchen gegenwärtig von mehreren Aussetzungsorten her ausbreitet und das Eichhörnchen zurückweicht (Abb. 8.10). Die beiden Arten nutzen den Lebensraum sehr ähnlich und zeigen dennoch kaum Aggressivität gegeneinander; auch beeinflussen Grauhörnchen weder das Nahrungssuchverhalten der Eichhörnchen noch deren Überlebensraten als Adulte. Der Konkurrenzausschluss resultiert letztlich über verminderte Reproduktionsleistung des Eichhörnchens sowie geringeres Wachstum der Jungtiere unter Präsenz des Grauhörnchens, sodass die Rekrutierungsrate des Eichhörnchens nach dem herbstlichen Dispersal reduziert wird (Gurnell et al. 2004; Wauters et al. 2005). Das schnelle Verschwinden des Eichhörnchens aus weiten Teilen Großbritanniens wird aber durch einen weiteren Faktor mitverursacht, die Erkrankung der Eichhörnchen durch das Hörnchen-Parapoxvirus. Dieses wurde über die Grauhörnchen eingebracht, die als Reservoir fungieren, selbst daran aber nicht erkranken. Tatsächlich fiel der Rückgang des Eichhörnchens in Gebieten mit infizierten Grauhörnchen 17- bis 25-mal stärker aus als dort, wo Grauhörnchen keine Virusträger waren (Rushton et al. 2006). In Norditalien ist das Virus bisher nicht aufgetreten; die Verdrängung des Eichhörnchens allein

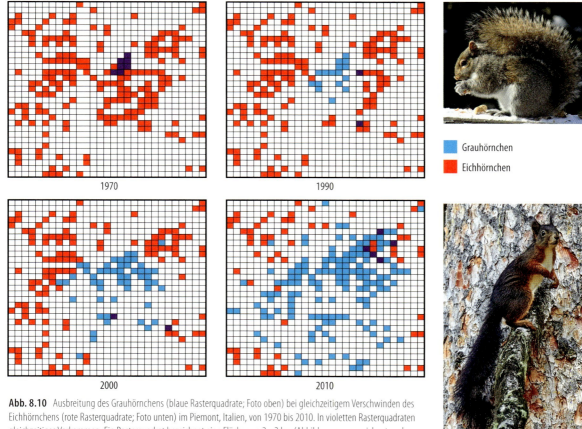

Abb. 8.10 Ausbreitung des Grauhörnchens (blaue Rasterquadrate; Foto oben) bei gleichzeitigem Verschwinden des Eichhörnchens (rote Rasterquadrate; Foto unten) im Piemont, Italien, von 1970 bis 2010. In violetten Rasterquadraten gleichzeitiges Vorkommen. Ein Rasterquadrat bezeichnet eine Fläche von 2 x 2 km (Abbildung neu gezeichnet nach Bertolino et al. 2014).

durch Konkurrenzausschluss verlief entsprechend langsamer (Abb. 8.10).

Der zweite Fall betrifft den Amerikanischen Nerz (oder Mink, *Neovison vison*), dessen Ausbreitung in Europa unter anderem zum Ausschluss des Europäischen Nerzes *(Mustela lutreola)* führt. Allerdings verschwand dieser aus weiten Teilen Europas vor der Ankunft des amerikanischen Konkurrenten, offenbar aufgrund seiner im Vergleich zum Mink viel stärker spezialisierten Lebensweise (Maran & Henttonen 1995; Lodé et al. 2001). In den übrig gebliebenen Teilarealen in Südwest- und Nordosteuropa nahm der Europäische Nerz hingegen zeitgleich mit der Zunahme des Minks ab, wobei sich die gegenläufigen Muster der Habitatbelegung am besten durch Konkurrenzausschluss erklären lassen (Sidorovich & Macdonald D. 2001; Santulli et al. 2014). Dieser kommt über *interference competition* zustande, wobei der größere Amerikanische Nerz die häufigen, aggressiven Auseinandersetzungen zumeist gewinnt (Sidorovich et al. 1999). Allerdings scheint, analog der Situation bei Grau- und Eichhörnchen, zusätzlich eine durch den Amerikanischen Nerz eingeschleppte Krankheit für den Rückgang der einheimischen Art mitverantwortlich zu sein – die durch Parvoviren hervorgerufene Aleutenkrankheit der Nerze (Mañas et al. 2001).

Konkurrenz zwischen Wildtieren und Nutztieren
Gegen 70 % des landwirtschaftlich genutzten Landes weltweit und etwa 40 % der gesamten Landoberfläche der Erde dienen als Weideland für Vieh (Niamir-Fuller et al. 2012, nach verschiedenen Quellen). Über weite Gebiete ist dieses Land auch der Lebensraum wilder Herbivoren, die weitgehend dieselben Pflanzen wie die domestizierten Arten fressen. Allfällige Konkurrenz zwischen den beiden Gruppen kann ökonomische wie naturschutzrelevante Konsequenzen nach sich ziehen und ist deshalb Gegenstand zahlreicher Untersuchungen geworden.

Oft kommt es zu räumlicher Segregation zwischen Wild- und Nutztieren. In welchem Ausmaß daran *interference* und *exploitation competition* beteiligt sind, ist meist nicht einfach zu ermitteln. Zumindest ist direkte Interferenz in Form von aggressiven Auseinandersetzungen selten (Colman et al. 2012). In aller Regel sind es die wilden Herbivoren, die dem Vieh ausweichen und dessen Weidegebiete räumen, nicht umgekehrt (Prins 2000; Madhusudan 2004; Nabte et al. 2013; Schroeder et al. 2013). Hohe Überlappung in der Nahrungswahl zwischen wilden und domestizierten Herbivoren fördert die räumliche Meidung. So reagieren in Savannen wilde Grasfresser stärker auf die Präsenz von Rindern als manche Laubäser; doch auch bei Savannenelefanten *(Loxodonta africana)* wurden starke Meidereaktionen beobachtet (Hibert et al. 2010). Der Effekt kann auch saisonal modifiziert sein. Beispielsweise hielten sich Wapitis *(Cervus canadensis)* im Westen der USA auf tiefer gelegenen Weiden auf, solange hier keine Rinder waren, wichen bei deren Ankunft jedoch auf höher gelegene Gebiete aus (Stewart et al. 2002). Die Wirkung einer Art auf eine ganze Gilde – im genannten Beispiel der Rinder auf mehrere Arten wilder Grasfresser – wird als *diffuse competition* bezeichnet. Vermutlich wird sie oft dadurch verstärkt, dass die Wildtiere auch wegen der erhöhten Präsenz von Menschen (und Hunden) ausweichen, die mit hohen Viehdichten einhergeht (Prins 2000; Hibert et al. 2010; Ogutu et al. 2014).

Bei starker Bestockung des Weidelands mit Nutztieren ist die zahlen-

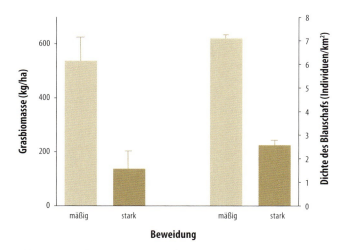

Abb. 8.11 Im nordwestindischen Transhimalaja sind viele Weidegebiete mit hohen Dichten von Vieh (unter anderem Schafen, Ziegen, Pferden, Hausyaks und Kühen) bestockt. Stark beweidete Flächen hatten eine 3-mal stärker reduzierte Grasbiomasse als nur mäßig beweidete, was mit einer Reduktion von 67 % in der Dichte des Blauschafs (*Pseudois nayaur*; Bild rechts) und einer um etwa ein Drittel verminderten Reproduktionsrate einherging (Mishra et al. 2004). Im Vergleich zu gänzlich nutztierfreien Gebieten war die Reproduktionsrate gar um zwei Drittel reduziert (Abbildung neu gezeichnet nach Suryawanshi et al. 2010).

mäßige Asymmetrie zu den wilden Herbivoren besonders stark, und die dominierende Form der Konkurrenz ist die *exploitation competition*. Deren Effekte auf Wildtiere sind unter anderem in Weidewirtschaften der zentralasiatischen Hochländer untersucht worden, wo die Biomassen der domestizierten Huftiere im Mittel von 500–2500 und lokal bis zu 17 000 kg pro km² reichen (Mishra et al. 2001; Berger J. et al. 2013). Dies ist das 2- bis über 100-Fache der Biomasse der wilden Huftiere. Der starke Beweidungsdruck führt zur Reduktion der verfügbaren Grasbiomasse und schlägt sich bei den wilden Herbivoren in verminderten Dichten und Reproduktionsraten nieder (Abb. 8.11). Selbstverständlich wirkt die Konkurrenz bei hohen Nutztierdichten nicht nur einseitig auf Wildtiere, sondern inter- und intraspezifisch auch unter den Nutztieren selbst – mit der Folge, dass die abnehmende Reproduktionsrate durch dichtere Bestockung nicht mehr aufgefangen werden kann und die Produktivität insgesamt sinkt (Mishra et al. 2001). Weil Nutztiere aber von zusätzlicher Fütterung sowie medizinischer und anderer Pflege durch den Menschen profitieren, können sie ihre kompetitive Überlegenheit über die wilden Konkurrenten aufrechterhalten (Shresta & Wegge 2008). In manchen Fällen sind sie auch Überträger von Pathogenen, die bei ihnen selbst nur geringe Symptome auslösen, für wilde Herbivoren jedoch tödlich wirken können (Kap. 10.6)

Bei geringerer Beweidungsintensität und niedrigerer Präsenz des Menschen auf den Weiden können wilde Herbivoren und Vieh koexistieren. Auf ostafrikanischen Ländereien, wo Wildtiere toleriert werden, sind die Bestände wilder Herbivoren trotz leichter Dominanz von Vieh (2,7 t Biomasse pro km² gegenüber 1,7 t Biomasse von wilden Huftieren) im Mittel stabil (Georgiadis et al. 2007). Das bedeutet nicht, dass keine Konkurrenz stattfindet, aber sie kann zwischen Vieh und den einzelnen Wildtierarten unterschiedlich wirken und auch das Vieh selber beeinträchtigen. Umgekehrt sind saisonal bedingt via *facilitation* (Kap. 8.8) auch positive Effekte möglich, von denen ebenfalls wilde wie domestizierte Herbivoren profitieren können (Young et al. 2005; Odadi et al. 2011; Ogutu et al. 2014).

In solchen kompetitiven Interaktionen können aufseiten der Wildtiere auch kleinere Arten involviert sein. Bei der Untersuchung von angeblicher Ressourcenkonkurrenz zwischen Bisons *(Bison bison)* und Rindern im Westen der USA stellte sich heraus, dass Wildtiere zwar knapp 48 % der Grasbiomasse konsumierten, dass aber nur 13,7 % auf das Konto der Bisons gingen, 34,1 % jedoch auf jenes von Hasen (Ranglack et al. 2015). Kleine Herbivoren vermögen im Grasland hohe Dichten zu erreichen. Aufgrund der Annahme, dass sie mit dem Vieh konkurrieren, sind in den nordamerikanischen Prärien früher die Präriehunde (*Cynomys* sp.) bekämpft worden und in den tibetischen Steppen heute noch die Schwarzlippen-Pfeifhasen *(Ochotona curzoniae)*. Allerdings sagt der Vergleich der Grasnutzung durch Vieh und kleine Grasfresser noch wenig über das Ausmaß allfälliger Konkurrenz aus. Untersuchungen haben jedoch gezeigt, dass in trockenen Gebieten die Beweidung durch Präriehunde die Nahrungsaufnahme der Rinder und damit deren Wachstum verringert. Bei feuchteren Bedingungen hingegen beschränken diese Nagetiere die den Rindern zur Verfügung stehende Biomasse nicht, erhöhen jedoch durch die Beweidung die Grasqualität (Kap. 3.8), sodass sie auf die Rinder einen positiven Einfluss ausüben (Derner et al. 2006; Augustine & Springer 2013). Auch im Fall der Pfeifhasen ist vielfach belegt, dass sie insgesamt günstige Effekte auf die Leistungen des Ökosystems erzielen (Delibes-Mateos et al. 2011).

8.8 Kommensalismus

Gemeinsames «Interesse» von zwei Arten an einer Ressource muss nicht in jedem Fall zu Konkurrenz führen. In gewissen Fällen können die Aktivitäten einer Art einer zweiten von Nutzen sein, ohne dass der ersten davon ein Nachteil erwächst. Kommensalismus im eigentlichen Wortsinn, nämlich dass einer Art durch eine andere Art Nahrung aufgeschlossen wird, ist weit verbreitet. Kuhreiher (*Bubulcus* sp.) oder auch Schafstelzen *(Motacilla flava)* folgen weidenden Huftieren und fressen die aufgescheuchten Insekten (s. auch Box 3.2), Nasenbären (*Nasua* sp.) Früchte, die von Affen aus den Bäumen fallen gelassen werden. Vergleichbare Konstellationen entstehen auch in marinen Artengemeinschaften, indem etwa fischfressende Vögel daraus Nutzen ziehen, dass Delfine oder Thunfische auf der Jagd kleine Schwarmfische an die Wasseroberfläche treiben (Goyert et al. 2014). Solche Assoziationen zwischen Arten sind locker und oft kurzzeitig, was wohl ein Grund dafür ist, dass man Kommensalismus respektive *facilitation* in der Biologie lange Zeit als ein eher unbedeutendes Phänomen betrachtet hat. Neuerdings wächst die Erkenntnis, dass einseitig positive Interaktionen zwischen Arten weit verbreitet sind und wie Konkurrenz zur Strukturierung von Artengemeinschaften beitragen können (Bruno et al. 2003).

8.8 Kommensalismus

Herbivoren

Ein klassisches Beispiel ist die bereits weiter oben kurz erwähnte *facilitation* von Herbivoren untereinander, die auf der in Kapitel 2.5 beschriebenen unterschiedlichen Fähigkeit der Arten beruht, mit langen, faserreichen Gräsern umzugehen. Die zeitliche Abfolge der Wanderung von verschieden großen Grasäsern in der Serengeti, Tansania (Kap. 6.3), ist als «*grazing succession*» beschrieben worden, bei der zunächst größere Arten die langen Gräser abweiden und damit die Vegetationsstruktur für die in Wellen nachfolgenden kleineren Arten aufbereiten, die auf kürzere, nährstoffreiche Gräser angewiesen sind (Bell R. H. V. 1970). Die Interpretation ist von einigen Autoren in Zweifel gezogen worden, da alternative Erklärungen möglich sind (Arsenault & Owen-Smith 2002). Seither haben jedoch zahlreiche Untersuchungen gezeigt, dass größere Herbivoren kleinere Arten begünstigen können, indem sie die Grashöhe reduzieren und damit das Nachwachsen von faserarmem, nährstoffreichem Gras stimulieren (du Toit & Olff 2014).

In etwas feuchteren Savannen sind offenbar nur Megaherbivoren wie Breitmaulnashorn *(Ceratotherium simum)* und Nilpferd *(Hippopotamus amphibius)* imstande, ohne Unterstützung durch Buschfeuer permanent niederwüchsige *grazing lawns* (Kap. 3.8) zu unterhalten, die auch die Bedürfnisse der mittelgroßen Herbivoren an den Nährwert der Nahrung abdecken. Erst unter semiariden, weniger wüchsigen Bedingungen gelingt dies den mittelgroßen Grasäsern auch selbst (Verweij et al. 2006; Waldram et al. 2008).

Günstige Effekte zwischen Herbivoren sind nicht auf unterschiedlich große wild lebende Arten beschränkt, sondern können auch zwischen Wild- und Nutztieren oder sehr unterschiedlichen Artenpaaren auftreten. Alaska-Pfeifhasen *(Ochotona collaris)* präferierten zum Beispiel Flächen, auf denen vorgängig Spinnerraupen gefressen hatten, gegenüber anderen (Barrio et al. 2013). In den Niederlanden profitieren überwinternde Gänse in großem Stil von der Beweidung durch Vieh und lokal auch von Feldhasen *(Lepus europaeus)*, die ih-

Abb. 8.12 Weißwangengänse *(Branta leucopsis)* an der niederländischen Nordseeküste nutzten im Herbst jene Weiden am stärksten, die den Sommer über mit höheren Dichten von Weidevieh, vorzugsweise Pferden, bestockt waren; im darauffolgenden Frühjahr waren die Unterschiede nicht mehr signifikant. Die Intensität der Beweidung durch Gänse wurde anhand der Zahl aufgefundener Kotwürstchen pro 4 m² ermittelt (Abbildung neu gezeichnet nach Mandema et al. 2014).

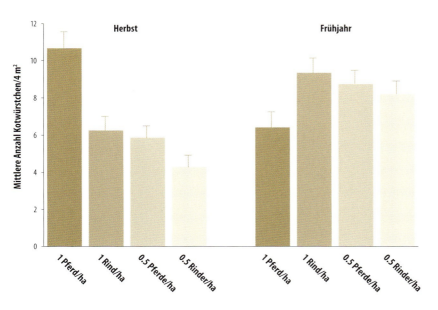

rerseits ebenfalls positiv auf Beweidung durch Vieh reagieren. Die Effekte kommen nicht nur über den erhöhten Nährwert neu sprießenden Grases zustande, sondern auch über längerfristig wirksame Verschiebungen in der Vegetationszusammensetzung von hochwüchsigen Arten wie Schilf *(Phragmites australis)* zu niederwüchsigen Gräsern *(Puccinellia, Agrostis, Festuca* etc.) mit höherem Gehalt an löslichen Aminosäuren (van der Wal et al. 2000b; Kuijper et al. 2008; Vulink et al. 2010). Die Gänse bevorzugen dabei die vorgängig am stärksten abgegrasten Weiden, solange die Wirkung noch frisch ist (Abb. 8.12). Dabei kann es jedoch auch zu einer Gratwanderung zwischen *facilitation* aufgrund der Qualität und Konkurrenz als Folge der Reduktion der Pflanzenbiomasse kommen. Gänse gewichten die Qualität höher und meiden sogar Flächen mit hoher Biomasse, während Feldhasen bei freier Wahl eine Kombination von hoher Qualität und Quantität bevorzugen und unter Konkurrenz mit Gänsen die Quantität höher gewichten (Stahl et al. 2006).

Carnivoren
Wie fließend die Übergänge von *facilitation* zu Interaktionen sein können, bei denen eine Art auf Kosten der anderen profitiert, führen uns Aasfresser *(scavenger)* vor Augen, deren Nahrung teilweise aus den Überresten der Mahlzeiten von Prädatoren besteht. Aasfressen ist weiter verbreitet, als sein Stellenwert in Theorie und ökologischer Literatur annehmen lässt. Neben den obligaten Aasfressern wie Geiern leben die meisten Prädatoren als fakultative Aasfresser ebenfalls zu einem gewissen Teil von Tieren, die sie nicht selbst geschlagen haben (DeVault et al. 2003). Dabei ist Aasfressen kein Zufallsprodukt, sondern zeigt klare Muster zwischen verschiedenen Aasfresserarten bezüglich Herkunft, Art, Größe und örtlicher Position der genutzten Kadaver sowie den Bedingungen, unter denen Aas überhaupt angenommen wird (Selva et al. 2005; Moleón et al. 2015). Prädatoren wiederum sorgen dafür, dass Aas im Jahresverlauf gleichmäßiger zur Verfügung steht, als es bei Todesfällen aufgrund von Umwelteinflüssen (Winter, Trockenheit etc.) der Fall wäre (Wilmers et al. 2003). Der unterstützende Beitrag der Prädatoren an die obligaten Aasfresser geht oft noch weiter als die «Bereitstellung» von Aas: Geier sind teilweise auch darauf angewiesen, dass sie von Prädatoren zerbrochene Knochen aufnehmen können. Welche Fitnesskosten den Geiern entstehen, wenn solche *facilitation* ausfällt, ist Thema von Box 2.3 (Kap. 2.2).

Aasfresser wie kleine Geier, die von Prädatoren verschmähte Kadaverreste vertilgen, oder die großen Bartgeier *(Gypaetus barbatus),* die sich an Knochen halten, verursachen den Prädatoren keine Kosten; die Bedingungen der *facilitation* sind erfüllt. Geier hingegen, die in größeren Gruppen ein Aas «übernehmen» und dieses in kurzer Zeit fertig verzehren, sind für die Prädatoren ein Kostenfaktor, denn ohne Aasfresser hätten die Prädatoren an den Folgetagen den Kadaver selbst fertig fressen können. In diesem Fall nimmt die Interaktion die Form von Kleptoparasitismus (Kap. 3.6) an. Kosten für Wölfe, die durch kleptoparasitische (= schmarotzende) Aasfresser verursacht werden, sind bereits in Kapitel 3.6 erwähnt. Letztlich bewirken solche Aasfresser, dass Prädatoren mehr Beute als von ihnen selbst benötigt schlagen müssen, und beeinflussen damit indirekt die Populationsdynamik der Beutearten (Moleón et al. 2014).

8.8 Kommensalismus

Ökosystemingenieure

Unabsichtliche Dienstleistungen an andere Arten kommen nicht nur im Kontext der Ernährung vor. Jene von Ökosystemingenieuren *(ecosystem engineer)* – Arten, die durch ihre Aktivität Einfluss auf die physische Gestaltung der Umgebung nehmen (Jones G. G. et al. 1994) – sind insgesamt sogar von größerer Tragweite für die Reichhaltigkeit und Strukturierung von Artengemeinschaften, da sie oft einer Vielzahl von Arten zugutekommen. Eine wichtige Form des *engineering* ist das Meißeln von Höhlen durch Spechte und einige andere Vogelarten, sowie das Graben von Höhlen durch manche Meeresvögel und vor allem durch Säugetiere. Sehr viele andere Tierarten, die solche Höhlen und Baue selbst nicht herstellen können, sind auf deren Existenz angewiesen, weil sie diese zur Jungenaufzucht oder als sichere Ruhe- und Überwinterungsplätze benötigen. Zwar entstehen weltweit die meisten Höhlen (bis 140 ha^{-1}) durch Zerfallsprozesse im Holz. Deren Häufigkeit ist aber regional sehr unterschiedlich. Spechte sind im Maximum «nur» für 20–25 Höhlen pro Hektar verantwortlich, doch können diese gerade dort, wo das natürliche Angebot sehr gering ist, bis über 90 % der verfügbaren Höhlen ausmachen (Remm & Lõhmus 2011; Abb. 8.13). Auch Erdbaue haben ähnliche Funktionen. An Bauen des Riesengürteltiers *(Priodontes maximus)* im Pantanal, Brasilien, wurden über 57 weitere Nutzerarten festgestellt. Auch wenn die Dichte dieser Gürteltiere gering ist, so führt ihre rege Grabtätigkeit, bei der sie jeden zweiten Tag einen neuen Bau oder zumindest eine Höhle zum Ruhen herstellen, zu einem großen Angebot solcher Strukturen. Allerdings ist, im Gegensatz zu manchen Nutzern von Spechthöhlen, keine Art vollständig

Abb. 8.13 Die Bedeutung der Spechte als Höhlenbauer für andere Arten ist abhängig vom menschlichen Einfluss auf den Wald. In laubholzdominierten Naturwäldern kann das Angebot natürlicher Höhlen so groß und qualitativ gut sein, dass andere Vögel nicht um Bruthöhlen konkurrieren müssen und natürliche Höhlen den Spechthöhlen vorziehen (Wesołowski 2007). In genutzten Misch- und Koniferenwäldern hingegen stammten 85 % der Höhlen von Spechten und wurden entsprechend häufig von Enten, Eulen und Singvögeln sowie Nagetieren genutzt (Aitken & Martin 2007). Vor allem die etwas größeren Arten unter ihnen sind auf die Höhlen großer Spechtarten wie des Magellanspechts *(Campephilus magellanicus;* oben links) angewiesen. Dieser Specht betätigt sich auch noch auf andere Weise als *facilitator:* Beim sogenannten Ringeln schlägt er kleine Löcher in den Stamm von Südbuchen *(Nothofagus),* um deren Saft aufzulecken. Diese Löcher kommen auch drei weiteren Saftliebhabern zugute, die selbst nicht ringeln können (Smaragdsittich, *Enicognathus ferrugineus,* oben rechts; Chile-Elaenie, *Elaenia chilensis,* unten links; Magellanämmerling, *Phrygilus patagonicus,* unten rechts). Sie sind in Waldflächen mit geringelten Bäumen häufiger als anderswo (Schlatter & Vergara 2005).

von diesen Bauen abhängig (Desbiez & Kluyber 2013).

Auch das klassische Lehrbuchbeispiel eines Ökosystemingenieurs, des eurasischen und des nordamerikanischen Bibers *(Castor fiber, C. canadensis)*, soll noch erwähnt werden, weil die Auswirkungen ihrer Dammbautätigkeit noch wesentlich weiter gehen als die bisher geschilderten Fälle. Als Gestalter ganzer Feuchtgebiete üben sie nicht nur auf einzelne Arten, sondern auch ganze Gemeinschaften einen fördernden Einfluss aus (Wright J. P. et al. 2002; Nummi & Holopainen 2014).

Weiterführende Literatur

Die großen Lehrbücher zur Ökologie widmen interspezifischen Interaktionen, und damit auch der Konkurrenz und ihren theoretischen Grundlagen, in der Regel ausführliche Kapitel. Oft ist der Fokus stark auf Pflanzen und andere sessile Organismen ausgerichtet; in Krebs' Klassiker hingegen kommen Vögel und Säugetiere gleichermaßen zur Sprache, während sie in Fryxell et al. naturgemäß den Schwerpunkt bilden:

- Krebs, C.J. 2009. *Ecology. The Experimental Analysis of Distribution and Abundance.* 6th ed. Benjamin Cummings, San Francisco.
- Fryxell, J.M., A.R.E. Sinclair & G. Caughley. 2014. *Wildlife Ecology, Conservation, and Management.* 3rd edition. Wiley Blackwell, Chichester.

Gegenwärtig gibt es kaum Bücher, die ganz auf zwischenartliche Konkurrenz ausgerichtet sind, mit Ausnahme eines Werks zu Vögeln, besonders zu Meisen und anderen Singvögeln:

- Dhondt, A.A. 2012. *Interspecific Competition in Birds.* Oxford University Press, Oxford.

Etwas älter, aber noch immer eine Quelle detaillierter Information zu Vögeln ist das entsprechende Kapitel in Newtons enzyklopädischem Werk:

- Newton, I. 1998. *Population Limitation in Birds.* Academic Press, San Diego.

9 Prädation

Abb. 9.0 Kormoran *(Phalacrocorax carbo)* mit erbeuteter Schleie *(Tinca tinca)*

Kapitelübersicht

9.1	Formen der Prädation	338
9.2	Funktionelle Reaktion	338
9.3	Numerische Reaktion	342
9.4	Prädationsraten	345
	Prädationsraten bei Huftieren	345
	Nutzungs- und Prädationsraten in aquatischen Systemen	347
9.5	Wechselwirkung zwischen Prädation und anderen Mortalitätsfaktoren	348
9.6	Prädation mit limitierender Wirkung	351
	Limitierung in Prädatoren-Herbivoren-Systemen	352
	Wirkungen der Prädation auf bodenbrütende Vögel	354
9.7	Prädation ohne populationsdynamische Effekte	357
	Kompensatorische Prädation von Huftieren	357
	Geringe Effekte von Vögeln als Prädatoren	358
9.8	Prädation mit destabilisierender Wirkung	359
	Invasive Prädatoren	360
	Destabilisierung durch einheimische Prädatoren	360
9.9	Prädation mit depensatorischer Wirkung	361
9.10	Dynamik zyklischer Prädator-Beute-Systeme	364
	Wühlmauszyklen	365
	Luchs-Hasen-Zyklen	368
	Raufußhuhn-Zyklen	369
9.11	Apex- und Mesoprädatoren: Dynamik mehrstufiger Prädatorensysteme	371
9.12	Nicht letale Effekte von Prädation	374

Prädation – das Töten von Individuen anderer Arten zur eigenen Ernährung – hat die Menschen schon immer fasziniert. Ökologen sind hier keine Ausnahme. Die Frage nach dem Einfluss, den Prädatoren auf die Beutepopulationen nehmen, ist eine der Kernfragen der Ökologie, denn sie führt direkt zu dem grundlegenden Thema des Energieflusses in Ökosystemen: Bottom-up- und Top-down-Regulation stehen zur Debatte. Prädatoren sind also wichtige Akteure in einem Ökosystem und nehmen letztlich auf zahlreiche Prozesse Einfluss. Auch das breite Publikum interessiert sich rege für die Prädatoren, wenn auch mehr für deren unmittelbare Auswirkungen: Was geschieht, wenn große Prädatoren ihr früheres Areal wiederbesiedeln? Nehmen dann die Huftierbestände ab und muss mit geringeren Jagderträgen gerechnet werden? Oder nehmen seltene und gefährdete Arten wegen der Prädatoren ab, ja können sie sogar auf diese Weise ausgerottet werden? Solche Fragen zu beantworten, gehört zu den wichtigsten Aufgaben der Wildtier- und Naturschutzbiologie und ihrer Anwendung in der Praxis. Während langer Zeit hat sich das Interesse ausschließlich auf die **letalen Auswirkungen** der Prädation gerichtet, also auf die populationsdynamischen Effekte des Tötens von Mitgliedern einer Beutepopulation und deren numerische Rückkoppelung auf die Prädatorenpopulation. Erst in jüngster Zeit hat sich herausgestellt, dass auch die bloße Anwesenheit von Prädatoren zu Veränderungen im Verhalten und bei der Physiologie der potenziellen Beutetiere führen kann, was hohe Fitnesskosten mit sich bringt. Unter Umständen können diese **nicht letalen Effekte** der Prädatoren die direkten Auswirkungen auf die Populationsentwicklung der Beute sogar übertreffen.

Dem verfügbaren Wissen entsprechend konzentriert sich dieses Kapitel auf die direkten Auswirkungen von Prädation im klassischen Sinne. Prädation ist zunächst eine Funktion der Beutedichte, die bestimmt, wie viele Individuen einer Beuteart ein Prädator in einer bestimmten Zeitdauer schlagen kann. Man nennt sie die **funktionelle Reaktion** des Prädators. Diese Reaktion wiederum ist entscheidend für das Überleben und die Reproduktion des Prädators und beeinflusst deshalb die Prädatorendichte. Veränderungen in der Prädatorendichte in Abhängigkeit von der Beutedichte nennt man die **numerische Reaktion** des Prädators. Das Produkt der beiden Reaktionen führt zur **Prädationsrate**, dem Anteil, der aus der Beutepopulation entnommen wird. Welchen Einfluss eine bestimmte Prädationsrate auf die Entwicklung einer Beutepopulation hat, hängt von der Wechselwirkung mit den übrigen Mortalitätsfaktoren und der Reproduktionsrate ab. Nimmt Prädation lediglich andere Todesursachen vorweg, so wirkt sie **kompensatorisch** und erhöht die gesamte Mortalität nicht, im anderen Fall ist sie **additiv** und wirkt zusätzlich zur übrigen Mortalität.

Welche Effekte beobachten wir nun in den verschiedenen Prädator-Beute-Systemen? Am häufigsten finden wir, dass Prädatoren eine Beutepopulation **limitieren:** Die Beutepopulation ist unter der Wirkung von Prädatoren kleiner, als wenn keine Prädatoren zugegen sind. Bei kleinen Beutepopulationen ergibt sich dabei oft eine **regulatorische** Wirkung. Dass Prädation rein kompensatorische Mortalität verursacht und damit **ohne direkten populationsdynamischen Effekt** auf die Beutepopulation bleibt, kommt ebenfalls vor. Prädation mit **destabilisierender** Wirkung auf die Beutepopulation, bis hin zur Ausrottung der Beute, scheint weitgehend auf vom Menschen **gestörte Systeme** beschränkt zu sein – etwa wenn eingeführte Prädatoren auf naive Beute treffen, die nicht mit Prädatoren zusammen evolvieren konnten. Auch «**subventionierte**» Prädatoren, die auf irgendeine Weise durch den Menschen unterstützt werden, können lokal eine solche Wirkung erzielen.

Viele Prädatoren-Beute-Systeme sind aber mehrstufig und kompliziert, sodass die beobachteten Wirkungen nicht allein auf die Prädatoren zurückgehen. Dies gilt etwa für die intensiv untersuchten, aber noch immer nicht gänzlich verstandenen **Bestandszyklen** von Hasen, Nagetieren und gewissen Hühnervögeln. Diese können mit den klassischen zweistufigen **Modellen** der gegenseitigen Populationsregulation (zum Beispiel von Lotka und Volterra) trotz der äußeren Ähnlichkeit nicht erklärt werden. Oft sind in einem System auch mehrere trophische Ebenen aufseiten der Prädatoren involviert, sodass es zur **Prädation** innerhalb der **Gilde** der **Prädatoren** kommt. Dies kann weitere Effekte auf tieferen trophischen Ebenen auslösen.

Nicht selten setzen sich diese Auswirkungen der Prädation kaskadenartig im Ökosystem fort und beeinflussen letztlich die Artenvielfalt oder die Zusammensetzung der Vegetationsdecke. Daneben rufen Prädatoren nicht nur numerische Effekte bei den Beutetieren hervor, sondern verwickeln sie auch in einen evolutiven «Rüstungswettlauf», der zu gegenseitigen Anpassungen führt. Prädatoren sind also auch ein wichtiger Selektionsfaktor und nehmen Einfluss auf die Life-History-Strategien der Beutearten. Auch wenn diese indirekten Auswirkungen der Prädation hier nur am Rande zur Sprache kommen, zeugen sie von der wichtigen funktionellen Stellung der Prädatoren in den Ökosystemen. Sie dürfen auch dann nicht vergessen werden, wenn die Diskussion im Kontext des Wildlife-Managements eng um die numerischen Effekte der Prädatoren auf Beutepopulationen kreist.

9.1 Formen der Prädation

Prädation findet statt, wenn ein Individuum ein anderes lebendes Individuum oder Teile davon frisst. Wie die Konkurrenz ist auch die Prädation eine Interaktion zwischen zwei Individuen, die in diesem Fall jedoch **verschiedenen trophischen Ebenen** angehören. Der Ausgang der Interaktion hat für die beiden Beteiligten damit gegenteilige Fitnesskonsequenzen (Tab. 8.1). Diese weit gefasste Definition der Prädation lässt Raum für vier Formen, schließt aber Aasfresser *(scavengers)* und Detritivoren aus, denn diese leben von totem Material:

1. **Herbivorie:** Wenn Tiere grüne Pflanzen beweiden oder deren Samen und Früchte aufnehmen, sterben die Pflanzen daran meistens nicht. Gezieltes Fressen der Samen (Samenprädation, *seed predation*) hat hingegen letale Auswirkungen auf den Samen, während Fruchtfresser die Samen oft wieder ausscheiden. Nicht selten benötigen Samen solche Vorverdauung zum Keimen. Verhaltensbiologische Aspekte der Herbivorie wurden bereits in Kapitel 3.8 behandelt.
2. **Parasitismus:** Parasiten verhalten sich insofern ähnlich den Herbivoren, als sie sich zwar von ihrem Wirt ernähren, diesen in der Regel aber nicht töten. Sie sind jedoch viel kleiner als der Wirt und oft auf eine oder wenige Wirtsarten beschränkt.

Parasitismus wird in Kapitel 10 gesondert behandelt.
3. **Carnivorie:** Das klassische Konzept der Prädation beschränkt sich auf den Vorgang, bei dem der Prädator lebende Beutetiere tötet und frisst. Der ältere Begriff «Räuber» für einen Prädator wird vor allem noch in der Kombination «Räuber-Beute-Beziehung» verwendet; in der deutschsprachigen Terminologie hat sich zudem das Wort «Beutegreifer» etabliert.
4. **Kannibalismus** ist ein Spezialfall der klassischen Prädation, wenn Prädator und Beute der gleichen Art angehören. Kannibalismus zum alleinigen Zweck der Ernährung ist bei Vögeln und Säugetieren selten. Formen des innerartlichen Tötens wie Infantizid und Kainismus, die andere Funktionen besitzen (Kap. 4), können aber mit dem Fressen des getöteten Artgenossen im Sinne einer opportunistischen Nahrungsaufnahme einhergehen.

Carnivorie kann weit gefächerte Auswirkungen auf allen trophischen Stufen und Organisationsebenen haben. Evolutionsbiologisch zwingt sie Prädator- wie Beutearten zu gegenseitigen strukturellen (= morphologischen) Anpassungen, wenn auch das klassische Konzept eines eigentlichen «Rüstungswettlaufs» *(evolutionary arms race)* angesichts der Evidenz übertrieben ist (Abrams 1986). Viele der Anpassungen sind verhaltensbiologischer Natur; gegenüber dem Menschen als Prädator haben sich keine strukturellen Adaptationen entwickelt (Vermeij 2012).

Dieses Kapitel beschränkt sich auf die Prädation im klassischen Sinne der Beeinflussung des Bestands und der demografischen Parameter einer Beuteart sowie der Rückkopplungen auf die eigene Bestandsdynamik des Prädators. Diese Fragen von Top-down- versus Bottom-up-Regulation beziehungsweise -Limitierung der Populationen (Kap. 7.4–7.5) sind von eminentem Interesse in der Ökologie. Nicht selten haben die Effekte von Prädation aber auch ökonomische oder naturschutzbiologische Auswirkungen, sodass das Thema auch in der Öffentlichkeit auf starken Widerhall stößt.

Wollen wir die direkten Effekte der Prädatoren auf die Beutepopulationen verstehen, so sind verschiedene Aspekte zu berücksichtigen. Wichtige Fragen sind etwa: Hängt die Erbeutungsrate von der Beutedichte ab? Beeinflusst die Beutedichte dadurch das Überleben und die Reproduktion des Prädators und ist sie deshalb wichtig für die Populationsgröße des Prädators? Welchen Einfluss haben Prädatoren auf die Beutepopulationen, und wann ist er limitierender oder regulierender Natur? Wie stark werden solche Effekte durch die *life history* der Beute – zum Beispiel deren Möglichkeiten zur Steigerung der Fekundität – beeinflusst? Welche Bedeutung haben Interaktionen zwischen verschiedenen Prädatoren- und Beutearten? Und welche Rolle spielen Anpassungen im Abwehrverhalten der Beutetiere?

9.2 Funktionelle Reaktion

Der erste Schritt auf dem Weg zum Verständnis, wie sich Prädation auf Prädator- und Beutepopulationen auswirken kann, führt uns zum Verhalten eines individuellen Prädators. Wir erinnern uns an die *optimal foraging theory* (Kap. 3.3) und daran, dass Größen wie die Suchzeit beziehungsweise die Rate, mit der ein Prädator auf eine Beute trifft, der Aufwand zur Gewinnung und

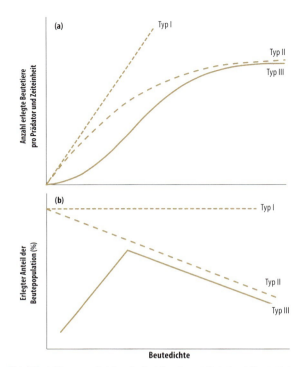

Abb. 9.1 (a) Typen von funktioneller Reaktion, dargestellt als Anzahl Beutestücke, erlegt vom Prädator pro Zeiteinheit, in Abhängigkeit der Beutedichte, (b) wie (a), aber dargestellt als Anteil der Beutepopulation, die gefressen wird (Abbildung neu gezeichnet nach Fryxell et al. 2014).

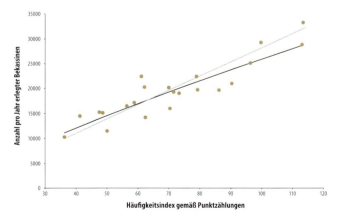

Abb. 9.2 Annähernd lineare funktionelle Reaktion (Typ I) von dänischen Jägern, die Bekassinen *(Gallinago gallinago)* bejagten. Bei größerer Häufigkeit der Vögel war die jagdliche Nutzung (schwarze Linie) leicht geringer als es einer gänzlich proportionalen Erlegungsrate (graue Linie) entsprochen hätte. Daten von 1988–2011, ohne 2003 und 2005 (Abbildung neu gezeichnet nach Kahlert et al. 2015). Eine lineare Funktion kann sich fälschlicherweise auch ergeben, wenn nicht über die ganze Skala der *prey density* gemessen werden kann, was bei Feldstudien nicht selten ist.

Bearbeitung der Beute *(handling)* und die aus ihr gewonnene Energiemenge die Effizienz der Nahrungsaufnahme ausmachen. Diese Größen bestimmen die **funktionelle Reaktion** *(functional response)* eines Prädators. Man versteht darunter die Form des Zusammenhangs zwischen seiner Erbeutungsrate (*kill rate*; Box 9.1), also der Zahl pro Zeiteinheit erlegter Beutetiere, und der Beutedichte. Klassischerweise lassen sich nach C. S. Holling (*1930), einem kanadischen Ökologen, drei Typen unterscheiden (Holling 1959; Abb. 9.1a, b):

- **Typ I:** Eine lineare Beziehung mit anteilsmäßig konstanter Entnahme entsteht, wenn ein Prädator räumlich zufällig und mit konstantem Aufwand sucht und sich dabei noch deutlich unterhalb der Sättigungsgrenze befindet. Ein reales Beispiel liefern Jäger auf der Schnepfenjagd (Abb. 9.2). Normalerweise tritt aber irgendwann eine Sättigung ein; zudem bleibt die Suchzeit meistens nicht konstant, weil die Bearbeitung einer Beute ebenfalls Zeit in Anspruch nimmt.
- **Typ II:** Bei zunehmender Beutedichte und entsprechend erhöhtem Fangerfolg pro Zeiteinheit wächst der Zeitaufwand für die Bearbeitung der Beute. Damit nähert sich die Erbeutungsrate asymptotisch an eine obere Grenze an – eine bestimmte absolute Beutemenge pro Zeiteinheit kann nicht überschritten werden. Der Anteil der entnommenen Beute sinkt linear mit zunehmender Dichte. Typ II ist relativ häufig und ist nicht nur für eigentliche Prädatoren, sondern auch für Herbivoren nachgewiesen (Abb. 9.3).

- **Typ III:** Die Anzahl gefressener Beute wächst sigmoid, wenn Prädatoren zwischen zwei ungleich häufigen Beutearten hin und her wechseln. Der entnommene Anteil der selteneren Art ist zunächst null, wenn sich der Prädator auf die häufigere Art konzentriert. Ab einem bestimmten Häufigkeitsverhältnis der beiden Beutearten kann der Prädator zur ursprünglich selteneren Art wechseln, sodass deren Erbeutungsrate zunimmt und sich schließlich ebenfalls einer oberen Asymptote annähert. Oft ist es deshalb schwierig, zwischen Typ II und III zu unterscheiden. Ein Beispiel liefert das gut untersuchte Prädator-Beute-System rund um das Schottische Moorschneehuhn (Abb. 9.4).

Neuere Arbeiten zeigen, dass die funktionelle Reaktion nicht nur von der Beutedichte allein, sondern auch vom Verhältnis zwischen Prädatoren- und Beutedichte abhängen kann *(ratio-dependent predation)*. Die Erbeutungsrate steigt dann mit zunehmendem Verhältnis in der Individuenzahl von Beute zu Prädator (Vucetich et al. 2002; Eberhardt et al. 2003; Hebblewhite 2013; Zimmermann et al. 2015). Verschiedene modifizierte Modelle versuchen zudem, Interaktionen zwischen den Prädatoren zu berücksichtigen. Gegenseitige Behinderung kann etwa bei Watvögeln von Bedeutung sein, die im Schwarm Nahrung suchen (Collazo et al. 2010).

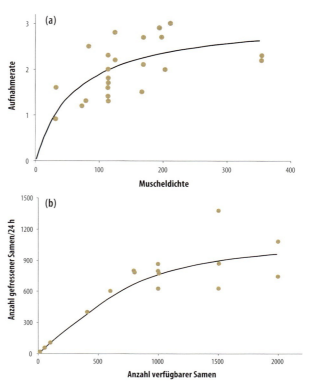

Abb. 9.3 Funktionelle Reaktion des Typs II von (a) Austernfischern *(Haematopus ostralegus)*, die Plattmuscheln *Macoma* aufnahmen (Indexwerte; Abbildung neu gezeichnet nach Goss-Custard et al. 2006), und von (b) Hausmäusen *(Mus musculus)*, die in einem Feldversuch über 24 Stunden Samen fraßen, wobei unterschiedliche Samenmengen zur Verfügung standen (Abbildung neu gezeichnet nach Ruscoe et al. 2005).

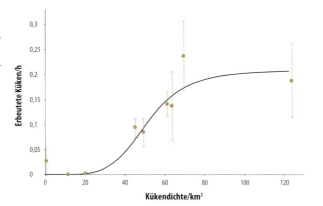

Abb. 9.4 Funktionelle Reaktion des Typs III von Kornweihen *(Circus cyaneus)*, die Küken des Schottischen Moorschneehuhns *(Lagopus lagopus scoticus)* erbeuteten. Alternative Beutearten waren Wiesenpieper *(Anthus pratensis)* und Kleinsäuger (Abbildung neu gezeichnet nach Redpath & Thirgood 1999).

> **Box 9.1 Erbeutungs- und Prädationsraten: Deutsche und englische Begriffe**
>
> Wie in vielen anderen Fällen ist die Handhabung der Begriffe zur Quantifizierung der Prädation im Deutschen und Englischen uneinheitlich. Um Missverständnissen beim Vergleich mit anderen Werken vorzubeugen, seien die Unterschiede hier aufgelistet.
>
> Die funktionelle Reaktion beruht auf der *kill rate*, der Zahl von Beutetieren, die ein einzelner Prädator pro Zeiteinheit erlegt. Sie ist hier mit **Erbeutungsrate** übersetzt. An ihrer Stelle findet man dafür gelegentlich den Begriff Prädationsrate (zum Beispiel in Nentwig et al. 2011).
>
> Im Englischen meint *predation rate* jedoch die Rate der Nutzung einer Population durch die Prädatoren, also der im Laufe der Zeit (meist innerhalb eines Jahres) erbeutete **Anteil** einer Beutepopulation (Kap. 9.4), der eine Funktion der Prädatorendichte und der Erbeutungsrate ist. Es ist deshalb sinnvoll, den Begriff **Prädationsrate** auch im Deutschen für die *predation rate* zu verwenden und nicht für die *kill rate*.

9.3 Numerische Reaktion

Betrachten wir als Nächstes das Verhältnis der Häufigkeiten von Beutetieren zu Prädator, wobei wir uns auf Huftiere und größere Carnivoren beschränken. Wir haben bereits bei der funktionellen Reaktion gesehen, dass dieses Verhältnis eine Rolle spielen kann. Weil sie unterschiedliche trophische Ebenen repräsentieren, sind Beutetiere viel häufiger als ihre Prädatoren. Beim Vergleich der Häufigkeitsverhältnisse ist zu beachten, dass die Werte in den verschiedenen Studien unterschiedlich angegeben werden (Individuendichten oder Biomasse pro Flächeneinheit, oder auch Dichten für Prädatoren und Biomasse für Huftiere).

Wo die Prädatorenpopulationen einigermaßen intakt sind, wurden numerische Verhältnisse von etwa 150–500 Beutetieren zu 1 Prädator ermittelt (Eltringham 1979; Karanth et al. 2004; Abb. 9.5). Die Werte hängen auch von den relativen Körpergrößen von Prädator und Beute ab: Wenn große Beutearten zur Verfügung stehen, sind die Verhältnisse geringer, als wenn Prädatoren kleinere Beute schlagen. Umgerechnet auf die Biomasse sowohl von Prädator als auch Beute, ergaben sich in ostafrikanischen Nationalparks zur Mehrzahl Verhältnisse von 100:1 bis 300:1 (Schaller 1972) respektive 200:1 bis 400:1, wenn nur Löwen *(Panthera leo)* und ihre Beutetiere berücksichtigt wurden (Grange & Duncan 2006). Lediglich ein Verhältnis von 35:1 wurde für einen afrikanischen Regenwald gefunden (Prins & Reitsma 1989). Umgekehrt kann in Gebieten mit starkem anthropogenem Einfluss der Quotient hoch sein: In der Schweiz standen einem Eurasischen Luchs *(Lynx lynx)* geschätzte 150 Gämsen *(Rupicapra rupicapra)* und 600–900 Rehe *(Capreolus capreolus)* gegenüber, was auf die Biomasse umgerechnet einem Verhältnis von rund 1000:1 entspricht (Molinari-Jobin et al. 2002). Trotz aller Variabilität zeigen größere Datensätze, dass die Häufigkeiten von Prädatoren mit jenen ihrer Beutetiere korrelieren (Abb. 9.5).

9.3 Numerische Reaktion

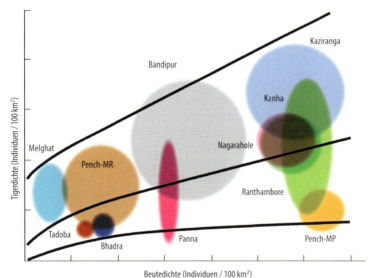

Abb. 9.5 Modellierter Zusammenhang zwischen den Dichten von Tiger (*Panthera tigris*; Ind./100 km²) und Beutetieren (Ind./km²) in indischen Schutzgebieten, wo der Sambarhirsch (*Rusa unicolor*, links) eine wichtige Beuteart ist. Gesamtmodell (schwarze Linien: Mittel und 95-%-Vertrauensgrenzen; Modelle für einzelne Parks (Ellipsen): Mittel (Punkte) und 75-%-Vertrauensgrenzen (Abbildung neu gezeichnet nach Karanth et al. 2004). Eine ähnliche – lineare – Kurve zwischen der Dichte des Wolfs (*Canis lupus*) und der Biomasse der Huftiere wurde aufgrund der Daten aus 31 nordamerikanischen Studien ermittelt (Fuller T. K. et al. 2003; vergleiche dazu die Kurvenform in Abb. 9.7, welche die Wolfsdichte als Funktion der Dichte der einen Hauptbeuteart zeichnet).

Eine Auswertung entsprechender Studien über einen weiten Größenbereich von Prädatoren (Körpermasse von 0,14 bis 310 kg) ergab dabei auch, dass im Mittel auf 10 000 kg Beute 90 kg Prädator kommen, was einem Verhältnis von 111:1 entspricht (Carbone & Gittleman 2002).

Hinter solchen Vergleichen steckt die Idee, dass die Beutedichte der entscheidende limitierende Faktor der Prädatorendichte ist. So gesehen, ist die Zahl der Prädatoren abhängig von der Beutedichte und verändert sich mit deren Schwankungen. Man bezeichnet dies als **numerische Reaktion** *(numerical response)*, die primär darauf beruht, dass eine Änderung im Beuteangebot die Überlebens- und Reproduktionsraten des Prädators steuert (demografische numerische Reaktion). Bei größeren Arten mit längerer Generationendauer geschieht dies mit einer gewissen Zeitverzögerung (Abb. 9.6), während kleine Prädatoren mit schneller *life history* zügiger reagieren können. Ein Beispiel

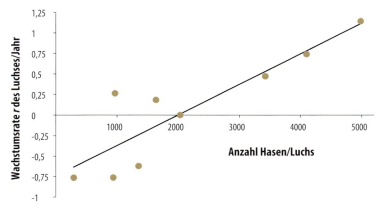

Abb. 9.6 Wachstumsrate *r* in einer Population des Kanadaluchses in Abhängigkeit der Verfügbarkeit der Hauptbeute, des Schneeschuhhasen *(Lepus americanus)*, ausgedrückt als Anzahl Hasen im Verhältnis zur Anzahl Luchse. Die Wachstumsrate beschreibt die Zunahme der Luchspopulation vom Jahr *t* zum Jahr *t*+1, die Hasendichte bezieht sich auf das Jahr *t*. Unterhalb eines Verhältnisses von 2000 Hasen pro Luchs war dessen Wachstumsrate negativ (Abbildung neu gezeichnet nach Hone et al. 2007).

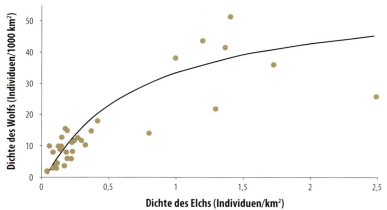

Abb. 9.7 Beziehung zwischen den Dichten von Wolf und Elch *(Alces alces)*, der Hauptbeute des Wolfs, in verschiedenen Gebieten Kanadas und Alaskas. Die Werte beziehen sich auf vom Menschen unbeeinflusste Wolfspopulationen. Als bestes Modell für den Zusammenhang erwies sich eine hyperbolische Funktion (Abbildung neu gezeichnet nach Messier 1994).

sind die Bestandszunahmen von Samenprädatoren (kleinen Nagern, manchen Singvogelarten) in Mastjahren oder von Wühlmausprädatoren nach zyklischen Bestandsspitzen der Nager (Kap. 9.10). Schneller als über demografische Veränderungen reagieren Prädatoren, indem sie ihre Dispersalraten (*breeding dispersal*: Kap. 5.5) modifizieren. Vor allem Vögel wandern schnell zu (*aggregative response*), wenn es irgendwo zu Massenvermehrungen (Gradationen) von Insekten- oder Nagetierpopulationen kommt. Gelb- und Schwarzschnabelkuckucke *(Coccyzus erythrophthalmus, C. americanus)* finden Herde der Massenvermehrung des Schwammspinners *(Lymantria dispar)* aus 40–150 km Entfernung (Barber et al. 2008). Bei Abnahme der Beutedichte wandern die Prädatoren wieder ab, und ihre Dichte im Gebiet sinkt. Auch größere Arten können so schnell und heftig reagieren: Kanadaluchse *(Lynx canadensis)* wandern nach dem Zusammenbruch ihrer zyklisch schwankenden Beutepopulation (Kap. 9.10) teilweise über weite Distanzen (maximal bis 930 km) ab (Poole 1997). Haben Prädatoren umgekehrt die Möglichkeit, starke Schwankungen bei einer Beuteart durch stärkere Bejagung einer alternativen Beute abzupuffern, so können numerische Reaktionen ausbleiben, wie dies etwa beim Habichtsadler *(Aquila fasciata)* nachgewiesen ist (Moleón et al. 2012).

Die korrelative Darstellung von Prädatoren- und Beutedichten gemäß Abbildung 9.5 wird auch als isokline numerische Reaktion bezeichnet (Bayliss & Choquenot 2002). Oft verläuft die Beziehung nicht linear, sondern schwächt sich bei hoher Beutedichte ab (Abb. 9.7). Dies ist ein Hinweis auf die zusätzliche Existenz beuteunabhängiger Regulationsfaktoren, vor allem intrinsischer Art. Es gibt nämlich Hinweise, dass große Prädatoren im Gegensatz zu kleineren Arten über soziale Mechanismen verfügen, die Selbstregulation zulassen (Kissui & Packer 2004; Wallach et al. 2015). Zudem können klimatische Schwankungen auch bei Prädatoren limitierend wirken (Bowler B. et al. 2014). Dazu kommt, dass neben der Bottom-up-Beeinflussung gleichzeitig auch ein Top-down-Effekt, ein Einfluss der Prädatoren auf die Beutepopulation, wirksam sein kann (Kap. 9.5). Zwar ist das Prinzip der numerischen Reaktion, also der letztendlichen Limitierung von Prädatoren durch das Nahrungsangebot, nicht infrage gestellt (Eberhardt et al. 2003; Hayward M. W. et al. 2007), doch ist es oft nicht einfach, aus (vielfach nur grob geschätzten) Dichteverhältnissen von Prädator- und Beutepopulation das Ausmaß der Limitierung abzuleiten (Bowyer et al. 2013). In den meisten Fällen handelt es sich auch nicht um einfache «Zweierbeziehungen», sondern um Wechselwirkungen zwischen mehreren Prädatoren- und Beutearten (Kap. 9.10–9.11). Zudem scheint die Stärke der numerischen Reaktion auch abhängig von der Körpergröße des Prädators zu sein, denn große Arten reagieren auf die Verminderung der Beutedichten mit viel stärkerer eigener Abnahme als kleinere Prädatoren, was auf eine *bottom–up* wirkende Limitierung hindeutet (Carbone et al. 2011).

9.4 Prädationsraten

Multipliziert man die Zahl der Prädatoren (die numerische Reaktion) mit der Zahl pro Prädator gefressener Beutetiere (die funktionelle Reaktion), so erhält man die pro Zeiteinheit aus der Beutepopulation entnommene Zahl der Individuen, was als *total response* bezeichnet wird. Setzt man diese Zahl in Relation zur Populationsgröße der Beute, so ergibt sich die **Prädationsrate** (*predation rate;* Box 9.1). Diese bezeichnet den jährlichen Anteil der Beutepopulation, der dem Prädator zum Opfer fällt. Die Kenntnis der Prädationsraten ist nicht nur für ökologische Fragestellungen wichtig, sondern auch für das Management von Prädator-Beute-Systemen. Prädationsraten sagen *per se* zwar noch nichts über den eigentlichen Einfluss der Prädatoren auf die Dynamik der Beutepopulationen aus, eignen sich aber für die erste Abschätzung eines möglichen Einflusses.

Prädationsraten bei Huftieren
Quantitative Effekte von Prädation sind an Huftieren intensiv untersucht worden. Bei ihnen liegen Prädationsraten durch größere Prädatoren oft im Bereich von 10–15 % der geschätzten Bestandsgröße. Für die indischen Nationalparks im Beispiel von Abbildung 9.5 wird mit einer Prädationsrate von 10 % der Beutepopulation durch Tiger gerechnet oder mit 15 %, wenn alle Prädatoren einbezogen werden. Eine Population des Eurasischen Luchses im Schweizer Jura erbeutete im Maximum 9 % des geschätzten Frühjahrsbestands an Rehen und 11 % jenes der Gämsen

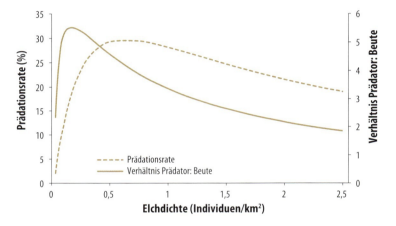

Abb. 9.8 Die anhand verschiedener Literaturangaben modellierte Prädationsrate von nordamerikanischen Elchpopulationen durch Wölfe verlief, allein als Funktion der Elchdichte betrachtet (gestrichelte Linie), zunächst positiv dichteabhängig, kehrte sich ab einer Dichte von etwa 0,65 Elchen/km² jedoch wieder um. Die höchste Prädationsrate erfolgte damit nicht genau dort, wo das Verhältnis der Dichten von Prädator zu Beute (Wölfe pro 100 Elche: ausgezogene Linie) am höchsten war, vermutlich weil bei sehr geringen Elchdichten Wölfe vermehrt Alternativen zur Primärbeute Elch suchen mussten (Abbildung neu gezeichnet nach Messier 1994).

(*Rupicapra rupicapra*; Molinari-Jobin et al. 2002). Polnische Studien über den Einfluss des Wolfs auf Huftiere fanden, dass im Maximum 10 % der Huftierbiomasse entnommen wurden und die Prädationsraten der am stärksten bejagten Art, des Rothirsches (*Cervus elaphus*), bei 9–13 % lagen (Głowaciński & Profus 1997; Jędrzejewski et al. 2002). Auch die Mehrzahl der nordamerikanischen Studien zur Prädation des Wolfs am Elch ermittelte Prädationsraten bis etwa 20 % (Boutin 1992; Messier 1994; Vucetich et al. 2011). Als Ausdruck numerischer wie funktioneller Reaktionen sind Prädationsraten aber nicht fest, sondern schwanken über die Zeit mit dem sich ändernden Größenverhältnis zwischen Prädator- und Beutepopulation (Abb. 9.8); deshalb ist dieses Verhältnis im Allgemeinen der bessere Einflusswert in Bezug auf die Prädationsrate als die Erbeutungsrate (Vucetich et al. 2011; Hebblewhite 2013). So hat man bei hohen Verhältnissen von Wolfs- zu Elchdichte (>8 Wölfe/100 Elche) Prädationsraten von 25 % und mehr geschätzt (Hayes & Harestad 2000; Vucetich et al. 2011). Auch Luchse vermochten bei relativ hohen Dichten vorübergehend Prädationsraten von 36–39 % des geschätzten Frühjahrbestand des Rehs zu erreichen (Breitenmoser & Breitenmoser-Würsten 2008).

9.4 Prädationsraten

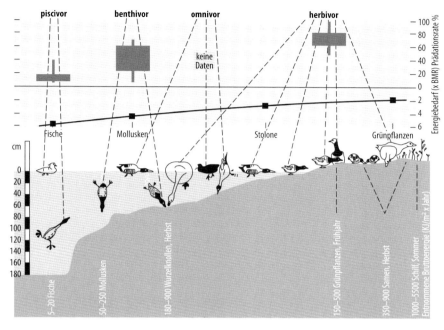

Abb. 9.9 Schematischer Querschnitt durch die Litoralzone eines mitteleuropäischen Feuchtgebiets und seiner Wasservogelgilden (Gilde = Gruppe von Arten mit gleicher Ernährungsweise; Kap. 3.2). Oben sind die Prädationsraten angegeben, in der Mitte die dafür pro Tag benötigte Energie, ausgedrückt als Mehrfaches des Grundumsatzes (BMR, Kap. 2.1), und unten die pro Quadratmeter jährlich extrahierte Energiemenge. Die Daten zu den Prädationsraten stammen von je 11–18 pro Gilde ausgewerteten Studien (umgezeichnet nach Van Eerden 1997).

Daraus folgt, dass Prädationsraten im Allgemeinen umgekehrt proportional zum Verhältnis zwischen Beutetier- und Prädatordichte verlaufen (Hebblewhite 2013). Besonders augenfällig tritt dies in afrikanischen Prädator-Beute-Systemen zutage: Die riesige Biomasse der migrierenden Herbivoren im Serengeti-Mara-Ökosystem (Kap. 6.3) wird von den Prädatoren zu weniger als 2 % genutzt, die viel geringere der sesshaften Herbivoren hingegen zu etwa 40 %, während sich die Raten in drei anderen afrikanischen Gebieten mit zunehmendem Verhältnis von Prädatorbiomasse zu Beutebiomasse von 5 % bis gut 20 % erstreckten (Fritz H. et al. 2011).

Prädationsraten hängen aber auch von der Altersstruktur der Beutepopulation ab. Jungtiere sind verletzlicher, liefern dem Prädator jedoch weniger Biomasse als adulte Individuen. Prädatoren erzielen bei der Jagd auf Jungtiere höhere Erbeutungsraten, was sich in deutlich höheren Prädationsraten im Vergleich zu jener bei adulten Huftieren niederschlägt. Bei einer Auswertung von über 100 Studien an 10 Huftierarten auf der Nordhalbkugel zeigte sich, dass die Mortalität von Kitzen in den ersten Lebensmonaten bei Anwesenheit von Prädatoren 47 % betrug, in Gebieten ohne Prädatoren hingegen nur 19 %; die mittlere Prädationsrate der Kitze betrug dabei 37 % (Linnell et al. 1995).

Nutzungs- und Prädationsraten in aquatischen Systemen
Prädationsraten variieren zwischen verschiedenen Prädator-Beute-Systemen in weiten Grenzen, die von wenigen Prozent bis über 90 % reichen. Diese Spannweite kann gut am Beispiel verschiedener Wasservogelarten illustriert werden, die unterschiedliche Beutertengruppen, inklusive Pflanzen, nutzen (Abb. 9.9). Für diesen Vergleich wenden wir deshalb die umfassende Definition von Prädation gemäß Kapitel

9.1 an, die Herbivorie einschließt. Sehr hohe Raten von etwa 60–80 % und mehr werden aber nicht nur von herbivoren Wasservögeln wie Enten und Gänsen erreicht, welche die Bodenvegetation am Ufer nutzen. Auch benthivore Tauchenten, die Muschelbänke «abgrasen», können derart hohe Prädationsraten erreichen. Entscheidend für die hohen Nutzungs- respektive Prädationsraten ist, dass festsitzende, frei zugängliche Organismen beweidet werden, unabhängig davon, ob es sich um Prädation oder Herbivorie handelt. Wird der Suchaufwand höher, etwa aufgrund wachsender Tauchtiefen oder weil die bodenlebende Beute weniger dicht und stärker räumlich verteilt ist, sinken die möglichen Prädationsraten schnell auf unter 50 %, während gleichzeitig die Energieausgabe steigt. Am geringsten ist die Entnahme bei frei beweglicher Beute: Fischfresser nutzen unter normalen Umständen meist weniger als 20 % eines Fischbestands, was etwa den erwähnten Prädationsraten bei Huftierpopulationen entspricht.

9.5 Wechselwirkung zwischen Prädation und anderen Mortalitätsfaktoren

Um die weiteren Überlegungen zu erleichtern, lohnt es sich, zunächst einmal die Prädation im Kontext aller demografischen Prozesse zu betrachten, welche die Wachstumsrate der Beutepopulation und damit deren Größe bestimmen. Aus Abbildung 9.10 wird deutlich, dass es die Kenntnis der Prädationsrate einer Beutepopulation durch Prädatoren grundsätzlich noch nicht erlaubt, den Effekt der Prädation auf die Dynamik der Beutepopulation zu beurteilen. Es gilt zunächst, die Prädationsrate, das heißt die prädationsbedingte Mortalitätsrate, mit der Reproduktionsrate zu vergleichen. Ist die Prädationsrate höher, so ist der Ausgang klar: Prädation führt schon für sich allein zu negativer Wachstumsrate und damit zum Rückgang der Beutepopulation.

Ist die Prädationsrate geringer als die Reproduktionsrate, so bewirkt Prädation an sich noch keine negative Wachstumsrate. Dabei ist aber zu bedenken, dass Prädation in der Regel nicht die einzige Todesursache ist, sondern dass ein zusätzlicher Teil der Individuen an Krankheiten, Nahrungsmangel, Unfällen oder allenfalls durch die Jagd (als Prädation durch den Menschen gesondert betrachtet) umkommt. Die gesamte Mortalitätsrate kann also die Reproduktionsrate dennoch übertreffen. Summieren sich die Raten (Prädation und übrige Mortalität), so spricht man von **additiver** Wirkung der Prädation.

Bedeutet also das Töten eines Beutetiers durch einen Prädator, dass die Beutepopulation um ein Individuum kleiner sein wird, als wenn es keine Prädation gäbe? Diese weit verbreitete, populäre Vorstellung der Wirkungsweise von Prädation trifft meist nicht zu, weil prädationsbedingte und übrige Mortalität in Wechselwirkung stehen und sich zumindest teilweise ausgleichen. In diesem Fall handelt es sich um **kompensatorische** Prädation. Bezeichnen wir die jährliche Mortalitätsrate durch Prädation mit H, die jährliche Überlebensrate ohne Prädation mit S_O und die jährliche Überlebensrate mit S_A, so ergibt sich

$$S_A = S_O \qquad (9.1)$$

bei gänzlich kompensatorischer Mortalität und

$$S_A = S_O(1 - H) \qquad (9.2)$$

9.5 Wechselwirkung zwischen Prädation und anderen Mortalitätsfaktoren

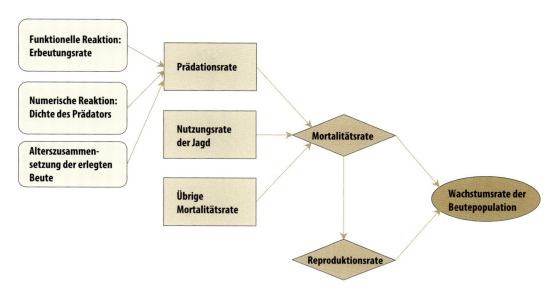

Abb. 9.10 Vereinfachtes Ablaufdiagramm der Wirkung der Prädation innerhalb der demografischen Prozesse, welche die Größe und Wachstumsrate einer Beutepopulation bestimmen. Die Wachstumsrate ergibt sich aus den beiden wichtigsten demografischen Raten (altersabhängige Mortalität/Überleben und Reproduktion), wobei die Reproduktionsrate ihrerseits auf die Höhe der Mortalität reagieren kann. Die Mortalitätsrate resultiert aus mehreren altersabhängigen Mortalitätsfaktoren (Prädation, allenfalls Jagd, übrige Mortalität). Die Prädationsrate schließlich ergibt sich aus der funktionellen und numerischen Reaktion der Prädatoren (Kap. 9.4, 9.5) und wird damit von der Altersverteilung der erbeuteten Individuen mitbestimmt. Ähnliches gilt für die Jagd und die übrige Mortalität, wofür im Schema die Pfeile weggelassen sind, ebenso wie für verschiedene mögliche Rückkoppelungen (verändert nach Gervasi et al. 2012).

bei gänzlich additiver Mortalität (Mills 2013).

Wie kommt es zu solcher Wechselwirkung? Errington (1963) war der Erste, der zugrunde liegende Mechanismen aufdeckte. Er studierte über lange Zeit eine Population von Bisamratten *(Ondatra zibethicus)*, die strikt territorial lebten und hoher Mortalität durch Amerikanische Nerze *(Neovison vison)* ausgesetzt waren. Dennoch blieb die Population konstant, denn die Prädation betraf hauptsächlich Bisamratten, die kein Territorium übernehmen konnten und als «Überzählige» an anderen Ursachen ohnehin gestorben wären. Errington nannte diese Individuen den *doomed surplus*. Konkurrenz um Territorien, und damit allgemein dichteabhängige Mortalität, begünstigt also kompensatorische Ef-

fekte von Prädation. Wir erwarten solche auch, wenn Prädatoren weitgehend Individuen mit geringem Reproduktionswert (Jungtiere und Angehörige älterer Altersklassen; Kap. 7.2) erbeuten. Dies ist tatsächlich oft der Fall, sowohl bei Säugetieren (Abb. 9.11) als auch bei Vögeln. Ein Vergleich der Huftierbeute zwischen verschiedenen großen Prädatorenarten (Katzen, Hundeartigen etc.) ergab, dass der Anteil gerissener Jungtiere mit zunehmendem Körpergewicht der Beuteart anstieg (Gervasi et al. 2015). Habichte *(Accipiter gentilis)*, die Waldkäuze *(Strix aluco)* erbeuteten, schlugen überproportional viele junge Tiere, sodass der Einfluss auf die Populationsgröße gering blieb (Hoy et al. 2015).

Eine dritte Möglichkeit kompensatorischer Prädation eröffnet sich durch

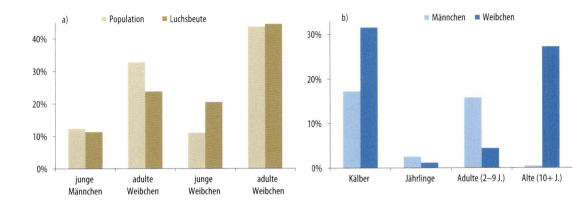

Abb. 9.11 Alters- und Geschlechtszusammensetzung der Huftierbeute von großen Prädatoren. a) Reh (n = 128 gerissene Individuen) und Eurasischer Luchs in zwei Gebieten Norwegens, b) Wapiti (n = 959) und Wolf im nördlichen Yellowstone-Park, USA. Beim Luchs als Ansitzjäger unterschied sich die Zusammensetzung der Beute nach Alter und Geschlecht nicht signifikant von jener in der Population, während Wölfe als Verfolgungsjäger weit überproportional (Populationsdaten nicht illustriert) Kälber und Angehörige hoher Altersklassen, also Individuen mit geringem Reproduktionswert erbeuteten. Bei den Weibchen waren das 91 % der Opfer, während (jüngere) adulte Männchen ein höheres Risiko als alte männliche Wapitis hatten, vom Wolf gerissen zu werden (Abbildung neu gezeichnet nach Andersen et al. 2007 und Wright G. J. et al. 2006).

die Fokussierung von Prädatoren auf Individuen in schlechterer körperlicher Verfassung als ihre Artgenossen *(substandard individuals)*. Abgemagerte, verletzte, kranke und von Parasiten befallene Tiere legen ein risikoreicheres Verhalten an den Tag und haben bei der Flucht ein Handicap; sie sollten also überdurchschnittlich häufig erbeutet werden. Diese populäre Annahme ist mittlerweile auch in Studien mit rigoroser Versuchsanordnung belegt worden (Alzaga et al. 2008; Genovart et al. 2010; Tucker et al. 2016). Allerdings spielt es auch eine Rolle, wie einfach die Erbeutung einer Art für den Prädator ist: Bei schwierig zu fangenden Arten werden geschwächte Individuen stärker bevorzugt als bei einfacher zu erbeutenden Arten (Temple 1987; Wirsing et al. 2002). Umgekehrt können aber auch Merkmale guter Kondition, beispielsweise starke Fettanlagerung, oder das auffälligere Verhalten von Individuen im *prime age*, wie etwa balzender oder revieranzeigender Männchen, das Prädationsrisiko erhöhen (Genovart et al. 2010; Sunde et al. 2012).

Prädatoren erbeuten also bei Weitem nicht nur in der Kondition reduzierte Individuen, so wenig wie sie ausschließlich Tiere von niedrigem Reproduktionswert nutzen (Abb. 9.11). Prädation entfaltet damit in der Regel weder vollständig kompensatorische noch rein additive Wirkung; der Effekt liegt meist zwischen den beiden Extremen. Das Ausmaß populationsdynamischer Wirkungen von Prädation hängt im Einzelnen von verschiedenen Einflussgrößen ab:

- Prädatoren: Wie viele Prädatorenarten sind beteiligt? Findet zusätzlich auch Prädation innerhalb der Gilde der Prädatoren statt?
- Beutearten: Ist eine Art Hauptbeute eines Prädators, oder wechselt der Prädator zwischen verschiedenen

Beutearten hin und her *(prey switching)*?
- Dichte von Prädator und Beute: In welchem Verhältnis stehen sie zueinander?
- Welche Altersklassen der Beute werden getötet?
- Welche zusätzlichen Mortalitätsfaktoren (Jagd, Nahrungsmangel etc.) sind wirksam, und sind diese dichteabhängig?
- Reproduktionsraten: Wie hoch ist die intrinsische Wachstumsrate der Beuteart im Vergleich zu jener des Prädators?

Dazu liegt eine große Menge empirischer Evidenz aus unterschiedlich strukturierten Prädator-Beute-Systemen vor. Die vielen Untersuchungen in Systemen einfacherer Struktur (je ein bis zwei Prädator- und Beutearten) haben gezeigt, dass eine große Bandbreite möglicher Effekte gefunden werden kann, von negativen zu neutralen, und in seltenen Fällen sogar positiven Auswirkungen auf die Bestandsentwicklung der Beutepopulation. Das bedeutet aber nicht, dass die verschiedenen Effekte in gleicher Häufigkeit vorkommen – die gewöhnlichste Form der Einwirkung ist die Limitierung der Beutepopulation. Wenn mehrere Prädatoren- und Beutetierarten über mehr als zwei trophische Stufen involviert sind, können Prädator-Beute-Systeme schnell komplex werden. In den folgenden Kapiteln beschäftigen wir uns mit der empirischen Evidenz für die unterschiedlichen Effekte der Prädation und den ihnen zugrunde liegenden Mechanismen.

9.6 Prädation mit limitierender Wirkung

Wenn Mortalität durch Prädatoren zumindest teilweise additiv wirkt, sinkt die jährliche Überlebensrate der Beute (Gleichung 9.2). Sofern diese Mortalität nicht durch erhöhte Reproduktionsrate ausgeglichen werden kann, sinkt damit auch die Wachstumsrate. Prädation limitiert so die Größe der Beutepopulation auf einem tieferen Wert, als er ohne Prädatoren erreicht würde. Eine weltweite Metaanalyse von Studien mit experimentellem Ausschluss der Prädatoren fand, dass Limitierung der häufigste Effekt von Prädation war und dass bei Absenz von Prädatoren die Beutepopulationen im Mittel auf das 1,7-Fache anwuchsen, was einer Verminderung durch die Prädation auf etwa 60 % des möglichen Bestands entspricht. Die in den Experimenten erfassten Prädatoren waren größtenteils Säugetiere, die Beute zur Hauptsache Säugetiere und bodenbrütende Vögel (Salo et al. 2010). Eine ähnliche Übersicht über britische Experimente an Prädatoren von bodenbrütenden Vögeln bezifferte die Reduktion ebenfalls auf etwa 60 % des prädationsfreien Bestands (Holt et al. 2008). Meistens handelt es sich dabei um einfache Limitierung und nicht um Regulation (Definitionen in Kap. 7.5). Regulation als Folge dichteabhängiger Prädation kommt auch vor, beschränkt sich aber oft auf Beutepopulationen in einem Zustand niedriger Dichte. Da die häufigste funktionelle Reaktion von Prädatoren jene des Typs II ist, die sich bei hohen Beutedichten abflacht (Abb. 9.3), kommt es dort (wie auch bei jener des Typs III) zu invers dichteabhängigen Prädationsraten (Messier & Joly 2000).

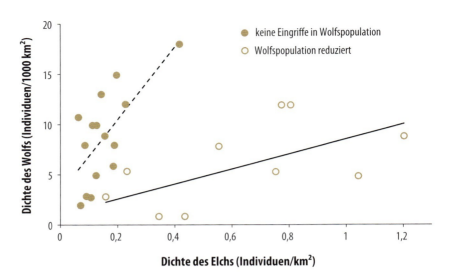

Abb. 9.12 Die Dichte von Elchen in Alaska und im Yukon hängt mit der Wolfsdichte zusammen: Wo die die Zahl der Wölfe massiv reduziert wurde, gibt es im Mittel etwa 4,5-mal mehr Elche als dort, wo keine Eingriffe in die Wolfspopulationen stattfanden. Abbildung neu gezeichnet nach Gasaway et al. (1992); siehe dazu auch Abbildung 9.8.

Limitierung in Prädatoren-Herbivoren-Systemen

Die experimentelle Manipulation der Populationen großer Prädatoren von Huftieren ist schwieriger, doch werden in Teilen Alaskas und anderswo auf der Welt regelmäßig die Bestände von Wölfen durch Abschuss, Fang und Vergiftung reduziert mit der Absicht, dass sich so die Dichten von Huftieren (häufig Elch) und damit die Jagderträge steigern lassen (Boertje et al. 2009; dazu Box 9.2). Anderswo haben Wiedereinführung und Wiedereinwanderung von Wölfen den Prädationsdruck vor allem auf Rothirsch und Wapiti *(Cervus canadensis)* verändert (Jędrzejewska & Jędrzejewski 1998; White P. J. et al. 2013). Untersuchungen in wolfsdominierten Prädator-Beute-Systemen auf der Nordhalbkugel, zur Mehrheit in Nordamerika, formen so auch weitgehend unser Wissen zu den Auswirkungen großer Prädatoren auf Huftiere. Vergleiche von Gebieten mit und (weitgehend) ohne Wolfsprädation zeigen, dass Huftierdichten – in diesem Fall meist Elch, denn nicht alle Huftierarten standen unter entsprechendem Prädationsdruck – bei Abwesenheit von Wölfen bis über 5-mal höher waren (Gasaway et al. 1992; Hayes et al. 2003; Ripple & Beschta 2012; Abb. 9.12). Allerdings kann daraus nicht auf einen entsprechenden Effekt der Wölfe allein geschlossen werden, denn die wolfsbedingte Mortalität steht in Wechselwirkung mit der Mortalität, die durch andere Prädatoren (Braun-/Grizzlybär, *Ursus arctos;* Schwarzbär, *U. americanus;* Mensch) verursacht wird. Generell wirken aber Prädationsraten verschiedener Prädatoren mindestens teilweise additiv, sodass das Ausmaß der Limitierung mit der Anzahl anwesender Prädatorenarten ansteigt (Gasaway et al. 1992; Peterson R. O. et al. 2003; Ripple & Beschta 2012). Der größte additive Effekt verschiedener Prädatoren ergibt sich durch die Prädation von Jungtieren im Sommerhalbjahr, weil Jungtiere auch kleineren Prädatoren «offenstehen» (Gasaway et al. 1992; Bergerud & Elliot 1998; Testa 2004; Boertje et al. 2009; Marescot et al. 2015).

Modifiziert werden diese Top-down-Effekte durch Bottom-up-Effekte (Kap. 7.4). Großflächig existiert ein von Süd nach Nord abnehmender Gradient der Primärproduktion, der dazu führt, dass Prädation Huftierpopulationen in weniger produktiven Habitaten stärker limitiert als bei höherer Primärproduktion (Melis et al. 2009). Auch regional und lokal beeinflusst das Nahrungsangebot und vor allem seine Verfügbarkeit in Abhängigkeit von der Schneemenge die winterlichen Mortalitätsraten. In den untersuchten Wolf-Elch-Systemen kompensierte jedoch solche Mortalität den Rückgang der Mortalitätsrate aufgrund der verminderten Prädation nicht. In einer Studie, die solche Wechselbeziehungen einbezog, bewirkte die Reduktion der Bären um 50–90 % und jene der Wölfe um 75 %, also ein weitgehender Prädatorenausschluss, eine Zunahme der Elche um 45 % innerhalb von 6 Jahren (Keech et al. 2011).

Anders als beim Elch und beim Rentier haben ähnliche Erhebungen an Hirschen eine stärkere Bedeutung von *bottom-up* wirkenden Mortalitätsursachen sowie der jagdlich bedingten Mortalität gefunden; die additive Wirkung der Sterblichkeit durch Prädation ist insgesamt schwächer. In zwölf Populationen des Wapitis in den nordwestlichen USA wirkte sich bei der Prädation von Kälbern einzig diejenige durch den Grizzlybären additiv aus; die Prädation durch den Wolf und andere Prädatoren hatten demgegenüber untereinander einen kompensatorischen Effekt (Griffin K. A. et al. 2011). Die Mortalität adulter weiblicher Wapitis wurde in 45 Populationen in den westlichen USA untersucht und obwohl eine kombinierte additive Wirkung der Prädatoren festgestellt wurde, reduzierten diese die Überlebenswahrscheinlichkeit um weniger als 2 %; der entscheidende Faktor war die Jagd (Brodie et al. 2013). Ein Vergleich der beiden skandinavischen Prädator-Beute-Systeme (Braunbär/Wolf–Elch und Eurasischer Luchs/Rotfuchs–Reh, beide zudem mit dem Menschen als Nutzer) ergab hingegen, dass der Luchs den stärksten, die beiden großen Prädatoren sowie der Rotfuchs *(Vulpes vulpes)* hingegen nur geringen Einfluss auf die Wachstumsraten von Elch und Reh nahmen. Der Unterschied hatte wenig mit den Prädationsraten zu tun, die ähnlich waren, sondern kam durch unterschiedliche Altersverteilung der getöteten Beutetieren zustande: 65 % der vom Luchs gerissenen Rehe waren Adulte, während die übrigen Prädatoren zu 80 % (Wolf) bis 100 % (Rotfuchs) auf Elchkälber respektive Rehkitze fokussierten und damit eher kompensatorische Mortalität generierten (Gervasi et al. 2012).

Ungleich weniger Studien liegen aus subtropischen und tropischen Zonen mit ihrer höheren Primärproduktion vor, obwohl diese weit arten- und individuenreichere Prädator-Herbivoren-Systeme beherbergen können. Die vorhandenen Daten zeigen, dass das Zusammenspiel von quantitativem und qualitativem Nahrungsangebot mit den Körpergrößen von Prädatoren und herbivoren Beutearten entscheidet, ob Prädatoren einen limitierenden respektive regulierenden *(top-down)* Einfluss auf die Beute ausüben können oder ob eher Bottom-up-Prozesse wirksam sind (Hopcraft et al. 2010). In der Serengeti (Tansania) ist die Mortalität kleinerer Huftiere hauptsächlich durch Prädation verursacht. Der Anteil der Prädation an der Sterblichkeit größerer Herbivoren wird ab etwa 150 kg Körpergewicht geringer als der Anteil von *bottom-up* wirkenden Ursachen und nimmt mit zunehmender Körpergröße weiterhin ab, sodass Megaherbivoren praktisch ausschließlich nahrungslimitiert sind (Sinclair et al. 2003; dazu Abb. 7.8). Die Bedeutung der Prädation als Mortalitätsfaktor variiert aber regional, und zwar nicht in direkter Abhängigkeit von der Dichte der Prädatoren, sondern eher mit der relativen Häufigkeit der Körpergrößenklassen bei Prädatoren und Beutearten: Bei höherem Verhältnis der Biomasse von Prädator zu Beute konsumieren Prädatoren einen höheren Anteil der Herbivorenbiomasse (Fritz H. et al. 2011; Kap. 7.4). Damit kann auch für größere Herbivoren von 150–800 kg Körpergewicht, das heißt inklusive von Kaffernbüffel *(Syncerus caffer)* und Giraffe *(Giraffa camelopardalis),* der Anteil von Prädation an der Mortalität stark ansteigen (Owen-Smith & Mills 2008).

Es ist aber zu bedenken, dass auch ein hoher Anteil von Prädation an der Mortalität einer Art noch keine Aussage zur kompensatorischen oder additiven Natur der Prädation macht. Bei verschiedenen Arten (zum Beispiel Kaffernbüffel, Kudu, *Tragelaphus strepsiceros,* und Giraffe) trifft Prädation oftmals unterernährte Individuen (Owen-Smith 2008). Die Befunde aus der Serengeti (Sinclair et al. 2003) lassen aber den Schluss zu, dass der Prädationsdruck die Populationen der kleineren Herbivoren limitierte, denn in einer aufgrund von Wilderei weitgehend prädatorfreien Periode reagierten diese im Gegensatz zur Giraffe mit massiven, vorübergehenden Bestandszunahmen. Limitierende Wirkung dürften die vergleichsweise hohen Löwenbestände im Krüger-Nationalpark (Südafrika) auch auf Steppenzebras *(Equus quagga)* und Weißbartgnus *(Connochaetes taurinus)* ausüben. Diese Arten erleiden die höchste prädationsbedingte Mortalität nicht unter schlechter Kondition, sondern bei guter Nahrungsversorgung während der Regenzeiten. Dabei resultiert eine für weibliche Huftiere im *prime age* relativ hohe jährliche Mortalität von 10–15 %, was darauf schließen lässt, dass die Prädatoren tatsächlich für additive Mortalität sorgen (Owen-Smith 2008). Im Unterschied dazu wird die wandernde Weißbartgnu-Population der Serengeti durch ihr Nahrungsangebot reguliert (s. unten). Insgesamt hat der Löwe, der Spitzenprädator in den artenreichen afrikanischen Prädator-Beute-Gemeinschaften, einen deutlich geringeren limitierenden Einfluss auf seine Hauptbeutearten, als ihn der Wolf, der Topprädator in den weniger artenreichen Gemeinschaften der Nordhemisphäre, ausübt. Ein Grund dafür dürfte – neben dem weiter oben erwähnten Zusammenhang mit der Primärproduktion – die Möglichkeit sein, trotz aller Selektivität für bestimmte Arten (etwa Gnus und Zebras) zwischen verschiedenen Beutearten hin und her zu wechseln, wodurch der Prädationsdruck auf die Primärbeute variiert (Owen-Smith 2015; dazu auch Kap. 9.8).

Wirkungen der Prädation auf bodenbrütende Vögel
Auch die Wirkung von kleineren Prädatoren auf bodenbrütende Vögel ist häufig untersucht worden, oftmals als Folge von Nutzungskonflikten um jagdbare Arten wie Enten und Hühnervögel oder hinsichtlich des Schutzes von bestandsbedrohten Limikolen und anderen Vogelgruppen. Dazu liegen Übersichten und Metaanalysen der Studien vor, welche die Wirkung des Entfernens oder Aussperrens der Prädatoren untersuchten (Langgemach & Bellebaum 2005; Holt et al. 2008; Nicoll & Norris 2010; Smith R. K. et al. 2010, 2011). In ihrer bereits erwähnten Metaanalyse fanden Holt et al. (2008), dass Prädatoren die Bodenbrüter im Mittel bei etwa 60 % des möglichen Bestands limitierten. Allerdings waren die Befunde der zugrunde liegenden Studien sehr heterogen, was außer von metho-

dischen Unterschieden vor allem von der Zusammensetzung der Prädatorengemeinschaft und vom landschaftlichen Kontext abhing. Zudem spielte es auch eine Rolle, worauf der Effekt bezogen wurde, auf den Bruterfolg, den (jagdlich nutzbaren) Herbstbestand oder die längerfristige Bestandsgröße (Box 9.2).

In der Metaanalyse von Holt et al. (2008) ergab sich ein signifikanter populationslimitierender Effekt nur für **Säugetiere** bis zur Größe des Rotfuchses, nicht aber für Vögel als Prädatoren (für den Spezialfall der Möwen s. unten). Untersuchungen an Nestern mithilfe von Thermologgern zeigen generell, dass der allergrößte Teil der Angriffe nachts stattfindet und demnach auf Säugetiere zurückzuführen ist (Langgemach & Bellebaum 2005). Bei einer Untersuchung an Nestern des Kiebitzes *(Vanellus vanellus)* betrug dieser Anteil 88 % (Bolton et al. 2007). Der komplette Ausschluss des Rotfuchses durch Einzäunung von Nestern des Kiebitzes ließ in einer Untersuchung die Überlebenswahrscheinlichkeit von Kiebitzküken zwischen Schlüpfen und Ausfliegen von null auf 0,24 ansteigen (Rickenbach et al. 2011). Insgesamt haben also kleinere und mittelgroße Säugetiere den weitaus größeren Einfluss als beutegreifende respektive nestplündernde Greifvögel und Krähenvögel. In manchen Fällen wird aber dieser Effekt durch anthropogene Habitatveränderungen zu Ungunsten der Bodenbrüter erleichtert (Kap. 11.4).

Uneinheitliche Befunde zum Effekt der Prädation auf Bodenbrüter sind oft die Folge unterschiedlicher Parameter, die zu dessen Messung verwendet werden (Box 9.2). Dies lässt sich am Beispiel der Enten illustrieren, die besonders in Nordamerika durch Programme zur Reduzierung der Dichte kleinerer Prädatoren (vor allem Streifenskunk, *Mephitis mephitis,* und Waschbär, *Procyon lotor*, auch Rotfuchs und Kojote, *Canis latrans*) gefördert werden. Zahlreiche Studien belegen, dass als Folge der Prädatorenbekämpfung der Bruterfolg und auch die Überlebensrate der Weibchen steigt, während nachhaltige Erhöhungen der Populationsdichten nur bei anfänglich niedriger Dichte vorkommen, vermutlich weil andernfalls die Territorialität der Enten eine Grenze setzt (Pieron et al. 2013). Bei Rebhühnern *(Perdix perdix)* hingegen führte experimentelle Kontrolle von Prädatoren zunächst zu einem herbstlichen Anstieg des Bestands um 75 %, der sich nach 3 Jahren aber in einer Zunahme der Brutpopulation um das 3,6-Fache niederschlug (Tapper et al. 1996). Auch Raufußhühner können in ihrer Bestandsentwicklung von Prädatoren getrieben sein, doch geschieht dies meist im Rahmen von komplexeren Wechselwirkungen, die in Kapitel 9.10 zur Sprache kommen.

Die Prädation von Eiern, Küken oder gar Altvögeln anderer koloniebrütender Arten durch große **Möwenarten** (*Larus* spp.) geschieht in einer spezifischen räumlichen Situation, in der Prädator und Beute beide in oft großer Zahl nahe beieinander brüten. Zahlreiche Untersuchungen belegen, dass Möwen oft 20–30 % der Nester zerstören und mitunter über die Hälfte (im Maximum bis über 70 %) der Eier oder Küken von Seeschwalben erbeuten können (Ackerman et al. 2014); bei Fregattensturmschwalben *(Pelagodroma marina)* wurde eine Prädationsrate von 6 % der Adultpopulation pro Jahr ermittelt (Matias & Catry 2010). In einigen Fällen zeigte es sich, dass nur wenige spezialisierte Individuen für die Prädation verantwortlich waren (Guillemette & Brousseau 2001; Oro et al. 2005). Durch Entfernung solcher Tie-

Box 9.2 Prädation: Forschung, Fakten, und Wildtiermanagement

Der Umgang mit Prädatoren ist ein wichtiger Aspekt des Wildtiermanagements und umfasst häufig die Reduktion ihrer Populationsgrößen, um tatsächliche oder vermeintliche Wirkungen auf Beutepopulationen zu vermindern. Je nach Art der Beute geschieht dies aus eher **jagdlich** oder **naturschützerisch** motivierter Werthaltung. Die beiden Motivationen unterscheiden sich in der Bewertung allfälliger Einflüsse von Prädatoren: Aus jagdlicher Sicht stellt sich ein Erfolg von Prädatorenreduktion bereits ein, wenn die kurzfristige Überlebensrate der Jungtiere bis zum Herbst gesteigert wird, weil damit zur Jagdzeit ein größerer nutzbarer Bestand zur Verfügung steht, unabhängig davon, ob diese Individuen bis zur nächsten Reproduktion überleben würden. Spätere kompensatorische Mortalität braucht also nicht berücksichtigt zu werden. Sie spielt aber eine Rolle, wenn es um den Schutz gefährdeter Arten geht. In diesem Fall ist ein verbesserter Reproduktionserfolg erst von nachhaltiger Bedeutung, wenn die zusätzlichen Jungtiere später auch Nachwuchs produzieren. Nur dann resultiert aus der Prädatorenbekämpfung längerfristig ein höherer Bestand der Beuteart (Côté & Sutherland 1997; Smith R. K. et al. 2010).

Tatsächlich hat die Reduktion von Prädatorendichten bei Vögeln viel häufiger zu verbessertem Bruterfolg und kurzfristig größeren Individuenzahlen als zu längerfristig erhöhten Populationsdichten geführt (Côté & Sutherland 1997). Eingriffe in die Bestände der Prädatoren zum nachhaltigen Schutz gefährdeter Arten benötigen also genaue Abklärungen. Im Falle der gefährdeten Saumschnabelente *(Hymenolaimus malacorhynchos)* Neuseelands stellte sich beispielsweise heraus, dass die Bekämpfung des eingeführten Hermelins *(Mustela erminea)* die Jungenproduktion zwar erhöhte und so zumindest das schnelle Aussterben auf lokaler Ebene verhinderte. Allerdings blieb die Wachstumsrate der Population immer noch negativ, weil die Überlebensrate der adulten Enten darauf einen stärkeren Einfluss hatte. Weshalb jene ebenfalls ungenügend war, blieb unklar, doch war das Hermelin daran nicht entscheidend beteiligt (Whitehead et al. 2010).

Grundsätzlich führt der experimentelle Ansatz, soweit er praktikabel ist, bei der Beantwortung wissenschaftlicher Fragen zu den eindeutigsten Ergebnissen. Das gilt auch für die Manipulation von Prädatorendichten als die beste Methode, den Effekt der Prädatoren zu schätzen. Im Falle der Prädator-Huftier-Beziehungen gehört dazu auch ein robustes Huftier-Monitoring, denn oft fehlt es weniger an Daten zur Bestandsdynamik der Prädatoren als jener der Beutepopulationen. Gerade bei den Huftieren werden die methodischen Schwierigkeiten bei der Bestandsschätzung gerne unterschätzt (Ahrestani et al. 2013). Weil die Eingriffe in Populationen von Prädatoren aber aufwendig sind und oft erst bei massiver Reduktion merkliche Effekte bei der Beutepopulation bewirken, bergen solche Interventionen entsprechende ethische Probleme. Die vorliegenden Studien reflektieren die regionalen Interessen, Probleme und Möglichkeiten der Intervention, die oft auf Nutzerinteressen zurückgehen. Damit sind sie geografisch und hinsichtlich der untersuchten Prädator-Beute-Systeme ungleich verteilt. Die große Mehrheit der Untersuchungen stammt aus gemäßigten bis borealen Zonen und damit aus relativ artenarmen Systemen, während die Wirkung der Prädatoren in hoch produktiven und artenreichen Systemen noch kaum verstanden ist.

Umgekehrt aber zeigt das Beispiel der Krähenvögel und Möwen (Kap. 9.7), dass auch konsolidiertes Wissen oft nur langsam in die Praxis des Wildtiermanagements einfließt. Die Natur der Beziehungen zwischen Prädator und Beute («Räuber-Beute») nimmt die meisten Menschen emotional in Anspruch und führt immer wieder zum Bedürfnis, «korrigierend» eingreifen zu wollen.

re oder mittels stärkerer Reduktion der Möwenpopulation ließ sich die Reproduktionsrate in den betroffenen Kolonien markant steigern. Allerdings sind, ähnlich den bereits besprochenen Beispielen, die längerfristigen Auswirkungen der Möwenprädation auf die Beutepopulationen weitgehend unbekannt. Eine Auswertung von 82 Studien zur Prädation von Vogelarten durch die Mittelmeermöwe *(Larus michahellis)* bestätigte zwar das verbreitete Vorkommen der bekannten Effekte, fand aber gleichzeitig, dass trotz überwiegend positiven Bestandstrends der Möwen auch die betroffenen Arten zunahmen, während bei Abnahme der Möwen auch die Beutearten abnahmen, vermutlich als Folge von Veränderungen im gemeinsam genutzten Nahrungsangebot. Auf regionaler Ebene war somit keine limitierende Wirkung der Möwen auf andere Seevögel erkennbar (Oro & Martínez-Abraín 2007).

9.7 Prädation ohne populationsdynamische Effekte

Bei manchen Arten wirkt auch substanzielle Mortalität durch Prädatoren nur kompensatorisch und hat damit keinen Einfluss auf die nachfolgende Populationsgröße (Gleichung 9.1). In der Regel bedeutet dies, dass Prädation andere Sterblichkeit kompensiert, die zeitlich oft auf den Winter (oder Trockenzeiten) konzentriert ist (Newton 1998).

Kompensatorische Prädation von Huftieren
Auch wenn in der Mehrzahl der Untersuchungen an großen Prädatoren ein limitierender Effekt auf Huftierpopulationen gefunden wurde, so gibt es auch Konstellationen, bei denen die Prädation im kompensatorischen Bereich bleibt. Beispielsweise hat Prädation beim nordamerikanischen Maultierhirsch *(Odocoileus hemionus)* im Vergleich zu Wetter und Nahrungsversorgung oft nur einen untergeordneten Einfluss auf die Populationsdynamik; bei hohen Populationsdichten im Bereich der Kapazitätsgrenze K wirkt sie weitgehend kompensatorisch (Ballard et al. 2001; Hurley et al. 2011; Pierce et al. 2012; Forrester & Wittmer 2013), doch gibt es Ausnahmen (Marescot et al. 2015). In einzelnen Fällen ist auch bei anderen Hirscharten nachgewiesen worden, dass ein schlechter Ernäh-

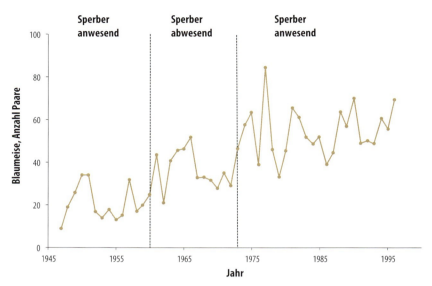

Abb. 9.13 Eine Langzeitstudie in England ergab keinen Effekt der An- oder Abwesenheit von Sperbern *(Accipiter nisus)* auf die Dichte von Kohl- und Blaumeisen *(Parus major, Cyanistes caeruleus)*, obwohl Sperber spezialisierte Kleinvogeljäger sind und lange im Rufe standen, «Singvogelpopulationen zu dezimieren» (Abbildung neu gezeichnet nach Daten von C.M. Perrins in Newton 1998). Ein ähnliches Bild zeigte sich für elf weitere waldbewohnende Singvogelarten (Newton et al. 1997).

rungszustand als Folge hoher Dichten oder strenger winterlicher Verhältnisse verstärkte Prädation nach sich zieht, diese aber anstelle der andernfalls höheren Mortalität durch Verhungern tritt. Selbst für afrikanische Ökosysteme gibt es Nachweise für kompensatorische Effekte auch von großen Prädatoren, solange deren Dichten noch genügend weit von der Kapazitätsgrenze entfernt sind (Grange et al. 2012). Auch die wandernde Weißbartgnu-Population der Serengeti wird nicht durch Prädation, sondern das Nahrungsangebot limitiert (Mduma et al. 1999). Dies lässt sich in analoger Weise durch das hohe Verhältnis zwischen Gnu- und Löwendichte erklären, denn wegen der zeitweisen Abwesenheit der Gnus können die territorialen und dadurch stationären Löwen keiner der Gnudichte angepasste numerische Reaktion zeigen (Grange & Duncan 2006).

Geringe Effekte von Vögeln als Prädatoren
Vergleiche zwischen Vögeln und Säugetieren als Prädatoren sind zwar schwierig, doch fällt es auf, dass viele Untersuchungen an Greifvögeln, Möwen oder Krähenvögeln im Unterschied zu Untersuchungen an Säugetieren nur geringe oder keine limitierenden Auswirkungen auf die Beutepopulationen gefunden haben. Dies trifft zum Beispiel auf den Prädationsdruck von kleineren Greifvögeln zu, die juvenile und adulte Singvögel erbeuten. Das klassische Beispiel des Sperbers (Abb. 9.13) ist mit langjährigen Zahlenreihen zur Bestandsentwicklung von mehreren kleinen Greifvögeln und 27 Singvogelarten in Großbritannien unterlegt: Veränderungen in den Bestandstrends zeigten mit einer Ausnahme keine Zusammenhänge, die auf einen Einfluss der Prädatoren hätten hinweisen können (Newson et al. 2010).

Die Ausnahme betrifft den möglichen Zusammenhang zwischen der Zunahme des Sperbers und der Abnahme des Feldsperlings *(Passer montanus)*, die eine Parallele in der Abnahme des Haussperlings *(P. domesticus)* bei anwachsenden urbanen Sperberpopulationen findet (Bell C. P. et al. 2010; Kap.

9.8 Prädation mit destabilisierender Wirkung

5.6). Auch die Fähigkeit der Kornweihe *(Circus cyaneus)*, 30–40 % des Brutbestands der beiden bodenlebenden Singvögel Wiesenpieper *(Anthus pratensis)* und Feldlerche *(Alauda arvensis)* zu erbeuten, dürfte auf einen limitierenden Einfluss hindeuten. Ein Effekt auf Limikolen konnte jedoch nicht festgestellt werden (Amar et al. 2008; s. auch Kap. 9.10).

Auch **Krähenvögel** haben entgegen der weitverbreiteten, populären Meinung, sie würden Kleinvogelpopulationen «dezimieren», in der Regel keinen limitierenden Effekt auf Singvögel und bodenbrütende Arten. In einer Metaanalyse von 42 Untersuchungen vorwiegend an Raben-/Nebelkrähe *(Corvus corone/cornix)* sowie Elster *(Pica pica)* in Europa wurde in 81 % der 326 untersuchten Beziehungen zwischen Krähenvögeln und potenzieller Beute weder ein Einfluss auf den Bruterfolg noch die spätere Bestandsgröße der Beutearten gefunden. Wo ein Effekt vorhanden war, betraf er in 46 % dieser Fälle die Jungenproduktion und lediglich in 10 % den Bestand. Diese Ergebnisse stammen zudem zu einem großen Teil aus Experimenten mit Reduktion der Prädatoren, bei denen neben den Krähen auch Säugetiere entfernt wurden, die Effekte aber nicht separat erhoben wurden. In den Fällen mit ausschließlicher Entfernung von Krähenvögeln konnte nur in je einem Sechstel der Fälle ein negativer Effekt auf die Jungenproduktion respektive den Bestand nachgewiesen werden. Insgesamt waren Krähen etwa 5-mal häufiger in solche Fälle involviert als Elstern (Madden et al. 2015).

9.8 Prädation mit destabilisierender Wirkung

Dass es bei einem hohem Verhältnis zwischen Prädator- und Beutepopulationen zu Rückgängen in der Beutepopulation kommen kann, ist mehrfach beobachtet worden (Grange et al. 2012; Marescot et al. 2015). Grundsätzlich ist aber bei einem über längere Zeit evolvierten System von Prädator und primärer Beuteart zu erwarten, dass eine Stabilisierung eintritt, wenn der Prädator bei niedriger Beutedichte seine eigene Populationsgröße nicht mehr aufrechterhalten kann (Fryxell et al. 2014). Wenn jedoch weder die numerische noch die funktionelle Reaktion des Prädators abhängig von der Dichte der Beute verläuft, können die Prädatoren einen sogenannten Allee-Effekt (Kap. 7.3) auslösen, der die Beutepopulation bis zum Aussterben bringen kann. Dazu muss Prädation eine wichtige Quelle der Mortalität sein und die Beutepopulation darf keine Gelegenheit haben, sich räumlich oder zeitlich vor den Prädatoren in Sicherheit zu bringen (Gascoigne & Lipcius 2004). Die Frage ist nun, wann und wo solche Bedingungen gegeben sind und welche

Abb. 9.14 Der Stephenschlüpfer *(Xenicus lyalli)*, der einzige rezente flugunfähige Singvogel, wurde von eingeführten Ratten auf den Hauptinseln Neuseelands ausgerottet und kam zum Schluss noch in geringer Zahl auf Stephens Island, einer kleinen vorgelagerten Insel, vor. Diese Population wurde um 1894–1896 durch die Katze des Leuchtturmwärters sowie weitere verwilderte Katzen ausgelöscht (Galbreath & Brown 2004). Ein neuer Fall betrifft die Weißfußmaus *(Peromyscus guardia)*, deren eine endemische Unterart auf einer kleinen Insel vor Niederkalifornien von einer einzigen Katze ausgerottet wurde (Vázquez-Domínguez et al. 2004).

Evidenz für das Vorkommen der genannten Effekte vorliegt. Die meisten der beobachteten Fälle betrafen entweder existierende Prädator-Beute-Systeme, die durch menschliche Nutzung gestört wurden, oder vom Menschen durch die Einführung von Prädatoren in vormals prädatorfreie Gebiete neu geschaffene Situationen (Gascoigne & Lipcius 2004). Wir wollen deshalb Systeme mit einheimischen und invasiven Prädatoren getrennt betrachten.

Invasive Prädatoren
Im Vergleich zu einheimischen ist der Effekt von eingeführten Prädatoren auf die Beutepopulationen doppelt so stark, wie eine Metaanalyse von 80 Studien mit manipulierten Prädatordichten ergab (Salo et al. 2007). Ausrottungen von Beutepopulationen oder gar der ganzen Art durch Prädatoren geschahen typischerweise dort, wo die Beuteart keine Anpassungen an eingeführte Prädatoren entwickelt hatte (Cox J. G. & Lima 2006; Carthey & Banks 2014). Dies ist besonders auf Inseln mit kleinen Populationen der Fall (Kap. 11.2) und betrifft häufig flugunfähige Vögel (Abb. 6.12), aber auch sehr viele andere Arten, die durch ihre Lebensweise vor allem gegenüber bodenlebenden Prädatoren verletzlich sind. Besonders gefährdet sind Seevögel, weil die meisten offen auf dem Boden oder in kleinen Höhlen nisten und auf diese Weise sowohl die brütenden Vögel als auch die Eier und Küken den eingeführten Prädatoren zugänglich sind. Bei 14 % der weltweit ausgestorbenen Säugetiere, Vögel und Reptilien war Prädation durch eingeführte und oftmals verwilderte Hauskatzen *(Felis silvestris catus)* der Grund des Aussterbens (Medina et al. 2011). Daneben verursacht häufig auch Prädation durch eingeführte Ratten *(Rattus* sp.) und Mäuse Bestandsabnahmen bei Seevögeln, die bis zum Erlöschen der Population führen können (Jones H. P. et al. 2008). Umgekehrt haben erfolgreiche Programme zur vollständigen Beseitigung eingeführter Prädatoren in manchen Fällen den schnellen Wiederanstieg der zuvor betroffenen Populationen bewirkt (Bellingham et al. 2010; Hilton & Cuthbert 2010; Innes et al. 2010).

Destabilisierung durch einheimische Prädatoren
Im Vergleich zu den zahlreichen und massiven destabilisierenden Effekten von eingeführten Prädatoren, denen eine globale Bedeutung zukommt, sind solche in «einheimischen» Prädator-Beute-Systemen viel seltener, subtiler und meist auch von weniger krassem Ausgang. In der Regel ist aber auch bei ihnen der Auslöser eine anthropogene Störung im System. Eines der bestuntersuchten Beispiele ist der anhaltende Bestandsrückgang bei Waldkaribus *(Rangifer tarandus caribou)* in Kanada, dessen proximater Auslöser zu einem guten Teil verstärkte Wolfsprädation ist (Wittmer et al. 2005). Der Anstieg der Prädation ist der Effekt von Wechselwirkungen innerhalb des Nahrungsnetzes und letztlich eine Folge der industriellen Erschließung des borealen Nadelwaldes. Die damit einhergehenden Habitatveränderungen bewirkten Populationszunahmen der primären Beute des Wolfs, meist Elch oder Weißwedelhirsch *(Odocoileus virginianus),* und damit auch des Wolfsbestands, der zudem über den Straßen- und Pistenbau besseren Zugang zum Gebiet erhielt. Damit stieg als Nebeneffekt die Prädation an den Rentieren, auch wenn diese nach wie vor nur eine sekundäre Beute darstellten (Latham et al. 2013; Hervieux et al. 2014).

Solche Wechselwirkungen zwischen primären und sekundären Beutearten

9.9 Prädation mit depensatorischer Wirkung

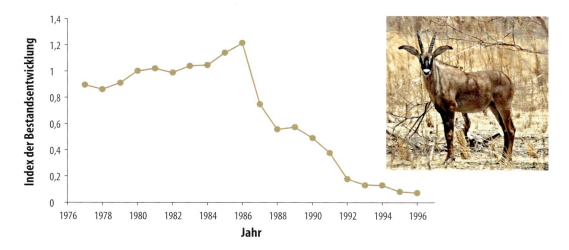

Abb. 9.15 Die schon immer kleine, lange aber stabile Population der Pferdeantilope *(Hippotragus equinus)* im Krüger-Nationalpark (Südafrika) brach nach 1987 fast völlig ein, nachdem im von ihr bewohnten trockenen Teil des Parks Wasserlöcher angelegt worden waren (y-Achse: Indizes der Bestandsentwicklung, standardisiert relativ zum Wert 1,0 für 1982). Während Pferdeantilopen an die Trockenheit angepasst sind, vermochten Steppenzebras und Weißbartgnus das Gebiet erst mit der ganzjährigen Verfügbarkeit von Wasser permanent zu besiedeln. Löwen folgten den Zebras und Gnus, ihrer primären Beute, nach, bejagten nun bei Gelegenheit aber auch die Pferdeantilope als Sekundärbeute. Dadurch erhöhte sich deren Mortalitätsrate so stark, dass sie sich unter der neuen Nahrungskonkurrenz mit Zebra und Gnu nicht mehr über eine höhere Reproduktionsrate kompensieren ließ (Abbildung neu gezeichnet nach Owen-Smith & Mills 2006).

sind als apparente Konkurrenz *(apparent competition)* bekannt und von weiteren Prädator-Beute-Systemen beschrieben worden (DeCesare et al. 2010). Mitunter sind die Effekte sogar durch eigentlich gut gemeinte Maßnahmen zur Habitatverbesserung provoziert worden (Abb. 9.15). Im Grunde kann der Prädator die Wirkung bei der sekundären Beute nur erzielen, weil er durch die primäre Beute ausgehalten, also «subventioniert» wird. Auch Subventionierung von Prädatoren in Form von Futterzugabe durch den Menschen kann zu destabilisierenden Effekten bei den Beutetieren führen (Newsome et al. 2014). Diese Ausgangslage ist bei der Prädation von Vögeln, Kleinsäugern und Reptilien durch Hauskatzen in hohem Maße gegeben (Box 9.3). Man spricht bei dieser Form von subventionierter Prädation auch von Hyperprädation *(hyperpredation)* respektive von *predator pit*, wenn eine seltenere Art, die zuvor höchstens als Sekundärbeute diente, sich plötzlich massiver Prädation gegenübersieht, weil die häufigere Hauptbeute in ihrem Bestand – üblicherweise aufgrund des Menschen – zurückging.

9.9 Prädation mit depensatorischer Wirkung

Kann Prädation auch eine depensatorische Wirkung auf die Mortalitätsrate der Beuteart erzielen, sodass deren Wachstumsrate positiv beeinflusst wird? Modellierungen haben gezeigt, dass dies möglich sein sollte, wenn die Beute vor allem über Infektionen hoch virulenter Parasiten reguliert wird und Prädatoren selektiv die befallenen In-

Box 9.3 Prädation durch Hauskatzen

Die destabilisierende Wirkung von eingeführten und zumeist verwilderten Hauskatzen auf Populationen von Meeresvögeln und anderen Arten auf vormals prädatorfreien Inseln ist in Kapitel 9.8 behandelt. Wie steht es aber um die Wirkung der Prädation von Hauskatzen auf die Populationen wild lebender Tierarten in den Siedlungsgebieten des Menschen, wo Hauskatzen als betreute Haustiere gehalten werden und dabei Freilauf genießen? Hier stehen die Katzen in der Regel nicht als neuartige Prädatoren «naiven» Beutetieren gegenüber, denn fast überall gibt es auch ähnlich jagende, wild lebende Prädatoren vergleichbarer Größe, sodass die für die Hauskatzen infrage kommenden Beutearten grundsätzlich an Prädatoren angepasst sind. Dennoch besteht ein gewichtiger Unterschied zu den einheimischen Prädator-Beute-Systemen in Form von zwei, voneinander abhängigen Faktoren:
1. Dem Umstand, dass die Katzen gefüttert werden und darum als «subventionierte» Prädatoren agieren können.
2. Der hohen Dichte der Hauskatzen, die dank des Fütterns ein Vielfaches jener Dichte beträgt, die als numerische Reaktion auf die Dichte der Beutetiere möglich wäre.

Damit ergibt sich die oft geäußerte Befürchtung, dass die Prädationsraten der Katzen bei den Beutepopulationen als Hyperprädation wirken und eine destabilisierende Wirkung erzielen, sodass letztlich Vogel-, Kleinsäuger- oder Reptilienpopulationen durch Hauskatzen stark dezimiert oder lokal ausgerottet würden.

Die Evidenz dazu aus zahlreichen Studien ist gemischt und reflektiert die mannigfachen Unterschiede in den Situationen, unter denen weltweit Hauskatzen gehalten werden.

Die Zahl der Hauskatzen geht in vielen Ländern in die Millionen. Schätzungen belaufen sich zum Beispiel für Großbritannien auf über 9, für Kanada auf 8,5 und für die USA auf mindestens 84 Mio. (Woods et al. 2003; Loss et al. 2013). Auf die Fläche umgerechnet, resultieren Dichten von 150 bis über 1500 Katzen pro km^2 in urbanen Gebieten (Baker P. J. et al. 2008; Sims et al. 2008). Vergleicht man diese Werte mit der natürlichen Siedlungsdichte der konspezifischen, wild lebenden Wildkatze *(Felis silvestris silvestris)* in Europa, die im Bereich von etwa 0,05–0,4 Individuen pro km^2 liegt, so sind dies etwa 3 000-mal höhere Dichten. Das bedeutet, dass Katzendichten gleich groß wie Beutedichten oder lokal sogar höher als diese sein können (Baker P. J. et al. 2008; Sims et al. 2008).

Die Erbeutungsraten der Katzen sind höchst unterschiedlich und korrelieren im Allgemeinen negativ mit der Fütterungsintensität durch den Menschen. In manchen Ländern sind permanent frei laufende, bis total verwilderte Katzen im Vergleich zu eigentlichen Heimkatzen in der Mehrzahl, doch profitieren auch verwilderte oft noch von Fütterung. Erbeutungsraten von Heimkatzen werden im Allgemeinen durch die Zählung der nach Hause getragenen Beutetiere ermittelt. Danach bringt ein wechselnder Anteil, mitunter sogar die Mehrheit der Katzen, nie Beute ein; bei den übrigen sind es in vielen Untersuchungen 1–3 Beutetiere/Monat. Die Raten werden aber unterschätzt, weil Beute oft direkt gefressen oder liegen gelassen wird. In einer Studie mit Videoüberwachung der Katzen, die hier mehr als anderswo Eidechsen fingen, wurden nur 23 % der Beutetiere zu Hause eingetragen; 49 % wurden zurückgelassen und 28 % an Ort konsumiert (Loyd et al. 2013).

Werden die Erbeutungsraten mit der Zahl der Katzen multipliziert, so ergeben sich hohe Beutezahlen. Für Großbritannien kam eine grobe Schätzung auf jährlich etwa 200 Mio. Beutetiere, die zu 69 % aus Säugetieren, 24 % aus Vögeln und 5 % aus Amphibien und Reptilien bestand (Woods et al. 2003). Ähnliche prozentuale Anteile wurden auch anderswo ermittelt. In den USA hat man mithilfe von fortgeschrittener Methodik berechnet, dass dort Hauskatzen jedes Jahr zwischen 1,3 und 4 Md. Vögel sowie 6,3–22,3 Md. Säugetiere töten, ein Wert, der weit über den bisherigen (gröberen) Schätzungen liegt (Loss et al. 2013). Für Kanada liegen die geschätzten Zahlen bei jährlich 100–350 Mio. Vögeln (Blancher 2013; Calvert et al. 2013). Katzen sind damit bei Weitem die größte Quelle anthropogener Mortalität für Vögel und kleine Säugetiere.

Nun sagen diese Zahlen in Bezug auf eine mögliche Gefährdung erst etwas aus, wenn sie als Prädationsraten in Relation zum Gesamtbestand der Beute gesetzt werden können. Zudem müsste abgeschätzt werden, in welchem Umfang die Mortalität durch Hauskatzen additiv wirkt. Für das südliche Kanada entsprechen die Zahlen erbeuteter Vögel einer mittleren Prädationsrate von 2–7 % (Blancher 2013). Da die einzelnen Vogelarten aber unterschiedlich betroffen sind, benötigt man detaillierte Studien, von denen es erst wenige gibt. Bei mäßigen Katzendichten (140/km^2) vermochten Hausrotschwänze *(Phoenicurus ochruros)* in ländlicher Umgebung noch einen Bruterfolg zu erzielen, der einer positiven Wachstumsrate entsprach (Weggler & Leu 2001). Bei den oben genannten höheren Katzendichten in urbanen Zentren Großbritanniens und Neuseelands wurde bei Singvogelarten hingegen eine Prädation gemessen, die etwa 45–71 % des nachbrutzeitlichen Bestands (Adulte und Jungvögel) oder bis zu 91 % der Jungvögel entfernte respektive bei manchen Arten den ganzen Adultbestand. Prädationsraten in dieser Höhe verursachen additive Mortalität, die zum Aussterben der Populationen führt, wenn die Abgänge nicht durch Zuwanderung aus Gebieten niedrigerer Katzendichte ausgeglichen werden (Baker et al. 2005; Van Heezik et al. 2010; Thomas R. L. et al. 2012). Neuere Arbeiten weisen zudem neben den direkten Effekten auch indirekte Auswirkungen (dazu Kap. 9.12) nach, indem Katzen durch ihre Präsenz die Fütterungsrate der Vögel reduzieren, was die Körperwachstumsrate der Nestlinge bis um 40 % reduziert und die Prädation durch Krähenvögel ansteigen lässt (Bonnington et al. 2013).

Abb. 9.16 Hauskatze mit erbeutetem Kaninchen.

dividuen erbeuten (Packer et al. 2003). Auch wenn solche Selektion durch die Prädatoren tatsächlich zu einem gewissen Grad stattfindet (Kap. 9.5), so hat man, von mindestens einer Ausnahme abgesehen (Kap. 9.10), bisher kaum populationsdynamische Konsequenzen in einfachen Prädator-Beute-Systemen aufzeigen können. Dies gilt aber nicht für kompliziertere Systeme mit mehreren trophischen Ebenen (Abrams 1992; Weiteres dazu in Kap. 9.10). Auch wäre es denkbar, dass durch Prädation die Konkurrenz innerhalb der Beutepopulation so stark verkleinert wird, dass ein nachfolgender Anstieg der Reproduktionsrate den Verlust durch die Prädation überkompensieren könnte. Solche Effekte sind unter anderem für Fischpopulationen nachgewiesen (Zipkin et al. 2008), bislang aber nicht für Vögel oder Säugetiere (für jagdlich induzierte Spezialfälle siehe Wielgus et al. 2013).

9.10 Dynamik zyklischer Prädator-Beute-Systeme

In nördlichen Breiten tendieren viele Herbivoren zu zyklischen Populationsschwankungen. Regelmäßige und anhaltende Populationszyklen sind vor allem bei Wühlmäusen respektive Lemmingen, Hasen und Raufußhühnern bekannt, aber auch andere Herbivorenpopulationen können zumindest angenähert zyklisch schwanken. Zyklenlängen liegen bei etwa 3–10 Jahren. Etwas zeitverschoben oszillieren die Hauptprädatoren mit. Werden die Zyklen der Beute also durch die Prädatoren angetrieben, die dann selbst auf das Oszillieren des Beuteangebots mit zyklischer numerischer Reaktion reagieren und so den Prozess am Laufen halten? Zyklische Muster bei Populationsschwankungen haben im Vergleich zu ihrer tatsächlichen Häufigkeit überdurchschnittliches Interesse in der Ökologie gefunden; dennoch ist die Funktionsweise dieser Zyklen erst unvollständig geklärt.

Das grundlegende Modell der numerischen Beziehung zwischen einer Beute- und einer Prädatorenart geht auf Alfred Lotka und Vito Volterra (Kap. 8.3) zurück und ist eine Variante von deren Konkurrenzgleichungen. Danach verändern sich Beute- (N) und Prädatorenpopulationen (P) gemäß

$$dN/dt = rN - aPN \qquad (9.3)$$

sowie

$$dP/dt = faPN - qP \qquad (9.4)$$

Dabei sind a = Effizienz des Prädators, f = Umwandlungsrate und q = Mortalitätsrate des Prädators. Die Beutepopulation wächst grundsätzlich exponentiell (Kap. 7.2), wird gleichzeitig aber durch die Prädation reduziert. Dieser Betrag entspricht der funktionellen Reaktion und multipliziert sich aus der Antreffrate, die äquivalent den beiden Populationsgrößen ist, und der Effizienz des Prädators, die ihrerseits ein Maß für die Such- und Angriffsrate des Prädators darstellt. Damit wächst die Prädatorenpopulation um denselben Betrag, multipliziert mit der Rate, mit welcher der Prädator die konsumierte Nahrung in eigenen Nachwuchs umwandelt (numerische Reaktion), und vermindert um die eigene Mortalität. Das **Lotka-Volterra-Modell** sagt stabil oszillierende Bewegungen sowohl für die Prädator- als auch die Beutepopulation voraus, wobei die Amplitude von den Startgrößen abhängt.

Im Labor konnten aber selbst bei relativ komplizierten Versuchsanordnungen mit verschiedenen Arten keine längerfristig stabilen Zyklen generiert werden (Krebs C. J. 2009). Die Diskrepanz lag nicht nur an den zu stark vereinfachten Annahmen im Lotka-Volterra-Modell, die in späteren Modellen verbessert wurden (Berryman 1992). Bei Untersuchungen der tatsächlich existierenden Zyklen im Freiland stellte sich heraus, dass die Interaktionen von je einer Beute- und Prädatorenart allein noch keine Zyklen generierten. Dazu waren kompliziertere Anordnungen mit Prädatoren in Form von Generalisten oder Spezialisten vonnöten, deren Einfluss durch die klimatischen Bedingungen gesteuert wurde. Zudem waren oft *bottom-up* über die Nahrungsversorgung der Beutetiere operierende Mechanismen involviert, sodass mitunter Prädation als Erklärung für das Entstehen von Zyklen überhaupt vernachlässigt werden konnte. Anhand von vier der besser untersuchten zyklischen Prädator-Beute-Systeme wird im Folgenden kurz die Vielfalt der Mechanismen geschildert, die den erklärenden Hypothesen zugrunde liegen.

Wühlmauszyklen
Das Auftreten von zyklischen Bestandsverläufen bei kleineren Nagetieren ist ein Phänomen der gemäßigten bis polaren Zonen der Nordhalbkugel. In den Subtropen kommt es bei kleinen Nagetieren zwar immer wieder zu Populationsausbrüchen, doch folgen diese keinem regelmäßigen Muster. Populationsspitzen ergeben sich dann, wenn nach besonders guten Regenfällen die Nahrungsversorgung überdurchschnittlich ausfällt; anschließend bewirken sie in einem *bottom-up* verlaufenden Prozess eine Zunahme der Prädatoren (Byrom et al. 2014). Eigentliche zyklische Bestandsverläufe bei Wühlmäusen *(Microtus, Myodes)* kommen erst in den gemäßigten Zonen vor und werden im Allgemeinen nach Norden hin häufiger und ausgeprägter (Abb. 9.17, links); die meisten Populationen der in Tundren lebenden Lemminge *(Lemmus, Dicrostonyx)* oszillieren sehr markant. Bei den Wühlmäusen existieren aber großräumige Unterschiede. Während Zyklen für Eurasien (von Fennoskandien bis Nordjapan) charakteristisch sind und oft über größere Flächen synchron verlaufen, oszillieren in Nordamerika nur wenige der *Myodes*-Arten, wobei dort kein Zusammenhang mit der geografischen Breite besteht (Boonstra & Krebs 2012). Zudem beobachtet man seit den 1970er- bis 80er-Jahren großflächig eine Abnahme der Zyklizität, die oft mit einer Abnahme der mittleren Dichte einhergeht. In Einzelfällen hat sich neuerdings das Oszillieren wieder verstärkt (Brommer et al. 2010; Cornulier et al. 2013; Magnusson et al. 2015; Gouveia et al. 2015).

Die Zyklen kommen fast durchwegs durch saisonale und annuelle Veränderungen in der Reproduktions- und Mortalitätsrate zustande. Die verschiedenen Hypothesen zu ihrer Erklärung fußen auf *bottom-up* und *top-down* sowie intrinsisch über mütterliche Effekte *(maternal effects*, etwa wechselnde Fekundität: Kap. 7.4) wirkenden Mechanismen; bei vielen spielen Klima und Wetter über die Schneeverhältnisse eine steuernde Rolle (Krebs C. J. 2013). Tatsächlich vermögen alle drei Hypothesen in Form von parametrisierten Modellen Populationszyklen zu simulieren, die durch verzögerte Dichteabhängigkeit zustande kommen (Turchin & Hanski 2001). Ein gewisser «gemeinsamer Nenner» hat sich für den folgenden Erklärungsrahmen ergeben: Zyklen entstehen aus einer Kombination von Prädation **oder** Interaktion mit der eigenen Nahrungsgrundlage **und** der Länge des Winters. Wo die Winter lang sind, ist die Populationsdynamik der Wühlmäuse einer stärker verzögerten Dichteabhängigkeit (Kap. 7.4) und damit der Zyklenbildung unterworfen (Stenseth et al. 2003; Kausrud et al. 2008).

Häufig wird der Einfluss von Prädatoren vor jenem von nahrungsbedingter Regulation favorisiert (Hanski & Henttonen 2002). Die Spezialisten-Generalisten-Hypothese geht von zwei unterschiedlichen Wirkungsweisen der Prädatoren aus. In den entsprechenden Modellen sind spezialisierte Prädatoren, in der Regel Wiesel (*Mustela* sp.), für die starken Amplituden der Schwankungen verantwortlich. Wiesel jagen auch im Winter unter dem Schnee Wühlmäuse effizient und zeigen selbst eine starke, um einige Monate zeitverzögerte numerische Reaktion auf die Wühlmauspopulationen (Sundell et al. 2013). Spezialisten unter den Vögeln (vor allem gewisse Greifvögel und Eulen) sind hingegen nomadisch und weisen wie die generalistischen Prädatoren (Füchse, Greifvögel etc.) mit ihren breiten Beutespektren eine schwächere numerische Reaktion auf. Sie wirken auf die Dynamik der Wühlmäuse stabilisierend, was die gegen Süden abnehmende Zyklizität erklären könnte (Turchin & Hanski 1997: Abb. 9.17). Auch die zyklische Bestandsentwicklung von Nördlichen Halsbandlemmingen *(Dicrostonyx groenlandicus)* mit einer 4-jährigen Periodizität ließ sich gut in Modellen abbilden, die nur die Prädation durch den spezialisierten Hauptprädator (Hermelin, *Mustela erminea*) sowie drei Generalisten berücksichtigte. Das Hermelin trieb die Zyklen an, indem es der Lemmingpopulation in einer um ein Jahr verzögerten numerischen Reaktion folgte, während die Generalisten mit eng dichteabhängiger Prädation die Zyklen stabilisierten (Gilg et al. 2003).

Trotz der eleganten Übereinstimmung zwischen Daten und Modellen in diesen Beispielen lässt die Spezialisten-Generalisten-Hypothese manche Aspekte unerklärt und kann wohl nicht generelle Gültigkeit beanspruchen. Offenbar ist die zeitverzögerte Wirkung der Spezialisten eher ein lokales Phänomen, während unmittelbar wirksame, dichteabhängige Effekte durch intrinsische (demografische) Faktoren (Kap. 7.4) oder durch die Tätigkeit der generalistischen Prädatoren verbreitet vorkommen (Lima M. et al. 2006). Lemmingpopulationen oszillieren auch ohne Prädation durch Wiesel; dabei kann der Prädationsdruck durch Vögel, der ohne Zeitverzögerung erfolgt, so hoch sein, dass er die Reproduktionskapazität der Lemminge übersteigt (Menyushina et al. 2012; Therrien et al. 2014). Auch die bisher wenig beachteten Zyklen von Wühlmäusen in gemäßigten Zonen West- und Mitteleuropas dürften das Resultat von unmittelbar agierenden, dichteabhängigen Mechanismen sein (Korpimäki et al. 2005; Lambin et al. 2006; Barraquand et al. 2014). Insgesamt fokussieren neue, auch als Konsequenz der rezenten Veränderungen bei den Wühlmauszyklen entstandene Erklärungsansätze wieder mehr auf die Nährstoffversorgung der Nager und die von ihr ausgelösten oder beeinflussten, intrinsisch gesteuerten Populationsveränderungen (Jędrzejewski & Jędrzejewska 1996; Massey et al. 2008; White T. C. R. 2011; Boonstra & Krebs 2012; Reynolds et al. 2012. Prädation hat in solchen Szenarien ebenfalls Platz, indem sie Veränderungen in der Populationsstruktur der Nager auslöst (Andreassen et al. 2013). Im Vergleich verschiedener Modelle, die auf großen Datensätzen von Wühlmauspopulationen aufbauten und wahlweise Prädation sowie zwei intrinsische

9.10 Dynamik zyklischer Prädator-Beute-Systeme

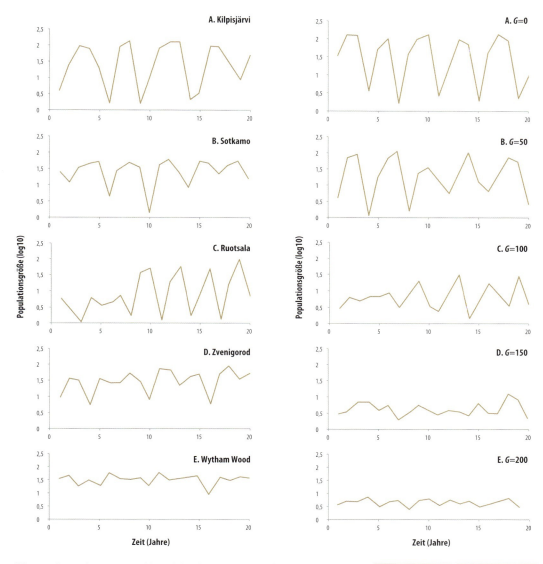

Abb. 9.17 Empirische Daten von Wühlmausdichten (normierte Werte) in fünf Untersuchungsgebieten über je 20 Jahre, angeordnet von Norden nach Süden (A-C: Stationen in Finnland, D: Russland, E: Großbritannien), links, und modellierte Dichten unter dem Einfluss unterschiedlich hoher Prädation durch Generalisten (G), rechts; dafür wurden Werte von 0–200 erbeuteten Wühlmäusen pro Hektare und Jahr angenommen. Mit von Norden nach Süden zunehmender Dominanz generalistischer Prädatoren schwächt sich die Amplitude der Zyklen ab. Diese Modelle basieren auf den Datenreihen von 17 Stationen (Abbildung neu gezeichnet nach Turchin & Hanski 1997). Rechts eine Feldmaus *(Microtus arvalis)*, oft die häufigste der Wühlmausarten mit zyklischen Populationsschwankungen.

Faktoren – Jungenproduktion und dichteabhängiges Dispersal – als erklärende Variablen enthielten, vermochte nur das Modell unter Einschluss aller drei Faktoren realistische Zyklen zu generieren (Radchuk et al. 2016).

Luchs-Hasen-Zyklen
Die oszillierenden Bestandsentwicklungen von Kanadaluchs *(Lynx canadensis)* und Schneeschuhhase *(Lepus americanus)*, die einander in 9- bis 10-jährigen Zyklen fast zeitgleich folgen (Abb. 19.18), sind einerseits zum bekanntesten Lehrbuchbeispiel von prädationsgetriebenen Prädator-Beute-Zyklen geworden. Andererseits haben Proponenten einer alternativen Erklärung wie bei den Wühlmauszyklen das Schwergewicht auf intrinsische Mechanismen in der Hasenpopulation gelegt. Es zeichnet sich jedoch ab, dass beide Mechanismen beteiligt sind und dass die intrinsischen Veränderungen die Periodenlänge des Zyklus bestimmen, die Stärke der Prädation zum Beginn eines Zyklus hingegen dessen Amplitude (Ginzburg & Krebs 2015).

Damit sind statt wie bei einem Lotka-Volterra-Modell mit zwei trophischen Stufen drei involviert, denn intrinsische Regulationsmechanismen sind eine Antwort auf die Nährstoffversorgung der Hasen. Zudem sind als Prädatoren nicht nur der Luchs, sondern auch weitere Arten wie etwa der Virginiauhu *(Bubo virginianus)* beteiligt. Bei diesem Erklärungsansatz werden die Hasen *bottom-up* durch die Nahrungsversorgung und *top-down* durch Prädatoren beeinflusst, während der Luchs selbst praktisch allein durch das Hasenangebot reguliert wird (Stenseth et al. 1997). Die Zusammenhänge zwischen einzelnen Komponenten des Systems sind in aufwendigen Feldexperimenten untersucht worden (Boutin et al. 2002). Dennoch sind manche Details zur Auslösung der Zyklen noch ungeklärt. Wie bei den Wühlmauszyklen gibt es auch auf dieser Stufe der detaillierten Erklärungen konkurrierende Hypothesen.

Die Feldexperimente enthüllten zunächst, dass die zyklischen Bestandsveränderungen bei den Hasen aus der Überlagerung ebenfalls zyklischer demografischer Verläufe entstanden, die zueinander in der Phase verschoben waren. Dazu gehörten die Rate der Jungenproduktion pro Weibchen, die um fast das 3-Fache schwankte, und die zeitverschobenen Schwankungen der Überlebensraten von adulten und jungen Tieren. Weshalb aber veränderten sich diese demografischen Parameter in der beobachteten Weise? Lag dies an Veränderungen bei der Nahrungsgrundlage, im Prädationsdruck, bei den sozialen Interaktionen oder von Kombinationen dieser Faktoren? Experimentelle Verbesserungen des Nahrungsangebots, sowohl quantitativ als auch qualitativ, vermochten die demografischen Veränderungen nicht zu beeinflussen. Wurden hingegen Prädatoren ausgeschlossen, so blieben die Überlebensraten konstant hoch, während sie auf den Kontrollflächen ab- und darauf wieder zunahmen (Abb. 9.19). Als Prädatoren stellten sich neben Luchs und Uhu noch weitere Arten heraus, vor allem auch Nagetiere als Prädatoren der neugeborenen Hasen. So ist der Zyklus streng genommen nicht ein reiner Luchs-Hasen-Zyklus.

Allerdings konnte Prädation die zyklischen Veränderungen der Reproduktionsrate nicht erklären. Und hier kam die Nahrungsversorgung doch noch ins Spiel: In der Phase des Rückgangs vermochte die experimentelle Futterzugabe zusammen mit dem Ausschluss der Prädatoren die Reproduktionsrate auf über

9.10 Dynamik zyklischer Prädator-Beute-Systeme

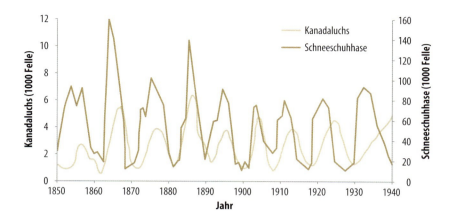

Abb. 9.18 Im 19. Jahrhundert besaß die Hudson Bay Company das Monopol in Kanada zum Ankauf der Felle, die von den Trappern geliefert wurden. Aus ihren Geschäftsbüchern ging deutlich hervor, dass die Felleingänge des Schneeschuhhasen und des Kanadaluchses in einem Rhythmus von 9–10 Jahren zyklisch schwankten und dabei eng korrelierten (Abbildung neu gezeichnet nach Daten in MacLulich 1937, ergänzt).

das Doppelte zu steigern (Krebs C. J. et al. 2001; Boutin et al. 2002). An diesem Punkt beginnen offenbar subtile Beziehungen zu spielen, die über Stressreaktionen infolge hoher Prädatordichten und über die Nahrungsqualität zusammen auf die Kondition und schließlich auf die Reproduktionsleistung wirken, sodass bei Erreichen des Tiefpunkts trotz jetzt niedriger Prädatordichten die Bestandserholung erst verzögert einsetzt (Krebs C. J. 2011; Sheriff et al. 2011; DeAngelis et al. 2015).

Simulationen der Beziehungen zwischen Hase und Luchs deuten darauf hin, dass die numerische Reaktion des Luchses schneller erfolgt als die Reaktion der Hasenbestände auf Prädation, die ähnlich wie bei den Wühlmauszyklen zeitverzögert eintritt. Zudem ist für die langfristige Stabilität der Zyklen auch ein Beitrag von Wetterfaktoren notwendig – und selbst die etwa neun Jahre dauernden lunisolaren Phasen könnten über ihre Beeinflussung des Nährstoffgehalts von Nahrungspflanzen involviert sein (Yan et al. 2013; Selås 2014).

Raufußhuhn-Zyklen

Auch Raufußhühner zeigen verbreitet zyklische Bestandsverläufe, doch variieren die Muster zwischen den Arten und auch innerhalb derselben Art; bei allen gibt es nicht oszillierende Populationen. Die Zyklen entstehen durch Veränderungen der Rekrutierungsrate junger Adulter in der Brutpopulation (Moss & Watson 2001). Als zugrunde liegende Prozesse sind zumeist trophische Interaktionen (*top-down* wie *bottom-up*) identifiziert worden, doch hat sich bisher kein gemeinsames Bild ergeben. Die zeitweise favorisierte Erklärung, dass generalistische Prädatoren in der abnehmenden Phase von Wühlmauszyklen auf Raufußhühner ausweichen und so deren Zyklen verursachen *(alternative prey hypothesis)*, hält den Daten nicht stand, denn Raufußhühner und Wühlmäuse schwanken oft synchron. Vermutlich sind *bottom-up* wirkende Effekte der Oszillationen im Klima, welche die Nahrungsqualität beeinflussen, von größerer Bedeutung (Selås 2006; Kvasnes et al. 2014).

Etwas anders gelagert sind die Bestandszyklen des Schottischen Moorschneehuhns *(Lagopus lagopus scoticus)*, die in Periodenlänge und Amplitude relativ stark variieren. Moorschneehühner sind ein beliebtes Jagdwild und werden über intensive Prädatorenbekämpfung kräftig gefördert, sodass

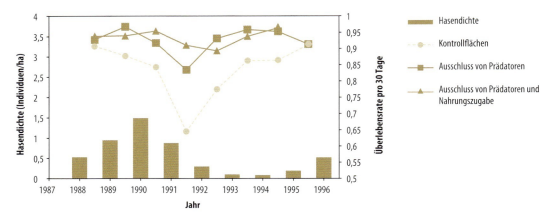

Abb. 9.19 Im Verlauf eines Populationszyklus der Schneeschuhhasen im Yukon, Kanada (Säulen: Hasendichte auf Kontrollflächen) sank die mittlere Überlebensrate der Hasen über 30 Tage auf den Kontrollflächen (Kreise) stark ab und nahm dann wieder zu, während sie auf den eingezäunten Flächen unter Ausschluss der Prädatoren hoch blieb. Dabei machte es keinen Unterschied, ob für die Hasen zusätzliche Nahrung eingebracht wurde (Dreiecke) oder nicht (Quadrate) (Abbildung neu gezeichnet nach Krebs C. J. et al. 2001).

Hühnerdichten von über 200 Individuen pro km² erzielt werden. Prädatoren sind damit am Zustandekommen der Zyklen nicht beteiligt, doch können Parasiten, namentlich der in den Blinddärmen der Hühner lebende Nematode *Trichostrongylus tenuis*, zyklische Bestandsschwankungen auslösen (Hudson P. J. et al. 1998). Daneben operiert aber auch ein intrinsisch wirkender Mechanismus, der über verzögert dichteabhängig schwankende Aggressivität der Männchen die Territoriengrößen und damit die Dichte der Hühner steuert. Dahinter steht offensichtlich ein Zusammenhang mit Veränderungen in der Verwandtschaftsstruktur der benachbart siedelnden Hähne: Nahe verwandte Hähne sind untereinander weniger aggressiv als entfernter verwandte. In der Wachstumsphase des Populationszyklus steigt die Aggressivität zunächst weniger an als die Dichte der Hähne, weil verwandte Individuen nahe beieinander siedeln; dies ergibt eine positive Rückkoppelung auf die Rekrutierung von Hühnern im Folgejahr. Vor Erreichen der Populationsspitze bricht diese Struktur aber zusammen (Piertney et al. 2008). Inwiefern beide Mechanismen, jener über Parasiten und jener über das Territorialverhalten, für sich allein Zyklen aufrechterhalten können, ist noch umstritten. Allerdings weisen Experimente und Modellierungen darauf hin, dass die Ergebnisse besser mit den tatsächlich beobachteten Zyklen übereinstimmen, wenn beide Mechanismen zur Erklärung kombiniert werden (Redpath et al. 2006; New et al. 2009; Martínez-Padilla et al. 2014; Abb. 9.20).

Auch wenn Prädatoren nicht für die Generierung der Zyklen verantwortlich sind, so können sie doch die Dichte der Hühner reduzieren; dies gilt vor allem für generalistische Prädatoren (Kap. 9.6). Der Einfluss von mehr spezialisierten Greifvögeln wie der Kornweihe als Prädator von Moorschneehuhn-Küken fällt dann am stärksten aus, wenn die Dichte der Moorschneehühner niedrig ist und die Kornweihen von einem alternativen Nahrungsangebot getragen werden (Abb. 9.4; Valkama et al. 2005). Vermutlich bewirken Kornweihen dadurch eine Dämpfung der Populationsschwankungen der Moorschneehühner (Redpath & Thirgood 1999; New et al. 2012), ähnlich wie es bei den Hasen-Luchs-Zyklen der Fall zu sein scheint.

9.11 Apex- und Mesoprädatoren: Dynamik mehrstufiger Prädatorensysteme

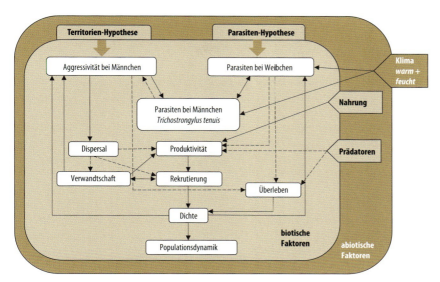

Abb. 9.20 Konzeptuelles Modell der beiden Prozesse, welche die Schwankungen in den Moorschneehuhn-Populationen verursachen. Der intrinsische Prozess (Aggressivität der Hähne) und der extrinsische Prozess (Parasiten) üben beide direkten Einfluss auf die demografische Entwicklung aus und beeinflussen sich gegenseitig. Ausgezogene Linien bezeichnen positive Effekte und gestrichelte Linien negative Effekte (Abbildung neu gezeichnet nach Martínez-Padilla et al. 2014).

9.11 Apex- und Mesoprädatoren: Dynamik mehrstufiger Prädatorensysteme

Prädator-Beute-Systeme werden nicht nur komplexer, wenn eine Prädatorart zwischen verschiedenen Beutearten hin und her wechseln kann, sondern auch dadurch, dass Prädatoren neben der «klassischen» Beute selbst andere Prädatorarten töten. Diese Form von Prädation untereinander wird als *intraguild predation* bezeichnet. Bei ihr geht es nicht in erster Linie um Nahrungsbeschaffung, sondern um Nahrungskonkurrenz. Töten anderer Prädatoren kommt deshalb zwischen näher verwandten Arten häufiger vor als zwischen Angehörigen unterschiedlicher Familien, doch sind «Opfer» im Mittel 2- bis 5,4-mal leichter als «Täter» (Donadio & Buskirk 2006). Die auf solche Weise verursachte Mortalität kann erheblich sein und die betroffene Population limitieren (Woodroffe & Ginsberg 2005).

Bei einer größenstrukturierten Gemeinschaft von Prädatoren spricht man bei den größten Arten von Spitzen- oder Apexprädatoren *(top/apex predators)*, bei den kleineren von Mesoprädatoren *(mesopredators)*. Ein Spitzenprädator ist eine Art, die (vom Menschen abgesehen) keine übergeordneten Prädatoren besitzt und deshalb keinen Top-down-Einflüssen ausgesetzt ist (Wallach et al. 2015). Werden Spitzenprädatoren stark dezimiert oder ausgerottet, so befreit dies die Mesoprädatoren vom Prädations- oder Konkurrenzdruck durch die überlegene Art. Die Mesopredator-Release-Hypothese postuliert, dass Mesoprädatoren dadurch häufiger werden und ihrerseits Populationen kleinerer Beute limitieren, die von den Spitzenprädatoren nicht oder nur marginal bejagt worden waren. Veränderungen in der Häufigkeit von Apexprädatoren sollten sich damit als *top-down* ablaufende Prozesse, in sogenannten Kaskaden *(trophic cascades)*, auf darunterliegende trophische Stufen auswirken. Nachdem weltweit Spitzenprädatoren ausgerottet oder stark dezimiert worden sind, hat man tatsächlich veränderte Kaskaden in verschiedenen Ökosystemen beobachtet (Strong & Frank 2010;

Estes et al. 2011). In Nordamerika sind die Verbreitungsgebiete der sieben Apexprädatoren seit dem 18. Jahrhundert ausnahmslos geschrumpft, jene von 60 % der 29 Mesoprädatorarten aber angewachsen. Besonders stark reagierte der Kojote *(Canis latrans)* mit einem Zuwachs von 60 % seines Areals (Prugh et al. 2009). Kojoten können vom Wolf limitiert werden (Berger K. M. & Gese 2007), sind ihrerseits aber Prädatoren von Rotfüchsen, sodass im Kern der heutigen Wolfsverbreitung Kojoten seltener als Füchse sind, am Rand hingegen häufiger (Abb. 9.21). Eine ähnliche Beziehung wurde für Eurasien gefunden, wo die Dichten von Rotfuchs und Eurasischem Luchs negativ korrelieren (Pasanen-Mortensen et al. 2013).

In der Tat beruhen die meisten Datensätze, welche die Mesopredator-Release-Hypothese stützen, auf korrelativen Vergleichen (Ripple et al. 2013). Dabei ist zu bedenken, dass die Vernichtung von Spitzenprädatoren Hand in Hand ging mit Änderungen der Landnutzung, etwa der Fragmentierung großer Habitatflächen oder vermehrtem Nährstoffeintrag in die Landschaft. Diese Veränderungen sind vor allem den kleineren Prädatoren zugutegekommen (Prugh et al. 2009). Deshalb ist jeweils zu überprüfen, ob nicht auch *bottom-up* wirkende Mechanismen die Häufigkeit der Mesoprädatoren fördern. Entsprechende Untersuchungen haben am Beispiel der Beziehungen zwischen Wolf, Eurasischem Luchs und Rotfuchs gezeigt, dass das Verschwinden der beiden Apexprädatoren tatsächlich zu einer «Befreiung» des Fuchses führte, der Effekt aber stark vom Klima und der Produktivität der Habitate abhing und in den am wenigsten produktiven Gebieten nicht auftrat (Elmhagen & Rushton 2007; Pasanen-Mortensen et al. 2013).

Nicht nur Bottom-up-Effekte, sondern auch die Komplexität des Habitats oder der Prädatorengemeinschaft können den Ausgang der Interaktionen zwischen Prädatoren beeinflussen (Ritchie & Johnson 2009). Beim Verschwinden eines Apexprädators kann ein Mesoprädator zum übergeordneten Prädator in einem Nahrungsnetz werden, auch wenn ein Mesoprädator einen Apexprädator funktionell nicht gleichwertig ersetzen kann (Wallach et al. 2015). Kojoten agieren bei Abwesenheit größerer Prädatoren selbst als Spitzenprädatoren und können über die Prädation von verwilderten Hauskatzen oder anderer kleinerer Mesoprädatoren indirekt zum Anstieg von deren Beutepopulationen beitragen, etwa von Vögeln oder Nagetieren (Crooks & Soulé 1999; Henke & Bryant 1999). Ob Vögel und Kleinsäuger als «unterste Stufe» die Nutznießer sind, hängt von der Anzahl Stufen ab. Im oben erwähnten System Wolf–Kojote–Rotfuchs profitieren die Füchse, sodass sich in diesem Fall die Präsenz von Wölfen über die Kaskade auf Vögel und Nagetiere ungünstig auswirken kann (Levi & Wilmers 2012). Unter Umständen kann der günstige Einfluss auf die Beuteart sogar auftreten, wenn sie nicht nur vom Mesoprädator, sondern auch vom Spitzenprädator selbst erbeutet wird, wie dies anhand der Beziehungen zwischen Pardelluchs *(Lynx pardinus)*, Ichneumon *(Herpestes ichneumon)* und Wildkaninchen *(Oryctolagus cuniculus)* nachgewiesen wurde (Palomares et al. 1998). Der Effekt lässt sich dadurch erklären, dass Mesoprädatoren ungleich häufiger als Spitzenprädatoren sind und deshalb eine höhere Prädationsrate auf die gemeinsame Beuteart erzielen (Ritchie & Johnson 2009).

Wo Prädatorengemeinschaften weitgehend aus eingeführten Arten bestehen,

9.11 Apex- und Mesoprädatoren: Dynamik mehrstufiger Prädatorensysteme

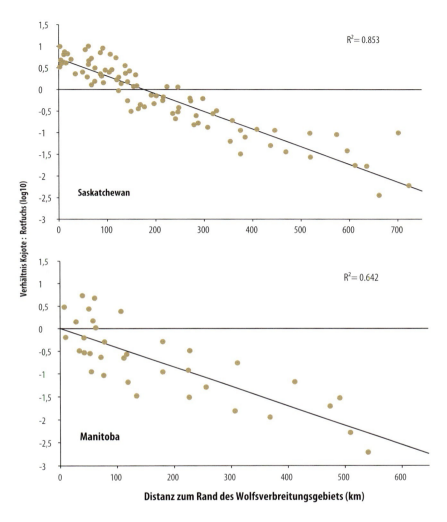

Abb. 9.21 Häufigkeitsverhältnis zwischen Kojoten und Rotfüchsen innerhalb des Verbreitungsgebietes des Wolfs in Saskatchewan und Manitoba, Kanada, nach Daten von Felleinlieferungen durch Trapper. Nahe der südlichen Verbreitungsgrenze des Wolfs, wo seine Häufigkeit gering ist (Distanz 0–300 km von der Verbreitungsgrenze), erreicht der Kojote eine bis zu 10-mal höhere Dichte als der Rotfuchs (Werte oberhalb der Nulllinie), während 500–700 km weiter nördlich im Zentrum der Wolfsverbreitung das Verhältnis umgekehrt ist und über 100:1 zugunsten der Füchse lauten kann (Werte unterhalb der Nulllinie; Abbildung neu gezeichnet nach Newsome & Ripple 2014).

wie in Australien, Neuseeland oder vielen Inseln, kommt dem Verständnis von Mesopredator-Release-Effekten große Bedeutung im Artenschutz zu. In Australien mehren sich Arbeiten, die nahelegen, dass die in prähistorischer Zeit eingeführten Dingos *(Canis dingo)* als Spitzenprädatoren später eingeführte Mesoprädatoren wie Rotfüchse und, offenbar weniger ausgeprägt, verwilderte Hauskatzen limitieren und so deren negativen Einfluss auf die Populationsgrößen einheimischer Nage- und Beuteltiere vermindern können (Letnic et al. 2012; Johnson C. 2015; Nimmo et al. 2015). Der Prädationsdruck durch Dingos kann sich allerdings auch direkt auf gefährdete einheimische Arten richten (Allen et al. 2013), sodass beim Management des Dingos solche gegenteiligen Effekte in Betracht gezogen werden müssen. Ähnliche Probleme stellen sich bei der Bekämpfung invasiver Prädatoren auf Brutinseln von Seevögeln (Kap. 9.8). Die Ausrottung eingeführter Hauskatzen auf Little Barrier Island in Neuseeland zum Schutz der dort brütenden Cooksturmvögel *(Ptero-*

droma cooki; Abb. 5.17) führte zunächst zum gegenteiligen des beabsichtigten Effekts, indem der Bruterfolg der Vögel um mehr als die Hälfte sank. Dies war auf die «Befreiung» der ebenfalls eingeführten Pazifischen Ratten *(Rattus exulans)* von der Prädation durch die Katzen zurückzuführen. Erst als auch die Ratten ausgerottet waren, stieg der Bruterfolg der Cooksturmvögel auf das Doppelte des ursprünglichen Werts an (Rayner et al. 2007b).

9.12 Nicht letale Effekte von Prädation

Bisher war in diesem Kapitel von den letalen Auswirkungen der Prädatoren auf Beutepopulationen die Rede. Nun wird aber in einer Population immer nur ein Teil der Tiere von Prädatoren getötet und konsumiert. Praktisch alle Individuen stehen hingegen unter dem Einfluss des Prädationsrisikos und müssen entsprechende Abwehrtaktiken vorsehen, was Anpassungen im Verhalten oder der Physiologie erfordert. Damit sind Kosten verbunden, die sich letztlich in der Reduktion von Wachstum, Überlebensrate oder Fekundität und schließlich der Populationsdichte manifestieren (Bolnick & Preisser 2005). Im Gegensatz zu den direkten Auswirkungen der Prädation sind diese indirekten, nicht letalen Effekte *(non-consumptive effects)* weit weniger untersucht, obwohl sie bedeutend sein und in bestimmten Fällen die direkten Auswirkungen übertreffen können (Preisser et al. 2005; Abb. 9.22). Der starke Fokus auf die direkten, letalen Auswirkungen der Prädation in den Lehrbüchern (und auch in diesem Kapitel) reflektiert also mehr die Wissenslage aufgrund der bisherigen Forschung als die quantitative Bedeutung von direkten im Vergleich zu indirekten Effekten. Selbst da, wo kein Effekt der Prädation «im traditionellen Sinn» feststellbar ist, weil prädationsbedingte Mortalität kompensatorisch wirkt, sind doch aus der Präsenz von Prädatoren allein Konsequenzen für die Habitatwahl oder für Aktivitätsrhythmen (Kap. 3.5) zu erwarten, die sich letztlich in der Populationsdynamik der Beuteart niederschlagen können (Cresswell W. 2011). Andererseits zeigen neuere Arbeiten zu den Beziehungen zwischen Wolf und Beutetieren im Yellowstone-Nationalpark, USA, dass die erste Begeisterung über die neu entdeckten *non-consumptive effects* wohl übertrieben waren und der Haupteinfluss des Wolfs auf die Populationsdynamik der Beute noch immer über die direkte Prädation geschieht (Mech 2012; Middleton et al. 2013).

Die Frage ist, welche Mechanismen den indirekten Effekten im Detail zugrunde liegen und wie die Effekte überhaupt gemessen werden können. Offensichtlich muss ein potenzielles Beutetier einen *trade-off* bewältigen: Einerseits hat es die momentane Überlebenswahrscheinlichkeit zu maximieren, andererseits muss es genügend Ressourcen acquirieren, um das langfristige Überleben und die Reproduktion gewährleisten zu können (Cresswell W. 2008). Bei vielen Arten ist das **Verhalten** bei der Nahrungssuche relativ einfach zu bestimmen. Somit kann man die bei bestimmten Prädatordichten beobachteten Verhaltensweisen mit den Strategien vergleichen, die eine maximale Ausschöpfung der Ressourcen erlauben würden. Die Differenz entspricht dann etwa den Fitnesskosten, die der gewählte *trade-off* mit sich bringt; sie sollte mit der Prädatorendichte und damit dem Prädationsrisiko schwanken. Wie Tiere ihr Nahrungssuchverhalten unter Prädationsrisiko in einer *landscape of*

9.12 Nicht letale Effekte von Prädation

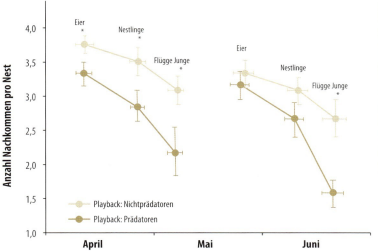

Abb. 9.22 In einem Experiment an frei lebenden Singammern *(Melospiza melodia)* wurden alle Nester vor dem Zugriff von Prädatoren geschützt und videoüberwacht. Bei einem Teil der Nester wurden dann über die ganze Brutzeit hinweg immer wieder Rufe von Prädatoren (Vögeln und Säugetieren) abgespielt, beim anderen Teil der Nester qualitativ ähnliche Rufe von Nichtprädatoren. Die Singammern unter dem Eindruck des Prädatorenrisikos produzierten im Mittel 40 % weniger Junge als die anderen, und zwar sowohl beim durchschnittlich etwas produktiveren Erstgelege als auch beim Zweitgelege (Mittelwerte und Standardfehler; die * bezeichnen signifikante Unterschiede) (Abbildung neu gezeichnet nach Zanette et al. 2011).

fear modifizieren und welche Kosten für einzelne Anpassungen ermittelt wurden, kam bereits in Kapitel 3.5 zur Sprache.

Neben Verhaltensänderungen räumlicher und zeitlicher Art zeigen viele Tiere auch **physiologische** Reaktionen auf die Anwesenheit von Prädatoren in Form von chronischem Stress (*chronical* oder *sustained stress*). Erst in jüngster Zeit hat man ihn bei Wildtieren gemessen und seine Bedeutung erkannt (Boonstra 2013; Clinchy et al. 2013; Newman A. E. M. et al. 2013; Sheriff & Thaler 2014; Zanette et al. 2014). Die verzögerte Erholung der Schneeschuhhasen nach dem Zusammenbruch der Bestände ist beispielsweise durch nachhallende Stressreaktionen auf die zuvor starke Prädatorenpräsenz mit bedingt (Kap. 9.10). Diese bewirken bei den Hasenweibchen erhöhte Glukokortikoidwerte, die eine geringere Geburtenrate und niedrigere Geburtsgewichte der Jungen nach sich ziehen (Sheriff et al. 2009). Vergleichbares wurde bei Wapitis beobachtet: Je höher die Wolfsdichte im Vergleich zu den Hirschen war, desto niedrigere Progesteronwerte wiesen die Weibchen auf, und umso geringer war die Zahl geborener Kälber. Ohne Kenntnis dieser Zusammenhänge hätten die schwachen Reproduktionsraten als Bottom-up-Effekte von Ressourcenmangel interpretiert werden können (Creel et al. 2007). Weil auch Nahrungsmangel physiologische Veränderungen provoziert, ist es erst recht schwierig, die Auswirkungen von Ressourcenverfügbarkeit und Prädationsrisiko auseinanderzuhalten, sodass die Hoffnungen auf der Entwicklung neuer physiologischer Diagnoseverfahren ruhen (Zanette et al. 2014).

Weiterführende Literatur

Gegenwärtig gibt es kein spezifisches Lehrbuch mit umfassender Behandlung des Phänomens «Prädation». Allgemeine Lehrbücher zur Ökologie enthalten in der Regel theoriefokussierte Kapitel zur Prädation. Von den beiden Klassikern behandeln Begon, Townsend & Harper die theoretischen Grundlagen am umfassendsten, während Krebs die Ausführungen am stärksten mit Beispielen zu Vögeln und Säugetieren unterlegt:

- Begon, M., C.R. Townsend & J.L. Harper. 2006. *Ecology. From Individuals to Ecosystems.* 4th ed. Blackwell Publishing, Malden.
- Krebs, C.J. 2009. *Ecology. The Experimental Analysis of Distribution and Abundance.* 6th ed. Benjamin Cummings, San Francisco.

Zwei Sammelbände behandeln eine breite Palette von Aspekten zur Prädation. Der ältere von Crawley enthält unter anderem wertvolle Grundlagen zu Biologie und Verhalten verschiedener Prädatorengruppen, das neuere fokussiert stärker auf verhaltensbasierte Aspekte der Interaktionen zwischen Prädator und Beute und bezieht Invertebraten prominent mit ein:

- Crawley, M.J. (ed.). 1992. *Natural Enemies. The Population Biology of Predators, Parasites and Diseases.* Blackwell Scientific Publications, Oxford.
- Barbosa, P. & I. Castellanos (eds.). 2005. *Ecology of Predator–Prey Interactions.* Oxford University Press, Oxford.

Wie zu anderen Aspekten der Populationsbiologie von Vögeln ist auch zur Prädation Newtons enzyklopädisches Werk ein reicher Fundus an detaillierter Information:

- Newton, I. 1998. *Population Limitation in Birds.* Academic Press, San Diego.

Zwei intensiv erforschte Prädator-Beute-Systeme in Europa und Nordamerika sind umfassend dargestellt in:

- Jędrzejewska, B. & W. Jędrzejewski. 1998. *Predation in Vertebrate Communities. The Białowieża Primeval Forest as a Case Study.* Springer-Verlag, Berlin.
- White, P.J., R.A. Garrot & G.E. Plumb (eds.). 2013. *Yellowstone's Wildlife in Transition.* Harvard University Press, Cambridge (Mass.).

Populationszyklen und die Rolle der Prädatoren als Treiber werden in zwei Werken behandelt, in einem Sammelband zu verschiedenen Prädator-Beute-Systemen und in einem Buch, das detailliert die verschiedenen Hypothesen zur Entstehung der Nagetierzyklen untersucht:

- Berryman, A. (ed.). 2002. *Population Cycles. The Case for Trophic Interactions.* Oxford University Press, Oxford.
- Krebs, C.J. 2013. *Population Fluctuations in Rodents.* The University of Chicago Press, Chicago.

Zwei Sammelbände legen einen Schwerpunkt auf trophische Kaskaden, an deren Spitze große Prädatoren stehen, und die bis zur Modifikation der Vegetationsdecke reichen:

- Ray, J.C., K.H. Redford, R.S. Steneck & J. Berger (eds.). 2005. *Large Carnivores and the Conservation of Biodiversity.* Island Press, Washington.
- Terborgh, J. & J.A. Estes. 2010. *Trophic Cascades. Predators, Prey, and the Changing Dynamics of Nature.* Island Press, Washington.

Die Verhaltensbiologie der Interaktionen zwischen Prädator und Beute und die daraus entstehende Evolution von Verhaltensmerkmalen und morphologischen Merkmalen ist in diesem Kapitel nur wenig thematisiert worden (s. dazu Kap. 3.5). Zum Thema existiert aber eine umfassende Darstellung:

- Caro, T. 2005. *Antipredator Defenses in Birds and Mammals.* The University of Chicago Press, Chicago.

10 Parasitismus und Krankheiten

Abb. 10.0 Junger Alpensegler *(Tachymarptis melba)* mit Lausfliegen *(Crataerina melbae)*

Kapitelübersicht

10.1	**Parasiten und ihre Vielfalt**	380
	Lebenszyklen	383
	Formen der Übertragung	384
10.2	**Parasiten und Wirte**	384
	Wirtsbindung der Parasiten und ihre Effekte	384
	Individuelle Unterschiede in der Parasitenbelastung	385
	Abwehr durch den Wirt	388
	Immunkompetenz und geschlechtliche Selektion	390
10.3	**Epidemiologie**	390
	Epidemiologie von infektiösen Krankheiten	390
	Epidemiologie von Makroparasiten	394
10.4	**Demografische Effekte von Parasiten auf den Wirt**	394
	Fortpflanzung des Wirts	395
	Mortalitätsrate des Wirts	395
	Auswirkungen auf weitere Merkmale	396
10.5	**Populationsdynamische Effekte von Parasiten auf den Wirt**	397
10.6	**Epizootische Krankheiten**	397
	Krankheiten als Ursachen von starken Populationsrückgängen	398
	Die wichtigsten Infektionskrankheiten von Vögeln und Säugetieren	401
10.7	**Koevolution von Parasit und Wirt**	412

10 Parasitismus und Krankheiten

Krankheit und Parasitismus sind beide Ausdruck einer wichtigen Interaktion zwischen Organismen, die als Wirt-Parasiten-Interaktion neben Prädation, Herbivorie und Konkurrenz die Dynamik von Populationen beeinflusst. Von Pathogenen ausgelöste Krankheiten des Menschen wie Pest, Pocken und Spanische Grippe haben den Lauf der Geschichte bestimmt, und auch heute bewirken Aids, Rinderwahnsinn oder Ebola Probleme globalen Ausmaßes. Krankheiten sind deshalb lange Zeit primär unter medizinischem und therapeutischem Blickwinkel betrachtet worden, nicht nur beim Menschen und seinen Nutztieren, sondern auch bei Wildtieren. Heute hat man die Bedeutung dieser Interaktionen für die Dynamik von Wildtierpopulationen erkannt, sodass Krankheiten und die zugrunde liegenden Wirt-Parasiten-Interaktionen auch ein wichtiges Forschungsgebiet der Evolutionsbiologie und der Ökologie geworden sind. Das vorliegende Kapitel konzentriert sich auf diese Aspekte.

Parasiten lassen sich vor allem aus praktischen Gründen in **Makroparasiten** (die größeren vielzelligen Organismen) und **Mikroparasiten** (Einzeller, Bakterien und Viren) unterteilen; Letztere sind die klassischen Krankheitsauslöser. Parasiten können oft komplizierte **Lebenszyklen** – Abfolgen von Entwicklungsstadien – aufweisen, die zu kennen unerlässlich für das Verständnis der Wirt-Parasiten-Interaktionen ist, vor allem auch wenn es um die Bekämpfung der Krankheiten geht. Weiter ist die Methode der **Übertragung** von Parasiten zwischen Wirtsindividuen zentral. Mehr oder weniger **resistente** Wirte können ein Reservoir für den Parasiten bilden, in dem die ausgelöste **Parasitose** (parasitenbedingte Krankheit) mit geringer **Virulenz** zirkuliert und **endemisch** bleibt. Bei wenig resistenten Wirten kann es hingegen zu starken Ausbrüchen mit hoher Mortalität kommen – die Krankheit tritt **epidemisch** auf. Springt der Erreger von Tieren auf den Menschen über, spricht man bei der Krankheit von einer **Zoonose**.

Parasiten sind innerhalb einer Wirtspopulation in sehr unterschiedlicher Häufigkeit über die Wirtsindividuen verteilt, meist in Abhängigkeit bestimmter Eigenschaften des Wirts. Wirte versuchen den Befall durch Parasiten auf zwei Weisen, denen unterschiedliche Mechanismen zugrunde liegen, abzuwehren: mit der **Immunantwort** und der **Immunreaktion**. Die **Immunkompetenz** eines Individuums, das heißt seine Fähigkeit zum Aufbau einer wirksamen Immunreaktion, ist von hoher Fitnessrelevanz; Weibchen sind bei der Partnerwahl deshalb sehr daran interessiert, die Immunkompetenz eines Männchens beurteilen zu können (Kap. 4).

Die Ausbreitung einer parasitenübertragenen Krankheit lässt sich mit populationsdynamischen Modellen modellieren. Solche Modelle sind ein wichtiges Instrument der **Epidemiologie**. Zwar sind zwei Populationen involviert, doch lässt sich jene der Parasiten, vor allem der Mikroparasiten, nicht fassen. So arbeitet man mit der Wirtspopulation und unterscheidet die **empfänglichen**, die bereits **infizierten** und die **erholten**, immun gewordenen Wirte. Erst wenn im Mittel von jedem infizierten Wirt mindestens eine Sekundärinfektion ausgeht, das heißt, wenn die Nettoreproduktionsrate des Parasiten mindestens 1,0 beträgt, kann sich die Krankheit ausbreiten; andernfalls stirbt der Parasit in der Wirtspopulation aus. Durch **Impfen** (bei Wildtieren auch durch Ausdünnen der Bestände) reduziert man die Zahl empfänglicher Wirte in einer Population, um so die Nettoreproduktionsrate unter den Wert von 1,0 zu drücken und damit die Epidemie zu stoppen.

Parasiten, Makroparasiten sowie krankheitsauslösende Mikroparasiten (**Pathogene**), beeinträchtigen die Fitness des Wirts in unterschiedlicher Weise und Stärke. Bei Wildtieren nehmen Makroparasiten häufig über die Fortpflanzung Einfluss auf die Fitness des Wirts, können aber auch mortalitätsrelevant sein. Bei Pathogenen steht in der Regel die beim Wirt verursachte Mortalität im Vordergrund. In beiden Fällen möchte man natürlich wissen, wie stark Parasiten die Populationsdynamik ihrer Wirte beeinflussen und ob sie regulierend wirken oder – im schlimmsten Fall – sogar in der Lage sind, eine Tierart zum Aussterben zu bringen. Diesbezüglich sind bei Wildtieren noch viele Fragen offen, weil Effekte von Prädatoren, Parasiten und der Umwelt nicht voneinander unabhängig sind und in der Regel nur durch experimentelle Ansätze zu trennen sind. Insgesamt hat man die Wirkungen von Parasiten bisher unterschätzt, vor allem unter dem Einfluss des früheren Dogmas, das die **Koevolution** von Wirt und Parasit in Richtung eines kommensalen Daseins führen würde. Dies ist nicht so, und manche Epidemien können über längere Zeit populationslimitierende Virulenz bewahren. In einigen Fällen haben sie bei Vögeln sogar maßgeblich zum Aussterben beigetragen.

10.1 Parasiten und ihre Vielfalt

In Kapitel 4, das sich mit der Fortpflanzungsbiologie beschäftigt, haben wir Brutparasiten kennengelernt – in unserem Fall Vögel –, welche die Aufzucht ihrer Jungen durch andere Arten verrichten lassen. In Kapitel 8 war im Zusammenhang mit Konkurrenz zwischen Arten kurz die Rede von Kleptoparasitismus, einem Verhalten, bei dem Individuen anderen ihre Nahrung oder Nistmaterial abjagen. Beide Verhaltensweisen sind Spezialfälle innerhalb einer weitgefassten Definition des Parasitismus, welche die Ausbeutung einer Art durch eine andere mit negativen Auswirkungen auf deren Fitness, aber ohne **unmittelbare** Todesfolge meint. In diesem Kapitel fokussieren wir auf die Kerndefinition von **Parasiten** als Organismen, die ihre **Nährstoffe** aus einem oder einigen wenigen Individuen einer anderen Art beziehen; Letztere bezeichnet man als **Wirt** *(host)*. Manche Parasiten nutzen verschiedene Arten als Wirte, andere sind wirtsspezifisch, also auf eine Art von Wirt beschränkt. Die meisten Parasiten sind **biotroph**, das heißt, sie ernähren sich aus dem lebenden Wirt. Zwar beeinträchtigen sie den Wirt in der Regel, ohne aber unmittelbar seinen Tod zu bewirken. Parasiten unterscheiden sich damit von Prädatoren, die im Laufe ihres Lebens viele Beutetiere töten und verzehren, oder von Herbivoren, die kleine Teile von einer großen Zahl von Pflanzenindividuen nutzen. Es gibt aber Parasiten, die im Laufe ihrer Entwicklung den Wirt umbringen; sie werden **Parasitoide** genannt. Der Begriff ist in der Regel für Insekten (meist Wespen und Fliegen) reserviert. Zudem gibt es eine kleine Zahl **nekrotropher** Parasiten, die sich zunächst im lebenden Wirt ernähren und nach dessen Tod als Saprophagen das Wirtsgewebe abbauen.

Entwickelt ein Wirt als Folge der Infektion durch Parasiten Symptome von Störungen der Körperfunktionen, so spricht man von **Krankheit** und vom krankheitsauslösenden Parasiten als

10.1 Parasiten und ihre Vielfalt

Pathogen. Typischerweise sind Pathogene Bakterien und Viren, manchmal Protozoen, Pilze oder Prionen (Proteinstrukturen), die im Wirt leben und als **Mikroparasiten** bezeichnet werden. Sie vermehren sich im Wirt selbst und erreichen so riesige Mengen von Individuen, die sich nicht zählen lassen. **Makroparasiten** sind demgegenüber oft große, vielzellige Organismen wie Fadenwürmer, Bandwürmer oder Arthropoden und leben auf dem Wirt oder in seinen Körperhöhlen, beispielsweise im Verdauungstrakt. Die Zahl der Makroparasiten in einem Wirt ist viel kleiner als jener der Mikroparasiten und lässt sich im Grundsatz quantifizieren. Weiter pflanzen sich Makroparasiten nicht im Wirt fort, sondern entlassen infektiöse Stadien, die neue Wirte befallen. Weil die Aktivitäten von Makroparasiten meist zu keinen sichtbaren oder nur zu milden Symptomen beim Wirt führen, verwendet man für sie den Begriff «**Parasitismus**» als Gegensatz zu Krankheit; entsprechend meint man dann mit «Parasiten» die Makroparasiten. Es gibt allerdings Übergangsformen zwischen Mikro- und Makroparasiten; zudem führt auch der Befall mit Pathogenen in vielen Fällen nur zu schwachen Symptomen. Weiter ist der Begriff **Ektoparasit** für auf dem Wirt lebende Parasiten gebräuchlich. Dies sind meist Makroparasiten, während die im Wirt lebenden **Endoparasiten** Makro- oder Mikroparasiten sein können.

Box 10.1 Die Vielfalt der Parasiten

Diese Box stellt die häufigsten Parasiten von Vögeln und Säugetieren vor, geordnet nach ihrer taxonomischen Zugehörigkeit. Eine Übersicht über die wichtigsten Wildtierkrankheiten bietet Box 10.2.

Viren: Viren sind stark reduzierte «Lebensformen» ohne eigenen Metabolismus, welche die Dienste einer Wirtszelle für ihr Überleben und ihre Fortpflanzung in Anspruch nehmen. Die große Vielfalt der Viren kann gemäß der Organisation ihrer genetischen Information in sieben Gruppen mit je einer Anzahl «Familien» eingeteilt werden. Neben Bakteriophagen, die Bakterien parasitieren, umfassen Viren zahlreiche Pathogene (unter anderen Poxviridae: Pockenviren, Reoviridae: Blauzungenkrankheit, Coronaviridae: SARS, Flaviviridae: Hepatitis C, Picornaviridae: Polio, Filoviridae: Ebola, Paramyxoviridae: Masern, Rhabdoviridae: Tollwut, Retroviridae: HIV, Hepadnaviridae: Hepatitis B).

Bakterien: Trotz der noch geringen Zahl beschriebener Arten (einige Tausend; die überall nachweisbare molekulare Vielfalt lässt aber auf eine unermesslich größere Zahl schließen) gehören Bakterien zu den wichtigsten Parasitengruppen. Bakterien sind Prokaryoten und damit zellkernlos; sie vermehren sich asexuell durch Teilung, können aber auch untereinander genetisches Material austauschen. Manche bilden Dauerstadien (Sporen) aus, die metabolisch inert sind und oft lange Zeit überdauern. Als «Biofilm» bezeichnet man Aggregationen, in denen zahlreiche Bakterien vorkommen. Bakterien werden je nachdem funktionell in verschiedene Linien oder gemäß ihrer Form (rund: Cocci, spiralförmig: Spirochaetes, stabförmig: Bacilli) unterteilt. Bei systematischer Klassifizierung lassen sich eine Anzahl Stämme unterscheiden, zu denen die parasitologisch bedeutsamen Gruppen der Firmicutes *(Bacillus, Staphylococcus, Streptococcus, Enterococcus, Listeria, Clostridium)*, der Spirochaetae (*Treponema*: Syphilis), der Chlamydiae (*Chlamydia*: Augen- und Lungenkrankheiten) und der Proteobacteria mit verschiedenen Untergruppen, zum Beispiel Rickettsien, Enterobacteria (*Vibrio:* Cholera, *Salmonella, Yersinia:* Pest, *Escherichia*) gehören.

Protozoa: Protozoen (oder auch als Protisten bezeichnet) sind kein nach heutiger Systematik definiertes Taxon, sondern eine sehr diverse Gruppe von eukaryoten (einen oder mehrere Zellkerne besitzenden) Einzellern, die als vollwertiger Organismus funktionieren. Sie leben weitgehend heterotroph und reproduzieren sich durch Teilung oder sexuell. Die traditionelle, nach äußerer Form gruppierende Einteilung unterscheidet zwischen Flagellaten, Amöben, Sporozoen und Ciliaten, doch befindet sich die Taxonomie in schnellem Wandel. So gelten heute die zuvor als Sporozoa bekannten Flagellaten unter der Bezeichnung Microsporidia als Stamm der Pilze, während die übrigen Sporozoen mit den Ciliaten zu den Alveolaten zusammengefasst werden. Flagellaten manövrieren ausgezeichnet in den Körperflüssigkeiten der Wirte und umfassen wichtige parasitische Gruppen wie die Kinetoplasta (*Trypanosoma:* Schlafkrankheit und Nagana, *Leishmania:* Leishmaniose). Amöben zeichnen sich durch plastische Körperoberflächen aus und enthalten die Amoebozoa, welche die meisten parasitischen Arten stellen – oftmals Darmparasiten wie *Entamoeba*. Alveolaten enthalten verschiedene Gruppen, deren Mitglieder ernste Krankheitsbilder auslösen können, zum Beispiel Coccidia, die in den Epithelien des Verdauungstrakts vieler Tiere parasitieren *(Eimeria, Toxoplasma)* oder die Haemosporidia, zu denen das Malaria auslösende *Plasmodium* gehört.

Pilze: Parasiten finden sich in allen Hauptgruppen der artenreichen Pilze und sind vor allem als Nutznießer bei Pflanzen und Insekten bekannt, kommen aber auch in Wirbeltieren vor. *Batrachochytrium* ist ein tödliches Pathogen für Amphibien und an deren weltweitem Rückgang beteiligt (Catenazzi 2015).

Nematoda: Die artenreichen Fadenwürmer (Nematoda) enthalten zahlreiche parasitische Arten, die bei Vögeln und Säugetieren im Verdauungstrakt und in anderen Organen parasitieren und oft bei Nutztieren gehäuft auftreten. Manche von ihnen besitzen komplizierte Lebenszyklen.

Platyhelminthes: Der Stamm der Plattwürmer umfasst nicht segmentierte «Würmer» ohne Coelom (sekundäre Leibeshöhle); sie reproduzieren sexuell wie asexuell; manche sind Hermaphroditen. Viele Plattwürmer besitzen wie Nematoden komplexe Lebenszyklen. Zu den vor allem aus parasitären Arten bestehenden Klassen gehören die Saugwürmer (Trematoda) und die Bandwürmer (Cestoda). Zu den pathogenen Saugwürmern zählt der Große Leberegel *(Fasciola hepatica)*, der Huftiere befällt und Leberschädigungen auslöst, oder der Pärchenegel *(Schistosoma)*, der bei Mensch und Tieren Bilharziose (Schistosomiasis) verursacht.

Arthropoda: Milben, Flöhe, Zecken und Tierläuse bilden zusammen eine äußerst artenreiche Gruppe von Arthropoden mit einem großen Anteil an parasitisch lebenden Arten, die vor allem als Ektoparasiten Körpergewebe und -flüssigkeit konsumieren, im Einzelnen aber eine riesige Vielfalt von Anpassungen und Lebensformen zeigen. Taxonomisch gehören die Milben (Acari) zu den Spinnentieren, die Tierläuse (Psocodea oder Phthiraptera) zu den Insekten; die Zecken (Ixodida) sind eine Ordnung innerhalb der Milben. Zecken fungieren oft als Vektoren für andere Pathogene, zum Beispiel für das Bakterium *Borrelia burgdorferi* (Borreliose) oder das die Frühsommer-Meningoencephalitis auslösende Virus.

Text in Anlehnung an Schmid-Hempel (2011), Taxonomie nach Goater et al. (2014).

Lebenszyklen

In Box 10.1 wird bei mehreren Artengruppen auf die Komplexität und Vielfalt ihrer **Lebenszyklen** *(life cycle)* hingewiesen. Anders als der manchmal in deutscher Übersetzung von *life history* verwendete Begriff (in diesem Buch aber vermieden) meint Lebenszyklus hier die Abfolge von Entwicklungsstadien, die ein Parasit von der eigenen Geburt bis zur Geburt der Folgegeneration durchläuft. Unabhängig von der Komplexität des Lebenszyklus können fünf Schritte unterschieden werden, die ein Parasit durchlaufen muss (Schmid-Hempel 2011):

1. **Finden** eines Wirts: Dies kann für den Parasiten ein großes Problem sein, wenn die Wirte weit zerstreut vorkommen. Eine Möglichkeit ist die Produktion riesiger Zahlen von Eiern, die dann passiv dispergieren, sodass mindestens einige wenige auf einen Wirt treffen. Bei Mikroparasiten, die sich im Wirt selbst vermehren, ist diese Form der direkten **Übertragung** *(transmission)* häufig. Größere Ektoparasiten wie Milben oder Zecken sind selbst mobil genug, aktiv einen neuen Wirt zu finden. Viele andere Parasiten haben aber komplizierte Mechanismen des Transports entwickelt; wir kommen weiter unten darauf zurück.

2. **Infizierung** des Wirts und Etablierung: Ist der Wirt gefunden, muss der Parasit ins Innere eintreten oder sich außen anheften können. Deshalb unterscheidet sich die infektiöse Form eines Parasiten äußerlich oft von späteren Stadien mit anderen Aufgaben. Der häufigste Eintritt erfolgt über die Mundöffnung ins Verdauungssystem, doch müssen viele Parasiten schließlich andere Organe erreichen können, um sich zu etablieren.

3. **Wachstum** und **Vermehrung:** Einmal etabliert, muss der Parasit nun aus dem Wirt die Nährstoffe und andere benötigte Ressourcen extrahieren, um wachsen und sich multi-

plizieren zu können, und dabei die Abwehr durch den Wirt neutralisieren.
4. **Reproduktion** bedeutet im Falle vieler Parasiten nicht einfach die simple Multiplikation, sondern die Weitergabe genetischer Information an die Nachkommen in spezifischer Form, zum Beispiel durch geschlechtliche Fortpflanzung. Dies geschieht oft in Form der Produktion spezieller **Stadien** *(stage)*, welche die Übertragung auf neue Wirte gewährleisten.
5. Mit der **Übertragung** wird ein neuer Wirt erreicht. Damit ist der Kreis zu Schritt 1 – Finden eines Wirts – geschlossen.

Formen der Übertragung
Die Übertragung kann **direkt** erfolgen, zum Beispiel beim Körperkontakt zwischen zwei Wirten, oder indem die infektiösen Stadien irgendwo deponiert werden, von wo die Wirte sie wieder aufnehmen. Ein häufiger Nematode im Verdauungstrakt von Caprinen (Ziegen und Schafen), *Teladorsagia circumcincta*, setzt seine Eier über den Kot der Wirte ab. Die schlüpfenden Larven machen zwei Häutungen durch; das dritte, infektiöse Stadium wird durch die weidenden Huftiere dann wieder aufgenommen und durchläuft im Drüsengewebe des Abomasums zwei weitere Stadien zum adulten Fadenwurm (Wilson K. et al. 2002). Infektiöse Stadien können sich auch über ein Medium, etwa durch Wind oder Wasser transportieren lassen und überleben oft während längerer Zeit als Dauerstadien. Als Medium kann auch ein **paratenischer** Wirt herhalten, der nur als Transport- und Sammelgefäß dient, etwa weil er selbst den eigentlichen Wirt gefressen hat. Zwischen ihm und dem Parasit kommt es zu keinen eigentlichen Wirt-Parasit-Interaktionen. Für eine effiziente, zielgerichtete Transmission über weitere Distanzen nutzen viele Parasiten eine **indirekte** Methode, indem sie sich eines **Vektors** bedienen, zum Beispiel einer Stechmücke (wie der Malariaparasit *Plasmodium*) oder einer Zecke (Box 10.1). Manche Makroparasiten besitzen extrem komplexe, vielstufige Lebenszyklen mit Stadien, die sich in bis vier verschiedenen **Zwischenwirten** entwickeln und für die Übertragung teilweise ebenfalls auf Vektoren angewiesen sind. In manchen Fällen fungiert der Zwischenwirt selbst als Vektor (Schmid-Hempel 2011).

Zudem wird zwischen **horizontaler** und **vertikaler** Transmission unterschieden. Die bisher genannten Formen der Übertragung verlaufen horizontal; als vertikal bezeichnet man die Übertragung von der Mutter auf das Kind, entweder pränatal oder bei der Geburt und seltener über die Milch.

10.2 Parasiten und Wirte

Es gibt auf der Erde mehr parasitisch lebende Arten als andere. Alle Tiere beherbergen Parasiten verschiedenster Arten. Bei manchen Vögeln und Säugetieren, inklusive der Menschen, wurden 60–150 Makroparasitenarten nachgewiesen; dazu kommen noch weit größere Zahlen an Mikroparasiten. Auch Parasiten selbst werden von anderen, kleineren Parasiten frequentiert (Windsor 1998).

Wirtsbindung der Parasiten und ihre Effekte
Einige Parasiten prosperieren in zahlreichen verschiedenen (bis über 100) Wirtsarten. Sehr viele Parasiten sind jedoch **wirtsspezifisch**, das heißt, sie sind an eine oder wenige Wirtsarten (**Haupt-** und **Nebenwirte**) gebunden und können in anderen ihren Lebens-

zyklus nicht absolvieren. Die Gründe dafür sind oft unklar. Bei Ektoparasiten spielt die Mobilität eine Rolle: Parasiten, die ihr Leben lang auf demselben Wirtsindividuum parasitieren, sind großmehrheitlich an eine einzige Wirtsart gebunden, während Parasiten, die häufig zwischen verschiedenen Wirtsindividuen hin und her wechseln, öfter mehrere Wirtsarten akzeptieren. Auch hohe Komplexität des Lebenszyklus verlangt nach hoher Wirtsspezifizität. Die enge Koevolution zwischen Wirt und Parasit führt oft zu gegenseitiger Adaptation, sodass die Schädigung des Wirts gering bleibt oder keine sichtbaren Symptome auftreten. Derartige **Parasitosen** (von Parasiten ausgelöste Krankheitsbilder) bleiben meist auf ein bestimmtes Gebiet mit befallenen Wirten begrenzt, persistieren aufgrund der niederschwelligen Wirkung aber und treten mithin **chronisch** auf. Sie werden bei Tieren als **enzootisch** respektive **Enzootie** bezeichnet; beim Menschen sind die Begriffe **endemisch** respektive **Endemie** gebräuchlich. Befallene Wirte mit geringer Reaktion oder Resistenz fungieren als **Reservoir** für den Parasiten. Bewirkt ein Parasit jedoch eine virulente Reaktion, die über kurze Zeit größere Schädigungen des Wirts und oft seinen Tod zur Folge hat, so ist die Parasitose eine Seuche – die Fachbegriffe sind **epizootisch** respektive **Epizootie** bei Tieren und **epidemisch** respektive **Epidemie** beim Menschen. In der Praxis entfällt die semantische Unterscheidung zwischen Mensch und Tier oft, sodass auch bei Tieren die Begriffe «endemisch» und «epidemisch» verwendet werden.

Virulente Reaktionen sind typisch für die Situation, in der ein Parasit nicht den Hauptwirt, sondern eine ihm nah verwandte Wirtsart befällt. Der schnelle Tod des unangepassten Wirts macht es dem Parasiten unmöglich, seinen Lebenszyklus zu vollenden, und eine gegenseitige Adaptation bleibt aus. Solche Wirte werden als **Fehlwirte** *(dead-end host)* bezeichnet. Fehlwirte können auch aus anderen Gründen die Fertigentwicklung des Parasiten verhindern und müssen dann keine Reaktion zeigen.

Ein Beispiel für heftige Reaktionen beim Fehlwirt sind die verschiedenen Infektionsformen der Pest *(plague)*, die durch das Bakterium *Yersinia pestis* ausgelöst werden. Das Pestbakterium zirkuliert endemisch in verschiedenen Teilen Asiens, Afrikas und Amerikas in Nagetieren, die als Hauptwirte kaum Symptome zeigen. Wenn Pestbakterien aber gewisse andere Arten befallen, in Nordamerika etwa Präriehunde (*Cynomys* sp., die trotz ihres Namens ebenfalls Nagetiere sind), so kann die Infektion Populationszusammenbrüche auslösen. Pestbakterien vermögen aber auch weniger nah verwandte Arten zu infizieren, etwa den Menschen, und unbehandelte Infektionen enden dann schnell tödlich. Es gibt viele weitere solche Infektionskrankheiten, die von Tieren auf den Menschen überspringen (zum Beispiel Ebolafieber, Gelbfieber, SARS, verschiedene Tiergrippen); man nennt sie **Zoonosen**.

Individuelle Unterschiede in der Parasitenbelastung

Normalerweise trägt zu einem bestimmten Zeitpunkt nur ein Teil der Wirtspopulation eine Parasitenart in sich; dieser Anteil wird als **Prävalenz** angeben (Abb. 10.1). Wenn alle Wirtsindividuen befallen sind, liegt die Prävalenz bei 100 %. Im Falle von pathogenen Mikroparasiten ist die Prävalenz häufig der Anteil der Wirtsindividuen, die Symptome zeigen. Bei Wildtierpopulationen muss auch die Prävalenz

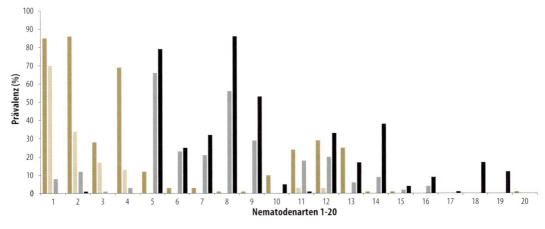

Abb. 10.1 Prävalenz (%) von Darmparasiten (20 verschiedene Nematodenarten) bei Reh (*Capreolus capreolus*; n = 280), Rothirsch (*Cervus elaphus*; n = 76), Gämse (*Rupicapra rupicapra*; n = 101) und Steinbock (*Capra ibex*; n = 155) aus den italienischen Alpen. Die Parasitengemeinschaften unterscheiden sich zwischen den vier Arten, wobei jene der beiden Hirscharten (Reh und Rothirsch) und jene der beiden Hornträger (Gämse und Steinbock) sich ähnlicher sind (Abbildung neu gezeichnet nach Daten in Zaffaroni et al. 2000).

von Makroparasiten oft über indirekte Methoden ermittelt werden (Wilson K. et al. 2002). Typischerweise, und selbst bei einer 100 %igen Prävalenz, ist die Verteilung der Parasiten in der Wirtspopulation **aggregiert:** Wenige Wirte beherbergen zahlreiche Parasiten, während die Mehrheit der Wirte wenige Parasiten aufweist (Shaw D. J. & Dobson 1995; Poulin 2013). Der Befall respektive die Belastung mit Parasiten *(parasite load)*, und letztlich die **Intensität** der Infektion, sind also ungleich verteilt.

Individuell unterschiedliche Parasitenbelastung bedeutet, dass oft nur ein kleiner Teil der Wirtspopulation für die Übertragung und den Fortbestand des Parasiten verantwortlich ist. Diese Tatsache ist von großer Bedeutung für das Verständnis der populationsdynamischen Interaktionen zwischen Parasiten und Wirt (Beldomenico & Begon 2010). Deshalb interessiert zunächst, welche Faktoren dieser Ungleichverteilung der Parasiten in der Wirtspopulation Vorschub leisten.

1. **Alter des Wirts:** Oft nimmt der Befall mit der Dauer der Exposition gegenüber Parasiten und damit mit zunehmendem Alter zu. In anderen Fällen tritt nach einem Höchststand wieder eine Abnahme ein, offenbar als Konsequenz verbesserter Abwehr durch den Wirt. Die Form des Zusammenhangs zwischen Befall und Alter kann innerhalb einer Wirtsart zwischen Populationen variieren.

2. **Geschlecht des Wirts:** Die Parasitenbelastung, gemessen als Prävalenz oder über die Intensität der Infektion, ist bei Vögeln wie Säugetieren im Allgemeinen bei Männchen höher als bei Weibchen (Poulin 1996). Daran sind, je nach Wirtsart, verschiedene Gründe beteiligt, etwa verhaltensbedingte stärkere Exposition der Männchen oder ihre größere Körpermasse – denn die Parasitenbelastung korreliert oft mit der Körpergröße. Ob die verringerte Abwehr auch eine Folge der Produktion von Hormonen wie Testosteron ist, bleibt aufgrund der fraglichen immunrepressiven Wirkung von Testosteron umstritten (Nunn et al. 2009). Allerdings können die reproduktiven Aufwendungen der Weibchen ebenfalls zu höherer Parasiten-

belastung führen (Wilson K. et al. 2002). Dies ließ sich an Kohlmeisen *(Parus major)* experimentell zeigen: Bei Weibchen, die gezwungen wurden, ein zusätzliches Ei zu legen, stieg die Prävalenz des Vogelmalariaerregers *Plasmodium* von 20 % auf 50 % (Oppliger et al. 1996).

3. **Kondition des Wirts:** Viele Untersuchungen haben einen Zusammenhang zwischen verminderter Kondition und erhöhter Parasitenbelastung gefunden, doch bleibt oftmals ungeklärt, ob der schlechtere Körperzustand die Infektion erleichtert oder ob erst die Infektion zu reduzierter Kondition führt (Irvine et al. 2006; Latorre-Margalef et al. 2009; Flint & Franson 2009; Arsnoe et al. 2011; Turner A. K. et al. 2014). Bei Springböcken *(Antidorcas marsupialis)* zeigte sich ein negativer Zusammenhang zwischen Körperzustand und der Stärke des Befalls mit Darmparasiten nur bei adulten Weibchen, nicht jedoch bei den übrigen Klassen. Zeitlich war der Effekt auf die Periode rund um die Geburt und die anschließende Laktation beschränkt, was annehmen lässt, dass der eigentliche Auslöser die körperliche Inanspruchnahme durch die Reproduktion war (Turner W. C. et al. 2012). Auch bei Raufußkäuzen *(Aegolius funereus)*, die bei mäßig guter Nahrungsversorgung brüteten, war die Nahrungsversorgung die Triebfeder. Wurde diese experimentell durch Nahrungszugabe verbessert, ging die Prävalenz des Blutparasiten *Trypanosoma avium* zurück (Ilmonen et al. 1999).

4. **Verhalten des Wirts:** Unterschiede im Grad des Befalls können auch eine Folge unterschiedlichen Verhaltens sein, mittels dessen Wirte versuchen, die Aufnahme von Parasiten zu vermeiden oder ihre Belastung zu vermindern. Es existiert eine große Vielfalt solcher Verhaltensweisen wie etwa das «Lausen», das gegenseitige Ablesen von Ektoparasiten bei Primaten oder das Anlegen von Latrinen durch viele Tiere, um den Kontakt mit ausgeschiedenen Parasiten zu vermeiden. Weidende Herbivoren versuchen, die Aufnahme infektiöser Stadien von Darmparasiten zu minimieren. Da sie diese nicht erkennen können, orientieren sie sich am vorhandenen Kot und tendieren dazu, kotbelastete Flächen zu meiden (Hutchings et al. 2006). Zur Beurteilung sind offenbar olfaktorische Signale besonders wichtig (Fankhauser et al. 2008; Sharp et al. 2015). Für eine Übersicht über Verhaltensanpassungen zur Parasitenvermeidung siehe Moore J. (2002) und Schmid-Hempel (2011).

5. **Genetische Unterschiede:** Schließlich existiert sowohl eine genetische Variabilität in der individuellen Resistenz von Wirten gegenüber Parasiten als auch innerhalb einer Parasitenart bezüglich ihrer Fähigkeit zur Infektion von Wirten. Bedeutung und Konsequenzen solcher Variabilität sind bei wild lebenden Wirbeltieren noch wenig untersucht, doch ist allein das Phänomen der evolutiven Stabilität der Variabilität von evolutionsbiologischem Interesse (Weiteres bei Wilson K. et al. 2002; Schmid-Hempel 2011).

Weitere Parameter, die mit unterschiedlicher Parasitenbelastung zusammenhängen, sind etwa der soziale Status eines Individuums, die Form des Paarungssystems oder die Gruppengröße (Schmid-Hempel 2011; Ashby & Gupta 2013). Beim Afrikanischen Graumull *(Cryptomys hottentotus)*, einem unterirdisch in Kolonien lebenden Nagetier, steigerte hingegen die Häufigkeit des Kontakts zwischen einzelnen Gruppen die Ektoparasitenbelastung mehr, als es die Gruppengröße tat; vermutlich aufgrund stärkerer gegenseitiger Fellpflege war die Parasitenbürde in größeren Gruppen sogar geringer (Archer et al. 2016). Beim Rothirsch *(Cervus elaphus)* wurde nachgewiesen, dass Höhenwanderungen die Belastung mit Ektoparasiten ebenfalls reduzierte, weil sich wandernde Tiere, im Gegensatz zu den in tieferen Lagen residenten Individuen, den Sommer über außerhalb der Reichweite der entsprechenden Parasiten aufhielten (Mysterud et al. 2016). Bei Vögeln (Entenvögeln, Greifvögeln und Drosseln) zeigte es sich bezüglich der Nematodenbelastung, die in diesem Fall allerdings über die Artenzahl gemessen wurde, dass ziehende Arten zwei- bis dreimal mehr Nematodenarten enthielten als nicht ziehende verwandte Arten (Koprivnikar & Leung 2015).

Aggregation von Parasiten scheint aber nicht nur von Merkmalen des Wirts abzuhängen, sondern kann auch als Strategie des Parasiten selbst gesehen werden. Modelle postulieren, dass in der Umwelt aggregierte Parasiten dank ihrer größeren Zahl einen Wirt erfolgreicher infizieren können als nicht aggregierte Parasiten, besonders wenn der Wirt viel in die Abwehr investiert (Morrill & Forbes 2016).

Abwehr durch den Wirt
Die Abwehr von Parasiten kann in zwei konzeptuell unterschiedliche Komponenten aufgeteilt werden. Die eine ist die (in diesem Kapitel bereits mehrfach erwähnte) **Resistenz**, die Fähigkeit des Wirts, einem Parasiten auf irgendeine Weise Widerstand zu leisten, vor allem indem er seinen Parasitenbefall limitiert. Dadurch wird die Fitness des Parasiten vermindert. Eine zweite Strategie besteht in **Toleranz**, der Fähigkeit, die schädlichen Auswirkungen einer Infektion zu limitieren. Toleranz lässt sich über die Variation im parasitenbedingten Fitnessverlust des Wirts bei gegebener Parasitenladung bestimmen (Schmid-Hempel 2011). Bei beiden Strategien spielt das Immunsystem eine zentrale Rolle. Während Resistenz bei allen Organismengruppen seit Langem intensiv untersucht wird, ist das Konzept der Toleranz lange auf den pflanzenpathologischen Kontext beschränkt geblieben. Das Studium der Toleranz und ihrer Mechanismen und Fitnesskosten bei Wirbeltieren steckt hingegen noch in den Kinderschuhen (Råberg et al. 2009; Ayres & Schneider 2012; Sorci 2013). Wir konzentrieren uns im Folgenden auf Abläufe mit dem Ziel, die Parasitenladung zu reduzieren.

Parasitenbefall kann bei Wirbeltieren zweierlei Reaktionen auslösen, die auf verschiedenen Mechanismen basieren. Die eine ist die unabhängig vom Befall vorhandene, **angeborene** *(innate)* Immunantwort, die oft unspezifisch abläuft und auf eine Vielfalt von Parasiten und Pathogenen angewandt werden kann. So werden zum Beispiel Phagozyten gegen das körperfremde Material aktiv, oder der Wirt erhöht die Körpertemperatur (Fieber), wozu Vögel sowie Säugetiere imstande sind. Die zweite, wichtigere Reaktion ist die **erworbene** (adaptive) Immunantwort, die meist spezifischer abläuft und vereinfacht als **Immunreaktion** bekannt ist. Man unterscheidet zwei Formen, die **humorale** (Produktion von Antikörpern durch die B-Lymphozyten und Abgabe ins Blut) und die **zelluläre** (durch Antigen aktivierte T-Killerzellen vernichten infizierte Zellen). Die Immunreaktion erlaubt dem Wirt zweierlei: Er kann die Infektion überwinden und erhält eine Art «Gedächtnis», die seine Reaktion bei einem erneuten Angriff des Parasiten verändert: Er ist gegen eine neue Infektion resistent geworden. Eine Infektion durch Viren oder Bakterien ist in der Regel eine kurze, vorübergehende Phase im Leben eines Wirts und löst bei ihm eine starke Immunreaktion aus. Protozoen und Makroparasiten hingegen provozieren schwächere Immunreaktionen, die auf einer anderen molekularbiologischen Wirkungskette beruhen, sodass die Infektion lange andauern kann. In Schmid-Hempel (2011) oder Goater et al. (2014) sind diese Abläufe genauer dargestellt. Übrigens können Vögel und Säugetiere über die Plazenta, den Eidotter oder die Milch mütterliche Antikörper auch an die Nachkommen transferieren, sodass diese bereits in den ersten Lebenswochen oder -monaten, wenn ihr Immunsystem noch nicht fertig entwickelt ist, einen gewissen Immunschutz genießen (Begon et al. 2006; Hasselquist & Nilsson 2009). Solche maternalen Effekte konnten gemäß Modellrechnungen dann evolvieren, wenn die bewirkte Immunität hoch und die Virulenz des Pathogens intermediär ist (Garnier et al. 2012).

In jedem Fall generiert eine Immunreaktion Kosten, weil die dafür benötigten Ressourcen anderswo eingespart werden müssen (Klasing 2004; Colditz 2008; Schmid-Hempel 2011). Gemessen am Energieverbrauch im Ruhezustand, steigt die Energieausgabe durch verschiedene Immunreaktionen bei Menschen, Ratten und Schafen um 15–30 % und gelegentlich um über 50 % an (Lochmiller & Deerenberg 2000). Bei Vögeln wurden im Allgemeinen nur Zunahmen von 5–15 % beim Grund- oder Ruheumsatz gemessen (Hasselquist & Nilsson 2012), in einem Fall beim Haussperling *(Passer domesticus)* von 29 %, was dem halben Aufwand für die Produktion eines Eis entspricht (Martin L. B. et al. 2003). Ob nun Energie oder eine andere «Währung» die proximaten Kosten verursacht, ist noch offen (Hasselquist & Nilsson 2012). Auf jeden Fall aber können sie direkt fitnessrelevant sein: Wild lebende Eiderenten *(Somateria mollissima)*, die eine experimentell induzierte Immunreaktion ausbildeten, kehrten im Folgejahr fast dreimal weniger häufig in die Brutkolonie zurück als Kontrollvögel (Hanssen et al. 2004). Bei anderen Vögeln ging erhöhte Immunreaktion mit geringerer Investition in die Reproduktion einher (Übersicht bei Schmid-Hempel 2011). Mitunter verzichten Wirtsindividuen in schlechter Kondition oder bei hohem reproduktivem Aufwand darauf, ihr Immunsystem funktionstüchtig zu erhalten (Verhulst et al. 2005). Möglicherweise verhindern diese kostenbedingten *trade-offs*, dass sich eine vollständig wirksame Immunabwehr evolvieren konnte, die Wirte unempfindlich gegen Infektionen machen würde (McKean & Lazzaro 2011).

Diese Kosten sind es auch, die zur Hypothese geführt haben, dass Arten mit schneller *life history* eher in die «billigere», angeborene Immunantwort investieren, Arten mit langsamer *life history* und demnach höherer Lebenserwartung hingegen eher in die spezifischere Immunreaktion. Verschiedene Studien haben dafür empirische Unterstützung gefunden. So hatten im Vergleich von drei Nagetierarten (Weißfußmaus, *Peromyscus leucopus:* schnell; Streifen-Backenhörnchen, *Tamias striatus:* mittel; Grauhörnchen, *Sciurus carolinensis:* langsam, Abb. 8.9) die Mäuse die beste Fähigkeit, Bakterien abzutöten, was eine typische angeborene Immunantwort ist. Die Grauhörnchen bauten hingegen die höchsten Antikörperspiegel auf und zeigten damit die stärkste Immunreaktion. In beiden Fällen war die Reaktion der Backenhörnchen intermediär (Previtali et al. 2012).

Immunkompetenz und geschlechtliche Selektion
Die Fähigkeit eines Individuums zum Aufbau einer wirksamen Immunreaktion wird als **Immunkompetenz** *(immunocompetence)* bezeichnet. Bedenkt man die fitnessrelevanten Kosten der Immunabwehr, so ist es natürlich bedeutsam zu wissen, wie Immunkompetenz und Fitness über die Lebensdauer zusammenhängen. Bereits die Messung und die Interpretation in einem ökologischen Kontext können schwierig sein (Boughton et al. 2011). Zahlreiche Studien an Vögeln haben aber einen deutlichen positiven Zusammenhang gezeigt zwischen der Stärke der Immunreaktion und fitnessanzeigenden Parametern, wie etwa der Überlebensrate (Schmid-Hempel 2011).

Dass Männchen im Allgemeinen eine höhere Parasitenbelastung aufweisen als Weibchen, kann mehrere Gründe haben (s. oben). Männchen investieren aber weniger in die Immunabwehr, wenn sie hohe Reproduktionskosten zu tragen haben, was bei Polygynie der Fall ist (Kap. 4.8). Tatsächlich sind Männchen polygyner Säugetierarten deutlich stärker als Weibchen mit Parasiten belastet, während die geschlechtsspezifischen Unterschiede bei monogamen Säugetieren gering sind und manchmal auch zu Ungunsten der Weibchen ausfallen (Moore S. L. & Wilson 2002). Partnerwahl durch das Weibchen ist der Prozess, der *sexual selection* und Parasitismus verbindet. Für das Weibchen ist es entscheidend, die Qualität des Männchens beurteilen zu können. Ein wichtiger Teil der Qualität ist seine Immunkompetenz, die aber nicht direkt erkennbar ist. Sie korreliert jedoch häufig positiv mit der Ausprägung äußerlicher Merkmale, besonders von Ornamenten, die vom Weibchen beurteilt werden und damit unter geschlechtlicher Selektion stehen (Kap. 4.8; Details und Diskussion bei David & Heeb 2009 oder Schmid-Hempel 2011).

10.3 Epidemiologie

Um die Ausbreitung einer von Parasiten übertragenen Krankheit zu verstehen, müssen wir den Blick nun vom Individuum hin auf die Population richten. Eigentlich sind zwei Populationen involviert, jene des Parasiten und jene des Wirts. Handelt es sich um Makroparasiten, können wir die Dynamik gut über die Parasiten selbst verfolgen. Bei Mikroparasiten, den hauptsächlichen Pathogenen, sind die Populationsgrößen aber kaum bestimmbar (Kap. 10.1). Deshalb ist es sinnvoll, statt der Mikroparasiten die Wirte zu betrachten und zwischen «nicht infiziert» und «infiziert» zu unterscheiden.

Epidemiologie von infektiösen Krankheiten
Als Basis für die Ausbreitungsmodelle dient die Population der Wirte, wobei die Prävalenz (Kap. 10.2), der Anteil der infizierten Wirte, das Maß für die Häufigkeit des Parasiten abgibt. Für die einfacheren Modelle mit direkter Übertragung des Parasiten, wie dies für manche Krankheiten – bei Tieren etwa für die Rinderpest – zutrifft, geht man zudem davon aus, dass die Wirtspopulation konstant bleibt. Dies ist für einen kurzen Zeitraum und ohne besondere infektionsbedingte Wirtsmortalität auch realistisch. Die Wirtspopulation *(N)* setzt sich so aus drei Gruppen zusammen: den **empfänglichen** Individu-

10.3 Epidemiologie

en *S (susceptible)*, den **infizierten** *I (infected)* und denjenigen, die sich **erholt** haben und zunächst immun geworden sind *(R, recovered)*. Gemäß diesen Bezeichnungen werden solche Modelle oft SIR-Modelle genannt. Es ist aber auch üblich, *S*, *I* und *R* stattdessen mit *X*, *Y* und *Z* zu bezeichnen.

Mit dem Einsetzen einer Epidemie verändern sich die Zahlen empfänglicher und infizierter Individuen in der Population. Die Veränderungsrate der empfänglichen Wirte entspricht der Übertragungsrate der Krankheit von den infizierten zu den empfänglichen Individuen:

$$\frac{dS}{dt} = \frac{-\beta SI}{N} \qquad (10.1)$$

wobei die **Übertragungsrate** β die Wahrscheinlichkeit bezeichnet, dass eine Übertragung stattfindet, wenn sich ein empfängliches und ein infiziertes Individuum begegnen. Die vereinfachende Voraussetzung dabei ist, dass die Begegnungen zufällig sind und proportional zur Zahl der empfänglichen und infizierten Individuen stattfinden (Massenwirkung, *mass action principle*). Die Übertragungsrate selbst ist das Produkt zwischen der dem Parasiten eigenen Fähigkeit, sich im Wirt zu etablieren (Infektiosität), und der genetisch bedingten Empfänglichkeit des Wirts.

Die Zahl der infizierten Wirte verändert sich ebenfalls gemäß der Übertragungsrate abzüglich der Individuen, die sich erholen:

$$\frac{dI}{dt} = \frac{\beta SI}{N} - \gamma I \qquad (10.2)$$

Dabei bezeichnet γ die **Erholungsrate**. Damit verschiebt sich die Zahl der genesenen Individuen gemäß

$$\frac{dR}{dt} = \gamma I \qquad (10.3)$$

Welche Aussagen erlauben uns nun solche Modelle? Zweifellos möchten wir wissen, ob es einer kleinen Zahl infizierter Individuen gelingen kann, in einer sehr großen Population empfänglicher Wirte eine Epidemie auszulösen. Die Antwort hängt davon ab, wie gut es der Parasit schafft, nach der Infektion eines Wirts mindestens einen weiteren zu befallen. Falls dies nicht der Fall ist, stirbt der Parasit aus. Wir können die uns aus der Populationsdynamik bekannte **Nettoreproduktionsrate** R_0 (Kap. 7.2) für Mikroparasiten definieren als die mittlere Anzahl sekundärer Infektionen, die von einem infizierten Individuum ausgehen:

$$R_0 = \frac{\beta}{\gamma} \qquad (10.4)$$

Die Nettoreproduktionsrate bei Mikroparasiten ist also das Verhältnis zwischen Übertragungs- und Erholungsrate oder, mit anderen Worten, zwischen dem Generieren und dem Wegfall von infizierten Wirten (Anderson & May 1986).

Damit eine Epidemie ausbrechen kann, muss $R_0 > 1$ sein. Bei $R_0 = 1$, der Übertragungsschwelle *(transmission threshold)*, kommt die Epidemie zum Stillstand. Weil die Nettoreproduktionsrate von Mikroparasiten über den Wirt definiert wird, ist sie keine feste Größe, sondern hängt von der Wirtsdichte ab: Je höher diese ist, desto häufiger kommt es zum Kontakt zwischen empfänglichen und infizierten Individuen. Durch Impfen lässt sich die Dichte empfänglicher Individuen herabsetzen. Wird ein Anteil C der empfänglichen Wirte geimpft, so gilt für die Nettoreproduktionsrate des Parasiten:

$$R_0 = \frac{(1-C)\beta}{\gamma} \qquad (10.5)$$

Damit lässt sich errechnen, wie groß der Anteil C der zu impfenden Wirte sein muss, um $R_0 = 1$ zu erreichen. Nach Umformen erhält man:

$$C = 1 - \frac{\gamma}{\beta} = 1 - \frac{1}{R_0} \qquad (10.6)$$

Ist $R_0 = 2$, so müssen 50 % der empfänglichen Individuen geimpft werden, bei $R_0 = 5$ sind es 80 % und bei $R_0 = 10$ muss die Impfrate 90 % betragen, damit R_0 auf 1,0 abgesenkt werden kann und die Epidemie damit zum Stillstand kommt. Diese Dichteabhängigkeit erklärt etwa, weshalb bei eng gehaltenen Nutztieren sich häufig Infektionen ausbreiten, die bei Wildpopulationen, die unter viel niedrigeren Dichten leben, keine Rolle spielen. Wenn es bei Wildtieren dennoch zu Epidemien kommt und man die weitere Ausbreitung verhindern will, ist die Reduzierung der Zahl empfänglicher Wirte durch Impfen oft schwierig. Eine Ausnahme ist die Eindämmung der Tollwut in Mitteleuropa, die zu einem guten Teil über das großflächige Ausbringen von Impfstoff über Köder gelang (Vitasek 2004; Mähl et al. 2014). Meist ist es praktikabler, die Dichte durch Keulen *(culling)* eines Teils der Population zu reduzieren. Beispiele sind in Kapitel 10.6 geschildert. Allerdings funktioniert das nur bei wirklicher Dichteabhängigkeit der Transmission. Kommt die Übertragung etwa bei Kopulationen oder ähnlichen Verrichtungen zustande, die häufigkeitsabhängig *(frequency-dependent)* sind, so ist *culling* keine erfolgversprechende Strategie (Beeton & McCallum 2011).

In einer nicht endlos großen Population verebbt eine Epidemie mit der Zeit auch ohne Eingriffe, weil immer weniger empfängliche Wirte zur Verfügung stehen (Abb. 10.2). Die Parasiten sind also darauf angewiesen, dass neue empfängliche Wirte dazukommen, was über Geburten, Einwanderer oder ehemals infizierte Individuen, die ihre Immunität verlieren, geschehen kann. Wenn damit R_0 des Parasiten nicht unter 1,0 fällt, wird die Parasitose endemisch in der Population überdauern. Zu periodischen Wiederausbrüchen kann es aus vielen Gründen kommen, wie demografischen Zufälligkeiten in der Wirtspopulation, saisonalen Schwankungen oder zeitlichen Verzögerungen in der Entwicklung der Parasiten (Schmid-Hempel 2011).

Zusammenfassend können wir festhalten, dass es nur von wenigen Eigenschaften des Parasiten und des Wirts abhängt, ob eine Infektion persistieren kann oder ausstirbt: der Übertragungsrate zwischen Wirten, der Erholungsrate in der Wirtspopulation sowie, was bisher noch nicht erwähnt worden ist, der Mortalität des Wirts. Ist der Parasit virulent und damit die Mortalitätsrate hoch, so ist die Gefahr auszusterben für den Parasiten größer. Die SIR-Modelle, die einen etwas längeren Zeitraum betrachten und deshalb mit einer variablen Populationsgröße beim Wirt rechnen müssen, sind also geringfügig komplizierter als das oben illustrierte Beispiel. Bei ihnen kommen noch Parameter für die Geburts-, die «normale» und die krankheitsbedingte Sterberate

10.3 Epidemiologie

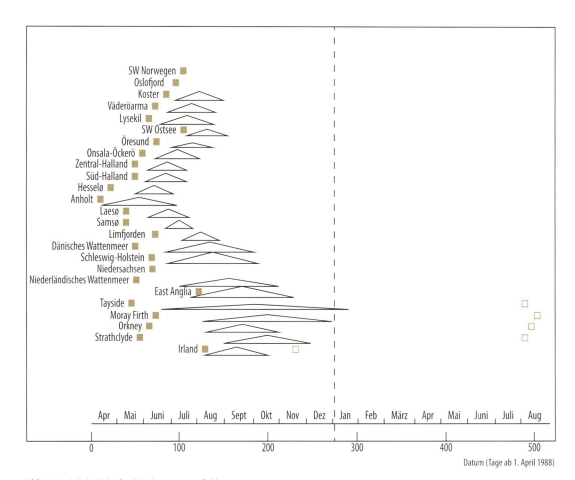

Abb. 10.2 Lokaler Verlauf und Ausbreitung einer Robbenstaupe-Epidemie (Kap. 10.6) in einer Metapopulation des Seehunds *(Phoca vitulina)* in der Nordsee und angrenzenden Ostsee, 1988. Der Erreger wurde möglicherweise von arktischen Sattelrobben *(Pagophilus groenlandicus)* eingebracht, bei denen die Staupe endemisch ist. Die Krankheit brach zunächst auf der dänischen Insel Anholt aus und verbreitete sich dann bis in die westliche Ostsee und nordwärts nach Südnorwegen sowie über das Wattenmeer und entlang der britischen Ostküste bis auf die Orkneys und westwärts nach Irland. In den meisten Subpopulationen dauerte die akute Phase zwei bis drei Monate; dann brach die Epidemie jeweils zusammen, weil die Mortalität mit etwa 36 % im Mittel hoch war und keine neuen empfänglichen Individuen mehr zur Verfügung standen. Die Dreiecke stellen die Dauer dar, in der 90 % der Fälle gemeldet wurden; ihre Höhe ist proportional zur Anzahl Fälle. Ausgefüllte Quadrate bezeichnen den ersten bekannten Fall in der entsprechenden Subpopulation, die schwarz markierte Dauer im Monatsbalken die ungefähre Wurfsaison (Abbildung neu gezeichnet nach Swinton et al. 1998).

sowie für die Rate des Verlustes der Immunität hinzu (s. dazu Krebs C. J. 2009 oder Schmid-Hempel 2011).

Grundsätzlich funktioniert die Dynamik einer Parasitose, die durch einen Vektor (zum Beispiel eine Stechmücke) übertragen wird, nach den gleichen Prinzipien, doch gibt es gewisse Unterschiede. Die Übertragungsrate β setzt sich hier aus dem Produkt der **Bissrate** des Vektors und der Empfänglichkeit des Wirts zusammen. Die Bissrate kann aber nicht mit der Wirtsdichte gesteigert werden, sondern hängt von der Zeit, die für die Verdauung einer Blutmahlzeit oder zur Bildung eines Eigeleges nötig ist, und damit vom Vektor selbst ab. Bei einer höheren Wirtsdichte verteilt sich die (bei konstanter Vektorenpopulation) gegebene Bisszahl auf mehr Individuen. Damit sinkt für den einzelnen empfänglichen Wirt die Wahrscheinlichkeit einer Infektion (Nentwig et al. 2011).

Man muss sich aber vor Augen halten, dass diese Modelle sehr vereinfacht sind und die Dichteabhängigkeit in der Realität durch zahlreiche Faktoren modifiziert werden kann. Die Modelle nehmen etwa die vollständige Durchmischung einer Population an. Oft ist aber die räumliche Verteilung infizierter Wirte in einer Population ungleichmäßig, weil einzelne Gruppen von Individuen stärker miteinander Austausch pflegen oder weil Unterschiede im individuellen Verhalten zu variabler Übertragungsrate führen. Deshalb erfolgt die Ausbreitung einer Infektion über den Raum oft ungleichmäßig und stoßweise.

Epidemiologie von Makroparasiten
Weil Makroparasiten wie Bandwürmer, Saugwürmer oder auch viele Ektoparasiten genügend groß sind und einen langsamen Reproduktionszyklus besitzen, kann man ihre Epidemiologie direkt an ihnen selbst studieren. Ihre Nettoreproduktionsrate berechnet sich damit «normal», das heißt anhand der eigenen demografischen Parameter, gemäß Kapitel 7.2. Da Makroparasiten lange im Wirt verweilen und ihn schwächen, wird die Zahl der einzelnen Parasiten, also die Parasitenbelastung eines individuellen Wirts, zu einer wichtigen Größe, da sie oft mit dem Mortalitätsrisiko des Wirts positiv korreliert. Individuelle Unterschiede in der Parasitenbelastung, die zu einem aggregierten Verteilungsmuster in der Wirtspopulation führen (Kap. 10.2), spielen deshalb in der Populationsdynamik von Makroparasiten eine wichtige Rolle. Im Extremfall schwächt der Parasit den Wirt so stark, dass es zu Populationszusammenbrüchen kommen kann (Schmid-Hempel 2011). Ein Beispiel, bei dem ein Darmparasit die Fekundität des Wirts vermindert und so in der Wirtspopulation zyklische Schwankungen auslösen kann, wurde in Kapitel 9.9 erwähnt.

10.4 Demografische Effekte von Parasiten auf den Wirt

Parasiten zweigen aus dem Stoffwechsel ihres Wirts Energie oder Protein ab und fügen ihm damit Schaden zu, der von der Höhe des Energie- oder Proteinverlusts abhängt. Wenn es sich um eine epizootische (epidemische) Krankheit mit hoher Wirtsmortalität handelt, ist der Schaden offensichtlich. Diese Vorkommnisse sind aber vergleichsweise selten; der Normalfall ist die Belastung mit enzootischen (endemischen) Parasiten und Pathogenen. Wir konzentrieren uns hier und im folgenden Kapitel auf die Effekte dieser verbreiteten Form von Wirt-Parasiten-Beziehungen; das

Auftreten und die Auswirkungen der wichtigsten epizootischen Krankheiten sind in Kapitel 10.6 dargestellt.

Häufig sind die Effekte chronischer Parasitenbelastung bei Wildtieren kaum nachweisbar, in anderen Fällen lässt sich ein Zusammenhang zwischen erhöhter Parasitenbelastung und reduzierter Kondition feststellen. Bei Huftieren führt verstärkter Befall durch Nematoden und andere Parasiten des Verdauungstrakts regelmäßig zur Beeinträchtigung des Körperzustands (Irvine et al. 2006). Verminderte Kondition kann selbst Wirkung mit fitnessrelevanten Folgen erzeugen, etwa über reduzierte Fortpflanzungsleistungen oder erhöhte Mortalität.

Fortpflanzung des Wirts
Verschiedene Untersuchungen an Vögeln, in denen die Belastung mit Makroparasiten experimentell manipuliert wurde, haben negative Effekte auf die Fekundität nachgewiesen (Tompkins & Begon 1999). Wurden Mehlschwalben *(Delichon urbica)* gegen den Malaria auslösenden Blutparasiten *Haemoproteus prognei* behandelt, so führte dies zu größeren Gelegen (+ 18 %), höherer Schlupfrate (+ 39 %) und höherer Ausfliegerate (+ 42 %; Marzal et al. 2005). Auch der Hühnerfloh *(Ceratophyllus gallinae)*, ein häufiger Ektoparasit bei höhlenbrütenden Vögeln, beeinträchtigt deren Reproduktionserfolg. Studien an Kohlmeisen *(Parus major*; Abb. 3.3) wiesen nach, dass flohbelastete Nester gegenüber parasitenfreien Nestern eine um 4 % reduzierte Gelegegröße und etwas geringeren Ausfliegeerfolg hatten – trotz leicht verlängerten Bebrütungs- und Nestlingsdauern; daraus resultierte ein signifikant kleinerer Fortpflanzungserfolg über die Lebensdauer der Weibchen. Das Wachstum der Nestlinge, gemessen am Gewicht und der Flügellänge, war in parasitenbelasteten Nestern ebenfalls reduziert und wirkte sich letztlich auch auf deren späteren Bruterfolg aus (Fitze et al. 2004a, b; Basso et al. 2014).

Ähnliche Effekte wurden bei Säugetieren gefunden. Die medikamentöse Behandlung wilder Schneehasen *(Lepus timidus)* gegen den Darmparasiten *Trichostrongylus retortaeformis* erhöhte die Fekundität der Weibchen, ohne aber die Kondition oder die Überlebensrate über den Winter zu beeinflussen (Newey & Thirgood 2004). Verschiedene Bakterien wie *Salmonella enterica*, *Chlamydophila abortus* und *Coxiella burnetii*, die bei Nutztieren oft Aborte verursachen, beeinträchtigen auch die Fekundität wilder Huftiere. In einer Population der Gämse *(Rupicapra rupicapra)* ließ sich ein gutes Drittel der Variation beim Reproduktionserfolg über die Prävalenz solcher Bakterien erklären, etwa gleich viel wie jene, die auf schwankende Wetterbedingungen zurückzuführen war (Pioz et al. 2008).

Mortalitätsrate des Wirts
Hohe Parasitenbelastung kann die Mortalität erhöhen, was ebenfalls an unterschiedlichen Arten beobachtet worden ist. Wühlmauspopulationen sind von verschiedenen enzootischen Infektionen betroffen, etwa von Kuhpocken, welche die Überlebenschancen infizierter Wühlmäuse in einer Studie um 22 % verringerten (Turner A. K. et al. 2014). Weil die Belastung oft ungleich über die Individuen einer Population verteilt ist (Kap. 10.2), tritt auch deren Wirkung selektiv auf. Bei wild lebenden Schneegänsen *(Anser caerulescens*; Abb. 4.3) steigerte die medikamentöse Behandlung von Jungvögeln gegen Darmparasiten die Überlebenschancen von Weibchen im ersten Lebensjahr, nicht aber von Männchen (Souchay

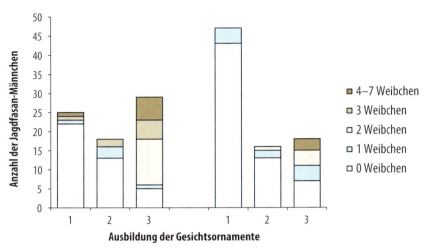

Abb. 10.3 Die Ausprägung sexuell selektierter Merkmale wie der roten Gesichtsornamente (Augenwülste und Hautlappen) vieler männlicher Hühnervögel korreliert mit dem Fortpflanzungserfolg der Merkmalsträger und signalisiert den Weibchen ihre Immunkompetenz (Kap. 4.8). Gegen Zecken behandelte Jagdfasane vermochten signifikant häufiger (44 %) und auch größere Harems zu erlangen als die unbehandelte Kontrollgruppe (22 %). Die Zahl der Weibchen im Harem stieg mit der Größe der Gesichtsornamente (bewertet von 1 bis 3) an (Abbildung neu gezeichnet nach Hoodless et al. 2002).

et al. 2013). In der gut untersuchten Population von Soayschafen (*Ovis aries*; Kap. 7.4) korreliert die Wintersterblichkeit durchweg positiv mit der Bürde von Darmparasiten. Auch hier hat die Verabreichung von anthelminthischen Mitteln («Wurmmitteln») die Mortalitätsrate gesenkt, und zwar wesentlich stärker bei männlichen Jährlingen als bei weiblichen (Wilson K. et al. 2004). Dass die bei vielen Arten festgestellte höhere Parasitierungsrate von Männchen im Vergleich zu jener der Weibchen auch zu höherer Mortalität führt, ist in verschiedenen weiteren Arbeiten nachgewiesen worden.

Auswirkungen auf weitere Merkmale
Demografische Konsequenzen hoher Parasitenbelastung können auch über die Beeinflussung anderer Merkmale oder von bestimmten Verhaltensweisen geschehen. Die bereits erwähnte Wachstumsverzögerung bei Jungvögeln unter dem Einfluss von Ektoparasiten kann allerdings auch kompensiert werden: Junge Alpensegler *(Tachymarptis melba)* holten den durch ihre artspezifische Lausfliege *Crataerina melbae* (Abb. 10.0) verursachten Rückstand im Flügelwachstum binnen drei Tagen im Vergleich zu medikamentös behandelten Individuen ein, während sie beim Körperwachstum keine Einbußen erlitten (Bize et al. 2003). Die Behandlung von männlichen Jagdfasanen *(Phasianus colchicus)* gegen Zecken *(Ixodes ricinus)*, die als Vektor für das Bakterium *Borrelia burgdorferi* dienen, führte zwar nicht zu besserem Überleben der Vögel, wohl aber zu verbessertem Fortpflanzungserfolg dank größerer Chancen, ein Harem zu halten (Abb. 10.3). Auch das Dispersalverhalten kann durch die Parasitenbelastung modifiziert werden. Stärker von Nematoden parasitierte Rehe *(Capreolus capreolus)* blieben eher am Geburtsort oder verließen diesen später als weniger belastete Artgenossen (Debeffe et al. 2014).

10.5 Populationsdynamische Effekte von Parasiten auf den Wirt

Aus dem Wissen, dass Parasiten oft die Fitness ihres Wirtsindividuums beeinträchtigen, lässt sich die Frage ableiten, ob Parasiten auch die Dynamik ganzer Wirtspopulationen beeinflussen und ob dies – dichteabhängige Aspekte wurden in diesem Zusammenhang schon mehrfach erwähnt – allenfalls zur Regulation einer Wirtspopulation führen kann. Die bahnbrechenden theoretischen Arbeiten der beiden Briten Roy Anderson (*1947) und Robert May (*1936) (zum Beispiel Anderson & May 1978, 1979; May & Anderson 1978, 1979) zeigten deutlich, dass die Voraussetzungen dafür gegeben sind. Tatsächlich beruht der Einsatz parasitenhemmender Mittel in Medizin, Veterinärmedizin und Landwirtschaft schon lange auf der Erkenntnis, dass Wirtspopulationen durch Parasiten drastisch reduziert werden können. Bei Wildtierpopulationen stellt sich hingegen immer die Frage, wie weit parasiteninduzierte Mortalität, analog zur Prädation, kompensatorisch wirkt. Empirische Befunde, die populationsrelevante Wirkungen der Parasiten auf ihre Wirtspopulation unter natürlichen Bedingungen belegen, sind hingegen immer noch Mangelware. Deshalb sind sichere Aussagen zur populationsregulierenden Fähigkeit von Parasiten auch heute noch nicht möglich (Schmid-Hempel 2011).

Ein Beispiel, in dem Parasiten die Populationsdynamik ihrer Wirte mit beeinflussen, und zwar in regulatorischer Weise, haben wir bereits am Beispiel der Schwankungen im Bestand des Schottischen Moorschneehuhns *(Lagopus lagopus scoticus)* kennengelernt (Kap. 9.10 mit Abb. 9.20). Anthelminthische Behandlung von Rentieren *(Rangifer tarandus)* auf Spitzbergen lieferte ähnliche wie die in Kapitel 10.4. erwähnten Befunde: Medikation gegen den darmbewohnenden Nematoden, *Ostertagia gruehneri,* veränderte die Überlebensrate der Rentiere im darauffolgenden Winter nicht, erhöhte jedoch die Fekundität – in diesem Fall die Wahrscheinlichkeit, dass Weibchen im Folgejahr ein Junges gebaren. Modellrechnungen zeigten nun, dass der Effekt in Abhängigkeit der Parasitenbürden variierte, welchen die Rentiere in den zwei vorangegangenen Jahren ausgesetzt waren, und genügend stark ausfiel, um die Rentierpopulation zu regulieren (Albon et al. 2002).

Wo starke Auswirkungen von Parasiten auf die Populationsgröße ihres Wirts nachweisbar sind, geschehen sie meist in Synergie mit anderen Faktoren (Tompkins et al. 2002). So sind die Populationszusammenbrüche von Weißfußmäusen *(Peromyscus leucopus, P. maniculatus)* nach beendeten Eichenmasten weder eine Folge des verminderten Nahrungsangebots noch von erhöhter Belastung mit Darmparasiten allein, sondern ein Effekt der Kombination beider Faktoren (Pedersen & Greives 2008). Auch im oben erwähnten Beispiel des Schottischen Moorschneehuhns wirkte sich die Parasitenbelastung in einem komplizierten Zusammenspiel mit anderen Faktoren wie Nahrungsverfügbarkeit und Prädation aus (Abb. 9.20).

10.6 Epizootische Krankheiten

Wenn auch enzootische Infektionen im Extremfall zu Bestandsrückgängen beim Wirt oder theoretisch sogar zu seinem Aussterben führen mögen, so sind solche Fälle kaum nachzuweisen. Bei epizootischen Infektionen – den von Mikroparasiten verursachten

Abb. 10.4 Der Tasmanische Beutelteufel kam früher auch auf dem australischen Festland vor, starb dort aber vor mindestens 400 Jahren vermutlich als Folge mehrerer Ursachen aus (Hawkins C. E. et al. 2006). Heute ist er auf Tasmanien endemisch und besitzt eine für Säugetiere ungewöhnlich niedrige genetische Diversität, wohl aufgrund eines Gründereffekts (Populationsgründung durch wenige Individuen) bei der Besiedlung Tasmaniens zu Ende der letzten Eiszeit (McCallum H. et al. 2007). Man nimmt an, dass die fehlende Immunreaktion gegen die fremden Krebszellen mit der niedrigen genetischen Diversität zusammenhängt (Deakin & Belov 2012).

Krankheiten und Epidemien – sind jedoch oft massive Bestandsrückgänge des Wirts die Folge. Zu den dramatischsten und bestbekannten Beispielen solcher Krankheiten bei Vögeln und Säugetieren gehören etwa die Ausbrüche der Myxomatose, einer Viruserkrankung bei Hasenartigen, der Staupe (einer Viruserkrankung von Carnivoren, verwandt mit der heute ausgerotteten Rinderpest) oder der Vogelmalaria (s. unten).

Krankheiten als Ursache von starken Populationsrückgängen
Ein rezentes Beispiel mit gravierenden naturschutzbiologischen Konsequenzen ist eine seit 1996 beim Tasmanischen Beutelteufel (*Sarcophilus harrisii*; Abb. 10.4) festgestellte ansteckende Krebserkrankung *(devil facial tumour disease)*, die sein Gesicht befällt und letztlich zum Tod führt. Zwischen dem ersten Auftreten der Krankheit und 2003 nahmen die Bestände des Beutelteufels um 80 % ab (Hawkins C. E. et al. 2006). Die Übertragung erfolgt über Bisse, welche die Tiere sich im Rahmen des Sozial- und Sexualverhaltens regelmäßig zufügen. Die Übertragungsrate ist damit häufigkeits- statt dichteabhängig, sodass keine untere Schwelle existiert, unterhalb deren die Krankheit aussterben würde (Kap. 10.3). Die Extrapolation der ersten festgestellten Rückgangsraten in die Zukunft ergab, dass ohne Kontrollmöglichkeiten der Krankheit das Aussterben des Beutelteufels innerhalb von 25–35 Jahren zu befürchten ist (McCallum H. et al. 2007).

Vorerst hat aber die Krankheit zu Veränderungen in der *life history* der Art geführt, da nur adulte Tiere befallen werden und dann innerhalb eines Jahres sterben. Dies bedeutet, dass sich die Alterszusammensetzung in infizierten Populationen des Beutelteufels auf Ein- und wenige Zweijährige reduziert hat und dass sich die Tiere nur noch ein einziges Mal fortpflanzen können. Damit ist der Anteil der Einjährigen, die sich fortpflanzen, um das 16-Fache gestiegen (Jones M. E. et al. 2008; Lachish et al. 2009). Der Korrektheit halber sei noch beigefügt, dass die ursprüngliche Annahme falsch ist, der Vektor sei – analog zu anderen geschlechtlich übertragenen Krankheiten – ein Virus. Tatsächlich erfolgt die Übertragung direkt mittels Krebszellen *(allograft)*, die alsbald in der neuen Umgebung zu wuchern beginnen; Parasiten sind nicht involviert (Deakin & Belov 2012). Eine solche Form der Übertragung ist bislang nur von zwei weiteren Krebskrankheiten (beim Hund und bei einer Muschel) bekannt. Dessen ungeachtet verhält sich die Krankheit aber wie eine Parasitose.

Wie groß ist nun das Potenzial, dass von Parasiten übertragene Krankheiten zum großflächigen Rückgang des Wirts und letztlich zu seinem Aussterben führen? Eine Übersicht von Smith K. F. et al. (2006) listet 31 seit dem Jahr 1500 ausgestorbene Arten (1 Molluske, 9 Amphibien, 3 Säugetiere, 18 Vogelarten) auf, bei denen Krankheiten als eine der Ursachen des Aussterbens beteiligt waren. Für keine Art waren Krankheiten die alleinige Ursache, und bei der Mehrheit spielten sie auch nicht die führende Rolle.

Eine Ausnahme sind die Kleidervögel (Drepanidini) und einige andere endemische Vogelarten Hawaiis, bei denen die Vogelmalaria seit etwa 1920 maßgeblich zum Aussterben von etwa einem Dutzend Arten beigetragen hat (van Riper et al. 1986; Smith K. F. et al. 2006). Die Krankheit wird durch den Einzeller *Plasmodium relictum* verursacht, der über die vom Festland her eingeschleppte Stechmücke *Culex quinquefasciatus* übertragen wird. Die endemischen Kleidervögel waren für diese und eine andere, für Hawaii neue virale Krankheit, die Vogelpocken *(avian pox)*, empfänglich, anders als die eingeführten Vogelarten, die zusammen mit den Krankheitserregern evolviert waren und deshalb Resistenzen entwickelt hatten (van Riper et al. 2002; LaPointe et al. 2012). Vogelmalaria bedroht die Kleidervögel weiterhin und hat bei den übrig gebliebenen Arten zu Abnahmen geführt. Das Auftreten der Krankheit variiert zwischen den verschiedenen Kleidervogelarten, ist aber vor allem höhenabhängig. In den tiefen, feuchtwarmen Lagen mit guten Bedingungen für die Stechmücke besteht ein andauernder, hoher Infektionsgrad (Prävalenzen von 85–100 % bei zwei Arten), in mittleren Lagen treten die Infektionen saisonal auf, und die kühlen, hohen Lagen ohne Stechmücken sind bisher weitgehend krankheitsfreie Refugien gewesen (Prävalenzen von 1,5–7,8 % bei drei Arten; Samuel et al. 2015).

Diese Refugien sind der hauptsächliche Grund für das Überleben verschiedener Arten, doch gibt es Anzeichen, dass sich aufgrund der Klimaerwärmung diese Refugien verkleinern und die Prävalenz der Infektionen auch dort ansteigt (Atkinson et al. 2014; LaPointe et al. 2012). Zwar kommt es auch bei hoher Prävalenz nicht alljährlich zu Ausbrüchen mit erhöhter Mortalität, doch wenn dies der Fall ist, liegen die Mortalitätsraten selbst bei einer häufigen Kleidervogelart bei über 50 % für erstjährige und bei über 25 % für adulte Vögel (Atkinson & Samuel 2010). Für andere Arten kann die jährliche Mortalität auf über 90 % steigen (Samuel et al. 2015). Neuerdings nehmen Tieflagenpopulationen des Hawaii Amakihi

Abb. 10.5 Der Hawaii Amakihi ist eine der noch häufigen Kleidervogelarten. Kleidervögel sind eine den Finkenvögeln (Fringillidae) zugehörige Gruppe, deren Vorfahren nach der Einwanderung in Hawaii vor etwa 5–6 Mio. Jahren eine spektakuläre Radiation durchmachten und sich in zahlreiche Arten mit unterschiedlichem Nahrungserwerb und höchst unterschiedlichen Schnabelformen (Kap. 2.4) sowie teilweise farbigem Gefieder differenzierten (Pratt 2005).

(*Hemignathus virens*; Abb. 10.5) wieder deutlich zu, nachdem sie zunehmend Malariaresistenz entwickelt haben und ihre malariabedingte Mortalität in den Tieflagen auf 3 % pro Jahr gesunken ist (Foster et al. 2007; Atkinson et al. 2013; Samuel et al. 2015).

Trotz der dramatischen Situation in Hawaii könnte die weltweit geringe Häufigkeit krankheitsbedingter Aussterbeereignisse zunächst folgern lassen, dass Parasiten insgesamt eine untergeordnete Rolle beim Rückgang der Arten spielen würden. Allerdings gibt es gute Gründe anzunehmen, dass diesbezüglich die Bedeutung der Parasiten unterschätzt wird (Schmid-Hempel 2011). Für kaum eine Wildtierart existiert beispielsweise eine vollständige Liste ihrer Parasiten (Mathews 2009). Mitunter geschehen Rückgänge gefährdeter Arten, wie etwa der 90 %ige Bestandszusammenbruch des Bürstenschwanz-Rattenkängurus *(Bettongia penicillata)* in Westaustralien zwischen 1999 und 2006, so schnell und unbemerkt, dass weder Individuen mit klinischen Symptomen noch tote Tiere für entsprechende Untersuchungen zur Verfügung stehen. Die nachträgliche Eruierung der Ursachen in der überlebenden Restpopulation gestaltet sich dann schwierig (Pacioni et al. 2015). Auch bei Arten, die in strukturell komplexen Habitaten wie Wäldern leben, ist es oft schwierig, kranke oder tote Individuen aufzufinden. So ist vermutlich die Vogelmalaria heute auch in Neuseeland am Rückgang gefährdeter endemischer Singvogelarten beteiligt (Tompkins & Jakob-Hoff 2011). Zudem muss sich die negative Wirkung von Parasitosen nicht notwendigerweise über das Auftreten kranker Individuen manifestieren, denn bei Arten mit auf niedrigem Niveau stagnierenden Populationswachstumsraten können bereits subklinische chronische Wirkungen die Entwicklung der Population ins Negative kehren.

In jüngster Zeit kommt es in Wildtierpopulationen auch vermehrt zu Ausbrüchen sogenannter neu auftretender (oder sich ausbreitender) infektiöser Krankheiten *(emerging infectious diseases)*, die neben vorübergehenden Einbrüchen lokaler Populationen auch anhaltende Rückgänge auslösen können (Daszak et al. 2000; Thompson R. C. A. et al. 2010). In den vergangenen 20 Jahren haben sich bei Vögeln und Säugetieren ein Dutzend Infektionskrankheiten ausgebreitet, bei denen genügend Evidenz dafür vorliegt, dass sie tatsächlich neu entstanden sind. Neben dem bereits erwähnten Gesichtskrebs des Beutelteufels gehören dazu die Vogelgrippe in Form der Mutation in den hoch pathogenen Stamm H1N5 und das West-Nil-Fieber, die beide Vögel befallen und durch Viren ausgelöst werden, sowie die pilzbedingte Weißnasenkrankheit *(white-nose syndrome)* bei Fledermäusen in Nordamerika oder die Prionenkrankheit *chronic wasting disease* bei Huftieren; einige Details dazu folgen weiter unten. Mit Ausnahme der Vogelgrippe und einer weiteren Vogelkrankheit, die von Geflügelzuchten ausgingen, nahmen die übrigen Epidemien von Reservoirs in Wildtieren ihren Anfang, doch wurden sie in der Hälfte der Fälle durch anthropogene Effekte ausgelöst oder erleichtert (Tompkins et al. 2015).

Einige dieser neu aufgetretenen Krankheiten führten sogar bei häufigen Arten zu merklichen regionalen Populationsabnahmen. Das West-Nil-Fieber, ausgelöst von einem von Stechmücken übertragenen Virus, ist bei Rabenvögeln am virulentesten und hat in den USA innerhalb von 10 Jahren nach dem ersten Auftreten im Jahre 1999 staatenweite Abnahmen von bis zu 60 % des Bestands der Amerikanerkrähe (*Corvus brachyrhynchos*) bewirkt, in geringerem Umfang auch solche von verschiedenen kleineren Singvogelarten (LaDeau et al. 2007; Foppa et al. 2011). Von 49 untersuchten Vogelarten war knapp die Hälfte betroffen, von der wiederum die Hälfte nur in der ersten Zeit nach dem Auftreten der Krankheit mit Abnahmen reagierte, die andere Hälfte bisher aber keine Bestandserholung zeigte (George et al. 2015). In Europa sind jüngst Abnahmen ähnlicher Größenordnung beim Grünfink *(Chloris chloris)* dokumentiert worden, nachdem der Einzeller *Trichomonas gallinae* von Taubenvögeln, seinen traditionellen Wirten, auf Finkenvögel «übergesprungen» ist (Robinson R. A. et al. 2010; Lawson et al. 2012; Lehikoinen et al. 2013).

In Kapitel 10.3 war die Rede davon, dass eine Epidemie verebbt, wenn die Nettoreproduktionsrate R_0 des Pathogens nicht höher als 1,0 ist. Weshalb können denn epizootische Parasiten die Dynamik der Wirtspopulationen in der geschilderten Weise beeinflussen, wenn mit dem Tod des Wirts eigentlich auch die Parasiten sterben? Eine Möglichkeit haben wir am Beispiel des Beutelteufels kennengelernt: häufigkeits- statt dichteabhängige Übertragungsraten, wie sie etwa für sexuell oder mittels eines Vektors übertragene Krankheiten typisch sind. Aber auch wenn die Übertragung in dichteabhängiger Manier geschieht, können Pathogene einen anhaltend starken Einfluss auf die Wirtspopulation ausüben. Der Grund dafür ist, dass der lebenslange Fortpflanzungserfolg *(lifetime reproductive success)* des Parasiten nicht nur von seinem Überleben abhängt, sondern vom Zusammenspiel zwischen Überleben, Fortpflanzung und Übertragung. Dieses bestimmt letztlich seine Fähigkeit, fortpflanzungsfähige Nachkommen in neuen Wirten zu platzieren (Tompkins et al. 2002). Eine Übersicht über empirische Befunde zur Bedeutung von Infektionskrankheiten beim Aussterben von Populationen hat aufgezeigt, dass zwei Umstände häufig gegeben sind: geringe Größe der Wirtspopulation und die Existenz von Reservoirs in Form von wenig empfindlichen Wirtsarten (de Castro & Bolker 2005). Im Fall der Vogelmalaria bei den Kleidervögeln Hawaiis fungieren eingeführte, einigermaßen resistente Vogelarten als Reservoir, im Beispiel des in Kapitel 8.7 erwähnten Rückgangs des Eichhörnchens *(Sciurus vulgaris)* wirkt das invasive Grauhörnchen *(S. carolinensis)* als Reservoir für Pockenviren. Reservoire spielen auch bei der Übertragung von Krankheiten zwischen Nutz- und Wildtieren eine große Rolle (s. unten). Insgesamt sind aber die Mechanismen der Transmission, die den Fortbestand von Krankheiten in Wildtierpopulationen gewährleisten, noch ungenügend verstanden (Tompkins et al. 2011).

Die wichtigsten Infektionskrankheiten von Vögeln und Säugetieren
Box 10.2 gibt einen Überblick über die wichtigsten Infektionskrankheiten wild lebender Vögel und Säugetiere. Damit sind Krankheiten und ihre Erreger gemeint, die bei wild lebenden Populationen über größere Gebiete auftreten und zumindest regional virulent genug auftreten, dass sie die Dynamik von Populationen beeinflussen. So fehlen in der Liste einige bekannte Krankheiten, weil sie hauptsächlich in der Nutz- oder Heimtierhaltung ausbrechen, obwohl die Erreger auch in Wildpopulationen persistieren, dort aber höchstens subklinische Symptome verursachen. Dazu gehören etwa Maul- und Klauenseuche *(foot-and-mouth disease*; Picornaviri-

dae), Newcastle Disease (Paramyxoviridae; beim Geflügel) oder verschiedene durch Viren aus weiteren Familien (Adenoviridae, Coronaviridae, Herpesviridae, Papillomaviridae, Parvoviridae, Pestiviridae, Retroviridae etc.) ausgelöste Syndrome. Auch einige der bekannten Zoonosen sind nicht aufgelistet, wie Borreliose, Ebolafieber oder Hantavirus, weil die Erreger in den Wildtieren selbst geringe Reaktionen auslösen. Die Aufstellung folgt den Angaben in Gavier-Widén et al. (2012) und Botzler & Brown (2014). Für Zoonosen sei auf Johnson N. (2014), Conover & Vail (2015) und Bauernfeind et al. (2016) verwiesen.

Auf der anderen Seite sind die Mechanismen epizootischer Krankheiten, die zwischen Wild- und Nutztieren übertragen werden können, sowohl biologisch als auch wirtschaftlich von besonderem Interesse. Viele sind entsprechend gut untersucht, wenn auch die Forschung dazu tendiert, auf die Nutz- und weniger auf die Wildtiere zu fokussieren (Thompson R. C. A. et al. 2010), bei den Übertragungsrouten jedoch die anthropogen verursachten zugunsten der Übertragung von Wild- auf Nutztiere zu vernachlässigen (s. Vogelgrippe, unten). Im Folgenden sind einige dieser Epizoonosen etwas ausführlicher dargestellt. Eine tabellarische Übersicht über die gemeinsamen Krankheiten von Wild- und Nutztieren in Europa liefern Gortázar et al. (2007).

Brucellose ist eine bakteriell verursachte, ansteckende Infektionskrankheit, an der sich gut einige Aspekte der Übertragung von Erregern zwischen verschiedenen Arten und besonders zwischen Wild- und Nutztieren illustrieren lassen (Rhyan 2000; Godfroid 2002). Das Bakterium *Brucella abortus* lebt im Genitaltrakt von Huftieren und verursacht Aborte. Die Transmission erfolgt, wenn andere Individuen die totgeborenen Föten oder die Nachgeburten lecken oder kontaminiertes Gras fressen. Brucellose ist in Afrika weit verbreitet und kommt auch bei Huftieren in Europa vor, hat aber vor allem in den westlichen USA zu Konflikten geführt (Bienen & Tabor 2006). Die Krankheit wurde im Gebiet des Yellowstone-Nationalparks ursprünglich von Vieh auf wilde Huftiere (Bisons und Wapitis, *Cervus canadensis*) übertragen. Mittlerweile sind die Viehbestände praktisch brucellosefrei, während die wilden Huftiere weiterhin als Reservoir für die Erreger dienen. Deshalb betrachten Viehzüchter die Bisons als Gefahr für die Viehherden, wenn die Bisons im Winterhalbjahr aus dem Park auf umliegendes Weideland wandern und dort allenfalls *Brucella*-Bakterien absondern. Als umstrittene Maßnahmen wurden Bisonbestände reduziert und dann weiterhin jene Bisons abgeschossen, die den Park verließen.

Die Reduktion der Bisonbestände hat aber wenig zur Verminderung des Reservoirs beigetragen, weil die Schwelle, ab der sich der Erreger in einer Bisonpopulation halten kann, mit einer Populationsgröße von etwa 200 Individuen tief liegt (Dobson & Meagher 1996). Zwar haben Modellrechnungen deutlich gemacht, dass die grundlegenden Annahmen für die Persistenz des Erregers bei einer Nettoreproduktionsrate ≥ 1 (Kap. 10.3) auch in diesem Fall zutreffen (Abatih et al. 2014), doch zeigte ein Vergleich von solchen dichteabhängigen mit häufigkeitsabhängigen Modellen, dass letzteren höherer Erklärungswert zukam (Hobbs et al. 2015). Tatsächlich folgt der Übertragungsweg über das Lecken – ein bei jüngeren Bisons häufiger Vorgang (Rhyan 2000) – eher einer häufigkeitsabhängigen Verteilung. Die Übertragungsgefahr zwischen Bisons und Vieh scheint aber gering zu sein, denn zwischen 1990 und 2002 kam es zu keiner Übertragung von Wildtieren aus dem Park auf Vieh der umliegenden Farmen. Von 2002 bis 2012 wurden jedoch mindestens 17 Ansteckungen bekannt, was zum Verlust des Gütesiegels «brucellosefrei» der Viehbestände auf Staatenebene führte. Diese Transmissionen waren allerdings nicht auf Bisons, sondern auf Wapitis zurückzuführen (Rhyan et al. 2013; Kamath et al. 2016). Bei ihnen hält sich der Erreger vor allem aufgrund der Ansteckung an winterlichen Fütterungsplätzen. Die beste Maßnahme gegen die Brucellose wäre also, diese Massenfütterungen aufzuheben (Bienen & Tabor 2006).

Box 10.2 Liste der wichtigsten Infektionskrankheiten wild lebender Vögel und Säugetiere

Krankheit: Z bezeichnet Krankheiten, die als Zoonose wirken können, ein * markiert solche, zu denen im Lauftext weitere Angaben zu finden sind. Übertragung: Als «direkt» sind alle Übertragungsformen bezeichnet, die nicht auf Vektoren und/oder Zwischenwirten basieren, also auch indirekte Formen, bei denen das Pathogen zuerst in die Umwelt abgegeben wird, dort eine Zeit lang überdauert und dann wieder aufgenommen wird, zum Beispiel über kontaminierte Nahrung oder Wasser. Verbreitung: Die Angaben beziehen sich primär auf die Verbreitung des Erregers; wenn größere Ausbrüche der Krankheit stärker lokalisiert sind, wird dies mit «Fokus» bezeichnet.

Krankheit	Parasit	Wirte	Übertragung, Zwischenwirte	klinische Zeichen	Effekte auf Wirtspopulation	Verbreitung
Protozoen						
Trichomoniasis*	Trichomonas gallinae	Tauben; sekundär Greifvögel, weitere Vögel	direkt	Läsionen im oberen Verdauungstrakt	bei Tauben unklar; Bestandsabnahmen bei Finkenvögeln (Fringillidae)	weltweit
Vogelmalaria (avian malaria)*	Plasmodium relictum	Vögel	Stechmücken Culex spp. als Zwischenwirte und Vektor	verschiedene Symptome des Unwohlseins, Anämie, vergrößerte Milz und Leber	Bestandsbedrohung bei nicht immunen Inselarten (s. Text)	weltweit
Nagana	Trypanosoma brucei brucei, T. congolensis, T. vivax	Huftiere; sekundär auch Carnivoren	Tsetsefliegen Glossina spp. als Zwischenwirte und Vektor	wild lebende Huftiere immun, eingeführte Nutztiere erkranken (Anämie, Wachstumsstörungen, Mortalität); Schlafkrankheit beim Menschen und weitere Nutztierkrankheiten durch verwandte Trypanosoma-Formen	Rinderhaltung im Verbreitungsgebiet der Tsetsefliege praktisch unmöglich	tropisches Afrika
Bakterien						
Salmonellose (Z)	Salmonella enterica, S. bongori	meisten Vögel, zahlreiche Säugetiergruppen	orale Aufnahme über fäkal kontaminiertes Wasser oder Nahrung	Durchfall nach Infektion des Verdauungstrakts, später auch Sepsis, Aborte	gelegentliche kleinere Massensterben bei Vögeln, vermehrt um Futterhäuschen	weltweit

Krankheit	Parasit	Wirte	Übertragung, Zwischenwirte	klinische Zeichen	Effekte auf Wirtspopulation	Verbreitung
Brucellose (Z) *	*Brucella* spp.: mindestens 10 begrenzt wirtsspezifische Arten	Säugetiere, vor allem Huftiere; auch Hasenartige, Nagetiere, Carnivoren und Wale; Reservoir vor allem bei Nutztieren, seltener auch Wildtieren (vor allem *B. abortus*)	direkt; vielleicht auch Vektoren	Aborte, auch gewisse Entzündungen (Geschlechtsdrüsen, Zerebralbereich), die Unfruchtbarkeit bewirken können	Rückgänge bei Bisons (*Bison bison*); Konflikte um Transmission zwischen Wild- und Nutztieren in den USA	weltweit; Fokus in den westlichen USA
Pasteurellose, inklusive Geflügelcholera (avian cholera)	*Pasteurella/Mannheimia* spp.	meiste Vogel- und Säugetierarten; Stämme sind vogel- respektive säugetierspezifisch	direkt	verschiedene Krankheitsbilder: Infektionen, Husten und Atemschwierigkeiten, bei Vögeln oft plötzliche Mortalität	bei Wildschafen (*Ovis* sp.) oft epidemisch und dann populationslimitierend; gelegentliche Massensterben bei Wasservögeln, aber höchstens bei lokalen oder regionalen Populationen limitierend	weltweit
Mycoplasmose (u. a. Gämsblindheit)	*Mycoplasma conjunctivitis*, *M. gallisepticum* (bei Vögeln) und andere spp.	Huftiere (v. a. Gämse *Rupicapra* spp. und Steinbock *Capra ibex*); Seehunde; Vögel	direkt	Gämsblindheit (*infectious keratoconjunctivitis*): Augenkrankheit, kann zu Blindheit führen; bei Vögeln ebenfalls Bindehautentzündung im Bereich von Augen bis Speiseröhre	gelegentlich regionale und vorübergehende Abnahmen in Gämspopulationen; in den USA großflächige Rückgänge beim Hausgimpel (*Haemorhous mexicanus*)	Fokus in Europa und den USA
Tuberkulosen (inklusive Paratuberkulose) (Z) *	*Mycobacterium tuberculosis*- und *M. avium*-Komplexe, Ersterer mit *M. bovis* und Letztere mit *M. a. paratuberculosis*	Huftiere, Carnivoren, Primaten und andere Säugetiergruppen; Vögel	direkt	zwei klinische Syndrome der Tuberkulose: Krankheit der Respirationsorgane, knötchenförmige Infektionen von Organen wie Leber oder Milz; in der Form der Paratuberkulose Auszehrung als Folge von Darmverdickung und dadurch Verlust der Absorptionsfähigkeit	meist chronische Infektion niedriger Prävalenz, bei Vögeln nach langer Persistenz oft tödlich endend, aber ohne deutliche populationsdynamische Effekte bei Vögeln wie Säugetieren; Problem der allfälligen Übertragung auf Nutztiere	weltweit (M.t.) respektive vorwiegend Nordhemisphäre (M.a.)
Tularämie (Z)	*Franciscella tularensis*	Nagetiere und Hasenartige als Hauptwirte; daneben viele weitere Säugetierarten und auch Vögel als Reservoire	direkt und über Arthropoden, Aufnahme in den Körper auf verschiedenen Wegen	Nekrosen in Gewebe verschiedener Organe, das von den Bakterien kolonisiert wird, können zu Sepsen, Lungenentzündungen und weiteren Komplikationen führen	gelegentliche Herde mit größerer Mortalität bei Nagetieren und Hasenartigen	Nordhemisphäre
Pest (plague) (Z)*	*Yersinia pestis*	Nagetiere, auch Hasenartige; gewisse Primaten (inkl. Mensch) und Carnivoren; die Anfälligkeit variiert stark zwischen Arten, Populationen und selbst Individuen	Flöhe als Vektoren, auch direkt	drei Krankheitsbilder: Beulenpest mit geschwollenen Lymphknoten (*bubonic plague*), tödlich verlaufende Lungenzündungen (*pneumonic plague*), Sepsen (*septicemic plague*)	gelegentliche lokale Dezimierung von Populationen nicht resistenter Arten, seltener Epidemien auf größerer räumlicher Skala (dann können Kolonien von Präriehunden *Cynomys* sp. beinahe 100 %ige Mortalität erleiden)	weltweit in Tropen und gemäßigten Gebieten, vor allem in Grasländern

10.6 Epizootische Krankheiten

Krankheit	Parasit	Wirte	Übertragung, Zwischenwirte	klinische Zeichen	Effekte auf Wirtspopulation	Verbreitung
Anthrax (Milzbrand)	*Bacillus anthracis*	alle Säugetiere, vor allem aber Huftiere; vereinzelte Vögel	über Sporen, die lange im Boden überdauern können	Sepsen, Blutungen durch reduzierte Blutgerinnung, Ödeme, Darmentzündungen	bei einzelnen Antilopenarten Massensterben; häufiger starke alters- und geschlechtsspezifische Mortalität, oft bei adulten Männchen	fast weltweit, zurückgehend; Fokus in Afrika
Botulismus	*Clostridium botulinum*	Vögel, vor allem Wasservögel und Möwen	direkt, langes Überdauern im Boden; Vermehrung der Bakterien in sich zersetzendem organischem Material	genau genommen ist Botulismus keine Parasitose, sondern eine Vergiftung, die durch das von den Bakterien produzierte starke Nervengift Botulinum erfolgt; in ihrem Ablauf zeigt die Krankheit jedoch Elemente einer Wirt-Parasiten-Beziehung	Massensterben bei Wasservögeln, mitunter auf kontinentaler Skala; längerfristige Effekte auf Populationen aber unklar	weltweit
Viren						
Geflügelpest (Vogelgrippe, *avian influenza*), Schweinepest (*swine flu*) (Z)*	Orthomyxoviridae, Typ A, verschiedene Stämme	Vögel, vor allem Wasservögel; Säugetiere, vor allem marine Arten; Präsenz niedrig pathogener Stämme in Nutzgeflügel nach Übertragung von Wildvögeln, Mutation in hoch pathogene Stämme innerhalb des Geflügels und Rückübertragung dieser Stämme auf Wildvögel und eine größere Bandbreite von Arten als bei niedrig pathogenen Stämmen	direkt, orale Aufnahme über fäkale Kontamination oder nach Abgabe über die Atmungsorgane; Übertragung von Vögeln auf Schweine einfach, nach Adaptation des Virus auch von Schweinen auf Menschen möglich	Wildvögel als Träger von wenig pathogenen Stämmen sind meist symptomfrei; der hoch pathogene Stamm H5N1 wirkt artspezifisch unterschiedlich; klinische Zeichen umfassen Durchfall, Atemschwierigkeiten, Entzündungen und Auswirkungen auf das Zentralnervensystem, oft mit schnellem Tod	vereinzelte Massensterben bei Ausbrüchen durch hoch pathogene Stämme, vor allem H5N1, die in südostasiatischem Nutzgeflügel entstanden und auf Wildvögel übergesprungen sind	weltweit
Tollwut (*rabies*) (Z)	Lyssavirus (Rhabdoviridae)	Carnivoren und Fledermäuse als hauptsächliche Wirte, aber relativ wenige Arten als Reservoir (bei den Carnivoren Hundeartige, inkl. Haushund, Skunks, Waschbären und Mangusten); alle Säugetiere sind jedoch empfänglich	direkt, vorwiegend über Bisse	akut und meist tödlich verlaufende Entzündung des Spinalkanals und Gehirns (Enzephalomyelitis)	gelegentliche Ausbrüche aufgrund anthropogener Eingriffe (zum Beispiel nach Translokation von Waschbären, *Procyon lotor*); im Allgemeinen für Wildtiere nicht populationsrelevant, aber als Zoonose gefürchtet	weltweit, ohne Australien, Neuseeland und einige Archipele

Krankheit	Parasit	Wirte	Übertragung, Zwischenwirte	klinische Zeichen	Effekte auf Wirtspopulation	Verbreitung
Staupe (distemper); eng verwandt mit Masern (Mensch) und Rinderpest (Huftiere; heute ausgerottet)	Morbillivirus (Paramyxoviridae)	Carnivora, vor allem Hundeartige und Robben; auch die übrigen Familien innerhalb der Carnivoren	direkt	Virus greift Lymphozyten und damit Immunsystem an; daraus erfolgen verschiedenste Sekundärinfektionen (durch andere Viren und Bakterien); Zerstörung von Epithelzellen im Darm führt zu Darmentzündungen (Enteritis) und blutigem Durchfall; daneben Ausfluss (Nase, Augen), Hautverdickungen an Schnauze und Fuß	verursacht großräumig mitunter starke Mortalität bei Carnivoren (bei Musteliden bis gegen 100 % in lokalen Populationen; dadurch beinahe Ausrottung des winzigen Restbestands des Schwarzfußiltisses, M. nigripes, in den USA); in der Serengeti regelmäßige Massensterben bei Caniden, 1994 auch bei Feliden, zum Beispiel Löwen (Panthera leo)	weltweit
West-Nil-Fieber (West Nile virus) (Z)*	ein Arbovirus (Flaviviridae); verwandte Viren sind Usutu-Virus und das zeckenübertragene Encephalitis-Virus	hauptsächlich Vögel, zahlreiche Familien und Ordnungen, vor allem aber Singvögel; das Virus infiziert als Fehlwirte auch viele Säugetierarten mit Einschluss des Menschen	Stechmücken Culex sp. als Vektoren	Symptome bei Vögeln abhängig von der Art und der Virulenz der Infektion, aber oft schneller Tod nach Entzündungen, Abmagerung und gestörter Motorik; einige Säugetiere entwickeln klinische Zeichen, bei Pferden und Menschen selten Encephalitis mit Todesfolgen	zum Teil großflächige, staatenweite Bestandsabnahmen von bis zu 60 % bei verschiedenen Vogelarten nach dem ersten Auftreten des Virus in Nordamerika (s. Text)	ursprünglich Afrika und angrenzendes Asien; seit 1958 Ausbreitung nach Europa und Australien sowie Nord- und Südamerika
Hämorrhagische Erkrankung und Blauzungenkrankheit	Orbivirus (Reoviridae): die Viren der beiden Krankheiten sind nahe verwandt	Huftiere	verschiedene Arthropoden als Vektoren, vor allem Gnitzen, Culicoides sp.	gesteigerte Durchblutung von Haut und Schleimhäuten, Schwellungen im Gesicht, blutiger Durchfall und ähnliche Symptome, Läsionen in verschiedenen Organen	außerhalb Nordamerikas kaum populationsrelevante Effekte; in Nordamerika sporadische, aber substanzielle Mortalität bei Hirschen, Bisons und weiteren Arten; Blauzungenkrankheit primär ein Problem in der Nutztierhaltung	beinahe weltweit, ohne kühle Zonen; bei Wildtieren Fokus in Nordamerika
Pocken, inklusive Myxomatose *	Poxviridae	Vögel: Avipoxvirus; Eichhörnchen, Hasenartige: Myxoma etc.; Robben und Wale, Nagetiere, Huftiere: Parapoxvirus	verschiedene Mücken als Vektoren	in der Regel nur schwache Läsionen bei Haut und Schleimhäuten; Hörnchenpocken und besonders Myxomatose aber sehr virulent	die meisten Pockenformen ohne populationsrelevante Effekte; Ausnahmen: Hörnchen (Kap. 8.7) und Myxomatose bei Wildkaninchen (Oryctolagus cuniculus; s. Text)	insgesamt weltweit
Prionen						
Chronic wasting disease	wohl abnorm gefaltetes Prion	Hirsche (andere Formen spongiformer Encephalitis auch bei Nutztieren, Musteliden und Mensch)	direkt (ausgeschiedene Prionen sind in der Umwelt sehr widerstandsfähig)	Läsionen in Hirn und Rückenmark, später stetige Gewichtsabnahme, motorische Störungen und ähnliche Symptome, führen zum Tod	zum Teil bis 50 % Prävalenz in Hirschpopulationen; kontinuierliche Abnahmen bei infizierten Hirschpopulationen	Nordamerika; erster Fall in Europa

10.6 Epizootische Krankheiten

Krankheit	Parasit	Wirte	Übertragung, Zwischenwirte	klinische Zeichen	Effekte auf Wirtspopulation	Verbreitung
Makroparasiten						
Räude (sarcoptic mange), verschiedene Formen (Z)	Sarcoptes scabiei (eine Grabmilbe, auch andere relativ wirtsspezifische Milben)	Hundeartige, auch andere Carnivoren; Huftiere, Nagetiere, Papageien	direkt	Milben pflanzen sich in Epidermis fort, verursachen Juckreiz, über Kratzen («Krätze») kommt es zu Haarausfall und Entzündungen; chronischer Zustand kann letztlich zum Tod führen	Ausbreitung der Räude bei hohen Wirtsdichten oder sozial lebenden Arten; trotz weiter Verbreitung und gelegentlichen Epidemien kaum populationsrelevante Auswirkungen	weltweit

Die Notwendigkeit eines besseren Verständnisses der Transmissionsmechanismen und -wege hat sich auch im Umgang mit Seuchen wie der Geflügelpest – besser bekannt als **Vogelgrippe** *(avian influenza)* – erwiesen. Als niedrig pathogenes Virus *(low pathogenic avian influenza virus, LPAIV)* mit verschiedenen Subtypen (16 H und 9 N) zirkuliert der Erreger sowohl in Wildvögeln, vor allem Wasservögeln, als auch im Nutzgeflügel meist ohne weitere Folgen. Infizierte wild lebende Stockenten *(Anas platyrhynchos)* unterscheiden sich in ihrer Kondition kaum von nicht infizierten Artgenossen, scheinen aber etwas von ihrer Mobilität einzubüßen (van Dijk et al. 2014, 2015). Dennoch können ziehende Wasservögel die niedrig pathogenen Viren über große Distanzen transportieren, doch bleibt die Ausbreitung in der Regel auf das Zugsystem *(flyway*; Kap. 6.5) beschränkt; interkontinentale Übertragung zwischen Nordamerika und Europa (über Island) respektive Ostasien (über die Beringstraße) kommt jedoch vor (Winker et al. 2007; Koehler et al. 2008; Pearce et al. 2009; Lam et al. 2012; Dusek et al. 2014). Die chronische Situation mit dem niedrig pathogenen Virus ist aber zu unterscheiden von den Epidemien der hoch pathogenen Subtypen H5N1 und H5N2/H5N8. Diese gehen auf eine Mutation zurück, die in einer Gänsehaltung in Südchina um 1996 entstand und sich zunächst als H5N1 in der Region beim Hausgeflügel ausbreitete. Auch einige hundert Fälle der Übertragung auf den Menschen wurden bekannt, wobei etwa die Hälfte tödlich wirkte. Von 2002 bis 2006 kam es dann zu einer schnellen Folge von Epidemien von H5N1 in Geflügelzuchten und zum Überspringen auf Wildvögel. Die Infektion breitete sich rapide über weite Distanzen aus, zunächst nach Zentralchina, wo es zum ersten Massensterben von Wildvögeln kam, und dann westwärts bis Europa und in einzelne Länder Nord- und Westafrikas; daneben auch nach Südostasien. Primär trat die Krankheit in Geflügelhaltungen auf und bewirkte große ökonomische Verluste, doch wurden an manchen Orten auch infizierte Wildvögel gefunden. Über die Zeit evolvierte das Virus in mehrere Genotypen *(«clades»)*, die sich zeitlich in ihrer Dominanz ablösten und bis 2011 zu einer zweiten Ausbreitung nach Europa führten, anschließend aber weitgehend auf Süd-, Ost- und Südostasien beschränkt blieben. In China traten nach 2009 neue Formen auf, H5N2 und H5N8, die 2013 in ostasiatischen

Geflügelfarmen zu Epidemien führten und auch Wildvögel infizierten. Bald danach (2014/2015) brach die Krankheit auch in mehreren Zuchtbetrieben Europas und an der nordamerikanischen Westküste aus, wobei nur dort auch der Subtyp H5N2 beteiligt war (nach Rekapitulationen von Brown I. H. 2010; Tosh et al. 2014; Verhagen et al. 2015).

Bisher wurde der Transportmodus für die plötzlichen interkontinentalen Ausbreitungen eher bei Wildvögeln als beim Transport von Geflügel und dessen Produkten gesucht. Kilpatrick et al. (2006) schlossen aus dem Vergleich des zeitlichen Auftretens verschiedener aus Wildvögeln und Geflügel isolierten Genotypen von H5N1 mit der länderweisen Intensität des Vogelzugs und den offiziellen Handelsstatistiken, dass der Transport in Asien vorwiegend über Geflügel, nach Europa jedoch vorwiegend über Wildvögel erfolgte. Auch bezüglich der jüngsten Ausbreitungen von H5N2/H5N8 vertraten verschiedene Autoren die «Wildvogelhypothese», nach der das Virus mit ziehenden Wasservögeln von Ostasien über Sibirien nach Europa respektive via Beringstraße ins westliche Nordamerika gelangt sei, und verwiesen auf die genannten Befunde an niedrig pathogenen Viren (Olsen D. H. et al. 2006; Lee B. et al. 2015; Verhagen et al. 2015). Allerdings stehen dieser Interpretation verschiedene Fakten gegenüber. Trotz mehrerer Jahre Zirkulation des Virus in ostasiatischen Geflügelhaltungen wurde bis Anfang 2005 bei ziehenden Vögeln keine Infektion festgestellt, obwohl über 20 000 Individuen untersucht wurden. Ähnliches gilt für Europa bis unmittelbar vor den Funden verendeter Wildvögel im Winter 2006. Wären ziehende Wasservögel der Hauptgrund der Ausbreitung, hätte sie zu dieser Zeit bereits große Flächen von Asien bis Europa erfassen müssen. Stattdessen breitete sich das Virus in Geflügelhaltungen exakt den Transportwegen entlang der Transsibirischen Eisenbahn und den verschiedenen Verzweigungen weiter westlich aus. Als dann Wildvogelmortalität in Europa eintrat, waren wiederum größtenteils residente Arten und Populationen betroffen (Gauthier-Clerc et al. 2007). Nach Winterflucht bei einer Kältewelle 2006 kam es allerdings auch zu vereinzelten Funden toter Wasservögel in Gegenden, in denen keine Ausbrüche in Geflügelhaltungen gemeldet wurden. Die Epidemie von 2014/2015 war dagegen in Europa fast vollständig auf Geflügelbetriebe beschränkt; zu Wildvögeln existieren in Mitteleuropa nur sieben Meldungen mit teilweise zweifelhaften Fundumständen (Steiof et al. 2015).

Insgesamt stützen die Indizien die Erklärung, dass die interkontinentale Ausbreitung hoch pathogener Influenzaviren weitgehend über den Transport von Geflügel, Geflügelprodukten (Fleisch, Hühnermist etc.) und anderen Vögeln zustande kommt (Beispiele bei van den Berg 2009). Einfacher Impfschutz von Geflügel kann zwar den Ausbruch der Krankheit, nicht aber die Fähigkeit zur Transmission des Virus verhindern (Savill et al. 2006; Poetri et al. 2014). Offensichtlich werden Wildvögel durch *spill-over* aus Geflügelbeständen infiziert, von wo aus sie das Virus weitertragen können (Newman S. H. et al. 2012). Nachweise, dass Wildvögel ihrerseits zur Infektionsquelle für geschlossene Geflügelbetriebe werden oder längerfristig ein Reservoir für hoch pathogene Viren bilden, liegen nicht vor (Gauthier-Clerc et al. 2007; Boyce W. M. et al. 2009; Beato & Capua 2011; Reperant et al. 2012; Ku et al. 2014). Etwas anders präsentieren sich

10.6 Epizootische Krankheiten

Abb. 10.6 Rostgänse *(Tadorna ferruginea)* brüten in den Hochlagen Zentralasiens und ziehen innerhalb des zentralasiatischen *flyway* zum Überwintern nach Südasien. Dort kommen sie in Kontakt mit Hausgeflügel, das teilweise frei auf den Gewässern Nahrung suchen kann und immer wieder von Epidemien des Influenzavirus H5N1 heimgesucht wird. Wenn sich Rostgänse direkt vor dem Abflug in die Brutgebiete anstecken, können sie das Virus offenbar relativ weit transportieren, weil sie schnell und in langen Etappen (ohne Weiteres 1 600 km in zwei Tagen) ziehen und ihre Latenzzeit bis zu klinischen Symptomen bis zu 10 Tagen (Kwon et al. 2010) betragen kann. Zusammen mit den in kürzeren Etappen ziehenden Streifengänsen *(Anser indicus)*, die sich offenbar bei Geflügelbetrieben in Tibet anstecken, haben sie auf diese Weise mehrfach Ausbrüche an ihren Brutplätzen im zentralasiatischen Hochland zwischen Tibet und der Mongolei ausgelöst (Feare et al. 2010; Newman S. H. et al. 2012; Takekawa et al. 2013).

die Möglichkeiten zur Transmission in bäuerlichen Geflügelhaltungen Asiens, wo Hausenten und -gänse in einfachen Kontakt mit Wildvögeln kommen (Newman S. H. et al. 2012; Cappelle et al. 2014). Sowohl beim ostasiatischen *flyway* (entlang der chinesischen und japanischen Küsten) als auch dem zentralasiatischen *flyway* (zwischen Südindien und der Mongolei) ist eine Ausbreitung zumindest gewisser *clades* des H5N1-Virus innerhalb, aber nicht zwischen den *flyways* durch ziehende Wasservögel wahrscheinlich, die gelegentlich Ausbrüche an Brutplätzen im Hochland Zentralasiens verursachen (Newman S. H. et al. 2012; Takekawa et al. 2013; Tian et al. 2015; Abb. 10.6).

Letztlich sind die vielen Fragezeichen in der Problematik darauf zurückzuführen, dass die Ausbreitungsmechanismen über die legalen wie illegalen Handelsströme mit Geflügel und ihren Produkten undurchsichtig bleiben (Steiof et al. 2015) und dass den pathobiologischen und -ökologischen Aspekten bei Wildvögeln zu wenig Aufmerksamkeit zukommt (Melville & Shortridge 2006; Yasué et al. 2006). Zwar gibt es unter Laborbedingungen gewonnene Erkenntnisse, dass die hoch pathologischen Influenzaviren sich bei verschiedenen Wasservogelarten unterschiedlich virulent manifestieren, was zu Spekulationen um die Möglichkeit eines Reservoirs in Wildvögeln geführt hat (Keawcharoen et al. 2008; Kwon et al. 2010; Fan et al. 2015). Entscheidende Fragen zur Epidemiologie unter Freilandbedingungen sind aber so wenig geklärt wie die Frage, welche zugphysiologischen Leistungen latent infizierte Individuen zu erbringen in der Lage wären (Feare 2010). Unter der Annahme, dass Wildvögel in gleicher Weise wie experimentell infizierte Gefangenschaftsvögel reagieren und dass asymptomatische Infektionen die Zugleistung nicht beeinträchtigt, kam eine Modellierung unter Verwendung realer Zugdistanzen und -dauern von sendermarkierten Entenvögeln zum Schluss, dass asymptomatisch infizierte Vögel während ihrer Latenzzeit theoretisch bis zu 2900 km zurücklegen können. Dennoch zeigte sich, dass die Wahrscheinlichkeit einer interkontinentalen Ausbreitung von HIV-Viren gering ist, was mit dem typischen Wechsel zwischen kurzen Phasen aktiven Ziehens und langen Rastdauern bei allen untersuchten Entenvögeln zusammenhängt (Gaidet et al. 2010).

Etwas anders sind die Probleme im Umgang mit der **Rindertuberkulose** *(bovine tuberculosis)* gelagert. Diese bakterielle Krankheit zirkuliert fast weltweit nicht nur beim Hauptwirt, dem Rind, sondern auch bei vielen anderen domestizierten und wild lebenden Arten, wie Huftieren, Carnivoren, Nagetieren, Beuteltieren oder Primaten. Als Zoonose kann sie auch auf den Menschen übertragen werden. Auf dem europäischen Festland und in Nordamerika ist die Krankheit bei Nutztieren durch Schlachten befallener Individuen mittlerweile größtenteils ausgerottet. Gelegentlich treten Fälle über die Ansteckung durch importierte Rinder oder über den Menschen auf. Dort, wo der Erreger in der Rinderhaltung nicht ausgerottet ist, persistiert die Infektion auch bei Wildtieren (Godfray et al. 2013). Offenbar findet die gegenseitige Infizierung über Kontakte bei der Weidehaltung statt, doch sind die verschiedenen Möglichkeiten der Transmission in ihrer relativen Bedeutung unbekannt. Als Reservoir wirken in Europa und Amerika vor allem Hirsche und Wildschweine *(Sus scrofa)*, in Großbritannien Dachse *(Meles meles)*, in Südafrika Kaffernbüffel *(Syncerus caffer)* und in Neuseeland der Fuchskusu (*Trichosurus vulpecula*; Abb. 7.21), ein invasives Beuteltier (Fitzgerald & Kaneene 2012; Gortázar et al. 2012). Allerdings ist auch im Fall dieser Krankheit nicht immer klar, welche Wildtierarten tatsächlich das infektiöse Reservoir bilden (Swinton et al. 2002), und in manchen Ländern ist die Übertragungsgefahr durch Rinder noch immer größer als durch Wildtiere (Hardstaff et al. 2014).

Wie bei der Brucellose müssen befallene Nutztierbestände geschlachtet werden, weil der Marktzugang das Zertifikat «tuberkulosefrei» voraussetzt, sodass eine Infektion von Nutztieren deshalb schnell zu hohen finanziellen Verlusten führt. Deshalb wird versucht, Rindertuberkulose auch in den Wildtierreservoirs auszumerzen. Da Impfen zunächst wenig praktikabel war, bestand der gängige Ansatz im Ausdünnen der betreffenden Wildtierpopulationen, um die Nettoreproduktionsrate des Erregers auf unter 1,0 zu senken (Kap. 10.3). Massives Reduzieren *(culling)* der Reservoirpopulationen hat tatsächlich in verschiedenen Fällen zum deutlichen Rückgang der Tuberkuloseprävalenz im Reservoir geführt und die Ansteckungsrate bei Rindern gesenkt. Das bekannteste Beispiel ist jenes des erwähnten Fuchskusu. In einem ersten Anlauf verminderte dessen Reduktion auf 22 % des ursprünglichen Bestands die Häufigkeit von Tuberkulosefällen im benachbarten Viehbestand innerhalb von zehn Jahren um über 90 % (Caley et al. 1999). Die Ausweitung des Programms hat mittlerweile die Rindertuberkulose bei Fuchskusus auf über 8 300 km^2 vollständig ausgemerzt und im ganzen Land die Zahl infizierter Rinder- und in Zucht gehaltener Rothirschherden um 95 % vermindert (Livingstone et al. 2015; Nugent et al. 2015). Auch eine etwa 50 %ige Reduktion von Wildschweinen in Spanien führte zu einer um 21–48 % verringerten Tuberkuloseprävalenz im Bestand und zum entsprechenden Rückgang der Infektionen bei Vieh und Rothirschen (Boadella et al. 2012). Interessant ist der Vergleich zwischen den beiden benachbarten US-Bundesstaaten Michigan und Minnesota, die unterschiedlich aggressive

10.6 Epizootische Krankheiten

Strategien bei der Bestandsverringerung von Weißwedelhirschen *(Odocoileus virginianus)* verfolgten. Die Reduktion der Hirsche in Minnesota um etwa 55 % innerhalb von vier Jahren (2007–2010) führte dazu, dass bereits ab 2008 weder infizierte Hirsche noch Rinder festgestellt wurden und der Staat 2011 sein Gütesiegel zurückerhielt. In Michigan war die Krankheit schon längere Zeit auf einer beschränkten Fläche mit niedriger Prävalenz (<5 %), aber auch in einigen Hotspots mit höheren Prävalenzen endemisch. Verstärkter Jagddruck über 13 Jahre führte schließlich zu einer etwa 30 %igen Reduktion der Hirschdichte, aber die Prävalenz der Rindertuberkulose verharrte letztlich bei knapp 2 %, sodass Krankheitsfälle weiterhin auch in Rinderfarmen auftraten (O'Brien et al. 2011; Fitzgerald & Kaneene 2012).

Allerdings verlaufen die Beziehungen nicht immer derart geradlinig. In England und Wales breitet sich Rindertuberkulose in der Viehhaltung aus, und die Fälle sind über das ganze Land gesehen dort am häufigsten, wo die Dichte sowohl der Rinder als auch der Dachse am höchsten ist. Auf einem lokalen Maßstab spielt die Dachsdichte hingegen keine Rolle. Die Übertragung zwischen Rindern und Dachsen funktioniert in beiden Richtungen, und man weiß gegenwärtig nicht, ob die Infektion in Dachspopulationen ohne periodische Übertragung durch Rinder persistieren kann (Godfray et al. 2013). Aktionen der Dachsbekämpfung haben unterschiedliche Wirkungen erzielt, aber eine groß angelegte Studie mit experimenteller Bestandsreduktion von Dachsen zeigte, dass mit verrin-

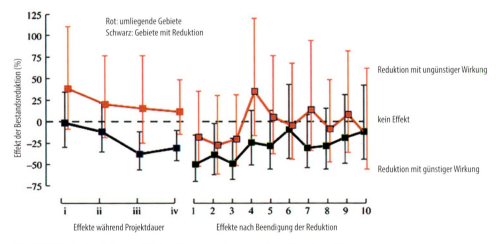

Abb. 10.7 Schlüsselresultate eines 10-fach replizierten Großversuchs mit proaktiver, das heißt vor lokalen Tuberkuloseausbrüchen in Rinderfarmen durchgeführter, Bestandsreduktion des Dachses in Großbritannien. Der Effekt der Reduktion ist als mittlere prozentuale Veränderung (Quadrate, mit 95-%-Vertrauensbereich) der neuen Ausbrüche auf Farmen im Vergleich zu Gebieten (n = 10) ohne Eingriffe in die Dachspopulation angegeben. Schwarz bezeichnet den Effekt innerhalb des Gebiets mit Dachsreduktion, rot jenen in direkt angrenzenden Randgebieten. Die Kurven auf der linken Seite zeigen die Effekte während der Projektdauer (angegeben als Veränderung zwischen vier Eingriffszeitpunkten i bis iv) und auf der rechten Seite die Veränderungen nach Beendigung der Dachsbekämpfung (in zehn Halbjahresschritten). Nach einer Darstellung in Godfray et al. (2013) (Abdruck mit freundlicher Genehmigung von *The Royal Society*, © The Royal Society).

gerter Dachsdichte die Häufigkeit von Tuberkuloseausbrüchen auf den Rinderfarmen im Projektgebiet zurückging. Hingegen stieg die Häufigkeit der Ausbrüche am Rand des Projektgebiets an (Donnelly et al. 2006; Godfray et al. 2013; Abb. 10.7). Dieser ungewollte Effekt ließ sich dadurch erklären, dass die Bekämpfung die ausgeprägten sozialen Strukturen der Dachse zerstört hatten und es damit zu vermehrtem Dispersal und daraufhin zu höherer Tuberkuloseprävalenz bei Dachsen gekommen war (McDonald R. A. et al. 2008; White P. C. L. et al. 2008). Nach der Beendigung der Dachsbekämpfung gingen sowohl die positiven als auch die negativen Effekte wieder zurück (Abb. 10.7).

Sollten merkliche Effekte auf nationaler Ebene erzielt werden, müsste die Dachsreduktion über sehr große geografische Flächen und über längere Zeit erfolgen, was keine mehrheitsfähige Strategie wäre (Godfray et al. 2013). Bereits die bisherigen Maßnahmen waren in der britischen Öffentlichkeit sehr umstritten. Ähnliches gilt für die Hirschabschüsse in Michigan (Dorn & Mertig 2005; Carstensen et al. 2011) oder auch das Vorgehen gegen den Fuchskusu in Neuseeland (Ramsey & Efford 2010), obwohl es sich dort um eine invasive Art handelt. Zudem waren die Kosten der Dachsbekämpfung um das 2- bis 3,5-Fache höher als das, was über die geringere Häufigkeit der Rinderpest eingespart werden könnte (Jenkins et al. 2010). Die Lösung zur langfristigen Ausrottung des Erregers liegt vermutlich bei der Impfung der Wildtierpopulationen (und später auch der Viehbestände), denn die dafür in jüngster Zeit erfolgten medizinischen und technischen Entwicklungen haben sich in ersten Feldversuchen als vielversprechend erwiesen (O'Brien et al. 2011; Godfray et al. 2013; Gortázar et al. 2015).

10.7 Koevolution von Parasit und Wirt

Die Existenz vieler wirtsspezifischer Parasitenarten illustriert, wie Parasiten und Wirte als Arten gemeinsam evolvieren können. Dies geschieht, als Makroevolution, über lange Zeiträume. Die Produkte der Makroevolution gründen jedoch auf den Prozessen der Mikroevolution, schnell ablaufenden Prozessen, die sich bis in kleinste Details untersuchen lassen (Schmid-Hempel 2011). Wir sind nun schon mehrfach auf die Tatsache gestoßen, dass Parasiten wie im Falle der Vogelgrippe-Viren rapide evolvieren können oder dass Wirtsarten, die dem Parasiten bereits über eine bestimmte Zeit ausgesetzt waren, im Gegensatz zu «naiven» Arten Resistenz entwickelt hatten, wie im Fall der Vogelmalaria in Hawaii (Kap. 10.6) oder der in Box 10.2. erwähnten Mycoplasmose bei Hausgimpeln (Staley & Bonneaud 2015). Findet also zwischen Parasit und Wirt ebenfalls so etwas wie ein *evolutionary arms race* (Kap. 9.1) oder allenfalls ein Prozess statt, der als *red queen hypothesis* bekannt geworden ist? In der Erzählung «Alice hinter den Spiegeln» (1871) von Lewis Carroll müssen Alice und die Rote Königin so schnell rennen wie sie nur können, damit sie wenigstens am Ort bleiben, weil sich die Erde so schnell dreht. Diese Allegorie besagt, dass es zwischen zwei Kontrahenten zu steten gegenseitigen Anpassungen kommt, die in ihrem Effekt aber lediglich den Status quo ihrer Interaktion erhalten. Beim Parasiten sind *traits* involviert, die seine Infektivität bestimmen, beim Wirt solche, die für die Abwehr und Immunität verantwortlich sind. Im Gegensatz zum Bild des Rüstungswettlaufs, bei dem auf eine Adaptation beim einen Kontrahenten eine «Gegenadaptation» beim anderen folgt, wirkt unter dem Red-Queen-Sze-

10.7 Koevolution von Parasit und Wirt

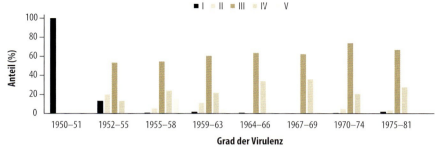

Abb. 10.8 Virulenz der Stämme des Myxomavirus bei den Wildkanincher in Australien von 1951 bis 1981 in %. Die Virulenz ist in fünf Grade abnehmender Mortalität eingeteilt, mit der zunehmende Überlebensdauern einhergehen. I: >99 % Mortalität, Überlebensdauer <13 Tage; II: 95–99 %/14–16 Tage; III: 70–95 %/17–28 Tage; IV: 50–70 %/ 29–50 Tage; V: <50 %/–. Die Entwicklungen in Großbritannien und Frankreich verliefen sehr ähnlich (Abbildung neu gezeichnet nach Daten in Fenner 1983).

nario natürliche Selektion gleichzeitig auf die genetische Variation bei Parasit und Wirt, sodass Veränderungen in verschiedenen Richtungen ablaufen. Evolutionsraten bei Parasiten und Pathogenen sind zwar wesentlich höher als bei ihren Wirten, weil sie eine viel kürzere Generationendauer besitzen, doch kommt der größte Selektionsdruck für sie vom häufigsten Genotyp des Wirts her. Resistente Wirte sind zunächst ein seltener Genotyp in der Wirtspopulation und geraten erst dann ins «Visier» des Parasiten, wenn sie häufiger werden. Das Problem des Parasiten ist also, sich dauernd an verändernde Genotypen des Wirts anpassen zu müssen. Solange die Parasitengenotypen den Wirtsgenotypen zu folgen vermögen, bleibt die Red-Queen-Dynamik aufrecht, und es kommt zu keinem stabilen Gleichgewicht. Dies widerlegt die frühere, vor allem in der Medizin vorherrschende Meinung, natürliche Selektion verringere die Virulenz eines Pathogens, weil gut an ihre Wirte adaptierte Parasiten unvermeidlich in Richtung eines stabilen kommensalen Daseins mit ihren Wirten evolvieren würden. Bei geringer genetischer Vielfalt in der Wirtspopulation vermag der Parasit seine Virulenz zu steigern, bei größerer Vielfalt aber nicht (Anderson & May 1982; Krebs C. J. 2009; Schmid-Hempel 2011; Goater et al. 2014).

Beispiele aus dem Feld liefert uns die **Myxomatose,** eine durch das Pockenvirus Myxoma aus der Gattung *Leporipoxvirus* ausgelöste Krankheit bei Hasenartigen, die über Stechmücken als Vektoren übertragen wird. Sie zirkuliert mit niedriger Virulenz bei ihrem südamerikanischen Hauptwirt, dem Brasilien-Waldkaninchen *(Sylvilagus brasiliensis)*. Für europäische Wildkaninchen *(Oryctolagus cuniculus)* wirkt sie jedoch größtenteils letal. Man versuchte, sich das zunutze zu machen, um die Millionenbestände des in Australien invasiven Wildkaninchens zu vernichten, und hat in einem der bisher größten Versuche biologischer Schädlingsbekämpfung das Virus dort 1950 eingebracht. Gleiches tat man wenig später in Großbritannien und Frankreich. Die Virulenz des Erregers – und damit die Mortalität bei den Kaninchen – war zunächst sehr hoch; die Mortalitätsraten im ersten Jahr bewegten sich nahe bei 100 %. Danach nahm die Virulenz über die nächsten Jahre ab und pendelte sich bei mittleren Werten ein (Abb. 10.8). Es hatte sich also tatsächlich keine Entwicklung hin zu einem Gleichgewichtszustand mit niedriger Virulenz des Myxomavirus und hoher Resistenz der Kaninchen ergeben. Die Krankheit, die nun mit mittelstarker Virulenz in jährlichen Ausbrüchen durch die Kaninchenpopulationen fegte, vermochte die Kaninchendichte weiterhin auf einem Niveau von etwa 10 % zu halten, verglichen mit der Populationsgröße, die immune Kaninchen in kurzer Zeit wieder erreicht hätten (Parer et al. 1985).

Die zunehmende Resistenz der Kaninchen ist einfach zu erklären: Natürliche Selektion favorisierte Individuen mit überdurchschnittlicher Resistenz, und dieses Merkmal breitete sich in der Population aus. Etwas schwieriger verständlich ist die Entwicklung hin zu verminderter Virulenz beim Virus. Die Fitness des Virus spiegelt sich zwar in der Virulenz, denn virulentere Viren produzieren mehr Kopien von sich. Fitness, und damit die Nettoreproduktionsrate R_0, ist aber auch abhängig von der Transmission, die bei der Myxomatose über Stechmücken erfolgt. Wenn die Wirte zu schnell sterben, bleibt dem Vektor weniger Zeit zur Übertragung. Selektion favorisiert in diesem Fall also Erreger mittlerer Virulenz, die nicht nur weniger Mortalität bewirken, sondern auch länger benötigen, um den Wirt zu töten (Abb. 10.8; Kerr et al. 2015).

Ob andauernde Koevolution zugunsten der Kaninchen, das heißt zur stärkeren Entwicklung von Resistenz ausgegangen wäre, konnte nicht weiter verfolgt werden. Bis 1995 hatten sich die Kaninchenbestände zwar wieder bis auf etwa 50 % des Niveaus vor der Einführung der Myxomatose hochgeschaukelt (Di Giallonardo & Holmes 2015). Auch in Großbritannien vermochte die Krankheit um 1980 die Wildkaninchen «nur» noch auf etwa ein Drittel im Vergleich zur myxomatosefreien Situation zu reduzieren (Trout et al. 1992). Dann aber verbreitete sich ab 1984 eine neue virale Krankheit über China, Europa und alsbald auch Afrika und Amerika, zunächst in Kaninchenzuchten, schnell aber auch – wo vorhanden – in Wildbeständen. Als **Chinaseuche** *(rabbit hemorrhagic disease)* bezeichnet, wird die Krankheit durch *Lagovirus* verursacht, eine Form der Caliciviren, die auch bei Feldhasen *(Lepus europaeus)* Ähnliches auslöst. In Australien wurde der Erreger 1985–1987 eingebracht, um die Wildkaninchenbestände weiter zu dezimieren, was auch gelang, da die anfängliche Mortalitätsrate fast so hoch wie bei der Myxomatose war. Bisher zeichnete sich aber noch kein Rückgang der Virulenz ab, doch zeigt die Krankheit einen Jahreszeitengang, tritt in ariden Gebieten stärker als in feuchten Gegenden auf und befällt adulte Kaninchen eher als Jungtiere (Cook 2002; Cook & Fenner 2002; Di Giallonardo & Holmes 2015). Mittlerweile hat sich die paradoxe Situation eingestellt, dass das Wildkaninchen, trotz stark verminderter Dichte in Australien, dort und anderswo eine erfolgreiche invasive Art bleibt, während es im einheimischen Verbreitungsgebiet auf der Iberischen Halbinsel zu einer gefährdeten Art geworden ist. Hier hat sein starker Rückgang zudem negative Auswirkungen auf die ohnehin kleinen Bestände des Pardelluchses *(Lynx pardinus)* und des Spanischen Kaiseradlers *(Aquila adalbertii)*, die als Prädatoren weitgehend vom Wildkaninchen abhängig sind (Lees & Bell 2008).

Weiterführende Literatur

Die Auswahl an Lehrbüchern zum Thema mit human- und veterinärmedizinischer Ausrichtung ist groß. Wir beschränken uns hier auf Werke zur Parasitologie, die einen evolutionsbiologischen oder ökologischen Ansatz pflegen, und auf Lehrbücher über Tierkrankheiten, die auf Wildtiere (vor allem Vögel und Säugetiere) fokussieren.

Die allgemeinen Ökologielehrbücher enthalten in der Regel ein Kapitel zum Thema. Das Kapitel in Begon et al.'s Klassiker gibt einen guten Überblick über das Thema:

- Begon, M., C.R. Townsend & J.L. Harper. 2006. *Ecology. From Individuals to Ecosystems.* 4th ed. Blackwell Publishing, Malden.

Das gegenwärtig führende Lehrbuch zur evolutionären Parasitologie ist:

- Schmid-Hempel, P. 2011. *Evolutionary Parasitology. The Integrated Study of Infections, Immunology, Ecology, and Genetics.* Oxford University Press, Oxford.

Als Ergänzung, da der Schwerpunkt auf der breiten Darstellung der verschiedenen Parasitengruppen und ihren Lebenszyklen liegt, empfiehlt sich:

- Goater, T.M., C.P. Goater & G.W. Esch. 2014. *Parasitism. The Diversity and Ecology of Animal Parasites.* 2nd ed. Cambridge University Press, Cambridge.

Mehrere editierte Werke vertiefen in ihren Beiträgen verschiedene Aspekte der Diversität von Parasiten und den Wirt-Parasiten-Beziehungen:

- Morand, S., B.R. Krasnov & D.T.J. Littlewood (eds.). 2015. *Parasite Diversity and Diversification. Evolutionary Ecology Meets Phylogenetics.* Cambridge University Press, Cambridge.
- Morand, S. & B.R. Krasnov (eds.). 2010. *The Biogeography of Host-Parasite Interactions.* Oxford University Press, Oxford.
- Thomas, F., J.-F. Guégan & F. Renaud (eds.). 2007. *Ecology and Evolution of Parasitism.* Oxford University Press, Oxford.

Verhaltensänderungen beim Wirt als Reaktion auf Parasiten sind das Hauptthema von:

- Moore, J. 2002. *Parasites and the Behavior of Animals.* Oxford University Press, New York.

Krankheiten bei Wildtieren sind in zwei neuen Übersichtswerken dargestellt. Das erste ist global ausgerichtet, hat aber einen starken Fokus auf nordamerikanische Verhältnisse, während das zweite explizit auf Europa fokussiert:

- Botzler, R.G. & R.N. Brown. 2014. *Foundations of Wildlife Diseases.* University of California Press, Oakland.
- Gavier-Widén, D., J.P. Duff & A. Meredith (eds.). 2012. *Infectious Diseases of Wild Mammals and Birds in Europe.* Wiley-Blackwell, Chichester.

Nicht mehr ganz neu, aber weiterhin sehr informativ ist:

- Hudson, P.J., A. Rizzoli, B.T. Grenfell, H. Heesterbeek & A.P. Dobson (eds.). 2002. *The Ecology of Wildlife Diseases.* Oxford University Press.

Dem Umgang mit Wildtierkrankheiten und ihrer Bekämpfung widmet sich:

- Delahay, R.J., G.C. Smith & M.R. Hutchings (eds.). 2009. *Management of Disease in Wild Mammals.* Springer, Berlin.

Zoonosen beanspruchen – aus offensichtlichen Gründen – die größte Aufmerksamkeit. Gegenwärtig sind mehrere neue Werke auf dem Markt:

- Bauernfeind, R., A. von Graevenitz, P. Kimmig, H.G. Schiefer, T. Schwarz, W. Slenczka & H. Zahner (eds.). 2016. *Zoonoses. Infectious Diseases Transmissible from Animals to Humans.* 4th ed. ASM Press, Washington.
- Conover, M.R. & R.M. Vail. 2015. *Human Diseases from Wildlife.* CRC Press, Boca Raton.
- Johnson, N. (ed.). 2014. *The Role of Animals in Emerging Viral Diseases.* Academic Press, Amsterdam.

- Childs, J.E., J.S. Mackenzie & J.A. Richt (eds.). 2007. *Wildlife and Emerging Zoonotic Diseases: The Biology, Circumstances and Consequences of Cross-Species Transmission*. Springer, Berlin.

Die Borreliose ist aus verschiedenen Gründen – und nicht zuletzt für im Feld Forschende – eine bedeutsame Zoonose. Ihr ist ein eigenes Buch gewidmet:

- Ostfeld, R.S. 2011. *Lyme Disease. The Ecology of a Complex System*. Oxford University Press, New York.

11 Naturschutzbiologie

Abb. 11.0 Panzernashorn *(Rhinoceros unicornis)* mit Dschungelmainas *(Acridotheres fuscus)*

Kapitelübersicht

11.1	**Was ist Naturschutzbiologie?**	420
11.2	**Rückgang von Vögeln und Säugetieren**	422
	Aussterberaten	422
	Was macht Arten verletzlich?	425
	Ursachen von Gefährdung	428
11.3	**Bushmeat crisis: Die Übernutzung von Arten**	431
11.4	**Lebensraumveränderungen: Intensivierung der Landwirtschaft**	437
	Bestandsentwicklung von Vögeln des Agrarlands in Europa	439
	Wirkungsweisen der landwirtschaftlichen Intensivierung auf die Vögel des Agrarlands	439
	Aufgabe der Nutzung von Agrarland	446
	Lösungsansätze	446
11.5	**Lebensraumfragmentierung**	447
	Flächengröße von Fragmenten	448
	Stärke der Isolation von Fragmenten	450
	Randeffekte	451
11.6	**Klimawandel**	452
	Wie äußert sich der Klimawandel?	452
	Bestandsveränderungen als Folge des Klimawandels	453
	Verschiebung des Verbreitungsgebiets	456
	Anpassung an phänologische Änderungen	459

Naturschutzbiologie ist eine Disziplin, die Theorie und Anwendung verbindet mit dem Ziel, die **Biodiversität** zu erhalten und zu fördern. Es geht also nicht nur um das Verstehen; Erkenntnis soll vielmehr im Rahmen eines Wertesystems, das allen Formen des Lebens einen inhärenten Wert beimisst, in der Praxis umgesetzt werden. Naturgemäß geht es vor allem um seltene oder in ihrer Häufigkeit zurückgehende Arten, doch kann der Fokus auch auf Genen, Populationen, Gemeinschaften oder ganzen Lebensräumen liegen.

Zunächst gilt es, sich über die Häufigkeit des **Aussterbens** von Arten Rechenschaft abzulegen und **Aussterberaten** zu schätzen, um die sich im Gange befindlichen Entwicklungen vor einem historischen und evolutiven Hintergrund, zum Beispiel natürlichen Aussterberaten, einordnen zu können. Dann muss das **Aussterberisiko** der existierenden Arten erfasst und dargestellt werden, wofür das Instrument der **Roten Listen** geschaffen worden ist. Arten mit hohem Risiko werden als «gefährdet» klassifiziert. Weil das Risiko zwischen den Arten sehr stark variiert, stellt sich die Frage, welche Eigenschaften oder *traits* eine Art **verletzlich** machen. Verletzlich zu sein, bedeutet aber noch nicht, auch gefährdet zu sein – es muss eine Form tatsächlicher Gefährdung dazukommen. Diese Formen sind heute fast ausschließlich menschlichen Ursprungs und verändern sich in ihrer relativen Bedeutung über die Zeit. Die bisher wichtigsten Ursachen des Aussterbens von Arten sind **Übernutzung** durch den Menschen, Prädation und Konkurrenz durch eingeführte, invasive Arten und die zunehmend stärkere **Landnutzung** durch den Menschen. Letztere lässt sich, gemäß den zugrunde liegenden Mechanismen und den Konsequenzen für die Arten, in zwei Kategorien gliedern: direkte **Habitatveränderung** bis hin zur **Zerstörung** auf der einen Seite und **Fragmentierung** der Lebensräume auf der anderen Seite. Als neue Form der Gefährdung kommt der **Klimawandel** dazu, dessen erste Folgen bereits erkennbar sind, sich aber im Laufe des 21. Jahrhunderts noch stark ausweiten werden.

In diesem Kapitel werden die Konsequenzen der Übernutzung von Arten, von Habitatveränderungen, der Fragmentierung von Lebensräumen und des Klimawandels dargestellt. Die Auswirkungen invasiver Arten kamen bereits in den Kapiteln 5 und 9 zur Sprache und werden hier nicht weiter ausgeführt. Natürlich gibt es neben den genannten weitere Einflüsse (etwa die Belastung von Land und Wasser mit Abfallstoffen), die zur Gefährdung von Arten führen können, doch sind sie global gesehen von geringerer Bedeutung und werden hier ebenfalls nicht diskutiert. Es existiert eine ganze Anzahl ausgezeichneter und umfassender Lehrbücher zur Naturschutzbiologie (s. Weiterführende Literatur), die dazu konsultiert werden können.

Fokussierung ist auch innerhalb der Themen der Übernutzung von Arten und der Landnutzungsänderungen geboten. Industriestaaten sind zwar an der Übernutzung bestimmter Arten beteiligt (marine Ressourcen, Tierhaltung etc.), doch ist Überbejagung heute vor allem ein Phänomen in den Tropen und Subtropen und als *bushmeat crisis* bekannt. Diese wird hier in ihren Grundzügen dargestellt.

Verstärkte Landnutzung, in deren Folge Lebensräume degradiert und zerstört werden, gefährdet Arten weltweit, wird aber oft mit der Abholzung von Regenwäldern assoziiert. Wir konzentrieren uns hier jedoch auf Veränderungen, die weniger ins Auge springen, aber ebenfalls enorme Auswirkungen auf die Bestandsentwicklung vieler Arten haben können: die landwirtschaftlichen Veränderungen in **Agrarland**, die als **Intensivierung** der **Landwirtschaft** bekannt und gut untersucht sind. Dies erlaubt uns, wie oben bei der Diskussion der Verletzlichkeit den Schwerpunkt bei den **ökologischen Mechanismen** zu setzen, über welche die menschlichen Eingriffe in die Landschaft sich schließlich in Bestandsabnahmen und als Gefahr des Aussterbens von Arten manifestieren. Ähnlich halten wir es beim Thema «Fragmentierung» und auch beim Klimawandel, bei dem die bereits empirisch belegten Entwicklungen Vorrang bei der Darstellung vor den zahlreichen, auf Simulationen beruhenden Prognosen für das späte 21. Jahrhundert genießen.

11.1 Was ist Naturschutzbiologie?

Naturschutzbiologie *(conservation biology)* ist die Wissenschaft, welche die Biodiversität und die sie formenden Prozesse (Box 11.1) untersucht mit dem Ziel, sie zu erhalten und zu fördern. Erkenntnis soll also direkt angewandt werden, um den anthropogen verursachten Verlust an Biodiversität zu stoppen und so weit wie möglich rückgängig zu machen. Damit fußt Naturschutzbiologie auf einer Werthaltung, die allen Formen des Lebens einen **inhärenten Wert** beimisst. Naturgemäß fokussiert sie auf jene Komponenten, die selten oder im Rückgang begriffen sind. Naturschutzbiologie überbrückt die (künstliche) Trennung zwischen grundlagenorientierter und angewandter Wissenschaft, denn sie verbindet das Ziel der Umsetzung mit der Weiterentwicklung der zugrunde liegenden Theorie. Als solche ist sie multidisziplinär ausgerichtet; sie arbeitet zwar hauptsächlich mit Prinzipien aus der Biologie (Populationsgenetik, Populationsdynamik, Landschaftsökologie oder Biogeografie), bedient sich aber auch der Geistes-, Sozial- und Wirtschaftswissenschaften.

In ihrer wertbasierten und theoriegestützten Form ist Naturschutzbiologie eine Errungenschaft des späten 20. Jahrhunderts (Soulé 1986), die sich seither enorm entwickelt hat. Dafür legt die Existenz mehrerer umfangreicher Lehrbücher – manche von ihnen bereits in mehrfacher Auflage erschienen – Zeugnis ab (s. Weiterführende Literatur). In diesem Kapitel kann deshalb die ganze Breite nur ansatzweise aufgezeigt werden. Dafür sollen aus der globalen Schutzproblematik einige Themen zu Vögeln und Säugetieren herausgegriffen werden, um die ökologischen Mechanismen von Gefährdung und Aussterben zu beleuchten. Nur wenn die Ökologie des Rückgangs einer Art verstanden ist, lassen sich gezielte Massnahmen dagegen ergreifen. Je nach dem menschlichen – historischen wie gegenwärtigen – Wirken in einem Großraum können die zugrunde liegenden Prozesse verschieden ablaufen. Deshalb kommen hier sowohl Themen aus gemäßigten als auch aus tropischen Regionen zur Sprache.

Der Schwerpunkt in diesem Ökologiebuch liegt aber auf dem Verständnis der Abläufe und nicht auf den Lösungsansätzen. Für Fragen zu Messung und Bewertung der Biodiversität und zu Strategien und Umsetzung ihres Schutzes sei auf die am Schluss des Kapitels aufgeführten Lehrbücher verwiesen.

Box 11.1 Biodiversität

Biodiversität *(biodiversity)*, abgekürzt von «biologische Diversität», meint die Vielfalt des Lebens in all seinen Ausdrucksformen. Gegenüber dem oft etwas verklärten Begriff «Natur» hat Biodiversität den Vorteil, mit der Möglichkeit der Quantifizierung konnotiert zu sein. Biodiversität ist eine Größe, die sich messen, überwachen und beeinflussen lässt. Weil Biodiversität als Begriff ebenfalls vielfältig ist, sollte jeweils klar sein, in welcher Bedeutung das Wort verwendet wird.

- Biodiversität als Messgröße bezieht sich in der Regel auf eine der drei Organisationsebenen, **organismische** Vielfalt, **genetische** Vielfalt und **ökologische** Vielfalt. Die organismische Vielfalt wird am häufigsten über die Zahl der Arten *(species richness)* gemessen, die genetische über die Zahl der Gene und die ökologische über die Menge unterschiedlicher Ökosysteme oder Lebensräume (Heywood & Watson 1995). Das Messen von Wechselwirkungen geschieht meist über individuelle Lösungen. Zur Erinnerung: *species richness* unterscheidet sich von ökologischen Diversitätsmaßen (Box 5.1).
- Weiter gilt die Messgröße für eine bestimmte Fläche, wie ein Hektar, die Fläche eines Schutzgebiets, ein Land oder die ganze Erde.
- Bei Aussagen zu Veränderungen in der Biodiversität ist wie bei allen Zahlen mit Raumbezug die Skalenabhängigkeit (Kap. 5) zu beachten, besonders wenn Biodiversität über die Artenzahl allein ausgedrückt wird. Diese Problematik soll hier an drei Beispielen verdeutlicht werden.

Hat die Biodiversität der Brutvögel in der Schweiz seit 1900 zu- oder abgenommen? Messen wir sie über die Artenzahl auf der Skalenebene «Schweiz» (gut 42 000 km²), so hat sie zugenommen, weil seit 1900 21 Arten neu dazukamen, aber nur 7 Arten aus der Schweiz verschwanden (Martínez et al. 2009). Eine derartige Interpretation widerspricht anderen Aussagen, dass die avifaunistische Biodiversität, wie jene anderer Organismengruppen auch, im 20. Jahrhundert in der Schweiz stark abgenommen hat (Lachat et al. 2010). Die Diskrepanz entsteht, weil Bilanzen von Artenzahlen in größeren Räumen die Veränderungen in Häufigkeit und Verbreitung der Arten innerhalb des Raums nicht abbilden, solange eine Art nicht vollständig daraus verschwindet. Tatsächlich wurden im Laufe des 20. Jahrhunderts viele früher häufige und weit verbreitete Arten selten; ihre Areale innerhalb der Schweiz sind damit geschrumpft oder lückiger geworden. Trägt man die Artenzahlen für kleinere Bezugsräume auf, etwa Rasterquadrate von 10 x 10 km (eine typische Skalengröße bei nationalen Brutvogelkartierungen) und vergleicht sie über die Zeit, so treten die regionalen und lokalen Veränderungen in Erscheinung. Für die Schweiz zeigt sich so trotz der größeren Gesamtartenzahl auf nationaler Ebene ein Bild, bei dem Aussterbeereignisse auf kleineren Gebietseinheiten dominieren und in der Summe zu einer negativen Bilanz der Biodiversität der Schweizer Brutvögel im 20. Jahrhundert, zumindest in den tiefer liegenden Gebieten, führen (Knaus et al. 2011).

Genau quantifiziert ist das Phänomen bisher erst auf einer regionalen Maßstabsebene, bei der sich die Diskrepanz zwischen den Messgrößen der Biodiversität noch stärker offenbart. Im Bodenseegebiet (Deutschland, Schweiz, Österreich, Gesamtfläche 1 120 km^2) nahm die Zahl der Brutvogelarten zwischen 1980 und 2000 von 141 auf 154 zu. Auf lokaler Ebene waren hingegen durchwegs Abnahmen zu verzeichnen, denn die mittlere Artenzahl der 4 km^2 großen Rasterflächen reduzierte sich signifikant um etwa 3 %. Auf dieser Maßstabsgröße reflektierte die Abnahme der Artenzahlen auch die tatsächlich erfolgten Rückgänge in den Zahlen der Brutpaare (ca. 25 %) und der Biomasse (ca. 8 %) der Vögel (Bauer et al. 2008).

Wie stark die Charakterisierung der Biodiversität über Artenzahlen vom räumlichen Bezugsmaßstab abhängt, kann über ein weiteres Beispiel illustriert werden. Nehmen wir an, in der Schweiz würden fünf nordamerikanische und fünf südeuropäische Arten angesiedelt und gleichzeitig stürbe eine endemische Art aus. Die Nettoveränderung der Biodiversität auf der Ebene der Schweiz betrüge plus neun Arten, auf der Ebene Europas plus vier Arten, auf globaler Ebene jedoch minus eine Art – das Verschwinden einer endemischen Art aus der Schweiz bedeutete gleichzeitig das globale Aussterben einer Art. Das Beispiel ist in dieser Form zwar fiktiv, hat aber anderswo in der Realität Entsprechung gefunden (Hunter & Gibbs 2007).

11.2 Rückgang von Vögeln und Säugetieren

Man spricht häufig davon, dass eine Art abnehme oder im Rückgang begriffen sei, meint dabei aber die Abnahme der Populationsgrößen einer Art. Wenn eine Populationsgröße auf null zurückgegangen ist, so ist die Art aus dem von der betreffenden Population bewohnten Gebiet verschwunden, das heißt regional **ausgestorben** *(regionally extinct)*. Gilt dies für alle Populationen der Art, so ist die Art weltweit ausgestorben *(extinct)*. Überlebt sie noch in der Obhut von Menschen, so ist sie in Freiheit ausgestorben. Der populäre Begriff «Artensterben» steht für das gehäufte Aussterben von Arten.

Aussterberaten
Das Risiko des globalen Aussterbens wird von Fachleuten im Auftrag der *International Union for Conservation of Nature and Natural Resources* (IUCN) periodisch für eine wachsende Zahl von Arten anhand eines standardisierten Prozedere geschätzt. Das Resultat ist die **Rote Liste** der gefährdeten Arten, in denen die Arten in verschiedene Kategorien eingeteilt sind, die von «nicht gefährdet» bis «ausgestorben» reichen (Tab. 11.1; Mace et al. 2008). Dieses Instrument, das analog auch für regionale Gebietseinheiten oder nur für spezifische taxonomische Gruppen (zum Beispiel die Tagfalter eines Landes) erstellt werden kann, dient zunächst dazu, die Schutzbedürftigkeit der be-

Tab. 11.1 Einteilung der Vogel- und Säugetierarten in die Gefährdungskategorien der Roten Liste der gefährdeten Arten der IUCN (Version 2015.2: http://www.iucnredlist.org). Zu beachten ist, dass verschiedene im Text zitierte Auswertungen noch auf früheren Listenversionen beruhen, sodass bei den Zahlenwerten geringfügige Diskrepanzen vorhanden sein können.

		Vögel		Säugetiere	
EX	*Extinct* (nach dem Jahr 1500 ausgestorben)	140		77	
EW	*Extinct in the Wild* (in Freiheit ausgestorben)	5		2	
	Subtotal ausgestorbene Arten	145	1,4 %	79	1,4 %
CR	*Critically Endangered* (vom Aussterben bedroht)	213		212	
EN	*Endangered* (stark gefährdet)	419		482	
VU	*Vulnerable* (gefährdet)	741		506	
	Subtotal gefährdete Arten	1373	13,2 %	1200	21,8 %
NT	*Near Threatened* (potenziell gefährdet)	959		321	
LC	*Least Concern* (nicht gefährdet)	7886		3115	
DD	*Data Deficient* (ungenügende Datengrundlage)	62		800	
	Total Arten	10 425	100 %	5 515	100 %

treffenden Arten abzuschätzen und beim Artenschutz Prioritäten zu setzen. Daneben produziert das periodische Überarbeiten der Liste aber auch ein globales Messsystem für Veränderungen in Verbreitung und Häufigkeit der Arten (Butchart et al. 2010). Es ergänzt damit andere Systeme wie etwa den *Living Planet Index* (LPI), der auf dem Monitoring von Populationen zahlreicher und nicht nur gefährdeter Wirbeltierarten gründet (Collen et al. 2008; Pereira et al. 2012). Nach diesem haben die Populationsgrößen der Vögel weltweit zwischen 1970 und 2005 im Mittel um 8 % abgenommen, jene der Säugetiere um 25 % (Baillie et al. 2010).

Im Laufe des Holozäns sind bis heute mindestens 241 Säugetierarten ausgestorben (Turvey & Fritz 2011). Die Roten Listen nehmen jedoch das Jahr 1500 als Ausgangspunkt, als mit dem Einsetzen der globalen Expansion der Europäer auch das gezielte Sammeln von Tieren und Pflanzen begann. Seither sind 145 Vogel- und 79 Säugetierarten ausgestorben, was je 1,4 % der rezenten Arten entspricht (Tab. 11.1). Auch wenn im Unterschied zu anderen taxonomischen Gruppen die globale Vogel- und Säugetierfauna sehr gut bekannt ist, liegen die tatsächlichen Anteile ausgestorbener Arten wohl höher. Auch in jüngster Zeit werden nämlich noch alljährlich neue Arten entdeckt, die fast ausschließlich auf sehr kleine (Rest-)Verbreitungsgebiete beschränkt sind und deshalb einer hohen Aussterbewahrscheinlichkeit unterliegen (Abb. 11.1). Um **Aussterberaten** zu berechnen, ist die unterschiedlich lange Zeit zu berücksichtigen, seit der die Arten bekannt sind. Für vor dem Jahr 1900 beschriebene Vogelarten beträgt die Rate 49 Aussterbeereignisse pro Million Artenjahre, für die nach 1900 beschriebenen Arten hingegen 132. Bei Säugetieren belaufen sich die entsprechenden Werte auf 72 und 243 (Pimm et al. 2014). Man darf deshalb mit gutem Grund annehmen, dass auch Arten aussterben, die noch nicht bekannt sind.

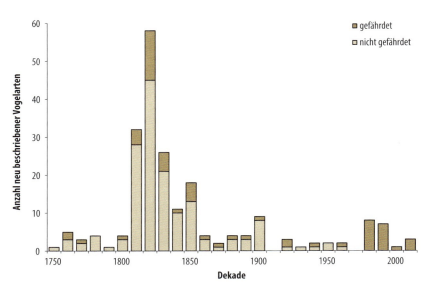

Abb. 11.1 Schwankungen in der Zahl neu beschriebener endemischer Vogelarten aus dem Biom des Atlantischen Regenwalds in Südostbrasilien und der Anteil der Arten, die als gefährdet eingestuft sind (Kategorien VU bis EW in Tab. 11.1). Dazu gehören sämtliche seit 1980 entdeckten Vogelarten, die alle auf kleinste Verbreitungsgebiete beschränkt sind. Mehrere dieser Arten sind jüngst verschollen. Der Braunmantel-Beerenfresser (*Carpornis cucullata*; links) ist eine der noch etwas weiter verbreiteten Arten, die bereits in den 1820er-Jahren beschrieben wurden; auch er ist aber ein Opfer des Lebensraumverlusts und bereits als *near threatened* klassiert. Von der ursprünglichen Waldfläche des Atlantischen Regenwalds sind heute noch etwa 12 % übrig, und die Hälfte davon ist in Fragmente von <10 ha Fläche zerstückelt (Abbildung neu gezeichnet nach Lees & Pimm 2015).

Diesen Anteil zu schätzen, ist schwierig, doch legen Simulationen nahe, dass je nach Artengruppe die tatsächlichen Quoten der ausgestorbenen Arten bis doppelt so hoch sind (Tedesco et al. 2014).

Wie weit liegen nun diese Raten über der natürlichen Aussterberate *(background rate of extinction)* im Laufe der jüngeren Evolution, bevor der Mensch Einfluss nahm? Auch solche Schätzungen sind nicht einfach, doch führt die Verwendung verschiedener Methoden zu einem Schätzwert für die Grundrate in der Größenordnung von 0,1 Aussterbeereignissen pro Million Arten und Jahr. Der Mensch hat damit die Aussterbegeschwindigkeit von Vogel- und Säugetierarten um etwa den Faktor 1000 erhöht (De Vos et al. 2014; Pimm et al. 2014). Zudem befürchten manche Autoren, dass die Geschwindigkeit des Aussterbens weiter zunimmt und in absehbarer Zukunft das 10 000-Fache der Grundrate erreichen könnte (Barnosky et al. 2011; De Vos et al. 2014). Doch gibt es auch zurückhaltendere Schätzungen (Stork 2010; Loehle & Eschenbach 2012). Aber selbst im Vergleich zum letzten Massenaussterbeereignis am Übergang von der Kreidezeit zum Paläogen vor 65 Mio. Jahren ist die Aussterberate seit 1980 etwa 71- bis 297-mal höher (McCallum M. L. 2015).

Hinweise auf eine solche Entwicklung erhält man etwa beim Analysieren von aufeinanderfolgenden Versionen der Roten Liste. Betrachtet man etwa die Verschiebungen zwischen 1988 und 2004 für die über 9800 in den Roten Listen klassierten Vogelarten, so standen den 183 Arten mit Einstufungen in höhere Gefährdungskategorien nur 23 Arten gegenüber, die niedriger klassiert werden konnten. Die Übergangswahrscheinlichkeit in die nächsthöhere Stufe betrug für nicht gefährdete Arten 0,6 % pro Dekade, für potenziell bis stark gefährdete Arten hingegen 3,7–4,5 %. Von den 157 als vom Aussterben bedroht klassierten Arten starben anschließend 10 zumindest im Freiland aus, während 13 Arten rückklassiert werden konnten, was in dieser Kategorie einer Übergangswahrscheinlichkeit von −2,4 % entsprach. Es ließ sich zeigen, dass Schutzmaßnahmen eine noch schnellere Verschiebung in höhere Einstufungen und das Aussterben mehrerer stark gefährdeter Arten verhinderten (Brooke et al. 2008). Eine weitere Auswertung, die mit solchen Verschiebungen arbeitet, wird im folgenden Abschnitt und in Abbildung 11.2 vorgestellt.

Was macht Arten verletzlich?
Wie weit den Bemühungen Erfolg beschieden ist, das Aussterben vieler Arten zu verhindern, hängt von zahlreichen Faktoren ab. Eine Grundvoraussetzung ist zunächst das Verständnis der **intrinsischen** Faktoren, das heißt der biologischen Eigenheiten, die Arten **verletzlich** machen. Zu diesen Eigenschaften gehören jene der *life history* (Kap. 7.1) oder auch Merkmale wie Populationsgröße oder Lage und Ausdehnung des Verbreitungsgebiets. Unterschiede bei diesen Eigenschaften bewirken, dass Arten verschieden auf die **extrinsischen**, also die von außen einwirkenden Prozesse der **Gefährdung** reagieren (Bennett et al. 2005).

Erste Hinweise auf Unterschiede in der Verletzlichkeit ergeben sich aus der ungleichen Verteilung der Aussterberaten über die Erdoberfläche. Von den Vogelarten, die im Zeitraum zwischen 1500 und 2000 ausstarben, hatten 79 % auf ozeanischen **Inseln**, 11 % auf Inseln im Bereich von Kontinentalschelfen und 10 % auf Kontinenten (inklusive Australien) gelebt. Die ersten Ausrottungen auf einem Kontinent erfolgten um die Mitte des 19. Jahrhunderts und nahmen seither zu, während jene auf Inseln anteilmäßig etwas zurückgingen (Szabo et al. 2012). Auch Säugetiere starben über das ganze Holozän hinweg weit überproportional häufig auf Inseln aus (Turvey & Fritz 2011; Loehle & Eschenbach 2012). Jüngst ist es einigen kleineren ozeanischen Inselstaaten gelungen, mit Schutzmaßnahmen den Gefährdungsgrad vor allem bei Vögeln wieder zu verkleinern; starke Zunahmen des Aussterberisikos werden unterdessen jedoch auf den südostasiatischen Inseln verzeichnet, sowohl bei Vögeln als auch bei Säugetieren. Auf den Kontinenten hingegen zeichnet sich bei den Trends für Vögel und Säugetiere ein geografisch uneinheitliches Bild ab (Rodrigues A. S. L. et al. 2014; Abb. 11.2).

Man hat weltweit auch 23 Gebiete identifiziert, wo während der letzten 200 Jahre kein Aussterben einer Wirbeltierart registriert wurde. Neben großen Teilen der Arktis gehören das Amazonas-Becken oder Neuguinea sowie einige der großen afrikanischen Schutzgebiete dazu (Sanjayan et al. 2012). Eine weitere Liste der Gebiete, in welchen seit dem Jahr 1500 noch keine größeren Säugetiere (>20 kg Körpergewicht) ausgerottet worden sind, umfasst 108 Gebiete von ebenfalls sehr diverser Größe. Diese machen zusammen weniger als 21 % der Erdoberfläche aus, doch sind die regionalen Unterschiede enorm: In Australien qualifizieren sich 68 % der Landfläche, im indomalayischen Raum 1 % (Morrison J. L. et al. 2007).

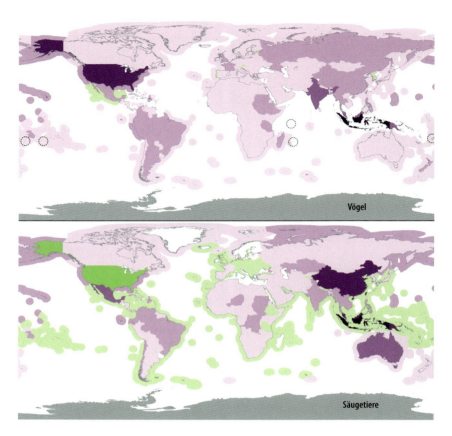

Abb. 11.2 Länderweiser Beitrag an die Summe der Trends in der Einstufung der Vögel und Säugetiere in der Roten Liste, für die Zeiträume 1988–2008 (Vögel) respektive 1996–2008 (Säugetiere). Ein Trend von -3 bei einer Art entspricht hier einem Wechsel um 3 Stufen in Richtung stärkerer Gefährdung, zum Beispiel von «*near threatened*» zu «*critically endangered*» (s. Tab. 11.1). Die Beiträge der Länder sind über ihre Anteile an den Verbreitungsgebieten der Arten gewichtet, auf ein Jahr bezogen, und deshalb zwischen Vögeln und Säugetieren direkt vergleichbar. Die Kreise in der Karte für die Vögel markieren die kleinen Inselstaaten Tonga, Cook-Inseln, Seychellen, Mauritius und Fidschi, welche positive Beiträge an die globalen Trends geliefert haben. Die meisten Länder tragen jedoch mehr oder weniger zum zunehmenden Gefährdungsstatus der Artenvielfalt bei (aus Rodrigues A. S. L. et al. 2014) (Abdruck mit freundlicher Genehmigung von *PLOS Biology*, © PLOS Biology).

Die Verletzlichkeit der Arten variiert nicht nur geografisch, sondern auch mit der verwandtschaftlichen Zugehörigkeit. Unter den Vögeln sind Rallen, Tauben, Papageien und Finkenvögel überdurchschnittlich häufig ausgestorben, Sperlingsvögel insgesamt hingegen unterdurchschnittlich häufig. Diese stellen zwar 64 % aller Arten und Unterarten, aber nur 44 % der ausgerotteten Taxa (Szabo et al. 2012). Zudem sind heute auch Hühnervögel, Albatrosse und andere Meeresvögel sowie Kraniche und Trappen überdurchschnittlich stark gefährdet (Baillie et al. 2010). Taxonomische Unterschiede manifestieren sich auch bei den Säugetieren. In ihrem Fall kann das Aussterben von Arten besser über das ganze Holozän dokumentiert werden. So wurde deutlich, dass sich die Aussterbeereignisse im Holozän und die heutige Gefährdung zwar nicht zufällig, aber teilweise unterschiedlich über die Verwandtschaftsgruppen verteilen. Man spricht dabei von einem **Aussterbefilter** *(extinction filter):* Taxonomische Einheiten, die ihre anfälligen Arten bereits früher verloren haben, widerstehen heute den Gefährdungen besser (Turvey & Fritz 2011).

Bei Vergleichen unter Verwandtschaftsgruppen darf man aber nicht vergessen, dass Angehörige einer taxonomischen Einheit im Hinblick auf bestimmte biologische Merkmale einander im Mittel ähnlicher sind als nicht verwandte Arten. Eine solche Eigenschaft ist die **Körpergröße**. Tatsächlich unterlagen große Säugetiere über das ganze Holozän hinweg einer größeren Wahrscheinlichkeit auszusterben als Arten von kleiner Statur (Turvey & Fritz 2011; Dirzo et al. 2014). Auch heute noch steigt die Verletzlichkeit mit der Körpergröße (Abb. 11.3), teilweise als Folge der *traits*, welche die langsamere Life-History-Strategie (Kap. 7.1) großer Arten ausmachen, doch sind auch andere, darunter genetische Faktoren beteiligt (Cardillo et al. 2005; Davidson et al. 2009; Polishchuk et al. 2015). Der Aussterbefilter im Holozän hat bereits viele große Arten entnommen, sodass heute die positive Korrelation von Aussterberisiko und Körpergröße nur noch für tropische Länder gilt, während allgemein **Seltenheit** beziehungsweise **geringe Siedlungsdichte** einer Art und **kleines Verbreitungsgebiet** in Gegenden mit hohem Nutzungsdruck durch Menschen das Aussterberisiko am stärksten bestimmen (Fritz S. A. et al. 2009; Turvey & Fritz 2011). Dabei sind jedoch zwei Aspekte zu bedenken: Erstens ist die Dichte einer Art selbst eine Funktion der Körpergröße (Kap. 5.8), und zweitens sind Merkmale wie kleine Populationsgrößen und geringe Ausdehnung des Verbreitungsgebiets ein Teil der Definition des Aussterberisikos, die zur entsprechenden Einstufung in der Roten Liste führen.

Für Vögel gilt Ähnliches wie für die Säugetiere. Der holozäne Aussterbefilter wirkte ebenfalls auf große Arten (Bromham et al. 2012), wobei einige der größten Vögel (Moas Dinornithiformes in Neuseeland und Elefantenvögel Aepyornithidae in Madagaskar) bis mindestens zum 10.–13. Jahrhundert überlebten, weil diese Inseln erst spät vom Menschen besiedelt wurden (Allentoft et al. 2014; Holdaway et al.

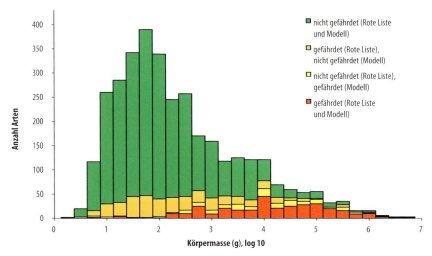

Abb. 11.3 Eine Modellierung der Klassifizierung von gegen 3 500 Säugetierarten als gefährdet/nicht gefährdet entsprechend den Kriterien der Roten Liste der IUCN ergab eine Übereinstimmung von 82 % mit der tatsächlich erfolgten Einstufung. Als Variablen zur Voraussage der Verletzlichkeit wurden neben der Körpergröße (Masse) zehn weitere Merkmale verwendet, wovon einige (Ausdehnung des Streifgebiets, Dichte, Geschwindigkeit der *life history*) selbst eng mit der Körpermasse korrelieren. Die Darstellung zeigt, dass die meisten kleineren Arten (unterhalb von 3–5 kg) als nicht gefährdet eingestuft sind, ein zunehmender Anteil größerer Arten hingegen als gefährdet. Abweichungen des Modells von der tatsächlichen Klassifizierung favorisieren die Einstufung als «nicht gefährdet» bei kleineren Arten und als «gefährdet» bei größeren (Abbildung neu gezeichnet nach Davidson et al. 2009).

2014). Auch heute noch ist bei Vögeln – global gesehen – größere Körpergröße und niedrigere Fekundität zu einem gewissen Grad mit höherem Aussterberisiko gekoppelt (Gaston & Blackburn 1995; Bennett & Owens 1997; Keane et al. 2005). Neuerdings haben sich einzelne regionale Trends umgekehrt: In Europa nehmen zahlreiche kleine und häufige Vogelarten ab, seltenere und größere Arten hingegen wieder zu (Inger et al. 2015). Berücksichtigt man beim Modellieren des Gefährdungsgrads nicht nur die Größe des Verbreitungsgebiets, sondern auch dessen Ausdehnung über Höhenstufen, so kommt diesen Faktoren größeres Gewicht als den Merkmalen der *life history* einer Vogelart zu. Das Aussterberisiko steigt, je kleiner das Verbreitungsgebiet einer Art ist und je stärker es auf das Tiefland begrenzt ist (Harris G. & Pimm 2008; Machado & Loyola 2013; White R. L. & Bennett 2015).

Ursachen von Gefährdung
Auch wenn die unterschiedliche Verletzlichkeit der Arten die Variation beim Aussterberisiko erklärt, so sind es doch die (extrinsischen) Prozesse der Gefährdung selbst, die das Seltenwerden und letztlich das Aussterben der Arten verursachen. Die gebräuchliche Klassifikation verschiedener Formen von Gefährdung listet 11 Kategorien auf, von denen 10 anthropogenen und nur eine natürlichen Ursprungs – geologische Vorkommnisse wie Vulkanausbrüche – sind (Salafsky et al. 2008; http://www.iucnredlist.org/technical-documents/classification-schemes). Die Gefährdungsintensität von Arten ist eng mit der menschlichen Bevölkerungsdichte korreliert, die weitere Zunahme der Gefährdung mit dem Bevölkerungswachstum (McKee et al. 2013). Darin reflektiert sich auch der bereits erwähnte Befund, dass die vom Menschen verursachte Aussterberate mindestens tausendmal höher als die natürliche Aussterberate ist.

Weshalb eine Art verschwindet, muss nicht eine einzige Ursache haben. Vielfach wirken mehrere Gefährdungsfaktoren im Verbund. Die Gewichtung der einzelnen Beiträge zum Aussterben ist mangels spezifischer Untersuchungen oft zu einem gewissen Grad subjektiv (Hayward M. W. 2009). Dennoch sind es drei hauptsächliche Gründe, die für das bereits erfolgte Aussterben sowie die gegenwärtige Gefährdung von Vögeln und Säugetieren verantwortlich sind (Abb. 11.4): Übernutzung der Arten, die Wirkung eingeführter, invasiver Arten und die Degradierung und Zerstörung der Lebensräume. Deren relative Bedeutung hat sich über die Zeit gewandelt und variiert heute weltweit je nach Lebensräumen, Dichte der Bevölkerung, menschlichem Wirtschaften und den sozioökonomischen Rahmenbedingungen (Rodrigues A. S. L. et al. 2014). Wenn sich kleine Populationen dem Aussterben nähern, verstärken sich biotische und abiotische Ursachen oft gegenseitig, was als *extinction vortex* bezeichnet wird (Gilpin & Soulé 1986). Datenreihen zum Aussterben von zehn

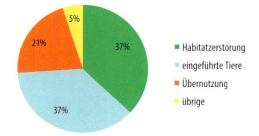

Abb. 11.4 Ursachen des Aussterbens von Tierarten (hauptsächlich, aber nicht ausschließlich Vögel und Säugetiere) zwischen 1600 und 2004. Die Werte gelten nur annähernd, weil lediglich für etwa 40 % der Arten die Umstände des Aussterbens bekannt sind und sich auch nicht alle Einwirkungen mit gleicher Sicherheit eruieren lassen. In dieser Darstellung ist bei jeder Art nur der Hauptgrund berücksichtigt (Daten von verschiedenen Quellen aus Hambler & Canney 2013).

Wirbeltierpopulationen zeigten übereinstimmend, dass die verbleibende Überlebenszeit mit dem Logarithmus der Populationsgröße abnahm. Die gegen das Ende stärker werdende Variabilität der (trendkorrigierten) Populationsgrößen ließ vermuten, dass in dieser Phase stochastische Effekte auf die Populationsdynamik und allenfalls genetische Erosion als proximate Ursachen des Aussterbens in den Vordergrund traten (Fagan & Holmes 2006).

1. **Übernutzung:** Direkte Eingriffe in die Population einer Art durch Jagd und Fang für den Verzehr oder auch nur als Beifang bei der Nutzung einer anderen Art, zur Verwendung einzelner Teile (zum Beispiel der Wolle) oder zur Haltung in Gefangenschaft sind oftmals so stark, dass sie bei vielen Arten zu hoher additiver Mortalität führen und über deren Geburtenrate nicht mehr ausgeglichen werden können. Früher spielte die Übernutzung von Tierarten eine größere Rolle (Walfang, Ausrottung von Huftieren, Prädatoren etc.). Heute ist sie in Staaten mit geregelter Jagd von geringer Bedeutung, während sie vor allem in den Subtropen und Tropen durch die Jagd auf Wildfleisch *(bushmeat)* eine wichtige Gefährdung bleibt und für Säugetiere und einzelne Vögel in Teilen Asiens vernichtende Auswirkungen hat (Schipper et al. 2008; Wilcove et al. 2013; Abb. 11.8). Allerdings sind auch Industrienationen und Schwellenländer über den (teilweise illegalen) Handel mit Ziervögeln und anderen Heimtieren, Tierprodukten (Elfenbein, Körperorganen für traditionelle «Medizin» und vieles mehr) noch immer an der Übernutzung zahlreicher Arten beteiligt. Gleiches gilt für die Gefährdung mariner Vögel und Säugetiere, die als Beifang der Fischerei stark erhöhter Mortalität unterliegen oder indirekt via Übernutzung ihrer Nahrungsgrundlage betroffen sind.

    Insgesamt werden 17 % aller beurteilten und gegen 50 % der gefährdeten Säugetierarten überjagt. Regional liegen die Zahlen für große Arten wesentlich höher: In Asien sind es 90 %, in Afrika 80 % und in Südamerika 64 % aller beurteilten Arten – die entsprechenden Werte für Kleinsäuger sind 28 %, 15 % und 11 %. Bei den marinen Säugetieren ist die Fischerei für 78 % der Arten ein Gefährdungsfaktor (Schipper et al. 2008; Baillie et al. 2010). Bei den Vögeln tragen Jagd und Fang heute noch für gut 30 % der gefährdeten Arten zum Rückgang bei (Szabo et al. 2012), wobei dies für 11 % von ihnen der Hauptgrund ist (Rosser & Mainka 2002).

2. **Eingeführte Tiere:** Vom Menschen eingebrachte Prädatoren sind zum überwiegenden Teil für das bisherige Aussterben inselbewohnender Vögel und Säugetiere verantwortlich (s. oben sowie Kap. 5.5 und 9.7). Schätzungen allein für Vögel oder Säugetiere liegen je bei etwa 50 % und damit über dem Wert von 37 % von Abbildung 11.4, der sich auf alle Tiergruppen bezieht (Clavero & García-Berthou 2005). Heute ist der Einfluss invasiver Arten bei der Gefährdung von Vögeln und Säugetieren dank Naturschutzmaßnahmen, die oft die Eliminierung invasiver Prädatoren umfassen, rückläufig. Invasive Arten sind heute noch ein Gefährdungsfaktor für 6 % der beurteilten und knapp 20 % der gefährdeten Säugetierarten (Schipper et al. 2008; Baillie et al. 2010)

beziehungsweise etwa 30 % der gefährdeten Vogelarten (Szabo et al. 2012). Neben eingeführten Prädatoren sind auch eingeführte Pathogene und ihre Vektoren zu erwähnen, die auf Inseln bei nicht resistenten Organismen artbedrohende Epidemien auslösen können (Kap. 10.6).

3. **Zerstörung, Fragmentierung und Degradierung von Lebensräumen:** Durch Landschaftsveränderungen entzieht der Mensch vielen Arten die Lebensgrundlagen (Habitat, Nahrung, Fortpflanzungsmöglichkeiten, Deckung etc.). Die Spannweite solcher Eingriffe reicht von der Abholzung des Regenwalds über die Umgestaltung und Austrocknung von Gewässern bis zu subtileren Änderungen wie der Degradierung von Weidelandschaften oder der Intensivierung der landwirtschaftlichen Nutzung in Agrarlandschaften. Auch die Urbanisierung – die Ausdehnung von Siedlungen und Städten, das Überziehen der Landschaften mit Transportwegen und Anlagen zur Energieerzeugung oder die Gewinnung von Rohstoffen – führen zu Verlust oder Qualitätsminderung von ursprünglichen Lebensräumen.

Lebensraumzerstörung in all ihren Schattierungen ist heute die mit Abstand größte Gefährdungsursache für Säugetiere wie für Vögel und wirkt auf praktisch alle der gefährdeten Arten ein. Dabei steht für Säugetiere wie Vögel die Landwirtschaft (inklusive der Konversion von Tropenwald in landwirtschaftlich genutzte Böden) als Gefährdungsfaktor an erster Stelle; an zweiter folgt die Holznutzung im eigentlichen Sinne, an dritter die Urbanisierung. Landwirtschaft ist ein Gefährdungsfaktor für 70 % der gefährdeten Säugetier- und 80 % der gefährdeten Vogelarten, Holzwirtschaft für je gut 50 % und Urbanisierung für je etwa 30 % der gefährdeten Säugetier- und Vogelarten (Schipper et al. 2008; Baillie et al. 2010; Szabo et al. 2012).

Weitere durch den Menschen geschaffene Gefährdungen sind etwa die Belastung der Umwelt durch **Pestizide** und viele andere Stoffe, die im Überfluss eingetragen werden, oder die **Störwirkung** der Präsenz von Menschen auf die Tiere. Als neue Gefahr mit noch unüberschaubaren, aber potenziell enormen negativen Auswirkungen zeichnet sich der anthropogene **Klimawandel** ab, der zahlreiche Arten über eine Vielzahl von Mechanismen – oft im Zusammenspiel mit den anderen Gefährdungsfaktoren – beeinträchtigen kann (Stork 2010; Cahill et al. 2013).

In den folgenden Kapiteln werden einige Beispiele zu den Gefährdungsursachen Übernutzung von Arten, Habitatveränderungen und -degradation, Fragmentierung von Lebensräumen und Klimaveränderung herausgegriffen. Das Ziel dabei ist nicht, eine inhaltlich und geografisch ausgewogene Darstellung der Vielfalt der Gefährdungsfaktoren und ihrer Auswirkungen zu liefern; dazu sei auf die Lehrbücher zur Naturschutzbiologie verwiesen. Stattdessen geht es darum, die Wirkungsweise von ökologischen Mechanismen zu besprechen, die bei dieser Auswahl regionalspezifischer Gefährdungsfaktoren zu den Rückgängen von Vögeln und Säugetieren beitragen.

11.3 Bushmeat crisis: Die Übernutzung von Arten

Übernutzung von Tierarten ist, wie erwähnt, in den Tropen und Subtropen eine gravierende Gefährdung und betrifft vorwiegend Säugetiere, aber auch Vögel und Reptilien. Beweggründe, betroffene Arten und Form der Nutzung sind vielfältig und reichen bis zu global organisierter Ausplünderung bestimmter Arten wie Elefanten, Nashörner oder Schuppentiere (*Manis* spp.) aufgrund einer irrational motivierten Nachfrage nach Elfenbein, Hörnern und anderen Körperteilen, vorwiegend aus China (Maisels et al. 2013; Wittemyer et al. 2014). Im Folgenden beschränken wir uns auf die Übernutzung von Arten zur Fleischgewinnung in den Tropen und Subtropen, die als *bushmeat crisis* bekannt ist (Nasi et al. 2008).

Zwar haben Menschen in Regenwäldern seit über 100 000 Jahren Jagd auf Wildtiere betrieben, doch hat der Verzehr von *bushmeat* seit einigen Jahrzehnten stark zugenommen. Dies ist eine Folge verschiedener Entwicklungen, wie der Zunahme der Bevölkerung, der Verfügbarkeit effizienter Waffen oder der fortschreitenden Erschließung auch abgelegener Waldgebiete zur Rohstoffextraktion. Vor allem aber ist neben die Subsistenzjagd der Handel mit Wildfleisch, tierischen Organen und lebenden Individuen getreten, der über zunehmend längere Lieferketten bis mehrere Hundert Kilometer entfernte ländliche und städtische Märkte bedient (Milner-Gulland et al. 2003).

Die Nutzungsraten widerspiegeln etwa die menschliche Bevölkerungsdichte pro Quadratkilometer Regenwald und sind heute fast durchweg nicht mehr nachhaltig, das heißt, sie übersteigen die (gemäß den arteigenen intrinsischen Wachstumsraten) maximal möglichen Entnahmeraten teilweise um das Mehrfache (Nasi et al. 2008). Die Entwicklung ist in Südostasien am weitesten fortgeschritten, wo die Bestände größerer Herbivoren und Prädatoren stark gefährdet (Abb. 11.2) und über weite Gebiete auch gänzlich ausgerottet worden sind – selbst wo die Wälder bisher intakt blieben (*empty forest syndrome*; Abb. 11.5). Die Anfänge nicht nachhaltiger Nutzung von Megaherbivoren in der Neuzeit liegen bereits um 2 000–3 000 Jahre zurück; die größten Rückgänge bei den meisten Arten fielen aber in die letzten 60 Jahre (Corlett 2007; Ripple et al. 2015).

In Afrika machen kleinere und mittelgroße Huftiere (in Wäldern vor allem Ducker Cephalophinae), große Nagetiere und Primaten zusammen den Hauptteil des Bushmeat-Verbrauchs aus; der Anteil der Primaten liegt bei über 20 % der gehandelten Tiere (Fa & Brown 2009). Großflächige Vergleiche zwischen Entnahmeraten (kg Wildfleisch pro Jahr) und Produktionsraten (produzierte Nachkommenschaft in kg pro Jahr) der entsprechenden Arten sind nicht einfach zu bewerkstelligen. Die vorhandenen Daten zeigen aber, dass die Entnahmeraten in Zentralafrika für die meisten Arten mehr als 20 % der Produktion betragen und in vielen Fällen sogar die gesamte Produktion übersteigen; die 20 % entsprechen etwa der Grenze für nachhaltige Nutzung von Arten mit langsamer Life-History-Strategie (Fa & Brown 2009). Dies führt bei zunehmendem Jagddruck zu Abnahmen von 40–100 % der Säugetierdichten im Vergleich zu nicht bejagten Gebieten (Nasi et al. 2008; Topp-Jørgensen et al. 2009). In Äquatorialafrika, dem Hauptverbreitungsgebiet der Menschenaffen in Afrika, ist die Jagd, zusammen mit Epidemien von Ebolafieber, der Hauptgrund für deren

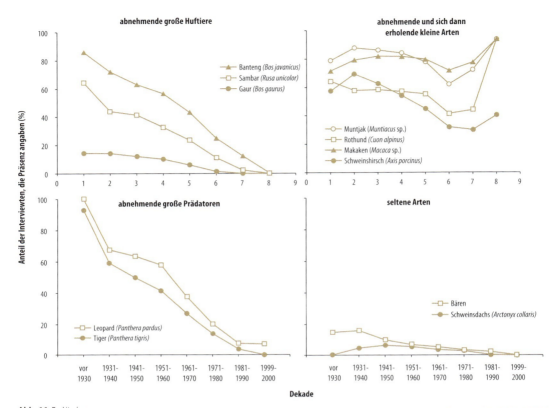

Abb. 11.5 Niedergang der großen Säugetiere im Chatthin Wildlife Sanctuary in Zentral-Myanmar, basierend auf Interviews mit 230 lokalen Dorfbewohnern (Abbildung neu gezeichnet nach Aung et al. 2004). Zwischen 1960 und 1980 wurde besonders intensiv gejagt; die Populationen brachen zusammen, und alle großen Säugetierarten starben aus, darunter der Gaur, eines der größten Wildrinder (rechts). Heute ist er in seinem einst ausgedehnten süd- und südostasiatischen Verbreitungsgebiet nur noch in fragmentierten Restbeständen vorhanden. Nur die ehemals häufigeren kleineren Arten konnten sich halten, darunter ein Mesoprädator (Rothund).

katastrophale Bestandszusammenbrüche (Walsh et al. 2003).

In Amazonien liegt die gegenwärtige Nutzungsintensität noch unterhalb der 20-%-Schwelle, was einerseits auf die um die Hälfte geringere Bevölkerungsdichte als in Afrika und andererseits auf die natürlicherweise niedrigere Biomasse an jagdbaren Wildtieren in Amazonien (etwa 1 000 kg pro m² gegenüber 3 000 kg in Afrika) zurückzuführen ist. Der Unterschied in den Biomassen ist letztlich eine Folge davon, dass die amazonische Fauna viel stärker aus baumlebenden kleineren Arten (mittleres Individualgewicht 4,8 kg) besteht als die von bodenlebenden Arten dominierte Fauna des tropischen Afrikas, in der das mittlere Individualgewicht 37,5 kg beträgt (Fa & Brown 2009). Der Jagddruck steigt aber auch in Südamerika. Viele bejagte Gebiete weisen im Vergleich zu unbejagten bis zu 75 % niedrigere Säugetierdichten auf, wobei frugivore Arten überdurchschnittlich betroffen sind (Peres & Palacios 2007; Nasi et al. 2008).

Seit Langem existierende Bushmeat-Märkte bieten nach dem Verschwinden der größeren Arten heute vorwiegend kleinere Arten mit schneller Life-History-Strategie, also schnell reproduzierende große Nagetiere und kleine Antilopen an (Abb. 11.6). Dies hat zur Vermutung geführt, dass die Nutzung solcher Arten nachhaltig sein dürfte (Cowlishaw et al. 2005). Allerdings zeigen weitere Analysen, dass sich die Artenzusammensetzung auf den Märkten noch immer verändert und die Distanzen anwachsen, über welche Tiere angeliefert werden. Offenbar werden auch anpassungsfähige Arten des Offenlandes überjagt, obwohl bei ihnen die Chance auf nachhaltige Nutzung weit besser ist als bei Arten des Regenwalds (Fa & Brown 2009; Schulte-

Abb. 11.6 Verkaufsstand mit frischem und geräuchertem Wildfleisch an der Goldküste Ghanas. Die Große Rohrratte (*Thryonomys swinderianus*; Mitte) ist oft die häufigste Art im Angebot von *bushmeat* in landwirtschaftlich genutzten Gegenden Afrikas und ist bei einer Körpermasse von bis zu 9 kg ein ergiebiger und beliebter Fleischlieferant. Sie wird oft auch als Ernteschädling bekämpft und erträgt starke Nutzung. Das Kleinstböckchen (*Neotragus pygmaeus*; vorne und hinten), eine heimlich lebende und noch wenig bekannte Kleinantilope von nur 2–3 kg Körpergewicht, dürfte im *farmbush* (Matrix aus landwirtschaftlich genutzten Flächen, Busch und Waldresten) zwar noch nicht selten sein, wird aber als «abnehmend» eingestuft. Jedenfalls veränderte sich das Verhältnis von Nagetieren zu Huftieren im Angebot dieser Märkte von 1986 bis 2011 deutlich in Richtung der Nagetiere (McNamara J. et al. 2015).

Herbrüggen et al. 2013; Nasi et al. 2011; McNamara J. et al. 2015).

Im Gegensatz zur massiven Übernutzung der Säugetierbestände in subtropischen und tropischen Waldzonen hat die Entnahme von *bushmeat* aus Savannengebieten weniger Aufmerksamkeit generiert, obwohl die negativen Effekte auf die Populationen in Afrika wie auch in Südamerika in ähnlicher Größenordnung liegen (Lindsey et al.

2013; Periago et al. 2015). In den Randgebieten des Serengeti-Nationalparks, Tansania, werden jährlich im Mittel 120 000 Gnus (*Connochaetes taurinus;* s. Box 6.1 und Abb. 3.14) gewildert, was 6–10 % der regionalen Gnupopulation entspricht und vermutlich die verkraftbare Entnahme längerfristig übersteigt (Rentsch & Packer 2015).

Die Übernutzung tropischer und subtropischer Wildtierpopulationen gefährdet nicht nur das Überleben der betroffenen Arten und letztlich die Proteinversorgung der Bevölkerung selber (Nasi et al. 2011), sondern hat auch weit verzweigte Implikationen auf die Funktion der Lebensgemeinschaften. Da manche Baumarten auf die Samenverbreitung durch Primaten, Huftiere und andere Tierarten angewiesen sind, führt deren Ausrottung zu Konsequenzen, die von veränderter floristischer Zusammensetzung der Wälder bis zu Veränderungen im Kohlenstoffkreislauf reichen (Wright S. J. et al. 2007; Brodie & Gibbs 2009; Brodie J. F. et al. 2009; Effiom et al. 2013; Dirzo et al. 2014; Ghanem & Voigt 2014).

Auch wenn Vögel nicht im Zentrum der Wildfleischkrise stehen, so gibt es bei ihnen ebenfalls Arten, die durch die Nachstellungen für den menschlichen Konsum in der Existenz gefährdet werden. Der spektakulärste Fall ist jener der 1914 ausgestorbenen Wandertaube *(Ectopistes migratorius),* aber auch heute spielen sich ähnliche Entwicklungen ab (Box 11.2). Jagd und Fang von durchziehenden und überwinternden Vögeln wird vor allem im Mittelmeergebiet und in China sowie Südostasien intensiv betrieben. Die meisten europäischen Langstreckenzieher, die das Mittelmeergebiet durchqueren, haben seit 1980 in ihren Beständen um bis zu 80 % abgenommen. Obwohl allein die illegale Entnahme von Vögeln im Mittelmeergebiet auf 11–36 Mio. Individuen geschätzt wird, lässt sich der Beitrag der mediterranen Jagd an den Bestandsrückgängen noch nicht abschätzen (Brochet et al. 2016). Im Moment scheint es, dass Lebensraumveränderungen in den europäischen Brutgebieten und im Überwinterungsgebiet für die meisten dieser Arten von

Box 11.2 Von der Wandertaube zur Weidenammer

Die nordamerikanische Wandertaube (Abb. 11.7) ist das extremste Beispiel der Ausrottung einer Art durch die Jagd für den menschlichen Konsum – einerseits, weil es sich bei ihr um eine ungewöhnlich häufige *(superabundant)* Vogelart handelte, und andererseits aufgrund der Schnelligkeit des Vorgangs. Möglicherweise stellte sie ursprünglich mit einem geschätzten Bestand von über 3 Md. Individuen 25–40 % aller Vögel Nordamerikas (Schorger 1955).

Die Tauben brüteten in riesigen, lockeren Kolonien in den Wäldern der nordöstlichen Vereinigten Staaten und zogen zum Überwintern in die südöstlichen USA. Ihre Abhängigkeit von Buchen- und Eichenmasten führte zu nomadischem Auftreten und schwankenden Zahlen.

Wandertauben wurden schon immer stark bejagt, doch blieb dies ohne entscheidenden Einfluss auf die Gesamtpopulation. Noch um 1830 sprachen Berichte davon, dass

11.3 *Bushmeat crisis:* Die Übernutzung von Arten

Abb. 11.7 Wandertaube (Präparat des Zoologischen Museums der Universität Zürich, Schweiz).

Scharen ziehender Wandertauben die Sonne verdunkelten und meilenweit den Himmel bedeckten. Mit dem Bau der Eisenbahnen in der Mitte des 19. Jahrhunderts etablierte sich eine kommerzielle Jagd, die den Markt mit Taubenfleisch und lebenden Tauben für Sportschützen belieferte. Die Vögel wurden in riesigen Mengen nicht nur auf dem Zug, sondern auch in den Kolonien während des Brütens gefangen. Die Bestände nahmen schnell ab, und um 1885 wurden Kolonien nur noch in vom Menschen wenig besiedelten Gebieten gefunden. Statt nachzulassen, konzentrierte sich der Jagddruck auf diese Kolonien. Im Jahr 1900 war die Wandertaube im Freiland funktionell ausgerottet; das letzte lebende Individuum, genannt «Martha», verstarb 1914 im Zoo von Cincinnati (Schorger 1955; Greenway 1958).

Die spezifische Ernährung und Brutbiologie der Wandertaube ließ vermuten, dass die Abholzung der Wälder ebenfalls zum Aussterben beitrug. Retrospektive Modellierungen weisen darauf hin, dass zwischen 1800 und 1900 zwar 53 % des geeigneten Habitats verschwanden, das Aussterben der Wandertaube sich aber allein durch die exzessive Verfolgung erklären lässt. Der entscheidende Aspekt war dabei nicht die kommerzielle Nutzung *per se*, sondern die Art und Intensität ihrer Ausübung (Stanton 2014).

Bei der Weidenammer (*Emberiza aureola*; Abb. 11.18 a) spielt sich gegenwärtig eine Entwicklung ab, die in Geschwindigkeit und Stärke jener bei der Wandertaube vergleichbar ist. Die Weidenammer war bis vor Kurzem einer der häufigsten Singvögel Eurasiens und kam von Finnland bis nach Kamtschatka und Japan vor, in einem geschätzten Bestand von etwa 100 Mio. Nach 1980 begann die Art abzunehmen, und mittlerweile ist der Artbestand auf etwa 10 % des ursprünglichen Werts eingebrochen (Abb. 11.8 c, Kreise mit angepasster hellgrauer Kurve). Damit verschob sich die Westgrenze des Verbreitungsgebiets zwischen 1998 und 2014 um etwa 5 000 km ostwärts (Abb. 11.8 b).

Alle Weidenammern ziehen durch Ostchina in ihre süd-und südostasiatischen Winterquartiere. Obwohl ihr Fang seit 1997 illegal ist, werden sie in China jährlich in riesiger Zahl gefangen, um einen wachsenden Luxus-Gourmetmarkt zu bedienen. Die genauen Zahlen sind unbekannt und müssen aus den Berichten von Konfiskationen (Abb. 11.18 a) gefangener Vögel abgeleitet werden, bei denen manchmal in einer einzigen Aktion bis zu 2 Mio. Singvögel sichergestellt werden. Obwohl neben der Verfolgung auch Lebensraumveränderungen und Pestizideinsätze im Durchzugs- und Überwinterungsgebiet eine Rolle spielen dürften, vermögen diese Faktoren allein in verschiedenen ala.)

b.)

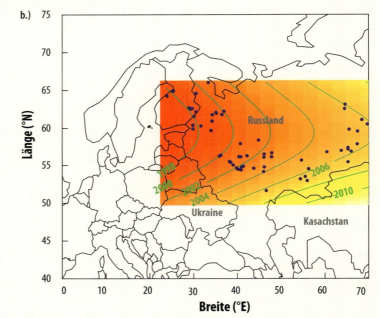

c.)

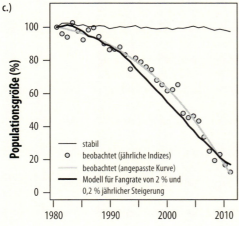

Abb. 11.8 Der globale Bestandszusammenbruch der Weidenammer.
a: Weidenammern aus einer in Südostchina konfiszierten Ladung von 1 600 Individuen.
b: Die blauen Punkte bezeichnen Orte, für die das Jahr des Aussterbens der Weidenammer bekannt ist. Daraus ließen sich Isolinien des regionalen Aussterbens und damit des Schrumpfens des Verbreitungsgebiets von Finnland bis Zentralsibirien modellieren.
c: Rückgang der Gesamtpopulation der Weidenammer von 1980 bis 2010, modelliert auf zwei Weisen: anhand von lokal und regional ermittelten Bestandsindizes (Kreise, graue Kurve daran angepasst) sowie anhand von Fangraten, die für 1980 mit 2 % und anschließend mit einer jährlichen Steigerung von 0,2 % angenommen wurden (schwarze Kurve) (Abbildung verändert nach Kamp et al. 2015).

ternativen Modellen den Rückgang nicht zu erklären. Nimmt man hingegen an, dass zu Beginn (1980) 2 % der globalen Population weggefangen wurden und dieser Wert jährlich um 0,2 % auf 8,6 % (2013) anstieg, was etwa einer mittleren jährlichen Abnahmerate der Population von $\lambda = 0{,}92$ entspricht, so ergibt sich eine enge Übereinstimmung zwischen Modell und gemessenem Rückgang (Abb. 11.8 c). Die angenommenen Fangzahlen scheinen angesichts der bekannt gewordenen Zahlen aus den Konfiskationen realistisch (Kamp et al. 2015).

Die erst anekdotischen, dann aber zunehmenden Hinweise auf das lokale Verschwinden der Weidenammer führten dazu, dass die Art in der Roten Liste der IUCN (Tab. 11.1) im Jahre 2004 zunächst als *near threatened*, 2008 als *vulnerable* und 2014 als *endangered* eingestuft wurde (Kamp et al. 2015). Hätte man im 19. Jahrhundert das Aussterben der Wandertaube voraussehen (und vielleicht verhindern) können, wenn die heute verwendeten Monitoring- und Einstufungssysteme existiert hätten? Die Frage stellt sich auch deshalb, weil an der Praxis der IUCN oft Kritik geübt wird, eine in absoluten Zahlen noch nicht seltene, aber stark abnehmende Art als gefährdet zu klassieren. Tatsächlich zeigten die oben genannten Modelle der Bestandsentwicklung der Wandertaube, dass die realistischen Modelle (welche die Ausrottung voraussagten) auch die sequenzielle Einstufung in Gefährdungskategorien ab 1850 sinnvoll vorgenommen hätten, und zwar allein aufgrund des Kriteriums einer schnellen Bestandsabnahme (Stanton 2014).

größerer Bedeutung sind (Vickery et al. 2014; Kap. 11.4). Auch in Ost- und Südostasien spielt die Degradierung der Winterquartiere eine Rolle, doch sind in jüngster Zeit die Bestände einzelner Vogelarten aufgrund des Massenfangs in China kollabiert (Kamp et al. 2015; Yong et al. 2015; Box 11.2). Daneben gibt es andere Formen der direkten und indirekten Nachstellung, die bei gewissen Vogelgruppen in kurzer Zeit zu Bestandszusammenbrüchen auf kontinentalem Maßstab geführt haben, zum Beispiel bei Geiern in Asien (Box 2.2) und in Afrika (Ogada et al. 2016).

11.4 Lebensraumveränderungen: Intensivierung der Landwirtschaft

Der Mensch hat bis heute etwa 54 % der globalen eisfreien Landfläche modifiziert und nutzt rund 47 % für Land- und intensive Forstwirtschaft (Hooke et al. 2012; Abb. 11.9). Die Umgestaltung natürlicher Ökosysteme begann schon in prähistorischer Zeit, hat sich aber im 20. Jahrhundert stark beschleunigt: Von 1950 bis 1980 wurde mehr Land in Nutzflächen umgewandelt als von 1700 bis 1850 (Millennium Ecosystem Assessment 2005). Die Umwandlung in Agrarland bedeutet in der Regel die Zerstörung von natürlichen Lebensräumen, besonders von Wald, aber auch von Feuchtgebieten und von natürlichem Grasland. Seltener führt sie lediglich zu ihrer Degradierung, etwa bei der Beweidung von Grasland oder Umwandlung von Wald in naturnahe Plantagen. Andererseits sind manche landwirtschaftlich genutzten Gebiete nicht rezente Rodungsflächen, sondern Bestandteil von Kulturlandschaften, die seit Tausenden von Jahren existieren, wie in Europa und Vorderasien, Indien, China, Japan und regional auch in den Tropen (Ellis et al. 2013). Hier hat sich über die Zeit im Offenland eine spezifische wiewohl dynamische Biodiversität herausgebildet, die in der extensiv und kleinräumig bewirtschafteten Landschaft gut mit dem Menschen koexistieren konnte (Blondel 2006). Manche dieser Arten haben ihren Ursprung in Steppengebieten oder in störungsbedingt waldfreien Lebensräumen, die heute nur noch in geringer Ausdehnung existieren. Landwirtschaftlich genutztes Land ist deshalb seit Langem für viele Arten zum einzigen Lebensraum geworden (Shrubb 2003; Johnson R. J. et al. 2011).

Während die Expansion von Agrarland durch Zerstörung von Wald (oder natürlichem Grasland) vor allem in den Tropen und Subtropen auch heute noch fortschreitet, haben Nutzungsänderungen in den länger existierenden Kulturlandschaften seit Mitte des 20. Jahrhunderts eine andere Form angenommen. Da hier der wachsende menschliche Bedarf nicht mehr durch die Schaffung neuer Flächen abgedeckt werden kann, wurde der Ertrag auf den bestehenden Flächen gesteigert, was als **Intensivierung** der Landwirtschaft bezeichnet wird (Tilman et al. 2002; Erb K. H. et al. 2013). Intensivierung kann über verschiedene, meist in Kombination angewandte Änderungen in der Bewirtschaftung erreicht werden. Dazu gehören erhöhte und neuartige Stoffeinträge (Düngemittel, synthetische Pestizide), großflächige Bewässerung oder Entwässerungen, steigender Einsatz von Maschinen (intensivere Bodenbearbeitung und höhere Erntefrequenzen), Kultivierung von weniger, aber ertragreicheren Pflanzenarten und -sorten (Mais, Raps, Soja etc.), Elimi-

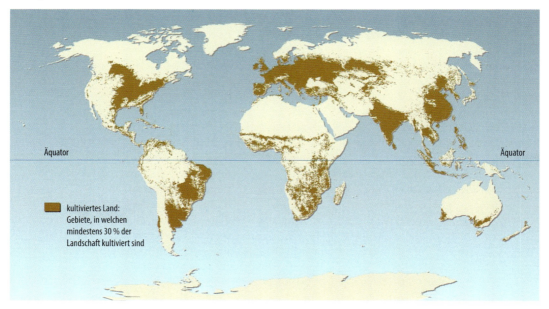

Abb. 11.9 Globale Ausdehnung des für landwirtschaftliche Produktion kultivierten Landes, Stand 2000. Aus Millennium Ecosystem Assessment (2005) (Abdruck mit freundlicher Genehmigung von *Millennium Ecosystem Assessment*, © MEA, www.millenniumassessment.org).

nierung der Begleitflora durch Saatgutreinigung oder, auf Weideland, dichterer Besatz mit Vieh. Um die effiziente maschinelle Bearbeitung zu erleichtern, werden nicht produktive Flächen und Strukturelemente (Bäume, Gebüsche, Hecken, Lesesteinhaufen, brache Flächen, Kleingewässer etc.) beseitigt und solche mit unregelmäßiger Topografie ausgeebnet. Dies alles führt zur Vereinheitlichung in der landwirtschaftlichen Nutzung respektive zum **Verlust kleinräumiger Heterogenität** im weitesten Sinne: Die Wuchsform der einzelnen Kulturen wird höher, dichter und gleichmäßiger, die Parzellengrößen nehmen zu, und die Länge der Grenzlinien verringert sich, ebenso die Zahl der Fruchtfolgen und die Vielfalt der Kulturen. Intensivierung der Anbaumethoden umfasst in ihren verschiedenen Formen also sowohl Elemente der Zerstörung als auch der Degradierung von Lebensräumen und ist heute weltweit ein Gefährdungsfaktor für die Biodiversität im Agrarland (Kehoe et al. 2015). Besonders gut ist sie am Beispiel der Umgestaltung europäischer Agrarlandschaften untersucht, zumeist in ihren Auswirkungen auf Vögel (Chamberlain et al. 2000; Wilson J. D. et al. 2009; Johnson R. J. et al. 2011; Fuller R. J. 2012a). Auch einige Säugetiere sind hier betroffen, wie Feldhase *(Lepus europaeus)* oder Feldhamster *(Cricetus cricetus)*.

Bestandsentwicklung von Vögeln des Agrarlands in Europa
Einigermaßen verlässliche, überregionale Daten zu den Bestandsentwicklungen vieler Vogelarten in Europa und Nordamerika liegen seit etwa 1970–1980 vor. Diese belegen sowohl massive Bestandsrückgänge und schrumpfende Verbreitungsgebiete vieler Vögel des europäischen Landwirtschaftslands als auch ähnliche Tendenzen in den nordamerikanischen Agrarlandschaften mit Grasland. Die Bestände von Vögeln anderer Lebensräume sind hingegen relativ stabil geblieben (Donald et al. 2001, 2006; Wilson J. D. et al. 2009; Johnson R. J. et al. 2011; Martin J. L. et al. 2012; Reif 2013; Abb. 11.10). Allerdings unterscheiden sich die Trends zwischen verschiedenen Vogelarten des Landwirtschaftsgebiets teils erheblich, weil die Folgen der Intensivierung je nach Lebensweise der Arten unterschiedliche Auswirkungen haben und mit anderen negativen Einflüssen interagieren können. So erlitten Langstreckenzieher im Mittel stärkere Einbußen als Standvögel und Kurzstreckenzieher, offenbar als Folge von verschlechterten Ernährungsbedingungen im Winterquartier südlich der Sahara (Ockendon et al. 2014; Vickery et al. 2014). Regionale Unterschiede in der Habitatqualität im Brutgebiet vermögen aber die nicht brutzeitlichen Einflüsse im besseren Fall abzupuffern, im schlechteren Fall verstärken sie sie (Morrison C. A. et al. 2013). Letztlich erlitten die Standvögel des Landwirtschaftslands, die am schlechtesten mit der Intensivierung zurande kommen, wie etwa das Rebhuhn *(Perdix perdix)* oder die Haubenlerche *(Galerida cristata)*, mit 90–95 % noch höhere Einbußen als die am stärksten betroffenen Langstreckenzieher.

Wirkungsweisen der landwirtschaftlichen Intensivierung für die Vögel des Agrarlands
Im Gegensatz zur unmittelbaren und großflächigen Lebensraumzerstörung wie bei der Rodung von Regenwäldern oder dem Trockenlegen von Feuchtgebieten erfolgen die mit der Intensivierung der Landwirtschaft einhergehenden Veränderungen schleichend.

Abb. 11.10 Indexierte Bestandsentwicklung der häufigeren Vögel in Europa (ohne einige Balkanländer) von 1980 bis 2013. Während die Bestände aller 167 erfassten häufigeren Vogelarten sich im Durchschnitt um 17 % verringerten und jene der 34 Waldvogelarten sogar stabil blieben (0 %), nahmen die 39 häufigeren Arten des Landwirtschaftsgebiets um 57 % ab (nationale Daten vom European Bird Census Council gesammelt und in vielfältiger Form aufbereitet von dessen Webseite abrufbar: http://www.ebcc.info). Abbildung nach diesen Daten neu gezeichnet.

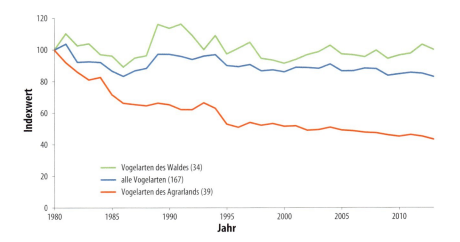

Im Laufe der Zeit weicht die ehemals starke Heterogenität von traditionell bewirtschaftetem Land einheitlichen Intensivkulturen, die den jahreszeitlich wechselnden Ressourcenbedarf nicht mehr abzudecken vermögen, vor allem bezüglich der beiden grundlegenden Ressourcen Nistplatz und Nahrungsangebot (Vickery & Arlettaz 2012). Oft ist es ohne genauere Untersuchung nicht unmittelbar deutlich, welche Komponenten der Intensivierung sich am stärksten auswirken und in welcher Form die Demografie der einzelnen Arten betroffen wird. Bei größeren Bodenbrütern, etwa den in feuchtem Wiesland nistenden Limikolen, kommt es primär zur Verminderung der Fortpflanzungsraten, während bei Singvögeln und anderen Arten auch die Überlebensraten der Adulten reduziert werden (Newton 2004; Roodbergen et al. 2012).

1. **Ausmerzung von unproduktiven Flächen und Strukturelementen:** Eine Komponente der Intensivierung ist die Umwandlung ungenutzter Flächen und die Entfernung von Strukturelementen wie Hecken oder Einzelbäumen, was oft als «Ausräumen der Landschaft» bezeichnet wird. Viele Vögel sind zur Brut oder Nahrungssuche direkt von brachliegenden Flächen oder strukturgebenden Elementen innerhalb der Kulturen abhängig, sodass deren Beseitigung zum Verlust von essenziellem Habitat führt. Dies ist etwa für Steppenvögel der größte Gefährdungsfaktor (Box 11.3), aber auch im Ackerland gemäßigter Zonen ist die Verfügbarkeit von Brachflächen für viele Vogelarten entscheidend (Giralt et al. 2008; Henderson et al. 2012; Meichtry-Stier et al. 2014). Für den höhlenbrütenden Wiedehopf *(Upupa epops)* war in einer intensivierten Landschaft hingegen der Verlust von Strukturelementen in Form von alten Bäumen, Mauern und Feldscheunen der Hauptgrund der Abnahme, weil damit Nistmöglichkeiten verloren gingen. Durch das Anbieten spezieller Nistkästen erhöhte sich der Bestand wieder massiv (Kap. 7.6, Abb. 7.22). Genauere demografische Analysen zeigten, dass sich auf diese Weise die Fekundität der Adulten, die Überlebensrate der Jungvögel und die Einwanderungsrate junger Adulter stark erhöhten, ohne dass negative Rück-

kopplungen auf das Brutverhalten die Folge waren (Berthier et al. 2012; Schaub et al. 2012).

2. **Bekämpfung konkurrierender Wildpflanzen und parasitierender Arthropoden:** Ein wichtiger Faktor ist die Abnahme des Nahrungsangebots sowohl für Samen- als auch Insektenfresser. Sie ist sowohl eine Konsequenz des Rückgangs ungenutzter oder brachliegender Flächen als auch der direkten Bekämpfung von Begleitpflanzen und Arthropoden mittels Saatgutreinigung und Pestiziden. In Deutschland verringerte sich innerhalb von 50 Jahren der mittlere Deckungsgrad (Median) der Ackerbegleitpflanzen von 30 % auf 3 % (Meyer S. et al. 2013). Manche Samenfresser, vor allem einige Finken, nutzen keine Getreidesamen, sondern ausschließlich Samen von Wildpflanzen (Holland

Box 11.3 Auswirkungen von landwirtschaftlicher Intensivierung auf Steppenvögel: Das Beispiel der Zwergtrappe

Etwa die Hälfte der globalen Population der Zwergtrappe *(Tetrax tetrax)* lebt in West- und Südwesteuropa und besiedelt weitläufige Ebenen, die heute vor allem zum Getreideanbau genutzt werden (Abb. 11.11). Sowohl die Balzplätze als auch die Neststandorte und Aufenthaltsgebiete der Weibchen mit Jungen befinden sich aber vorzugsweise in Grasland und älteren Brachen (Delgado et al. 2010; Morales et al. 2013; Silva et al. 2014). Die Umwandlung von Grasland in Getreideäcker hat in Südwestfrankreich innerhalb von 30 Jahren zu einem Verlust von 96 % der Zwergtrappenpopulation geführt. Die Trappen nutzen intensiviertes Agrarland zwar weiterhin, erreichen aber mit 0,26–0,27 Jungen pro Weibchen völlig ungenügenden Fortpflanzungserfolg (Bretagnolle et al. 2011; Lapiedra et al. 2011). Die zugrunde liegenden Mechanismen sind vielfältig, doch spielen oft Brutverluste durch Mähen während der Bebrütungszeit eine wichtige Rolle, wenn die Trappen gezwungen sind, in Kulturen zu nisten. In einem südwestfranzösischen Untersuchungsgebiet fiel so ein Drittel bis die Hälfte der Nester aus, die vor allem in Luzernefeldern angelegt waren. Als im Rahmen eines Förderprogramms *(agri-environment scheme)* auf eine Mahd während der Bebrütungszeit verzichtet wurde, gingen nur noch 5 % der Nester verlustig und die Produktivität stieg auf über 1,0 Junges pro Weibchen, also über den Wert, der für eine stabile Population notwendig war.

Neben den geringeren Nestverlusten spielte auch ein verbessertes Nahrungsangebot eine wichtige Rolle. Vor dem Beginn des Förderprogramms zeigten alle tot aufgefundenen Zwergtrappenküken Anzeichen des Verhungerns. Die Luzernefelder im Förderprogramm wurden im Gegensatz zu jenen außerhalb des Programms nicht mit Herbiziden und Pestiziden behandelt, sodass sie etwa die doppelte Anzahl an Pflanzenarten und eine 3- bis 10-fach höhere Abundanz an Heuschrecken enthielten, die eine wichtige Nahrung für die Zwergtrappenküken darstellten. Je höher die Heuschreckendichte im Untersuchungsgebiet war, desto größer war die Zahl flügge gewordener Zwergtrappen (Abb. 11.11).

Der Erfolg der Fördermaßnahmen stellte sich sofort ein: Innerhalb von 4 Jahren verdreifachte sich der Bestand an adulten Zwergtrappen im Untersuchungsgebiet (Bretagnolle et al. 2011).

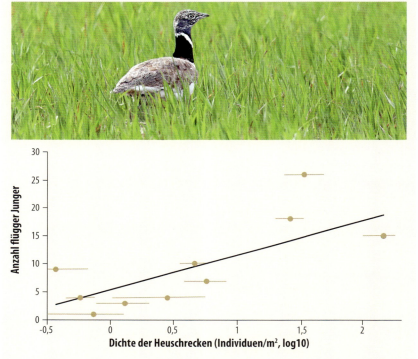

Abb. 11.11 Produktivität der Zwergtrappe (Anzahl flügger Junger im Alter von über 45 Tagen) in Abhängigkeit der Dichte von Heuschrecken im Grasland und in Luzernefeldern eines südwestfranzösischen Untersuchungsgebiets (Abbildung neu gezeichnet nach Bretagnolle et al. 2011). Oben ein Männchen in einem Wintergetreidefeld.

J. M. et al. 2006). Andere, wie zum Beispiel die im Bestand stark rückläufige Feldlerche *(Alauda arvensis)*, ziehen zwar im Winter Getreidekörner vor, sind häufig aber auch auf Samen von Wildpflanzen angewiesen, um den Energiebedarf zu decken (Geiger et al. 2014; Eraud et al. 2015). Neuere Bewirtschaftungsweisen, wie der Ersatz von Sommer- durch Wintergetreide oder das Umpflügen von Stoppelfeldern, haben zu einer Verknappung des Samenangebots für überwinternde Vögel geführt. Förderprogramme, die diesem Mangel abhelfen, haben bessere Effekte auf die Wachstumsraten bei verschiedenen granivoren Arten erzielt als Ausgleichsmaßnahmen, die auf die Habitatqualität zur Brutzeit ausgerichtet waren (Baker D. J. et al. 2012).

Der Rückgang der Insekten ist sowohl für Insektenfresser als auch für samenfressende Arten von Belang, da viele Samenfresser die Jungen mit Insekten aufziehen, bevor diese ebenfalls zum Körnerfressen übergehen. Untersuchungen an einer abnehmenden Population des Braunkehlchens *(Saxicola rubetra)*, eines reinen Insektenfressers, wiesen nach, dass sowohl die Biomasse als auch die Diversität der Insekten in intensiv bewirtschaftetem Grasland wesentlich niedriger war als auf traditionell extensiv bewirtschafteten Flächen, im Falle der Biomasse in der Größenordnung des 4- bis 5-Fachen. Besonders fehlten die größeren Arthropoden, sodass im intensiven Grasland die Nestlingsnahrung einförmiger und energetisch weniger profitabel war (Britschgi et al. 2006). Generell ist gut belegt, dass Intensivkulturen im Mittel geringere Arthropodenbiomassen aufweisen als extensiv bewirtschaftete Flächen mit Brachstreifen (Haaland et al. 2011), doch existieren erst wenige großräumige und langfristige Datenreihen zur Abnahme aller Arthropoden im Agrarland und zum Zusammenhang mit dem Rückgang der Vogelpopulationen (Benton et al. 2002; Shortall et al. 2009). Damit ist es auch nicht einfach, die Wirkung des modernen Pestizideinsatzes auf Vögel abzuschätzen und die direkten, oft subletalen toxischen Effekte auf Fekundität und Mortalität von den indirekten Effekten (niedrigere Fortpflanzungsraten bei verringertem Arthropodenangebot) zu trennen. Sowohl die direkten (Newton 2004; Gibbons et al. 2015) als auch die indirekten Effekte (Boatman et al. 2004) sind für verschiedene Arten nachgewiesen, und mittlerweile mehren sich die Belege, dass großflächige Abnahmen von Vögeln des Landwirtschaftsgebiets auch mit der verbreiteten Anwendung von Pestiziden, heute besonders von Neonicotinoiden, in Zusammenhang stehen (Geiger et al. 2010; Hallmann et al. 2014: Abb. 11.12).

3. **Höhere Biomassenproduktion:** Der starke Anstieg des Einsatzes von Stickstoffdüngern – in Europa zwischen 1950 und 2000 je nach Region um etwa das 4- bis 8-Fache – und anderen Mineraldüngern ist eine wichtige Komponente der landwirtschaftlichen Intensivierung. Die derart erzielte Steigerung der Produktion von pflanzlicher Biomasse hat indirekt zwei für Vögel bedeutende negative Auswirkungen: Die Vegetationsstruktur gedüngter Flächen verändert sich, und es kann häufiger geerntet werden.

Stark gedüngte Vegetation wächst schneller und wird gleichförmiger, höher und dichter als nicht gedüngte, was für viele Vögel Probleme beim Neststandort und bei der Nahrungssuche am Boden mit sich bringt. Wenn auch für den Neststandort die Präferenzen bezüglich der Vegetationsdichte und -höhe zwischen verschiedenen Arten variieren, so ziehen viele der Arten doch Vegetationshöhen von weniger als 30–40 cm vor. Für die Nahrungssuche am Boden ist niedrige und lockere Vegetation, besonders wenn sie noch einen gewissen Anteil an Boden offen lässt, durchweg von Vorteil. Der Hauptgrund dafür ist die höhere Effizienz bei der Nahrungssuche, kombiniert mit verbesserter Feindvermeidung (Whittingham & Evans 2004; Wilson J. D. et al. 2005b; Abb. 11.3).

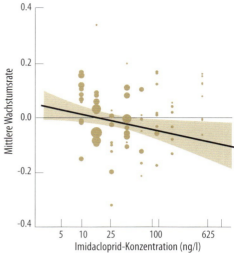

Abb. 11.12 In den Niederlanden zeigte sich bei 9 von 15 Singvogelarten ein signifikanter negativer Zusammenhang zwischen ihren lokalen intrinsischen Wachstumsraten und den lokalen Konzentrationen von Imidacloprid, einem synthetischen Insektizid aus der Gruppe der Neonicotinoiden, in Oberflächengewässern. Die Punkte repräsentieren die mittleren Wachstumsraten einer Art für alle Probeflächen, an denen dieselbe (in Klassen aufgeteilte) Konzentration des Insektizids gemessen worden war; die Punktgröße repräsentiert die zugrunde liegende Anzahl der Art-Probeflächen-Paare. Die Kurve selbst basiert auf den nicht in Klassen gruppierten Originalmessungen. Die Rauchschwalbe (*Hirundo rustica*; links) wies die höchste Effektstärke auf (Abbildung neu gezeichnet nach Hallmann et al. 2014). Diese Neonicotinoide wirken auf Insekten bereits bei etwa 10 000-fach niedrigeren Konzentrationen als DDT toxisch. Sie sind systemische Insektizide, die als wasserlösliche Substanzen von der Pflanze aufgenommen werden. So schützen sie die Pflanze zwar gegen alle herbivoren Insekten, beeinträchtigen jedoch auch Nektar- und Pollensammler und viele weitere unbeteiligte Arthropoden, da sie sich aufgrund ihrer Wasserlöslichkeit in der Erde, anderen Pflanzen und Gewässern akkumulieren. Vermutlich beeinflussen sie damit die Vögel vor allem über die Reduktion des Nahrungsangebots. Allerdings sind auch direkt toxische Wirkungen anzunehmen, weil auch Saatgut mit diesen Pestiziden behandelt wird. Bei den gängigen Konzentrationen können samenfressende Vögel und Kleinsäuger über wenige Samen bereits letal wirkende Dosen aufnehmen (Goulson 2013).

Intensive Düngung führt im Grasland dazu, dass wesentlich öfter gemäht und Silofutter statt Heu produziert werden kann. Der erste Schnitt findet früher im Jahr statt, und die zeitliche Kadenz der folgenden Schnitte ist so hoch, dass das Zeitfenster zwischen zwei Schnitten den Bodenbrütern für einen Brutzyklus (Eiablage bis zum Ausfliegen der Nestlinge) nicht mehr ausreicht. Selbst bei relativ geringen Schnitthäufigkeiten von 2–3/Jahr erreichten Feldlerchen (*Alauda arvensis*; Abb. 11.13) in Grasland höchstens 13–17 % jener Produktivität, die zur Aufrechterhaltung der Populationsgröße notwendig gewesen wäre. Die Verluste waren nur teilweise eine Folge der mechanischen Einwirkungen bei der Ernte; viele der nach dem Mähen mit Gras überdeckten Nester wurden von den Altvögeln verlassen, andere fielen Prädatoren zum Opfer, nachdem sie den Sichtschutz verloren hatten (Buckingham et al. 2015). Fördermaßnahmen mit dem Ziel, die erste Mahd zeitlich hinauszuzögern, haben den Bruterfolg bei verschiedenen Arten durchweg verbessert. Zudem zeigte es sich in vielen Fällen, dass die Fortpflanzungsrate stark durch die Häufigkeit von Zweitbruten bestimmt war, die

11.4 Lebensraumveränderungen: Intensivierung der Landwirtschaft

wiederum in weniger oft gemähten Flächen höher ausfiel. Grauammern *(Miliaria calandra)* vermochten allein dadurch ihre Produktivität um 26 % zu steigern (Setchfield et al. 2012).

4. **Veränderte Prädationsraten:** Prädatoren beeinflussen den Bruterfolg und die Produktivität der Vögel in Kulturlandschaften zwar deutlich, dürften aber unter den Bedingungen einer traditionellen, extensiven landwirtschaftlichen Nutzung kaum Bestandsrückgänge verursacht haben (Kap. 9). Manche Untersuchungen weisen nun darauf hin, dass strukturelle Veränderungen durch landwirtschaftliche Intensivierung die Nahrungssuche generalistischer Prä-

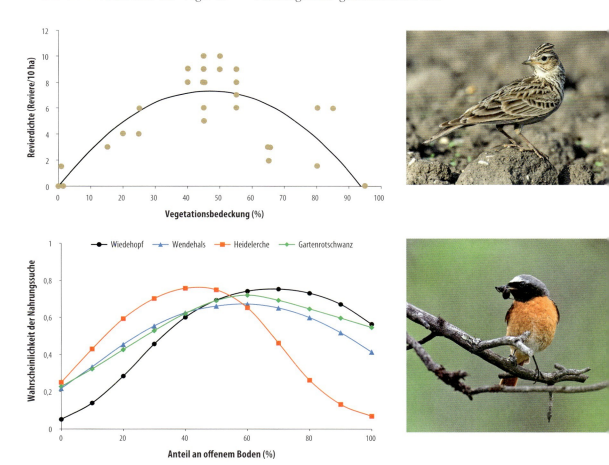

Abb. 11.13 Oben: Revierdichte der Feldlerche (Anzahl Reviere pro 10 ha) in Abhängigkeit der Bodenbedeckung durch Vegetation (in Prozenten) in verschiedenen Kulturen und Brachflächen; eine mittlere Vegetationsdichte von 40–60 % Bodenbedeckung wird bevorzugt (Abbildung neu gezeichnet nach Toepfer & Stubbe 2001; ähnliche Befunde kommen aus weiteren Studien). Unten: Wahrscheinlichkeit (Mittelwerte) der Nahrungssuche von vier Vogelarten des Landwirtschaftslands an einem bestimmten Ort in Abhängigkeit des Anteils an offenem Boden: Wiedehopf *(Upupa epops)*, Wendehals *(Jynx torquilla)*, Heidelerche *(Lullula arborea)*, Gartenrotschwanz *(Phoenicurus phoenicurus;* Foto). Wahrscheinlichkeiten von >0,5 bezeichnen Präferenz und solche von <0,5 Meidung. Alle vier Arten ziehen Böden mit mindestens 20–30 % vegetationsfreien Stellen vor (Abbildung neu gezeichnet nach Schaub et al. 2010). Solche Standorte sind typisch für Magerwiesen, kommen auf intensiv bewirtschafteten Fettwiesen aber nicht mehr vor

datoren begünstigen, indem sie den Sucherfolg der Prädatoren und damit die Prädationsrate von Nestern und Küken erhöhen. Resultieren daraus ungenügende Nachwuchsraten, so kann Prädation in Interaktion mit den Lebensraumveränderungen zur Bestandsabnahme von bodenbrütenden Arten beitragen (Evans 2004). Zugrunde liegende Mechanismen sind besonders an Limikolen wie Kiebitz *(Vanellus vanellus)* und Uferschnepfe *(Limosa limosa)* untersucht worden, die in feuchtem Wiesland nisten. In einer Studie an diesen beiden Arten mit besonders niedriger Überlebensrate der Küken bewirkten Prädatoren 70–85 % der Todesfälle. Das Risiko war für Uferschnepfenküken auf gemähten Flächen doppelt so hoch wie auf dem von Uferschnepfen präferierten, nicht gemähten Grasland, und führte zu einer um das 1,4-Fache erhöhten Mortalitätsrate. Kükenprädation wurde auch durch die schlechtere Kondition der Jungen auf intensiv bewirtschaftetem, artenarmem Grasland im Vergleich zu extensiven, krautreichen Feuchtwiesen erleichtert; die schlechtere Kondition war wiederum eine Folge des geringeren Nahrungsangebots (Schekkerman et al. 2009; Kentie et al. 2013).

Aufgabe der Nutzung von Agrarland
Im Zuge der großflächigen Intensivierung der Landwirtschaft kommt es in Randlagen mit Grenzertragsböden auch zum gegenteiligen Phänomen, nämlich zur Aufgabe der landwirtschaftlichen Nutzung. Dieses Phänomen ist besonders in Berggebieten verbreitet, wo es oft zum Nebeneinander von Nutzungsaufgabe der weniger ertragreichen Böden und zur Intensivierung auf den Vorzugslagen kommt. In Südeuropa werden Grenzertragsflächen über weite Strecken auch in Tallagen aufgegeben; hier sind die Konsequenzen für Vögel des Landwirtschaftslands mehrfach untersucht worden. Kurzfristig führen die sukzessionalen Veränderungen zu mehr Brachland mit niedrigen Gebüschformationen, was sich für viele Vogelarten des traditionellen Agrarlands zunächst nicht nachteilig auswirkt (Herrando et al. 2014). Längerfristig führt zunehmende Wiederbewaldung jedoch zu veränderten und homogenisierten Vogelartenspektren, in denen häufige Arten des eurasischen Waldgürtels dominieren. Umgekehrt nehmen die Gesamtartenzahl und die Häufigkeit von Arten des landwirtschaftlich genutzten Offenlandes ab, besonders von solchen, die bereits aufgrund ihrer negativen Bestandsentwicklung in Europa auf Fördermaßnahmen angewiesen wären, und ebenso von ziehenden Arten (Sirami et al. 2008; Zakkak et al. 2015).

Lösungsansätze
Die umfangreiche Literatur zum Thema zeigt klar, dass die vier genannten Faktoren der landwirtschaftlichen Intensivierung eng miteinander verflochten sind und je nach ihrer Ausprägung und Kombination die Demografie der betroffenen Vogelarten unterschiedlich beeinflussen. Die Fördermaßnahmen müssen deshalb die regionalen Besonderheiten bei den Umweltbedingungen und der Bewirtschaftungspraxis berücksichtigen (Whittingham et al. 2007; Schaub et al. 2011). Dennoch machen die Erfahrungen über ganz Europa deutlich, dass Förderprogramme, welche die Schaffung von nicht genutzten Flächen (Brachen, Hecken etc.) vorsehen, wesentlich effizienter sind als Programme, die allein auf Modifikationen in der Bewirtschaftungspraxis abzielen

(Batáry et al. 2015). Auf jeden Fall muss die eingangs des Kapitels erwähnte Heterogenität, die Flächen unterschiedlich intensiver Bewirtschaftung einschließt, zur Brutzeit kleinräumig, das heißt auf der Maßstabsebene von Reviergrößen vorhanden sein. Auf diese Weise wird für die revierbesitzenden Vögel der Zugang zu Ressourcen während eines Brutzyklus durch die laufende Bewirtschaftung nicht unterbrochen (Wilson J. D. et al. 1997; Vickery & Arlettaz 2012). Heterogenität auf größerer Skalenebene (1–25 km^2) ist für manche der von starken Rückgängen betroffenen Agrarlandspezialisten nicht mehr von Vorteil, kommt aber einer Mehrheit von Habitatgeneralisten zugute (Pickett & Siriwardena 2011).

In welcher räumlichen Anordnung nicht oder nur wenig intensiv bewirtschaftete Flächen bereitgestellt werden sollen, um einen möglichst hohen Gewinn für die Biodiversität bei gleichzeitig geringen Produktionsverlusten zu erzielen, ist Gegenstand der Diskussion um *land sharing* oder *land sparing*. Im ersten Fall wird das ganze oder ein Großteil des bewirtschafteten Areals weniger intensiv genutzt; kleine Flächen wesentlich verbesserter Habitatqualität sind über das Areal verstreut. Diese Vorgehensweise wird als *wildlife-friendly farming* oder als «Naturschutz auf 100 % der Fläche» bezeichnet. Im Fall des *land sparing* wird auf einem Großteil des Areals weiterhin intensiv produziert; ein Teil wird jedoch ganz aus der Produktion genommen und als optimales Habitat den zu fördernden Arten zur Verfügung gestellt (Balmford et al. 2012). Welche der beiden Alternativen die besseren Ergebnisse für die Artenförderung erzielt, hängt von zahlreichen Gegebenheiten, unter anderem dem Ausgangszustand ab (Law & Wilson 2015). Die meisten europäischen Förderprogramme beruhen eher auf dem Prinzip des *land sharing* und können Erfolge zeitigen, wenn sie – wie oben bereits erwähnt – einen gewissen Anteil wenig oder nicht genutzter Flächen vorsehen. Auch ein beträchtlicher Teil der kleinbäuerlichen Produktionsweise in den Subtropen und Tropen ist aufgrund der geringen Bewirtschaftungsintensität *wildlife-friendly* (Tscharntke et al. 2012). Gemessen an den Ansprüchen der vielen Arten, die nicht bewirtschaftetes Land benötigen, ist hingegen der Landsparing-Ansatz effizienter, weil größere zusammenhängende Flächen von nutzbarem Habitat entstehen (Green et al. 2005; Phalan et al. 2011; Edwards D. P. et al. 2015). Erfolgversprechende Lösungen zur Förderung der gesamten Biodiversität auf Landschaftsebene sollten deshalb die beiden Ansätze kombinieren (Butsic & Kuemmerle 2015; Kremen 2015).

11.5 Lebensraumfragmentierung

Die großflächige Zerstörung von Lebensräumen, besonders von Wald, geschieht meist nicht auf einen Schlag, sondern über die Zeit gestaffelt, wobei jedoch an vielen Stellen eingegriffen wird. Das Resultat ist die **Fragmentierung** der ursprünglich großen Lebensraumfläche in eine Anzahl kleinerer, voneinander getrennter Flächen. Fragmentierung ehemals zusammenhängender Wälder ist ein globales Phänomen; Zahlen und drastische Bildbeispiele dazu finden sich in Lehrbüchern zur Naturschutzbiologie (zum Beispiel in Primack 2014). Fragmentierung umfasst drei verschiedene, wenn auch miteinander verwobene Prozesse: Verlust eines Teils der Lebensraumfläche, Aufsplitterung des verbliebenen Teils in mehrere, voneinander isolierte Teilstücke und Ersatz des verschwundenen Teils durch neue Vegetationseinheiten, in der Regel Agrarland. Im landschaftsökologischen Vokabular wird dieses Land, das die Fragmente umschließt, **Matrix** genannt (Abb. 11.14). Als völlig neues Habitat ist die Matrix für die meisten Organismen des ursprünglichen Habitats nicht permanent besiedelbar und behindert den Austausch von Individuen zwischen Fragmenten.

Man geht nun davon aus, dass mit zunehmender Fragmentierung die Effekte auf die Populationen stärker anwachsen, als mit dem reinen Verlust von Habitat erklärbar wäre (Andrén 1994). Die zusätzliche Gefährdung entsteht als Folge der räumlichen Konfiguration der Habitatfragmente, die Einfluss auf Dispersal und damit den Genfluss, auf Prädationsraten und andere fitnessrelevante Vorgänge innerhalb der Populationen nimmt (Fischer & Lindenmayer 2007). Im Rahmen landschaftsökologischer Forschung ist dazu ein erhebliches Theoriegebäude erarbeitet worden, in dessen Zentrum die Funktionsweise fragmentierter Populationen in Form einer Metapopulation (Kap. 5.3) steht. Empirische Daten sind oft schwieriger beizubringen, doch existiert ebenfalls eine umfangreiche, auf Feldforschung gründende Literatur, deren Ergebnisse allerdings uneinheitlich sind.

Wichtige konfigurative Parameter sind die **Größe** eines Fragments, seine **Isolation**, gemessen als Distanz zum nächsten Fragment, und die Länge der **Randlinien** zwischen Fragment und Matrix. Als reziprokes Konzept zur Isolation verwendet man oft den schwammigen Begriff «Vernetzung» *(connectivity)*, vor allem wenn die Absicht besteht, Fragmente über den Bau von Habitatkorridoren und «Trittsteinen» wieder zu verbinden. Ein Blick auf Abbildung 11.14 macht schnell klar, dass der Grad der Fragmentierung stark von der betrachteten Skala (Kap. 5.1) abhängt und dass die verschiedenen Arten gemäß ihrer Mobilität und anderen Eigenschaften auf unterschiedlichen Maßstabsebenen auf Fragmentierung reagieren. Deshalb ist es oft schwierig, Effekte des Habitatverlusts *per se* von den Wirkungen der Fragmentierung zu trennen, weil eine gegenseitige Abhängigkeit besteht (Didham et al. 2012; Villard & Metzger 2014). So wie bestimmte *traits* eine Art generell verletzlich machen, so können sie auch die spezifische Empfindlichkeit auf Lebensraumfragmentierung bestimmen. Bei Vögeln und Säugetieren sind dies vor allem natürliche Seltenheit (das heißt hoher individueller Flächenanspruch), spezielle Habitatanforderungen, niedrige Reproduktionsrate und geringe Mobilität respektive die Fähigkeit, unwirtliche Matrix zu durchqueren (Henle et al. 2004; Hagen et al. 2012; Newbold et al. 2012). Es sind *traits*, die auf die Parameter Größe und Isolationsgrad von Fragmenten ansprechen.

Flächengröße von Fragmenten
Viele auf Fragmentierung empfindliche Arten – Vögel wie Säugetiere – überleben in größeren Fragmenten eher als in kleineren. Diese Wirkung der Flächengröße wurde weltweit und in den verschiedensten Vegetationstypen gefunden, doch kann sie innerhalb einer taxonomischen Gruppe zwischen den verschiedenen Arten deutlich variieren. Bei Vögeln zeigte es sich, dass die Flächengröße die generelle Präsenz respektive Absenz einer Art stärker beeinflusst als deren Häufigkeit (Bayard & Elphick 2010). Oft ist die Beziehung zwischen Flächengröße und Vorkommen einer Art nicht linear, sondern sigmoid (Crooks et al. 2001), oder es existiert

eine untere Schwelle. Andrén (1994) fand in einer Metaanalyse von Studien vorwiegend aus gemäßigten Klimazonen, dass erst unterhalb von 30 % übrig gebliebenen Habitats zusätzliche, fragmentierungsbedingte Effekte auftraten, während oberhalb jener Schwelle nur der reine Flächenverlust eine Rolle spielte. Ähnliche Schwellenwerte wurden in tropischen Zonen ermittelt, wo die Wahrscheinlichkeit, dass Waldfragmente von spezialisierten Vögeln und Säugetieren besiedelt waren, unterhalb einer Schwelle von 30–50 % Waldanteil viel stärker abnahm als darüber (Pardini et al. 2010; Hanski 2011; Ochoa-Quintero et al. 2015). Für viele waldbewohnende Arten kommt die Fragmentierung nicht nur durch die Dichotomie Wald – Offenland zustande, sondern es bestehen Fragmente auch innerhalb des Waldes in Form von Flächen günstigen Habitats, die von einer Matrix aus Wald mit ungünstiger Struktur umgeben sind.

Ein Beispiel dafür liefert das Auerhuhn (*Tetrao urogallus*; Abb. 5.6), das in den Schweizer Alpen Fragmente günstigen Habitats ab einem Schwellenwert von etwa 200 ha besiedelt (Abb. 11.15).

Die Gründe für die höhere Besiedlungswahrscheinlichkeit von größeren Fragmenten sind vielfältig, hängen aber mit den oben genannten *traits* der Arten zusammen. Oft nimmt mit sinkender Größe der Fragmente auch die Habitatqualität ab, vor allem für Arten mit großen Streifgebieten. Neotropische Brüllaffen (*Alouatta* sp.), die unempfindlich auf die Fragmentgröße reagieren, siedelten in kleineren Waldfragmenten sogar in höherer Dichte, womit aber die Streifgebiete kleiner wurden. Auf diese Weise sank die Verfügbarkeit wichtiger Ressourcen pro Streifgebiet, wodurch die Nahrungsversorgung schlechter geriet (Arroyo-Rodríguez & Dias 2010). Im Vergleich verschiedenster neotropischer Primaten

Abb. 11.14 Fragmentierung der Wälder im schweizerischen Mittelland am Übergang zum Alpenrand. Man erkennt verschiedene Muster der Fragmentierung und einen Gradienten von ungleich großen, aber vollständig isolierten Fragmenten im flacheren Land (oben im Bild) über streifenförmige, weniger stark isolierte Fragmente bis zu einer zwar in den Umrissen zerschlissenen, aber größtenteils noch zusammenhängenden Waldbedeckung im voralpinen Hügelland (unten). Satellitenbild © ESA/Eurimage/swisstopo, NPOC © 2015 swisstopo (5704 000 000).

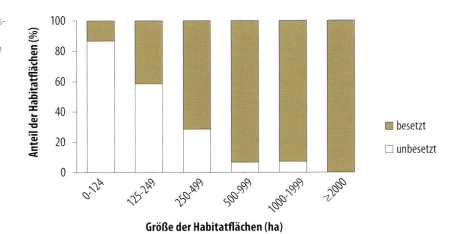

Abb. 11.15 Besiedlungswahrscheinlichkeit günstiger Habitatflächen durch das Auerhuhn (Abb. 5.6) in den Schweizer Alpen, in Abhängigkeit der Flächengröße. Günstige Habitatflächen ab 250 ha waren größtenteils besiedelt, kleinere hingegen mehrheitlich unbesiedelt. Der Median der Größe unbesiedelter Flächen lag bei 117 ha, was einem Viertel des Medians von 504 ha bei besiedelten Flächen entsprach. Der Isolationsgrad der Flächen spielte ebenfalls eine Rolle, denn bei den kleineren Flächen (50–250 ha) lagen die besiedelten im Mittel nur 887 m von der nächsten besiedelten Fläche entfernt, während die Minimaldistanz zwischen unbesiedelten Flächen 3018 m betrug (nach Daten in Bollmann et al. 2011).

in Waldfragmenten zeigte sich, dass die Ernährungsweise die Besiedlungswahrscheinlichkeit von Fragmenten mitbestimmt und stärker frugivore Arten auf größere Fragmente angewiesen sind (Benchimol & Peres 2014).

Stärke der Isolation von Fragmenten
Neben der Flächengröße beeinflusst auch der Isolationsgrad eines Fragments die Wahrscheinlichkeit, dass es von einer bestimmten Art besiedelt wird. Der Isolationsgrad ist im Vergleich zur Flächengröße meist von sekundärer Bedeutung, doch kann er für Arten mit limitierter Mobilität wichtig sein. Isolation ist einerseits eine Frage der Distanz zwischen Fragmenten, andererseits eine Frage der Durchlässigkeit der Matrix *(matrix permeability)* für dispergierende Individuen. Beide, Distanz und Durchlässigkeit, spielen für Vögel und Säugetiere eine Rolle; die Distanz ist für Säugetiere von größerer Bedeutung als für Vögel. Die Durchlässigkeit einer Matrix für eine Art bestimmt sich über die artspezifische Habitatqualität und die verhaltensökologische Flexibilität der Art, etwa die Bereitschaft, offenere Habitate zu durchqueren (Laurance et al. 2011). Bei niedriger Qualität, etwa wenn kaum Deckungsmöglichkeiten vorhanden sind, wirkt sie auf dispergierende Individuen abweisend oder sogar als Barriere (Kap. 5.5). Solche Effekte sind aber empirisch schlecht fassbar und noch wenig untersucht (Ewers & Didham 2006; Suter et al. 2007). Eine Metaanalyse der verfügbaren Arbeiten zeigte, dass in 95 % der Fälle eine Wirkung der Matrix nachweisbar war, auch wenn die Effekte verschiedener Matrixtypen artspezifisch stark variierten. Insgesamt überwogen jedoch die Einflüsse der Fragmentgröße und der Isolation durch Distanz (Prevedello & Vieira 2010). Andererseits wurde aber auch gezeigt, dass das Erstellen von Wildtierkorridoren, definiert als die Verknüpfung von zwei Habitatflächen durch ein schmales, linienförmiges Habitatstück, ein wirksames Instrument ist, um das Dispersal zwischen Fragmenten zu fördern (Gilbert-Norton et al. 2010).

Am einfachsten ist es, die reduzierte Häufigkeit von Dispersal zwischen Habitatfragmenten nachzuweisen, indem man die genetische Diversität oder Strukturierung von Populationen zwischen Landschaften mit starker Habitatfragmentierung und mit kontinuierlicher Habitatverteilung vergleicht.

Dank einer Vielfalt genetischer Mess- und statistischer Auswertemethoden lassen sich manchmal detailliertere Schlüsse zu den Wirkungen von Distanz und Matrixqualität separat ziehen (Radespiel & Bruford 2014). Insgesamt haben die bisher verfügbaren Studien gezeigt, dass die Fragmentierung der Lebensräume die genetische Diversität von Wirbeltierpopulationen reduziert. Dabei sind größere Arten im Mittel stärker betroffen, während speziell bei den Säugetieren auch wenig mobile Arten mit kurzen Generationendauern zum Verlust genetischer Vielfalt neigen (Rivera-Ortíz et al. 2015). Ähnliche Effekte lassen sich nachweisen, wenn der Austausch von Individuen zwischen Fragmenten nicht durch ausgedehnte unwirtliche Matrix behindert wird, sondern durch ein Netzwerk von Straßen. Allerdings ist deren Wirkung als Barrieren selten vollständig (Holderegger & Di Giulio 2010; Senn & Kühn 2014). Bei effizienter Trennwirkung und kleinen Restpopulationen kann die Reduktion genetischer Vielfalt jedoch deutlich ausfallen: Dickhornschafe *(Ovis canadensis)* verloren so in nur 40 Jahren bis zu 15 % ihrer genetischen Diversität (Epps et al. 2005; Abb. 5.7).

Randeffekte
Je nach Form der Fragmente kann die Länge ihrer Grenze mit der Matrix beträchtlich sein. Nimmt man an, dass abiotische (zum Beispiel Wind) und biotische Faktoren (zum Beispiel Prädatoren) von der Matrix aus noch ein Stück weit in die Fragmente hinein ihre Wirkung entfalten, so wird dadurch die Fläche ungestörten Habitats weiter reduziert. Man hat solchen über die Randlinien hinaus wirksamen Prozessen viel Aufmerksamkeit gewidmet, doch die empirischen Befunde sind gemischt. Tropische Regenwaldfragmente zeigen viel höhere Dynamik in ihrer Vegetationsstruktur und bei den beherbergten Tiergemeinschaften als benachbarte unzerschnittene Flächen, was zu einem guten Teil auf Randeffekte zurückgeführt wird (Laurance et al. 2011). Ob jedoch ein allgemeines Phänomen steigenden Prädationsdrucks im Randbereich von Fragmenten existiert, das durch generalistische Prädatoren (und gelegentlich Brutparasiten) verursacht wird, ist trotz zahlreicher, auch experimenteller Studien an Vögeln unklar geblieben (Cottam et al. 2009; Vetter et al. 2013). Erhöhte Prädation im Randbereich von Fragmenten ist oft eine Folge spezifischer Konstellationen, etwa wenn Prädatoren durch das Ressourcenangebot in der Agrarlandmatrix «subventioniert» werden (Stirnemann et al. 2015). Allerdings zeigte es sich auch, dass längerfristig (>6 Jahre) angelegte Studien eher solche Randeffekte entdeckten als kurzfristige Studien (Stephens S. E. et al. 2003).

Randeffekte können auch von Straßen aus in die von ihnen geschaffenen Fragmente ausstrahlen. Sie bewirken für die Mehrzahl der betroffenen Tierarten niedrigere Populationsgrößen oder sogar das Fehlen von Arten entlang von Straßen. Derart betroffen sind vor allem Vögel und größere Säugetiere; für Kleinsäuger können Straßen dank trockener Borde auch lineare Habitate und damit positive Randeffekte anbieten. Bestandsmindernde Wirkungen entstehen für Vögel bis in mindestens 1 km Entfernung von der Straße, für Säugetiere bis in mindestens 5 km (Benítez-López et al. 2010). Die Prozesse, welche die Siedlungsdichten vermindern, sind vielfältig; bei Vögeln stehen erhöhte Mortalität durch Kollisionen mit Fahrzeugen und der vom Lärm ausgehende Störeffekt an erster Stelle (Fahrig & Rytwinski 2009; Kociolek et al. 2011).

Für Säugetiere sind es oft die direkt von menschlicher Aktivität bewirkten Störungen, welche die Nutzung der Landschaft einschränken. Je nach Dichte des Straßennetzes kann so ein größerer Teil des grundsätzlich günstigen Habitats verloren gehen. In einem großen Gebiet Nordwestkanadas mieden die gefährdeten Waldkaribus *(Rangifer tarandus caribou)* die Nähe (250 m bis 1 km Distanz) von Straßen und von Anlagen zur Öl- und Gasgewinnung. Obwohl diese Einrichtungen insgesamt nur 1 % der Landoberfläche einnehmen, gingen die Karibus damit 22–48 % des nutzbaren Habitats verlustig (Dyer et al. 2001).

11.6 Klimawandel

Der globale Klimawandel *(climate change, global change)* wird heute als ebenso bedeutende Ursache der Artengefährdung betrachtet wie die direkten anthropogenen Veränderungen des Lebensraums. In Abbildung 11.4 ist er allerdings in der Liste der Gründe des bereits erfolgten Aussterbens noch nicht enthalten; tatsächlich sind bisher keine Vogel- oder Säugetierarten nachweislich und hauptsächlich als Folge des sich verändernden Klimas ausgestorben (Cahill et al. 2013; Moritz & Agudo 2013). Die sich im Gange befindlichen Veränderungen greifen jedoch sehr schnell und in nicht gekannter Stärke in ein globales System langsam evolvierter Prozesse ein. Zudem kann es zu verstärkenden Wechselwirkungen mit den bereits bestehenden Gefährdungsfaktoren kommen. Eine wachsende Zahl von Arbeiten legt dar, wie sich der Klimawandel für eine Mehrzahl der Arten zunehmend negativ auswirkt und bereits heute mit Areal- und Populationsverlusten verbunden ist. Die Entwicklung wird sich in Zukunft, je nach eintretendem Klimaszenario, drastisch verstärken, sodass mit einer hohen Zahl von Aussterbeereignissen gerechnet werden muss (Brook et al. 2008; Bellard et al. 2012).

Zu dieser Thematik findet derzeit eine kaum mehr überschaubare Publikationstätigkeit statt. Ein großer Teil der Arbeiten, deren Voraussagen auf Modellen und Simulationen beruhen, muss sich auf Annahmen stützen, für die erst eine beschränkte Menge empirischer Befunde vorliegt. Wir konzentrieren uns hier auf bereits festgestellte Veränderungen und die zugrunde liegenden ökologischen Mechanismen, die durch den Klimawandel beeinflusst werden und für die betroffenen Arten fitnessrelevant sind. Zukunftsszenarien wie die prognostizierten Verschiebungen von Verbreitungsgebieten werden hingegen nur kurz gestreift. Dass der Fokus auf den Vögeln liegt, reflektiert einmal mehr die wesentlich umfassendere Datenlage im Vergleich zu jener zu den Säugetieren (Møller et al. 2010; Pearce-Higgins & Green 2014).

Wie äußert sich der Klimawandel?
Im Gegensatz zur periodischen Variabilität, die mit langfristiger Zyklizität der Umlaufbahn der Erde um die Sonne zu tun hat, äußert sich der Klimawandel durch gerichtete Trends, plötzliche Diskontinuitäten oder stetig zunehmende Variabilität bei Messwerten oder Phänomenen (Van Dyke 2008). Im Zentrum des Wandels steht die praktisch weltweit zunehmende mittlere Temperatur (Abb. 11.16a, b), doch verändern sich als Folge der größeren Wärme auch weitere Phänomene wie Niederschläge, Höhe des Meeresspiegels oder die Eisdecken über Land und Wasser (Abb. 11.16c–e). Die zunehmende Variabilität bewirkt zudem, dass Extremwerte oder extreme Ereignisse häufiger wer-

den. Die Gründe für den Klimawandel sind lange kontrovers diskutiert worden, doch ist mittlerweile belegt, dass verschiedene durch die Tätigkeit des Menschen in die Atmosphäre freigesetzte Gase (sogenannte Treibhausgase, *greenhouse gases*, wie Kohlendioxyd oder Methan) den Hauptteil der Erwärmung verursachen (IPCC 2014).

Der Klimawandel wirkt sich über seine verschiedenen Facetten vielgestaltig auf die Biodiversität aus und trifft Arten nicht nur direkt, sondern auch indirekt, etwa über Einflüsse auf Interaktionen zwischen Arten oder die Funktionsweise ganzer Ökosysteme. Tatsächlich scheint direkte physiologische Intoleranz wärmerer klimatischer Bedingungen von geringerer Bedeutung zu sein als die Anfälligkeit auf Veränderungen biotischer Art, etwa im Nahrungsangebot (Cahill et al. 2013; Pearce-Higgins & Green 2014); von Letzteren sind Vertreter höherer trophischer Stufen besonders betroffen (Ockendon et al. 2014). Die Reaktion einer Art muss sich nicht notwendigerweise in veränderten Populations-Wachstumsraten und damit Bestandsabnahmen oder -zunahmen manifestieren. Die Art kann auch versuchen, ihre «klimatische Nische» anzupassen, wozu ihr prinzipiell drei Möglichkeiten offenstehen:
1. räumliche Anpassung, etwa durch Verschiebung des Verbreitungsgebiets,
2. zeitliche Anpassung von Phänologie und Tagesrhythmus, zum Beispiel durch Vorverlegung der Reproduktion,
3. Anpassungen mittels physiologischer oder verhaltensbiologischer Modifikationen.

In den ersten beiden Fällen sucht die Art ihr bestehendes ökologisches Optimum durch räumliche oder zeitliche Verschiebungen beizubehalten, im dritten Fall passt sie sich an die neuen Bedingungen in ihrem angestammten Gebiet und in ihrer bisherigen Saisonalität an. Änderungen innerhalb der Lebensspanne eines Individuums erfolgen über Plastizität im eigenen Verhalten, während längerfristige Änderungen über natürliche Selektion genetisch fixiert werden können (Moritz & Agudo 2013; Bellard et al. 2012). Wie bedeutsam solche Vorgänge bereits sind, ist noch wenig untersucht; in verschiedenen taxonomischen Gruppen sind Veränderungen in der mittleren Körpergröße in beiden Richtungen nachgewiesen (Gardner J. L. et al. 2011).

Bestandsveränderungen als Folge des Klimawandels

In der Regel ist es schwierig, die populationsdynamischen Effekte des Klimawandels von jenen der in Kapitel 11.4 besprochenen Lebensraumveränderungen zu trennen (Clavero et al. 2011). Für viele Vogelarten in gemäßigten Zonen dominieren nach wie vor die Effekte der Veränderungen im Agrarland (Eglington & Pearce-Higgins 2012). Bei den häufigeren europäischen Arten hat man jedoch auch nachgewiesen, dass die Abnahme zwischen 1980 und 2005 umso stärker ausfiel, je niedriger das von der Art tolerierte Temperaturmaximum an der südlichen Verbreitungsgrenze war; diese Beziehung war nicht von Änderungen der Landnutzung beeinflusst (Jiguet et al. 2010). Das bedeutet also, dass Arten mit polnaher Verbreitung besonders betroffen sind. Auch die Projektionen in die Zukunft gehen davon aus, dass in höheren Breiten der Klimawandel der Hauptgrund für Rückgänge (gemessen an der Abundanz oder der Fläche des Verbreitungsgebiets) sein wird, in niederen Breiten hingegen die Veränderungen bei der Landnutzung (Jetz et al. 2007). Dennoch können

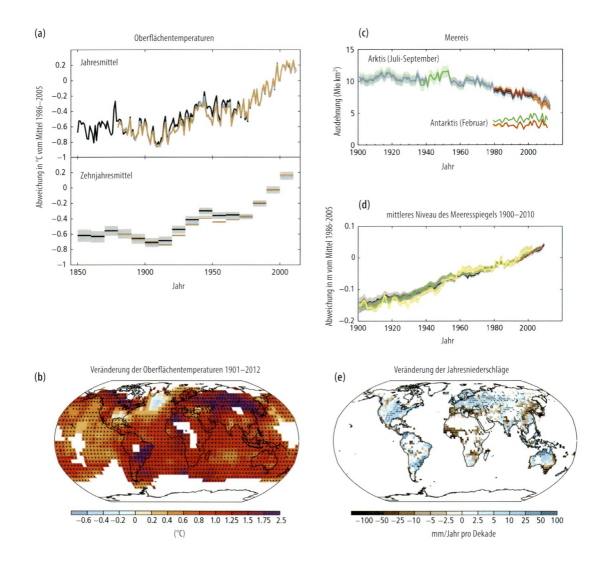

Abb. 11.16 Messwerte verschiedener Indikatoren des globalen Klimawandels. (a) Globale Mittelwerte der kombinierten Oberflächentemperaturen von Land und Meer, ausgedrückt als Anomalien (= Abweichung vom Mittel der Periode 1986–2005), in Form von Jahres- und Zehnjahresmitteln (Letztere mit grauen Vertrauensbereichen), seit 1850. (b) Karte der Oberflächentemperatur-Änderungen (weiße Flächen mit ungenügender Datengrundlage), seit 1901. (c) Ausdehnung des Meereises in der Arktis (Mittelwerte, Juli bis September) und der Antarktis (Februar). (c) Globales mittleres Niveau des Meeresspiegels, ausgedrückt als Abweichung vom Mittel der Jahre 1986–2005, seit 1900. (e) Karte der beobachteten Veränderungen beim Niederschlag seit 1951. Aus IPCC (2014), dort und auf der zugehörigen Webseite (http://www.ipcc.ch/report/ar5/syr/) auch detaillierte Angaben zu den verschiedenen zugrunde liegenden Datenreihen, die in (a), (c) und (d) mit verschiedenen Farben ausgewiesen sind (Abdruck mit freundlicher Genehmigung des *IPCC*, © IPCC).

auch subtropische und tropische Arten vom Klimawandel direkt beeinflusst werden. In Mexiko haben 115 endemische Vogelarten insgesamt deutlich an Terrain eingebüßt, wobei die Fluktuationen auf der relativ grob aufgelösten Skala nur mit den Temperaturänderungen, nicht jedoch mit Parametern der Landnutzung oder anderen Faktoren korrelierten (Peterson A. T. et al. 2015). Im Allgemeinen spielen aber in diesen Klimazonen erhöhte Temperaturen weniger eine Rolle als Änderungen bei Niederschlägen und Trockenperioden; dabei wirken sich verstärkte Niederschläge auf die Bestandsentwicklung der Arten günstig, häufigere Dürren jedoch ungünstig aus (Pearce-Higgins et al. 2015). Arten hingegen, die in tropischen Montanzonen auf enge Höhenbereiche beschränkt sind, dürften auf Temperaturänderungen anfällig reagieren (Şekercioğlu et al. 2012; s. unten).

Besonders Meeresvögel haben massive Bestandsrückgänge erlitten. Ein Fünftel aller Meeresvögel unterliegt einem Monitoringprogramm. Dieses verzeichnete von 1950–2010 eine Abnahme der Bestände um 70 % (Paleczny et al. 2015). Die Gründe sind vielfältig, doch stehen viele jüngst erfolgte Rückgänge mit erhöhten Wassertemperaturen und dadurch vermindertem Nahrungsangebot im Zusammenhang (Wormworth & Şekercioğlu 2011; Pearce-Higgins & Green 2014). In welcher Form solche Mechanismen schließlich die Demografie der Arten negativ beeinflussen – über Bruterfolg, Rekrutierung oder Überlebensraten der Adulten – ist für marine wie terrestrische Arten generell noch wenig erhellt (Cahill et al. 2013). Einige Arbeiten belegen Zusammenhänge, die nicht unmittelbar ins Auge springen. Zum Beispiel war die starke Abnahme des Meisenhähers *(Perisoreus canadensis)* am Südrand seiner Verbreitung eine Folge geringerer Brutgröße und ging mit steigenden Temperaturen einher. Meisenhäher horten große Mengen von Samen (Kap. 3.7) über den Winter und füttern damit ihre Jungen. Die steigenden Temperaturen waren vor allem dann von Bedeutung, wenn sie zu überdurchschnittlich warmem Herbst in Kombination mit einem kalten Spätwinter führten. Offensichtlich verdarb unter solchen Umständen ein größerer Teil der gehorteten Samen und führte zu einem Nahrungsmangel während der Jungenaufzucht (Waite & Strickland 2006).

Für längerfristige Voraussagen zur klimabedingten Gefährdung ganzer Artengruppen behilft man sich mit dem Versuch, die Verletzlichkeit *(vulnerability*; Kap. 11.2) der Arten anhand von drei Gruppen verschiedener Eigenschaften abzuschätzen. Die erste beschreibt die Empfindlichkeit *(sensitivity)* und umfasst sowohl intrinsische Merkmale wie *life history traits* als auch extrinsische Merkmale, etwa Artbestand oder Ausdehnung des Verbreitungsgebiets. Die zweite Gruppe steht für das Gefahrenpotenzial *(exposure)*, also die im Verbreitungsgebiet der Art zu erwartende Stärke der Klimavariation, und die dritte Gruppe für die Anpassungsfähigkeit *(adaptability)* der Art an die Veränderungen. Globale Auswertungen orten zwar generell artenreiche tropische Gebiete als jene mit der größten Zahl verletzlicher Arten, vermögen darüber hinaus aber genauer zu differenzieren und zeigen, dass auch Steppen- und die südlichen Taigazonen sowie Gebirgssysteme besonders viele auf den Klimawandel anfällige Arten enthalten (Foden et al. 2013; Pacifici et al. 2015). Auch ohne klimatische Einflüsse ist das Aussterberisiko von Vogelarten bereits sehr eng an die

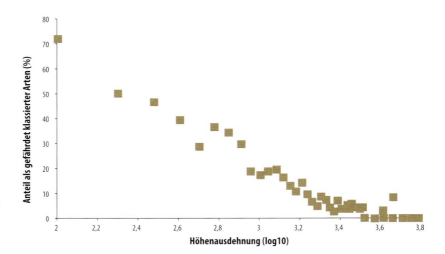

Abb. 11.17 Der Anteil der landbewohnenden Vogelarten, die als gefährdet (*threatened* oder *near threatened*; Kap. 11.2) klassiert sind, in Abhängigkeit der Höhenausdehnung ihres Verbreitungsgebiets. Diese ist als log10 auf 100 m genau angegeben. Der Zusammenhang ist sehr eng ($r^2 = 0{,}97$, $p < 0{,}0001$) (Abbildung neu gezeichnet nach Şekercioğlu et al. 2008).

Spannweite der Höhe gekoppelt, über die sie vorkommen und die im Extremfall kaum 100 m beträgt (Abb. 11.17). In manchen subtropischen und tropischen Gebirgen ist der Artenreichtum der Vögel hoch, weil viele Arten kleine Verbreitungsgebiete mit geringer Höhenausdehnung besitzen (Kap. 5.2, Abb. 5.3). Deshalb ist zu erwarten, dass diese Arten besonders von veränderten Temperaturen betroffen sein werden (Şekercioğlu et al. 2012).

Verschiebung des Verbreitungsgebiets
Wenn man annimmt, dass das Verbreitungsgebiet einer Art etwa die Spanne der für sie geeigneten klimatischen Bedingungen *(climate envelope)* abdeckt, so muss der Klimawandel dazu führen, dass sich das Verbreitungsgebiet verschiebt, falls das Dispersalverhalten der Art (Kap. 5.5) dies zulässt. Solche Verlagerungen sind entweder in Richtung höherer geografischer Breite oder größerer Meereshöhe möglich. Tatsächlich wächst die Zahl der Arbeiten rasant, die entsprechende Verschiebungen dokumentieren. Aus den ersten Metaanalysen für über 1 700 Tier- und Pflanzenarten in gemäßigten Zonen und tropischen Montanregionen ergab sich eine polwärts gerichtete Verlagerung der Verbreitungsgebiete von 6,1 km pro 10 Jahre, während eine neuere Analyse auf 16,9 km kam (Parmesan & Yohe 2003; Chen et al. 2011). Die Geschwindigkeit entspricht insgesamt etwa jener der räumlichen Verschiebung der Isothermen, variiert aber zwischen den Arten und auch zwischen Großräumen erheblich, denn auf den Landmassen waren bisher die Temperaturänderungen räumlich viel inhomogener als in den Ozeanen (Burrows et al. 2011). Im Vergleich zu verschiedenen Wirbellosengruppen haben Vögel und Säugetiere ihr Areal in Teilen Europas weniger schnell nordwärts ausgebreitet und «hinken» der Temperatur hinterher (Hickling et al. 2006; Devictor et al. 2012). Die Verschiebungen laufen für weiter nördlich verbreitete Vogelarten jedoch schneller ab als für solche mit südlicher gelegenem Areal; zudem ließ sich zeigen, dass Veränderungen nicht nur die Präsenz oder Absenz an den Arealrändern betreffen, sondern dass auch die Muster der Dichteverteilung nordwärts wandern (Virkkala & Lehikoinen 2014).

Die Verschiebungen werden in ihrem Ausmaß unterschätzt, wenn sie allein auf der Nord-Süd-Achse gemessen werden, weil sie auch in andere Richtungen ablaufen. Mitunter kommt es sogar zu Verschiebungen äquatorwärts, oder Verbreitungen bleiben unerwartet stabil. In Australien wurde so die wahre Dynamik der Verbreitungsgebiete der Vögel in den gemäßigten Zonen um 26 % und in den tropischen Zonen sogar um 95 % unterschätzt (VanDerWal et al. 2013). Die Abweichungen lassen sich oft erklären, wenn das *climate envelope* nicht nur als Funktion der Temperatur, sondern auch anderer Parameter betrachtet wird, besonders der Niederschläge und ihrer saisonalen Variabilität (Gillings et al. 2015).

Statt polwärts können Arten auch im Höhengradienten aufsteigen, wenn die topografischen Gegebenheiten es ermöglichen. Solche vertikalen Verschiebungen des Verbreitungsgebiets sind ebenso verbreitet wie horizontale und kommen in gemäßigten wie tropischen Gebirgen vor. Als Mittelwert für eine große Zahl verschiedenster Organismengruppen wurde eine Aufwärtsbewegung von 11 m pro Dekade errechnet (Chen et al. 2011). Auch bei diesem Wert gibt es eine bedeutende Variabilität zwischen Arten, Regionen und Höhenstufen; für Vögel spielt es auch eine Rolle, ob die Verschiebungen an der oberen oder unteren Grenze der Höhenverbreitung oder in deren Zentrum gemessen werden (Maggini et al. 2011). In europäischen Gebirgen liegen die mittleren Vertikalverschiebungen von Vögeln gemäß verschiedenen Analysen bei 30–50 m pro Dekade; an der oberen Verbreitungsgrenze kann die Verschiebung gegen 100 m betragen (Roth et al. 2014). Wesentlich geringer waren die gemessenen Aufwärtsbewegungen in einem tropischen Gebirge in Peru, die bei 55 Vogelarten im Mittel etwa 12 m pro Dekade betrugen; dies bedeutete wie bei geografischen Verschiebungen ein Nachhinken hinter der Temperaturentwicklung (Forero-Medina et al. 2011).

Im Yosemite-Nationalpark in den westlichen USA wurden die Kleinsäuger-Gemeinschaften (Spitzmäuse, Nagetiere und Pfeifhasen, zusammen 28 Arten) in den Jahren 1914–1920 auf einem Höhengradienten von 60–3300 m über Meer erhoben; nach beinahe 100 Jahren wurden die Arbeiten wiederholt und die Wahrscheinlichkeiten des Vorkommens der einzelnen Arten für damals wie heute modelliert. Die Hälfte der Arten verschob in dieser Zeit ihre Verbreitungsgrenzen im Mittel um etwa 500 Höhenmeter aufwärts, was etwa der um rund 3 °C erhöhten Temperatur entsprach. Bei Arten der tieferen Lagen hob sich eher die obere Verbreitungsgrenze an, bei jenen der höheren Lagen die untere, sodass im ersten Fall sich die Verbreitungsgebiete ausdehnten, im zweiten Fall jedoch schrumpften. In drei Fällen kam sogar eine abwärtsgerichtete Erweiterung zustande. Bei der anderen Hälfte der Arten – sowohl solchen in niedrigen als auch solchen in hohen Lagen – ergaben sich hingegen keine Verschiebungen (Abb. 11.18; Moritz et al. 2008). Uneinheitliche Reaktionen, bei denen die Hälfte der stattfindenden Verschiebungen von Verbreitungsgrenzen abwärtsgerichtet war, charakterisierten auch Vogelgemeinschaften in den kalifornischen Gebirgen. Die meisten dieser «entgegengesetzten» Bewegungen entsprachen allerdings den Erwartungen, wenn nicht die Temperaturen, sondern zunehmende Niederschläge als die entscheidenden Faktoren betrachtet wurden (Tingley et al. 2012).

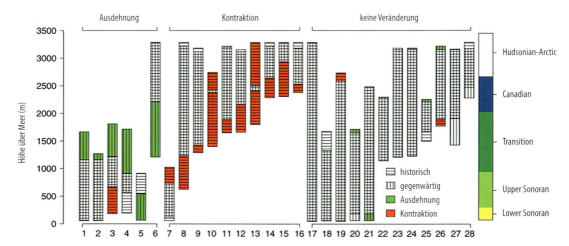

Abb. 11.18 Veränderung der Höhenverbreitung von 28 Arten von Kleinsäugern im Yosemite-Nationalpark, Kalifornien, USA, zwischen 1914–1920 und dem Anfang des 21. Jahrhunderts, über die verschiedenen Höhenstufen (Lower Sonoran bezeichnet die heiße Wüstenzone, Hudsonian bildet die obere Waldgrenze und Arctic die alpine Tundra). Signifikante ($P_{fa} < 0{,}05$) Verschiebungen bezeichnen mit Grün eine Ausdehnung der Höhenverbreitung und mit Rot eine Kontraktion. Die Gruppe «ohne Veränderungen» schließt Arten mit kleinen Verschiebungen ein, wenn diese biologisch trivial (<10 % der früheren Höhenspanne) oder absolut gering (<100 m) waren (aus Moritz et al. 2008) (Abdruck mit freundlicher Genehmigung von *Science*, © Science).

Welche Folgen können für die Biodiversität erwachsen, wenn sich Verbreitungsgebiete der Arten mit dem Klimawandel verschieben? Wir erleben gegenwärtig den Beginn einer Entwicklung, die sich über das ganze 21. Jahrhundert fortsetzen wird. Ihre Stärke ist ungewiss, denn sie hängt im Wesentlichen davon ab, wie sich weltweit der weitere Ausstoß von Treibhausgasen limitieren lässt. Dafür gibt es verschiedene Klimaszenarien (IPCC 2014), für die man die zukünftigen Verschiebungen modellieren kann (Verbreitungsmodelle, Kap. 5.7). So hat man etwa für 431 europäische Vogelarten anhand von sechs Klimaszenarien die Verbreitungsgebiete im späten 21. Jahrhundert simuliert und dargestellt (Huntley et al. 2007). Danach würden sich die Verbreitungsgebiete im Mittel um 258–882 km in nordnordwestlicher bis nordöstlicher Richtung verschieben, wobei die Überlappung mit den heutigen Arealen noch 31–53 % betrage. Die neuen Areale wären mit 72–89 % der heutigen Fläche auch kleiner und die regionale Artenzahl würde um 7–23 % sinken (Huntley et al. 2008). Solche Modellierungen sind nicht unumstritten, weil sie auf mehreren Annahmen beruhen:

1. Die Grenzen der Verbreitungsgebiete sind durch klimatische Faktoren bedingt.
2. Die Arten füllen ihr *climate envelope* räumlich aus, das heißt, sie kommen dort tatsächlich vor, wo die klimatischen Bedingungen dies zulassen.
3. Die Nischen der Arten verändern sich über die betrachtete Zeitdauer nicht *(niche conservatism)*.
4. Limitiertes Dispersal oder biotische Interaktionen spielen für die Ausformung des Verbreitungsgebiets keine bedeutende Rolle.

Deshalb ist es wichtig, in die Zukunft projizierte Verbreitungsgebiete nicht als Voraussage zu werten, wo eine Art vorkommen wird, sondern wo die kli-

11.6 Klimawandel

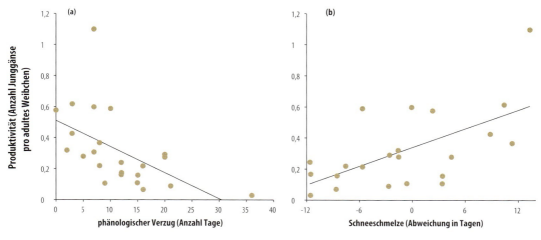

Abb. 11.19 Produktivität in einer Population der Ringelgans auf Spitzbergen zwischen 1989 und 2012, gemessen als Anzahl Junggänse pro Weibchen, einerseits (a) als Funktion des Verzugs bei der Ankunft im Vergleich zum phänologischen Entwicklungsstand und andererseits (b) als Funktion des Eintreffens der Schneeschmelze, ausgedrückt als Abweichung in Tagen vom mittleren Datum. Je später die Schneeschmelze einsetzte, desto stärker wurde die Verspätung der Gänse kompensiert und umso höher fiel der Reproduktionserfolg aus (Abbildung neu gezeichnet nach Clausen & Clausen 2013).

matischen Bedingungen für die Art, gemessen an ihren heutigen Ansprüchen, erfüllt sein werden (Araújo M. B. & Peterson 2012).

In diesem Sinne lassen sich die Voraussagen nutzen, um mögliche Arealgewinne und -verluste der Arten gegeneinander abzuwägen. Der Großteil der Studien kommt dabei zu dem Schluss, dass bei Vögeln und Säugetieren die Verluste stark überwiegen werden, was zu regionaler Abnahme der Artenvielfalt und zum Anstieg der Aussterberaten führen wird. Besonders betroffen werden Arten sein, denen Ausweichräume fehlen, wie etwa endemische Arten auf überflutungsgefährdeten pazifischen Atollen oder Arten alpiner und polarer Zonen (Übersicht für Vögel in *Birdlife International and Audubon Socie-* *ty* 2015, für arktische marine Säugetiere bei Bhatt et al. 2014 und Laidre et al. 2015).

Anpassung an phänologische Änderungen
Höhere Temperaturen bewirken auch eine Veränderung bei der saisonalen Periodizität. Zwar besteht auch diesbezüglich eine deutliche regionale Variation, doch im Durchschnitt hat sich weltweit der Beginn des Frühjahrs um 2,8–3,9 Tage pro Dekade vorverschoben (Pearce-Higgins & Green 2014). Viele Vogel- und Säugetierarten reagieren darauf mit phänologischen Anpassungen, doch besteht dennoch die Gefahr, dass das fein eingespielte zeitliche Gefüge zwischen dem Ressourcenangebot und eigenem Jahreszyklus durcheinandergerät *(phenological mis-*

match). Wie viele andere Aspekte sind phänologische Diskrepanzen und ihre (mögliche) Auswirkungen vor allem an Vögeln untersucht worden.

Besonders betroffen sind das Timing der Wanderungen von Zugvögeln und jenes des Brutgeschäfts. Generell existiert ein deutlicher Trend zur früheren Ankunft am Brutplatz in Europa und Nordamerika (Sparks et al. 2013; Pearce-Higgins & Green 2014). Die Vermutung, dass es Kurzstreckenziehern eher gelingt, dem früheren Frühjahrsbeginn zu folgen als Langstreckenziehern, deren Zugablauf stärker endogen kontrolliert wird (Kap. 6.7), ist aufgrund der großen artspezifischen Variabilität noch ungenügend empirisch belegt (Knudsen et al. 2011). Welche negativen Konsequenzen regionale Unterschiede im Vorrücken des Frühlings haben können, ließ sich am Beispiel einer Population der Ringelgans *(Branta bernicla)* zeigen, die auf Spitzbergen brütet und in Westeuropa überwintert. Im Brutgebiet rückte der Beginn des Frühlings innerhalb von 24 Jahren um zwei Wochen vor, nicht jedoch in den Frühjahrs-Rastgebieten, sodass die Gänse nicht früher abzogen und damit zu spät am Brutplatz erschienen. Weil das Timing des Gänsezugs auf das Angebot nährstoffreicher Vegetation ausgerichtet ist (Kap. 6.9), verpassten sie vermutlich das qualitativ optimale Vegetationsangebot im Brutgebiet. Jedenfalls sank die Reproduktionsrate, sodass die Zahl produzierter Jungvögel nicht mehr ausreichte, um die Mortalität zu kompensieren; dadurch nahm der Bestand ab (Clausen & Clausen 2013).

Dieses Beispiel zeigt, dass präzises Timing beim Zugablauf und dann beim Brutgeschäft von enormer Bedeutung ist. Zahlreiche Vogelarten haben parallel mit den steigenden Temperaturen früher zu brüten begonnen, sowohl Standvögel als auch Kurz- und Langstreckenzieher (Sparks et al. 2013; Pearce-Higgins & Green 2014). Nicht allen gelang dies, und die Hinweise verdichten sich, dass Arten, die den Brutbeginn nicht vorgezogen haben, im Bestand abnehmen, zunehmend früher brütende Arten jedoch nicht (Møller et al. 2008; Salido et al. 2012). Die genauen Mechanismen von solchem *mismatch* sind oft nicht augenfällig, hängen aber mit der zeitlichen Abstimmung der Jungenaufzucht mit nur kurz auftretenden Nahrungsmaxima (Abb. 4.14) zusammen. Daten aus den Niederlanden zeigen, dass Langstreckenzieher, die in Wäldern brüten und deshalb mit kurzzeitigen Spitzen im Raupenangebot konfrontiert sind, deutlich abgenommen haben, in Sümpfen brütende Langstreckenzieher jedoch nicht; dort ist das Nahrungsangebot über längere Zeit hoch (Both et al. 2010).

Weiterführende Literatur

Das Thema Naturschutzbiologie ist durch eine ganze Anzahl von Lehrbüchern abgedeckt. Zwei umfassende Werke erscheinen in regelmäßig überarbeiteten Auflagen:

- Groom, M.J., G.K. Meffe & C.R. Carroll. 2016. *Principles of Conservation Biology.* 4th ed. Sinauer Associates, Sunderland.
- Primack, R.B. 2014. *Essentials of Conservation Biology.* 6th ed. Sinauer Associates, Sunderland.

Letzteres ist auch in einer kürzeren Studienversion erhältlich:

- Primack, R.B. 2012. *A Primer of Conservation Biology.* Sinauer Associates, Sunderland.

Etwas stärker auf formale und quantitative Konzepte ausgerichtet ist:

- Van Dyke, F. 2008. *Conservation Biology: Foundations, Concepts, Applications.* 2nd ed. Springer, Dordrecht.

Eine ausgezeichnete Übersicht mit einem Fokus auf den Tropen bieten:

- Sodhi, N.S., B.W. Brook & C.J.A. Bradshaw. 2007. *Tropical Conservation Biology.* Blackwell Publishing, Malden.

Einige Bücher fokussieren stärker auf Management und praktische Umsetzung:

- Hambler, C. & S. M. Canney. 2013. *Conservation.* 2nd ed. Cambridge University Press, Cambridge.
- Kareiva, P.M. & M. Marvier. 2010. *Conservation Science: Balancing the Needs of People and Nature.* Roberts and Company Publishers, Greenwood Village.
- Sodhi, N.S. & P.R. Ehrlich. 2010. *Conservation Biology for All.* Oxford University Press, Oxford.

Genetische Aspekte der Gefährdung und des Schutzes von Populationen und Arten sind in diesem Kapitel kaum zur Sprache gekommen. Es existiert dazu aber eine gute Auswahl von Lehrbüchern und editierten Werken, von denen hier die aktuellsten aufgeführt sind:

- Allendorf, F.W., G.H. Luikart & S.N. Aitken. 2012. *Conservation and the Genetics of Populations.* 2nd ed. Wiley-Blackwell, Chichester.
- Frankham, R., J.D. Ballou & D.A. Briscoe. 2010. *Introduction to Conservation Genetics.* 2nd ed. Cambridge University Press, Cambridge.
- Ferriere, R., U. Dieckmann & D. Couvet (eds.). 2009. *Evolutionary Conservation Biology.* Cambridge University Press, Cambridge.
- Höglund, J. 2009. *Evolutionary Conservation Genetics.* Oxford University Press, Oxford.
- Carroll, S.P. & C.W. Fox. 2008. *Conservation Biology: Evolution in Action.* Oxford University Press, New York.

Landnutzungsänderungen in Kulturlandschaften, besonders in Form landwirtschaftlicher Intensivierung, sind hinsichtlich der Konsequenzen für Vögel intensiv untersucht und umfassend dargestellt:

- Wilson, J.D., A.D. Evans & P.V. Grice. 2009. *Bird Conservation and Agriculture.* Cambridge University Press, Cambridge.
- Shrubb, M. 2003. *Birds, Scythes and Combines. A History of Birds and Agricultural Change.* Cambridge University Press, Cambridge.

Populationsrelevante Effekte der Fragmentierung von Lebensräumen sind in den Lehrbüchern zur Landschaftsökologie in der Regel gut abgedeckt; ein neueres Werk spezifisch zum Thema ist:

- Collinge, S.K. 2009. *Ecology of Fragmented Landscapes.* The John Hopkins University Press, Baltimore.

Der Klimawandel ist mit Büchern zu allen Aspekten gut bedient. Die führende Rolle ornithologischer Forschung zum Thema schlägt sich in drei neueren Werken nieder; die ersten beiden sind umfassende Fachbücher, das dritte ein «leichter» geschriebenes, aber dennoch gänzlich auf Originalliteratur abgestütztes Werk:

- Møller, A.P., W. Fiedler & P. Berthold (eds.). 2010. *Effects of Climate Change on Birds*. Oxford University Press, Oxford.
- Pearce-Higgins, J.W. & R.E. Green. 2014. *Birds and Climate Change. Impacts and Conservation Responses*. Cambridge University Press, Cambridge.
- Wormworth, J. & C.H. Şekercioğlu. 2011. *Winged Sentinels. Birds and Climate Change*. Cambridge University Press, Cambridge.

Anhang

Literaturverzeichnis

Abatih, E., L. Ron, N. Speybroeck, B. Williams & D. Berkvens. 2015. Mathematical analysis of the transmission dynamics of brucellosis among bison. *Mathematical Methods in the Applied Sciences* 38: 3818–3832.

Able, K.P. 2004. Birds on the move: flight and migration. Pp. 5.1–5.100 in Podulka, S., R. Rohrbaugh & R. Bonney (eds.), *Handbook of Bird Biology*. The Cornell Lab of Ornithology, Ithaca.

Able, K.P. & J.R. Belthoff. 1998. Rapid 'evolution' of migratory behaviour in the introduced house finch of eastern North America. *Proceedings of the Royal Society London B* 265: 2063–2071.

Abrams, P.A. 1986. Is predator-prey coevolution an arms race? *Trends in Ecology and Evolution* 1: 108–110.

Abrams, P.A. 1992. Why don't predators have positive effects on prey populations? *Evolutionary Ecology* 6: 449–457.

Ackerman, J.T., M.P. Herzog, C.A. Hartman & G. Herring. 2014. Forster's tern chick survival in response to a managed relocation of predatory California gulls. *The Journal of Wildlife Management* 78: 818–829.

Adams, E.S. 2001. Approaches to the study of territory size and shape. *Annual Review of Ecology and Systematics* 32: 277–303.

Adams, J. & S. Flora. 2010. Correlating seabird movements with ocean winds: linking satellite telemetry with ocean scatterometry. *Marine Biology* 157: 915–929.

Adams-Hunt, M. & L.F. Jacobs. 2007. Cognition for foraging. Pp. 105–138 in Stephens, D.W., J.S. Brown & R.C. Ydenberg (eds.), *Foraging. Behavior and Ecology*. University of Chicago Press, Chicago.

Adler, M. 2010. Sexual conflict in waterfowl: why do females resist extrapair copulations? *Behavioral Ecology* 21: 182–192.

Adrian, O. & N. Sachser. 2011. Diversity of social and mating systems in cavies: a review. *Journal of Mammalogy* 92: 39–53.

Åhlund, M. & M. Andersson. 2001. Female ducks can double their reproduction. *Nature* 414: 600–601.

Ahrestani, F.S., F. van Langevelde, I.M.A. Heitkönig & H.H.T. Prins. 2012. Contrasting timing of parturition of chital *Axis axis* and gaur *Bos gaurus* in tropical South India – the role of body mass and seasonal forage quality. *Oikos* 121: 1300–1310.

Ahrestani, F.S., M. Hebblewhite & E. Post. 2013. The importance of observation versus process error in analyses of global ungulate populations. *Scientific Reports* 3:3125.

Ainley, D.G. & G. Ballard. 2012. Non-consumptive factors affecting foraging patterns in Antarctic penguins: a review and synthesis. *Polar Biology* 35: 1–13.

Aitken, K.E.H. & K. Martin. 2007. The importance of excavators in hole-nesting communities: availability and use of natural tree holes in old mixed forests of western Canada. *Journal of Ornithology* 148 (Supplementum 2): S425–S434.

Åkesson, S. 2003. Avian long-distance navigation: experiments with migratory birds. Pp. 471–492 in Berthold, P., E. Gwinner & E. Sonnenschein (eds.), *Avian Migration*. Springer-Verlag, Berlin.

Åkesson, S., J. Boström, M. Liedvogel & R. Muheim. 2014. Animal navigation. Pp. 151–178 in Hansson, L.-A. & S. Åkesson, *Animal Movement Across Scales*. Oxford University Press, Oxford.

Albon, S.D. & R. Langvatn. 1992. Plant phenology and the benefits of migration in a temperate ungulate. *Oikos* 65: 502–513.

Albon, S.D., A. Stien, R.J. Irvine, R. Langvatn, E. Ropstad & O. Halvorsen. 2002. The role of parasites in the dynamics of a reindeer population. *Proceedings of the Royal Society London B* 269: 1625–1632.

Alcock, J. 2013. *Animal Behavior*. 10th ed. Sinauer Associates, Sunderland.

Alerstam, T. 2009. Flight by night or day? Optimal daily timing of bird migration. *Journal of Theoretical Biology* 258: 530–536.

Alerstam, T. 2011. Optimal bird migration revisited. *Journal of Ornithology* 152 (Suppl 1): S5–S23.

Alerstam, T., A. Hedenström & S. Åkesson. 2003. Long-distance migration: evolution and determinants. *Oikos* 103: 247–260.

Alerstam, T., J. Bäckman, G.A. Gudmundsson, A. Hedenström, S.S. Henningsson, H. Karlsson, M. Rosén & R. Strandberg. 2007. A polar system of intercontinental bird migration. *Proceedings of the Royal Society B* 274: 2523–2530.

Allen, B.L., P.J.S. Fleming, L.R. Allen, R.M. Engeman, G. Ballard & L. K.-P. Leung. 2013. As clear as mud: A critical review of evidence for the ecological roles of Australian dingoes. *Biological Conservation* 159: 158–174.

Allentoft, M.E., R. Heller, C.L. Oskam, E.D. Lorenzen, M.L. Hale, M.T.P. Gilbert, C. Jacomb, R.N. Holdaway & M. Bunce. 2014. Extinct New Zealand megafauna were not in decline before human colonization. *Proceedings of the National Academy of Sciences of the USA* 111: 4922–4927.

Alonso-Alvarez, C. & A. Velando. 2012. Benefits and costs of parental care. Pp. 40–61 in Royle, N.J., P.T. Smiseth & M. Kölliker (eds.), *The Evolution of Parental Care*. Oxford University Press, Oxford.

Alonzo, S.H. & H. Klug. 2012. Pp. 189–205 in Royle, N.J., P.T. Smiseth & M. Kölliker (eds.), *The Evolution of Parental Care*. Oxford University Press, Oxford.

Altringham, J.D. 2011. *Bats. From Evolution to Conservation*. 2nd ed. Oxford University Press, Oxford.

Álvarez-Martínez, J.M., S. Suárez-Seoane, C. Palacín, J. Sanz & J.C. Alonso. 2015. Can Eltonian processes explain species distributions at large scale? A case study with Great Bustard *(Otis tarda)*. *Diversity and Distributions* 21: 123–138.

Alzaga, V., J. Vicente, D. Villanua, P. Acevedo, F. Casas & C. Gortazar. 2008. Body condition and parasite intensity correlates with escape capacity in Iberian hares *(Lepus granatensis)*. *Behavioral Ecology and Sociobiology* 62: 769–775.

Amar, A., S. Thirgood, J. Pearce-Higgins & S. Redpath. 2008. The impact of raptors on the abundance of upland passerines and waders. *Oikos* 117: 1143–1152.

Amarasekare, P. 2009. Competition and coexistence in animal communities. Pp. 196–201 in Levin, S.A. (ed.), *The Princeton Guide to Ecology*. Princeton University Press, Princeton.

Ameca y Juárez, E.I., G.M. Mace, G. Cowlishaw & N. Pettorelli. 2014. Identifying species' characteristics associated with natural population die-offs in mammals. *Animal Conservation* 17: 35–43.

Amo, L., J.J. Jansen, N.M. van Dam, M. Dicke & M.E. Visser. 2013. Birds exploit herbivore-induced plant volatiles to locate herbivorous prey. *Ecology Letters* 16: 1348–1355.

Amo, L., I. López-Rull, I. Pagán & C. Macías García. 2015. Evidence that the house finch *(Carpodacus mexicanus)* uses scent to avoid omnivore mammals. *Revista Chilena de Historia Natural* 88: 1–7.

Ancel, A., H. Visser, Y. Handrich, D. Masman & Y. Le Maho. 1997. Energy saving in huddling penguins. *Nature* 385: 304–305.

Ancel, A., C. Gilbert & M. Beaulieu. 2013. The long engagement of the emperor penguin. *Polar Biology* 36: 573–577.

Andersen, R., J. Karlsen, L.B. Austmo, J. Odden, J.D.C. Linnell & J.-M. Gaillard. 2007. Selectivity of Eurasian lynx *Lynx lynx* and recreational hunters for age, sex

Literaturverzeichnis

and body condition in roe deer *Capreolus capreolus*. *Wildlife Biology* 13: 467–474.

Anderson, R.M. & R.M. May. 1978. Regulation and stability of host-parasite population interactions. I. Regulatory processes. *Journal of Animal Ecology* 47: 219–247.

Anderson, R.M. & R.M. May. 1979. Population biology of infectious diseases: Part I. *Nature* 280: 361–367.

Anderson, R.M. & R.M. May. 1982. Coevolution of hosts and parasites. *Parasitology* 85: 411–426.

Anderson, R.M. & R.M. May. 1986. The invasion, persistence and spread of infectious diseases within animal and plant communities. *Philosophical Transactions of the Royal Society London* B 314: 533–570.

Andreassen, H.P., P. Glorvigen, A. Rémy & R.A. Ims. 2013. New views on how population-intrinsic and community-intrinsic processes interact during the vole population cycles. *Oikos* 122: 507–515.

Andrén, H. 1994. Effects of habitat fragmentation on birds and mammals in landscapes with different proportions of suitable habitat: a review. *Oikos* 71: 355–366.

Andres, D., T.H. Clutton-Brock, L.E.B. Kruuk, J.M. Pemberton, K.V. Stopher & K.E. Ruckstuhl. 2013. Sex differences in the consequences of maternal loss in a long-lived mammal, the red deer *(Cervus elaphus)*. *Behavioral Ecology and Sociobiology* 67: 1249–1258.

Araújo, M.B. & A.T. Peterson. 2012. Uses and misuses of bioclimatic envelope modelling. *Ecology* 93: 1527–1539.

Araújo, M.S., E.G. Martins, L.D. Cruz, F.R. Fernandes, A.X. Linhares, S.F. dos Reis & P.R. Guimarães. 2010. Nested diets: a novel pattern of individual-level resource use. *Oikos* 119: 81–88.

Araújo, M.S., D.I. Bolnick & C.A. Layman. 2011. The ecological causes of individual specialization. *Ecology Letters* 14: 948–958.

Archer, E.K., N.C. Bennett, C.G. Faulkes & H. Lutermann. 2016. Digging for answers: contribution of density- and frequency-dependent factors on ectoparasite burden in a social mammal. *Oecologia* 180: 429–438.

Arlettaz, R., P. Patthey, M. Baltic, T. Leu, M. Schaub, R. Palme & S. Jenni-Eiermann. 2007. Spreading free-riding snow sports represent a novel serious threat for wildlife. *Proceedings of the Royal Society B* 274: 1219–1224.

Arlettaz, R., M. Schaub, J. Fournier, T.S. Reichlin, A. Sierro, J.E.M. Watson & V. Braunisch. 2010. From publications to public actions: when conservation biologists bridge the gap between research and implementation. *BioScience* 60: 835–842.

Armitage, K.B. 2012. Sociality, individual fitness and population dynamics of yellow-bellied marmots. *Molecular Ecology* 21: 532–540.

Arnold, K.E. & I.P.F. Owens. 2002. Extra-pair paternity and egg dumping in birds: life history, parental care and the risk of retaliation. *Proceedings of the Royal Society London B* 269: 1263–1269.

Arnold, W., T. Ruf, S. Reimoser, F. Tataruch, K. Onderscheka & F. Schober. 2004. Nocturnal hypometabolism as an overwintering strategy of red deer *(Cervus elaphus)*. *American Journal of Physiology – Regulatory, Integrative & Comparative Physiology* 286: R174–R181.

Arroyo-Rodríguez, V. & P.A.D. Dias. 2010. Effects of habitat fragmentation and disturbance on howler monkeys: a review. *American Journal of Primatology* 72: 1–16.

Arsenault, R. & N. Owen-Smith. 2002. Facilitation versus competition in grazing herbivore assemblages. *Oikos* 97: 313–318.

Arsenault, R. & N. Owen-Smith. 2008. Resource partitioning by grass height among grazing ungulates does not follow body size relation. *Oikos* 117: 1711–1717.

Arsnoe, D.M., H.S. Ip & J.C. Owen. 2011. Influence of body condition on influenza A virus infection in mallard ducks: experimental infection data. *PLoS ONE* 6(8): e22633.

Arzel, C., J. Elmberg & M. Guillemain. 2006. Ecology of spring-migrating Anatidae: a review. *Journal of Ornithology* 147: 167–184.

Asensio, N., D. Lusseau, C.M. Schaffner & F. Aureli. 2012. Spider monkeys use high-quality core areas in a tropical dry forest. *Journal of Zoology* 287: 250–258.

Ashby, B. & S. Gupta. 2013. Sexually transmitted infections in polygamous mating systems. *Philosophical Transactions of the Royal Society* B 368: 20120048.

Ashmole, N.P. 1968. Body size, prey size, and ecological segregation in five sympatric tropical terns (Aves: Laridae). *Systematic Zoology* 17: 292–304.

Åström, M., P. Lundberg & K. Danell. 1990. Partial prey consumption by browsers: trees as patches. *Journal of Animal Ecology* 59: 287–300.

Atkinson, C.T. & M.D. Samuel. 2010. Avian malaria *Plasmodium relictum* in native Hawaiian forest birds: epizootiology and demographic impacts on `apapane *Himatione sanguinea*. *Journal of Avian Biology* 41: 357–366.

Atkinson, C.T., K.S. Saili, R.B. Utzurrum & S.I. Jarvi. 2013. Experimental evidence for evolved tolerance to avian malaria in a wild population of low elevation Hawai'i 'Amakihi *(Hemignathus virens)*. *EcoHealth* 10: 366–375.

Atkinson, C.T., R.B. Utzurrum, D.A. LaPointe, R.J. Camp, L.H. Crampton, J.T. Foster & T.W. Giambelluca. 2014. Changing climate and the altitudinal range of avian malaria in the Hawaiian Islands – an ongoing conservation crisis on the island of Kaua'i. *Global Change Biology* 20: 2426–2436.

Augustine, D.J. & T.L. Springer. 2013. Competition and facilitation between a native and a domestic herbivore: trade-offs between forage quantity and quality. *Ecological Applications* 23: 850–863.

Aung, M., K. K. Swe, T. Oo, K. K. Moe, P. Leimgruber, T. Allendorf, C. Duncan & C. Wemmer. 2004. The environmental history of Chatthin Wildlife Sanctuary, a protected area in Myanmar (Burma). *Journal of Environmental Management* 72: 205–216.

Avital, E. & E. Jablonka. 2000. *Animal Traditions. Behavioural Inheritance in Evolution*. Cambridge University Press, Cambridge.

Ayres, J.S. & D.S. Schneider. 2012. Tolerance of infections. *Annual Review of Immunology* 30: 271–294.

Badyaev, A.V., T.E. Martin & W.J. Etges. 1996. Habitat sampling and habitat selection by female wild turkeys: ecological correlates and reproductive consequences. *The Auk* 113: 636–646.

Bailey, D.W. & F.D. Provenza. 2008. Mechanisms determining large-herbivore distribution. Pp. 7–28 in Prins, H.H.T. & F. van Langevelde (eds.), *Resource Ecology. Spatial and Temporal Dynamics of Foraging*. Springer, Dordrecht.

Bailey, I., J.P. Myatt & A.M. Wilson. 2013. Group hunting within the Carnivora: physiological, cognitive and environmental influences on strategy and cooperation. *Behavioral Ecology and Sociobiology* 67: 1–17.

Baillie, J. E. M., J. Griffiths, S.T. Turvey, J. Loh & B. Collen, B. eds. 2010. *Evolution Lost: Status and Trends of the World's Vertebrates*. Zoological Society of London, United Kingdom.

Bailly, J., R. Scheifler, S. Berthe, V.-A. Clément-Demange, M. Leblond, B. Pasteur & B. Faivre. 2016. From eggs to fledging: negative impact of urban habitat on reproduction in two tit species. *Journal of Ornithology* 157: 377–392.

Bairlein, F. 2002. How to get fat: nutritional mechanisms of seasonal fat accumulation in migratory songbirds. *Naturwissenschaften* 89: 1–10.

Bairlein, F., D.R. Norris, R. Nagel, M. Bulte, C.C. Voigt, J.W. Fox, D.J.T. Hussell & H. Schmaljohann. 2012. Cross-hemisphere migration of a 25 g songbird. *Biology Letters* 8: 505–507.

Baker, A.J., P.M. González, T. Piersma, L.J. Niles, I. de Lima Serrano do Nascimento, P.W. Atkinson, N.A. Clark, C.D.T. Minton, M.K. Peck & G. Aarts. 2004. Rapid population decline in red knots: fitness consequences of decreased refueling rates and late arrival in Delaware Bay. *Proceedings of the Royal Society London B* 271: 875–882.

Baker, D.J., S.N. Freeman, P.V. Grice & G.M. Siriwardena. 2012. Landscape-scale responses of birds to agri-environment management: a test of the English Environmental Stewardship scheme. *Journal of Applied Ecology* 49: 871–882.

Baker, J.D. & P.M. Thompson. 2007. Temporal and spatial variation in age-specific survival rates of a long-lived mammal, the Hawaiian monk seal. *Proceedings of the Royal Society B* 274: 407–415.

Baker, P.J., A.J. Bentley, R.J. Ansell & S. Harris. 2005. Impact of predation by domestic cats *Felis catus* in an urban area. *Mammal Review* 35: 302–312.

Baker, P.J., S.E. Molony, E. Stone, I.C. Cuthill & S. Harris. 2008. Cats about town: is predation by free-ranging pet cats *Felis catus* likely to affect urban bird populations? *Ibis* 150 (Suppl. 1): 86–99.

Balda, R.P. & A.C. Kamil. 1992. Long-term spatial memory in Clark's nutcracker, *Nucifraga columbiana*. *Animal Behaviour* 44: 761–769.

Balk, L. et al. (10 weitere Autoren). 2009. Wild birds of declining European species are dying from a thiamine deficiency syndrome. *Proceedings of the National Academy of Sciences of the United States of America* 106: 12001–12006.

Ballard, W.B., D. Lutz, T.W. Keegan, L.H. Carpenter & J.C. deVos. 2001. Deer-predator relationships: a review of recent North American studies with emphasis on mule and black-tailed deer. *Wildlife Society Bulletin* 29: 99–115.

Balmford, A., R. Green & B. Phalan. 2012. What conservationists need to know about farming. *Proceedings of the Royal Society B* 279: 2714–2724.

Banavar, J.R., M.E. Moses, J.H. Brown, J. Damuth, A. Rinaldo, R.M. Sibly & A. Maritan. 2010. A general basis for quarter-power scaling in animals. *Proceedings of the National Academy of Sciences of the United States of America* 107: 15816–15820.

Barber, N.A., R.J. Marquis & W.P. Tori. 2008. Invasive prey impacts the abundance and distribution of native predators. *Ecology* 89: 2678–2683.

Barboza, P.S., K.L. Parker & I.D. Hume. 2009. *Integrative Wildlife Nutrition*. Springer-Verlag, Berlin.

Bårdsen, B.-J., P. Fauchald, T. Tveraa, K. Langeland, N.G. Yoccoz & R.A. Ims. 2008. Experimental evidence of a risk-sensitive reproductive allocation in a long-lived mammal. *Ecology* 89: 829–837.

Barnard, C.J. & R.M. Sibly. 1981. Producers and scroungers: a general model and its application to captive flocks of house sparrows. *Animal Behaviour* 29: 543–550.

Barnard, C.J. & D.B.A. Thompson. 1985. *Gulls and Plovers. The Ecology and Behaviour of Mixed-Species Feeding Flocks*. Croom Helm, London.

Barnett, C.A., T.N. Suzuki, S.K. Sakaluk & C.F. Thompson. 2015. Mass-based condition measures and their relationship with fitness: in what condition is condition? *Journal of Zoology* 296: 1–5.

Barnosky, A.D., N. Matzke, S. Tomiya, G.O.U. Wogan, B. Swartz, T.B. Quental, C. Marshall, J.L. McGuire, E.L. Lindsey, K.C. Maguire, B. Mersey & E.A. Ferrer. 2011. Has the Earth's sixth mass extinction already arrived? *Nature* 471: 51–57.

Barraquand, F., A. Pinot, N.G. Yoccoz & V. Bretagnolle. 2014. Overcompensation and phase effects in a cyclic common vole population: between first and second-order cycles. *Journal of Animal Ecology* 83: 1367–1378.

Barrio, I.C., D.S. Hik, K. Peck & C.G. Bueno. 2013. After the frass: foraging pikas select patches previously grazed by caterpillars. *Biology Letters* 9: 20130090.

Barta, Z., J.M. McNamara, A.I. Houston, T.P. Weber, A. Hedenström & O. Feró. 2008. Optimal moult strategies in migratory birds. *Philosophical Transactions of the Royal Society* B 363: 211–229.

Basso, A., M. Coslovsky & H. Richner. 2014. Parasite- and predator-induced maternal effects in the great tit *(Parus major)*. *Behavioral Ecology* 25: 1105–1114.

Batáry, P., L.V. Dicks, D. Kleijn & W.J. Sutherland. 2015. The role of agri-environment schemes in conservation and environmental management. *Conservation Biology* 29: 1006–1016.

Bateman, A.W., A. Ozgul, T. Coulson & T.H. Clutton-Brock. 2012. Density-dependence in group dynamics of a highly social mongoose, *Suricata suricatta*. *Journal of Animal Ecology* 81: 628–639.

Bateman, P.W. & P.A. Fleming. 2012. Big city life: carnivores in urban environments. *Journal of Zoology* 287: 1–23.

Battin, J. 2004. When good animals love bad habitats: ecological traps and the conservation of animal populations. *Conservation Biology* 18: 1482–1491.

Bauchinger, U. & S.R. McWilliams. 2010. Extent of phenotypic flexibility during long-distance flight is determined by tissue-specific turnover rates: a new hypothesis. *Journal of Avian Biology* 41: 603–608.

Bauer, H.-G., N. Lemoine & M. Peintinger. 2008. Avian species richness and abundance at Lake Constance: diverging long-term trends in Passerines and Nonpasserines. *Journal of Ornithology* 149: 217–222.

Bauernfeind, A., A. von Graevenitz, P. Kimmig, H.G. Schiefer, T. Schwarz, W. Slenczka & H. Zahner (eds.). 2016. *Zoonoses. Infectious Diseases Transmissible from Animals to Humans*. 4th ed. ASM Press, Washington.

Bayard, T.S. & C.S. Elphick. 2010. How area sensitivity in birds is studied. *Conservation Biology* 24: 938–947.

Bayliss, P. & D. Choquenot 2002. The numerical response: rate of increase and food limitation in herbivores and predators. *Philosophical Transactions of the Royal Society London B* 357: 1233–1248.

Beale, C.M., J.J. Lennon & A. Gimona. 2008. Opening the climate envelope reveals no macroscale associations with climate in European birds. *Proceedings of the National Academy of Sciences of the USA* 105: 14908–14912.

Bearhop, S., W. Fiedler, R.W. Furness, S.C. Votier, S. Waldron, J. Newton, G.J. Bowen, P. Berthold & K. Farnsworth. 2005. Assortative mating as a mechanism for rapid evolution of a migratory divide. *Science* 310: 502–504.

Beato, M.S. & I. Capua. 2011. Transboundary spread of highly pathogenic avian influenza through poultry commodities and wild birds: a review. *Revue Scientifique et Technique de l'Office International des Epizooties* 30 : 51–61.

Beaudrot, L., M.J. Struebig, E. Meijaard, S. van Balen, S. Husson & A.J. Marshall. 2013. Co-occurrence patterns of Bornean vertebrates suggest competitive exclusion is strongest among distantly related species. *Oecologia* 173: 1053–1062.

Bednekoff, P.A. 2007. Foraging in the face of danger. Cognition for foraging. Pp. 305–329 in Stephens, D.W., J.S. Brown & R.C. Ydenberg (eds.), *Foraging. Behavior and Ecology*. University of Chicago Press, Chicago.

Bedoya-Perez, M.A., A.J.R. Carthey, V.S.A. Mella, C. McArthur & P.B. Banks. 2013. A practical guide to avoid giving up on giving-up densities. *Behavioral Ecology and Sociobiology* 67: 1541–1553.

Beeton, N. & H. McCallum. 2011. Models predict that culling is not a feasible strategy to prevent extinction of Tasmanian devils from facial tumour disease. *Journal of Applied Ecology* 48: 1315–1323.

Begon, M., C.R. Townsend & J.L. Harper. 2006. *Ecology. From Individuals to Ecosystems.* 4th ed. Blackwell Publishing, Malden.

Beissinger, S.R., J.R. Walters, D.G. Catanzaro, K.G. Smith, J.B. Dunning, S.M. Haig, B.R. Noon & B.M. Stith. 2006. Modeling approaches in avian conservation and the role of field biologists. *Ornithological Monographs* 59: 1–56.

Beldomenico, P.M. & M. Begon. 2010. Disease spread, susceptibility and infection intensity: vicious circles? *Trends in Ecology and Evolution* 25: 21–27.

Bélisle, M., A. Desrochers & M.-J. Fortin. 2001. Influence of forest cover on the movements of forest birds: a homing experiment. *Ecology* 82: 1893–1904.

Bell, C.P., S.W. Baker, N.G. Parkes, M. de L. Brooke & D.E. Chamberlain. 2010. The role of the Eurasian sparrowhawk *(Accipiter nisus)* in the decline of the house sparrow *(Passer domesticus)* in Britain. *The Auk* 127: 411–420.

Bell, R.H.V. 1970. The use of the herb layer by grazing ungulates in the Serengeti. Pp. 111–124 in Watson, A. (ed.), *Animal Populations in Relation to their Food Resources.* Blackwell Scientific Publications, Oxford.

Bell, W.J. 1991. *Searching behaviour. The behavioural ecology of finding resources.* Chapman & Hall, London.

Bellard, C., C. Bertelsmeier, P. Leadley, W. Thuiller & F. Courchamp. 2012. Impacts of climate change on the future of biodiversity. *Ecology Letters* 15: 365–377.

Bellingham, P.J., D.R. Towns, E.K. Cameron, J.J. Davis, D.A. Wardle, J.M. Wilmshurst & C.P.H. Mulder. 2010. New Zealand island restoration: seabirds, predators, and the importance of history. *New Zealand Journal of Ecology* 34: 115–136.

Belovsky, G.E. 1978. Diet optimization in a generalist herbivore: the moose. *Theoretical Population Biology* 14: 105–134.

Benchimol, M. & C.A. Peres. 2014. Predicting primate local extinctions within «real-world» forest fragments: a pan-Neotropical analysis. *American Journal of Primatology* 76: 289–302.

Benítez-López, A., R. Alkemade & P.A. Verweij. 2010. The impacts of roads and other infrastructure on mammal and bird populations: a meta-analysis. *Biological Conservation* 143: 1307–1316.

Bennett, P.M. & I.P.F. Owens. 1997. Variation in extinction risk among birds: chance or evolutionary predisposition? *Proceedings of the Royal Society, London* B 264: 401–408.

Bennett, P.M., I.P.F. Owens, D. Nussey, S.T. Garnett & G.M. Crowley. 2005. Mechanisms of extinction in birds: phylogeny, ecology and threats. Pp. 317–336 in Purvis, A., J.L. Gittleman & T. Brooks (eds.), *Phylogeny and Conservation.* Cambridge University Press, Cambridge.

Benton, T.G., D.M. Bryant, L. Cole & H.Q.P. Crick. 2002. Linking agricultural practice to insect and bird populations: a historical study over three decades. *Journal of Applied Ecology* 39: 673–687.

Berec, M., V. Krivan & L. Berec. 2003. Are great tits *(Parus major)* really optimal foragers? *Canadian Journal of Zoology* 81: 780–788.

Berger, J. 2004. The last mile: how to sustain long-distance migration in mammals. *Conservation Biology* 18: 320–331.

Berger, J. & M.E. Gompper. 1999. Sex ratios in extant ungulates: products of contemporary predation or past life histories? *Journal of Mammalogy* 80: 1084–1113.

Berger, J., S.L. Cain & K.M. Berger. 2006. Connecting the dots: an invariant migration corridor links the Holocene to the present. *Biology Letters* 2: 528–531.

Berger, J., B. Buuveibaatar & C.Mishra. 2013. Globalization of the cashmere market and the decline of large mammals in Central Asia. *Conservation Biology* 27: 679–689.

Berger, K.M. & E.M. Gese. 2007. Does interference competition with wolves limit the distribution and abundance of coyotes? *Journal of Animal Ecology* 76: 1075–1085.

Berger-Tal, O., S. Mukherjee, B.P. Kotler & J.S. Brown. 2010. Complex state-dependent games between owls and gerbils. *Ecology Letters* 13: 302–310.

Berger-Tal, O., K. Embar, B.P. Kotler & D. Saltz. 2014. Past experiences and future expectations generate context-dependent costs of foraging. *Behavioral Ecology and Sociobiology* 68: 1769–1776.

Bergerud, A.T. & J.P. Elliott. 1998. Wolf predation in a multiple-ungulate system in northern British Columbia. *Canadian Journal of Zoology* 76: 1551–1559.

Berglund, A. 2013. Why are sexually selected weapons almost absent in females? *Current Zoology* 59: 564–568.

Berglund, A., A. Bisazza & A. Pilastro. 1996. Armaments and ornaments: an evolutionary explanation of traits of dual utility. *Biological Journal of the Linnean Society* 58: 385–399.

Bergman, C.M., J.M. Fryxell, C.C. Gates & D. Fortin. 2001. Ungulate foraging strategies: energy maximizing or time minimizing? *Journal of Animal Ecology* 70: 289–300.

Berryman, A.A. 1992. The origins and evolution of predator-prey theory. *Ecology* 73: 1530–1535.

Berryman, A. (ed.). 2002. *Population Cycles. The Case for Trophic Interactions.* Oxford University Press, Oxford.

Berta, A., J.L. Sumich & K.M. Kovacs. 2006. *Marine Mammals: Evolutionary Ecology.* 2nd ed. Elsevier, Amsterdam.

Berthier, K., F. Leippert, L. Fumagalli & R. Arlettaz. 2012. Massive nest-box supplementation boosts fecundity, survival and even immigration without altering mating and reproductive behaviour in a rapidly recovered bird population. *PLoS ONE* 7: e36028.

Berthold, P. 2001. *Bird Migration. A General Survey.* 2nd edition. Oxford University Press, Oxford.

Berthold, P., G. Mohr & U. Querner. 1990. Steuerung und potentielle Evolutionsgeschwindigkeit des obligaten Teilzieherverhaltens: Ergebnisse eines Zweiweg-Selektionsexperiments mit der Mönchsgrasmücke *(Sylvia atricapilla). Journal of Ornithology* 131: 33–45.

Berthold, P., A.J. Helbig, G. Mohr & U. Querner. 1992. Rapid microevolution of migratory behaviour in a wild bird species. *Nature* 360: 668–670.

Bertolino, S., N. Cordero di Montezemolo, D.G. Preatoni, L.A. Wauters & A. Martinoli. 2014. A grey future for Europe: *Sciurus carolinensis* is replacing native red squirrels in Italy. *Biological Invasions* 16: 53–62.

Bezzel, E. & R. Prinzinger. 1990. *Ornithologie.* 2. Auflage. Eugen Ulmer, Stuttgart.

Bhatt, U.S. et al. (10 weitere Autoren). 2014. Implications of Arctic sea ice decline for the earth system. *Annual Review of Environment and Resources* 39: 57–89.

Bicudo, J.E.P.W., W.A. Buttemer, M.A. Chappell, J.T. Pearson & C. Bech. 2010. *Ecological and Environmental Physiology of Birds.* Oxford University Press, Oxford.

Bieber, C. & T. Ruf. 2005. Population dynamics in wild boar *Sus scrofa*: ecology, elasticity of growth rate and implications for the management of pulsed resource consumers. *Journal of Applied Ecology* 42: 1203–1213.

Bieber, C. & T. Ruf. 2009. Summer dormancy in edible dormice *(Glis glis)* without energetic constraints. *Naturwissenschaften* 96: 165–171.

Bieber, C., K. Lebl, G. Stalder, F. Geiser & T. Ruf. 2014. Body mass dependent use of hibernation: why not prolong the active season, if they can? *Functional Ecology* 28: 167–177.

Bielby, J., G.M. Mace, O.R.P. Bininda-Emonds, M. Cardillo, J.L. Gittleman, K.E. Jones, C.D.L. Orme & A. Purvis. 2007. The fast-slow continuum in mammalian life history: an empirical re-evaluation. *The American Naturalist* 169: 748–757.

Bienen, L. & G. Tabor. 2006. Applying an ecosystem approach to brucellosis control: can an old conflict between wildlife and agriculture be successfully managed? *Frontiers in Ecology and the Environment* 4: 319–327.

Bingman, V.P. & K. Cheng. 2005. Mechanisms of animal global navigation: comparative perspectives and enduring challenges. *Ethology, Ecology & Evolution* 17: 295–318.

BirdLife International. 2004. *Birds in Europe: population estimates, trends, and conservation status*. BirdLife International, Cambridge.

BirdLife International and National Audubon Society. 2015. The Messengers. *What Birds Tell us about Threats from Climate Change and Solutions for Nature and People*. Birdlife International, Cambridge and National Audubon Society, New York.

Birkhead, T.R. 2010. How stupid not to have thought of that: post-copulatory sexual selection. *Journal of Zoology* 281: 78–93.

Birkhead, T.R. & A.P. Møller (eds.). 1998. *Sperm Competition and Sexual Selection*. Academic Press, London.

Bischof, R., L.E. Loe, E.L. Meisingset, B. Zimmermann, B. Van Moorter & A. Mysterud. 2012. A migratoy northern ungulate in the pursuit of spring: jumping or surfing the green wave? *The American Naturalist* 180: 407–424.

Bishop, A.L. & R.P. Bishop. 2013. Resistance of wild African ungulates to foraging by red-billed oxpeckers *(Buphagus erythrorhynchus)*: evidence that this behaviour modulates a potentially parasitic interaction. *African Journal of Ecology* 52: 103–110.

Bishop, C.J., G.C. White, D.J. Freddy, B.E. Watkins & T.R. Stephenson. 2009. Effect of enhanced nutrition on mule deer population rate of change. *Wildlife Monographs* 172: 1–28.

Bishop, C.M. et al. (12 weitere Autoren). 2015. The roller coaster flight strategy of bar-headed geese conserves energy during Himalayan migrations. *Science* 347: 250–254.

Bisson, I.-A., K. Safi & R.A. Holland. 2009. Evidence of repeated independent evolution of migration in the largest family of bats. *PLoS ONE* 4(10): e7504.

Bize, P., A. Roulin, L.-F. Bersier, D. Pfluger & H. Richner. 2003. Parasitism and developmental plasticity in Alpine swift nestlings. *Journal of Animal Ecology* 72: 633–639.

Björnhag, G. 1994. Adaptations in the large intestine allowing small animals to eat fibrous food. Pp. 287–309 in Chivers, D.J. & P. Langer (eds.), *The Digestive System in Mammals*. Cambridge University Press, Cambridge.

Blackburn, T.M., K.J. Gaston, R.M. Quinn, H. Arnold & R.D. Gregory. 1997. Of mice and wrens: the relation between abundance and geographic range size in British mammals and birds. *Philosophical Transactions of the Royal Society B* 352: 419–427.

Blackburn, T.M., J.L. Lockwood & P. Cassey. 2009. *Avian Invasions. The Ecology and Evolution of Exotic Birds*. Oxford University Press, Oxford.

Blackburn, T.M., K.J. Gaston & M. Parnell. 2010. Changes in non-randomness in the expanding introduced avifauna of the world. *Ecography* 33: 168–174.

Blackburn, T.M., J.L. Lockwood & P. Cassey. 2011. Fifty years on: confronting Elton's hypotheses about invasion success with data from exotic birds. Pp. 161–173 in Richardson, D.M. (ed.), *Fifty Years of Invasion Ecology. The Legacy of Charles Elton*. Wiley-Blackwell, Chichester.

Blake, J.G. & B.A. Loiselle. 2013. Apparent survival rates of forest birds in eastern Ecuador revisited: improvement in precision but no change in estimates. *PLoS ONE* 8(12): e81028.

Blancher, P. 2013. Estimated number of birds killed by house cats *(Felis catus)* in Canada. *Avian Conservation and Ecology* 8(2): 3.

Blanckenhorn, W.U. 2005. Behavioral causes and consequences of sexual size dimorphism. *Ethology* 111: 977–1016.

Blanco, M.B. & S.M. Zehr. 2015. Striking longevity in a hibernating lemur. *Journal of Zoology* 296: 177–188.

Blondel, J. 2006. The ‹design› of Mediterranean landscapes: a millennial story of humans and ecological systems during the historic period. *Human Ecology* 34: 713–729.

Boadella, M., J. Vicente, A. Ruiz-Fons, J. de la Fuente & C. Gortázar. 2012. Effects of culling Eurasian wild boar on the prevalence of *Mycobacterium bovis* and Aujeszky's disease virus. *Preventive Veterinary Medicine* 107: 214–221.

Boatman, N.D., N.W. Brickle, J.D. Hart, T.P. Milsom, A.J. Morris, A.W.A. Murray, K.A. Murray & P.A. Robertson. 2004. Evidence for the indirect effects of pesticides on farmland birds. *Ibis* 146 (Suppl. 2): 131–143.

Bobek, B., K. Perzanowski & J. Weiner. 1990. Energy expenditure for reproduction in male red deer. *Journal of Mammalogy* 71: 230–232.

Bocherens, H., E. Hofman-Kamińska, D.G. Drucker, U. Schmölcke & R. Kowalczyk. 2015. European bison as a refugee species? Evidence from isotopic data on early Holocene bison and other large herbivores in Northern Europe. *PLoS ONE* 10(2): e0115090.

Bodey, T.W., R.A. McDonald & S. Bearhop. 2009. Mesopredators constrain a top predator: competitive release of ravens after culling crows. *Biology Letters* 5: 617–620.

Boertje, R.D., M.A. Keech, D.D. Young, K.A. Kellie & C.T. Seaton. 2009. Managing for elevated yield of moose in interior Alaska. *The Journal of Wildlife Management* 73: 314–327.

Bolger, D.T., W.D. Newmark, T.A. Morrison & D.F. Doak. 2008. The need for integrative approaches to understand and conserve migratory ungulates. *Ecology Letters* 11: 63–77.

Bollmann, K., R.F. Graf & W. Suter. 2011. Quantitative predictions for patch occupancy of capercaillie in fragmented habitats. *Ecography* 34: 276–286.

Bolnick, D.I. & E.L. Preisser. 2005. Resource competition modifies the strength of trait-mediated predator-prey interactions: a meta-analysis. *Ecology* 86: 2771–2779.

Bolnick, D.I., R. Svanbäck, J.A. Fordyce, L.H. Yang, J.M. Davis, C.D. Hulsey & M.L. Forister. 2003. The ecology of individuals: incidence and implications of individual specialization. *The American Naturalist* 161: 1–28.

Bolshakov, C.V. 2003. Nocturnal migration of passerines in the desert-highland zone of western Central Asia: selected aspects. Pp. 225–236 in Berthold, P., E. Gwinner & E. Sonnenschein (eds.), *Avian Migration*. Springer-Verlag, Berlin.

Bolton, M., G. Tyler, K. Smith & R. Bamford. 2007. The impact of predator control on lapwing *Vanellus vanellus* breeding success on wet grassland nature reserves. *Journal of Applied Ecology* 44: 534–544.

Bonadonna, F. & J. Mardon. 2013. Besides colours and songs, odour is the new black of avian communication. Pp. 325–339 in East, M.L. & M. Dehnhard (eds.), *Chemical Signals in Vertebrates* 12. Springer, New York.

Bonadonna, F., S. Benhamou & P. Jouventin. 2003. Pp. 367–377 in Berthold, P., E. Gwinner & E. Sonnenschein (eds.), *Avian Migration*. Springer-Verlag, Berlin.

Bond, A.B. 2007. The evolution of color polymorphism: crypticity, searching images, and apostatic selection. *Annual Review of Ecology, Evolution and Systematics* 38: 489–514.

Bonnington, C., K.J. Gaston & K.L. Evans. 2013. Fearing the feline: domestic cats reduce avian fecundity through trait-mediated indirect effects that increase nest predation by other species. *Journal of Applied Ecology* 50: 15–24.

Bonsall, M.B. & H. Klug. 2011. The evolution of parental care in stochastic environments. *Journal of Evolutionary Biology* 24: 645–655.

Bonte, D. et al. (23 weitere Autoren). 2012. Costs of dispersal. *Biological Reviews* 87: 290–312.

Boone, R.B., S.J. Thirgood & J.G.C. Hopcraft. 2006. Serengeti wildebeest migratory patterns modeled from rainfall and new vegetation growth. *Ecology* 87: 1987–1994.

Boone, R.B., S.B. Burnsilver, J.S. Worden, K.A. Galvin & N.T. Hobbs. 2008. Large-scale movements of large herbivores. Livestock following changes in seasonal forage supply. Pp. 187–206 in Prins, H.H.T. & F. van Langevelde (eds.), *Resource Ecology: Spatial and Temporal Dynamics of Foraging*. Springer, Dordrecht.

Boonstra, R. 2013. Reality as the leading cause of stress: rethinking the impact of chronic stress in nature. *Functional Ecology* 27: 11–23.

Boonstra, R. & C.J. Krebs. 2006. Population limitation of the northern red-backed vole in the boreal forests of northern Canada. *Journal of Animal Ecology* 75: 1269–1284.

Boonstra, R. & C.J. Krebs. 2012. Population dynamics of red-backed voles *(Myodes)* in North America. *Oecologia* 168: 601–620.

Booth, W., C.F. Smith, P.H. Eskridge, S.K. Hoss, J.R. Mendelson & G.W. Schuett. 2012. Facultative parthenogenesis discovered in wild vertebrates. *Biology Letters* 8: 983–985.

Borregaard, M.K. & C. Rahbek. 2010. Causality of the relationship between geographic distribution and species abundance. *The Quarterly Review of Biology* 85: 3–25.

Bosque, C. & M.T. Bosque. 1995. Nest predation as a selective factor in the evolution of developmental rates in altricial birds. *The American Naturalist* 145: 234–260.

Both, C., C.A.M. Van Turnhout, R.G. Bijlsma, H. Siepel, A.J. van Strien & R.P.B. Foppen. 2010. Avian population consequences of climate change are most severe for long-distance migrants in seasonal habitats. *Proceedings of the Royal Society B* 277: 1259–1266.

Botzler, R.G. & R.N. Brown. 2014. *Foundations of Wildlife Diseases*. University of California Press, Oakland.

Boughton, R.K., G. Joop & S.A.O. Armitage. 2011. Outdoor immunology: methodological considerations for ecologists. *Functional Ecology* 25: 81–100.

Bourgault, P., D. Thomas, P. Perret & J. Blondel. 2010. Spring vegetation phenology is a robust predictor of breeding date across broad landscapes: a multi-site approach using the Corsican blue tit *(Cyanistes caeruleus)*. *Oecologia* 162: 885–892.

Boutin, S. 1992. Predation and moose population dynamics: a critique. *The Journal of Wildlife Management* 56: 116–127.

Boutin, S., C.J. Krebs, R. Boonstra, A.R.E. Sinclair & K.E. Hodges. 2002. Understanding the snowshoe hare cycle through large-scale field experiments. Pp. 69–91 in Berryman, A. (ed.), *Population Cycles*. Oxford University Press, Oxford.

Bowler, B., C. Krebs, M. O'Donoghue & J. Hone. 2014. Climatic amplification of the numerical response of a predator population to its prey. *Ecology* 95: 1153–1161.

Bowler, J.M. 1994. The condition of Bewick's swans *Cygnus columbianus bewickii* in winter as assessed by their abdominal profiles. *Ardea* 82: 241–248.

Bowman, J. 2003. Is dispersal distance of birds proportional to territory size? *Canadian Journal of Zoology* 81: 195–202.

Bowman, J., J.A.G. Jaeger & L. Fahrig. 2002. Dispersal distance of mammals is proportional to home range size. *Ecology* 83: 2049–2055.

Bowman, J., G.L. Holloway, J.R. Malcolm, K.R. Middel & P.J. Wilson. 2005. Northern range boundary dynamics of southern flying squirrels: evidence of an energetic bottleneck. *Canadian Journal of Zoology* 83: 1486–1494.

Bowyer, R.T., J.G. Kie, D.K. Person & K.L. Monteith. 2013. Metrics of predation: perils of predator-prey ratios. *Acta Theriologica* 58: 329–340.

Boyce, M. S. 1984. Restitution of *r*-and *K*-selection as a model of density-dependent natural selection. *Annual Review of Ecology and Systematics* 15: 427–447.

Boyce, W.M., C. Sandrock, C. Kreuder-Johnson, T. Kelly & C. Cardona. 2009. Avian influenza viruses in wild birds: a moving target. *Comparative Immunology, Microbiology and Infectious Diseases* 32: 275–286.

Boyer, A.G., J.-L.E. Cartron & J.H. Brown. 2010. Interspecific pairwise relationships among body size, clutch size and latitude: deconstructing a macroecological triangle in birds. *Journal of Biogeography* 37: 47–56.

Boyles, J.G., A.B. Thompson, A.E. McKechnie, E. Malan, M.M. Humphries & V. Careau. 2013. A global heterothermic continuum in mammals. *Global Ecology and Biogeography* 22: 1029–1039.

Brashares, J.S., T. Garland & P. Arcese. 2000. Phylogenetic analysis of coadaptation in behavior, diet, and body size in the African antelope. *Behavioral Ecology* 11: 452–463.

Breitenmoser, U. & C. Breitenmoser-Würsten. 2008. *Der Luchs. Ein Großraubtier in der Kulturlandschaft*. Salm-Verlag, Wohlen BE.

Bretagnolle, V., F. Mougeot & J.-C. Thibault. 2008. Density dependence in a recovering osprey population: demographic and behavioural processes. *Journal of Animal Ecology* 77: 998–1007.

Bretagnolle, V., A. Villers, L. Denonfoux, T. Cornulier, P. Inchausti & I. Badenhausser. 2011. Rapid recovery of a depleted population of Little Bustards *Tetrax tetrax* following provision of alfalfa through an agri-environment scheme. *Ibis* 153: 4–13.

Brightsmith, D.J., J. Taylor & T.D. Phillips. 2008. The roles of soil characteristics and toxin adsorption in avian geophagy. *Biotropica* 40: 766–774.

Britschgi, A., R. Spaar & R. Arlettaz. 2006. Impact of grassland farming intensification on the breeding ecology of an indicator insectivorous passerine, the Winchat *Saxicola rubetra*: lessons for overall Alpine meadowland management. *Biological Conservation* 130: 193–205.

Brivio, F., S. Grignolio, A. Brambilla & M. Apollonio. 2014. Intra-sexual variability in feeding behaviour of a mountain ungulate: size matters. *Behavioral Ecology and Sociobiology* 68: 1649–1660.

Brochet, A.-L., L. Dessborn, P. Legagneux, J. Elmberg, M. Gauthier-Clerc, H. Fritz & M. Guillemain. 2012. Is diet segregation between dabbling ducks due to food partitioning? A review of seasonal patterns in the Western Palearctic. *Journal of Zoology* 286: 171–178.

Brochet, A.-L. et al. (50 weitere Autoren). 2016. Preliminary assessment of the scope and scale of illegal killing and taking of birds in the Mediterranean. *Bird Conservation International* 26: 1–28.

Brodie, J.F. & H.K. Gibbs. 2009. Bushmeat hunting as climate threat. *Science* 326: 364–365.

Brodie, J.F., O.E. Helmy, W.Y. Brockelman & J.L. Maron. 2009. Bushmeat poaching reduces the seed dispersal and population growth rate of a mammal-dispersed tree. *Ecological Applications* 19: 854–863.

Brodie, J. et al. (20 weitere Autoren). 2013. Relative influence of human harvest, carnivores, and weather on adult female elk survival across western North America. *Journal of Applied Ecology* 50: 295–305.

Brodin, A. 2005. Mechanisms of cache retrieval in long-term hoarding birds. *Journal of Ethology* 23: 77–83.

Brodin, A. & C.W. Clark. 2007. Energy storage and expenditure. Pp. 221–269 in Stephens, D.W., J.S. Brown & R.C. Ydenberg (eds.), *Foraging. Behavior and Ecology*. The University of Chicago Press, Chicago.

Bro-Jørgensen, J. 2007. Reversed sexual conflict in a promiscuous antelope. *Current Biology* 17: 2157–2161.

Bro-Jørgensen, J. 2008. The impact of lekking on the spatial variation in payoffs to resource-defending topi bulls, *Damaliscus lunatus*. *Animal Behaviour* 75: 1229–1234.

Bro-Jørgensen, J. 2011. Intra- and intersexual conflicts and cooperation in the evolution of mating strategies: lessons learnt from ungulates. *Evolutionary Biology* 38: 28–41.

Bromham, L., R. Lanfear, P. Cassey, G. Gibb & M. Cardillo. 2012. Reconstructing past species assemblages reveals the changing patterns and drivers of extinction through time. *Proceedings of the Royal Society B* 279: 4024–4032.

Brommer, J.E., H. Pietiäinen, K. Ahola, P. Karell, T. Karstinen & H. Kolunen. 2010. The return of the vole cycle in southern Finland refutes the generality of the loss of cycles through ‹climatic forcing›. *Global Change Biology* 16: 577–586.

Brook, B.W. & C.J.A. Bradshaw. 2006. Strength of evidence for density dependence in abundance time series of 1198 species. *Ecology* 87: 1445–1451.

Brook, B.W., N.S. Sodhi & C.J.A. Bradshaw. 2008. Synergies among extinction drivers under global change. *Trends in Ecology and Evolution* 23: 453–460.

Brooke, M. de L., S.H.M. Butchart, S.T. Garnett, G.M. Crowley, N.B. Mantilla-Beniers & A.J. Stattersfield. 2008. Rates of movement of threatened bird species between IUCN Red List categories and toward extinction. *Conservation Biology* 22: 417–427.

Brooks, R.C. & S.C. Griffith. 2010. Mate choice. Pp. 416–433 in Westneat, D.F. & C.W. Fox (eds.), *Evolutionary Behavioral Ecology*. Oxford University Press, New York.

Brown, C.R. 1986. Cliff swallow colonies as information centers. *Science* 234: 83–85.

Brown, I.H. 2010. Summary of avian influenza activity in Europe, Asia, and Africa, 2006–2009. *Avian Diseases* 54: 187–193.

Brown, J.H. 1995. *Macroecology*. The University of Chicago Press, Chicago.

Brown, J.S. & B.P. Kotler. 2004. Hazardous duty pay and the foraging cost of predation. *Ecology Letters* 7: 999–1014.

Brown, J.S. & B.P. Kotler. 2007. Foraging and the ecology of fear. Pp. 437–480 in Stephens, D.W., J.S. Brown & R.C. Ydenberg (eds.), *Foraging. Behavior and Ecology*. University of Chicago Press, Chicago.

Brown, W.L. & E.O. Wilson. 1958. Character displacement. *Systematic Zoology* 5: 49–64.

Bruderer, B. & V. Salewski. 2008. Evolution of bird migration in a biogeographical context. *Journal of Biogeography* 35: 1951–1959.

Bruderer, B. & V. Salewski. 2009. Lower annual fecundity in long-distance migrants than in less migratory birds of temperate Europe. *Journal of Ornithology* 150: 281–286.

Bruderer, B., L.G. Underhill & F. Liechti. 1995. Altitude choice by night migrants in a desert area predicted by meteorological factors. *Ibis* 137: 44–55.

Brunner, J.L., S. Duerr, F. Keesing, M. Killilea, H. Vuong & R.S. Ostfeld. 2013. An experimental test of competition among mice, chipmunks, and squirrels in deciduous forest fragments. *PLoS ONE* 8(6): e66798.

Bruno, J.F., J.J. Stachowicz & M.D. Bertness. 2003. Inclusion of facilitation into ecological theory. *Trends in Ecology and Evolution* 18: 119–125.

Bryant, D.M. 1997. Energy expenditure in wild birds. *Proceedings of the Nutrition Society* 56: 1025–1039.

Buchanan, K.L. & C.K. Catchpole. 2000. Song as an indicator of male parental effort in the sedge warbler. *Proceedings of the Royal Society B* 267: 321–326.

Buckingham, D.L., P. Giovannini & W.J. Peach. 2015. Manipulating grass silage management to boost reproductive output of a ground-nesting farmland bird. *Agriculture Ecosystems and Environment* 208: 21–28.

Buho, H. et al. (12 weitere Autoren). 2011. Preliminary study on migration pattern of the Tibetan antelope *(Pantholops hodgsonii)* based on satellite tracking. *Advances in Space Research* 48: 43–48.

Burda, H., R.L. Honeycutt, S. Begall, O. Locker-Grütjen & A. Scharff. 2000. Are naked and common mole-rats eusocial and if so, why? *Behavioral Ecology and Sociobiology* 47: 293–303.

Burrows, M.T. et al. (18 weitere Autoren). 2011. The pace of shifting climate in marine and terrestrial ecosystems. *Science* 334: 652–655.

Butchart, S.H.M. et al. (44 weitere Autoren). 2010. Global biodiversity: indicators of recent declines. *Science* 328: 1164–1168.

Butler, P.J. & A.J. Woakes. 2001. Seasonal hypothermia in a large migrating bird: saving energy for fat deposition? *The Journal of Experimental Biology* 204: 1361–1367.

Butsic, V. & T. Kuemmerle. 2015. Using optimization methods to align food production and biodiversity conservation beyond land sharing and land sparing. *Ecological Applications* 25: 589–595.

Byrom, A.E. et al. (12 weitere Autoren). 2014. Episodic outbreaks of small mammals influence predator community dynamics in an east African savanna ecosystem. *Oikos* 123: 1014–1024.

Bywater, K.A., M. Apollonio, N. Cappai & P.A. Stephens. 2010. Litter size and latitude in a large mammal: the wild boar *Sus scrofa*. *Mammal Review* 40: 212–220.

Cahill, A.E. et al. (10 weitere Autoren). 2013. How does climate change cause extinction? *Proceedings of the Royal Society B* 280: doi 20121890.

Caley, P., G.J. Hickling, P.E. Cowan & D.U. Pfeiffer. 1999. Effects of sustained control of brushtail possums on levels of *Mycobacterium bovis* infection in cattle and brushtail possum populations from Hohotaka, New Zealand. *New Zealand Veterinary Journal* 47: 133–142.

Calvert, A.M., C.A. Bishop, R.D. Elliott, E.A. Krebs, T.M. Kydd, C.S. Machtans & G.J. Robertson. 2013. A synthesis of human-related avian mortality in Canada. *Avian Conservation and Ecology* 8(2): 11.

Cama, A., R. Abellana, I. Christel, X. Ferrer & D.R. Vieites. 2012. Living on predictability: modelling the density distribution of efficient foraging seabirds. *Ecography* 35: 912–921.

Cameron, E.Z. 2004. Facultative adjustment of mammalian sex ratios in support of the Trivers-Willard hypothesis: evidence for a mechanism. *Proceedings of the Royal Society B* 271: 1723–1728.

Campomizzi, A.J., J.A. Butcher, S.L. Farrell, A.G. Snelgrove, B.A. Collier, K.J. Gutzwiller, M.L. Morrison & R.N. Wilkins. 2008. Conspecific attraction is a missing component in wildlife habitat modelling. *Journal of Wildlife Management* 72: 331–336.

Cant, M.A. 2012. Cooperative breeding systems. Pp. 206–225 in Royle, N.J., P.T. Smiseth & M. Kölliker (eds.), *The Evolution of Parental Care*. Oxford University Press, Oxford.

Cant, M.A. 2014. Cooperative breeding. Pp. 677–682 in Losos, J.B., D.A. Baum, D.J. Futuyma, H.E. Hoekstra, R.E. Lenski, A.J. Moore, C.L. Peichel, D. Schluter & M.C. Whitlock (eds.), *The Princeton Guide to Evolution*. Princeton University Press, Princeton.

Capellini, I., C. Venditti & R.A. Barton. 2010. Phylogeny and metabolic scaling in mammals. *Ecology* 91: 2783–2793.

Cappelle, J. et al. (11 weitere Autoren). 2014. Risks of avian influenza transmission in areas of intensive free-ranging duck production with wild waterfowl. *EcoHealth* 11: 109–119.

Carbone, C. & J.L. Gittleman. 2002. A common rule for the scaling of carnivore density. *Science* 295: 2273–2276.

Carbone, C., G. Cowlishaw, N.J.B. Isaac & J.M. Rowcliffe. 2005a. How far do animals go? Determinants of day range in mammals. *The American Naturalist* 165: 290–297.

Carbone, C., L. Frame, G. Frame, J. Malcolm, J. Fanshawe, C. FitzGibbon, G. Schaller, I.J. Gordon, J.M. Rowcliffe & J.T. Du Toit. 2005b. Feeding success of African wild dogs *(Lycaon pictus)* in the Serengeti: the effects of group size and kleptoparasitism. *Journal of Zoology, London* 266: 153–161.

Carbone, C., N. Pettorelli & P.A. Stephens. 2011. The bigger they come, the harder they fall: body size and prey abundance influence predator-prey ratios. *Biology Letters* 7: 312–315.

Cardillo, M., G.M. Mace, K.E. Jones, J. Bielby, O.R.P. Bininda-Emonds, W. Sechrest, C.D.L. Orme & A. Purvis. 2005. Multiple causes of high extinction risk in large mammal species. *Science* 309: 1239–1241.

Caro, T. 2005. *Antipredator Defences in Birds and Mammals*. The University of Chicago Press, Chicago.

Caro, S.P., A. Charmantier, M.M. Lambrechts, J. Blondel, J. Balthazart & T.D. Williams. 2009. Local adaptation of timing of reproduction: females are in the driver's seat. *Functional Ecology* 23: 172–179.

Carrascal, L.M. 2011. Data, preconceived notions and methods: the case of population sizes of common breeding birds in Spain. *Ardeola* 58: 371–385.

Carstensen, M., D.J. O'Brien & S.M. Schmitt. 2011. Public acceptance as a determinant of management strategies for bovine tuberculosis in free-ranging U.S. wildlife. *Veterinary Microbiology* 151: 200–204.

Carthey, A.J.R. & P.B. Banks. 2014. Naïveté in novel ecological interactions: lessons from theory and experimental evidence. *Biological Reviews* 89: 932–949.

Carwardine, M., E. Hoyt, R.E. Fordyce & P. Gill. 1998. *Whales & Dolphins*. HarperCollins Publishers, London.

Case, T.J. 2000. *An Illustrated Guide to Theoretical Ecology*. Oxford University Press, New York.

Cassini, M.H. 1991. Behavioral mechanisms of selection of diet components and their ecological implications in herbivorous mammals. *Journal of Mammalogy* 75: 733–740.

Cassini, M.H. 2013. *Distribution Ecology. From Individual Habitat Use to Species Biogeographical Range*. Springer, New York.

Caswell, H. 2001. *Matrix Population Models. Construction, Analysis, and Interpretation*. 2nd ed. Sinauer Associates, Sunderland.

Catenazzi, A. 2015. State of the world's amphibians. *Annual Review of Environment and Resources* 40: 91–119.

Ceia, F.R. & J.A. Ramos. 2015. Individual specialization in the foraging and feeding strategies of seabirds: a review. *Marine Biology* 162: 1923–1938.

Cézilly, F. & E. Danchin. 2008. Mating systems and parental care. Pp. 429–465 in Danchin, E., L.-A. Giraldeau & F. Cézilly (eds.), *Behavioural Ecology*. Oxford University Press, Oxford.

Chakrabarti, S., Y.V. Jhala, S. Dutta, Q. Qureshi, R.F. Kadivar & V.J. Rana. 2016. Adding constraints to predation through allometric relation of scats to consumption. *Journal of Animal Ecology* 85: 660–670.

Chamberlain, D.E., R.J. Fuller, R.G.H. Bunce, J.C. Duckworth & M. Shrubb. 2000. Changes in the abundance of farmland birds in relation to the timing of agricultural intensification in England and Wales. *Journal of Applied Ecology* 37: 771–788.

Chamberlain, D.E., A.R. Cannon, M.P. Toms, D.I. Leech, B.J. Hatchwell & K.J. Gaston. 2009. Avian productivity in urban landscapes: a review and meta-analysis. *Ibis* 151: 1–18.

Chapman, B.B., C. Brönmark, J.-Å. Nilsson & L.-A. Hansson. 2011. The ecology and evolution of partial migration. *Oikos* 120: 1764–1775.

Chapuisat, M. 2008. Sex allocation. Pp. 467–499 in Danchin, E., L.-A. Giraldeau & F. Cézilly (eds.), *Behavioural Ecology*. Oxford University Press, Oxford.

Charmantier, A., R.H. McCleery, L.R. Cole, C. Perrins, L.E.B. Kruuk & B.C. Sheldon. 2008. Adaptive phenotypic plasticity in response to climate change in a wild bird population. *Science* 320: 800–803.

Charnov, E.L. 1976a. Attack strategy of a mantid. *The American Naturalist* 110: 141–151.

Charnov, E.L. 1976b. Optimal foraging, the marginal value theorem. *Theoretical Population Biology* 9: 129–136.

Charnov, E.L., R. Warne & M. Moses. 2007. Lifetime reproductive effort. *The American Naturalist* 170: E129–E142.

Chaudhry, M.J.I., D.L. Ogada, R.N. Malik, M.Z. Virani & M.D. Giovanni. 2012. First evidence that populations of the critically endangered long-billed vulture *Gyps indicus* in Pakistan have increased following the ban of the toxic veterinary drug diclofenac in south Asia. *Bird Conservation International* 22: 389–397.

Chen, I-C., J.K. Hill, R. Ohlemüller, D.B. Roy & C.D. Thomas. 2011. Rapid range shifts of species associated with high levels of climate warming. *Science* 333: 1024–1026.

Chernetsov, N. 2012. *Passerine Migration. Stopovers and Flight*. Springer-Verlag, Berlin.

Chernetsov, N. 2015. Avian compass systems: do all migratory species possess all three? *Journal of Avian Biology* 46: 342–343.

Chesson, P. 2000. Mechanisms of maintenance of species diversity. *Annual Review of Ecology and Systematics* 31: 343–358.

Chivers, D.J. & P. Langer (eds.). 1994. *The Digestive System in Mammals: Food, form and function*. Cambridge University Press, Cambridge.

Christianson, D. & S. Creel. 2010. A nutritionally mediated risk effect of wolves on elk. *Ecology* 91: 1184–1191.

Chung, O. et al. (17 weitere Autoren). 2015. The first whole genome and transcriptome of the cinereous vulture reveals adaptation in the gastric and immune defense systems and possible convergent evolution between the Old and New World vultures. *Genome Biology* 16:215.

Ciuti, S., J.M. Northrup, T.M. Muhly, S. Simi, M. Musiani, J.A. Pitt & M.S. Boyce. 2012. Effects of humans on behaviour of wildlife exceed those of natural predators in a landscape of fear. *PLoS ONE* 7: e50611.

Clark, R.G. & D. Shutler. 1999. Avian habitat selection: pattern from process in nest-site use by ducks? *Ecology* 80: 272–287.

Clarke, A. & M.I. O'Connor. 2014. Diet and body temperature in mammals and birds. *Global Ecology and Biogeography* 23: 1000–1008.

Clarke, A., P. Rothery & N.J.B. Isaac. 2010. Scaling of basal metabolic rate with body mass and temperature in mammals. *Journal of Animal Ecology* 79: 610–619.

Clausen, K.K. & P. Clausen. 2013. Earlier Arctic springs cause phenological mismatch in long-distance migrants. *Oecologia* 173: 1101–1112.

Clauss, M. & G.E. Rössner. 2014. Old world ruminant morphophysiology, life history, and fossil record: exploring key innovations of a diversification sequence. *Annales Zoologici Fennici* 51: 80–94.

Clauss, M., T. Kaiser & J. Hummel. 2008. The morphophysiological adaptations of browsing and grazing mammals. Pp. 47–88 in Gordon, I.J. & H.H.T. Prins (eds.), *The Ecology of Browsing and Grazing*. Springer, Heidelberg.

Clauss, M., I.D. Hume & J. Hummel. 2010. Evolutionary adaptations of ruminants and their potential relevance for modern production systems. *Animal* 4: 979–992.

Clauss, M., P. Steuer, D.W.H. Müller, D. Codron & J. Hummel. 2013. Herbivory and body size: allometries of diet quality and gastrointestinal physiology, and implications for herbivore ecology and dinosaur gigantism. *PLoS ONE* 8(10): e68714.

Clauss, M., A. Lischke, H. Botha & J.-M. Hatt. 2016. Carcass consumption by domestic rabbits *(Oryctolagus cuniculus)*. *European Journal of Wildlife Research* 62: 143–145.

Clavero, M. & E. García-Berthou. 2005. Invasive species are a leading cause of animal extinctions. *Trends in Ecology and Evolution* 20: 110.

Clavero, M., D. Villero & L. Brotons. 2011. Climate change or land use dynamics: do we know what climate change indicators indicate? *PLoS ONE* 6(4): e18581.

Clavijo-Baque, S. & F. Bozinovic. 2012. Testing the fitness consequences of the thermoregulatory and parental care models for the origin of endothermy. *PLoS ONE* 7(5): e37069.

Clinchy, M., D.T. Haydon & A.T. Smith. 2002. Pattern does not equal process: what does patch occupancy really tell us about metapopulation dynamics? *The American Naturalist* 159: 351–362.

Clinchy, M., M.J. Sheriff & L.Y. Zanette. 2013. Predator-induced stress and the ecology of fear. *Functional Ecology* 27: 56–65.

Clobert, J. & J.-D. Lebreton. 1991. Estimation of demographic parameters in bird populations. Pp. 75–104 in Perrins, C.M., J.-D. Lebreton & G.J.M. Hirons (eds.), *Bird Population Studies. Relevance to Conservation and Management*. Oxford University Press, Oxford.

Clutton-Brock, T.H. 1991. *The Evolution of Parental Care*. Princeton University Press, Princeton.

Clutton-Brock, T. 2002. Breeding together: kin selection and mutualism in cooperative vertebrates. *Science* 296: 69–72.

Clutton-Brock, T. 2009. Sexual selection in females. *Animal Behaviour* 77: 3–11.

Clutton-Brock, T.H. & T. Coulson. 2003. Comparative ungulate dynamics: the devil is in the detail. Pp. 249–268 in Sibly, R.M., J. Hone & T.H. Clutton-Brock (eds.), *Wildlife Population Growth Rates*. Cambridge University Press, Cambridge.

Clutton-Brock, T. & E. Huchard. 2013. Social competition and its consequences in female mammals. *Journal of Zoology* 289: 151–171.

Clutton-Brock, T.H. & K. Isvaran. 2007. Sex differences in ageing in natural populations of vertebrates. *Proceedings of the Royal Society B* 274: 3097–3104.

Clutton-Brock, T.H. & D. Lukas. 2012. The evolution of social philopatry and dispersal in female mammals. *Molecular Ecology* 21: 472–492.

Clutton-Brock, T.H., F.E. Guinness & S.D. Albon. 1982. *Red Deer. Behavior and Ecology of Two Sexes*. Edinburgh University Press, Edinburgh.

Clutton-Brock, T.H., S.D. Albon & F.E. Guinness. 1984. Maternal dominance, breeding success and birth sex ratios in red deer. *Nature* 308: 358–360.

Clutton-Brock, T.H., M.J. O'Riain, P.N.M. Brotherton, D. Gaynor, R. Kansky, A.S. Griffin & M. Manser. 1999. Selfish sentinels in cooperative mammals. *Science* 284: 1640–1644.

Clutton-Brock, T.H., B.T. Grenfell, T. Coulson, A.D.C. McColl, A.W. Illius, M.C. Forchhammer, K. Wilson, J. Lindström, M.J. Crawley & S.D. Albon. 2004. Population dynamics in Soay sheep. Pp. 52–88 in Clutton-Brock, T. & J. Pemberton (eds.), *Soay Sheep. Dynamics and Selection in an Island Population*. Cambridge University Press, Cambridge.

Cochran, W.W. & M. Wikelski. 2005. Individual migratory tactics of New World *Catharus* thrushes. Current knowledge and future tracking options from space. Pp. 274–289 in Greenberg, R. & P.P. Marra (eds.), *Birds of Two Worlds. The Ecology and Evolution of Migration*. The John Hopkins University Press, Baltimore.

Cockburn, A. 2006. Prevalence of different modes of parental care in birds. *Proceedings of the Royal Society B* 273: 1375–1383.

Cockburn, A., S. Legge & M.C. Double. 2002. Sex ratios in birds and mammals: can the hypotheses be disentangled? Pp. 266–286 in Hardy, I.C.W. (ed.), *Sex Ratios: Concepts and Research Methods*. Cambridge University Press, Cambridge.

Cohen, J.E. 2003. Human population: the next half century. *Science* 302: 1172–1175.

Colditz, I.G. 2008. Six costs of immunity to gastrointestinal nematode infections. *Parasite Immunology* 30: 63–70.

Coleman, S.W., G.L. Patricelli & G. Borgia. 2004. Variable female preferences drive complex male displays. *Nature* 428: 742–745.

Collazo, J.A., J.F. Gilliam & L. Miranda-Castro. 2010. Functional response models to estimate feeding rates of wading birds. *Waterbirds* 33: 33–40.

Collen, B., J. Loh, S. Whitmee, L. McRae, R. Amin & J.E.M. Baillie. 2008. Monitoring change in vertebrate abundance: the Living Planet Index. *Conservation Biology* 23: 317–327.

Collins, C. & R. Kays. 2011. Causes of mortality in North American populations of large and medium-sized mammals. *Animal Conservation* 14: 474–483.

Colman, J.E., D. Tsegaye, C. Pedersen, R. Eidesen, H. Arntsen, Ø. Holand, A. Mann, E. Reimers & S.E. Moe. 2012. Behavioral interference between sympatric reindeer and domesticated sheep in Norway. *Rangeland Ecology and Management* 65: 299–308.

Condit, R., J. Reiter, P.A. Morris, R. Berger, S.G. Allan & B.J. Le Boeuf. 2014. Lifetime survival rates and senescence in northern elephant seals. *Marine Mammal Science* 30: 122–138.

Conover, M.R. & R.M. Vail. 2015. *Human Diseases from Wildlife*. CRC Press, Boca Raton.

Conradt, L. & T.M. Roper. 2005. Consensus decision making in animals. *Trends in Ecology and Evolution* 20: 449–456.

Conroy, M.J. & J.P. Carroll. 2009. *Quantitative Conservation of Vertebrates*. Wiley-Blackwell, Chichester.

Cooch, E.G. & G.C. White (eds.). 2016. *Program MARK. A Gentle Introduction*. 14th ed. www.phidot.org.

Cooke, B.D. 2002. Rabbit haemorrhagic disease: field epidemiology and the management of wild rabbit populations. *Revue Scientifique et Technique de l'Office International des Epizooties* 21 : 347–358.

Cooke, B.D. & F. Fenner. 2002. Rabbit haemorrhagic disease and the biological control of wild rabbits, *Oryctolagus cuniculus*, in Australia and New Zealand. *Wildlife Research* 29: 689–706.

Cooper, N.W., M.T. Murphy, L.J. Redmond & A.C. Dolan. 2009. Density-dependent age at first reproduction in the eastern kingbird. *Oikos* 118: 413–419.

Cooper, S.M. 1991. Optimal hunting group size: the need for lions to defend their kills against loss to spotted hyaenas. *African Journal of Ecology* 29: 130–136.

Copeland, J.P. et al. (16 weitere Autoren). 2010. The bioclimatic envelope of the wolverine *(Gulo gulo):* do climatic constraints limit its geographic distribution? *Canadian Journal of Zoology* 88: 233–246.

Coppack, T. & F. Bairlein. 2011. Circadian control of nocturnal songbird migration. *Journal of Ornithology* 152 (Suppl. 1): S67–S73.

Corkeron, P.J. & R.C. Connor. 1999. Why do baleen whales migrate? *Marine Mammal Science* 15: 1228–1245.

Corlett, R.T. 2007. The impact of hunting on the mammalian fauna of tropical Asian forests. *Biotropica* 39: 292–303.

Cornelius, C., K. Cockle, N. Politi, I. Berkunsky, L. Sandoval, V. Ojeda, L. Rivera, M. Hunter & K. Martin. 2008. *Ornitología Neotropical* 19 (Supplementum): 253–268.

Cornulier, T. et al. (20 weitere Autoren). 2013. Europe-wide dampening of population cycles in keystone herbivores. *Science* 340: 63–66.

Costa, D.P., G.A. Breed & P.W. Robinson. 2012. New insights into pelagic migrations: implications for ecology and conservation. *Annual Review of Ecology, Evolution and Systematics* 43: 73–96.

Côté, I.M. & W.J. Sutherland. 1997. The effectiveness of removing predators to protect bird populations. *Conservation Biology* 11: 395–405.

Cottam, M.R., S.K. Robinson, E.J. Heske, J.D. Brawn & K.C. Rowe. 2009. Use of landscape metrics to predict avian nest survival in a fragmented midwestern forest landscape. *Biological Conservation* 142: 2464–2475.

Coulson, T., E.A. Catchpole, S.D. Albon, B.J.T. Morgan, J.M. Pemberton, T.H. Clutton-Brock, M.J. Crawley & B.T. Grenfell. 2001. Age, sex, density, winter weather, and population crashes in soay sheep. *Science* 292: 1528–1531.

Courchamp, F. & D.W. Macdonald. 2001. Crucial importance of pack size in the African wild dog *Lycaon pictus*. *Animal Conservation* 4: 169–174.

Courchamp, F., L. Berec & J. Gascoigne. 2008. *Allee Effects in Ecology and Conservation*. Oxford University Press, Oxford.

Courchamp, F., T. Clutton-Brock & B. Grenfell. 1999. Inverse density-dependence and the Allee effect. *Trends in Ecology and Evolution* 14: 405–410.

Cowie, R.J. 1977. Optimal foraging in great tits *(Parus major)*. *Nature* 268: 137–139.

Cowlishaw, G., S. Mendelson & J.M. Rowcliffe. 2005. Evidence for post-depletion sustainability in a mature bushmeat market. *Journal of Applied Ecology* 42: 460–468.

Cox, G.W. 2010. *Bird Migration and Global Change*. Island Press, Washington.

Cox, J.G. & S.L. Lima. 2006. Naiveté and an aquatic–terrestrial dichotomy in the effects of introduced predators. *Trends in Ecology and Evolution* 21: 674–680.

Cox, W.A., F.R. Thompson, A.S. Cox & J. Faaborg. 2014. Post-fledging survival in passerine birds and the value of post-fledging studies to conservation. *Journal of Wildlife Management* 78: 183–193.

Creel, S. & N.M. Creel. 1995. Communal hunting and pack size in African wild dogs, *Lycaon pictus*. *Animal Behaviour* 50: 1325–1339.

Creel, S., J. Winnie, B. Maxwell, K. Hamlin & M. Creel. 2005. Elk alter habitat selection as an antipredator response to wolves. *Ecology* 86: 3387–3397.

Creel, S., D. Christianson, S. Liley & J.A. Whinnie. 2007. Predation risk affects reproductive physiology and demography of elk. *Science* 315: 960.

Cresswell, K.A., W.H. Satterthwaite & G.A. Sword. 2011. Understanding the evolution of migration through empirical examples. Pp. 7–31 in Milner-Gulland, E.J., J.M. Fryxell & A.R.E. Sinclair (eds.), *Animal Migration. A Synthesis*. Oxford University Press, Oxford.

Cresswell, W. 1994. Flocking is an effective anti-predation strategy in redshanks, *Tringa totanus*. *Animal Behaviour* 47: 433–442.

Cresswell, W. 2008. Non-lethal effects of predation in birds. *Ibis* 150: 3–17.

Cresswell, W. 2011. Predation in bird populations. *Journal of Ornithology* 152 (Suppl. 1): S251–S263.

Crête, M. 1999. The distribution of deer biomass in North America supports the hypothesis of exploitation ecosystems. *Ecology Letters* 2: 223–227.

Cromsigt, J.P.G.M., G.I.H. Kerley & R. Kowalczyk. 2012. The difficulty of using species distribution modelling for the conservation of refugee species – the example of European bison. *Diversity and Distributions* 18: 1253–1257.

Crooks, K.R. & M.E. Soulé. 1999. Mesopredator release and avifaunal extinctions in a fragmented system. *Nature* 400: 563–566.

Crooks, K.R., A.V. Suarez, D.T. Bolger & M.E. Soulé. 2001. Extinction and colonization of birds on habitat islands. *Conservation Biology* 15: 159–172.

Crosmary, W.-G., M. Valeix, H. Fritz, H. Madzikanda & S.D. Côté. 2012. African ungulates and their drinking problems: hunting and predation risks constrain access to water. *Animal Behaviour* 83: 145–153.

Cunningham, S.J., I. Castro, T. Jensen & M.A. Potter. 2010. Remote touch prey-detection by Madagascar crested ibises *Lophotibis cristata urschi*. *Journal of Avian Biology* 41: 350–353.

Cuthbert, R.J. et al. (11 weitere Autoren). 2014. Avian scavengers and the threat from veterinary pharmaceuticals. *Philosophical Transactions of the Royal Society B* 369: 20130574.

Czech-Damal, N.U., G. Dehnhardt, P. Manger & W. Hanke. 2013. Passive electroreception in aquatic mammals. *Journal of Comparative Physiology A* 199: 555–563.

Dakin, R. & R. Montgomerie. 2013. Eye for an eyespot: how iridescent plumage ocelli influence peacock mating success. *Behavioral Ecology* 24: 1048–1057.

Dall, S.R.X. & I.L. Boyd. 2004. Evolution of mammals: lactation helps mothers to cope with unreliable food supplies. *Proceedings of the Royal Society B* 271: 2049–2057.

Dall, S.R.X., A.M. Bell, D.I. Bolnick & F.L.W. Ratnieks. 2012. An evolutionary ecology of individual differences. *Ecology Letters* 15: 1189–1198.

Danchin, E. & F. Cézilly. 2008. Sexual selection: another evolutionary process. Pp. 363–426 in Danchin, E., L.-A. Giraldeau & F. Cézilly (eds.), *Behavioural Ecology*. Oxford University Press, Oxford.

Danchin, E. & R.H. Wagner. 1997. The evolution of coloniality: the emergence of new perspectives. *Trends in Ecology and Evolution* 12: 342–347.

Danchin, E., L.-A. Giraldeau & R.H. Wagner. 2008. Animal aggregations: hypotheses and controversies. Pp. 503–545 in Danchin, E., L.-A. Giraldeau & F. Cézilly, *Behavioural Ecology*. Oxford University Press, Oxford.

Danner, R.M., R.S. Greenberg, J.E. Danner & J.R. Walters. 2015. Winter food limits timing of pre-alternate moult in a short-distance migratory bird. *Functional Ecology* 29 : 259–267.

Daszak, P., A.C. Cunningham & A.D. Hyatt. 2000. Emerging infectious diseases of wildlife – threats to biodiversity and human health. *Science* 287: 443–449.

Daunt, F., V. Afanasyev, A. Adam, J.P. Croxall & S. Wanless. 2007. From cradle to early grave: juvenile mortality in European shags *Phalacrocorax aristotelis* results from inadequate development of foraging proficiency. *Biology Letters* 3: 371–374.

Dausmann, K.H., J. Glos, J.U. Ganzhorn & G. Heldmaier. 2004. Hibernation in a tropical primate. *Nature* 429: 825–826.

David, P. & P. Heeb. 2009. Parasites and sexual selection. Pp. 31–47 in Thomas, F., J.-F. Guégan & F. Renaud (eds.), *Ecology and Evolution of Parasitism*. Oxford University Press, Oxford.

Davidson, A.D., M.J. Hamilton, A.G. Boyer, J.H. Brown & G. Ceballos. 2009. Multiple ecological pathways to extinction in mammals. *Proceedings of the National Academy of Sciences* 106: 10702–10705.

Davies, N.B. 1992. *Dunnock Behaviour and Social Evolution*. Oxford University Press, Oxford.

Davies, N.B., R.M. Kilner & D.G. Noble. 1998. Nestling cuckoos, *Cuculus canorus*, exploit hosts with begging calls that mimic a brood. *Proceedings of the Royal Society London B* 265: 673–678.

Davies, N.B. , J.R. Krebs & S.A. West. 2012. *An Introduction to Behavioural Ecology*. 4th ed. Wiley-Blackwell, Chichester.

Davies, T.J., S. Meiri, T.G. Barraclough & J.L. Gittleman. 2007. Species co-existence and character divergence across carnivores. *Ecology Letters* 10: 146–152.

Davies, T.J., A. Purvis & J.L. Gittleman. 2009. Quaternary climate change and the geographic ranges of mammals. *The American Naturalist* 174: 297–307.

Davis, J.M. 2008. Patterns of variation in the influence of natal experience on habitat choice. *The Quarterly Review of Biology* 83: 363–380.

Davis, M.A. 2003. Biotic globalization: does competition from introduced species threaten biodiversity? *BioScience* 53: 481–489.

Davoren, G.K., W.A. Montevecchi & J.T. Anderson. 2003. Search strategies of a pursuit-diving marine bird and the persistence of prey patches. *Ecological Monographs* 73: 463–481.

Dawideit, B.A., A. B. Phillimore, I. Laube, B. Leisler & K. Böhning-Gaese. 2009. Ecomorphological predictors of natal dispersal distances in birds. *Journal of Animal Ecology* 78: 388–395.

Dawkins, R. 1976. *The Selfish Gene*. Oxford University Press, Oxford.

Day, L.B., D.A. Westcott & D.H. Holster. 2005. Evolution of bower complexity and cerebellum size in bowerbirds. *Brain, Behavior and Evolution* 66: 62–72.

Dayan, T. & D. Simberloff. 1998. Size patterns among competitors: ecological character displacement and character release in mammals, with special reference to island populations. *Mammal Review* 28: 99–124.

de Castro, F. & B. Bolker. 2005. Mechanisms of disease-induced extinction. *Ecology Letters* 8: 117–126.

de Queiroz, K. 2007. Species concepts and species delimitation. *Systematic Biology* 56: 879-886.

de Vos, J.M., L.N. Joppa, J.L. Gittleman, P.R. Stephens & S.L. Pimm. 2014. Estimating the normal background rate of species extinction. *Conservation Biology* 29: 452–462.

Deakin, J.E. & K. Belov. 2012. A comparative genomics approach to understanding transmissible cancer in Tasmanian devils. *Annual Review of Genomics and Human Genetics* 13: 207–222.

Dean, W.R.J., W.R. Siegfried & I.A.W. Macdonald. 1990. The fallacy, fact, and fate of guiding behavior in the greater honeyguide. *Conservation Biology* 4: 99–101.

DeAngelis, D.L., J.P. Bryant, R. Liu, S.A. Gourley, C.J. Krebs & P.B. Reichardt. 2015. A plant toxin mediated mechanism for the lag in snowshoe hare population recovery following cyclic declines. *Oikos* 124: 796–805.

Debeffe, L., N. Morellet, B. Cargnelutti, B. Lourtet, R. Bon, J.-M. Gaillard & A.J.M. Hewison. 2012. Condition-dependent natal dispersal in a large herbivore: heavier animals show a greater propensity to disperse and travel further. *Journal of Animal Ecology* 81: 1327–1337.

Debeffe, L., N. Morellet, H. Verheyden-Tixier, H. Hoste, J.-M. Gaillard, B. Cargnelutti, D. Picot, J. Sevila & A.J.M. Hewison. 2014. Parasite abundance contributes to condition-dependent dispersal in a wild population of large herbivore. *Oikos* 123: 1121–1125.

DeCesare, N.J., M. Hebblewhite, H.S. Robinson & M. Musiani. 2010. Endangered, apparently: the role of apparent competition in endangered species conservation. *Animal Conservation* 13: 353–362.

Delgado, M.P., J. Traba, E.L. García de la Morena & M.B. Morales. 2010. Habitat selection and density-dependent relationships in spatial occupancy by male Little Bustards *Tetrax tetrax*. *Ardea* 98: 185–194.

Delguidice, G.D., R.A. Moen, F.J. Singer & M.R. Riggs. 2001. Winter nutritional restriction and simulated body condition of Yellowstone elk and bison before and after the fires of 1988. *Wildlife Monographs* 147: 1–60.

del Hoyo, J. & N.J. Collar. 2014. *HBW and BirdLife International Illustrated Checklist of the Birds of the World*. Volume 1: Non-passerines. Lynx Edicions, Barcelona.

Delibes-Mateos, M., A.T. Smith, C.N. Slobodchikoff & J.E. Swenson. 2011. The paradox of keystone species persecuted as pests: A call for the conservation of abundant small mammals in their native range. *Biological Conservation* 144: 1335–1346.

Delmore, K.E. & D.E. Irwin. 2014. Hybrid songbirds employ intermediate routes in a migratory divide. *Ecology Letters* 17: 1211–1218.

DeMiguel, D., B. Azanza & J. Morales. 2014. Key innovations in ruminant evolution: a paleontological perspective. *Integrative Zoology* 9: 412–433.

Demma, D.J. & L.D. Mech. 2009. Wolf use of summer territory in northeastern Minnesota. *The Journal of Wildlife Management* 73: 380–384.

Demment, M.W. & P.J. Van Soest. 1985. A nutritional explanation for body-size patterns of ruminant and non-ruminant herbivores. *The American Naturalist* 125: 641–672.

Dennis, B.D., J.M. Ponciano, S.R. Lele, M.L. Taper & D.F. Staples. 2006. Estimating density dependence, process noise, and observation error. *Ecological Monographs* 76: 323-341.

Deppe, J.L. & J.T. Rotenberry. 2008. Scale-dependent habitat use by fall migratory birds: vegetation structure, floristics, and geography. *Ecological Monographs* 78: 461–487.

Derner, J.D., J.K. Detling & M.F. Antolin. 2006. Are livestock weight gains affected by black-tailed prairie dogs? *Frontiers in Ecology and the Environment* 4: 459–464.

Desbiez, A.L.J. & D. Kluyber. 2013. The role of giant armadillos *(Priodontes maximus)* as physical ecosystem engineers. *Biotropica* 45: 537–540.

DeVault, T.L., O.E. Rhodes & J.A. Shivik. 2003. Scavenging by vertebrates: behavioral, ecological, and evolutionary perspectives on an important energy transfer pathway in terrestrial ecosystems. *Oikos* 102: 225–234.

Devictor, V., R. Julliard & F. Jiguet. 2008. Distribution of specialist and generalist species along spatial gradients of habitat

disturbance and fragmentation. *Oikos* 117: 507–514.
Devictor, V. et al. (20 weitere Autoren). 2012. Differences in the climatic debts of birds and butterflies at a continental scale. *Nature Climate Change* 2: 121–124.
Dhondt, A.A. 2012. *Interspecific Competition in Birds.* Oxford University Press, Oxford.
Di Giallonardo, F. & E.C. Holmes. 2015. Viral biocontrol: grand experiments in disease emergence and evolution. *Trends in Microbiology* 23: 83–90.
Diamond, J.M. 1975. Assembly of species communities. Pp. 342–444 in Cody, M.L. & J.M. Diamond, *Ecology and Evolution of Communities.* The Belknap Press of Harvard University Press, Cambridge, Massachusetts.
Dias, M.P., J.P. Granadeiro & P. Catry. 2012. Do seabirds differ from other migrants in their travel arrangements? On route strategies of cory's shearwater during its trans-equatorial journey. *PLoS ONE* 7(11): e49376.
Didham, R.K., V. Kapos & R.M. Ewers. 2012. Rethinking the conceptual foundations of habitat fragmentation research. *Oikos* 121: 161–170.
Dingle, H. 2008. Bird migration in the southern hemisphere: a review comparing continents. *Emu* 108: 341–359,
Dingle, H. 2014. *Migration. The Biology of Life on the Move.* 2nd edition. Oxford University Press, Oxford.
Dingle, H. & V.A. Drake. 2007. What is migration? *BioScience* 57: 113–121.
Dirzo, R., H.S. Young, M. Galetti, G. Ceballos, N.J.B. Isaac & B. Collen. 2014. Defaunation in the Anthropocene. *Science* 345: 401–406.
Dobson, A. & M. Meagher. 1996. The population dynamics of brucellosis in the Yellowstone National Park. *Ecology* 77: 1026–1036.
Dobson, F.S. 2012. Lifestyles and phylogeny explain bird life histories. *Proceedings of the National Academy of Sciences* 109: 10747–10748.
Dobson, F.S. & M.K. Oli. 2001. The demographic basis of population regulation in Columbian ground squirrels. *The American Naturalist* 158: 236–247.
Dobson, F.S. & M.K. Oli. 2007. Fast and slow life histories of mammals. *Ecoscience* 14: 292–299.
Dobson, F.S. & M.K. Oli. 2008. The life histories of orders of mammals: fast and slow breeding. *Current Science* 95: 862–865.
Doligez, B., L. Gustafsson & T. Pärt. 2009. 'Heritability' of dispersal propensity in a patchy population. *Proceedings of the Royal Society B* 276: 2829–2836.

Dolman, P.M. 2012. Mechanisms and processes underlying landscape structure effects on bird populations. Pp. 93–124 in Fuller, R.J. (ed.), *Birds and Habitat. Relationships in Changing Landscapes.* Cambridge University Press, Cambridge.
Domb, L.G. & M. Pagel 2001. Sexual swellings advertise female quality in wild baboons. *Nature* 410: 204–206.
Donadio, E. & S.W. Buskirk. 2006. Diet, morphology, and interspecific killing in carnivora. *The American Naturalist* 167: 524–536.
Donald, P.F. 2007. Adult sex ratios in wild bird populations. *Ibis* 149: 671–692.
Donald, P.F., R.E. Green & M.F. Heath. 2001. Agricultural intensification and the collapse of Europe's farmland bird populations. *Proceedings of the Royal Society, London* B 268: 25–29.
Donald, P.F., F.J. Sanderson, I.J. Burfield & F.P.J. van Bommel. 2006. Further evidence of continent-wide impacts of agricultural intensification on European farmland birds, 1990–2000. *Agriculture Ecosystems & Environment* 116: 189–196.
Doniol-Valcroze, T., V. Lesage, J. Giard & R. Michaud. 2011. Optimal foraging theory predicts diving and feeding strategies of the largest marine predator. *Behavioral Ecology* 22: 880–888.
Donnelly, C.A. et al. (13 weitere Autoren). 2006. Positive and negative effects of widespread badger culling on tuberculosis in cattle. *Nature* 439: 843–846.
Dorn, M.L. & A.G. Mertig. 2005. Bovine tuberculosis in Michigan: stakeholder attitudes and implications for eradication effort. *Wildlife Society Bulletin* 33: 539–552.
Doutrelant, C., M. Paquet, J.P. Renoult, A. Grégoire, P.-A. Crochet & R. Covas. 2016. Worldwide patterns of bird colouration on islands. *Ecology Letters* 19: 537–545.
Drent, R.H. & S. Daan. 1980. The prudent parent: energetic adjustments in avian breeding. *Ardea* 68: 225–252.
Drent, R.H. & R. van der Wal. 1999. Cyclic grazing in vertebrates and the manipulation of the food resource. Pp. 271–299 in Olff, H., V.K. Brown & R.H. Drent (eds.), *Herbivores: Between Plants and Predators.* Blackwell Science, Oxford.
Drent, R.H., A.D. Fox & J. Stahl. 2006. Travelling to breed. *Journal of Ornithology* 147: 122–134.
du Toit, J.T. & H. Olff. 2014. Generalities in grazing and browsing ecology : using across-guild comparisons to control contingencies. *Oecologia* 174: 1075–1083.

du Toit, J.T., F.D. Provenza & A. Nastis. 1991. Conditioned taste aversions: how sick must a ruminant get before it learns about toxicity in foods? *Applied Animal Behaviour Science* 30: 35–46.
Duckworth, R.A. 2012. Evolution of genetically integrated dispersal strategies. Pp. 83–94 in Clobert, J., M. Baguette, T.G.Benton & J.M. Bullock (eds.), *Dispersal Ecology and Evolution.* Oxford University Press, Oxford.
Dukas, R. & A.C. Kamil. 2001. Limited attention: the constraints underlying search image. *Behavioral Ecology* 12: 192–199.
Duncan, A.J. & I.J. Gordon. 1999. Habitat selection according to the ability of animals to eat, digest and detoxify food. *Proceedings of the Nutrition Society* 58: 799–805.
Duncan, C., E.B. Nilsen, J.D.C. Linnell & N. Pettorelli. 2015. Life-history attributes and resource dynamics determine intraspecific home-range sizes in Carnivora. *Remote Sensing in Ecology and Conservation* 1: 39–50.
Duncan, R.P., T.M. Blackburn & D. Sol. 2003. The ecology of bird introductions. *Annual Review of Ecology, Evolution, and Systematics* 34: 71–98.
Dunham, A.E. 2008. Battle of the sexes: cost asymmetry explains female dominance in lemurs. *Animal Behaviour* 76: 1435–1439.
Dusek, R.J. et al. (14 weitere Autoren). 2014. North Atlantic migratory bird flyways provide routes for intercontinental movement of avian influenza viruses. *PLoS ONE* 9: e92075.
Dyer, E. E., P. Cassey, D. W. Redding, B. Collen, V. Franks, K. J. Gaston, K. E. Jones, S. Kark, C. D. L. Orme & T. M. Blackburn. 2017. The global distribution and drivers of alien bird species richness. *PLoS Biology* 15(1): e2000942.
Dyer, S.J., J.P. O'Neill, S.M. Wasel & S. Boutin. 2001. Avoidance of industrial development by woodland caribou. *The Journal of Wildlife Management* 65: 531–542.
Eberhardt, L.L., R.A. Garrott, D.W. Smith, P.J. White & R.O. Peterson. 2003. Assessing the impact of wolves on ungulate prey. *Ecological Applications* 13: 776–783.
Eberle, M. & P.M. Kappeler. 2004. Selected polyandry: female choice and inter-sexual conflict in a small nocturnal solitary primate *(Microcebus murinus). Behavioral Ecology and Sociobiology* 57: 91–100.
Eccard, J.A. & H. Ylönen. 2003. Interspecific competition in small rodents: from populations to individuals. *Evolutionary Ecology* 17: 423–440.

Edwards, A.W.F. 2000. Carl Düsing (1884) on *The Regulation of the Sex-Ratio*. *Theoretical Population Biology* 58: 255–257.

Edwards, D.P., J.J. Gilroy, G.H. Thomas, C.A. Medina Uribe & T. Haugaasen. 2015. Land-sparing agriculture best protects avian phylogenetic diversity. *Current Biology* 25: 2384–2391.

Effiom, E.O., G. Nuñez-Iturri, H.G. Smith, U. Ottosson & O. Olsson. 2013. Bushmeat hunting changes regeneration in African rainforests. *Proceedings of the Royal Society B* 280: 20130246.

Egevang, C., I.J. Stenhouse, R.A. Phillips, A. Petersen, J.W. Fox & J.R.D. Silk. 2010. Tracking of arctic terns *Sterna paradisaea* reveals longest animal migration. *Proceedings of the National Academy of Sciences* 107: 2078–2081.

Eglington, S.M. & J.W. Pearce-Higgins. 2012. Disentangling the relative importance of changes in climate and land-use intensity in driving recent bird population trends. *PLoS ONE* 7(3): e30407.

Eikenaar, C. & F. Bairlein. 2014. Food availability and fuel loss predict Zugunruhe. *Journal of Ornithology* 155: 65–70.

Elith, J. & J.R. Leathwick. 2009. Species distribution models: ecological explanation and prediction across space and time. *Annual Review of Ecology, Evolution, and Systematics* 40: 677–697.

Ellis, E.C., J.O. Kaplan, D.Q. Fuller, S. Vavrus, K.K. Goldewijk & P.H. Verburg. 2013. Used planet: a global history. *Proceedings of the National Academy of Sciences* 110: 7978–7985.

Elmhagen, B. & S.P. Rushton. 2007. Trophic control of mesopredators in terrestrial ecosystems: top–down or bottom–up? *Ecology Letters* 10: 197–206.

Eltringham, S.K. 1979. *The Ecology and Conservation of Large African Mammals*. The Macmillan Press, London.

Embar, K., B.P. Kotler & S. Mukherjee. 2011. Risk management in optimal foragers: the effect of sightlines and predator type on patch use, time allocation, and vigilance in gerbils. *Oikos* 120: 1657–1666.

Emlen, J.M. 1966. The role of time and energy in food preference. *The American Naturalist* 100: 611–617.

Enstipp, M.R., D. Grémillet & S.-V. Lorentsen. 2005. Energetic costs of diving and thermal status in European shags *(Phalacrocorax aristotelis)*. *The Journal of Experimental Biology* 208: 3451–3461.

Epps, C.W., P.J. Palsbøll, J.D. Wehausen, G.K. Roderick, R.R. Ramey & D.R. McCullough. 2005. Highways block gene flow and cause a rapid decline in genetic diversity of desert bighorn sheep. *Ecology Letters* 8: 1029–1038.

Eraud, C., E. Cadet, T. Powolny, S. Gaba, F. Bretagnolle & V. Bretagnolle. 2015. Weed seeds, not grain, contribute to the diet of wintering skylarks in arable farmlands of Western France. *European Journal of Wildlife Research* 61: 151–161.

Erb, J., M.S. Boyce & N.C. Stenseth. 2001. Population dynamics of large and small mammals. *Oikos* 92: 3–12.

Erb, K.-H., H. Haberl, M.R. Jepsen, T. Kuemmerle, M. Lindner, D. Müller, P.H. Verburg & A. Reenberg. 2013. A conceptual framework for analysing and measuring land-use intensity. *Current Opinion in Environmental Sustainability* 5: 464–470.

Ernest, S.K.M. et al. (13 weitere Autoren). 2003. Thermodynamic and metabolic effects on the scaling of production and population energy use. *Ecology Letters* 6: 990–995.

Erni, B., F. Liechti & B. Bruderer. 2005. The role of wind in passerine autumn migration between Europe and Africa. *Behavioral Ecology* 16: 732–740.

Errington, P.L. 1963. *Muskrat Populations*. The Iowa State University Press, Ames.

Espinoza Gómez, F., J. Santiago García, S. Gómez Rosales, I.R. Wallis, C.A. Chapman, J. Morales Mávil & L. Hernández Salazar. 2015. Howler monkeys *(Alouatta palliata mexicana)* produce tannin-binding salivary proteins. *International Journal of Primatology* 36: 1086–1100.

Estes, J.A. et al. (23 weitere Autoren). 2011. Trophic downgrading of planet earth. *Science* 333: 301–306.

Etterson, M.A. et al. (10 weitere Autoren). 2011. Modeling fecundity in birds: conceptual overview, current models, and considerations for future developments. *Ecological Modelling* 222: 2178–2190.

Evans, K.L. 2004. The potential for interactions between predation and habitat change to cause population declines of farmland birds. *Ibis* 146: 1–13.

Evans, K.L. 2010. Individual species and urbanisation. Pp. 53–86 in Gaston, K.J. (ed.), *Urban Ecology*. Cambridge University Press, Cambridge.

Ewers, R.M. & R.K. Didham. 2006. Confounding factors in the detection of species responses to habitat fragmentation. *Biological Reviews* 81: 117–142.

Fa, J.E. & D. Brown. 2009. Impacts of hunting on mammals in African tropical moist forests: a review and synthesis. *Mammal Review* 39: 231–264.

Faaborg, J. et al. (19 weitere Autoren). 2010. Recent advances in understanding migration systems of New World land birds. *Ecological Monographs* 80: 3–48.

Fabiani, A., F. Galimberti, S. Sanvito & A.R. Hoelzel. 2004. Extreme polygyny among southern elephant seals on Sea Lion Island, Falkland Islands. *Behavioral Ecology* 15: 961–969.

Fagan, W.F. & E.E. Holmes. 2006. Quantifying the extinction vortex. *Ecology Letters* 9: 51–60.

Fahrig, L. & T. Rytwinski. 2009. Effects of roads on animal abundance: an empirical review and synthesis. *Ecology and Society* 14(1): 21.

Fan, Z. et al. (10 weitere Autoren). 2015. Phylogenetic and pathogenic analyses of three H5N1 avian influenza viruses (clade 2.3.2.1) isolated from wild birds in Northeast China. *Infection, Genetics and Evolution* 29: 138–145.

Fankhauser, R., C. Galeffi & W. Suter. 2008. Dung avoidance as a possible mechanism in competition between wild and domestic ungulates: two experiments with chamois *Rupicapra rupicapra*. *European Journal of Wildlife Research* 54: 88–94.

Farmer, C.G. 2000. Parental care: the key to understanding endothermy and other convergent features in birds and mammals. *The American Naturalist* 155: 326–334.

Farrell, S.L., M.L. Morrison, A.J. Campomizzi & R.N. Wilkins. 2012. Conspecific cues and breeding habitat selection in an endangered woodland warbler. *Journal of Animal Ecology* 81: 1056–1064.

Fasola, M., D. Rubolini, E. Merli, E. Boncompagni & U. Bressan. 2010. Long-term trends of heron and egret populations in Italy, and the effects of climate, human-induced mortality, and habitat on population dynamics. *Population Ecology* 52: 59–72.

Faulkes, C.G. & N.C. Bennett. 2001. Family values: group dynamics and social control of reproduction in African mole-rats. *Trends in Ecology and Evolution* 16: 184–190.

Faulkes, C.G. & N.C. Bennett. 2009. Reproductive skew in African mole-rats: behavioral and physiological mechanisms to maintain high skew. Pp. 369–396 in Hager, R. & C.B. Jones (eds.), *Reproductive Skew in Vertebrates. Proximate and Ultimate Causes*. Cambridge University Press, Cambridge.

Feare, C.J. 2010. Role of wild birds in the spread of highly pathogenic avian influenza virus H5N1 and implications for global surveillance. *Avian Diseases* 54: 201–212.

Feare, C.J., T. Kato & R. Thomas. 2010. Captive rearing and release of bar-headed geese *(Anser indicus)* in China: a possible HPAI H5N1 virus infection route to wild birds. *Journal of Wildlife Diseases* 46: 1340–1342.

Feeney, W.E., J.A. Welbergen & N.E. Langmore. 2014. Advances in the study of coevolution between avian brood parasites and their hosts. *Annual Review of Ecology, Evolution and Systematics* 45: 227–246.

Feldhamer, G.A., L.C. Drickamer, S.H. Vessey, J.M. Merritt & C. Krajewski. 2007. *Mammalogy. Adaptation, Diversity, Ecology*. 3rd ed. The John Hopkins University Press, Baltimore.

Felton, A.M., A. Felton, D. Raubenheimer, S.J. Simpson, W.J. Foley, J.T. Wood, I.R. Wallis & D.B. Lindenmayer. 2009. Protein content of diet dictates the daily energy intake of a free-ranging primate. *Behavioral Ecology* 20: 685–690.

Fenner, F. 1983. Biological control, as exemplified by smallpox eradication and myxomatosis. *Proceedings of the Royal Society London B* 218: 259–285.

Fenton, M.B. 2013. Evolution of echolocation. Pp. 47–70 in Adams, R.A. & S.C. Pedersen (eds.), *Bat Evolution, Ecology, and Conservation*. Springer, New York.

Ferrari, M.C.O., A. Sih & D.P. Chivers. 2009. The paradox of risk allocation: a review and prospectus. *Animal Behaviour* 78: 579–585.

Ferrer, M., I. Newton & M. Pandolfi. 2009. Small populations and offspring sex-ratio deviations in eagles. *Conservation Biology* 23: 1017–1025.

Ferrer, M., I. Newton & R. Muriel. 2013: Rescue of a small declining population of Spanish imperial eagles. *Biological Conservation* 159: 32–36.

Fijn, R.C., D. Hiemstra, R.A. Phillips & J. van der Winden. 2013. Arctic Terns *Sterna paradisaea* from The Netherlands migrate record distances across three oceans to Wilkes Land, East Antarctica. *Ardea* 101: 3-12.

Filloy, J. & M.I. Bellocq. 2006. Spatial variations in the abundance of *Sporophila* seedeaters in the southern Neotropics: contrasting the effects of agricultural development and geographical position. *Biodiversity and Conservation* 15: 3329–3340.

Fischer, J. & D.B. Lindenmayer. 2007. Landscape modification and habitat fragmentation: a synthesis. *Global Ecology and Biogeography* 16: 265–280.

Fisher, D.O., M.C. Double, S.P. Blomberg, M.D. Jennions & A. Cockburn. 2006. Post-mating sexual selection increases lifetime fitness of polyandrous females in the wild. *Nature* 444: 89–92.

Fisher, D.O., C.R. Dickman, M.E. Jones & S.P. Blomberg. 2013. Sperm competition drives the evolution of suicidal reproduction in mammals. *Proceedings of the National Academy of Sciences of the United States of America* 110: 17910–17914.

Fitze, P.S., B. Tschirren & H. Richner. 2004a. Life history and fitness consequences of ectoparasites. *Journal of Animal Ecology* 73: 216–226.

Fitze, P.S., J. Clobert & H. Richner. 2004b. Long-term life-history consequences of ectoparasite-modulated growth and development. *Ecology* 85: 2018–2026.

Fitzgerald, S.D. & J.B. Kaneene. 2012. Wildlife reservoirs of bovine tuberculosis worldwide: hosts, pathology, surveillance, and control. *Veterinary Pathology* 50: 488–499.

Fjeldså, J. 1983. Ecological character displacement and character release in grebes Podicipedidae. *Ibis* 125: 463–481.

Fleming, T.H. & P. Eby. 2003. Ecology of bat migration. Pp. 156–208 in Kunz, T.H. & M.B. Fenton (eds.), *Bat Ecology*. The University of Chicago Press, Chicago.

Fletcher, Q.E., J.R. Speakman, S. Boutin, A.G. McAdam, S.B. Woods & M.M. Humphries. 2012. Seasonal stage differences overwhelm environmental and individual factors as determinants of energy expenditure in free-ranging red squirrels. *Functional Ecology* 26: 677–6867.

Flint, P.F. & J.C. Franson. 2009. Does influenza A affect body condition of wild mallard ducks, or *vice versa*? *Proceedings of the Royal Society B* 276: 2345–2346.

Focardi, S., P. Marcellini & P. Montanaro. 1996. Do ungulates exhibit a food density threshold? A field study of optimal foraging and movement patterns. *Journal of Animal Ecology* 65: 606–620.

Focardi, S., J.-M. Gaillard, F. Ronchi & S. Rossi. 2008. Survival of wild boars in a variable environment: unexpected life-history variation in an unusual ungulate. *Journal of Mammalogy* 89: 1113–1123.

Foden, W.B. et al. (18 weitere Autoren). 2013. Identifying the world's most climate change vulnerable species: a systematic trait-based assessment of all birds, amphibians and corals. *PLoS ONE* 8(6): e65427.

Foley, W.J., G.R. Iason & C. McArthur. 1999. Role of plant secondary metabolites in the nutritional ecology of mammalian herbivores: How far have we come in 25 years? Pp. 130–209 in Jung, H.-J.G. & G.C. Fahey (eds.), *Nutritional Ecology of Herbivores*. American Society of Animal Science, Savoy.

Fontaine, J.J. & T.E. Martin. 2006. Parent birds assess nest predation risk and adjust their reproductive strategies. *Ecology Letters* 9: 428–434.

Foppa, I.M., R.H. Beard & I.H. Mendenhall. 2011. The impact of West Nile virus on the abundance of selected North American birds. *BMC Veterinary Research* 7: 43.

Forbes, S., S. Thornton, B. Glassey, M. Forbes & N.J. Buckley. 1997. Why parent birds play favourites. *Nature* 390: 351–352.

Ford, J.K.B. & R.R. Reeves. 2008. Fight or flight: antipredator strategies of baleen whales. *Mammal Review* 38: 50–86.

Forero-Medina, G., J. Terborgh, S.J. Socolar & S.L. Pimm. 2011. Elevational ranges of birds on a tropical montane gradient lag behind warming temperatures. *PLoS ONE* 6(12): e28535.

Forrester, T.D. & H.U. Wittmer. 2013. A review of the population dynamics of mule deer and black-tailed deer *Odocoileus hemionus* in North America. *Mammal Review* 43: 292–308.

Forrester, T.D., D.S. Casady & H.U. Wittmer. 2015. Home sweet home: fitness consequences of site familiarity in female black-tailed deer. *Behavioral Ecology and Sociobiology* 69: 603–612.

Forsman, J.T., M.B. Hjernquist, J. Taipale & L. Gustafsson. 2008. Competitor density cues for habitat quality facilitating habitat selection and investment decisions. *Behavioral Ecology* 19: 539–545.

Forsyth, D.M., R.P. Duncan, K.G. Tustin & J.-M. Gaillard. 2005. A substantial energetic cost to male reproduction in a sexually dimorphic ungulate. *Ecology* 86: 2154–2163.

Fort, J. et al. (12 weitere Autoren). 2012. Meta-population evidence of oriented chain migration in northern gannets *(Morus bassanus)*. *Frontiers in Ecology and Environment* 10: 237–242.

Fortin, D., M.S. Boyce, E.H. Merrill & J.M. Fryxell. 2004. Foraging costs of vigilance in large mammalian herbivores. *Oikos* 107: 172–180.

Fortin, D., H.L. Beyer, M.S. Boyce, D.W. Smith, T. Duchesne & J.S. Mao. 2005. Wolves influence elk movements: behavior shapes a trophic cascade in Yellowstone National Park. *Ecology* 86: 1320–1330.

Foster, J.T., B.L. Woodworth, L.E. Eggert, P.J. Hart, D. Palmer, D.C. Duffy & R.C. Fleischer. 2007. Genetic structure and evolved malaria resistance in Hawaiian honeycreepers. *Molecular Ecology* 16: 4738–4746.

Fragaszy, D.M. & S. Perry (eds.). 2003. *The Biology of Traditions. Models and Evidence.* Cambridge University Press, Cambridge.

Franklin, J. 2009. *Mapping Species Distributions: Spatial Inference and Prediction.* Cambridge University Press, Cambridge.

Freake, M.J., R. Muheim & J.B. Phillips. 2006. Magnetic maps in animals: a theory comes of age? *The Quarterly Review of Biology* 81: 327–347.

Fretwell, S.D. & H.L. Lucas. 1969. On territorial behavior and other factors influencing habitat distribution in birds. I. Theoretical development. *Acta Biotheoretica* 19: 16–36.

Frey-Roos, F., P.A. Brodmann & H.-U. Reyer. 1995. Relationships between food resources, foraging patterns, and reproductive success in the water pipit, *Anthus* sp. *spinoletta*. *Behavioral Ecology* 6: 287–295.

Fritz, H., M. Loreau, S. Chamaillé-Jammes, M. Valeix & J. Clobert. 2011. A food-web perspective on large herbivore community limitation. *Ecography* 34: 196–202.

Fritz, J., J. Hummel, E. Kienzle, C. Arnold, C. Nunn & M. Clauss. 2009. Comparative chewing efficiency in mammalian herbivores. *Oikos* 118: 1623–1632.

Fritz, J., S. Hammer, C. Hebel, A. Arif, B. Michalke, M.T. Dittmann, D.W.H. Müller & M. Clauss. 2012. Retention of solutes and different-sized particles in the digestive tracts of the ostrich *(Struthio camelus massaicus)*, and a comparison with mammals and reptiles. *Comparative Biochemistry and Physiology, Part A* 163: 56–65.

Fritz, S.A., O.R.P. Bininda-Emonds & A. Purvis. 2009. Geographical variation in predictors of mammalian extinction risk: big is bad, but only in the tropics. *Ecology Letters* 12: 538–549.

Fryxell, J.M. 2008. Predictive modelling of patch use by terrestrial herbivores. Pp. 105–123 in Prins, H.H.T. & F. van Langevelde (eds.), *Resource Ecology. Spatial and Temporal Dynamics of Foraging.* Springer, Dordrecht.

Fryxell, J.M. & A.R.E. Sinclair. 1988a. Causes and consequences of migration by large herbivores. *Trends in Ecology and Evolution* 3: 237–241.

Fryxell, J.M. & A.R.E. Sinclair. 1988b. Seasonal migration by white-eared kob in relation to resources. *African Journal of Ecology* 26: 17–31.

Fryxell, J.M., J. Greever & A.R.E. Sinclair. 1988. Why are migratory ungulates so abundant? *The American Naturalist* 131: 781–798.

Fryxell, J.M., J.F. Wilmshurst & A.R.E. Sinclair. 2004. Predictive models of movement by Serengeti grazers. *Ecology* 85: 2429–2435.

Fryxell, J.M., A.R.E. Sinclair & G. Caughley. 2014. *Wildlife Ecology, Conservation, and Management.* 3rd edition. Wiley Blackwell, Chichester.

Fuchs, J., J. Fieldså & E. Pasquet. 2006. An ancient African radiation of corvoid birds (Aves: Passeriformes) detected by mitochondrial and nuclear sequence data. *Zoologica Scripta* 35: 375–385.

Fuller, A., R.S. Hetem, S.K. Maloney & D. Mitchell. 2014. Adaptation to heat and water shortage in large, arid-zone mammals. *Physiology* 29: 159–167.

Fuller, H.L., A.H. Harcourt & S.A. Parks. 2009. Does the population density of primate species decline from centre to edge of their geographic ranges? *Journal of Tropical Ecology* 25: 387–392.

Fuller, R.J. (ed.). 2012a. *Birds and Habitat. Relationships in Changing Landscapes.* Cambridge University Press, Cambridge.

Fuller, R.J. 2012b. The bird and its habitat: an overview of concepts. Pp. 3–36 in Fuller, R.J. (ed.), *Birds and Habitat. Relationships in Changing Landscapes.* Cambridge University Press, Cambridge.

Fuller, R.J. 2012c. Habitat quality and habitat occupancy by birds in variable environments. Pp. 37–62 in Fuller, R.J. (ed.), *Birds and Habitat. Relationships in Changing Landscapes.* Cambridge University Press, Cambridge.

Fuller, T.K., L.D. Mech & J.F. Cochrane. 2003. Wolf population dynamics. Pp. 161-191 in Mech, L. D. and L. Boitani (eds.), *Wolves: Behavior, Ecology, and Conservation.* The University of Chicago Press, Chicago.

Furness, R.W. & P. Monaghan. 1987. *Seabird Ecology.* Blackie & Son, Glasgow.

Gage, T.B. 2001. Age-specific fecundity of mammalian populations: a test of three mathematical models. *Zoo Biology* 20: 487–499.

Gagliardo, A. 2013. Forty years of olfactory navigation in birds. *The Journal of Experimental Biology* 216: 2165–2171.

Gagliardo, A., J. Bried, P. Lambardi, P. Luschi, M. Wikelski & F. Bonadonna. 2013. Oceanic navigation in Cory's shearwaters: evidence for a crucial role of olfactory cues for homing after displacement. *The Journal of Experimental Biology* 216: 2798–2805.

Gagnon, F., J. Ibarzabal, J.-P.L. Savard, P. Vaillancourt, M. Bélisle & C.M. Francis. 2011. Weather effects on autumn nocturnal migration of passerines on opposite shores of the St. Lawrence estuary. *The Auk* 128: 99–112.

Gaidet, N., J. Cappelle, J.Y. Takekawa, D.J. Prosser, S.A. Iverson, D.C. Douglas, W.M. Perry, T. Mundkur & S.H. Newman. 2010. Potential spread of highly pathogenic avian influenza H5N1 by wildfowl: dispersal ranges and rates determined from large-scale satellite telemetry. *Journal of Applied Ecology* 47: 1147–1157.

Gaillard, J.-M., D. Pontier, D. Allainé, J.D. Lebreton, J. Trouvilliez & J. Clobert. 1989. An analysis of demographic tactics in birds and mammals. *Oikos* 56: 59–76.

Gaillard, J.-M., M. Festa-Bianchet & N.G. Yoccoz. 1998. Population dynamics of large herbivores: variable recruitment with constant adult survival. *Trends in Ecology and Evolution* 13: 58–63.

Gaillard, J.-M., N.G. Yoccoz, J.-D. Lebreton, C. Bonenfant, S. Devillard, A. Loison, D. Pontier & D. Allainé. 2005. Generation time: a reliable metric to measure life-history variation among mammalian populations. *The American Naturalist* 166: 119–123.

Gaillard, J.-M., M. Hebblewhite, A. Loison, M. Fuller, R. Powell, M. Basille & B. Van Moorter. 2010. Habitat-performance relationships: finding the right metric at a given spatial scale. *Philosophical Transactions of the Royal Society B* 365: 2255–2265.

Gaillard, J.-M., E.B. Nilsen, J. Odden, H. Andrén & J.D.C. Linnell. 2014. One size fits all: Eurasian lynx females share a common optimal litter size. *Journal of Animal Ecology* 83: 107–115.

Galbreath, R. & D. Brown. 2004. The tale of the lighthouse-keeper's cat: Discovery and extinction of the Stephens Island wren *(Traversia lyalli)*. *Notornis* 51: 193–200.

Galimberti, F., S. Sanvito, C. Braschi & L. Boitani. 2007. The cost of success: reproductive effort in male southern elephant seals *(Mirounga leonina)*. *Behavioral Ecology and Sociobiology* 62: 159–171.

Galván, I. & J.J. Sanz. 2011. Mate-feeding has evolved as a compensatory energetic strategy that affects breeding success in birds. *Behavioral Ecology* 22: 1088–1095.

García-Navas, V., J. Ortego, E.S. Ferrer & J.J. Sanz. 2013. Feathers, suspicions, and infidelities: an experimental study on parental care and certainty of paternity in the blue tit. *Biological Journal of the Linnean Society* 109: 552–561.

Gardner, D.S., S.E. Ozanne & K.D. Sinclair. 2009. Effect of the early-life nutritional environment on fecundity and fertility of mammals. *Philosophical Transactions of the Royal Society B* 364: 3419–3427.

Gardner, J.L., A. Peters, M.R. Kearney, L. Joseph & R. Heinsohn. 2011. Declining

body size: a third universal response to warming? *Trends in Ecology and Evolution* 26: 285–291.
Garnier, R., T. Boulinier & S. Gandon. 2012. Coevolution between maternal transfer of immunity and other resistance strategies against pathogens. *Evolution* 66: 3067–3078.
Garrard, G.E., M.A. McCarthy, P.A. Vesk, J.Q. Radford & A.F. Bennett. 2012. A predictive model of avian natal dispersal distance provides prior information for investigating response to landscape change. *Journal of Animal Ecology* 81: 14–23.
Garratt, M. & R.C. Brooks. 2012. Oxidative stress and condition-dependent sexual signals: more than just seeing red. *Proceedings of the Royal Society B* 279: 3121–3130.
Gasaway, W.C., R.D. Boertje, D.V. Grangaard, D.G. Kelleyhouse, R.O. Stephenson & D.G. Larsen. 1992. The role of predation in limiting moose at low densities in Alaska and Yukon and implications for conservation. *Wildlife Monographs* 120: 1–59.
Gascoigne, J.C. & R.N. Lipcius. 2004. Allee effects driven by predation. *Journal of Applied Ecology* 41: 801–810.
Gaston, K.J. 1996. The multiple forms of the interspecific abundance–distribution relationship. *Oikos* 76: 211–220.
Gaston, K.J. & T.M. Blackburn. 1995. Birds, body size and the threat of extinction. *Philosophical Transactions of the Royal Society B* 347: 205–212.
Gaston, K.J. & T.M. Blackburn. 1996. Global scale macroecology: interactions between population size, geographic range size and body size in the Anseriformes. *Journal of Animal Ecology* 65: 701–714.
Gaston, K.J. & J.L. Curnutt. 1998. The dynamics of abundance–range size relationships. *Oikos* 81: 38–44.
Gaston, K.J. & R.A. Fuller. 2009. The sizes of species' geographic ranges. *Journal of Applied Ecology* 46: 1–9.
Gauthier-Clerc, M., C. Lebarbenchon & F. Thomas. 2007. Recent expansion of highly pathogenic avian influenza H5N1: a critical review. *Ibis* 149: 202–214.
Gauthreaux, S.A. 1991. The flight behavior of migrating birds in changing wind fields: radar and visual analyses. *American Zoologist* 31: 187–204.
Gauthreaux, S.A., J.E. Michi & C.G. Belser. 2005. The temporal and spatial structure of the athmosphere and its influence on bird migration strategies. Pp. 182–193 in Greenberg, R. & P.P. Marra (eds.), *Birds of Two Worlds. The Ecology and Evolution of Migration*. The John Hopkins University Press, Baltimore.
Gavier-Widén, D., J.P. Duff & A. Meredith (eds.). 2012. *Infectious Diseases of Wild Mammals and Birds in Europe*. Wiley-Blackwell, Chichester.
Geiger, F. et al. (27 weitere Autoren). 2010. Persistent negative effects of pesticides on biodiversity and biological control potential on European farmland. *Basic and Applied Ecology* 11: 97–105.
Geiger, F., A. Hegemann, M. Gleichman, H. Flinks, G.R. de Snoo, S. Prinz, B.I. Tieleman & F. Berendse. 2014. Habitat use and diet of skylarks (*Alauda arvensis*) wintering in an intensive agricultural landscape of the Netherlands. *Journal of Ornithology* 155: 507–518.
Geiser, F. 2013. Hibernation. *Current Biology* 23: R188–R193.
Geiser, F. & T. Ruf. 1995. Hibernation versus daily torpor in mammals and birds: physiological variables and classification of torpor patterns. *Physiological Zoology* 68: 935–966.
Geist, V. 1974. On the relationship of social evolution and ecology in ungulates. *American Zoologist* 14: 205–220.
Geist, V. 1998. *Deer of the World. Their Evolution, Behavior, and Ecology*. Stackpole Books, Mechanicsburg.
Genovart, M., N. Negre, G. Tavecchia, A. Bistuer, L. Parpal & D. Oro. 2010. The young, the weak and the sick: evidence of natural selection by predation. *PLoS ONE* 5(3): e9774.
George, T.L., R.J. Harrigan, J.A. LaManna, D.F. DeSante, J.F. Saracco & T.B. Smith. 2015. Persistent impacts of West Nile virus on North American bird populations. *Proceedings of the National Academy of Sciences of the USA* 112: 14290–14294.
Georgiadis, N.J., J.G. Nasser Olwero, G. Ojwang & S.S. Romañach. 2007. Savanna herbivore dynamics in a livestock-dominated landscape: I. Dependence on land use, rainfall, density, and time. *Biological Conservation* 137: 461–472.
Geraci, J., A. Béchet, F. Cézilly, S. Ficheux, N. Baccetti, B. Samraoui & R. Wattier. 2012. Greater flamingo colonies around the Mediterranean form a single interbreeding population and share a common history. *Journal of Avian Biology* 43: 341–354.
Gerson, A.R. & C.G. Guglielmo. 2011. Flight at low ambient humidity increases protein catabolism in migratory birds. *Science* 333: 1434–1436.
Gervasi, V. et al. (12 weitere Autoren). 2012. Predicting the potential demographic impact of predators on their prey: a comparative analysis of two carnivore–ungulate systems in Scandinavia. *Journal of Animal Ecology* 81: 443–454.
Gervasi, V., E.B. Nilsen & J.D.C. Linnell. 2015. Body mass relationships affect the age structure of predation across carnivore–ungulate systems: a review and synthesis. *Mammal Review* 45: 253–266.
Ghalambor, C.K. & T.E. Martin. 2001. Fecundity-survival trade-offs and parental risk-taking in birds. *Science* 292: 494–497.
Ghanem, S.J. & C.C. Voigt. 2014. Defaunation of tropical forests reduces habitat quality for seed-dispersing bats in Western Amazonia: an unexpected connection via mineral licks. *Animal Conservation* 17: 44–51.
Gibbons, D., C. Morrissey & P. Mineau. 2015. A review of the direct and indirect effects of neonicotinoids and fipronil on vertebrate wildlife. *Environmental Science and Pollution Research* 22: 103–118.
Gienapp, P., A.J. van Noordwijk & M.E. Visser. 2013. Genetic background, and not ontogenetic effects, affects avian seasonal timing of reproduction. *Journal of Evolutionary Biology* 26: 2147–2153.
Gilbert, C., D. McCafferty, Y. Le Maho, J.-M. Martrette, S. Giroud, S. Blanc & A. Ancel. 2010. One for all and all for one: the energetic benefits of huddling in endotherms. *Biological Reviews* 85: 545–569.
Gilbert-Norton, L., R. Wilson, J.R. Stevens & K.H. Beard. 2010. A meta-analytic review of corridor effectiveness. *Conservation Biology* 24: 660–668.
Gilg, O., I. Hanski & B. Sittler. 2003. Cyclic dynamics in a simple vertebrate predator-prey community. *Science* 302: 866–868.
Gill, F.B. 2007. *Ornithology*. 3rd ed. W.H. Freeman, New York.
Gill, J.A., K. Norris, P.M. Potts, T.G. Gunnarsson, P.W. Atkinson & W.J. Sutherland. 2001. The buffer effect and large-scale population regulation in migratory birds. *Nature* 412: 436–438.
Gill, R.E., T.L. Tibbitts, D.C. Douglas, C.M. Handel, D.M. Mulcahy, J.C. Gottschalck, N. Warnock, B.J. MacCaffery, P.F. Battley & T. Piersma. 2009. Extreme endurance flights by landbirds crossing the Pacific Ocean: ecological corridor rather than barrier? *Proceedings of the Royal Society B* 276: 447–457.
Gillings, S., D.E. Balmer & R.J. Fuller. 2015. Directionality of recent bird distribution shifts and climate change in Great Britain. *Global Change Biology* 21: 2155–2168.
Gillis, E.A., D.J. Green, H.A. Middleton & C.A. Morissey. 2008. Life history correlates of alternative migratory strategies in American dippers. *Ecology* 89: 1687–1695.

Gilpin, M.E. & M.E. Soulé. 1986. Minimum viable populations: processes of extinction. Pp. 19–34 in Soulé, M.E. (ed.), *Conservation Biology: The Science of Scarcity and Diversity*. Sinauer Associates, Sunderland.

Gilroy, J.J., G.Q.A. Anderson, J.A. Vickery, P.V. Grice & W.J. Sutherland. 2011. Identifying mismatches between habitat selection and habitat quality in a ground-nesting farmland bird. *Animal Conservation* 14: 620–629.

Ginzburg, L.R. & C.J. Krebs. 2015. Mammalian cycles: internally defined periods and interaction-driven amplitudes. *PeerJ* 3: e1180.

Giraldeau, L.-A. 2008a. Solitary foraging strategies. Pp. 233–255 in Danchin, E., L.-A. Giraldeau & F. Cézilly, *Behavioural Ecology*. Oxford University Press, Oxford.

Giraldeau, L.-A. 2008b. Social foraging. Pp. 257–283 in Danchin, E., L.-A. Giraldeau & F. Cézilly, *Behavioural Ecology*. Oxford University Press, Oxford.

Giraldeau, L.-A. & T. Caraco. 2000. *Social Foraging Theory*. Princeton University Press, Princeton.

Giraldeau, L.-A. & F. Dubois. 2008. Social foraging and the study of exploitative behavior. *Advances in the Study of Behavior* 38: 59–104.

Giralt, D., L. Brotons, F. Valera & A. Krištín. 2008. The role of natural habitats in agricultural systems for bird conservation: the case of the threatened Lesser Grey Shrike. *Biodiversity and Conservation* 17: 1997–2012.

Glazier, D.S. 2005. Beyond the '3/4-power law': variation in the intra- and interspecific scaling of metabolic rate in animals. *Biological Reviews* 80: 611–662.

Glazier, D.S. & S.A. Eckert. 2002. Competitive ability, body size and geographical range size in small mammals. *Journal of Biogeography* 29: 81–92.

Glista, D.J., T.L. DeVault & J.A. DeWoody. 2009. A review of mitigation measures for reducing wildlife mortality on roadways. *Landscape and Urban Planning* 91: 1–7.

Głowaciński, Z. & P. Profus. 1997. Potential impact of wolves *Canis lupus* on prey populations in eastern Poland. *Biological Conservation* 80: 99–106.

Glutz von Blotzheim, U.N. (ed.). 1966–1997. *Handbuch der Vögel Mitteleuropas*. 14 Bände. Akademische Verlagsgesellschaft, Frankfurt am Main/Aula-Verlag, Wiesbaden.

Goater, T.M., C.P. Goater & G.W. Esch. 2014. *Parasitism. The Diversity and Ecology of Animal Parasites*. 2nd ed. Cambridge University Press, Cambridge.

Godfray, H.C.J., C.A. Donnelly, R.R. Kao, D.W. Macdonald, R.A. McDonald, G. Petrokofsky, J.L.N. Wood, R. Woodroffe, D.B. Young & A.R. McLean. 2013. A restatement of the natural science evidence base relevant to the control of bovine tuberculosis in Great Britain. *Proceedings of the Royal Society B* 280: 20131634.

Godfroid, J. 2002. Brucellosis in wildlife. *Revue Scientifique et Technique de l'Office International des Epizooties* 21: 277–286.

Gomez, D. & M. Théry. 2007. Simultaneous crypsis and conspicuousness in color patterns: comparative analysis of a Neotropical rainforest bird community. *The American Naturalist* 169 (supplement): S42–S61.

González-Suárez, M. & M.H. Cassini. 2014. Variance in male reproductive success and sexual size dimorphism in pinnipeds: testing an assumption of sexual selection theory. *Mammal Review* 44: 88–93.

Gordon, I.J. & A.W. Illius. 1988. Incisor arcade structure and diet selection in ruminants. *Functional Ecology* 2: 15–22.

Gortázar, C., E. Ferroglio, U. Höfle, K. Frölich & J. Vicente. 2007. Diseases shared between wildlife and livestock: a European perspective. *European Journal of Wildlife Research* 53: 241–256.

Gortázar, C., R.J. Delahay, R.A. McDonald, M. Boadella, D. Gavier-Widén & P. Acevedo. 2012. The status of tuberculosis in European wild mammals. *Mammal Review* 42: 193–206.

Gortázar, C., A. Che Amat & D.J. O'Brien. 2015. Open questions and recent advances in the control of a multi-host infectious disease: animal tuberculosis. *Mammal Review* 45: 160–175.

Goss-Custard, J.D. et al. (33 weitere Autoren). 2006. Intake rates and the functional response in shorebirds (Charadriiformes) eating macro-invertebrates. *Biological Reviews* 81: 501–529.

Goulson, D. 2013. An overview of the environmental risks posed by neonicotinoid insecticides. *Journal of Applied Ecology* 50: 977–987.

Gourlay-Larour, M.-L., R. Pradel, M. Guillemain, H. Santin-Janin, M. L'Hostis & A. Caizergues. 2013. Individual turnover in common pochards wintering in western France. *The Journal of Wildlife Management* 77: 477–485.

Gouveia, A., V. Bejček, J. Flousek, F. Sedláček, K. Šťastný, J. Zima, N.G. Yoccoz, N.C. Stenseth & E. Tkadlec. 2015. Long-term pattern of population dynamics in the field vole from central Europe: cyclic pattern with amplitude dampening. *Population Ecology* 57: 581–589.

Goyert, H.F., L.L. Manne & R.R. Veit. 2014. Facilitative interactions among the pelagic community of temperate migratory terns, tunas and dolphins. *Oikos* 123: 1400–1408.

Grange, S. & P. Duncan. 2006. Bottom-up and top-down processes in African ungulate communities: resources and predation acting on the relative abundance of zebra and grazing bovids. *Ecography* 29: 899–907.

Grange, S., N. Owen-Smith, J.-M. Gaillard, D.J. Druce, M. Moleón & M. Mgobozi. 2012. Changes of population trends and mortality patterns in response to the reintroduction of large predators: the case study of African ungulates. *Acta Oecologica* 42: 16–29.

Grant, P.R. 1972. Convergent and divergent character displacement. *Biological Journal of the Linnean Society* 4: 39–68.

Grant, P.R. & B.R. Grant. 2006. Evolution of character displacement in Darwin's finches. *Science* 313: 224–226.

Grant, P.R. & B.R. Grant. 2014. *40 Years of Evolution. Darwin's Finches on Daphne Major Island*. Princeton University Press, Princeton.

Grarock, K., D.B. Lindenmayer, J.T. Wood & C.R. Tidemann. 2013. Does human-induced habitat modification influence the impact of introduced species? A case study on cavity-nesting by the introduced common myna *(Acridotheres tristis)* and two Australian native parrots. *Environmental Management* 52: 958–970.

Grarock, K., C.R. Tidemann, J.T. Wood & D.B. Lindenmayer. 2014. Are invasive species drivers of native species decline or passengers of habitat modification? A case study on the impact of the common myna *(Acridotheres tristis)* on Australian bird species. *Austral Ecology* 39: 106–114.

Graveland, J. & R. van der Wal. 1996. Decline in snail abundance due to soil acidification causes eggshell defects in forest passerines. *Oecologia* 105: 351–360.

Graveland, J. & R.H. Drent. 1997. Calcium availability limits breeding success of passerines on poor soils. *Journal of Animal Ecology* 66: 279–288.

Green, R.E., S.J. Cornell, J.P.W. Scharlemann & A. Balmford. 2005. Farming and the fate of wild nature. *Science* 307: 550–555.

Green, R.E., M.A. Taggart, K.R. Senacha, B. Raghavan, D.J. Pain, Y. Jhala & R. Cuthbert. 2007. Rate of decline of the oriental white-backed vulture population in India estimated from a survey of diclofenac residues in carcasses of ungulates. *PLoS ONE* 2(8): e686.

Greenway, J.C. 1958. *Extinct and Vanishing Birds of the World*. American Committee for International Wildlife Protection, New York.

Greenwood, P.J. 1980. Mating systems, philopatry and dispersal in birds and mammals. *Animal Behaviour* 28: 1140–1162.

Grenyer, R. et al. (15 weitere Autoren). 2006. Global distribution and conservation of rare and threatened vertebrates. *Nature* 444: 93–96.

Grether, G.F., C.N. Anderson, J.P. Drury, A.N.G. Kirschel, N. Losin, K. Okamoto & K.S. Peiman. 2013. The evolutionary consequences of interspecific aggression. *Annals of the New York Academy of Science* 1289: 48–68.

Griebeler, E.M., T. Caprano & K. Böhning-Gaese. 2010. Evolution of avian clutch size along latitudinal gradients: do seasonality, nest predation or breeding season length matter? *Journal of Evolutionary Biology* 23: 888–901.

Griffin, A.S. & M.C. Diquelou. 2015. Innovative problem solving in birds: a cross-species comparison of two highly successful passerines. *Animal Behaviour* 100: 84–94.

Griffin, A.S., B.C. Sheldon & S.A. West. 2005. Cooperative breeders adjust offspring sex ratios to produce helpful helpers. *The American Naturalist* 166: 628–632.

Griffin, K.A. et al. (16 weitere Autoren). 2011. Neonatal mortality of elk driven by climate, predator phenology and predator community composition. *Journal of Animal Ecology* 80: 1246–1257.

Griffith, B., J.M. Scott, J.W. Carpenter & C. Reed. 1989. Translocation as a species conservation tool: status and strategy. *Science* 245: 477–480.

Griffith, S.C., I.P.F. Owens & K.A. Thuman. 2002. Extra pair paternity in birds: a review of interspecific variation and adaptive function. *Molecular Ecology* 11: 2195–2212.

Groombridge, B. & M.D. Jenkins. 2002. *World Atlas of Biodiversity. Earth's Living Resources in the 21st Century*. University of California Press, Berkeley.

Gross, J.E., I.J. Gordon & N. Owen-Smith. 2010. Irruptive dynamics and vegetation interactions. Pp. 117–140 in Owen-Smith, N. (ed.), *Dynamics of Large Herbivore Populations in Changing Environments. Towards Appropriate Models*. Wiley-Blackwell, Chichester.

Grøtan, V., B.-E. Sæther, S. Engen, J.H. van Balen, A.C. Perdeck & M.E. Visser. 2009. Spatial and temporal variation in the relative contribution of density dependence, climate variation and migration to fluctuations in the size of great tit populations. *Journal of Animal Ecology* 78: 447–459.

Grovenburg, T.W., C.N. Jacques, R.W. Klaver, C.S. DePerno, T.J. Brinkman, C.C. Swanson & J.A. Jenks. 2011. Influence of landscape characteristics on migration strategies of white-tailed deer. *Journal of Mammalogy* 92: 534–543.

Grüebler, M.U., F. Korner-Nievergelt & B. Naef-Daenzer. 2014. Equal nonbreeding period survival in adults and juveniles of a long-distant migrant bird. *Ecology and Evolution* 4: 756–765.

Guan, T.-P., B.-M. Ge, W.J. McShea, S. Li, Y.-L. Song & C.M. Stewart. 2013. Seasonal migration by a large forest ungulate: a study on takin *(Budorcas taxicolor)* in Sichuan Province, China. *European Journal of Wildlife Research* 59: 81–91.

Guillemain, M., H. Fritz, N. Guillon & G. Simon. 2002. Ecomorphology and coexistence in dabbling ducks: the role of lamellar density and body length in winter. *Oikos* 98: 547–551.

Guillemette, M. & P. Brousseau. 2001. Does culling predatory gulls enhance the productivity of breeding common terns? *Journal of Applied Ecology* 38: 1–8.

Guisan, A. & W. Thuiller. 2005. Predicting species distribution: offering more than simple habitat models. *Ecology Letters* 8: 993–1009.

Guisan, A. & N.E. Zimmermann. 2000. Predictive habitat distribution models in ecology. *Ecological Modelling* 135: 147–186.

Gunnarsson, G., J. Elmberg, H. Pöysä, P. Nummi, K. Sjöberg, L. Dessborn & C. Arzel. 2013. Density dependence in ducks: a review of the evidence. *European Journal of Wildlife Research* 59: 305–321.

Gunnarsson, T.G., J.A. Gill, A. Petersen, G.F. Appleton & W.J. Sutherland. 2005. A double buffer effect in a migratory shorebird population. *Journal of Animal Ecology* 74: 965–971.

Gurd, D.B. 2007. Predicting resource partitioning and community organization of filter-feeding dabbling ducks from functional morphology. *The American Naturalist* 169: 334–343.

Gurnell, J., L.A. Wauters, P.W.W. Lurz & G. Tosi. 2004. Alien species and interspecific competition: effects of introduced eastern grey squirrels on red squirrel population dynamics. *Journal of Animal Ecology* 73: 26–35.

Guthery, F.S. & J.H. Shaw. 2013. Density dependence: applications in wildlife management. *Journal of Wildlife Management* 77: 33–38.

Gwinner, E. 2003. Circannual rhythms in birds. *Current Opinion in Neurobiology* 13: 770–778.

Haaland, C., R.N. Naisbit & L.-F. Bergier. 2011. Sown wildflower strips for insect conservation: a review. *Insect Conservation and Diversity* 4: 60–80.

Haas, K., U. Köhler, S. Diehl, P. Köhler, S. Dietrich, S. Holler, A. Jaensch, M. Niedermaier & J. Vilsmeier. 2007. Influence of fish on habitat choice of water birds: a whole system experiment. *Ecology* 88: 2915–2925.

Hadley, G.L., J.J. Rotella, R.A. Garrott & J.D. Nichols. 2006. Variation in probability of first reproduction of Weddell seals. *Journal of Animal Ecology* 75: 1058–1070.

Hagen, M. et al. (24 weitere Autoren). 2012. Biodiversity, species interactions and ecological networks in a fragmented world. *Advances in Ecological Research* 46: 89–210.

Hager, R. & C.B. Jones (eds.). 2009. *Reproductive Skew in Vertebrates. Proximate and Ultimate Causes*. Cambridge University Press, Cambridge.

Hahn, S., S. Bauer & F. Liechti. 2009. The natural link between Europe and Africa – 2.1 billion birds on migration. *Oikos* 118: 624–626.

Hall, K., C.D. Macleod, L. Mandleberg, C.M. Schweder-Goad, S.M. Bannon & G.J. Pierce. 2010. Do abundance–occupancy relationships exist in cetaceans? *Journal of the Marine Biological Association of the United Kingdom* 90: 1571–1581.

Haller, H. 1996. Der Steinadler in Graubünden. Langfristige Untersuchungen zur Populationsökologie von *Aquila chrysaetos* im Zentrum der Alpen. *Der Ornithologische Beobachter*, Beiheft 9: 1–167.

Hallmann, C.A., R.P.B. Foppen, C.A.M. van Turnhout, H. de Kroon & E. Jongejans. 2014. Declines in insectivorous birds are associated with high neonicotinoid concentrations. *Nature* 511: 341–343.

Hambler, C. & S.M. Canney. 2013. *Conservation*. 2nd ed. Cambridge University Press, Cambridge.

Hamel, S., J.-M. Gaillard, N.G. Yoccoz, A. Loison, C. Bonenfant & S. Descamps. 2010. Fitness costs of reproduction depend on life speed: empirical evidence from mammalian populations. *Ecology Letters* 13: 915–935.

Hamel, S., S.T. Killengreen, J.-A. Henden, N.G. Yoccoz & R.A. Ims. 2013. Disentangling the importance of interspecific competition, food availability, and habitat in species occupancy: Recolonization of the endangered Fennoscandian arctic fox. *Biological Conservation* 160: 114–120.

Hamilton, I.M. 2010. Foraging theory. Pp. 177–193 in Westneat, D.F. & C.W. Fox (eds.), *Evolutionary Behavioral Ecology*. Oxford University Press, Oxford.

Hamilton, M.J., A.D. Davidson, R.M. Sibly & J.H. Brown. 2011. Universal scaling of production rates across mammalian lineages. *Proceedings of the Royal Society B* 278: 560–566.

Hamilton, W.D. 1971. Geometry for the selfish herd. *Journal of Theoretical Biology* 31: 295–311.

Hamilton, W.D. & M. Zuk. 1982. Heritable true fitness and bright birds: a role for parasites? *Science* 218: 384–386.

Hammond, K.A. & J. Diamond. 1997. Maximal sustained energy budgets in humans and animals. *Nature* 386: 457–462.

Hanski, I. 2009. Metapopulations and spatial population processes. Pp. 177–185 in Levin, S.A. (ed.), *The Princeton Guide to Ecology*. Princeton University Press, Princeton.

Hanski, I. 2011. Habitat loss, the dynamics of biodiversity, and a perspective on conservation. *Ambio* 40: 248–255.

Hanski, I. & O. Gaggiotti (eds.). 2004. *Ecology, Genetics, and Evolution of Metapopulations*. Academic Press, Burlington.

Hanski, I. & H. Henttonen. 2002. Population cycles of small rodents in Fennoscandia. Pp. 44–68 in Berryman, A. (ed.), *Population Cycles*. Oxford University Press, Oxford.

Hanssen, S.A., D. Hasselquist, I. Folstad & K.E. Erikstad. 2004. Costs of immunity: immune responsiveness reduces survival in a vertebrate. *Proceedings of the Royal Society B* 271: 925–930.

Hansson, B., S. Bensch & D. Hasselquist. 2003. Heritability of dispersal in the great reed warbler. *Ecology Letters* 6: 290–294.

Hanuise, N., C.-A. Bost & Y. Handrich. 2013. Optimization of transit strategies while diving in foraging king penguins. *Journal of Zoology* 290: 181–191.

Hardstaff, J.L., G. Marion, M.R. Hutchings & P.C.L. White. 2014. Evaluating the tuberculosis hazard posed to cattle from wildlife across Europe. *Research in Veterinary Science* 97: S86–S93.

Hardy, I.C.W. (ed.). 2002. *Sex Ratios: Concepts and Research Methods*. Cambridge University Press, Cambridge.

Hargrove, J.L. 2005. Adipose energy stores, physical work, and the metabolic syndrome: lessons from hummingbirds. *Nutrition Journal* 4:36.

Harihar, A., B. Pandav & S.P. Goyal. 2011. Responses of leopard *Panthera pardus* to the recovery of a tiger *Panthera tigris* population. *Journal of Applied Ecology* 48: 806–814.

Harris, G. & S.L. Pimm. 2008. Range size and extinction risk in forest birds. *Conservation Biology* 22: 163–171.

Harris, G., S. Thirgood, J.G.C. Hopcraft, J.P.G.M. Cromsigt & J. Berger. 2009. Global decline in aggregated migrations of large terrestrial mammals. *Endangered Species Research* 7: 55–76.

Harris, R.J. & J.M. Reed. 2002. Behavioral barriers to non-migratory movements of birds. *Annales Zoologici Fennici* 39: 275–290.

Harrison, F., Z. Barta, I. Cuthill & T. Székely. 2009. How is sexual conflict over parental care resolved? A meta-analysis. *Journal of Evolutionary Biology* 22: 1800–1812.

Harrison, S. 1991. Local extinction in a metapopulation context: an empirical evaluation. *Biological Journal of the Linnean Society* 42: 73–88.

Harvey, P.H. & A. Purvis. 1999. Understanding the ecological and evolutionary reasons for life history variation: mammals as a case study. Pp. 232–248 in McGlade, J. (ed.), *Advanced Ecological Theory. Principles and Applications*. Blackwell Science, Oxford.

Hasselquist, D. & J.-Å. Nilsson. 2009. Maternal transfer of antibodies in vertebrates: trans-generational effects on offspring immunity. *Philosophical Transactions of the Royal Society B* 364: 51–60.

Hasselquist, D. & J.-Å. Nilsson. 2012. Physiological mechanisms mediating costs of immune responses: what can we learn from studies of birds? *Animal Behaviour* 83: 1303–1312.

Hatchwell, B.J. 2009. The evolution of cooperative breeding in birds: kinship, dispersal and life history. *Philosophical Transactions of the Royal Society B* 364: 3217–3227.

Hau, M. 2001. Timing of breeding in variable environments: tropical birds as model systems. *Hormones and Behavior* 40: 281–290.

Hawkes, L.A. et al. (18 weitere Autoren). 2013. The paradox of extreme high-altitude migration in bar-headed geese *Anser indicus*. *Proceedings of the Royal Society B* 280: 1–8.

Hawkins, C.E. et al. (11 weitere Autoren). 2006. Emerging disease and population decline of an island endemic, the Tasmanian devil *(Sarcophilus harrisii)*. *Biological Conservation* 131: 307–324.

Hawkins, G.L., G.E. Hill & A. Mercadante. 2012. Delayed plumage maturation and delayed reproductive investment in birds. *Biological Reviews* 87: 257–274.

Hayes, R.D. & A.S. Harestad. 2000. Wolf functional response and regulation of moose in the Yukon. *Canadian Journal of Zoology* 78: 60–66.

Hayes, R.D., R. Farell, R.M.P. Ward, J. Carey, M. Dehn, G.W. Kuzyk, A.M. Baer, C.L. Gardener & M. O'Donoghue. 2003. Experimental reduction of wolves in the Yukon: ungulate responses and management implications. *Wildlife Monographs* 152: 1–35.

Hayward, A. & J.F. Gillooly. 2011. The cost of sex: quantifying energetic investment in gamete production by males and females. *PLoS ONE* 6(1): e16557.

Hayward, A., J.F. Gillooly & A. Kodric-Brown. 2012. Behavior. Pp. 67–76 in in Sibly, R.M., J.H. Brown & A. Kodric-Brown (eds.), *Metabolic Ecology. A Scaling Approach*. Wiley-Blackwell, Chichester.

Hayward, M.W. 2009. The need to rationalize and prioritize threatening processes used to determine threat status in the IUCN Red List. *Conservation Biology* 23: 1568–1576.

Hayward, M.W & G.I.H. Kerley. 2005. Prey preferences of the lion *(Panthera leo)*. *Journal of Zoology* 270: 298–313.

Hayward, M.W., P. Henschel, J. O'Brien, M. Hofmeyr, G. Balme & G.I.H. Kerley. 2006. Prey preferences of the leopard *(Panthera pardus)*. *Journal of Zoology* 267: 309–322.

Hayward, M.W., J. O'Brien & G.H. Kerley. 2007. Carrying capacity of large African predators: predictions and tests. *Biological Conservation* 139: 219–229.

Heap, S., P. Byrne & D. Stuart-Fox. 2012. The adoption of landmarks for territorial boundaries. *Animal Behaviour* 83: 871–878.

Hebblewhite, M. 2013. Consequences of ratio-dependent predation by wolves for elk population dynamics. *Population Ecology* 55: 511–522.

Hebblewhite, M. & E.H. Merrill. 2009. Trade-offs between predation risk and forage differ between migrant strategies in a migratory ungulate. *Ecology* 90: 3445–3454.

Hebblewhite, M., E. Merrill & G. McDermid. 2008. A multi-scale test of the forage maturation hypothesis in a partially migratory ungulate population. *Ecological Monographs* 78: 141–166.

Hechinger, R.F., K.D. Lafferty & A.M. Kuris. 2012. Parasites. Pp. 234–247 in Sibly, R.M., J.H. Brown & A. Kodric-Brown (eds.), *Metabolic Ecology. A Scaling Approach*. Wiley-Blackwell, Chichester.

Hedenström, A. 2008. Adaptations to migration in birds: behavioural strategies, morphology and scaling effects. *Philosophical Transactions of the Royal Society B* 363: 287–299.

Hedenström, A. 2009. Optimal migration strategies in bats. *Journal of Mammalogy* 90: 1298–1390.

Hedenström, A. & T. Alerstam. 1997. Optimum fuel loads in migratory birds: distinguishing between time and energy minimization. *Journal of Theoretical Biology* 189: 227–234.

Heer, L. 2013. Male and female reproductive strategies and multiple paternity in the polygynandrous Alpine accentor *Prunella collaris*. *Journal of Ornithology* 154: 251–264.

Heimberg, A. M., R. Cowper-Sallari, M. Sémon, P. C. J. Donoghue & K. J. Peterson. 2010. microRNAS reveal the interrelationships of hagfish, lampreys, and gnathostomes and the nature of the ancestral vertebrate. *Proceedings of the National Academy of Sciences of the United States of America* 107: 19379–19383.

Heller, H.C. & N.F. Ruby. 2004. Sleep and circadian rhythms in mammalian torpor. *Annual Review of Physiology* 66: 275–289.

Helm, B. & E. Gwinner. 2006. Migratory restlessness in an Equatorial nonmigratory bird. *PLoS Biology* 4(4): e100.

Henderson, I.G., J.M. Holland, J. Storkey, P. Lutman, J. Orson & J. Simper. 2012. Effects of the proportion and spatial arrangement of un-cropped land on breeding bird abundance in arable rotations. *Journal of Applied Ecology* 49: 883–891.

Henke, S.E. & F.C. Bryant. 1999. Effects of coyote removal on the faunal community in western Texas. *The Journal of Wildlife Management* 63: 1066–1081.

Henle, K., K.F. Davies, M. Kleyer, C. Margules & J. Settele. 2004. Predictors of species sensitivity to fragmentation. *Biodiversity and Conservation* 13: 207–251.

Hernández-Pacheco, R., R.G. Rawlins, M.J. Kessler, L.E. Williams, T.M. Ruiz-Maldonado, J. González-Martínez, A.V. Ruiz-Lambides & A.M. Sabat. 2013. Demographic variability and density-dependent dynamics of a free-ranging rhesus macaque population. *American Journal of Primatology* 75: 1152–1164.

Herrando, S., M. Anton, F. Sardà-Palomera, G. Bota, R.D. Gregory & L. Brotons. 2014. Indicators of the impact of land use changes using large-scale bird surveys: land abandonment in a Mediterranean region. *Ecological Indicators* 45: 235–244.

Herrando-Pérez, S., S. Delean, B.W. Brook & C.J.A. Bradshaw. 2012a. Density dependence: an ecological Tower of Babel. *Oecologia* 170: 585–603.

Herrando-Pérez, S., S. Delean, B.W. Brook & C.J.A. Bradshaw. 2012b. Strength of density feedback in census data increases from slow to fast life histories. *Ecology and Evolution* 2: 1922–1934.

Hervieux, D., M. Hebblewhite, D. Stepnisky, M. Bacon & S. Boutin. 2014. Managing wolves *(Canis lupus)* to recover threatened woodland caribou *(Rangifer tarandus caribou)* in Alberta. *Canadian Journal of Zoology* 92: 1029–1037.

Heuermann, N., F. van Langevelde, S. E. van Wieren & H.H.T. Prins. 2011. Increased searching and handling effort in tall swards lead to a Type IV functional response in small grazing herbivores. *Oecologia* 166: 659–669.

Heywood, V.H. & R.T. Watson (eds.). 1995. *Global Biodiversity Assessment*. United Nations Environment Programme & Cambridge University Press, Cambridge.

Hibert, F., C. Calenge, H. Fritz, D. Maillard, P. Bouché, A. Ipavec, A. Convers, D. Ombredane & M.-N. de Visscher. 2010. Spatial avoidance of invading pastoral cattle by wild ungulates: insights from using point process statistics. *Biodiversity and Conservation* 19: 2003–2024.

Hickling, R., D.B. Roy, J.K. Hill, R. Fox & C.D. Thomas. 2006. The distributions of a wide range of taxonomic groups are expanding polewards. *Global Change Biology* 12: 450–455.

Hill, D.L., N. Pillay & C. Schradin. 2015. Alternative reproductive tactics in female striped mice: heavier females are more likely to breed solitarily than communally. *Journal of Animal Ecology* 84: 1497–1508.

Hilton, G.M. & R.J. Cuthbert. 2010. The catastrophic impact of invasive mammalian predators on birds of the UK Overseas Territories: a review and synthesis. *Ibis* 152: 443–448.

Hinde, C.A., R.A. Johnstone & R.M. Kilner. 2010. Parent-offspring conflict and coadaptation. *Science* 327: 1373–1376.

Hirakawa, H. 1997. Digestion-constrained optimal foraging in generalist mammalian herbivores. *Oikos* 78: 37–47.

Hirakawa, H. 2001. Coprophagy in leporids and other mammalian herbivores. *Mammal Review* 31: 61–80.

Hirakawa, H. 2002. Supplement: coprophagy in leporids and other mammalian herbivores. *Mammal Review* 32: 150–152.

Hjeljord, O. 2001. Dispersal and migration in northern forest deer – are there unifying concepts? *Alces* 37: 353–370.

Hobbs, N.T., J.E. Gross, L.A. Shipley, D.E. Spalinger & B.A. Wunder. 2003. Herbivore functional response in heterogeneous environments: a contest among models. *Ecology* 84: 666–681.

Hobbs, N.T., C. Geremia, J. Treanor, R. Wallen, P.J. White, M.B. Hooten & J.C. Rhyan. 2015. State-space modeling to support management of brucellosis in the Yellowstone bison population. *Ecological Monographs* 85: 525–556.

Hobson, K.A., C.M. Sharp, R.L. Jefferies, R.F. Rockwell & K.F. Abraham. 2011. Nutrient allocation strategies to eggs by lesser snow geese *(Chen caerulescens)* at a sub-arctic colony. *The Auk* 128: 156–165.

Hockey, P.A.R. 2005. Predicting migratory behavior in landbirds. Pp. 53–62 in Greenberg, R. & P.P. Marra (eds.), *Birds of Two Worlds. The Ecology and Evolution of Migration*. The John Hopkins University Press, Baltimore.

Hoelzel, A.R., B.J. Le Boeuf, J. Reiter & C. Campagna. 1999. Alpha-male paternity in elephant seals. *Behavioral Ecology and Sociobiology* 46: 298–306.

Hoelzl, F., C. Bieber, J.S. Cornils, H. Gerritsmann, G.L. Stalder, C. Walzer & T. Ruf. 2015. How to spend the summer? Free-living dormice *(Glis glis)* can hibernate for 11 months in non-reproductive years. *Journal of Comparative Physiology B* 185: 931–939.

Hofer, H. & M.L. East. 2008. Siblicide in Serengeti spotted hyenas: a long-term study of maternal input and cub survival. *Behavioral Ecology and Sociobiology* 62: 341–351.

Hofmann, R.R. 1989. Evolutionary steps of ecophysiological adaptation and diversification of ruminants: a comparative view of their digestive system. *Oecologia* 78: 443–457.

Hofmann, R.R., W.J. Streich, J. Fickel, J. Hummel & M. Clauss. 2008. Convergent evolution in feeding types: salivary gland mass differences in wild ruminant species. *Journal of Morphology* 269: 240–257.

Högstedt, G. 1980. Evolution of clutch size in birds: adaptive variation in relation to territory quality. *Science* 210: 1148–1150.

Holdaway, R.N., M.E. Allentoft, C. Jacomb, C.L. Oskam, N.R. Beavan & M. Bunce. 2014. An extremely low-density human population exterminated New Zealand moa. *Nature Communications* 5: 5436.

Holderegger, R. & M. Di Giulio. 2010. The genetic effects of roads: a review of empirical evidence. *Basic and Applied Ecology* 11: 522–531.

Holdo, R.M., R.D. Holt & J.M. Fryxell. 2009. Opposing rainfall and plant nutritional gradients best explain the wildebeest migration in the Serengeti. *The American Naturalist* 173: 431–445.

Holdo, R.M., R.D. Holt, A.R.E. Sinclair, B.J. Godley & S. Thirgood. 2011. Pp. 131–143 in Milner-Gulland, E.J., J.M. Fryxell & A.R.E. Sinclair (eds.), *Animal Migration. A Synthesis*. Oxford University Press, Oxford.

Holland, J.M., M.A.S. Hutchison, B. Smith & N.J. Aebischer. 2006. A review of invertebrates and seed-bearing plants as food for farmland birds in Europe. *Annals of Applied Biology* 148: 49–71.

Holland, R.A., I. Borissov & B.M. Siemers. 2010. A nocturnal mammal, the greater mouse-eared bat, calibrates a magnetic compass by the sun. *Proceedings of the National Academy of Sciences* 107: 6941–6945.

Holland, R.A. 2014. True navigation in birds: from quantum physics to global migration. *Journal of Zoology* 293: 1–15.

Holling, C.S. 1959. The components of predation as revealed by a study of small-mammal predation of the European pine sawfly. *The Canadian Entomologist* 91: 293–320.

Holt, A.R., Z.G. Davies, C. Tyler & S. Staddon. 2008. Meta-analysis of the effects of predation on animal prey abundance: evidence from UK vertebrates. *PLoS ONE* 3(6): e2400.

Hone, J. & T.H. Clutton-Brock. 2007. Climate, food, density and wildlife population growth rate. *Journal of Animal Ecology* 76: 361–367.

Hone, J., C. Krebs, M. O'Donoghue & S. Boutin. 2007. Evaluation of predator numerical responses. *Wildlife Research* 34: 335–341.

Hoodless, A.N., K. Kurtenbach, P.A. Nuttall & S.E. Randolph. 2002. The impact of ticks on pheasant territoriality. *Oikos* 96: 245–250.

Hoogland, J.L. 2013. Why do female prairie dogs copulate with more than one male? – Insights from long-term research. *Journal of Mammalogy* 94: 731–744.

Hooke, R. LeB., J.F. Martín-Duque & J. Pedraza. 2012. Land transformation by humans: a review. *GSA Today* 22: 4–10.

Hopcraft, J.G., H. Olff & A.R.E. Sinclair. 2010. Herbivores, resources and risks: alternating regulation along primary environmental gradients in savannas. *Trends in Ecology and Evolution* 25: 119–128.

Hope, D.D., D.B. Lank, B.D. Smith & R.C. Ydenberg. 2011. Migration of two calidrid sandpiper species on the predator landscape: how stopover time and hence migration speed vary with geographical proximity to danger. *Journal of Avian Biology* 42: 522–529.

Horton, T.W., R.N. Holdaway, A.N. Zerbini, N. Hauser, C. Garrigue, A. Andriolo & P.J. Clapham. 2011. Straight as an arrow: humpback whales swim constant course tracks during long-distance migration. *Biology Letters* 7: 674–679.

Horton, T.W., R.O. Bierregaard, P. Zawar-Reza, R.N. Holdaway & P. Sagar. 2014. Juvenile osprey navigation during trans-oceanic migration. *PLoS ONE* 9(12): e114557.

Houston, A.I., P.A. Stephens, I.L. Boyd, K.C. Harding & J.M. McNamara. 2006. Capital or income breeding? A theoretical model of female reproductive strategies. *Behavioral Ecology* 18: 241–250.

Howell, S.N.G. 2010. *Molt in North American Birds*. Houghton Mifflin Harcourt Publishing Company, New York.

Hoy, S.R., S.J. Petty, A. Millon, D.P. Whitfield, M. Marquiss, M. Davison & X. Lambin. 2015. Age and sex-selective predation moderate the overall impact of predators. *Journal of Animal Ecology* 84: 692–701.

Hoye, B.J. & W.A. Buttemer. 2011. Inexplicable inefficiency of avian molt? Insights from an opportunistically breeding arid-zone species, *Lichenostomus penicillatus*. *PLoS ONE* 6(2): e16230.

Hubert, P., R. Julliard, S. Biagianti & M.-L. Poulle. 2011. Ecological factors driving the higher hedgehog *(Erinaceus europaeus)* density in an urban area compared to the adjacent rural area. *Landscape and Urban Planning* 103: 34–43.

Hübner, C.E. 2006. The importance of prebreeding areas for the arctic barnacle goose *Branta leucopsis*. *Ardea* 94: 701–713.

Huchard, E., A. Courtiol, J.A. Benavides, L.A. Knapp, M. Raymond & G. Cowlishaw. 2009. Can fertility signals lead to quality signals? Insights from the evolution of primate sexual swellings. *Proceedings of the Royal Society* B 276: 1889–1897.

Hückstädt, L.A., P.L. Koch, B.I McDonald, M.E. Goebel, D.E. Crocker & D.P. Costa. 2012. Stable isotope analyses reveal individual variability in the trophic ecology of a top marine predator, the southern elephant seal. *Oecologia* 169: 395–406.

Hudson, L.N., N.J.B. Isaac & D.C. Reuman. 2013. The relationship between body mass and field metabolic rate among individual birds and mammals. *Journal of Animal Ecology* 82: 1009–1020.

Hudson, P.J., A.P. Dobson & D. Newborn. 1998. Prevention of population cycles by parasite removal. *Science* 282: 2256–2258.

Hudson, R. & F. Trillmich. 2008. Sibling competition and cooperation in mammals: challenges, developments and prospects. *Behavioral Ecology and Sociobiology* 62: 299–307.

Hughes, A.L. 2013. Female reproductive effort and sexual selection on males of waterfowl. *Evolutionary Biology* 40: 92–100.

Hume, I.D. 2006. Nutrition and digestion. Pp. 137–158 in Armati, P., C. Dickman & I. Hume (eds.), *Marsupials*. Cambridge University Press, Cambridge.

Humphries, M.M., D.W. Thomas & D.L. Kramer. 2003. The role of energy availability in mammalian hibernation: a cost-benefit approach. *Physiological and Biochemical Zoology* 76: 165–179.

Hunt, G., K. Roy & D. Jablonski. 2005. Species-level heritability reaffirmed: a comment on «On the heritability of geographic range sizes». *The American Naturalist* 166: 129–135.

Hunter, M.L. & J. Gibbs. 2007. *Fundamentals of Conservation Biology*. 3rd ed. Blackwell Publishing, Malden.

Huntley, B., R.E. Green, Y.C. Collingham & S.G. Willis. 2007. *A Climatic Atlas of European Breeding Birds*. Lynx Edicions, Barcelona.

Huntley, B., Y.C. Collingham, S.G. Willis & R.E. Green. 2008. Potential impacts of climatic change on European breeding birds. *PLoS ONE* 3(1): e1439.

Hurley, M.A., J.W. Unsworth, P. Zager, M. Hebblewhite, E.O. Garton, D.M. Montgomery, J.R. Skalski & C.L. Maycock. 2011. Demographic response of mule deer to experimental reduction of coyotes and mountain lions in southeastern Idaho. *Wildlife Monographs* 178: 1–33.

Hutchings, M.R., J. Judge, I.J. Gordon, S. Athanasiadou & I. Kyriazakis. 2006. Use of trade-off theory to advance understanding of herbivore–parasite interactions. *Mammal Review* 36: 1–16.

Hutterer, R., T. Ivanova, C. Meyer-Cords & L. Rodrigues. 2005. *Bat Migrations in Europe. A Review of Banding Data and Literature*. Federal Agency for Nature Conservation, Bonn.

Igota, H., M. Sakuragi, H. Uno, K. Kaji, M. Kaneko, R. Akamatsu & K. Maekawa. 2004. Seasonal migration patterns of female sika deer in eastern Hokkaido, Japan. *Ecological Research* 19: 169–178.

Illius, A.W. 2006. Linking functional responses and foraging behaviour to population dynamics. Pp. 71–96 in Danell, K., P. Duncan, R. Bergström & J. Pastor (eds.), *Large Herbivore Ecology, Ecosystem Dynamics and Conservation*. Cambridge University Press, Cambridge.

Illius, A.W. & I.J. Gordon. 1988. Incisor arcade structure and diet selection in ruminants. *Functional Ecology* 2: 15–22.

Illius, A.W. & I.J. Gordon. 1993. Diet selection in mammalian herbivores: constraints and tactics. Pp. 157–181 in Hughes, R.N. (ed.), *Diet Selection. An Interdisciplinary Approach to Foraging Behaviour*. Blackwell Scientific Publications, Oxford.

Ilmonen, P., H. Hakkarainen, V. Koivunen, E. Korpimäki, A. Mullie & D. Shutler. 1999. Parental effort and blood parasitism in Tengmalm's owl: effects of natural and experimental variation in food abundance. *Oikos* 86: 79–86.

Inger, R., R. Gregory, J.P. Duffy, I. Stott, P. Voříšek & K.J. Gaston. 2015. Common European birds are declining rapidly while less abundant species' numbers are rising. *Ecology Letters* 18: 28–36.

Inman, R.M., A.J. Magoun, J. Persson & J. Mattisson. 2012. The wolverine's niche: linking reproductive chronology, caching, competition, and climate. *Journal of Mammalogy* 93: 634–644.

Innes, J., D. Kelly, J. McOverton & G. Gillies. 2010. Predation and other factors currently limiting New Zealand forest birds. *New Zealand Journal of Ecology* 34: 86–114.

IPCC [Core Writing Team, R.K. Pachauri and L.A. Meyer (eds.)]. 2014. *Climate Change 2014: Synthesis Report. Contribution of Working Groups I, II and III to the Fifth Assessment Report of the Intergovernmental Panel on Climate Change*. IPCC, Geneva.

Irvine, R.J., H. Corbishley, J.G. Pilkington & S.D. Albon. 2006. Low-level parasitic worm burdens may reduce body condition in free-ranging red deer *(Cervus elaphus)*. *Parasitology* 133: 465–475.

Irwin, D.E. & J.H. Irwin. 2005. Siberian migratory divides. The role of seasonal migration in speciation. Pp. 27–40 in Greenberg, R. & P.P. Marra (eds.), *Birds of Two Worlds. The Ecology and Evolution of Migration*. The John Hopkins University Press, Baltimore.

Isaac, J.L. 2005. Potential causes and life-history consequences of sexual size dimorphism in mammals. *Mammal Review* 35: 101–115.

Isack, H.A. & H.-U. Reyer. 1989. Honeyguides and honey gatherers: interspecific communication in a symbiotic relationship. *Science* 243: 1343–1346.

Ishii, Y. & M. Shimada. 2010. The effect of learning and search images on predator-prey interactions. *Population Ecology* 52: 27–35.

Isvaran, K. 2005. Variation in male mating behaviour within ungulate populations: patterns and processes. *Current Science* 89: 1192–1199.

Jahn, A.E., D.L. Levey, J.A. Hostetler & A.M. Mamani. 2010. Determinants of partial bird migration in the Amazon basin. *Journal of Animal Ecology* 79: 983–992.

James, W.H. 2013. Evolution and the variation of mammalian sex ratios at birth: Reflections on Trivers and Willard (1973). *Journal of Theoretical Biology* 334: 141–148.

Janis, C.M. & D. Ehrhardt. 1988. Correlation of relative muzzle width and relative incisor width with dietary preference in ungulates. *Zoological Journal of the Linnean Society* 92: 267–284.

Janke, A.K., M.J. Anteau, N. Markl & J.D. Stafford. 2015. Is income breeding an appropriate construct for waterfowl? *Journal of Ornithology* 156: 755–762.

Jarman, P.J. 1974. The social organization of antelope in relation to their ecology. *Behaviour* 48: 215–267.

Jędrzejewska, B. & W. Jędrzejewski. 1998. *Predation in Vertebrate Communities. The Białowieża Primeval Forest as a Case Study*. Springer-Verlag, Berlin.

Jędrzejewski, W. & B. Jędrzejewska. 1996. Rodent cycles in relation to biomass and productivity of ground vegetation and predation in the Palearctic. *Acta Theriologica* 41: 1–34.

Jędrzejewski, W., K. Schmidt, L. Miłkowski, B. Jędrzejewska, & H. Okarma. 1993. Foraging by lynx and its role in ungulate mortality: the local (Białowieża Forest) and the Palearctic viewpoints. *Acta Theriologica* 38: 385–403.

Jędrzejewski, W., K. Schmidt, J. Theuerkauf, B. Jędrzejewska, N. Selva, K. Zub & L. Szymura. 2002. Kill rates and predation by wolves on ungulate populations in Białowieża primeval forest (Poland). *Ecology* 83: 1341–1356.

Jefferies, R.L. & R.H. Drent. 2006. Arctic geese, migratory connectivity and agricultural change: calling the sorcerer's apprentice to order. *Ardea* 94: 537–554.

Jenkins, H.E., R. Woodroffe & C.A. Donnelly. 2010. The duration of the effects of repeated widespread badger culling on cattle tuberculosis following the cessation of culling. *PLoS ONE* 5: e9090.

Jenni, L. & S. Jenni-Eiermann. 1998. Fuel supply and metabolic constraints in migrating birds. *Journal of Avian Biology* 29: 521–528.

Jenni-Eiermann, S. & L. Jenni. 2003. Interdependence of light and stopover in migrating birds: possible effects of metabolic constraints during refuelling on flight metabolism. Pp. 293–306 in Berthold, P., E. Gwinner & E. Sonnenschein (eds.), *Avian Migration*. Springer-Verlag, Berlin.

Jenni-Eiermann, S. & L. Jenni. 2012. Fasting in birds: general patterns and the special case of endurance flight. Pp. 171–192 in McCue, M.D. (ed.), *Comparative Physiology of Fasting, Starvation, and Food Limitation*. Springer-Verlag, Berlin.

Jennions, M.D. & H. Kokko. 2010. Sexual selection. Pp. 343–364 in Westneat, D.F. & C.W. Fox (eds.), *Evolutionary Behavioral Ecology*. Oxford University Press, New York.

Jennions, M.D., A.P. Møller & M. Petrie. 2001. Sexually selected traits and adult survival: a meta-analysis. *The Quarterly Review of Biology* 76: 3–36.

Jeschke, J.M. 2008. Across islands and continents, mammals are more successful invaders than birds. *Diversity and Distributions* 14: 913–916.

Jeschke, J.M. & D.L. Strayer. 2005. Invasion success of vertebrates in Europe and North America. *Proceedings of the National Academy of Sciences of the USA* 102: 7198–7202.

Jetz, W., C. Carbone, J. Fulford & J.H. Brown. 2004. The scaling of animal space use. *Science* 306: 266–268.

Jetz, W., D.S. Wilcove & A.P. Dobson. 2007. Projected impacts of climate and land-use change on the global diversity of birds. *PLoS Biology* 5(6): e157.

Jetz, W., C.H. Sekercioglu & K. Böhning-Gaese. 2008. The worldwide variation in avian clutch size across species and space. *PLoS Biology* 6(12): e303.

Jiguet, F., R.D. Gregory, V. Devictor, R.E. Green, P. Voříšek, A. van Strien & D. Couvet. 2010. Population trends of European common birds are predicted by characteristics of their climatic niche. *Global Change Biology* 16: 497–505.

Job, J. & P.A. Bednekoff. 2011. Wrens on the edge: feeders predict Carolina wren *Thryothorus ludovicianus* abundance at the northern edge of their range. *Journal of Avian Biology* 42: 16–21.

Jochym, M. & S. Halle. 2012. To breed, or not to breed? Predation risk induces breeding suppression in common voles. *Oecologia* 170: 943–953.

Jodice, P.G.R., D.D. Roby, R.M. Suryan, D.B. Irons, A.M. Kaufman, K.R. Turco & G.H. Visser. 2003. Variation in energy expenditure among black-legged kittiwakes: Effects of activity-specific metabolic rates and activity budgets. *Physiological and Biochemical Zoology* 76: 375–388.

Johnson, C. 2015. An ecological view of the dingo. Pp. 191–213 in Smith, B. (ed.), *The Dingo Debate. Origins, Behaviour and Conservation*. CSIRO Publishing, Clayton South.

Johnson, C.N., K. Vernes & A. Payne. 2005. Demography in relation to population density in two herbivorous marsupials: testing for source–sink dynamics versus independent regulation of population size. *Oecologia* 143: 70–76.

Johnson, E.I., P.C. Stouffer & R.O. Bierregaard. 2012. The phenology of molting, breeding and their overlap in central Amazonian birds. *Journal of Avian Biology* 43: 141–154.

Johnson, M.D. 2007. Measuring habitat quality: a review. *The Condor* 109: 489–504.

Johnson, N. (ed.). 2014. *The Role of Animals in Emerging Viral Diseases.* Academic Press, Amsterdam.

Johnson, R.J., J.A. Jedlicka, J.E. Quinn & J.R. Brandle. 2011. Global perspectives on birds in agricultural landscapes. Pp. 55–140 in Campbell, W.B. & S. López Ortíz (eds.), *Integrating Agriculture, Conservation and Ecotourism: Examples from the Field.* Springer, Dordrecht.

Johnstone, R.A., S.A. Rands & M.R. Evans. 2009. Sexual selection and condition-dependence. *Journal of Evolutionary Biology* 22: 2387–2394.

Jones, C.G., J.H. Lawton & M. Shachak. 1994. Organisms as ecosystem engineers. *Oikos* 69: 373–386.

Jones, H.P., B.R. Tershy, E.S. Zavaleta, D.A. Croll, B.S. Keitt, M.E. Finkelstein & G.R. Howald. 2008. Severity of effects of invasive rats on seabirds: a global review. *Conservation Biology* 22: 16–26.

Jones, J.H. 2011. Primates and the evolution of long, slow life histories. *Current Biology* 21: R708–R717.

Jones, M.E., A. Cockburn, R. Hamede, C. Hawkins, H. Hesterman, S. Lachish, D. Mann, H. McCallum & D. Pemberton. 2008. Life-history change in disease-ravaged Tasmanian devil populations. *Proceedings of the National Academy of Sciences of the USA* 105: 10023–10027.

Jones, O.R. et al. (33 weitere Autoren). 2008c. Senescence rates are determined by ranking on the fast–slow life-history continuum. *Ecology Letters* 11: 664–673.

Jones, P. 1998. Community dynamics of arboreal insectivorous birds in African savannas in relation to seasonal rainfall patterns and habitat change. Pp. 421–447 in Newbery, D.M., H.H.T. Prins & N. Brown, *Dynamics of Tropical Communities.* Cambridge University Press, Cambridge.

Jouventin, P., P.M. Nolan, J. Örnborg & F.S. Dobson. 2005. Ultraviolet beak spots in king and emperor penguins. *The Condor* 107: 144–150.

Jukema, J. & T. Piersma. 2006. Permanent female mimics in a lekking shorebird. *Biology Letters* 2: 161–164.

Jullien, M. & J. Clobert. 2000. The survival value of flocking in neotropical birds: reality or fiction? *Ecology* 81: 3416–3430.

Kacelnik, A. 1984. Central place foraging in starlings *(Sturnus vulgaris).* I. «Patch residence time». *Journal of Animal Ecology* 53: 283–299.

Kaczensky, P., R.D. Hayes & C. Promberger. 2005. Effect of raven *Corvus corax* scavenging on the kill rates of wolf *Canis lupus* packs. *Wildlife Biology* 11: 101–108.

Kaczensky, P., R. Kuehn, B. Lhagvasuren, S. Pietsch, W. Yang & C. Walzer. 2011. Connectivity of the Asiatic wild ass population in the Mongolian Gobi. *Biological Conservation* 144: 920–929.

Kahlert, J., A.D. Fox, H. Heldbjerg, T. Asferg & P. Sunde. 2015. Functional responses of human hunters to their prey – why harvest statistics may not always reflect changes in prey population abundance. *Wildlife Biology* 21: 294–302.

Kamath, P.L. et al. (15 weitere Autoren). 2016. Genomics reveals historic and contemporary transmission dynamics of a bacterial disease among wildlife and livestock. *Nature Communications* 7: 11448.

Kamp, J. et al. (12 weitere Autoren). 2015. Global population collapse in a superabundant migratory bird and illegal trapping in China. *Conservation Biology* 29: 1684–1694.

Kappeler, P.M. 2012. *Verhaltensbiologie.* 3. Aufl. Springer-Verlag, Berlin.

Karanth, K.U., J.D. Nichols, N.S. Kumar, W.A. Link & J.E. Hines. 2004. Tigers and their prey: predicting carnivore densities from prey abundance. *Proceedings of the National Academy of Sciences* 101: 4854-4858.

Karasov, W.H. & C. Martínez del Río. 2007. *Physiological Ecology. How Animals Process Energy, Nutrients, and Toxins.* Princeton University Press, Princeton.

Karasov, W.H. & B. Pinshow. 1998. Changes in lean mass and in organs of nutrient assimilation in a long-distance passerine migrant at a springtime stopover site. *Physiological Zoology* 71: 435–448.

Karlsson, H., C. Nilsson, J. Bäckman & T. Alerstam. 2011. Nocturnal passerine migration without tailwind assistance. *Ibis* 153: 485–493.

Kasparek, M. 1996. Dismigration und Brutarealexpansion der Türkentaube *Streptopelia decaocto. Journal für Ornithologie* 137: 1–33.

Kauffman, M.J., J.F. Brodie & E.S. Jules. 2010. Are wolves saving Yellowstone's aspen? A landscape-level test of a behaviorally mediated trophic cascade. *Ecology* 91: 2742–2755.

Kausrud, K.L. et al. (10 weitere Autoren). 2008. Linking climate change to lemming cycles. *Nature* 456: 93–97.

Keagy, J., J.-F. Savard & G. Borgia. 2011. Cognitive ability and the evolution of multiple behavioral display traits. *Behavioral Ecology* 23: 448–456.

Keane, A., M. de L. Brooke & P.J.K. Mcgowan. 2005. Correlates of extinction risk and hunting pressure in gamebirds (Galliformes). *Biological Conservation* 126: 216–233.

Keawcharoen, J., D. van Riel, G. van Amerongen, T. Bestebroer, W.E. Beyer, R. van Lavieren, A.D.M.E. Osterhaus, R.A.M. Fouchier & T. Kuiken. 2008. Wild ducks as long-distance vectors of highly pathogenic avian influenza virus (H5N1). *Emerging Infectious Diseases* 14: 600–607.

Keech, M.A., M.S. Lindberg, R.D. Boertje, P. Valkenburg, B.D. Taras, T.A. Boudreau & K.B. Beckmen. 2011. Effects of predator treatments, individual traits, and environment on moose survival in Alaska. *The Journal of Wildlife Management* 75: 1361–1380.

Kehoe, L., T. Kuemmerle, C. Meyer, C. Levers, T. Václavik & H. Kreft. 2015. Global patterns of agricultural land-use intensity and vertebrate diversity. *Diversity and Distributions* 21: 1308–1318.

Keller, V. & C. Müller. 2015. *Monitoring Überwinternde Wasservögel: Ergebnisse der Wasservogelzählungen 2013/14 in der Schweiz.* Schweizerische Vogelwarte, Sempach.

Kemp, A. 1995. *The Hornbills.* Oxford University Press, Oxford.

Kemp, A.C., J.J. Herholdt, I. Whyte & J. Harrison. 2001. Birds of the two largest national parks in South Africa: a method to generate estimates of population size for all species and assess their conservation ecology. *South African Journal of Science* 97: 393–403.

Kemp, M.U., J. Shamoun-Baranes, H. van Gasteren, W. Bouten & E.E. van Loon. 2010. Can wind help explain seasonal differences in avian migration speed? *Journal of Avian Biology* 41: 672–677.

Kempenaers, B. & E. Schlicht. 2010. Extra-pair behaviour. Pp. 359–411 in Kappeler, P. (ed.), *Animal Behaviour: Evolution and Mechanisms.* Springer, Heidelberg.

Kentie, R., J.C.E.W. Hooijmeijer, K.B. Trimbos, N.M. Groen & T. Piersma. 2013. Intensified agricultural use of grasslands reduces growth and survival of precocial shorebird chicks. *Journal of Applied Ecology* 50: 243–251.

Kerby, J. & E. Post. 2013. Capital and income breeding traits differentiate trophic match – mismatch dynamics in large herbivores. *Philosophical Transactions of the Royal Society B* 368: 20120484.

Kerley, G.I.H., R. Kowalczyk & J.P.G.M. Cromsigt. 2012. Conservation implications of the refugee species concept and the European bison: king of the forest or refugee in a marginal habitat? *Ecography* 35: 519–529.

Kerr, P.J., J. Liu, I. Cattadori, E. Ghedin, A.F. Read & E.C. Holmes. 2015. Myxoma virus and the leporipoxviruses: an evolutionary paradigm. *Viruses* 7: 1020–1061.

Kervinen, M., R.V. Alatalo, C. Lebigre, H. Siitari & C.D. Soulsbury. 2012. Determinants of yearling male lekking effort and mating success in black grouse *(Tetrao tetrix)*. *Behavioral Ecology* 23: 1209–1217.

Kéry, M. 2011. Towards the modeling of true species distributions. *Journal of Biogeography* 38: 617–618.

Kéry, M. & M. Schaub. 2012. *Bayesian population analysis using WinBUGS – a hierarchical perspective*. Academic Press, Waltham.

Kéry, M., J.A. Royle & H. Schmid. 2005. Modeling avian abundance from replicated counts using binomial mixture models. *Ecological Applications* 15: 1450–1461.

Keyser, A.J. & G.E. Hill. 2000. Structurally based plumage coloration is an honest signal of quality in male blue grosbeaks. *Behavioral Ecology* 11: 202–209.

Khaliq, I., S.A. Fritz, R. Prinzinger, M. Pfenninger, K. Böhning-Gaese & C. Hof. 2015. Global variation in thermal physiology of birds and mammals: evidence for phylogenetic niche conservatism only in the tropics. *Journal of Biogeography* 42: 2187–2196.

Kie, J.G., J. Matthiopoulos, J. Fieberg, R.A. Powell, F. Cagnacci, M.S. Mitchell, J.-M. Gaillard & P.R. Moorcroft. 2010. The home-range concept: are traditional estimators still relevant with modern telemetry technology? *Philosophical Transactions of the Royal Society B* 365: 2221–2231.

Kilner, R.M. & C.A. Hinde. 2012. Parent-offspring conflict. Pp. 119–132 in Royle, N.J., P.T. Smiseth & M. Kölliker (eds.), *The Evolution of Parental Care*. Oxford University Press, Oxford.

Kilner, R.M. & N.E. Langmore. 2011. Cuckoos *versus* hosts in insects and birds: adaptations, counter-adaptations and outcomes. *Biological Reviews* 86: 836–852.

Kilpatrick, A.M., A.A. Chmura, D.W. Gibbons, R.C. Fleischer, P.P. Marra & P. Daszak. 2006. Predicting the global spread of H5N1 avian influenza. *Proceedings of the National Academy of Sciences of the USA* 103: 19368–19373.

King, C.M. (ed.). 1990. *The Handbook of New Zealand Mammals*. Oxford University Press, Auckland.

King, E.D.A., P.B. Banks & R.C. Brooks. 2013. Sexual conflict in mammals: consequences for mating systems and life history. *Mammal Review* 43: 47–58.

Kirk, E.J., R.G. Powlesland & S.C. Cork. 1993. Anatomy of the mandibles, tongue and alimentary tract of kakapo, with some comparative information from kea and kaka. *Notornis* 40: 55–63.

Kissui, B.M. & C. Packer. 2004. Top-down population regulation of a top predator: lions in the Ngorongoro crater. *Proceedings of the Royal Society London B* 271: 1867–1874.

Klaassen, M. 2003. Relationship between migration and breeding strategies in arctic breeding birds. Pp. 237–249 in Berthold, P., E. Gwinner & E. Sonnenschein (eds.), *Avian Migration*. Springer-Verlag, Berlin.

Klaassen, M., H.H. Hangelbroek, T. de Boer & B.A. Nolet. 2010. Insights from the eco-physiological book of records: Bewick's swans outperform the canonical intake-maximizing vertebrate. *Oikos* 119: 1156–1160.

Klaassen, R.H.G., M. Hake, R. Strandberg, B.J. Koks, C. Trierweiler, K.-M. Exo, F. Bairlein & T. Alerstam. 2014. When and where does mortality occur in migratory birds? Direct evidence from long-term satellite tracking of raptors. *Journal of Animal Ecology* 83: 176–184.

Klasing, K.C. 2004. The costs of immunity. *Acta Zoologica Sinica* 50: 961–969.

Kleiman, D.G. 2011. Canid mating systems, social behavior, parental care and ontogeny: are they flexible? *Behavior Genetics* 41: 803–809.

Klemas, V.V. 2013. Remote sensing and navigation in the animal world. *Sensor Review* 33: 3–13.

Kloskowski, J. 2912. Fish stocking creates an ecological trap for an avian predator via effects on prey availability. *Oikos* 121: 1567–1576.

Klug, H. & M.B. Bonsall. 2010. Life history and the evolution of parental care. *Evolution* 64: 823–835.

Klug, H., M.B. Bonsall & S.H. Alonzo. 2013. Sex differences in life history drive evolutionary transitions among maternal, paternal, and bi-parental care. *Ecology and Evolution* 3: 792–806.

Knaus, P., R. Graf, J. Guélat, V. Keller, H. Schmid & N. Zbinden. 2011. *Historischer Brutvogelatlas. Die Verbreitung der Schweizer Brutvögel seit 1950*. Schweizerische Vogelwarte, Sempach.

Knudsen, E. et al. (26 weitere Autoren). 2011. Challenging claims in the study of migratory birds and climate change. *Biological Reviews* 86: 928–946.

Kobbe, S., J.U. Ganzhorn & K.H. Dausmann. 2011. Extreme individual flexibility of heterothermy in free-ranging Malagasy mouse lemurs *(Microcebus griseorufus)*. *Journal of Comparative Physiology B* 181: 165–173.

Kociolek, A.V., A.P. Clevenger, C.C. St. Clair & D.S. Proppe. 2011. Effects of road networks on bird populations. *Conservation Biology* 25: 241–249.

Koehler, A.V., J.M. Pearce, P.L. Flint & J.C. Franson. 2008. Genetic evidence of intercontinental movement of avian influenza in a migratory bird: the northern pintail *(Anas acuta)*. *Molecular Ecology* 17: 4754–4762.

Koenig, A. & C. Borries. 2012. Hominoid dispersal patterns and human evolution. *Evolutionary Anthropology* 21: 108–112.

Koenig, W.D. 2003. European Starlings and their effect on native cavity-nesting birds. *Conservation Biology* 17: 1134–1140.

Kohl, K.D., R.B. Weiss, J. Cox, C. Dale & M.D. Dearing. 2014. Gut microbes of mammalian herbivores facilitate intake of plant toxins. *Ecology Letters* 17: 1238–1246.

Kokko, H. & M.D. Jennions. 2008. Parental investment, sexual selection and sex ratios. *Journal of Evolutionary Biology* 21: 919–948.

Kokko, H. & M.D. Jennions. 2012. Sex differences in parental care. Pp. 101–116 in Royle, N.J., P.T. Smiseth & M. Kölliker (eds.), *The Evolution of Parental Care*. Oxford University Press, Oxford.

Kokko, H., R. Brooks, J.M. McNamara & A.I. Houston. 2002. The sexual selection continuum. *Proceedings of the Royal Society London B* 269: 1331–1340.

Kokko, H., T.G. Gunnarsson, L.M. Morrell & J.A. Gill. 2006. Why do female migratory birds arrive later than males? *Journal of Animal Ecology* 75: 1293–1303.

Kölliker, M., P.T. Smiseth & N.J. Royle. 2014. *Evolution of parental care*. Pp. 663–670 in Losos, J.B., D.A. Baum, D.J. Futuyma, H.E. Hoekstra, R.E. Lenski, A.J. Moore, C.L. Peichel, D. Schluter & M.C. Whitlock (eds.), *The Princeton*

Guide to Evolution. Princeton University Press, Princeton.

Kölzsch, A., S. Bauer, R. de Boer, L. Griffin, D. Cabot, K.-M. Exo, H.P. van der Jeugd & B.A. Nolet. 2015. Forecasting spring from afar? Timing of migration and predictability of phenology along different migration routes of an avian herbivore. *Journal of Animal Ecology* 84: 272–283.

Komdeur, J. 2012. Sex allocation. Pp. 171–188 in Royle, N.J., P.T. Smiseth & M. Kölliker (eds.), *The Evolution of Parental Care*. Oxford University Press, Oxford.

Komdeur, J., S. Daan, J. Tinbergen & C. Mateman. 1997. Extreme adaptive modification in sex ratio of the Seychelles warbler's eggs. *Nature* 385: 522–525.

Koprivnikar, J. & T.L.F. Leung. 2015. Flying with diverse passengers: greater richness of parasitic nematodes in migratory birds. *Oikos* 124: 399–405.

Kormann, U., F. Gugerli, N. Ray, L. Excoffier & K. Bollmann. 2012. Parsimony-based pedigree analysis and individual-based landscape genetics suggest topography to restrict dispersal and connectivity in the endangered capercaillie. *Biological Conservation* 152: 241–252.

Korner-Nievergelt, F., F. Liechti & K. Thorup. 2014. A bird distribution model for ring recovery data: where do the European robins go? *Ecology and Evolution* 4: 720–731.

Korpimäki, E., L. Oksanen, T. Oksanen, T. Klemola, K. Norrdahl & P.B. Banks. 2005. Vole cycles and predation in temperate and boreal zones of Europe. *Journal of Animal Ecology* 74: 1150–1159.

Koteja, P. 2004. The evolution of concepts on the evolution of endothermy in birds and mammals. *Physiological and Biochemical Zoology* 77: 1043–1050.

Kotler, B.P., J.S. Brown, S.R.X. Dall, S. Gresser, D. Ganey & A. Bouskila. 2002. Foraging games between gerbils and their predators: temporal dynamics of resource depletion and apprehension in gerbils. *Evolutionary Ecology Research* 4: 495–518.

Krackow, S. 1995. Potential mechanisms for sex ratio adjustment in mammals and birds. *Biological Reviews* 70: 225–241.

Krauel, J.J. & G.F. McCracken. 2013. Recent advances in bat migration research. Pp. 293–313 in Adams, R.A. & S.C. Pedersen (eds.), *Bat Evolution, Ecology, and Conservation*. Springer, New York.

Kraus, C., D.L. Thomson, J. Künkele & F. Trillmich. 2005. Living slow and dying young? Life-history strategy and age-specific survival rates in a precocial small mammal. *Journal of Animal Ecology* 74: 171–180.

Krause, J. & G.D. Ruxton. 2002. *Living in Groups*. Oxford University Press, Oxford.

Krausman, P.R. & D.M. Shackleton. 2000. Bighorn Sheep. Pp. 517–544 in Demarais, S. & P.R. Krausman (eds.), *Ecology of Large Mammals in North America*. Prentice Hall, Upper Saddle River.

Krebs, C.J. 2002. Beyond population regulation and limitation. *Wildlife Research* 29: 1–10.

Krebs, C.J. 2009. *Ecology. The Experimental Analysis of Distribution and Abundance*. 6th ed. Benjamin Cummings, San Francisco.

Krebs, C.J. 2011. Of lemmings and snowshoe hares: the ecology of northern Canada. *Proceedings of the Royal Society B* 278: 481–489.

Krebs, C.J. 2013. *Population Fluctuations in Rodents*. The University of Chicago Press, Chicago.

Krebs, C.J., R. Boonstra, S. Boutin & A.R.E. Sinclair. 2001. What drives the 10-year cycle of snowshoe hares? *BioScience* 51: 25–35.

Krebs, J.R. 1990. Food-storing birds: adaptive specialization in brain and behaviour? *Philosophical Transactions of the Royal Society London B* 329: 153–160.

Krebs, J.R. & N.B. Davies. 1993. *An Introduction to Behavioural Ecology*. 3rd ed. Blackwell Scientific Publications, Oxford.

Krebs, J.R., J.T. Erichsen, M.I. Webber & E.L. Charnov. 1977. Optimal prey selection in the great tit *(Parus major)*. *Animal Behaviour* 25: 30–38.

Kremen, C. 2015. Reframing the land-sparing/land-sharing debate for biodiversity conservation. *Annals of the New York Academy of Science* 1355: 52–76.

Krüger, O., J.B.W. Wolf, R.M. Jonker, J.I. Hoffman & F. Trillmich. 2014. Disentangling the contribution of sexual selection and ecology to the evolution of size dimorphism in pinnipeds. *Evolution* 68: 1485–1496.

Krüger, S.C., D.G. Allan, A.R. Jenkins & A. Amar. 2014. Trends in territory occupancy, distribution and density of the Bearded Vulture *Gypaetus barbatus meridionalis* in southern Africa. *Bird Conservation International* 24: 162–177.

Kruuk, L.E.B., T.H. Clutton-Brock, S.D. Albon, J.M. Pemberton & F.E. Guinness. 1999. Population density affects sex ratio variation in red deer. *Nature* 399: 459–461.

Ku, K.B., E.H. Park, J. Yum, J.A. Kim, S.K. Oh & S.H. Seo. 2014. Highly pathogenic avian influenza A(H5N8) virus from waterfowl, South Korea, 2014. *Emerging Infectious Diseases* 20: 1587–1588.

Kubisch, A., R.D. Holt, H.-J. Poethke & E.A. Fronhofer. 2014. Where am I and why? Synthesizing range biology and the eco-evolutionary dynamics of dispersal. *Oikos* 123: 5–22.

Kuemmerle, T. et al. (11 weitere Autoren). 2011. Predicting potential European bison habitat across its former range. *Ecological Applications* 21: 830–843.

Kuemmerle, T., T. Hickler, J. Olofsson, G. Schurgers & V.C. Radeloff. 2012. Reconstructing range dynamics and range fragmentation of European bison for the last 8000 years. *Diversity and Distributions* 18: 47–59.

Kuijper, D.P.J., P. Beek, S.E. van Wieren & J.P. Bakker. 2008. Time-scale effects in the interaction between a large and a small herbivore. *Basic and Applied Ecology* 9: 126–134.

Kuijper, D.P.J., R. Ubels & M.J.J.E. Loonen. 2009. Density-dependent switches in diet: a likely mechanism for negative feedbacks on goose population increase? *Polar Biology* 32: 1789–1803.

Kunz, T.H. & D.J. Hosken. 2009. Male lactation: why, why not and is it care? *Trends in Ecology and Evolution* 24: 80–85.

Kunz, W. 2012. *Do Species Exist? Principles of Taxonomic Classification*. Wiley-Blackwell, Weinheim.

Kuo, Y., D.-L. Lin, F.-M. Chuang, P.-F. Lee & T.-S. Ding. 2013. Bird species migration ratio in East Asia, Australia, and surrounding islands. *Naturwissenschaften* 100: 729–738.

Kvasnes, M.A.J., H.C. Pedersen, T. Storaas & E.B. Nilsen. 2014. Large-scale climate variability and rodent abundance modulates recruitment rates in Willow Ptarmigan *(Lagopus lagopus)*. *Journal of Ornithology* 155: 891–03.

Kvist, A. & Å. Lindström. 2003. Gluttony in migratory waders – unprecedented energy assimilation rates in vertebrates. *Oikos* 103: 397–402.

Kwon, Y.K., C. Thomas & D.E. Swayne. 2010. Variability in pathobiology of South Korean H5N1 high-pathogenicity avian influenza virus infection for 5 species of migratory waterfowl. *Veterinary Pathology* 47: 495–506.

Labocha, M.K. & J.P. Hayes. 2012. Morphometric indices of body condition in birds: a review. *Journal of Ornithology* 153: 1–22.

Laca, E.A. 2008. Foraging in a heterogeneous environment. Pp. 81–100 in Prins, H.H.T. & F. van Langevelde (eds.), *Resource Ecology. Spatial and Temporal Dynamics of Foraging*. Springer, Dordrecht.

Laca, E.A., S. Sokolow, J.R. Galli & C.A. Cangiano. 2010. Allometry and spatial scales of foraging in mammalian herbivores. *Ecology Letters* 13: 311–320.

Lachat, T., D. Pauli, Y. Gonseth, G. Klaus, C. Scheidegger, P. Vittoz & T. Walter (eds.). 2010. *Wandel der Biodiversität in der Schweiz seit 1900. Ist die Talsohle erreicht?* Bristol-Stiftung, Zürich & Haupt, Bern.

Lachish, S., H. McCallum & M. Jones. 2009. Demography, disease and the devil: life-history changes in a disease-affected population of Tasmanian devils *(Sarcophilus harrisii). Journal of Animal Ecology* 78: 427–436.

Lack, D. 1947a. The significance of clutch-size. Parts 1 & 2. *Ibis* 89: 302–352.

Lack, D. 1947b. *Darwin's Finches.* Cambridge University Press, Cambridge.

Lack, D. 1971. *Ecological Isolation in Birds.* Blackwell Scientific Publications, Oxford.

LaDeau, S.L., A.M. Kilpatrick & P.B. Marra. 2007. West Nile virus emergence and large-scale declines of North American bird populations. *Nature* 447: 710–713.

Lafferty, K.D. & A.M. Kuris. 2002. Trophic strategies, animal diversity and body size. *Trends in Ecology and Evolution* 17: 507–513.

Laidre, K.L. et al. (15 weitere Autoren). 2015. Arctic marine mammal population status, sea ice habitat loss, and conservation recommendations for the 21st century. *Conservation Biology* 29: 724–737.

Lam, T.T.-Y. et al. (12 weitere Autoren). 2012. Migratory flyway and geographical distance are barriers to the gene flow of influenza virus among North American birds. *Ecology Letters* 15: 24–33.

Lambin, X., J. Aars, S.B. Piertney & S. Telfer. 2004. Inferring pattern and process in small mammal metapopulations: insights from ecological and genetic data. Pp. 515–540 in Hanski, I. & O. Caggiotti (eds.), *Ecology, Genetics, and Evolution of Metapopulations.* Academic Press, Burlington.

Lambin, X., V. Bretagnolle & N.G. Yoccoz. 2006. Vole populations in northern and southern Europe: Is there a need for different explanations for single pattern? *Journal of Animal Ecology* 75: 340–349.

Lande, R., S. Engen, B.-E. Sæther, F. Filli, E. Matthysen & H. Weimerskirch. 2002. Estimating density dependence from population time series using demographic theory and life-history data. *The American Naturalist* 159: 321–337.

Landete-Castillejos, T., C. Gortázar, J. Vicente, Y. Fierro, A. Garcia & L. Gallego. 2004. Age-related foetal sex ratio bias in Iberian red deer *(Cervus elaphus hispanicus)*: are male calves too expensive for growing mothers? *Behavioral Ecology and Sociobiology* 56: 1–8.

Landmann, A. & N. Winding. 1993. Niche segregation in high-altitude Himalayan chats (Aves, Turdidae): does morphology match ecology? *Oecologia* 95: 506–519.

Langgemach, T. & J. Bellebaum. 2005. Prädation und der Schutz bodenbrütender Vogelarten in Deutschland. *Vogelwelt* 126: 259–298.

Lapiedra, O., A. Ponjoan, A. Gamero, G. Bota & S. Mañosa. 2011. Brood ranging behaviour and breeding success of the threatened little bustard in an intensified cereal farmland area. *Biological Conservation* 144: 2882–2890.

LaPointe, D.A., C.T. Atkinson & M.D. Samuel. 2012. Ecology and conservation biology of avian malaria. *Annals of the New York Academy of Sciences* 1249: 211–226.

Latham, A.D.M., M.C. Latham, K.H. Knopff, M. Hebblewhite & S. Boutin. 2013. Wolves, white-tailed deer, and beaver: implications of seasonal prey switching for woodland caribou declines. *Ecography* 36: 1276–1290.

Latorre-Margalef, N. et al. (11 weitere Autoren). 2009. Effects of influenza A virus infection on migrating mallard ducks. *Proceedings of the Royal Society B* 276: 1029–1036.

Laundré, J.W., L. Hernández & K.B. Altendorf. 2001. Wolves, elk, and bison: reestablishing the «landscape of fear» in Yellowstone National Park, U.S.A. *Canadian Journal of Zoology* 79: 1401–1409.

Laurance, W.F. et al. (15 weitere Autoren). 2011. The fate of Amazonian forest fragments: a 32-year investigation. *Biological Conservation* 144: 56–67.

Law, E.A. & K.A. Wilson. 2015. Providing context for the land-sharing and land-sparing debate. *Conservation Letters* 8: 404–413.

Lawler, R.L. 2011. Demographic concepts and research pertaining to the study of wild primate populations. *Yearbook of Physical Anthropology* 54: 63–85.

Lawson, B., R.A. Robinson, K.M. Colvile, K.M. Peck, J. Chantrey, T.W. Pennycott, V.R. Simpson, M.P. Toms & A.A. Cunningham. 2012. The emergence and spread of finch trichomonosis in the British Isles. *Philosophical Transactions of the Royal Society B* 367: 2852–2863.

Lawson Handley, L.J. & N. Perrin. 2007. Advances in our understanding of mammalian sex-biased dispersal. *Molecular Ecology* 16: 1559–1578.

Layman, C.A., S.D. Newsome & T. Gancos Crawford. 2015. Individual-level niche specialization within populations: emerging areas of study. *Oecologia* 178: 1–4.

Leach, K., W.I. Montgomery & N. Reid. 2015. Biogeography, macroecology and species' traits mediate competitive interactions in the order Lagomorpha. *Mammal Review* 45: 88–102.

Lebreton, J.-D. & O. Gimenez. 2013. Detecting and estimating density dependence in wildlife populations. *Journal of Wildlife Management* 77: 12–23.

Lebreton, J.-D., K. P. Burnham, J. Clobert & D. R. Anderson. 1992. Modeling survival and testing biological hypotheses using marked animals: a unified approach with case studies. *Ecological Monographs* 62:67–118.

Lee, D.-H., M.K. Torchetti, K. Winker, H.S. Ip, C.-S. Song & D.E. Swayne. 2015. Intercontinental spread of Asian-origin H5N8 to North America through Beringia by migratory birds. *Journal of Virology* 89: 6521–6524.

Lee, M.S.Y. 2003. Species concepts and species reality: salvaging a Linnean rank. *Journal of Evolutionary Biology* 16: 179–188.

Lees, A.C. & D.J. Bell. 2008. A conservation paradox for the 21st century: the European wild rabbit *Oryctolagus cuniculus*, an invasive alien and an endangered native species. *Mammal Review* 38: 304–320.

Lees, A.C. & S.L. Pimm. 2015. Species, extinct before we know them? *Current Biology* 25: R177–R180.

Lehikoinen, A., E. Lehikoinen, J. Valkama, R.A. Väisänen & M. Isomursu. 2013. Impacts of trichomonosis epidemics on greenfinch *Chloris chloris* and chaffinch *Fringilla coelebs* populations in Finland. *Ibis* 155: 357–366.

Lehtonen, J. & K. Jaatinen. 2016. Safety in numbers: the dilution effect and other drivers of group life in the face of danger. *Behavioral Ecology and Sociobiology* 70:449–458.

Leimgruber, P., W.J. McShea, C.J. Brookes, L. Bolor-Edene, C. Wemmer & C. Larson. 2001. Spatial patterns in relative primary productivity and gazelle migration in the Eastern Steppes of Mongolia. *Biological Conservation* 102: 205–212.

Leisler, B. & K. Schulze-Hagen. 2011. *The Reed Warblers. Diversity in a Uniform Bird Family.* KNNV Publishing, Zeist.

Leisler, B. & H. Winkler. 2003. Morphological consequences of migration in passerines. Pp. 175–186 in Berthold, P., E. Gwinner & E. Sonnenschein (eds.), *Avian Migration.* Springer-Verlag, Berlin.

Lengyel, S. 2006. Spatial differences in breeding success in the pied avocet *Recurvirostra avosetta*: effects of habitat on hatching success and chick survival. *Journal of Avian Biology* 37: 381–395.

Lengyel, S., B. Kiss & C.R. Tracy. 2009. Clutch size determination in shorebirds: revisiting incubation limitation in the pied avocet *(Recurvirostra avosetta)*. *Journal of Animal Ecology* 78: 396–405.

Leslie, D.M., R.T. Bowyer & J.A. Jenks. 2008. Facts from feces: Nitrogen still measures up as a nutritional index for mammalian herbivores. *Journal of Wildlife Management* 72: 1420–1433.

Lessells, C.M. 2012. Sexual conflict. Pp. 150–170 in Royle, N.J., P.T. Smiseth & M. Kölliker (eds.), *The Evolution of Parental Care*. Oxford University Press, Oxford.

Letnic, M., E.G. Ritchie & C.R. Dickman. 2012. Top predators as biodiversity regulators: the dingo *Canis lupus dingo* as a case study. *Biological Reviews* 87: 390–413.

Lever, C. 2005. *Naturalised Birds of the World*. T & A D Poyser, London.

Levey, D.J. & C. Martínez del Río. 2001. It takes guts (and more) to eat fruit: lessons from avian nutritional ecology. *The Auk* 118: 819–831.

Levi, T. & C.C. Wilmers. 2012. Wolves–coyotes–foxes: a cascade among carnivores. *Ecology* 93: 921–929.

Levin, S.A. 1992. The problem of pattern and scale in ecology. *Ecology* 73: 1943–1967.

Lhagvasuren, B. & E.J. Milner-Gulland. 1997. The status and management of the Mongolian gazelle *Procapra gutturosa* population. *Oryx* 31: 127–134.

Liechti, F. 2006. Birds: blowin' by the wind? *Journal of Ornithology* 147: 202–211.

Liechti, F., S. Komenda-Zehnder & B. Bruderer. 2012. Orientation of passerine trans-Sahara migrants: the directional shift ('Zugknick') reconsidered for free-flying birds. *Animal Behaviour* 83: 63–68.

Liechti, F., W. Witvliet, R. Weber & E. Bächler. 2013. First evidence of a 200-day non-stop flight in a bird. *Nature Communications* 4: 2554.

Liker, A., R.P. Freckleton & T. Székely. 2013. The evolution of sex roles in birds is related to adult sex ratio. *Nature Communications* 4: 1587.

Lima M., A.A. Berryman & N.C. Stenseth. 2006. Feedback structures of northern small rodent populations. *Oikos* 112: 555–564.

Lima, S.L. 1998. Stress and decision making under the risk of predation: recent developments from behavioral, reproductive, and ecological perspectives. *Advances in the Study of Behavior* 27: 215–290.

Lima, S.L. 2009. Predators and the breeding bird: behavioral and reproductive flexibility under the risk of predation. *Biological Reviews* 84: 485–513.

Lima, S.L. & P.A. Bednekoff. 1999. Temporal variation in danger drives antipredator behaviour: the predation risk allocation hypothesis. *The American Naturalist* 153: 649–659.

Lima, S.L. & Dill, L.M. 1990. Behavioral decisions made under the risk of predation: a review and prospectus. *Canadian Journal of Zoology* 68: 619–640.

Lind, J., T. Fransson, S. Jakobsson & C. Kullberg. 1999. Reduced take-off ability in robins *(Erithacus rubecula)* due to migratory fuel load. *Behavioral Ecology and Sociobiology* 46: 65–70.

Lindenfors, P., B.S. Tullberg & M. Biuw. 2002. Phylogenetic analyses of sexual selection and sexual size dimorphism in pinnipeds. *Behavioral Ecology and Sociobiology* 52: 188–193.

Lindenfors, P., J.L. Gittleman & K.E. Jones. 2007. Sexual size dimorphism in mammals. Pp. 16–26 in Fairbairn, D.J., W.U. Blanckenhorn & T. Székely (eds.), *Sex, Size, and Gender Roles: Evolutionary Studies of Sexual Size Dimorphism*. Oxford University Press, Oxford.

Lindsey, P.A. et al. (27 weitere Autoren). 2013. The bushmeat trade in African savannas: impacts, drivers, and possible solutions. *Biological Conservation* 160: 80–96.

Linnell, J.D.C., Aanes, R. & Andersen, R. 1995. Who killed Bambi? The role of predation in the neonatal mortality of temperate ungulates. *Wildlife Biology* 1: 209–223.

Liu, Y., I. Keller & G. Heckel. 2012. Breeding site fidelity and winter admixture in a long-distance migrant, the tufted duck *(Aythya fuligula)*. *Heredity* 109: 108–116.

Livingstone, P.G., N. Hancox, G. Nugent, G. Mackereth & S.A. Hutchings. 2015. Development of the New Zealand strategy for local eradication of tuberculosis from wildlife and livestock. *New Zealand Veterinary Journal* 63 (supplementum 1): 98-107.

Lochmiller, R.L. & C. Deerenberg. 2000. Trade-offs in evolutionary immunology: just what is the cost of immunity? *Oikos* 88: 87–98.

Lodé, T., J.-P. Cormier & D. Le Jacques. 2001. Decline in endangered species as an indication of anthropic pressures: the case of European mink *Mustela lutreola* western population. *Environmental Management* 28: 727–735.

Loehle, C. & W. Eschenbach. 2012. Historical bird and terrestrial mammal extinction rates and causes. *Diversity and Distributions* 18: 84–91.

Loison, A., M. Festa-Bianchet, J.-M. Gaillard, J.T. Jorgenson & J.-M. Jullien. 1999. Age-specific survival in five populations of ungulates: evidence of senescence. *Ecology* 80: 2539–2554.

Lomolino, M.V. & R. Channell. 1995. Splendid isolation: patterns of geographic range collapse in endangered mammals. *Journal of Mammalogy* 76: 335–347.

Lomolino, M.V., B.R. Riddle, R.J. Whittaker & J.D. Brown. 2010. *Biogeography*. 4th ed. Sinauer Associates, Inc., Sunderland.

Londoño, G.A., M.A. Chappell, M. del Rosario Castañeda, J.E. Jankowski & S.K. Robinson. 2015. Basal metabolism in tropical birds: latitude, altitude, and the 'pace of life'. *Functional Ecology* 29: 338–346.

Long, J.L. 2003. *Introduced Mammals of the World. Their History, Distribution, and Influence*. CSIRO Publishing, Collingwood & CABI Publishing, Wallingford.

Loss, S.R., T. Will & P.P. Marra. 2013. The impact of free-ranging domestic cats on wildlife in the United States. *Nature Communications* 4: 1396.

Lovegrove, B.G. 2000. The zoogeography of mammalian basal metabolic rate. *The American Naturalist* 156: 201–219.

Lovegrove, B.G. 2009. Age at first reproduction and growth rate are independent of basal metabolic rate in mammals. *Journal of Comparative Physiology B* 179: 391–401.

Loxdale, H.D., G. Lushai & J.A. Harvey. 2011. The evolutionary improbability of 'generalism' in nature, with special reference to insects. *Biological Journal of the Linnean Society* 103: 1–18.

Loyau, A., M. Saint Jalme, C. Cagniant & G. Sorci. 2005. Multiple sexual advertisements honestly reflect health status in peacocks *(Pavo cristatus)*. *Behavioral Ecology and Sociobiology* 58: 552–557.

Loyd, K.A.T., S.M. Hernandez, J.P. Carroll, K.J. Abernathy & G.J. Marshall. 2013. Quantifying free-roaming domestic cat predation using animal-borne video cameras. *Biological Conservation* 160: 183–189.

Lucas, J.R., A. Brodin, S.R. de Kort & N.S. Clayton. 2004. Does hippocampal size correlate with the degree of caching specialization? *Proceedings of the Royal Society London B* 271: 2423–2429.

Lührs, M.-L., M. Dammhahn & P. Kappeler. 2013. Strength in numbers: males in a carnivore grow bigger when they associate and hunt cooperatively. *Behavioral Ecology* 24: 21–28.

Lukas, D. & T. Clutton-Brock. 2012. Cooperative breeding and monogamy in mammalian societies. *Proceedings of the Royal Society B* 279: 2151–2156.

Lukas, D. & T.H. Clutton-Brock. 2013. The evolution of social monogamy in mammals. *Science* 341: 526–530.

Lunn, D.J., A. Thomas, N. Best & D. Spiegelhalter. 2000. WinBUGS — a Bayesian modelling framework: concepts, structure, and extensibility. *Statistics and Computing* 10: 325–337.

Lyon, B.E. & J.M. Eadie. 2008. Conspecific brood parasitism in birds: a life-history perspective. *Annual Review of Ecology, Evolution, and Systematics* 39: 343–363.

Mac Nally, R., M. Brown, A. Howes, C.A. McAlpine & M. Maron. 2012. Despotic, high-impact species and the subcontinental scale control of avian assemblage structure. *Ecology* 93: 668–678.

Mac Nally, R., A.S. Kutt, T.J. Eyre, J.J. Perry, E.P. Vanderduys, M. Mathieson, D.J. Ferguson & J.R. Thomson. 2014. The hegemony of the 'despots': the control of avifaunas over vast continental areas. *Diversity and Distributions* 20: 1071–1083.

MacArthur, R.H. 1958. Population ecology of some warblers of northeastern coniferous forests. *Ecology* 39: 599–619.

MacArthur, R.H. & E.R. Pianka. 1966. On optimal use of a patchy environment. *The American Naturalist* 100: 603–609.

Macdonald, D. (ed.) 2001. *The New Encyclopedia of Mammals*. Oxford University Press, Oxford.

Macdonald, D.W. & D.D.P. Johnson. 2015. Patchwork planet: the resource dispersion hypothesis, society, and the ecology of life. *Journal of Zoology* 295: 75–107.

Mace, G.M., N.J. Colla, K.J. Gaston, C. Hilton-Taylor, H.R. Akçakaya, N. Leader-Williams, E.J. Milner-Gulland & S.N. Stuart. 2008. Quantification of extinction risk: IUCN's system for classifying threatened species. *Conservation Biology* 22: 1424–1442.

Machac, A., J. Zrzavý & D. Storch. 2011. Range size heritability in carnivora is driven by geographic constraints. *The American Naturalist* 177: 767–779.

Machado, N. & R.D. Loyola. 2013. A comprehensive quantitative assessment of bird extinction risk in Brazil. *PLoS ONE* 8(8): e72283.

MacLulich, D. A. 1937. Fluctuations in the numbers of the varying hare (*Lepus americanus*). *University of Toronto Studies, Biological Series* 43: 1–136.

MacNulty, D.R., D.W. Smith, L.D. Mech, J.A. Vucetich & C. Packer. 2012. Nonlinear effects of group size on the success of wolves hunting elk. *Behavioral Ecology* 23: 75–82.

Madden, J. 2001. Sex, bowers and brains. *Proceedings of the Royal Society London B* 268: 833–838.

Madden, C.F., B. Arroyo & A. Amar. 2015. A review of the impacts of corvids on bird productivity and abundance. *Ibis* 157: 1–16.

Madhusudan, M.D. 2004. Recovery of wild large herbivores following livestock decline in a tropical Indian wildlife reserve. *Journal of Applied Ecology* 41: 858–869.

Madsen, P.T. & A. Surlykke. 2013. Functional convergence in bat and toothed whale biosonars. *Physiology* 28: 276–283.

Maggini, I. & F. Bairlein. 2013. Metabolic response to changes in temperature in northern wheatears from an arctic and a temperate populations. *Journal of Avian Biology* 44: 479–485.

Maggini, R., A. Lehmann, M. Kéry, H. Schmid, M. Beniston, L. Jenni & N. Zbinden. 2011. Are Swiss birds tracking climate change? Detecting elevational shifts using response curve shapes. *Ecological Modelling* 222: 21–32.

Magnusson, M., B. Hörnfeldt & F. Ecke. 2015. Evidence for different drivers behind long-term decline and depression of density in cyclic voles. *Population Ecology* 57: 569–580.

Magurran, A.E. 2004. *Measuring Biological Diversity*. Blackwell Science, Malden.

Mahady, S.J. & J.O. Wolff. 2002. A field test of the Bruce effect in the monogamous prairie vole (*Microtus ochrogaster*). *Behavioral Ecology and Sociobiology* 52: 31–37.

Mähl, P., F. Cliquet, A.-L. Guiot, E. Niin, E. Fournials, N. Saint-Jean, M. Aubert, C.E. Rupprecht & S. Gueguen. 2014. *Veterinary Research* 45: 77.

Maino, J.L., M.R. Kearney, R.M. Nisbet & S.A.L.M. Kooijman. 2014. Reconciling theories for metabolic scaling. *Journal of Animal Ecology* 83: 20–29.

Maisels, F. et al. (61 weitere Autoren). 2013. Devastating decline of forest elephants in Central Africa. *PLoS ONE* 8(3): e59469.

Makin, D.F., H.F.P. Payne, G.I.H. Kerley & A.M. Shrader. 2012. Foraging in a 3-D world: how does predation risk affect space use of vervet monkeys? *Journal of Mammalogy* 93: 422–428.

Mallord, J.W., P.M. Dolman, A. Brown & W.J. Sutherland. 2007. Quantifying density dependence in a bird population using human disturbance. *Oecologia* 153: 49–56.

Mañas, S., J.C. Ceña, J. Ruiz-Olmo, S. Palazón, M. Domingo, J.B. Wolfinbarger & M.E. Bloom. 2001. Aleutian mink disease parvovirus in wild riparian carnivores in Spain. *Journal of Wildlife Diseases* 37: 138–144.

Mandema, F.S. J.M. Tinbergen, J. Stahl, P. Esselink & J.P. Bakker. 2014. *Wildlife Biology* 20: 67–72.

Maness, T.J., M.A. Westbrock & D.J. Anderson. 2007. Ontogenic sex ratio variation in Nazca boobies ends in male-biased adult sex ratio. *Waterbirds* 30: 10–16.

Manly, B.F.J., L.L. McDonald, D.L. Thomas, T.L. McDonald & W.P. Erickson. 2010. *Resource Selection by Animals. Statistical Design and Analysis for Field Studies*. 2nd ed. Kluwer Academic Publishers, Dordrecht.

Maran, T. & H. Henttonen. 1995. Why is the European mink (*Mustela lutreola*) disappearing? – A review of the process and hypotheses. *Annales Zoologici Fennici* 32: 47–54.

Marcelli, M., L. Poledník, K. Poledníková & R. Fusillo. 2012. Land use drivers of species re-expansion: inferring colonization dynamics in Eurasian otters. *Diversity and Distributions* 18: 1001–1012.

Marescot, L., T.D. Forrester, D.S. Casady & H.U. Wittmer. 2015. Using multistate capture–mark–recapture models to quantify effects of predation on age-specific survival and population growth in black-tailed deer. *Population Ecology* 57: 185–197.

Markandya, A., T. Taylor, A. Longo, M.N. Murty, S. Murty & K. Dhavala. 2008. Counting the cost of vulture decline – an appraisal of human health and other benefits from vultures in India. *Ecological Economics* 67: 194–204.

Maron, M., M.J. Grey, C.P. Caterall, R.E. Major, D.L. Oliver, M.F. Clarke, R.H. Loyn, R. Mac Nally, I. Davidson & J.R. Thomson. 2013. Avifaunal disarray due to a single despotic species. *Diversity and Distributions* 19: 1468–1479.

Martín, C.A., J.C. Alonso, J.A. Alonso, C. Palacín, M. Magaña & B. Martín. 2007. Sex-biased juvenile survival in a bird with extreme size dimorphism, the great bustard *Otis tarda*. *Journal of Avian Biology* 38: 335–346.

Martín, C.A., J.C. Alonso, J.A. Alonso, C. Palacín, M. Magaña & B. Martín. 2008. Natal dispersal in great bustards: the effect of sex, local population size and spatial isolation. *Journal of Animal Ecology* 77: 326–334.

Martin, J.G.A. & M. Festa-Bianchet. 2012. Determinants and consequences of age of primiparity in bighorn ewes. *Oikos* 121: 752–760.

Martin, J.-L. & J.-C. Thibault. 1996. Coexistence in Mediterranean warblers: ecological differences or interspecific territoriality? *Journal of Biogeography* 23: 169–178.

Martin, J.-L., P. Drapeau, L. Fahrig, K. Freemark Lindsay, D.A. Kirk, A.C. Smith & M-A. Villard. 2012. Birds in cultural landscapes: actual and perceived differences between northeastern North America and western Europe. Pp. 481–515 in Fuller, R.J. (ed.), *Birds and Habitat. Relationships in Changing Landscapes*. Cambridge University Press, Cambridge.

Martin, L.B., A. Scheuerlein & M. Wikelski. 2003. Immune activity elevates energy expenditure of house sparrows: a link between direct and indirect costs? *Proceedings of the Royal Society London B* 270: 153–158.

Martin, P.R. & T.E. Martin. 2001. Ecological and fitness consequences of species coexistence: a removal experiment with wood warblers. *Ecology* 82: 189–206.

Martínez, N., M. Küttel & D. Weber. 2009. Deutliche Zunahme wildlebender Tierarten in der Schweiz seit 1900. *Naturschutz und Landschaftsplanung* 41: 375–381.

Martínez-Padilla, J., SM. Redpath, M. Zeineddine & F. Mougeot. 2014. Insights into population ecology from long-term studies of red grouse *Lagopus lagopus scoticus*. *Journal of Animal Ecology* 83: 85–98.

Marzal, A., F. de Lope, C. Navarro & A.P. Møller. 2005. Malarial parasites decrease reproductive success: an experimental study in a passerine bird. *Oecologia* 142: 541–545.

Marzluff, J.M., B. Heinrich & C.S. Marzluff. 1996. Raven roosts are mobile information centres. *Animal Behaviour* 51: 89–103.

Mason, T.H.E., R. Chirichella, S.A. Richards, P.A. Stephens, S.G. Willis & M. Apollonio. 2011. Contrasting life histories in neighbouring populations of a large mammal. *PLoS ONE* 6(11): e28002.

Massey, F.P., M.J. Smith, X. Lambin & S.E. Hartley. 2008. Are silica defences in grasses driving vole population cycles? *Biology Letters* 4: 419–422.

Mathews, F. 2009. Zoonoses in wildlife: integrating ecology into management. *Advances in Parasitology* 68: 185–209.

Matias, R. & P. Catry. 2010. The diet of Atlantic yellow-legged gulls *(Larus michahellis atlantis)* at an oceanic seabird colony: estimating predatory impact upon breeding petrels. *European Journal of Wildlife Research* 56: 861–869.

Matsuda, I., JCM. Sha, S. Ortmann, A. Schwarm, F. Grandl, J. Caton, W. Jens, M. Kreuzer, D. Marlena, K.B. Hagen & M. Clauss. 2015. Excretion patterns of solute and different-sized particle passage markers in foregut-fermenting proboscis monkey *(Nasalis larvatus)* do not indicate an adaptation for rumination. *Physiology and Behavior* 149: 45–52.

Mattes, H. 1982. Die Lebensgemeinschaft von Tannenhäher, *Nucifraga caryocatactes* (L.), und Arve, *Pinus cembra* L., und ihre forstliche Bedeutung in der oberen Gebirgswaldstufe. *Eidgenössische Anstalt für das Forstliche Versuchswesen, Berichte* 241: 1–74.

Matthysen, E. 2005. Density-dependent dispersal in birds and mammals. *Ecography* 28: 403–416.

Matthysen, E. 2012. Multicausality of dispersal: a review. Pp. 3–18 in Clobert, J., M. Baguette, T.G. Benton & J.M. Bullock (eds.), *Dispersal Ecology and Evolution*. Oxford University Press, Oxford.

Matyosoková, B. & V. Remeš. 2013. Faithful females receive more help: the extent of male parental care during incubation in relation to extra-pair paternity in songbirds. *Journal of Evolutionary Biology* 26: 155–162.

Maumary, L., L. Vallotton & P. Knaus. 2007. *Die Vögel der Schweiz*. Schweizerische Vogelwarte, Sempach, und Nos Oiseaux, Montmollin.

May, R.M. & R.M. Anderson. 1978. Regulation and stability of host–parasite population interactions. II. Destabilizing processes. *Journal of Animal Ecology* 47: 249–267.

May, R.M. & R.M. Anderson. 1979. Population biology of infectious diseases: Part II. *Nature* 280: 455–461.

Mayer, C., K. Schiegg & G. Pasinelli. 2009. Patchy population structure in a short-distance migrant: evidence from genetic and demographic data. *Molecular Ecology* 18: 2353–2364.

Maynard Smith, J. 1982. *Evolution and the Theory of Games*. Cambridge University Press, Cambridge.

Mayor, S.J., D.C. Schneider, J.A. Schaefer & S.A. Mahoney. 2009. Habitat selection at multiple scales. *Ecoscience* 16: 238–247.

Mayr, E. 1942. *Systematics and the Origin of Species*. Columbia University Press, New York.

Mayr, E. 1963. *Animal Species and Evolution*. The Belknap Press of Harvard University Press, Cambridge (Mass.).

McCallum, H., D.M. Tompkins, M. Jones, S. Lachish, S. Marvanek, B. Lazenby, G. Hocking, J. Wiersma & C.E. Hawkins. 2007. Distribution and impacts of Tasmanian devil facial tumor disease. *EcoHealth* 4: 318-325.

McCallum, M.L. 2015. Vertebrate biodiversity losses point to a sixth mass extinction. *Biodiversity and Conservation* 24: 2497–2519.

McCue, M.D. 2010. Starvation physiology: reviewing the different strategies animals use to survive a common challenge. *Comparative Biochemistry and Physiology, Part A* 156: 1–18.

McCullough, D. (ed.) 1996. *Metapopulations and Wildlife Conservation*. Island Press, Washington.

McDonald, L.L., W.P. Erickson, M.S. Boyce & J.R. Alldrege. 2012. Modeling vertebrate use of terrestrial resources. Pp. 410–428 in Silvy, N.J. (ed.), *The Wildlife Techniques Manual*. Vol. 1 Research. 7th ed. The John Hopkins University Press, Baltimore.

McDonald, R.A., R.J. Delahay, S.P. Carter, G.C. Smith & C.L. Cheeseman. 2008. Perturbing implications of wildlife ecology for disease control. *Trends in Ecology and Evolution* 23: 53–56.

McElligott, A.G. & T.J. Hayden. 2000. Lifetime mating success, sexual selection and life history of fallow bucks *(Dama dama)*. *Behavioral Ecology and Sociobiology* 48: 203-210.

McGuire, L.P., C.G. Guglielmo, S.A. Mackenzie & P.D. Taylor. 2012. Migratory stopover in the long-distance migrant silver-haired bat, *Lasionycteris noctivagans*. *Journal of Animal Ecology* 81: 377–385.

McGuire, L.P., M.B. Fenton & C.G. Guglielmo. 2013. Phenotypic flexibility in migrating bats: seasonal variation in body composition, organ sizes and fatty acid profiles. *The Journal of Experimental Biology* 216: 800–808.

McIlwee, A.P. & L. Martin. 2002. On the intrinsic capacity for increase of Australian flying-foxes *(Pteropus* ssp., Megachiroptera). *Australian Zoologist* 32: 76–100.

McKean, K.A. & B.P. Lazzaro. 2011. The costs of immunity and the evolution of immunological defense mechanisms. Pp. 299–310 in Flatt, T. & A. Heyland (eds.), *Mechanisms of Life History Evolution: The Genetics and Physiology of Life History Traits and Trade-offs*. Oxford University Press, Oxford.

McKechnie, A.E. 2008. Phenotypic flexibility in basal metabolic rate and the changing view of avian physiological diversity: a review. *Journal of Comparative Physiology B* 178: 235–247.

McKechnie, A.E. & Lovegrove, B.G. 2002. Avian facultative hypothermic responses: a review. *The Condor* 104: 705–724.

McKee, J., E. Chambers & J. Guseman. 2013. Human population density and growth validated as extinction threats to mam-

mal and bird species. *Human Ecology* 41: 773–778.
McKellar, A.E., P.M. Marra, P.T. Boag & L.M. Ratcliffe. 2014. Form, function and consequences of density dependence in a long-distance migratory bird. *Oikos* 123: 356–364.
McKinnon, L., P.A. Smith, E. Nol, J.L. Martin, F.I. Doyle, K.F. Abraham, H.G. Gilchrist, R.I.G. Morrison & J. Bêty. 2010. Lower predation risk for migratory birds at high latitudes. *Science* 327: 326–327.
McNab, B.K. 1984. Physiological convergence amongst ant-eating and termite-eating mammals. *Journal of Zoology, London* 203: 485–510.
McNab, B.K. 2002. *The Physiological Ecology of Vertebrates. A View from Energetics*. Cornell University Press, Ithaca.
McNab, B.K. 2008. An analysis of the factors that influence the level and scaling of mammalian BMR. *Comparative Biochemistry and Physiology, Part A* 151: 5–28.
McNab, B.K. 2009. Ecological factors affect the level and scaling of avian BMR. *Comparative Biochemistry and Physiology, Part A* 152: 22–45.
McNab, B.K. 2012. *Extreme Measures. The Ecological Energetics of Birds and Mammals*. The University of Chicago Press, Chicago.
McNally, R.C. 1995. *Ecological Versatility and Community Ecology*. Cambridge University Press, Cambridge
McNamara, J.M., Z. Barta, M. Wikelski & A.I. Houston. 2008. A theoretical investigation of the effect of latitude on avian life histories. *The American Naturalist* 172: 331–345.
McNamara, J., T.W. Fawcett & A.I. Houston. 2013. An adaptive response to uncertainty generates positive and negative contrast effects. *Science* 340: 1084–1086.
McNamara, J., J.M. Kusimi, J.M. Rowcliffe, G. Cowlishaw, A. Brenyah & E.J. Milner-Gulland. 2015. Long-term spatio-temporal changes in a West African bushmeat trade system. *Conservation Biology* 29: 1446–1457.
McNaughton, S.J.M. 1990. Mineral nutrition and seasonal movement of African migratory ungulates. *Nature* 345: 613–615.
McPherson, J.M. & W. Jetz. 2007. Effects of species' ecology on the accuracy of distribution models. *Ecography* 30: 135–151.
Mduma, S.A.R., A.R.E. Sinclair & R. Hilborn. 1999. Food regulates the Serengeti wildebeest: a 40-year record. *Journal of Animal Ecology* 68: 1101–1122.
Mech, L.D. 2012. Is science in danger of sanctifying the wolf? *Biological Conservation* 150: 143–149.

Medina, F.M., E. Bonnaud, E. Vidal, B.S. Tershy, E.S. Zavaleta, C.J. Donlan, B.S. Keitt, M. Le Corre, S.V. Horwath & M. Nogales. 2011. A global review of the impacts of invasive cats on island endangered vertebrates. *Global Change Biology* 17: 3503–3510.
Meichtry-Stier, K.S., M. Jenny, J. Zellweger-Fischer & S. Birrer. 2014. Impact of landscape improvement by agri-environment scheme options on densities of characteristic farmland bird species and brown hare (*Lepus europaeus*). *Agriculture, Ecosystems and Environment* 189: 101–109.
Meijer, T. & R. Drent. 1999. Re-examination of the capital and income dichotomy in breeding birds. *Ibis* 141: 399–414.
Meillère, A., F. Brischoux, C. Parenteau & F. Angelier. 2015. Influence of urbanization on body size, condition, and physiology in an urban exploiter: a multi-component approach. *PLoS ONE* 10(8): e0135685.
Meiri, S., T. Dayan & D. Simberloff. 2007. Guild composition and mustelid morphology – character displacement but no character release. *Journal of Biogeography* 34: 2148–2158.
Meiri, S., D. Simberloff & T. Dayan. 2011. Community-wide character displacement in the presence of clines: A test of Holarctic weasel guilds. *Journal of Animal Ecology* 80: 824–834.
Melis, C. et al. (20 weitere Autoren). 2009. Predation has a greater impact in less productive environments: variation in roe deer, *Capreolus capreolus*, population density across Europe. *Global Ecology and Biogeography* 18: 724–734.
Melville, D.S. & K.F. Shortridge. 2006. Spread of H5N1 avian influenza virus: an ecological conundrum. *Letters in Applied Microbiology* 42: 435–437.
Menyushina, I.E., D. Ehrich, J.-A. Henden, R.A. Ims & N.G. Ovsyanikov. 2012. The nature of lemming cycles on Wrangel: an island without small mustelids. *Oecologia* 170: 363–371.
Merkle, J.A., D. Fortin & J.M. Morales. 2014. A memory-based foraging tactic reveals an adaptive mechanism for restricted space use. *Ecology Letters* 17: 924–931.
Merritt, J.F. 2010. *The Biology of Small Mammals*. John Hopkins University Press, Baltimore.
Messier, F. 1994. Ungulate population models with predation: a case study with the North American moose. *Ecology* 75: 478–488.
Messier, F. & D.O. Joly. 2000. Comment: Regulation of moose populations by wolf predation. *Canadian Journal of Zoology* 78: 506–510.

Meyer, A. & Zardoya, R. 2003. Recent advances in the (molecular) phylogeny of vertebrates. *Annual Review of Ecology, Evolution and Systematics* 34: 311–338.
Meyer, K., J. Hummel & M. Clauss. 2010. The relationship between forage cell wall content and voluntary food intake in mammalian herbivores. *Mammal Review* 40: 221–245.
Meyer, S., K. Wesche, B. Krause & S. Leuschner. 2013. Dramatic losses of specialist arable plants in Central Germany since the 1950s/60s – a cross-regional analysis. *Diversity and Distributions* 19: 1175–1187.
Middleton, A.D., M.J. Kauffman, D.E. McWhirter, J.G. Cook, R.C. Cook, A.A. Nelson, M.D. Jimenez & R.W. Klaver. 2013a. Animal migration amid shifting patterns of phenology and predation: lessons from a Yellowstone elk herd. *Ecology* 94: 1245–1256 (ergänzt von 6 anschließenden Forumsbeiträgen).
Middleton, A.D., M.J. Kauffman, D.E. McWhirter, M.D. Jimenez, R.C. Cook, J.G. Cook, S.E. Albeke, H. Sawyer & P.J. White. 2013b. Linking anti-predator behaviour to prey demography reveals limited risk effects of an actively hunting large carnivore. *Ecology Letters* 16: 1023–1030.
Millennium Ecosystem Assessment. 2005. *Ecosystems and Human Well-being: Synthesis*. Island Press, Washington DC.
Millesi, E., H. Prossinger, J.P. Dittami & M. Fieder. 2001. Hibernation effects on memory in European ground squirrels (*Spermophilus citellus*). *Journal of Biological Rhythms* 16: 264–271.
Mills, L.S. 2013. *Conservation of Wildlife Populations. Demography, Genetics, and Management*. 2nd ed. Wiley-Blackwell, Chichester.
Milner-Gulland, E.J., O.M. Bukreeva, T. Coulson, A.A. Lushchekina, M.V. Kholodova, A.B. Bekenov & I.A. Grachev. 2003a. Reproductive collapse in saiga antelope harems. *Nature* 422: 135.
Milner-Gulland, E.J. et al. (14 weitere Autoren). 2003b. Wild meat: the bigger picture. *Trends in Ecology and Evolution* 18: 351–357.
Mishra, C., H.H.T. Prins & S.E. van Wieren. 2001. Overstocking in the trans-Himalayan rangelands of India. *Environmental Conservation* 28: 279–283.
Mishra, C., S.E. van Wieren, P. Ketner, I.M.A. Heitkönig & H.H.T. Prins. 2004. Competition between domestic livestock and wild bharal *Pseudois nayaur* in the Indian Trans-Himalaya. *Journal of Applied Ecology* 41: 344–354.

Mizrahi, D.S. & K.A. Peters. 2009. Relationships between sandpipers and horseshoe crab in Delaware Bay: a synthesis. Pp. 65–87 in Tanacredi, J.T., M.L. Botton & D.R. Smith (eds.), *Biology and Conservation of Horseshoe Crabs*. Springer, New York.

Mock, D.W. & G.A. Parker. 1997. *The Evolution of Sibling Rivalry*. Oxford University Press, Oxford.

Moen, J., R. Andersen & A. Illius. 2006. Living in a seasonal environment. Pp. 50–70 in Danell, K., R. Bergström, P. Duncan & J. Pastor (eds.), *Large Herbivore Ecology, Ecosystem Dynamics and Conservation*. Cambridge University Press, Cambridge.

Moleón, M., J.A. Sánchez-Zapata, J.M. Gil-Sánchez, E. Ballesteros-Duperón, J.M. Barea-Azcón & E. Virgós. 2012. Predator-prey relationships in a Mediterranean vertebrate system: Bonelli's eagles, rabbits and partridges. *Oecologia* 168: 679–689.

Moleón, M., J.A. Sánchez-Zapata, N. Selva, J.A. Donázar & N. Owen-Smith. 2014. Inter-specific interactions linking predation and scavenging in terrestrial vertebrate assemblages. *Biological Reviews* 89: 1042–1054.

Moleón, M., J.A. Sánchez-Zapata, E. Sebastián-González & N. Owen-Smith. 2015. Carcass size shapes the structure and functioning of an African scavenging assemblage. *Oikos* 124: 1391–1403.

Molinari-Jobin, A., P. Molinari, C. Breitenmoser-Würsten & U. Breitenmoser. 2002. Significance of lynx *Lynx lynx* predation for roe deer *Capreolus capreolus* and chamois *Rupicapra rupicapra* mortality in the Swiss Jura Mountains. *Wildlife Biology* 8: 109–115.

Møller, A.P. 2006. Sociality, age at first reproduction and senescence: comparative analyses of birds. *Journal of Evolutionary Biology* 19: 682–689.

Møller, A.P. & M.D. Jennions. 2001. How important are direct fitness benefits of sexual selection? *Naturwissenschaften* 88: 401–415.

Møller, A.P., D. Rubolini & E. Lehikoinen. 2008. Populations of migratory bird species that did not show a phenological response to climate change are declining. *Proceedings of the National Academy of Sciences of the USA* 105: 16195–16200.

Møller, A.P., W. Fiedler & P. Berthold (eds.). 2010. *Effects of Climate Change on Birds*. Oxford University Press, Oxford.

Møller, A.P., M. Diaz, E. Flensted-Jensen, T. Grim, J.D. Ibáñez-Álamo, J. Jokimäki, R. Mänd, G. Markó & P. Tryjanowski. 2012. High urban population density of birds reflects their timing of urbanization. *Oecologia* 170: 867–875.

Monaghan, P., R.G. Nager & D.C. Houston. 1998. The price of eggs: increased investment in egg production reduces the offspring rearing capacity of parents. *Proceedings of the Royal Society London B* 265: 1731–1735.

Monterroso, P., P.C. Alves & P. Ferreras. 2014. Plasticity in circadian activity patterns of mesocarnivores in Southwestern Europe: implications for species coexistence. *Behavioral Ecology and Sociobiology* 68: 1403–1417.

Moore, F.R., R.J. Smith & R. Sandberg. 2005. Stopover ecology of intercontinental migrants. Pp. 251–261 in Greenberg, R. & P.P. Marra (eds.), *Birds of Two Worlds. The Ecology and Evolution of Migration*. The John Hopkins University Press, Baltimore.

Moore, J. 2002. *Parasites and the Behavior of Animals*. Oxford University Press, New York.

Moore, J.F., C.P. Wells, D.H. Van Vuren & M.K. Oli. 2016. Who pays? Intra- versus inter-generational costs of reproduction. *Ecosphere* 7(2): e01236.

Moore, S.L. & K. Wilson. 2002. Parasites as a viability cost of sexual selection in natural populations of mammals. *Science* 297: 2015–2018.

Morales M.B., J. Traba, M.P. Delgado & E.L. García de la Morena. 2013. The use of fallows by nesting little bustard *Tetrax tetrax* females: implications for conservation in mosaic cereal farmland. *Ardeola* 60: 85–97.

Morand-Ferron, J., L.-A. Giraldeau & L. Lefèbvre. 2007a. Wild Carib grackles play a producer–scrounger game. *Behavioral Ecology* 18: 916–921.

Morand-Ferron, J., D. Sol & L. Lefèbvre. 2007b. Food stealing in birds: brain or brawn? *Animal Behaviour* 74: 1725–1734.

Moreau, R.E. 1972. *The Palaearctic-African Bird Migration Systems*. Academic Press, London.

Morehouse, N.I. 2014. Condition-dependent ornaments, life histories, and the evolving architecture of resource-use. *Integrative and Comparative Biology* 54: 591–600.

Morellet, N. et al. (11 weitere Autoren). 2013. Seasonality, weather and climate affect home range size in roe deer across a wide latitudinal gradient within Europe. *Journal of Animal Ecology* 82: 1326–1339.

Moritz, C. & R. Agudo. 2013. The future of species under climate change: resilience or decline? *Science* 341: 504–508.

Moritz, C., J.L. Patton, C.J. Conroy, J.L. Parra, G.C. White & S.R. Beissinger. 2008. Impact of a century of climate change on small-mammal communities in Yosemite National Park, USA. *Science* 322: 261–264.

Morrill, A. & M.R. Forbes. 2016. Aggregation of infective stages of parasites as an adaptation and its implications for the study of parasite-host interactions. *The American Naturalist* 187: 225–235.

Morrison, C.A., R.A. Robinson, J.A. Clark, K. Risely & J.A. Gill. 2013. Recent population declines in Afro-Palaearctic migratory birds: the influence of breeding and non-breeding seasons. *Diversity and Distributions* 19: 1051–1058.

Morrison, J.C., W. Sechrest, E. Dinerstein, D.S. Wilcove & J.F. Lamoureux. 2007. Persistence of large mammal faunas as indicators of global human impact. *Journal of Mammalogy* 88: 1363–1380.

Morrison, M.L., B.G. Marcot & R.W. Mannan. 2006. *Wildlife-Habitat Relationships: Concepts and Applications*. 3rd ed. Island Press, Washington DC.

Morrison, T.A. & D.T. Bolger. 2012. Wet season range fidelity in a tropical migratory ungulate. *Journal of Animal Ecology* 81: 543–552.

Moss, R. & A. Watson. 2001. Population cycles in birds of the grouse family (Tetraonidae). *Advances in Ecological Research* 32: 53–111.

Mosser, A. & C. Packer. 2009. Group territoriality and the benefits of sociality in the African lion, *Panthera leo*. *Animal Behaviour* 78: 359–370.

Moulton, M.P., W.P. Cropper & M.L. Avery. 2013. Is propagule size the critical factor in predicting introduction outcomes in passeriform birds? *Biological Invasions* 15: 1449–1458.

Mouritsen, H. & P.J. Hore. 2012. The magnetic retina: light-dependent and trigeminal magnetoreception in migratory birds. *Current Opinion in Neurobiology* 22: 343–352.

Moyes, K., T. Coulson, B.J.T. Morgan, A. Donald, S.J. Morris & T.H. Clutton-Brock. 2006. Cumulative reproduction and survival costs in female red deer. *Oikos* 115: 241–252.

Mueller, T. & W.F. Fagan. 2008. Search and navigation in dynamic environments – from individual behaviors to population distributions. *Oikos* 117: 654–664.

Mueller, T. et al. (11 weitere Autoren). 2011. How landscape dynamics link individual- to population level movement patterns: a multispecies comparison of ungulate relocation data. *Global Ecology and Biogeography* 20: 683–694.

Muheim, R. 2011. Behavioural and physiological mechanisms of polarized light

sensitivity in birds. *Philosophical Transactions of the Royal Society B* 366: 763–771.
Muheim, R., F.R. Moore & J.B. Phillips. 2006. Calibration of magnetic and celestial compass cues in migratory birds – a review of cue-conflict experiments. *The Journal of Experimental Biology* 209: 2–17.
Müller, D.W.H., D. Codron, C. Meloro, A. Munn, A. Schwarm, J. Hummel & M. Clauss. 2013. Assessing the Jarman–Bell principle: scaling of intake, digestibility, retention time and gut fill with body mass in mammalian herbivores. *Comparative Biochemistry and Physiology, Part A* 164: 129–140.
Munn, A.J., W.J. Streich, J. Hummel & M. Clauss. 2008. Modelling digestive constraints in non-ruminant and ruminant foregut-fermenting mammals. *Comparative Biochemistry and Physiology, Part A* 151: 78–84
Munn, A.J., T.J. Dawson & R. McLeod. 2010. Feeding biology of two functionally different foregut-fermenting mammals, the marsupial red kangaroo and the ruminant sheep: how physiological ecology can inform land management. *Journal of Zoology* 282: 226–237.
Munshi-South, J. 2007. Extra-pair paternity and the evolution of testis size in a behaviorally monogamous tropical mammal, the large treeshrew *(Tupaia tana)*. *Behavioral Ecology and Sociobiology* 62: 201–212.
Murphy, M.E. 1996. Energetics and nutrition of molt. Pp. 158–198 in Carey, C. (ed.), *Avian Energetics and Nutritional Ecology*. Chapman & Hall, New York.
Murray, M.G. & D. Brown. 1993. Niche separation of grazing ungulates in the Serengeti: an experimental test. *Journal of Animal Ecology* 62: 380–389.
Murray, M.G. 1995. Specific nutrient requirements and migration of wildebeest. Pp. 231–256 in Sinclair, A.R.E. & P. Arcese (eds.), *Serengeti II. Dynamics, Management, and Conservation of an Ecosystem*. The University of Chicago Press, Chicago.
Musiega, D.E., S.-N. Kazadi & K. Fukuyama. 2006. A framework for predicting and visualizing the East African wildebeest migration-route patterns in variable climatic conditions using geographic information system and remote sensing. *Ecological Research* 21: 530–543.
Mysterud, A., T. Coulson & N.C. Stenseth. 2002. The role of males in the dynamics of ungulate populations. *Journal of Animal Ecology* 71: 907–915.
Mysterud, A., L.E. Loe, B. Zimmermann, R. Bischof, V. Veiberg & E. Meisingset. 2011. Partial migration in expanding red deer populations at northern latitudes – a role for density dependence? *Oikos* 120: 1817–1825.
Mysterud, A., L. Qviller, E.L. Meisingset & H. Viljugrein. 2016. Parasite load and seasonal migration in red deer. *Oecologia* 180: 401–407.
Nabte, M.J., A.I. Marino, M.V. Rodríguez, A. Monjeau & S.L. Saba. 2013. Range management affects native ungulate populations in Península Valdés, a World Natural Heritage. *PLoS ONE* 8(2): e55655.
Naef-Daenzer, B. & L.F. Keller. 1999. The foraging performance of great and blue tits (*Parus major* and *P. caeruleus*) in relation to caterpillar development, and its consequences for nestling growth and fledging weight. *Journal of Animal Ecology* 68: 708–718.
Naef-Daenzer, L., M.U. Grüebler und B. Naef-Daenzer. 2011. Parental care trade-offs in the inter-brood phase in barn swallows *Hirundo rustica*. *Ibis* 153: 27–36.
Nager, R. 2006. The challenges of making eggs. *Ardea* 94: 323–346.
Nagy, K.E. 1987. Field metabolic rate and food requirement scaling in mammals and birds. *Ecological Monographs* 57: 111–128.
Nagy, K.E. 2005. Field metabolic rate and body size. *The Journal of Experimental Biology* 208: 1621–1625.
Naidoo, R., P. Du Preez, G. Stuart-Hill, L.C. Weaver, M. Jago & M. Wegmann. 2012. Factors affecting intraspecific variation in home range size of a large African herbivore. *Landscape Ecology* 27: 1523–1534.
Naidoo, R., M.J. Chase, P. Baytell, P. Du Preez, K. Landen, G. Stuart-Hill & R. Taylor. 2016. A newly discovers wildlife migration in Namibia and Botswana is the longest in Africa. *Oryx* 50: 138–146.
Nasi, R., D. Brown, D. Wilkie, E. Bennett, C. Tutin, G. van Tol & T. Christophersen. 2008. Conservation and use of wildlife-based resources: the bushmeat crisis. *CBD Technical Series* no. 33: 1–50.
Nasi, R., A. Taber & N. van Vliet. 2011. Empty forests, empty stomachs? Bushmeat and livelihoods in the Congo and Amazon Basin. *International Forestry Review* 13: 355–368.
Navara, K.J. 2013. Hormone-mediated adjustment of sex ratios in vertebrates. *Integrative and Comparative Biology* 53: 877–887.
Naya, D.E., F. Bozinovic & W.H. Karasov. 2008. Latitudinal trends in digestive flexibility: testing the climatic variability hypothesis with data on the intestinal length of rodents. *The American Naturalist* 172: E122–E132.
Naylor, R., S.J. Richardson & B.M. McAllan. 2008. Boom and bust: a review of the physiology of the marsupial genus *Antechinus*. *Journal of Comparative Physiology B* 178: 545–562.
Neal, D. 2004. *Introduction to Population Biology*. Cambridge University Press, Cambridge.
Neff, B.D. & E.I. Svensson. 2013. Polyandry and alternative mating tactics. *Philosophical Transactions of the Royal Society B* 368: 20120045.
Nentwig, W., S. Bacher & R. Brandl. 2011. *Ökologie kompakt*. 3. Aufl. Spektrum Akademischer Verlag, Heidelberg.
Neuschulz, E.L., T. Mueller, K. Bollmann, F. Gugerli & K. Böhning-Gaese. 2015. Seed perishability determines the caching behavior of a food-hoarding bird. *Journal of Animal Ecology* 84: 71–78.
Nevitt, G.A. 2008. Sensory ecology on the high seas: the odor world of the procellariiform seabirds. *The Journal of Experimental Biology* 211: 1706–1713.
New, L.F., J. Matthiopoulos, S. Redpath & S.T. Buckland. 2009. Fitting models of multiple hypotheses to partial population data: investigating the causes of cycles in red grouse. *The American Naturalist* 174: 399–412.
New, L.F., S.T. Buckland, S. Redpath & J. Matthiopoulos. 2012. Modelling the impact of hen harrier management measures on a red grouse population in the UK. *Oikos* 121: 1061–1072.
Newbold, T., J.P.W. Scharlemann, S.H.M. Butchart, Ç.H. Şekercioğlu, R. Alkemade, H. Booth & D.W. Purves. 2012. Ecological traits affect the response of tropical forest bird species to land-use intensity. *Proceedings of the Royal Society* B 280: 20122131.
Newey, S. & S. Thirgood. 2004. Parasite-mediated reduction in fecundity of mountain hares. *Proceedings of the Royal Society B* (Supplementum) 271: S413–S415.
Newman, A.E.M., L.Y. Zanette, M. Clinchy, N. Goodenough & K.K. Soma. 2013. Stress in the wild: Chronic predator pressure and acute restraint affect plasma DHEA and corticosterone levels in a songbird. *Stress* 16: 363–367.
Newman, J. 2007. Herbivory. Pp. 175–218 in Stephens, D.W., J.S. Brown & R.C. Ydenberg (eds.), *Foraging. Behavior and Ecology*. The University of Chicago Press, Chicago.
Newman, S.H. et al. (16 weitere Autoren). 2012. Eco-virological approach for assessing the role of wild birds in the spread of avian influenza H5N1 along the Central Asian flyway. *PLoS ONE* 7: e30636.

Newsome, T.M. & W.J. Ripple. 2014. A continental scale trophic cascade from wolves through coyotes to foxes. *Journal of Animal Ecology* 84: 49–59.

Newsome, T.M., J.A. Dellinger, C.R. Pavey, W.J. Ripple, C.R. Shores, A.J. Wirsing & C.R. Dickman. 2014. The ecological effects of providing resource subsidies to predators. *Global Ecology and Biogeography* 24: 1–11.

Newson, S.E., K.L. Evans, D.G. Noble, J.D.D. Greenwood & K.J. Gaston. 2008. Use of distance sampling to improve estimates of national population sizes for common and widespread breeding birds in the UK. *Journal of Applied Ecology* 45: 1330–1338.

Newson, S.E., E.A. Rexstad, S.R. Baillie, S.T. Buckland & N.J. Aebischer. 2010. Population change of avian predators and grey squirrels in England: is there evidence for an impact on avian prey populations? *Journal of Applied Ecology* 47: 244–252.

Newton, I. 1967. The adaptive radiation and feeding ecology of some British finches. *Ibis* 109: 33–96.

Newton, I. 1998. *Population Limitation in Birds*. Academic Press, San Diego.

Newton, I. 2003. *The Speciation and Biogeography of Birds*. Academic Press, London.

Newton, I. 2004. The recent declines of farmland bird populations in Britain: an appraisal of causal factors and conservation actions. *Ibis* 146: 579–600.

Newton, I. 2006a. Can conditions experienced during migration limit the population levels of birds? *Journal of Ornithology* 147: 146–166.

Newton, I. 2006b. Advances in the study of irruptive migration. *Ardea* 94: 433–460.

Newton, I. 2006c. Can conditions experienced during migration limit the population levels of birds? *Journal of Ornithology* 147: 146–166.

Newton, I. 2008. *The Migration Ecology of Birds*. Academic Press, London.

Newton, I. 2011. Migration within the annual cycle: species, sex and age differences. *Journal of Ornithology* 152 (Supplementum 1): S169–S185.

Newton, I. 2012. Obligate and facultative migration in birds: ecological aspects. *Journal of Ornithology* 153 (Supplement 1): S171–S180.

Newton, I., L. Dale & P. Rothery. 1997. Apparent lack of impact of sparrowhawks on the breeding densities of some woodland songbirds. *Bird Study* 44: 129–135.

Niamir-Fuller, M., C. Kerven, R. Reid & E. Milner-Gulland. 2012. Co-existence of wildlife and pastoralism on extensive rangelands: competition or compatibility? *Pastoralism: Research, Policy and Practice* 2(8).

Nichols, H.J., K. Fullard & W. Amos. 2014. Costly sons do not lead to adaptive sex ratio adjustment in pilot whales, *Globicephala melas*. *Animal Behaviour* 83: 203–209.

Nicoll, M. & K. Norris. 2010. Detecting an impact of predation on bird populations depends on the methods used to assess the predators. *Methods in Ecology and Evolution* 1: 300–310.

Nilsson, C., R.H.G. Klaassen & T. Alerstam. 2013. Differences in speed and duration of bird migration between spring and autumn. *The American Naturalist* 181: 837–845.

Nimmo, D.G., S.J. Watson, D.M. Forsyth & C.J.A. Bradshaw. 2015. Dingoes can help conserve wildlife and our methods can tell. *Journal of Applied Ecology* 52: 281–285.

Nolet, B.A. & R.H. Drent. 1998. Bewick's Swans refuelling on pondweed tubers in the Dvina Bay (White Sea) during their spring migration: first come, first served. *Journal of Avian Biology* 29: 574–581.

Nonacs, P. 2001. State dependent behavior and the marginal value theorem. *Behavioral Ecology* 12: 71–83.

Norbu, N., M.C. Wikelski, D.S. Wilcove, J. Partecke, Ugyen, U. Tenzin, Sherub & T. Tempa. 2013. Partial altitudinal migration of a Himalayan forest pheasant. *PLoS ONE* 8(4): e60979.

Nordeide, J.T., J. Kekäläinen, M. Janhunen & R. Kortet. 2013. Female ornaments revisited – are they correlated with offspring quality? *Journal of Animal Ecology* 82: 26–38.

Norris, D.R. 2005. Carry-over effects and habitat quality in migratory populations. *Oikos* 109: 178–186.

Norum, J.K., K. Lone, J.D.C. Linnell, J. Odden, L.E. Loe & A. Mysterud. 2015. Landscape of risk to roe deer imposed by lynx and different human hunting tactics. *European Journal of Wildlife Research* 61: 831–840.

Novak, M. & M.T. Tinker. 2015. Timescales alter the inferred strength and temporal consistency of intraspecific diet specialization. *Oecologia* 178: 61–74.

Nudds, T.D., J. Elmberg, K. Sjöberg, H. Pöysä und P. Nummi. 2000. Ecomorphology in breeding Holarctic dabbling ducks: the importance of lamellar density and body length varies with habitat type. *Oikos* 91: 583–588.

Nugent, G., B.M. Buddle & G. Knowles. 2015. Epidemiology and control of *Mycobacterium bovis* infection in brushtail possums *(Trichosurus vulpecula)*, the primary wildlife host of bovine tuberculosis in New Zealand. *New Zealand Veterinary Journal* 63 (Supplement 1): 28–41.

Nummi, P. & S. Holopainen. 2014. Whole-community facilitation by beaver: ecosystem engineer increases waterbird diversity. *Aquatic Conservation: Marine and Freshwater Ecosystems* 24: 623–633.

Nummi, P. & V.-M. Väänänen. 2001. High overlap in diets of sympatric dabbling ducks – an effect of food abundance? *Annales Zoologici Fennici* 38: 123–130.

Nunn, C.L., P. Lindenfors, E.R. Pursall & J. Rolff. 2009. On sexual dimorphism in immune function. *Philosophical Transactions of the Royal Society B* 364: 61–69.

Nunn, C.L., V.O. Ezenwa, C. Arnold & W.D. Koenig. 2011. Mutualism or parasitism? Using a phylogenetic approach to characterize the oxpecker–ungulate relationship. *Evolution* 65: 1297–1304.

Nur, N. 1984. The consequences of brood size for breeding blue tits. I. Adult survival, weight change and the cost of reproduction. *Journal of Animal Ecology* 53: 479–496.

O'Brien, D.J., S.M. Schmitt, S.D. Fitzgerald & D.E. Berry. 2011. Management of bovine tuberculosis in Michigan wildlife: current status and near term prospects. *Veterinary Microbiology* 151: 179–187.

O'Connor, M.P., S. J. Kemp, S. J. Agosta, F. Hansen, A. E. Sieg, B. P. Wallace, J. N. McNair & A. E. Dunham. 2007. Reconsidering the mechanistic basis of the metabolic theory of ecology. *Oikos* 116: 1058–1072.

O'Neill, P. 2013. Magnetoreception and baroreception in birds. *Development, Growth & Differentiation* 55: 188–197.

Ochoa-Quintero, J.M., T.A. Gardner, I. Rosa, S. Frosini de Barros Ferraz & W.J. Sutherland. 2015. Thresholds of species loss in Amazonian deforestation frontier landscapes. *Conservation Biology* 29: 440–451.

Ockendon, N. et al. (16 weitere Autoren). 2014a. Mechanisms underpinning climatic impacts on natural populations: altered species interactions are more important than direct effects. *Global Change Biology* 20: 2221–2229.

Ockendon, N., A. Johnston & S.R. Baillie. 2014b. Rainfall on wintering grounds affects population change in many species of Afro-Palaearctic migrants. *Journal of Ornithology* 155: 905–917.

Odadi, W.O., M.K. Karachi, S.A. Abdulrazak & T.P. Young. 2011. African wild ungulates compete with or facilitate

cattle depending on season. *Science* 333: 1753–1755.
Odden, M., P. Wegge & T. Fredriksen. 2010. Do tigers displace leopards? If so, why? *Ecological Research* 25: 875–881.
Odden, M., R.A. Ims, O.G. Støen, J.E. Swenson & H.P. Andreassen. 2014. Bears are simply voles writ large: social structure determines the mechanisms of intrinsic population regulation in mammals. *Oecologia* 175: 1–10.
Ogada, D. et al. (14 weitere Autoren). 2016. Another continental vulture crisis: Africa's vultures collapsing towards extinction. *Conservation Letters* 9: 89–97.
Ogutu, J.O., R.S. Reid, H.-P. Piepho, N.T. Hobbs, M.E. Rainy, R.L. Kruska, J.S. Worden & M. Nyabenge. 2014. Large herbivore responses to surface water and land use in an East African savanna: implications for conservation and human–wildlife conflicts. *Biodiversity and Conservation* 23: 573–596.
Oisi, Y., K. G. Ota, S. Kuraku, S. Fujimoto & S. Kuratani. 2013. Craniofacial development of hagfishes and the evolution of vertebrates. *Nature* 493: 175–180.
Oli, M.K. 2004. The fast–slow continuum and mammalian life-history patterns: an empirical evaluation. *Basic and Applied Ecology* 5: 449–463.
Oli, M.K. & K.B. Armitage. 2004. Yellow-bellied marmot population dynamics: demographic mechanisms of growth and decline. *Ecology* 85: 2446–2455.
Olsen, B., V.J. Munster, A. Wallensten, J. Waldenström, A.D.M.E. Osterhaus & R.A.M. Fouchier. 2006. Global patterns of influenza A virus in wild birds. *Science* 312: 384–388.
Olsen, M.A., A.S. Blix, T.H.A. Utsi, W. Sørmo & S.D. Mathiesen. 2000. Chitinolytic bacteria in the minke whale forestomach. *Canadian Journal of Microbiology* 46: 85–94.
Olupot, W. & P.M. Waser. 2001. Activity patterns, habitat use and mortality risks of mangabey males living outside social groups. *Animal Behaviour* 61: 1227–1235.
Oppliger, A., P. Christe & H. Richner. 1996. Clutch size and malaria resistance. *Nature* 381: 565.
Orians, G.H. 1969. On the evolution of mating systems in birds and mammals. *The American Naturalist* 103: 589–603.
Oriol-Cotterill, A., M. Valeix, L.G. Frank, C. Riginos & D.W. Macdonald. 2015. Landscapes of Coexistence for terrestrial carnivores: the ecological consequences of being downgraded from ultimate to penultimate predator by humans. *Oikos* 124: 1263–1273.

Orme, C.D.L. et al. (14 weitere Autoren). 2005. Global hotspots of species richness are not congruent with endemism or threat. *Nature* 436: 1016–1019.
Orme, C.D.L. et al. (11 weitere Autoren). 2006. Global patterns of geographic range size in birds. *PLoS Biology* 4: 1276–1283.
Oro, D., A. de León, E. Minguez & R.W. Furness. 2005. Estimating predation on breeding Europea storm-petrels *(Hydrobates pelagicus)* by yellow-legged gulls *(Larus michahellis)*. *Journal of Zoology, London* 265: 421–429.
Oro, D. & A. Martínez-Abraín. 2007. Deconstructing myths on large gulls and their impact on threatened sympatric waterbirds. *Animal Conservation* 10: 117–126.
Ostfeld, R.S., C.D. Canham & S.R. Pugh. 1993. Intrinsic density-dependent regulation of vole populations. *Nature* 366: 259–261.
Ott, B.D. & S.M. Secor. 2007. Adaptive regulation of digestive performance in the genus *Python*. *The Journal of Experimental Biology* 210: 340–356.
Ottaviani, D., S.C. Cairns, M. Oliverio & L. Boitani. 2006. Body mass as a predictive variable of home-range size among Italian mammals and birds. *Journal of Zoology* 269: 317–330.
Otto, S.P. 2009. The evolutionary enigma of sex. *The American Naturalist* 174: S1–S14.
Otto, S.P. 2014. Evolution of modifier genes and biological systems. Pp. 253–260 in Losos, J.B., D.A. Baum, D.J. Futuyma, H.E. Hoekstra, R.E. Lenski, A.J. Moore, C.L. Peichel, D. Schluter & M.C. Whitlock (eds.), *The Princeton Guide to Evolution*. Princeton University Press, Princeton.
Owen-Smith, N. 2002. *Adaptive Herbivore Ecology. From Resources to Populations in Variable Environments*. Cambridge University Press, Cambridge.
Owen-Smith, N. 2003. Foraging behavior, habitat suitability, and translocation success, with special reference to large mammalian herbivores. Pp. 93–109 in Festa-Bianchet, M. & M. Apollonio (eds.), *Animal Behavior and Wildlife Conservation*. Island Press, Washington.
Owen-Smith, N. 2006. Demographic determination of the shape of density dependence for three African ungulate populations. *Ecological Monographs* 76: 93–109.
Owen-Smith, N. 2008. Changing vulnerability to predation related to season and sex in an African ungulate assemblage. *Oikos* 117: 602–610.
Owen-Smith, N. 2010. Climatic influences: temperate–tropical contrasts. Pp. 63–97 in Owen-Smith, N. (ed.), *Dynamics of Large Herbivore Populations in Changing Environments. Towards Appropriate Models*. Wiley-Blackwell, Chichester.
Owen-Smith, N. 2015. Mechanisms of coexistence in diverse herbivore–carnivore assemblages: demographic, temporal and spatial heterogeneities affecting prey vulnerability. *Oikos* 124: 1417–1426.
Owen-Smith, N. & D.R. Mason. 2005. Comparative changes in adult vs. juvenile survival affecting population trends of African ungulates. *Journal of Animal Ecology* 74: 762–773.
Owen-Smith, N. & M.G.L. Mills. 2006. Manifold interactive influences on the population dynamics of a multispecies ungulate assemblage. *Ecological Monographs* 76: 73–92.
Owen-Smith, N. & M.G.L. Mills. 2008. Predator-prey size relationships in an African large-mammal food web. *Journal of Animal Ecology* 77: 173–183.
Owen-Smith, N. & J.O. Ogutu. 2013. Controls over reproductive phenology among ungulates: allometry and tropical-temperate contrasts. *Ecography* 36: 256–263.
Ozgul, A., L.L. Getz & M.K. Oli. 2004. Demography of fluctuating populations: temporal and phase-related changes in vital rates of *Microtus ochrogaster*. *Journal of Animal Ecology* 73: 201–215.
Pacifici, M. et al. (21 weitere Autoren). 2015. Assessing species vulnerability to climate change. *Nature Climate Change* 5: e2448.
Pacioni, C., P. Eden, A. Reiss, T. Ellis, G. Knowles & A.F. Wayne. 2015. Disease hazard identification and assessment associated with wildlife population declines. *Ecological Management & Restoration* 16: 142–152.
Packer, C. & L. Ruttan. 1988. The evolution of cooperative hunting. *The American Naturalist* 132: 159–198.
Packer, C., R.D. Holt, P.J. Hudson, K.D. Lafferty & A.P. Dobson. 2003. Keeping the herds healthy and alert: implications of predator control for infectious diseases. *Ecology Letters* 6: 797–802.
Padian, K. & A. de Ricqlès 2009. The origin and evolution of birds: 35 years of progress. *Comptes Rendus Palevol* 8: 257–280.
Pagani-Núñez, E., M. Valls & J.C. Senar. 2015. Diet specialization in a generalist population: the case of breeding great tits *Parus major* in the Mediterranean area. *Oecologia* 179: 629–640.
Pain, D.J. et al. (25 weitere Autoren). 2008. The race to prevent the extinction of South Asian vultures. *Bird Conservation International* 18: S30-S48.

Pakhomov, A. & N. Chernetsov. 2014. Early evening activity of migratory garden warblers *Sylvia borin*: compass calibration activity? *Journal of Ornithology* 155: 621–630.

Paleczny, M., E. Hammill, V. Karpouzi & D. Pauly. 2015. Population trends of the world's monitored seabirds, 1950–2010. *PLoS ONE* 10(6): e0129342.

Palomares, F., P. Ferreras, A. Travaini & M. Delibes. 1998. Co-existence between Iberian lynx and Egyptian mongooses: estimating interaction strength by structural equation modelling and testing by an observational study. *Journal of Animal Ecology* 67: 967–978.

Paradis, E., S.R. Baillie, W.J. Sutherland & R.D. Gregory. 1998. Patterns of natal and breeding dispersal in birds. *Journal of Animal Ecology* 67: 518–536.

Pardini, R., A. de Arruda Bueno, T.A. Gardner, P.I. Prado & J.P. Metzger. 2010. Beyond the fragmentation threshold hypothesis: regime shifts in biodiversity across fragmented landscapes. *PLoS ONE* 5(10): e13666.

Parer, I., D. Conolly & W.R. Sobey. 1985. Myxomatosis: the effects of annual introductions of an immunizing strain and a highly virulent strain of myxoma virus into rabbit populations at Urana, N.S.W. *Australian Wildlife Research* 12: 407–423.

Parker, G.A. 1970. Sperm competition and its evolutionary consequences in the insects. *Biological Reviews* 45: 525–567.

Parker, G.A. 2006. Sexual conflict over mating and fertilization: an overview. *Philosophical Transactions of the Royal Society B* 361: 235–259.

Parker, G.A. 2016. The evolution of expenditure on testes. *Journal of Zoology* 298: 3–19.

Parker, G.A. & T.R. Birkhead. 2013. Polyandry: the history of a revolution. *Philosophical Transactions of the Royal Society B* 368: 20120335.

Parker, H.M., A.S. Kiess, M.L. Robertson, J.B. Wells & C.D. McDaniel. 2012. The relationship of parthenogenesis in virgin Chinese Painted quail *(Coturnix chinensis)* hens with embryonic mortality and hatchability following mating. *Poultry Science* 91: 1425–1431.

Parmesan, C. & G. Yohe. 2003. A globally coherent fingerprint of climate change impacts across natural systems. *Nature* 421: 37–42.

Pärt, T., D. Arlt & M.-A. Villard. 2007. Empirical evidence for ecological traps: a two-step model focusing on individual decisions. *Journal of Ornithology* 148 (Suppl. 2): S327–S332.

Pärt, T., D. Arlt, B. Doligez, M. Low & A. Qvarnström. 2011. Prospectors combine social and environmental information to improve habitat selection and breeding success in the subsequent year. *Journal of Animal Ecology* 80: 1227–1235.

Pasanen-Mortensen, M., M. Pyykönen & B. Elmhagen. 2013. Where lynx prevail, foxes will fail – limitation of a mesopredator in Eurasia. *Global Ecology and Biogeography* 22: 868–877.

Pasinelli, G., K. Schiegg & J.R. Walters. 2004. Genetic and environmental influences on natal dispersal distance in a resident bird species. *The American Naturalist* 164: 660–669.

Pasinelli, G., M. Schaub, G. Häfliger, M. Frey, H. Jakober, M. Müller, W. Stauber, P. Tryjanowski, J.-L. Zollinger & L. Jenni. 2011. Impact of density and environmental factors on population fluctuations in a migratory passerine. *Journal of Animal Ecology* 80: 225–234.

Patterson, B.R. & V.A. Power. 2002. Contributions of forage competition, harvest, and climate fluctuation to changes in population growth of northern white-tailed deer. *Oecologia* 130: 62–71.

Payne, R.B. 2005. *The Cuckoos*. Oxford University Press, Oxford.

Pearce, J.M., A.M. Ramey, P.L. Flint, A.V. Koehler, J.P. Fleskes, J.C. Franson, J.S. Hall, D.V. Derksen & H.S. Ip. 2009. Avian influenza at both ends of a migratory flyway: characterizing viral genomic diversity to optimize surveillance plans for North America. *Evolutionary Applications* 2: 457–468.

Pearce-Higgins, J.W. & R.E. Green. 2014. *Birds and Climate Change. Impacts and Conservation Responses*. Cambridge University Press, Cambridge.

Pearce-Higgins, J.W. et al. (16 weitere Autoren). 2015. Geographical variation in species' population responses to changes in temperature and precipitation. *Proceedings of the Royal Society B* 282: 20151561.

Pedersen, A.B. & T.J. Greives. 2008. The interaction of parasites and resources cause crashes in a wild mouse population. *Journal of Animal Ecology* 77: 370–377.

Pennycuick, C.J. & P.F. Battley. 2003. Burning the engine: a time-marching computation of fat and protein consumption in a 5420-km non-stop flight by great knots, *Calidris tenuirostris*. *Oikos* 103: 323–332.

Perdeck, A.C. 1958. Two types of orientation in migrating starlings, *Sturnus vulgaris* L., and chaffinches, *Fringilla coelebs* L., as revealed by displacement experiments. *Ardea* 46: 1–37.

Pereira, H.M., L.M. Navarro & I.S. Martins. 2012. Global biodiversity change: the bad, the good, and the unknown. *Annual Review of Environment and Resources* 37: 25–50.

Peres, C.A. & E. Palacios. 2007. Basin-wide effects of game harvest on vertebrate population densities in Amazonian forests: implications for animal-mediated seed dispersal. *Biotropica* 39: 304–315.

Periago, M.E., V. Chillo & R.A. Ojeda. 2015. Loss of mammalian species from the South American Gran Chaco: empty savanna syndrome? *Mammal Review* 45: 41–53.

Péron, G., O. Gimenez, A. Charmantier, J.-M. Gaillard & P.-A. Crochet. 2010. Age at the onset of senescence in birds and mammals is predicted by early-life performance. *Proceedings of the Royal Society London B* 277: 2849–2856.

Perrin, N. 2009. Dispersal. Pp. 45–50 in Levin, S.A. (ed.), *The Princeton Guide to Ecology*. Princeton University Press, Princeton.

Pesendorfer, M.B., T.S. Sillett, W.D. Koenig & S.A. Morrison. 2016. Scatter-hoarding corvids as seed dispersers for oaks and pines: a review of a widely distributed mutualism and its utility to habitat restoration. *The Condor: Ornithological Applications* 118: 215–237.

Peterson, A.T., J. Soberón, R.G. Pearson, R.P. Anderson, E. Martínez-Meyer, M. Nakamura & M.B. Araújo. 2011. *Ecological Niches and Geographic Distributions*. Princeton University Press, Princeton.

Peterson, A.T., A.G. Navarro-Sigüenza, E. Martínez-Meyer, A.P. Cuervo-Robayo, H. Berlanga & J. Soberón. 2015. Twentieth century turnover of Mexican endemic avifaunas: landscape change versus climate drivers. *Science Advances* 1: e1400071.

Peterson, R.O. 1999. Wolf-moose interaction on Isle Royale: the end of natural regulation? *Ecological Applications* 9: 10–16.

Peterson, R.O., J.A. Vucetich, R.E. Page & A. Chouinard. 2003. Temporal and spatial aspects of predator-prey dynamics. *Alces* 39: 215–232.

Petit, D.R. 2000. Habitat use by landbirds along nearctic-neotropical migration routes: implications for conservation of stopover habitats. *Studies in Avian Biology* 20: 15–33.

Pfennig, D.W. & K.S. Pfennig. 2010. Character displacement and the origins of diversity. *The American Naturalist* 176, Supplement: S26–S44.

Phalan, B., A. Balmford, R.E. Green & J.P.W. Scharlemann. 2011. Minimising

the harm to biodiversity of producing more food globally. *Food Policy* 36: S62–S71.
Phillips, J.B. 1996. Magnetic navigation. *Journal of Theoretical Biology* 180: 309–319.
Pickett, S.R.A. & G.M. Siriwardena. 2011. The relationship between multi-scale habitat heterogeneity and farmland bird abundance. *Ecography* 34: 955–969.
Pierce, B.L., R.R. Lopez & N.J. Silvy. 2012. Estimating Animal Abundance. Pp. 284–310 in Silvy, N.J. (ed.), *The Wildlife Techniques Manual*, 7th ed., vol. 1 Research. The John Hopkins University Press, Baltimore.
Pierce, B.M., V.C. Bleich, K.L. Monteith & R.T. Bowyer. 2012. Top-down versus bottom-up forcing: evidence from mountain lions and mule deer. *Journal of Mammalogy* 93: 977–988.
Pieron, M.R., F.C. Rohwer, M.J. Chamberlain, M.D. Kaller & J. Lancaster. 2013. Response of breeding duck pairs to predator reduction in North Dakota. *The Journal of Wildlife Management* 77: 663–671.
Piersma, T. & J. Drent. 2003. Phenotypic flexibility and the evolution of organismal design. *Trends in Ecology and Evolution* 18: 228–233.
Piersma, T. & J.A, van Gils. 2011. *The Flexible Phenotype. A Body-Centred Integration of Ecology, Physiology, and Behaviour.* Oxford University Press, Oxford.
Piersma, T., J. Pérez-Tris, H. Mouritsen, U. Bauchinger & F. Bairlein. 2005. Is there a «migratory syndrome» common to all migrant birds? *Annals of the New York Academy of Sciences* 1046: 282–293.
Piertney, S.B. et al. (10 weitere Autoren). 2008. Temporal changes in kin structure through a population cycle in a territorial bird, the red grouse *Lagopus lagopus scoticus*. *Molecular Ecology* 17: 2544–2551.
Pigot, A.L. & J.A. Tobias. 2013. Species interactions constrain geographic range expansion over evolutionary time. *Ecology Letters* 16: 330–338.
Pilastro, A., G. Tavecchia & G. Marin. 2003. Long living and reproduction skipping in the fat dormouse. *Ecology* 84: 1784–1792.
Pimm, S.L., C.N. Jenkins, R. Abell, T.M. Brooks, J.L. Gittleman, L.N. Joppa, P.H. Raven, C.M. Roberts & J.O. Sexton. 2014. The biodiversity of species and their rates of extinction, distribution and protection. *Science* 344: 1246752.
Pine, A.S. 2013. Population dynamics of periodic breeders. Pp. 317–329 (Appendix A) in Rappole, J.H., *The Avian Migrant. The Biology of Bird Migration*. Columbia University Press, New York.

Pineda-Munoz, S. & J. Alroy. 2014. Dietary characterization of terrestrial mammals. *Proceedings of the Royal Society B* 281: 20141173.
Pioz, M., A. Loison, D. Gauthier, P. Gibert, J.-M. Jullien, M. Artois & E. Gilot-Fromont. 2008. Diseases and reproductive success in a wild mammal: example in the Alpine chamois. *Oecologia* 155: 691–704.
Piper, W.H. 2011. Making habitat selection more «familiar»: a review. *Behavioral Ecology and Sociobiology* 65: 1329–1351.
Pipoly, I., V. Bókony, M. Kirkpatrick, P.F. Donald, T. Székely & A. Liker. 2015. The genetic sex-determination system predicts adult sex ratios in tetrapods. *Nature* 527: 91–94.
Pittnick, S. & D.J. Hosken. 2010. Postcopulatory sexual selection. Pp. 379–399 in Westneat, D.F. & C.W. Fox, *Evolutionary Behavioral Ecology*. Oxford University Press, New York.
Plard, F., C. Bonenfant & J.-M. Gaillard. 2011. Revisiting the allometry of antlers among deer species: male–male sexual competition as a driver. *Oikos* 120: 601–606.
Plowright, R.C., G.A. Fuller & J.E. Paloheimo. 1989. Shell dropping by Northwestern crows: a reexamination of an optimal foraging study. *Canadian Journal of Zoology* 67: 770–771.
Poetri, O.N., M. Van Boven, I. Claassen, G. Koch, I.W. Wibawan, A. Stegeman, J. Van den Broek & A. Bouma. 2014. Silent spread of highly pathogenic avian influenza H5N1 virus amongst vaccinated commercial layers. *Research in Veterinary Science* 97: 637–641.
Polishchuk, L.V., K.Y. Popadin, M.A. Baranova & A.S. Kondrashov. 2015. A genetic component of extinction risk in mammals. *Oikos* 124: 983–993.
Polo, V. & J.P. Veiga. 2006. Nest ornamentation by female spotless starlings in response to a male display: an experimental study. *Journal of Animal Ecology* 75: 942–947.
Poole, K.G. 1997. Dispersal patterns of lynx in the Northwest Territories. *The Journal of Wildlife Management* 61: 497–505.
Popa-Lisseanu, A.G. & C.C. Voigt. 2009. Bats on the move. *Journal of Mammalogy* 90: 1283–1289.
Pople, A.R., S.R. Phinn, N. Menke, G.C. Grigg, H.P. Possingham & C. McAlpine. 2007. Spatial patterns of kangaroo density across the South Australian pastoral zone over 26 years: aggregation during drought and suggestions of long distance movement. *Journal of Applied Ecology* 44: 1068–1079.

Postma, E., F. Heinrich, U. Koller, R.J. Sardell, J.M. Reid, P. Arcese & L.F. Keller. 2011. Disentangling the effect of genes, the environment and chance on sex ratio variation in a wild bird population. *Proceedings of the Royal Society B* 278: 2996–3002.
Poulin, R. 1996. Sexual inequalities in helminth infections: a cost of being a male? *The American Naturalist* 147: 287–295.
Poulin, R. 2013. Explaining variability in parasite aggregation levels among host samples. *Parasitology* 140: 541–546.
Powell, L.L., T.U. Powell, G.V.N. Powell & D.J. Brightsmith. 2009. Parrots take it with a grain of salt: available sodium content may drive collpa (clay lick) selection in southeastern Peru. *Biotropica* 41: 279–282.
Prakash, V. et al. (10 weitere Autoren). 2012. The population decline of *Gyps* vultures in India and Nepal has slowed since veterinary use of diclofenac was banned. *PLoS ONE* 7(11): e49118.
Prange, S., S.D. Gehrt & E.P. Wiggers. 2003. Demographic factors contributing to high raccoon densities in urban landscapes. *Journal of Wildlife Management* 67: 324–333.
Pratt, H.D. 2005. *The Hawaiian Honeycreepers*. Oxford University Press, Oxford.
Pravosudov, V.V. & T.V. Smulders. 2010. Integrating ecology, psychology and neurobiology within a food-hoarding paradigm. *Philosophical Transactions of the Royal Society B* 365: 859–867.
Preisser, E.L., D.I. Bolnick & M.F. Benard. 2005. Scared to death? The effects of intimidation and consumption in predator-prey interactions. *Ecology* 86: 501–509.
Preisser, E.L., J.L. Orrock & O.J. Schmitz. 2007. Predator hunting mode and habitat domain alter nonconsumptive effects in predator–prey interactions. *Ecology* 88: 2744–2751.
Prevedello, J.A. & M.V. Vieira. 2010. Does the type of matrix matter? A quantitative review of evidence. *Biodiversity and Conservation* 19: 1205–1223.
Prevedello, J.A., C.R. Dickman, M.V. Vieira & E.M. Vieira. 2013. Population responses of small mammals to food supply and predators: a global meta-analysis. *Journal of Animal Ecology* 82: 927–936.
Previtali, M.A., R.S. Ostfeld, F. Keesing, A.E. Jolles, R. Hanselmann & L.B. Martin. 2012. Relationship between pace of life and immune responses in wild rodents. *Oikos* 121: 1483–1492.
Primack, R.B. 2014. *Essentials of Conservation Biology*. 6th ed. Sinauer Associates, Sunderland.

Prins, H.H.T. 2000. Competition between wildlife and livestock in Africa. Pp. 51–80 in Prins, H.H.T., J.G. Grootenhuis & T.T. Dolan (eds.), *Wildlife Conservation by Sustainable Use*. Kluwer Academic Publishers, Dordrecht.

Prins, H.H.T. & J.M. Reitsma. 1989. Mammalian biomass in an African equatorial rainforest. *Journal of Animal Ecology* 58: 851–861.

Prinzinger, R., A. Pressmar & E. Schleucher. 1991. Body temperature in birds. *Comparative Biochemistry and Physiology* 99A: 499–506.

Proaktor, G., E.J. Milner-Gulland & T. Coulson. 2007. Age-related shapes of the cost of reproduction in vertebrates. *Biology Letters* 3: 674–677.

Proches, Ş. & S. Ramdhani. 2013. Eighty-three lineages that took over the world: a first review of terrestrial cosmopolitan tetrapods. *Journal of Biogeography* 40: 1819–1831.

Prop, J., J.M. Black & P. Shimmings. 2003. Travel schedules to the high arctic: barnacle geese trade-off the timing of migration with accumulation of fat deposits. *Oikos* 103: 403–414.

Provenza, F.D. & R.P. Cincotta. 1993. Foraging as a self-organisational learning process: Accepting adaptability at the expense of predictability. Pp. 78–101 in Hughes, R.N. (ed.), *Diet Selection. An Interdisciplinary Approach to Foraging Behaviour*. Blackwell Scientific Publications, Oxford.

Prugh, L.R., C.J. Stoner, C.W. Epps, W.T. Bean, W.J. Ripple, A.S. Laliberte & J.S. Brashares. 2009. The rise of the mesopredator. *BioScience* 59: 779–791.

Pulido, F. 2007. The genetics and evolution of avian migration. *BioScience* 57: 165–174.

Pulido, F. 2011. Evolutionary genetics of partial migration – the threshold model of migration revis(it)ed. *Oikos* 120: 1776–1783.

Pulido, F., P. Berthold & A.J. van Noordwijk. 1996. Frequency of migrants and migratory activity are genetically correlated in a bird population: evolutionary implications. *Proceedings of the National Academy of Sciences* 93: 14642–14647.

Pulliam, H.R. 1996. Sources and sinks: empirical evidence and population consequences. Pp. 45–69 in Rhodes, O.E., R.K. Chesser & M.H. Smith (eds.), *Population Dynamics in Ecological Space and Time*. The University of Chicago Press, Chicago.

Quillfeldt, P., J.F. Masello, J. Navarro & R.A. Phillips. 2013. Year-round distribution suggests spatial segregation of two small petrel species in the South Atlantic. *Journal of Biogeography* 40: 430–441.

Råberg, L., A.L. Graham & A.F. Read. 2009. Decomposing health: tolerance and resistance to parasites in animals. *Philosophical Transactions of the Royal Society B* 364: 37–49.

Raby, C.R. & N.S. Clayton. 2010. The cognition of caching and recovery in food-storing birds. *Advances in the Study of Behavior* 41: 1–34.

Radchuk, V., R.A. Ims & H.P. Andreassen. 2016. From individuals to population cycles: the role of extrinsic and intrinsic factors in rodent populations. *Ecology* 97: 720–732.

Radespiel, U. & M.W. Bruford. 2014. Fragmentation genetics of rainforest animals: insights from recent studies. *Conservation Genetics* 15: 245–260.

Rahbek, C. & G.R. Graves. 2001. Multiscale assessment of patterns of avian species richness. *Proceedings of the National Academy of Sciences of the USA* 98: 4534–4539.

Ramenowsky, M., J.M. Cornelius & B. Helm. 2012. Physiological and behavioral responses of migrants to environmental cues. *Journal of Ornithology* 153 (Suppl. 1): S181–S191.

Ramos, R., V. Sanz, J. Bried, V.C. Neves, M. Biscoito, R.A. Phillips, F. Zino & J. González-Solís. 2015. Leapfrog migration and habitat preferences of a small oceanic seabird, Bulwer's petrel (*Bulweria bulwerii*). *Journal of Biogeography* 42: 1651–1664.

Ramsey, D.S.L. & M.G. Efford. 2010. Management of bovine tuberculosis in brushtail possums in New Zealand: predictions from a spatially explicit, individual-based model. *Journal of Applied Ecology* 47: 911–919.

Ranglack, D.H., S. Durham & J.T. du Toit. 2015. Competition on the range: science vs. perception in a bison–cattle conflict in the western USA. *Journal of Applied Ecology* 52: 467–474.

Rappole, J.H. 1995. *The Ecology of Migrant Birds. A Neotropical Perspective*. Smithsonian Institution Press, Washington.

Rappole, J.H. 2013. *The Avian Migrant. The Biology of Bird Migration*. Columbia University Press, New York.

Rappole, J.H. & K.L. Schuchmann. 2003. Ecology and evolution of hummingbird population movements and migration. Pp. 39–51 in Berthold, P., E. Gwinner & E. Sonnenschein (eds.), *Avian Migration*. Springer-Verlag, Berlin.

Rasa, O.A.E. 1983. Dwarf mongoose and hornbill mutualism in the Taru Desert, Kenya. *Behavioral Ecology and Sociobiology* 12: 181–190.

Rayner, M.J., M.N. Clout, R.K. Stamp, Michael J. Imber, D.H. Brunton & M.E. Hauber. 2007a. Predictive habitat modelling for the population census of a burrowing seabird: a study of the endangered Cook's petrel. *Biological Conservation* 138: 235–247.

Rayner, M.J., M.E. Hauber, M.J. Imber, R.K. Stamp & M.N. Clout. 2007b. Spatial heterogeneity of mesopredator release within an oceanic island system. *Proceedings of the National Academy of Sciences of the USA* 104: 20862–20865.

Rayner, M.J. et al. (10 weitere Autoren). 2011. Contemporary and historical separation of transequatorial migration between genetically distinct seabird populations. *Nature Communications* 2:332.

Razeng, E. & D.M. Watson. 2015. Nutritional composition of the preferred prey of insectivorous birds: popularity reflects quality. *Journal of Avian Biology* 46: 89–96.

Read, A.F. & P.H. Harvey. 1989. Life history differences among the eutherian radiations. *Journal of Zoology, London* 219: 329–353.

Redfern, J.V. et al. (18 weitere Autoren). 2006. Techniques for cetacean-habitat modelling. *Marine Ecology Progress Series* 310: 271–295.

Redpath, S.M. & S.J. Thirgood. 1999. Numerical and functional responses in generalist predators: hen harriers and peregrines on Scottish grouse moors. *Journal of Animal Ecology* 68: 879–892.

Redpath, S.M., F. Mougeot, F.M. Leckie, D.A. Elston & P.J. Hudson. 2006. Testing the role of parasites in driving the cyclic population dynamics of a gamebird. *Ecology Letters* 9: 410–418.

Reed, A.W. & N.A. Slade. 2008. Density-dependent recruitment in grassland small mammals. *Journal of Animal Ecology* 77: 57–65.

Reed, D.H., J.J. O'Grady, J.D. Ballou & R. Frankham. 2003. The frequency and severity of catastrophic die-offs in vertebrates. *Animal Conservation* 6: 109–114.

Reeder, D.M., Helgen, K.M. & Wilson, D.E. 2007. Global trends and biases in new mammal species discoveries. *Occasional Papers of the Museum of Texas Tech University* 269: 1–35.

Rehling, A., I. Spiller, E.T. Krause, R.G. Nager, P. Monaghan & F. Trillmich. 2012. Flexibility in the duration of parental care: zebra finch parents respond to offspring needs. *Animal Behaviour* 83: 35–39.

Reid, P.J. & S.J. Shettleworth. 1992. Detection of cryptic prey: search image or search rate? *Journal of Experimental Psychology: Animal Behavior Processes* 18: 273–286.

Reif, J. 2013. Long-term trends in bird populations: a review of patterns and potential drivers in North America and Europe. *Acta Ornithologica* 48: 1–16.

Reinertsen, R.E. 1996. Physiological and ecological aspects of hypothermia. Pp. 125–157 in Carey, C. (ed.), *Avian Energetics and Nutritional Ecology*. Chapman & Hall, New York.

Remeš, V., B. Matyosoková & A. Cockburn. 2012. Long-term and large-scale analyses of nest predation patterns in Australian songbirds and a global comparison of nest predation rates. *Journal of Avian Biology* 43: 435–444.

Remeš, V., R.P. Freckleton, J. Tökölyi, A. Liker & T. Székely. 2015. The evolution of parental cooperation in birds. *Proceedings of the National Academy of Sciences of the USA* 112: 13603–13608.

Remm, J. & A. Lõhmus. 2011. Tree cavities in forests – The broad distribution pattern of a keystone structure for biodiversity. *Forest Ecology and Management* 262: 579–585.

Renfrew, R.B., D. Kim, N. Perlut, J. Smith, J. Fox & P.P. Marra. 2013. Phenological matching across hemispheres in a long-distance migratory bird. *Diversity and Distributions* 19: 1008–1019.

Rentsch, D. & C. Packer. 2015. The effect of bushmeat consumption on migratory wildlife in the Serengeti ecosystem, Tanzania. *Oryx* 49: 287–294.

Reperant, L.A., A.D.M.E. Osterhaus & T. Kuiken. 2012. Influenza virus infections. Pp. 37–58 in Gavier-Widén, D., J.P. Duff & A. Meredith (eds.), *Infectious Diseases of Wild Mammals and Birds in Europe*. Wiley-Blackwell, Chichester.

Reudink, M.W., C.J. Kyle, J.J. Nocera, R.A. Oomen, M.C. Green & C.M. Somers. 2011. Panmixia on a continental scale in a widely distributed colonial waterbird. *Biological Journal of the Linnean Society* 102: 583–592.

Reynolds, J.J.H., X. Lambin, F.P. Massey, S. Reidinger, J.A. Sherratt, M.J. Smith, A. White & S.E. Hartley. 2012. Delayed induced silica defences in grasses and their potential for destabilising herbivore population dynamics. *Oecologia* 170: 445–456.

Reynolds, S.M., K. Dryer, J. Bollback, J.A.C. Uy, G.L. Patricelli, T. Robson, G. Borgia & M.J. Braun. 2007. Behavioral paternity predicts genetic paternity in satin bowerbirds (*Ptilonorhynchus violaceus*), a species with a non-resource-based mating system. *The Auk* 124: 857–867.

Reznick, D., M.J. Bryant & F. Bashey. 2002. r- and K-selection revisited: the role of population regulation in life-history evolution. *Ecology* 83: 1509–1520.

Rhyan, J.C. 2000. Brucellosis in terrestrial wildlife and marine mammals. Pp. 161–184 in Brown, C. & C. Bolin, *Emerging Diseases of Animals*. ASM Press, Washington.

Rhyan, J.C., P. Nol, C. Quance, A. Gertonson, J. Belfrage, L. Harris, K. Straka & S. Robbe-Austerman. 2013. Transmission of brucellosis from elk to cattle and bison, Greater Yellowstone are, USA, 2002–2012. *Emerging Infectious Diseases* 19: 1992–1995.

Richardson, H. & N.A.M. Verbeek. 1986. Diet selection and optimization by Northwestern crows feeding on Japanese littleneck clams. *Ecology* 67: 1219–1226.

Richardson, P.R.K., P.J. Mundy & I. Plug. 1986. Bone crushing carnivores and their significance to osteodystrophy in griffon vulture chicks. *Journal of Zoology* 210: 23–43.

Richardson, W.J. 1990. Timing of bird migration in relation to weather: updated review. Pp. 78–101 in Gwinner, E. (ed.), *Bird Migration. Physiology and Ecophysiology*. Springer-Verlag, Berlin.

Richter, H.V. & G.S. Cumming. 2006. Food availability and annual migration of the straw-colored fruit bat *(Eidolon helvum)*. *Journal of Zoology* 268: 35–44.

Richter, H.V. & G.S. Cumming. 2008. First application of satellite telemetry to track African straw-coloured fruit bat migration. *Journal of Zoology* 275: 172–176.

Rickenbach, O., M.U. Grüebler, M. Schaub, A. Koller, B. Naef-Daenzer & L. Schifferli. 2011. Exclusion of ground predators improves Northern Lapwing *Vanellus vanellus* chick survival. *Ibis* 153: 531–542.

Ricklefs, R.E. 2000. Density dependence, evolutionary optimization, and the diversification of avian life histories. *The Condor* 102: 9–22.

Ricklefs, R.E. 2010. Parental investment and avian reproductive rate: William's principle reconsidered. *The American Naturalist* 175: 350–361.

Riedman, M. 1990. *The Pinnipeds. Seals, Sea Lions, and Walruses*. University of California Press, Berkeley.

Riehl, C. 2013. Evolutionary routes to non-kin cooperative breeding in birds. *Proceedings of the Royal Society London B* 280: 20132245.

Ripple, W.J. & R.L. Beschta. 2012. Large predators limit herbivore densities in northern forest ecosystems. *European Journal of Wildlife Research* 58: 733–742.

Ripple, W.J., A.J. Wirsing, C.C. Wilmers & M. Letnic. 2013. Widespread mesopredator effects after wolf extirpation. *Biological Conservation* 160: 70–79.

Ripple W.J. et al. (15 weitere Autoren). 2015. Collapse of the world's largest herbivores. *Science Advances* 1: e1400103.

Ritchie, E.G. & C.N. Johnson. 2009. Predator interactions, mesopredator release and biodiversity conservation. *Ecology Letters* 12: 982–998.

Ritchie, M.E. 1988. Individual variation in the ability of Columbian ground squirrels to select an optimal diet. *Evolutionary Ecology* 2: 232–252.

Rivera-Ortíz, F.A., R. Aguilar, M.D.C. Arizmendi, M. Quesada & K. Oyama. 2015. Habitat fragmentation and genetic variability of tetrapod populations. *Animal Conservation* 18: 249–258.

Rivrud, I.M., R. Bischof, E.L. Meisingset, B. Zimmermann, L.E. Loe & A. Mysterud. 2016. Leave before it's too late: anthropogenic and environmental triggers of autumn migration in a hunted ungulate population. *Ecology* 97: 1058–1068.

Rizzo, L.Y. & D. Schulte. 2009. A review of humpback whales' migration patterns worldwide and their consequences to gene flow. *Journal of the Marine Biological Association of the United Kingdom* 89: 995–1002.

Robbins, A.M., M. Gray, A. Basabose, P. Uwingeli, I. Mburanumwe, E. Kagoda & M.M. Robbins. 2013. Impact of male infanticide on the social structure of mountain gorillas. *PLoS ONE* 8(11): e78256.

Robbins, C.T. 1993. *Wildlife Feeding and Nutrition*. 2nd ed. Academic Press.

Robert, K.A. & L.E. Schwanz. 2010. Emerging sex allocation research in mammals: marsupials and the pouch advantage. *Mammal Review* 41: 1–22.

Roberts, E.K. A. Lu, T.J. Bergman & J.C. Beehner. 2012. A Bruce effect in wild geladas. *Science* 335: 1222–1225.

Robertson, B.A. & R.L. Hutto. 2006. A framework for understanding ecological traps and an evaluation of existing evidence. *Ecology* 87: 1075–1085.

Robillard, A., J.F. Therrien, G. Gauthier, K.M. Clark & J. Bêty. 2016. Pulsed resources at tundra breeding sites affect winter eruptions at temperate latitudes of a top predator, the snowy owl. *Oecologia* 181: 423–433.

Robinson, P.W. et al. (18 weitere Autoren). 2012. Foraging behaviour and success of a mesopelagic predator in the Northeast Pacific Ocean: Insights from a data-rich species, the northern elephant seal. *PLoS ONE* 7(5): e36728.

Robinson, R.A. et al. (16 weitere Autoren). 2010. Emerging infectious disease leads to rapid population declines of common British birds. *PLoS ONE* 5(8): e12215.

Rodenhouse, N.L., T.W. Sherry & R.T. Holmes. 1997. Site-dependent regulation of population size: a new synthesis. *Ecology* 78: 2025–2042.

Rodrigues, A.S.L., T.M. Brooks, S.H.M. Butchart, J. Chanson, N. Cox, M. Hoffmann & S.N. Stuart. 2014. Spatially explicit trends in the global conservation status of vertebrates. *PLoS ONE* 9(11): e113934.

Rodrigues, L. & J.M. Palmeirim. 2008. Migratory behaviour of the Schreiber's bat: when, where and why do cave bats migrate in a Mediterranean region? *Journal of Zoology* 274: 116–125.

Rodriguez-Cabal, M.A., M. Williamson & D. Simberloff. 2013. Overestimation of establishment success of non-native birds in Hawaii and Britain. *Biological Invasions* 15: 249–252.

Roever, C.L., R.J. van Aarde & M.J. Chase. 2013. Incorporating mortality into habitat selection to identify secure and risky habitats for savannah elephants. *Biological Conservation* 164: 98–106.

Roggenbuck, M., I. Bærholm Schnell, N. Blom, J. Bælum, M. F. Bertelsen, T. Sicheritz-Pontén, S.J. Sørensen, M.T.P. Gilbert, G.R. Graves & L.H. Hansen. 2014. The microbiome of New World vultures. *Nature Communications* 6: 8774.

Rohwer, S., R.E. Ricklefs, V.G. Rohwer & M.M. Copple. 2009. Allometry of the duration of flight feather molt in birds. *PLoS Biology* 7(6): e1000132.

Roldán, M. & M. Soler. 2011. Parental-care parasitism: how do unrelated offspring attain acceptance by foster parents? *Behavioral Ecology* 22: 679–691.

Romeo, C., L.A. Wauters, D. Preatoni, G. Tosi & A. Martinoli. 2010. Living on the edge: space use of Eurasian red squirrels in marginal high-elevation habitat. *Acta Oecologica* 36: 604–610.

Roodbergen, M., B. van der Werf & H. Hötker. 2012. Revealing the contributions of reproduction and survival to the Europewide decline in meadow birds: review and meta-analysis. *Journal of Ornithology* 153: 53–74.

Root, T. 1988. Energy constraints and avian distributions and abundances. *Ecology* 69: 330–339.

Rose, A.P. & B.E. Lyon. 2013. Day length, reproductive effort, and the avian latitudinal clutch size gradient. *Ecology* 94: 1327–1337.

Rosser, A.M. & S.A. Mainka. 2002. Overexploitation and species extinctions. *Conservation Biology* 16: 584–586.

Roth, T., M. Plattner & V. Amrhein. 2014. Plants, birds and butterflies: short-term responses of species communities to climate warming vary by taxon and with altitude. *PLoS ONE* 9(1): e82490.

Roulin, A. & A.N. Dreiss. 2012. Sibling competition and cooperation over parental care. Pp. 133–149 in Royle, N.J., P.T. Smiseth & M. Kölliker (eds.), *The Evolution of Parental Care*. Oxford University Press, Oxford.

Royle, J.A., R.B. Chandler, R. Sollmann & B. Gardner. 2014. *Spatial Capture-Recapture*. Elsevier, Amsterdam.

Ruben, J.A. & T.D. Jones. 2000. Selective factors associated with the origin of fur and feathers. *American Zoologist* 40: 585–596.

Rubenstein, D.R. 2012. Sexual and social competition: broadening perspectives by defining female roles. *Philosophical Transactions of the Royal Society B* 367: 2248–2252.

Ruckstuhl, K. 1998. Foraging behaviour and sexual segregation in bighorn sheep. *Animal Behaviour* 56: 99–106.

Ruelas Inzunza, E., L.J. Goodrich & S.W. Hoffman. 2010. Cambios en las poblaciones de aves rapaces migratorias en Veracruz, México, 1995–2005. *Acta Zoológica Mexicana* (n.s.) 26: 495–525.

Ruf, T. & F. Geiser. 2015. Daily torpor and hibernation in birds and mammals. *Biological Reviews* 90: 891–926.

Ruf, T., J. Fietz, W. Schlund & C. Bieber. 2006. High survival in poor years: life history tactics adapted to mast seeding in the edible dormouse. *Ecology* 87: 372–381.

Ruffino, L., P. Salo, E. Koivisto, P.B. Banks & E. Korpimäki. 2014. Reproductive responses of birds to experimental food supplementation: a meta-analysis. *Frontiers in Zoology* 11:80.

Ruggiero, A. & V. Werenkraut. 2007. Onedimensional analyses of Rapoport's rule reviewed through meta-analysis. *Global Ecology and Biogeography* 16: 401–414.

Ruiz, X., L. Jover, V. Pedrocchi, D. Oro & J. González-Solís. 2000. How costly is clutch formation in the Audouin's Gull *Larus audouinii*? *Journal of Avian Biology* 31: 567–575.

Runge, J.P., M.C. Runge & J.D. Nichols. 2006. The role of local populations within a landscape context: defining and classifying sources and sinks. *The American Naturalist* 167: 925–938.

Ruscoe, W.A., J.S. Elkinton, D. Choquenot & R.B. Allen. 2005. Predation of beech seed by mice: effects of numerical and functional responses. *Journal of Animal Ecology* 74: 1005–1019.

Rushton, S.P., P.W.W. Lurz, J. Gurnell, P. Nettleton, C. Bruemmer, M.D.F. Shirley & A.W. Sainsbury. 2006. Disease threats posed by alien species: the role of a poxvirus in the decline of the native red squirrel in Britain. *Epidemiology and Infection* 134: 521–533.

Rutten, A.L., K. Oosterbeek, B.J. Ens & S. Verhulst. 2006. Optimal foraging on perilous prey: risk of bill damage reduces optimal prey size in oystercatchers. *Behavioral Ecology* 17: 297–302.

Rutz, C. 2008. The establishment of an urban bird population. *Journal of Animal Ecology* 77: 1008–1019.

Sachs, J.L., C.R. Hughes, G.L. Nuechterlein & D. Buitron. 2007. Evolution of coloniality in birds: a test of hypotheses with the red-necked grebe *(Podiceps grisegena)*. *The Auk* 124: 628–642.

Sæther, B.-E. & Ø. Bakke. 2000. Avian life history variation and contribution of demographic traits to the population growth rate. *Ecology* 81: 642–653.

Sæther, B.-E. et al. (18 weitere Autoren). 2013. How life history influences population dynamics in fluctuating environments. *The American Naturalist* 182: 743–759.

Sæther, S.A., P. Fiske & J.A. Kålås. 2001. Male mate choice, sexual conflict and strategic allocation of copulations in a lekking bird. *Proceedings of the Royal Society London B* 268: 2097–2102.

Safi, K. 2008. Social bats: the males' perspective. *Journal of Mammalogy* 89: 1342–1350.

Sagarin, R.D. & S.D. Gaines. 2002. The «abundant centre» distribution: to what extent is it a biogeographical rule? *Ecology Letters* 5: 137–147.

Salafsky, N. et al. (10 weitere Autoren). 2008. A standard lexicon for biodiversity conservation: unified classifications of threats and actions. *Conservation Biology* 22: 897–911.

Salewski, V. & B. Bruderer. 2007. The evolution of bird migration – a synthesis. *Naturwissenschaften* 94: 268–279.

Salewski, V., M. Kéry, M. Herremans, F. Liechti & L. Jenni. 2009. Estimating fat and protein fuel from fat and muscle scores in passerines. *Ibis* 151: 640–653.

Salido, L., B.V. Purse, R. Marrs, D.E. Chamberlain & S. Shultz. 2012. Flexibility in phenology and habitat use act as buffers to long-term population declines in UK passerines. *Ecography* 35: 604–613.

Salo, P., E. Korpimäki, P.B. Banks, M. Nordström & C.R. Dickman. 2007. Alien predators are more dangerous than native predators to prey populations. *Proceedings of the Royal Society B* 274: 1237–1243.

Salo, P., P.B. Banks, C.R. Dickman & E. Korpimäki. 2010. Predator manipulation experiments: impacts on populations of terrestrial vertebrate prey. *Ecological Monographs* 80: 531–546.

Samuel, M.D., B.L. Woodworth, C.T. Atkinson, P.H. Hart & D.A. LaPointe. 2015. Avian malaria in Hawaiian forest birds: infection and population impacts across species and elevations. *Ecosphere* 6(6): 104.

Sand, H. 1996. Life history patterns in female moose *(Alces alces)*: the relationship between age, body size, fecundity and environmental conditions. *Oecologia* 106: 212–220.

Sandberg, R. & F.R. Moore. 1996. Migratory orientation of red-eyed vireos, *Vireo olivaceus*, in relation to energetic condition and ecological context. *Behavioral Ecology and Sociobiology* 39: 1–10.

Sandercock, B.K. 1997. Incubation capacity and clutch size determination in two calidrine sandpipers: a test of the four-egg threshold. *Oecologia* 110: 50–59.

Sangster, G. 2009. Increasing number of bird species result from taxonomic progress, not taxonomic inflation. *Proceedings of the Royal Society B* 276: 3158–3191.

Sanjayan, M., L.H. Samberg, T. Boucher & J. Newby. 2012. Intact faunal assemblages in the modern era. *Conservation Biology* 26: 724–730.

Santos, E.S.A. & S. Nakagawa. 2012. The costs of parental care: a meta-analysis of the trade-off between parental effort and survival in birds. *Journal of Evolutionary Biology* 25: 1911–1917.

Santulli, G., S. Palazón, Y. Melero, J. Gosálbez & X. Lambin. 2014. Multi-season occupancy analysis reveals large-scale competitive exclusion of the critically endangered European mink by the invasive non-native American mink in Spain. *Biological Conservation* 176: 21–29.

Sanz-Aguilar, A., A. Béchet, C. Germain, A.R. Johnson & R. Pradel. 2012. To leave or not to leave: survival trade-offs between different migratory strategies in the greater flamingo. *Journal of Animal Ecology* 81: 1171–1182.

Sarà, M., A. Milazzo, W. Falletta & E. Bellia. 2005. Exploitation competition between hole-nesters *(Muscardinus avellanarius*, Mammalia and *Parus caeruleus*, Aves) in Mediterranean woodlands. *Journal of Zoology, London* 265: 347–357.

Sato, N.J., K. Tokue, R.A. Noske, O.K. Mikami & K. Ueda. 2010. Evicting cuckoo nestlings from the nest: a new anti-parasitism behaviour. *Biology Letters* 6: 67–69.

Savage, V.M., J.F. Gillooly, W.H. Woodruff, G.B. West, A.P. Allen, B.J. Enquist & J.H. Brown. 2004. The predominance of quarter-power scaling in biology. *Functional Ecology* 18: 257–282.

Savill, N.J., S.G. St Rose, M.J. Keeling & M.E.J. Woolhouse. 2006. Silent spread of H5N1 in vaccinated poultry. *Nature* 442: 757.

Sawyer, H. & M.J. Kauffman. 2011. Stopover ecology of a migratory ungulate. *Journal of Animal Ecology* 80: 1078–1087.

Sawyer, H., F. Lindzey & D. McWhirter. 2005. Mule deer and pronghorn migration in western Wyoming. *Wildlife Society Bulletin* 33: 1266–1273.

Sazima, I. 2011. Cleaner birds: a worldwide overview. *Revista Brasileira de Ornitologia* 19: 32–47.

Schaefer, H.M., V. Schmidt & F. Bairlein. 2003. Discrimination abilities for nutrients: which difference matters for choosy birds and why? *Animal Behaviour* 65: 531–541.

Schaller, G.B. 1972. *Serengeti Lion: A Study of Predator-Prey Relations*. University of Chicago Press, Chicago.

Schaper, S.V., A. Dawson, P.J. Sharp, P. Gienapp, S.P. Caro & M.E. Visser. 2012. Increasing temperature, not mean temperature, is a cue for avian timing of reproduction. *The American Naturalist* 179: E55–E69.

Schaub, M., F. Liechti & L. Jenni. 2004. Departure of migrating robins, *Erithacus rubecula*, from a stopover site in relation to wind and rain. *Animal Behaviour* 67: 229–237.

Schaub, M., N. Martinez, A. Tagmann-Ioset, N. Weisshaupt, M.L. Maurer, T.S. Reichlin, F. Abadi, N. Zbinden, L. Jenni & R. Arlettaz. 2010. Patches of bare ground as a staple commodity for declining ground-foraging insectivorous farmland birds. *PLoS ONE* 5: e13115.

Schaub, M., M. Kéry, S. Birrer, M. Rudin & L. Jenni. 2011. Habitat-density associations are not geographically transferable in Swiss farmland birds. *Ecography* 34: 693–704.

Schaub, M., T.S. Reichlin, F. Abadi, M. Kéry, L. Jenni & R. Arlettaz. 2012. The demographic drivers of local population dynamics in two rare migratory birds. *Oecologia* 168: 97–108.

Schaub, M., H. Jakober & W. Stauber. 2013. Strong contribution of immigration to local population regulation: evidence from a migratory passerine. *Ecology* 94: 1828-1838.

Schekkerman, H., W. Teunissen & E. Oosterveld. 2009. Mortality of black-tailed godwit *Limosa limosa* and northern lapwing *Vanellus vanellus* chicks in wet grasslands: influence of predation and agriculture. *Journal of Ornithology* 150: 133–145.

Schipper, J. et al. (129 weitere Autoren). 2008. The status of the world's land and marine mammals: diversity, threat, and knowledge. *Science* 322: 225–230.

Schlatter, R.P. & P. Vergara. 2005. Magellanic woodpecker *(Campephilus magellanicus)* sap feeding and its role in the Tierra del Fuego forest bird assemblage. *Journal of Ornithology* 146: 188–190.

Schluter, D. 1988. Character displacement and the adaptive divergence of finches on islands and continents. *The American Naturalist* 131: 799–824.

Schluter, D. & P.R. Grant. 1984. Determinants of morphological patterns in communities of Darwin's finches. *The American Naturalist* 123: 175–196.

Schluter, D. & R.R. Repasky. 1991. Worldwide limitation of finch densities by food and other factors. *Ecology* 72: 1763–1774.

Schmaljohann, H., F. Liechti & B. Bruderer. 2009. Trans-Sahara migrants select flight altitudes to minimize energy costs rather than water loss. *Behavioral Ecology and Sociobiology* 63: 1609–1619.

Schmid, J. 2000. Daily torpor in the gray mouse lemur *(Microcebus murinus)* in Madagascar: energetic consequences and biological significance. *Oecologia* 123: 175–183.

Schmid-Hempel, P. 2011. *Evolutionary Parasitology. The Integrated Study of Infections, Immunology, Ecology, and Genetics*. Oxford University Press, Oxford.

Schmidt, K. & D.P. Kuijper. 2015. A «death trap» in the landscape of fear. *Mammal Research* 60: 275–284.

Schneider, D.C. 2009. *Quantitative Ecology. Measurement, Models and Scaling*. 2nd ed. Academic Press, San Diego.

Schoener, T.W. 1971. Theory of feeding strategies. *Annual Review of Ecology and Systematics* 2: 369–404.

Schorger, A.W. 1955. *The Passenger Pigeon. Its Natural History and Extinction*. University of Wisconsin, Madison.

Schreier, B.M., A.H. Harcourt, S.A. Coppeto & M.F. Somi. 2009. Interspecific competition and niche separation in primates: a global analysis. *Biotropica* 41: 283–291.

Schroeder, N.M., R. Ovejero, P.G. Moreno, P. Gregorio, P. Taraborelli, S.D. Matteucci & P.D. Carmanchahi. 2013. Including species interactions in resource selection of guanacos and livestock in Northern Patagonia. *Journal of Zoology* 291: 213–225.

Schubert, M., C. Schradin, H.G. Rödel, N. Pillay & D.O. Ribble. 2009. Male mate guarding in a socially monogamous mammal, the round-eared sengi: on costs and trade-offs. *Behavioral Ecology and Sociobiology* 64: 257–264.

Schulte-Herbrüggen, B., J.M. Rowcliffe, K. Homewood, L.A. Kurpiers, C. Witham & G. Cowlishaw. 2013. Wildlife depletion in a West African farm-forest mosaic and the implications for hunting across the landscape. *Human Ecology* 41: 795–806.

Schultner, J., A.S. Kitaysky, J. Welcker & S. Hatch. 2013. Fat or lean: adjustments of endogenous energy stores to predictable and unpredictable changes in allostatic load. *Functional Ecology* 27: 45–55.

Scott, D.A. & P.M. Rose. 1996. *Atlas of Anatidae Populations in Africa and Western Eurasia*. Wetlands International, Wageningen.

Scott, G. 2010. *Essential Ornithology*. Oxford University Press, Oxford.

Scott, G.R. 2011. Elevated performance: the unique physiology of birds that fly at high altitudes. *The Journal of Experimental Biology* 214: 2455–2462.

Searle, K.R. & L.A. Shipley. 2008. The comparative feeding behaviour of large browsing and grazing herbivores. Pp. 117–148 in Gordon, I.J. & H.H.T. Prins (eds.), *The Ecology of Browsing and Grazing*. Springer-Verlag, Berlin.

Segelbacher, G. & I. Storch. 2002. Capercaillie in the Alps: genetic evidence of metapopulation structure and population decline. *Molecular Ecology* 11: 1669–1677.

Şekercioğlu, Ç.H., S.H. Schneider, J.P. Fay & S.R. Loarie. 2008. Climate change, elevational range shifts, and bird extinctions. *Conservation Biology* 22: 140–150.

Şekercioğlu, Ç.H., R.B. Primack & J. Wormworth. 2012. The effects of climate change on tropical birds. *Biological Conservation* 148: 1–18.

Selås, V. 2006. Patterns in grouse and woodcock *Scolopax rusticola* hunting yields from central Norway 1901–24 do not support the alternative prey hypothesis for grouse cycles. *Ibis* 148: 678–686.

Selås, V. 2014. Linking ‹10-year› herbivore cycles to the lunisolar oscillation: the cosmic ray hypothesis. *Oikos* 123: 194–202.

Selva, N., B. Jędrzejewska, W. Jędrzejewski & A. Wajrak. 2005. Factors affecting carcass use by a guild of scavengers in European temperate woodland. *Canadian Journal of Zoology* 83: 1590–1601.

Sénéchal, E., J. Bêty, H.G. Gilchrist, K.A. Hobson & S.E. Jamieson. 2011. Do purely capital layers exist among flying birds? Evidence of exogenous contribution to arctic-nesting common eider eggs. *Oecologia* 165: 1–12.

Senn, J. & R. Kuehn. 2014. *Habitatfragmentierung, kleine Populationen und das Überleben von Wildtieren. Populationsbiologische Überlegungen und genetische Hintergründe untersucht am Beispiel des Rehes*. Haupt, Bern

Senser, F., H. Scherz & E. Kirchhoff. 2009. *Lebensmitteltabelle für die Praxis (Der kleine Souci – Fachmann – Kraut)*. 4. Aufl. Wissenschaftliche Verlagsgesellschaft, Stuttgart.

Sergio, F., J. Blas, G. Blanco, A. Tanferna, L. López, J.A. Lemus & F. Hiraldo. 2011. Raptor nest decorations are a reliable threat against conspecifics. *Science* 331: 327–330.

Sergio, F., A. Tanferna, R. De Stephanis, L. López-Jiménez, J. Blas, G. Tavecchia, D. Preatoni & F. Hiraldo. 2014. Individual improvements and selective mortality shape lifelong migratory performance. *Nature* 515: 410–413.

Servanty, S., J.-M. Gaillard, C. Toïgo, S. Brandt & E. Baubet. 2009. Pulsed resources and climate-induced variation in the reproductive traits of wild boar under high hunting pressure. *Journal of Animal Ecology* 78: 1278–1290.

Setchell, J.M. 2008. Alternative reproductive tactics in primates. Pp. 373–398 in Oliveira, R.F., M. Taborsky & H.J. Brockmann (eds.), *Alternative Reproductive Tactics*. Cambridge University Press, Cambridge.

Setchfield, R.P., C. Mucklow, A. Davey, U. Bradter & G.Q.A. Anderson. 2012. An agri-environment option boosts productivity of corn buntings *Emberiza calandra* in the UK. *Ibis* 154: 235–247.

Sexton, J.P., P.J. McIntyre, A.L. Angert & K.J. Rice. 2009. Evolution and ecology of species range limits. *Annual Review of Ecology, Evolution, and Systematics* 40: 415–436.

Shaffer, S.A. et al. (10 weitere Autoren). 2006. Migratory shearwaters integrate oceanic resources across the Pacific Ocean in an endless summer. *Proceedings of the National Academy of Sciences of the USA* 103: 12799–12802.

Sharp, J.G., S. Garnick, M.A. Elgar & G. Coulson. 2015. Parasite and predator risk assessment: nuanced use of olfactory cues. *Proceedings of the Royal Society B* 282: 20151941.

Sharpe, L.L., A.S. Joustra & M.I. Cherry. 2010. The presence of an avian co-forager reduces vigilance in a cooperative mammal. *Biology Letters* 6: 475–477.

Shattuck, M. & S.A. Williams. 2010. Arboreality has allowed for the evolution of increased longevity in mammals. *Proceedings of the National Academy of Sciences of the USA* 107: 4635–4639.

Shaw, A.K., J.L. Galaz & P.A. Marquet. 2012. Population dynamics of the vicuña (*Vicugna vicugna*): density-dependence, rainfall, and spatial distribution. *Journal of Mammalogy* 93: 658–666.

Shaw, D.J. & A.P. Dobson. 1995. Patterns of macroparasite abundance and aggregation in wildlife populations: a quantitative review. *Parasitology* 111: S111–S133.

Sheldon, B.C. & S.A. West. 2004. Maternal dominance, maternal condition, and offspring sex ratio in ungulate mammals. *The American Naturalist* 163: 40–54.

Shephard, T.V., S.E.G. Lea & N. Hempel de Ibarra. 2015. 'The thieving magpie'? No evidence for attraction to shiny objects. *Animal Cognition* 18: 393–397.

Sheriff, M.J. & J.S. Thaler. 2014. Ecophysiological effects of predation risk; an integration across disciplines. *Oecologia* 176: 607–611.

Sheriff, M.J., C.J. Krebs & R. Boonstra. 2009. The sensitive hare: sublethal effects of predator stress on reproduction in snowshoe hares. *Journal of Animal Ecology* 78: 1249–1258.

Sheriff, M.J., C.J. Krebs & R. Boonstra. 2011. From process to pattern: how fluctuating predation risk impacts the stress axis of snowshoe hares during the 10-year cycle. *Oecologia* 166: 593–605.

Sherry, T.W. 1990. When are birds dietarily specialized? Distinguishing ecological from evolutionary approaches. *Studies in Avian Biology* 13: 337–352.

Sherry, T.W., M.D. Johnson & A.M. Strong. 2005. Does winter food limit populations of migratory birds? Pp. 414–425 in Greenberg, R. & P.P. Marra (eds.), *Birds of Two Worlds. The Ecology and Evolution of Migration*. The John Hopkins University Press, Baltimore.

Shettleworth, S.J., P.J. Reid & C.M.S. Plowright. 1993. The psychology of diet selection. Pp. 56–77 in Hughes, R.N. (ed.), *Diet Selection. An Interdisciplinary Approach to Foraging Behaviour*. Blackwell Scientific Publications, Oxford.

Shipley, L.A. 2007. The influence of bite size on foraging at larger spatial and temporal scales by mammalian herbivores. *Oikos* 116: 1964–1974.

Shipley, L.A., D.E. Spalinger, J.E. Gross, N. Thompson Hobbs & B.A. Wunder. 1996. The dynamics and scaling of foraging velocity and encounter rate in mammalian herbivores. *Functional Ecology* 10: 234–244.

Shipley, L.A., A.W. Illius, K. Danell, N.T. Hobbs & D.E. Spalinger. 1999. Predicting bite size selection of mammalian herbivores: a test of a general model of diet optimization. *Oikos* 84: 55–68.

Short, L. & J. Horne. 2001. *Toucans, Barbets and Honeyguides*. Oxford University Press, Oxford.

Shortall, C.R., A. Moore, E. Smith, M.J. Hall, I.P. Woiwod & R. Harrington. 2009. Long-term changes in the abundance of flying insects. *Insect Conservation and Diversity* 2: 251–260.

Shrestha, R. & P. Wegge. 2008. Wild sheep and livestock in Nepal Trans-Himalaya: coexistence or competition? *Environmental Conservation* 35: 125–136.

Shrubb, M. 2003. *Birds, Scythes and Combines. A History of Birds and Agricultural Change*. Cambridge University Press, Cambridge.

Shuster, S.M. 2010. Alternative mating strategies. Pp. 434–450 in Westneat, D.F. & C.W. Fox (eds.), *Evolutionary Behavioral Ecology*. Oxford University Press, New York.

Sibly, R.M. 2012. Life History. Pp. 57–66 in Sibly, R.M., J.H. Brown & A. Kodric-Brown (eds.), *Metabolic Ecology. A Scaling Approach*. Wiley-Blackwell, Chichester.

Sibly, R.M. & J.H. Brown. 2007. Effects of body size and lifestyle on evolution of mammal life histories. *Proceedings of the National Academy of Sciences of the USA* 104: 17707–17712.

Sibly, R.M. & J. Hone. 2003. Population growth rate and its determinants: an overview. Pp. 11–40 in Sibly, R.M., J. Hone & T.H. Clutton-Brock (eds.), *Wildlife Population Growth Rates*. Cambridge University Press, Cambridge.

Sibly, R.M., J.H. Brown & A. Kodric-Brown. (eds.). 2012a. *Metabolic Ecology. A Scaling Approach*. Wiley-Blackwell, Chichester.

Sibly, R.M., C.C. Witt, N.A. Wright, C. Venditti, W. Jetz & J.H. Brown. 2012b. Energetics, lifestyle, and reproduction in birds. *Proceedings of the National Academy of Sciences* 109: 10937–10941.

Sidorovich, V. & D.W. Macdonald. 2001. Density dynamics and changes in habitat use by the European mink and other native mustelids in connection with the American mink expansion in Belarus. *Netherlands Journal of Zoology* 61: 107–126.

Sidorovich, V., H. Kruuk & D.W. Macdonald. 1999. Body size, and interactions between European and American mink (*Mustela lutreola* and *M. vison*) in Eastern Europe. *Journal of Zoology, London* 248: 521–527.

Sih, A. 1993. Effects of ecological interactions on forager diets: competition, predation risk, parasitism and prey behavior. Pp. 182–211 in Hughes, R.N. (ed.), *Diet Selection. An Interdisciplinary Approach to Foraging Behaviour*. Blackwell Scientific Publications, Oxford.

Sih, A. & B. Christensen. 2001. Optimal diet theory: when does it work, and when and why does it fail? *Animal Behaviour* 61: 379–390.

Silk, J.B. & G.R. Brown. 2008. Local resource competition and local resource enhancement shape primate birth sex ratios. *Proceedings of the Royal Society B* 275: 1761–1765.

Sillett, T.S. & R.T. Holmes. 2002. Variation in survivorship of a migratory songbird throughout its annual cycle. *Journal of Animal Ecology* 71: 296–308.

Silva, J.P., B. Estanque, F. Moreira & J.M. Palmeirim. 2014. Population density and use of grasslands by female little bustards during lek attendance, nesting and brood-rearing. *Journal of Ornithology* 155: 53–63.

Simard, M.A., S.D. Côté, R.B. Weladji & J. Huot. 2008. Feedback effects of chronic browsing on life-history traits of a large herbivore. *Journal of Animal Ecology* 77: 678–686.

Simberloff, D. 2009. The role of propagule pressure in biological invasions. *Annual Review of Ecology, Evolution, and Systematics* 40: 81–102.

Sims, V., K.L. Evans, S.E. Newson, J.A. Tratalos & K.J. Gaston. 2008. Avian assemblage structure and domestic cat densities in urban environments. *Diversity and Distributions* 14: 387–399.

Sinclair, A.R.E. 1974. The natural regulation of buffalo populations in East Africa. II. Reproduction, recruitment and growth. *East African Wildlife Journal* 12: 169–183.

Sinclair, A.R.E., S. Mduma & J.S. Brashares. 2003. Patterns of predation in a diverse predator-prey system. *Nature* 425: 288–290.

Singh, N.J., I.A. Grachev, A.B. Bekenov & E.J. Milner-Gulland. 2010. Tracking greenery across a latitudinal gradient in central Asia – the migration of the saiga antelope. *Diversity and Distributions* 16: 663–675.

Singh, N.J., L. Börger, H. Dettki, N. Bunnefeld & G. Ericsson. 2012. From migration to nomadism: movement variability in a northern ungulate across its latitudinal range. *Ecological Applications* 22: 2007–2020.

Sirami, C., L. Brotons, I. Burfield, J. Fonderflick & J.-L. Martin. 2008. Is land abandonment having an impact n biodiversity? A meta-analytical approach to bird distribution changes in the north-western Mediterranean. *Biological Conservation* 141: 450–459.

Sjöberg, S. & R. Muheim. 2016. A new view on an old debate: type of cue-conflict manipulation and availability of stars can explain the discrepancies between cue-calibration experiments with migratory songbirds. *Frontiers in Behavioral Neuroscience* 10: 29.

Skagen, S.K. & A.A. Yackel Adams. 2011. Potential misuse of avian density as a conservation metric. *Conservation Biology* 25: 48–55.

Skórka, P., R. Martyka, J.D. Wójcik & M. Lenda. 2014. An invasive gull displaces native waterbirds to breeding habitats more exposed to native predators. *Population Ecology* 56: 359–374.

Smiseth, P.T., M. Kölliker & N.J. Royle. 2012. What is parental care? Pp. 1–17 in Royle, N.J., P.T. Smiseth & M. Kölliker (eds.), *The Evolution of Parental Care*. Oxford University Press, Oxford.

Smith, K.F., D.F. Sax & K.D. Lafferty. 2006. Evidence for the role of infectious disease in species extinction and endangerment. *Conservation Biology* 20: 1349–1357.

Smith, R.K., A.S. Pullin, G.B. Stewart & W.J. Sutherland. 2010. Effectiveness of predator removal for enhancing bird populations. *Conservation Biology* 24: 820–829.

Smith, R.K., A.S. Pullin, G.B. Stewart & W.J. Sutherland. 2011. Is nest predator exclusion an effective strategy for enhancing bird populations? *Biological Conservation* 144: 1–10.

Snow, D.W. 1976. *The Web of Adaptation. Bird Studies in the American Tropics*. Cornell University Press, Ithaca.

Sol, D., T. Blackburn, P. Cassey, R. Duncan & J. Clavell. 2005. The ecology and impact of non-indigenous birds. Pp. 13–35 in del Hoyo, J., A. Elliott & D. Christie (eds.), *Handbook of the Birds of the World*, vol. 10. Lynx Edicions, Barcelona.

Solberg, E.J., A. Loison, T.H. Ringsby, B.-E. Saether & M. Heim. 2002. Biased adult sex ratio can affect fecundity in primiparous moose. *Wildlife Biology* 8: 117–128.

Somveille, M., A.S.L. Rodrigues & A. Manica. 2015. Why do birds migrate? A macroecological perspective. *Global Ecology and Biogeography* 24: 664–674.

Sonne, C., A.K.O. Alstrup & O.R. Therkildsen. 2012. A review of the factors causing paralysis in wild birds: Implications for the paralytic syndrome observed in the Baltic Sea. *Science of the Total Environment* 416: 32–39.

Sorci, G. 2013. Immunity, resistance and tolerance in bird-parasite interactions. *Parasite Immunology* 35: 350–361.

Souchay, G., G. Gauthier & R. Pradel. 2013. Temporal variation of juvenile survival in a long-lived species: the role of parasites and body condition. *Oecologia* 173: 151–160.

Soulé, M.E. (ed.). 1986. *Conservation Biology. The Science of Scarcity and Diversity.* Sinauer Associates, Sunderland.

Soulsbury, C.D., P.J. Baker, G. Iossa & S. Harris. 2010. Red foxes (*Vulpes vulpes*). Pp. 63–75 in Gehrt, S.D., S.P.D. Riley & B.L. Cypher (eds.), *Urban Carnivores. Ecology, Conflict, and Conservation*. The John Hopkins University Press, Baltimore.

Spalinger, D.E. & N.T. Hobbs. 1992. Mechanisms of foraging in mammalian herbivores: new models of functional response. *The American Naturalist* 140: 325–348.

Sparks, T.H., H.Q.P. Crick, P.O. Dunn & L.V. Sokolov. 2013. Birds. Pp. 451–466 in Schwartz, M.D. (ed.), *Phenology: An Integrative Environmental Science*. Springer, Dordrecht.

Speakman, J.R. 2008. The physiological costs of reproduction in small mammals. *Philosophical Transactions of the Royal Society B* 363: 375–398.

Spottiswoode, C.N. & J. Koerevaar. 2012. A stab in the dark: chick killing by brood parasitic honeyguides. *Biology Letters* 8: 241–244.

Spottiswoode, C.N., K. Faust Stryjewski, S. Quader, J.F.R. Colebrook-Robjent & M.D. Sorenson. 2011. Ancient host specificity within a single species of brood parasitic bird. *Proceedings of the National Academy of Sciences of the United States of America* 108: 17738–17742.

Spottiswoode, C.N., R.M. Kilner & N.B. Davies. 2012. Brood parasitism. Pp. 226–243 in Royle, N.J., P.T. Smiseth & M. Kölliker (eds.), *The Evolution of Parental Care*. Oxford University Press, Oxford.

Sridhar, H. & K. Shanker. 2014. Using intra-flock association patterns to understand why birds participate in mixed-species foraging flocks in terrestrial habitats. *Behavioral Ecology and Sociobiology* 68: 185–196.

Sridhar, H., G. Beauchamp & K. Shanker. 2009. Why do birds participate in mixed-species foraging flocks? A large-scale synthesis. *Animal Behaviour* 78: 337–347.

Sridhar, H. et al. (25 weitere Autoren). 2012. Positive relationships between association strength and phenotypic similarity characterize the assembly of mixed-species bird flocks worldwide. *The American Naturalist* 180: 777–790.

Srinivasan, U., R.H. Raza & S. Quader. 2012. Patterns of species participation across multiple mixed-species flock types in a tropical forest in northeastern India. *Journal of Natural History* 46: 2749–2762.

St Clair, C.C. 2003. Comparative permeability of roads, rivers, and meadows to songbirds in Banff National Park. *Conservation Biology* 17: 1151–1160.

Stahl, J., A.J. van der Graaf, R.H. Drent & J.P. Bakker. 2006. Subtle interplay of competition and facilitation among small herbivores in coastal grasslands. *Functional Ecology* 20: 908–915.

Stähli, A., P.J. Edwards, H. Olde Venterink & W. Suter. 2015. Convergent grazing responses of different-sized ungulates to low forage quality in a wet savanna. *Austral Ecology* 40: 745–757.

Staley, M. & C. Bonneaud. 2015. Immune responses of wild birds to emerging infectious diseases. *Parasite Immunology* 37: 242–254.

Stamps, J. 2009. Habitat Selection. Pp. 38–44 in Levin, S.A. (ed.), *The Princeton Guide to Ecology*. Princeton University Press, Princeton.

Stanton, J.C. 2014. Present-day risk assessment would have predicted the extinction of the passenger pigeon *(Ectopistes migratorius). Biological Conservation* 180: 11–20.

Starck, J.M. 1999. Phenotypic flexibility of the avian gizzard: rapid, reversible and repeated changes of organ size in response to changes in dietary fibre content. *The Journal of Experimental Biology* 202: 3171–3179.

Starck, J.M. & E. Sutter. 2000. Patterns of growth and heterochrony in moundbuilders (Megapodiidae) and fowl (Phasianidae). *Journal of Avian Biology* 31: 527–547.

Stattersfield, A.J., M.J. Crosby, A.J. Long & D.C. Wege. 1998. *Endemic Bird Areas of the World. Priorities for Biodiversity Conservation*. Birdlife International, Cambridge.

Steadman, D.W. 2005. The paleoecology and fossil history of migratory landbirds. Pp. 5–17 in Greenberg, R. & P.P. Marra (eds.), *Birds of Two Worlds. The Ecology and Evolution of Migration*. The John Hopkins University Press, Baltimore.

Stearns, S. C. 1992. *The Evolution of Life Histories*. Oxford University Press, Oxford.

Stearns, S.C. & R.F. Hoekstra. 2005. *Evolution: an Introduction*. 2nd ed. Oxford University Press, Oxford.

Steele, J.H. 1995. Can ecological concepts span the land and ocean domain? Pp. 5–19 in Powell, T.M. & J.H. Steele (eds.), *Ecological Time Series*. Chapman & Hall, New York.

Steele, M.A., S. Manierre, T. Genna, T.A. Contreras, P.D. Smallwood & M.E. Pereira. 2006. The innate basis of food-hoarding decisions in grey squirrels: evidence for behavioural adaptations to the oaks. *Animal Behaviour* 71: 155–160.

Steifetten, Ø. & S. Dale. 2012. Dispersal of male ortolan buntings away from areas with low female density and a severely male-biased sex ratio. *Oecologia* 168: 53–60.

Stein, R.W. & T.D. Williams. 2013. Extreme intraclutch egg-size dimorphism in *Eudyptes* penguins, an evolutionary response to clutch-size maladaptation. *The American Naturalist* 182: 260–270.

Steiof, K., J. Mooij & P. Petermann. 2015. The «wild bird hypothesis» in the epidemiology of highly pathogenic avian influenza – recent situation and critical assessment of the position of the German Federal Research Institute for Animal Health (FLI) (state of June 2015). *Vogelwelt* 135: 131–145.

Stenseth, N.C., W. Falck, O.N. Bjørnstad & C.J. Krebs. 1997. Population regulation in snowshoe hare and Canadian lynx: asymmetric food web configurations between hare and lynx. *Proceedings of the National Academy of Sciences* 94: 5147–5152.

Stenseth, N.C., H. Viljugrein, T. Saitoh, T.F. Hansen, M.O. Kittilsen, E. Bølviken & F. Glöckner. 2003. Seasonality, density dependence, and population cycles in Hokkaido voles. *Proceedings of the National Academy of Sciences of the USA* 100: 11478–11483.

Stensland, E., A. Angerbjörn & P. Berggren. 2003. Mixed species groups in mammals. *Mammal Reviews* 33: 205–223.

Stephens, D.W. & J.R. Krebs. 1986. *Foraging Theory*. Princeton University Press, Princeton.

Stephens, P.A. & W.J. Sutherland. 1999. Consequences of the Allee effect for behaviour, ecology and conservation. *Trends in Ecology and Evolution* 14: 401–405.

Stephens, P.A., I.L. Boyd, J.M. McNamara & A.I. Houston. 2009. Capital breeding and income breeding: their meaning, measurement, and worth. *Ecology* 90: 2057–2067.

Stephens, S.E., D.N. Koons, J.J. Rotella & D.W. Willey. 2003. Effects of habitat

fragmentation on avian nesting success: a review of the evidence at multiple spatial scales. *Biological Conservation* 115: 101–110.
Sternalski, A., F. Mougeot & V. Bretagnolle. 2012. Adaptive significance of permanent female mimicry in a bird of prey. *Biology Letters* 8: 167–170.
Steuer, P., K.-H. Südekum, T. Tütken, D.W.H. Müller, J. Kaandorp, M. Bucher, M. Clauss & J. Hummel. 2014. Does body mass convey a digestive advantage for large herbivores? *Functional Ecology* 28: 1127–1134.
Steuer, P., J. Hummel, C. Gross-Brinkhaus & K.-H. Südekum. 2015. Food intake rates of herbivorous mammals and birds and the influence of body mass. *European Journal of Wildlife Research* 61: 91–102.
Stevens, C.E. & I.D. Hume. 1995. *Comparative Physiology of the Vertebrate Digestive System*. 2nd ed. Cambridge University Press, Cambridge.
Stevens, G.C. 1989. The latitudinal gradient in geographical range: how so many species coexist in the tropics. *The American Naturalist* 133: 240–256.
Stevens, M. 2013. *Sensory Ecology, Behaviour, and Evolution*. Oxford University Press, Oxford.
Stevens, M.C., U. Ottoson, R. McGregor, M. Brandt & W. Cresswell. 2013. Survival rates in West African savanna birds. *Ostrich* 84: 11–25.
Stevick, P.T., M.C. Neves, F. Johansen, M.H. Engel, J. Allen, M.C.C. Marcondes & C. Carlson. 2011. A quarter of a world away: female humpback whale moves 10 000 km between breeding areas. *Biology Letters* 7: 299–302.
Stewart, B.S. & R.L. DeLong. 1995. Double migration of the northern elephant seal, *Mirounga angustirostris*. *Journal of Mammalogy* 76: 196–205.
Stewart, K.M., R.T. Bowyer, J.G. Kie, N.J. Cimon & B.K. Johnson. 2002. Temporospatial distribution of elk, mule deer, and cattle: resource partitioning and competitive displacement. *Journal of Mammalogy* 83: 229–244.
Stewart, K.M., R.T. Bowyer, B.L. Dick & J.G. Kie. 2011. Effects of density dependence on diet composition of North American elk *Cervus elaphus* and mule deer *Odocoileus hemionus*: an experimental manipulation. *Wildlife Biology* 17: 417–430.
Steyaert, S.M.J.G., A. Endrestøl, K. Hackländer, J.E. Swenson & A. Zedrosser. 2012. The mating system of the brown bear *Ursus arctos*. *Mammal Review* 42: 12–34.

Stirnemann, R.L., M.A. Potter, D. Butler & E.O. Minot. 2015. Compounding effects of habitat fragmentation and predation on bird nests. *Austral Ecology* 40: 974–981.
Stockley, P. & J. Bro-Jørgensen. 2011. Female competition and its evolutionary consequences in mammals. *Biological Reviews* 86: 341–366.
Storch, I. 1997. The importance of scale in habitat conservation for an endangered species: the capercaillie in Central Europe. Pp. 310–330 in Bissonette, J.A. (ed.), *Wildlife and Landscape Ecology. Effects of Pattern and Scale*. Springer-Verlag, New York.
Stork, N.E. 2010. Re-assessing current extinction rates. *Biodiversity and Conservation* 19: 357–371.
Strong, D.R. & K.T. Frank. 2010. Human involvement in food webs. *Annual Review of Environment and Resources* 35: 1–23.
Strubbe, D. & E. Matthysen. 2009. Experimental evidence for nest-site competition between invasive ring-necked parakeets *(Psittacula krameri)* and native nuthatches *(Sitta europaea)*. *Biological Conservation* 142: 1588–1594.
Stuart, Y.E. & J.B. Losos. 2013. Ecological character displacement: glass half full or half empty? *Trends in Ecology and Evolution* 28: 402–408.
Stutchbury, B.J.M. & E.S. Morton. 2001. *Behavioral Ecology of Tropical Birds*. Academic Press, San Diego.
Styrsky, J.D., P. Berthold & W.D. Robinson. 2004. Endogenous control of migration and calendar effects in an intratropical migrant, the yellow-green vireo. *Animal Behaviour* 67: 1141–1149.
Sullivan, B.L. et al. (31 weitere Autoren). 2014. The eBird enterprise: An integrated approach to development and application of citizen science. *Biological Conservation* 169: 31–40.
Sullivan, M.J.P., S.E. Newson & J.W. Pearce-Higgins. 2015. Evidence for the buffer effect operating in multiple species at a national scale. *Biology Letters* 11: 20140930.
Summers, R.W., S. Pálsson, C. Corse, B. Etheridge, S. Foster & B. Swann. 2013. Sex ratios of waders at the northern end of the East Atlantic flyway in winter. *Bird Study* 60: 437–445.
Sunde, P., H.M. Forsom, M.N.S. Al-Sabi & K. Overskaug. 2012. Selective predation of tawny owls *(Strix aluco)* on yellow-necked mice *(Apodemus flavicollis)* and bank voles *(Myodes glareolus)*. *Annales Zoologici Fennici* 49: 321–330.

Sundell, J., R.B. O'Hara, P. Helle, P. Hellstedt, H. Henttonen & H. Pietiäinen. 2013. Numerical response of small mustelids to vole abundance: delayed or not? *Oikos* 112: 1112–1120.
Suryawanshi, K.R., Y.V. Bhatnagar & C. Mishra. 2010. Why should a grazer browse? Livestock impact on winter resource use by bharal *Pseudois nayaur*. *Oecologia* 162: 453–462.
Suter, W. 1995. Are cormorants *Phalacrocorax carbo* wintering in Switzerland approaching carrying capacity? An analysis of increase patterns and habitat choice. *Ardea* 83: 255–266.
Suter, W. 1997. Roach rules: shoaling fish are a constant factor in the diet of cormorants *Phalacrocorax carbo* in Switzerland. *Ardea* 85: 9–27.
Suter, W. & M.R. van Eerden. 1992. Simultaneous mass starvation of wintering diving ducks in Switzerland and The Netherlands – a wrong decision in the right strategy? *Ardea* 80: 229–242.
Suter, W., K. Bollmann & R. Holderegger. 2007. Landscape permeability: from individual dispersal to population persistence. Pp. 157–174 in Kienast, F., O. Wildi & S. Ghosh (eds.), *A Changing World. Challenges for Landscape Research*. Springer, Dordrecht.
Sutherland, G.D., A.S. Harestad, K. Price & K.P. Lertzman. 2000. Scaling of natal dispersal distances in terrestrial birds and mammals. *Conservation Ecology* 4:16.
Sutherland, W.J. 1996. *From Individual Behaviour to Population Ecology*. Oxford University Press, Oxford.
Swaddle, J.P. 2003. Fluctuating asymmetry, animal behavior, and evolution. *Advances in the Study of Behavior* 32: 169–205.
Swinton, J., J. Harwood, B.T. Grenfell & C.A. Gilligan. 1998. Persistence thresholds for phocine distemper virus infection in harbour seal *Phoca vitulina* metapopulations. *Journal of Animal Ecology* 67: 54–68.
Swinton, J. et al. (12 weitere Autoren). 2002. Microparasite transmission and persistence. Pp. 83–101 in Hudson, P.J., A. Rizzoli, B.T. Grenfell, H. Heesterbeek & A.P. Dobson (eds.), *The Ecology of Wildlife Diseases*. Oxford University Press, Oxford.
Symonds, M.R.E. & C.N. Johnson. 2006. Range size–abundance relationships in Australian passerines. *Global Ecology and Biogeography* 15: 143–152.
Szabo, J.K., N. Khwaja, S.T. Garnett & S.H.M. Butchart. 2012. Global patterns and drivers of avian extinctions at the species and subspecies level. *PLoS ONE* 7(10): e47080.

Taborsky, M., R.F. Oliveira & H.J. Brockmann. 2008. The evolution of alternative reproduction tactics: concepts and questions. Pp. 1–21 in Oliveira, R.F., M. Taborsky & H.J. Brockmann (eds.), *Alternative Reproductive Tactics*. Cambridge University Press, Cambridge.

Taggart, D.A. & P.D. Temple-Smith. 2008. Northern Hairy-nosed Wombat *Lasiorhinus krefftii*. Pp. 202–204 in Van Dyck, S. & R. Strahan (eds.), *The Mammals of Australia*. 3rd ed. New Holland Publishers, Sydney.

Takei, Y., R.C. Bartolo, H. Fujihara, Y. Ueta & J.A. Donald. 2012. Water deprivation induces appetite and alters metabolic strategy in *Notomys alexis*: unique mechanisms for water production in the desert. *Proceedings of the Royal Society B* 279: 2599–2608.

Takekawa, J.Y. et al. (11 weitere Autoren). 2013. Movements of wild ruddy shelducks in the Central Asian flyway and their spatial relationship to outbreaks of highly pathogenic avian influenza H5N1. *Viruses* 5: 2129–2152.

Tanaka, H. 2006. Winter hibernation and body temperature fluctuation in the Japanese badger, *Meles meles anakuma*. *Zoological Science* 23: 991–997.

Tannerfeldt, M., B. Elmhagen & A. Angerbjörn. 2002. Exclusion by interference competition? The relationship between red and arctic foxes. *Oecologia* 132: 213–220.

Tapper, S.C., G.R. Potts & M.H. Brockless. 1996. The effect of an experimental reduction in predation pressure on the breeding success and population density of grey partridges *Perdix perdix*. *Journal of Applied Ecology* 33: 965–978.

Tarwater, C.E., R.E. Ricklefs, J.D. Maddox & J.D. Brawn. 2011. Pre-reproductive survival in a tropical bird and its implications for avian life histories. *Ecology* 92: 1271–1281.

Taylor, S.S. & M.L. Leonard. 2001. Aggressive nest intrusions by male Humboldt penguins. *The Condor* 103: 162–165.

te Marvelde, L., P.L. Meininger, R. Flamant & N.J. Dingemanse. 2009. Age-specific density-dependent survival in Mediterranean Gulls *Larus melanocephalus*. *Ardea* 97: 305–312.

Tear, T.H., J.C. Mosley & E.D. Ables. 1997. Landscape-scale foraging decisions by reintroduced Arabian oryx. *Journal of Wildlife Management* 61: 1142–1154.

Tedesco, P.A., R. Bigorne, A.E. Bogan, X. Giam, C. Jézéquel & B. Hugueny. 2014. Estimating how many undescribed species have gone extinct. *Conservation Biology* 28: 1360–1370.

Teitelbaum, C.S., W.F. Fagan, C.H. Fleming, G. Dressler, J.M. Calabrese, P. Leimgruber & T. Mueller. 2015. How far to go? Determinants of migration distance in land mammals. *Ecology Letters* 18: 545–552.

Temple, S.A. 1987. Do predators always capture substandard individuals disproportionately from prey populations? *Ecology* 68: 669–674.

Temrin, H. & B.S. Tullberg. 1995. A phylogenetic analysis of the evolution of avian mating systems in relation to altricial and precocial young. *Behavioral Ecology* 6: 296–307.

Terraube, J., B. Arroyo, M. Madders & F. Mougeot. 2011. Diet specialisation and foraging efficiency under fluctuating vole abundance: a comparison between generalist and specialist avian predators. *Oikos* 120: 234–244.

Testa, J.W. 2004. Population dynamics and life history trade-offs of moose *(Alces alces)* in south-central Alaska. *Ecology* 85: 1439–1452.

Thaker, M., A.T. Vanak, C.R. Owen, M.B. Ogden, S.M. Niemann & R. Slotow. 2011. Minimizing predation risk in a landscape of multiple predators: effects on the spatial distribution of African ungulates. *Ecology* 92: 398–407.

Therrien, J.-F., G. Gauthier, E. Korpimäki & J. Bêty. 2014. Predation pressure by avian predators suggests summer limitation of small-mammal populations in the Canadian Arctic. *Ecology* 95: 56–67.

Thiebault, A., M. Semeria, C. Lett & Y. Tremblay. 2016. How to capture fish in a school? Effect of successive predator attacks on seabird feeding success. *Journal of Animal Ecology* 85: 157–167.

Thiollay, J.-M. 1999. Frequency of mixed species flocking in tropical forest birds and correlates of predation risk: an intertropical comparison. *Journal of Avian Biology* 30: 282–294.

Thomas, C. D. & W. E. Kunin. 1999. The spatial structure of populations. *Journal of Animal Ecology* 68: 647–657.

Thomas, R.L., M.D.E. Fellowes & P.J. Baker. 2012. Spatio-temporal variation in predation by urban domestic cats *(Felis catus)* and the acceptability of possible management actions in the UK. *PLoS ONE* 7(11): e49369.

Thompson, M.E. & A.V. Georgiev. 2014. The high price of success: costs of mating effort in male primates. *International Journal of Primatology* 35: 609–627.

Thompson, R.C.A., A.J. Lymbery & A. Smith. 2010. Parasites, emerging disease and wildlife conservation. *International Journal for Parasitology* 40: 1163–1170.

Thomsen, R., J. Soltis, M. Matsubara, K. Matsubayashi, M. Onuma & O. Takenaka. 2006. How costly are ejaculates for Japanese macaques? *Primates* 47: 272–274.

Thorogood, R. & N.B. Davies. 2013. Reed warbler hosts fine-tune their defences to track three decades of cuckoo decline. *Evolution* 67: 3545–3555.

Thorup, K. & R.A. Holland. 2009. The bird GPS – long-range navigation in migrants. *The Journal of Experimental Biology* 212: 3597–3604.

Thorup, K., I.-A. Bisson, M.S. Bowlin, R.A. Holland, J.C. Wingfield, M. Ramenowsky & M. Wikelski. 2007. Evidence for a navigational map stretching across the continental U.S. in a migratory songbird. *Proceedings of the National Academy of Sciences of the USA* 104: 18115–18119.

Thorup, K., T.E. Ortvad, J. Rabøl, R.A. Holland, A.P. Tøttrup & M. Wikelski. 2011. Juvenile songbirds compensate for displacement to oceanic islands during autumn migration. *PLoS ONE* 6(3): e17903.

Thums, M., C.J.A. Bradshaw & M.A. Hindell. 2011. In situ measures of foraging success and prey encounter reveal marine habitat-dependent search strategies. *Ecology* 92: 1258–1270.

Tian, H. et al. (14 weitere Autoren). 2015. Avian influenza H5N1 viral and bird migration networks in Asia. *Proceedings of the National Academy of Sciences of the USA* 112: 172–177.

Tilman, D., K.G. Cassman, P.A. Matson, R. Naylor & S. Polasky. 2002. Agricultural sustainability and intensive production practices. *Nature* 418: 671–677.

Tingley, M.W., M.S. Koo, C. Moritz, A.C. Rush & S.R. Beissinger. 2012. The push and pull of climate change causes heterogeneous shifts in avian elevational ranges. *Global Change Biology* 18: 3279–3290.

Tinker, M.T., P.R. Guimarães, M. Novak, F.M.D. Marquitti, J.L. Bodkin, M. Staedler, G. Bentall & J.A. Estes. 2012. Structure and mechanism of diet specialization: testing models of individual variation in resource use with sea otters. *Ecology Letters* 15: 475–483.

Tobias, J.A., R. Montgomerie & B.E. Lyon. 2012. The evolution of female ornaments and weaponry: social selection, sexual selection and ecological competition. *Philosophical Transactions of the Royal Society B* 367: 2274–2293.

Tobias, J.A., N. Seddon, C.N. Spottiswoode, J.D. Pilgrim, L.D.C. Fishpool & N.J.

Collar. 2010. Quantitative criteria for species delimitation. *Ibis* 152: 724–746.

Toepfer, S. & Stubbe, M. 2001. Territory density of the Skylark *(Alauda arvensis)* in relation to field vegetation in central Germany. *Journal für Ornithologie* 142: 184–194.

Toïgo, C., J.-M. Gaillard, M. Festa-Bianchet, E. Largo, J. Michallet & D. Maillard. 2007. Sex- and age-specific survival of the highly dimorphic Alpine ibex: evidence for a conservative life-history tactic. *Journal of Animal Ecology* 76: 679–686.

Tompkins, D.M. & M. Begon. 1999. Parasites can regulate wildlife populations. *Parasitology Today* 15: 311–313.

Tompkins, D.M. & R. Jakob-Hoff. 2011. Native bird declines: Don't ignore disease. *Biological Conservation* 144: 668–669.

Tompkins, D.M. et al. (13 weitere Autoren). 2002. Parasites and host population dynamics. Pp. 45–62 in Hudson, P.J., A. Rizzoli, B.T. Grenfell, H. Heesterbeek & A.P. Dobson (eds.), *The Ecology of Wildlife Diseases*. Oxford University Press, Oxford.

Tompkins, D.M., A.M. Dunn, M.J. Smith & S. Telfer. 2011. Wildlife diseases: from individuals to ecosystems. *Journal of Animal Ecology* 80: 19–38.

Tompkins, D.M., S. Carver, M.E. Jones, M. Krkošek & L.F. Skerratt. 2015. Emerging infectious diseases of wildlife: a critical perspective. *Trends in Parasitology* 31: 149–159.

Topp-Jørgensen, E., M.R. Nielsen, A.R. Marshall & U. Pedersen. 2009. Relative densities of mammals in response to different levels of bushmeat hunting in the Udzungwa Mountains, Tanzania. *Tropical Conservation Science* 2: 70–87.

Torregrossa, A.-M. & M.D. Dearing. 2009. Nutritional toxicology of mammals: regulated intake of plant secondary compounds. *Functional Ecology* 23: 48–56.

Tosh, C., S. Nagarajan, H.V. Murugkar, S. Bhatia & D.D. Kulkarni. 2014. Evolution and spread of avian influenza H5N1 viruses. *Advances in Animal and Veterinary Sciences* 2 (4S): 33–41.

Toth, C.A. & S. Parsons. 2013. Is lek breeding rare in bats? *Journal of Zoology* 291: 3–11.

Tøttrup, A.P., R.H.G. Klaassen, R. Strandberg, K. Thorup, M.W. Kristensen, P.S. Jørgensen, J. Fox, V. Afanasyev, C. Rahbek & T. Alerstam. 2012. The annual cycle of a trans-equatorial Eurasian-African passerine migrant: different spatio-temporal strategies for autumn and spring migration. *Proceedings of the Royal Society B* 279: 1008–1016.

Townsend, H.M. & D.J. Anderson. 2007. Production of insurance eggs in Nazca boobies: costs, benefits, and variable parental quality. *Behavioral Ecology* 18: 841–848.

Treiber, C.D. et al. (11 weitere Autoren). 2012. Clusters of iron-rich cells in the upper beak of pigeons are macrophages not macrosensitive neurons. *Nature* 484: 367–371.

Trillmich, F. 2010. Parental care: adjustments to conflict and cooperation. Pp. 267–298 in Kappeler, P. (ed.), *Animal Behaviour: Evolution and Mechanisms*. Springer, Heidelberg.

Trillmich, F. & J.B.W. Wolf. 2008. Parent-offspring and sibling conflicts in Galápagos fur seals and sea lions. *Behavioral Ecology and Sociobiology* 62: 363–375.

Trivers, R.L. 1972. Parental investment and sexual selection. Pp. 139–179 in Campbell, B. (ed.), *Sexual Selection and the Descent of Man 1871–1971*. Aldine, Chicago.

Trivers, R.L. & D. E. Willard. 1973. Natural selection of parental ability to vary the sex ratio of offspring. *Science* 179: 90–92.

Trout, R.C., J. Ross, A.M. Tittensor & A.P. Fox. 1992. The effect on a British wild rabbit population *(Oryctolagus cuniculus)* of manipulating myxomatosis. *Journal of Applied Ecology* 29: 679–686.

Tryjanowski, P. & M. Hromada. 2005. Do males of the great grey shrike, *Lanius excubitor*, trade food for extrapair copulations? *Animal Behaviour* 69: 529–533.

Tscharntke, T., Y. Clough, T.C. Wanger, L. Jackson, I. Motzke, I. Perfecto, J. Vandermeer & A. Whitbread. 2012. Global food security, biodiversity conservation and the future of agricultural intensification. *Biological Conservation* 151: 53–59.

Tsoar, A., R. Nathan, Y. Bartan, A. Vyssotski, G. Dell'Omo & N. Ulanovsky. 2011. Large-scale navigational map in a mammal. *Proceedings of the National Academy of Sciences of the USA* 108: E718–E724.

Tucker, M.A., T.J. Ord & T.L. Rogers. 2014. Evolutionary predictors of mammalian home range size: body mass, diet and the environment. *Global Ecology and Biogeography* 23: 1105–1114.

Tucker, S., J.M. Hipfner & M. Trudel. 2016. Size- and condition-dependent predation: a seabird disproportionally targets substandard individual juvenile salmon. *Ecology* 97: 461–471.

Turbill, C., C. Bieber & T. Ruf. 2011. Hibernation is associated with increased survival and the evolution of slow life histories among mammals. *Proceedings of the Royal Society B* 278: 3355–3363.

Turchin, P. & I. Hanski. 1997. An empirically based model for latitudinal gradient in vole population dynamics. *The American Naturalist* 149: 842–874.

Turchin, P. & I. Hanski. 2001. Contrasting alternative hypotheses about rodent cycles by translating them into parameterized models. *Ecology Letters* 4: 267–276.

Turner, A.K., P.M. Beldomenico, K. Bown, S.J. Burthe, J.A. Jackson, X. Lambin & M. Begon. 2014. Host–parasite biology in the real world: the field voles of Kielder. *Parasitology* 141: 997–1017.

Turner, W.C., W.D. Versfeld, J.W. Kilian & W.M. Getz. 2012. Synergistic effects of seasonal rainfall, parasites and demography on fluctuations in springbok body condition. *Journal of Animal Ecology* 81: 58–69.

Turvey, S.T. & S.A. Fritz. 2011. The ghosts of mammals past: biological and geographical patterns of global mammalian extinction across the Holocene. *Philosophical Transactions of the Royal Society B* 366: 2565–2576.

Valdespino, C. 2007. Physiological constraints and latitudinal breeding season in the Canidae. *Physiological and Biochemical Zoology* 80: 580–591.

Valeix, M., S. Chamaillé-Jammes, A.J. Loveridge, Z. Davidson, J.E. Hunt, H. Madzikanda & D.W. Macdonald. 2011. Understanding patch departure rules for large carnivores: lion movements support a patch-disturbance hypothesis. *The American Naturalist* 178: 269–275.

Valera, F., H. Hoi & A. Krištín. 2003. Male shrikes punish unfaithful females. *Behavioral Ecology* 14: 403–408.

Valkama, J. et al. (10 weitere Autoren). 2005. Birds of prey as limiting factors of gamebird populations in Europe: a review. *Biological Reviews* 80: 171–203.

van Breukelen, F. & S.L. Martin. 2015. The hibernation continuum: physiological and molecular aspects of metabolic plasticity in mammals. *Physiology* 30: 273–281.

van den Berg, T. 2009. The role of the legal and illegal trade of live birds and avian products in the spread of avian influenza. *Revue Scientifique et Technique de l'Office International des Epizooties* 28 : 93–111.

van der Graaf, A.J., J. Stahl, A. Klimkowska, J.P. Bakker & R.H. Drent. 2006. Surfing on a green wave – how plant growth drives spring migration in the Barnacle Goose *Branta leucopsis*. *Ardea* 94: 567–577.

van der Merwe, M. & J.S. Brown. 2008. Mapping the landscape of fear of the Cape Ground Squirrel *(Xerus inauris)*. *Journal of Mammalogy* 89: 1162–1169.

van der Wal, R., N. Madan, S. van Lieshout, C. Dormann, R. Langvatn & S.D. Albon. 2000a. Trading forage quality for quantity? Plant phenology and patch choice by Svalbard reindeer. *Oecologia* 123: 108–115.

van der Wal, R., H. van Wijnen, S. van Wieren, O. Beucher & D. Bos. 2000b. On facilitation between herbivores: how brent geese profit from brown hares. *Ecology* 81: 969–980.

VanDerWal, J., H.T. Murphy, A.S. Kutt, G.C. Perkins, B.L. Bateman, J.J. Perry & A.E. Reside. 2013. Focus on poleward shifts in species' distribution underestimates the fingerprint of climate change. *Nature Climate Change* 3: 239–243.

Vander Wall, S.B. 1990. *Food Hoarding in Animals*. University of Chicago Press, Chicago.

Vander Wall, S.B. 2010. How plants manipulate the scatter-hoarding behaviour of seed-dispersing animals. *Philosophical Transactions of the Royal Society B* 365: 989–997.

van Dijk, J.G.B., R.A.M. Fouchier, M. Klaassen & K.D. Matson. 2014. Minor differences in body condition and immune status between avian influenza virus-infected and noninfected mallards: a sign of coevolution? *Ecology and Evolution* 5: 436–449.

van Dijk, J.G.B., E. Kleyheeg, M.B. Soons, B.A. Nolet, R.A.M. Fouchier & M. Klaassen. 2015. Weak negative associations between avian influenza virus infection and movement behaviour in a key host species, the mallard *Anas platyrhynchos*. *Oikos* 124: 1293–1303.

Van Dyke, F. 2008. *Conservation Biology. Foundations, Concepts, Applications*. 2nd ed. Springer, Dordrecht.

van Eerden, M.R. 1997. *Patchwork. Patch use, habitat exploitation and carrying capacity for water birds in Dutch freshwater wetlands*. Rijkswaterstaat, Lelystad.

van Eerden, M.R., R.H. Drent, J. Stahl & J.P. Bakker. 2005. Connecting seas: western Palaearctic continental flyway for waterbirds in the perspective of changing land use and climate. *Global Change Biology* 11: 894–908.

van Heezik, Y., A. Smith, A. Adams & J. Gordon. 2010. Do domestic cats impose an unsustainable harvest on urban bird populations? *Biological Conservation* 143: 121–130.

van Oort, H., B.N. McLellan & R. Serroya. 2011. Fragmentation, dispersal and metapopulation function in remnant populations of endangered mountain caribou. *Animal Conservation* 14: 215–224.

van Riper, C., S.G. van Riper, M.L. Goff & M. Laird. 1986. The epizootiology and ecological significance of malaria in Hawaiian land birds. *Ecological Monographs* 56: 327–344.

van Riper, C., S.G. van Riper & W.R. Hansen. 2002. Epizootiology and effect of avian pox on Hawaiian forest birds. *The Auk* 119: 929–942.

Van Soest, P.J. 1994. *Nutritional ecology of the ruminant*. 2nd ed. Cornell University Press, Cornell.

Varela, S.A.M., E. Danchin & R.H. Wagner. 2007. Does predation select for or against avian coloniality? A comparative analysis. *Journal of Evolutionary Biology* 20: 1490–1503.

Vaughan, T.A., J.M. Ryan & N.J. Czaplewski. 2011. *Mammalogy*. 5th ed. Jones and Bartlett Publishers, Sudbury.

Vaughan, T.A., J.M. Ryan & N.J. Czaplewski. *Mammalogy*. 2015. 6th ed. Jones and Bartlett Learning, Burlington.

Vázquez-Domínguez, E., G. Ceballos & J. Cruzado. 2004. Extirpation of an insular subspecies by a single introduced cat: the case of the endemic deer mouse *Peromyscus guardia* on Estanque Island, Mexico. *Oryx* 38: 347–350.

Verdolin, J.L. 2006. Meta-analysis of foraging and predation risk trade-offs in terrestrial systems. *Behavioral Ecology and Sociobiology* 60: 457–464.

Verdolin, J.L. 2009. Gunnison's prairie dog *(Cynomys gunnisoni)*: testing the resource dispersion hypothesis. *Behavioral Ecology and Sociobiology* 63: 789–799.

Verhagen, J.H., S. Herfst & R.A.M. Fouchier. 2015. How a virus travels the world. *Science* 347: 616–617.

Verhulst, S. & J.-Å. Nilsson. 2008. The timing of birds' breeding seasons: a review of experiments that manipulated timing of breeding. *Philosophical Transactions of the Royal Society B* 363: 399–410.

Verhulst, S., B. Riedstra & P. Wiersma. 2005. Brood size and immunity costs in zebra finches *Taeniopygia guttata*. *Journal of Avian Biology* 36: 22–30.

Vermeij, G.J. 2012. The limits of adaptation: humans and the predator–prey arms race. *Evolution* 66: 2007–2014.

Verweij, R.J.T., J. Verrelst, P.E. Loth, I.M.A. Heitkönig & A.M.H. Brunsting. 2006. Grazing lawns contribute to the subsistence of mesoherbivores on dystrophic savannas. *Oikos* 114: 108–116.

Vetter, D., G. Rücker & I. Storch. 2013. A meta-analysis of tropical forest edge effects on bird nest predation risk: edge effects in avian nest predation. *Biological Conservation* 159: 382–395.

Vézina, F., A. Dekinga & T. Piersma. 2010. Phenotypic compromise in the face of conflicting ecological demands: an example in red knots *Calidris canutus*. *Journal of Avian Biology* 41: 88–93.

Vickery, J. & R. Arlettaz. 2012. The importance of habitat heterogeneity at multiple scales for birds in European agricultural landscapes. Pp. 177–204 in Fuller, R.J. (ed.), *Birds and Habitat. Relationships in Changing Landscapes*. Cambridge University Press, Cambridge.

Vickery, J.A., S.R. Ewing, K.W. Smith, D.J. Pain, F. Bairlein, J. Škorpilová & R.D. Gregory. 2014. The decline of Afro-Palaearctic migrants and an assessment of potential causes. *Ibis* 156: 1–22.

Villard, M.-A. & J.P. Metzger. 2014. Beyond the fragmentation debate: a conceptual model to predict when habitat configuration really matters. *Journal of Applied Ecology* 51: 309–318.

Virkkala, R. & A. Lehikoinen. 2014. Patterns of climate-induced density shifts of species: poleward shifts faster in northern boreal birds than in southern birds. *Global Chance Biology* 20: 2995–3003.

Visser, M.E. & C.M. Lessells. 2001. The costs of egg production and incubation in great tits (*Parus major*). *Proceedings of the Royal Society London B* 268: 1271–1277.

Vitasek, J. 2004. A review of rabies elimination in Europe. *Veterinarni Medicina* 49: 171–185.

Voigt, C.C., K. Sörgel & D.K.N. Dechmann. 2010. Refueling while flying: foraging bats combust food rapidly and directly to power flight. *Ecology* 91: 2908–2917.

Vreugdenhil, S.J., L. Van Breukelen & S.E. Van Wieren. 2007. Existing theories do not explain sex ratio variation at birth in monomorphic roe deer *(Capreolus capreolus)*. *Integrative Zoology* 1: 10–18.

Vuarin, P., M. Dammhahn & P.-Y. Henry. 2013. Individual flexibility in energy saving: body size and condition constrain torpor use. *Functional Ecology* 27: 793–799.

Vucetich, J.A., R.O. Peterson & C.L. Schaefer. 2002. The effect of prey and predator densities on wolf predation. *Ecology* 83: 3003–3013.

Vucetich, J.A., R.O. Peterson & T.A. Waite. 2004. Raven scavenging favours group foraging in wolves. *Animal Behaviour* 67: 1117–1126.

Vucetich, J.A., M. Hebblewhite, D.W. Smith & R.O. Peterson. 2011. Predicting prey population dynamics from kill rate, predation rate and predator–prey ratios in three wolf-ungulate systems. *Journal of Animal Ecology* 80: 1236–1245.

Vulink, J.T., M.R. van Eerden & R.H. Drent. 2010. Abundance of migratory and wintering geese in relation to vegetation succession in man-made wetlands: the effects of grazing regimes. *Ardea* 98: 319–327.

Waite, T.A. & D. Strickland. 2006. Climate change and the demographic demise of a hoarding bird living on the edge. *Proceedings of the Royal Society B* 273: 2809–2813.

Waite, T.A. & K.L. Field. 2007. Foraging with others: games social foragers play. Pp. 331–362 in Stephens, D.W., J.S. Brown & R.C. Ydenberg (eds.), *Foraging. Behavior and Ecology*. The University of Chicago Press, Chicago.

Waldram, M.S., W.J. Bond & W.D. Stock. 2008. Ecological engineering by a megagrazer: white rhino impacts on a South African savanna. *Ecosystems* 11: 101–112.

Wallach, A.D., I. Izhaki, J.D. Toms, W.J. Ripple & U. Shanas. 2015. What is an apex predator? *Oikos* 124: 1453–1461.

Walsh, P.D. et al. (22 weitere Autoren). 2003. Catastrophic ape decline in western equatorial Africa. *Nature* 422: 611–614.

Wandeler, P., S.M. Funk, C.R. Largiadèr, S. Gloor & U. Breitenmoser. 2003. The city-fox phenomenon: genetic consequences of a recent colonization of urban habitat. *Molecular Ecology* 12: 646–656.

Wang, T., C.C.Y. Hung & D.J. Randall. 2006. The comparative physiology of food deprivation: from feast to famine. *Annual Review of Physiology* 68: 223–251.

Ward, P. & A. Zahavi. 1973. The importance of certain assemblages of birds as «information-centres» for food-finding. *Ibis* 115: 517–534.

Watts, P., S. Hansen & D.M. Lavigne. 1993. Models of heat loss by marine mammals: thermoregulation below the zone of irrelevance. *Journal of Theoretical Biology* 163: 505–525.

Wauters, L.A., G. Tosi & J. Gurnell. 2005. A review of the competitive effects of alien grey squirrels on behaviour, activity and habitat use of red squirrels in mixed, deciduous woodland in Italy. *Hystrix* 16: 27–40.

Webb, T.J., D. Noble & R.F. Freckleton. 2007. Abundance–occupancy dynamics in a human dominated environment: linking interspecific and intraspecific trends in British farmland and woodland birds. *Journal of Animal Ecology* 76: 123–134.

Weckerly, F.W. 1998. Sexual-size dimorphism: influence of mass and mating systems in the most dimorphic mammals. *Journal of Mammalogy* 79: 33–52.

Wedell, N., C. Kvarnemo, C.M. Lessels & T. Tregenza. 2006. Sexual conflict and life histories. *Animal Behaviour* 71: 999–1011.

Weeks, P. 2000. Red-billed oxpeckers: vampires or tickbirds? *Behavioral Ecology* 11: 154–160.

Weggler, M. & B. Leu. 2001. Eine Überschuss produzierende Population des Hausrotschwanzes *(Phoenicurus ochruros)* in Ortschaften mit hoher Hauskatzendichte *(Felis catus)*. *Journal für Ornithologie* 142: 273–283.

Weimerskirch, H. 2007. Are seabirds foraging for unpredictable resources? *Deep-Sea Research II* 54: 211–223.

Weimerskirch, H., S. Åkesson & D. Pinaud. 2006. Postnatal dispersal of wandering albatrosses *Diomedea exulans*: implications for the conservation of the species. *Journal of Avian Biology* 37: 23–28.

Wells, M.E. & P.J. Schaeffer. 2012. Seasonality of peak metabolic rate in non-migrant tropical birds. *Journal of Avian Biology* 43: 481–485.

Wesołowski, T. 2007. Lessons from long-term hole-nester studies in a primeval temperate forest. *Journal of Ornithology* 148 (Supplementum 2): S395–S405.

West, G.B., J.H. Brown & B.J. Enquist. 1997. A general model for the origin of allometric scaling laws in biology. *Science* 276: 122–126.

West, S. 2009. *Sex Allocation*. Princeton University Press, Princeton.

Westerterp, K.R., W.H.M. Saris, M. van Es & F. ten Hoor. 1986. Use of the doubly labeled water technique in humans during heavy sustained exercise. *Journal of Applied Physiology* 61: 2162–2167.

Wetlands International. 2012. *Waterbird Population Estimates. Summary Report*. 5th ed. Wetlands International, Wageningen.

Wheatley, M. & C. Johnson. 2009. Factors limiting our understanding of ecological scale. *Ecological Complexity* 6: 150–159.

White, C.R. & M.R. Kearney. 2013. Determinants of inter-specific variation in basal metabolic rate. *Journal of Comparative Physiology B* 183: 1–26.

White, P.C.L., M. Böhm, G. Marion & M.R. Hutchings. 2008. Control of bovine tuberculosis in British livestock: there is no 'silver bullet'. *Trends in Microbiology* 16: 420–427.

White, P.J., J.E. Bruggeman & R.A. Garrott. 2007. Irruptive population dynamics in Yellowstone pronghorn. *Ecological Applications* 17: 1598–1606.

White, P.J., R.A. Garrot & G.E. Plumb (eds.). 2013. *Yellowstone's Wildlife in Transition*. Harvard University Press, Cambridge (Mass.).

White, R.L. & P.M. Bennett. 2015. Elevational distribution and extinction risk in birds. *PLoS ONE* 10(4): e0121849.

White, T.C.R. 2008. The role of food, weather and climate in limiting the abundance of animals. *Biological Review* 83: 227–248.

White, T.C.R. 2011. What has stopped the cycles of sub-Arctic animal populations? Predators or food? *Basic and Applied Ecology* 12: 481–487.

Whitehead, A.L., G.P. Elliott & A.R. McIntosh. 2010. Large-scale predator control increases population viability of a rare New Zealand riverine duck. *Austral Ecology* 35: 722–730.

Whittingham, M.J. & K.L. Evans. 2004. The effects of habitat structure on predation risk of birds in agricultural landscapes. *Ibis* 146 (Suppl. 2): 210–220.

Whittingham, M.J., J.R. Krebs, R.D. Swetnam, J.A. Vickery, J.D. Wilson & R.P. Freckleton. 2007. Should conservation strategies consider spatial generality? Farmland birds show regional not national patterns of habitat association. *Ecology Letters* 10: 25–35.

Widemo, F. 1998. Alternative reproductive strategies in the ruff, *Philomachus pugnax*: a mixed ESS? *Animal Behaviour* 56: 329–336.

Wiebe, K.L. 2011. Nest sites as limiting resources for cavity-nesting birds in mature forest ecosystems: a review of the evidence. *Journal of Field Ornithology* 82: 239–248.

Wielgus, R.B., D.E. Morrison, H.S. Cooley & B. Maletzke. 2013. Effects of male trophy hunting on female carnivore population growth and persistence. *Biological Conservation* 167: 69–75.

Wienemann, T., D. Schmitt-Wagner, K. Meuser, G. Segelbacher, B. Schink, A. Brune & P. Berthold. 2011. The bacterial microbiota in the ceca of capercaillie *(Tetrao urogallus)* differs between wild and captive birds. *Systematic and Applied Microbiology* 34: 542–551.

Wiens, J.A. 1989. Spatial scaling in ecology. *Functional Ecology* 3: 385–393.

Wiersma, P., M.A. Chappell & J.B. Williams. 2007a. Cold- and exercise-induced peak metabolic rates in tropical birds. *Proceedings of the National Academy of Sciences of the United States of America* 104: 20866–20871.

Wiersma, P., A. Muñoz-Garcia, A. Walker & J.B. Williams. 2007b. Tropical birds have a slow pace of life. *Proceedings of the National Academy of Sciences of the United States of America* 104: 9340–9345.

Wiersma, P., B. Nowak & J.B. Williams. 2012. Small organ size contributes to the slow pace of life in tropical birds. *The Journal of Experimental Biology* 215: 1662–1669.

Wikelski, M., E.M. Tarlow, A. Raim, R.H. Diehl, R.P. Larkin & G.H. Visser. 2003. Costs of migration in free-flying songbirds. *Nature* 423: 704.

Wikelski, M. et al. (23 weitere Autoren). 2015. True navigation in migrating gulls requires intact olfactory nerves. *Scientific Reports* 5: 17061.

Wikenros, C., D.P.J. Kuijper, R. Behnke & K. Schmidt. 2015. Behavioural responses of ungulates to indirect cues of an ambush predator. *Behaviour* 152: 1019–1040.

Wilcove, D.S. 2008. *No Way Home. The Decline of the World's Great Animal Migrations*. Island Press, Washington.

Wilcove, D.S., X. Giam, D.P. Edwards, B. Fisher & L.P. Koh. 2013. Navjot's nightmare revisited: logging, agriculture, and biodiversity in Southeast Asia. *Trends in Ecology and Evolution* 28: 531–540.

Wilder, S.M., D. Raubenheimer & S.J. Simpson. 2016. Moving beyond body condition indices as an estimate of fitness in ecological and evolutionary studies. *Functional Ecology* 30: 108–115.

Williams, C.D., J.E. Lane, M.M. Humphries, A.G. McAdam & S. Boutin. 2014. Reproductive phenology of a food-hoarding mast-seed consumer: resource- and density-dependent benefits of early breeding in red squirrels. *Oecologia* 174: 777–788.

Williams, C.K. 2013. Accounting for wildlife life-history strategies when modelling stochastic density-dependent populations: a review. *The Journal of Wildlife Management* 77: 4–11.

Williams, T.D. 2012. *Physiological Adaptations for Breeding in Birds*. Princeton University Press, Princeton.

Willisch, C.S., I. Biebach, U. Koller, T. Bucher, N. Marreros, M.-P. Ryser-Degiorgis, L.F. Keller & P. Neuhaus. 2012. Male reproductive pattern in a polygynous ungulate with a slow life history: the role of age, social status and alternative mating tactics. *Evolutionary Ecology* 26:187–206.

Willmer, P., I. Johnston & G. Stone. 2004. *Environmental Physiology of Animals*. 2nd ed. Blackwell Science, Oxford.

Wilman, H., J. Belmaker, J. Simpson, C. de la Rosa, M.M. Rivadeneira & W. Jetz. 2014. EltonTraits 1.0: Species-level foraging attributes of the world's birds and mammals. *Ecology* 95: 2027 (Daten in *Ecological Archives* E095-178).

Wilmers, C.C., R.L. Crabtree, D.W. Smith, K.M. Murphy & W.M. Getz. 2003. Trophic facilitation by introduced top predators: grey wolf subsidies to scavengers in Yellowstone National Park. *Journal of Animal Ecology* 72: 909–916.

Wilson, A.J., J.G. Pilkington, J.M. Pemberton, D.W. Coltman, A.D.J. Overall, K.A. Byrne & L.E.B. Kruuk. 2005. Selection on mothers and offspring: whose phenotype is it and does it matter? *Evolution* 59: 451–463.

Wilson, J.D., J. Evans, S.J. Browne & J.R. King. 1997. Territory distribution and breeding success of skylarks *Alauda arvensis* on organic and intensive farmland in southern England. *Journal of Applied Ecology* 34: 1462–1478.

Wilson, J.D., M.J. Whittingham & R.B. Bradbury. 2005. The management of crop structure: a general approach to reversing the impacts of agricultural intensification on birds? *Ibis* 147: 453–463.

Wilson, J.D., A.D. Evans & P.V. Grice. 2009. *Bird Conservation and Agriculture*. Cambridge University Press, Cambridge.

Wilson, K., O.N. Bjørnstad, A.P. Dobson, S. Merler, G. Poglayen, S.E. Randolph, A.F. Read & A. Skorping. 2002. Heterogeneities in macroparasite infections: patterns and processes. Pp. 6–44 in Hudson, P.J., A. Rizzoli, B.T. Grenfell, H. Heesterbeek & A.P. Dobson (eds.), *The Ecology of Wildlife Diseases*. Oxford University Press, Oxford.

Wilson, K., B.Z. Grenfell, J.G. Pilkington, H.E.G. Boyd & F.M.D. Gulland. 2004. Parasites and their impact. Pp. 113–165 in Clutton-Brock, T. & J. Pemberton (eds.), *Soay Sheep. Dynamics and Selection in an Island Population*. Cambridge University Press, Cambridge.

Wilson, P.D. 2011. The consequences of using different measures of mean abundance to characterize the abundance–occupancy relationship. *Global Ecology and Biogeography* 20: 193–202.

Wilson, R.P., F. Quintana & V.J. Hobson. 2012. Construction of energy landscapes can clarify the movement and distribution of foraging animals. *Proceedings of the Royal Society B* 279: 975–980.

Wiltschko, R., K. Stapput, P. Thalau & W. Wiltschko. 2010. Directional orientation of birds by the magnetic field under different light conditions. *Journal of the Royal Society Interface* 7: S163–S177.

Wiltschko, W. & R. Wiltschko. 2009. Avian Navigation. *The Auk* 126: 717–743.

Wiltschko, W. & R. Wiltschko. 2012. Global navigation in migratory birds: tracks, strategies, and interactions between mechanisms. *Current Opinion in Neurobiology* 22: 328–335.

Wiltschko, W. & R. Wiltschko. 2013. The magnetite-based receptors in the beak of birds and their role in avian navigation. *Journal of Comparative Physiology A* 199: 89–98.

Windsor, D.A. 1998. Most of the species on Earth are parasites. *International Journal for Parasitology* 28: 1939–1941.

Winker, K. et al. (12 weitere Autoren). 2007. Movements of birds and avian influenza from Asia into Alaska. *Emerging Infectious Diseases* 13: 547–552.

Wirsing, A.J., T.D. Steury & D.L. Murray. 2002. Relationship between body condition and vulnerability to predation in red squirrels and snowshoe hares. *Journal of Mammalogy* 83: 707–715.

Wittemyer, G., D. Daballen & I. Douglas-Hamilton. 2013. Comparative demography of an at-risk African elephant population. *PLoS ONE* 8(1): e53726.

Wittemyer, G., J.M. Northrup, J. Blanc, I. Douglas-Hamilton, P. Omondi & K.P. Burnham. 2014. Illegal killing for ivory drives global decline in African elephants. *Proceedings of the National Academy of Sciences* 111: 13117–13121.

Wittmer, H.U., A.R.E. Sinclair & B.N.McLellan. 2005. The role of predation in the decline and extirpation of woodland caribou. *Oecologia* 144: 257–267.

Wolda, H. & B. Dennis. 1993. Density dependence tests, are they? *Oecologia* 95: 581–591.

Wolff, J.O. 1997. Population regulation in mammals: an evolutionary perspective. *Journal of Animal Ecology* 66: 1–13.

Wolff, J.O. 2008. Alternative reproductive tactics in nonprimate male mammals. Pp. 356–372 in Oliveira, R.F., M. Taborsky & H.J. Brockmann (eds.), *Alternative Reproductive Tactics*. Cambridge University Press, Cambridge.

Wolff, J.O. & D.W. Macdonald. 2004. Promiscuous females protect their offspring. *Trends in Ecology and Evolution* 19: 127–134.

Womble, J.N. & S.M. Gende. 2013. Post-breeding season migrations of a top predator, the harbor seal *(Phoca vitulina richardii)*, from a marine protected area in Alaska. *PLoS ONE* 8(2): e55386.

Wood, B.M., H. Pontzer, D.A. Raichlen & F.W. Marlowe. 2014. Mutualism and manipulation in Hadza-honeyguide interactions. *Evolution and Human Behavior* 35: 540–546.

Woodroffe, R. & J.R. Ginsberg. 2005. King of the beasts? Evidence for guild redundancy among large mammalian carnivores. Pp. 154–174 in Ray, J.C., K.H. Redford, R.S. Steneck & J. Berger (eds.), *Large Carnivores and the Conservation of Biodiversity*. Island Press, Washington.

Woods, M., R.A. McDonald & S. Harris. 2003. Predation of wildlife by domestic cats *Felis catus* in Great Britain. *Mammal Review* 33: 174–188.

Wormworth, J. & C.H. Şekercioğlu. 2011. *Winged Sentinels. Birds and Climate Change*. Cambridge University Press, Cambridge.

Wrangham, R.W. 1993. The evolution of sexuality in chimpanzees and bonobos. *Human Nature* 4: 47–79.

Wright, G.J., R.O. Peterson, D.W. Smith & T.O. Lemke. 2006. Selection of northern Yellowstone elk by gray wolves and hunters. *The Journal of Wildlife Management* 70: 1070–1078.

Wright, J.P., C.G. Jones & A.S. Flecker. 2002. An ecosystem engineer, the beaver, increases species richness at the landscape scale. *Oecologia* 132: 96–101.

Wright, S.J., A. Hernandéz & R. Condit. 2007. The bushmeat harvest alters seedling banks by favoring lianas, large seeds, and seeds dispersed by bats, birds, and wind. *Biotropica* 39: 363–371.

Wu, L.-Q. & J.D. Dickman. 2012. Neural correlates of a magnetic sense. *Science* 336: 1054–1057.

Yan, C., N.C. Stenseth, C.J. Krebs & Z. Zhang. 2013. Linking climate change to population cycles of hares and lynx. *Global Change Biology* 19: 3263–3271.

Yang, C., J. Wang & W. Liang. 2016. Blocking of ultraviolet reflectance on bird eggs reduces nest predation by aerial predators. *Journal of Ornithology* 157: 43–47.

Yasué, M., C.J. Feare, L. Bennun & W. Fiedler. 2006. The epidemiology of H5N1 avian influenza in wild birds: why we need better ecological data. *Bioscience* 56: 923–929.

Ydenberg, R. 2007. Provisioning. Pp. 273–303 in Stephens, D.W., J.S. Brown & R.C. Ydenberg (eds.), *Foraging. Behavior and Ecology*. The University of Chicago Press, Chicago.

Ydenberg, R. 2010. Decision theory. Pp. 131–147 in Westneat, D.F. & C.W. Fox (eds.), *Evolutionary Behavioral Ecology*. Oxford University Press, Oxford.

Yoccoz, N.G., A. Mysterud, R. Langvatn & N.C. Stenseth. 2002. Age- and density-dependent reproductive effort in male red deer. *Proceedings of the Royal Society London B* 269: 1523–1528.

Yoder, J.B. et al. (13 weitere Autoren). 2010. Ecological opportunity and the origin of adaptive radiations. *Journal of Evolutionary Biology* 23: 1581–1596.

Yong, D.L., Y. Liu, B.W. Low, C.E. Española, C.-Y. Choi & K. Kawakami. 2015. Migratory songbirds in the East Asian-Australasian Flyway: a review from a conservation perspective. *Bird Conservation International* 25: 1–37.

Young, T.P., T.M. Palmer & M.E. Gadd. 2005. Competition and compensation among cattle, zebras, and elephants in a semi-arid savanna in Laikipia, Kenya. *Biological Conservation* 122: 351–359.

Zach, R. 1979. Shell dropping: decision-making and optimal foraging in Northwestern crows. *Behaviour* 68: 106–117.

Zaffaroni, E., M.T. Manfredi, C. Citterio, M. Sala, G. Piccolo & P. Lanfranchi. 2000. Host specificity of abomasal nematodes in free ranging alpine ruminants. *Veterinary Pathology* 90: 221–230.

Zahavi, A. 1975. Mate selection – a selection for a handicap. *Journal of Theoretical Biology* 53: 205–214.

Zakkak, S., A. Radovic, S. Nikolov, S. Shumka, L. Kakalis & V. Kati. 2015. Assessing the effect of agricultural land abandonment on bird communities in southeastern Europe. *Journal of Environmental Management* 164: 171–179.

Zanette, L.Y., A.F. White, M.C. Allen & M. Clinchy. 2011. Perceived predation risk reduces the number of offspring songbirds produce per year. *Science* 334: 1398–1401.

Zanette, L.Y., M. Clinchy & J.P. Suraci. 2014. Diagnosing predation risk effects on demography: can measuring physiology provide the means? *Oecologia* 176: 637–651.

Zeng, X. & X. Lu. 2009. Interspecific dominance and asymmetric competition with respect to nesting habitats between two snowfinch species in a high-altitude extreme environment. *Ecological Research* 24: 607–616.

Zeng, Z.-G., P.S.A. Beck, T.-J. Wang, A.K. Skidmore, Y.-L. Song, H.-S. Gong & H.H.T. Prins. 2010. Effects of plant phenology and solar radiation on seasonal movement of golden takin in the Qinling Mountains, China. *Journal of Mammalogy* 91: 92–100.

Zhao, H., S.J. Rossiter, E.C. Teeling, C. Li, J.A. Cotton & S. Zhang. 2009. The evolution of color vision in nocturnal mammals. *Proceedings of the National Academy of Sciences of the USA* 106: 8980–8985.

Zimmermann, B., H. Sand, P. Wabakken, O. Liberg & H.P. Andreassen. 2015. Predator-dependent functional response in wolves: from food limitation to surplus killing. *Journal of Animal Ecology* 84: 102–112.

Zimova, M., L.S. Mills & J.J. Nowak. 2016. High fitness costs of climate change-induced camouflage mismatch. *Ecology Letters* 19: 299–307.

Zink, R.M. 2011. The evolution of avian migration. *Biological Journal of the Linnean Society* 104: 237–250.

Zipkin, E.F., P.J. Sullivan, E.G. Cooch, C.E. Kraft, B.J. Shuter & B.C. Weidel. 2008. Overcompensatory response of a smallmouth bass *(Micropterus dolomieu)* population to harvest: release from competition? *Canadian Journal of Fisheries and Aquatic Science* 65: 2279–2292.

Zweifel-Schielly B., M. Kreuzer, K.C. Ewald & W. Suter. 2009. Habitat selection by an Alpine ungulate: the significance of forage characteristics varies with scale and season. *Ecography* 32: 103–113.

Bildnachweis

Die Fotos stammen vom Autor, mit Ausnahme folgender Abbildungen:

1.1 Flussneunauge *(Lampetra fluviatilis)*: Tiit Hunt/Wikicommons, CC 3.0; Kurzflossen-Mako *(Isurus oxyrinchus)*: Patrick Doll/Wikicommons, CC 3.0; Quastenflosser *(Latimeria chalumnae)*: Daniel Jolivet/ flickr, CC 2.0
1.9 Gelbsteißbülbül *(Pycnonotus xanthopygos)*: Raffael Winkler
2.18 Steppenelefant *(Loxodonta africana)*: Pixabay (1718125; Smithywoman)
2.18 Wildkaninchen *(Oryctolagus cuniculus)*: Pixelio (411629; Huber)
2.21 Hausschaf *(Ovis aries)*: Pixaby (1776303; Ralph Haeusler)
2.21 Östliches Riesenkänguru *(Macropus giganteus)*: flickr (S.J. Bennett; CC 2.0)
2.28 Teichrohrsänger *(Acrocephalus scirpaceus)*: Schweizerische Vogelwarte Sempach, Archiv
2.29 Alpenschneehuhn *(Lagopus mutus)*: Olivier Born
3.4 Sundkrähe *(Corvus caurinus)*: Thomas Quine/flickr, CC 2.0
3.10 Erdmännchen *(Suricata suricatta)*: J. Patrick Fischer/flickr, CC 4.0
3.13 Tannenhäher *(Nucifraga caryocatactes)*: Ruedi Aeschlimann
4.3 Schneegans *(Anser caerulescens)*: Andy Reago & Chrissy McClarren/Wikicommons, CC 2.0
4.4 Königstyrann *(Tyrannus tyrannus)*: Cephas/Wikicommons, CC 3.0
4.5 Gelbfuß-Beutelmaus *(Antechinus flavipes)*: Patrick_K59/Wikicommons, CC 2.0
4.6 Blaumeise *(Cyanistes caeruleus)*: Marcel Burkhardt
4.12 Nacktmull *(Heterocephalus glaber)*: Roman Klementschitz/Wikicommons, CC 3.0
4.13 Kuckuck *(Cuculus canorus)*: Oldrich Mikulica; Schwarzkehl-Honiganzeiger *(Indicator indicator)*: Claire Spottiswoode
4.25 Raubwürger *(Lanius excubitor)*: Markus Varesvuo
5.7 Dickhornschaf *(Ovis canadensis)*: Albert Herring/Wikicommons, CC 2.0
5.17 Cooksturmvogel *(Pterodroma cookii)*: Arco Images (1256557) Brent Stephenson
6.2 Gabelbock *(Antilocapra americana)*: Yathin S. Krishnappa/Wikicommons, CC 3.0
6.3 Nördlicher Seeelefant *(Mirounga angustirostris)*: Brocken Inaglory/Wikicommons, CC 4.0
6.14 Mönchsgrasmücke *(Sylvia atricapilla)*: Marcel Burkhardt
7.10 Saigaantilope *(Saiga tatarica)*: Victor Tyakht/Shutterstock 448116697
7.18 Soayschaf *(Ovis aries)*: Jamain/Wikicommons, CC 3.0
7.20 Heidelerche *(Lullula arborea)*: Ruedi Aeschlimann
8.2 Mackinlaytaube *(Macropygia mackinlayi)*: David Cook Wildlife Photography/Wikicommons, CC 2.0
8.3 Braunkappen-Glanztaube *(Chalcophaps longirostris)*: Dan Armbrust/Wikicommons, CC 2.0
8.6 Rothalstaucher *(Podiceps grisegena)*: Markus Varesvuo
8.7 Grundfinken (*Geospiza* sp.) und *Tribulus*-Samen: Peter und Rosemary Grant

Bildnachweis

8.10   Grauhörnchen *(Sciurus carolinensis)*: Stephen Leah/Wikicommons, CC 2.0
9.5   Tiger *(Panthera tigris)*: Josef Senn
9.8   Elch *(Alces alces)*: Ryan Hagerty/Wikicommons, CC 2.0
9.14   Stephenschlüpfer *(Xenicus lyalli)*: Illustration von Johannes Gerardus Keulemans/Wikicommons, public domain
9.16   Hauskatze *(Felis catus)*: Eddy Van 3000/Wikicommons, CC 2.0
9.20   Schottisches Moorschneehuhn *(Lagopus lagopus scoticus)*: MPF/Wikicommons, CC 3.0
9.22   Singammer *(Melospiza melodia)*: Dennis Lorenz
10.5   Hawaii Amakihi *(Hemignathus virens)*: Stubblefield Photography/Shutterstock 74575621
10.7   Dachs *(Meles meles)*: Sue Rob/Fotalia 22600901
11.8   Weidenammer *(Emberiza aureola)*: Huang Qiusheng
11.13 Feldlerche *(Alauda arvensis)*: Christoph Meyer-Zwicky
       Gartenrotschwanz *(Phoenicurus phoenicurus)*: Josef Senn

Sachregister

Kursiv gesetzte Seitenzahlen verweisen auf die Abbildung einer Art.
Begriffe im Vorspann der Kapitel sind nicht indexiert.

A

Aasfresser 55, 104, 332, 338
Abdominalprofil 72, 260
Abendsegler 227
Abholzung 419, 430, 435
Abomasum siehe Labmagen
Abort 166, 395, 402–4
Absorption 32, 58, 61
Abstammungslinien 182, 226
Abundanz siehe Häufigkeit
Abwanderung 142, 151, 191–4, 217, 266, 272–3, 282, 301
Abwehr
    Brutparasiten 144–5
    Herbivoren 49–51, 66
    Prädatoren 101–2, 142, 201, 212, 339, 374
    Parasiten (siehe auch Immunabwehr) 148, 157, 162, 275, 384, 386, 388–90, 412
Acari 383
accidental introduction 195
Accipiter gentilis 204, 349
  - *nisus* 205, *358*
Ackerbegleitpflanzen 441
Acridotheres fuscus 417
  - *tristis* 325–6
Acrocephalus palustris 244
  - *scirpaceus* 72
  - *sechellensis* 152
adaptability 455
Adaptation (siehe auch Anpassung) 44, 86, 93, 131, 133, 385, 388, 405, 412–3
adaptives Verhalten 131, 149, 166, 223, 238
adaptive Radiation 55
additive Mortalität 348–54, 363
Adenoviridae 402
Adler (siehe auch Fisch-, Habichts-, Kaiser-, Kronen-, Nepalhauben-, Steinadler) 25, 98
Adoption 143, 145
Adultmortalität 43, 135, 278, 280–1, 287
Aegolius funereus 387
Aepyceros melampus 13, 68, 279
Aepyornithidae 427
Aepyprymnus rufescens 300

aerobe Kapazität siehe physiologische Leistungsfähigkeit
aerobic capacity 37
Affen 63–4, 73, 330
Afrikanischer Wildhund 93, *104*
Afrikanischer Graumull 387
Aggregation 175, 209, 213, 386, 388
aggregative response 344
Aggressivität 99, 140–1, 153, 169, 171, 194, 318, 327–8, 370–1, 410
Agrarland 328, 430, 433, 437–48, 451, 453
agri-environment scheme 441
Agrostis 332
Ailuropoda melanoleuca 54, 70
Akazien 66
Aktivität 31–2, 40, 51, 73–4, 87, 97, 109, 211, 247, 256, 312, 314, 320, 333
Aktivitätsbudget 39
Aktivitätsrhythmen 374
Alaska-Pfeifhase 331
Alauda arvensis 359, 442, *444–5*
Albatrosse (siehe auch Wanderalbatros) 25, 39, 131, 240, 281, 426
Alcelaphus 69
Alces alces 93, 112, 344, *346*
Aleutenkrankheit 328
Algen 46, 54
Alkaloide 50
Alken 38, 212
Allee, W.C. 293
Allee-Effekt 201, 293, 299, 359
Allele 138
Allenbyrennmaus 96
Allesfresser 51
allograft 398
Allokation 118, 120, 125, 128
Allometrie 34–5, 39, 64, 73, 110, 119, 156, 210
allopatrisch 17, 322
Alopex lagopus 318
Alouatta 449
Alpenbraunelle 174
Alpenmurmeltier 77
Alpenschneehuhn *74*
Alpensegler 246, *377*, 396

Alpensteinbock 67, 124, 157, 183, 271, 276–7, 386, 404
Alter
    Entwöhnung 120
    erste Fortpflanzung 120, 125–7, 285, 304
    Geschlechtsreife 125–6, 135, 233, 300, 303
altern 127–8, 273, 277
alternative mating tactics 162
alternative prey hypothesis 369
alternative Strategien 163–4
alternative Taktiken 156, 162–3, 175
Altersbestimmung 277
Altersklassen 127, 152, 272, 274–7, 280, 282, 284–8, 296, 349–51
Alterspyramide 279–80
Altersstruktur, -verteilung 222, 266, 273, 279, 287–9, 347, 349–50, 353, 398
altricial 135
Altruismus 101, 138, 141–2
Alveolaten 382
Amblyrhynchus cristatus 54
Ameisenbär 54, 56
Ameisenfresser 42
Amensalismus, *amensalism* 311
Amerikanerkrähe 401
Amerikanischer Nerz 328, 349
Aminosäuren 45, 59, 60–2, 332
Ammoniak 61
Amniota 18
Amöben, Amoebozoa 382
Amphibien 15, 17–8, 44, 49, 51, 134, 148, 184, 363, 382, 399
Amsel *270*
Amurfalke 235
Anas crecca 321
  - *platyrhynchos* 119, *160*, *321*, 407
  - *strepera* 200
Andenfelsenhahn *175*
Angebot und Nutzung 198, 207
Anguilla anguilla 42
Anhinga melanogaster 22
Anisogamie 121, 136, 168
Anpassung (siehe auch Adaptation) 15, 53–6, 69, 84, 96–7, 123, 141–4, 147–8, 165–6, 191, 193, 204, 218,

Sachregister

229, 240, 246, 256, 339, 360, 374, 375, 412, 459
Anpassungsfähigkeit 433, 455
Anser caerulescens 124, 395
   - *indicus* 241, 409
Ansiedlung 180, 192, 212
Ansitzjäger (siehe auch Verfolgungsjäger) 98, 350
Ansteckung siehe Transmission
Antechinus flavipes 128, 166
Anthrax 405
Anthus pratensis 341, 359
   - *spinoletta* 96
Antidorcas marsupialis 220, 387
Antigen 388
Antikörper 388–9
Antilocapra americana 220–3, 295
Antilopen 38, 62, 67, 69, 84, 158, 220, 279, 405, 433
Antreffhäufigkeit, -rate 87, 90, 92, 108, 339, 364
Apexprädator 354, 371–3
apex predators 371
Apodidae 246
Apomorphie 18
apparent competition 361
apparent digestible energy 69
apparent survival 273
apparente Konkurrenz 361
Aptenodytes
   - *forsteri* 20, 73, 123
   - *patagonicus* 20
Apus apus 203
aquatische Systeme 347
Aquila adalberti 280, 414
    - *chrysaetos* 119
    - *fasciata* 345
Arabische Oryx 84
Ara chloropterus 49
Arbeitsteilung 118, 141
Arbovirus 406
Archilochus colubris 246
Architektur der Pflanze 66
Arctonyx collaris 432
Ardea alba 181, 192
   - *cinerea* 119
Ardenna grisea 239
area of occupancy 181
Areal siehe Verbreitungsgebiet
area-restricted search 87
Arenabalz 123, 127, 159, 169–70, 174–5
Arginin 45
Armschwingen 22–3
arousal 77
Art, -konzept (Definition) 16–7

Artbildung 16, 169, 184, 324
Artengemeinschaft 312, 315, 319, 321, 324, 330, 333
Artenreichtum, -vielfalt siehe Artenzahl
Artenschutz 179, 195, 373, 423
Artensterben 422
Artenzahl (siehe auch Biodiversität) 15, 183–4, 196, 278, 388, 421–2, 426, 456
Artenzusammensetzung 103, 314, 324, 333
Arterkennung 23
Arthropoda, Arthropoden 108, 381, 383
   als Nahrung 42, 48, 53, 70, 441, 443–4
Arve 106–7
Assimilation 32, 58–9, 66, 69, 71
assimilation efficiency 69
Ateles geoffroyi 211
Auerhuhn 186, *187*–8, 449–50
Auerochse 67
Aufnahmerate 64–5, 87, 91, 94, 96, 99–100, 108–13, 123, 222, 320, 341
Aufnahmevermögen (Nahrung) 63–4, 93–4
Aufquellgebiet 52
Auftrieb 22
Aufwärmphasen 77
Aufzucht 121–2, 130, 142–3, 170
Ausbreitung (siehe auch Dispersal)
   Art 106–7, 191–2, 197, 237, 327–8
   Krankheit 390–4, 406–10
Ausdauer, -leistung 37
Ausfliegen 129, 131–2, 139, 152, 275, 299, 355
Auslese siehe Selektion
Ausräumen der Landschaft 440
Ausrottung 50, 192, 359, 362, 371, 373–4, 406, 410, 412, 425, 431, 434–5
Aussterbefilter 426–7
Aussterben 182, 186–8, 195, 197, 356, 359–60, 363, 397–401, 420, 422–9, 434–6, 452, 459
Austernfischer 92, 341
Austragen 121
Australische Hüpfmaus 44
Auswanderung siehe Abwanderung
availability 198
Aves (Abstammung) 17–18
avian cholera 404
avian influenza 405, 407
avian malaria 403
avian pox 399

avoidance 198
Axis axis 148, *156*
   - *porcinus 156*, 432
Axishirsch 148, 156
Aythya fuligula 193
Azimut 252

B

Bacilli 382
Bacillus 382
   - *anthracis* 405
background rate of extinction 424
Bakterien 55, 57, 60, 381–2, 385, 389, 395–6, 402–6
Bakteriophagen 381
Balaenoptera 224
   - *musculus* 89
Balz (siehe auch Arenabalz, Brunft) 123–4, 127, 158–60, 164, 169–70, 174–5, 198, 350, 441
Balzfüttern 123, 158, 165
Bambus 54, 70, 220
Bandwürmer 381, 383, 394
Banteng 432
Bären (siehe auch Braun-, Eis-, Schwarzbär) 70, 76, 123, 147, 205, 301, 353, 432
Barrieren 194–5, 210, 223, 231, 234–6, 238, 247, 450–1
Bartenwale siehe Wale
Bartgeier 269, 332
Bartmeise 56
Basstölpel *23*
Bathyergidae 141
Batrachochytrium 382
Baumfledermäuse 226, 229
Baumhöhlen (siehe auch Höhlenbrüter) 27, 77, 203, 226, 301
Bearbeitung der Beute siehe *handling*
Bebrütung 72, 74, 121, 123, 132, 134, 137–8, 158, 173, 259, 395, 441
bedrohte Arten 153, 188, 280, 354, 423
Beerennahrung 41, 232, 247–8, 301
Befruchtung (siehe auch Begattung) 145, 147, 149, 152, 165–6
Begattung 118, 155–7, 163, 167, 169
Bekämpfung (Keulung) 355–6, 373, 411–2
Bekassine 340
Bengalengeier *43*
benthivor 348
Bergfink 232
Berggorilla 167
Bergpieper 96
Beringung 72, 229

Bestandsabnahme 43, 50, 106, 205, 281, 286–7, 327–8, 360–1, 382, 397–401, 414, 421–3, 429, 434–7, 439–40, 443, 447, 455
Bestandsentwicklung 133, 268, 270, 292, 295, 325, 351, 355–8, 361, 366, 439, 440, 453, 455
Bestandszusammenbruch 43, 223, 294, 302, 344, 375, 385, 394, 397, 400, 433, 436–7
Betreuung (siehe auch Fürsorge) 132, 134–7, 141–2, 164–5, 167, 170, 172–4, 278
Bettelverhalten 137–9, 144
Bettongia penicillata 400
Beute 54–5, 85–97, 99–107, 112, 131, 165, 278, 297, 313, 316, 332, 339–365, 371–4, 380
Beutegreifer siehe Prädator
Beutegröße 55, 85, 320
Beutelmäuse 166
Beuteltiere 18, 34, 59–60, 66, 75, 120, 123, 128, 135, 147, 300, 326, 373, 410
Bewachung des Partners 122, 166, 170
Bewegungsapparat 320
Beweidung 85, 109–12, 329–32, 338, 348
bias 197
Biber 334
bi-coordinate gradient map 251
BIDE 266
Bienenfresser 211, 240
Bilche 274
Bilharziose 383
Biodiversität, *biodiversity* 183–4, 420–1, 438–9, 447, 453
Biofilm 381
Biogeografie 179, 206, 420
Biologische Vielfalt siehe Biodiversität
Biom 424
Biomasse 66, 85, 108–9, 111, 119–20, 146, 222, 259, 329–32, 342–3, 347, 354, 433, 443
biosonar 21
Biotop, *biotope* 197, 202
biotroph 380
biparental, *biparental* 135, 137
bird parties 103
Birkhuhn 74, 127
Bisamratte 349
Bison bison 96, 330, 404
  - *bonasus* 203
Bison 96, 330, 402–4, 406

Bissgröße, -rate
  Epidemiologie 394
  Herbivoren 109–12
bite size 109
Bitterstoffe 50
Blätter 20, 42, 46, 49–50, 57, 60–1, 65–6, 69, 137
Blättermagen 58, 61–3, 313
Blattfresser 51, 66
Blauaugenscharbe *88*
Blauhäher 88
Blaukehl-Hüttensänger 194
Blaumeise *130*, 137, 146, 315, 358
Blaurücken-Waldsänger *275*
Blauschaf *329*
Blauwal 89
Blauzungenkrankheit 381, 406
Blinddarm 45, 54, 57–61
Blutfluß 37
Blutparasiten 387, 395
B-Lymphozyten 388
BMR siehe Energieumsatz: Grundumsatz
Bodenbrüter 351, 354–5, 359, 440, 444
body plumage 22
Bolus 61
Bombycilla garrulus 232
bone marrow fat 73
Bonobo 193
Borrelia burgdorferi 383, 396
Borreliose 383, 402
Bos gaurus 148, *432*
  - *javanicus* 432
bottom-up (Effekte, Regulation) 297, 337, 339, 345, 352–3, 365, 368–9, 372, 375
Botulismus 405
Bovidae, Boviden (Hornträger) 62, 69, 153, 220, 273, 277, 386
bovine tuberculosis 410
Brachland 440–3, 445-6
Bramble-Cay-Mosaikschwanzratte 182
Brandgans 232
Branta bernicla 215, *459*–60
  - *leucopsis* 76, 259, 299, *331*
Braunbär 47, 170, 301, 352–3
Braunellen 174
Braunkehlchen 443
Braunmantel-Beerenfresser *424*
Brautgeschenk 158
breeding dispersal 194, 344
breeding suppression hypothesis 133
Breitfrontzug 238
Breitmaulnashorn 331
Breitschnabelmonarch *138*

Brieftaube siehe Haustaube
Brillenflughund *287*
browser 65
Bruce-Effekt 166
Brucella 402, 404
  - *abortus* 402
Brucellose 402–4, 410
Brückenechsen 18, 51
Brüllaffen 449
Brunft 122–3, 157, 198, 220
Brustmuskulatur 71
Bruterfolg siehe Fortpflanzungserfolg
Bruthöhlen siehe Höhlenbrüter
Brutkleid 23–4, 163
Brutkolonie siehe Kolonie
Brutortstreue 193–4
Brutparasitismus 136, 142–5, 165, 380, 451
Brutpflege 37, 121, 124–5, 134, 136, 149, 154, 171, 284
Brutreduktion 140
Brutvögel 232, 236, 254, 270, 280, 421–2
Brutzyklus 444
Bubalus arnee 157
Bubo scandiacus 232
  - *virginianus* 368
Bubulcus 181, 330
  - *coromandus* 192
  - *ibis* 181, 191
Bucephala clangula 165
Buceros bicornis 27
Bucerotidae 26–7
Buchfink 270
Buckelwal 224
Budorcas taxicolor 220
buffer effect 299
bulk feeder 52, 65, 85
Buntspecht 119
Buphagus 12, 311
  - *erythrorhynchus* 12
Bürstenschwanz-Rattenkänguru 400
Burzeldorn 324
Buschfeuer 331
bushmeat 429, 431, 433

C

caching 106
Caliciviren 414
Calidris canutus rufa 260
  - *tenuirostris* 248
Callitrichidae 141
Calonectris borealis 239
Campephilus magellanicus 333
Canidae, Caniden 102, 137, 141, 406

Sachregister

Canis aureus 192
   - *dingo* 373
   - *familiaris* 38
   - *latrans* 355, 372
   - *lupus* 87, 192, 205, 343, *346*
   - *mesomelas* 307
capital breeder (siehe auch *income breeder*) 123–4, 147, 259
Capra ibex 124, 157, 183, 271, *277*, 386, 404
Capreolus capreolus 124, 147, 193, 271, 276, 342, 386, 396
   - *pygargus* 147
Caprinae, Caprinen 220, 384
capture – mark – recapture 268, 282
Carduelis 232
carnassial teeth 321
Carnivoren, Carnivorie 34–6, 40–1, 45, 48, 51–2, 54–8, 60, 70, 75, 85, 93, 99, 101, 105, 162, 166–7, 194, 197, 205, 209–10, 269, 300, 302, 318, 320–1, 332, 339, 342, 398, 403–7, 410
Carolinazaunkönig 186
Carotin 162
Carpodacus erythrinus 192
Carpornis cucullata 424
Carroll, Lewis 412
carrying capacity 291, 300
Carry-over-Effekte 260
Castor fiber 334
   - *canadensis* 334
Catharus 248
   - *ustulatus* 238
cave bats 226
Cavia 60, 135
   - *magna* 277
Caviidae 170
cecal fermenters 58
census 268
central place foraging 96
Cephalophinae 431
Ceratophyllus gallinae 395
Ceratotherium simum 331
Cerebellum 160
Cervus canadensis 98, 221, 328, 352, 402
   - *elaphus* 75, 122, *151*, *199*, 221, 271, *288*, 346, 386, 388
   - *nippon* 220
Cestoda 383
Chalcophaps longirostris 317
   - *stephani* 317
character displacement 309, 322–4
character release 323
checkerboard distribution 316, 319

Cheirogaleus medius 29, 77, 274
chemische Signale 19–20
Chile-Elaenie 333
Chinaseuche 414
Chitin 63, 70
Chlamydia, Chlamydiae 382
Chlamydophila abortus 395
Chlor 48
Chloris chloris 401
Chlorocebus aethiops 98
Cholera 382
Chordatiere 17
Chroicocephalus ridibundus 37, 101, *263*
chromosomal 149, 152
chronic wasting disease 400, 406
chronical stress 375
Ciconia ciconia 238
Ciliaten 382
Cinclus mexicanus 257
circadian 246
circannual 246
Circus aeruginosus 164
   - *cyaneus* 341, 359
   - *macrourus* 85
   - *pygargus* 85
clades 407, 409
clay licks 49
climate change 452
climate envelope 456–8
Clostridium 382
   - *botulinum* 405
clutch size 129
CMR-Modelle 268, 282
Cocci, Coccidia 382
Coccyzus americanus 344
   - *erythrophthalmus* 344
Coelom 382
cognitive map 251
Coliidae 75
Colobus 63
colonic fermenters 57
Columba livia 197, 249
Columbia-Ziesel 94
commensalism 310
commodity selection 212
Common Poorwill 76
communal breeding, - care 141
communities 315
competition 310
competitive exclusion 316
concentrate selector 65
conditional strategy 257
confusion effect 102
connectivity 448
Connochaetes taurinus 48, 69, *110*, 147, 220, 270, 279, 354, 434

conservation biology 420
conspecifics attraction 201, 208, 212
constraints 86, 92, 95, 109, 113
contest competition 312
Cooksturmvogel 207–8, 373–4
Coquerel-Sifaka *174*
core areas 211
Cormack-Jolly-Seber-Modelle 282, 268
Coronaviridae 381, 402
Corticosteron 152
Cortisol 128
Corvidae 106
Corvus brachyrhynchos 401
   - *caurinus* 91
   - *corax* 105
   - *corone/cornix* 359
   - *splendens* 197
Coxiella burnetii 395
Crataerina melbae 377, 396
crèche 141
Cricetus cricetus 439
critically endangered 426
Crocuta crocuta 140
crop 55
crypsis 22
cryptic female choice 154, 165
Cryptomys hottentotus 387
Cryptoprocta ferox 104
Cuculidae 143
Cuculus canorus 144
cues 199, 203, 246
Culex 403
   - *quinquefasciatus* 399
culling 392, 410
Cuon alpinus 432
currency 86, 94, 96, 104
Cyanistes caeruleus *130*, 315, 358
Cyanocitta cristata 88
Cyclostomata *18*
Cygnus columbianus 72, 259–61
Cynomys 166, 330, 385, 404
   - *gunnisoni* 210

D

Dachs 76, 410, *411*–2
Dachsammer 251
daily torpor 74
Dama dama 162
Damaliscus lunatus 69, *175*, 279
Damara-Dikdik *69*
Damara-Graumull 141
Damhirsch 67, 162
Dämmerschlaf 76
Darmflora siehe Mikroben
Darmparasiten 382, 386–7, 395–7

Darwin, Charles 150, 155, 184
Darwinfinken siehe Grundfinken
Dasyuridae 128
Datenlogger 230, 237
dead-end host 385
Deckung 67, 83, 96–7, 199, 430, 450
Degradierung (Lebensräume) 430, 437, 439
Dekorieren (Nest) 168
delayed implantation 147
Delfine siehe Wale
Delichon urbica 395
Dem, *deme* 64, 224, 266, 362
Demografie 203, 272–3, 281–6, 288, 294, 296, 302–3, 343, 348–9, 366, 368, 371, 394, 440, 446, 455
Dendrocopos major 119
denning 77
depensatorische Wirkung 361
Despoten 201, 318
destabilisierende Wirkung 359–62
Detritivoren 338
devil facial tumour disease 398
Diceros bicornis 279
Dichte (Population; siehe auch Energie-, Nahrungsdichte)
   Definition 266–7
   Schätzung 268–70
Dichteabhängigkeit 288–304, 313, 346, 349, 351, 365–6, 368, 392, 394, 397, 401–2
Dichteverteilung 267, 456
Dickdarm 54–61
Dickdarmfermentierer 55, 57–60, 63, 70
Dickhornschaf 124, 188–9, 276, 451
Diclofenac 43
Dicrostonyx 365
   - *groenlandicus* 366
Didelphidae 128
diet induced thermogenesis 32
differential migration 233
diffuse competition 328
digestibility 69
digestive system 54
Dikdiks 69
Dikotyle (Dikotyledonen) 49, 57, 66
dilution effect 102
Dingo 373
Dinornithiformes 427
Dinosaurier 17–8
Diomedea 39
   - *exulans* 240
diskrete Generationen 289
Dismigration 232

Dispersal 142, 180, 187, 189, 192–5, 202, 208, 218, 230, 255–6, 266, 300, 315, 327, 344, 368, 396, 412, 448, 450, 456, 458
Dispersion 192, 208
dispersive migration 232
distance sampling 268
Distanz siehe Wanderdistanz, Zugdistanz
distemper 406
Dolichonyx oryzivorus 255
domestizierte Arten 148, 296, 328–30, 410
Dominanzhierarchie 69, 100, 122, 140–2, 151, 156–7, 162–4, 166–7, 173–5, 194, 277, 281, 288
doomed surplus 349
Doppelhornvogel 27
Doppelschnepfe 169
Dormanz 41
Dreissena polymorpha 271
Dreizehenmöwe 28, 72
Drepanidini 399
Drosseln 248–9, 388
Drüsen 20, 44–5, 63, 66, 108, 384, 404
Dschelada 166
Dschungelmaina 417
Ducker 67–8, 431
Dugong 175
Dugong dugon 175
Dunenfedern, -kleid 23
Dünger 52, 261, 438, 443–4
Dunkler Sturmtaucher 239–40
Dünndarm 54–60, 62, 185
Dünnschnabelgeier 43
Durchlässigkeit der Matrix 450
Durchlaufzeit siehe Retentionszeit
Durchzügler 234
Düsing, Carl G. 150
dynamic soaring 39

E
Ebolafieber 381, 385, 402, 431
echolocation 21
Echoortung, -lokation 21, 229
Echsen (siehe auch Eidechsen) 18, 51, 54
ecological trap 202
ecosystem ingeneer 333
Ectopistes migratorius 434–5
Ei (siehe auch Gelege)
   -ablage 123, 143, 258, 444
   -bildung 50, 121, 123–4, 129, 145
   -dotter 23
   -größe 131, 134
   -mimikry 144

   -produktion 119–21, 131, 259, 383, 389
   -zahl siehe Gelegegröße
Eichhörnchen *327–8*, 401, 406
Eidechsen 165, 363
Eiderente 124, 389
Eidolon 227
   - *helvum* 228
Eimeria 382
Einbürgerung (siehe auch eingeführte Arten) 122, 190, 195–7, 325
Einfarbstar 168
eingeführte Arten (siehe auch invasiv, Einbürgerung) 122, 190, 196–7, 295, 325, 338, 356, 359–60, 362, 372–3, 401, 403, 419, 428–30
Einschleppung 195
Einwanderung 199, 204, 217, 236–7, 266, 271, 300, 392, 399, 440
Einzeller 119, 399, 401
Eisbär 123
Eisen 48
Eiweiße siehe Proteine
Ejakulat 121, 165–6
Ektoparasiten 381, 383, 385, 387–8, 395–6
Ektotherme 77
Elaenia chilensis 333
Elastizität 303
Elch 67, *93–4*, 108, 112, 344, *346*, 352–3, 360
Elefanten (siehe auch Savannenelefant) 21, 48, 59, 70, 123, 153, 162, 274, 303, 431
Elefantenspitzmäuse 166
Elefantenvögel 427
elektromagnetische Felder 19
Elektrorezeptoren 20
Elenantilope 69
Elephantulus 166
   - *myurus* 166
Elster 131–2, 161, 359
elterliches Investment 135
Eltern-Kind-Konflikt 139
Elton, Charles 316
Emberiza aureola 435–6
Embryo 106, 131, 148, 166
Embryonalentwicklung 134, 147, 227
emerging infectious diseases 400
Emigration siehe Abwanderung
empfänglicher Wirt 390–4, 399, 405
Empfängnisbereitschaft 157–8, 166, 168
Empfindlichkeit 455
empty forest syndrome 431
Encephalitis-Virus 406

encounter rate 87
endangered 423, 437
endemic bird areas 184
Endemie 385
endemisch
    Krankheit 379, 385, 392–4, 411
    Taxon 183–4, 208, 359, 398–400, 422, 424, 455, 459
Endemit siehe endemisch: Taxon
endogene Rhythmen 246, 248, 460
Endoparasiten 381
Endotherme, -thermie 17–8, 21, 31, 33, 36–40, 74–5, 134
Energie
    assimilierbare (verstoffwechselbare) 32–3, 53, 57–9, 69–70
    Bruttoenergie 32, 42, 46, 347
    Nettoenergie 32, 87
    - verdauliche 32, 42
Energieallokation 120, 128
Energieaufnahme 33, 73, 89, 94, 98–9, 107, 321
Energieaufwand 76, 89, 95, 118, 121, 145
Energieausgabe siehe Energieumsatz
Energiebalance siehe Energiespeicher
Energiebedarf 33, 36, 59, 65, 71, 93–4, 120, 165, 210, 226, 241, 347, 442
    Mauser 25, 27
Energieeffizienz 25, 36, 88
Energieeinsparung 73–7, 105
Energiefluss 31–3
Energiegehalt 42, 46, 87, 93, 165
Energiegewinn, -gewinnung 58, 74, 86, 91, 94, 108, 111
Energiespeicher, -vorrat 33, 47, 71–2, 105
Energieumsatz 33, 73–4, 120, 348, 389
    Arbeitsumsatz siehe Leistungsumsatz
    Erhaltungsumsatz 33
    im Freiland 39–41
    Gesamtumsatz 33, 38–41, 105
    Grundumsatz (BMR) 33–9, 59, 63–4, 71, 75, 120–1, 126, 191, 347
    Leistungsumsatz 33, 38–9
    Messung 39
    Ruheumsatz 33, 38, 120, 389
    spezifische Metabolismusrate 34
    Tagesumsatz 39
    Tätigkeitsumsatz siehe Leistungsumsatz
Energieverbrauch (siehe auch Energiebedarf) 25, 38, 40–1, 63, 88, 120, 123, 191, 241–2, 249, 389
Energievorrat siehe Energiespeicher
energy

digestible - 32, 69
    gross - 32
    metabolizable - 32
    net - 32
Enhydra lutris 85
Enicognathus ferrugineus 333
Entamoeba 382
Entdeckungswahrscheinlichkeit 208, 268–9, 282
Enten, -vögel 25, 38, 71–2, 124, 135, 143, 153, 160, 165, 169, 171, 185, 193, 197, 230, 232–3, 235, 238, 299, 320–1, 333, 348, 354–6, 388, 409–10
Enterobacteria 382
Enterococcus 382
Entgiftung 66
Entnahmerate siehe Jagd
Entwicklungsgeschwindigkeit 135, 286
Entwöhnung 119–20, 137, 139
Enzootie 385, 394–5, 397
Enzyme 47–8, 53–6, 58–60, 62
Epidemie 302, 385, 391–4, 398, 400–1, 404, 407–9, 430–1
Epidemiologie 390, 394, 409
Epizoonose 402
Epizootie 385, 394–5, 397, 401–2
Equus 58
    - *caballus* 38
    - *hemionus* 221
    - *quagga* Umschlag, 69, 221, 279, 334
Erbeutungsrate 339–42, 345–7, 362–3
Erdbau 333
Erdferkel 54
Erdmagnetfeld 15, 229, 238, 250–2
Erdmännchen *101*, 142, 167
Erdmaus 315
Erfahrung 84, *142*, 248, 278
Erholungsrate 391–2
Erholungszeit (Tauchen) 88–9
Ericaceen 60
Erinaceus europaeus 204
Erinnerung, Erinnerungsvermögen 96, 107
Erithacus rubecula 105, 119, *233*
Erkennung (von Nahrung; siehe auch Arterkennung, Feinderkennung) 87
Ernährung 31, 35, 47, 49, 51, 54–5, 57, 85, 217, 247, 303, 333, 339, 435
Ernährungszustand siehe Kondition
Ernährungstypen 51–4
Eruption 232
Escherichia 382
Eschrichtius robustus 224
ESS siehe evolutionär stabile Strategie

essenziell 45, 48, 60
estivation 75
etablierte Art 195–7
Eucalyptus 61
Eudorcas thomsoni 110–1, 221
eukaryot 382
Eulen 131, 171, 232, 333, 366
Eulenpapagei 54
Eurasisches Eichhörnchen siehe Eichhörnchen
Eurasischer Sperber siehe Sperber
Eurasischer Star siehe Star
Eurasischer Kleiber siehe Kleiber
Eurasischer Luchs siehe Luchs
Europäische Zweifarbfledermaus 227
Europäischer Nerz 328
eusozial 141–2
Evolution 49–50, 128, 138, 155, 309, 313, 324, 424
    Brutpflege 37
    Endothermie 21, 36
    Fortpflanzungsverhalten 117, 134, 163
    Gelege-und Wurfgröße 132
    life histories 126, 128, 287
    sozialer Strukturen 104
    Verdauungssysteme 69
    Vogelzug 242, 254, 256
evolutionärer Konflikt 139
evolutionärer Rüstungswettlauf 143, 339, 412
evolutionär stabile Strategie 100, 136, 150, 164
evolutionary arms race 339, 412
evolutionary stable strategy 100, 136, 257
Exkrete 32–3, 46
Exoten (siehe auch Neozoen) 195–6
Exotherme, Exothermie 36–40, 191
exploitation competition 139, 312, 328–9
exponentiell 286, 288, 290–3, 364
exposure 455
extensive Bewirtschaftung 438, 443, 445–6
extent of occurrence 181
extinct 422–3
extinction filter 426
extinction vortex 428
extra-pair copulation, – paternity 166, 171, 173
extrinsisch 287, 295, 300, 371, 425, 428, 455

F

facilitation 310, 330–3

factorial aerobic scope 38
Fadenwürmer 381–4
faeces 32
Fahlstirnschwalbe 105
fakultative Aasfresser 332
fakultatives Wandern, – Ziehen 231–2, 247, 257
Falco amurensis 235
- *peregrinus* 181
Falculea palliata 56
Fangapparat 56
Fangerfolg 92, 102, 340
Färbung, Färbungsmuster 21–3
Färbungsdimorphismus 160
farmbush 433
Fasciola hepatica 383
Faser, -anteil 42, 45, 47, 56–65, 70, 110, 221, 331
Faserkot 58, 70
Fasten 33, 71, 73–4, 123, 226, 248
fat score 72
Faultiere 35, 63
Federn, Federkleid 19, 21–5
Federmasse 25
feeding apparatus 54
feeding site, – *station* 109–10
Fehlwirt 385, 406
Feinderkennung 111, 321
Feindvermeidung 37, 67–9, 83, 103, 113, 162, 201, 205, 210, 274, 443
Fekundität 125–6, 128, 158, 272–7, 280, 285–7, 295–9, 302–4, 312, 339, 365, 374, 394–5, 397, 428, 440, 443
Feldhamster 439
Feldhase 331–2, 414, 439
Feldlerche 359, 442, 444–5
Feldmaus 367
Feldsperling 358
Felis silvestris catus 360
- *silvestris silvestris* 362
Fellpflege 388
Felsbrüter 205
Felsentaube 249
Felshüpfer 184
female-following 157
Fermentation (Fermentierung) 45, 54–64, 66, 70
Fertilität (siehe auch Fekundität) 154–5, 272
Festland 23, 186, 196, 398, 410
Festuca 332
Fett
-abbau 71, 123, 246, 248–9
-akkumulation, -anlagerung, -aufbau 72, 76, 105, 107, 228, 246–7, 249, 350

-depot, -polster, -reserve-, -vorrat 21, 33–4, 47, 71–3, 76–7, 105, 122–4, 147, 228–9, 244–9, 259–60
-gehalt der Nahrung siehe Lipide
-metabolismus 247
Fettsäuren 47, 57, 59, 61
Fettschwalm 54
Feuchtgebiete 164, 208, 235, 334, 347
Fichte 231
Fichtenkreuzschnabel 231
Fieber 388
Filoviridae 381
Finken, -vögel 55, 143, 197, 320, 399, 401, 403, 426, 441
Firmicutes 382
Fischadler 181
Fische 15, 17, 38, 42, 44, 47, 49, 52, 56, 71, 134, 148, 158, 253, 304, 319–20, 364
Fischerei 268, 429
Fischfresser 44, 51, 87, 102, 323, 330, 347–8
Fischotter 199, 208
Fisher, Ronald A. 150, 159
Fishers Prinzip 150
Fitness (siehe auch Fitnesskosten) 70, 72, 84, 86, 94–7, 118, 121, 124–9, 132–40, 142–3, 145, 148-51, 154, 158–9, 162–9, 171, 173, 193, 198–204, 212, 219, 223–4, 244, 255, 257–8, 300, 311–2, 338, 380, 388–90, 395, 397, 414, 448, 452
Fitnesskosten 41, 72, 92, 124–5, 130–1, 135–7, 141, 145, 193, 212, 309, 315, 332, 374, 388
Flächengröße 448, 450
Flagellaten 382
Flaviviridae 381, 406
Fledermäuse 19–21, 34–5, 73, 75, 77, 133, 147, 171, 175, 211, 219, 226–9, 274, 287, 303, 400
Flehmen 158
Fleisch (als Nahrung) 42, 45, 50–2, 67, 106, 408, 428, 431, 433, 435
Fleischflosser 18
Fleischfresser siehe Carnivore
Flexibilität
phänotypische 56
verhaltensökologische 19, 65, 86, 165–6, 174, 185, 248, 325, 450
Fliegen, Flug 22, 28, 38–9, 160, 241, 244, 247–8, 380
fliegende Lebensweise 274
floating 162
Flöhe 383
Flügelschnitt 218

Flugfähigkeit 19, 25, 35
Fluggeschwindigkeit 240, 242
flügge siehe Ausfliegen
Flughöhe 229, 240–2, 244
Flughunde 227–8, *287*
Flugmuskulatur 247
Flugunfähigkeit 25, 71, 359–60
fluktuierende Asymmetrie 162
Fluoreszenz 20
Flussbarsch 42
Flusspferd 63
Flussseeschwalbe *158*
fly-and-forage migration 240
flyway 193, 238, 270, 407, 409
folivor 51
followers 103
food hoarding 105
foot-and-mouth disease 401
forage maturation hypothesis 221
foraging trips 218
forbs 65
foregut 54, 58
Forstwirtschaft 437
Fortbewegung 22, 28, 38, 72, 88, 97, 105
Fortpflanzung 71, 73, 118–75, 202, 218, 224–5, 246, 257, 266, 272, 274–5, 277, 280, 285, 287, 297, 300–1, 304, 339, 349, 356, 374, 384, 387, 389, 395, 401, 430, 453
eingeschlechtliche 148
Unterdrückung 126, 167, 300–1
Fortpflanzungserfolg 50, 72, 125, 128–31, 142, 147, 149–53, 155, 158, 162–3, 167–72, 174, 191, 194, 203–5, 208, 255, 258, 260, 280, 298–9, 315, 355–6, 359, 363, 374, 395–6, 441, 444–5, 455
lebenslanger - 151, 401
Fortpflanzungsperiode 119–20, 148, 156, 162, 173
Fortpflanzungsrate siehe Reproduktionsrate
Fortpflanzungsstrategie 118, 149, 303
Fossa 104
Fotofallen 269
Fotoperiodik 246–7
Fragmentierung 186–9, 273, 372, 424, 430, 447–51
Franciscella tularensis 404
Fraßdruck 49
Fregattensturmschwalbe 355
Fremdkopulation 118, 138, 166, 169–71
frequency-dependent 392
Frequenzspektrum 19

Sachregister

fresh flush 108
Fringilla coelebs 270
 - *montifringilla* 232
Fringillidae 399, 403
Frösche *18*
Frostspanner 146
Fruchtfresser 49, 51, 53–4, 60, 94, 230, 338, 433, 450
Frugivore siehe Fruchtfresser
Frühsommer-Meningoencephalitis 383
Füchse (siehe auch Rotfuchs) 366
Fuchskusu 300, 410, 412
Fukomys damarensis 141
functional response 112, 340
funktionelle Reaktion 112–3, 339–41, 345, 351, 359, 364
Fürsorge (siehe auch Betreuung) 134–8, 141, 143, 149, 172

G

Geospiza fortis 323–4
 - *fuliginosa* 323–4
 - *magnirostris* 323–4
Gabelbock 62, 220, 223, 295
Galerida cristata 439
Gallicolumba rufigula 317
Gallinago gallinago 340
 - *media* 169
Gameten 121, 123, 148, 154
Gämsblindheit 404
Gämse (siehe auch Pyrenäengämse) 67, 124, 127, 271, 342, 345, 386, 395, 404
Gänse (siehe auch Ringel-, Schnee-, Streifen-, Weißwangengans) 47, 51, 110, 123–4, 139, 171, 185, 235, 261, 299, 331–2, 348, 407, 460
Gärkammer 54
Gartenrotschwanz *445*
Gastrolithen 56
Gaur *68*, 148, *432*
Gause, Georgi F. 314
Gazella 58
Gazellen (siehe auch Grant-, Mongolische –, Thomsongazelle) 58, 68, 111, 158, 220
Gebären 19, 147–8, 281, 300
Geburt (Entwicklungsstand) 120, 125, 135, 278
Geburtenrate 83, 99, 272, 282, 289, 291, 294–5, 429
Geburtsgewicht 375
Geburtsortstreue 192–3

gefährdete Arten 184, 186, 207, 269, 356, 373, 400, 414, 419, 422–31, 434, 437, 456
Gefährdung 360, 363, 420, 425–6, 428–31, 439, 448, 452, 455–6
Gefieder siehe Federkleid
Geflügel, -zucht 400–2, 405, 407–9
Geflügelcholera 404
Geflügelpest 405
Gehen 38
Gehirn 36, 47, 101, 106–7, 160, 405
Gehör 19–21, 253
Geier (siehe auch Bart-, Bengalen-, Dünnschnabel-, Ohrengeier) 25, 39, 43, 50, 55, 105, 332, 437
geklumpte (= aggregierte) Verteilung 209
Gelbfieber 385
Gelbschnabelkuckuck 344
Gelbschnabel-Sturmtaucher *239*
Gelbsteißbülbül *26*
Gelegegröße 128–32, 205, 272, 274, 298, 303, 395
Gemeiner Seehund 225, *393*
Gemeines Rothörnchen 41, 148
Gemeinschaft siehe Artengemeinschaft
Gen 31, 118, 138, 150, 159, 162, 166, 183, 199, 256, 421
Gendrift 192
Genfluss 16–7, 192, 448
Generalist 51–2, 54, 84–5, 90, 185, 317, 365–7, 445
Generationendauer 125, 273, 284, 286, 302–3, 343, 413, 451
genetische Diversität, – Vielfalt 398, 413, 421, 451
genetische Monogamie 169, 171
Genotypen 407–8, 413
Geoffroy-Klammeraffen 211
geografische Variation 17, 322
geographic range 180
Geolokatoren 237, 239, 252
geomagnetische Inklination 251
Geophagie 48
Geospiza 55, 322
Gerbillus 96–7
 - *andersoni allenbyi* 96
Gerenuk 67–*8*
Geruchssinn 19–20, 252–3
Gesamtfaser 70
Gesamtfitness 138, 142
Gesamtproduktionsrate 120
Gesamtumsatz siehe Energieumsatz
Gesang 159, 162, 201, 209
Geschlechterkonflikt 137, 167

Geschlechterrollen 121, 168, 173–4
Geschlechterverhältnis 117, 121, 148–54, 173, 194, 266, 272–3, 279–81
 operationelles – 121, 149, 154, 167
 primäres – 149–50, 152
 sekundäres – 149, 152–3
 tertiäres – 149
geschlechtliche (intersexuelle) Selektion siehe sexuelle Selektion
Geschlechtsdimorphismus 64, 67–9, 152, 154–5, 174, 273, 277
Geschlechtsreife 125–6, 135, 139, 149, 152, 158, 233, 240, 278, 287, 300, 303
Geschmackssinn 19
Geschwisterkonflikte 137–40
Gesichtskrebs 400
Gesichtssinn 19, 251
Gewebeaufbau (siehe auch Produktion) 32–3
Geweih 47–8, 122–3, 155–7
Gewinnung (von Beute) siehe *handling*
ghost of competition past 322
Gilde 51–2, 85, 103, 319, 322, 328, 347, 350
Giraffa camelopardalis 68–9, 279, 354
Giraffe 62, 68–9, 279, 354
giving-up density, *– time* 95–8
gizzard 56
Glanzkrähe 197
Glaucomys volans 191
gleaner 103
Gliridae 274
Glis glis 77, 274
global change 452
Glossina 403
Glukokortikoidwerte 375
Glukose 152
Glykogen 44, 47, 71, 247
Gnathostomata 18
Gnu siehe Weißbartgnu
Goldschakal 192
Goldwangen-Waldsänger 201
Gompertzkurve 293
Gonaden 119, 123, 135, 147
Gorilla beringei 167
Grabmilbe 407
Gradation 232, 344
Gradientenkarte 251–2
granivor siehe Samenfresser
Grantgazelle *158*
Gras 41, 48–9, 52, 57, 65–9, 84, 94, 98, 109–12, 158, 200, 203, 211, 221–2, 255, 259, 321, 328–32

Grasfresser, -äser 60, 65–9, 110, 112, 302, 328, 330–1
Grasmücken (siehe auch Mönchsgrasmücke) 319
Grauammer 445
Graubrauner Mausmaki 76
Grauer Mausmaki 76
Graues Mausohr 227
Grauhörnchen 106, 326–7, 389, 401
Graureiher 119
Grauwal 224
Grauwangenmanga 101
Grauwasseramsel 257
grazer 65
grazing lawn 110, 331
grazing succession 331
greenhouse gas 453
Greifvögel 39, 55, 101, 123, 131, 140, 170, 230, 233, 238, 240, 245, 275, 288, 298, 358, 370, 388, 403
Grenzertrag 112
Grenzertragsböden 446
Grenzwert 94–5, 112
Grinnell, Joseph 316
Grizzlybär siehe Braunbär
Großer Ameisenbär *54*
Große Rohrratte *433*
Größendimorphismus (siehe auch Geschlechtsdimorphismus) 155–7, 173
Großer Knutt 248
Großer Leberegel 383
Großfußhühner 136–7
Großgefieder 22–4
Großgrundfink 323–*4*
Großkatzen 159, 163
Großspitzhörnchen 171
Großtrappe 153
Gründelenten 320
Gründeln 320–1
Gründereffekt 398
Grundfinken 55, 322–5
Grundumsatz siehe Energieumsatz
Grünfink 401
Grünflügelara *49*
Grünmeerkatze *98*
Gruppengröße 73, 102, 104, 142, 156, 193, 210, 387–8
Grus 171, 238
 - *vipio 171*
Guano 52
guild 51, 318–9, 371
Gulo gulo 106, 191
Gunnison-Präriehund 210
Gürteltiere 147, 333
Gypaetus barbatus 269, 332

Gyps 39
 - *bengalensis 43*
 - *indicus 43*
 - *tenuirostris 43*

H
H5N1/H5N2/H5N8 405, 407–9
Haare, Haarkleid 19, 21–2
Haarfallen 269
Haarwechsel 15, 19, 21–2, 226
Habicht 204, 345, 349
Habichtsadler 345
Habitat
 Definition 197–9
 -eignung 207–8
 -fragmentierung siehe Fragmentierung
 -generalist (siehe auch Generalist) 199, 205, 447
 -korridor (siehe auch Wildtierkorridor) 448
 -modell 182, 206–7
 -nutzung 19, 97, 198, 312
 -präferenz 244, 320, 443, 445
 -qualität 131, 193, 199–204, 206, 224, 298, 300, 439, 442, 449–50
 -spezialist 199
 -strukturen 97
 -veränderung und -degradation 318, 360, 419, 430
 -verlust, -zerstörung 424, 428, 439, 448, 452
 -wahl 180, 189, 191, 197–200, 202, 206–7, 222, 317, 374
habitat selection 197–9
habitat use 198
Haematopus ostralegus 92, 341
Haemoproteus prognei 395
Haemorhous mexicanus 20, 256, 404
Haemorrhagische Erkrankung 406
Haemosporidia 382
Haie *18*, 148
Hakenvanga *56*
Halbaffen siehe Lemuren
Halsbandsittich 315
Hamilton, William D. 137–8
Handicap-Hypothese 159
handling 86–7, 89, 91–2, 108, 112, 339–40
Handschwingen 22–3
Hanski, Ilkka 185
Hanski's rule 185
Hantavirus 402
Harem 155–7, 162–3, 170, 281, 396
harem defence polygyny 170
Harnsäure 32, 43

Harnstoff 46, 62
Haselmaus 315
Haselnuss 45
Hasen, -artige (siehe auch Feldhase, Pfeifhasen, Schneehase, Schneeschuhhase) 22, 59–60, 66, 106, 135, 167, 319, 330, 364, 368–70, 398, 404, 413
Haubenlerche 439
Haubentaucher *323*
Häufigkeit (siehe auch Antreffhäufigkeit)
 Art (Definition) 181, 185, 188, 266–7
 Verhältnis Prädator und Beute 341–2
häufigkeitsabhängig 392, 398, 401–2
Haupt- und Nebenwirte 384–5, 404, 410, 413
Hausgimpel 20, 256, 412
Hauskatze 197, 204, 279, 359–*63*, 372–4
Hausmaus 182, 197, 341
Hausratte 182, 197
Hausrind siehe Rinder
Hausrotschwanz 363
Hausschaf 62, 67–*8*
Hausschwein 197
Haussperling 182, 197, *205*, 270, 358, 389
Haustaube 249, 251–2
Hausyak 329
Hausziege 67, 197, 329
Haut 34, 44, 406
Hawaii Amakihi 399
Hawaiimönchsrobbe 277
headgut 54
Hecheln 44
Heckenbraunelle 166, 203
Heidelerche *298*, 445
Heimzug (siehe auch Wanderungen, Wegzug, Zug) 230, 237–8, 242, 246–8, 251, 258, 260, 275
Helfer 141–2, 152
Hemignathus virens 399–400
Hemitragus jemlahicus 122
Hemizellulose siehe Zellulose
Hepadnaviridae 381
Hepatitis 381
Herbivoren, Herbivorie
 Energiehaushalt 32–3, 36, 42, 73, 93–4, 127
 Fortpflanzung 147–8, 158
 Interaktionen 310–1
 Konkurrenz 325, 328–31

Sachregister

Nährstoffe und Verdauung 44–5, 47–9, 51–7, 61–70
Nahrungssuche 85, 87, 92–3, 97, 107–13
Populationsdynamik 273, 278–9, 295, 297, 302
Parasiten und Krankheiten 380, 387, 431, 444
Prädation 338, 340, 347–8, 352–54, 364
Raumorganisation 209–10
Wanderungen 219–24
Herbizide 441
Herden 68–9, 99, 102, 158, 209, 212, 402, 410
heritability of geographic range sizes 184
Hermaphrodit 382
Hermelin 356, 366
Herpestes ichneumon 372
Herpestidae 141
Herpesviridae 402
Herzmuscheln 92
Herzschlagrate 248–9
Heterocephalus glaber 141–2, 300
Heterodontie 19
heterogametisch 153
Heterogenität (Habitat) 88, 97, 109, 111–3, 172, 439–40, 447
Heteronetta atricapilla 143
Heterothermie 44, 74–5
heterotroph 382
Heuschrecken 48, 441–2
hibernation 75
Himalajatahr *122*
hindgut 54, 57
Hippocampus 107
Hippopotamus amphibius 279, 331
Hippotragus equinus 361
- *niger* 68
Hippursäure 32
Hirsche (siehe auch Axis-, Dam-, Maultier-, Rot-, Schweins-, Sika-, Weißwedelhirsch, Sambar, Wapiti) 46–7, 62, 68–9, 99, 110, 123, 156–7, 159, 197–9, 220–2, 273, 277, 288, 353, 357, 406, 410–1
Hirschferkel 62
Hirtenstar 325–6
Hirundo rustica 203, 231, 275, *444*
HIV 381, 410
Hoatzin 63–*4*
hochkronig siehe hypsodont
Hochzeitsgabe siehe Balzfüttern
Hoden 166
Höhenverbreitung 456–8

Höhlenbrüter (siehe auch Baumhöhlen) 21, 27, 135, 153, 203, 207–8, 301, 310, 315, 325–6, 333, 30, 395, 440
Höhlenfledermäuse 226
Holarktis 184, 233, 275–6, 320
Holling, C. S. 112, 340
Holznutzung 430
Holozän 203, 423, 425–7
home range, Home-Range 68–9, 87, 172, 179–80, 198–9, 209–12, 268, 427, 449
homing 250
Homöothermie 18
honest begging 138
honest signal 158
Honiganzeiger 143–4, 311
Honigdachs 311
Honigfresser 25, 318
Hormone 128, 152, 246, 386
Hörnchen-Parapoxvirus 327
Hörner 122, 162, 168, 277, 281
Hornschnabel 19, 54
Hornträger siehe Boviden
Horten (von Nahrung) 41, 73–4, 83, 105–7, 148, 284, 455
host 380
hotshot 175
Hotspot 105, 175, 183–4, 411
huddling 73
Hufeisenkrebs 260
Huftiere (siehe auch Herbivore)
Einbürgerung 197
Ernährung und Verdauung 48, 52, 64, 66, 83, 85
Fortpflanzung 124, 126, 133, 135, 139, 141, 147, 150, 153, 155–8, 162–3, 167–8, 175
Hypothermie 75
Kommensalismus 331–2
Konkurrenz 313, 321, 329–30
life histories 276–7
Nahrungssuche 102, 110
Parasiten und Krankheiten 383–4, 395, 400, 402–7, 410
Populationsdynamik 280, 282, 284, 295, 296–7
Populationsschätzung 269–70
Prädation 342–3, 345–6, 348, 352–4, 356–8, 360–1
Raumorganisation 209, 211–2
Übernutzung 429, 431–4
Wanderungen 218–24
Hühnerfloh 395

Hühnervögel (siehe auch Großfußhühner, Raufußhühner) 47, 55–6, 135, 148, 155, 197, 338, 354, 396, 426
Humboldtpinguin *153*
Hund 38, 43, 141, 197, 328, 399, 405
Hundeartige 136, 141, 148, 171–2, 222, 349, 405–7
Hutchinson, George Evelyn 316
Hydrochaerus hydrochaeris 60
Hymenolaimus malacorhynchos 356
hyperosmotisch 44
hyperphagia 247
Hyperphagie 71, 105, 247
Hyperprädation, *hyperpredation* 361–2
hypoosmotisch 44
Hypositta corallirostris 56
Hypothermie 74–5
Hypoxie 241
hypsodont 313

I

Ibisse 211
Ichneumon 372
Ichthyaetus audouinii 120
- *melanocephalus* 299
Icteridae 143
ideal free/despotic distribution 200–2
Igel 204
Immaturgefieder 23–5
Immigration 266, 272–3, 282
Immunabwehr 162, 275, 390
Immunantwort 388–9
Immunität 379, 389, 391–4, 403, 412, 414
Immunkompetenz 157, 162, 390, 396
immunocompetence 390
Immunreaktion 388–90, 398
Immunsystem 55, 128, 388–9, 406
Impala *13*, 68, 279
Impfen 392, 408, 410, 412
Inaktivität 74–5
incisor arcade (*breadth/width*) 68, 110, 321
inclusive fitness 138, 142
income breeder 123–4, 145, 147–8
Index (Bestandsschätzung; siehe auch Nierenfettindex) 268, 340–1, 361, 440
Indicator indicator 144, 311
Indicatoridae 143
Indischer Schlangenhalsvogel *22*
Individuenaustausch siehe reproduktiver Austausch
Infantizid 155, 166–7, 169, 173–4, 212, 301, 339

Infektion, Infektionskrankheit 327, 361, 380, 385–92, 394–5, 397, 399–411
infektiöse Stadien 381, 384, 387
Infektiosität 391
Infektivität 412
Infizierung 383
Influenzavirus 407–9
Information 20, 83, 101, 105, 112, 199, 201–2, 212, 251–2
 genetische 381–4
information centre hypothesis 105, 212
Informationszentren 105, 212
Inklinationskompass 252
innate 286, 388
Insectivore siehe Insektenfresser
Insekten 36, 46, 50, 53, 56, 76, 87, 103, 119, 141, 158, 165, 183, 211, 227, 230–1, 236, 302, 330, 344, 380, 382–3, 443–4
Insektenfresser 20, 34–5, 48, 51–3, 75, 106, 147, 227, 254, 277, 319, 441, 443
Inseln 23, 49, 52, 155, 182–3, 186, 188, 196–7, 201, 208, 211, 225, 232, 295, 316–7, 323, 359–60, 362, 373, 403, 425–7, 429–30
instantaneous 289
Intensivierung (Landwirtschaft) 299, 318, 430, 437–46
intentional introduction 195
Interaktionen (Arten), Definition 310–2
interbout euthermia 77
interbrood conflict siehe *parent-offspring conflict*
interference competition 312, 328
Interferenzen 100, 328
Intermediärtyp siehe Mischäser
intermediate feeder 65
International Union for Conservation of Nature and Natural Resources siehe IUCN
International Waterbird Census 270
intrabrood conflict siehe *sibling conflict*
intraguild predation 318, 371
intrinsic rate of increase 286
intrinsische Wachstumskapazität 286, 313
intrinsische Wachstumsrate 286–8, 351, 431
introduction effort 196
invasiv 195, 197, 324–5, 360, 373, 401, 410, 412, 414, 428–9
Invertebraten 44, 49, 106, 119, 148, 253

Investition (siehe auch Investment) 107, 121, 127–30, 135–6, 154, 160, 167, 275, 304, 389
Investment (siehe auch Investition) 127, 135–7, 139, 140, 143, 152, 167
Inzest 142
Inzucht 193
Irrgast 234, 237
Irruption 218, 232
irruptive Bestandsentwicklung 295
Isolation
 räumliche - 186, 448, 450
 reproduktive - 16–7
 Wärmedämmung 18, 21–2, 26
Isometrie 34
isoosmotisch 44
Isothermen 191, 456
iteropar 127
itinerancy 235
IUCN 15, 17, 422–3, 427, 437
Ixodes ricinus 396
Ixodida 383

J

Jagd (Mensch) 99, 153, 192, 197, 204, 268, 277, 279–80, 292–4, 337, 340, 348–9, 351–6, 364, 369, 411, 429, 431, 433–5
Jagderfolg (Prädator) 85, 104
Jagdfasan *396*
Jagdverhalten (Prädator) 87, 102, 104, 330, 347
Jahresperiodik 22, 246
Jahresvogel 234
Japanmakake 121
Jarman-Bell-Prinzip 64, 67
Javaneraffe *115*
Jolly-Seber-Modelle 268, 282
Joule 31, 99
Jugendentwicklung 22–3
Jugendgefieder siehe Jugendkleid
Jugendkleid 23–4, 26
Jugendmortalität, -sterblichkeit 125, 275, 278, 284, 288, 296
Jungenaufzucht 121, 158, 166, 169, 171–2, 219, 300, 333, 455, 460
Jungenbetreuung, -fürsorge 135–6, 138–9, 141–2, 154, 165–73
Jungenfütterung 72, 145, 159, 174, 202
Jungenproduktion 120–1, 149–51, 199, 356, 359, 368, 386, 431
Jungenzahl (siehe auch Gelegegröße, Wurfgröße) 121, 124, 129, 132, 272
Junggesellen 68, 158
Jynx torquilla 445

K

Kaffernbüffel *68–9*, 210, 279, 283–6, 354, 410
Kainismus 140, 339
Kaiserpinguin 20, 73, 123
Kalender 251
Kalendervögel 230, 247
Kalifasan *24*
Kalifornischer Schweinswal 182
Kalium 48–9
Kalmare 320
Kalorie 31
Kälteresistenz 226
Kältestarre siehe Torpor
Kältestress 32
Kalzium 47–50, 108, 118
Kamelartige 62
Kammermagen 58, 61, 64
Kämpfe 122, 154–6, 163
Kampfläufer *164*, 175
Kamtschatkamöwe *25*
Kanadaluchs 344, 368–9
Kängurus 63
Kaninchen 59–60, 196, 363, 406, 413–4
Kannibalismus 339
Kapazität, Kapazitätsgrenze (Umwelt) 291–2, 295, 299, 303, 313–4, 357–8
Kapborstenhörnchen *99*
Kapkormoran 52
Kaptölpel 102
Karibu siehe Rentier
Karmingimpel 192
Karpfenartige 51
Kartierung 99, 181, 269
kartografischer Maßstab 180
Kaskaden 61, 338, 371–2
Katabolismus 71
Katzen (siehe auch Haus-, Wildkatze, Kanadaluchs, Löwe, Luchs, Pardelluchs, Tiger) 45, 159, 163, 210, 222, 278, 322, 349
Kauen, -apparat (siehe auch Wiederkäuen) 19, 47, 56–8, 61–4, 110, 112
Kaumagen 56
Keimruhe 147
Kerngebiete 186, 211
Keulen 392, 410–1
key innovation 313
kidney fat index 73
Kiebitz 101, 119, 355, 446
Kiefer 54, 65, 69, 109–10, 320–1, 406
Kiefernhäher 107
Kiefertiere 17
Kiemen 44

kill rate 340, 342
Kilojoule 31
kin selection 138, 142
Kindergarten 141
Kinetoplasta 382
Kladogramm 17–8
Klassifikation 15, 17, 65–9, 169, 428
Kleiber 56, 106, 315
Kleiber, Max 34
   Kleibers Gesetz 34
Kleibervanga *56*
Kleidervögel 55, 399–401
kleine Populationen 280, 282, 360, 427–8
Kleingefieder 22, 24
Kleingrundfink 323–4
Kleingehirn siehe Gehirn
Kleinsäuger 97, 123, 185, 269, 300, 314, 341, 361–2, 372, 429, 444, 457–8
Kleinstböckchen *433*
Kleptoparasitismus 99–101, 104, 310, 332, 380
Klimaänderungen, -erwärmung siehe Klimawandel
klimatische Nische 453
Klimawandel 206, 318, 452–3, 455–6, 458
   Artverbreitung 191, 206, 456–9
   Bestandsveränderungen 453–6
   Infektionskrankheiten 399
   Indikatoren 452–4
   Wanderungen 254, 256, 460
Kloakentiere 18, 34, 56, 75, 134
Knochen 47–8, 50, 203, 332
Knochenbau 19
Knochenfische 44, 51
Knochenmarkfett 73
Knorpelfische 17–8, 51
Knoten (Kladogramm) 18
Known-Fate-Modelle 282
Knutt 248, 260
Koala 60–1
Kobus 68
   - *ellipsiprymnus 63*
   - *kob leucotis* 220
Koevolution 107, 134, 148, 159, 310, 385, 412, 414
Koexistenz 314–7, 319–20, 322, 329, 438
kognitive Fähigkeiten 88, 101, 107, 160
kognitive Landkarte 229, 251, 253
Kohlendioxyd 453
Kohlenhydrate 42, 45–7, 53, 59, 70, 229, 247

Kohlmeise 90, 95, 119, 129, 146, 358, 387, 395
Kohorten siehe Altersklassen
Kojote 355, 372–3
Kolibris 39, 75, 97, 131, 175, 239, 246, 303, 312
Kolkrabe 105
Kolonie, -brüter 50, 88, 105, 124, 141, 143, 145, 153, 162, 193, 201, 208–9, 211–2, 225–6, 263, 269–70, 293, 298–9, 318, 355, 357, 388–9, 404, 434–5
Kolonisation 188, 192, 194, 197, 204–5, 404
Kommensalismus 310–1, 330, 380, 413
Kommunikation 20–1, 139, 161
Kompass, -system 229, 251–3
Kompassorientierung 250–1
kompensatorische Mortalität 348–50, 353–7, 374, 397
kompetitiv 143, 193, 317, 319, 329–30
Kompromiss (siehe auch *trade-off*) 91, 96–7, 108, 118, 124, 210
Kondition 71–3, 76–7, 95, 97, 118, 122–3, 126, 149–51, 162–3, 194, 205–6, 245, 249, 260, 295, 350, 354, 369, 387, 389, 395, 407, 446
konditionale Strategie, – Taktik 163–4
Konflikt (Fortpflanzung) 134, 136–41, 154, 167–9, 354
Königspinguin 20
Königstyrann *127*
Konkurrenz
   Fortpflanzung 23, 121–2, 127, 138, 144, 149, 151–7, 162–9, 171–3, 193, 202, 211–2, 258, 303, 349
   interspezifische - 184–5, 189, 195–6, 202, 310, 311–5, 317–9, 321–30, 332, 338, 379–80, 309–10, 312–3, 317, 320, 325, 330, 333
   Nahrung 43, 100–1, 106, 139, 193, 244, 259, 294, 364, 371
Konkurrenzausschluss 316, 319, 324–5, 327–8
Konkurrenzgleichungen 364
Konkurrenzkoeffizienten 314
Konkurrenzvermeidung 193, 320
Konstitution 72–3, 76, 102, 205
Konsumenten 50, 97, 107, 112
Konzentratfutter 65
Konzentratselektierer 65, 67–8
Kooperation
   Brüten (siehe auch Helfer) 101, 126, 136, 141–2, 151, 193, 318
   bei Geschwistern 140–1

Jagen 102, 104
Koprophagie 58–60, 70
Kopulation (siehe auch Befruchtung, Begattung, Fremdkopulation) 118, 121, 127–8, 154–5, 157–8, 160, 162, 165–6, 168–9, 392
Korallenmöwe 120
Kormoran 290–1, *292–3*, *335*
Kormorane (siehe auch Kormoran, Kapkormoran) 22, 38, 102
Körner, -fresser siehe Samen, -fresser
Kornweihe 341–2, 359, 370
Körperfett siehe Energiespeicher, Fettdepot
Körperflüssigkeit 44, 382
Körpergewebe (Produktion) 32–3, 36, 47
Körpergewicht siehe Körpermasse
Körpergröße 25, 34–5, 39, 51, 61, 63–4, 67–9, 72–3, 93, 103–4, 109–10, 113, 119–20, 122, 125–6, 131, 140, 147, 155–7, 194, 205, 209–10, 273, 278, 303, 318–9, 322, 342, 345, 353, 386, 427–8, 453
körperliche Verfassung siehe Kondition
Körpermasse 21, 25, 33–5, 39–40, 63, 69, 72–3, 76–7, 93, 119–20, 122–3, 126, 130, 156, 160, 166, 209–10, 279, 296, 319, 343, 349, 353–4, 386, 427, 433
Körperorgane siehe Organe
Körperreserven, -vorräte siehe Fettdepot
Körpertemperatur 31, 35–8, 71–7, 135, 226, 388
Körperwachstum 32–3, 45, 53, 118, 126, 140, 145, 224, 227, 277, 312, 327, 330, 395–6, 403
Körperzustand siehe Kondition
kosmopolitisch 182
Kosten siehe Energie, Fitnesskosten
Kosten-Nutzen-Analyse 8, 86, 91
Kot 32, 44, 52, 59–60, 69–70, 73, 77, 209, 269, 331, 384, 387
Krabben 46
Krähen, -vögel (siehe auch Amerikaner-, Glanz-, Raben-/ Nebel-, Sundkrähe) 91, 355, 357–9, 363
Krähenscharbe 278
Krallenaffen 141, 172
Kraniche 139, 171, 238, 426
Krankheit 189, 204, 212, 278, 294, 302, 311, 328, 348, 380–2, 385, 390–414
Kräuter (Nahrung) 45, 52, 65

Krebserkrankung, -krankheit 398–400
Krebstiere 52
Krickente *321*
Kriging 211, 267
Krill 44, 63
Krokodile 17–8, 51, 284
Kronenadler *98*
Kropf 55
Krypsis, kryptisch 23, 87–8, 103
K-selektiert 303
Kuckuck *144*–5
Kuckucke (siehe auch Kuckuck, Gelb-, Schwarzschnabelkuckuck) 64, 143–4, 230, 235, 240
Kuckucksente 143
Kuckuckstauben 316
Kudu *68*, 354
Kuhantilopen 69
Kühe siehe Rinder
Kuhpocken 395
Kuhreiher *181*, 191, 330
Kulan 221
Kulturlandschaft 188, 301, 438, 445
Kupfer 48
Kurzstreckenzieher, -zug 226–7, 231–3, 240, 247, 302, 439, 460
Kuschelgruppen 73–4
Küstenseeschwalbe *240*, 255

L
Labmagen 58, 61–3, 384
Lachmöwe *37*, 101, *263*
Lack, David 129–30
Lack clutch 129, 131
Lack's rule 130
Lagopus lagopus scoticus 341, 369–71, 397
 - *mutus* 74
Lagovirus 414
Laktation 32, 41, 47, 111, 120–1, 136–7, 145, 147–8, 222, 226, 387
land sharing, – sparing 447
Landmarke 211, 229, 249–51
Landnutzung 192, 199, 372, 446, 453, 455
landscape of fear 97, 99, 374–5
landscape of risk 97
Landschaftsebene, -skala 180, 187, 198, 447
Landschaftsmatrix 195
Landschaftsökologie 420, 448
Landwirtschaft siehe Intensivierung der Landwirtschaft
Landwirtschaftsgebiet siehe Agrarland
Langflügelfledermaus 227

langlebig 120, 132, 139, 233, 258, 265, 275, 278, 284, 288, 303
Langstreckenzieher, -zug 36, 193, 226–7, 231, 234, 236, 239–40, 247, 256, 302, 434, 439, 460
Lanius 165
Lanius collurio 258
 - *excubitor* 165
Lappentaucher (siehe auch Hauben-, Rothalstaucher) 25, 212, 230, 232, 323
larder hoarding 106
Larus 87, 355
 - *canus* 81
 - *michahellis* 87, 357
 - *schistisagus* 25
Lasiurus 227
Latrine 387
Laubäser, -fresser 20, 60, 63–9, 110–2, 220, 302, 321, 328
Laubenvögel 159–61
Laufen (Fortbewegung) 38–9, 44
Lausen 387
Lausfliegen 377, 396
leaders 103
Lebensalter siehe Lebensdauer
Lebensdauer, -spanne 120, 125, 127–30, 133, 162, 164, 272–5, 278, 282–4, 286–7, 390, 453
Lebenserwartung 273–4, 283–5, 389
Lebensraum siehe Habitat
Lebensraumfragmentierung siehe Fragmentierung
Lebensraumveränderungen, -zerstörung 424, 428, 430, 435, 437–9, 446–7, 453
Lebensstrategie 18
Lebenstafel siehe Sterbetafel
Lebenszyklus (Parasiten) 382–5
Leber 33, 44, 71, 403–4
Leguane 51
Leibeshöhle 382
Leierantilope 169, *175*
Leipoa ocellata 137
Leishmania, Leishmaniose 382
Leistungen siehe Energieumsatz
lek 159, 162, 164, 170, 174–5
lek polygyny 170
Lemminge (siehe auch Nördlicher Halsbandlemming) 60, 364–6
Lemmus 365
Lemuren 60, 76–7, 174, 183, 274
Leopard 92, 318–9, 432
Leporipoxvirus 413
Leptonychotes weddellii 127
Leptonycteris 227

Lepus americanus 22, 344, 368
 - *europaeus* 331, 414, 439
 - *timidus* 22, 70, 395
Lernen 84, 87, 108, 200, 278
Leslie-Matrizen 282
Levins, Richard 187
Libellen 48, 183
life cycle 383
life history 118, 120, 125–9, 131–6, 145, 153, 171, 192, 225, 258, 273–7, 287, 297, 301–4, 314, 339, 343, 383, 389, 398, 425, 427–8, 431, 433, 455
life table 281–2, 284
lifestyle hypothesis 303
lifetime reproduction effort 120
lifetime reproductive success 128, 192, 401
Lignin 42, 47, 57, 65–6, 70
Limikolen siehe Watvögel
Limitierung (Population) 132, 293–4, 299, 301–2, 317, 339, 343, 345, 351–5, 357–9, 371–3, 380, 388, 404
Limosa lapponica 41, *245*
 - *limosa* 299, 446
Limulus polyphemus 260
Lincoln-Peterson-Modelle 268
lineage 182
Lipide (siehe auch Fett) 42, 45–7, 70, 120
Listeria 382
Litocranius walleri 67–8
Living Planet Index 423
local enhancement 105
local resource enhancement 152
local resource competition 151
logistische Kurve 112, 291–4, 299, 303, 313, 341, 448
lokale Ebene (Skala) 180
lokale Population 188, 266
long-distance migrants 231
longevity 272
loop migration 238
Lophocebus albigena 101
Lophura leucomelanos 24
Lotka, Alfred 313, 364
Lotka-Volterra-Gleichungen, – Modell 313–4, 316, 364, 368
low pathogenic avian influenza virus 407
Löwe 50, 87, 93, 102, 104, 141, 167, 173, 222, 279, 342, 354, 358, 361, 406
Loxia curvirostra 231
Loxodonta 21
 - *africana* 59, 69, *206*-7, 220, 279, 297, 328

Sachregister

Luchs 133, 344, 346, 350, 353, 368–9, 372
Luchs-Hasen-Zyklen 368–70
Lullula arborea 298, 445
Lunge 44
Lungenfische 18
Lutra lutra 199, 208
Lycaon pictus 93, *104*
Lymantria dispar 344
Lynx canadensis 344, 368
  - *lynx* 133, 342
  - *pardinus* 372, 414
Lyssavirus 405

M

Macaca 432
  - *fascicularis 115*
  - *fuscata 121*
  - *mulatta 297*
Macoma 341
Macronectes giganteus 45
Macropus fuliginosus 267
  - *giganteus* 62
  - *rufus 267*
Macropygia mackinlayi 316
  - *nigrirostris* 316
Macroscelides 166
Madeirasturmvogel *39*
Madenhacker 13, 311–2
Madoqua kirkii 69
Magellanämmerling *333*
Magellanspecht *333*
Magen 33, 45, 54–63, 313
Magensäure 55–6
Magensteinchen 56
Magerwiesen 445
Magnesium 48–9
Magnetfeld 238, 250–2
Magnetkompass 229, 252–3
Mähnenrobbe *155*
Makaken (siehe auch Javanerafle, Japanmakake, Rhesusmakake) 432
Makroalgen 45
Makroelemente 42, 47–8
Makroevolution 412
Makroökologie 182
Makroparasiten 381, 384, 386, 389–90, 394–5, 407
Malaria (siehe auch Vogelmalaria) 382, 384, 395
Malthus, Thomas Robert 286
Malthus'scher Parameter 286
Malthus'sches Wachstum 286
Mammalia 17
Management (Arten, Biotope) 202, 207, 270, 294, 345

Mangan 48
Mangelerscheinung 73
Mangusten 141, 312, 405
Mannheimia 404
Manis 431
Männchenanteil siehe Geschlechterverhältnis
Manorina flavigula 318
  - *melanocephala* 318
Manövrierfähigkeit 72, 105
marginal value theorem 94, 111
Markierung
  Technik 229, 251, 258, 260, 268, 273, 281, 409
  Territorien 209
Marmota marmota 77
Masern 381, 406
mass action principle 391
Massenänderung (Organ) 56, 71
Massenaussterben 424
Massensterben 71, 302, 403–7
Massenvermehrung siehe Gradation
Massenwirkung 391
Massenzug 238
Maßstab, Maßstabsebene siehe Skala
Mast, -jahr (Samen) 148, 191, 232, 274, 302, 344, 397
mate choice 154
mate guarding 166, 169
mate –, offspring desertion 170
maternal effects 365, 389
mating systems 169
Matrix (Landschaft) 195, 433, 448–51
matrix permeability 450
matrix projection model 282
Matrixprojektion 288
Mauersegler 203
Maultierhirsch 201, 221, 296, 357
Maul- und Klauenseuche 401
Mäuse 135, 172, 360, 389
Mauser 21–7
Mauserzug 25, 232
Mausmakis (siehe auch Graubrauner –, Grauer Mausmaki) 76
Mausvögel 75
Mayr, Ernst 17
Meerechse 54
Meeresfische 45
Meeressäuger (siehe auch Robben, Wale) 185, 219, 224
Meeresschildkröten 284
Meeresvögel
  Brut-, Populationsbiologie 129, 131, 135, 140–1, 170, 288, 333, 357, 360, 362, 426, 455
  Brutkolonien 52, 212, 269

Mauser 25, 232
  Nahrungssuche 89, 100, 105
  Orientierung 253
  Wanderungen 230, 232–3, 239–40, 319
Meerschweinchen 60, 135, 170, 277
Megaherbivoren (siehe auch Herbivoren) 279, 331, 353, 431
Megaptera novaeangliae 224
Mehlschwalbe 395
Mehr-Augen-Prinzip 101
mehrstufige Prädatorensysteme 371
Meiose 149
Meisen (siehe auch Blaumeise, Kohlmeise) 106–7, 319
Meisenhäher 455
Meles 76
  - *meles* 410–1
Mellivora capensis 311
Melomys rubicola 182
Melopsittacus undulatus 231
Melospiza georgiana 26
  - *melodia* 375
Mensch (Biologie)
  Dispersal 192–3
  Energieumsatz 41
  Populationsbiologie 272, 279–84, 288
  Sinnesleistungen 19–20
  Verdauung, Wasserhaushalt 44–5, 53, 56, 66,
  Symbiose 311
  Parasiten und Krankheiten 383–5, 389, 403–7, 410
Menschenaffen (siehe auch Berggorilla, Bonobo, Orang-Utan, Schimpanse) 193, 431
Mephitis mephitis 355
Merops 211
Mesoprädator 371–3, 432
Mesopredator-Release-Hypothese 371–3
mesopredators 371
metabolic rate 33
  basal – 33
  field – 33, 39–41
  resting – 33
  sustained metabolic scope 41
metabolische Abhängigkeit 311
metabolische Kapazität siehe physiologische Leistungsfähigkeit
metabolische Phasen (Fasten) 71
Metabolische Theorie der Ökologie 34
Metabolismus 32, 37, 44, 77, 123, 125, 246–7, 381, 394

Metabolismusrate siehe Energieumsatz
Metaboliten 34, 66
Metapopulation 180, 186–8, 192, 300, 393, 448
Methan 32, 46, 61–2, 453
Microcebus 76
 - *griseorufus* 76
 - *murinus* 76
Microsporidia 382
Microtus 301, 315, 365
 - *agrestis* 315
 - *arvalis* 367
 - *oeconomus* 301
midgut 54
migrants 230–1
migration (Definitionen) 180, 218, 232–3
migration divide 238
Migrationsverhalten siehe Wanderungen
migration syndrome 218
migratory disposition 246
migratory restlessness 247
Mikroben
 Parasiten 311
 Verdauung 47, 50, 54–5, 57–62
Mikroelemente 42, 48
Mikroevolution 412
Mikroorganismen siehe Mikroben
Mikroparasiten 381, 383–5, 390–1, 397
Milben 383, 407
Milch (siehe auch Laktation) 19, 32, 44, 46–7, 119–20, 123, 136–7, 384, 389
Miliaria calandra 445
Milvus migrans 161, 258
Milzbrand 405
Minerale 44, 47–9, 53, 83, 222
minimale lebensfähige Populationsgröße 269
minimum viable population 269
Miniopterus schreibersii 227
Mink siehe Amerikanischer Nerz
Mirounga 123, 155–6
 - *angustirostris* 225, 277
 - *leonina* 87, 162
Mischäser 65–8, 203
mitochondriale DNA 193
Mittelgrundfink 323, *324*–5
Mittelmeermöwe 87, 357
mixed feeders 65
mixed feeding flocks 103
mixed strategy 259
Moas 427

Mobilität 35, 180, 187, 385, 407, 448, 450
Mollusken 42, 52, 92, 347, 399
Molluskennahrung 55–6, 347
molt 21
 pre-alternate -, *pre-basic* -, *pre-juvenile* - 24
Monachus schauinslandi 277
Mönchsgrasmücke 256–7
Mongolische Gazelle 220–1
Monitoring 270, 356, 423, 437, 455
Monogamie 69, 123, 138, 149, 165–73, 269, 275, 390
Monokotyle (Monokotyledonen) 49, 66
monophyletisch 18
Monopolisierung 122, 155–7, 162–3, 174
Moorschneehuhn 341, 369–71, 397
Morbillivirus 406
Morphologie 19, 21
morphologische Anpassungen 37–8, 51, 54, 69, 85, 93, 110, 131, 203, 320, 339
morphologische Differenzierung 17, 155, 320–2
Mortalität, Mortalitätsrate
 altersspezifische – 43, 48, 125, 129–30, 134–5, 139, 258, 265, 272–3, 275, 278, 280–1, 284, 287–8, 349
 anthropogene – 204, 279, 287, 363, 429, 443, 451
 Demografie 272–3, 279, 282–5, 289, 291, 294–5, 348–9, 365, 392
 dichteabhängige – 295–6
 geschlechtsspezifische – 149, 152–3, 258, 301
 Infantizid 167
 life history 136, 149, 153, 201, 204, 258, 265, 273, 303
 Parasiten und Krankheiten 390, 392–7, 399–400, 403–6, 413–4
 Prädation 193, 201, 204, 279, 337, 347–9, 351–4, 356–9, 361, 371, 374, 349, 351, 353, 357, 446
 trade-off 133
 umwelt-, zugbedingte – 205, 238, 274, 303, 353, 460
 Winter- 205, 396
Mortalitätsrisiko 101, 142, 274, 394
Morus 102
 - *bassanus* 23
 - *capensis* 102
mosaic map 251
Mosaikkarte 251
Moschusochse 123

Moschustiere 62
Motacilla flava 330
moult 21, 24
Möwen (siehe auch Dreizehen-, Lach-, Kamtschatka-, Korallen-, Mittelmeer-, Schwarzkopf-, Sturmmöwe) 23, 101, 230, 271, 318, 355, 357–8, 405
Mufflon 67
multiple Kopulationen 165, 174
Multiplikationsrate pro Generation 286
Mund 19, 54–6, 61, 383
Muntiacus 432
Muntjak 432
Mus musculus 182, 197, 341
Muscardinus avellanarius 315
Muschel, -fresser 91–2, 94, 271, 312, 341, 348, 399
Muskelmagen 56
Mustela 133, 366
 - *erminea* 356, 366
 - *lutreola* 328
Mutante 150
mütterlicher Effekt 365
Mutualismus 310–1
Mycobacterium avium 404
 - *bovis* 404
 - *tuberculosis* 40
Mycoplasma conjunctivitis 404
 - *gallisepticum* 404
Mycoplasmose 404, 412
Myocastor coypus 60
Myiagra ruficollis 138
Myodes 365
 - *glareolus* 315
 - *rutilus* 301
Myotis 227
 - *grisescens* 227
Myrmecophaga tridactyla 54
Myxoma 406, 413–4
Myxomatose 398, 406, 413–4

N
Nachtaktivität 37, 51, 54, 74, 174, 240
Nachtschwalben 75
Nachtzieher, -zug 240–2
Nacktmull 141–2, 167, 300
Nagana 382, 403
Nagetiere, Nager 21, 34, 37, 48, 52, 60, 66, 70, 73, 75, 97, 106, 123, 131, 133, 135–6, 141, 147, 162, 166–7, 171, 182, 185, 197, 231–2, 274, 277, 288, 297, 300, 319, 330, 333, 344, 365–6, 368, 372–3, 385, 388–9, 404, 406–7, 410, 431, 433, 457

Sachregister

Nährstoffe 31, 42, 45–6, 54, 62, 94, 108, 111, 118, 124, 380, 383
- -analyse 42, 47
- -angebot 259
- -balance 108
- -eintrag 293, 372
- -gehalt 41, 67, 108, 137, 147, 259, 331, 369
- -reserve 121
- -versorgung 283, 366–8

Nahrung (siehe auch Ernährungstypen)
- und BMR 35
- Energiegehalt 42, 44–7
- Kategorien 51–2
- Nährwert siehe Nahrungsqualität
- Verdauung 54–69
- Zusammensetzung (siehe auch Nahrungsspektrum) 41–51, 65, 86, 93–4, 107

Nahrungsaufnahme 63–4, 75, 87, 89, 96, 100–3, 109, 111–2, 122–3, 200, 224, 241, 247–8, 320, 330, 340
Nahrungsbedarf 34, 40, 137
Nahrungsdichte, -menge 57–8, 87, 93–5, 97, 99–100, 105, 112, 131, 145, 294, 460
Nahrungseffizienz 86–7, 89
Nahrungserwerb siehe Nahrungssuche
Nahrungsmangel 71, 75, 226, 278–9, 295, 298, 348, 351, 375, 455
Nahrungsmenge siehe Nahrungsdichte
Nahrungsnetz 311, 360, 372
Nahrungsqualität (siehe auch Nährstoffgehalt) 42, 45, 47, 57, 64–6, 83, 148, 220–1, 332, 259–60, 369–70
Nahrungsressourcen 113, 139, 199, 209, 223, 254–5, 320, 325
Nahrungsspektrum 52, 84–5, 295, 319
Nahrungssuche 51–2, 55–7, 70, 74, 83–8, 91–2, 94–7, 99–104, 107–10, 120, 180, 198–9, 205, 211, 218, 230, 236, 241, 253, 278, 312, 319, 320–1, 374, 399, 440, 443, 445
Nahrungsterritorien 158, 175
Nahrungsverfügbarkeit siehe Nahrungsversorgung
Nahrungsversorgung 72, 96, 133, 136, 140, 145, 147, 205, 219, 230, 248, 255, 294–5, 297–8, 302, 319, 354, 357, 365, 368, 387, 397, 449
Nahrungswahl 49, 51, 84–6, 89, 91, 93–5, 108–9, 199, 328
Nährwert 47, 57, 331–2

Nanger granti 158
Nasalis larvatus 64
Nasenaffe 63–4
Nasenbären 330
Nashörner (siehe auch Breitmaul-, Panzer-, Spitzmaulnashorn) 59, 73, 431
Nashornpelikan 193
Nashornvögel (siehe auch Doppelhornvogel) 26–7
Nasua 330
natal dispersal 194
natal down 23
Natalität 266, 272
Natrium 48–9, 93, 108, 222
Naturalisation 195
natürliche Selektion 86, 100, 125–6, 128–9, 139, 149, 154, 157, 159–60, 199–200, 253, 256–7, 265, 287, 303–4, 309, 322, 413–4, 453
natürliche Aussterberate 424
natürliche Experimente 314, 322
Naturschutzbiologie (Definition) 420
Naumann, Johann Andreas 247
Navigation 225, 229, 240, 249–54
near threatened 423–4, 426, 437, 456
nectarivor siehe Nektarfresser
nekrotroph 380
Nektarfresser 51, 53, 70, 92, 94, 103, 227, 312
Nematoda 382
Nematoden 370, 382, 384, 386, 388, 395
Neonicotinoide 443–4
Neophyten 195
Neotragus pygmaeus 433
Neovison vison 328, 349
Neozoen 195
Nepalhaubenadler 23
Nerze siehe Amerikanischer Nerz, Europäischer Nerz
Nestflüchter 132, 135–6, 143
Nesthocker 135–7, 222, 300
Nestlingsmimikry 144
Nestlingszahl siehe Jungenzahl
Nestplatz 158, 200, 211, 312, 440, 443
Neststandort siehe Nestplatz
Nettoaufnahmerate 86–7, 91, 108–12
Nettogewinn 83, 86
Nettoreproduktionsrate 286, 288–9, 391–2, 394, 401–2, 410, 414
Netzmagen 58, 61–3
neu auftretende (sich ausbreitende) infektiöse Krankheiten 400–1
Neugeborene 119–20, 224, 285, 368
Neunaugen 18

Neuntöter 258
neuronale Schaltkreise, – Strukturen 77, 108
Neurotoxine 49
Neutralismus 310–1
Newcastle disease 402
niche 316–7
niche conservatism 458
Nichtwiederkäuer 58
Niederschläge 183, 222, 231, 243, 452, 454–5, 457
Niere 43–4
Nierenfettindex 73, 122–3
Nilpferd 279, 331
Nisaetus nipalensis 23
Nische 85, 154, 316–7, 319–21, 458
Nistkästen 301, 326
Nistplatz siehe Nestplatz
node 18
Nomadismus 218, 221, 231–2, 236, 247, 366, 434
non-consumptive effects (Prädation) 98–9, 374
Nonstopflüge 41, 44, 71, 240, 242, 244–6, 248–9
Nordische Wühlmaus 301
Nördlicher Halsbandlemming 366
Nördlicher See-Elefant 225, 275
Normaltemperatur 40, 76–7
Normothermie 76
Nothofagus 333
Nötigung 169
Notomys alexis 44
Nucella 91
Nucifraga caryocatactes 106
- *columbiana* 107
Nukleinsäuren 42, 45
numerical response 343
numerische Reaktion 342–6, 349, 358–9, 362, 364, 366, 369
nuptial gift 158
Nutria 60
nutritional wisdom 108
Nutzgeflügel siehe Geflügel
Nutztiere 32, 61, 324, 328–9, 331, 382, 392, 395, 401–4, 406, 410
Nutzungskonflikt 354
Nutzungsrate siehe Jagd (siehe auch Prädationsrate)
Nyctalus leisleri 227
- *noctula* 227

O

obligate partial migration 257
obligate siblicide 140

Ochotona 106
- *collaris* 331
- *curzoniae* 330
Odocoileus hemionus 201, 221, 296, 357
- *virginianus* 295, 360, 411
Oenanthe oenanthe 237
Oesophagus siehe Speiseröhre
offene Population 268
Offenland 85, 96, 187, 196, 438, 446, 449
Ohrengeier *307*
Ohrenrobben 124, 140
ökologische Vielfalt (Definition) 421
ökologische Diversitätsmaße 183, 421
ökologische Falle 202
ökonomische Kapazitätsgrenze 292
Ökosysteme 110, 183, 421, 437, 453
Ökosystemingenieure 333–4
Öle siehe Lipide
Omasum siehe Blättermagen
Omnivore 45, 47, 51, 54–8, 194, 205, 209–10, 347
Ondatra zibethicus 349
OpenBugs 268
Operophtera 146
Opisthocomus hoazin 64
Opportunist (Nahrungswahl) 31, 85, 339
Opportunitätskosten 99
optimal diet 86
optimale Lösung 84
optimaler Ertrag 292
optimales Verhalten 84–7, 89–92, 94–6, 100, 104, 107–8, 125, 128–9, 139, 147, 168, 202–3, 221–2, 240, 255, 460
optimal foraging 86, 339
optimal patch 94, 111
Optimierungsmodelle 86, 91, 96, 99
Optimierungsstrategie 145
Orangefleck-Waldsänger 315
Orang-Utan 169
Orbivirus 406
Orcinus orca 182, 225
Oreamnos americanus 124
Organabbau, -aufbau 21, 71–2, 229
Organisationsebenen 339, 421
Organisationsstufen 180
organischer Kohlenstoff 57
organismische Vielfalt (Definition) 421
Organmassen 229
Oribi 67, 279
Orientierung 19–21, 54, 225, 229, 240, 243, 249–54, 387

Ornamente, Ornamentierung 20, 122, 159–62, 164, 167–8, 172–4, 273, 390, 396
Ornithorhynchus anatinus 20
Orthomyxoviridae 405
Ortskenntnis (Orientierung) 248–9, 251
Ortstreue 192–4, 227
Orycteropus afer 54
Oryctolagus cuniculus 59, 196, 372, 406, *413*
Oryx 69, 84
- *dammah* 177
- *leucoryx* 84
Osmolarität 44
Osteichthyes 18
Osteodystrophie 50
Ostertagia gruehneri 397
Östliches Graues Riesenkänguru 62
Östrus 133, 155, 157, 167
Otaria flavescens 155
Otis tarda 153, 193
Ourebia ourebi 67, 279
overpass/underpass 195
Ovibos moschatus 123
ovipar 134
Ovis aries 62, 139, *296*, 396
- *canadensis* 124, 188–9, 276, 451

P

Paarbindung 169, 171
Paarhufer 62–3
Paarung (siehe auch Verpaarung) 24, 136, 148, 155, 162, 172–4, 224, 227, 257
Paarungspartner 122, 169–70
Paarungssystem 122, 127, 152, 168–74, 275, 387
Paarungszeit 147–8, 227
Pagophilus groenlandicus 225, 393
Palmenflughund *228*
Pan paniscus 193
- *troglodytes* 193
Pandion haliaetus 181
Pansen 50, 58, 61–3, 93
Panthera leo 50, 87, 141, 167, *173*, 222, 279, 342, 406
- *pardus* 92, 318, 432
- *tigris* 318, *343*, 432
Pantholops hodgsonii 220
Panzernashorn *417*
Panurus biarmicus 56
Papageien 20, 49, 171, 197, 407, 426
Papillomaviridae 402
Papio cynocephalus 168
Paradiesvögel 175

Paramyxoviridae 381, 402, 406
parapatrisch 17
paraphyletisch 18
parasitäres Verhalten 312
parasite load 386
Parasiten, Parasitismus (siehe auch Brutparasitismus, Kleptoparasitismus) 112, 189, 195, 219, 294, 302, 310–2, 338–9, 350, 361, 370–1, 380–97, 399–407, 412–3
Parasitenabwehr (siehe auch Immunabwehr) 148, 157
Parasitenbefall, -belastung 202, 212, 385–8, 390, 394–6
Parasitengemeinschaften 386
Parasitoide 380
Parasitose 385, 392, 394, 399–400, 405
paratenischer Wirt 384
Paratuberkulose 404
Pärchenegel 383
Pardelluchs 372, 414
parental care 134
parental investment 134–5
parent-offspring conflict 134
Paridae 106
parthenogenetisch 148
partial migrants, – migration 222, 233
Partikelgröße (Verdauung) 58–9, 61, 63–4, 320–1
Partnerwahl 20, 153–5, 165–6, 174, 212, 390
Parus major 90, 119, 129, 146, 358, 387, 395
Parvoviren, Parvoviridae 328, 402
passage migrant 234
passenger–driver model 326
Passer domesticus 182, 197, *205*, 270, 358, 389
- *montanus* 358
Pasteurella, Pasteurellose 404
patch 94–100, 109–12, 179, 187
patchy population 188
Pathogene 55, 157, 162, 294, 311, 329, 381–3, 388–90, 394, 401, 413, 430
Pavo cristatus 160
Pazifische Ratte 197
Pedionomus torquatus 172
Pekaris 63
Pelagodroma marina 355
Pelecanus 102, 140
- *erythrorhynchus* 193
- *onocrotalus* 26
Pelikane (siehe auch Nashorn-, Rosapelikan) 25, 102, 140, 240
Pennantsittich 326

Sachregister

per capita rate 272
Perca fluviatilis 42
Perdix perdix 355, 439
Pericrocotus speciosus 103
Perisoreus canadensis 455
permanent resident 234
Peromyscus guardia 359
  - *leucopus* 389, 397
  - *maniculatus* 397
Pest (siehe auch Beulen-, Geflügel-, Rinder-, Schweinepest) 382, 385, 404
Pestiviridae 402
Pestizide 430, 435, 438, 441, 443–4
Petrochelidon pyrrhonota 105
Pfau 159–60
Pfeifhasen 106, 330, 457
Pferd 38, 44, 58, 329, 331
Pferdeantilope *361*
Pferde, -artige 59, 70, 220, 406
Pflanzen
  Artenzahl 15
  eingebürgerte – 195
  Landwirtschaft 441–2, 444
  Nahrung 41–2, 44–53, 57, 60, 64–8, 70, 85, 87, 93–4, 107–8, 111–2, 148, 328, 338, 347
  Pilze 382
  Produktionsrate 119
  Samenverbreitung 107
  Verbreitung 191
Pflanzenfresser siehe Herbivore
Pfuhlschnepfe 41, *245–6,* 249
Phagozyten 388
Phalacrocorax 102
  - *aristotelis* 278
  - *atriceps* 88
  - *capensis* 52
  - *carbo* 290, *292, 335*
Phalaenoptilus nuttallii 76
Phänologie 146, 224, 453, 459–60
Pharynx 54
Phascolarctos cinereus 61
Phasianus colchicus 396
phenological mismatch 459–60
Philomachus pugnax 164, 175
philopatry 192
Phoca vitulina 225, *393*
Phocoena sinus 182
Phoenicopterus roseus 193, 257
Phoenicurus ochruros 363
  - *phoenicurus* 445
Phosphor 47–8, 52, 118, 222
Phragmites australis 332
Phrygilus patagonicus 333
Phthiraptera 383

Phylloscopus reguloides 103
phylogenetic tree 18
Phylogenie, phylogenetisch 17–8, 74, 131, 133–5, 196, 273, 303
physiologische Leistungsfähigkeit 37–8, 409
physiologische Strategien 74, 274
Phytoplankton 46
Pica pica 131–2, 359
Picea abies 231
  - *glauca* 148
Picornaviridae 381, 402
Pieper 240
Pigment 162
piloting 249
Pilze 57, 381–2
Pinguine (siehe auch Kaiser-, Königspinguin) 38, 73–4, 97, 123, 131
Pinus cembra 107
Pipistrellus nathusii 227
piscivor 51, 347
Piscivore siehe Fischfresser
plague 385, 404
Plasmodium 382, 384, 387
  - *relictum* 399, 403
Plattmuscheln 341
Plattwürmer 382
Platycercus elegans 326
  - *eximius* 326
Platyhelminthes 382
Plazenta 389
Plazentatiere 18, 34, 120, 134
plumage 23–4
Pocken, -viren 381, 401, 406, 413
Podiceps cristatus 323
  - *grisegena* 212, *323*
Polarfuchs 318
polarisiertes Licht 20, 229, 253
Polarrötelmaus 301
Polarstern 252
Polio 381
Polyandrie 155, 170, 172–3
Polygamie 170
Polygynie 122–3, 149–50, 152, 169–74, 193, 225, 273, 275, 277, 280, 288, 390
polygyny threshold model 173
Polytomie 18
Pongo 169
Population (Definition) 266
Populationsdichte siehe Dichte
Populationsdynamik siehe Demografie, Limitierung, Parasitismus, Populationswachstum, Prädation, Regulation

Populationsgröße (siehe auch Bestandsgröße, Dichte, minimale lebensfähige Populationsgröße, kleine Populationen)
  Definition 266
  unter Konkurrenz 313–4
  Schätzung 208, 266–9
  Wachstum 286, 288–93, 299
  großflächige Rückgänge 260, 274, 398, 424
  Wirtspopulation 392, 397
Populationsmerkmale 222, 266, 272–3, 281, 302
Populationsmodell 273, 282
Populationszusammenbruch siehe Bestandszusammenbruch
Populationszyklen siehe Zyklen
Pottwal 224
Poxviridae 381, 406
Prachteiderente 232
Prachtkleid 23
Prädation (siehe auch Limitierung, Mortalität, Regulation)
  Definition, Formen 338–9
  letale Wirkungen 348–74
  nicht letale Wirkungen 374–5
  Todesursachen 278–9
Prädationsdruck 35, 134–5, 152, 186, 202, 204, 219, 225, 274, 352, 354, 358, 366, 368, 373, 451
Prädationsgefahr siehe Prädationsvermeidung
Prädationsraten 152, 282, 345–9, 351–3, 355, 362–3, 372, 445–6, 448
  Begriff 342
Prädationsrisiko siehe Prädationsdruck, -vermeidung
Prädationsvermeidung 72, 95–9, 101, 105, 219, 222, 245, 350, 374
Prädator-Beute-Systeme 345, 347, 351–4, 360–2, 364–5, 368, 371
Prädator-Beute-Zyklen siehe Zyklen
Prädatorenausschluss, -bekämpfung 353, 355–6, 369
Prädatorendichte 131, 337, 343, 356, 374
Prädatorengemeinschaft 278, 350, 355, 372
prägastrisch 63
Präriehunde (siehe auch Gunnison-Präriehund) 166, 330, 385, 404
Präsenz/Absenz 181, 207, 448, 456
Prävalenz 219, 385–7, 390, 395, 399, 404, 406, 410–2
precocial 135
predation rate 342, 345

predator pit 361
predictability 87
predictive habitat distribution model 207
prey density 340
prey switching 351
Primärhabitat 196
primaries 22–3
Primärproduktion 222, 254–5, 297, 353–4
Primaten 47, 66, 75, 94, 97–8, 101–2, 126, 139, 151–2, 155–7, 159, 162–8, 171, 173, 186, 274, 284, 301, 319–20, 387, 404, 410, 431, 434, 449
prime age 123, 127, 277, 302, 350, 354
Priodontes maximus 333
Prionen 381, 400, 406
private information 202
Procapra gutturosa 220
Procellariiformes siehe Röhrennasen
Procyon lotor 204, 355, 405
producers 104
Produktionsrate 119, 431
Produktivität 133, 222, 255, 258, 329, 372, 441–2, 445, 459
Profitabilität 89–93, 96
profitability 86
Profiteure 104
Progesteron 375
Programm MARK 268
Projektionsmatrix, -modell 282, 288
Prokaryoten 381
Pro-Kopf-Rate 272, 289
Promiskuität 169–70, 173–4
Polygynandrie siehe Promiskuität
propagule pressure 196
Propithecus coquereli 174
Proteine 19, 32–3, 42, 44–8, 50, 52, 58–62, 66, 70–1, 97, 108, 118, 120, 122–4, 129, 229, 247–8, 394
Proteinabbau 71, 248
Proteingehalt (Nahrung) 46, 48, 53, 57, 60, 66, 107, 222, 261
Proteinmangel 158
Proteinreserven 71, 123
Proteinversorgung, -zufuhr 73, 94, 299, 434
Proteobacteria 382
Protisten 382
Protozoa 382
Protozoen 57, 381–2, 389, 403
Proventriculus 56
prudent parents 121
Prunella collaris 174
- *modularis* 166, 203
Pseudois nayaur 329
Psittacula krameri 315

Psocodea 383
Pterodroma cooki 207–8, 373–4
- *madeira* 39
Pteropus 227, 287
- *conspicillatus* 287
Ptilonorhynchidae 160
Ptilonorhynchus violaceus 160–1
Ptilotula penicillata 25
public information 202
Puccinellia 332
pulsed resources 302
Punktzählungen 268, 340
Pycnonotus xanthopygos 26
Pyrenäengämse (siehe auch Gämse) 276

Q

Quastenflosser 18
Quiscalus lugubris 104

R

rabbit hemorrhagic disease 414
Raben-, Nebelkrähe 359
Rabenvögel 106, 400
rabies 405
Rachenzeichnung 144
Rachitis 50
Rackenartige 230
Radiation 56, 313, 399
Radiotelemetrie 211, 225, 230, 278, 282
Rallen 25, 426
Randeffekte, -linien 448, 451
Rangifer tarandus 188, 220, 360, 397, 452
Rapoport, Eduardo H. 183
Rapoport'sche Regel 183
Rappenantilope 68
Rasten (Vogelzug) 71, 198, 228–9, 233, 239–49, 255, 258–60, 299, 410, 450
ratio-dependent predation 341
Ratten 53, 60, 135, 359–60, 374, 389
Rattus 182, 360
- *exulans* 197, 374
- *rattus* 182, 197
- *norvegicus* 182, 197
Räuber (siehe auch Prädator) 339, 357
Raubmöwen 232
Raubwürger 165
Rauchschwalbe 203, 231, 275, 278, 444
Räude 407
Raufußhühner 60, 74, 110, 175, 355, 364, 369
Raufußhuhn-Zyklen 369
Raufußkauz 387

Raufutter 62, 65, 67
Rauhautfledermaus 227
Raumbedarf 209–10
Raumnutzung 97–8, 157, 211
Raupen 20, 50, 146, 331, 460
realised niche 317
Rebhuhn 355, 439
recovered 391
rectrices 22–3
Recurvirostra avosetta 201
red queen hypothesis 412
Redunca 67
refugee species 186
Refugien 97, 202, 399
Regen, -fälle
  und Nahrung 50, 67–8, 218, 221–2, 231, 292, 354, 365
  und Reproduktion 147, 172, 221
  ziehende Vögel 180, 231, 235–6, 243, 247, 302
regional heterothermia 75
regionally extinct 422
Regulation (Population; siehe auch Thermoregulation) 293–302, 337–9, 345, 351, 353, 365–6, 368, 370–1, 397
Reh 124, 147, 151, 193, 210, 271, 276, 342, 345–6, 350, 353, 386, 396
Reiher (siehe auch Grau-, Kuh-, Silberreiher) 211, 230, 302
Reiherente 193
reintroduction 195
Reisstärling 255
Reißzähne 321–2
Rekrutierung 268, 288, 327, 343, 369–70, 455
remiges 22–3
Rennmäuse 96–7
Rentier (Karibu) 67, 188, 220, 360, 397, 452
Reoviridae 381, 406
reproductive restraint hypothesis 127
reproductive skew 141, 167
reproductive value 287
Reproduktion siehe Fortpflanzung
Reproduktionserfolg siehe Fortpflanzungserfolg
Reproduktionsleistung 145, 202, 204, 327, 369
Reproduktionsrate (siehe auch Nettoreproduktionsrate) 199, 265, 281, 303, 315, 329, 348–9, 351, 357, 361, 368, 375, 440, 443–4, 448
Reproduktionswert 287–8, 349–50
Reproduktionszyklus 118, 130, 169, 394

reproduktiver Austausch 186–8, 224, 266, 448, 451
Reptilien 15, 17, *18*, 36, 38–40, 44, 49, 134, 148, 360–3, 431
Reservoir (Pathogene) 327, 385, 400–2, 404–5, 408–10
resident 230, 234
Resistenz 162, 385, 387–8, 399–400, 412, 414
resource-based territories 158
resource competition siehe *scramble competition*
resource defense polygyny 170
resource dispersion hypothesis 209
resource selection function 207
Respiration, *respiration* 32, 36
restricted-range species 184
Retentionszeit 57–9, 61–4, 70
Reticulum, *reticulum* siehe Netzmagen
Retroviridae 381, 402
Revier siehe Territorium
Revierkartierung 269
Rezeptoren 19–20, 252–3
Rhabdomys pumilio 164
Rhabdoviridae 381, 405
Rhesusmakake *297*
Rhinoceros unicornis 417
Rhythmus 19, 74–5, 218, 246, 369, 453
Richtungsorientierung 250–1, 254
Ricker-Kurve 293
Rickettsien 382
Riedböcke 67–*8*
Riesengürteltier 333
Riesenpanda 54, 70
Riesensturmvogel *45*
Rinder (siehe auch Vieh) 43, 62, 67–*8*, 197, 328–30, 403, 410-1, 432
Rinderpest 390, 398, 406, 412
Rindertuberkulose 410–1
Ringelgans *215*, 459–60
Ringeln 333
Ringelwurm 99–100
Risiko siehe Mortalitätsrisiko, Prädationsdruck
Risikolandschaft 99
risk-averse, risk-prone feeding 97
risk-sensitive foraging 96
Rissa tridactyla 38, 72, 212
r-K-Kontinuum 303
Robben (siehe auch Hawaii-Mönchsrobbe, Mähnenrobbe, Nördlicher und Südlicher Seeelefant, Sattelrobbe, Seehund, Weddellrobbe) 38, 44, 73, 87, 100, 123–4, 137, 140, 147, 155–7, 175, 211, 219, 224–5, 406

Robbenstaupe 393
Robust-Design-Ansatz 268
Rohfaser siehe Faser
Rohfett siehe Lipide
Rohprotein siehe Proteine
Röhrennasen 39, 45
Rohrweihe 164
Rohrzucker 45
Rosaflamingo 193, 257
Rosapelikan *26*
Rosellasittich 326
Rostgans *409*
rotational territory use 87
Rotaugenvireo 248
Rote Listen 422–4, 426–7
Rötelmaus 315
Rotes Rattenkänguru 300
Rotes Riesenkänguru *267*
Rotfuchs 182, 199, 204, 318, 353, 355, 372–3
Rothalstaucher 212–3, *323*
Rothirsch (siehe auch Wapiti) 75, 122, 127, 151, 198–*9*, 221, 259, 271, *288*, 346, 352
Rothund 432
Rotkehlchen 105, 119, *233*–4
Rotschnabel-Madenhacker *13*
roughage –, *bulk feeder* 65
r-selektiert 303
Rubinkolibri 246
Rückfangmethoden 268–9
Rückgang siehe Bestandsabnahme
Rudel 93, 104
Ruhe siehe Winterruhe
Ruhekleid 23–4
Ruheumsatz siehe Energieumsatz
Ruhezustand (Vogelzug) 248
rumen 61
Rumen siehe Pansen
ruminant diversification hypothesis 69
Ruminantia 62
ruminants 58
runaway process 159
Rundmäuler 18
Rupicapra pyrenaica 276
- *rupicapra* 124, 127, 271, 342, 346, 386, 395, 404
Rupicola peruvianus 175
Rusa unicolor 343, 432
Rüstung 155
Rüstungswettlauf 143–4, 339

S
Saatgutreinigung 441
Säbelantilope *177*
Säbelschnäbler *201*
Saiga tatarica 220, *281*
Saigaantilope 220, 222, *281*
saisonaler Torpor siehe Torpor
saisonales Klima, Saisonalität
  Fortpflanzung 130-1, 133, 145, 147–8, 298
  home range 210
  Interaktionen 328, 330, 365, 392, 399
  Klimawandel 457, 459
  Mauser 26–7
  morphologische Veränderungen 21, 185
  Nahrung und Energie 41–2, 47, 69, 75–6, 105, 124
  Wanderungen 218–20, 222, 228, 230, 235, 254–6
Salamander 18
sallying 103
Salmonella 382
 - *enterica* 395, 403
 - *bongori* 403
Salmonellose 403
Salz 19, 44–5, 48
Salzdrüsen 44–5
Sambar, -hirsch *343*, 432
Samen
  Inhalt, Verdaulichkeit 41, 45, 47, 70
  Nahrung (siehe auch Samenfresser) 56–7, 67, 94, 136, 148, 211, 231, 321, 323–4, 341, 347, 441–2, 455
  Verbreitung 53, 70, 106–7, 434
Samenfresser, -prädation 40, 49, 51–2, 55, 106, 136, 186, 231–2, 240, 254, 299, 341, 338, 344, 441–3
Sandgräber 141
Saprophagen 380
Sarcophilus harrisii 398
Sarcopterygii 18
Sarcoptes scabiei 407
sarcoptic mange 407
SARS 381, 385
Satelliten, -taktik 162, 164, 174
Sattelrobbe 225, 393
Sauerstoff 19, 34, 241
Säugen 21, 119–20, 123–4, 140–1
Säugetiere
  Abstammung 17–18
  Artenzahl 15
  Morphologie 19
Saugwürmer 382, 394
Saumschnabelente 356

Säuresekretion 55
Savannenelefant 59, *68*–70, *206*–7, 220, 279, 297, 328
Saxicola rubetra 443
scale 179
scaling 34
Scandentia 171
scatter hoarding 106
scavenger 332, 338
Schabrackenschakal *307*
Schädelformen 56
Schafe (siehe auch Blau-, Dickhorn-, Haus-, Soayschaf, Mufflon) 62–3, *68*, 384, 389, 404
Schafmilch 45
Schafstelze 330
Schall siehe Gehör
Scharlachmennigvogel *103*
Scheinwerfertaxation 269
Schellente 165
Schildkröten *18*, 51, 284
Schimpanse 193
Schistosoma, Schistosomiasis 383
Schlafkrankheit 382, 403
Schlafplatz 105
Schlangen *18*, 51, 56, 148
Schleichenlurche *18*
Schleie *335*
Schleifenzug 238–9
Schleimaale *18*
Schlichtkleid 23
Schlüpfen 120, 130, 135, 137, 140, 143–4, 259, 355
Schlüpferfolg 201
Schmalfrontzug 238
Schmalfuß-Beutelmaus *40*
schmarotzen siehe Kleptoparasitismus
Schmuckfedern 122, 159
Schmuckvögel 175
Schnabel, -form, -größe 55–6, 92, 320–1, 323–5, 399
Schnabeltier *20*
Schnatterente *200*
Schnauze siehe Kiefer
Schneeeule 232
Schneegans *124*, 395
Schneehase *22*, 70, 395
Schneeschuhhase *22*, 344, 368–70, 375
Schneeziege *124*
Schneidezahnbögen (siehe auch Kiefer) *68*, 110
Schnurrvögel 175
Schottisches Moorschneehuhn siehe Moorschneehuhn
Schuppentiere 431
Schutzgebiete 184, 343, 421, 425

Schwalben (siehe auch Fahlstirn-, Mehl-, Rauch-, Sumpfschwalbe) 211, 238, 240
Schwammspinner 344
Schwäne (siehe auch Zwergschwan) 51, 185, 235, 260
Schwanzfedern 22–5, 159–60, 162
Schwarm, -verhalten 94, 99–103, 105, 293, 330, 341
Schwarzbär 352
Schwarzkehl-Honiganzeiger *144*, 311
Schwarzkopfmöwe 299
Schwarzlippen-Pfeifhase 330
Schwarzmilan 161, 258
Schwarzschnabelkuckuck 344
Schwatzvögel 318
Schwefel 48
Schweine (siehe auch Haus-, Wildschwein, Pekaris) 56, 73, 277, 405
Schweinepest 405
Schweinsdachs 432
Schweinshirsch *156*, 432
Schwertwal 182, 225
Schwimmen 20, 22, 38–9
Schwitzen 45
Schwungfedern, Schwingen 22–3, 25–6
Sciurus carolinensis 106, 326–7, 389, 401
- *vulgaris* 211, 326–7, 401
scramble competition 312
scramble polygyny 170, 174
scroungers 104
search image 88
secondaries 22–3
secondary metabolites 49
sedentär 73, 105, 218–9, 221, 225, 254–8, 274–5
sedentary 230
seed predation 338
See-Elefanten (siehe auch Nördlicher –, Südlicher See-Elefant) 123, 155–6
Seehunde (siehe auch Gemeiner Seehund) 404
Seekühe 59
Seeotter 85
Seeschwalben (siehe auch Fluß-, Küstenseeschwalbe) 158, 320, 355
Seevögel siehe Meeresvögel
Segelflieger 38, 247
Segler (siehe auch Alpen-, Mauersegler) 21, 75, 240, 246
Seidenlaubenvogel 160–*1*
Seidenschwanz 232

sekundäre Geschlechtsmerkmale 273
sekundäre Pflanzenstoffe siehe Sekundärstoffe
Sekundärhabitat 196
Sekundärstoffe 42, 49–50, 53, 57, 65, 108–9
Selbstregulation 300, 345
selection (siehe auch *avoidance*) 197–8
selective feeder 65
Selektion (Evolution) siehe natürliche Selektion, sexuelle Selektion, soziale Selektion, Verwandtenselektion
Selektion (Ressourcen)
  Habitat 198–9
  Nahrung 52, 65–9, 85, 87, 108, 110, 244, 321, 354, 361, 364
Selektionsfunktionen 207
Selektivität siehe Selektion (Ressourcen)
Selen 48
selfish herd 102
Seltenheit (Art) 184–5, 220, 269, 341, 361, 420–1, 427–8, 433, 448
semelpar 128
senescence 127, 273, 277
sensitivity 455
sentinel 101
Setophaga caerulescens 275
- *chrysoparia* 201
Setzzeit 124, 147
Seuche (siehe auch Chinaseuche, Maul- und Klauenseuche) 385, 407
sex allocation 149, 152
sex ratio 149
sex role reversal 173
sexual conflict 134
sexual segregation 153, 157, 227
sexual selection 122, 155, 390
Sexualdimorphismus siehe Geschlechtsdimorphismus
Sexualität (Entstehung) 148
Sexualschwellung 168
sexuelle Belästigung 169
sexueller Konflikt 168–9
sexuelle Selektion 23, 122, 153–7, 160, 165, 167, 175, 390, 396
  intersexuelle - 122, 155
  intrasexuelle - 122, 155, 159, 167
  postkopulatorische - 165
sexy sons 159
Seychellenrohrsänger 152
S-förmige Kurve siehe logistische Kurve
short-distance migrants 231
Sialia mexicana 194
siblicide 139

Sachregister

sibling conflict 134
Siblizid 140
Sichelvanga 56
Siebenschläfer 77, 274
Siedlungsdichte siehe Dichte
sigmoide Kurve siehe logistische Kurve
Signale
    Drohsignale 161–2
    Eltern–Kind 137–8, 144
    Partner (ehrliche Signale) 21–4, 138, 154–5, 158–60, 163, 168, 396
    sozialer Kontext 229
    aus Umwelt 19–21, 146, 246, 387
signalling 158
Sikahirsch 220
Silberreiher *181*, 192
Siliziumkristalle 49, 57, 66, 70
Singammer *375*
Singvögel
    Bedrohung 435, 440, 444
    Energiehaushalt, Nahrung 35, 50, 53, 55, 71, 73
    Fortpflanzung 121, 123, 130, 135, 138, 144, 158, 163, 169, 171, 209, 333
    Krankheiten 400–1, 406
    Mauser 24–5
    Nahrungssuche 97, 103
    Populationsdynamik 269, 278, 298–9, 302, 344
    Prädation 204, 358–9, 363
    Verbreitung, Habitatwahl 185–6, 197–8
    Wanderungen 180, 198, 230, 233–5, 240, 242, 244, 246–7
Sink-Populationen 273
Sinne, Sinnesleistungen 19–21
SIR-Modelle 391–2
site-dependent regulation siehe *buffer effect*
Sitta europaea 315
Sittidae 56, 106
Skala, Skalenebene 85, 105, 109–12, 179–80, 182, 184–5, 187, 195, 198–9, 201, 222, 244, 249, 253, 266, 319–20, 325, 340, 404–5, 411, 421–2, 437, 447–8, 455
Skalierung 34–5, 64, 184
Smaragdsittich *333*
Sminthopsis crassicaudata 40
Smith, John Maynard 136
sneaking 162–4
Soayschaf 139, *296*, 396
social foraging 99–100
Söhne 139, 150–2, 159

Somateria mollissima 389
    - *spectabilis* 232
Sommerkleid 23
Sommerquartier 226
Sommerschlaf siehe Trockenschlaf
Sommervogel 234
Sonnenkompass 252
Sortiermechanismus 58–64
Source–Sink 273, 300
soziale Monogamie 123, 165-6, 169, 171, 173, 269
sozialer Status, – Stellung (siehe auch Dominanzhierarchie) 151, 387
soziale Selektion 168
Sozialstruktur, -system 67, 127, 412
Sozialverband 100–2, 141, 194
Spanischer Kaiseradler 280, 414
Spechte (siehe auch Bunt-, Magellanspecht) 311, 333
species 16
species distribution model 181
species richness 183, 421
specific dynamic action 32
Speichel 56, 62, 66
Speicherung siehe Energiespeicher, Horten
Speiseröhre 54–5, 61, 404
Sperber *358*
Sperlinge (siehe auch Feld-, Haussperling) 197
Sperlingsvögel 175, 275, 426
sperm competition 154, 165
Spermien (siehe auch Ejakulat) 121, 154, 165–6, 168–9
Spermiengabe siehe Ejakulat
Spermienkonkurrenz 165, 174
Spezialisten
    Brutparasiten 144
    Habitat 185, 199, 205, 226, 317, 365, 447, 449
    Nahrung 35, 52, 54, 64, 84–5, 90, 126, 133, 185, 199, 317, 355, 358, 365–6, 370
Spheniscus humboldti 153
Spieltheorie 100, 104–5, 136
Spießböcke (siehe auch Arabische Oryx, Säbelantilope) 69
spill-over 191, 408
Spinnen, -tiere 48, 383
Spirochaetae, Spirochaetes 382
Spitzenprädator siehe Apexprädator
Spitzhörnchen (siehe auch Großspitzhörnchen) 171
Spitzmaulnashorn 279
Spitzmäuse 75, 457
splendid isolation 186

Sporozoa, Sporozoen 382
Springbock 220, 387
Spurenelemente 48
Stachelschnecken 91
Stadien (Parasiten) 381, 383–4, 387
Städte (als Habitat) 43, 197, 199, 203–5, 430
stage 384
Stammbaum 18
Stammesgeschichte 17–8, 57
Standvögel 41, 181, 230, 233–4, 246, 249, 256–8, 302, 439, 460
Stängel (Nahrung) 41–2, 45, 66, 70
Staphylococcus 382
Star 119, 197, 232, *250*, 325
Stärke siehe Kohlenhydrate
Stärlinge (siehe auch Reisstärling) 104, 143
State-Space-Modelle 270, 292
Status siehe sozialer Status
Staupe 393, 398, 406
Steatornis caripensis 54
Stechmücken (Vektor) 384, 394, 399, 400, 403, 406, 413–4
Stehen 38
Steinadler 119
Steinbock siehe Alpensteinbock
Steinschmätzer *237*, 240
Stelzen (siehe auch Schafstelze) 240
Stenella frontalis 21
Stephanoaetus coronatus 98
Stephenschlüpfer *359*
Steppenläufer *172*
Steppenpavian *168*
Steppenvögel 440–1
Steppenweihe 85
Steppenzebra 69, 220–1, 279, 354, 361, *Umschlagbild*
Sterberate siehe Mortalitätsrate: Demografie
Sterbetafel 281–2, 284
Sterblichkeit siehe Mortalität
Stercorarius 232
stereotype Nahrungswahl 84
Sterna hirundo 158
    - *paradisaea* 240
Sterne, -kompass (Orientierung) 250, 252
Sternidae 158
Steuerfedern siehe Schwanzfedern
Stickstoff, -gehalt 41, 50, 52, 62, 73, 148, 221, 259
Stickstoffdünger 443
Stimuli 37, 74–5, 77, 87–8, 200, 202, 246
Stockente 119, *160*, *321*, 407

Stoffwechsel siehe Metabolismus
stopover 244
Störche (siehe auch Weißstorch) 25, 39, 101, 238, 240
straggler 234
Strahlenflosser *18*
Strandläufer 99
Straßen (Barriere) 195, 223, 279, 451–2
Straßentaube 197
Strategie (Definition) 163
Strategie *fat and fit/lean and fit* 72
Strauße, Straußenartige 51, 60, 64, 155
Streifen-Backenhörnchen 389
Streifengans 241, 409
Streifenkopf-Laubsänger *103*
Streifenskunk 355
Streifgebiet siehe *home range*
Streptococcus 382
Streptopelia decaocto 190, 192
Stress 32–3, 39, 162, 302, 369, 375
Striemen-Grasmaus 164
Strigops habroptilus 54
structural size 72
Strukturierung von Arten-, Lebensgemeinschaften 315, 322, 330, 333
Struthio 60, 64
Sturmmöwe *81*
Sturmvögel (siehe auch Cook-, Madeira-, Riesensturmvogel) 39, 131, 303
Sturnus unicolor 168
  - *vulgaris* 119, 197, 232, *250*, 325
Subpopulation 188, 273, 300, 393
subspecies 16
substandard individuals 350
subventionierte Prädatoren 338, 361–2, 451
successive contrast effects 96
Suchbild 88
Suchstrategie 87, 97
Suchzeit 87, 89–91, 108, 339–40
Sucrose 46, 53
Südbuche 333
Südlicher See-Elefant 87, 162
Südliches Gleithörnchen 191
Suidae 277
Sulidae 140
summer plumage 23
summer visitor 234
Sumpfammer 26
Sumpfmeerschweinchen 277
Sumpfrohrsänger 244
Sumpfschwalbe 130
Sundkrähe *91*

superabundant 434
superprecocial 137
surfing the green wave 221
Suricata suricatta 101, 142, 167
susceptible 391
Sus scrofa 126, *133*, 204, 277, 303, 410
Süßwasserfische 45
sustained stress 375
swine flu 405
Sylvia 256, 319
  - *atricapilla* 256
Symbiose 54, 310
Sympatrie 17, 322
Syncerus caffer 68–9, 210, 279, 283, 354, 410
Synchronisierung 145, 147, 171, 246, 280
Syphilis 382
Systematik 17–8, 382

T

Tachycineta bicolor 130
Tachymarptis melba 246, *377*, 396
Tadorna ferruginea 409
  - *tadorna* 232
Taeniopygia guttata 139
Tagesperiodik 246
Tagestorpor siehe Torpor
Tagfalter 183, 422
Tagzug 241
Takin 220
Taktik 67, 100, 156–7, 162–5, 175, 374
  Definition 163
Tamias striatus 389
Tamiasciurus hudsonicus 41, 148
Tang 54
Tannenhäher *106*–7
Tannine 50, 66
Tapire 59
Tarnung 21–5
Tasmanischer Beutelteufel *398*
Tastsinn 20
Tauben (siehe auch Felsen-, Haus-, Kuckucks-, Türken-, Wandertaube) 135, 171, 197, 316–7, 401, 403, 426
Tauchen 22, 38, 88–9, 348
Tauchenten 271, 312, 348
Taucher siehe Lappentaucher
Taurin 45
Taurotragus oryx 69
Taxon 18, 382
taxonomic progress 16
Teichrohrsänger *72*
Teilzieher 233–4, 256–7
Teladorsagia circumcincta 384

Temperatur (siehe auch Endothermie, Körpertemperatur)
  und Verbreitung/Zug 189–91, 210, 219, 227, 256, 454–7, 459–60
tending 157
terminal investment hypothesis 127
Termiten, -fresser 42, 54, 175
Territorialität, Territorien 67–9, 126–7, 131, 142, 152, 158, 163–4, 167–8, 170–1, 173, 175, 193–4, 201, 205, 209–12, 219, 223, 258, 298, 300, 303, 312, 318–9, 349, 355, 358, 370, 445
  interspezifische Territorialität 317–9
Territoriengröße 194, 210, 370
Testosteron 128, 152, 386
Tetrao tetrix 74, 127
  - *urogallus* 186, *187*–8, 449
Tetrapoda 18
Tetrax tetrax 441
Thermologger 355
Thermometerhuhn 137
thermoneutrale Zone 33
Thermoregulation 21, 37, 73, 135, 224–5, 227
Theropithecus gelada 166
Theropoda 17
thetalogistic 293
Thomsongazelle 110–*1*, 221
threatened 456
three-quarter rule 34
threshold model 256
Thryonomys swinderianus 433
Thryothorus ludovicianus 186
Thunfische 330
Tibetantilope 220
Tiergrippen (siehe auch Vogelgrippe) 385
Tierhandel 429
Tierläuse 383
Tierquerungshilfen 195
Tiger 318–9, *343*, 345, 432
Tinca tinca 335
Tintenfische 224
T-Killerzellen 388
Töchter 125, 139, 149–52, 159
Todesfälle (siehe auch Mortalität) 140, 266, 272, 279, 282–3, 446
Todesursachen 167, 278–9, 348
Toleranz (Parasiten) 388
Toleranzbreite (Nische) 317
Tollwut 43, 381, 392, 405
Tölpel (siehe auch Bass-, Kaptölpel) 102, 140

Sachregister

top-down (Effekte, Regulation) 297, 339, 345, 352–3, 365, 368–9, 371
Töpfervögel 319
top predators 371
Topi 69, 169, *175*, 279
Torgos tracheliotus 307
Torpor 36–7, 74–7, 105, 123, 226–7
total response 345
Toxine, Toxizität 42–4, 48–50, 55, 84, 107–8, 443–4
Toxoplasma 382
Trächtigkeit 120
trade-off
   Immunreaktion 389
   Nahrungssuche 96, 111
   Prädation 225, 374
   Reproduktion 124–30, 132–5
Tragelaphus strepsiceros 354
Tragzeit 120, 135, 147, 278
traits 196, 258, 287, 302–3, 412, 427, 448–9, 455
Transekt 98, 267–9
Transhumanz 222
Transmission siehe Übertragung (Krankheiten)
transmission 383
transmission threshold 391
Transport (Parasiten) siehe Transmission
Trappen (siehe auch Groß-, Zwergtrappe) 426
Trauergrackel 104
tree bats 226
Treibhausgase 62, 453, 458
Treibstoffladung siehe Fettvorrat
Trematoda 383
Trennung (Geschlechter) siehe *sexual segregation*
Treponema 382
Tribulus cistoides 324
Trichomonas gallinae 401, 403
Trichomoniasis 403
Trichostrongylus retortaeformis 395
   - *tenuis* 370
Trichosurus vulpecula 300, 410
Trinken 44, 61
Trittsteine 448
Trivers, Robert 135, 138
Trivers-Willard-Prinzip 150
Trockenschlaf 75–6, 274
Troglodytes troglodytes 119
trophic cascades 371
trophische Ebene, - Stufe 51, 59, 70, 209–10, 297, 338–9, 342, 351, 364, 371, 453

Trypanosoma 382, 403
   - *avium* 387
   - *brucei brucei* 403
   - *congolensis* 403
   - *vivax* 403
Tsetsefliege 403
Tschiru 220–1
Tuberkulosen 404
Tularämie 404
Tupaia tana 171
Tüpfelhyäne *140*
Turdus merula 270
   - *pilaris* 192
Türkentaube *190*, 192, 197
Tyrannus tyrannus 127

U

überlappende Generationen 286, 289
Überlebenschance siehe Überlebenswahrscheinlichkeit
Überlebenskurven 284
Überlebensrate, -wahrscheinlichkeit
   altersspezifische – 121, 147, 154, 205, 257–8, 274–8, 284, 287, 296
   anthropogene Beeinflussung 353, 440, 455
   Demografie 272–4, 284–7
   Dichteabhängigkeit 296–8,
   geschlechtsspezifische – 123, 274–5, 296
   Fellfärbung 22
   Habitat 199, 299
   Konkurrenz 312, 315, 324, 327
   life history 124, 273–4, 302–4
   Nahrungsangebot, -suche 86, 301
   Prädation 348–9, 351, 353, 355–6, 368, 370, 374, 446
   reproduktiver Aufwand 125, 127, 129–30, 133–4, 273
   scheinbare – 273, 299
   Schwarmverhalten 103
   umwelt-, zugbedingte – 255, 257–8, 260, 275
   Wirt 395, 397
   Zygoten 121
Übernutzung (Population) 223, 428–31, 434
Übertragung, Übertragungsrate (Krankheiten) 212, 383–4, 386, 390–2, 394, 398, 401–11, 414
Übertragungsrouten (Vogelgrippe) 402
Übertragungsschwelle 391
Überwinterer, Überwinterung
   Begriff 230, 234

Ernährung 71, 106, 259, 261, 442, 460
   Jagd 434–6
   Energieverbrauch, Metabolismus 123, 191, 226
   Fledermäuse 226–8
   Überleben 255, 257–8, 274, 333
Überwinterungsgebiet (siehe auch Winterquartier) 193, 230, 233–4, 236–9, 255–9, 270–1, 292–3, 299, 321, 409, 435
Ubiquisten 199
Uferschnepfe 299, 446
Uhr-und-Kompass-Modell 251
Umsatz siehe Energieumsatz
Umsiedlung 192, 194
uniparental 135–6
Unpaarhufer 59
Unterart 16, 359, 426
Unterdrückung der Reproduktion 126, 167, 300–1
Upupa epops 301, 440, 445
upwelling area 52
Urbanisierung (siehe auch Städte) 430
Urin 32, 44, 73, 157
Urocitellus columbianus 94
Ursus 76
   - *americanus* 352
   - *arctos* 47, 170, 301, 352
   - *maritimus* 123
use 94–5, 198
Usutu-Virus 406
Uterusschleimhaut 152
UV-Licht 20

V

vagrant 234
Vanellus vanellus 101, 119, 355, 446
Vanga curvirostris 56
Vangawürger 55–6
Vaterschaft (siehe auch Fremdkopulation) 118, 136–8, 157, 162, 165, 167, 169, 171, 174
Vegetationsdichte 205, 443, 445
Vektor
   Navigation 251
   Parasiten 383–4, 394, 396, 398, 401, 403–4, 406, 413–4, 430
Ventriculus 56
Veratmung 32, 71
Verbreitung, Verbreitungsgebiet
   Abundanzmuster 185–6
   Begrenzung 186, 189–93, 196, 202, 458
   character displacement 321–3
   Definition 180–1

Größe 182–5, 196, 233, 235, 372, 423–8, 456
Modelle 181–2, 206–8, 267
Veränderung 435, 439, 452, 455–9
Vogelzug 255
Zentrum 185–7
Verbreitungsmuster 188, 206, 316, 319
Verdaulichkeit (siehe auch Energie) 32, 35, 42, 45, 47, 50, 55, 57, 62, 64, 69–70, 107–8, 110
Verdauung 32–3, 50, 54–62, 64, 70, 87, 108, 394
Verdauungsapparat, -system 21, 44–5, 50–1, 54–8, 61, 63–4, 69–70, 93–4, 108, 247, 310, 381–4, 403
Verdriftung 242
Verfolgungsjäger 98, 350
Vergeltung 166, 171
Verhungern 71, 278, 298, 302, 358, 441
Verletzlichkeit 347, 360, 425–7, 448, 455
Vermehrung 61, 344, 383, 405
Vermehrungsrate siehe Wachstumsrate
Vermivora celata 315
 - *virginiae* 315
Vernetzung 448
Verpaarung (siehe auch Paarung) 153–4, 158, 169, 171, 173–4, 193
Versicherungshypothese 131, 140
Verteilung im Raum 87, 208–9, 211, 425
Verwandtenkonkurrenz 151
Verwandtenselektion 138
Verwandtschaftsgrad 138, 142, 319, 370
Verwässerung (Schwarm) 102
Verweildauer (*patch*) 95, 98
Verwirrung (Schwarm) 102
Verzerrung 152–3, 197, 280
Vespertilio murinus 227
Vibrio 382
Vicugna vicugna 292
Vicuñas 292
Vieh (siehe auch Rinder) 50, 222, 328–32, 402–3, 410–2, 439
Vielfraß 106, 191
Viren 327–8, 381, 389, 398, 400–2, 405–10, 413–4
Vireo olivaceus 248
Virginiawaldsänger 315
Virginiauhu 368
Virulenz 143–4, 361, 385, 389, 392, 400–1, 406, 409, 413–4
Viszeralgicht 43
Vitamine 42, 48–9, 60, 83
vivipar 134

Vögel
 Abstammung 17–8
 Artenzahl 15–6
 Morphologie 19
Vogelfang 434–7
Vogelfütterung 186, 256
Vogelgrippe 400, 405, 407–10
Vogelmalaria 387, 398–401, 403, 412
Vogelpocken 399
Vogelzug siehe Zug
Volterra, Vito 313, 364
Vombatus ursinus 60
Vormagen, -fermentierer 45, 54–5, 58–64
Vorratshaltung siehe Horten
Vorverdauung 338
vulnerability 455
vulnerable 423, 437
Vulpes vulpes 182, 199, 204, 318, 353

W
Wacholderdrossel 192
Wachsamkeit 68, 97–8, 101, 103, 113, 312
Wachstum, Wachstumsrate (Population; siehe auch Körperwachstum) 149, 196, 266, 280, 286–94, 296–7, 299–304, 312–4, 344–51, 353, 356, 361, 363, 370, 431, 442, 444, 453
Wachtposten 101
Waffen 155, 157, 167
Währung 124, 200, 389
Walartige siehe Wale
Waldsänger (siehe auch Blaurücken-, Orangefleck-, Virginiawaldsänger) 319
Wale (siehe auch Blau-, Buckel-, Grau-, Kalifornischer Schweins-, Pott-, Schwertwal, Meeressäuger, Zügeldelfin) 21, 44, 56, 63, 102, 151, 163, 166, 219, 224–6, 330, 404, 406
Wanderfalke 181
Wanderalbatros 240
Wandermuschel 271
Wanderratte 182, 197
Wandertaube 434–5, 437
Wanderungen (allgemein und Säugetiere; Vögel siehe Zug)
 Distanzen 219–21, 224, 226–8
 Evolution 218–9, 222–3, 226, 303
 Fledermäuse 226–9
 Funktion 225
 Huftiere 219–24
 intraspezifische Unterschiede 219, 224

Meeressäuger 224–6
Strategien 222–6
Vertikalwanderungen 219–22
Wapiti 98–9, 221–2, 328, 350, 352–3, 375, 402–3
Warane 148
Wärme
 Brutpflege 134, 137
 Produktion 32, 34, 36–9, 45, 76, 224
 Verlust 32, 37, 73–4, 242
Waschbär 204, 355, 405
Wasser
 Haushalt 43–5, 47–8, 71
 Mangel 44, 191
 in Nahrung 41, 44–5
Wasserbock *63*, 68
Wasserbüffel *68*, *157*
Wasserpflanzen 41, 52, 93, 347–8
Wasserschwein 60
Wasservögel 22, 25, 37–8, 55, 72, 102, 183, 231–2, 234–6, 238, 260, 271, 318–9, 347–8, 404–5, 407–9
Watvögel 44, 56, 71–2, 99, 131–2, 135–6, 171, 173, 175, 230, 235, 238, 240, 245–6, 260, 341, 354, 359, 440
Wechselwirkungen (siehe auch Interaktionen) 312, 345, 348, 355, 360, 421, 452
Weddellrobbe 127
Wegzug (siehe auch Wanderungen, Heimzug; Zug) 228, 230, 236–7, 242, 245, 248, 251, 258–9, 275
Weichkot 58
Weideland 328–9, 402, 430, 439
Weidenammer 435, *436*–7
Weiderasen 110
Weißbartgnu 48, 69–70, *110*, 147, 220–1, 270, 279, 354, 358, 361
Weißbürzel-Honigfresser 25
Weißfichte 148
Weißfußmaus 359, 389, 397
Weißnackenkranich *171*
Weißnasenkrankheit 400
Weißohrkob 220
Weißstorch 238, 240
Weißwangengans 76, 259–60, 299, *331*
Weißwedelhirsch 295, 360, 411
Wellensittich 231
Wendehals 445
Wespen 380
Westliches Graues Riesenkänguru 267
Westlicher Fettschwanzmaki *28*, 77, 274
West-Nil-Fieber 400, 406
West Nile virus 406
Wetlands International 270

Sachregister

Wettbewerb siehe Konkurrenz
Wetter
  Mortalität 278, 294, 302, 357, 365, 369
  Zug 230–2, 40–4, 47, 50
white-nose syndrome 400
Wiedehopf *301*, 440, 445
Wiederansiedlung siehe Wiedereinbürgerung
Wiederbesiedlung 187, 192, 208
Wiedereinbürgerung 83–4, 186, 195, 202–3
Wiederkäuen, -käuer 50, 55, 58–9, 61–5, 67, 69–70, 111, 313
Wiesel, -artige (siehe auch Hermelin) 133, 147, 322, 366
Wiesenpieper 341, 359
Wiesenweihe *85*
Wilderei 153, 206, 354
Wildfleisch 429, 431, 433–4
Wildkaninchen siehe Kaninchen
Wildkatze 362
wildlife crossing 195
wildlife-friendly farming 447
Wildrinder 432
Wildschwein 126, *133*, 204, 277, 303, 410
Wildtierkorridore 223, 448–50
Wildtiermanagement 202, 207, 270, 294, 356–7, 373
WinBugs 268
Wind (Zug) 39, 237–44, 246, 248, 250–1, 253
winter visitor 234
Wintergast 181, 234
Winterkleid 23
Winterlethargie 77
Winternachtschwalbe 76
Winterquartier 24, 26, 139, 153, 171, 193, 224, 226–7, 229–30, 237–8, 246, 248, 250–1, 254–5, 258, 260–1, 271, 274–5, 299, 302, 435, 437, 439
Winterruhe 37, 75, 77, 226
Winterschlaf (siehe auch Torpor, Trockenschlaf) 36–7, 75–7, 274
Winterverbreitung 191
Wirbellose 15, 36, 169, 284, 319, 456
Wirbeltiere
  Abstammung 17–8
  Artenzahl, Artkonzept 15–6
  Morphologie 19
Wirt
  Brutparasiten 143–5
  Herbivore als Wirt 59, 61–2
  Parasiten 311, 338, 380–92, 394–5, 397–9, 401, 403–7, 412–4

Wirtsmortalität 390, 394
Wirtspopulation 385–6, 390–2, 394, 397, 401, 403–7, 413
Wirtsspezifität 380, 384–5, 404, 412
Wisent 67, 203
Wochenstube 226
Wolf 87, 98–9, 104, 140, 192, 205, 332, 343–4, *346*, 350, 352–4, 360, 372–5
Wombat 59–60
Wühlmäuse (siehe auch Feldmaus, Lemminge, Nordische Wühlmaus) 60, 85, 133, 165, 301, 364–7, 369, 395
Wurf, -zeit 133, 138–40, 147, 272, 288, 393
Wurfgröße 120, 128, 132–4, 139, 204, 272, 277, 288
Würger (siehe auch Raubwürger) 56, 165
Wüstenbewohner 40, 44

X
Xenicus lyalli 359
Xerus inauris 99

Y
Yersinia pestis 382, 385, 404

Z
Zählung 267–70, 340, 362
Zähne 19, 54, 56, 66, 110, 273, 313, 320–2
zahnlos 19, 54, 56
Zahnwale siehe Wale
Zaunkönig 119
Zebrafink 139
Zebras siehe Steppenzebra
Zecken 311, 383–4, 396, 406
Zeisige 232
Zeitaufwand, -bedarf 86–9, 95, 241, 312, 340
Zeitgeber 22, 246
Zeitprogramm 251
Zelle, Zellinhalt 36, 47, 51, 57, 66, 70, 388
Zellulase 57
Zellulose, Hemizellulose 47, 57–9, 61, 66, 70
Zellwände 47, 51, 66, 70
Zerstreuungswanderung 232
Ziegen, -artige (siehe auch Alpensteinbock, Haus-, Schneeziege) 62, *68*, 220, 384
Ziehen siehe Zug
Zielorientierung 250

Ziesel (siehe auch Columbia-, Goldmantelziesel) 77, 108, 123
Zink 48
Zonotrichia leucophrys 251
Zoochorie 70
Zoonose 385, 402–6, 410
Zooplankton 89, 119
Zucker 19, 44–6, 62, 94
Zug (Vogelzug)
  Breit- und Schmalfrontzug 238
  Evolution 246, 254–6
  Wander-, Zugformen 229–31, 233–4, 239, 242
  Vertikalwanderungen 231, 239, 259
Zugabläufe 230–1, 234, 247, 460
Zugbereitschaft 73, 243, 247
Zugdauern 249, 258
Zugdisposition 246–8
Zugdistanzen (Vögel) 230, 239–40, 409
Zügeldelfin *21*
Zugfett siehe Fettvorrat
Zuggeschwindigkeit 228, 242, 245, 258
Zughöhe siehe Flughöhe
Zugprogramm 248, 256
Zugrichtung 227, 229, 236–8, 242–3, 247, 250, 256
Zugrouten, -wege 194, 234, 236–9, 242, 245, 253, 256, 274
Zugscheiden 235, 238
Zugstimmung 248
Zugsysteme 230, 234–7, 243, 407
Zugunruhe 247–8, 256
Zugvögel 24, 71, 198, 230, 233–4, 236, 245, 247, 253
Zugzeit 26, 71, 139, 242, 275
zukünftige (residuelle) Reproduktion 135
Zunge 54
Zuwachsrate siehe Wachstumsrate
zweigeschlechtlich 148
Zweitbrut 139, 444
Zwergdrossel 238
Zwergschwan 72, 259–61
Zwergtrappe 441–2
Zwischenwirt 384, 403–7
Zwischenzug 232
Zygoten 121, 147, 149, 152
Zyklen (Population; siehe auch Lebenszyklus) 131, 232, 302, 344, 364–70, 394
Zytoplasma 66

Über den Autor

Dr. Werner Suter studierte Biologie an den Universitäten Zürich und Bern, wo er 1982 mit einer Arbeit zur Ökologie von Wasservögeln promovierte. Nach einem Aufenthalt als Postdoc an der Universität Kapstadt (marine Ökologie) folgten weitere Studien in Mitteleuropa, unter anderem zur Auswirkung der Prädation auf Fische durch Vögel. Mit dem Wechsel an die Eidgenössische Forschungsanstalt WSL 1993 verlagerte sich das Arbeitsfeld in den terrestrischen Bereich und hin zu Beziehungen zwischen Vegetation und Huftieren, mit Studien in Mitteleuropa und Ostafrika. Das vorliegende Buch gründet auf langjähriger Lehrtätigkeit an der Eidgenössischen Technischen Hochschule Zürich (ETH).